水利行业职业技能培训教材

# 水文勘测工

主　编　牛　占
副主编　陈松生　余达征　王怀柏

黄河水利出版社

## 内 容 提 要

本书依据人力资源和社会保障部、水利部制定的《水文勘测工国家职业技能标准》的内容要求编写。全书分为水利职业道德、基础知识和操作技能等三大部分。基础知识部分介绍水文基本概念，误差基础知识和相关法律、法规等。操作技能部分按初级工、中级工、高级工、技师和高级技师职业技能标准要求分级、分模块组织材料，包括现行水文测验项目的作业方法和试验检验及数据处理等实用内容。

本书和《水文勘测工》试题集（光盘版）构成水文勘测工较完整配套的资料体系，可供水文勘测工职业技能培训、职业技能竞赛和职业技能鉴定业务使用。

**图书在版编目（CIP）数据**

水文勘测工/牛占主编. —郑州：黄河水利出版社，2011.12

水利行业职业技能培训教材

ISBN 978-7-5509-0153-7

Ⅰ.①水… Ⅱ.①牛… Ⅲ.①水文观测-技术培训-教材 Ⅳ.①P332

中国版本图书馆 CIP 数据核字（2011）第 249536 号

---

出 版 社：黄河水利出版社

地址：河南省郑州市顺河路黄委会综合楼 14 层　　邮政编码：450003

发行单位：黄河水利出版社

发行部电话：0371-66026940、66020550、66028024、66022620（传真）

E-mail：hhslcbs@126.com

承印单位：河南承创印务有限公司

开本：787 mm×1 092 mm　1/16

印张：51

字数：1 178 千字　　印数：1—4 000

版次：2011 年 12 月第 1 版　　印次：2011 年 12 月第 1 次印刷

---

定价：96.00 元

## 水利行业职业技能培训教材及试题集编审委员会

**主　任**　刘雅鸣　水利部人事司司长

**副主任**　侯京民　水利部人事司副司长

　　　　　陈　楚　水利部人才资源开发中心主任

**成　员**　祖雷鸣　水利部建设与管理司副司长

　　　　　张学俭　水利部水土保持司巡视员

　　　　　李远华　水利部农田水利司巡视员

　　　　　林祚顶　水利部水文局副局长

　　　　　孙晶辉　水利部人事司处长

## 水利行业职业技能培训教材及试题集编审委员会办公室

**主　任**　陈　楚（兼）

**副主任**　孙晶辉（兼）

　　　　　史明瑾　水利部人才资源开发中心副主任

**成　员**　匡少涛　水利部建设与管理司处长

　　　　　鲁胜力　水利部水土保持司处长

　　　　　党　平　水利部农田水利司副处长

　　　　　余达征　水利部水文局处长

　　　　　骆　莉　水利部人事司副处长

　　　　　童志明　水利部人事司调研员

　　　　　张榕红　水利部人才资源开发中心副处长

　　　　　时　昕　长江水利委员会人劳局巡视员

　　　　　陈吕平　黄河水利委员会人劳局巡视员

　　　　　唐　涛　湖南省水利厅人事处副处长

　　　　　毛永强　浙江省水利厅人事教育处副处长

　　　　　吕洪予　黄河水利出版社副社长

# 《水文勘测工》编委会

**主　　　编**　牛　占

**副　主　编**　陈松生　余达征　王怀柏

**参加编写人员**

黄河水利委员会水文局

林来照　郭宝群　吉俊峰　李跃奇

赵淑饶　李　静　柴成果　张永平

水利部水文局

魏延玲　董秀颖　李　薇　李　静

长江水利委员会水文局

夏志培　陈守荣　代文良　张　潮

叶德旭

扬州大学水利科学与工程学院

黄红虎　周国树　罗国平　朱春龙

水利部精神文明建设指导委员会办公室

袁建军　王卫国　刘千程

# 前　言

为了适应水利改革发展的需要，进一步提高水利行业从业人员的技能水平，根据2009年以来人力资源和社会保障部、水利部颁布的河道修防工等水利行业特有工种的国家职业技能标准，水利部组织编写了相应工种的职业技能培训教材及试题集。

各工种职业技能培训教材的内容包括职业道德，基础知识，初级工、中级工、高级工、技师、高级技师的理论知识和操作技能，还包括该工种的国家职业技能标准和职业技能鉴定理论知识模拟试卷两套。随书赠送试题集光盘。

本套教材和试题集具有专业性、权威性、科学性、整体性、实用性和稳定性，可供水利行业相关工种从业人员进行职业技能培训和鉴定使用，也可作为相关工种职业技能竞赛的重要参考。

本次教材编写的技术规范或规定均采用最新的标准，涉及的个别计量单位虽属非法定计量单位，但考虑到这些计量单位与有关规定、标准的一致性和实际使用的现状，本次出版时暂行保留，在今后修订时再予以改正。

编写全国水利行业职业技能培训教材及试题集，是水利人才培养的一项重要工作。由于时间紧，任务重，不足之处在所难免，希望大家在使用过程中多提宝贵意见，使其日臻完善，并发挥重要作用。

**水利行业职业技能培训教材及试题集**
**编审委员会**
2011年12月

# 编写说明

水文勘测工职业技能培训教材是依据人力资源和社会保障部、水利部制定的《水文勘测工国家职业技能标准》(见本书附录)编写的。按照该标准体系,本书以水利职业道德,基础知识,初级工、中级工、高级工、技师、高级技师的操作技能为分篇级,操作技能以职业功能为模块级,以工作内容为章级,由技能要求和相关知识结合确定节级。

水文勘测工是依靠水文勘测技能知识,利用仪器设备,按照技术规程,实施水文要素测报、水文资料整编、水文调查和水文观测场地勘察测量的人员。水文勘测业务项目较多,涉及面较广,本书按工级等级从具体简单作业逐步向宏观全局发展,如先认识工具、实施单项或单次观测测量,后叙述一般方法、年度分布,再说断面设置和站网建设等。另外,本书大致将测验作业(外业)和数据资料记载与整理(内业)分开编写,但两者交织很多,一般将简单的记载计算归于外业,将水文资料整编及知识性论述的内容归于内业。此外,本书努力调整、处理各工级之间内容的衔接,克服重复,避免漏洞。

本书内容以实用为本。设施设备、仪器工具主要讲用法,项目要素测验主要讲做法,原始数据讲记法,中间和成果数据讲算法,表格讲填法,绘图讲画法,公式基本为使用公式,对于不易理解的方法给出示例,难以写成条文或写成条文太空洞的内容给出案例,概念围绕和服务于实用作业,点到为止。

按照上述体系内容,初级工主要学习承担简单直观的观测测量和记载相关数据,做些协同作业的准备和辅助工作。中级工主要学习利用普通设施设备和常用仪器工具实施单项或单次观测测量,计算相关数据,初步整理资料。高级工主要学习利用自动化程度较高的设施设备和仪器工具组织实施协同作业的观测测量、资料计算整理和在站整编资料,检查维护普通的技术装备,承担中小测站一般技术业务管理。技师在学习后应能编制测验方案,组织一般测站的较复杂的、多项目的联合作业,承担复杂项目的水文资料整编和一般审查,起草测站任务书、业务检查办法及业务报告,指导工级人员学习、工作。高级技师在学习后应能从测区的高度,组织和承担水文测验的试验研究,开展水文调查和水资源评价,起草业务技术规划,实施培训教学和参与技能鉴定,编写测区技术业务和试验研究报告,审查或探索较复杂的技术问题等。

为了利于培训教学中理解水文勘测知识和实施水文勘测工职业技能鉴定,同时编写了《水文勘测工》试题集,与本教材各篇相对应,内容有较紧密的配合。试题集以电子光盘形式出版,作为本书附录同时发行。

《水文勘测工国家职业技能标准》、水文勘测工职业技能培训教材、《水文勘测工》试题集三者构成水文勘测工职业技能培训和职业技能鉴定实施较完整配套的资料体系。《水文勘测工国家职业技能标准》起着统领指导和依据作用,也是教材编写的提纲;水文勘测工职业技能培训教材写出标准要求的内容,支撑培训的实施;《水文勘测工》试题集可加深理解教材内容,提高培训效果,支持选题组卷考试的技能鉴定。

水文勘测工职业技能培训教材主要介绍成熟的生产作业方法和技能知识,编写中参考引用了许多标准、规范、规程的内容(具体工程作业的实施,应严格执行有关标准、规范、规程的详细规定和质量标准),还参阅了大量文献资料(包括网络材料和一些单位的技术材料),在此谨向原作者致谢!

本书编写得到了人力资源和社会保障部职业技能鉴定中心、黄河水利委员会水文局、长江水利委员会水文局、扬州大学水利科学与工程学院、水利部精神文明建设指导委员会办公室、黄河水利委员会人劳局、黄河水利出版社等单位的大力支持;水利部水文局副局长林祚顶对全书进行了认真审阅;扬州大学杨诚芳(教授)、水利部水文局刘金清(教授级高级工程师)对本书的编写提出了许多宝贵的修改意见和建议。本书编写修订历经多稿,先后指导编写和审查书稿的人员还有刘雅鸣、杨含峡、焦得生、张红月、侯京民、谷源泽、陈楚、张松、孙晶辉、马永来、史明瑾、赵卫民、姚春生、朱晓原、王玲、周济人、王新义、张留柱、骆莉、张榕红、马永祥、童志明、匡键、吕洪予、李明、马广州等;为本书编写提供咨询和直接支持的人员有李波涛、李连祥、王龙、杜军、陈志凌、徐小华、熊崎、许卓首、李庆金、张法中、和晓应、高国甫、魏连双、鲁承阳、朱云通、谢学东、杨德应、王德芳、屠新武、阎永新、薛耀文等。在此表示诚挚的感谢!

限于编者水平,疏漏之处在所难免,敬请读者批评指正。

作　者

2011 年 12 月

# 目 录

## 第3篇　操作技能——初级工

## 第4篇 操作技能——中级工

## 第5篇　操作技能——高级工

## 第6篇　操作技能——技师



## 第7篇　操作技能——高级技师

# 第8篇　专　题

# 第 1 篇　水利职业道德

# 第1章　水利职业道德概述

## 1.1　水利职业道德的概念

道德是一种社会意识形态,是人们共同生活及行为的准则与规范,道德往往代表着社会的正面价值取向,起判断行为正当与否的作用。

职业道德,就是同人们的职业活动紧密联系的符合职业特点所要求的道德准则、道德情操与道德品质的总和,它既是对本职人员在职业活动中行为的要求,又是职业对社会所负的道德责任与义务。

水利职业道德是水利工作者在自己特定的职业活动中应当自觉遵守的行为规范的总和,是社会主义道德在水利职业活动中的体现。水利工作者在履行职责过程中必然产生相应的人际关系、利益分配、规章制度和思想行为。水利职业道德就是水利工作者从事职业活动时,调整和处理与他人、与社会、与集体、与工作关系的行为规范或行为准则。水利职业道德作为意识形态,是世界观、人生观、价值观的集中体现,是水利人的共同的理想信念、精神支柱和内在力量,表现为价值判断、价值选择、价值实现的共同追求,直接支配和约束人们的思想行为。具体界定着每个水利人什么是对的,什么是错的,什么是应该做的,什么是不应该做的。

## 1.2　水利职业道德的主要特点

(1)贯彻了社会主义职业道德的普遍性要求。水利职业道德是体现水利行业的职业责任、职业特点的道德。水利职业道德作为一个行业的职业道德,是社会主义职业道德体系中的组成部分,从属和服务于社会主义职业道德。社会主义职业道德对全社会劳动者有着共同的普遍性要求,如全心全意为人民服务、热爱本职工作、刻苦钻研业务、团结协作等,都是水利职业道德必须贯彻和遵循的基本要求。水利职业道德是社会主义职业道德基本要求在水利行业的具体化,社会主义职业道德基本要求与水利职业道德的关系是共性和个性、一般和特殊的关系。

(2)紧紧扣住了水利行业自身的基本特点。水利行业与其他行业相比有着显著的特点,这决定了水利职业道德具有很强的行业特色。这些行业特色主要有:一是水利工程建设量大,投资多,工期长,要求水利工作者必须热爱水利,具有很强的大局意识和责任意识。二是水利工程具有长期使用价值,要求水利工作者必须树立“百年大计、质量第一”的职业道德观念。三是工作流动性大,条件艰苦,要求水利工作者必须把艰苦奋斗、奉献社会作为自己的职业道德信念和行为准则。四是水利科学是一门复杂的、综合性很强的自然科学,要求水利工作者必须尊重科学、尊重事实、尊重客观规律、树立科学求实的精神。五是水利工作是一项需要很多部门和单位互相配合、密切协作才能完成的系统工程，要求水利工作者必须具有良好的组织性、纪律性和自觉遵纪守法的道德品质。

(3)继承了传统水利职业道德的精华。水利职业道德是在治水斗争实践中产生，随着治水斗争的发展而发展的。早在大禹治水时，就留下了他忠于职守，公而忘私，三过家门不入，为民治水的高尚精神。李冰父子不畏艰险、不怕牺牲、不怕挫折和诬陷，一心为民造福，终于建成了举世闻名的都江堰分洪灌溉工程，至今仍发挥着巨大的社会效益和经济效益。新中国成立以来，随着水利事业的飞速发展，水利职业道德也进入了一个崭新的发展阶段。在三峡水利枢纽工程、南水北调工程、小浪底水利枢纽工程等具有代表性的水利工程建设中，新中国水利工作者以国家主人翁的姿态自觉为民造福而奋斗，发扬求真务实的科学精神，顽强拼搏、勇于创新、团结协作，成功解决了工程量和技术上的一系列世界性难题，并涌现出许多英雄模范人物，创造出无数动人的事迹，表现出新中国水利工作者高尚的职业道德情操，极大地丰富和发展了中国传统水利职业道德的内容。

## 1.3　水利职业道德建设的重要性和紧迫性

一是发展社会主义市场经济的迫切需要。建设社会主义市场经济体制，是我国经济振兴和社会进步的必由之路，是一项前无古人的伟大创举。这种经济体制，不仅同社会主义基本经济制度结合在一起，而且同社会主义精神文明结合在一起。市场经济体制的建立，要求水利工作者在社会化分工和专业化程度日益增强、市场竞争日趋激烈的条件下，必须明确自己职业所承担的社会职能、社会责任、价值标准和行为规范，并要严格遵守，这是建立和维护社会秩序、按市场经济体制运转的必要条件。

二是推进社会主义精神文明建设的迫切需要。《公民道德建设实施纲要》指出：党的十一届三中全会特别是十四大以来，随着改革开放和现代化事业的发展，社会主义精神文明建设呈现出积极向上的良好态势，公民道德建设迈出了新的步伐。但与此同时，也存在不少问题。社会的一些领域和一些地方道德失范，是非、善恶、美丑界限混淆，拜金主义、享乐主义、极端个人主义有所滋长，见利忘义、损公肥私行为时有发生，不讲信用、欺诈欺骗成为公害，以权谋私、腐化堕落现象严重。特别是党的十七届六中全会关于推动社会主义文化大发展大繁荣的决定明确指出“精神空虚不是社会主义”。思想道德作为文化建设的重要内容，必须加强包括水利职业道德建设在内的全社会道德建设。

三是加强水利干部职工队伍建设的迫切需要。2011 年，中央 1 号文件和中央水利工作会议吹响了加快水利改革发展新跨越的进军号角。全面贯彻落实中央关于水利的决策部署，抓住这一重大历史机遇，探索中国特色水利现代化道路，掀起治水兴水新高潮，迫切要求水利工作要为社会经济发展和人民生活提供可靠的水资源保障和优质服务。这就对水利干部职工队伍的全面素质提出了新的更高的要求。水利职业道德作为思想政治建设的重要组成部分和有效途径，必须深入贯彻落实党的十七大精神和《公民道德建设实施纲要》，紧紧围绕水利中心工作，以促进水利干部职工的全面发展为目标，充分发挥职业道德在提高干部职工的思想政治素质上的导向、判断、约束、鞭策和激励功能，为水利改革发展实现新跨越提供强有力的精神动力和思想保障。

四是树立行业新风、促进社会风气好转的迫切需要。职业活动是人生中一项主要内容,人生价值、人的创造力以及对社会的贡献主要是通过职业活动实现的。职业岗位是培养人的最好场所,也是展现人格的最佳舞台。如果每个水利工作者都能注重自己的职业道德品质修养,就有利于在全行业形成五讲、四美、三热爱的行业新风,在全社会树立起水利行业的良好形象。同时,高尚的水利职业道德情怀能外化为职业行为,传递感染水利工作的服务对象和其他人员,有助于形成良好的社会氛围,带动全社会道德风气的好转。

## 1.4 水利职业道德建设的基本原则

(1)必须以科学发展观为统领。通过水利职业道德进一步加强职业观念、职业态度、职业技能、职业纪律、职业作风、职业责任、职业操守等方面的教育和实践,引导广大干部职工树立以人为本的职业道德宗旨、筑牢全面发展的职业道德理念、遵循诚实守信的职业道德操守,形成修身立德、建功立业的行为准则,全面提升水利职业道德建设的水平。

(2)必须以社会主义价值体系建设为根本。坚持不懈地用马克思主义中国化的最新理论成果武装水利干部职工头脑,用中国特色社会主义共同理想凝聚力量,用以爱国主义为核心的民族精神和以改革创新为核心的时代精神鼓舞斗志,用社会主义荣辱观引领风尚。把社会主义核心价值体系的基本要求贯彻到水利职业道德中,使广大水利干部职工随时都能受到社会主义核心价值的感染和熏陶,并内化为价值观念,外化为自觉行动。

(3)必须以社会主义荣辱观为导向。水利是国民经济和社会发展的重要基础设施,社会公益性强、影响涉及面广、与人民群众的生产生活息息相关。水利职业道德要积极引导广大干部职工践行社会主义荣辱观,树立正确的世界观、人生观和价值观,知荣辱、明是非、辨善恶、识美丑,加强道德修养,不断提高自身的社会公德、职业道德、家庭美德水平,筑牢思想道德防线。

(4)必须以和谐文化建设为支撑。要充分发挥和谐文化的思想导向作用,积极引导广大干部职工树立和谐理念,培育和谐精神,培养和谐心理。用和谐方式正确处理人际关系和各种矛盾;用和谐理念塑造自尊自信、理性平和、积极向上的心态;用和谐精神陶冶情操、鼓舞人心、相互协作;成为广大水利干部职工奋发有为、团结奋斗的精神纽带。

(5)必须弘扬和践行水利行业精神。“献身、负责、求实”的水利行业精神,是新时期推进现代水利、可持续发展水利宝贵的精神财富。水利职业道德要成为弘扬和践行水利行业精神的有效途径和载体,进一步增强广大干部职工的价值判断力、思想凝聚力和改革攻坚力,鼓舞和激励广大水利干部职工献身水利、勤奋工作、求实创新,为水利事业又好又快的发展,提供强大的精神动力和力量源泉。

# 第2章 水利职业道德的具体要求

## 2.1 爱岗敬业,奉献社会

爱岗敬业是水利职业道德的基础和核心,是社会主义职业道德倡导的首要规范,也是水利工作者最基本、最主要的道德规范。爱岗就是热爱本职工作,安心本职工作,是合格劳动者必须具备的基础条件。敬业是对职业工作高度负责和一丝不苟,是爱岗的提高完善和更高的道德追求。爱岗与敬业相辅相成,密不可分。一个水利工作者只有爱岗敬业,才能建立起高度的职业责任心,切实担负起职业岗位赋予的责任和义务,做到忠于职守。

按通俗的说法,爱岗是干一行爱一行。爱是一种情感,一个人只有热爱自己从事的工作,才会有工作的事业心和责任感;才能主动、勤奋、刻苦地学习本职工作所需要的各种知识和技能,提高从事本职工作的本领;才能满腔热情、朝气蓬勃地做好每一项属于自己的工作;才能在工作中焕发出极大的进取心,产生出源源不断的开拓创新动力;才能全身心地投入到本职工作中去,积极主动地完成各项工作任务。

敬业是始终对本职工作保持积极主动、尽心尽责的态度。一个人只有充分理解了自己从事工作的意义、责任和作用,才会认识本职工作的价值,从职业行为中找到人生的意义和乐趣,对本职工作表现出真诚的尊重和敬意。自觉地遵照职业行为的要求,兢兢业业、扎扎实实、一丝不苟地对待职业活动中的每一个环节和细节,认真负责地做好每项工作。

奉献社会是社会主义职业道德的最高要求,是为人民服务和集体主义精神的最好体现。奉献社会的实质是奉献。水利是一项社会性很强的公益事业,与生产生活乃至人民生命财产安全息息相关。一个水利工作者必须树立全心全意为人民服务,为社会服务的思想,把人民和国家利益看得高于一切,才能在急、难、险、重的工作任务面前淡泊名利、顽强拼搏、先公后私、先人后己,以至在关键时刻能够牺牲个人的利益去维护人民和国家的利益。

张宇仙是四川省内江市水文水资源勘测局登瀛岩水文站职工。她以对事业的执着和忠诚、爱岗敬业的可贵品质、舍小家顾大家的高尚风范,获得了社会各界的广泛赞誉。1981年,石堤埝水文站发生了有记录以来的特大洪水,张宇仙用一根绳子捆在腰上,站在洪水急流中观测水位。1984年,她生小孩的前一天还在岗位上加班。1998年,长江发生百年不遇的特大洪水,其一级支流沱江水位猛涨,这时张宇仙的丈夫病危,家人要她回去,然而张宇仙舍小家顾大家,一连五个昼夜,她始终坚守在水情观测第一线,收集洪水资料156份,准确传递水情18份,回答沿江垂询电话200余次,为减小洪灾损失作出了重要贡献。当洪水退去,她赶回丈夫身边时,丈夫已不能说话,两天后便去世了。她上有八旬婆母,下有未成年的孩子,面对丈夫去世后沉重的家庭负担,张宇仙依然坚守岗位,依然如故地孝敬婆母,依然一次次毅然选择了把困难留给自己,把改善工作环境的机会让给他人。她以自己的实际行动表达了对党、对人民、对祖国水利事业的热爱和忠诚,获得了人们的高度赞扬,被授予"全国五一劳动奖章"、"全国抗洪模范"、"全国水文标兵"等光荣称号。

曹述军是湖南郴州市桂阳县樟市镇水管站职工。他在2008年抗冰救灾斗争中,视灾情为命令,舍小家为大家,舍生命为人民,主动请缨担任架线施工、恢复供电的负责人。为了让乡亲们过上一个欢乐祥和的春节,他不辞劳苦、不顾危险,连续奋战十多个昼夜,带领抢修队员紧急抢修被损坏的供电线路和基础设施。由于体力严重透支,不幸从12 m高的电杆上摔下,英勇地献出了自己宝贵的生命。他用自己的实际行动生动地诠释了"献身、负责、求实"的行业精神,展现了崇高的道德追求和精神境界,被追授予"全国五一劳动奖章"和"全国抗冰救灾优秀共产党员"等光荣称号。

## 2.2 崇尚科学,实事求是

崇尚科学,实事求是,是指水利工作者要具有坚持真理的求实精神和脚踏实地的工作作风。这是水利工作者必须遵循的一条道德准则。水利属于自然科学,自然科学是关于自然界规律性的知识体系以及对这些规律探索过程的学问。水利工作是改造江河,造福人民,功在当代,利在千秋的伟大事业。水利工作的科学性、复杂性、系统性和公益性决定了水利工作者必须坚持科学认真、求实务实的态度。

崇尚科学,就是要求水利工作者要树立科学治水的思想,尊重客观规律,按客观规律办事。一要正确地认识自然,努力了解自然界的客观规律,学习掌握水利科学技术。二要严格按照客观规律办事,对每项工作、每个环节都持有高度科学负责的精神,严肃认真,精益求精,决不可主观臆断,草率马虎。否则,就会造成重大浪费,甚至造成灾难,给人民生命财产造成巨大损失。

实事求是,就是一切从实际出发,按客观规律办事,不能凭主观臆断和个人好恶观察和处理问题。要求水利工作者必须树立求实务实的精神。一要深入实际,深入基层,深入群众,了解掌握实际情况,研究解决实际问题。二要脚踏实地,干实事,求实效,不图虚名,不搞形式主义,决不弄虚作假。

中国工程勘察大师崔政权,生前曾任水利部科技委员、原长江水利委员会综合勘测局总工程师。他一生热爱祖国、热爱长江、热爱三峡人民,把自己的毕生精力和聪明才智都献给了伟大的治江事业。他一生坚持学习,呕心沥血,以惊人的毅力不断充实自己的知识和理论体系,勇攀科技高峰。为了贯彻落实党中央、国务院关于三峡移民建设的决策部署,给库区移民寻找一个安稳的家园,保障三峡工程的顺利实施,他不辞劳苦,深入库区,跑遍了周边的山山水水,解决了移民搬迁区一个个地质难题,避免了多次重大滑坡险情造成的损失。他坚持真理,科学严谨,求真务实,敢于负责,鞠躬尽瘁,充分体现了一名水利工作者的高尚情怀和共产党员的优秀品质。

## 2.3 艰苦奋斗，自强不息

艰苦奋斗是指在艰苦困难的条件下，奋发努力，斗志昂扬地为实现自己的理想和事业而奋斗。自强不息是指自觉地努力向上，发愤图强，永不松懈。两者联系起来是指一种思想境界、一种精神状态、一种工作作风，其核心是艰苦奋斗。艰苦奋斗是党的优良传统，也是水利工作者常年在野外工作，栉风沐雨，风餐露宿，在工作和生活工作条件艰苦的情况下，磨练和培养出来的崇高品质。不论过去、现在、将来，艰苦奋斗都是水利工作者必须坚持和弘扬的一条职业道德标准。

早在新中国成立前夕，毛主席就告诫全党：务必使同志们继续保持谦虚、谨慎、不骄、不燥的作风，务必使同志们继续保持艰苦奋斗的作风。新中国成立后又讲：社会主义的建立给我们开辟了一条到达理想境界的道路，而理想境界的实现，还要靠我们的辛勤劳动。邓小平在谈到改革中出现的失误时说：最重要的一条是，在经济得到了可喜发展，人民生活水平得到改善的情况下，没有告诉人民，包括共产党员在内应保持艰苦奋斗的传统。当前，社会上一些讲排场、摆阔气，用公款大吃大喝，不计成本、不讲效益的现象与我国的国情和艰苦奋斗的光荣传统是格格不入和背道而驰的。在思想开放、理念更新、生活多样化的时代，水利工作者必须继续发扬艰苦奋斗的光荣传统，继续在工作生活条件相对较差的条件下，把艰苦奋斗作为一种高尚的精神追求和道德标准严格要求自己，奋发努力，顽强拼搏，斗志昂扬地投入到各项工作中去，积极为水利改革和发展事业建功立业。

“全国五一劳动奖章”获得者谢会贵，是水利部黄河水利委员会玛多水文巡测分队的一名普通水文勘测工。自 1978 年参加工作以来，情系水文、理想坚定，克服常人难以想象和忍受的困难，三十年如一日，扎根高寒缺氧、人迹罕见的黄河源头，无怨无悔、默默无闻地在平凡的岗位上做出了不平凡的业绩，充分体现了特别能吃苦、特别能忍耐、特别能奉献的崇高精神，是水利职工继承发扬艰苦奋斗优良传统的突出代表。

## 2.4 勤奋学习，钻研业务

勤奋学习，钻研业务，是提高水利工作者从事职业岗位工作应具有的知识文化水平和业务能力的途径。它是从事职业工作的重要条件，是实现职业理想、追求高尚职业道德的具体内容。一个水利工作者通过勤奋学习，钻研业务，具备了为社会、为人民服务的本领，就能在本职岗位上更好地履行自己对社会应尽的道德责任和义务。因此，勤奋学习，钻研业务是水利职业道德的重要内容。

科学技术知识和业务能力是水利工作者从事职业活动的必备条件。随着科学技术的飞速发展和社会主义市场经济体制的建立，对各个职业岗位的科学技术知识和业务能力水平的要求越来越高，越来越精。水利工作者要适应形势发展的需要，跟上时代前进的步伐，就要勤奋学习，刻苦专研，不断提高与自己本职工作有关的科学文化和业务知识水平；就要积极参加各种岗位培训，更新观念，学习掌握新知识、新技能，学习借鉴他人包括国外的先进经验；就要学用结合，把学到的新理论知识与自己的工作实践紧密结合起来，干中学,学中干,用所学的理论指导自己的工作实践;就要有敢为人先的开拓创新精神,打破因循守旧的偏见,永远不满足工作的现状,不仅敢于超越别人,还要不断地超越自己。这样才能在自己的职业岗位上不断有所发现、有所创新,有所前进。

刘孟会是水利部黄河水利委员会河南河务局台前县黄河河务局一名河道修防工。他参加治黄工作26年来,始终坚持自学,刻苦研究防汛抢险技术,在历次防汛抢险斗争中都起到了关键性作用。特别是在抗御黄河"96·8"洪水斗争中,他果断采取了超常规的办法,大胆指挥,一鼓作气将口门堵复,消除了黄河改道的危险,避免了滩区6.3万亩(1亩=1/15 $hm^2$)耕地被毁,保护了113个行政村7.2万人的生命财产安全,挽回经济损失1亿多元。多年的勤奋学习,钻研业务,使他积累了丰富的治理黄河经验,并将实践经验上升为水利创新技术,逐步成长为河道修防的高级技师,并在黄河治理开发、技术人才培训中发挥了显著作用,创造了良好的社会效益和经济效益。荣获了"全国水利技能大奖"和"全国技术能手"的光荣称号。

湖南永州市道县水文勘测队的何江波同志恪守职业道德,立足本职,刻苦钻研业务,不断提升技能技艺,奉献社会,在一个普通水文勘测工的岗位上先后荣获了"全国五一劳动奖章"、"全国技术能手"、"中华技能大奖"等一系列荣誉,并逐步成长为一名干部,被选为代表光荣地参加了党的十七大。

## 2.5　遵纪守法,严于律己

遵纪守法是每个公民应尽的社会责任和道德义务,是保持社会和谐安宁的重要条件。在社会主义民主政治的条件下,从国家的根本大法到水利基层单位的规章制度,都是为维护人民的共同利益而制定的。社会主义荣辱观中明确提出要"以遵纪守法为荣,以违法乱纪为耻",就是从道德观念的层面对全社会提出的要求,当然也是水利职业道德的重要内容。

水利工作者在职业活动中,遵纪守法更多体现为自觉地遵守职业纪律,严格按照职业活动的各项规章制度办事。职业纪律具有法规强制性和道德自控性。一方面,职业纪律以强制手段禁止某些行为,靠专门的机构来检查和执行。另一方面,职业道德用榜样的力量来倡导某些行为,靠社会舆论和职工内心的信念力量来实现。因此,一个水利工作者遵纪守法主要靠本人的道德自律,严于律己来实现。一要认真学习法律知识,增强民主法治观念,自觉依法办事,依法律己,同时懂得依法维护自身的合法权益,勇于与各种违法乱纪行为作斗争。二要严格遵守各项规章制度,以主人翁的态度安心本职工作,服从工作分配,听从指挥,高质量、高效率地完成岗位职责所赋予的各项任务。

优秀共产党员汪洋湖一生把全心全意为人民群众谋利益作为心中最炽热的追求。在他担任吉林省水利厅厅长时发生的两件事,真实生动地反映了一个领导干部带头遵纪守法、严格要求自己的高尚情怀。他在水利厅明确规定:凡水利工程建设项目,全部实行招标投标制,并与厅班子成员"约法三章":不取非分之钱,不上人情工程,不搞暗箱操作。1999年,汪洋湖过去的一个老上级来水利厅要工程,没料想汪洋湖温和而又毫不含糊地对他说:你想要工程就去投标,中上标,活儿自然是你的,中不上标,我也不能给你。这是规矩。他掏钱请老上级吃了一顿午饭,把他送走了。女儿的丈夫家是搞建筑的,小两口商量想搞点工程建设。可是谁也没想到,小两口在每年经手 20 亿元水利工程资金的父亲那里,硬是没有拿到过一分钱的活。

## 2.6 顾全大局,团结协作

顾全大局,团结协作,是水利工作者处理各种工作关系的行为准则和基本要求,是确保水利工作者做好各项工作、始终保持昂扬向上的精神状态和创造一流工作业绩的重要前提。

大局就是全局,是国家的长远利益和人民的根本利益。顾全大局就是要增强全局观念,坚持以大局为重,正确处理好国家、集体和个人的利益关系,个人利益要服从国家利益、集体利益,局部利益要服从全局利益,眼前利益要服从长远利益。

团结才能凝聚智慧,产生力量。团结协作,就是把各种力量组织起来,心往一处想,劲往一处使,拧成一股绳,把意志和力量都统一到实现党和国家对水利工作的总体要求和工作部署上来,战胜各种困难,齐心协力搞好水利建设。

水利工作是一项系统工程,要统筹考虑和科学安排水资源的开发与保护、兴利与除害、供水与发电、防洪与排涝、国家与地方、局部与全局、个人与集体的关系,江河的治理要上下游、左右岸、主支流、行蓄洪配套进行。因此,水利工作者无论从事何种工作,无论职位高低,都一定要做到:一是牢固树立大局观念,破除本位主义,必要时牺牲局部利益,保全大局利益。二是大力践行社会主义荣辱观,以团结互助为荣,以损人利己为耻。要团结同事,相互尊重,互相帮助,各司其职,密切协作,工作中虽有分工,但不各行其是,要发挥各自所长,形成整体合力。三是顾全大局、团结协作,不能光喊口号,要身体力行,要紧紧围绕水利工作大局,做好自己职责范围内的每一项工作。只有增强大局意识、团结共事意识,甘于奉献,精诚合作,水利干部职工才能凝聚成一支政治坚定、作风顽强、能打硬仗的队伍,我们的事业才能继往开来,取得更大的胜利。

1991 年,淮河流域发生特大洪水,在不到 2 个月的时间里,洪水无情地侵袭了 179 个地(市)、县,先后出现了大面积的内涝,洪峰严重威胁淮河南岸城市、工矿企业和铁路的安全,将要淹没 1 500 亩耕地,涉及 1 000 万人。国家防汛抗旱总指挥部下令启用蒙洼等三个蓄洪区和邱家湖等 14 个行洪区分洪。这样做要淹没 148 万亩耕地,涉及 81 万人。行洪区内的人民以国家大局为重,牺牲局部,连夜搬迁,为开闸泄洪赢得了宝贵的时间,为夺取抗洪斗争的胜利作出了重大贡献,成为了顾全大局、团结治水的典型范例。

## 2.7 注重质量,确保安全

注重质量,确保安全,是国家对与社会主义现代化建设的基本要求,是广大人民群众的殷切希望,是水利工作者履行职业岗位职责和义务必须遵循的道德行为准则。

注重质量,是指水利工作者必须强化质量意识,牢固树立“百年大计,质量第一”的思想,坚持“以质量求信誉,以质量求效益,以质量求生存,以质量求发展”的方针,真正做到把每项水利工程建设好、管理好、使用好，充分发挥水利工程的社会经济效益，为国家建设和人民生活服务。

确保安全，是指水利工作者必须提高认识，增强安全防范意识。树立“安全第一，预防为主”的思想，做到警钟长鸣，居安思危，长备不懈，确保江河度汛、设施设备和人员自身的安全。

注重质量，确保安全，对水利工作具有特别重要的意义。水利工程是我国国民经济发展的基础设施和战略重点，国家每年都要出巨资用于水利建设。大中型水利工程的质量和安全问题直接关系到能否为社会经济发展提供可靠的水资源保障，直接关系千百万人的生产生活甚至生命财产安全。这就要求水利工作者必须做到：一是树立质量法制观念，认真学习和严格遵守国家、水利行业制定的有关质量的法律、法规、条例、技术标准和规章制度，每个流程、每个环节、每件产品都要认真贯彻执行，严把质量关。二是积极学习和引进先进科学技术和先进的管理办法，淘汰落后的工艺技术和管理办法，依靠科技进步提高质量。三是居安思危，预防为主。克服麻痹思想和侥幸心理，各项工作都要像防汛工作那样，立足于抗大洪水，从最坏处准备，往最好处努力，建立健全各种确保安全的预案和制度，落实应急措施。四是爱护国家财产，把行使本职岗位职责的水利设施设备像爱护自己的眼睛一样进行维护保养，确保设施设备的完好和可用。五是重视安全生产，确保人身安全。坚守工作岗位，尽职尽责，严格遵守安全法规、条例和操作规程，自觉做到不违章指挥、不违章作业、不违反劳动纪律、不伤害别人、不伤害自己、不被别人伤害。

长江三峡工程建设监理部把工程施工质量放在首位，严把质量关。仅1996年就发出违规警告50多次，停工、返工令92次，停工整顿4起，清理不合格施工队伍3个，核减不合理施工申报款4.7亿元，为这一举世瞩目的工程胜利建成作出了重要贡献。

# 第 3 章　职工水利职业道德培养的主要途径

## 3.1　积极参加水利职业道德教育

水利职业道德教育是为培养水利改革和发展事业需要的职业道德人格，依据水利职业道德规范，有目的、有计划、有组织地对水利工作者施加道德影响的活动。

任何一个人的职业道德品质都不是生来就有的，而是通过职业道德教育，不断提高对职业道德的认识后逐渐形成的。一个从业者走上水利工作岗位后，他对水利职业道德的认识是模糊的，只有经过系统的职业道德教育，并通过工作实践，对职业道德有了一个比较深层次的认识后，才能将职业道德意识转化为自己的行为习惯，自觉地按照职业道德规范的要求进行职业活动。

水利职业道德教育，要以为人民服务，树立正确的世界观、人生观、价值观教育为核心，大力弘扬艰苦奋斗的光荣传统，以实施水利职业道德规范，明确本职岗位对社会应尽的责任和义务为切入点，抓住人民群众对水利工作的期盼和关心的热点、难点问题，以与群众的切身利益密切相关，接触群众最多的服务性部门和单位为窗口，把职业道德教育与遵纪守法教育结合起来，与科学文化和业务技能教育结合起来，采取丰富多彩、灵活多样、群众喜闻乐见的形式，开展教育活动。

每个水利工作者要积极参加职业道德教育，才能不断深化对水利职业道德的认识，增强职业道德修养和职业道德实践的自觉性，不断提高自身的职业道德水平。

## 3.2　自觉进行水利职业道德修养

水利职业道德修养是指水利工作者在职业活动中，自觉根据水利职业道德规范的要求，进行自我教育、自我陶冶、自我改造和自我锻炼，提高自我道德情操的活动，以及由此形成的道德境界，是水利工作者提高自身职业道德水平的重要途径。

职业道德修养不同于职业道德教育，具有主体和对象的统一性，即水利工作者个体就是这个主体和对象的统一体。这就决定了职业道德修养是主观自觉的道德活动，决定了职业道德修养是一个从认识到实践、再认识到再实践，不断追求、不断完善的过程。这一过程将外在的道德要求转化为内在的道德信念，又将内在的道德信念转化为实际的职业行为，是每个水利工作者培养和提高自己职业道德境界，实现自我完善的必由之路。

水利职业道德修养不是单纯的内心体验，而是水利工作者在改造客观世界的斗争中改造自己的主观世界。职业道德修养作为一种理智的自觉活动，一是需要科学的世界观作指导。马克思主义中国化的最新理论成果是科学世界观和方法论的集中体现，是我们改造世界的强大思想武器。每个水利工作者都要认真学习，深刻领会马克思哲学关于一切从实际出发，实事求是、矛盾分析、归纳与演绎等科学理论，为加强职业道德修养提供根本的思想路线和思维方法。二是需要科学文化知识和道德理论作基础。科学文化知识是关于自然、社会和思维发展规律的概括和总结。学习科学文化知识，有助于提高职业道德选择和评价能力，提高职业道德修养的自觉性；有助于形成科学的道德观、人生观和价值观，全面、科学、深刻地认识社会，正确处理社会主义职业道德关系。三是理论联系实际，知行统一为根本途径。要按照水利职业道德规范的要求，勇于实践和反复实践，在职业活动中不断学习、深入体会水利职业道德的理论和知识。要在职业工作中努力改造自己的主观世界，同各种非无产阶级的腐朽落后的道德观作斗争，培养和锻炼自己的水利职业道德观。要以职业岗位为舞台，自觉地在工作和社会实践中检查和发现自己职业道德认识和品质上的不足，并加以改正。四是要认识职业道德修养是一个长期、反复、曲折的过程，不是一朝一夕就可以做到的，一定要坚持不懈、持之以恒地进行自我锻炼和自我改造。

## 3.3　广泛参与水利职业道德实践

水利职业道德实践是一种有目的的社会活动，是组织水利工作者履行职业道德规范，取得道德实践经验，逐步养成职业行为习惯的过程；是水利工作者职业道德观念形成、丰富和发展的一个重要环节；是水利职业道德理想、道德准则转化为个人道德品质的必要途径，在道德建设中具有不可替代的重要作用。

组织道德实践活动，内容可以涉及水利工作者的职业工作、社会活动以及日常生活等各方面。但在一定时期内，须有明确的目标和口号，具有教育意义的内容和丰富多采的形式，要讲明活动的意义、行为方式和要求，并注意检查督促，肯定成绩，找出差距，表扬先进，激励后进。如在机关里开展“爱岗敬业，做人民满意公务员”活动，在企业中开展“讲职业道德，树文明新风”活动，在青年中开展“学雷峰，送温暖”活动，组织志愿者在单位和宿舍开展“爱我家园、美化环境”活动等。通过这些活动，进行社会主义高尚道德情操和理念的实践。

每一个水利工作者都要积极参加单位及社会组织的各种道德实践活动。在生动、具体的道德实践活动中，亲身体验和感悟做好人好事，向往真善美所焕发的高尚道德情操和观念的伟大力量，加深对高尚道德情操和观念的理解，不断用道德规范熏陶自己，改进和提高自己，逐步把道德认识、道德观念升华为相对稳定的道德行为，做水利职业道德的模范执行者。

# 第 2 篇　基 础 知 识

# 第1章　水文基本概念

自然界各种水体的存在形态和运动过程称为水文现象。如蒸发、降水、水流的循环过程是水文现象；河流和湖泊中的水位涨落、流量的大小、河流含沙量的大小及输沙的多少、水温冰情变化等也是水文现象。作为自然科学的水文学就是研究水文现象，阐明水文循环和水文现象各要素物理机制与相互关系的学问。作为应用科学的水文学就是研究河流及湖泊、冰川、沼泽、地下水、河口等水体中水的时空分布、变化规律，为防治水害和开发水资源奠定基础。水文科学主要靠建立从局部到全球的水文观测站网，通过对自然界业已发生的水文现象的观测进行分析和研究，根据已有的水文资料，预测或预估水文情势未来状况，直接为人类的生活和生产服务。

按地球圈层范畴，水文学可分为水文气象学、地表水文学和地下水文学。其中，地表水文学又可分为陆地水文学和海洋水文学。陆地水文学主要研究存在于大陆表面上的各种水体及其水文现象的形成过程与运动变化规律。按目前的任务方向，业务水文基本划分为水文测验及资料整编、水文水利计算、水文预报三个领域。

## 1.1　自然界水循环的概念

地球上的水以液态、固态和气态分布于地面、地下和大气中，形成河流、湖泊、沼泽、海洋、冰川、积雪、地下水和大气水等水体，构成一个浩瀚的水圈。水圈处于永不停息的运动状态，水圈中各种水体通过蒸发、水汽输送、降水、地面径流和地下径流等水文过程紧密联系，相互转化，不断更新，形成一个庞大的动态系统。

在太阳能的作用下，自然界中的水分不断地从水面、陆面和植物表面蒸发，化为水汽上升到高空，然后被气流带到其他地区，在适当的条件下凝结，又以降水的形式降落到地面上。到达地面的水，在重力作用下，一部分渗入地下成为地下水，一部分形成地面径流流入江河汇归海洋，还有一部分又重新蒸发回到大气中。其中，渗入地下的地下水，一部分也逐渐蒸发，一部分渗入地下，增加土壤的水分，补给地下水，最终也流入海洋。水的这种不断蒸发、输送、凝结、降落、产流、汇流的转化、迁移和交替的往复循环过程，称为水文循环（也称为水分循环）。图2-1-1为水文循环过程示意图（图中数字为全球水循环各环节年度数值）。

水自海洋以水汽进入空气中，被气流带到大陆以降水的形式到达地表或地下，最后又以径流注入海洋，完成一次循环，称为水文大循环。水从海洋蒸发，又降落到海洋，或从陆地的水体、土壤蒸发进入大气，最后又以降水的形式回到陆地上，这种“就地”蒸发“就地”降落的水循环，称为水文小循环。水文循环无始无终，大致沿着海洋（或陆地）—大气—陆地（或海洋）—海洋（或陆地）的路径，循环不已。水文循环的内因是水的三态（液态、气态和固态）在常温下相互转换的物理特性，而外因则是太阳的辐射能和地心引力。在地

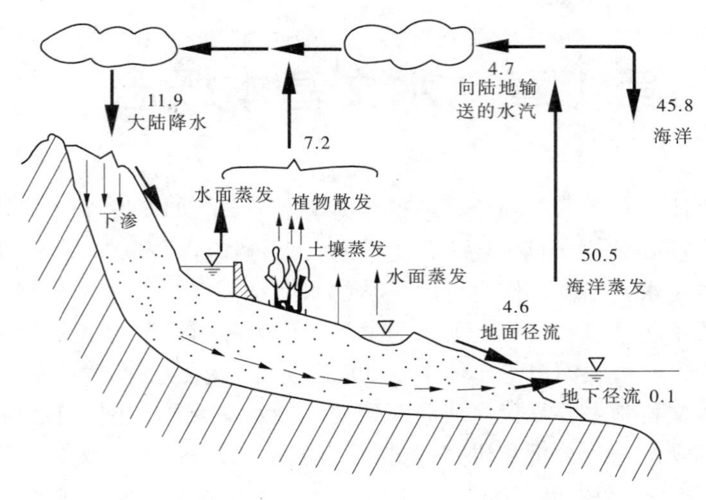


**图 2-1-1　水文循环过程示意图**　（单位：万 $km^3/a$）

面以上平均约 11 km 的大气对流层顶至地面以下 1 ~ 2 km 深处的广大空间，无处不存在水文循环的行踪。全球任何一个地区或水体都存在着各具特色的区域水文循环系统，各种时间尺度和空间尺度的水文循环系统彼此联系、制约，构成了全球水文循环系统。

水文循环包括许多过程。一般都要经过蒸发、降水（包括凝结过程）、径流形成（包括地面和地下径流以及下渗过程）和大气水分输送四个重要环节。不同纬度带的大气环流使一些地区成为水汽源地，那里蒸发大于降水，而使另一些地区成为水汽辐合区，那里降水大于蒸发。降水可形成径流，不同规模的跨流域调水工程能够改变地面径流的路径。

## 1.2　河流、水系、流域的概念

### 1.2.1　河流

降水或由地下涌出地表的水，汇集在地面低洼处，在重力作用下经常或周期性地沿流水本身造成的洼地流动，这就是河流。河流在我国的称谓很多，较大的称江、河、川、水，较小的称溪、涧、沟、曲等。

河流根据其地理－地质特征可分为河源、上游、中游、下游和河口五段，多数发育成熟的河流，五段特征比较明显。河源是河流最初具有地表水流形态的地方，也是全流域海拔最高的地方，通常与山地冰川、高原湖泊、沼泽和泉相联系。上游指紧接河源的河段，一般特征为侵蚀强烈、河谷窄、纵断面比降大或呈阶梯状并多急滩和瀑布，水流流速大、水量小。中游水量逐渐增加，但比降已较和缓，流水下切力已开始减小，河床位置比较稳定，侵蚀和堆积作用大致保持均衡，纵断面往往呈平滑下凹曲线。下游河谷宽广，河道弯曲，河道比降小，河水流速小，淤积作用显著，多处可见浅滩和沙洲。河口是河流的终点，是河流入海、入湖或汇入更高级河流处，经常有泥沙堆积或形成三角洲，有时分汊现象显著。

以海洋为最后的归宿，流入海洋的河流称为外流河；流入内陆湖泊或沼泽，或因渗漏、蒸发而消失于荒漠中的河流称为内流河,也叫无尾河或瞎尾河。

水文学中一般描述河流特征的要素有以下几种:

(1)河流长度。是指从河源起始断面,沿河流中泓线至终了断面的距离,以 $L$ 表示,单位为 km。

(2)河流弯曲率。天然河流一般是弯曲的,在河流上取两横断面,两横断面间沿河流中泓线的长度与该两横断面中泓点之间的直线长度的比值为该河段的弯曲率。

(3)河流比降。是指河段上相邻两断面河底的高程差与该两断面之间中泓线长度的比值,用小数或百(千、万)分数表示。

河源与河口的高程差称为河流的总落差;而某一河段两端的高程差,则是这一河段的落差。

(4)河流纵断面。河流中沿水流方向各断面深泓点河底的连线称为中泓底线,反映了河床高程的沿程变化。通过中泓底线的竖直剖面称为河流的纵断面。与对应水面高程(水位)沿程变化水面线所夹持的过流纵断面区为水流纵剖面。

以河底高程为纵轴,距河口的距离为横轴建立直角坐标系,据实测河底高程值定出各点的坐标,连接各点即得到河流的纵断面图。河流纵断面图能够直观地反映河流比降的变化。

(5)河流横断面。是指河流垂直于水流方向的剖面,可据实测河道地形高程数据绘出横断面图。断面内通过水流的部分称为过水断面,相应的面积为过水断面面积。不同水位的河槽,相应的过水断面面积不同。

### 1.2.2　水系

河流沿途接纳很多支流,并形成复杂的干支流网络系统,这就是水系。在我国河流编码标准中,有两条以上大小不等的支流以不同形式汇入干流,才构成一个河道体系,称为水系或河系。

水系中的河流有干流、支流之分。干流一般是指水系中长度最长、水量最大的那一条河流。但有些河流的干流,既不是长度最长也非水量最大,而是历史传承的延续。例如,我国的汉水(滑水)和它的支流褒水汇合点以上,褒水的长度比汉水长得多,按长度论,汉水的干流应该是褒水而不是汉水。美国的密西西比河比它的支流密苏里河短得多,但是习惯传承把前者当做干流。

流入干流的河流称为支流。而支流又有一级、二级、三级……之分。在我国,一种惯用的方法是把直接汇入干流的河流称一级支流,汇入一级支流的河流称二级支流,以此类推。

受地质构造、地理条件以及气候等因素影响,自然形成的水系,平面形态千奇百异,但归纳起来主要有羽毛状、平行状和混合状三大类。羽毛状水系的支流自上游而下游,在不同地点依次汇入干流,相应的流域形状多为狭长形;平行状水系的支流与干流大体成平行趋势相交汇,相应的流域形状多为扇形;混合状水系的支流与干流的关系介于前两者之间,相应的流域形状也介于狭长形和扇形之间。人工精心设计开挖形成的平原水系可为网状结构。

水系的形状影响着洪水汇合的先后、集中的快慢及流量的大小。对面积相同、水系形状不同的流域,同一场暴雨形成的流域出口断面流量过程线明显不同。平行状水系由于各支流汇集到流域出口断面的同时性强,所产生洪水的过程线较急剧(过程线较尖瘦);羽毛状水系各支流由于汇集到流域出口断面的时间相互错开,所产生洪水的过程线较矮胖;混合状水系产生的洪水过程则介于以上两者之间。

水系的名称通常以干流的河名命名,如长江水系、黄河水系、珠江水系等。但也有用地理区域或把同一地理区域内河性相近的几条河作为综合命名,如湖南省境内的湘江、资水、沅江、澧水四条河流共同注入洞庭湖,称为洞庭湖水系;江西省赣江、抚河、信江、饶河、修水均汇入鄱阳湖,称为鄱阳湖水系;海河、滦河、徒骇河及马颊河都各自入海,称为华北平原水系等。

我国水文资料整编规范和流域管理机构对水系也有较明确的规定,一般只将较大的或独立性较强的支流规定为水系,如黄河的水系规定为黄河、洮河、湟水、窟野河、无定河、汾河、渭河、泾河、北洛河、伊洛河、沁河、大汶河。

### 1.2.3　流域

每一条河流和每一个水系都从一定的陆地区域(包括一定深度)上获得补给,这部分陆地便是河流和水系的流域,实际上就是河流和水系在陆地的集水区。河流和水系的地面集水区与地下集水区往往并不是重合的,但地下集水区很难直接测定,所以在分析水文地理特征或进行水文计算时,多用地面集水区代表河流的流域。由两个相邻集水区之间的最高点连接成的不规则曲线,即为两条河流或两个水系的分水线(或地面分水线)。对于任何河流或水系来说,分水线之内的范围(面积)就是它的流域(面积)。

补给内流河的流域范围称为内流流域。补给外流河的流域范围称为外流流域。

水文学一般描述流域特征的要素有以下几种:

(1)流域面积。是指流域地面分水线和(或)出口断面所包围区域的水平面积,又称集水面积,基本单位为 $km^2$。中国河流众多,流域面积在 100 $km^2$ 以上的河流约 5 万条,流域面积在 1 000 $km^2$ 以上的河流约 1 500 条,超过 1 万 $km^2$ 的河流有 79 条,其中长江流域面积达 180 万 $km^2$。在同等降水情况下,流域面积大小直接影响河流水量大小及径流的形成过程。

(2)河网密度。是指单位流域面积上的河流长度,即流域中干支流总长度和流域面积之比,基本单位为 $km/km^2$。

(3)流域长度和平均宽度。对于全凸形的流域,以流域出口为圆心做一组不同半径的同心圆,在每个圆与流域分水线相交处(两点)做割线,各割线中心点连线的长度即为流域的长度,以 km 计。流域面积与流域长度之比称为流域平均宽度,以 km 计。对于有凹形的流域,圆与流域分水线相交处可能为多点,应具体分析确定两个参数。

(4)流域形状。表示流域形状特征的参数一般有形态因子、形状系数(也叫圆度)和伸长比。流域面积与流域长度平方的比值称为形态因子。流域分水线的实际长度与流域同面积圆的周长之比称为形状系数(也可用流域面积与周长和流域周长相等的圆面积相比)。流域形状系数接近于 1 时,流域的形状接近于圆形,这样的流域易产生大的洪水。

流域形状越狭长，流域形状系数越小，径流变化越平缓。面积等于流域面积的圆的直径与流域长度的比值称伸长比，伸长比越小，流域越趋于狭长形。

(5)流域高度。是指流域范围内地表的平均高程，主要影响降水的形式和流域内的气温，进而影响流域的水量变化。流域平均高度可用式(2-1-1)计算

$$H_0 = (a_1 h_1 + a_2 h_2 + \cdots + a_i h_i)/A \tag{2-1-1}$$

式中　$H_0$——流域平均高度，m；

$a_i$——相邻两等高线间的面积，$km^2$；

$h_i$——相邻两等高线的平均高度，m；

$A$——流域面积，$km^2$。

(6)流域坡度。流域上两点之间的坡度是该两点高差与它们之间直线距离的比值。由于流域地面高低不平，流域坡度是空间位置的函数。它是坡地漫流过程的一个影响因素，在小流域洪水汇流计算时，是一个重要参数。流域平均坡度按式(2-1-2)计算

$$J = (a_1 J_1 + a_2 J_2 + \cdots + a_i J_i)/A \tag{2-1-2}$$

式中　$J$——流域平均坡度；

$J_i$——相邻两等高线间的平均坡度；

$a_i$——相邻两等高线间的面积，$km^2$；

$A$——流域面积，$km^2$。

# 1.3　地表水和地下水的概念

## 1.3.1　地表水

地表水指存在于地壳表面，暴露于大气中的水，亦称陆地水。地表水水体基本赋存类型为河流、湖泊、冰川、沼泽四种，其水资源意义如下：

(1)河流是最活跃的地表水体，它的水量更替快，水质良好，便于取用，历来就是人类开发利用的主要对象，在农业灌溉、城镇供水、水力发电和航运等方面为促进社会经济发展起到了巨大的作用。但由于河川径流的年际、年内变化大，多水季节容易发生洪涝灾害，所以在开发利用河流水时要体现兴利与除害并重。

(2)淡水湖和水库具有存储、调节径流的作用，能缓解来水与用水的矛盾，提高河川径流的利用程度。

(3)咸水湖直接供水意义不大，但常蕴藏丰富的矿物资源。

(4)极地冰川和冰盖目前尚难以开发利用，但中低纬度的高山冰川则是巨大的“固体水库”，可储存固态降水，冰雪融水对河流有补给调节作用。

(5)沼泽是生长喜湿植物的过湿地，对维护生物多样性作用较大。

## 1.3.2　地下水

地下水一般指存在于地表以下岩土的孔隙、裂隙和洞穴中的水。地表以下含水的岩土可分两个带。上部为包气带，也称非饱和带，岩土的空隙中除水外还包含空气。下部为

饱水带，也称饱和带，岩土的空隙被水充满。狭义的地下水指埋藏于地面以下岩土孔隙、裂隙、溶隙饱和带中的重力水，广义的地下水指地面以下各种形式的水。

地下水主要来源为大气降水入渗，排泄有出露泉、潜水蒸发、排向地表水体（如河流枯水期的基流，主要靠地下水补给）、越流排泄和各种人工排泄（如吸取井水）。

根据地下埋藏条件的不同，地下水可分为上层滞水、潜水和承压水三大类。

（1）上层滞水是由于局部的隔水作用，下渗的大气降水停留在浅层的岩石裂隙或沉积层中所形成的蓄水体。

（2）潜水是埋藏于地表以下第一个稳定隔水层上的地下水，通常所见到的地下水多半是潜水。当潜水流出地面时就形成泉或渗流细水。它主要由降水和地表水入渗补给。

（3）承压水一般是埋藏较深，处于两个隔水层之间的地下水。这种地下水往往具有较大的水压力，当井或钻孔穿过上层顶板时，强大的压力就会使水体喷涌而出，形成自流水。

## 1.4 水量平衡的概念和水量平衡方程

### 1.4.1 水量平衡的概念和水量平衡方程通式

水量平衡为水循环的数量表达。按质量守恒定律，其基本意义是指在给定任意尺度的时域空间中，水的运动（包括固、液、气态的相变）有连续性，在数量上保持着收支平衡。作为具体的理解，水量平衡为水文循环过程中某区域在任一时段内，输入的水量等于输出的水量与蓄水变量之和；或一定区域（或水体）在一定时段内水的收入量与支出量之差等于该区域（或水体）的蓄水变量。蓄水变量指时段始末区域内蓄水量之差（时段开始可能有蓄水，也可能无蓄水）。

水量平衡方程式可由水量的收支情况来制订。系统中输入的水（$I$）与输出的水（$O$）之差就是该系统内的蓄水变量（$\Delta S$），其通式为

$$I - O = \pm \Delta S \tag{2-1-3}$$

从本质上说，水量平衡是质量守恒原理在水循环过程中的具体体现，也是地球上水循环能够持续不断进行下去的基本前提。一旦水量平衡失控，水循环中某一环节就要发生断裂，整个水循环亦将不复存在；反之，如果自然界根本不存在水循环现象，也就无所谓水量平衡了。因而，两者密不可分。水循环是地球上客观存在的自然现象，水量平衡是水循环内在的规律。水量平衡方程式则是水循环的数学表达式，而且可以根据不同水循环类型，建立不同的水量平衡方程。

水量平衡的研究时段可以是日、月，也可以是一年、数十年或更长的时间，或者为一个特定时期（如河流汛期、某洪水期、农田灌溉供水期等）。

水量平衡是水文、水资源学科水文现象和水文过程分析研究的基础，同时是研究和解决一系列实际水资源数量和质量计算及评价问题的依据、手段和方法，因而具有十分重要的理论意义和实际应用价值。通过对水量平衡的研究，分析水循环系统内蒸发、降水及径流等各个环节相互之间的内在联系，揭示自然界水文过程基本规律，认识和掌握河流、湖

泊、海洋、地下水等各种水体的基本特征、空间分布、时间变化以及今后的发展趋势，进而可以定量地探索水循环过程与全球或区域地理环境、自然生态系统及人类活动之间的相互联系、相互制约的关系，消除或减缓消极影响，发展或增强积极影响，促进可持续发展。

### 1.4.2　全球和 4 个自然系统水量平衡方程式

在水量平衡方程通式的基础上，按系统的空间尺度，大到全球，小至一个区域；也可从大气层到地下水的任何层次，均可根据通式写出不同的水量平衡方程式。如全球水量平衡方程式、海洋水量平衡方程式、陆地水量平衡方程式、流域水量平衡方程式、水体水量平衡方程式等。除全球水量平衡方程式外，从水量交换的角度也可把水量平衡的区域划分为 4 个自然系统，并可相应列出水量平衡方程式。

（1）全球水量平衡方程式为

$$\overline{P_c} + \overline{P_o} = \overline{E_c} + \overline{E_o} \tag{2-1-4}$$

式中　$\overline{P_c}$——陆地的降水量；

$\overline{P_o}$——海洋的降水量；

$\overline{E_c}$——陆地的蒸发量；

$\overline{E_o}$——海洋的蒸发量。

（2）大气系统水量平衡方程式为

$$A_i - A_o + E - P = \Delta A \tag{2-1-5}$$

式中　$A_i$、$A_o$——大气层中除降水与蒸发外的其他收入水量、支出水量（如随水平气流输入、输出的水分）；

$P$、$E$——降水量和蒸发量；

$\Delta A$——大气系统中的蓄水变量。

（3）流域系统水量平衡方程式为

$$P - R - E = \Delta S \tag{2-1-6}$$

式中　$P$——降水量；

$R$——径流量；

$E$——蒸发量；

$\Delta S$——流域蓄水变量。

（4）土壤系统水量平衡方程式为

$$P - R - E + C_m + S_i - S_o = \Delta W \tag{2-1-7}$$

式中　$C_m$——土壤中的凝结水；

$S_i$——由地下水和壤中流形式进入土壤层的水；

$S_o$——由土壤层向下渗入地下水和壤中流形式流出土壤层的水；

$\Delta W$——土壤层中的蓄水变量；

其余符号意义同前。

（5）地下水系统水量平衡方程式为

$$\alpha P - E_u + U_i - U_o = \Delta U \tag{2-1-8}$$

式中　$\alpha$——地下水的降水入渗补给系数；

$P$——降水量；

$E_u$——地下水上升经土壤到地面后的蒸发量；

$U_i$——地下流入系统的水量；

$U_o$——地下流出系统的水量；

$\Delta U$——地下的蓄水变量。

以上 4 个系统的水量平衡方程式可以相互结合列成联立方程,用于水循环或水量交换的研究。对于特定区域、空间层或水体的水量平衡方程式,可视具体的条件列出。

### 1.4.3　区域或工程水量平衡方程式

水量平衡局部区域可理解为任意给定的空间,如河流、湖泊、冰雪等水体,各大小流域,山区、平原、盆地、农田、灌区、城镇、森林、草场等各种自然土地和土地利用的不同地段,还有按自然和行政划分的区域。它们的区域界线可以是闭合的,也可以是非闭合的。工程系统或具体水工程也可建立水量平衡方程式。区域或工程水量平衡方程式多种多样,下面以引河水灌溉区为例,说明结合具体情况和条件列出相应水量平衡方程式的方法。

一般的河道的水量平衡方程式为

$$P_r + Q_{ir} - Q_{or} - E_{wr} - R_{Gr} = \Delta Q_r$$

式中　$P_r$——降入河道的水量；

$Q_{ir}$、$Q_{or}$——河道上、下游断面流入、流出的水量；

$E_{wr}$——河道水面蒸发量；

$R_{Gr}$——河道与地下水交换量；

$\Delta Q_r$——计算时段始末河道蓄水变量。

大多数灌区从河道引水,而灌区内的工业生活废水、灌溉回归水以及山洪等则经过排水沟道排入河道,同时河道与灌区地下水存在水量交换以及蒸发损失。若 $Q_{yr}$ 为灌区引河水量,$Q_{dr}$ 为灌区排入河道水量,这种情况的河道水量平衡方程式为

$$P_r + Q_{ir} - Q_{or} - E_{wr} - R_{Gr} - Q_{yr} + Q_{dr} = \Delta Q_r$$

灌区各耗水类型除消耗河道引水外，还消耗降水、地下水等,而灌区的地下水很大一部分为渠系和灌溉渗漏补给，所以各耗水类型在消耗地下水的同时，实际上间接消耗了河道水。因此,灌区消耗河道水量为

$$Q_{Th} = Q_h + \alpha Q_{gw}$$

式中　$Q_{Th}$——灌区消耗河道水量；

$Q_h$——灌区引河道水净耗量；

$\alpha$——河道水入渗补给地下水量占地下水补给总量的比例；

$Q_{gw}$——灌区消耗的地下水量。

灌区排水系统包括田间排水沟、斗沟、支沟和干沟,为了描述排水沟系统的径流过程,在空间上将研究区域按各排水干沟的排水范围划分为不同的排水区域。为了简化,对于每个排水区域只模拟排水干沟的径流过程,其径流关系为

$$Q_{id} + Q_p - Q_{Ew} + Q_{zd} + Q_{sew} + Q_{qt} + Q_{gd} = Q_{od}$$

式中 $Q_{id}$、$Q_{od}$——排水区域干沟断面进、出水量；

$Q_p$——该段干沟的降水量；

$Q_{Ew}$——该段干沟的水面蒸发量；

$Q_{zd}$——排水区域内各计算单元的地表排水量；

$Q_{sew}$——工业生活污水排放量；

$Q_{qt}$——引水渠系直接退水量；

$Q_{gd}$——排水区域内地下水渗入排水沟的水量。

灌区总水量平衡方程式为

$$(I + P + R + Q) - (E + D + G) = \Delta S_1 + \Delta S_2 + \Delta S_3$$

式中 $I$——灌区渠首引水量；

$P$——灌区降水量；

$R$——灌区外地表水进入量；

$Q$——侧向地下水补给量；

$E$——蒸发蒸腾量；

$D$——排水沟排水量；

$G$——地下水外排量；

$\Delta S_1$——灌区地表水储量的变化量；

$\Delta S_2$——灌区地下水储量的变化量；

$\Delta S_3$——灌区土壤水储量的变化量。

由此可见，建立水量平衡方程式要先确定平衡研究对象，再围绕对象列举考察时段进入对象的水量和出离对象的水量，进入取正值，出离取负值，两者代数和等于对象的蓄水变量。各水量取相同的量纲和单位。至于进入、出离对象的考察单元，一是从方程求解量的需求考虑，一是从测算的可能考虑，理论上也常从研究认识的水平考虑。

## 1.5 水文测站分类及水文站网概念

水文测站是在河流上或流域内设立的，按一定技术标准经常收集和提供水文要素的各种水文观测现场的总称。水文测站有多种分类，下面介绍常见的几种分类。

### 1.5.1 按目的和作用分类

(1)基本站。是为综合需要的公用目的，经统一规划而设立的水文测站。基本站应保持相对稳定，在规定的时期内连续进行观测，收集的资料应刊入《中华人民共和国水文年鉴》(简称水文年鉴)或存入国家基本水文数据库。

(2)实验站。是为深入研究某些专门问题而设立的一个或一组水文测站，实验站也可兼作基本站。

(3)专用站。是为特定目的而设立的水文测站，不具备或不完全具备基本站的特点。

(4)辅助站。是为帮助某些基本站正确控制水文情势变化而设立的一个或一组站点。辅助站是基本站的补充，用于弥补基本站观测资料的不足。计算站网密度时，辅助站一般不参加统计。

## 1.5.2　按观测项目分类

(1)水文站。是设置在河流、渠道和湖泊、水库进出口以测定流量和水位为主的水文测站。根据需要还可测定降水、蒸发、泥沙、水质等有关项目。

(2)水位站。是以观测水位为主,可兼测降水量等项目的水文测站。

(3)降水量站。又称雨量站,是观测降水量的水文测站。

(4)蒸发站。是观测蒸发量的水文测站。

## 1.5.3　天然河道流量站根据控制面积大小和作用的分类

(1)大河控制站。控制面积为3 000~5 000 $km^2$ 以上的大河干流上的流量站。

(2)小河控制站。干旱区在300~500 $km^2$ 以下,湿润区在100~200 $km^2$ 以下的小河流上设立的流量站。

(3)区域代表站。其余的天然河道上的流量站。

## 1.5.4　按测验控制精度分类

### 1.5.4.1　流量站分类

国家基本水文站,按流量测验控制精度分为三类,各类流量测验精度水文站的划分见表2-1-1。

**表2-1-1　各类流量测验精度水文站的划分**

| 类别 | 测验精度要求 | 测站主要任务 | 集水面积($km^2$) | |
|---|---|---|---|---|
| | | | 湿润地区 | 干旱、半干旱地区 |
| 一类精度水文站 | 应达到按现有测验手段和方法能取得的可能精度 | 收集探索水文特征值在时间上和沿河长的变化规律所需长系列样本和防汛需要的资料 | ≥3 000 | ≥5 000 |
| 二类精度水文站 | 可按测验条件拟定 | 收集探索水文特征值沿河长和区域的变化规律所需具有代表性的系列样本的资料 | 200~10 000 | 500~10 000 |
| 三类精度水文站 | 应达到测站任务对使用精度的要求 | 收集探索小河在各种下垫面条件下的产、汇流规律和径流变化规律,以及水文分析计算对系列代表性要求所需的资料 | <200 | <500 |

当水文测站因受测站控制和测验条件限制而需要调整时,可降低一个精度类别。

### 1.5.4.2　泥沙站分类

(1)一类站。为对主要产沙区、重大工程设计及管理运用、河道治理或河床演变研究等起重要控制作用的站。该类站应施测悬移质输沙率、含沙量及悬移质和床沙的颗粒级配,测验精度应高于二、三类站,并进行长系列的全年观测;部分一类站,根据需要可采用直接法或间接法进行全沙输沙率测验或进行河道断面测量。

(2)二类站。为一般控制站和重点区域代表站。该类站应施测悬移质输沙率和含沙量;大部分二类站应施测悬移质颗粒级配,测验精度低于一类站。

(3)三类站。为一般区域代表站和小河站。该类站应施测悬移质输沙率和含沙量;部分三类站应施测悬移质颗粒级配,测验精度可低于一、二类站。

### 1.5.5　水文测站设站年限概念

确定水文测站设站年限应分析观测系列样本的代表性以及对统计量的精度要求。一般基本水文测站设站年限可用所考察的水文项目(要素)多年统计均值和方差稳定在可接受(或变化在可容许)的范围内予以推求。实验水文测站、专用水文测站、辅助水文测站设站年限可由其预定目标任务的完成情况确定。

### 1.5.6　水文站网概念

水文站网是在一定地区或流域内,按一定原则,用一定数量的各类水文测站构成的水文资料收集系统。收集某一项目水文资料的水文测站组合在一起,构成这个单一项目类型的站网,一般有流量站网、水(潮)位站网、泥沙站网、降水量站网、水面蒸发站网、地下水站网、水质站网、墒情站网等。流量站(通常称做水文站)一般应观测水位,可兼测其他观测项目。水面蒸发站应观测降水量。

监测某一方面功能的水文测站结合在一起组成该功能的水文站网,如水资源管理监测站网、防汛监测站网、水资源保护监测站网、水土保持监测站网、旱情监测站网、水生态监测站网、水文基本规律探索监测站网、水文科学实验监测站网等。各类水文测站可根据功能要求设立测验项目。

水文站网密度的一般概念是,流域或考察区域单位面积上的水文测站数(通常也用流域或考察区域平均每一水文测站控制的面积衡量)。水文站网密度分为现实密度和可用密度,现实密度是表示当前单位面积上正在运行的水文测站数;可用密度是指单位面积上包括现有站数及虽停止运行但已取得有代表性的资料或可以插补延长系列的水文测站数。在考察区域,再增加测站数量,对考察项目水文地理参数等值线分布趋势或统计特征值(如均值、方差)的影响有限或在可接受的范围可称为临界站网密度。

## 1.6　水文勘测的基本内容及方式

勘测一般意义上是查勘、勘探和测量工作的总称。水文勘测是水文工作的基础,按工作程序和任务内容可分为设站前查勘、水文调查和水文测验等。其中,水文测验是长期的业务,通过测站或相应机构的驻站测验(定位观测)、巡回测验、整编和分析水文资料等业务为水利建设和其他国民经济建设提供水文数据。

### 1.6.1　设站前查勘

规划或准备设立水文站前,应对流域地质、地貌、河流特性、工程措施及资料、开发规划等进行仔细的勘察、调查。在确定测验河段的位置和进行断面布设时,应勘察河势,了解河道弯曲和顺直段长度,两岸和堤防控制洪水的能力等。具体工作内容有以下几个方面:

(1)河流特性勘察。

①调查控制断面的位置,鉴别断面控制或河槽控制的稳定程度。

②调查分流、串沟、回流、死水以及边滩宽度,以供分析是否便于布置测验设施。在初步选定的河段内测量若干个河道断面,并测绘其中一个断面的流速分布。

③了解河床组成、断面形状、冲淤变化、沙洲消长史和河道变迁史,以及各级水位的主泓、流速、流向及其变化情况,并勘察河床上岩石、砾石、漂石、砂、壤土、黏土、淤泥等沿测验河段的分布。

(2)选择测验方案及设备的勘察。

选择测验的方案及设备,了解洪水涨、落缓急程度,历史最高、最低水位和最大漫滩边界,粗估最大、最小流量,调查洪水来源以及水土流失和泥石流形成原因。

(3)流域自然地理情况的调查。

勘察地质、地貌,了解分水岭闭合情况,有无客水引入及内水分出。

(4)流域内建设工程措施及其测量控制情况的调查。

调查了解蓄、引水工程规模和数量的现状及其近期、远景规划安排;农田水利、水土保持措施的类型及其可能对洪水泥沙产生的影响;河道通航、木材流放季节及其放运方式;拟建测站附近的高程控制点、平面控制点的坐标位置、高程及其等级。

(5)勘察报告的编写。

勘察报告包括勘察的目的、任务,主要工作人员的专业类别及技术水平,勘察时间和范围;整理各项调查资料,分类归纳成简明成果;推荐勘选的测验河段,阐述分析意见,提出对水文测验项目、方法和基本设施等布置工作的建议。

### 1.6.2　水文调查

水文调查是为弥补水文基本站网定位观测不足或其他特定目的,采用勘测、考察、调查、考证等手段而进行的收集水文及有关资料的工作。它包括测站附近河段和以上流域内的蓄水量、引入引出水量、滞洪、分洪、决口和人类其他活动影响水文情况的调查。旨在对水体形态和数量、集水面积内的自然地理条件等作出科学的分析和评价。在我国,历史大暴雨、历史大洪水和历史枯水的调查是水文调查的重要内容。在组织实施方面,有测站年度调查和专门调查等。

### 1.6.3　水文测验

水文测验工作就是正确、经济、迅速地测定各种水文要素的数量及其在时间和空间上的变化,还包括站网布设、测验方法和资料整编方法的研究,也包括测量仪器的研制和资料存储、检索、传输系统的研究。根据测验方式的不同通常可分为驻测、巡测、遥测及流量间测。

驻测是测验人员常驻测站实施测验。工作内容主要包括水文普通测量，水位、流量、泥沙、降水、蒸发、水温、冰情、土壤含水量、地下水等水文要素的监测与信息报告上传，资料整编等。有时也可承担水文情报预报、水文分析计算、水资源分析评价等任务。

巡测是对一些没有必要做驻站测验的断面或地点进行定期巡回测验，如枯水期和冰冻期的定期流量、泥沙测验，定期水质取样测定等水文测验一般可采用巡测方式。

遥测是作业人员不到测验现场，利用传感技术、通信技术和数据处理技术实现水文要素监测。遥测可提高自动化水平，取得较多实时动态性能数据，可使原来某些难以进行人员实地的观测得以实现，也可提高劳动生产率，改善劳动条件。

在取得多年实测流量资料后，如经分析证明已建立的水位—流量关系比较稳定，并能满足推算逐日流量及各种径流特征值的精度要求，则可采取停测一个时期后再行施测流量间测的办法，但水位不宜实施间测。

## 1.7　防汛抗旱基本常识

### 1.7.1　汛期

根据一年内河流水情的变化特征，可以分为若干个水情特征时期，如汛期、平水期、枯水期及冰冻期。河流处于高水位大流量的时期通常称为汛期。河流处于中常水位的时期是平水期。河流处于低水位的时期是枯水期。我国河流的主汛期多在夏（秋）季，平水期多在秋（冬）季，枯水期一般在冬（春）季。河流冰冻期在气温较低的冬（春）季。

在汛期，由于降水量大，地表径流量多，河流水位较高，或多发生水灾。在枯水期，河流主要依靠地下水补给，流量和水位变化很小。从汛期到枯水期地表径流量消退过渡时期即平水期，水位处于中常状况。这些变化会影响人们的生产、生活。

按照一年中高水位、大流量出现的时段，汛期可分为春汛（黄河流域的桃汛）、伏汛、秋汛和凌汛。春季积雪融化形成的河流高水位叫做春汛。我国华北、东北的河流都有春汛，但水量比伏汛小，历时也不长。我国绝大多数河流的高水位是夏季（伏天）集中降水造成的，又叫伏汛（主汛期）。伏汛期径流量大，洪峰起伏变化急剧，是全年最重要的水情阶段。各河流由于降水时间的差异，伏汛期长短不一，我国南方河流因雨季早且持续时间长，伏汛期也长。秋汛由秋季降水形成，秋雨在各地的表现不同，如出现在我国西部的华西秋雨，年际变化较大，有的年份不明显，有的年份则阴雨连绵，持续时间长达几十天之久，多形成洪涝灾害。发生在东南沿海和华南的大汛多为台风雨造成。凌汛是北方河流春季解冻时的高水位大流量现象。我国的北方河流，受到凌汛威胁的主要是黄河和黑龙江，黄河的凌汛期是在3月，黑龙江晚一些。黄河河套的甘肃、宁夏到内蒙古段和黑龙江的一些区段，春季解冻时，上游先解冻，浮冰顺水而下，而下游尚未解冻，造成浮冰堵塞，引起水位上涨，而且浮冰切割堤岸，更容易穿堤造成水灾。

### 1.7.2 防汛(防洪)

洪水通常是指由大暴雨、急骤融冰化雪、风暴潮等自然因素引起的江河湖海水量迅速增加或水位迅猛上涨的水流现象,这种径流形式往往引起山洪暴发、河水漫溢两岸或造成堤坝决口、淹没农田城镇、毁坏设施等灾害。

按照出现的频率,洪水分为一般洪水(重现期小于10年)、较大洪水(重现期10~20年)、大洪水(重现期20~50年)和特大洪水(重现期超过50年)。

防汛即是防洪,就是汛期防止洪水灾害,保障防护区人民生命财产安全和国民经济顺利发展的工作,是水利的重要组成部分。国家根据需要与可能,对不同保护对象颁布了防洪标准等级。防洪标准等级划分可用设计洪水(包括洪峰流量、洪水总量及洪水过程)或设计水位表示。一般以某一重现期(水文事件发生频率的倒数)的设计洪水为防洪标准,如百年一遇洪水;也可用实际发生过的洪水作为防洪标准。在防洪工程的规划设计中,一般按照规范选定防洪标准,并进行必要的分析论证。

### 1.7.3 抗旱

干旱是因长期少雨而空气干燥、土壤缺水的气候现象。旱灾指因气候严酷或不正常的干旱而造成土壤水分不足,不能满足农作物、牧草等生长的需要,使之减产或绝产的灾害。旱灾可带来粮食问题,甚至引发饥荒;旱灾亦可令人类及动物因缺乏足够的饮用水而致死。旱灾常是面积较大的普遍性自然灾害,是严重的生态环境问题。

干旱指标等级划分,以国家标准《气象干旱等级》(GB/T 20481—2006)中的综合气象干旱指数为标准,通常将年降水量少于250 mm的地区称为干旱地区,年降水量为250~500 mm的地区称为半干旱地区。经常发生旱灾的地区称为易旱地区。通常,将农作物生长期内因缺水而影响正常生长称为受旱,受旱减产三成以上称为成灾。

干旱预警信号分二级,分别以橙色、红色表示。干旱预警信号如图2-1-2所示。

(a)干旱橙色预警信号

(b)干旱红色预警信号

**图2-1-2　干旱预警信号**

自然界的干旱是否造成灾害,受多种因素影响。世界范围各国防止干旱的主要措施有:

(1)兴修水利,开发供水工程,发展农田灌溉事业。

(2)改进耕作制度,改变作物构成,选育耐旱品种,充分利用有限的降水。

(3)植树造林,改善区域气候,减少蒸发,降低干旱的危害。

(4)研究应用现代技术和节水措施,例如人工增雨,喷(滴、渗)灌、地膜覆盖、保墒,以及暂时利用质量较差的水源,包括劣质地下水以至海水等。

# 1.8　水资源开发利用基本常识

地球上的水资源,从广义上来说是指水圈内水量的总体。它包括经人类控制并直接可供灌溉、发电、给水、航运、养殖等用途的地表水和地下水,以及江河、湖泊、井、泉、潮汐、港湾和养殖水域等。水资源是人类生存和发展以及国民经济发展不可缺少的重要自然资源。在世界许多地方,对水的需求已经超过水资源所能负荷的程度,同时有许多地区也濒临水资源利用不平衡的严重境况。

水资源利用程度的主要指标为水资源开发利用率,其意义是指流域或区域用水量占水资源可利用量的比率,体现的是水资源开发利用的程度。通常从水资源规划利用角度采用该指标的评估因子是,供水能力(或保证率)为75%时的可供水量与多年平均水资源总量的比值。

水资源开发利用又可分为河川径流(简称地表水)水资源开发利用和地下水资源开发利用两类,一般以流域为单元时可两类综合统计(综合利用率不特别指出时仅为地表水资源开发利用)或分别统计;以河流为单元时只统计地表水资源开发利用,比如一条河流的开发利用就是指该河流的地表水资源开发利用。

国际上一般认为,对一条河流的开发利用程度不能超过其水资源量的40%,目前,黄河、海河、淮河水资源开发利用率都超过50%,其中海河更是高达95%,超过国际公认的40%的合理限度,因此水资源可持续利用已成为我国经济社会发展的战略问题,提高用水效率,建设节水型社会成为必须严格执行的国策。

# 1.9　水文年鉴和水文数据库

## 1.9.1　水文年鉴

水文年鉴是按照统一的要求和规格,并按流域和水系统一编排卷册,逐年刊印的水文资料。我国在20世纪50年代初对历史上保存的水文资料进行了全面整编刊印,此后将水文资料逐年分区整理刊布。从1958年起,统一命名为《中华人民共和国水文年鉴》,按流域、水系系统编排卷册,全国共分10卷94册。1964年调整为10卷74册。1999年调整为10卷75册,具体划分为:第1卷为黑龙江流域,分5册;第2卷为辽河流域,分4册;第3卷为海河流域,分7册;第4卷为黄河流域,分8册;第5卷为淮河流域,分7册;第6卷为长江流域,分20册;第7卷为浙闽台河流,分6册;第8卷为珠江流域,分10册;第9卷为藏南滇西河流,分2册;第10卷为内陆河湖,分6册。

《中华人民共和国水文年鉴》封面格式如下:

| 中华人民共和国水文年鉴<br>××××年<br>第×卷<br>××流域水文资料<br>第××册<br>××河××区××段(××河、××水系)<br><br>中华人民共和国水利部水文局<br>××××年××月刊印 |
|---|

如黄河流域渭河水系2009年的水文年鉴封面文字为“中华人民共和国水文年鉴，2009年，第4卷，黄河流域水文资料，第7册，渭河水系，中华人民共和国水利部水文局，2010年8月刊印”。

水文年鉴中的资料，是在水文测站观测的水文要素原始记录的基础上，一般按年(度)进行分析、计算、整理、审查，编成简明统一的规范图表，汇集印刷成册，供需求者使用。水文年鉴是水文资料成果储存和信息服务提供的一种方式，具有规范性、统一性、系统性和权威性。

水文年鉴刊印资料一般按水文项目分目录，以站为序刊印数据表格。资料内容包括以下几个方面：

(1)综合说明资料。包括编印说明、测站一览表、分布图及其索引表，水文要素综合对照图表，测站考证图表等。

(2)基本资料。包括水位资料，流量资料，输沙率资料，泥沙颗粒级配资料，水温、冰凌资料，降水量资料，水面蒸发量资料等。

(3)水文调查资料。包括一般年度性调查和水量及洪水调查等。

水文年鉴按表式主要有三类，即以实测资料为主要数据的实测成果表，如实测流量成果表等；以逐日平均值和月(年)平均值、极值及总量等为主要数据的逐日表，如逐日平均流量表等；以瞬时变化过程为主要数据的摘录表，如洪水要素摘录表等。

### 1.9.2　水文数据库

水文数据库是用电子计算机储存、编目和检索水文资料的系统，是水文资料成果存储手段之一。我国于1986年提出并建设全国水文数据库，数据库系统为分布式体系结构，即由中央一级节点、省(自治区、直辖市)流域机构二级节点和地(市)三级节点组成。目前，数据库存储的资料主要为经过年度整编，在水文年鉴刊印的水文资料成果数据，可以简称为水文基本数据库。目前，水文基本数据库已取代水文年鉴成为水文信息服务的主要手段(水文年鉴仍有文献功能)，改变了以前手工检索、整理的方式，提高了水文信息应用服务能力，具有显著的社会效益和经济效益。

全国水文数据库在2005年9月以前使用全国分布式水文数据库系统——数据库表结构方案3.0版，之后执行《基础水文数据库表结构及标识符标准》。按现行标准，表结构分为十类,共 107 个表。十类表为基本信息类、摘录值类、日表类、旬表类、月表类、年表类、实测调查表类、率定表类、数据说明表类及字典表类。数据库管理软件系统,前期使用 ORACLE 软件系统,目前使用 SYBASE 数据库管理系统。

根据水文现代化建设要求,将在水文基本数据库的基础上,建设水文综合数据库系统,主要增加存储实时和历史的地表水、地下水、水质、墒情、水资源评价、气象、水库与流域的地理信息和相关的综合分析信息等,以及支持水文业务系统应用的有关社会经济信息和由其他部门管理的水文测站所采集的信息资源。各级系统集水文信息的处理、存储、交换、共享于一体,具有信息查询、系统维护、信息统计分析、信息发布、应用接口等功能。采用开放式体系结构,满足本地和异地查询与信息共享的需要。在水文综合数据库系统基础上,建设信息共享服务平台,以网络和数据库系统为支撑,运用现代信息技术,实时发布各种水文信息,包括各种基础水文信息和预警、预测、预报信息及综合分析成果。

## 1.10　测站编码

测站编码也称测站代码,是表征测站的地域位置及性质,并便于计算机识别的水文测站的代码。编码采用由数字和英文字母组成的 8 位字符串,字符串分三部分:第 1 ~ 3 位为流域水系(分区)码,第 4 位为站类码,第 5 ~ 8 位为测站序号。

第 1 位为流域代码,用于表示水系所属的流域(片)。全国共划分为 10 个流域(片),以代码 0 ~ 9 表示。1 表示黑龙江流域;2 表示辽河流域;3 表示海河流域;4 表示黄河流域;5 表示淮河流域;6 表示长江流域;7 表示东南诸河(浙闽台河流)流域;8 表示珠江流域;9 表示西南诸河(藏滇国际河流)流域;0 表示内陆河流域。

第 2 ~ 3 位为水系代码,代表水系(分区)的序号,将 10 个流域(片)划分为 174 个水系(分区),各流域水系独立编码。

第 4 位为站类码,表示水文测站类型。0 ~ 1 用于水文站或水位站;2 ~ 5 用于降水(蒸发)站;6 ~ 7 用于地下水站;8 ~ 9 用于水质站;A 用于其他站。

第 5 ~ 8 位为测站代码,代表测站序号,用于表示所属站类的各个测站在流域、水系中的编号。

例如,花园口水文站的测站编码为 40104700,第 1 位“4”表示黄河流域,第 2 ~ 3 位“01”代表黄河干流区域(水系),第 4 位“0”表示为水文站,第 5 ~ 8 位“4700”表示该站在黄河流域干流水文站中的序号,但序号并不表示是干流的第 4 700 个水文站或水位站,因为现已设的上、下游站并不是按自然数顺序编排的,站与站之间预留有一定数量的空号,以为原设站与站之间再新设测站进行编码。

# 第 2 章　降水、水面蒸发观测

## 2.1　降水、蒸发的基本概念

### 2.1.1　降水

大气中的液态或固态水,在重力作用下,克服空气阻力,从空中降落到地面的现象称为降水。降水的主要形式是降雨和降雪,前者为液态降水,后者为固态降水,其他的降水形式还有露、霜、雹等。

降水是水文循环的重要环节。在水文学中一般只讨论降水时空分布的表示方法和降水资料的整理及应用。描述降水的基本物理量(即降水的基本要素)介绍如下:

(1)降水量(深)。降水量的概念是时段内(从某一时刻到其后的另一时刻)降落到地面一定面积上的降水总量。按此定义,降水量应由体积度量,基本单位为 $m^3$。但传统上总是用单位面积的降水量即平均降水深(或降水深)度量降水量,单位多以 mm 计,量纲是长度。降水量一般用专门的雨量计测出降水的毫米数,如果仪器承接的是雪、雹等固态形式的降水,则一般将其融化成水再进行测量,也用毫米数记录。但在进行水资源评价等考虑总水量时多用体积度量降水量。

降水多发生在大的面积上,但仪器观测的点位相对面积很微小,常作为几何的点看待,因此又有面降水量和点降水量之说。随着雷达测雨等现代技术的应用,直接测量面雨量也逐步成为现实。

(2)降水历时。原始意义的降水历时是一次降水过程中从某一时刻到其后另一时刻经历的降水时间,并不特指一次降水过程从开始到结束的全部历时。若指一次降水过程从降水开始到降水结束所经历的时间,则称为次降水历时。降水历时通常以 min、h 或 d 计。

(3)降水强度。降水强度是评定降水强弱急缓的概念,有单位时间降水量的含义,一般以 mm/min 或 mm/h 或 mm/d 计。mm/min 或 mm/h 多用于评定瞬时降水强度,mm/h 或 mm/d 多用于评定时段降水强度。

(4)日降水量。概念上是每日 00:00 ~ 24:00 的降水量。我国水文测验规定以北京时间每日 08:00 至次日 08:00 的降水量为该日的降水量。

(5)降水面积。降水笼罩范围的水平投影面积称为降水面积,一般以 $km^2$ 计。

### 2.1.2　蒸发

水分子从物体表面(即蒸发面)向大气逸散的现象称为蒸发。水体中的水分子总是处在不停的运动之中:一方面,当水面上一些水分子获得的能量大于水分子之间的内聚力时,就会突破水面而跃入空气之中,这就是蒸发的物理机制。另一方面,也会有一些水汽分子从空气中返回水面，这就是凝结现象。因此，蒸发和凝结是具有相反物理过程的两种现象。蒸发必须消耗能量，单位水量蒸发到空气中所需的能量称为蒸发潜热。凝结则释放能量，单位水量从空气中凝结返回水面释放的能量称为凝结潜热。

自然界有形形色色的蒸发面，主要有水面、裸土层面、植物叶面、冰雪面等，因此如按蒸发面的类型分，蒸发可分为水面蒸发、土壤蒸发、植物散发、冰雪蒸发等。流域表面是多种蒸散发类型的组合，水文学也常笼统说成流域蒸散发，用以概括流域蒸散发的总况。

水面蒸发是可以直接观测的典型蒸发，一般在专门的盛水蒸发器中观测某时段开始和结束的水面高度，然后计算出高差，其水面高差即为该时段的净蒸发量。可见，蒸发量的一种单位同水深的单位，一般用 mm 计。单位面积的体积蒸发量的量纲也是长度。但在进行水资源评价等考虑总水量时多用体积度量蒸发量，由深度蒸发量乘以水面（陆面）面积获得。裸土层面、植物叶面、冰雪面等的蒸发不易直接观测，通常由水量平衡方程式推算其蒸发量。

描述蒸发快慢强弱用蒸发率这个概念，其意义是指单位时间从单位蒸发面逸散到大气中的水分子数与从大气中返回到蒸发面的水分子数的差值（净蒸发），当蒸发量以深度单位表示时，蒸发率常用的单位有 mm/h、mm/d、mm/月、mm/a 等。当单位时间从单位蒸发面逸散到大气中的水分子数小于从大气中返回到蒸发面的水分子数时，净蒸发量为负，一般不用蒸发率表达。蒸发率的大小取决于三个条件：一是蒸发面上储存的水分多少，这是蒸发的供水条件；二是蒸发面上水分子获得的能量多少，这是水分子脱离蒸发面向大气逸散的能量供给条件；三是蒸发面上空水汽输送的速度，这是保证向大气逸散的水分子数量大于大气返回到蒸发面的水分子数量的动力条件。影响蒸发率的能量条件和动力条件均与气象因素（如日照时间、气温、饱和差、风速等）有关，故将它们合称为气象条件。

在充分供水条件下，单位时间从单位蒸发面逸散到大气中的水分子数与从大气中返回到蒸发面的水分子数的差值（当为正值时）称为蒸发能力，又称蒸发潜力或潜在蒸发。显然，蒸发能力只与能量条件和动力条件有关，而且它总是大于或等于同气象条件下的蒸发率。水面蒸发是在充分供水条件下的蒸发，因此水面蒸发率与水面蒸发能力是完全相同的。影响水面蒸发的因素可归纳为气象因素和水体因素。气象因素主要包括太阳辐射、温度、湿度、风速、气压等。水体因素主要包括水面大小和形状、水深、水质等。

## 2.2　降水量、蒸发量的常用观测仪器及方法

### 2.2.1　常见降水量仪器及观测方法

（1）雨量器及量雨杯，如图 2-2-1 所示。由承雨器、储水筒、储水器和器盖等组成，并配有专用量雨杯。用于观测固态降水的雨量器，配有无漏斗的承雪器，或采用漏斗能与承雨器分开的雨量器。雨量器为直接计量的仪器，降雨收集于储水器后，将水倒入量雨杯读记读数，即为以 mm 计的降水量。降雪于承雪器，将雪融化后倒于量雨杯读记读数。降水时间按观测时段记载。承雨器口径（面积）与量雨杯直径（面积）有计量配合的关系，不可错配，后者的直径小，与承雨器口径（面积）同体积的水装入后深度大，可提高降水深度的

读数精度。

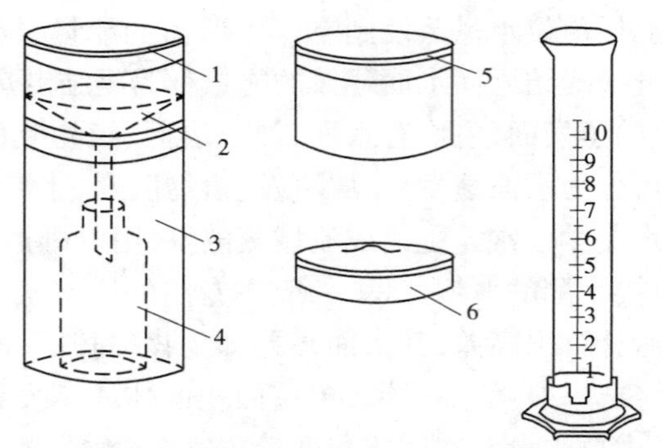


1—承雨器;2—漏斗;3—储水筒;4—储水器;5—承雪器;6—器盖

**图 2-2-1　雨量器及量雨杯**

(2)液柱虹吸式测量雨量计,如图 2-2-2 所示。降雨从承雨器通过漏斗进入浮子室,室内水深随降雨量的累积量和速度而上升,带动浮子传感器随动上升,浮子以机械传动的方式将运动传给记录笔,记录笔与时钟(自记钟)驱动的卷筒配合,在装在卷筒上的过程线纸上记录绘出降水量过程图形。浮子室的高度有限,所以设计有虹吸管路,当降雨达到限定量后,虹吸及时将水量吸输入储水器。

(3)双翻斗式测量雨量计如图 2-2-3 所示。降雨从承雨器通过漏斗进入翻斗式传感器,雨量达到翻斗式传感器分辨力(0.1 mm 或 0.2 mm 或 0.5 mm)后,翻斗立即翻转泄水并及时回复,翻转的机械运动传导给光、电、磁等感应器(转换开关),记录或输出一个电

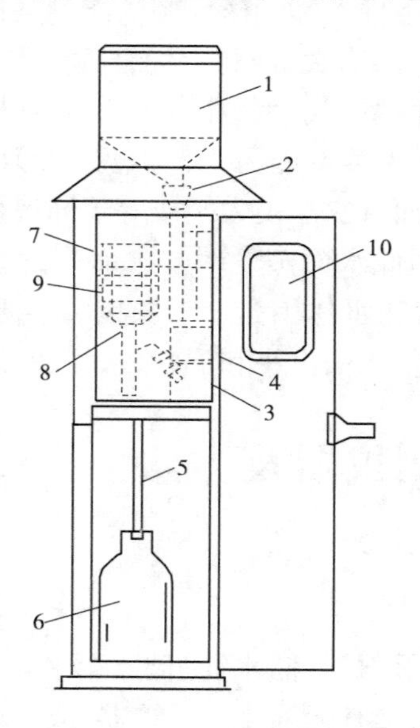


1—承雨器;2—小漏斗;3—浮子室;4—浮子;
5—虹吸管;6—储水器;7—记录笔;
8—笔档;9—自记钟;10—观测窗

**图 2-2-2　液柱虹吸式测量雨量计**

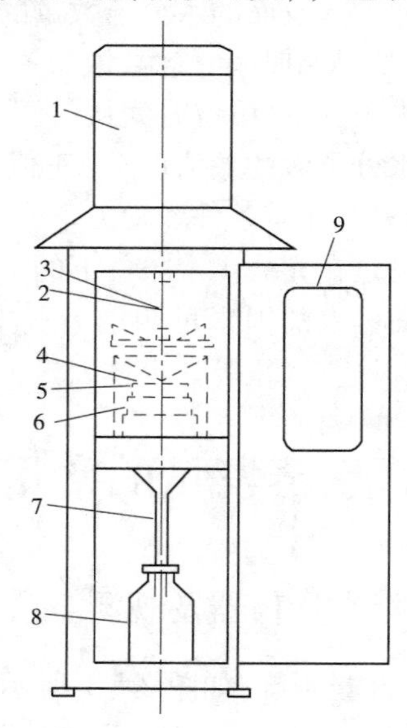


1—承雨器;2、4—定位螺钉;3—上翻斗;
5—计量翻斗;6—计数翻斗;
7—乳胶管;8—储水器;9—外壳

**图 2-2-3　双翻斗式测量雨量计**

信号,电信号进入步进图形记录器或计数器或电子传输器实现记录或遥传。翻斗式传感器分辨力确定后,翻斗的运动次数和速率反映了降雨量的累积量和降雨强度。

另外,光学雨量计、雷达雨量计等降雨测量新技术也在发展和进步。光学雨量计工作原理是:测量雨滴经过一束光线时由于雨滴的衍射效应引起光的闪烁,闪烁光被接收后进行谱分析,其谱分布与雨强以及雨滴的直径大小和雨滴降落速度等有关系,从而判断降水种类、降水强度与有无降水等。雷达雨量计工作原理是:当雷达天线发射出去的电磁波在空间传播时,若遇到云、雨、雪、雹等目标物,就有一部分辐射能会被反射回来,并被雷达天线接收,这时在显示器上就会出现许多亮度不等的区域,即云、雨、雪、雹等的回波图像,分析回波图像或与传统观测对比研究,可以随时提供几百公里范围内的降水分布和天气结构等气象情报,提供中尺度的降水信息,对于补充地面站测量的不足十分有效。

### 2.2.2　水文站常用蒸发仪器及观测方法

#### 2.2.2.1　$E_{601}$ 型蒸发器

$E_{601}$ 型蒸发器主要由蒸发桶、水圈、测针和溢流桶四部分组成。蒸发桶是蒸发器的主体部分,用于盛装蒸发观测水。水圈装置在蒸发桶外围,作用是抵偿强降水时蒸发桶向外的溅溢损失,即认为强降水时蒸发桶向外的溅溢量和水圈向蒸发桶的溅溢量大致相等或一定程度抵偿。测针是专用于测量蒸发器内水面高度的部件。溢流桶是承接因降暴雨而由蒸发桶溢出水量的盛水器。在无暴雨地区,可不设溢流桶。正常的蒸发观测就是通过测针测量蒸发器内水面高度。

#### 2.2.2.2　20 cm 口径蒸发器

20 cm 口径蒸发器为一壁厚 0.5 cm 的铜质桶状器。其内径为 20 cm,高约 10 cm。口缘镶有 8 cm 厚、内直外斜的刀刃形铜圈,器口要求正圆。口缘下设一倒水小嘴。水面高度可以口缘作为基准测量,由时段开始和结束的水面高度差值计算蒸发量。

## 2.3　降水量、蒸发量观测误差的概念

### 2.3.1　降水量观测误差

用雨量器(计)观测降水量,由于受观测场地环境、气象、仪器性能、安装方式和人为因素等的影响,降水量观测值存在系统误差和随机误差,主要误差因素如下:

(1)风力误差。又称空气动力损失。风力误差主要因高出地面安装的雨量器(计)在有风时阻碍空气流动,引起风场变形,在器口形成涡流和上升气流,器口上方风速增大,使降水迹线偏离,有可能导致仪器承接的降水量偏小。

(2)湿润误差。在干燥情况下,降水开始时,由于雨量器(计)有关构件黏滞水量而造成降水量系统偏小。

(3)蒸发误差。又称蒸发损失。降水汇集入储水器,雨停后截留,在翻斗内的降水量由于蒸发作用而损失的量。

(4)溅水误差。较大雨滴降落到地面上后,可溅起 0.3～0.5 m 高,并形成一层雨雾

随风流动降入地面雨量器。

(5)积雪漂移误差。在积雪地区,风常常将积雪吹起漂入承雪器口,造成伪降雪,致使雪量观测值偏大。

(6)仪器误差。由于仪器调试不合格、器口安装不水平、仪器受碰撞变形等引起的偶然误差。如不及时纠正就成为系统误差。此属人为误差,应力求避免。

(7)测记误差。由于观测人员的视差、错读错记、操作不当和其他事故造成的偶然误差。

(8)仪器计量误差。由仪器本身测量精度而造成的随机误差和系统误差。

### 2.3.2　蒸发量观测误差

$E_{601}$型蒸发器是水文站水面蒸发观测的基本仪器,这里以$E_{601}$型蒸发器为例阐述蒸发量的观测误差。

(1)气象误差。剧烈天气现象,如强降水、冰雹、大风等造成蒸发器内水量非正常溅失。当长时间降水、温度偏低、空气湿度接近饱和时,蒸发器水面附近空气可能已经饱和或过饱和,直接凝结一部分水汽加入观测水体,而雨量器观测的同期降水观测不出这种影响,两者的差异会造成蒸发误差。另外,强沙尘天气带入沙尘使蒸发量偏大,也可造成蒸发误差

(2)观读误差。由于振动或观测时风力较大,造成水面波动,从而使静水杯内水面不稳定,造成观测误差;由于观测时测针转动频繁,圆盘与座口磨损严重,测针不垂直以及测针针尖与水面放置位置而引起的读数误差。

(3)时间误差。由蒸发量与降水量的不同步观测而造成的误差。如果蒸发量观测早于降水量观测,蒸发量将偏大,反之蒸发量将偏小。

(4)仪器计量误差。由仪器本身测量精度造成的系统误差和随机误差。

(5)仪器性能误差。如蒸发器系不同金属制造,吸收太阳辐射、热传导性能影响蒸发器内盛水温度和水分子活动能力,从而影响蒸发量。

## 2.4　气温、湿度、风速、风向等基本概念

### 2.4.1　气温

气温由地面气象观测规定高度(国际为1.25～2.00 m,我国为1.50 m)上的空气温度反映。气温的单位用摄氏度(℃)表示,有的以华氏度(℉)表示,我国气温记录一般采用摄氏度(℃)作为单位。摄氏度与华氏度的换算关系是:$C=\frac{5}{9}(F-32)$或$F=\frac{9}{5}C+32$。

空气温度记录可以表征一个地方的热状况特征,因此气温是地面气象观测中所要测定的常规要素之一。气象业务标准规定定时气温基本站每日观测4次(每日02:00、08:00、14:00、20:00),基准站每日观测24次(1次/h),可计算日平均气温,也可从中摘录日最高气温和日最低气温。气温一般用气温计观测,现在有连续间歇观测的仪器,可按预

置的间歇周期记录气温变化过程线。

### 2.4.2　湿度

湿度是表示大气干燥程度的物理量。在一定的温度下,一定体积的空气里含有的水汽越少,则空气越干燥;水汽越多,则空气越潮湿。在此意义下,常用绝对湿度、相对湿度等物理量来表示湿度。

(1)绝对湿度。是一定体积空气中含有的水蒸气质量,单位是 $g/m^3$。绝对湿度的最大限度是饱和状态下的最高湿度。绝对湿度只有与温度一起才有意义,因为空气中能够含有的湿度的量随温度而变化。在不同的压强(自然高度中)下,绝对湿度也不同,因为随着压强(自然高度中)的变化,空气的体积也变化。但绝对湿度越靠近最高湿度,它随压强(自然高度中)的变化就越小。

(2)相对湿度。是绝对湿度与最高湿度之间的比,它的值显示水蒸气的饱和度有多高。相对湿度为 100% 的空气是饱和的空气。相对湿度是 50% 的空气含有达到同温度的空气饱和点的一半的水蒸气。相对湿度超过 100% 的空气中的水蒸气一般会凝结出来。随着温度的升高,空气中可以含的水蒸气就增多(最高湿度增大),也就是说,在同样多的水蒸气的情况下,温度升高相对湿度就会降低,因此在提供相对湿度的同时必须提供温度的数据。

### 2.4.3　风

空气的运动称为风,多数情况仅指空气的水平运动。风向是指风的来向,用 8 个或 16 个地理方位表示。风速是指空气水平运动的速度,以 m/s 计,取小数一位。风速的大小常用几级风来表示。风的级别是根据风对地面物体的影响程度而确定的。在气象上,一般按风力大小划分为 13(0 ~ 12)个等级。在自然界中,风力有时是会超过 12 级的,像强台风中心的风力,或龙卷风的风力,都可能比 12 级大得多,只是 12 级以上的大风比较少见,一般不具体规定级数。阵风是指风速忽大忽小的风,此时的风力是指忽大时的风力。

风在图中可由风矢标示,风矢由风向杆和风羽组成。在北半球,风向杆箭头指出风的方向,风羽表示风力,风羽由垂直在风向杆末端右侧 3、4 个短划和三角构成。

# 第 3 章　水位观测

## 3.1　基面、高程、水位的一般知识

### 3.1.1　基面

基面是计算高程和水位的起始水平面。也就是说，高程和水位的数值，一般以一个基本水准面为准，这个基本水准面称为基面。水文资料中涉及的基面有绝对基面、假定基面、测站基面和冻结基面等。

绝对基面是以某一海滨地点的特征海平面（多年平均海水面）的高程定为零（0.000 m）的水准基面。我国目前使用的有大连、大沽、黄海、废黄河口、吴淞、珠江口等基面，要求统一的基面是 1985 年确定的黄海基面，该基面是采用青岛验潮站 1950 ~ 1979 年的观测资料成果求得的黄海平均海水面作为高程零点的基面。国家基准水准点设于青岛市观象山，作为我国高程测量起始引测的依据点，采用 1985 年确定的黄海基面后，称为 1985 国家高程基准。

假定基面是暂时假定的水准基面。如在水文测站等水准点附近没有国家水准点或者一时不具备接测条件的情况下，暂假定该水准点高程（如 100.000 m），则该站的假定基面就在该基本水准点垂直向下假定数值（即 100.000 m）处的水准面上。

测站基面是假定基面的一种，是水文测站专用的一种假定的固定基面，一般选在河流历年最低水位或河床最低点以下 0.5 ~ 1.0 m 处的水平面上。

冻结基面也是水文测站专用的一种固定基面，即将测站第一次使用的基面固定“冻结”下来，一直沿用不再变动，这样可以使其水位原始资料具有历史连续性。

### 3.1.2　高程

高程是某点沿铅垂线方向到基面的距离，与基面对应有绝对高程（简称高程）、假定高程等概念。高程的另一称谓即海拔高度。在测量学中，高程是某地表点在地球引力方向上的高度，也就是重心所在地球引力线上的高度。因此，理论上来说地球表面上每个点高程的方向都是不同的。

### 3.1.3　水位

水位是水体（如河流、湖泊、水库、海洋、沼泽等）的自由水面相对于基面的高程，其单位以 m 计。水位是基本的水文要素之一，是掌握水流变化的重要标志，除可独立地表明它超过水工建筑物时会溢流等情势外，还经常用水位资料按水位—流量关系推算流量变化过程，用水位推算水面比降等，在进行泥沙、水温、冰情等项目的测验工作中，有时也需

要水位观测资料。

实际工作中,需要了解某一点位某一时期内水位变化的一般规律和水位变化中的某些特征值,例如平均水位(时段平均水位、湖面多点位同时平均水位)、某一点位某一时期最高(低)水位、中水位、常水位等。中水位指测站一年中水位值的中值,常水位指测站一年中水位最经常出现的值。

## 3.2　水位观测常用仪器设备及方法的基本常识

### 3.2.1　水尺

水尺是传统式直接观测水位的设备。直立式水尺是最具代表性的水位直接观测设备,由水尺靠桩和水尺板组成。一般沿水位观测断面的河岸不同高度设置一组水尺靠桩,将水尺板固定在水尺靠桩上,构成直立水尺组。水尺靠桩可采用木桩、钢管、钢筋混凝土等材料制成,水尺靠桩要求牢固、打入河底,避免发生下沉。水尺靠桩布设范围应高于测站历年最高水位及低于测站历年最低水位 0.5 m。水尺板通常由长 1 m、宽 8 ~ 10 cm 的搪瓷板、木板或合成材料制成。水尺的刻度一般是 1 cm,误差不大于 0.5 mm。相邻两水尺之间的水位要有一定的重合,重合范围一般要求 0.1 ~ 0.2 m,当风浪大时重合部分应增大。水尺板固定好后,及时测量 0 刻度的高程(零点高程),记录备用。观测水位时,在水尺板上读得水面与水尺板交接的刻度数(水尺读数)并立即记载,水尺读数加上该水尺零点高程得水位数值。

另外,可在岩石上或水工建筑物上直接涂绘水尺刻度(斜面上应校正到竖直)测算水位,也有通过从水面以上某一已知高程的固定点用悬锤水尺测量离水面竖直高程差来计算水位,以及用测针测算水位(如蒸发观测就用测针测量水面高度)等。悬锤水尺示意图如图 2-3-1 所示。

### 3.2.2　浮子式水位计

浮子式水位计是利用水面浮子随水面一同升降,并将它的运动通过比例传送给记录装置或指示装置的一种自记仪器。该类水位计设备装置由自记仪和自记台两部分组成。自记仪由感应部分、传动部分、记录部分、外壳等组成,浮子式水位计自记仪结构示意图如图 2-3-2 所示。自记台按结构型式和在断面上的位置可分为岛式、岸式、岛岸结合式等。

图 2-3-3 为岸式浮子式水位计示意图。由设在岸上的测井、仪器室和连接测井与河道的进水管组成,可以避免冰凌、漂浮物、船只等的碰撞,适用于岸边稳定、岸坡较陡、淤积较少的测站。岛式自记台由测井、支架、仪器室和连接至岸边的测桥组成,适用于不易受冰凌、船只和漂浮物碰撞的测站。岛岸结合式自记台兼有岛式和岸式的特点,与岸式自记台相比,可以缩短进水管,适用于中低水位易受冰凌、漂浮物、船只碰撞的测站。

### 3.2.3　气泡式压力水位计

气泡式压力水位计是通过气管向水下的固定测点通气,使通气管内的气体压力和测

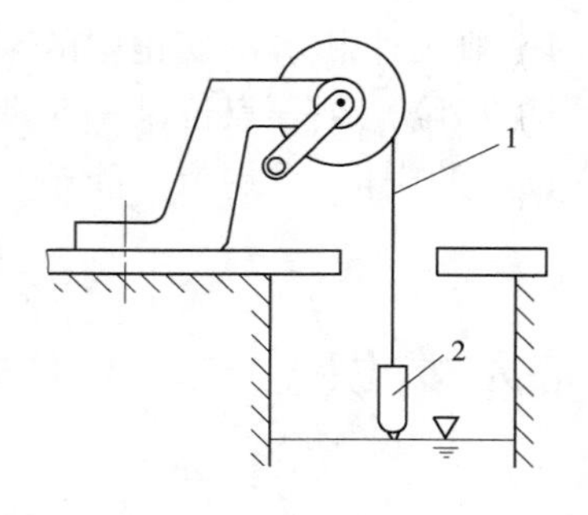


1—悬尺;2—悬锤

**图 2-3-1　悬锤水尺示意图**

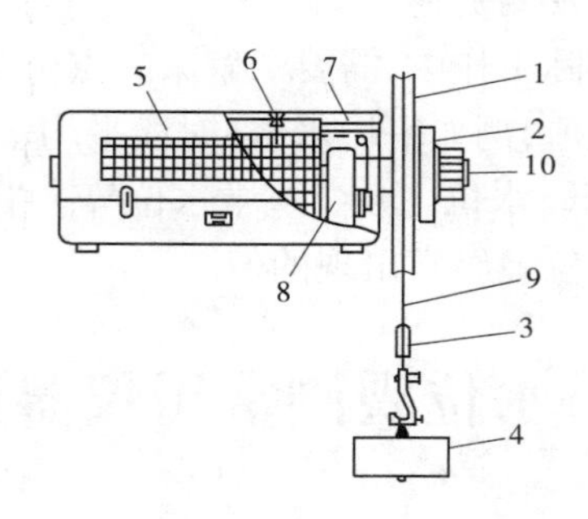


1—1∶2水位轮;2—1∶1水位轮;3—平衡锤;4—浮子;5—记录纸及滚筒;6—笔架;7—导杆;8—自记钟;9—悬索;10—定位螺帽

**图 2-3-2　浮子式水位计自记仪结构示意图**

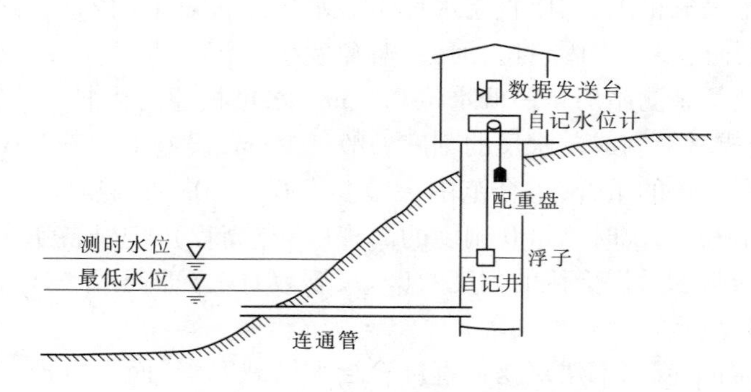


**图 2-3-3　岸式浮子式水位计示意图**

点静水压力平衡,通过测量通气管内气体压力感测水深(水密度一定),此水深加通气固定测点的高程即为水位的数值。

### 3.2.4　气介超声波和雷达水位计

气介超声波和雷达水位计是一种把声波(电磁波)和电子技术相结合的水位测量仪器。其原理是根据超声波(电磁波)在空气介质中传递到水面又返回到发射(接受)点的速度 $v$ 和时间 $t$ 测算所经过的距离 $H$(一般由 $H=\frac{1}{2}vt$ 计算),仪器基准高程减去此距离即为水位的数值。影响 $v$ 的因素较复杂,需要专门试验研究或借用已有成果。

## 3.3　基本水位断面、比降水位断面的概念

### 3.3.1　基本水位断面

基本水位断面是水文站为经常观测水位而设置的断面。一般设在测验河段的中央或

具有断面控制地点的上游附近，大致垂直于流向。

若通过基本水位断面水位与实测流量建立稳定、简单的关系来推求流量和其他水文要素的变化过程，则基本水位断面与测流断面之间不应有较大支流汇入或有其他因素造成水量的显著差异，测验条件好的站，二者可以合用一个断面。

### 3.3.2 比降水位断面

单位河长水位的落差叫做河流的比降（纵比降）。通常以上、下比降断面的落差（水位差）$Z$ 除以间距 $L$ 计算河段平均纵比降，纵比降一般以‰（千分率）或‱（万分率）表示。

为测算河段纵比降而设置的水位观测断面叫比降水位断面。在观测比降水位的河段上应设置上、下两个比降断面，上、下比降断面宜等距布设在基本水尺断面的上、下游。当断面上水面有明显的横比降时，应在两岸观测水位，由两岸同时水位计算横比降或断面平均水位，以及计算水面平均纵比降。

## 3.4 水温、冰凌的概念

### 3.4.1 水温

在水文学中，水温指水体中某一点或某一水域的温度，是反映水体热状况的指标，单位为℃。

河流的水温与补给特征、所在地域、季节、时间、流程等因素有关。水深较大时，表层和下层、底层的水温不同，水温有沿深度的梯度分布。水域的温度可通过多点温度描述其温度空间分布或统计特征值（如平均值等）。

### 3.4.2 冰凌

水在0 ℃或低于0 ℃时，凝结成的固体称为冰。流动的冰称为凌。有时冰、凌通用，没有严格区别。当气温低于河流中的水温时，水体开始散热。当气温降到0 ℃以下、水温降到0 ℃时，河水中开始出现冰晶，岸边形成岸冰。冰晶扩大，浮在水面形成冰块。随着冰块的增多和体积的增大，河流狭窄处和浅水处首先发生阻塞，结果使整个河面封冻。在中高纬度地区的冬春季节，河流冰情是重要的水文情势。

按照冰的形态变化，可分结冰、封冻、解冻3个时期。从河流开始结冰日到冰花、冰块流动停止日，称为结冰期（通俗地说，即河流中出现冰情现象的整个时期）；从流冰停止日到冰盖融解开始日，称为封冻期（通俗地说，即河流中出现封冻现象的整个时期）；从冰盖消融开始流动日到流冰终止日，称为解冻期。

《河流冰情观测规范》（SL 59—93）规定，测验河段内出现冰盖，且敞露水面面积小于河段总面积的20%时为封冻。它开始出现的日期为封冻日期。测验河段内已无冰盖，或敞露水面面积已超过河段总面积的20%时为解冻。它开始发生的日期为解冻日期。在较长河段内有上下贯通敞露水面者，俗称开河。

描述冰凌状态的术语较多，下面摘要若干予以介绍：

(1)流冰:冰块或兼有少量冰凇、冰花等随水流流动的现象。

(2)疏密度:测验河段内,冰块与冰花的平面面积与敞露水面面积的比值。

(3)清沟:封冻期间,河流中未冻结的狭长水沟。

(4)连底冻:从水面到河底全断面冻结成冰。

(5)冰塞:冰盖下面因大量冰花堆积,阻塞了部分过水断面,造成上游水位壅高的现象。

(6)冰坝:在河流的浅滩、卡口或弯道等处,横跨断面并明显壅高水位的冰块堆积体。

# 第 4 章　水力学概念与河流流量测验

## 4.1　水力学概念

### 4.1.1　水的物理性质

水是液体,不能保持固定的形状,具有易流动性,不易被压缩,有固定的体积,能形成自由表面。运动着的水体流层间产生的内摩擦力称为黏滞力,黏滞力影响着水的流动状态,同时是水能损失的根源。纯水在 4 ℃时的密度为 1 000 $kg/m^3$。水的密度随温度及压力变化微小,因此在水力学中,水的密度可视为常数。

### 4.1.2　静水压强基本方程

静水压强的基本方程式为

$$p = p_0 + \gamma h \tag{2-4-1}$$

式中　$p$——静止水体中某点位的静水压强(点位静水压强在所有方向全相同);

$p_0$——水面上的外压强;

$\gamma$——水的容重,数值为 9.8 $kN/m^3$,$\gamma = \rho g$,$\rho$ 为水的密度,$kg/m^3$,$g$ 为重力加速度,一般取 9.8 $m/s^2$;

$h$——某点位的水深,也就是该点在水面下的淹没深度。

式(2-4-1)表明,某点位的静水压强一部分来自水面上传来的外压强 $p_0$,$p_0$ 具有大小不变地传递到水体中每一点的特点;另一部分 $\gamma h$ 相当于单位面积上高为 $h$ 的水体重力,且有水深越大静水压强也越大的特征。

$\frac{p}{\gamma}$ 称为压强高度或压强水头,不考虑 $p_0$ 的情况下又称单位水体的压能。压力水位计就是根据 $p = \gamma h$,当 $\gamma$ 取常数值时,由 $h = \frac{p}{\gamma}$ 计算传感器位置(零点高程)之上的水深测试水位的。

### 4.1.3　过水断面水力要素

过水断面是指与水流方向垂直的横断面,水流在过水断面中与固体边界接触的周界线叫湿周,过水断面面积 $A$ 与湿周 $\chi$ 的比值称水力半径 $R$,即有

$$R = A/\chi \tag{2-4-2}$$

对于宽浅的过水断面,湿周 $\chi$ 与水面宽 $B$ 差别不大,当由 $B$ 代替 $\chi$ 时,即可由 $A/B = \overline{H}$ 得到平均水深来代替水力半径 $R$。

从过水断面的过流能力来看,面积 $A$ 越大,湿周 $\chi$ 越小(河床边界阻力越小),即水力半径 $R$ 越大,过流越通畅,反之亦然。因此,水力半径 $R=A/\chi$ 在过水断面几何关系方面反映着过水断面的过流能力或通畅率。

### 4.1.4 流速、流量的概念

质点流速是描述液体质点在某瞬时的运动方向和运动快慢的矢量,其方向与质点轨迹的切线方向一致,较严格的数学定义为 $u=\lim\limits_{\Delta t\to 0}\frac{\Delta s}{\Delta t}=\frac{\mathrm{d}s}{\mathrm{d}t}$(式中 $s$ 为距离,$t$ 为时间)。一般工程概念的流速是指气体或液体(水流)质点在单位时间内所通过的距离,单位为 m/s。当特定空间某水流质点在时间 $t$ 顺直流过的距离为 $l$ 时,则流速或时均流速 $v$ 计算公式为

$$v=\frac{l}{t} \tag{2-4-3}$$

一般情况下,过水断面液体(水流)各质点流速是不同的,如果把液流空间中许多固定点处的某一时刻流速情况记录下来,即可获得该时刻的流速场图景;如果把液流空间中许多固定点处的每一时刻流速情况记录下来,即可获得流速场过程。这种描述液体运动的方法称为欧拉法。

欧拉法常用流线的概念方式描述流场。流线是同一瞬时不同水流质点的运动方向所描绘的曲线。在该曲线上每个水流质点的速度方向都与曲线相切,故流线上任一点的切线方向就是该点的流速方向。一般情况下,同一时刻的不同流线既不能相交,也不能转折,只能是一条光滑曲线。如图 2-4-1 所示为单条流线和堰流流线簇,可帮助建立流线的形象概念。

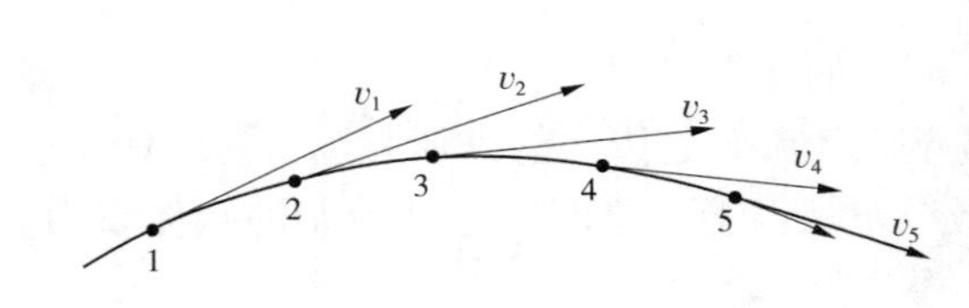

**图 2-4-1 单条流线和堰流流线簇示意图**

还有一种称为拉格朗日法的描述液体运动的方法,是把水流质点在运动过程中不同时刻所经过的位置描绘出来,就得到水流质点运动的轨迹,该轨迹称为迹线。

流线和迹线描述流体运动的不同几何特性,它们最根本的差别是:迹线是同一质点不同时刻的位移曲线。流线则是同一时刻、不同质点连接起来的速度场向量线。简言之,迹线是描述指定质点的运动过程,流线是描述给定瞬间的速度场状态。

单位时间内流过某一过水断面的水体体积称为流量(也称为流率或断面流量),常用符号 $Q$ 表示,以 $\mathrm{m^3/s}$ 计。断面流量 $Q$ 与过水断面面积 $A$ 的比值定义为断面平均流速 $v_{断}$,即

$$v_{断}=\frac{Q}{A} \tag{2-4-4}$$

实际应用中,我们通常是由其他测算途径先求出 $v_{断}$,再用 $Q=v_{断}A$ 推算断面流量。

从流量基本概念衍生的概念较多,如单位时间(1 s)内水流通过以某一垂线水深为中心的单位宽度过水面积上的水量称为单宽流量,以 $m^2/s$ 计;将某一过水断面分割为若干部分,则通过各部分面积上的流量称为部分流量;流量本身具有瞬时的意义,相对于瞬时流量,有时段(日、月、年等)平均流量等概念。

### 4.1.5　水流运动的分类

在固定的空间点,水流运动要素(如流速、压强)不随时间变化的水流叫稳(恒)定流,至少有一个运动要素随时间变化的水流叫非稳(恒)定流。

水力学中把水流看做连续介质的运动,并且遵守质量守恒定律。由此出发,在稳(恒)定流状况,各断面流量应相等,若在河渠或管路取1、2两过流断面,即有 $Q_1=Q_2$ 的关系,考虑式(2-4-4)则有 $v_{断1}A_1=v_{断2}A_2$ 的关系,两式均可称为稳(恒)定流的连续方程。其物理意义在于:在稳(恒)定流状况下,通过各断面的流量保持不变;或者说,在稳(恒)定流条件下,断面平均流速与过水断面面积成反比关系。非稳(恒)定流不具有如此简明的关系。

根据水流要素(主要为流速和水深)是否沿程变化,稳(恒)定流又分为均匀流和非均匀流。流速沿程没有变化的水流叫做均匀流,流速沿程有变化的水流叫做非均匀流。在均匀流中,流速沿程大小和方向不变,表示断面各质团运动的流线彼此平行;在非均匀流中,流速沿程大小和方向有变化,表示断面各质团运动的流线一般是一组曲线。非均匀流若质团沿程流速变化缓慢称为渐(缓)变流,否则称为急变流。渐变流的一个重要特点是过水断面上动水压强的分布近似地符合静水压强分布规律。瀑布类水跌和水面突然跃起的水跃属于恒定急变流。

在野外查勘时,投一粒石块于水中,若石块激起的波动能向上游传播,则水流为缓流,否则水流为急流。缓流、急流的定量判别采用弗劳德数 $Fr=\dfrac{v}{\sqrt{g\dfrac{A}{B}}}$(式中,$v$ 为流速,对断面可用流量 $Q$ 与面积 $A$ 的比值 $\dfrac{Q}{A}$ 替代;$B$ 为水面宽;$g$ 为重力加速度):$Fr<1$ 的水流为缓流;$Fr=1$ 的水流为临界流;$Fr>1$ 的水流为急流。

有压流是指主要因受压力作用而发生运动的水流,如自来水管中的水流,其特征是水流充满整个管道,不存在自由水面。无压流是指主要因受重力作用而发生运动的水流,其特征是具有自由水面,作用在自由水面的压强只有大气压强,又称明渠流,如一般河渠,未充满水的管道水流等,属于无压(明渠)流。

### 4.1.6　稳(恒)定流能量方程

稳(恒)定流能量方程是描述水流能量守恒关系的数学公式,称为伯努利方程。从断面总流考察,该方程常写为式(2-4-5)的形式。下面结合图2-4-2的管流和图2-4-3的河道水流说明能量方程的工程物理意义。

$$z_1+\frac{p_1}{\rho g}+\frac{\alpha_1 v_1^2}{2g}=z_2+\frac{p_2}{\rho g}+\frac{\alpha_2 v_2^2}{2g}+h_w \tag{2-4-5}$$

图 2-4-2 和图 2-4-3 中的 0—0 线为起算位置的高程基面，断面 1—1 和断面 2—2 分别为考察的上、下游两个过流断面。方程中的脚标 1、2 分别表示 1—1 和 2—2 过流断面的物理量。

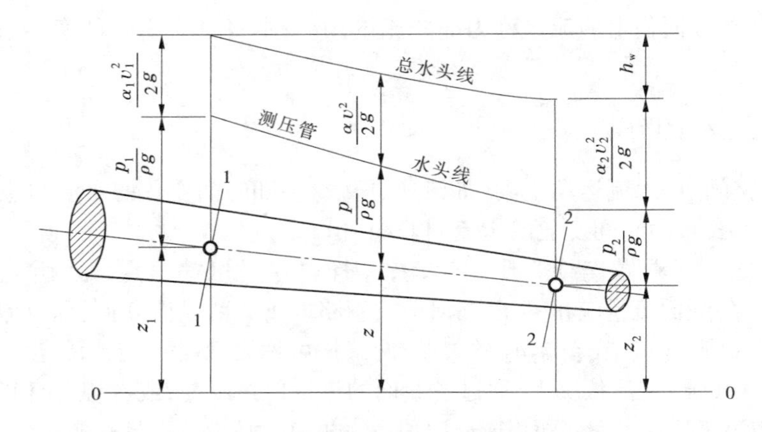


图 2-4-2　管流中伯努利方程的能量水头曲线

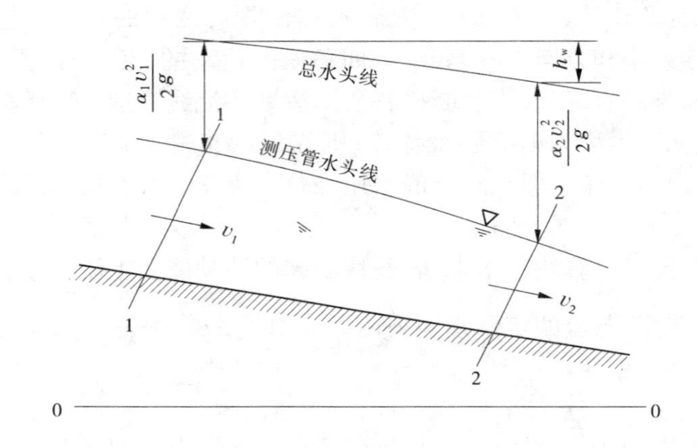


图 2-4-3　河流中伯努利方程的能量水头曲线

式(2-4-5)共包含了 4 个物理量，其中 $z$ 为从 0—0 线起算的高程数值，代表总流断面上单位重量流体所具有的平均位能，一般又称为位置水头；$\frac{p}{\rho g}$(式中，$p$ 为点位的静水压强；$\rho$ 为水的密度；$g$ 为重力加速度）代表断面上单位重量流体所具有的平均压能，它反映了断面上各点平均动水压强所对应的压强高度；$\left(z+\frac{p}{\rho g}\right)$称为测压管水头；$\frac{\alpha v^2}{2g}$(式中，$v$ 为流速）代表断面上单位重量流体所具有的平均动能，一般称为流速水头。$\alpha$ 称为动能修正系数，由过流断面流速分布的均匀程度而定，流速分布越均匀，$\alpha$ 值越接近 1；流速分布越不均匀，$\alpha$ 值越大；一般不详细考察断面流速分布的均匀程度时取 $\alpha=1$。$h_w$ 为单位重量流体从一个断面流至另一个断面克服水流阻力做功所损失的平均能量，一般称为水头损失。习惯上把单位重量流体所具有的总机械能（即位能、压能、动能的总和）称为总水头，

以 $H$ 表示，即 $H=z+\frac{p}{\rho g}+\frac{\alpha v^2}{2g}$。

在总流中任意选取两个断面，该两断面上流体所具有的总水头若为 $H_1$ 和 $H_2$，根据能量方程式：$H_1=H_2+h_w$。对于理想流体，由于没有水头损失，$h_w=0$，则 $H_1=H_2$，即在不计能量损失情况下，总流中任何断面上的总水头保持不变。

水头损失分沿程水头损失 $h_y$ 和局部水头损失 $h_j$。$h_y$ 与流速水头 $\frac{v^2}{2g}$、水力半径 $R$、管道或明渠长度 $L$ 以及边界粗糙度、水流形态等有关，一般采用达西公式计算

$$h_y = \lambda \frac{L}{4R} \cdot \frac{v^2}{2g} \tag{2-4-6}$$

式中　$\lambda$——沿程阻力系数。

谢才系数 $C$（见本节 4.1.7 部分）与沿程阻力系数 $\lambda$ 的关系为 $C=\sqrt{\frac{8g}{\lambda}}$。

对于局部水头损失 $h_j$，实用上一般用下式计算

$$h_j = \zeta \frac{v^2}{2g} \tag{2-4-7}$$

式中　$\zeta$——局部阻力系数。

$\lambda$ 和 $\zeta$ 由试验获得。《水力学手册》中常提供各种边界条件下 $\lambda$ 和 $\zeta$ 的参考数值，可选择采用。如普通混凝土管的 $\lambda=\frac{1}{45}$；直径 100 mm 的闸阀全开时 $\zeta=0.14$。

为了形象地反映总流中各种能量的变化规律，可以把能量方程用图形描绘出来。因为单位重量流体所具有的各种机械能都具有长度的量纲，于是可用水头作为纵坐标，按一定的比例尺沿流程把断面的 $z$、$\frac{p}{\rho g}$ 及 $\frac{\alpha v^2}{2g}$ 分别绘于图上。如图 2-4-2 所示，$z$ 值在断面上各点是变化的，一般选取断面形心点的 $z$ 值来标绘，相应地，$\frac{p}{\rho g}$ 亦选用形心点的动水压强来标绘。把各断面 $z+\frac{p}{\rho g}$ 值的点连接起来可以得到一条测压管水头线，把各断面 $H=z+\frac{p}{\rho g}+\frac{\alpha v^2}{2g}$ 的点连接起来可以得到一条总水头线，任意两断面之间的总水头线的降低值，即为该两断面间水头损失 $h_w$。

对于河渠中的渐变流，其测压管水头线就是水面线，测压管水头线和总水头线如图 2-4-3 所示。

实际流体总流的总水头线必定是一条逐渐下降的线（直线或曲线），因为总水头线总是沿程减小的，而测压管水头线则可能是下降的直线或曲线，也可能是上升的直线或曲线，甚至可能是一条水平线，这主要视总流的几何边界变化情况而作具体分析。

总水头沿流程的降低值与流程长度之比，称为总水头线坡度，也称水力坡度，常以 $J$ 表示。当总水头线为直线时，$J=\frac{H_1-H_2}{L}=\frac{h_w}{L}$（式中，$L$ 为 1—1 和 2—2 过流断面间的距

离)；当总水头线为曲线时，其坡度为变值，在某一断面处坡度可表示为 $J=-\frac{dH}{dL}=\frac{dh_w}{dL}$。

因总水头增量 $dH$ 始终为负值，为使 $J$ 为正值，在上式中加“ - ”号。总水头线坡度 $J$ 表示单位流程上的水头损失。

应用恒定总流能量方程式时应满足下列条件：

(1)水流必须是恒定流。

(2)作用于液体上的质量力只有重力。

(3)在所选取的两个过水断面上，水流应符合渐变流条件，但在所选取的两个断面之间，水流可以不是渐变流，如图 2-4-4 所示，只要把过水断面选取在水管进口以前符合渐变流条件的断面 1—1 及进口之后的断面 2—2，虽然在由水池进入管道附近有急变流发生，对 1—1 及 2—2 两个过水断面，仍然可以应用能量方程式。

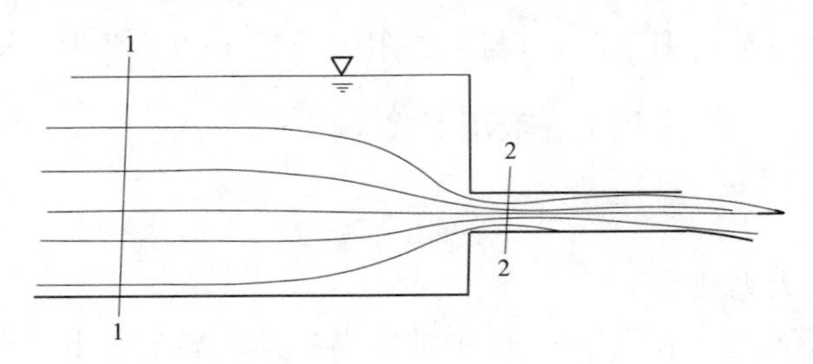


**图 2-4-4　应用伯努利方程把过水断面选取在符合渐变流条件的断面**

(4)在所取的两过水断面之间，流量保持不变，其间没有流量加入或分出。

应用伯努利方程还应注意以下几个方面：

(1)位置起算的高程基面必须是水平的，可任意选择，但计算不同断面的位置高度 $z$ 时，必须选取同一基面。

(2)$\frac{p}{\rho g}$的压强 $p$ 可用绝对压强或相对压强，但对不同断面必须选用同一物理意义的量。

(3)在计算 $z+\frac{p}{\rho g}$时，理论上可任选断面上一点，实际上应以计算方便为原则。对于管道，宜选在管轴中心点；对于有自由水面的断面，宜选在相对压强为零的自由水面上。

(4)能量方程可用来解算水力学问题，在所选的两个断面中，一般应有一个断面包含求解的物理量。应尽可能选择未知量较少的断面，以方便方程求解。

## 4.1.7　河渠均匀流的谢才 - 曼宁公式

早在 1769 年，谢才总结河渠均匀流的情况，得出计算过水断面平均流速 $v_{断}$(m/s)的公式，即

$$v_{断}=C\sqrt{RJ} \tag{2-4-8}$$

式中　$R$——水力半径，m；

$J$——水力坡度,比降;

$C$——谢才系数。

计算谢才系数的经验公式很多,最常用的曼宁公式为

$$C = \frac{1}{n}R^{\frac{1}{6}} \tag{2-4-9}$$

式中　$n$——糙率;

其余符号意义同前。

在宽浅河道断面,$R$ 常以平均水深 $\overline{d}$ 或 $\overline{H}$ 代替。

由于河渠均匀流总水头线、河渠底线及水面线三者平行,所以也可由渠底比降 $i$、水面比降 $S$ 代替水力坡度 $J$。

实际应用中,在确定了上、下游过流(比降)断面间的距离 $L$ 后,通过同时观测上、下游的水位 $z_s$、$z_x$,可由下式计算水面比降

$$S = \frac{z_s - z_x}{L} \tag{2-4-10}$$

糙率 $n$ 也称糙率系数,它是与河渠边界壁面的结构粗糙程度、河渠断面形态及水流泥沙运动状态等有关的一个综合性阻力系数,一般经试验或测验反算推求。《水力学手册》中常提供各种条件下 $n$ 的参考数值,可选择采用。如平原地区汛期最大水面宽约 30 m 的顺直、无沙滩、无深潭、清洁的河流在正常情况下取 $n = 0.030$。

式(2-4-8)和式(2-4-9)结合应用的时候常写为 $v = \frac{1}{n}J^{\frac{1}{2}}R^{\frac{2}{3}}$,称为谢才－曼宁公式。

组合式(2-4-4)、式(2-4-8)可以得出 $Q = AC\sqrt{R}\sqrt{J} = K\sqrt{J} = K\sqrt{S}$,其中 $K = AC\sqrt{R}$ 综合反映了河渠断面的形状、大小和结构粗糙程度,称为流量模数。

## 4.1.8　堰、闸过流

### 4.1.8.1　**堰流**

堰的基本含义为挡水的堤坝,堰流则指流经过水建筑物顶部下泄,溢流上表面不受约束的开敞水流,水流通常形成连续的降落水面。堰流也多专指明渠缓流溢过建筑在河渠中的障碍物的流动,将障碍物称为堰。在工程中,障碍物为坝、桥涵、溢流设备等,它们使上游水位壅高,对堰流起侧向收缩和底坎约束的作用。明渠急流流过障碍物,产生不同于堰流的水力现象,当流经侧收缩段时,发生冲击波。

堰流主要研究水流流经堰的流量 $Q$ 与其他特征量的关系。堰流的特征量,除流量外,尚有:①堰宽 $b$,即水流漫过堰顶宽度;②堰顶水深 $H$,即堰上游水位在堰顶上的最大超高;③堰壁厚度 $\delta$ 和它的剖面形状;④下游水深 $h$ 及下游水位高出底坎的高度。堰、堰流及有关要素示意图见图 2-4-5。

根据堰壁的相对厚度 $\delta/H$ 的大小将堰分为薄壁堰($\delta/H < 0.67$)、实用断面堰($0.67 < \delta/H < 2.5$)和宽顶堰($2.5 < \delta/H < 10$)。按上游渠宽对过堰水流的收缩作用将堰分为上游渠宽 $B$ 大于堰宽 $b$ 的有侧收缩堰和 $B = b$ 时的无侧收缩堰。按下游水位对过堰水流的淹没作用将堰流分为自由堰流和淹没堰流。当一定流量流经堰时,若下游水位较低($\Delta < 0$,

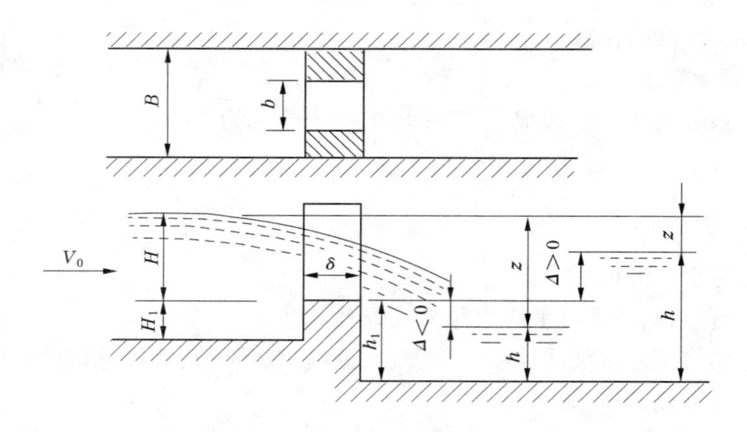


图 2-4-5　堰、堰流及有关要素示意图

即低于底坎顶)，下游水位不影响上游水位，称为自由堰流；若下游水位较高($\Delta > 0$，即高于底坎顶)，下游水位影响上游水位，称为淹没堰流。

薄壁堰堰顶厚度不影响水流的特性，堰的横断面形状有矩形、三角形和梯形等。实用断面堰堰顶厚度影响水舌的形状，它的纵剖面可以是曲线，也可以是折线。宽顶堰堰顶厚度对水流的影响比较明显。堰流的特点是可以忽略沿程水头损失。

在堰上游水流较稳定处和堰上适当处选取渐变流断面，运用能量方程求解的堰流流量基本方程式为

$$Q = \zeta\sigma mb\sqrt{2g}H_0^{3/2} \tag{2-4-11}$$

式中　$\zeta$——侧收缩系数；

$\sigma$——淹没系数；

$m$——流量系数；

$b$——堰宽，m；

$H_0$——$H_0 = H + \frac{v_0^2}{2g}$，m，其中 $H$ 为堰顶水深，$v_0$ 为堰前行近流速。

有关系数经试验或测验反算推求。《水力学手册》中常提供各种条件下的系数参考数值，可选择采用。

#### 4.1.8.2　闸流

闸的水力学意义为装有可以开关的阀门或闸门，以拦住、阻止或调节水流的人工过水通道。闸门部分开启时，通过闸门下缘孔的水流称为闸孔出流；若闸门开启到一定高度后，闸门对水流不起控制作用则为堰流。工程实践中，常用闸门的相对开度$\frac{e}{H}$(其中，$e$ 为闸门开启高度，$H$ 为堰顶水深)作为闸孔出流和堰流的大致界限。

当下游水位不影响闸孔泄流时为闸孔自由出流，当下游水位影响闸孔泄流时为闸孔淹没出流。

闸孔出流流量基本方程式为

$$Q = \sigma\mu be\sqrt{2gH_0} \tag{2-4-12}$$

式中　$\sigma$——淹没系数,无淹没情况取值为1;

$\mu$——流量系数;

$b$——矩形闸宽,m;

$e$——闸门开启高度,m;

$H_0$——$H_0=H+\frac{v_0^2}{2g}$,m,其中$H$为闸坎顶起算的水深,$v_0$为闸前行近流速。

有关系数经试验或测验反算推求。《水力学手册》中常提供各种条件下的系数参考数值,可选择采用。

## 4.2　流量测验断面的概念

河槽中垂直于水流流向的剖面称为河流的横断面,也称为过流断面或过水断面。直观地理解,横断面是有界的平面,其下界为河底,上界为水面线,两侧为河槽边坡(包括两岸的堤防)。河流中微小流束的流向是复杂多变的,通常只能根据主流的宏观流向确定与它垂直的断面。随着水位升降或河床变化,横断面是变化的,水文测验中常将最高水位以上若干高度(如0.5 m或1.0 m)的断面称为大断面。按此概念,河流可以在许多地点确定无限多的断面,但水文测验一般先认定测验河段,在认定的河段再确定有关断面,如基本水尺断面、比降断面、浮标断面、流量测验断面等。很有实用意义的是流量测验断面,因为流量测验大多要深入水流内部作业,断面效应明显;而其他断面则在近岸或水面作业,实际应用中关心的是断面的水面线(俗称断面线)。河势水流有利的测站,流量测验断面可以与基本水尺断面合二为一;当不能合时,二者之间不应有较大支流汇入或有其他因素造成水量的显著差异。

流量测验断面一般在勘察设站时就应确定,河势水流无很大的变化时一般不改变。断面确定后,要在两岸设置固定的断面桩点(断面桩)和起止桩点(测算起点距用),以把断面落实下来,还要在断面(线)或适当位置设置目视标牌及测流需要的观测设施(如基线、断面起点距标志索牌等)。渡河入水测验一般在流量测验断面实施,该断面具有水流测验背景平台的功用。

描述断面形态常用起点距和河底高程两个参数,以这两个参数量建立直角坐标系,根据实测的系列起点距和对应河底高程数据点绘连接后可绘制断面图,断面图在许多业务分析中用途很大。

自然河流的断面一般是不规则形状,计算某高程(水位)下的断面面积时,可先将断面按河底地形控制点分成竖向的若干梯形,按梯形面积公式由间距(宽或高)和两边水深的均值的乘积分别计算出各梯形面积,然后累加得出全断面面积。河道稳定的断面可水平分层计算面积,再以河底往上逐层顺序累加面积为横坐标,高程(水位)为纵坐标的直角坐标系建立水位—面积关系曲线,以备应用。

# 4.3　河流流速沿垂线和沿断面分布的一般规律

## 4.3.1　垂线上的流速分布

天然河道中常见的垂线测点流速 $v$ 分布曲线示意如图 2-4-6 所示。图中水深用相对水深，即将各点位的水深 $h$ 归一化成点位水深与总水深 $H$ 的比值 $h/H$，这样容易将不同总水深的流速分布曲线绘制在同一坐标系开展比较与研究。

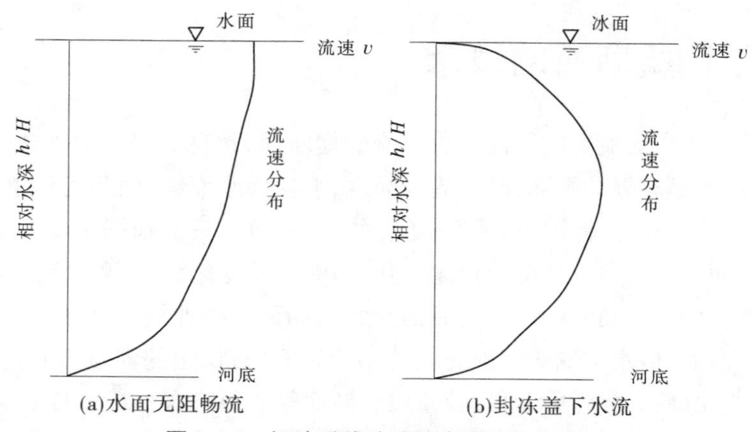


**图 2-4-6　河流垂线流速分布曲线示意图**

一般情况下，畅流时垂线水面流速最大，河底流速为零，总体垂线流速分布呈一定形状的曲线。对于封冻的河流，垂线紧邻冰盖的流速和河底流速为零，总体垂线流速分布呈弓形曲线状。潮汐和回水过程的垂线流速分布呈特殊形状的曲线。影响流速曲线形状的因素很多，致使垂线流速分布曲线的形状多种多样。人们总是努力用曲线函数近似描述垂线流速分布，在此列出如下几种常见的描述垂线流速分布的函数曲线：

抛物线型

$$v = v_{\max} - \frac{1}{2P}(h_x - h_m)^2$$

对数型

$$v = v_{\max} + \frac{v_*}{K}\ln\eta$$

椭圆型

$$v = v_0\sqrt{1 - P\eta^2}$$

指数型

$$v = v_0\eta^{\frac{1}{m}}$$

式中　$v$——分布曲线上任意一点的流速；

$v_{\max}$——垂线上的最大测点流速；

$v_0$——垂线上的水面流速；

$v_*$——动力流速；

$h_x$——垂线上的任意点水深；

$h_m$——垂线上最大测点流速处的水深；

$\eta$——由河底向水面起算的相对水深，$\eta=\dfrac{h}{H}$；

$P$——抛物线焦点的坐标，常数；

$K$——卡尔曼常数；

$m$——幂指数。

### 4.3.2　横断面的流速分布

横断面的流速分布一般通过绘制等流速曲线的方法来描述，可见图 2-4-7 所示的横断面等流速分布曲线示意图。

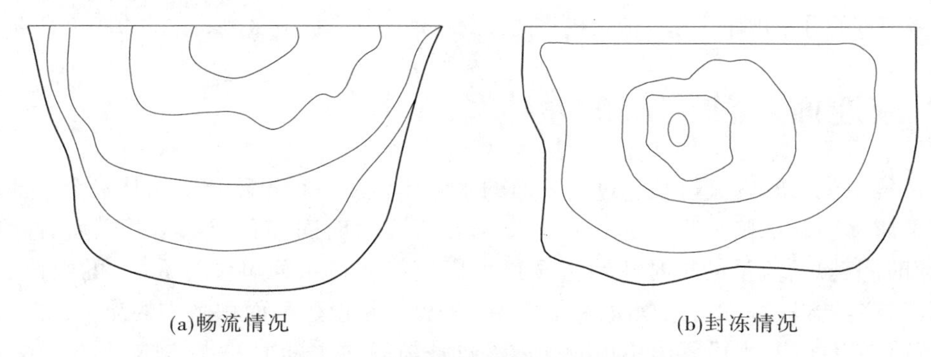

(a)畅流情况　　(b)封冻情况

**图 2-4-7　横断面等流速分布曲线示意图**

从观测资料分析可知，畅流期断面流速分布状况为：河底与岸边流速最小(为零)，中泓水面流速最大，区间的等流速曲线呈不封闭的环形按一定规律分布。封冻期河底、岸坡、冰盖临界流速最小(为零)，中泓某水深流速最大，区间的等流速曲线呈封闭的环形按一定规律分布。如果从地形图的视角场看，畅流期断面流速分布曲线像一座半壁山头(可参见图 2-4-8 所示的流量模型示意图)在断面的等高线，封冻期则像较完整的山头在断面的等高线。

横断面的流速分布的另一种描述，是绘制垂线平均流速沿断面线(河宽)的分布曲线，一般情况下曲线呈弓形曲线状，中泓流速最大，逐步向岸边缩减为零。

### 4.3.3　流量模型

以横断面为垂直平面、水流表面为水平面、断面内各点流速矢端为曲面所包围的水流体称为流量模型。已知断面中流速分布沿水平和垂直方向都是各不相同的，所以流量模型即单位时间内流过断面的水体一般是不规则的，大致可以用如图 2-4-8 所示的流量模型描述。图中还以断面线($OL$)、水深线($OH$)和流向线($Ov$)的三维直角坐标系为背景，平面 $HOL$ 为过流断面，$vOL$ 为水平面，曲面即流速矢端曲面。

流量模型表达出竖直方向流速由水面最大递减到河底为零，水平方向流速由中泓最大向

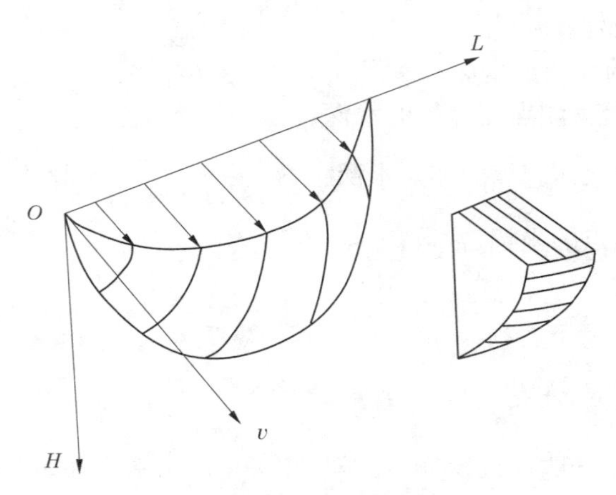


图 2-4-8　流量模型示意图

两岸递减到零的分布规律。建立流量模型的概念对理解和掌握流量测验方法有很大帮助。

## 4.4　流速面积法测流的基本原理

流量是单位时间内流过某一过水断面的水体体积。一种思路是设想从一个水池的出流口用量筒逐秒地承接水流并量记水量,或者记下出流时间和相应水量并用后者除以前者(出流时间越短,流量的瞬时性越明显),可以直接获得系列单位为 $m^3/s$ 的数值,从而实现测流,这类方法可称为量积法测流。另一种思路是设想取面积微小的流束,测量出流速,由流速乘以面积,也可得出单位时间内流过该流束过水断面的水体体积,这类方法就称为流速面积法测流。之所以设想取面积微小的流束测流速,是认为流束的流速分布差异可以忽略,测出的就是全断面的平均流速。如果将水流断面面积放大,可以有两种途径测量一定精度的流量:一种是测出可划分为流束的各流束流量后累加;另一种是根据流速分布情况,在断面合适的位置分别测量流速,以一定的规则统计计算断面平均流速,用断面平均流速乘以断面面积获得单位时间内流过该过水断面的水体体积。显而易见,后一种途径对断面面积很大的江河有实用意义,水文测验的流速面积法基本以此为模式进行规则化或衍变扩展。

流速仪多线多点法是最典型的流速面积法测验河流流量的模式,其测量实施过程是,按断面流速分布规律,在断面布置若干测深测速垂线测量深度,在测速垂线上安排若干流速测点,用流速仪按规定的时间测量流速;其计算过程是,计算测点流速和垂线平均流速,计算相邻垂线间的面积,通过相邻垂线平均流速计算对应面积的平均流速,相邻垂线间的面积乘以对应面积的平均流速获得该面积部分的流量,累加各面积部分的流量即为全断面的流量。

浮标测垂线流速和积深法测垂线流速是本模式的简化。比降面积法用比降、糙率、水力半径等推算断面平均流速,显然属流速面积法。

一种更理想简化的模式,是测量或推算出断面平均流速和全断面面积,通过计算其乘积得到全断面流量。工程实践中,常需要设计合适的方式开展本模式与流速仪多线多点法模式的对比试验,探索与断面平均流速最接近的代表区域(点、垂线、若干点或垂线的平均值等),或固定测量区域获得特征流速后建立与断面平均流速的换算关系,分析、总结本模式需要的断面平均流速的测法。

从水力学堰闸出流公式的推导过程可知,先用能量方程推求出考察断面的平均流速,再乘以断面面积才获得出流流量,只是在简化公式过程中合并了有关要素,蕴涵掩盖了面积和流速等原始计算量值,突出了水头、宽度等要素并引入许多系数,可见水力学堰、闸测流的根据也是流速面积法。

由以上可知,流速面积法测流具有普遍意义。

## 4.5　转子式流速仪的基本原理

转子式流速仪是水文测验中历史悠久、使用广泛的仪器,其简单原理是,当流速仪转子应对水流时,转子的设计结构使水流的直线运动产生动量差和转矩,此转矩克服转子的静惯性力和动摩阻及流体阻力后转动起来。可见,详细地分析各种力的作用机制将十分复杂,但在一定的流速范围内,流速仪转子的转速与水流流速呈简单的近似线性关系使其实用效能简明。因此,可应用传统的水槽开展流速仪以不同流速相对其静水运动的试验,得到一组转子转速 $n$(单位为转/s)、水流流速 $v$(单位为 m/s,在水槽静水中,$v$ 为装载固定流速仪的跑车速度)的试验数据,在 $n$、$v$ 量直角坐标系中建立 $n$ 与 $v$ 之间的经验关系 $v = a + bn$(式中,$a$、$b$ 为常数),或者仅取试验数据的拟合直线段建立线性关系,供水流中测定出流速仪转子转速 $n$ 后推算流速 $v$ 应用。

转子按结构分为旋桨和旋杯两类,相应转子流速仪分为旋桨式流速仪、旋杯式流速仪等。图 2-4-9 为 LS20B 旋桨式流速仪,图 2-4-10 为 LS45 旋杯式浅水低速流速仪。旋桨式流速仪的桨叶曲面凹凸形状不同,当水流冲击到桨叶上时,所受动水压力也不同,于是产生旋转力矩驱使桨叶转动。旋杯式流速仪的圆锥形杯子两面所受动水压力大小不同,所以旋杯盘在压差作用下产生动势力,从而带动转轴旋转。

图 2-4-9　LS20B 旋桨式流速仪

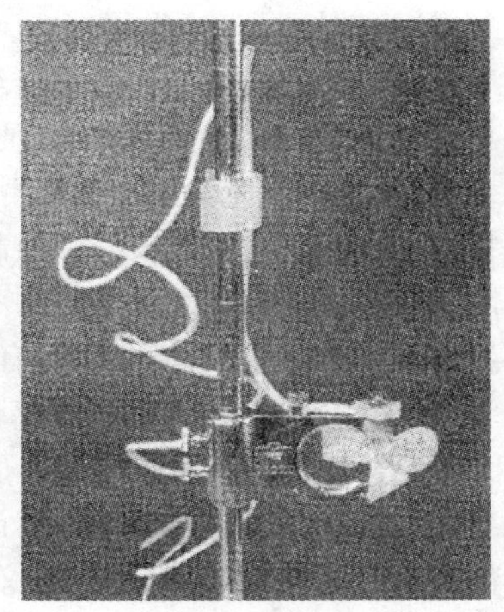

图 2-4-10　LS45 旋杯式浅水低速流速仪

转子流速仪的构造除转子外,还有机体(身)构架和维持在水流中平衡的尾翼,机体

(身)构架装有精密复杂的机械传动和光电信号机构以及防水密封构件。

现将国产转子式流速仪简要性能列入表2-4-1。

表2-4-1　国产转子式流速仪简要性能

| 系列类型 | 仪器型号 | 转子直径 $D$(mm) | 最小水深 $H$(m) | 启动流速 $v_0$(m/s) | 测速范围 $v$(m/s) | 水力螺距 $b$(m) |
|---|---|---|---|---|---|---|
| 旋杯式 | LS68 | 128 | 0.15 | 0.080 | 0.200 ~ 3.500 | 0.670 ~ 0.690 |
| | LS78 | 128 | 0.15 | 0.018 | 0.020 ~ 0.500 | 0.760 ~ 0.800 |
| | LS45 | 60 | 0.05 | 0.015 | 0.015 ~ 0.500 | 0.432 ~ 0.468 |
| 旋桨式 | LS25 - 1 | 120 | 0.20 | 0.050 | 0.060 ~ 5.000 | 0.240 ~ 0.260 |
| | LS25 - 3 | 120 | 0.20 | 0.040 | 0.040 ~ 10.000 | 0.243 ~ 0.257 |
| | LS20B | 120 | 0.20 | 0.030 | 0.030 ~ 15.000 | 0.195 ~ 0.205 |
| | LS10 | 60 | 0.10 | 0.080 | 0.100 ~ 4.000 | 0.095 ~ 0.105 |
| | LS1206B | 60 | 0.10 | 0.050 | 0.070 ~ 7.000 | 0.115 ~ 0.125 |

## 4.6　流量测验渡河设施设备常识

### 4.6.1　水文缆道

水文缆道是把水文测验仪器(或包括人)运送到测验断面内任一指定起点距和垂线测点,以进行测验作业而架设的水平方向和竖直方向移动的跨河索道系统,它在保证安全、节省人力、方便操作、改善劳动条件等方面有突出的优越性。水文缆道按横过河槽的跨度分,有单跨、多跨两类;按过河缆牵引载运物分,有铅鱼流速仪缆道、吊箱缆道、吊船缆道等;按驱动控制情况分,有人力、机电动力和全自动、半自动控制等。

比较完整的水文缆道主要由承载、驱动、信号和操作控制、安防附属设备等部分组成。承载部分主要有承载索(主索)、支架(柱)及其拉线、地锚等设施。驱动部分包括牵引索、驱动绞车、导向滑轮、行车、升降滑动轮、平衡锤、驱动动力等设备。信号和操作控制部分包括感测、传输、接收等仪器和控制操作仪表等。还有操作室、机房、防雷、防震、副索拉偏等附属设备。根据用途和条件的不同,缆道工程设备部分组成可以简省,如小河的浮标投掷器也属于缆道,但可简略得只有一个手摇驱动轮和闭环悬索;吊船缆道可不要驱动循环系统,渡河动力由测船解决(机船自备动力,无动力船靠横渡力)。

铅鱼流速仪过河缆道,即狭义的水文缆道,可在岸上操作,使铅鱼流速仪到达预定位置后实施测深、测速,信号传回后记载、计算,完成测流。吊箱过河缆道可载人到达预定垂线位置上空,操纵悬索铅鱼流速仪或悬杆流速仪实施测流。吊船过河缆道使测船吊于主索,便于顺流稳定测船,横渡移动也很方便,同时有作业场地大而稳的优势。

### 4.6.2　渡河测船

水文测船种类较多,按有、无动力分为机动测船和非机动测船两大类;按船体材料可分为钢板船、木船、水泥船、玻璃钢船和橡皮船等;按测船渡河方式又可分为机动测船、缆道吊船和机吊两用测船等;按其动力和测船尺寸可分为大型测船、中型测船、小型测船和次小型测船等;另外还有冲锋艇、操舟机等小船。测船应配备水文绞车等测验设备和仪器工具,满足测深、测速、泥沙采样等入水测验要求。测船应配备充足的救生设备。机动测船应配置消防系统。

水文测验管理中机动测船的型号分类见表 2-4-2。

**表 2-4-2　水文测验管理中机动测船的型号分类**

| 船型 | 大型 | 中型 | 小型 | 次小型 |
|---|---|---|---|---|
| 船长(m) | >30 | 15 ~ 30 | 10 ~ 15 | <10 |
| 主机功率长(kW) | >300 | 100 ~ 300 | 10 ~ 100 | <10 |

### 4.6.3　水文测桥和桥测车

进行水文测验的专建工作桥可称为水文测桥,有些渠道或小河建有这样的测桥,有的测桥上装备动力驱动和测验设备及控制机构,可自动、方便地到达预定测验位置并实施测验作业。有的测桥可人行,测验人员携带简易的设备仪具,到达预定测验位置并实施测验作业。一般水文测验作业常常借用断面附近的普通桥,有的设计装备专门的桥测车实施测验作业,有的在特大洪水时在桥上观测水势、投放浮标测流。

### 4.6.4　其他渡河设施

可依托桥梁等跨河建筑物安装、修建用于流量测验的渡河工程。如 20 世纪 90 年代黄河花园口水文站依托花园口黄河公路大桥建成的吊船轨道渡河设施等。

# 第 5 章　河流泥沙测验

## 5.1　河流泥沙运动的概念与分类

泥沙在河流水流作用下具有两种运动形式，一种是沿河底滑动、滚动或跳跃，称为推移质；另一种是被水流挟带随水流悬浮前进，称为悬移质。泥沙的运动形式与水流状况和泥沙粗细有关，简略来说，在一定的水势流速下，相应的较细颗粒成为悬移质，较粗的颗粒成为推移质；对一定的颗粒，流速大成为悬移质，流速小成为推移质。由于天然河道中同一河段流速随时间不断变化，此外流速也沿程发生变化，各河段及各时段在流速较小时，细沙也可呈推移形式运动；而流速增大时，粗沙也可转化为悬移质。一些特殊情况下，如在流速较大的急滩，细沙、粗沙可能都悬浮而无推移；在流速较小的壅水河段，原来处于悬浮状态的泥沙也可转化为推移质甚至沉降下来，原来的推移状态也可停止运动沉积下来，使全部或上部水流澄清成为不含泥沙的清水。因此，实际情况中推移质和悬移质处于不断调整中，情况甚是复杂。虽然河流泥沙运动状态不能单纯地按粒径大小来划分，但总体分析一些一般水力条件下的观测资料形成的概念是：对于粒径大于 2.0 mm 的砾石和卵石，除在流速特别大时，偶尔在近底层悬浮外，一般均呈推移形式运动；对于粒径小于 0.05 mm 的粉沙和黏土，由于它的自重和表面积之比极小，表面力（固体表面接触液体出现的亲和力）大于重力，一般均呈悬浮状态随水流运动；粒径为 0.05 ~ 2.0 mm 的沙粒，既可推移，也可悬浮，其运动状态取决于泥沙粒径的大小和它所处的水力条件。

河流是水流汇集开拓形成的，一般包括河床（或河道）和水流两个方面（部分），水流中的泥沙在流域降水的坡面侵蚀和沟道侵蚀中就有挟带，在河流开拓发育的初期也有泥沙加入。但河流发展到一定时期，河道形成一定规模后，则水流挟带的泥沙有时沉积成为河床，有时将河床的泥沙冲挟而成为悬移质或推移质。相对于悬移质和推移质，在水流流动作用下仍停留在河床处于相对静止不动的泥沙称为床沙。

如上理解，河流泥沙有运动与否之分，有悬移质、推移质、床沙之分。由于泥沙运动形式不断调整，有时也使用冲泻质和床沙质两个术语。冲泻质是悬移质泥沙的一部分，它由更小的泥沙颗粒组成，能长期地悬浮于水中而不沉淀，在床沙组成中很少存在，一般认为它来自流域侵蚀过程，在水中的数量多少与来沙条件有关，与河流水流的挟沙能力无关。床沙质在泥沙粒度组成上与河床泥沙粒度组成的相当一部分重合一致，在河床床沙组成中大量存在，其运动与否或运动状态和水力条件有关，当流速大时，可能成为推移质和悬移质；当流速小时，沉积为床沙。

国际标准化组织（ISO）定义的河流泥沙起源输移分类如图 2-5-1 所示。

图 2-5-1 中全沙是指通过某一过水断面的全部泥沙。从泥沙向下游输移的观点讲，全沙包括悬移质和推移质两种；从泥沙来源的观点讲，全沙包括床沙质和冲泻质。

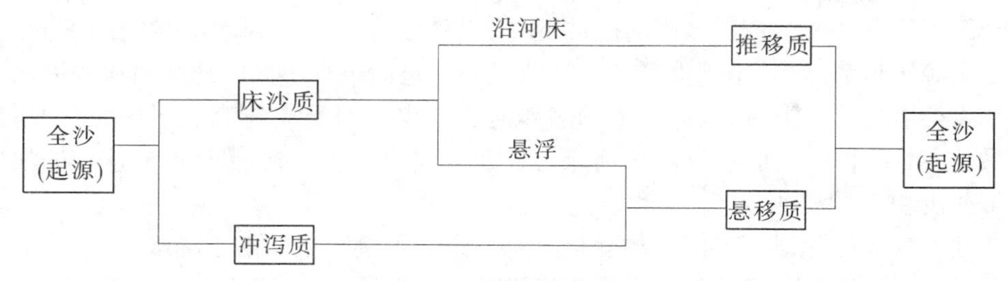


图2-5-1　河流泥沙起源输移分类

## 5.2　水流挟沙能力的概念

在一定水流与河床组成条件下,通常将悬移质中属于床沙部分的饱和含沙量,称为水流挟沙能力。武汉水利电力学院张瑞瑾等分析、研究了与水流挟沙能力相应的断面平均含沙量,得出

$$\overline{C_s} = K\left(\frac{v_{断}^3}{g\,\overline{d}\omega}\right)^m \quad (2\text{-}5\text{-}1)$$

式中　$\overline{C_s}$——与水流挟沙能力相应的断面平均含沙量,kg/m³;

$v_{断}$——断面平均流速,m/s;

$\overline{d}$——断面平均水深,m;

$\omega$——泥沙沉速,m/s,与泥沙粒径大小和水温有关;

$g$——重力加速度,m/s²;

$K$、$m$——常数,由实测资料推算。

式(2-5-1)属于经验公式且仅适用于天然泥沙。

该式结构特点表明,河流流速大、泥沙颗粒沉速小、水深浅,则挟沙能力强,这与直觉认知相符合。

水流挟沙能力是河流泥沙力学的重要概念,研究者很多,总结的公式也很多,各来自并适应不同的河流条件,统一成普遍使用的公式还比较困难。

不同的研究者对水流挟沙能力适合范围的认知也有不同,有的认为水流挟沙能力只限定在悬移质的床沙质,有的认为可限定在悬移质,也有的认为应包括悬移质和推移质。

水流挟沙能力一般指各级颗粒的沙源均为充足条件下的平衡含沙量,并不代表水流的实际含沙量,各级颗粒的沙源不充足会出现非饱和输沙,条件特殊时也会出现超饱和输沙。但是,水流挟沙能力仍是分析河床冲淤或平衡问题的常用概念,如一般认为,当水流挟带的悬移质泥沙超过河段的水流挟沙能力时,这个河段必将发生淤积;反之,则会发生冲刷。

## 5.3　河流泥沙(悬移质)时空分布的一般规律

### 5.3.1　河流泥沙变化的影响因素

河流从流域挟带泥沙的多少与流域坡度、土壤、植被、季节性气候变化、降雨强度以及人类活动等因素有关。河流泥沙随时间的变化,也就取决于这些因素随时间的不同组合和变化。来源于地势地形、土壤性质和植被状况等下垫面条件不同的地区河流的洪水,挟带的泥沙将会有显著的差别,人们常说的多沙河流与少沙河流应与流域下垫面状况紧密相关。另外,对于冲积性河流,其承水河床由长期冲积的泥沙构成,水流流经这样的河段,常会挟带或沉积大量泥沙。

季节性的气候变化对河流泥沙的变化也有一定的影响。汛前由于降水少,土壤疏松、干燥、抗冲能力差,因此初夏的暴雨洪水常挟带较多的泥沙,秋末洪水含沙量常较小。

降雨强度对河流泥沙的影响是:雨强大,则侵蚀能力强,从而使河流挟带的泥沙增多。河流输沙量集中在汛期,而且主要集中在几次大洪水中,其原因也在于此。

人类活动使流域产沙条件发生变化。如修建道路、毁林垦荒,将导致河流泥沙增加;而封山育林、开展水土保持,又可减少河流泥沙;修建水库,常会沉积泥沙。这种影响将使河流泥沙发生系统性变化。

### 5.3.2　泥沙的脉动

脉动是忽大忽小不停波动变化的现象。悬移质悬浮在水流中,与流速脉动(紊动)一样,含沙量也存在着脉动现象,而且脉动的强度更大。在水流稳定的情况下,断面内某一点的含沙量是随时变化的,它不仅受流速脉动的影响,而且与泥沙特性等因素有关。

推移质的运动形式极为复杂,输移脉动现象比悬移质大得多,受脉动影响,颗粒大小变化也非常大。

由于脉动,不同瞬时或短历时测量的物理量(如悬移质含沙量)就不稳定,不能反映大的变化趋势,因此流速、悬移质含沙量、推移质输沙率等水文要素的测量应持续一段时间,最好达一个脉动周期。

### 5.3.3　悬移质泥沙的垂直分布

悬移质含沙量在垂线上的分布,一般从水面向河底呈递增趋势。含沙量垂向的变化梯度还随泥沙颗粒粗细的不同而异,粒径较细的泥沙,其垂直分布也较均匀,而对于较粗泥沙,则梯度较大。对于同粒径的泥沙,其垂直分布与流速大小有关,流速大则分布较为均匀,反之则不均匀。

泥沙在水中悬浮依靠水流的紊动,从水流某一点位来看,泥沙在水中紊动悬浮是各向平衡的,但从某平面看,重力作用使泥沙不断下沉,向下紊动加重力下沉的泥沙总和就偏大,要维持垂向的泥沙平衡,水流紊动向上扬起的泥沙量就应大些,这只有垂向下部的泥沙分布较大才有可能,这是含沙量在垂线上从水面向河底呈递增趋势的一种认识。某平面向上、向下泥沙输移量的平衡是统计平衡,单颗泥沙悬浮运动的轨迹是十分复杂的。

### 5.3.4　悬移质泥沙的横向分布

含沙量的横向分布形式与河床性质、断面形状、河道形势、泥沙粒径以及上游来水情况等多项因素有关。

根据水流挟沙能力概念,由于悬沙中的冲泻质沉速极小,水流对这种泥沙的挟带能力很强,因此它的含量常处于不饱和状态。其结果是,悬移质中的冲泻质含沙量与水力因素的关系不密切,横向分布均匀。悬移质中的粗沙(床沙质)含沙量与水力条件有密切关系,流速较大的垂线,挟沙能力较强,流速较小的垂线,挟沙能力较弱。含沙量的横向分布与断面形状和流速的横向变化具有一定相应性。但当含沙量与水力因素关系不密切的冲泻质占悬移质的大部分时,悬移质横向变化常较流速横向变化为小。

对于卵石河床,其断面比较稳定,形状无大变化,流速一般较大,悬移质的挟沙能力处于不饱和状态,因此含沙量横向分布比较稳定、均匀。至于冲积性河道,由于断面经常变化,特别是游荡性河流,主泓摆动频繁,因而含沙量横向分布常较复杂。

含沙量横向分布与河段形势有关。顺直段较长的河段,主泓稳定,含沙量横向分布一般也比较稳定;而位于弯曲段的测验断面,由于河段流向随水位而变化,因此含沙量横向分布常随水位升降而呈周期性变化。

断面上游不远处如有支流汇入,含沙量横向分布还会随支流来水来沙而有一定变化。

### 5.3.5　河流泥沙运动研究与泥沙测验的关系

泥沙运动的理论概念来源于长期的观测研究,反过来理论概念可以指导泥沙测验,如流域泥沙来源和影响因素的研究成果可指导测站布局规划;泥沙季节变化的知识可指导年度测验部署;泥沙随时间变化的规律可以指导合理地布置泥沙测验测次和正确掌握测验时机;对泥沙在断面分布及脉动的认知有利于选择测验方法和仪器工具等。

河流泥沙测验从总体布局到具体实施有如下 3 个层次:第一层次是根据流域(或区域)产沙和河流泥沙情况规划建设泥沙测站,确定测站的测验项目,以便用站网获得的数据资料测控泥沙的空间分布和流动总趋势;第二层次是根据年度丰水、平水的泥沙变化,安排各测站测次,控制过程并满足年度及时段河流泥沙输移量推求的要求;第三层次是在选择的河段断面实施悬移质含沙量和输沙率测算及颗粒级配分析,推移质输沙率测算及颗粒级配分析,床沙颗粒级配分析。单次测验基本体现在第三层次,该层次一般又可分为野外作业、实验室业务和数据记载计算及资料整理分析几个环节。

河流泥沙测验各测站断面形成网络体系,可有效监控过程,保证单次测验质量,而且与水位、流量(水深、流速)等水文项目要素配合实施,可以获得测站过程及时段的良好的泥沙资料,加之开展流域或河道沟谷的泥沙勘测调查,能够为泥沙运动的理论研究和工程应用提供充足的基本资料。

## 5.4　含沙量、输沙率的概念、符号和计量单位

含沙量是度量浑水中泥沙所占比例的概念。最常见的是质量体积比含沙量,即用浑水中泥沙质量与浑水体积的比例来表达含沙量。一般将计算结果表述为单位体积浑水内所含(悬移质)干沙的质量称为含沙量,通常的符号为 $S$ 或 $C$ 或 $C_s$,计量单位为 $kg/m^3$ 或 $g/L$ 及 $g/m^3$ 或 $mg/L$。

这种表述也提供了含沙量的一种测算方法,即若在浑水水流中取得一个水样,测量得其体积为 $V_{hs}$,泥沙质量为 $W_s$,则水样的含沙量可由式(2-5-2)求出

$$S = \frac{W_s}{V_{hs}} \tag{2-5-2}$$

含沙量还有另外两种表达：一是单位体积浑水内所含悬移质泥沙的体积称为体积比含沙量，通常的符号为 $S_v$；二是单位质量浑水内所含悬移质干沙的质量称为质量比含沙量，通常的符号为 $S_w$。这两种表达的特点是无量纲及单位，在有些理论研究中使用比较方便。

借助水的密度 $\rho_w$ 和干沙的密度 $\rho_s$ 可以推出上面几种含沙量表述的换算关系，即

$$S = \rho_s S_v = \frac{\rho_w S_w}{1 - (1 - \rho_w/\rho_s) S_w} \tag{2-5-3}$$

$$S_v = \frac{S}{\rho_s} = \frac{\rho_w S_w}{\rho_s - (\rho_s - \rho_w) S_w} \tag{2-5-4}$$

$$S_w = \frac{S}{\rho_w + (1 - \rho_w/\rho_s) S} = \frac{\rho_s S_v}{\rho_w + (\rho_s - \rho_w) S_v} \tag{2-5-5}$$

从上面的几种表述可知，在河流泥沙中含沙量的概念一般限定在悬移质，推移质和床沙无含沙量的说法。

含沙量和特定因素或条件组合及进行统计计算会衍化出很多与含沙量关联的概念术语，如考虑流速的输移含沙量，考虑空间位置的测点含沙量、垂线平均含沙量、断面平均含沙量及单样含沙量，时间统计的日（月、年）断面平均含沙量等。

单位时间内通过河流某一断面的泥沙质量称为输沙率，有悬移质输沙率、推移质输沙率和全沙输沙率等术语，床沙不参与输移，故无床沙输沙率的说法。

输沙率通常的符号为 $Q_s$、$q_s$，单位为 g/s 或 kg/s 或 t/s。

某断面悬移质输沙率 $Q_s$、断面平均含沙量 $S$ 和流量 $Q$ 的基本关系为

$$S = \frac{Q_s}{Q} \tag{2-5-6}$$

对于一次断面悬移质泥沙测验，若将测算的目标量确定为断面平均含沙量，经典的测验方法是输沙率法。基本做法是，根据一般的断面流速、含沙量分布不均匀的特点，在断面布置测验垂线，在垂线选择测点，测验（测定）各点含沙量，通过对断面各点含沙量和所代表的流量（流速、面积等因素）区域计算区域输沙率，统计出全断面的输沙率 $Q_s$，进而由式(2-5-6)计算 $S$。输沙率法推算的断面平均含沙量考虑了区域流量（流速、面积等因素），符合部分流量加权原理。在此基础上衍生出许多断面平均含沙量 $S$ 的测算方法，也可试验研究新的方法，《河流悬移质泥沙测验规范》（GB 50159—92）要求“采用不同的悬移质输沙率测验方法测定断面平均含沙量，均必须符合部分流量加权原理和精度要求”。

在推移质泥沙测取过程中，可以将水、沙分离，在测验位置测算得到的一般是单宽输沙率，进而统计计算全断面输沙率。

## 5.5　置换法、烘干法、过滤法悬移质水样处理的基本原理

传统的悬移质泥沙测验主要有两个阶段，首先在河流取得浑水水样，然后将浑水水样

运回实验室,按式(2-5-2)的要求和方法测算含沙量。水样的体积一般在现场即已测得,实验室主要测定水样内的泥沙质量,习惯上称之为悬移质水样处理。目前,悬移质水样处理的主要方法有置换法、烘干法和过滤法。置换法不直接析出和称量泥沙的质量,而是通过测定浓缩后的浑水水样质量,用特定公式由计算方法求出泥沙质量,该方法简单、工效高,但只适用于较大含沙量的浑水;烘干法是将浓缩水样在烘箱烘干,称量泥沙质量,本方法精度较高,适用于较小含沙量的浑水,特别是黏土胶粒含量较多的水样;过滤法是用过滤材料滤去浑水水样中的水分,分离出浓湿泥沙糊,然后烘干,称量泥沙质量,此法适用于细颗粒较多的小含沙量的浑水。

烘干法和过滤法处理水样时,所用器具主要有烧杯、烘箱、天平及滤纸等,都是通用器具,原理很直观,容易被认同认知。置换法的原理和作业方法是:将浓缩后的浑水装入容积为 $V$ 的容器中,要求浑水体积小于 $V$,然后加入清水使之刚满溢。设其中含有质量为 $X$ 的泥沙,泥沙的体积为 $X/\rho_s$($\rho_s$ 为干沙的密度),其余 $V-X/\rho_s$ 为水的体积,则浑水总质量为 $W_s=\rho_o(V-X/\rho_s)+X$($\rho_o$ 为水的密度),解出泥沙质量(其中清水质量 $W_o=\rho_oV$)为

$$X=\frac{\rho_s}{\rho_s-\rho_o}(W_s-W_o)=k(W_s-W_o) \tag{2-5-7}$$

实际上,在知道 $\rho_s$、$\rho_o$(或温度)时,可由专门编制的数表查阅 $k=\rho_s/(\rho_s-\rho_o)$ 值,另外我们总是把容器(一般为比重瓶)的质量和清水、浑水的质量一并测算,并且 $W_s$ 和 $W_o$ 加上同样的容器质量并不影响式(2-5-7)中两者的差值,再者容器质量加 $W_o$ 的 $W_{o+p}$(瓶+清水质量)可以事先测定备用,因此只需要在容器中加装浓缩浑水样,并称量容器质量加 $W_s$ 的 $W_{s+p}$(瓶+浑水质量),由 $W_{s+p}$ 和 $W_{o+p}$ 分别代替式(2-5-7)中的 $W_s$ 和 $W_o$ 即可算出泥沙质量 $X$。

## 5.6　泥沙粒度分析的基本概念

径或直径是几何学中圆形和球体通过"心"而交于边界的直线,是专有的概念,按此严格来说,非圆或球的不规则形体难以简单地用直径表述其几何特征。河流泥沙颗粒形状各式各样,如何详细描述和总括其几何特征虽多有探索,但很是烦琐也终难完善,目前基本上还是对比同质(密度)球体的几何物理反映,将与其几何物理反映等效的球体的直径看做不规则泥沙颗粒的直径。例如,将泥沙颗粒体积看做球体体积反算直径的体积等值粒径(等容粒径),将泥沙颗粒某方位的投影面积看做球体投影面积反算直径的投影面积等值粒径(等投影面积粒径),将与泥沙同密度且在同一介质中具有相同沉降速度球体的粒径看做泥沙颗粒粒径的沉降等值粒径,用筛孔尺寸的筛径分开为小于(通过)和大于(通不过)筛径的颗粒等。

河流泥沙的粒径单位一般用 mm,也可用 μm 表示。

泥沙颗粒分析是通过特定的仪器和方法对泥沙颗粒大小、形状、矿物成分等测定描述的技术作业。泥沙粒度分析是测定描述泥沙群总体中不同粒径级颗粒子群所占比例的技术作业。水文行业目前开展的基本业务是粒度分析,但业内也称颗粒分析,颗粒分析和粒度分析并无严格区别。

泥沙群总体中不同粒径级颗粒子群所占的比例通常称为级配,河流泥沙级配一般用小于某粒径的沙量占总沙量的百分比(%)描述。如果泥沙群中的密度确定一致,在质量之比的分子分母式中约除去密度后即为体积之比,因此用小于某粒径的沙群体积占总沙群体积的百分比(%)描述级配也等同于用小于某粒径的沙量占总沙量的百分比(%)描述级配。

河流泥沙颗粒群中颗粒粒径大小的差别可能很大或者说粒(径)谱很宽,为粒度描述或分析作业的方便,我国《河流泥沙颗粒分析规程》(SL 42—2010)规定,粒径级宜按 $\Phi$ 分级法划分,$\Phi$ 分级法基本粒径级(mm)为:0.001、0.002、0.004、0.008、0.016、0.031、0.062、0.125、0.25、0.50、1.0、2.0、4.0、8.0、16.0、32.0、64.0、128、250、500、1 000。也可采用其他分级法划分,我国水文界对河流泥沙的命名如表 2-5-1 所示。

**表 2-5-1　我国水文界对河流泥沙的命名**

| 类别 | 黏粒 | 粉砂 | 砂粒 | 砾石 | 卵石 | 漂石 |
|---|---|---|---|---|---|---|
| 粒径范围(mm) | <0.004 | 0.004 ~ 0.062 | 0.062 ~ 2.0 | 2.0 ~ 16.0 | 16.0 ~ 250 | >250 |

河流泥沙粒度分析有多种方法,泥沙粒度分析方法的适用粒径范围及沙量要求如表 2-5-2 所示。

**表 2-5-2　泥沙粒度分析方法的适用粒径范围及沙量要求**

| 分析方法 | | 测得粒径类型 | 粒径范围(mm) | 沙量或浓度范围 | | 盛样条件 |
|---|---|---|---|---|---|---|
| | | | | 沙量(g) | 质量比浓度(%) | |
| 量测法 | 尺量法 | 三轴平均粒径 | > 64.0 | | | |
| | 筛分法 | 筛分粒径 | 2.0 ~ 64.0 | | | 圆孔粗筛,框径 200 mm 或 400 mm |
| | | | 0.062 ~ 2.0 | 1 ~ 20 | | 编织筛,框径 90 mm 或 120 mm |
| | | | | 3.0 ~ 50 | | 编织筛,框径 120 mm 或 200 mm |
| 沉降法 | 粒径计法 | 清水沉降粒径 | 0.062 ~ 2.0 | 0.05 ~ 5.0 | | 管内径 40 mm,管长 1 300 mm |
| | | | 0.062 ~ 1.0 | 0.01 ~ 2.0 | | 管内径 25 mm,管长 1 050 mm |
| | 吸管法 | 混匀沉降粒径 | 0.002 ~ 0.062 | | 0.05 ~ 2.0 | 量筒 1 000 mL 或 600 mL |
| | 消光法 | 混匀沉降粒径 | 0.002 ~ 0.062 | | 0.05 ~ 0.5 | |
| | 离心沉降法 | 混匀沉降粒径 | 0.002 ~ 0.062 | | 0.05 ~ 0.5 | 直管式 |
| | | | < 0.031 | | 0.5 ~ 1.0 | 圆盘式 |
| 激光法 | | 衍射投影球体直径 | $2\times10^{-5}$ ~ 2.0 | | | 烧杯或专用器皿 |

注:1. 对于适合表中规定的粒径范围的沙样,应直接选用相应分析方法实施颗粒分析。

2. 对于粒径范围较宽、超出某一种分析方法的沙样,可选用几种方法分别测定,并进行成果衔接处理。

3. 同一个水系流域或同一卷册水文年鉴资料的泥沙颗粒分析方法宜一致。

4. 泥沙分析室应根据选择的分析方法配备完善的测试设备。

## 5.7　用筛分析法进行泥沙分样处理的一般作业

筛是用金属丝(或竹丝及其他纤维丝等)编织成网状或用金属薄片冲出许多孔并由框栏支撑构成的器具。河流泥沙颗粒分析通常使用的筛,孔径4 mm以上各级为框径400 mm或200 mm的圆孔筛;孔径0.062~2 mm各级为框径200 mm或120 mm的方孔编织筛。要求筛框为硬质不易变形的材料,周缘光滑无缝隙。圆孔筛由铜等金属薄片冲孔制成;方孔筛网应由耐腐蚀、耐磨损和高强度不锈钢丝或铜丝等材料编织,要求经纬线互相垂直、无扭曲、无断丝、触感无凹陷。

用筛进行泥沙粒度分析是最直观的方法,筛上承粒状物摇动时,细碎的物粒从网孔漏下去,较粗的物粒留在上面。筛径确定的一只筛可以将泥沙群分开成小于(通过)和大于(通不过)筛径的两组子群,$N$只筛径不同的筛,可将泥沙群分开成$N+1$组子群。

筛分析的一种使用方法是,将粒径范围较宽、超出某一种分析方法的沙样分成粒径适当的部分沙样,以便选用各种相应的方法分别测定,此种作业称为沙样处理或准备。如用16 mm孔径筛将全部推移质或床沙样品进行分离,筛上颗粒作为卵石分析试样(见表2-5-1);用2 mm孔径筛将泥沙样品分离成沙和石两部分;对于小于2 mm的沙,再用0.062 mm孔径筛经水洗过筛将其分离为两部分,筛上部分用粒径计法分析,筛下部分用吸管法分析(见表2-5-2)等。

较粗的沙通常用干过筛,即将沙样烘干后平摊在筛中,振动筛使小于筛径的沙粒漏下以分开粗、细级别。筛上、筛下的沙量与沙的干湿分散层叠状况,振筛的幅度、速率、时间等有关,一般干沙应无层叠地薄摊在筛面上,要求振筛的幅度、速率、时间等作业要素的程度可按达一定值后再加大而下漏增大的沙量可以忽略不计来掌握。

较细的沙通常用水洗过筛,即将沙样平摊在筛中,用高压水冲洗,克服黏结成团和堵糊筛孔,使小于筛径的沙粒下漏以分开粗、细级别。

# 第6章　水质采样

## 6.1　水质、水污染的基本概念

水质是水体质量的简称。它标志着水体的物理(如色度、浊度、臭味等)、化学(无机物和有机物的含量)和生物(细菌、微生物、浮游生物、底栖生物)特性及其组成的状况。为评价水体质量的状况,规定了一系列水质参数和水质标准。如生活饮用水、工业用水和渔业用水等水质标准。

天然水评价指标一般为色、嗅、味、透明度、水温、矿化度、总硬度、氧化-还原电位、pH值、生化需氧量和化学需氧量等。天然水中的大气降水水质与当地的气象条件和降水淋溶的大气颗粒物的化学成分有关;地表水水质与径流流程中的岩石、土壤和植被有关;地下水水质主要与含水层岩石的化学成分和补给区的地质条件有关。

水中有害化学物质含量过高造成水的使用价值降低或丧失称为水污染。水污染主要体现在以下几方面:污水中的酸、碱、氧化剂,以及铜、镉、汞、砷等化合物,苯、酚、二氯乙烷、乙二醇等有机毒物,会毒死水生生物,影响饮用水源、风景区景观。污水中的有机物被微生物分解时消耗水中的溶解氧,影响鱼类等水生生物的生命,水中溶解氧耗尽后,有机物进行厌氧分解,产生硫化氢、硫醇等难闻气体,使水质进一步恶化。

水污染主要是由人类活动产生的污染物造成,其污染源包括工业污染源、农业污染源和生活污染源三大部分。工业废水为水域的重要污染源,具有量大、面广、成分复杂、毒性大、不易净化、难处理等特点。农业污染源包括牲畜粪便、农药、化肥等。农药污水中有机质、植物营养物及病原微生物含量高,危害性大。生活污染源主要是城市生活中使用的各种洗涤剂和污水、垃圾、粪便等,多为无毒的无机盐类,生活污水中含氮、磷、硫多,致病细菌多。

受污染的水流入河流,显然会使河流污染。河流污染水体引用为生活用水,人就会直接受危害;引用灌溉作物,会污染土壤,进入作物体,食用作物者也会受危害。可见,河流水质监测和河流水污染防治是非常重要的公益事业。

## 6.2　水质采样、贮样器具的选择和使用要求

水质采样器是采集水质样品的一种器具,有人工采样器和自动采样器两类。

人工采样器的材料必须对水样的组成不产生影响,且易于洗涤,后继使用要求对先前的样品不能有任何残留。自动采样器有两种:一种是适用于与流量成比例的戽斗式采样器;另一种是适用于废水水流频繁采样要求的管式采样器,其探测设备由装置在不同高度上的几根管子操作,以便调整废水水流的流量变化。

水质贮样容器要选性能稳定、不易吸附预测组分、杂质含量低的材料制成的容器，如聚乙烯和硼硅玻璃材质的容器是常规监测中广泛使用的，也可用石英或聚四氟乙烯制成的容器。

## 6.3　水质样品保存与管理的相关知识

(1)保存质量要求：不发生物理、化学、生物变化，不损失组分，不玷污(不增加待测组分和干扰组分)。

(2)保存时间要求：按最长贮放时间，一般污水的存放时间越短越好。清洁水样为 72 h，轻污染水样为 48 h，严重污染水样为 12 h。运输时间在 24 h 以内。

(3)保存方法选择：通常有冷藏法或冷冻法和加入化学试剂保存法(加入生物抑制剂、调节 pH 值、加入氧化剂或还原剂等)。

(4)水样运输：塞紧采样器塞子，必要时用封口胶、石蜡封口；避免因震动、碰撞而损失或玷污，因此最好将样瓶装箱，用泡沫塑料或纸条挤紧。

(5)热冷防备：需冷藏的样品，应配备专门的隔热容器，放入制冷剂，将样瓶置于其中；冬季应注意保温，以防样瓶冻裂。

## 6.4　水质采样安全防护知识

采集水质污染水样，应根据可能的污染物和污染程度，采取全面防护和专门防护器具，如防护服、防护眼镜、防护口罩、防护手套、防护鞋等，肌肤不直接接触污染水，必要时可加长采样器具的杆柄或改用自动器械采样。特别注意放射性、强腐蚀性、高危害性污染水样的防护。

# 第7章 地下水及土壤墒情监测

## 7.1 地下水的概念

地下水是指广泛埋藏于地表以下，存在于地壳岩石孔隙、裂隙或土壤空隙中的各种状态的水。地下水的来源有降水渗入地下（渗入水），水汽进入后凝结（凝结水），岩浆中分离出来的气体冷凝（初生水），与沉积物同时生成或海水渗入到原生沉积物的孔隙中而形成（埋藏水）等。地下水的补给主要有降水入渗补给、灌溉水入渗补给、地表水补给、越流补给和人工补给等。

按埋藏条件不同，地下水可分为上层滞水（包气带水）、潜水、承压水。上层滞水指埋藏在离地表不深的包气带中局部隔水层之上的重力水，它的动态变化与气候、水文因素的变化密切相关，一般雨季出现，干旱季节消失。潜水指埋藏在地表以下第一个稳定隔水层以上具有自由水面的重力水，一般在第四纪松散沉积物的孔隙及坚硬基岩风化壳的裂隙、溶洞内多有存在，通常所见到的地下水多半是潜水，当潜水流出地面时就形成泉。承压水指埋藏并充满两个稳定隔水层之间的含水层中的重力水，它不具有潜水那样的自由水面和重力作用下的自由流动，而是在静水压力的作用下以水交替的形式进行运动，动态变化不显著，当上覆的隔水层被凿穿时，水能从钻孔上升或喷出。上层滞水和潜水基本由当地水入渗补给，而承压水补给区与分布区不一致。

浅层地下水是指地质结构中位于第一透水层中、第一隔水层之上的地下水，也指具有自由水面的潜水和与潜水有较密切水力联系的弱承压水。它与地表降水有直接联系，由大气降水、地表径流入渗形成，埋藏浅，更新较快，水质较差，水质与水量均受大气降水和径流影响。井水（非机井）为浅层地下水的典型代表。

地下水资源量是指浅层地下水中参与水循环且可以更新的动态水量，可用多年平均年补给量（包括井灌回归补给）表示。

## 7.2 地下水位监测常识

地下水位指的是地下含水层中水面的高程。

地下水位监测通常在测井中实施，应在井口固定点或附近地面设置水准点，以不低于水文五等水准测量标准接测水准点高程。手工法测水位时，用布卷尺、钢卷尺、测绳等测具测量井口固定点至地下水水面竖直距离，井口固定点高程减去该距离即为地下水位。有条件的地区，可采用自记水位仪、电测水位仪或地下水多参数自动监测仪进行水位监测。同一水文地质单元的水位监测井群，各井监测日期及时间应尽可能一致。

与地下水有水力联系的地表水体的水位监测，应与地下水位监测同步进行。

## 7.3　土壤墒情和土壤含水量的概念

通俗地讲,墒指土壤的湿度,土壤墒情指土壤干湿程度的情况。土壤湿度受大气、土质、植被等条件的影响。土壤湿度大小影响田间气候、土壤通气性和养分分解,是土壤微生物活动和农作物生长发育的重要条件之一。

土壤为固相骨架、水或水溶液、空气组合的三相体,在野外判断土壤湿度通常用手感来鉴别,一般分为四级:一级是湿,用手挤压土壤时能从中流出水;二级是潮,土壤放在手上留下湿的痕迹,可搓成土球或土条但无水流出;三级是润,土壤放在手上有凉润感觉,用手压会稍留印痕;四级是干,土壤放在手上无凉快感觉,黏土成为硬块。

较严格的概念是,田间土壤含水量及其对应的作物水分状态称土壤墒情。土壤的湿度是含水造成的,可用含水量的科学概念表示和衡量土壤的干湿程度。

含水量的一种表达是指100 g烘干土中含有水分的质量数值,称绝对含水量。但一般多用土壤中所含水分的质量与烘干土质量的比值的百分数表示,称土壤质量含水率,计算公式为

$$\text{土壤含水率}=\frac{\text{水分质量}}{\text{烘干土质量}}\times 100\% \tag{2-7-1}$$

含水量也可用土壤中水的体积与土壤总体积之比表示,称为土壤体积含水率。对一定的土壤结构,土壤体积含水率与土壤质量含水率之间可以通过下式换算,即

$$\theta = \rho_o \omega \tag{2-7-2}$$

式中　$\theta$——土壤体积含水率;

$\rho_o$——土壤干密度;

$\omega$——土壤质量含水率(%)。

含水量还可以用土壤含水量相对于饱和含水量的百分比,或相当于田间持水量的百分比等相对概念表达,称为相对含水量。

饱和含水量是土壤中所有空隙均被水充满时的土壤含水量。

田间持水量是土壤中毛细管悬着水达到最大时的土壤含水量,它是不受地下水影响条件下土壤在自然状况下能保持水分的最高数值。若向土壤的补充水超过田间持水量,则超过部分将不能为土壤保持而以自由重力水形式下渗。田间持水量是对作物有效的最高土壤水含量,且被认为是一个常数,常用来作为灌溉上限和计算灌水定额的指标。但田间持水量是一个理想化的概念,严格来说不是一个常数,虽在田间可以测定,但却不易再现,且随测定条件和排水时间而有相当的差别,故至今尚无精确的仪器测定方法。

土壤含水量小于适宜土壤含水量时为缺水,也称脱墒。土壤含水量小于凋萎含水量时为受旱。适宜土壤含水量和凋萎含水量对特定的作物或条件等是不同的,因此脱墒和受旱并无常数指标值。

从以上有关叙述中可知,土壤含水量是一个较为宽泛的概念,但也蕴涵一定或单位土壤体积含有水量的意义;土壤含水率则是归一化了的较严格概念。工程中土壤含水量和土壤含水率两个概念有时可以通用或同用。

## 7.4　土壤含水量的常用监测方法

称量法，也称烘干法，是唯一可以直接测量土壤水分的方法，也是目前国际上的标准方法。用土钻采取土样，在天平上称量含水土样的质量记为 $M$，然后将土样放入烘箱，在温度 105 ℃下烘 6～8 h 至质量恒定，取出称量烘干土样的质量记为 $M_s$，二者之差（$M-M_s$）即为土壤含水量。可换算出 100 g 烘干土中含有水分的质量数值（绝对含水量），也可计算水分的质量与烘干土质量的比值（土壤质量含水率）。若土壤成型，也可测定土样体积，从而可计算土壤中水的体积与土壤总体积之比（土壤体积含水率）。

土壤含水量常用监测方法还有张力计法、电阻法、中子法、γ 射线法、驻波比法、时域反射法及光学法等，但都是间接测量方法。其测量原理是土壤含水及含水量不同时，测量仪器感应到的力学、电磁学、辐射学等有关物理量数值会变化，事前率定好土壤含水量与有关物理量数值变化的关系，就可以通过测量有关物理量数值推算土壤含水量。

# 第8章　水文情报水文预报

## 8.1　水文情报的概念

情报是指带有机密性的信息。水文情报通常是指由水文测站观测获得的河流、湖泊、水库、渠道和其他水体水文要素的情势变化信息。水文情报包括水情信息和报告两层含义,不进行报告的信息不属于水文情报。水文情报也专指为防汛、抗旱等特定任务需要而有选择地收集、发送的水文信息。从水文要素的范围和空间分布来看,水情信息只是根据需要方提出的需求由收集方在可能条件下从整个水文信息中选择的一部分,领导部门一般根据需要与可能统一安排所管理测区由哪些测站在什么条件下向哪些单位报告哪些水文项目(要素)。基层水文测验单位若发现突发水文事件,也可迅速报告直接领导机构。需要水文情报的单位部门安排专门岗位或人员负责接收情报。水情报告和传递必须迅速、准确、保密(向社会公众发布的水文信息不保密),以能及时为防洪、防凌、抗旱和充分利用水资源决策提供信息。

## 8.2　水文信息传输的常用方式

信息传输是将命令或状态信息从一端传送到另一端的概念,信息系统一般包括传送端(信源)、信道和接收端(信宿)三部分。按照传输信道介质可将信息传输系统分为有线和无线两种,有线一般用电缆(线)、光缆等传输,无线是利用电波传输,其实两种方式可接续配合应用。传送端、接收端以及中继可以用电话、电台、中继站(包括卫星技术)、计算机网络等。

通常,信息传输是在发送者的某种控制下以电信号的形式实现的,由于信道的限制和噪声的干扰,信宿接收到的往往是使信源的消息集合遭受污染后变形的消息集合。人们一般总希望信道限制和噪声引起的失真尽可能小,而给定时间内经信道传输的消息尽可能多。这两种要求是相互制约的,因为在大多数情况下,提高信息传输速率将增加失真和误差。然而,消息以某种形式传输会比以其他形式传输更适合于某一给定信道,即消息的传输可能速度更快或差错更少。因此,对一给定信道,常利用适当的编码器 E 将消息集合 U 转换成新的更适合于给定信道的集合 A。而信宿则需要一个解码器 $E^{-1}$ 从失真的集合 $A^*$ 中恢复出传输到信宿的消息集合 $U^*$。由此,构成的典型通信系统框图如图 2-8-1 所示。

水文信息传输可以建设专用系统,也可借用公共通信系统。手机短信技术和局域网、广域网系统目前在水文信息传输中应用较广。水文自动测报系统是通过应用遥测、通信和计算机等先进技术来实现水文数据自动采集、传输、处理和预报的现代化水文信息系

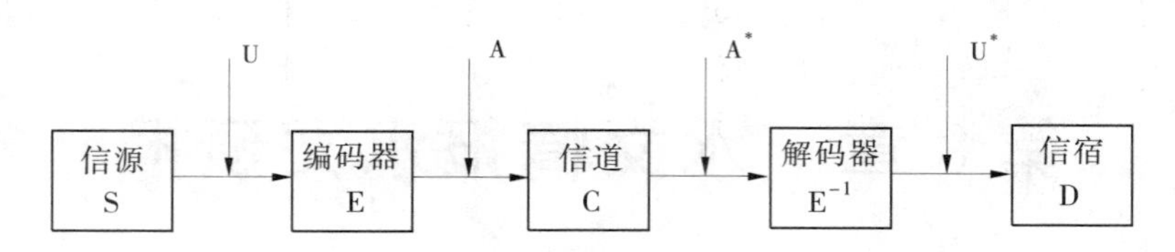


图 2-8-1　典型通信系统框图

统。各类系统都应保证相当的可靠性及传送速度。

水文信息传输要按照《水情信息编码》(SL 330—2010)的方法整理水文数据,接收到水文信息后要翻译成水文数据常规格式及注记以供使用。

## 8.3　水文预报的概念

水文预报是根据前期或现时的实测和调查的水文气象资料,运用水文学、气象学、水力学的原理和方法,在研究水文现象变化规律的基础上,对某一水体、某一地区或某一水文站未来一定时间内的水文情势作出定性或定量的预测。常见的水文预报一般分三类:第一类是根据水文现象形成和演变的基本规律,充分分析历史资料,建立预报要素与前期水文气象要素之间关系的经验和半经验方法;第二类是根据预报要素形成和演变的物理机制与影响因素的关系,建立具有一定预见期的水文模型法;第三类是应用概率论和数理统计的原理、方法,从大量历史水文气象资料中寻求水文要素演变的随机现象的统计预报方法。按照预报方法和掌握的资料,可以制作预报方案,实施预报时,将已知的前期有关数据整理分析后,输入方案进行处理和演算,获得预报结果。方案给出的预报结果,还要经研讨、协商、审查等慎密环节才能发布。降雨径流关系、暴雨洪水关系、河道洪水演进等是最常用的水文预报环节。

水文预报的内容、目标比较广泛,如预报河流、湖泊、水库等汛期洪水的洪峰水位、最大流量及洪水的水位、流量过程,预报枯季水位、流量和河网蓄水量的变化,预报水体冻结和消融过程的流冰、封冻、解冻日期等控制节点和封冻冰厚等特征数据,还有入海河口风暴潮预报,河流含沙量和水库泥沙冲淤情况的预报等。

水文预报预见期为数小时至数天的称为短期预报;预见期在 2 ~ 5 d 以上、10 d 以内(或 15 d 以内)的称为中期预报;一般认为预见期在 15 d 以上、1 年之内的称为长期预报;预见期在 1 年以上的称为超长期预报。

水文预报的成果可为防洪、抗旱、水资源合理利用、水利水电工程施工和国防事业建设编制预案提供依据。水文站根据上游有关测站的水文情报作出本站的洪水情势预报,对指导本站测验洪水作用很大,应予以重视。

## 8.4　河道洪水传播的概念

当流域上发生暴雨或大量融雪水汇集到河道后,或河流上游水利枢纽工程大量泄水后,下游河槽中由于突然注入一定水量而在原本稳定的水面造成流量急剧增加,水位也相应上涨,就形成河道洪水。洪水在河道行进而造成的波动现象称洪水波,洪水波是通过水质点的位移而实现波动传播的位移波,它在传递时不但波形的瞬时水面线向前传播,同时水质点也向前移动,致使沿程的水流流速和水深不断改变,属于不稳定流。河流洪水波形状及传播示意图见图 2-8-2。

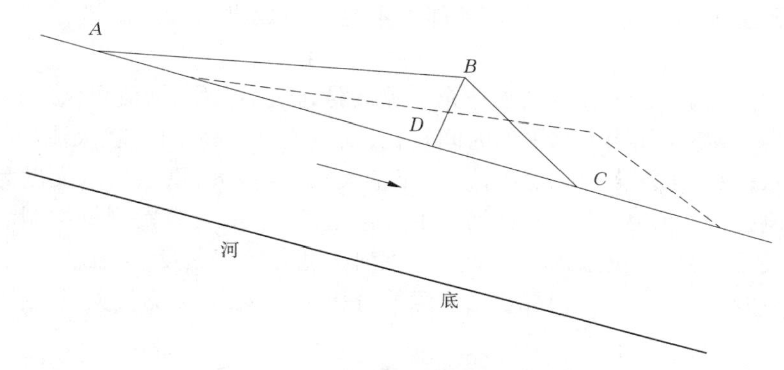


**图 2-8-2　洪水波形状及传播示意图**

图 2-8-2 可说明描述洪水波几何特征的术语及意义。图中箭头指明河流流动和洪水波传播方向。*ADC* 为稳定流情况的水面(线)。*ABCDA* 为洪水波某时刻的波体,即洪水波高出原稳定水面的部分;波体与稳定水面交接的长度称波长,如图中的 *AC* 线(面);洪水波波体轮廓线任一点相对于稳定流水面的高度称波高,同一波体的波高随河长而变化,其中最大的波高称为洪峰,如图中的 *BD* 线(面);以洪峰为界,向着波前进方向的那部分波体称波前,如图中的 *BCDB* 部分;与波前相反的那部分波体称波后,如图中的 *BADB* 部分;波前的前锋界面称波锋,如图中的 *BC* 线(面)。图中虚线波体表示洪水波运动到另一时刻的形态。

洪水波的运动特征可用附加比降、相应流量(水位)、波速等描述。附加比降可近似地用波体的水面比降和稳定流情况比降之差表示。相应流量(水位)是不稳定流各位相(即不同时刻、不同位置)的流量(水位),当位置确定后即为各时刻的流量(水位),水文站的洪水流量(水位)过程线就表示这种特征。波速指波体上某一位相点沿河道运动的速度,或者说相应流量(水位)沿河道传播的速度。洪水波波体上同位相点的波速一般是不相同的,相应流量(水位)为洪峰流量(水位)时的波速称为洪峰波速。

河道上任一断面的流量(水位)过程线给出了洪水波经过该断面时所呈现的形状,一般表现是水位(流量)有起涨、快升、峰顶或持平、降落、落平的涨落过程。理论分析指出,对单峰形洪水而言,任何断面上洪水波的最大特征值出现的先后顺序是:最大比降、最大流速、最大流量,最后才出现最高水位。根据这一观点可知,河道上两个断面的流量(水位)过程线之间的差异,必然反映洪水波在该河段中的传播规律。洪水波形成后,在河道传播过程中,既有同位相点(如洪峰)下断面出现时间晚于上断面表现洪水波移行的特点,也有下断面流量(水位)过程线比上断面低平、矮胖表现洪水波坦化的特点,在河段宏观上给出洪水波向下游移行中长度不断扩展、高度不断降低、连续变形、逐渐消失的物理图景。若将沿途没有旁侧支流加入的上下游若干位置(水文站)横断面洪水水位、流量过程线绘制在统一坐标系中,不但可以观察到洪水波经过各断面时所呈现的形状,还可以观察到洪水波随出现顺序而坦化扩展的演变图形。

洪水波引起河道水量的变化情况是，涨水时有一部分水量暂时积蓄在河段中，而在落水时这部分水量又会慢慢泄放出来，这就是河槽的调蓄作用。河槽调蓄与洪水波附加比降的密切关系是，后者大前者也大，反之亦然。洪水河槽是由以前的调蓄洪水开拓的，也为后来洪水预备了调蓄场地。河槽调蓄能力不足是造成洪水漫溢出槽、泛滥成灾的原因之一。

洪水波消失后的状况是，若洪水补充水源减弱到很小水平，河流可恢复到洪水前的状况，若补充水源维持在相当大水平的时间较长，则河流出现高水位、较大流量的新状况。

因洪水水位高，水深大，水流急，流速、流量大，危险性大，洪水的水文勘测任务艰巨。洪水涨落急剧变化过程快，在冲积性河床上冲淤显著，各水文要素测量控制时间要求紧，水位—流量关系较复杂，洪水预报作业要考虑河槽调蓄等因素反复跟踪演算，需和防汛等部门交换信息及时会商，这一切都会增大测算分析工作量，有关测报人员工作十分紧张。

# 第9章　水文普通测量

测量是研究地球的形状和大小以及确定地面点位的科学。它的内容包括测定和测设两部分。测定是指使用测量仪器及工具,通过测量和计算,得到一系列测量数据或成果,将地球表面的地物和地貌缩绘成地形图提供使用。测设是指用一定的测量方法,将已规划设计好的地物,在实地标定出来,作为施工的依据。例如,地形图测绘属于测定,建筑物施工前位置的确定属于测设。

测量工作主要是确定地面点的位置。地面点的位置可以用它的平面直角坐标和高程来确定。测定地面点平面直角坐标的主要测量作业是测量水平角和水平距离。测定地面点高程的主要作业是测量高差。高差测量、水平角测量、水平距离测量是确定地面点位置的三个基本作业。

测量的主要仪器有水准仪(包括水准尺)、经纬仪、全站仪、卫星定位测量系统(如GPS)等,还有平板仪(测角)、测距仪、罗盘仪(测定和测设方位角)。

水文普通测量,是指水文业务中的水准测量、地形测量和断面测量,它是进行勘测建站、水文测验和开展水文调查的重要工作内容,其特点是在高程测量方面有专门要求,测站地形图测绘面积较小且独立,以普通测绘仪器和常规方法为主,普通测量工作不需要经常进行,部分仅在规定专用项目中开展。

## 9.1　水准仪、经纬仪、全站仪、GPS的基本作用

### 9.1.1　水准仪

水准仪的基本功能是在仪器按要求整平后提供一个扫描水平面,在水准尺的配合下实现水平测量。其主要构件有望远镜、管水准器(或补偿器)、基座(包括垂直轴、脚螺旋)等,其中望远镜用来精确瞄准远处目标并对水准尺进行读数;管水准器(亦称水准管)用于精确整平仪器;基座主要由轴座、脚螺旋、底板和三脚压板构成,其作用是支承仪器的上部,并通过连接螺旋与三脚架连接。圆水准器装在水准仪基座上,转动脚螺旋,可使圆水准气泡居中,用于粗略整平。测量的配套工具有水准尺和尺垫等,水准尺是材料优良标度达厘米级精度的尺具。

水准仪按结构分为微倾水准仪、自动安平水准仪、激光水准仪和数字水准仪(又称电子水准仪)。图2-9-1是S3型微倾水准仪结构示意图,通过图2-9-1可以了解水准仪的主要部件和结构。该类型水准仪的使用步骤大致为:①安置:从仪器箱中取出水准仪,安放在三脚架头上,搬动到测站位置,高度调整适中;②粗平:调整脚螺旋使圆水准器气泡居中,粗略整平仪器(与竖轴大致铅垂);③瞄准:对准目标水准尺,旋转物镜调焦螺旋使水准尺成像清晰;④精平:用微倾螺旋调整水准管气泡居中,使仪器视线达到精平;⑤读数:

从望远镜内用中横丝在水准尺上读取四位数，读数时应先估读 mm 数，然后再按 m、dm、cm 及 mm，顺序依次读出四位数。

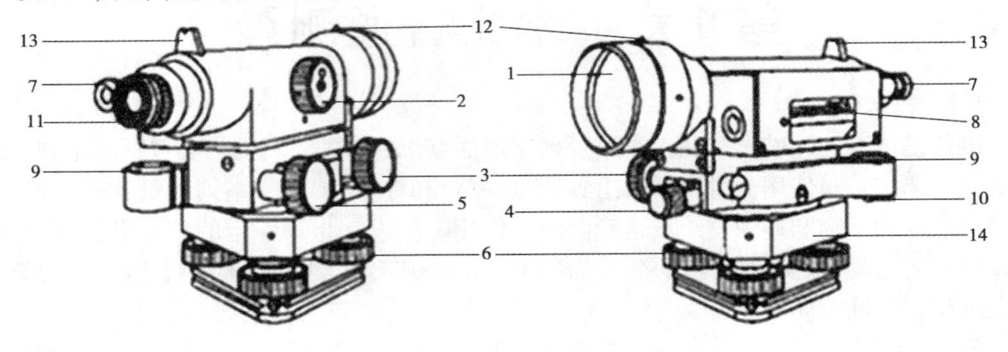


1—物镜；2—物镜调焦螺旋；3—微动螺旋；4—制动螺旋；5—微倾螺旋；6—脚螺旋；
7—管水准气泡观察窗；8—管水准器；9—圆水准器；10—圆水准器校正螺钉；
11—目镜；12—准星；13—照门；14—基座

**图 2-9-1　S3 型微倾水准仪结构示意图**

自动安平水准仪的特点是，在使用时，只要用圆水准器粗略整平仪器后，借助于设在仪器内的一整套垂直（水平）调整和光学自动补偿装置，就能使仪器的视准轴自动位于水平位置而进行观测。

激光水准仪是将激光器发出的激光束导入望远镜筒内使其沿视准轴方向射出水平激光束，在水准标尺上配备能自动跟踪的光电接收靶，两者配合，代替人工读数，进行水准测量。

数字水准仪是集光、机、电，计算机和图像处理等高新技术为一体，自动化水平更高，具有与后续计算处理衔接性能的一类水准仪。

国产水准仪按其精度分 DS05、DS1、DS3 及 DS10 等型号。型号字母及数字含义是，D 表示大地测量仪器（即"大地"的汉语拼音第一个字母 D），S 表示水准仪（即"水准仪"的汉语拼音第一个字母 S），其后"05"（即 0.5）、"1"、"3"、"10"等数字表示该仪器的精度，即每千米往、返测高差中数的中误差（mm）限值。DS3 型和 DS10 型水准仪又称为普通水准仪，用于我国国家三、四等水准及普通水准测量，DS05 型和 DS1 型水准仪称为精密水准仪，用于国家一、二等精密水准测量。水文普通测量常使用 DS3 型水准仪，该仪器的标称精度为 ±3 mm/km。

## 9.1.2　经纬仪

经纬仪是用于角度测量的仪器，其主要构件有望远镜、水准器、基座、水平度盘、竖直度盘等，望远镜、水准器、基座的功能同水准仪，水平度盘、竖直度盘分别标度水平角和竖直角的分划。仪器上的望远镜不仅可以在水平面内转动，而且能在竖直面内转动。

根据度盘刻度和读数方式的不同，经纬仪分为游标经纬仪、光学经纬仪和电子经纬仪。光学经纬仪按测角精度，分为 DJ07、DJ1、DJ2、DJ6 和 DJ15 等不同级别。其中，"DJ"分别为"大地测量"和"经纬仪"的汉语拼音第一个字母，其后数字"07"（即 0.7）、"1"、

“2”、“6”、“15”表示仪器测角的精度等级，即一测回方向观测中误差的秒数。图 2-9-2 是 DJ6 型光学经纬仪，可概略了解经纬仪的主要部件和结构。

图 2-9-2　DJ6 型光学经纬仪

测量时，将经纬仪安置在三脚架上，到测站位置后，用锤球或光学对点器将仪器中心对准地面测站点，用水准器将仪器定平，用望远镜瞄准测量目标，读出水平度盘和竖直度盘刻度，从而计算水平角和竖直角。

### 9.1.3　全站仪

全站仪，即全站型电子速测仪（Total Station Electronic Tocheometer），是一种集光、机、电为一体的高技术测量仪器，又是集水平角、垂直角、距离（斜距、平距）、高差测量功能于一体的测绘仪器系统。因其一次安置仪器就可完成该测站上全部测量工作，所以称为全站仪。

电子全站仪由电源部分、测角系统、测距系统、数据处理部分、通信接口及显示屏、键盘等组成。与电子经纬仪、光学经纬仪相比，全站仪增加了许多特殊部件，因而使得全站仪具有比其他测角、测距仪器更多的功能，使用也更方便。全站仪几乎可以用在所有的测量领域。

全站仪按测量功能分类，可分为经典型全站仪、机动型全站仪、无合作目标型全站仪和智能型全站仪四类。

全站仪的基本操作与使用方法根据目的和用途而有所不同，但主要步骤有：设站对点，设定测站点的三维坐标，量仪器高、棱镜高并输入全站仪软件系统，设置棱镜常数，设置大气改正值或气温、气压值等；然后照准目标按下测记按钮（测两目标水平夹角，照准测量第一个目标 *A* 后，再照准测量第二个目标 *B*）。

### 9.1.4　GPS

#### 9.1.4.1　空间部分

GPS 的空间部分由 24 颗工作卫星组成，它位于距地表 20 200 km 的上空，均匀分布在6个轨道面上(每个轨道面4颗),轨道倾角为55°。此外,还有4颗有源备份卫星在轨运行。卫星的分布使得在全球任何地方、任何时间都可观测到4颗以上的卫星,并能保持良好定位解算精度的几何位置。这就提供了在时间上连续的全球导航能力。GPS卫星产生两组电码,一组称为C/A码(Coarse/Acquisition Code 1.023 MHz),一组称为P码(Procise Code 10.23 MHz),P码因频率较高、不易受干扰、定位精度高,因此受美国军方管制,并设有密码,一般民间无法解读,主要为美国军方服务。C/A码被人为采取措施而刻意降低精度后,主要开放给民间使用。

#### 9.1.4.2 地面控制部分

地面控制部分由1个主控站、5个全球监测站和3个地面控制站组成。监测站均配装有精密的铯钟和能够连续测量到所有可见卫星的接收机。监测站将取得的卫星观测数据,包括大气层的气象数据,经过初步处理后,传送到主控站。主控站从各监测站收集跟踪数据,计算出卫星的轨道和时钟参数,然后将结果送到3个地面控制站。地面控制站在每颗卫星运行至上空时,把这些导航数据及主控站指令注入卫星。这种注入对每颗GPS卫星每天一次,并在卫星离开注入站作用范围之前进行最后的注入。如果某地面站发生故障,那么在卫星中预存的导航信息还可用一段时间,但导航精度会逐渐降低。

#### 9.1.4.3 用户设备部分

用户设备部分即GPS信号接收机。其主要功能是能够捕获到按一定卫星截止角所选择的待测卫星,并跟踪这些卫星的运行。当接收机捕获到跟踪的卫星信号后,就可测量出接收天线至卫星的伪距离和距离的变化率,解调出卫星轨道参数等数据。根据这些数据,接收机中的微处理计算机就可按定位解算方法进行定位计算,计算出用户所在地理位置的经纬度、高度、速度、时间等信息。接收机硬件和机内软件以及GPS数据的后处理软件包构成完整的GPS信号接收机,其结构分为天线单元和接收单元两部分。接收机一般采用机内和机外两种直流电源。设置机内电源的目的在于更换外电源时不中断连续观测。在用机外电源时机内电池自动充电。关机后,机内电池为RAM存储器供电,以防止数据丢失。目前,各种类型的接收机体积越来越小,重量越来越轻,便于野外观测使用。

GPS信号接收机技术开发与解算能力不断增强,应用领域不断拓广,使用技能不断成熟。水文测验和水道地形测量行业也是GPS信号接收机的重要用户,应用在向成熟、深化发展。

#### 9.1.4.4 GPS信号接收机测量定位基本原理

用户用GPS信号接收机在某一时刻同时接收到3颗以上的GPS卫星信号,测量出测站点(接收机天线中心)$P$至3颗以上的GPS卫星的距离并解算出该时刻GPS卫星的空间坐标,据此利用距离后方交会法解算出测站点$P$的位置。设在时刻$t_i$在测站点$P$用GPS信号接收机同时测得$P$点至3颗GPS卫星$S_1$、$S_2$、$S_3$的距离$\rho_1$、$\rho_2$、$\rho_3$,通过GPS电文解译出该时刻3颗GPS卫星的三维坐标分别为$(X^j, Y^j, Z^j)$ $(j=1、2、3)$。用距离后方交会法求解$P$点的三维坐标$(X, Y, Z)$的观测方程为

$$\begin{cases} \rho_1^2 = (X - X^1)^2 + (Y - Y^1)^2 + (Z - Z^1)^2 \\ \rho_2^2 = (X - X^2)^2 + (Y - Y^2)^2 + (Z - Z^2)^2 \\ \rho_3^2 = (X - X^3)^2 + (Y - Y^3)^2 + (Z - Z^3)^2 \end{cases}$$

同时刻接收到 3 颗以上 GPS 卫星的信号,可组成多组的如上方程组,解算出多组 $(X,Y,Z)$ 坐标,采取进一步处理,获得更好的成果。

## 9.2　水准测量的概念

水准仪的基本功能是在仪器按要求整平后提供一个扫描水平面,在水准尺的配合下,可扫描不同位置水准尺同一水平面与立尺点的高差尺寸,若准确知道该水平面的高程,由该高程减去各位置的高差尺寸,即可算出各位置的高程,此法称为仪高法;其实在不知道水准仪扫描水平面高程的情况下,在地面两点间安置水准仪,观测竖立在两点上的水准标尺读数,测定地面两点同一水平面与立尺点的高差尺寸后,也可由这两个高差尺寸相减而得出两点之间的高差数值,此法称为高差法。一般的水准测量多用高差法作业。通常受仪器有效视距的限制,常由水准原点或任一已知高程点出发,沿选定的水准路线顺序设置测量站点,逐站逐点测定前进方向各点与后点的高差,由高差累计值加起始原点的高程,推算出目标点的高程。沿水准路线的水准测量如图 2-9-3 所示。

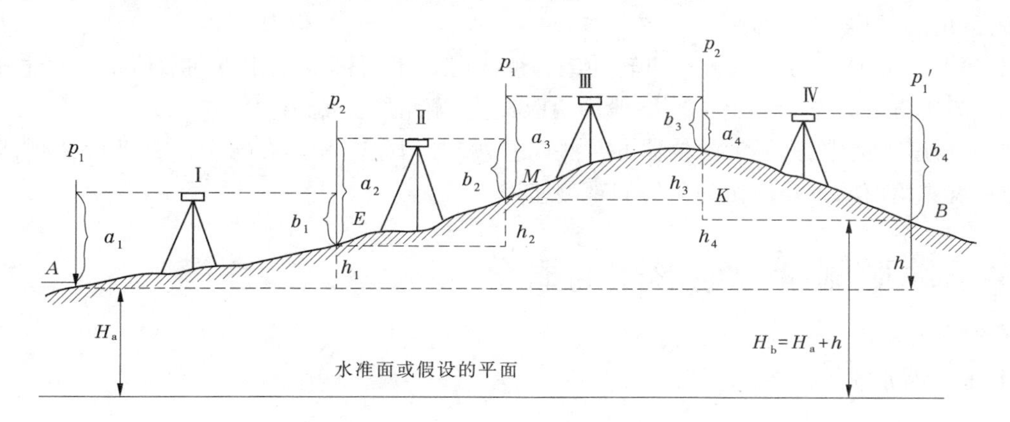


图 2-9-3　沿水准路线的水准测量

我国国家水准测量依精度不同分为一、二、三、四等。一、二等水准测量称为精密水准测量,是国家高程控制的全面基础,可为研究地壳形变等提供数据。三、四等水准测量直接为地形测图和各种工程建设提供所必需的高程控制。水文普通测量的水准测量分为三、四、五等,各有不同的要求和适用条件。

在水文工作中,引测、校测水准点、水尺零点以及水文设施的高程,要进行水准测量。在地形测量中建立高程控制,在断面测量中确定水面和岸上地形转折点高程,皆要进行水准测量。

水准点是用水准测量方法测定的高程控制点,该点相对于某一采用基面的高程是已知的,并设有标志或埋设带有标志的标石。水文站常用的水准点有基本水准点和校核水准点。基本水准点是水文测站永久性的高程控制点,应设在测站附近历年最高水位以上、不易损坏且便于引测的地点。校核水准点是水文测站用来引测断面、水尺和其他设施高程，经常做校核测量的水准点，一般应设在尽量靠近观测断面，便于经常引测的地方。

## 9.3　角度测量的概念

角度测量是指测定水平角或竖直角的工作。水平角是一点到两个目标的方向线垂直投影在水平面上所成的夹角。竖直角是一点到目标的方向线和一特定方向之间在同一竖直面内的夹角，通常水平方向和目标间的夹角称为高度角（仰角或俯角），天顶方向和目标方向间的夹角称为天顶角。

使用经纬仪测量水平角时，安置经纬仪，利用水准器整平仪器，使仪器中心与测站标志中心在同一铅垂线上，这时水平度盘的中心位于水平角顶点的铅垂线上（位置为 $O$），转动望远镜找（照）准目标 $A$ 读出角度数值 $a$，再转动望远镜找（照）准目标 $B$ 读出角度数值 $b$，则水平角 $AOB$ 的角值为 $b-a$。

使用经纬仪测量高度角（仰角或俯角）时，同样安置经纬仪，整平仪器，使仪器中心与测站标志中心在同一铅垂线上，转动望远镜找（照）准目标读出角度数值即为目标的仰角或俯角角值；但要测算两个任意点与仪器中心点在竖直面的角值，则需先转动望远镜找（照）准目标 $C$ 读出方向数值 $c$，再转动望远镜找（照）准目标 $D$ 读出方向数值 $d$，则竖直面的角 $COD$ 的角值为 $c-d$（注意：一般仰角取正值，俯角取负值）。

在角度观测中，为了消除仪器的某些误差，需要用盘左和盘右两个位置进行观测，取盘左、盘右角值的平均值作为角值的观测结果。

## 9.4　地形测量与地形图的概念

### 9.4.1　地形测量

我们知道，如果在地面建立一个平面直角坐标系，则可以准确测量和清楚表达地表任一点在该坐标系的平面位置。通常的方法是测量这个点相对于以坐标原点为起点的某坐标轴的水平夹角和该点到坐标原点的距离，用经纬仪测角和测距仪测距可实现这个目标。要确定这个点对于某基面的高程，从某已知高程点开始用水准测量的方法即可实现。测量出地表相当多点的平面坐标和高程数值，就形成三维地形的轮廓概念。测定地表的地物、地形在水平面上的投影位置和高程，并按一定比例缩小，用符号和注记标绘可制成地形图。

实际的地形测量要复杂得多，一般包括控制测量和碎部测量两阶段或两层次。控制测量是用较高精度的仪器和方法测定一定数量的平面和高程控制点，作为绘制地形图的依据。平面控制测量包括首级控制和图根控制两级：首级控制以大地控制点为基础，用三角测量或导线测量方法在整个测区内测定一些精度较高、分布均匀的控制点；图根控制测量是在首级控制下，用小三角测量、图根导线交会定点方法等加密满足测图需要的控制点。高程控制点根据需要选取高程测量等级实施测量。地物特征点、地形特征点统称为碎部点,碎部测量就是测绘碎部点的平面位置和高程。碎部点平面测量常以控制点为依据用极坐标法测定,高程通常用三角高程法测量计算,即用经纬仪从已知高程点测到未知点直线的竖直高度角和两点直线段的距离(视距),由三角学的公式计算未知点的高程。

经纬仪、平板仪、水准仪、测距仪等可联合用于测量地形,但全站仪和GPS的全能优势已经带领地形测量进入新时代。应用全站仪和GPS信号接收机时,按要求输入有关参数,对(在)流动点测记(采集)信息,经后续解算处理可获得测量点位的地形坐标,甚至制出地形图。全站仪和GPS信号接收机的视测范围较经纬仪等大得多,可省去频繁迁移测站及减小带来的误差。

### 9.4.2　地形图

地形图指的是地表起伏形态和地物位置、形状在水平面上的投影图。将地面上的地物和地貌按水平投影的方法(沿铅垂线方向投影到水平面上)以一定的比例尺缩绘到图纸等介质上就形成地形图。地形图的主要地理要素有地形、水系、交通线和居民点等。如图上只有地物,不表示地面起伏的图称为平面图。概略地表示制图区域基本特征的地形图也称为普通地理图,如行政区划图,一般标绘水系、交通线、居民点及区域境界线而不绘制等高线就是普通地理图。

地形图表示地形的基本方法是等高线法。等高线是地表高程相等点连线投影到平面上的(闭合)曲线,地形的形态、类型(如山体、岭谷、坡地、台地等)都可用一组等高线图形来反映。当然,等高线之间的等高距越小,对地形高度的描述越详细。

我们知道,地球是一个椭球体,我国2000大地坐标系采用的椭球体长半径为6 378.137 km,短半径为6 356.752 km。地球围绕太阳公转,本身也自转,应有自转轴,地球自转轴同地面相交的两点称极点。由于地球转动很复杂,实际将地轴看做是一根通过地球南北两极和地球中心的假想线。在地球中腰画一个与地轴垂直的大圆圈(赤道平面),使圈上的每一点都和南北两极的距离相等,这个圆圈就叫做赤道。我们把赤道定为纬度零度,向南向北各为0°~90°,在赤道以南的叫南纬,在赤道以北的叫北纬,北极就是北纬90°,南极就是南纬90°。经线也称子午线,是通过地球自转轴的平面与地球表面的交线(圆圈),经度是两条经线所在平面之间的夹角。国际约定,以英国格林威治天文台所在地作为经度起算点(零度),向东(西)0°~180°为东(西)经,东经180°和西经180°重合在一条经线上,那就是180°经线。高程是从大地平均海平面起算的。这样,地球上任一点的空间位置就由地理经度、纬度和高程确定了。

如果地形图涉及的区域很小,可以看做平面,将该平面缩小绘制地形图是没有大的变形的。如果地形图涉及的区域很大,就会出现椭球表面曲面不能展开为平面的问题,解决的一种思路是高斯-克吕格圆柱投影。高斯-克吕格圆柱投影原理如图2-9-4所示,设想用一个空心圆柱体包着地球水准面,使圆柱体沿着某一子午圈与地球的水准面相切,这条切线称为轴子午线(又称中央子午线)。

在这种情况下,球面上的轴子午线就毫无改变地转移(投影)到圆柱面上。另外,扩大赤道面与圆柱面相交,交线是与轴子午线垂直的。当将圆柱面展为平面时,在该平面就

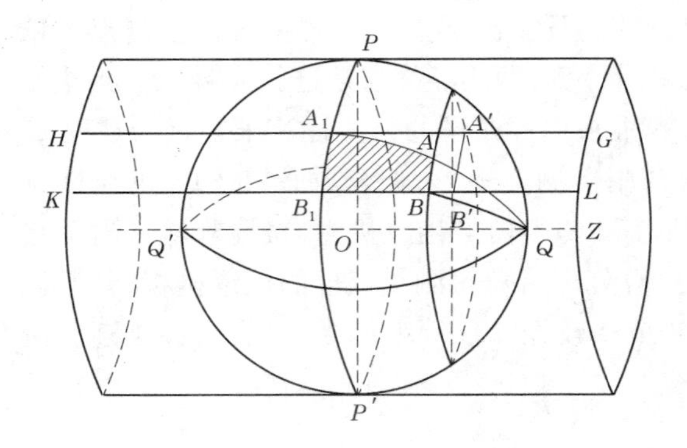


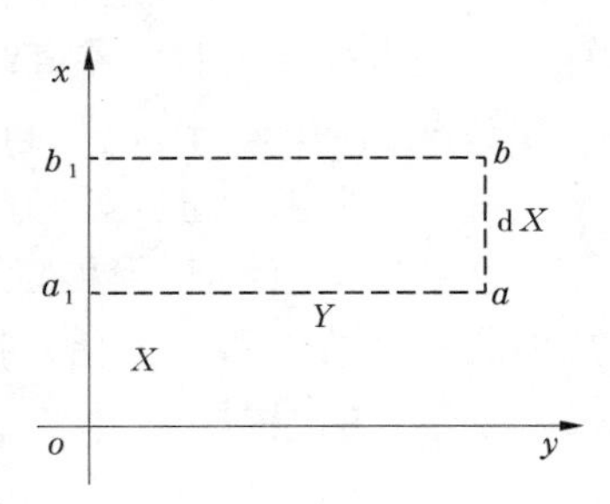


图 2-9-4　高斯－克吕格圆柱投影原理

形成两条正交直线,这两条正交直线就可作为平面直角坐标系的 $x$ 轴(子午直线)和 $y$ 轴(赤道直线),交点为坐标原点。由此可知,凡与轴子午线正交(与赤道面平行)的圆(纬度圈),投影到圆柱面上均成为与 $y$ 轴平行的直线;凡与轴子午线平行的圆,投影到圆柱面上均成为与 $x$ 轴平行的直线;轴子午线之外的子午线投影到圆柱面上为曲线。地图投影的方式种类很多,但不管哪种投影,在地形图上除个别点线外,其余都有变形变位。

为了使地形图中投影的长度变形和角度变形不致超过一般测量的精度,通常采用精度6°带的高斯－克吕格投影,即自格林威治子午线(0 经度)起,自西向东每隔 6°经度划分地球为 60 个 6°经度带,对应选择 3°,9°,15°,…,165°,171°,177°经度为轴子午线投影。每一个高斯－克吕格投影的6°经度带都有自己的坐标系和坐标原点,横坐标的计算是以轴子午线以东为正,以西为负;纵坐标的计算以赤道以北为正,以南为负。为使横坐标值均为正值,规定给予一个带的原点以 +500 km 的横坐标值,即使坐标原点西移 500 km。小比例尺地形图一般标划经纬网线,大比例尺地形图在四角标注经纬度数值,在图区标划 km 网线。

我国的基本地形图是按照国家统一制订的规范测绘编制的,具有统一的大地控制基础(目前为 2000 大地坐标系)、统一的投影和分幅编号。我国的地形图同国际一样,是以1∶100 万地图为基础统一编号的,即从赤道起算向两极每纬度差 4°为一列,用字母 A,B,…,V 依次表示。从 180°经度起算,自西向东以经度 6°为一行,用数字 1,2,…,60 依次表示(在纬度 60°～76°双幅合并,即每幅图包括经差 12°,纬差 4°;在纬度 76°～88°由四幅合并,即每幅图包括经差 24°,纬差 4°;纬度 88°以上单独为一幅)。各幅图由代表居民点或其他名称命名,例如北京在 J 列第 50 行幅的图中,编号为 J－50 的图即命名为北京幅。1∶100 万地图分幅编号(北半球东经区)如图 2-9-5 所示。基本地形图的分幅和编号规定如表 2-9-1 所列。

基本地形图是编制各种专题地图的基础。应用基本地形图可以分析地形、水系,开展水文综合研究和规划作业。

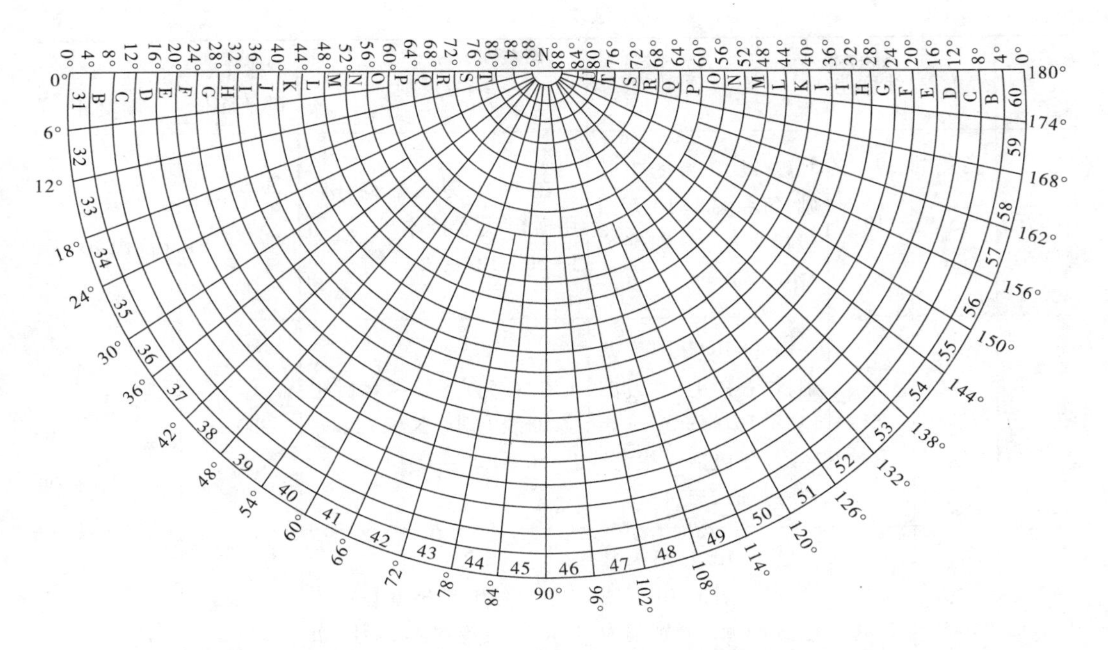


**图 2-9-5　1∶100 万地图分幅编号（北半球东经区）**

**表 2-9-1　基本地形图的分幅和编号规定**

| 比例 | 经度差 | 纬度差 | 分幅说明 | 编号规则 | 图中 1 cm 的地面长 | 一般等高距 |
|---|---|---|---|---|---|---|
| 1∶100 万 | 6° | 4° | 分幅制图编号基础 | 纬度分列 A，B，…，V，经度分行 1，2，…，60，中间由横短线连接，如北京幅 J－50 | 10 km | |
| 1∶50 万 | 3° | 2° | 每一幅 1∶100 万图包括 4 幅，分别编为 A、B、C、D | 在 1∶100 万图幅编号后用横短线连接本编号，如 J－50－A | 5 km | |
| 1∶25 万 | 1°30′ | 1° | 每一幅 1∶100 万图包括 16 幅；每一幅 1∶50 万图包括 4 幅，分别编为 a、b、c、d | 在 1∶50 万图幅编号后用横短线连接本编号，如 J－50－A－d | 2.5 km | 50 m（高山 100 m） |
| 1∶10 万 | 30′ | 20′ | 每一幅 1∶100 万图包括 144 幅，分别编为 1，2，3，…，143，144 | 在 1∶100 万图幅编号后用横短线连接本编号，如 J－50－122 | 1 km | 20 m（高山 40 m） |

续表 2-9-1

| 比例 | 经度差 | 纬度差 | 分幅说明 | 编号规则 | 图中 1 cm 的地面长 | 一般等高距 |
|---|---|---|---|---|---|---|
| 1:5万 | 15′ | 10′ | 以 1:10 万图为基础,每一幅 1:10 万图包括 4 幅,分别编为 A、B、C、D | 在 1:10 万图幅编号后用横短线连接本编号,如 J-50-122-C | 500 m | 10 m（高山 20 m） |
| 1:2.5 万 | 7′30″ | 5′ | 以 1:10 万图为基础,每一幅 1:10 万图包括 16 幅;每一幅 1:5万图包括 4 幅,分别编为 1、2、3、4 | 在 1:5万图幅编号后用横短线连接本编号,如 J-50-122-C-4 | 250 m | |
| 1:1万 | 3′45″ | 2′30″ | 以 1:10 万图为基础,每一幅 1:10 万图包括 64 幅,分别编为 (1),(2),…,(63),(64) | 在 1:10 万图幅编号后用横短线连接本编号,如 J-50-122-(17) | 100 m | |

# 第 10 章　误差基础知识

## 10.1　误差、均值、均方差的概念

### 10.1.1　真值

真值是物体(物质)某物理特性客观存在的,以一定的单位量度量的数值。其基本特性是不以任何观测手段的不同而变化。对于具体物体的某物理量的测量,真值只能随技术水平进步无限逼近而不可求得。对某些理论描述量,有可能提供出真值,如平面几何中三角形三内角和等于 180°就是理论真值,但实际的三角形物体其内角之和只能随测角手段的进步而接近真值。工程实际中,有时真值用所谓标准值或精度较高的可靠值代替。

### 10.1.2　重复观测值系列

对于客观存在物体的某物理量,可通过技术手段,在规定了物理量的单位后予以观测而求得物理量的观测值。一次观测可得到一个量值。当接受观测的物体,在一定条件下,被观测的某物理量无变化,观测技术水平手段也无变化时,重复多次观测,会得到该物理量重复观测系列值。无限多次重复观测值的全体可称为总体,总体的部分称为样本。水文观测系列中常将重复观测值个数大于等于 30 的称大样本,小于 30 的称小样本。总体或样本重复观测系列值 $x_i$ 的平均值称均值 $x_J$

$$x_J = x_i/n \tag{2-10-1}$$

式中　$i$——观测系列值 $x_i$ 的序数,$i=1,2,3,\cdots,n$;

$n$——总数。

### 10.1.3　绝对误差的定义

(1)误差:观测值与真值之差,符号为 $\Delta$。

(2)系统误差:总体均值与真值之差,符号为 $\Delta_x$。

(3)随机误差:观测值与总体均值之差,符号为 $\Delta_s$。

(4)残差:观测值与样本均值之差,符号为 $\Delta_c$。

一般来说,因重复观测值是变动在一定范围内的变数,而真值、总体均值及样本均值都是常数,因而 $\Delta$、$\Delta_s$ 及 $\Delta_c$ 都是变动在一定范围内的变数。但系统误差 $\Delta_x$ 是常数。

设观测值为 $x$,总体均值为 $x_J$,真值为 $X$,则误差

$$\Delta = x - X = (x - x_J) + (x_J - X) = \Delta_s + \Delta_x \tag{2-10-2}$$

### 10.1.4　相对误差的概念

测量误差除以被测量的真值所得的商称为相对误差,符号为 $\eta$。相应地,也可定义 $\Delta_x$

与真值之比为相对误差的系统误差 $\eta_x$；$\Delta_s$与总体均值之比为相对误差的随机误差 $\eta_s$；$\Delta_c$与样本均值之比为相对误差的残差 $\eta_c$。

由于对于一定容量样本的重复观测值系列，误差是一个变动量，而真值又是一个常数，变动量与一个常数的比值自然是相应的变动量，故相对误差 $\eta$ 也是变动在一定范围内的变数。同样，$\eta_s$ 和 $\eta_c$ 也是一个变动量。

由于误差与真值的比反映了单位真值的误差率，并且误差与真值的量纲及单位相同，其比值无量纲和单位，故相对误差可以认为是误差归一化为无单位量的一种处理。同样，$\eta_s$ 和 $\eta_c$ 也是误差归一化处理后的无单位量。

当观测量的变动范围较大，而误差又与变动范围有关时，常用相对误差 $\eta$（$\eta_s$ 或 $\eta_c$）描述观测值系列的误差，应用误差统计的方法分析相对误差构成的新系列。在概念上我们要明白，这种情况已不是真值固定的重复测量，但应是在其他主要条件一致的情况下，对特定物理量的系列测量，其相对误差有归一化后可比的背景。水文测量中有许多这样的问题，因此多用相对误差来表达水文测量的误差。

一般来说，重复性试验多用绝对误差描述，分布性试验多用相对误差描述。有些试验用两者的合成描述，如 GPS 信号接收机的长度误差就用 5 mm ± Lppm 表示，其中 5 mm 是绝对误差；L 是距离，ppm 是百万分之一，Lppm 为 L 的相对误差。

### 10.1.5　随机误差的统计规律

随机误差的统计规律性主要可归纳为对称性、有界性和单峰性三条。

（1）对称性。是指绝对值相等而符号相反的误差，出现的次数大致相等，也即观测值是以它们的算术平均值为中心而对称分布的。由于所有误差的代数和趋近于零，故随机误差又具有抵偿性，这个统计特性是最本质的特性，以致得出凡具有抵偿性的误差，原则上均可按随机误差处理的概念。

（2）有界性。是指观测值误差的绝对值不会超过一定的界限，也即不会出现绝对值很大的误差。

（3）单峰性。单峰性的特点是指绝对值小的误差比绝对值大的误差数目多，也即观测值是以它们的算术平均值为中心而相对集中呈峰形分布的。

参见 10.2 随机误差分布规律可加深对随机误差统计特性的理解。

### 10.1.6　随机误差的均方差

均方差 $\sigma$ 是随机误差统计的特征值之一，对于观测量的离散系列，其表达式为

$$\sigma = \sqrt{\frac{\sum_{i=1}^{n}(x_i - \mu)^2}{n}} = \sqrt{\frac{\sum_{i=1}^{n}\Delta_i^2}{n}} \tag{2-10-3}$$

式中　$x_i$——观测系列值；

$\mu$——无限多次重复观测全体值系列的均值，也称总体均值或数学期望；

$i$——观测值 $x$ 和误差系列 $\Delta$ 的序数，$i = 1, 2, 3, \cdots, n$；

$n$——总数。

式(2-10-3)的物理几何意义是,计算以$\mu$为中心,以误差$\Delta_i$即$x_i$偏离$\mu$的值为半径,各圆面积累加均值的平方根称为等效误差半径。因为大$\Delta_i$对$\sigma$的影响较大,所以式(2-10-3)描述的是离散误差群体的分散性。

一般常说的精度(或精密度)就是用$\sigma$衡量的,对于同一物理量的不同观测系列,$\sigma$小表明精度高,$\sigma$大表明精度低。

若式(2-10-3)中的$\mu$是真值,则$\sigma$是包含系统误差的随机误差。

若式(2-10-3)中的$\mu$用总体均值$x_J$代替,均方差$\sigma$的计算式可如下推出:

按式(2-10-2),有$\Delta_i=\Delta_{si}+\Delta_{xi}(i=1,2,3,\cdots,n)$系列式,两边平方后累加求和再平均,并注意各$\Delta_{xi}$为常数$\Delta_x$后得出

$$\frac{\sum_{i=1}^{n}\Delta_i^2}{n}=\frac{\sum_{i=1}^{n}\Delta_{si}^2}{n}+\frac{2\Delta_x}{n}\sum_{i=1}^{n}\Delta_{si}+\Delta_x^2 \tag{2-10-4}$$

因为总体均值$x_J=\sum_{i=1}^{n}x_i/n$,故$\sum_{i=1}^{n}x_i=nx_J$,因而$\sum_{i=1}^{n}\Delta_{si}=\sum_{i=1}^{n}(x_i-x_J)=\sum_{i=1}^{n}x_i-nx_J=0$;若真值为$X$,则

$$\Delta_x^2=(x_J-X)^2=\left(\frac{\sum_{i=1}^{n}x_i}{n}-X\right)^2=\frac{\left[\sum_{i=1}^{n}(x_i-X)\right]^2}{n^2}=\frac{(\Delta_1+\Delta_2+\Delta_3+\cdots+\Delta_n)^2}{n^2}$$

$$=\frac{\sum_{i=1}^{n}\Delta_i^2}{n^2}+\frac{2(\Delta_1\Delta_2+\Delta_1\Delta_3+\cdots+\Delta_2\Delta_3+\cdots+\Delta_{n-1}\Delta_n)}{n^2}$$

根据随机误差的对称性,$\Delta_1\Delta_2+\Delta_1\Delta_3+\cdots+\Delta_2\Delta_3+\cdots+\Delta_{n-1}\Delta_n=0$,故$\Delta_x^2=\frac{1}{n^2}\sum_{i=1}^{n}\Delta_i^2$。

将$\sum_{i=1}^{n}\Delta_{si}=0$和$\Delta_x^2=\frac{1}{n^2}\sum_{i=1}^{n}\Delta_i^2$代入式(2-10-4),则有$\frac{\sum_{i=1}^{n}\Delta_i^2}{n}=\frac{\sum_{i=1}^{n}\Delta_{si}^2}{n}+\frac{\sum_{i=1}^{n}\Delta_i^2}{n^2}$;用$\sum_{i=1}^{n}\Delta_{si}^2$表达$\sum_{i=1}^{n}\Delta_i^2$时又有$\sum_{i=1}^{n}\Delta_i^2=\frac{n\sum_{i=1}^{n}\Delta_{si}^2}{n-1}$,反映到式(2-10-3)中,则变为

$$\sigma=\sqrt{\frac{\sum_{i=1}^{n}\Delta_i^2}{n}}=\sqrt{\frac{\sum_{i=1}^{n}\Delta_{si}^2}{n-1}}=\sqrt{\frac{\sum_{i=1}^{n}(x_i-x_J)^2}{n-1}} \tag{2-10-5}$$

式(2-10-3)和式(2-10-5)的不同之处是,前者平方根内分子用$\sum_{i=1}^{n}\Delta_i^2$,则分母为$n$;后者平方根内分子用$\sum_{i=1}^{n}\Delta_{si}^2$或$\sum_{i=1}^{n}(x_i-x_J)^2$,则分母为$n-1$。

从工程的角度看,总体及均值和真值一样,都是理论的、理想的概念,由此推求$\sigma$意义方法受限。实际应用中,一般由大样本资料推求误差均方差时多用式(2-10-5)的结构,常

写为$s=\sqrt{\frac{\sum_{i=1}^{n}(x_i-x_J)^2}{n-1}}$,并称计算结果值为标准差$s$,即用$s$替代$\sigma$。当用小样本(如小于20或15)资料推求误差标准差$s$时,也常将平方根内分母的$n-1$变为$n-2$,以使误差估算留有余量。

虽然上面探讨随机误差均方差的概念和计算用的是绝对误差,但相对误差$\eta$及($\eta_s$、$\eta_c$)也可用式(2-10-3)和式(2-10-5)的结构计算均方差或标准差$m$,如$m=\sqrt{\frac{\sum_{i=1}^{n}\eta_s^2}{n-1}}$。

工程中也有将考察范畴的相对误差$\eta$(及$\eta_s$、$\eta_c$)作为系列($n$为系列总数),求$\eta$(及$\eta_s$、$\eta_c$)的均值$\mu$,再以式(2-10-3)和式(2-10-5)的结构计算均方差或标准差,如用$m=\sqrt{\frac{\sum_{i=1}^{n}(\eta_s-\mu)^2}{n-1}}$推求标准差,作为误差特征值或分散性衡量指标。这样处理的一个原因是,考察范畴相对误差的各观测量及真值可能很不同,没有重复观测的真值或均值,不宜用$s=\sqrt{\frac{\sum_{i=1}^{n}(x_i-x_J)^2}{n-1}}$推求标准差。

### 10.1.7　系统误差的推求

(1)引入系统误差。

对由测量工具、仪器等引入的误差,由提供方提供的误差推求被测量的系统误差。

(2)最大频率偏移方法(参见10.2随机误差分布规律)。

对标准值和观测值两组平行试验,在误差频率密度分布曲线图上有相似的峰形时,可将观测值图线峰点(即最大频率点)对应误差相对于标准值的峰点对应误差的差值看做系统误差。

(3)误差直接求和统计方法。

对于未区分系统误差和随机误差的观测资料,当样本容量满足规定要求后,用误差代数和的结果值作未定系统误差的估算值。其根据是随机误差有对称抵偿性,样本系列容量较大时,随机误差抵消,系统误差显露。

(4)相关分析(适于相对误差)。

对物理意义相同但精度等级不同的一对测量系列,用标准值(横坐标$x$)与观测值(纵坐标$y$)平行试验资料点绘相关图(或解析处理),若它们为线性相关,斜率为$K$且截距为零,可用$K-1$作为相对误差的系统误差。

这是因为,在相关线有$y_x=Kx$的关系,在无相对系统误差时有$y=x$的关系,则前者对于后者的相对误差$\xi=(y_x-y)/y=(Kx-x)/x=K-1$。

因为斜率$K$的推求与离散性关系不紧密,所以由本法推求的观测值相对误差的系统误差$\xi$与$x$、$y$的具体离散值关系也不紧密。

# 10.2　随机误差分布规律和不确定度

## 10.2.1　重复观测值和随机误差系列分布规律

### 10.2.1.1　重复观测值系列分布规律

对于物体的某物理量，得到该物理量重复观测系列值后，以一定值距将观测系列值分组，统计各组的个数及与总个数的比值，绘制观测物理量 $x$ 为横坐标，各组个数与总个数比值 $f(x)$ 为纵坐标的直方图，如图 2-10-1(a) 所示。直方图的数学概化如图 2-10-1(b) 所示，称为频率密度分布的高斯正态曲线。

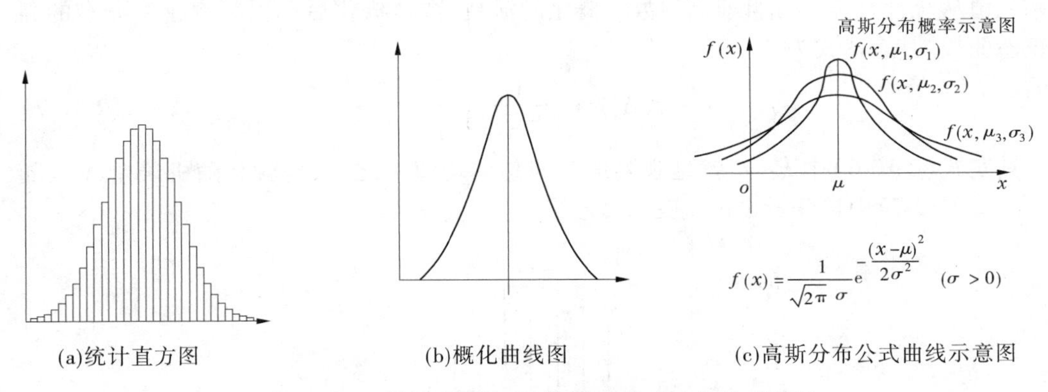


图 2-10-1　重复观测值系列频率密度分布规律示意图

一般来说，重复观测值系列的频率密度分布是高斯正态曲线，表达式为

$$f(x) = \frac{1}{\sqrt{2\pi}\sigma}e^{-\frac{(x-\mu)^2}{2\sigma^2}} \quad (\sigma > 0) \tag{2-10-6}$$

式中　$x$——观测量；

$f(x)$——观测量的频率；

$\mu$——$\mu = \int_{-\infty}^{+\infty} x f(x)\,dx$ 的收敛值称为数学期望；

$\sigma$——$\sigma^2 = \int_{-\infty}^{+\infty} (x-\mu)^2 f(x)\,dx$ 的收敛值称为方差。

这是一个连续函数，表达 $f(x)$ 和推求 $\mu$ 及 $\sigma^2$ 是一种互为前提的关系。实际上对于某物理量的观测来说，$x$ 是离散的 $x_i(i=1,2,\cdots,n)$，有了一定容量的样本 $n$，可统计推求 $x_i$ 的经验频率 $p_i$，用 $\mu = \sum_{i=1}^{n} x_i p_i$ 或 $\mu = \frac{\sum_{i=1}^{n} x_i}{n}$ 计算 $\mu$，这时 $\mu$ 也就是按式(2-10-1)计算的均值 $x_J$ 或加权均值；$\sigma$ 可用式(2-10-3)或式(2-10-5) 计算(样本容量有限时常用 $s$ 替代 $\sigma$)。

其实，$\mu$ 和 $\sigma$ 也是式(2-10-6)的参数，影响曲线的变化，故有的文献将 $f(x) = \frac{1}{\sqrt{2\pi}\sigma}e^{-\frac{(x-\mu)^2}{2\sigma^2}}$ 写为 $f(x,\mu,\sigma) = \frac{1}{\sqrt{2\pi}\sigma}e^{-\frac{(x-\mu)^2}{2\sigma^2}}$。$\mu$ 和 $\sigma$ 不同，曲线的位置、形状就不同，$\mu$ 和

$\sigma$ 确定后,为单一钟形曲线,$\mu$ 和 $\sigma$ 对曲线描述有如下特征:

(1)曲线关于 $x=\mu$ 对称,当 $x=\mu$ 时,$f(x)$ 取峰值。如果固定 $\sigma$ 而改变 $\mu$,则图形沿横轴平移但不改变形状。

(2)$\sigma$ 越小图形变得越尖,表明观测值 $x$ 越向数学期望 $\mu$ 或均值 $x_J$ 集中。图 2-10-1(c)示意了这一特征。

(3)在 $x=\mu\pm\sigma$ 处,曲线有拐点,曲线以 $ox$ 轴为渐近线。

#### 10.2.1.2　随机误差系列分布规律

对于物体的某物理量,得到该物理量重复观测系列随机误差值后,以一定值距将随机误差系列值分组,统计各组的个数及与总个数的比值,绘制观测物理量随机误差值 $\Delta_s$ 为横坐标,各组个数与总个数比值 $p(x)$ 或 $f(x)$ 为纵坐标的直方图。图 2-10-2 示出随机误差系列值从统计直方图分组细化到数学概化的演变,数学概化后称为频率密度分布的高斯正态曲线,其表达式为

$$f(\Delta_s)=\frac{1}{\sqrt{2\pi}\sigma}e^{-\frac{\Delta_s^2}{2\sigma^2}} \qquad (2\text{-}10\text{-}7)$$

其实式(2-10-6)中 $x-\mu$ 就是观测值 $x$ 与总体均值 $\mu$ 之差,也就是随机误差 $\Delta_s$。随之,在式(2-10-7)中自变量也由 $x$ 变为 $\Delta_s$。

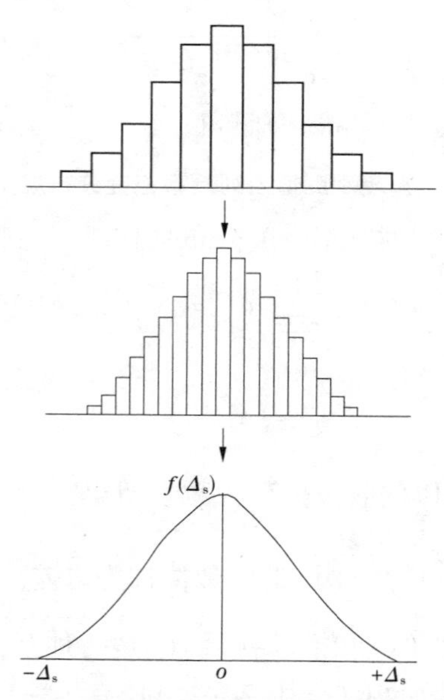


图 2-10-2　重复观测系列随机误差频率密度分布规律

从坐标图形考察,式(2-10-6)的曲线图中,坐标原点在 $x$ 轴的 $-\infty$,横坐标的标度取观测值 $x$ 的单位和数值,当 $x=\mu$ 时,$f(x)$ 取峰值,$f(x)$ 的分布对称于 $x=\mu$ 的纵直线;式(2-10-7)的曲线图中,坐标原点在 $\Delta_s$ 轴的 0 值,横坐标的标度取观测值 $\Delta_s$ 的单位和数值,当 $\Delta_s=0$ 时,$f(\Delta_s)$ 取峰值,$f(\Delta_s)$ 的分布对称于 $\Delta_s=0$ 的纵直线。

相对误差的随机误差 $\eta_s$ 频率密度分布的高斯正态曲线,与 $f(\Delta_s)$ 有同构关系,其表达

式为$f(\eta_s)=\frac{1}{\sqrt{2\pi}m}e^{-\frac{\eta_s^2}{2m^2}}$。式中符号的变化仅是为了明了而已。至于相对误差的随机误差$\eta_s$不一定是重复观测系列,本质上对频率密度分布符合高斯正态曲线似无影响。

### 10.2.2　随机误差的不确定度

在对称区间$(-\Delta_{sa},+\Delta_{sa})$对$f(\Delta_s)$求积分,可得随机误差在该区间的频率$\Phi$为

$$\Phi=\int_{-\Delta_{sa}}^{\Delta_{sa}}f(\Delta_s)\mathrm{d}\Delta_s \tag{2-10-8}$$

或

$$\Phi=\int_{-\eta_{sa}}^{\eta_{sa}}f(\eta_s)\mathrm{d}\eta_s$$

将自变量$\Delta_s$或$\eta_s$的单位取为$\sigma$或$m$,即作$\sigma$或$m$的归一化处理,则标度数值为$z=\frac{\Delta_s}{\sigma}$或$z=\frac{\eta_s}{m}$。$\Phi=\int_{-\Delta_{sa}}^{\Delta_{sa}}f(\Delta_s)\mathrm{d}\Delta_s=\int_{-\Delta_{sa}}^{\Delta_{sa}}\frac{1}{\sqrt{2\pi}\sigma}e^{-\frac{\Delta_s^2}{2\sigma^2}}\mathrm{d}\Delta_s=\frac{1}{\sqrt{2\pi}}\int_{-z_a}^{z_a}e^{-\frac{1}{2}z^2}\mathrm{d}z$。

分析计算表明,在标度$(-z_a,+z_a)$为$(-1,+1)$、$(-2,+2)$、$(-3,+3)$及$(-1.96,+1.96)$的数值区间,随机误差的频率$\Phi\{-z_a,+z_a\}$为

$\Phi\{-\sigma_s,+\sigma_s\}=0.6826$　　$\Phi\{-\eta_s,+\eta_s\}=0.6826$

$\Phi\{-2\sigma_s,+2\sigma_s\}=0.9544$　　$\Phi\{-2\eta_s,+2\eta_s\}=0.9544$

$\Phi\{-3\sigma_s,+3\sigma_s\}=0.9974$　　$\Phi\{-3\eta_s,+3\eta_s\}=0.9974$

$\Phi\{-1.96\sigma_s,+1.96\sigma_s\}=0.95$　　$\Phi\{-1.96\eta_s,+1.96\eta_s\}=0.95$

将此结果标示在随机误差频率密度分布曲线图中,见图 2-10-3。图中曲线与$-z_a$、$+z_a$直线及横坐标包围的面积即$\Phi=\int_{-z_a}^{z_a}f(\Delta_s)\mathrm{d}\Delta_s$。

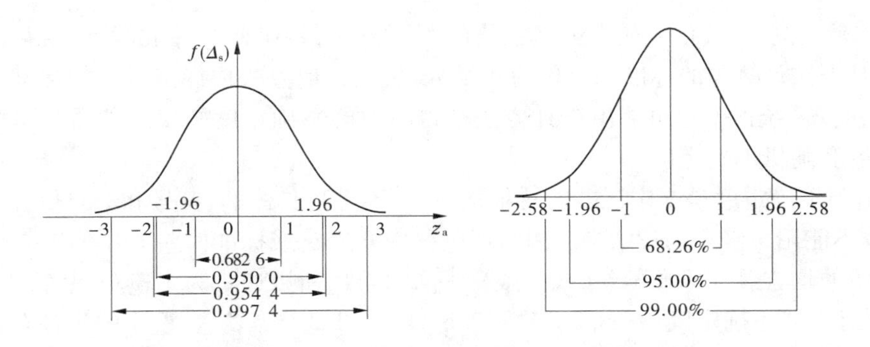


图 2-10-3　随机误差单位取为$\sigma$或$m$时特定对称区间的频率

随机误差频率$\Phi\{-z_a,+z_a\}$的数学物理意义是,随机误差单位取为$\sigma$或$m$时,出现在$\{-z_a,+z_a\}$区间的可能性为$\Phi$,也即随机误差单位取$\Delta_s$或$\eta_s$原值时,出现在$\{-z_a\sigma,+z_a\sigma\}$或$\{-z_am,+z_am\}$区间的可能性为$\Phi$。$\Phi$通常又称为置信水平,$z_a$称为置信系数,$\pm z_a$是相应$\Phi$的边界限。一般由此引入不确定度的实用概念为不确定度$X_B$是用正态误差分布中相应于一定置信水平的置信系数$z_a$与均方差$\sigma$(或$m$)之积表达的误差限,通式为

$$X_B = z_a \sigma \tag{2-10-9}$$

或

$$X_B = z_a m$$

从应用看，当有一个离散测量误差系列符合高斯正态分布时，在一定的样本容量中统计出均方差，用与置信水平相应的置信系数乘以均方差，就得到这个置信水平下的不确定度，常表述为误差有某置信水平的可信度不超出某不确定度。

由于在 $\Phi\{-2z_a, +2z_a\} = 0.9544$ 和 $\Phi\{-1.96z_a, +1.96z_a\} = 0.95$ 中，0.954 4 与 0.95 接近，2 与 1.96 接近，故常说置信水平 0.95 时的置信系数为 2。例如，说某误差系列有 95% 的可信度不超出 $2\sigma$ 的不确定度。水文和许多工程技术都用置信水平 95% 时的误差限即 2 倍的统计均方差作为不确定度评估的衡量指标。

由于均方差是随机误差的统计特性，所以不确定度也是描述随机误差的，且伴之有可信度（频率或置信水平）的概念。当我们把可信度定为 68%、95%、99.8% 时，其相应的不确定度可为 1、2、3 倍的均方差，表明可信度增大，不确定度也增大。也就是说，在一定的测量水平下，希望较大程度相信测量误差不超某一限值，那么这个限值就不能太小；反之，若误差限值很小，也就相应降低了可信度。

我们看到，不确定度为 $3\sigma$ 时，置信水平达 99.8%，也就是说小于 $3\sigma$ 误差的出现几乎是肯定的事，超出 $3\sigma$ 误差的事几乎不可能，常常断定为错误或条件的重大变化，因此将这种判断称为 $3\sigma$ 规则。

对于不确定度的概念，再作如下说明：

（1）由于测量误差的存在而对被测量值不能肯定的程度称为不确定度。不确定度是一个描述尚未确定的误差特征的量，是表征测量范围的一个评定，而被测量的真值就在其中。

（2）实际观测中，按估计或推测其数值的不同方法，将误差归并成两类：由多次重复测量用统计方法计算出的标准偏差称为 $A$ 类分量；用其他方法估计出近似的标准偏差称为 $B$ 类分量。系统误差也可能由统计方法获得，这样，不确定度按误差性质又可分为系统不确定度和随机不确定度。

（3）由于不确定度是未定误差的特征描述，而不是指具体的、符号和绝对值皆已知的误差值，故不能用于修正测量结果。因为可以称均方差 $\sigma$ 或标准偏差 $s$ 为不确定度，也可以称若干倍的均方差或标准偏差（误差限）为不确定度，所以通常为了避免混淆，用“不确定度 $1\sigma$ 或 $1s$”、“不确定度 $2\sigma$ 或 $2s$”、“不确定度 $3\sigma$ 或 $3s$”等表达，重要的是各有相应的置信水平。

### 10.2.3 测量误差与测量不确定度的主要区别

测量误差与测量不确定度的主要区别见表 2-10-1。

### 10.2.4 随机误差系列的频次估算

工程实践中，常用误差系列粗略估算频次及推算频次误差。以对称无偏分布考虑，方法是，将误差（绝对误差或相对误差）系列按绝对值从小到大排序，设系列总数为 $n$，系列

表 2-10-1　测量误差与测量不确定度的主要区别

| 序号 | 内容 | 测量误差 | 测量不确定度 |
| --- | --- | --- | --- |
| 1 | 定义的要点 | 表明测量结果偏离真值，是一个差值 | 表明赋予被测量值的分散性，是一个区间或区间界限 |
| 2 | 分量的分类 | 按出现于测量结果中的规律，分为随机误差和系统误差，都是无限多次测量时的理想化概念 | 按是否用统计方法求得，分为 $A$ 类和 $B$ 类，都是标准不确定度 |
| 3 | 可操作性 | 由于真值未知，只能通过约定真值求得其估计值 | 按试验、资料、经验评定，试验方差是总体方差的无偏估计 |
| 4 | 表示的符号 | 非正即负，不能用正负号（±）表示 | 为正值，当由方差求得时取其正平方根 |
| 5 | 合成的方法 | 为各误差分量的代数和 | 当各误差分量彼此独立时为方和根法（各量先平方后求和再开平方），必要时加入协方差 |
| 6 | 结果的修正 | 已知系统误差的估计值时，可以对测量结果进行修正，得到已修正的测量结果 | 不能用不确定度对结果进行修正，在已修正结果的不确定度中应考虑修正不完善引入的分量 |
| 7 | 结果的说明 | 属于给定的测量结果，只有相同的结果才有相同的误差 | 合理赋予被测量的任一个值，均具有相同的分散性 |
| 8 | 试验标准[偏]差 | 来源于给定的测量结果，不表示被测量估计值的随机误差 | 来源于合理赋予的被测量之值，表示同一观测系列中任一个估计值的标准不确定度 |
| 9 | 置信概率 | 不存在 | 当了解分布时，可按置信概率给出置信区间 |

中排序第 $m$ 的某误差值为 $\Delta_{sm}$ 或 $\eta_{sm}$，则小于 $\Delta_{sm}$ 或 $\eta_{sm}$ 的频次为 $p_m=\frac{m}{n}\times100\%$。若误差系列按绝对值从大到小排序，则小于 $\Delta_{sm}$ 或 $\eta_{sm}$ 的频次为 $p_m=\frac{n-m}{n}\times100\%$。样本较小时，$p_m$ 计算式中的分母 $n$ 常用 $n+1$ 代替。

另一方面，要求与某 $p_i$ 对应的 $\Delta_s$ 或 $\eta_s$，则可通过点绘 $p_i(i=1,2,\cdots,n)$ 与 $\Delta_s$ 或 $\eta_s$ 系列的关系曲线，在该曲线上查读出与某 $p_i$ 对应的 $\Delta_s$ 或 $\eta_s$。

当绘制统计直方图时，误差分组应用代数值，即从负到正选取合适间隔步长分组。

# 10.3　函数误差传递计算

## 10.3.1　函数中绝对误差的方差传递

设 $y$ 是相互独立的直接观测量 $x_1,x_2,\cdots,x_k$ 的函数，即

$$y = f(x_1,x_2,\cdots,x_k) \tag{2-10-10}$$

当 $x_1,x_2,\cdots,x_k$ 观测值的绝对误差分别为 $\Delta_1,\Delta_2,\cdots,\Delta_k$，函数的误差为 $\Delta_z$ 时，其函数 $y$ 的绝对量和误差 $\Delta_z$ 值之和为

$$y + \Delta_z = f(x_1 + \Delta_1, x_2 + \Delta_2, \cdots, x_k + \Delta_k)$$

因为 $\Delta_1,\Delta_2,\cdots,\Delta_k$ 很小，可将上式用泰勒级数展开为级数，并取至一次项，得

$$y + \Delta_z = f(x_1,x_2,\cdots,x_n) + \frac{\partial f}{\partial x_1}\Delta_1 + \frac{\partial f}{\partial x_2}\Delta_2 + \cdots + \frac{\partial f}{\partial x_k}\Delta_k$$

上式两边减去式(2-10-10)两边，则得函数 $y$ 的误差 $\Delta_z$ 为

$$\Delta_z = \frac{\partial f}{\partial x_1}\Delta_1 + \frac{\partial f}{\partial x_2}\Delta_2 + \cdots + \frac{\partial f}{\partial x_k}\Delta_k \tag{2-10-11}$$

通过系列观测，可获得各 $x_1,x_2,\cdots,x_k$ 即 $x_i$ 系列观测值的绝对误差系列 $\Delta_{ij}$（$i$ 为变量元序号，总数为 $k$；$j$ 为各变量观测系列序号，总数为 $n$），即 $\Delta_{1j},\Delta_{2j},\cdots,\Delta_{ij},\cdots,\Delta_{kj}$，按照式(2-10-3)，可计算各自方差 $\sigma_1^2 = \frac{1}{n}\sum_{j=1}^{n}\Delta_{1j}^2, \sigma_2^2 = \frac{1}{n}\sum_{j=1}^{n}\Delta_{2j}^2, \cdots, \sigma_k^2 = \frac{1}{n}\sum_{j=1}^{n}\Delta_{kj}^2$，通式可写为 $\sigma_i^2 = \frac{1}{n}\sum_{j=1}^{n}\Delta_{ij}^2$。按照式(2-10-11) 相应可获得 $\Delta_z$ 的系列 $\Delta_{zj}$，按照式(2-10-3) 推算 $\Delta_{zj}$ 的方差 $\sigma_z^2 = \frac{1}{n}\sum_{j=1}^{n}\Delta_{zj}^2$，即

$$\sigma_z^2 = \frac{1}{n}\sum_{j=1}^{n}\Delta_{zj}^2 = \frac{1}{n}\sum_{j=1}^{n}\left(\frac{\partial f}{\partial x_1}\Delta_{1j} + \frac{\partial f}{\partial x_1}\Delta_{2j} + \cdots + \frac{\partial f}{\partial x_k}\Delta_{kj}\right)^2$$

将上式小括号中的各相加项总体按平方（自乘积）展开，应有 $k^2$ 个二次项相加，其中有 $k$ 个相同变量元自乘项 $\left(\frac{\partial f}{\partial x_i}\right)^2\Delta_{kj}^2$（分别取 $i=1,2,\cdots,k$），有 $k^2-k$ 个不同变量元相乘的异乘项，如 $\left(\frac{\partial f}{\partial x_1}\right)\Delta_{1j}\left(\frac{\partial f}{\partial x_2}\right)\Delta_{2j}, \left(\frac{\partial f}{\partial x_1}\right)\Delta_{1j}\left(\frac{\partial f}{\partial x_2}\right)\Delta_{3j}, \cdots, \left(\frac{\partial f}{\partial x_{k-1}}\right)\Delta_{(k-1)j}\left(\frac{\partial f}{\partial x_k}\right)\Delta_{kj}$ 等，各不同变量元相乘的异乘项很多且有正有负，累加统计后其相加之和抵消为 0，结果仅保留相同变量元自乘各项，即

$$\begin{aligned}
\sigma_z^2 &= \frac{1}{n}\sum_{j=1}^{n}\Delta_{zj}^2 = \frac{1}{n}\sum_{j=1}^{n}\left[\left(\frac{\partial f}{\partial x_1}\right)^2\Delta_{1j}^2 + \left(\frac{\partial f}{\partial x_2}\right)^2\Delta_{2j}^2 + \cdots + \left(\frac{\partial f}{\partial x_k}\right)^2\Delta_{kj}^2\right] \\
&= \left(\frac{\partial f}{\partial x_1}\right)^2\left(\frac{1}{n}\sum_{j=1}^{n}\Delta_{1j}^2\right) + \left(\frac{\partial f}{\partial x_2}\right)^2\left(\frac{1}{n}\sum_{j=1}^{n}\Delta_{2j}^2\right) + \cdots + \left(\frac{\partial f}{\partial x_k}\right)^2\left(\frac{1}{n}\sum_{j=1}^{n}\Delta_{kj}^2\right) \\
&= \left(\frac{\partial f}{\partial x_1}\right)^2\sigma_1^2 + \left(\frac{\partial f}{\partial x_2}\right)^2\sigma_2^2 + \cdots + \left(\frac{\partial f}{\partial x_k}\right)^2\sigma_k^2
\end{aligned}$$

$$= \sum_{i=1}^{k}\left[\left(\frac{\partial f}{\partial x_i}\right)^2 \sigma_i^2\right] \tag{2-10-12}$$

作为特例，现用式（2-10-12）求和函数的方差。

和函数可写为

$$y_H = x_1 + x_2 + \cdots + x_k = \sum_{i=1}^{k} x_i \tag{2-10-13}$$

求 $y_H$ 对 $x_1, x_2, \cdots, x_k$ 各变量元的偏导数，有$\frac{\partial y_H}{\partial x_i}=1$，$\left(\frac{\partial y_H}{\partial x_i}\right)^2=1$；各变量元观测绝对误差的方差为 $\sigma_i^2$，代入式（2-10-12）有 $y_H$ 误差的方差

$$\sigma_z^2 = \sum_{i=1}^{k}\sigma_i^2 = \sigma_1^2 + \sigma_2^2 + \cdots + \sigma_k^2 \tag{2-10-14}$$

如果

$$y = \frac{x_1 + x_2 + \cdots + x_j + \cdots + x_n}{n} = \frac{1}{n}x_1 + \frac{1}{n}x_2 + \cdots + \frac{1}{n}x_j + \cdots + \frac{1}{n}x_n \tag{2-10-15}$$

求 $y$ 对 $x_1, x_2, \cdots, x_j, \cdots, x_n$ 各变量元的偏导数，有$\frac{\partial y}{\partial x_j}=\frac{1}{n}$，$\left(\frac{\partial y}{\partial x_j}\right)^2=\frac{1}{n^2}$；若各变量元观测绝对误差的方差 $\sigma_j^2$ 都相等，代入式（2-10-12）有 $y$ 误差的方差

$$\sigma_z^2 = \sum_{j=1}^{n}\left(\frac{1}{n^2}\sigma_j^2\right) = \frac{\sigma_j^2}{n}$$

或

$$\sigma_z = \pm\frac{\sigma_j}{\sqrt{n}} \tag{2-10-16}$$

若把式（2-10-15）的 $y$ 看做 $n$ 个重复观测值 $x_j$ 的算术平均值，则式（2-10-16）说明，观测值系列算术平均值的均方差 $\sigma_z$ 是重复观测值系列均方差 $\sigma_j$ 的$\frac{1}{\sqrt{n}}$倍。工程中之所以常取重复观测值 $x_j$ 的算术平均值作成果，是平均值均方差较小，数值有较高精度的缘故。

### 10.3.2　函数中相对误差的方差传递

设 $Y$ 是相互独立的直接观测量 $X_1, X_2, \cdots, X_i, \cdots, X_k$ 的函数，即

$$Y = F(X_1, X_2, \cdots, X_i, \cdots, X_k) \tag{2-10-17}$$

则 $Y$ 的相对误差之方差 $m_Y^2$ 为

$$m_Y^2 = \frac{1}{Y^2}\sum_{i=1}^{K}\left(\frac{\partial F}{\partial X_i}m_i X_i\right)^2 \tag{2-10-18}$$

其中，$m_i$ 是 $X_i$ 观测系列的相对误差之均方差。

若和函数 $Y_H$、积函数 $Y_J$、商函数 $Y_S$ 分别如下列各式

$$Y_H = \sum X_i \tag{2-10-19}$$

$$Y_J = \prod X_i \tag{2-10-20}$$

$$Y_S = X_i/X_{i-1} \tag{2-10-21}$$

则根据式(2-10-18),各函数对应的相对误差传递式分别为

$$m_H^2 = \frac{1}{Y_H^2}\sum_{i=1}^{K}(m_iX_i)^2 \tag{2-10-22}$$

$$m_J^2 = \sum_{i=1}^{K} m_i^2 \tag{2-10-23}$$

$$m_S^2 = m_i^2 + m_{i-1}^2 \tag{2-10-24}$$

另外,测量因素对结果量有影响,但不能用解析式表达时,常采用式(2-10-23)的平方和结构求目标量相对误差的方差或均方差,称做广义方和根法。

函数相对误差和绝对误差的传递关系可以对比,式(2-10-18)中的 $m_iX_i$ 相当于式(2-10-12)中的 $\sigma_i$,则 $m_Y^2 = \frac{\sigma_z^2}{Y^2}$;对于式(2-10-13)的 $y_H = \sum_{i=1}^{k} x_i$,有式(2-10-14)的 $\sigma_z^2 = \sum_{i=1}^{k}\sigma_i^2$;对于式(2-10-20)的 $Y_J = \prod X_i$,有式(2-10-23)的 $m_J^2 = \sum_{i=1}^{K} m_i^2$。

### 10.3.3 函数系统误差的合成

(1)函数关系明确或比较简略,各分量系统误差已经确定,用各分量系统误差的代数和作为函数的系统误差。

(2)函数关系不明确或比较复杂,各影响因子的系统误差不准确时,用各影响因子系统误差平方和的平方根作为函数的系统误差。这里将系统误差按随机误差方式进行统计处理。

### 10.3.4 观测量值域的估算

(1)与绝对误差不确定度相应的带有误差限的观测量值域的估算通式为

$$Q_{Mm} = Q \pm Z_X\sigma \tag{2-10-25}$$

式中 $Q_{Mm}$——一定统计置信水平下的值域;

$Q$——真值;

$Z_X$——观测系列绝对误差统计取用的置信系数;

$\sigma$——观测系列绝对误差均方差。

(2)与相对误差不确定度相应的带有误差限的观测量值域的估算通式为

$$Q_{Mm} = Q(1 \pm X_Q) \tag{2-10-26}$$

式中 $Q_{Mm}$——一定统计置信水平下的值域;

$Q$——真值;

$X_Q$——观测系列的相对误差的不确定度,$X_Q = Z_Qm_Q$,其中 $Z_Q$ 为统计取用的置信系数,$m_Q$ 为观测系列相对误差均方差。

工程实际中,常用某实测值代替真值的地位,代入式(2-10-25)或式(2-10-26),估算观测物理量一定统计置信水平下的值域。

## 10.4　误差有关说明

### 10.4.1　误差与不确定度

不确定度是误差理论在应用中的一个重要问题,其分类、处理和表述各方面使用的方法多种多样,20 世纪 70 ~80 年代国际计量局曾多次召开会议反复讨论不确定度有关问题。误差的国际标准化表征显著的特点有,偶然误差的概念几乎全被随机误差所代替;除误差的概念外,也广泛采用不确定度一词;众说纷纭、矛盾重重的误差合成方法向着广义方和根的合成方法发展。国际计量局不确定度工作组为避免关于系统误差与系统不确定度认识的分歧,仅将测量结果不确定度划分为 $A$ 类(由多次重复测量用统计方法计算出的标准偏差)和 $B$ 类(用其他方法估计出近似的标准偏差),以有利于无力、也无必要仔细区分误差特点的一般工程应用部门;但我国计量局的常用名词术语定义中,除划分 $A$、$B$ 两类外,仍保留系统误差与随机误差、系统不确定度与随机不确定度的划分,以兼顾各方面的应用。

### 10.4.2　误差与精度

表示测量结果中的随机误差大小的程度称精密度,通常用随机不确定度描述;表示测量结果中的系统误差大小的程度称正确度,理论上已定系统误差可用修正值来消除,未定系统误差可用系统不确定度来估计;由测量结果中系统误差与随机误差综合表示测量结果与真值的一致程度则称准确度(精确度),相对应的不准确度则用来描述测量结果偏离真值的程度,不准确度通常可以用误差这个较小的方便数值表达。对于试验或测量结果来说,精密度好则正确度不一定好,正确度好则精密度也不一定好,但准确度(精确度)好则需要精密度与正确度都好。

### 10.4.3　误差转化和粗大误差

必须注意的是,误差的性质是可以在一定条件下相互转化的。如尺子的分度误差,对于制造尺子来说是随机误差,但将它作为基准尺以检定成批尺子时,该分度误差使得成批测量结果始终长些或短些,这就成为系统误差;如用该尺子多次接(连)续测量物体,则系统误差就有累积效应。

错误或粗大误差是指超出规定条件下的误差,如将有效位上的数字“1”转记为“7”就是错误或粗大误差。含有粗大误差的测得值会明显地歪曲客观现象,偏离重复观测的其他数值,称为异常值或坏值,在进行误差统计分析前必须甄别、剔除。

### 10.4.4　误差统计样本容量探讨

误差统计样本容量越大,在一定的误差值分组下相对密度分布描述越精细,描述高斯正态曲线方程的均值、均方差越稳定。下面再从多次重复观测系列均方差与其算术平均值均方差的关系予以探讨。

由式(2-10-16)可知，$\sigma_z$ 随 $n$ 的增大而减小的速率是越来越小的，$n$ 小于 50 或 30 后减小得更慢。若认为 $\sigma_i$ 在 $n$ 达到一定程度变为 $n+1$ 后基本不变，则前后两次计算的 $\sigma_z$ 的相对误差为 $\omega=\left(\frac{\sigma_i}{\sqrt{n}}-\frac{\sigma_i}{\sqrt{n+1}}\right)\Big/\frac{\sigma_i}{\sqrt{n+1}}=\sqrt{\frac{n+1}{n}}-1$，可以解出 $n=\frac{1}{(\omega+1)^2-1}$。当 $\omega$ 分别取 2%、1%、0.5%时，相应的 $n$ 分别为 25、50、100。也就是说，要使前后两次计算的 $\sigma_z$ 的差 $\omega$ 分别不大于 2%、1%、0.5%，则相应的重复测试的 $n$ 分别应大于 25、50、100。$n$ 大于 30 可控制 $\omega$ 小于 1.65%。

样本容量实际应从试验测试的需要和条件的可能折中考虑，从更多的相关影响成果要素的对比分析中考察。

# 第11章　物理量的单位制、量纲和有效数字

## 11.1　单位制

### 11.1.1　概述

度量物理量数值大小所采用的标准称为单位。规定某些物理量单位为基本单位,从而描述多种物理量单位的体系可称为单位制。由于科学技术的迅速发展和国际学术交流的日益频繁,以及理科与工科的关系进一步密切,国际计量会议制定了一种国际上统一的国际单位制,其国际代号为SI(法文 Syst'eme International d'Unites 的缩写)。国际单位制中的单位是由基本单位、辅助单位和具有专门名称的导出单位构成的,分别列于表2-11-1～表2-11-3;国际单位制中用于构成十进倍数和分数单位的词头列于表2-11-4。

表2-11-1　国际单位制的基本单位

| 量的名称 | 单位名称 | 单位符号 |
|---|---|---|
| 长度 | 米 | m |
| 质量 | 千克 | kg |
| 时间 | 秒 | s |
| 电流 | 安培 | A |
| 热力学温度 | 开尔文 | K |
| 物质的量 | 摩尔 | mol |
| 发光强度 | 坎德拉 | cd |

表2-11-2　国际单位制的辅助单位

| 量的名称 | 单位名称 | 单位符号 |
|---|---|---|
| 平面角 | 弧度 | rad |
| 立体角 | 球面度 | sr |

表 2-11-3 国际单位制中具有专门名称的导出单位(只列出常用的单位)

| 量的名称 | 单位名称 | 单位符号 | 其他表示式示例 |
| --- | --- | --- | --- |
| 频率 | 赫兹 | Hz | $s^{-1}$ |
| 力,重力 | 牛顿 | N | $kg \cdot m/s^2$ |
| 压力(压强),应力 | 帕斯卡 | Pa | $N/m^2$ |
| 能量,功,热 | 焦耳 | J | $N \cdot m$ |
| 功率 | 瓦特 | W | J/s |
| 摄氏温度 | 摄氏度 | ℃ | |

表 2-11-4 用于构成十进倍数和分数单位的词头(只列出常用的词头)

| 所表示的因数 | 词头名称 | 词头符号 | 所表示的因数 | 词头名称 | 词头符号 |
| --- | --- | --- | --- | --- | --- |
| $10^6$ | 兆 | M | $10^{-1}$ | 分 | d |
| $10^3$ | 千 | k | $10^{-2}$ | 厘 | c |
| $10^2$ | 百 | h | $10^{-3}$ | 毫 | m |
| $10^1$ | 十 | da | $10^{-6}$ | 微 | μ |

我国已开始实行法定计量单位。法定计量单位是以国际单位制的单位为基础,根据我国的情况,适当增加了一些其他单位构成的。国家选定的非国际单位制单位列于表 2-11-5 中。

表 2-11-5 国家选定的非国际单位制单位(只列出常用的单位)

| 量的名称 | 单位名称 | 单位符号 | 换算关系和说明 |
| --- | --- | --- | --- |
| 时间 | 分 | min | 1 min = 60 s |
| | 小时 | h | 1 h = 60 min = 3 600 s |
| | 天(日) | d | 1 d = 24 h = 86 400 s |
| 平面角 | 秒 | (″) | $1'' = (\pi/648\ 000)$ rad |
| | 分 | (′) | $1' = 60'' = (\pi/10\ 800)$ rad |
| | 度 | (°) | $1° = 60' = (\pi/180)$ rad |
| 旋转速度 | 转每分 | r/min | $1\ r/min = (1/60)\ s^{-1}$ |
| 质量 | 吨 | t | $1\ t = 1 \times 10^3$ kg |
| | 原子质量单位 | u | $1\ u \approx 1.660\ 540\ 2 \times 10^{-27}$ kg |
| 体积 | 升 | L,(l) | $1\ L = 1\ dm^3 = 10^{-3}\ m^3$ |

我国早期还采用物理制（CGS 制）单位和工程制单位，CGS 制与工程制中的基本单位如表 2-11-6 所示。工程单位制中以“力”为基本量，用符号 kgf 表示。实际应用中需注意这些单位，并要掌握单位的换算方法。

表 2-11-6　CGS 制与工程制中的基本单位

| 项目 | 量的名称 | 单位符号 |
|---|---|---|
| CGS 制 | 长度<br>质量<br>时间<br>温度 | cm<br>g<br>s<br>℃ |
| 工程制 | 长度<br>力<br>时间<br>温度 | m<br>kgf<br>s<br>℃ |

## 11.1.2　单位换算

同一物理量若用不同单位度量，其数值需相应地改变，这种改变称为单位换算。由过去的 CGS 制单位和工程制单位过渡到法定单位，必须掌握这些单位间的换算关系。单位换算时，需要换算因数。要特别注意工程单位制中的“力”的单位“kgf”与国际单位制中“力”的单位“N”之间的换算关系，在这里对这两个单位的换算关系作简要说明。

若物体受地心引力作用产生 $a=9.806\ 65\ \mathrm{m/s^2}$ 的重力加速度（国际标准重力加速度，即在北纬 45°海面上的重力加速度），则作用于质量为 $m=1$ kg 的物体上的重力为 $F=ma=1\times9.806\ 65=9.806\ 65$ N。物体在重力场中所受的重力，就是该物体的重量。因此，工程单位制中是把 SI 中的 9.806 65 N 重量，作为 1 kgf 重量，故有 1 kgf = 9.806 65 N。由于质量为 1 kg 物体的重量为 1 kgf，所以工程制中的重量与 SI 中的质量数值相等。

我国还有市制单位，如长度的里、丈、尺、寸，质（重）量的斤、两等，除 1 里 = 150 丈外，其他为十进制进率，容易换算。与国际单位值的基本关系是 1 m = 3 尺，1 km = 2 里；1 kg = 2 斤。

我国规定的土地面积（地积）单位有三个：平方米（$\mathrm{m^2}$），公顷（$\mathrm{hm^2}$），平方公里（$\mathrm{km^2}$）。公顷的单位符号用“$\mathrm{hm^2}$”表示，其中“h”表示百米，“$\mathrm{hm^2}$”即 $(\mathrm{hm})^2$ 或“$\mathrm{h^2m^2}$”；同样，平方公里的单位符号“$\mathrm{km^2}$”即$(\mathrm{km})^2$ 或“$\mathrm{k^2m^2}$”。国际上也用“公顷（hectare）”作为土地面积的单位，常用英文缩写“ha”标示，但国内不推荐使用“ha”。

我国还用“亩”作为地积的单位，“亩”的规定是“60 平方丈”，1 丈 = 10 尺，则 1 亩 = 6 000 平方尺；1 m = 3 尺，1 $\mathrm{m^2}$ = 9 平方尺；由此可知，1 亩 = 6 000 平方尺 ÷ 9 平方尺 = 666.67 $\mathrm{m^2}$，则 1 $\mathrm{hm^2}$ = 10 000 $\mathrm{m^2}$ ÷ 666.67 $\mathrm{m^2}$ = 15 亩。

国际上还有英（美）单位制，其进率不是十进制进率，不容易换算，需要时可从有关手册查阅。

## 11.2 量纲因次

在法定计量单位中,基本量的长度、质量、时间、温度可分别用符号 L、M、T、θ 表示,则导出量可由这些基本量的符号组合而成,这种组合称为该物理量的量纲因次(也有称为量纲或称为因次的)。也就是说,将一个物理导出量用若干个基本量的乘方之积表示出来的表达式,称为该物理量的量纲式,简称量纲(Dimension)。例如,物理量速度的量纲是长度/时间,其量纲或因次可用$[LT^{-1}]$表示,同样加速度可用$[LT^{-2}]$表示,力可用$[MLT^{-2}]$表示。若某物理量以$[M^aL^bT^c]$表示,则$[M^aL^bT^c]$称为该物理量的量纲式或因次式,指数 a、b、c 称为因次,它反映该物理量的单位与基本量的单位之间的关系。当 $a=b=c=0$ 时,$[M^0L^0T^0]=[1]$,称为无因次(Dimensionless)。例如,用浑水中泥沙质量与浑水体积的比例来表达含沙量,则含沙量的量纲式为$[M^1L^{-3}]$;但用单位体积浑水内所含悬移质泥沙的体积来表达的体积比含沙量,其量纲式为$[L^3/L^3]=[L^0/L^0]=[1]$,称为无因次。

注意,计量单位与量纲密切相关,但内含的概念大不相同,术语“量纲”比尺度“单位”更抽象。量纲反映物理量由物理现象的概念定义和理论定律溯源到基本量的关系,但单位是由常规定义、与标准制有关、用来表达量的具体大小多少的基准。例如,质量是一种量纲,而千克(kg)是量纲为质量的一种尺度单位。长度的单位可以是米、英尺、英里或微米;但是,任何长度的量纲必定是 L,这与单位无关。

性质上完全不同的两种物理量可具有相同的量纲,例如功(量纲 $L^2MT^{-2}$)和力矩(量纲 $L^2MT^{-2}$)就是如此。任何正确反映物理现象规律的方程,其两端各项都必须具有相同的量纲。

原则上来说,其他种物理量的量纲也可以定义为基本量或基础量纲(但一般选做基本量的物理量应相互独立),可以替换上述几个基本量量纲。例如,动量、能量或电流都可以选为基础量纲。对于每一种量纲,不同的标准制会规定各物理量不同的单位及单位等级,且同类单位可能有换算关系。有些单位有专门的名称,但量纲因次却是一定的。

有些物理学者不认为“温度”是基础量纲,因为温度表达为粒子每自由度的能量,这可以以能量(或质量、长度、时间)来表达。有些物理学者不认为“电荷量(电流)”是基础量纲;在厘米 - 克 - 秒制内,电荷量可以以质量、长度、时间共同结合在一起来表达。

同一个物理量的两种不同的单位之间,是靠着转换因子(Conversion Factor)从一个单位转换到另一个单位。例如,1 in = 2.54 cm,注意到在这里“2.54 cm/in”是转换因子,不具有量纲,其数值等于 1。因此,假若将任何物理量乘以转换因子,得到的量纲结果一样。量纲符号与量纲符号之间,没有转换因子。

量纲可以定性地表示出物理量与基本量之间的关系,可以有效地应用它进行单位换算,可以用它来检查物理公式或推导过程正确与否,它是检查数学物理方程的判据(正确的物理方程,各项量纲都相同),还可以通过它来推知某些物理规律。量纲分析或因次分析已经发展为一门学科。

工程中还有“无量纲化处理”的说法和做法。比如,水文测验分析中,垂线水深(量纲 $L^1$)的测点分布用相对水深(量纲 $L^0=1$)描述,就是无量纲化处理;同样,将垂线测点分布的流速(量纲 $LT^{-1}$)除以最大(或水面或垂线平均)流速(量纲 $LT^{-1}$)变为相对流速(量纲 $L^0T^0=1$),也是无量纲化处理;然后,可将许多不同水深、不同流速的实测垂线流速分布曲线绘制在以相对水深为纵坐标,以相对流速为横坐标的同一坐标系,比较研究河流垂线流速分布规律,探讨描述的数学物理公式。

物理量的绝对误差是有量纲和单位的量值,但相对误差是经过无量纲化处理的纯数值。

无量纲化处理有时也称为归一化处理。

## 11.3 有效数字

### 11.3.1 概念和定义

具体地说,有效数字是指在分析工作中实际能够测量到的数字。所谓能够测量到的,是包括最后一位估计的、不确定的数字。我们把通过直读获得的准确数字叫做可靠数字,把通过估读得到的那部分数字叫做存疑数字。把测量结果中能够反映被测量大小的带有一位存疑数字的全部数字叫有效数字。数学上的数只表示大小,而有效数字不仅表示量的大小,而且反映了所用仪器的准确程度。所以,有效数字是测量工程术语,不是纯数学概念。

一般而言,对一个数据取其可靠位数的全部数字加上第一位可疑数字,就称为这个数据的有效数字。从数学定义说,对于一个近似数,从左边第一个不是0的数字起,到精确到的位数止,所有的数字都叫做这个数的有效数字(Significant Figure)。

有效数字的正确表示是:

(1)有效数字中只应保留一位欠准数字,因此在记录测量数据时,只有最后一位有效数字是欠准数字。

(2)在欠准数字中,要特别注意0的情况。0在非零数字之间与末尾时均为有效数字;在小数点前或小数点后均不为有效数字。如0.078和0.78与小数点无关,均为2位有效数字7、8。506与220均为3位有效数字。

(3)π等常数,具有无限位数的有效数字,在运算时可根据需要取适当的位数。

由上述说明可知,有效数字与物理意义的测量能力有关,比测量能力最低分辨力多一位估计位,而与取用的度量单位无关。如采用mm分度尺测得物体的长度为7.45 mm,有效数字为3位;改为以m为单位写为0.007 45 m,有效数字仍为3位。

测量结果都是包含误差的近似数据,在它记录、计算时应以测量可能达到的精度为依据来确定数据的位数和取位。如果参加计算的数据的位数取少了,就会损害外业成果的精度并影响计算结果的应有精度;如果位数取多了,易使人误认为测量精度很高,且增加了不必要的计算工作量。例如,在分析天平上称取试样为0.500 0 g,这不仅表明试样的质量为 0.500 0 g,还表明称量的误差在 ±0.000 2 g 以内。如将其质量记录成 0.50 g,则表明该试样是在台秤上称量的,其称量误差为 0.02 g,故记录数据的位数不能任意增加或减少。

当测量中仪器上显示的最后一位数是"0"时,这个"0"也是有效数字,也要读出和记录。例如,用 mm 的刻度尺测量一物体长度为 2.50 cm,这表示物体的末端刚好与刻度线"5"对齐,下一位数字是 0,这时若写成 2.5 cm 就不能肯定这一点,所以这个"0"是有效数字,必须记录下来。

## 11.3.2　具体说明

(1)试验中的数字与数学上的数字是不一样的。如数学的 8.35 = 8.350 = 8.350 0,而试验的 8.35≠8.350≠8.350 0。详细分析,试验中 8.35 的分辨力在数值 0.3 这一位,末尾的 5 是最后一位估计数;8.350 的分辨力在数值 0.05 这一位,末尾的 0 是最后一位估计数;8.350 0 的分辨力在数值 0.000 这一位,末尾的 0 是最后一位估计数。

(2)有效数字的位数与被测物的大小和测量仪器的精密度有关。如采用 mm 分度尺测得物体的长度为 7.45 cm,有效数字的位数有 3 位;若改用千分尺(1/1 000 mm 分度)来测,其有效数字的位数有 5 位。

(3)第一个非零数字前的零不是有效数字。

(4)第一个非零数字以及之后的所有数字(包括零)都是有效数字。

(5)当计算的数值为 lg、pH 值等对数时,由于小数点以前的部分只表示数量级,故有效数字位数仅由小数点后的数字决定,即对数的有效数字为小数点后的全部数字。例如,$\lg x$ = 9.04 有 2 位有效数字 0、4,pH 值为 7.355 有 3 位有效数字 3、5、5。

(6)特别地,当第一位有效数字为 8 或 9 时,因为与多一个数量级的数相差不大,可将这些数字的有效数字位数视为比有效数字数多一个。例如,8.314 视为 5 位有效数字,968 45 视为 6 位有效数字。

(7)单位的变换不应改变有效数字的位数。如 100.2 m 可记为 0.100 2 km,都为 4 位有效数字;但若用 cm 和 mm 作单位,数学上可记为 10 020 cm 和 100 200 mm,但却改变了有效数字的位数,这是不可取的。实际上,100.2 m 作为原始记载,表明测量的分辨力为 m,有效数字有 4 位;10 020 cm 若作为原始记载,表明测量的分辨力为 dm,有效数字有 5 位;100 200 mm 若作为原始记载,表明测量的分辨力为 cm,有效数字有 6 位。

因为科学计数法的有效数字不计 10 的 $N$ 次方,而采用科学计数法在进行单位换算时能够保证有效数字的位数不变,就不会产生这个问题了。科学计数法,即用 10 的指数形式表示数值。例如,上面的例子中将 100.2 m 写成 $0.100\,2\times10^3$ m 或 $0.001\,002\times10^5$ cm 或 $0.100\,2\times10^0$ km,有效数字都是 1、0、0、2,为 4 位。

## 11.3.3　与不确定度(误差)的关系

有效数字的末位是估读数字,存在不确定性(误差)。一般情况下,不确定度(误差)的有效数字只取一位,其数位即是测量结果的存疑数字的位置,而最后结果的有效数字的最后一位与不确定度(误差)所在的位置对齐;有时不确定度(误差)需要取两位数字,其最后一个数位才与测量结果的存疑数字的位置对应。如果试验测量中读取的数字没有存疑数字,不确定度(误差)通常需要保留两位。

由于有效数字的最后一位是不确定度(误差)所在的位置,因此有效数字在一定程度上反映了测量值的不确定度(或误差限值)。测量值的有效数字位数越多,测量的相对不确定度(误差)越小;有效数字位数越少,相对不确定度(误差)就越大。可见,有效数字可以粗略反映测量结果的不确定度(误差)。例如,对感量为0.1 g的台秤,称6.5 g,相对误差为$\frac{0.1}{6.5}\times 100\% = 2\%$;对感量为0.000 1 g的台秤,称6.500 0 g,相对误差为$\frac{0.000\ 1}{6.500\ 0}\times 100\% = 0.002\%$。

## 11.3.4　舍入规则

(1)当保留$n$位有效数字时,若第$n+1$位数字小于等于4就舍掉。

(2)当保留$n$位有效数字时,若第$n+1$位数字大于等于6,则第$n$位数字进1。

(3)当保留$n$位有效数字时,若第$n+1$位数字等于5且后面数字为0,则第$n$位数字若为偶数就舍掉后面的数字,若第$n$位数字为奇数加1;若第$n+1$位数字等于5且后面还有不为0的任何数字,无论第$n$位数字是奇或是偶都加1。

如将下组数据保留一位小数:

45.77 = 45.8;43.03 = 43.0;0.266 47 = 0.3;10.350 0 = 10.4;38.25 = 38.2;47.15 = 47.2;25.650 0 = 25.6;20.651 2 = 20.7。

$2.998\times 10^4$(2.998乘以10的4次方)中,保留3位有效数字为$3.00\times 10^4$。

总之,舍入规则整体遵循“四舍六入五成双”的方法。

## 11.3.5　计算规则

### 11.3.5.1　加减法

以小数点后位数最少的数据为基准,其他数据修约至与基准数据相同,再进行加减计算,最终计算结果保留最少的位数。

例:计算50.1 + 1.45 − 0.581 2 = 　,

修约为:50.1 + 1.4 − 0.6 = 　。

### 11.3.5.2　乘除法

以有效数字最少的数据为基准,其他有效数字修约至与基准数据相同,再进行乘除运算,计算结果仍保留最少的有效数字。

例:计算0.012 1 × 25.64 ÷ 1.057 28 = 　,

修约为:0.012 1 × 25.6 ÷ 1.06 = 　。

计算后结果为0.292 226 415,结果仍保留为3位有效数字,记录为0.012 1 × 25.6 ÷ 1.06 = 0.292。

又例:当把$1.135\ 32\times 10^{10}$保留3位有效数字时,结果为$1.14\times 10^{10}$。

### 11.3.5.3　乘方、开方

乘方、开方后的有效数字位数与被乘方和被开方之数的有效数字的位数相同。

例:$341^2 = 1.16 \times 10^5$。

运算中若有 π、e 等常数,以及$\sqrt{2}$、1/2 等系数,其有效数字可视为无限,不影响结果有效数字的确定。一般选取的位数应比测量数据中位数最少者多一位。例如:π 可取 3.14 或 3.142 或 3.141 6…

指数、对数、三角函数运算结果的有效数字位数由其改变量对应的数位决定。

# 第 12 章　水文勘测安全常识

安全是相当宽泛的概念,比如人身安全,生产安全或安全生产,物品、场地安全及保护防护,数据安全及保密等在水文勘测业务中都会遇到,应全面地增强安全意识和采取实际措施。下面仅就安全用电、水上救生和水上水文测验作业安全措施,高处作业安全防护,防雷避雷等介绍一些常识。

## 12.1　安全用电常识

电力是现代生产和社会生活的基本能源,水文业务活动与用电也紧密联系,工作人员应具备安全用电常识,操作电类仪具还必须遵守有关规程,在采取必要的安全措施的情况下使用和维修电工电气设备。

人体可以导电,人的安全电压不高于 36 V,最基本的安全是不能用身体连通高于 36 V 的火线和地线(零线)。这里仅就一般安全用电常识介绍如下:

(1)功率大的用电器一定要接地线。照明灯等用电器的开关一般接在火线端。单相三孔插座接线时专用接地插孔应与专用的保护接地线相连;采用接零保护时,接零线应从电源端专门引来,而不应就近利用引入插座的零线。

(2)不靠近高压带电体(室外高压线、变压器旁),不接触低压带电体。

(3)水的导电性较强,借水导电的信号电压要低于人体安全电压;不用湿手扳开关,插入或拔出插头。有人触电时不能用身体拉他,应立刻关掉总开关,然后用干燥的木棒将人和电线分开。

(4)安装、检修电器应穿绝缘鞋,站在绝缘体上,且应先切断电源。

(5)使用试电笔不能接触笔尖的金属杆。

(6)禁止用铜丝、铝丝等高熔点导电材质代替保险丝,禁止用橡皮胶代替电工绝缘胶布。

(7)在电路中应安装触电保护器,并定期检验其灵敏度。

(8)在雷雨时,不可走近高压电杆、铁塔、避雷针的接地线和接地体周围,以免因跨步电压而造成触电;人直接操作的导电类的仪器工具要注意防雷击人;不使用收音机、录像机、电视机、计算机、GPS 和手机等有信号源仪器,且拔出电源插头,拔出电视机天线插头;暂时不使用电话,如一定要用,可用免提功能键。

## 12.2　水上救生常识和水上水文测验作业安全措施

### 12.2.1　一般自救和帮救

水上遇险通常包括人身落水、船体触礁失火等险情，救生包括自救、帮救等，技术措施主要包括游泳法、借用漂浮物法、稳定情绪呼救待救等。

落水遇险自救的基本原则为尽可能保持体力，以最小的体力消耗在水上维持最长时间。为了达到这一要求，当在水中遇险时，必须放慢呼吸频率，放松身体肌肉，减缓身体的动作，尽可能利用身上或身旁任何可增加浮力的物体，使身体浮在水上，以待救援。会游泳和有救生技能的人，如能保持镇静并能鼓起勇气，一定会成功逃生。

落水进入旋涡危险较大，脱离旋涡自救要了解旋涡的特点。旋涡多发生在水流汇合处、宽广河弯、内弯、暗礁、水底地洞、水边、桥梁下。旋涡虽然在水底只有一小点，但越往底下吸力越大，越往上层旋涡越大，旋力越弱。遇到旋涡可设法顺旋涡冲出解脱。若是较浅的旋涡，如溪流冲击所形成的小旋涡，没有旋涡眼，可以设法潜水解脱。脱离旋涡除可用潜水冲出外，也可采用爬泳顺着旋涡的离心力尽快地冲出。

船在水面航行，乘船遇险的机遇较大，应视具体情况抗险避险自救。当船艇进水或翻船时，切不可弃船离去，应保持镇静，扒扶住船艇的两侧，等待救助。如有条件，应该迅速穿上救生衣，发出求救信号（手机、信号弹、燃烧的衣物都可发出求救信号）。如果船上人数很多，可分成两部分，分别扒扶船的两侧，等待救援。如果船艇进水但未沉没，应留在船内，因小船虽然进水，如能保持平衡，短时间仍然不会下沉或翻覆，此时可用船桨或双手把小船慢慢划回岸边。如果在遇难的船舶上被迫弃船，决不能放弃逃生的念头，要在工作人员的指挥下，登上救生筏或穿上救生衣，按顺序离开事故船只。如果来不及登上救生筏或者因救生筏不够不得不跳水，应迎着风向前跳，以免遭漂浮物的撞击。跳水时双臂交叠在胸前，压住救生衣，双手捂住口鼻，以免跳下时呛水。眼睛望前方，双腿并拢伸直，脚先下水。不要向下望，否则身体会前扑，摔进水里，容易受伤。如果跳法正确，并深屏一口气，救生衣会使人在几秒钟内浮出水面，如果救生衣上有防溅兜帽，应该解开套在头上。跳船的正确位置应该是船尾，并尽可能地跳得远一些，不然船下沉时涡流会把人吸入船底。弃船跳进水中要保持镇定，既要防止被水上漂浮物撞伤，又不要离出事船只太远，以免搜救人员寻不到。如船在海中遇险，要耐心等待救援，看到救援船只挥动手臂示意自己的位置。如果在江河湖泊中遇险，若水流不急，很容易游到岸边；若水流很急，不要直接朝岸边游去，而应该顺着水流游向下游岸边；如果河流弯曲，应向内弯即凸岸处游，通常那里较浅并且水流速度较慢，应在那里上岸或者等待救援。

岸上或入水救援落水人，应镇静观察落水人的状况，可及时投放救生器材，招呼落水人寻找救生器材；会游泳的人入水救人应注意不被落水人缠住手脚。

### 12.2.2　水上水文测验作业安全措施

（1）测验前对测船进行安全检查，要做到船体完好不漏水，有排水救生工具，机船发动机运转正常。测船救生衣应按在船人员总数的120%配备，前甲板应配备2根安全救生带，每层甲板应配备2个救生圈。船上应备太平斧，供紧急必要时断缆之用。

(2)测验过程中，测验人员不得擅离岗位，密切注视水情变化和漂流物及测验设施运行情况，当发现有危及安全生产的迹象时应采取措施予以防范。

(3)测验人员要听从驾驶人员的安全指挥，必须穿戴好救生衣，按岗位分工坚守在自己的工作位置，禁止乱跑乱动。救生衣要口哨袋朝外穿在身上；要拉好拉链，双手拉紧前领缚带，缚好颈带，将下缚带在前身左右交叉缚牢；穿妥后检查每一处是否缚牢。

(4)在不熟悉的河段涉水测验时，应有人保护，在确信没有危险的情况下，先探明大致情况后，才可正式涉水测验。

(5)不论白天或夜间涉水测流，都要有人在上游观望水势，当发现有涨水迹象时，应立即通知测流人员到安全地区。

(6)涉水测验人员必须穿救生衣，水深在0.6 m以上时，或遇暴雨、雷电天气时，禁止涉水测验。

(7)当发生危险性较大的风浪、雷电时禁止出船，正在测验时，要立即靠岸，暂停测验，并及时通知有关人员采取措施，改用其他测验方式测验。

(8)船上的通信设备要处于正常状态，保持与岸上的通信联系。

(9)测船靠岸时未停稳前，测验人员禁止下船。

## 12.3　高处作业安全防护知识

所谓高处作业，是指人在以一定位置为基准的高度进行的作业。国家标准《高处作业分级》(GB 3608—93)规定："凡在坠落高度基准面2 m以上(含2 m)有可能坠落的高处进行作业，都称为高处作业。"高空作业有两方面的危险：一是高处作业者的坠落，二是高处作业处下落物砸人的概率高。水文缆道吊箱的测验作业、缆道养护作业等属于高处作业，应了解高处作业安全防护的一般概念，遵守专门的作业安全规定。

遇6级以上大风时，禁止露天进行高处作业。当结冻积雪严重、无法清除时，停止高处作业。高处作业、高处悬吊作业区，必要时在容易出险处安装符合安全要求的安全网、防护栏。地面要划出禁区，并围挡，挂上警示牌。

年满18岁，经体格检查合格后经过专门的业务培训(有些行业要取得特种作业资格证书)方可从事高处作业。作业前，要做好安全教育和技术交底，落实安全措施。工作精力集中，不准打闹；工作完毕，清理现场物料，并从指定路线上、下。凡患有高血压、心脏病、癫痫病、精神病和其他不适宜高处作业的人，禁止登高作业。

高处作业人员，要正确穿戴和使用防护用品，不准穿光滑的硬底鞋、高跟鞋和拖鞋。要使用合格的安全帽、安全带和安全绳。安全帽应戴紧、戴正，帽带应系在颌下并系紧；帽箍应根据人头型来调整箍紧，以防低头作业时帽子前滑挡住视线。安全带要束紧腰带，腰扣组件必须系紧、系正；安全带的绳子牢固系在坚固的建筑结构件上或金属结构架上，不准系在活动物件上。为保证高处作业人员在移动过程中始终有安全保证，当进行特别危险作业时，要求在系好安全带的同时，系挂在安全绳上。禁止使用麻绳来做安全绳。使用

3 m 以上的长绳要加缓冲器。一条安全绳不能两人同时使用。

高处作业有一些差速保护器类的安全器械,应按规定使用,使用前应进行检查。

高处作业、高处悬吊作业所用的工具、零件、材料等必须装入工具袋。上、下时手中不得拿物件;不得在高处投掷材料或工具等物件;不得将易滚易滑的工具、材料堆放在脚手架上。

靠近电源(低压)线路作业前,应先联系停电,确认停电后方可进行工作,并应设置绝缘挡壁,作业人员最少离开电线(低压)2 m 以外。禁止在高压线下作业。进行高处焊接、气割作业时,系好安全带,并且必须事先清除火星飞溅范围内的易燃易爆物品。

使用梯子时,必须先检查梯子是否坚固,是否符合安全要求。立梯坡度以 60°为宜,梯底宽度不小于 50 cm,并有防滑装置,梯顶无搭勾、梯脚不能稳固时,须有人扶梯,人字梯拉绳必须牢固。

## 12.4　防雷避雷常识

### 12.4.1　雷电的形成、分类和伤害

雷电是自然界(大气)中的一种大规模静电放电现象。雷电多形成在积雨云中,积雨云随着温度和气流的变化会不停地运动,运动中摩擦生电,就形成了带电荷的云层。某些云层带有正电荷,某些云层带有负电荷。另外,静电感应常使云层下面的建筑、树木等有异性电荷。随着电荷的积累,雷云的电压逐渐升高,当带有不同电荷的雷云与大地凸出物相互接近到一定距离时,其间的电场超过 25 ~ 30 kV/cm,将发生激烈的放电,同时出现强烈的闪光。由于放电时温度高达 2 000 ℃,空气受热急剧膨胀,随之发生爆炸的轰鸣声,这就是闪电与雷鸣。

地球上任何时候都有雷电在活动,雷电的大小和多少以及活动情况,与各个地区的地形、气象条件及所处的纬度有关。一般山地雷电比平原多,沿海地区比大陆腹地要多,建筑物越高,遭雷击的机会越多。

雷电可分直击雷、球形雷、感应雷和雷电侵入波四种。直击雷是由云层与地面凸出物之间的放电形成的强电流。球形雷是发红光或极亮白光快速运动(运动速度大约为 2 m/s)的火球。感应雷是由于雷云接近地面,在地面凸出物顶部感应出大量异性电荷的现象,巨大雷电流在周围空间产生迅速变化的强大磁场也是感应雷。雷电侵入波是由于雷击而在架空线路上或空中金属管道上产生的冲击电压沿线路或管道迅速传播(传播速度为 $3 \times 10^8$ m/s)的强电波。

雷电具有极大的破坏力,其破坏作用是综合的,包括电性质、热性质和机械性质的破坏。雷电可以在瞬间毁坏发电机、电力变压器等电气设备绝缘,引起短路,导致火灾或爆炸事故。雷电可以在极短的时间内转换成大量的热能,造成易燃物品的燃烧或造成金属熔化飞溅而引起火灾。球形雷能从门、窗、烟囱等通道侵入室内,造成极其危险的电火。雷电侵入波使高压窜入低压,可造成突然爆炸起火等严重事故。

雷电对人(和动物)的伤害方式,归纳起来有直接雷击、接触电压、旁侧闪击和跨步电

压四种形式。直接雷击袭击到人体,在高达几万到十几万安的雷电电流通过人体导体流入到大地的过程中,人体及器官承受不了电热而受伤害甚至死亡。接触电压是雷电电流通过高大物体泄放强大雷电电流过程中,会在高大导体上产生高达几万到几十万伏的电压,人不小心触摸到这些物体时,受到这种触摸电压的袭击,发生触电事故。旁侧闪击是当雷电击中一个物体,泄放的强大雷电电流传入大地过程中,如果人就在这雷击中的物体附近,雷电电流就会在人体附近,将空气击穿,经过电阻很小的人体泄放下来使人遭受袭击。跨步电压是当雷电从云中泄放到大地过程中产生电位场,人进入电位场后两脚站的地点电位不同,在人的两脚间就产生电压,也就有电流通过人的下肢,造成伤害。

受雷击被烧伤或严重休克的人,身体并不带电,应马上让其躺下,扑灭身上的火,并对他进行抢救。若伤者虽失去意识,但仍有呼吸或心跳,则自行恢复的可能性很大,应让伤者舒适平卧,安静休息后,再送医院治疗。若伤者已停止呼吸或心脏跳动,应迅速对其进行人工呼吸和心脏按摩,在送往医院的途中要继续进行心肺复苏的急救。

### 12.4.2　人身避雷措施

(1)雷雨天气尽量不要在旷野里行走,应尽量离开山丘、海滨、河边、池旁;有雷情时应尽快离开铁丝网、金属晒衣绳、孤立的树木和没有防雷装置的孤立小建筑等。不宜进行户外球类运动。切勿游泳或从事其他水上作业,离开水面以及其他空旷的场地,寻找地方躲避。

(2)雷雨天要远离建筑物的避雷针及其接地引下线,远离各种天线、电线杆、高塔、烟囱、旗杆,远离帆布篷车和拖拉机、摩托车等。电视机的室外天线在雷雨天要与电视机脱离,而与接地线连接。

(3)雷雨天如有条件应进入有宽大金属构架、有防雷设施的建筑物或金属壳的汽车和船只。不要躲在大树下。雷雨天应关好门窗,防止球形雷窜入室内造成危害。

(4)雷雨天要穿塑料等不侵水的雨衣;要走慢点,步子小点;不要骑自行车行走;不要用金属杆的雨伞,肩上不要扛带有金属杆的工具。

(5)雷暴时,人体最好离开可能传来雷电侵入波的线路和设备1.5 m以上。拔掉电源插头;不要打电话;不宜使用未加防雷设施的电气设备;不要靠近室内的金属设备如暖气片、自来水管、下水管;尽量离开电源线、电话线、广播线,以防止这些线路和设备对人体的二次放电。另外,不要穿潮湿的衣服,不要靠近潮湿的墙壁。

(6)人在遭受雷击前,会突然有头发竖起或皮肤颤动的感觉,这时应立刻躺倒在地,或选择低洼处蹲下,双脚并拢,双臂抱膝,头部下俯,尽量缩小暴露面。

### 12.4.3　防雷

防雷是指通过组成拦截、疏导最后泄放入地的一体化系统方式以防止由直击雷或雷电电磁脉冲对建筑物本身或其内部设备和器件造成损害的防护技术。防雷措施主要是在建筑物上安装避雷针、避雷网、避雷带、避雷线、引下线和接地装置,或在金属设备、供电线路上采取接地保护。水文测报通常采取的防雷措施大致介绍如下:

(1)各种水文设施设备仪器按要求安装避雷设施设备,采用技术和质量均符合国家标准的防雷设备、器件、器材,避免使用非标准防雷产品和器件。

(2)应定期由有资质的专业防雷检测机构检测防雷设施,评估防雷设施是否符合国家规范要求。

(3)单位应设立防范雷电灾害责任人,负责防雷安全工作,建立各项防雷设施的定期检测、雷雨后的检查和日常的维护制度。如雷电活动期,适时向防雷接地浇水,减小入地电阻,以利于雷电流入地;雷雨过后,检查安装在电话程控交换机、电脑等电器设备电源上和信号线上的过压保护器有无损坏,发现损坏时应及时更换。

# 第13章　水文勘测工相关法律、法规知识

水文勘测工应当学习并遵守国家法律、法规,更应学好与水文勘测活动联系紧密的有关法律、法规。比如水文勘测工作为生产劳动者应当学好《中华人民共和国劳动法》和《中华人民共和国安全生产法》,作为水利的尖兵或侦察兵,应当学好《中华人民共和国水法》和《中华人民共和国防洪法》及《中华人民共和国河道管理条例》,作为水文行业的一分子或"水文人",更应全面学好并宣传《中华人民共和国水文条例》。下面介绍这些法律、法规,并以特列模块的方式全文印出《中华人民共和国水文条例》。

## 13.1　《中华人民共和国劳动法》的相关知识

### 13.1.1　总则

《中华人民共和国劳动法》有总则、促进就业、劳动合同和集体合同、工作时间和休息休假、工资、劳动安全卫生、女职工和未成年工特殊保护、职业培训、社会保险和福利、劳动争议、监督检查、法律责任、附则等十三章,是一部保护劳动者的合法权益,调整劳动关系,建立和维护适应社会主义市场经济的劳动制度,促进经济发展和社会进步的法律。在中华人民共和国境内的企业、个体经济组织(以下统称用人单位)和与之形成劳动关系的劳动者,适用本法。国家机关、事业组织、社会团体和与之建立劳动合同关系的劳动者,依照本法执行。

国家采取各种措施,促进劳动就业,发展职业教育,制定劳动标准,调节社会收入,完善社会保险,协调劳动关系,逐步提高劳动者的生活水平。国家提倡劳动者参加社会义务劳动,开展劳动竞赛和合理化建议活动,鼓励和保护劳动者进行科学研究、技术革新和发明创造,表彰和奖励劳动模范和先进工作者。

### 13.1.2　劳动合同

劳动合同是劳动者与用人单位确立劳动关系、明确双方权利和义务的协议。建立劳动关系应当订立劳动合同。订立和变更劳动合同,应当遵循平等自愿、协商一致的原则,不得违反法律、行政法规的规定。劳动合同依法订立即具有法律约束力,当事人必须履行劳动合同规定的义务。

### 13.1.3　劳动者的权益与职责

劳动者享有平等就业和选择职业的权利、取得劳动报酬的权利、休息休假的权利、获得劳动安全卫生保护的权利、接受职业技能培训的权利、享受社会保险和福利的权利、提请劳动争议处理的权利以及法律规定的其他劳动权利。

劳动者就业，不因民族、种族、性别、宗教信仰不同而受歧视。妇女享有与男子平等的就业权利。禁止用人单位招用未满十六周岁的未成年人。从事特种作业的劳动者必须经过专门培训并取得特种作业资格。

用人单位应当依法建立和完善规章制度，保障劳动者享有劳动权利和履行劳动义务。劳动者应当完成劳动任务，提高职业技能，执行劳动安全卫生规程，遵守劳动纪律和职业道德。劳动者在劳动过程中必须严格遵守安全操作规程。

工资分配应当遵循按劳分配原则，实行同工同酬。用人单位支付劳动者的工资不得低于当地最低工资标准。工资应当以货币形式按月支付给劳动者本人。不得克扣或者无故拖欠劳动者的工资。

用人单位在元旦、春节、国际劳动节、国庆节、法律和法规规定的其他休假节日期间应当依法安排劳动者休假。国家实行带薪年休假制度。

### 13.1.4　用人单位的职责

用人单位必须建立、健全劳动安全卫生制度，严格执行国家劳动安全卫生规程和标准，对劳动者进行劳动安全卫生教育，防止劳动过程中的事故，减少职业危害。

用人单位与劳动者发生劳动争议时，当事人可以依法申请调解、仲裁、提起诉讼，也可以协商解决。对劳动者造成损害的，应当承担赔偿责任。

劳动者有权依法参加和组织工会。工会代表和维护劳动者的合法权益，依法独立自主地开展活动。劳动者依照法律规定，通过职工大会、职工代表大会或者其他形式，参与民主管理或者就保护劳动者合法权益与用人单位进行平等协商。

### 13.1.5　国家的职责

国家通过各种途径，采取各种措施，发展职业培训事业，开发劳动者的职业技能，提高劳动者素质，增强劳动者的就业能力和工作能力。国家确定职业分类，对规定的职业制定职业技能标准，实行职业资格证书制度，由经过政府批准的考核鉴定机构负责对劳动者实施职业技能考核鉴定。

国家发展社会保险事业，建立社会保险制度，设立社会保险基金，使劳动者在年老、患病、工伤、失业、生育等情况下获得帮助和补偿。用人单位和劳动者必须依法参加社会保险，缴纳社会保险费。任何组织和个人不得挪用社会保险基金。

县级以上各级人民政府劳动行政部门依法对用人单位遵守劳动法律、法规的情况进行监督检查，对违反劳动法律、法规的行为有权制止，并责令改正。

## 13.2　《中华人民共和国安全生产法》的相关知识

### 13.2.1　总则

《中华人民共和国安全生产法》有总则、生产经营单位的安全生产保障、从业人员的权利和义务、安全生产的监督管理、生产安全事故的应急救援与调查处理、法律责任、附则等七章，是为了加强安全生产监督管理，防止和减少生产安全事故，保障人民群众生命和财产安全，促进经济发展的一部法律。在中华人民共和国领域内从事生产经营活动的单位的安全生产，适用本法。安全生产管理，坚持安全第一、预防为主的方针。

### 13.2.2　生产经营单位的安全生产保障

生产经营单位必须加强安全生产管理，建立、健全安全生产责任制度，完善安全生产条件，确保安全生产。不具备安全生产条件的，不得从事生产经营活动。必须执行依法制定的保障安全生产的国家标准或者行业标准，必须对安全设备进行经常性维护、保养，并定期检测，保证正常运转。组织制定并实施本单位的生产安全事故应急救援预案；及时、如实报告生产安全事故。应当对从业人员进行安全生产教育和培训，保证从业人员具备必要的安全生产知识，熟悉有关的安全生产规章制度和安全操作规程，掌握本岗位的安全操作技能。未经安全生产教育和培训合格的从业人员，不得上岗作业。

生产经营单位的主要负责人对本单位的安全生产工作全面负责。发生重大生产安全事故时，应当立即组织抢救，并不得在事故调查处理期间擅离职守，不得瞒报虚报。

### 13.2.3　从业人员的权利和义务

生产经营单位与从业人员订立的劳动合同，应当载明有关保障从业人员劳动安全、防止职业危害的事项，以及依法为从业人员办理工伤社会保险的事项。生产经营单位的从业人员有依法获得安全生产保障的权利，并应当依法履行安全生产方面的义务。

### 13.2.4　政府的职责

县级以上地方各级人民政府应当根据本行政区域内的安全生产状况，组织有关部门按照职责分工，对本行政区域内容易发生重大生产安全事故的生产经营单位进行严格检查；发现事故隐患，应当及时处理。应当组织有关部门制定本行政区域内特大生产安全事故应急救援预案，建立应急救援体系。

## 13.3　《中华人民共和国水法》的相关知识

### 13.3.1　总则

《中华人民共和国水法》有总则，水资源规划，水资源开发利用，水资源、水域和水工程的保护，水资源配置和节约使用，水事纠纷处理与执法监督检查，法律责任，附则等八章，是一部为了合理开发、利用、节约和保护水资源，防治水害，实现水资源的可持续利用，适应国民经济和社会发展的需要的法律。在中华人民共和国领域内开发、利用、节约、保护、管理水资源，防治水害，适用本法。

### 13.3.2　水资源的权属与管理

水资源（包括地表水和地下水）属于国家所有。水资源的所有权由国务院代表国家行使。国家对水资源实行流域管理与行政区域管理相结合的管理体制。国务院水行政主管部门负责全国水资源的统一管理和监督工作。流域管理机构,在所管辖的范围内,行使法律、行政法规规定的和国务院水行政主管部门授予的水资源管理和监督职责。县级以上地方人民政府水行政主管部门按照规定的权限,负责本行政区域内水资源的统一管理和监督工作。农村集体经济组织的水塘和由农村集体经济组织修建管理的水库中的水,归各该农村集体经济组织使用。

国家对用水实行总量控制和定额管理相结合的制度,对水资源依法实行取水许可制度和有偿使用制度(农村集体经济组织及其成员使用本集体经济组织的水塘、水库中的水的除外)。国务院水行政主管部门负责全国取水许可制度和水资源有偿使用制度的组织实施。任何单位和个人引水、截(蓄)水、排水,不得损害公共利益和他人的合法权益。

### 13.3.3　水资源规划

开发、利用、节约、保护水资源和防治水害,应当全面规划、统筹兼顾、标本兼治、综合利用、讲求效益,发挥水资源的多种功能,协调好生活、生产经营和生态环境用水。应当按照流域、区域统一制定规划。建设水工程,必须符合流域综合规划。调蓄径流和分配水量,应当依据流域规划和水中长期供求规划。制定规划,必须由县级以上人民政府水行政主管部门会同同级有关部门组织进行水资源综合科学考察和调查评价。县级以上人民政府水行政主管部门和流域管理机构应当加强水文、水资源信息系统建设,应当加强对水资源的动态监测。基本水文资料应当按照国家有关规定予以公开。

### 13.3.4　水资源节约与保护

国家厉行节约用水,大力推行节约用水措施,推广节约用水新技术、新工艺,发展节水型工业、农业和服务业,建立节水型社会。建设项目的节水设施没有建成或者没有达到国家规定的要求,擅自投入使用的,由县级以上人民政府有关部门或者流域管理机构依据职权,责令停止使用,限期改正,处5万元以上10万元以下的罚款。

国家保护水资源,采取有效措施,保护植被,植树种草,涵养水源,防治水土流失和水体污染,改善生态环境。按照流域综合规划、水资源保护规划和经济社会发展要求,拟定国家确定的重要江河、湖泊的水功能区划。禁止在饮用水水源保护区内设置排污口。

禁止在江河、湖泊、水库、运河、渠道内弃置,堆放阻碍行洪的物体和种植阻碍行洪的林木及高秆作物。禁止在航道内弃置沉船、设置碍航渔具、种植水生植物。禁止在河道管理范围内建设妨碍行洪的建筑物、构筑物以及从事影响河势稳定、危害河岸堤防安全和其他妨碍河道行洪的活动。禁止在水工程保护范围内从事影响水工程运行和危害水工程安全的爆破、打井、采石、取土等活动。禁止侵占、毁坏水工程及堤防,护岸等有关设施,禁止毁坏防汛、水文监测、水文地质监测设施。

在河道管理范围内建设桥梁、码头和其他拦河、跨河、临河建筑物、构筑物,铺设跨河管道、电缆,应当符合国家规定的防洪标准和其他有关的技术要求,工程建设方案应当依照防洪法的有关规定报经有关水行政主管部门审查同意。

### 13.3.5　水事纠纷处理

不同行政区域之间发生水事纠纷的，应当协商处理；协商不成的，由上一级人民政府裁决，有关各方必须遵照执行。单位之间、个人之间、单位与个人之间发生的水事纠纷，应当协商解决；当事人不愿协商或者协商不成的，可以申请县级以上地方人民政府或者其授权的部门调解，也可以直接向人民法院提起民事诉讼。县级以上地方人民政府或者其授权的部门调解不成的，当事人可以向人民法院提起民事诉讼。在水事纠纷发生及其处理过程中煽动闹事、结伙斗殴、抢夺或者损坏公私财物、非法限制他人人身自由，构成犯罪的，依照刑法的有关规定追究刑事责任；尚不够刑事处罚的，由公安机关依法给予治安管理处罚。

## 13.4　《中华人民共和国防洪法》的相关知识

### 13.4.1　总则

《中华人民共和国防洪法》有总则、防洪规划、治理与防护、防洪区和防洪工程设施的管理、防汛抗洪、保障措施、法律责任、附则等八章，是为防治洪水，防御、减轻洪涝灾害，维护人民的生命和财产安全，保障社会主义现代化建设顺利进行的一部法律。防洪工作实行全面规划、统筹兼顾、预防为主、综合治理、局部利益服从全局利益的原则。开发利用和保护水资源，应当服从防洪总体安排，实行兴利与除害相结合的原则。防洪工作按照流域或者区域实行统一规划、分级实施和流域管理与行政区域管理相结合的制度。任何单位和个人都有保护防洪工程设施和依法参加防汛抗洪的义务。

### 13.4.2　防洪规划

防洪规划是指为防治某一流域、河段或者区域的洪涝灾害而制定的总体部署，包括国家确定的重要江河、湖泊的流域防洪规划，其他江河、河段、湖泊的防洪规划以及区域防洪规划。防洪规划应当服从所在流域、区域的综合规划；区域防洪规划应当服从所在流域的流域防洪规划。防洪规划是江河、湖泊治理和防洪工程设施建设的基本依据。编制防洪规划，应当遵循确保重点、兼顾一般，以及防汛和抗旱相结合、工程措施和非工程措施相结合的原则，充分考虑洪涝规律和上下游、左右岸的关系以及国民经济对防洪的要求，并与国土规划和土地利用总体规划相协调。防洪规划应当确定防护对象、治理目标和任务、防洪措施和实施方案，划定洪泛区、蓄滞洪区和防洪保护区的范围，规定蓄滞洪区的使用原则。应当把防御风暴潮纳入本地区的防洪规划；对山体滑坡、崩塌和泥石流隐患进行全面调查，划定重点防治区，采取防治措施；城市、村镇和其他居民点以及工厂、矿山、铁路和公路干线的布局，应当避开山洪威胁，已经建在受山洪威胁的地方的，应当采取防御措施；平原、洼地、水网圩区、山谷、盆地等易涝地区，应当制定除涝治涝规划；国务院水行政主管部门应当会同有关部门和省、自治区、直辖市人民政府制定长江、黄河、珠江、辽河、淮河、海河入海河口的整治规划。在江河、湖泊上建设防洪工程和其他水工程、水电站等，应当符合防洪规划的要求;水库应当按照防洪规划的要求留足防洪库容。

### 13.4.3 治理与管理

防治江河洪水,应当蓄泄兼施,充分发挥河道行洪能力和水库、洼淀、湖泊调蓄洪水的功能,加强河道防护,因地制宜地采取定期清淤疏浚等措施,保持行洪畅通。应当保护、扩大流域林草植被,涵养水源,加强流域水土保持综合治理。整治河道和修建控制引导水流向、保护堤岸等工程,应当兼顾上下游、左右岸的关系,按照规划治导线实施,不得任意改变河水流向。禁止在河道、湖泊管理范围内建设妨碍行洪的建筑物、构筑物,倾倒垃圾、渣土,从事影响河势稳定、危害河岸堤防安全和其他妨碍河道行洪的活动。禁止在行洪河道内种植阻碍行洪的林木和高秆作物。禁止围湖造地。禁止围垦河道。

### 13.4.4 防汛抗洪

国务院设立国家防汛指挥机构,负责领导、组织全国的防汛抗洪工作。在国家确定的重要江河、湖泊可以设立由有关省、自治区、直辖市人民政府和该江河、湖泊的流域管理机构负责人等组成的防汛指挥机构。有防汛抗洪任务的县级以上地方人民政府设立由有关部门、当地驻军、人民武装部负责人等组成的防汛指挥机构。

在汛期,水库、闸坝和其他水工程设施的运用,汛期限制水位以上的防洪库容的运用,必须服从有关的防汛指挥机构的调度指挥和监督。在凌汛期,有防凌汛任务的江河的上游水库的下泄水量必须征得有关的防汛指挥机构的同意,并接受其监督。

在汛期,气象、水文、海洋等有关部门应当按照各自的职责,及时向有关防汛指挥机构提供天气、水文等实时信息和风暴潮预报;电信部门应当优先提供防汛抗洪通信的服务;运输、电力、物资材料供应等有关部门应当优先为防汛抗洪服务。

中国人民解放军、中国人民武装警察部队和民兵应当执行国家赋予的抗洪抢险任务。

### 13.4.5 防洪区的概念

防洪区是指洪水泛滥可能淹及的地区,分为洪泛区、蓄滞洪区和防洪保护区。洪泛区是指尚无工程设施保护的洪水泛滥所及的地区。蓄滞洪区是指包括分洪口在内的河堤背水面以外临时贮存洪水的低洼地区及湖泊等。防洪保护区是指在防洪标准内受防洪工程设施保护的地区。

洪泛区、蓄滞洪区和防洪保护区的范围,在防洪规划或者防御洪水方案中划定,并报请省级以上人民政府按照国务院规定的权限批准后予以公告。

## 13.5 《中华人民共和国河道管理条例》的相关知识

### 13.5.1 总则

《中华人民共和国河道管理条例》有总则、河道整治与建设、河道保护、河道清障、经费、罚则、附则等七章,是为加强河道管理,保障防洪安全,发挥江河湖泊的综合效益的一部法规。条例适用于中华人民共和国领域内的河道(包括湖泊、人工水道,行洪区、蓄洪区、滞洪区)。国家对河道实行按水系统一管理和分级管理相结合的原则。一切单位和个人都有保护河道堤防安全和参加防汛抢险的义务。

### 13.5.2　河道管理

国务院水行政主管部门是全国河道的主管机关。各省、自治区、直辖市的水利行政主管部门是该行政区域的河道主管机关。长江、黄河、淮河、海河、珠江、松花江、辽河等大江大河的主要河段,跨省、自治区、直辖市的重要河段,省、自治区、直辖市之间的边界河道以及国境边界河道,由国家授权的江河流域管理机构实施管理,或者由上述江河所在省、自治区、直辖市的河道主管机关根据流域统一规划实施管理。其他河道由省、自治区、直辖市或者市、县的河道主管机关实施管理。

河道划分等级,河道等级标准由国务院水行政主管部门制定。河道岸线的界限,由河道主管机关会同交通等有关部门报县级以上地方人民政府划定。

### 13.5.3　河道使用

修建开发水利、防治水害、整治河道的各类工程和跨河、穿河、穿堤、临河的桥梁、码头、道路、渡口、管道、缆线等建筑物及设施,建设单位必须按照河道管理权限,将工程建设方案报送河道主管机关审查同意后,方可按照基本建设程序履行审批手续。建设项目经批准后,建设单位应当将施工安排告知河道主管机关。

修建桥梁、码头和其他设施,必须按照国家规定的防洪标准所确定的河宽进行,不得缩窄行洪通道。桥梁和栈桥的梁底必须高于设计洪水位,并按照防洪和航运的要求,留有一定的超高。设计洪水位由河道主管机关根据防洪规划确定。跨越河道的管道、线路的净空高度必须符合防洪和航运的要求。

堤防上已修建的涵闸、泵站和埋设的穿堤管道、缆线等建筑物及设施,河道主管机关应当定期检查,对不符合工程安全要求的,限期改建。新建此类建筑物及设施,必须经河道主管机关验收合格后方可启用,并服从河道主管机关的安全管理。

省、自治区、直辖市以河道为边界的,在河道两岸外侧各 10 km 之内,以及跨省、自治区、直辖市的河道,未经有关各方达成协议或者国务院水利行政主管部门批准,禁止单方面修建排水、阻水、引水、蓄水工程以及河道整治工程。

### 13.5.4　河道保护

有堤防的河道,其管理范围为两岸堤防之间的水域、沙洲、滩地（包括可耕地)、行洪区,两岸堤防及护堤地。无堤防的河道,其管理范围根据历史最高洪水位或者设计洪水位确定。

在河道管理范围内,禁止修建围堤、阻水渠道、阻水道路,种植高秆农作物、芦苇、杞柳、荻柴和树木(堤防防护林除外),设置拦河渔具,弃置矿渣、石渣、煤灰、泥土、垃圾等。禁止堆放、倾倒、掩埋、排放污染水体的物体。

在堤防和护堤地,禁止建房、放牧、开渠、打井、挖窖、葬坟、晒粮、存放物料、开采地下资源、进行考古发掘以及开展集市贸易活动。

禁止损毁堤防、护岸、闸坝等水工程建筑物和防汛设施、水文监测和测量设施、河岸地质监测设施以及通信照明等设施。

在河道管理范围内进行采砂、取土、淘金、弃置砂石或者淤泥、爆破、钻探、挖筑鱼塘,在河道滩地存放物料、修建厂房或者其他建筑设施,在河道滩地开采地下资源及进行考古发掘,必须报经河道主管机关批准;涉及其他部门的,由河道主管机关会同有关部门批准。

禁止围湖造田。城镇建设和发展不得占用河道滩地。确需利用堤顶或者戗台兼作公路的,须经上级河道主管机关批准。河道岸线的利用和建设,应当服从河道整治规划和航道整治规划。

对河道管理范围内的阻水障碍物,按照"谁设障,谁清除"的原则,由河道主管机关提出清障计划和实施方案,由防汛指挥部责令设障者在规定的期限内清除。

## 13.6 《中华人民共和国水文条例》

### 中华人民共和国国务院令

第 496 号

《中华人民共和国水文条例》已经 2007 年 3 月 28 日国务院第 172 次常务会议通过,现予公布,自 2007 年 6 月 1 日起施行。

总理　温家宝

二○○七年四月二十五日

### 中华人民共和国水文条例

#### 第一章　总　则

**第一条**　为了加强水文管理,规范水文工作,为开发、利用、节约、保护水资源和防灾减灾服务,促进经济社会的可持续发展,根据《中华人民共和国水法》和《中华人民共和国防洪法》,制定本条例。

**第二条**　在中华人民共和国领域内从事水文站网规划与建设,水文监测与预报,水资源调查评价,水文监测资料汇交、保管与使用,水文设施与水文监测环境的保护等活动,应当遵守本条例。

**第三条**　水文事业是国民经济和社会发展的基础性公益事业。县级以上人民政府应当将水文事业纳入本级国民经济和社会发展规划,所需经费纳入本级财政预算,保障水文监测工作的正常开展,充分发挥水文工作在政府决策、经济社会发展和社会公众服务中的作用。

县级以上人民政府应当关心和支持少数民族地区、边远贫困地区和艰苦地区水文基础设施的建设和运行。

**第四条**　国务院水行政主管部门主管全国的水文工作,其直属的水文机构具体负责组织实施管理工作。

国务院水行政主管部门在国家确定的重要江河、湖泊设立的流域管理机构(以下简称流域管理机构),在所管辖范围内按照法律、本条例规定和国务院水行政主管部门规定的权限,组织实施管理有关水文工作。

省、自治区、直辖市人民政府水行政主管部门主管本行政区域内的水文工作,其直属的水文机构接受上级业务主管部门的指导,并在当地人民政府的领导下具体负责组织实施管理工作。

**第五条**　国家鼓励和支持水文科学技术的研究、推广和应用,保护水文科技成果,培养水文科技人才,加强水文国际合作与交流。

**第六条**　县级以上人民政府对在水文工作中做出突出贡献的单位和个人,按照国家有关规定给予表彰和奖励。

**第七条**　外国组织或者个人在中华人民共和国领域内从事水文活动的,应当经国务院水行政主管部门会同有关部门批准,并遵守中华人民共和国的法律、法规;在中华人民共和国与邻国交界的跨界河流上从事水文活动的,应当遵守中华人民共和国与相关国家缔结的有关条约、协定。

## 第二章　规划与建设

**第八条**　国务院水行政主管部门负责编制全国水文事业发展规划,在征求国务院有关部门意见后,报国务院或者其授权的部门批准实施。

流域管理机构根据全国水文事业发展规划编制流域水文事业发展规划,报国务院水行政主管部门批准实施。

省、自治区、直辖市人民政府水行政主管部门根据全国水文事业发展规划和流域水文事业发展规划编制本行政区域的水文事业发展规划,报本级人民政府批准实施,并报国务院水行政主管部门备案。

**第九条**　水文事业发展规划是开展水文工作的依据。修改水文事业发展规划,应当按照规划编制程序经原批准机关批准。

**第十条**　水文事业发展规划主要包括水文事业发展目标、水文站网建设、水文监测和情报预报设施建设、水文信息网络和业务系统建设以及保障措施等内容。

**第十一条**　国家对水文站网建设实行统一规划。水文站网建设应当坚持流域与区域相结合、区域服从流域,布局合理、防止重复,兼顾当前和长远需要的原则。

**第十二条**　水文站网的建设应当依据水文事业发展规划,按照国家固定资产投资项目建设程序组织实施。

为国家水利、水电等基础工程设施提供服务的水文站网的建设和运行管理经费,应当分别纳入工程建设概算和运行管理经费。

本条例所称水文站网,是指在流域或者区域内,由适当数量的各类水文测站构成的水文监测资料收集系统。

**第十三条**　国家对水文测站实行分类分级管理。

水文测站分为国家基本水文测站和专用水文测站。国家基本水文测站分为国家重要水文测站和一般水文测站。

**第十四条**　国家重要水文测站和流域管理机构管理的一般水文测站的设立和调整，由省、自治区、直辖市人民政府水行政主管部门或者流域管理机构报国务院水行政主管部门直属水文机构批准。其他一般水文测站的设立和调整，由省、自治区、直辖市人民政府水行政主管部门批准，报国务院水行政主管部门直属水文机构备案。

**第十五条**　设立专用水文测站，不得与国家基本水文测站重复；在国家基本水文测站覆盖的区域，确需设立专用水文测站的，应当按照管理权限报流域管理机构或者省、自治区、直辖市人民政府水行政主管部门直属水文机构批准。其中，因交通、航运、环境保护等需要设立专用水文测站的，有关主管部门批准前，应当征求流域管理机构或者省、自治区、直辖市人民政府水行政主管部门直属水文机构的意见。

撤销专用水文测站，应当报原批准机关批准。

**第十六条**　专用水文测站和从事水文活动的其他单位，应当接受水行政主管部门直属水文机构的行业管理。

**第十七条**　省、自治区、直辖市人民政府水行政主管部门管理的水文测站，对流域水资源管理和防灾减灾有重大作用的，业务上应当同时接受流域管理机构的指导和监督。

## 第三章　监测与预报

**第十八条**　从事水文监测活动应当遵守国家水文技术标准、规范和规程，保证监测质量。未经批准，不得中止水文监测。

国家水文技术标准、规范和规程，由国务院水行政主管部门会同国务院标准化行政主管部门制定。

**第十九条**　水文监测所使用的专用技术装备应当符合国务院水行政主管部门规定的技术要求。

水文监测所使用的计量器具应当依法经检定合格。水文监测所使用的计量器具的检定规程，由国务院水行政主管部门制定，报国务院计量行政主管部门备案。

**第二十条**　水文机构应当加强水资源的动态监测工作，发现被监测水体的水量、水质等情况发生变化可能危及用水安全的，应当加强跟踪监测和调查，及时将监测、调查情况和处理建议报所在地人民政府及其水行政主管部门；发现水质变化，可能发生突发性水体污染事件的，应当及时将监测、调查情况报所在地人民政府水行政主管部门和环境保护行政主管部门。

有关单位和个人对水资源动态监测工作应当予以配合。

**第二十一条**　承担水文情报预报任务的水文测站，应当及时、准确地向县级以上人民政府防汛抗旱指挥机构和水行政主管部门报告有关水文情报预报。

**第二十二条**　水文情报预报由县级以上人民政府防汛抗旱指挥机构、水行政主管部门或者水文机构按照规定权限向社会统一发布。禁止任何其他单位和个人向社会发布水文情报预报。

广播、电视、报纸和网络等新闻媒体，应当按照国家有关规定和防汛抗旱要求，及时播发、刊登水文情报预报,并标明发布机构和发布时间。

**第二十三条**　信息产业部门应当根据水文工作的需要,按照国家有关规定提供通信保障。

**第二十四条**　县级以上人民政府水行政主管部门应当根据经济社会的发展要求,会同有关部门组织相关单位开展水资源调查评价工作。

从事水文、水资源调查评价的单位,应当具备下列条件,并取得国务院水行政主管部门或者省、自治区、直辖市人民政府水行政主管部门颁发的资质证书:

(一)具有法人资格和固定的工作场所;

(二)具有与所从事水文活动相适应并经考试合格的专业技术人员;

(三)具有与所从事水文活动相适应的专业技术装备;

(四)具有健全的管理制度;

(五)符合国务院水行政主管部门规定的其他条件。

## 第四章　资料的汇交保管与使用

**第二十五条**　国家对水文监测资料实行统一汇交制度。从事地表水和地下水资源、水量、水质监测的单位以及其他从事水文监测的单位,应当按照资料管理权限向有关水文机构汇交监测资料。

重要地下水源地、超采区的地下水资源监测资料和重要引(退)水口、在江河和湖泊设置的排污口、重要断面的监测资料,由从事水文监测的单位向流域管理机构或者省、自治区、直辖市人民政府水行政主管部门直属水文机构汇交。

取用水工程的取(退)水、蓄(泄)水资料,由取用水工程管理单位向工程所在地水文机构汇交。

**第二十六条**　国家建立水文监测资料共享制度。水文机构应当妥善存储和保管水文监测资料,根据国民经济建设和社会发展需要对水文监测资料进行加工整理形成水文监测成果,予以刊印。国务院水行政主管部门直属的水文机构应当建立国家水文数据库。

基本水文监测资料应当依法公开,水文监测资料属于国家秘密的,对其密级的确定、变更、解密以及对资料的使用、管理,依照国家有关规定执行。

**第二十七条**　编制重要规划、进行重点项目建设和水资源管理等使用的水文监测资料,应当经国务院水行政主管部门直属水文机构、流域管理机构或者省、自治区、直辖市人民政府水行政主管部门直属水文机构审查,确保其完整、可靠、一致。

**第二十八条**　国家机关决策和防灾减灾、国防建设、公共安全、环境保护等公益事业需要使用水文监测资料和成果的,应当无偿提供。

除前款规定的情形外,需要使用水文监测资料和成果的,按照国家有关规定收取费用,并实行收支两条线管理。

因经营性活动需要提供水文专项咨询服务的,当事人双方应当签订有偿服务合同,明确双方的权利和义务。

## 第五章　设施与监测环境保护

**第二十九条**　国家依法保护水文监测设施。任何单位和个人不得侵占、毁坏、擅自移动或者擅自使用水文监测设施,不得干扰水文监测。

国家基本水文测站因不可抗力遭受破坏的,所在地人民政府和有关水行政主管部门应当采取措施,组织力量修复,确保其正常运行。

**第三十条**　未经批准,任何单位和个人不得迁移国家基本水文测站;因重大工程建设确需迁移的,建设单位应当在建设项目立项前,报请对该站有管理权限的水行政主管部门批准,所需费用由建设单位承担。

**第三十一条**　国家依法保护水文监测环境。县级人民政府应当按照国务院水行政主管部门确定的标准划定水文监测环境保护范围,并在保护范围边界设立地面标志。

任何单位和个人都有保护水文监测环境的义务。

**第三十二条**　禁止在水文监测环境保护范围内从事下列活动:

(一)种植高秆作物、堆放物料、修建建筑物、停靠船只;

(二)取土、挖砂、采石、淘金、爆破和倾倒废弃物;

(三)在监测断面取水、排污或者在过河设备、气象观测场、监测断面的上空架设线路;

(四)其他对水文监测有影响的活动。

**第三十三条**　在国家基本水文测站上下游建设影响水文监测的工程,建设单位应当采取相应措施,在征得对该站有管理权限的水行政主管部门同意后方可建设。因工程建设致使水文测站改建的,所需费用由建设单位承担。

**第三十四条**　在通航河道中或者桥上进行水文监测作业时,应当依法设置警示标志。

**第三十五条**　水文机构依法取得的无线电频率使用权和通信线路使用权受国家保护。任何单位和个人不得挤占、干扰水文机构使用的无线电频率,不得破坏水文机构使用的通信线路。

## 第六章　法律责任

**第三十六条**　违反本条例规定,有下列行为之一的,对直接负责的主管人员和其他直接责任人员依法给予处分;构成犯罪的,依法追究刑事责任:

(一)错报水文监测信息造成严重经济损失的;

(二)汛期漏报、迟报水文监测信息的;

(三)擅自发布水文情报预报的;

(四)丢失、毁坏、伪造水文监测资料的;

(五)擅自转让、转借水文监测资料的;

(六)不依法履行职责的其他行为。

**第三十七条**　未经批准擅自设立水文测站或者未经同意擅自在国家基本水文测站上下游建设影响水文监测的工程的,责令停止违法行为,限期采取补救措施,补办有关手续;无法采取补救措施、逾期不补办或者补办未被批准的,责令限期拆除违法建筑物;逾期不拆除的,强行拆除,所需费用由违法单位或者个人承担。

**第三十八条**　违反本条例规定,未取得水文、水资源调查评价资质证书从事水文活动的,责令停止违法行为,没收违法所得,并处5万元以上10万元以下罚款。

**第三十九条**　违反本条例规定,超出水文、水资源调查评价资质证书确定的范围从事水文活动的,责令停止违法行为,没收违法所得,并处3万元以上5万元以下罚款;情节严重的,由发证机关吊销资质证书。

**第四十条**　违反本条例规定,使用不符合规定的水文专用技术装备和水文计量器具的,责令限期改正。

**第四十一条**　违反本条例规定,有下列行为之一的,责令停止违法行为,处1万元以上5万元以下罚款:

(一)拒不汇交水文监测资料的;

(二)使用未经审定的水文监测资料的;

(三)非法向社会传播水文情报预报,造成严重经济损失和不良影响的。

**第四十二条**　违反本条例规定,侵占、毁坏水文监测设施或者未经批准擅自移动、擅自使用水文监测设施的,责令停止违法行为,限期恢复原状或者采取其他补救措施,可以处5万元以下罚款;构成违反治安管理行为的,依法给予治安管理处罚;构成犯罪的,依法追究刑事责任。

**第四十三条**　违反本条例规定,从事本条例第三十二条所列活动的,责令停止违法行为,限期恢复原状或者采取其他补救措施,可以处1万元以下罚款;构成违反治安管理行为的,依法给予治安管理处罚;构成犯罪的,依法追究刑事责任。

**第四十四条**　本条例规定的行政处罚,由县级以上人民政府水行政主管部门或者流域管理机构依据职权决定。

## 第七章　附　则

**第四十五条**　本条例中下列用语的含义是:

水文监测,是指通过水文站网对江河、湖泊、渠道、水库的水位、流量、水质、水温、泥沙、冰情、水下地形和地下水资源,以及降水量、蒸发量、墒情、风暴潮等实施监测,并进行分析和计算的活动。

水文测站,是指为收集水文监测资料在江河、湖泊、渠道、水库和流域内设立的各种水文观测场所的总称。

国家基本水文测站,是指为公益目的统一规划设立的对江河、湖泊、渠道、水库和流域基本水文要素进行长期连续观测的水文测站。

国家重要水文测站,是指对防灾减灾或者对流域和区域水资源管理等有重要作用的基本水文测站。

专用水文测站,是指为特定目的设立的水文测站。

基本水文监测资料,是指由国家基本水文测站监测并经过整编后的资料。

水文情报预报,是指对江河、湖泊、渠道、水库和其他水体的水文要素实时情况的报告和未来情况的预告。

水文监测设施，是指水文站房、水文缆道、测船、测船码头、监测场地、监测井、监测标志、专用道路、仪器设备、水文通信设施以及附属设施等。

水文监测环境，是指为确保监测到准确水文信息所必需的区域构成的立体空间。

**第四十六条** 中国人民解放军的水文工作，按照中央军事委员会的规定执行。

**第四十七条** 本条例自 2007 年 6 月 1 日起施行。

# 第 3 篇　操作技能——初级工

# 模块1　降水量、水面蒸发量观测

## 1.1　观测作业

### 1.1.1　降水量观测

降水量是在一定时间内降落在不透水水平面上水层(雨或者固体晶粒的雪、雹等融化后)的厚度,用mm作为度量单位。一定时间可以是年、月、日或若干小时(h)(如12 h)、分钟(min)(如10 min)等。

通过由一系列测站构成的站网的降水量观测,收集降水资料,可探索降水量的时空分布和变化规律,以满足各方面需要。

降水量观测包括测记降雨、降雪、降雹的时间和水量。单纯的雾、露、霜可不测记。有时候,部分站还测记雪深、冰雹直径、初霜和终霜日期等特殊项目。

降水量的观测时间以北京时间为准,每日降水以北京时间8时为日分界,即从前一日8时至本日8时的降水总量作为前一日的降水量。

#### 1.1.1.1　人工雨量器观测降水量

1. 雨量器结构原理和配套器具

人工雨量器结构如本书基础知识部分图2-2-1所示,主要由承雨器、储水筒、储水器和器盖等组成,并配有专用的量雨杯。承雨器口内直径为200 mm,量雨杯的内直径为40 mm。量雨杯的内截面面积正好是承雨器口内截面面积的1/25,即降在承雨器口1 mm的降水量,倒入量雨杯内的高度为25 mm。因此,量雨杯的刻度即以25 mm高度为降水量1 mm的标定值,并精确至0.1 mm。

用于观测固态降水量的雨量器,还配有无漏斗的承雪器或采用漏斗能与承雨器分开的雨量器。

2. 人工雨量器观测降水量方法

降雨时,降落在人工雨量器承雨器内的降水量通过漏斗集中流到储水器内。到达观测时间或降雨结束后,用专用的量雨杯量出储水器内的降水深(量)。

用雨量器观测降水量,一般采用定时分段观测,降水量观测段次及相应观测时间见表3-1-1。水文测站观测降水量所采用的段次,可根据《测站任务书》或者上级有关具体规定决定。

表 3-1-1　降水量观测段次及相应观测时间

| 段次 | 观测时间(时) |
|---|---|
| 1 段 | 8 |
| 2 段 | 20、8 |
| 4 段 | 14、20、2、8 |
| 8 段 | 11、14、17、20、23、2、5、8 |
| 12 段 | 10、12、14、16、18、20、22、24、2、4、6、8 |
| 24 段 | 从本日 9 时至次日 8 时,每 1 h 观测 1 次 |

在观测段次时间若继续降雨,则取出储水筒内的储水器,及时将空的备用储水器放入储水筒;如在观测时间降雨很小或者停止,可携带量雨杯到观测场观测降水量。

在室内或在观测场,将储水器内的雨水倒入量雨杯,读数时视线应与水面凹面最低处平齐,观读至量雨杯的最小刻度,并立即记录,然后校对读数一次。降水量很大时,可分数次取水测量,并分别记在备用纸上,然后累加得到降水总量并记录。

3. 记载、计算时段降水量与日降水量

用人工雨量器观测降雨的方法在相应的观测时段观测到的降水量,应记录在"降水量观测记载簿"中,作为一个时段的时段降水量。把本日 8 时至次日 8 时各时段的降水量累加(每日降水量以北京时间 8 时为日分界),就得到本日的日降水量。

4. 注意事项

每日观测时,应注意检查雨量器是否受碰撞变形,漏斗有无裂纹,储水筒是否漏水。

遇有暴雨时,需采取加测的办法,防止降水溢出储水器。如有溢出,应同时更换储水筒,并量测筒内降水量。

每次观测后,储水筒和量雨杯内的积水要倒掉,以便更准确地观测其后的降水量。

#### 1.1.1.2　模拟自记雨量器使用与记录部件调节

模拟自记雨量器有不同的类型,有虹吸式、翻斗式、浮子式等。这里主要介绍虹吸式、翻斗式自记雨量计的使用方法。

1. 虹吸式自记雨量计的结构及使用

虹吸式自记雨量计如本书基础知识部分图 2-2-2 所示,主要由承雨器、浮子室、虹吸管、自记钟、记录笔、外壳等组成。

虹吸式自记雨量计的观测时间是每日 8 时,但在有降水之日应在 20 时巡视雨量计运行、记录情况。遇有暴风骤雨时要适当增加巡视次数,以便于及时发现和排除故障,防止漏测、漏记降雨过程。

每日 8 时观测前,需在记录纸正面填写观测日期和月份。到 8 时整时,立即对着记录笔尖所在位置,在记录纸零线上画一短垂线,作为检查自记钟快慢的时间记号。用笔档将自记笔拨离纸面,换装记录纸(记录纸一般设计为日记型)。换装在钟筒上的记录纸,其底边应与钟筒下缘对齐,纸面平整,纸头纸尾的纵横坐标衔接。给自记笔尖加墨水,拨回笔档对时,对准记录笔开始记录时间,画时间记号。有降雨之日,应在 20 时巡视时划注

20 时记录笔尖所在位置的时间记号。

如果到 8 时换纸时间，没有降雨或仅降小雨，则应在换纸前慢慢注入一定量的清水，使雨量计发生人工虹吸，若注入的水量与虹吸雨量计所记录的水量之差绝对值≤0.05 mm，虹吸历时小于 14 s，说明仪器正常，则可换纸；否则，要检查和调整雨量计合格后再换纸。

如果到 8 时换纸时间降大雨，则可等到雨小或雨停时再换纸。当记录笔笔尖已到达记录纸末端，降雨强度仍很大时，要拨开笔档转动钟筒，使笔尖转过压纸条，对准纵坐标线继续记录降水量。

如连续几日无雨或者降水量小于 5 mm 可不用换纸，只需在 8 时观测时向承雨器注入清水，使笔尖升高至整毫米处开始记录。要在各日记录线的末端注明日期，一般每张记录纸连续使用日数不应超过 5 日。每月的 1 日要换纸，便于按月装订。降水量记录发生自然虹吸之日，需要换纸。

2. 虹吸式自记雨量计的调整、养护

如在降雨过程中巡视虹吸式自记雨量计时发现虹吸不正常，在降水量累计达到 10 mm 时不能正常虹吸，出现平头或波动线，应将笔尖拨离纸面，用手握住笔架部件向下压，迫使雨量计发生虹吸。虹吸停止后，使笔尖对准时间和零线的交点继续记录，待雨停后对雨量计进行检查和调整。

常用酒精洗涤自记笔尖，以使墨水顺畅流出，雨量记录清晰、均匀。

自记纸应放在干燥清洁的橱柜中保存。不能使用受潮、脏污或纸边发毛的记录纸。

量雨杯和备用储水器应保持干燥、清洁。

3. 画线模拟翻斗式自记雨量计的结构与使用方法

画线模拟翻斗式自记雨量计主要由传感器和记录器两大部分组成，其中传感器部分由承雨器、翻斗、发信部件、底座、外壳等组成，画线模拟记录器由图形记录装置、计数器、电子控制线路等组成（见本书基础知识部分图 2-2-3），分辨率为 0.1 mm、0.2 mm、0.5 mm、1.0 mm。

画线模拟自记周期可选用 1 日、1 个月或 3 个月。每日观测的雨量站，可用日记式；低山丘陵、平原、人口稠密、交通方便地区的雨量站，以及不计雨日的委托雨量站，实行间测或巡测的水文站、水位站的降水量观测宜选用 1 个月；对高山偏僻、人烟稀少、交通极不方便地区的雨量站，宜选用 3 个月。

日记式的观测时间为每日 8 时。用长期自记记录方式观测的观测时间，可选在自记周期末 1～3 d 内的无雨时进行。

每日观测雨量前，在记录纸正面填写观测日期和月份（背面印有降水量观测记录统计表）；到观测场巡视传感器是否正常，若有自然排水量，应更换储水器，然后用量雨杯量测储水器内的降水量，并记载在该日降水量观测记录统计表中。降暴雨时应及时更换储水器，以免降水溢出；连续无雨或降水量小于 5 mm 之日，可不换纸。在 8 时观测时，向承雨器注入清水，使笔尖升高至整毫米处开始记录，但每张记录纸连续使用日数不应超过 5 日，并应在各日记录线的末端注明日期。每月 1 日应换纸，便于按月装订；换纸时若无雨，可按动底板上的回零按钮，使笔尖调至零线上，然后换纸。

长期自记观测换纸前,先对时,再对准记录笔位在记录纸零线上画注时间记号,注记年、月、日、时、分和时差;按仪器说明书要求,更换记录纸、记录笔和石英钟电池。

4. 翻斗式自记雨量计的调整、维护

要保持翻斗内壁清洁无油污或污垢。若翻斗内有脏物,可用清水冲洗,不能用手或其他物体抹拭;计数翻斗与计量翻斗在无雨时应保持同倾于一侧,以便在降雨时计数翻斗与计量翻斗同时启动,及时送出第一斗脉冲信号;要保持基点长期不变,应拧紧调节翻斗容量的两对调节定位螺钉的锁紧螺帽。如发现任何一只螺帽有松动,应及时注水检查仪器基点是否正确;定期检查电池电压,若电压低于允许值,应更换全部电池,确保仪器正常工作。

## 1.1.2　蒸发量观测

### 1.1.2.1　蒸发器的种类、结构

1. $E_{601}$ 型蒸发器

$E_{601}$ 型蒸发器主要由蒸发桶、水圈、溢流桶和测针等组成,$E_{601}$ 型蒸发器结构见图 3-1-1,$E_{601}$ 型蒸发器测针示意图见图 3-1-2。在无暴雨地区,可不设溢流桶。

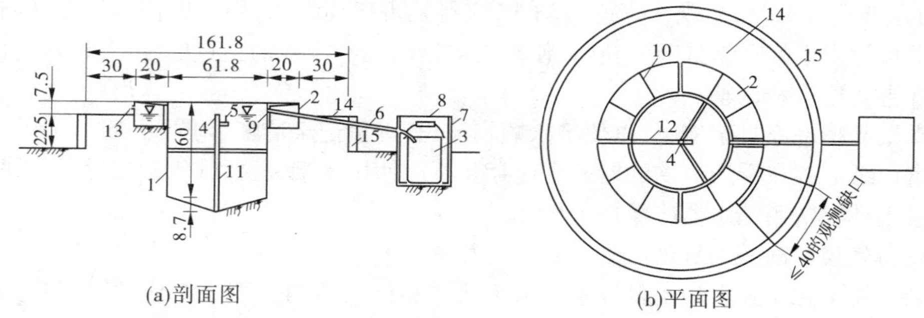


(a)剖面图　　(b)平面图

1—蒸发桶;2—水圈;3—溢流桶;4—测针座;5—器内水面指示针;6—溢流用胶管;7—放置溢流桶的箱;8—箱盖;9—溢流嘴;10—水圈上缘的撑档;11—直管(静水器);12—直管支撑;13—水圈的排水孔;14—土圈;15—土圈外围的防坍设施

**图 3-1-1　$E_{601}$ 型蒸发器结构**　(单位:cm)

蒸发桶是蒸发器的主体部分,是一个用 3 mm 厚的钢板焊制而成的具有圆锥底的圆柱桶。器口内径为 61.8 cm(面积为 3 000 $cm^2$),圆柱体高 60.0 cm,锥体高 8.7 cm(整个器高 68.7 cm)。器壁上设置带调平装置的测针座,针座下侧装有针尖向下的器内水面指示针。在桶壁开有溢流孔,孔口经溢流管与溢流桶相连通。为了防止锈蚀和减少太阳辐射影响,蒸发桶内和桶外地面以上部分均需涂抹经久耐用、光洁度高的白色油漆,外部地下部分应涂抹防锈漆。

水圈由吻合的装置在蒸发桶外围的四个形状和大小都相同的弧形水槽组成。水槽内外壁也应按蒸发桶的要求涂抹白色油漆。水圈的作用是抵偿强降雨时蒸发桶向外溅溢损失,即认为强降雨时蒸发桶向外的溅溢和水圈向蒸发桶溅溢的量大致相等或一定程度抵偿。

测针是专用于测量蒸发器内水面高度的部件,应用螺旋测微器的原理制成。测针插杆的杆径与蒸发桶上测针座插孔孔径相吻合。为避免因视觉产生的误差,可采用针尖接触水面即发出音响的电测针。蒸发量就是由时段开始和结束的水面高度差值计算的。

溢流桶是承接因降暴雨而由蒸发桶溢出水量的圆柱形盛水器,可用镀锌铁皮或其他不吸水的材料制成。溢流桶放置位置应离开蒸发桶一定距离,两者由溢流管连接。

2. 口径 80 cm 蒸发器

口径 80 cm 蒸发器主要由蒸发桶、套盆和墩台等组成,其结构见图 3-1-3。

3. 口径 20 cm 蒸发器

口径 20 cm 蒸发器为壁厚 0.5 mm,高约 10 cm,口缘镶有 8 mm 厚内直外斜的刀刃形铜圈的铜质桶状器皿,器口正圆,口缘下设一倒水小嘴。

#### 1.1.2.2　观测用水要求

(1)蒸发器的用水应取用能代表当地自然水体的水,水质一般要求为淡水。如当地的水源含有盐碱,为符合当地水体的水质情况,亦可使用。在取用地表水困难的地区,可使用能供饮用的井水。当用水含有泥沙或其他杂质时,应待沉淀后使用。

(2)蒸发器中的水要经常保持清洁,应随时捞取漂浮物,发现器内水体变色、有味或器壁上出现青苔时,即应换水。换水应在观测后进行。换水后应测记水面高度。换入的水体水温应与换前的水温相近。为此,换水前一二天就应将水盛放在场内的备用盛水器内。

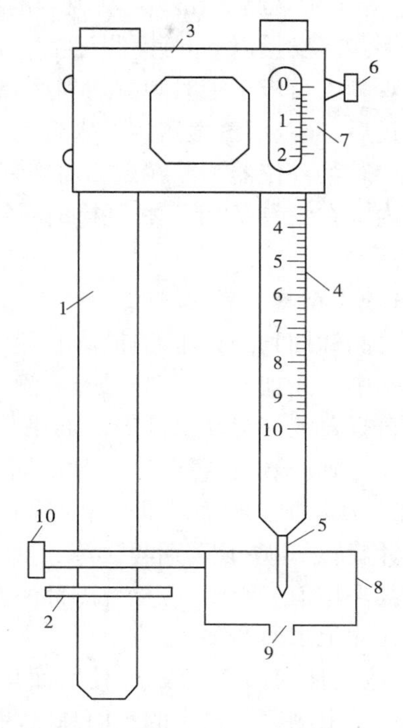


1—插杆;2—圆盘;3—金属支架;4—测杆;5—尖针;6—摩擦轮;7—游标尺;8—静水器;9—底孔;10—螺丝

图 3-1-2　$E_{601}$ 型蒸发器测针示意图

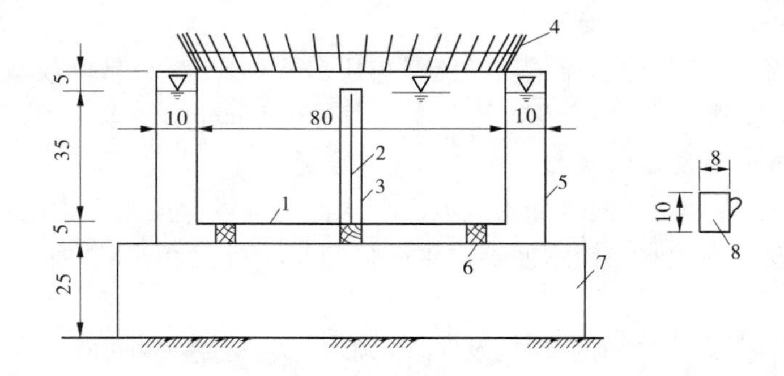


1—蒸发桶;2—器内水面指示针;3—静水圈;4—防鸟圈;5—套盆;6—木垫块;7—砖或混凝土平台;8—量杯

图 3-1-3　口径 80 cm 蒸发器结构　(单位:cm)

(3)水圈内的水,也要保持清洁。

#### 1.1.2.3　蒸发量观测、记载

水面蒸发量于每日 8 时观测一次(蒸发量的日分界是每日 8 时,与降水量日分界相

同)。降水量观测应在蒸发量观测的同时进行,炎热干燥的日子应在降水停止后立即进行观测。蒸发量以 mm 计,测记至 0.1 mm。

观测人员应于定时观测前到达观测场地,检查各项仪器设备是否良好,尤其当大雨或大风过后,应查清蒸发器内的水有无溅进或泼出。如发现不正常情况,应在观测之前予以解决。若某一仪器不能在观测前恢复正常状态,则须立即更换仪器,并将情况记在观测记载簿内。在没有备用仪器更换时,除尽可能采取临时补救措施外,还应尽快报告上级机关。

1. $E_{601}$ 型蒸发器的观测

将测针插到测针座的插孔内,使测针底盘紧靠测针座表面,将音响器的极片放入蒸发器的水中。先把针尖调离水面,将静水器调到恰好露出水面,如遇较大的风,应将静水器上的盖板盖上。待静水器内水面平静后,即可旋转测针顶部的刻度圆盘,使测针向下移动。当听到信号后,将刻度圆盘反向慢慢转动,直至音响停止后再向正向缓慢旋转刻度盘,第二次听到信号后立即停止转动并读数。每次观测应测读两次。在第一次测读后,应将测针旋转 90°~180°后再读第二次。要求读至 0.1 mm,两次读数差不大于 0.2 mm,即可取其平均值。否则,应检查测针座是否水平,待调平后重新进行两次读数。

在测记水面高度后,应目测针尖或水面标志线露出或没入水面是否超过 1.0 cm。超过时,应向桶内加水或汲水,使水面与针尖(或水面标志线)齐平。每次调整水面后,都应按上述要求测读调整后的水面高度两次,并记入记载簿中,作为次日计算蒸发量的起点。如器内有污物或小动物,应在测记蒸发量后捞出,然后进行加水或汲水,并将情况记于附注栏内。

在风沙严重地区,当风沙量对蒸发量影响明显时,可设置与蒸发器同口径、同高度的集沙器,收集沙量,然后进行订正。

遇降雨溢流时,应测记溢流量。溢流量可用台秤称重、量杯量读或量尺测读。但经折算成与 $E_{601}$ 型蒸发器相应的 mm 数,其精度应满足 0.1 mm 的要求。

2. 口径 80 cm 蒸发器的观测

观测前,应先将套筒内的水加入或汲出至水面与蒸发器内水面指示针大致齐平,再用特制量杯向蒸发器内加水或汲水使器内水面恰与指示针尖相平,将加入或汲出水量的mm数记入记载簿。

按要求观测蒸发量后,要在现场及时、准确地将蒸发量观测过程有关数据记入专用的《______站蒸发量观测记载表》。

### 1.1.3 辅助气象要素的观测、记载

#### 1.1.3.1 空气温度和湿度的观测

1. 要求和设备

设有气象辅助项目的蒸发站,一般只须进行 8 时、14 时、20 时三次温度和湿度的定时观测。如有需要,也可观测日最高、最低气温。配有温度计、湿度计的测站,可作气温和相对湿度的连续记录。

干、湿球温度表是由两支型号完全一样的温度表组成的,安装在百叶箱中。百叶箱是

安置测定温度、湿度仪器的防护设备。它的作用是防止太阳对仪器的直接辐射和地面对仪器的反射辐射，保护仪器免受强风、雨、雪等的影响，并使仪器感应部分有适当的通风，能真实地感应外界空气温度和湿度的变化。

2. 观测和记录

定时观测程序为干、湿球温度表，最低温度表酒精柱，毛发温度表，最高温度表，最低温度表游标，调整最高、最低温度表，温度计和湿度计读数并作时间记号。

各种温度表读数要准确到0.1 ℃。温度在0 ℃以下时，应加"－"(负号)。读数记入观测簿相应栏内，并按所附检定证进行器差订正。如湿度超过检定证范围，则以该检定证所列的最高(或最低)温度值的订正值进行订正。

温度表读数时必须保持观测视线和水银柱顶端齐平，以避免视差；动作要迅速，读数力求敏捷，尽量缩短停留时间，并且勿使头、手和灯接近球部，不要对着温度表呼吸；注意复读，避免发生误读或颠倒零上、零下的差错。

当湿球纱布开始冻结后，应立即从室内带一杯蒸馏水对湿球纱布进行融冰，待纱布变软后，在球部下2～3 mm处剪断，然后把湿球温度表下的水杯从百叶箱内取走，以防水杯冻裂。

当气温在－10.0 ℃或以上，湿球纱布结冰时，观测之前须先进行湿球融冰。融冰用的水温不可过高，要相当于室内温度，能将湿球冰层融化即可。融冰时间可参照下述情况灵活掌握：当湿度、风速正常时，在观测前30 min左右进行；当湿度很小、风速很大时，在观测前20 min以内进行；当湿度很大、风速很小时，要在观测前50 min左右进行。

读干、湿球温度表的示值时，须先看湿球湿度是否稳定，等稳定不变时再进行读数和记录。在读数后用铅笔侧棱试试纱布软硬，了解湿球纱布是否冻结。如已冻结，应在湿球读数右侧记一"B"符号；如未冻结，则不记。

当气温在－10.0 ℃以下时，停止观测湿球温度，改用毛发湿度表或湿度计测定湿度。但在冬季偶有几次气温低于－10.0 ℃的地区，这时仍可用干、湿球温度表进行观测。

当气温在－36.0 ℃以下时，改用酒精温度表观测气温(因为已接近水银的凝固点－38.9 ℃)。酒精温度表应事先悬挂在干球温度表这边，安装要求同干球温度表。如果没有备用的酒精温度表，则可用最低温度表酒精柱的示度来测定空气温度。

#### 1.1.3.2　风的观测

一般只进行风速的观测，如有需要，可同时进行风向观测。风速、风向观测一般可用DEM6型轻便风向风速表(由风速仪表、风向指标和手柄三部分构成，用于测量风向和1 min平均风速的仪器)进行，每日8时、14时、20时观测3次。当风向、风速表(计)发生故障而无备用仪器时，可用目测法进行风向、风速观测。

在场地上，应事先垂直埋设一带有固定风速表装置的铁管(铁管应涂刷白漆)，其高度应使风速表安装后旋杯中心线离地面1.5 m。观测时，将表固定在铁管上，使风速刻度盘与当时的风向平行。

观测风向时，将方位盘的制动小套向右转一角度，使方位盘按地磁子午线的方向稳定下来，注视风向标约2 min，记录其摆动范围的中间位置。

观测风速时，应待旋杯转约30 s证明运转速度正常后，按下风速钮，风速指针开始转动，1 min 后指针自动停止，即可读出风速示值，记入专用记载簿表格的读数栏内。根据读数从该仪器的订正曲线（可事前查制订正表）查出风速，记入订正后栏内。观测完毕，务必将方位盘制动小套向左转一角度，固定好方位盘。不观测风向的站，可将风向仪部分卸下。

#### 1.1.3.3 蒸发器内水温观测

水温是决定水分子活跃程度的主要因素，是计算水面饱和水汽压（$e_0$）和水汽压力差（$e_0 - e_{150}$）的主要数据。水温以摄氏度（℃）计，准确至 0.1 ℃。蒸发器内水温是指蒸发器水面以下 1 cm 处的水温。水温于每日 8 时、14 时、20 时观测 3 次。可用漂浮水温表观测。

在观测前 10 min 将整个漂浮水温表在蒸发器的水圈内预湿（即将漂浮水温表浸入水圈后取出，达到不再滴水滴的状态）后放入蒸发器内。蒸发量观测前 2～3 min 进行测读，并记入记载簿。读数后轻轻从蒸发器中取出，防止搅动器内水面。提出水面后，应待不滴水滴时再拿出。读数要求与干球温度表相同。

北方冬季蒸发器封冻后须进行冰面（即冰面以下 1 cm）温度观测。观测时，须在冰面钻一深 2～3 cm 的小冰坑，将温度表球部放入小坑内，使其球部中心位于冰面以下 1 cm，表身呈 45°倾斜状，然后将钻孔的碎冰屑回填球部四周的空隙，并轻轻捣实，表身一端支一小木杆，使其稳定在冰面上。埋后 10 min 即可进行测读。在封冻初期和末期，当下午气温升高出现冰面融化现象时，每次观测后须将温度表取出，待次日观测前再行埋设。当稳定封冻期冰面不再融化时，可将温度表较长时期地固定在冰面上。

#### 1.1.3.4 气象要素记载

辅助气象要素观测后，要及时、准确地在专用的气象辅助项目观测记载表中记载。

## 1.2 数据资料记载与整理

### 1.2.1 降水量观测记载表

降水量观测记载表（一）见表 3-1-2。

表 3-1-2 降水量观测记载表（一）

月份　　　　　　　　　　　　（采用　　　段次）　　　　　　　　　　　　第　　页

| 日 | 观测时间 | | 实测降水量<br>（mm） | 日降水量 | | 备注 |
|---|---|---|---|---|---|---|
| | 时 | 分 | | 日 | mm | |
| | | | | | | |
| | | | | | | |
| | | | | | | |

填记说明如下：

（1）“月份”填记降水量观测记载的月；不同月，另取空白表从头开始填记。

（2）“采用　　　段次”的中间填当月采用的段次。

(3)“观测时间”。

①不记起止时间者,将表头“时分”划去,填写按规定时段观测降水量的时间,记至整小时。若遇大暴雨加测,应按实际加测时分填记至分钟。

②记起止时间者,填记各次降水的起止时分,记至整分钟。当分钟数小于 10 者,应在十位数上写“0”补足两位。

③恰恰位于午夜日分界的时间,如果是时段或降水“止”的时间,则记 24(不记起止时间者)或 24:00(记起止时间者);如果是时段或降水“起”的时间,则记“0”或“00:00”

(4)“实测降水量”。填记降水期间各观测时段和降水停止时所测记的降水量。降雪或冰雹时,在降水量数值右侧加注降水物符号(雪、雹、霜、雾、露的符号分别为“＊”、“A”或“▲”、“U”、“≡”、“Ω”);观测可疑时,在降水量数值右侧加可疑符号“※”;观测不全时对降水量数值加括号;因故缺测,且确知其量达仪器二分之一的分辨力时,在缺测时段记缺测符号“—”;降雪量缺测,但测其雪深者,将雪深折算成降水量填入,并在备注栏注明。

(5)“日降水量”。累加前一日 8 时至当日 8 时各次观测的降水量填入“mm”栏,并在“日”栏填昨日的日期。实测降水量右侧注有符号者,日降水量右侧亦应注相同的符号。某时段实测降水量不全或缺测,日降水量应加括号;规定测记初终霜或雾、露、霜量的站,应在初终霜之日填霜的符号,在雾、露、霜量右侧注相应的降水物符号。未在日界观测降水量者,在“mm”栏记合并符号“↓”。

(6)“备注”。在观测工作中如发生缺测、可疑等影响观测资料精度和完整的事件,或发生特殊雨情、大风和冰雹以及雪深折算关系等,均应用文字在备注栏作详细说明。

降水量观测记载表(二)见表 3-1-3。

**表 3-1-3　降水量观测记载表(二)**

月份　　　　　　　　　　　　　　(采用　　　　段次)

| 日 | 时段降水量(mm) | | | | | | | | | | 日降水量(mm) | 备注 |
|---|---|---|---|---|---|---|---|---|---|---|---|---|
| | 时 | 时 | 时 | 时 | 时 | 时 | 时 | 时 | 时 | 时 | | |
| | | | | | | | | | | | | |
| | | | | | | | | | | | | |
| | | | | | | | | | | | | |

填记说明如下:

(1)“月份”、“日降水量”、“备注”等栏填写方法同表(一)。

(2)在表头时段降水量“时”前填记观测时段时间的小时(如 4 段次分别在前 4 栏填 14、20、2、8);有降水之日应先将日期填入,在规定的观测时段有降水时,将观测值记在该日相应的时段降水量栏内。

## 1.2.2　日蒸发量计算

一日蒸发量以 8 时为日分界,前一日 8 时至当日 8 时观测的蒸发量,应为前一日的蒸发量。

(1)不使用溢流桶时,用 $E_{601}$ 型蒸发器观测的一日蒸发量按下式计算

$$E = P + (h_1 - h_2) \tag{3-1-1}$$

式中　$E$——日蒸发量,mm;

$P$——日降水量,mm;

$h_1$、$h_2$——上次(前一日)和本次(当日)的蒸发器内水面高度,mm。

(2)使用溢流桶时,用 $E_{601}$ 型蒸发器观测的一日蒸发量按下式计算

$$E = P + (h_1 - h_2) - Ch_3 \tag{3-1-2}$$

式中　$h_3$——溢流桶内的水深读数,mm;

$C$——溢流桶与蒸发器面积的比值;

其余符号意义同前。

(3)口径 80 cm 蒸发器观测的一日蒸发量按下式计算

$$E = P + (h_{入} - h_{出}) \tag{3-1-3}$$

式中　$h_{入}$——加入的水深,mm;

$h_{出}$——汲出的水深,mm;

其余符号意义同前。

(4)口径 20 cm 蒸发器观测的一日蒸发量按下式计算

$$E = \frac{W_1 - W_2}{31.4} + P \tag{3-1-4}$$

式中　$W_1$、$W_2$——上次(前一日)和本次(日)称得的蒸发器的质(重)量,g ;

31.4——蒸发器内每毫米水深的质量,g;

其他符号意义同前。

(5)负值的处理。有时计算的日蒸发量出现负值,可能是空气中水汽在水面的凝结量大于蒸发量,也可能是其他原因造成的,应随时检查,分析其原因。当实际的蒸发量很小,蒸发量算出为负值时,一律作零处理,并在记载簿内说明。

(6)风沙量的计算和订正。由集沙器中收集到的 1 d 或时段风沙量,均应烘干后称出其质量,然后按下式将沙重折算成 mm 数

$$h_{沙} = \frac{W_s}{800} \tag{3-1-5}$$

式中　$h_{沙}$——风沙订正量,mm;

$W_s$——沙质量,g;

1/800——折算系数,mm/g。

计算所得的风沙订正量应加在蒸发量上。如测得的是时段风沙量,则应根据各日风速的大小、地面干燥程度等,采取均匀或权重分配法,将分配量分别加到各日蒸发量中。如分配量小于 0.05 mm,则可几日订正 0.1 mm,但实际订正量之和应与总的风沙量相等。

# 模块2　水位观测

## 2.1　观测作业

### 2.1.1　水尺编号的标示

为便于正确识别和记载各水尺观读的数值，水位测验设置的水尺按规则统一编号，并标示在各水尺桩（面）上。一般直立式水尺标注在靠桩上部，矮桩式水尺标注在桩顶，倾斜式水尺标注在斜面上的明显位置。水尺编号规定见表3-2-1。

表3-2-1　水尺编号规定

| 类别 | 代号 | 意义 |
|---|---|---|
| 组号 | P | 基本水尺 |
| | C | 流速仪测流断面水尺 |
| | S | 比降水尺 |
| | B | 其他专用或辅助水尺 |
| 脚号 | u | 设于上游的 |
| | l | 设于下游的 |
| | a,b,c… | 一个断面上有多股水流时，自左岸开始的 |

观测水位时，应先将所需观读水尺的编号写入记载表中，再观读、记录水尺读数。

### 2.1.2　水尺读数观测方法

观测员应根据本站水文测验任务书要求、河流特性及水位涨落变化情况，合理分布确定水位观测段次，做好观测前准备工作。每天将使用的时钟与标准北京时间核对一次，日误差不应超过300 s。携带观测记载簿及记录铅笔，提前5 min到达观测断面。到达观测时间时，应准时观读，并现场记录水尺读数。

水位观测一般读记至1 cm，时间记至1 min。水尺读数应按m、dm、cm的顺序读取，并以m为单位记录，记至两位小数。

观测水尺读数时，观测员身体应蹲下，使视线尽量与水面平行，以减小折光产生的误差。水面平稳时，直接读取水面截于水尺上的读数；有波浪时，为尽量减小因波浪对水位观测产生的误差，可利用水面的暂时平静进行观读，或者分别观读波浪的峰顶和谷底在水尺上的读数，取其平均值；波浪较大时，可先套好静水箱再进行观测；也可采用多次观读，取其平均值等方法进行观测。

观测矮桩式水尺时,测尺应垂直放在桩顶固定点上观读。当水面低于桩顶且下部未设水尺时,应将测尺底部触及水面,读取与桩顶固定点齐平的读数,并在记录的数字前加"-"号;观测悬锤式或测针式水位计时,应使悬锤或测针恰抵水面,读取悬尺或游标尺在固定点的读数(即固定点至水面的高度),并在记录的数字前加"-"号。

观测前应注意观察水尺情况,当直立式水尺发生倾斜、弯曲,倾斜式水尺发生隆鼓等情况时,应在记载表备注栏中说明,并及时使用其他水尺观测。

### 2.1.3 基本水尺水位的观测要求

该部分主要介绍畅流期的水位观测,但有些要求同样适用于封冻期。

#### 2.1.3.1 基本水尺水位观测基本要求

要求观测到年度内各个时期的水位变化过程,特别是洪水期的变化过程及各次洪水的最高、最低水位值,满足年度日平均水位计算及特征值的挑选,满足使用水位—流量关系推求流量的要求。

水位观测时,需同时进行的风向、风力、水面起伏度、流向及影响水情的各种现象的附属观测项目,按测站任务书规定要求,同时观测记录。

#### 2.1.3.2 河道站水位的观测

水位观测的时间与次数应根据河流特性及水位涨落变化情况合理分布,以测到完整的水位变化过程,满足日平均水位计算、各项特征值统计、水文资料整编和水情拍报的要求为原则。在峰顶、峰谷及水位变化过程转折处应布有测次;水位涨落急剧时,应加密测次。

水位观测分为定时观测和不定时观测。

1. 定时观测

定时观测也称为按段制观测,主要用于平水期或水位变化相对平缓期。当水位平稳时,每日 8 时观测一次。当水位变化缓慢时,每日 8 时、20 时各观测一次(冬季或枯水期 20 时观测确有困难的测站,经主管领导机关批准,可提前至其他时间观测)。当水位变化较大或出现较缓慢的峰谷时,每日 2 时、8 时、14 时、20 时各观测一次。当稳定封冻期没有冰塞现象且水位平稳时,可每 2 ~ 5 d 观测一次,但月初、月末两天必须观测。

2. 不定时观测

不定时观测主要用于洪水期水位的变化过程观测,施测流量、含沙量时的相应水位观测,以及出现特殊水情时的水位观测等。

(1)洪水期或水位变化急剧时期,每 1 ~ 6 h 观测一次;暴涨暴落时,根据需要每 30 min 或若干分钟观测一次,以能测得各次洪水峰、谷和完整的水位变化过程为原则。

高洪水期间水位观测,应根据测站河流洪水特性及观测设施,制订确保生产安全,以测得洪峰水位及水位变化过程的多种测验预案。当遇特大洪水或洪水漫滩、漫堤时,可在断面附近另选适当地点设置临时水尺;当附近有稳固的建筑物或树木、电线杆时,在上面安装水尺板进行观测,或在高于水面的一个固定点向下观测水位,其零点高程待水位退下后再进行测量。当漏测洪峰水位时,应在断面附近找出两个以上的可靠洪痕,以四等水准测定其高程,取其均值作为峰顶水位,应判断出现的时间并在水位观测记载表的备注栏中说明情况。

(2)冰雪融水补给的河流，当水位出现日周期变化时，在测得完整变化过程的基础上，经过分析可精简测次，每隔一定时期应观测一次全过程进行验证。

(3)当上、下游受人类活动影响或分洪、决口而造成水位变化急剧时，应及时增加观测次数。

(4)对于枯水期使用临时断面水位推算流量的小河站，非汛期使用日平均流量过程线或时段代表法的测站，基本水尺水位无独立使用价值时，可在此期间停测。

(5)河道接近干涸或断流期间，应密切注视水情变化，根据需要增加测次，以测得最低水位及其出现时间，并记录干涸或断流起止时间。

### 2.1.3.3　水库、湖泊站的水位观测

水库水位观测分为水库库区及坝下基本断面水位观测。

水库、湖泊站的水位观测次数应满足河道站的要求。水库库区站基本水尺水位观测在水库涵闸放水和洪水入库以及水库泄洪时，根据水位变化情况加密测次。水库坝下站基本水尺水位观测，在水库泄洪开始和终止前后加密测次。

### 2.1.3.4　堰闸站的水位观测

堰闸上、下游基本水尺水位应同时观测，每次闸门开启前后需加密测次。利用堰闸测流的测站，在观测上、下游水位的同时需观测闸门的开启高度、孔数及流态。

(1)分别记载各闸孔的编号及垂直开启高度。闸门开启高度读至1 cm，当闸门提出水面后，仅记“提出水面”；弧形闸门的开启高度应换算成垂直高度；当闸门开启高度用悬吊闸门的钢丝绳收放长度计算时，应对关闸时钢丝绳松弛所造成的读数误差进行改正。当各孔流态一致而开启高度不一致时，需计算其平均开启高度(当各孔宽度相同时，采用算术平均法；当各孔宽度不相同时，采用宽度加权平均法)。

叠梁式闸门应测记堰顶高程。当有多个闸孔时，需计算平均堰顶高程(当各孔宽度相同时，采用算术平均法计算；当各孔宽度不同时，采用宽度加权平均法计算)。

(2)流态可用目测判断，不易识别时，可用水力学方法计算确定。堰闸出流的流态分为自由式堰流(简写为“自堰”、以符号“○y”表示，余同)、自由式孔流(“自孔”、“○k”)、淹没式堰流(“淹堰”、“●y”)、淹没式孔流(“淹孔”、“●k”)和半淹没式孔流(“半淹孔”、“◒k”)。

### 2.1.3.5　潮水位站的水位观测

潮汐是海水受日、月等天体引力作用而产生的周期性水面升降现象，气象因子和河川径流等也会影响潮汐的变化。在潮汐涨落变化过程中，水位上升(下降)的过程称涨(落)潮，涨(落)潮至最高(低)水位称为高(低)潮。在高潮和低潮时，水面有短时间停止涨落的现象称为平潮。相邻的高潮和低潮之差称为潮差，从高潮至前(后)一相邻低潮的潮差称为涨(落)潮落差。前后连续两次高潮或低潮的间隔时间称为潮期，从高潮至前(后)一相邻低潮的间隔时间称为涨(落)潮历时。

对于不受潮汐影响时期，可按河道站的要求布置测次。

在受潮汐影响期间，要求连续观测，观测次数应以观测到潮汐变化的全过程并满足水情拍报的要求为原则。封冻期应破冰观测高、低潮水位。观测潮水位时，可同时观测流向、风向、风力、水面起伏度。若测站附近有闸门控制的河流汇入或流出而影响水位变化，

应在备注栏注明闸门的开关情况。

一般站应每隔 1 h 或 30 min 在整点或半点时观测一次，并在高、低潮前后，应每隔 5 ~ 15 min 观测一次，应测到高、低潮水位及其出现时间。

当受台风或风暴潮影响，潮汐正常变化规律发生变化时，在台风或风暴潮影响期间加密测次；当受混合潮或副振动影响，高、低潮过后，潮水位出现 1 ~ 2 次小的涨落起伏时，加密测次。

已有多年连续观测资料，基本掌握潮汐变化规律且无显著的日潮不等现象的测站，白天可按上述规定进行观测，夜间可只在高、低潮出现前后 1 h 内进行观测，缺测部分可根据情况用直线或按比例插补。

对临时测站，当资料应用上不需要掌握潮水位的全部变化过程时，可仅在高、低潮前后一段时间加密测次，并应观测到高、低潮前后一段时间内的潮水位涨落变化情况。

## 2.1.4　风向、风速及水面起伏度、流向观测

风向、风速和水面起伏度的观测可根据需要及河流特性确定。对有顺流、逆流的测站，需观测流向。

### 2.1.4.1　风向、风速观测

地面测量的风是空气相对地面的水平运动，用风向和风速表示。风向是指风的来向，以磁方位表示；风速是指单位时间内空气移动的水平距离，为风的强度（也称风力）。

风向、风速观测宜采用器测法，如使用便携式风向风速仪（见图 3-2-1），也可使用目测。目测风向，根据风对地面景物如烟的方向、布条展开的方向以及人体的感觉等方法，按八个方位进行估计，方位与记录符号使用应根据如图 3-2-2 所示的风向的磁方位的规定。目测风速，根据风对地面物体的影响而引起的各种特征，将风力大小分为 13 级，可按表 3-2-2 所列的风力等级征兆估测。

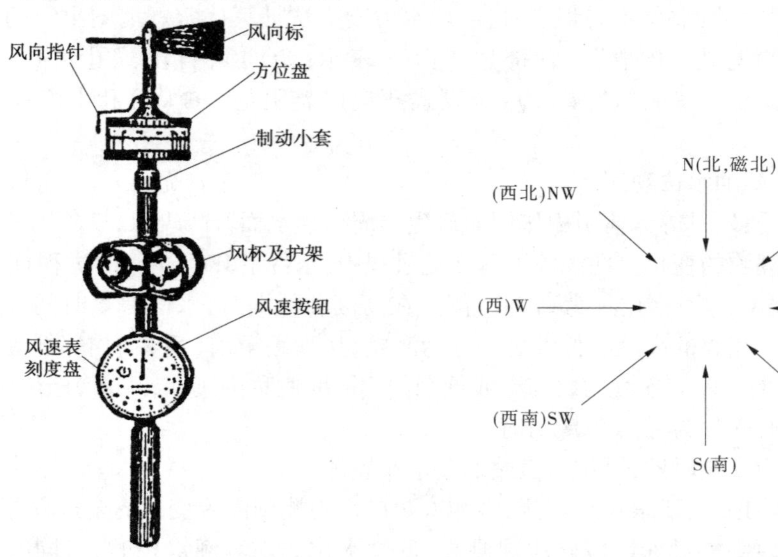


图 3-2-1　便携式风向风速仪　　图 3-2-2　风向的磁方位示意图

表3-2-2 风力等级描述征兆

| 风力等级 | 名称 | 陆上地物征象 | 相当于平地10 m高处的风速(m/s) | |
|---|---|---|---|---|
| | | | 范围 | 中数 |
| 0 | 无风 | 静、烟直上 | 0.0～0.2 | 0 |
| 1 | 软风 | 烟能表示风向,树叶略有摇动 | 0.3～1.5 | 1 |
| 2 | 轻风 | 人面感觉有风,树叶有微响,旗子开始飘动,高的草开始摇动 | 1.6～3.3 | 2 |
| 3 | 微风 | 树叶及小枝摇动不息,旗子展开,高的草摇动不息 | 3.4～5.4 | 4 |
| 4 | 和风 | 能吹起地面灰尘和纸张,树枝动摇,高的草呈波浪起伏 | 5.5～7.9 | 7 |
| 5 | 清劲风 | 有叶的小树摇摆,内陆的水面有小波,高的草波浪起伏明显 | 8.0～10.7 | 9 |
| 6 | 强风 | 大树枝摇动,电线呼呼有声,撑伞困难,高的草不时倾伏于地 | 10.8～13.8 | 12 |
| 7 | 疾风 | 全树摇动,大树枝弯下来,迎风步行感觉不便 | 13.9～17.1 | 16 |
| 8 | 大风 | 可折毁小树枝,人迎风前行感觉阻力甚大 | 17.2～20.7 | 19 |
| 9 | 烈风 | 草房遭受破坏,屋瓦被掀起,大树枝可折断 | 20.8～24.4 | 23 |
| 10 | 狂风 | 树木可被吹倒,一般建筑物遭破坏 | 24.5～28.4 | 26 |
| 11 | 暴风 | 大树可被吹倒,一般建筑物遭严重破坏 | 28.5～32.6 | 31 |
| 12 | 飓风 | 陆上少见,其摧毁力极大 | >32.6 | |

#### 2.1.4.2 水面起伏度观测

观测对水位观读精度有影响的水尺附近的水面起伏情况。水面起伏度以水尺处的波浪变幅为准。当水尺设有静水设备时,水面起伏度应以静水设备内实际发生的变幅确定,并应在水位观测记载表的"备注"栏中说明。

波浪变幅是指水尺处波浪从波峰到波谷的高度,观测时可以在水尺上读取水面波动的最高值和最低值,按表3-2-3所列的水面起伏度分级记载在水位观测记载表中"风向及起伏度"栏内。对水库、湖泊和潮水位站,当起伏度达到4级时,需加测波浪高度,记在记载簿的"备注"栏内。

表3-2-3 水面起伏度分级

| 水面起伏度级别 | 0 | 1 | 2 | 3 | 4 |
|---|---|---|---|---|---|
| 波浪变幅(cm) | ≤2 | 3～10 | 11～30 | 31～60 | >60 |

#### 2.1.4.3 流向观测

对有顺流、逆流的测站,应观测记录水流流向情况。流向可使用浮标或漂浮物确定,当岸边与中泓流向不一致时,应以中泓为准。顺流、逆流、停滞分别以"∧"、"∨"、"×"

符号记载。

## 2.1.5　水温与岸上气温观测

### 2.1.5.1　水温观测

水温观测的目的在于了解水温的变化，为分析研究水面蒸发因素、冰凌的形成与消失变化规律等方面提供所需要的水温资料。

1. 水温观测地点的选择

对于水温观测地点，河道站一般选在基本水尺断面或其附近靠近岸边的畅流处；堰闸站可选在闸上或闸下基本水尺断面附近畅流处；水库观测可选在坝上水尺附近便于观测并有代表性的地点。为使所测水温有一定的代表性，观测地点附近不应有泉水、工业废水、生活污水等流入。

2. 观测时间和次数

水温应与水位同步观测，一般在每日 8 时（西部地区冬季可改在其他时间）观测一次，有特殊要求时可以另定观测时间和次数。当进入冬季稳定封冻期后，水温观测连续 3～5 d均在 0.2 ℃以下时，即可停测。当冰面有融化迹象时，要及时恢复观测。

3. 水温观测的方法

水温可用温度表法和热敏电阻法等仪器方法观测。一般用刻度不大于0.2 ℃的框式水温计、深水温度计或热敏电阻温度计，后两种适用于深水观测。使用的水温计须定期进行检定。

水温读数一般应准确至0.1～0.2 ℃。观测时，当水深小于1 m 时，可放至半深处，若水太浅，可斜放入水中，不能触及河底；当水深大于1 m 时，水温计应放在水面以下0.5 m处。水温计放入水中停留时间应不少于5 min。

### 2.1.5.2　岸上气温观测

气温观测在观测水温地点的附近岸上进行。岸上气温可用置于岸上的小型百叶箱内的普通气温表观测，也可用手摇温度表观测。所用温度表应定期检定。当附近有气象台站，其气温资料能代表岸上气温时，可直接引用。水文测站气温观测精度为0.5 ℃。

## 2.1.6　冰情目测

冰情目测是为了系统地了解冰情的变化。目测项目主要有微冰、岸冰、流冰花、流冰、封冻、冰上流水、连底冻、岸边融冰、冰层浮起、冰塞、冰坝、冰滑动、解冻、流冰块最大尺寸、流冰速度和发生日期等。

### 2.1.6.1　目测的时间与范围

每年在可能出现结冰现象期间，在河道、湖泊内和水库内测站基本水尺断面及其附近可见范围内进行观测。选择适宜的并有足够长度的河段，使观测的冰情能有良好的代表性。河段长度，小河应不小于200 m，较宽河流则为1 000～2 000 m。

冰情目测时，在已选范围内水尺附近的河岸上，选择较高的地点作为冰情观测的基点。基点要求观测方便，可以清楚地看到全河段的冰情全貌，如一处的基点不能满足要求，可选2～3 处；测冰流量的测站应满足准确观测疏密度的要求。

#### 2.1.6.2　观测要求

在出现结冰现象的时期内，一般在每次观测水位时，均应进行冰情目测和气温、风力风速以及天气状况观测。当冰情发生显著变化时，应增加测次。目测冰情项目按测站测验任务书要求，目测时可用望远镜作更详细的观测。主要冰情可按表3-2-4所列《河流冰情观测规范》(SL 59—93)规定的冰期冰情符号记载。

表3-2-4　《河流冰情观测规范》(SL 59—93)规定的冰期冰情符号

| 序号 | 冰情名称 | 符号 | 序号 | 冰情名称 | 符号 |
|---|---|---|---|---|---|
| 1 | 初生冰 | \| | 7 | 封冻 | \| |
| 2 | 岸冰 | \| \| | 8 | 冰上流水 | \| \| |
| 3 | 稀疏流冰花(疏密度≤0.3) | ⋇ | 9 | 融冰、冰层浮起 | \| \| |
| 4 | 流冰花(含中度和密集流冰花，疏密度>0.3) | ⁎ | 10 | 冰坝 | ▲ |
| 5 | 稀疏流冰(疏密度≤0.3) | ○ | 11 | 冰塞 | △ |
| 6 | 流冰(含中度和密集流冰，疏密度>0.3) | ● | 12 | 冰滑动 | + |

对于由出现至消失变化不大或变化缓慢的冰情现象，初生冰、水内冰、封冻、连底冻、解冻、终冰应记载发生日期，其中封冻、解冻还应说明其类别；冰上流水应测记发生日期、位置和尺寸或范围；岸冰应测记出现日期、位置、尺寸及类别。

流冰、流冰花应测记流冰或流冰花的疏密度及其变化，最大流冰块的尺寸与流速，以及冰花团的种类。

冰塞应测记冰塞形成的位置、发生与消失的时间及大致过程，受冰塞现象影响的水位变化过程。

冰坝应观测冰坝形成、溃决及其持续时间内发生明显变化的时间及大致过程，冰坝的位置，估测其大致尺寸，受冰坝演变影响的水位变化过程，测绘冰坝时的冰情图或进行冰情摄影。

当冰情现象复杂、不易用文字表达时，可按《河流冰情观测规范》(SL 59—93)规定要求绘制河段冰情图。有照相设备的测站，可配合冰情图测绘，拍摄冰情图片。冰情图测绘河段应有代表性并宜与冰厚测量的河段一致。

## 2.2　数据资料记载与整理

### 2.2.1　水尺观测水位记载

#### 2.2.1.1　水(潮)位观测记载簿

水(潮)位观测记载簿分为封面、观测应用的设备和水尺零点(或固定点等)高程说明表、基本水尺水(潮)位记载表。水位观测记载簿封面有测站名称和编码，流域水系名，所在行政区地名，记载水位的年度月份，观测、校核、站长签名，共有页数等。观测应用的设备和水尺零点(或固定点等)高程说明表填记采用基面及与基准(如1985国家高程基准)的关系,书写行填写基面水尺高程变动的日期、原因,校测时水尺的情况及设置临时水尺情况等相应内容。

#### 2.2.1.2 基本水尺水(潮)位记载表

基本水尺水(潮)位记载格式见表3-2-5。

表3-2-5 ________站基本水尺水(潮)位记载表

________年________月　　第______页

| 日 | 时:分 | 水尺编号 | 水尺零点(或固定点)高程(m) | 水尺读数(m) | 水位(m) | 日平均水位(m) | 流向 | 风及起伏度 | 备注 |
|---|---|---|---|---|---|---|---|---|---|
| | | | | | | | | | |
| | | | | | | | | | |
| | | | | | | | | | |

表中各项目填记要求为:

(1)时间。“日”、“时:分”,填写水位观测的时间,如:日期填写“06”,时间填写“13:06”。

(2)“水尺编号”。填写该次所观测水尺的编号。

(3)“水尺零点(或固定点)高程”。填写该水尺或固定点的零点应用高程。

(4)“水尺读数”及“水位”。填写该次观读的水尺读数及计算出的水位。

不参加日平均水位计算的水位,使用黑铅笔在数值下方画一横线;选为月特征值的最高(低)水位或潮水位站选为高(低)潮的水位,应用红(蓝)铅笔在数值下方画一横线。

出现河干、连底冻情况,填记“河干”或“连底冻”字样。

对于水面低于零点高程的观测读数,应在记录的数字前加“-”号(如悬锤式或测针式水位计的观测数值及矮桩式水尺水面低于桩顶的读数等)。

(5)“日平均水位”。将计算所得的日平均水位填入该日第一次观测时间的相应栏内。用自记水位计观测的站,本栏不填,应改在“自记水位记录摘录表”上填写。

(6)“流向”。有顺流、逆流的站填写。当全日逆流或一日兼有逆流、停滞时,记“V”符号;当全日停滞时,记“×”符号;当一日兼有顺流、逆流、停滞时,记“VΛ”符号;当全日顺流或一日兼有顺流、停滞时,可不另外加记顺流符号。

(7)“风及起伏度”。风向用表示风向的英文字母表示,风力记在字母的左边,水面起伏度记在右边。如北风3级,水尺处发生起伏约14 cm的波浪,水面起伏度为2级,则记为“3N2”。前后两次观测结果相同,使用相同符号,记载不应省略,即不能以“〃”代替。

(8)“备注”。记载影响水情的有关现象以及其他需要记载的事项。

### 2.2.2 水位观测结果计算方法

水位观测结果计算包括瞬时水位和日平均水位的计算。

#### 2.2.2.1　瞬时水位的计算

瞬时水位 $Z$ 数值用某一基面以上米数表示，为水尺读数 $h$ 与水尺零点高程 $Z_0$ 的代数和，即 $Z = Z_0 + h$。

计算时，应注意水尺读数的正负号。水尺读数为水位观测记载表中的“水尺读数”值。

#### 2.2.2.2　日平均水位的计算

日平均水位是指在某一水位观测点一日内水位的平均值。它推求的几何原理是，将一日内水位变化过程线的不规则梯形面积概化为矩形面积，其高即为日平均水位。

日平均水位计算方法有时刻水位代表法、算术平均法、面积包围法，根据每日水位变化情况、观测次数及整编方法确定选用。

1. 日平均水位的计算方法

(1)时刻水位代表法。用当日某时刻观测或插补水位值作为本日的日平均水位。适用于一日内水位变化平稳，只观测一次水位时，该次水位值即为当日的日平均水位。

(2)算术平均法。用当日一次以上观测水位值的算术平均值作为本日的日平均水位。适用于一日内水位变化平缓，或变化虽较大，但观测或摘录时距相等的情况。计算公式为

$$\overline{Z} = \frac{\sum_{i=1}^{n} Z_i}{n} \tag{3-2-1}$$

式中　$n$——一日观测水位的次数；

$Z_i$——一日各观测时刻的水位值，m；

$\overline{Z}$——日平均水位，m。

2. 未观测日水位的处理

当每2～5 d观测一次水位时，其未观测水位的各日日平均水位可按直线插补求得。

3. 不计算日平均水位的条件

(1)当一日内有部分时间河干或连底冻，其余时间有水时，不计算日平均水位，但应在水位记载簿中注明情况。

(2)日平均水位无使用价值的测站可不计算。

### 2.2.3　水位过程线的绘制

水位过程线是点绘的水位随时间变化的连续曲线，分为逐时(瞬时)水位过程线和逐日平均水位过程线。逐时水位过程线是在每次观测水位后随即点绘的，以便作为掌握水情变化趋势，合理布设流量、泥沙测次的参考，同时是流量资料整编时建立水位—流量关系和进行合理性检查的重要参考依据。逐日平均水位过程线用以概括反映全年的水情变化趋势。水位过程线一般与流量、含沙量、降水量、岸上气温、冰厚等水文要素过程线绘制在同一张图中。人工点绘时使用专用图纸，也可使用 Excel 或专用软件(如整汇编软件)绘制。

点绘过程线时，图面要求布置适当，点清线细，点线分明。图上应注明图名(××河

××站20××年××月水位过程线图)、坐标名称及单位——水位(××基面以上米数)(m)和时间标度(h、d等)、图例,以及点绘、校核人签名。

人工点绘通常选用水文要素过程线专用图纸,用黑色铅笔绘制。纵坐标为水位,横坐标为时间。图幅大小可按月或年水位的变化幅度确定比例大小,比例一般选择其1、2、5或10、1/10的倍数,同一张图内一般不要变换比例。

绘制逐时过程线时,各相邻点间一般用直线连绘。实测点间用实线连接,为插补过程时用虚线连绘。月水位极值用┴或┬(横线7 mm、竖线4 mm)符号标示,月最高水位符号用红色,月最低值水位符号用蓝色。当一日内水位变化较大时,可将日平均水位用横线表示在水位过程线上。有河干或连底冻时,在开始与终了时间处划一竖线,中间注“河干”或“连底冻”字样。

水位过程线上除点绘水位值外,还在实测流量相应时刻、相应水位处点绘实测流量符号,并注明实测号数。

# 模块3　流量测验

## 3.1　测验作业

流量测验方法有许多分类，但流速面积法是基础。流速测量和过流面积测量是流速面积法的基本要素，而过流面积又是由水深和断面宽（起点距、间距）测量计算的。可见，流速面积法测流的原始作业是断面横竖的线度（宽、深）和纵向的单位时间线度（流速）的测量，然后通过与原理方法相应的计算，获得断面流量成果。为了使宽、深、流速测量的仪器工具到达预定位置或有其装载的平台，河流流量测验有时还需要一些渡河设施设备和仪器运行装备的配合。

### 3.1.1　常规流量测验仪器（器具）准备

常规流量测验主要指用流速仪或浮标测量流速，普通仪具测量宽深的流速面积法测流。实施流量测验前应准备相应方法的仪器工具和器材。

#### 3.1.1.1　流速仪和浮标的准备

1. 流速仪检查与安装

流速测量也可根据情况和条件选用电波流速仪、超声波流速仪等其他自动化仪器。

流速仪通常可拆分成旋转部件、身架部件和尾翼等三个主要部分。使用前，这些部件以设计合适的位置装在仪器箱内，仪器箱放在稳当安全的地方。准备使用时，先看箱体有无损坏；开箱后，轻拿各部件作外观检查；检查无损后，将旋转部件和尾翼装在身架上，旋紧螺栓；口对桨叶轻轻吹气，试验检验旋转部件的灵敏性，仪器灵敏才能使用；接通电源和信号器，转动桨叶检验信号，信号通畅可靠才能使用。

流速仪组装检验完好后，安装到铅鱼或悬杆上。

2. 浮标制作与准备

在断面漂浮物较多、水流条件复杂等情况下，流速测验不适合各类流速仪的作业，或水流流速不在流速仪测速范围，可使用浮标进行流速测验。

浮标是漂浮于水流表层或悬浮于水中用以测定流速的人工或天然漂浮物。一般有水面浮标、小浮标、浮杆或深水浮标等类型。水面浮标适用于水面比较平稳的断面，小浮标适用于水流浅、流速小的断面，浮杆或深水浮标适用于水流比较复杂的断面。每个水文站所适用的浮标一般在设站初期经试验确定，不宜频繁更改。

浮标一般都由职工自己动手制作，简单的可用铅丝扎秸秆；复杂一些的可用木杆制成四面体等框架，再辅助色布蒙盖；夜明浮标可用一般浮标系上装进透明塑料袋的电珠电池，也可浇油于秸秆扎燃烧投放，或者用发光粉涂敷漂浮物等。

用浮标实施测流前，应将浮标依序放置在投放器旁边。夜明浮标在投放时再点亮。

#### 3.1.1.2　起点距测量仪器器具的准备

正常情况下可采用断面索、辐射杆、平板仪、六分仪、经纬仪等仪器或设施测量起点距。

河道水面较窄、枯水期能涉水测量时,可用钢尺或皮尺直接丈量断面起点距。

可利用红外测距仪、GPS 等自动测量仪器直接测量断面起点距。

测流前,平板仪、六分仪、经纬仪、红外测距仪、GPS 等仪器要按测量仪器使用准备的要求检查,钢尺或皮尺应目视检查,其他起点距测量器具也应查看检验。

#### 3.1.1.3　水深测量仪器器具的准备

(1)测深杆。是用金属或其他材料制成的带有刻度的刚性标杆。测深杆上的尺寸标志,在不同水深读数时,应能准确至水深的1%。应准备几根长度不同的测深杆,并放在既安全又便于取用的地方(如顺船放在船舷后船舱顶盖上)。有的测深杆杆头设置触底盘作零点,可检查触底盘是否牢靠。

(2)测深锤。是由重锤和带有分米(dm)标志的测绳组成的一种测量水深的测具。测绳上的尺寸标志应在测绳浸水、受测深锤重量自然拉直的状态下设置。

测站应有备用的系有测绳的测深锤 1 ~2 个。当断面为乱石组成,测深锤易被卡死损失时,备用的系有测绳的测深锤不宜少于 2 个。

(3)测深铅鱼。实际就是用铅鱼作重锤,牵拉悬吊悬索入水触底,观读悬索与水面相交处的分划数值或自动记录悬索从水面到入水触底的长度。这些装置一般都设置在专门的水文绞车上。根据具体装置,水深的测读方法可采用直接读数法、游尺读数法、计数器计数法等。在缆道上使用铅鱼测深,应在铅鱼上安装水面和河底信号器;在船上使用铅鱼测深,可只安装河底信号器。准备时,应检验信号是否可靠。可在铅鱼的鱼身部分垂直于水平轴线涂 5 ~10 cm 宽红白相间的油漆条带,以作水上悬空时的安全警示标志。

悬吊铅鱼的钢丝索尺寸应根据水深、流速的大小和铅鱼重量及过河、起重设备的荷载能力确定。采用不同重量的铅鱼测深时,悬索尺寸宜作相应的更换。

(4)超声波测深仪及其他自动测深仪器应按说明书或操作要求做准备。在使用前应进行现场比测,比测点宜分布于不同水深的垂线处。

### 3.1.2　直接量距法测量起点距

起点距指测验断面上,以一岸断面桩为起始点,沿断面方向至另一岸断面桩间任意一点(垂线)的水平距离。大断面和水道断面的起点距,均以高水时的断面桩(一般用左岸桩)作为起算的零点。

起点距测量方法有多种,主要包括直接量距法、建筑物标志法、地面标志法、计数器测距法、仪器交会法及 GPS 测量等。本节介绍直接测量起点距的方法。

起点距直接测量的方法主要包括钢尺或皮尺丈量、断面索量读、测距仪测量等。

#### 3.1.2.1　利用钢尺或皮尺测量起点距

河道水面较窄能涉水测量时,可用钢尺或皮尺直接丈量断面起点距或垂线间距。

采用直接量距法测定桩点、垂线的起点距时,之前应将桩点设置在断面线上,保证一定精度的直线度。第一条垂线或第一个桩点应以断面的固定桩为始点,第二条垂线或第二个桩点以第一条垂线或第一个桩点为始点,依次量距。量距时,应注意使钢尺或卷尺在两垂线或桩点间保持水平。

#### 3.1.2.2　利用断面索量读起点距

当河宽不太大、有条件横跨断面架设断面索时,可在缆索布设起点距标志(牌),用索上的量距标志直接量读出各个桩点或垂线的起点距。一般宜采用等间距的尺度标志。当河宽大于50 m时,最小间距可取1 m;当河宽小于50 m时,最小间距可取0.5 m。每5 m整倍数处应采用不同颜色的标志加以区别。第一个标志应正对断面起点桩,其读数为零;当不能正对断面起点桩时,可调整至距断面起点桩一整米(m)数距离处,其读数为该处的起点距。

每年应在符合现场使用的条件下,采用经纬仪测角交会法对标志检验1~2次。当缆索伸缩或垂度改变时,原有标志应重新设置,或校正其起点距。跨度和垂度不固定(升降式)的过河缆索,不宜在缆索上设置标志。

#### 3.1.2.3　利用自动测量仪器直接测量断面起点距

可利用红外测距仪、GPS等自动测量仪器直接测量断面起点距。

利用红外测距仪测量断面起点距时,应使仪器与被测目标垂线保持垂直。还应注意仪器位置、被测目标位置、断面零点桩位置三者之间的相互关系,以免出现计算错误。当在船上持仪器测量岸上标牌时,若标牌在起点桩(起点距零点)与水流之间,测出的距离加上标牌与起点桩之间的距离为船的起点距;若起点桩(起点距零点)在标牌与水流之间,测出的距离减去标牌与起点桩之间的距离为船的起点距。

利用红外测距仪、GPS等自动测量仪器直接测量断面起点距时,应保证测量时的通信信号质量,并严格按照仪器的操作规则进行测量作业。

#### 3.1.2.4　计数器测距法

测流缆道循环索驱动轮一般装有起点距计数器,可以测记起点距。

### 3.1.3　水深测量

测量水体水面某点到其床面的垂直距离的作业称为测深。测深工具主要有测深杆、测深锤、铅鱼、超声波测深仪及其他自动测深仪器等。

#### 3.1.3.1　测深杆测深

测深杆适应于水深较小、流速也较小时的水深测量。测深杆测深操作,即手持杆尾将杆头从稍上游入水,待杆头触底杆身竖直时,观读杆身与水面相交处的分划数值。

河底为比较平整的断面时,每条垂线的水深应连测两次。当两次测得的水深差值不超过较小水深值的2%时,水深成果取两次水深读数的平均值;当两次测得的水深差值超过2%时,应增加测次,水深成果取符合限差2%的两次测深结果的平均值。

当多次测量达不到限差2%的要求时,水深成果可取多次测深结果的平均值。

河底为乱石或较大卵石、砾石组成的断面时,应在测深垂线处和垂线上、下游及左、右侧共测五点。四周测点距中心点的距离,小河宜为0.2 m,大河宜为0.5 m,并取五点水深读数的平均值为测点水深。

#### 3.1.3.2　测深锤测深

测深锤适用于水深较大、流速也较大时的水深测量。测深锤测深操作一般需要两人配合，一人手持锤头从稍上游放锤入水，一人手抓测绳，待锤头触底绳伸展竖直时，观读绳与水面相交处的分划数值。

每条垂线的水深应连测两次。两次测得的水深差值，当河底比较平整的断面不超过较小水深值的3%，河底不平整的断面不超过5%时，水深成果取两次水深读数的平均值；当两次测得的水深差值超过上述限差范围时，应增加测次，水深成果取符合限差的两次测深结果的平均值；当多次测量达不到限差要求时，水深成果可取多次测深结果的平均值。

每年汛前和汛后应对测绳的尺寸标志进行校对检查。当测绳的尺寸标志与校对尺寸的长度不符时，应根据实际情况，对测得的水深进行改正。当测绳磨损或标志不清时，应及时更换或补设。

#### 3.1.3.3　铅鱼测深

铅鱼测深一般根据铅鱼入水和触底的信号，测算期间运移的悬索长度即可实现。

当采用计数器测读水深时，应进行测深计数器的率定、测深改正数的率定、水深比测等工作。水深比测的允许误差：当河底比较平整或水深大于3 m时，相对随机不确定度不得超过2%；当河底不平整或水深小于3 m时，相对随机不确定度不得超过4%，相对系统误差应控制在±1%范围内；当水深小于1 m时，绝对误差不得超过0.05 m。不同水深的比测垂线数不应少于30条，并应均匀分布。当比测结果超过上述限差范围时，应查明原因，予以校正。当采用多种铅鱼测深时，应分别进行率定。

每次测深之前应仔细检查悬索（起重索）、铅鱼悬吊、导线、信号器等是否正常。若发现问题，应及时排除。

用悬索悬吊测深锤或铅鱼测深时，因水流作用使悬索对垂线发生偏斜，因而需读记悬索偏角，对所测水深进行改正。改正通常包括干绳改正和湿绳改正两部分，当悬索偏角大于10°时，一般进行湿绳改正，干绳长度改正，需要根据缆索高度等情况计算后确定。

每条垂线水深测量次数及允许误差范围与测深锤测深的要求相同。

对于缆道铅鱼系统，每年应对悬索上的标志或计数器进行一次比测检查。在主索垂度调整，更换铅鱼、起重索、传感轮及信号装置时，应及时对计数器进行率定、比测。

### 3.1.4　流速仪测验测点流速

#### 3.1.4.1　流速测点布置的一般要求

（1）一条垂线上相邻两测点的最小间距不宜小于流速仪旋桨或旋杯的直径。

（2）测水面流速时，流速仪转子旋转部分不得露出水面。

（3）测河底流速时，应将流速仪下放至相对水深0.9以下，并应使仪器旋转部分的边缘离开河底2～5 cm。当测冰底或冰花底时，应使流速仪旋转部分的边缘离开冰底或冰花底5 cm。

#### 3.1.4.2　流速仪的安装设置及要求

（1）流速仪可装在缆道铅鱼上应用，也可装在缆道吊箱内或测船上使用，还可涉水持杆使用。装在测船上使用时，离船边的距离不应小于1.0 m；小船不应小于0.5 m。

(2)流速仪可采用悬杆悬吊或悬索悬吊。悬吊方式应使流速仪在水下呈水平状态。当多数垂线的水深或流速较小时,宜采用悬杆悬吊。

(3)采用悬杆悬吊时,应使装在悬杆上的仪器能在水平面范围内随导向尾翼转动,以平行于测点上当时的流向。当采用固定悬杆时,悬杆一端应装有底盘,盘下应有尖头。

(4)铅鱼可采用单点或可调重心的"八字形"悬索悬吊方式,以保持随遇稳定。流速仪装在铅鱼专用杆桩上,能在水平面范围内随导向尾翼转动,以平行于测点上当时的流向。

#### 3.1.4.3　流速仪测点定位和选点法测速垂线测点分布

起点距测量确定垂线位置,在垂线测出水深后可确定测点深度。水文测验中流速点位常从水面起算用点位深度除以全水深的"相对水深"表示。使用流速仪进行流速测验时,首先应根据水深及测验方案确定流速测点的相对位置。以流速测点的相对位置乘以垂线应用水深(冰期为有效水深),即流速测点的实际位置(水深),然后据此可以进行流速仪定点测速。如水深5.0 m,相对水深0.2处,即为水面之下1.00 m的点位。将流速仪下放到该点位,即可实施该点的流速测验。

流速仪选点法测速垂线流速测点分布位置如表3-3-1所示。通常将一点法、二点法和三点法称为常测法,五点法称为精测法,六点法和十一点法作为专门试验等有特殊需要时选用的方法。

表3-3-1　流速仪选点法测速垂线流速测点分布位置

| 测点数 | 相对水深位置 | |
|---|---|---|
| | 畅流期 | 冰期 |
| 一点 | 0.6或0.5;0.0;0.2 | 0.5 |
| 二点 | 0.2、0.8 | 0.2、0.8 |
| 三点 | 0.2、0.6、0.8 | 0.15、0.5、0.85 |
| 五点 | 0.0、0.2、0.6、0.8、1.0 | |
| 六点 | 0.0、0.2、0.4、0.6、0.8、1.0 | 0.0、0.2、0.4、0.6、0.8、1.0 |
| 十一点 | 0.0、0.1、0.2、0.3、0.4、0.5、0.6、0.7、0.8、0.9、1.0 | |

#### 3.1.4.4　流速仪测速历时

为了获取时均流速,消除流速脉动的影响,一般采取延长测速历时的方法进行流速测验。考虑天然河道水流中各项水力因素的变化,以及单次流量测验对总体测验时间的要求,单个流速测点上的测速历时一般采用100 s。在洪水涨落变化较快、流速变率较大、垂线上测点较多等条件下,为了不至于因测速历时过长而影响流量测验精度,允许测速历时减为60 s。对洪水暴涨暴落,或有水草、漂浮物、严重流冰等特殊情况,为了取得资料,测速历时可以再度缩短,但不应少于30 s。

流速仪测量流速的起点时刻为某信号过后的时刻,终止时刻为超过预定时间的某信号过后的时刻。期间实际时间不一定刚好为预定时间,由实际时间和信号数,按流速仪流速计算公式计算流速。

## 3.1.5　浮标测验流速

### 3.1.5.1　水面浮标测速

1. 水面浮标的制作

(1)浮标入水部分,表面应较粗糙,不应呈流线型,应保持浮标在水中漂流稳定。浮标的入水深度不得大于水深的1/10。

(2)浮标露出水面部分的受风面积应尽可能小些,不致被风浪倾倒或卷入水下。

(3)浮标的材料可就地取材(麦秸、稻草等),形状可以是柱形、十字形或井字形等,但一站各次测流所用浮标的材料、型式、大小、入水深度等应大致相同。

(4)河面较宽时,浮标露出水面部分应有易于识别的明显标志(如旗帜、烟雾等)。

(5)夜间测流可采用火光照明或电光照明等形式的夜明浮标。

(6)浮标制作后宜放入水中试验。

2. 浮标投放设备

采用水面浮标测流的测站,宜设置浮标投放设备。浮标投放设备由运行缆道和投放器构成,并应符合下列要求:

(1)投放浮标的运行缆道,其平面位置应设置在浮标上断面的上游一定距离处,距离的远近,应使投放的浮标在到达上断面之后能转入正常运行,其空间高度应在调查最高洪水位以上。

(2)浮标投放设备应构造简单、牢固、操作灵活省力,并应便于连续投放和养护维修。

(3)没有条件设置浮标投放设备的测站,可用船投放浮标,或利用上游桥梁等渡河设施投放浮标。

3. 水面浮标的投放方法

(1)用均匀浮标法测流,应在全断面均匀地投放浮标,有效浮标的控制部位宜与测流方案中所确定的部位一致。在各个已确定的控制部位附近和靠近岸边的部分应有1~2个浮标。

浮标投放顺序:自一岸顺次投放至另一岸。当水情变化急剧时,可先在中泓部分投放,再在两侧投放。当测流段内有独股水流时,应在每股水流投放有效浮标3~5个。

(2)当采用浮标法和流速仪联合测流时,浮标应投放至流速仪测流的边界以内,使两者测速区域相重叠。

(3)用中泓浮标法测流,应在中泓部位投放3~5个浮标,选择运行正常的浮标作测速计算依据。

(4)采用漂浮物浮标法测流宜选择中泓部位目标显著,且和浮标系数试验所选漂浮物浮标类似的漂浮物3~5个测定其流速。测速的技术要求应符合中泓浮标法测流的有关要求。漂浮物的类型、大小、估计的出水高度和入水深度等应详细注明。

4. 水面浮标测速

根据浮标的投放情况,水面浮标测速可分为均匀浮标法测速、中泓浮标法测速、漂浮物浮标法测速、水面浮标和流速仪联合测速。

水面浮标测速由上、中、下断面观察测记人员配合实施,浮标运行历时的测记和浮标位置的测定按下列规定:

(1)断面监视人员必须在每个浮标到达断面线时及时发出信号。

(2)记时人员在收到浮标到达上、下断面线的信号时,及时开启和关闭秒表,正确读记浮标的运行历时,时间读数精确至0.1 s。当运行历时大于100 s时,可精确至1 s。在此作业的基础上,可由上、下断面间距除以浮标流经其间的时间获得流速数值。

(3)仪器交会人员应在收到浮标到达中断面线的信号时,正确测定浮标的位置,记录浮标的序号和测量的角度,计算出相应的起点距。

浮标起点距位置的观测应采用经纬仪或平板仪测角交会法测定。开始测量前,应定好后视位置;在每次测流交会最后一个浮标以后,将仪器照准原后视点校核一次,当确定仪器位置未发生变动时,方可结束测量工作。

### 3.1.5.2　小浮标测速

1. 小浮标的制作

小浮标是在流速仪无法施测的浅水中测量水流速度的小型人工浮标。小浮标宜采用厚度为1~1.5 cm的较粗糙的木板,做成直径为3~5 cm的小圆浮标,表面不宜过于光滑和呈流线型。一个测站所采用的小浮标型式,在经过系数试验以后应基本固定下来,不要随意改变。

2. 小浮标测速

(1)小浮标适用于水深很小、流速很小、水流比较平稳的断面测速。一般限于水深小于0.16 m,并应尽可能选择无风天气使用。

(2)可根据水流情况临时在测流断面上、下游设立两个辅助断面,间距(即浮标航距)应不少于2 m,并使辅助断面与测流断面平行。

(3)每个浮标的运行历时一般应不少于20 s,如流速较大,可酌情缩短,但不能少于10 s。

(4)当出现漫滩情况,滩地部分水深很浅时,可以采用流速仪和小浮标联合测验。

### 3.1.5.3　浮杆或深水浮标测速

1. 浮杆的制作

一种常见的制作方法是,用直径为1.5~2 cm的两根木杆,分别刻成凹、凸形,互相并拢,再用铁皮包起,两杆要能够上下错动,以根据水深调整浮杆长度。

另一种常见的制作方法是,用直径为3 cm左右的一根木杆和一个直径稍大一点的铁皮筒套接,木杆上每隔相等的距离(2~5 cm)开若干小孔,与铁皮筒上的孔相连,以此调整浮杆长度,来适应不同的水深。

浮杆使用时,下端应系适当的重物,以保证浮杆在水中运行时的平衡。

2. 深水浮标的制作

一种常见的制作方法是,深水浮标由上、下两个浮标组成,下浮标为深水浮标的主体,可使用具有一定重量的装水(沙)的玻璃瓶等简易材料。上浮标起浮托和标志作用,其体积和比重宜小些,直径为下浮标的1/5~1/4,一般可用小软木塞制成。连接上、下浮标的细线一端系于下浮标的中心,另一端穿过上浮标中心小孔。细线应能够调整长度,以适应测点深的要求。

3. 浮杆或深水浮标测速

(1)浮杆或深水浮标适用于水深较大、流速很小、水流比较平稳的断面测速。如果仅是部分流速很小,可以采用浮杆或深水浮标与流速仪联合测验。

(2)在测流断面上、下游设立两个辅助断面,间距可取 2 ~3 m,并使辅助断面与测流断面平行。

(3)浮标投放前,应先根据水深大小调整好浮杆的入水深度或深水浮标的测点深度。

(4)每个浮标的运行历时一般应不少于 20 s,如深水浮标的个别测点流速已大于流速仪测速下限,浮标的运行历时可适当少于 20 s。

## 3.1.6　常规流量测验中相关和附属项目的观测

### 3.1.6.1　流向偏角测量

虽然设计布设测流断面时,强调断面垂直于流速方向,但实际水流方向很难全部如此,流向或许偏离。测验断面上各点水流运动的方向与垂直于断面线的方向线的夹角称为流向偏角。因为流速测量目标量是垂直断面方向的流速,所以流向偏角会给流速测量成果带来误差:偏角为 10°时,误差为 1.5%;偏角为 25°时,误差可达 10%。因此,当流向偏角超过 10°时,应测量流向偏角,并进行流向偏角改正。流向偏角测量,河口潮流站应采用流向仪,其余测站亦可采用流向器或系线浮标等。常用的方法有以下几种:

(1)采用流向仪测出测流断面垂直线的磁方位角和水流流向的磁方位角,两磁方位角之差即为流向偏角。当使用直读瞬时流向仪且读数不稳定时,应连续读 3 ~5 次,取其平均值。

(2)一种流向仪测具的结构是:圆管上装角度度盘,中间套装转轴,转轴下端带尾翼,上端带指针。采用流向器入水施测水面附近的流向时,使流向器度盘的 0° ~180°线在断面线上,90°线指向即垂直于断面。入水后流向器尾翼带动转轴指针转动,指针偏离度盘 90°指向位置的读数与 90°的差即为流向偏角。

(3)采用系线浮标测量时,宜将浮标系在 20 ~30 m 长的柔软细线上,自垂线处放出,待细线拉紧后,采用六分仪或量角器测算出其流向偏角。当采用量角器时,量角器上应绘有方向线,并应采用罗盘仪或照准器控制其方向,使 0° ~180°线重合于测流断面线,细线拉紧指向位置的读数与 90°的差即为流向偏角。

缆道站或施测流向偏角确有困难的测站,通过资料分析,当影响总流量不超过 1% 时,可不施测流向偏角,但必须每年施测 1 ~2 次水流平面图进行检验。

### 3.1.6.2　相应水位的观测

测站每次测流时,应观测基本水尺水位或摘录自记水位。当测流断面内另设辅助水尺时,应同时观测或摘录水位,并应符合下列要求:

(1)当测流过程中水位变化平稳时,可只在测流开始和终了时各观测或摘录 1 次水位。

(2)平均水深大于 1 m 的测站,当估计测流过程中水位变化引起的水道断面面积的变化超过测流开始断面面积的 5%,或平均水深小于 1 m 的测站,水道断面面积的变化超过10%时,应按能控制水位的要求增加观测或摘录水位的次数。

(3)当测流过程可能跨过水位过程线的峰顶或谷底时,应增加观测或摘录水位的次数。

#### 3.1.6.3　比降水位的观测

设有比降水尺的测站,应根据设站目的及任务书要求观测比降水尺水位。当测流过程中水位变化平稳时,可只在测流开始观测一次;当水位变化较大时,应在测流开始和终了时各观测一次。

#### 3.1.6.4　风向、风力(速)观测

风向、风力(速)是影响浮标流速的重要因素,是决定浮标系数的主要依据之一。另外,风向、风力(速)也可能影响到垂线上水面附近的流速大小及分布情况,进而影响到流速和流量的测验精度。因此,在每次测流的同时,应在岸边观测和记录风向、风力(速)。若岸上风向、风力(速)不能代表河段内水面附近的情况,还应该观测水面附近的风向、风力(速)。在测流期间,若风向、风力(速)变化很小,可只在测流开始和终了时各观测一次。

风向观测,河道、堰闸站及水库站坝下游断面均以河流顺流流向为准。具体记法是,面向下游,从上游吹来的风称为顺风;从下游吹来的风称为逆风;从左(右)岸吹来的风称为左(右)岸吹来。记载以"↓"、"↑"、"→"、"←"箭头表示。

其他风向、风力(速)的观测见本书操作技能——初级工水位模块图3-2-2所示的规定和表3-2-2描述的征兆估测。

#### 3.1.6.5　其他附属项目观测

(1)水面起伏度观测见本书操作技能——初级工水位模块有关内容。

(2)水流流向观测见本书操作技能——初级工水位模块有关内容。潮水河站有顺流、逆流时,改为测记每个潮流期的涨潮憩流和落潮憩流的出现时间及其相应的潮水位。

(3)天气观测。观测的天气现象一般由阴、晴、雨、雪等描述。

(4)水面情况观测。包括漂浮物、风浪等。

(5)其他情况。测验河段附近发生的支流顶托、回水、漫滩、河岸决口、冰坝壅水等临时或短期影响水位—流量关系的有关情况,以及河段附近水库、堤防、闸坝、桥梁等建筑物的新建、改扩建、损毁等可能长期影响水位—流量关系的有关情况,均应详细记载,必要时应及时上报调查记载情况。

## 3.2　数据资料记载与整理

### 3.2.1　流量测验记载一般规定

#### 3.2.1.1　记载的一般规定

(1)各项测验原始记载必须以硬质铅笔在现场随测、随记,要求真实、准确、清晰。

(2)如发现测验记载有错误,应当时用斜线划去,使原记载能认出,并在其右上方填写更改的记载。严禁擦拭、涂改、挖补。

(3)数字记载用阿拉伯数字,数字大小一般以占用2/3格为宜。有效数字后面每

位的取舍,按四舍六入法则处理。即有效数字后的数字小于五者舍去,大于五者末位有效数进一,当等于五时,其末位有效数字为奇数者进一,为偶数者舍去。

(4)各项测验表、簿必须随时整理、计算和校核。按月或年装订成册,妥善保存,不得丢失或损毁。

#### 3.2.1.2　流量测验各相关测验量的单位和有效数字

流量测验相关测验量的单位和有效数字取用位数如表 3-3-2 所示。

表 3-3-2　流量测验相关测验量的单位和有效数字取用位数

| 项目 | 单位名称 | 计量单位 | 取用位数 |
| --- | --- | --- | --- |
| 水位、水尺读数 | 米 | m | 记至 0.01 m。要求读记至三位小数时记至 0.005 m |
| 零点高程 | 米 | m | 记至 0.01 m |
| 水深 | 米 | m | 大于或等于 5 m 时,记至 0.1 m;小于 5 m 时,记至 0.01 m |
| 河底高程、水力半径 | 米 | m | 记至 0.01 m |
| 冰厚、水浸冰厚、冰花厚、冰上雪厚 | 米 | m | 均记至 0.01 m |
| 流速 | 米每秒 | m/s | 大于或等于 1 m/s 时,取三位有效数字;小于 1 m/s 时,取两位有效数字,但小数不过三位 |
| 流速历时 | 秒 | s | 历时大于 100 s 时,记至整数;小于 100 s 时,记至 0.1 s或 0.5 s |
| 流速系数、浮标系数 | | | 计算流量时,取小数两位。分析研究浮标系数、流速系数时,取三位有效数字 |
| 悬索偏角、流向偏角 | 度 | (°) | 记至整数 |
| 起点距 | 米 | m | 水面宽大于或等于 100 m 时,记至整数;水面宽小于 100 m 但大于或等于 5 m 时,记至 0.1 m;水面宽小于 5 m 时,记至 0.01 m |
| 水面宽 | 米 | m | 取三位有效数字。大于或等于 5 m 时,小数不过一位;小于 5 m 时,小数不过二位 |
| 断面面积 | 平方米 | $m^2$ | 取三位有效数字,小数不过二位 |
| 流量 | 立方米每秒 | $m^3/s$ | 取三位有效数字,小数不过三位 |
| 水面比率 | 万分率 | $10^{-4}$ | 取三位有效数字 |
| 河床糙率 | | | 取至 0.001 |
| 水位涨率 | 米每小时 | m/h | 取三位有效数字,小数不过二位 |
| 风速 | 米每秒 | m/s | 取三位有效数字,小数不过二位 |
| 潮量 | 万立方米 | $10^4 m^3$ | 取四位有效数字,小数不过二位 |
| 净泄(进)量 | 万立方米 | $10^4 m^3$ | 所取末位数字的位数应与涨、落潮量中较小潮量的末位数相同 |
| 不确定度 | | % | 取小数一位 |

## 3.2.2　流量测验记载计算表的结构与填记

### 3.2.2.1　流量测验记载计算表的结构

依据测验方法，可以设计流量测验记载计算表，表3-3-3为畅流期流速仪法测深、测速记载及流量计算表的一般结构。

流量测验记载计算表一般由三部分组成，即表头部分、主体部分、统计部分。

表头部分主要记载与本次流量测验相关的一些信息，包括测站名、测流断面、测验时间、天气情况、起点距计算情况、停表牌号等。

主体部分记载了流量测验与计算的主要信息，包括起点距、水深、流速、部分面积、部分流量等的记载、计算。

统计部分一般在表的尾部，记载来自表的主体部分的统计信息，包括最大值、平均值、水面宽、过水断面面积、断面流量、相应水位、水位观测等信息的计算、统计结果。

### 3.2.2.2　流量测验记载计算表记载部分的填记

表3-3-3为畅流期流速仪法测深、测速记载及流量计算表，现将需要填记的主要内容及填记要求分述如下。其他表可以此为例，按要求填记。

1. 表头和说明部分

(1)“施测时间”。以北京时间为标准。一般以水边或第一条测深垂线的起点距定位观测时间作为本次流量测验作业的开始时间。结束时间则是另一岸水边起点距定位观测结束的时间，或最后一条测速垂线测速结束(若为测深垂线，则为水深测量结束)的时间。

(2)“天气”。天气状况记录的是测验时的天气情况，主要分为晴、阴、多云、雨、雪等。

(3)“风向风力”。记录的是测验过程中的平均情况，见本模块3.1.6部分。

(4)“流向”。指主流流向，局部回流等情况一般不予考虑。“∧”代表顺流，“∨”代表逆流，“×”代表停滞。

(5)“流速仪牌号及公式”。需要填记所使用流速仪的型号、牌号，以及所使用桨号对应的检定公式。如果在测验过程中有更换流速仪或流速仪桨号的情况，则需要备注，并把更换的流速仪公式等信息列出。

(6)“检定后使用小时数(次数)”。指流速仪自出厂启用或上次检定后重新启用所累计使用的小时数(次数)。统计使用次数时，每个单次一般指一个完整的单次流量测验，或用于其他流速测验的一个完整过程。

(7)“起点距计算公式”。主要填记测流断面编号及起点距计算所使用的基线公式。起点距若是直接量读，则如实填记直接量读的器具即可。

(8)“断面编号”。有几个流量测验断面的填断面编号。

(9)“渡河方法”。填写所用的具体方法，如测船、吊箱、缆道铅鱼、渡桥、涉水等。

(10)“测距方法”。填所用的测距方法，如断面索牌。

(11)“测深方法”。填所用的具体方式，如测深杆、悬吊铅鱼等。

(12)“流速仪悬吊方式”。填悬索或悬杆等所用具体方式。

(13)“铅鱼质量(kg)”。填记所用铅鱼质量，用悬杆时不填。

表 3-3-3　______站测深、测速记载及流量计算表（畅流期流速仪法）

施测时间：　年　月　日　时　分至　日　时　分（平均：　日　时　分）天气：　风向风力：　流向：

流速仪牌号及公式：　检定后使用小时数（次数）：　起点距计算公式：　停表牌号：

| 垂线号 | | 起点距（m） | 测深测速时间 | 基本水尺水位 | 测流水尺水位 | 水深（m） | 仪器位置 | | 测速记录 | | | 流向偏角（°） | 流速（m/s） | | | | 测深垂线间 | | 水道断面面积（$m^2$） | | 部分流量（$m^3/s$） |
|---|---|---|---|---|---|---|---|---|---|---|---|---|---|---|---|---|---|---|---|---|---|
| 测深 | 测速 | | | | | | 相对 | 测点深（m） | 信号数 | 总转数 | 总历时（s） | | 测点 | 流向改正后 | 垂线平均 | 部分平均 | 平均水深（m） | 间距（m） | 测深垂线间 | 部分 | |
| | | | | | | | | | | | | | | | | | | | | | |
| | | | | | | | | | | | | | | | | | | | | | |
| | | | | | | | | | | | | | | | | | | | | | |
| | | | | | | | | | | | | | | | | | | | | | |
| | | | | | | | | | | | | | | | | | | | | | |
| | | | | | | | | | | | | | | | | | | | | | |
| | | | | | | | | | | | | | | | | | | | | | |
| | | | | | | | | | | | | | | | | | | | | | |

| 断面流量 | $m^3/s$ | 水面宽 | m | 上下比降水尺间距 | m | 水位记录 | 水尺名称 | 编号 | 水尺读数（m） | 零点高程（m） | 水位（m） |
|---|---|---|---|---|---|---|---|---|---|---|---|
| 断面面积 | $m^2$ | 平均水深 | m | 水面比降（$10^{-4}$） | | | 基本 | | 始：终：平均： | | |
| 死水面积 | $m^2$ | 最大水深 | m | 水位涨率 | m/h | | 测流 | | | | |
| 平均流速 | m/s | 相应水位 | m | 测线数 | | | 比降上 | | | | |
| 最大测点流速 | m/s | 上下比降水位差 | m | 测点数 | | | 比降下 | | | | |
| 说明 | 断面编号：　渡河方法：　测距方法：　测深方法：　流速仪悬吊方式：　铅鱼质量（kg）： | | | | | | | | | | |
| 备注 | | | | | | | | | | | |

施测：________计算：________（　月　日）初校：________（　月　日）复校：________（　月　日）施测号数：________　1993 流（1、2）

2. 主体部分

(1)“垂线号数”。垂线包括水深测量(测深)垂线和流速测验(测速)垂线。通常情况下,两类垂线按起点距的顺序分别编号填写,水边点不编号,只在相应栏内填写“左水边”、“右水边”字样。

(2)“起点距”。起点距若是直接量读,则直接把量读的垂线起点距记入该栏内,若是通过交会法等其他方法间接测量,则需要把仪器交会的角度或测距计数器的读数与起点距一并计入。

(3)“水深”。当使用测深杆施测水深时,直接把测量的水深记入“水深或应用水深”一栏;当使用悬索悬吊测深锤或铅鱼测深时,应读记悬索偏角,并对水深测量结果进行包括干绳改正和湿绳改正两部分的偏角改正,将改正后的水深记入“水深或应用水深”一栏;当使用超声波测深仪等仪器测量水深时,应考虑仪器倾斜的斜距改正,以及仪器至水面(仪器在水面下某一深度时)或至河底(仪器在近河底某一深度时)的固定改正值;借用断面计算流量时,此栏可空置不填。

(4)“仪器位置”。包括相对水深和测点深。流速仪位置的相对水深指流速仪测点深度与该垂线应用水深的比值;测点深指流速仪测速位置距水面的垂直距离,即相对水深与垂线应用水深的乘积。

(5)“测速记录”。包括信号数、总转数和总历时。信号数填流速仪接触信号次数,总转数填接触信号次数与每一信号转数的乘积。总历时填测速时仪器接触信号次数的相应历时,以 s 计。

(6)“流向偏角”。一般指垂线上的水面流向,需要时对计算出的垂线平均流速进行改正。如果测量每一测点处的流向偏角,则对该测点处的流速进行改正。

记载后面尚有计算和统计两部分内容。

## 3.2.3　面积计算

测流过程测量的断面示意如图 3-3-1 所示,图中水平箭头为断面线,竖直箭头为水面指向河底。有关面积计算说明如下。

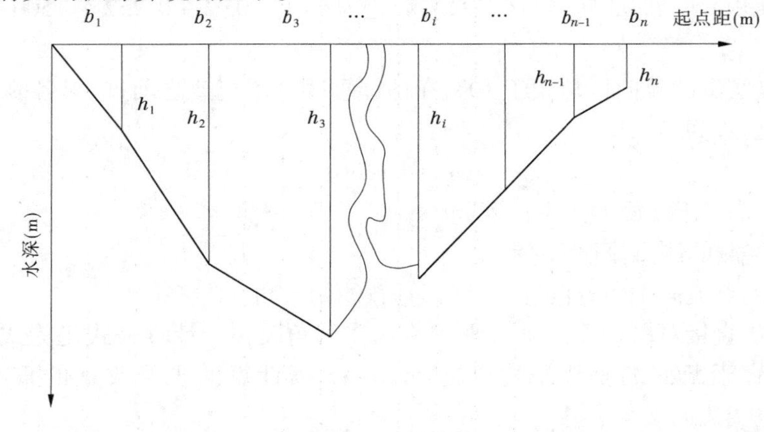


**图 3-3-1　测流过程测量的断面示意图**

如图 3-3-1 所示，每一部分面积的计算，是假定两测深垂线间的水体在断面上的截面为一规则的梯形（“左水边”或“右水边”相邻部分有可能为三角形）。两测深垂线间的水平距离（间距或部分水面宽）为该梯形的高，两测深垂线的水深分别为该梯形的上、下底边长。据此，部分面积 $S$ 的计算公式为

$$S = \frac{(D_{i+1} - D_i)(h_{i+1} + h_i)}{2} = b_i h_{i,i+1} \tag{3-3-1}$$

垂线起点距 $D_i$ 测定后，它们的起点距之差即为测深垂线间的间距 $b_i = D_{i+1} - D_i$。有些情况（如涉水用尺量）直接量测了两测深垂线间的间距 $b_i$，则可把 $b_i$ 的数值填入表 3-3-3相应栏目内，起点距栏空白。

一般认为，两相邻测深垂线间的水深变化是线性渐变，因此两相邻测深垂线间的平均水深就等于相邻两测深垂线水深的算术平均值，即 $h_{i,i+1} = \frac{h_{i+1} + h_i}{2}$。

在实际测验时，若两条测速垂线间的水深有较明显的转折变化，则需要在两条测速垂线之间加测测深垂线。此时，相邻两条测速垂线间的面积应该由其间分割出的两个或多个测深垂线间的部分面积累加。

### 3.2.4 流速仪测点流速计算

当我们使用一架率定过的流速仪时，只要测定了测速历时 $t$ 和测速历时内流速仪转动的转数 $N$，就可以由下式计算出该测点的水流流速 $v$，即

$$v = a + bn = a + \frac{bN}{t} \tag{3-3-2}$$

式中 $a$——启动常数，m/s；

$b$——水力螺距，m/转；

$n$——每秒的转数，转/s，$n = N/t$。

例如，在使用一架率定公式为 $v = 0.005\ 1 + 0.252\ 4\ n$ 的流速仪测定水下某一位置的水流流速时，测速历时 $t$ 为 101 s，该测速历时内流速仪转动的转数（接触信号次数与每一信号转数的乘积）$N$ 为 500 转，则该点水流流速为 $v = 0.005\ 1 + 0.252\ 4 \times 500 \div 101 = 1.25$（m/s）。

如果该点实测的流向偏角大于 10°，在计算垂线平均流速之前，应对各测点流速作偏角改正，计算公式为

$$v_{\mathrm{N}} = v\cos\theta \tag{3-3-3}$$

式中 $v_{\mathrm{N}}$——垂直于断面的测点流速，m/s；

$v$——实测的测点流速，m/s；

$\theta$——测点流向偏角，即流向与断面垂直线的夹角。

大多时候，直接对所计算的垂线平均流速作偏角改正。计算公式仍为式（3-3-3），但式中 $v_{\mathrm{N}}$ 为垂直于断面的垂线平均流速（m/s）；$v$ 为计算的未经改正的垂线平均流速（m/s）；$\theta$ 为垂线流向偏角。

# 模块4　泥沙测验

河流中的泥沙按运动与否和运动形式可以分为悬移质、推移质和床沙，由于运动形式不同和工程要求的目标量不同，测验的方式、方法和使用的仪器工具也就不同。目前，对悬移质主要测算含沙量和输沙率及分析颗粒级配，对推移质主要测算输沙率及分析颗粒级配，对床沙主要分析颗粒级配，并且测验一般与水位、流量（水深、流速）等水文项目要素的测验配合实施。

河流泥沙测验基本在选择的河段断面进行，悬移质、推移质、床沙在断面的单次测验，一般涉及野外作业、实验室业务和数据记载计算以及资料整理分析几个环节。由于河流断面流速和悬移质分布通常不均匀，悬移质测验作业需要在断面水流中布置测验垂线、测点，用适当的仪器工具在测点采取浑水水样送回实验室处理，测定含沙量和分析泥沙颗粒级配，或者用悬移质测沙仪直接测定含沙量，用悬移质在线粒度仪直接分析测点颗粒级配，相应测量流速，然后经过综合计算，推算出断面输沙率和（或）断面平均含沙量及断面泥沙颗粒级配，作为断面悬移质泥沙测验的基本物理量数据。

推移质测验作业是在断面河底选择若干点位，将采样仪器工具贴放在河床选择的各个位置，使推移质泥沙由仪器口门进入仪器并测记起始时间，采取推移质，由采取的推移质质量和时间及取样器的口门宽度推算出单宽输沙率，并分析颗粒级配，进而进行断面综合计算，推算出断面输沙率。

床沙测验作业是在断面河床选择若干点位，用采样仪器工具采取床沙样品，送回实验室分析泥沙颗粒级配。

现行悬移质、推移质、床沙测验方法要求，仪器（工具）使用，资料计算整理等由《河流悬移质泥沙测验规范》（GB 50159—92）、《河流推移质泥沙及床沙测验规程》（SL 43—92）、《河流泥沙颗粒分析规程》（SL 42—2010）等标准规范规定，各站的测验项目、项目配合实施等由测站任务书给定，应认真学习，遵照执行。

## 4.1　外业测验

### 4.1.1　泥沙测验的仪器工具

#### 4.1.1.1　悬移质取样测验仪器

悬移质泥沙测验仪器可分为两大类：第一类为取样仪器，第二类为现场直接测定含沙量的物理仪器。由于测验方法和条件的不同，研制了多种多样的取样仪器工具。有各种分类方法进行取样仪器的分类，悬移质取样仪器一种常见的分类如表3-4-1所示。

表 3-4-1　悬移质取样仪器一种常见的分类

| 取样类型 | 推求的量 | 结构形式 |
| --- | --- | --- |
| 瞬时式 | 单点瞬时含沙量 | 横式采样器<br>垂直圆管采样器 |
| 积时式 | 选点法的单点时段累积平均含沙量<br>断面(或垂线)多点混合平均含沙量 | 皮囊式采样器<br>抽气式采样器<br>自动抽水式取样器<br>纳尔匹克(Neypric)悬沙采样器<br>调压仓式<br>多仓式 DS 型空中卸水式采样器 |
|  | 时段与水深累积平均含沙量(用于积深法) | 单程悬移质泥沙采样器<br>USD 型积深式采样器<br>普通瓶式采样器<br>皮囊积深式采样器 |
| 累积式 | 累积输沙率 | 台尔夫特瓶式采样器<br>滤袋式采样器<br>分流堰式采样器 |

瞬时取样仪器在测验点位以极短的时间取得浑水水样。积时式取样器一般以较长的时间使水流通过管嘴进入贮样仓取得浑水水样,典型的进流时间为 60 ~ 100 s。

悬移质泥沙主要取样仪器介绍如下。

1. 横式采样器

横式采样器示意如图 3-4-1 所示。它是瞬时采样器中应用最广泛的一种仪器,仪器由筒体、筒盖、控制机构等组成,筒体容积一般为 1.5 ~ 2.0 L,结构比较简单,器身不符合流线体,阻水严重,自重较小,用拉索或锤击方式关闭前后盖板进行取样。在水深较小处可附加测杆用手持式取样,在水深较大河流一般附加在较重的铅鱼上使用。它能在各种水深、流速、含沙量情况下应用。其缺点是所测含沙量是瞬时值,与时均值比较,具有较大的偶然误差,必须重复取样多次测算才能减小测验误差。

2. 积时式采样器

积时式采样器的基本部件一般有贮样容器和与之连接的进样管嘴及之间的进流控制开关,贮样容器多装在铅鱼体内,进样管嘴伸出铅鱼头外。理想的积时式采样器应符合以下要求:进样管嘴伸出铅鱼或容积仓头部一定距离,所采集的水样不受器身绕流的扰动影响;仪器结构简单,部件牢固,使用维修方便,工作可靠。仪器取样时应无突然灌注现象;

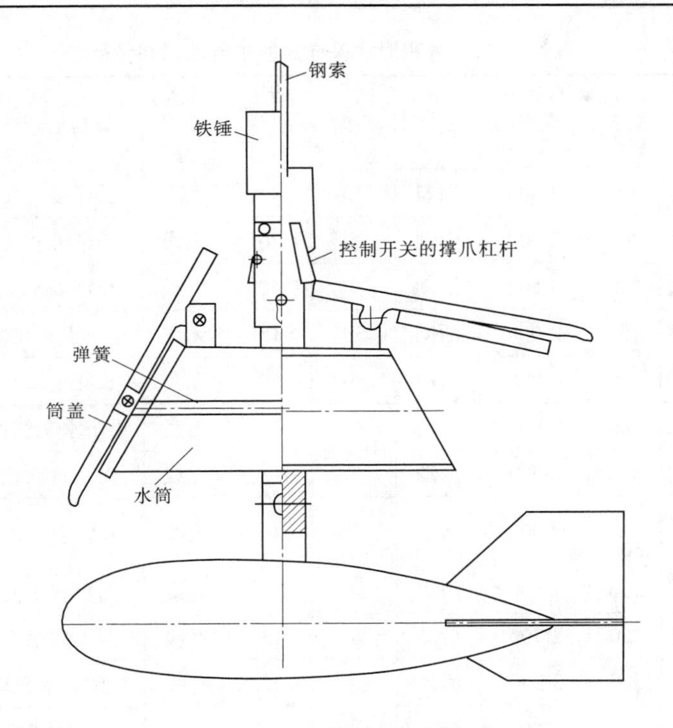


图 3-4-1　横式采样器示意图

在一般含沙量条件下进口流速应接近天然流速(在含沙量很大时,进口流速与天然流速比值随含沙量增大而变小,不能再应用这一准则衡量采样器是否适用);进样管嘴应无积沙现象;能准确测到接近河底的测点含沙量。各种积时式采样器的主要性能和特征如表 3-4-2 所示。

积时式采样器又分为选点式和积深式两类。选点式是一种在选择测点上吸取水样,测出某一时段内时均含沙量的仪器,其结构型式有调压仓式、皮囊式、抽气式、抽水式、充气式以及单级采样器等多种(这类采样器大多也可用于积深法取样)。积深式是一种沿垂线连续吸取水样,测取垂线平均含沙量的仪器。单纯积深式的仪器无开关控制进流,一般不能用于选点取样。

3. 调压仓式仪器

调压仓式仪器体内有水样仓和调压仓,两者用连通管连接,仪器入水后,调压仓内进水,压缩器内空气使与器外水体的静水压力相平衡,藉以保持仪器取样时进水管内流速与天然流速一致。仪器的种类有美国研制的 USP 系列采样器(其中的 USP－50 点位积时采样器如图 3-4-2 所示)和我国研制的在船上及水文缆道上应用的各类采样器(如表 3-4-2 所示)。后者除应具备一般悬沙采样器的基本性能外,还需满足在水文缆道上取样的特定要求,如采样器需具有较大的容积,以适应多点取样、累积混合的要求;仪器的口门开关应能远程控制;采样器在水下停留时,进水管内应无积沙现象等。

表 3-4-2　各种积时式采样器的主要性能和特征

| 仪器型号 | 阀门型式 | 质量（kg） | 水样仓容积（mL） | 水样仓型式 | 调压历时（s） | 适用水深（m） | 开关控制方式 | 研制生产单位 | 鉴定时间 |
|---|---|---|---|---|---|---|---|---|---|
| JL－1 | 二通平堵 | 500 | 3 800 | 固定 | 30 | 40 | 无线 | 长江委水文局 | 1976 年 |
| JL－2 | 三通顶塞 | 300 | 2 000 | 活动 | 5 | 20 | 无线 | 长江委水文局 | |
| JL－3 | 四通滑阀 | 600 | 3 500 | 活动 | 5 | 40 | 无线 | 长江委水文局 | 1986 年 12 月 |
| JLC－3 | 二通顶塞 | 150 | 2 000 | 活动 | 30 | 15 | 无线 | 重庆水文仪器厂 | |
| JX | 四通滑阀 | 300 | 2 800 | 活动 | 5 | 50 | 无线 | 长江委水文局 | 1986 年 12 月 |
| LSS | 二通顶塞 | 400 | 2 000 | 活动 | 30 | 15 | 无线 | 重庆水文仪器厂 | 1987 年 10 月 |
| AYX | 三通滑阀 | 300 | 2 500 | 活动 | 5 | 15 | 无线 | 南京自动化所 | 1988 年 12 月 |
| AYXX2－1 | 三相四通平板阀 | 300<br>500 | 2 000 | 活动 | 5 | 40 | 无线 | 长江委水文局 | 2006 年 5 月 |
| DS | 四通滑阀 | 250 | 1 500 | 固定 | 15 | 8 | 有线 | 四川省水文局 | |
| FS | 三通平堵 | 250 | 2 700 | 活动 | 8 | 13 | 有线 | 四川省水文局 | 1981 年 4 月 |
| ANX | Y 夹断 | 300 | 3 000 | 活动 | | 10 | 有线 | 黄委水文局 | 1986 年 12 月 |
| LS－250 | 机械开关 | 250 | 500 | 活动 | | 10 | 机械 | 辽宁省水文局 | 1985 年 11 月 |
| 多仓型 | 转动对接 | 300 | 6×1 100 | 固定 | 3 | 10 | | 成都水利电力设计院 | |
| USP－50 | 三通转阀 | 135 | 1 100 | 活动 | 5 | 60 | 有线 | 美国 | |
| USP－61 | 三通转阀 | 50 | 1 100 | 活动 | 5 | 55 | 有线 | 美国 | |
| USP－63 | 三通滑阀 | 90 | 1 100 | 活动 | 5 | 55 | 有线 | 美国 | |
| USP－72 | 三通滑阀 | 20 | 1 100 | 活动 | 5 | 22 | 有线 | 美国 | |

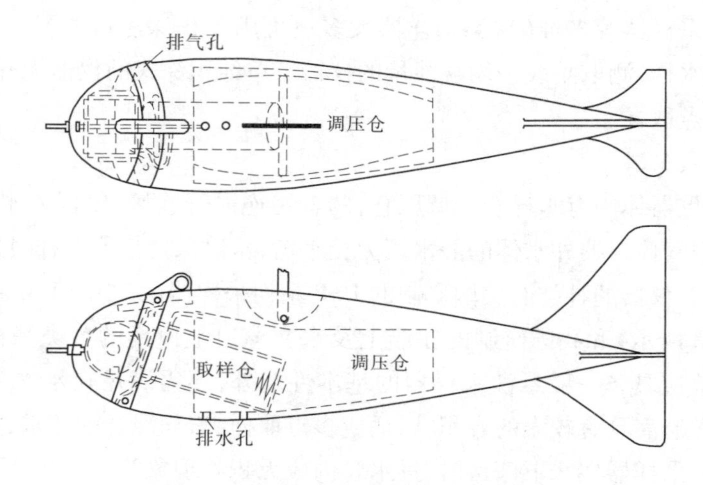


图 3-4-2　USP－50 点位积时采样器

本类仪器按取样操作方法有如下几种：

(1) JX（如图 3-4-3 所示的 JX 型积时采样器）、JLC－1、FS、JL 系列采样器。水样仓容积一般为 2～3 L，适用于全断面混合法、简化断面混合法和垂线混合法等取样测验。做法是逐点连续取样，并将各点的水样累积混合，存储于同一水样仓内，供后续测算混合水样的含沙量。各个测点取样历时的控制，按所代表的部分面积与断面总面积的比值确定。

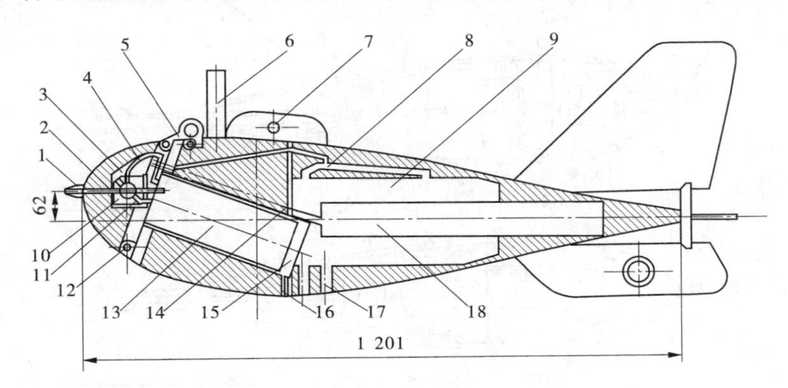


1—管嘴；2—进水管；3—头仓；4—气管；5—卷口；6—悬杆；7—悬吊孔；
8—调压连通管；9—调压连通仓；10—阀体；11—排水管；12—铰链；
13—水样仓；14—线管；15—水仓套；16—排水孔；17—调压仓；18—控制仓

**图 3-4-3　JX 型积时采样器**　（单位：mm）

(2) 多仓式选点采样器（如图 3-4-4 所示的多仓型点位积时采样器）。仪器管嘴后面设置有由转动机构控制的多路分流盘，分流盘各分水口连接水样仓（6 个水样仓）。仓内设有一满仓信号，当水样达到有效容积时，自动切断控制开关，停止取样。为了使水样进口流速接近于天然流速，除采用锥度管嘴外，还在器身上设置了一文德里管，排气管出口设在文德里管狭颈部，以加大仪器的进口流速，使其接近天然流速。本仪器可以在水下采集 6 个水样，分别存储于 6 个水样仓内，多用于缆道渡河的悬移质泥沙采样。

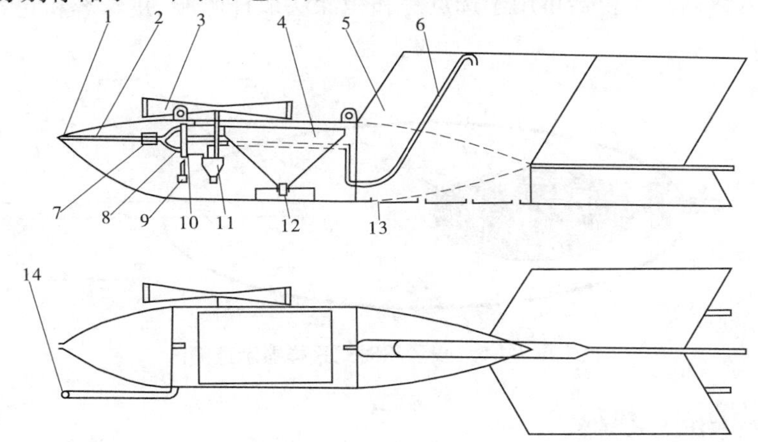


1—管嘴；2—进水管；3—文德里管；4—水样仓（6 个）；5—调压仓；6—连通管；7—接头；8—进水盘；
9—电磁铁；10—分水盘；11—检漏仓；12—橡皮塞；13—调压仓底孔；14—流速仪安装架

**图 3-4-4　多仓型点位积时采样器**

(3)DS 型空中卸水积点式采样器(如图 3-4-5 所示的 DS 型积时采样器)。仪器用在水文缆道上,缆道行车架上设置有自动分水卸水架机构,架内装有 24 个盛水桶。在某一测点取样以后将采样器提出水面,运行到分水卸水架机构,通过一系列的连杆作用,自动将水样分卸到预定盛水桶。其他测点照此操作。

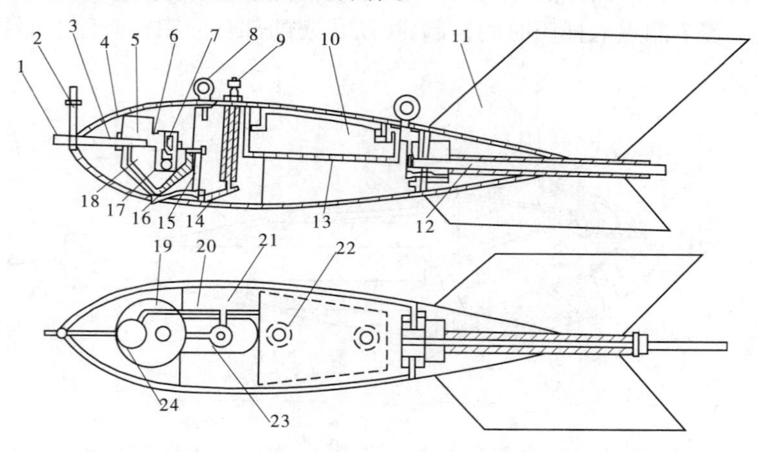


1—进水管嘴;2—流速仪支架;3—进水管;4—铅鱼外壳;5—控制舱;6—冲沙管;
7—满容信号;8—悬吊耳;9—放水压杆;10—调压仓;11—尾翼;12—尾翼连接螺栓;
13—调压进水口;14—压力臂;15—封水弹簧;16—封水臂;17—浮子;18—盛水仓;19—盛水仓盖;
20—调压连通管;21—放水压杆;22—连接螺栓;23—腹部槽孔;24—排气管嘴

**图 3-4-5　DS 型积时采样器**

4. 皮囊式采样器

皮囊式采样器(见图 3-4-6)用乳胶薄膜做皮囊并成为贮样容器,皮囊连接由电磁开关控制的进水管。皮囊的特性是入水后内、外静水压力基本可以随遇平衡,以保持水样按天然流速流入囊内。本仪器可用于选点法和积深法取样测验,皮囊容积可按适应取样容积的要求设计。

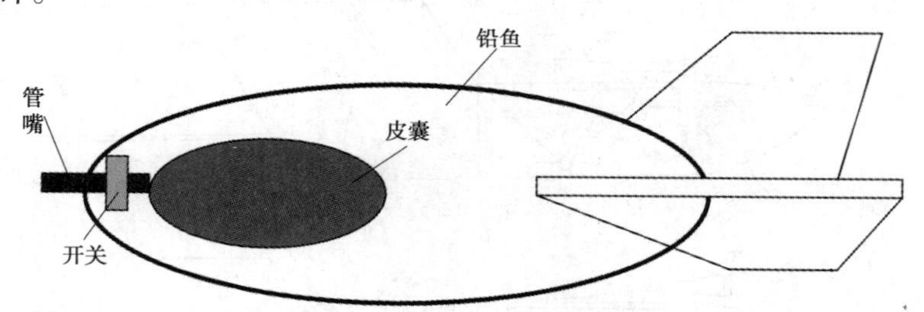


**图 3-4-6　皮囊积时式采样器示意图**

5. USD 型积深式采样器

美国研制了多种型号的 USD 型积深式采样器,其性能规格见表 3-4-3,用于各种不同条件下取样,现将几种具有代表性的积深式采样器型式示于图 3-4-7 ~ 图 3-4-9。

**表 3-4-3　USD 型积深式采样器性能规格**

| 型号 | 悬吊方式 | 制造材料 | 质量(kg) | 管嘴直径(mm) | 管嘴距器底高(mm) | 取样瓶容积(mL) | 不同进水管径(mm)、不同取样容积的使用水深(m) | | | 最大率定流速(m/s) | 用途 |
|---|---|---|---|---|---|---|---|---|---|---|---|
| | | | | | | | 3.2 | 4.8 | 6.4 | | |
| USDH－48 | 涉水测杆 | 铝 | 1.6 | 6.4 | 9.0 | 580<br>1 100 | | | 2.7<br>4.9 | 2.7<br>2.7 | 涉水测沙 |
| USDH－75P | 涉水测杆 | 薄镉钢板 | 0.68 | 4.8 | 8.3 | 580 | | 4.9 | | 2.0 | 冬季冰下取样 |
| USDH－75Q | 涉水测杆 | 薄镉钢板 | 0.68 | 4.8 | 11.4 | 1 100 | | 4.9 | | 2.0 | 冬季冰下取样 |
| USDH－59 | 手持悬索 | 铜 | 10 | 3.2<br>4.8<br>6.4 | 11.4 | 580<br>1 100 | 5.8<br>4.9 | 4.9<br>4.9 | 2.7<br>4.9 | 1.5<br>1.5 | 见注 1 |
| USD－74 | 悬索 | 铜 | 28 | 3.2<br>4.8<br>6.4 | 10.3 | 580<br>1 100 | 5.8<br>4.9 | 4.9<br>4.9 | 2.7<br>4.9 | 2.0<br>2.0 | 测桥和缆道取样 |
| USD－77 | 悬索 | 铜 | 34 | 7.9 | 17.7 | 可达<br>2 700 | 4.72 | | | 2.4 | 见注 2 |
| USDH－76 | 手持悬索 | 铜 | 11.3 | 3.2<br>4.8<br>6.4 | 8.0 | 580<br>1 100 | 5.8<br>4.9 | 4.9<br>4.9 | 2.7<br>4.9 | 2.0<br>2.0 | 见注 1 |

**注**：1. 用于水质分析取样时，用尼龙管嘴，器身镀环氧树脂薄层。

2. 用于水温接近 0 ℃时取大容积水样，并作水质分析，也可装皮囊作取样容器。

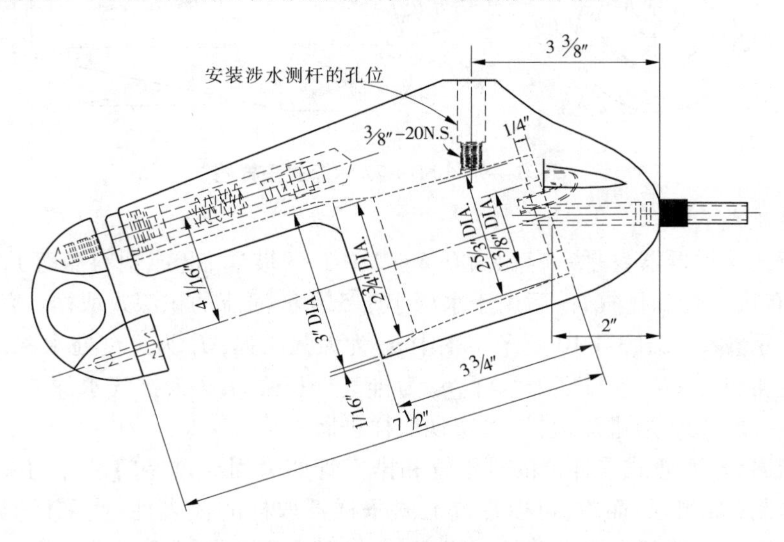


**图 3-4-7　USDH－48 积深式采样器**　（单位：in）

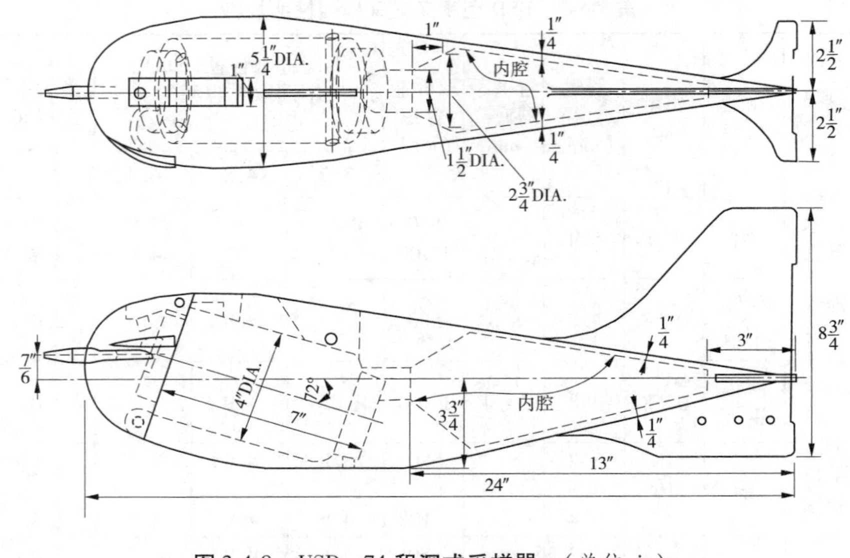


图 3-4-8　USD－74 积深式采样器　(单位:in)

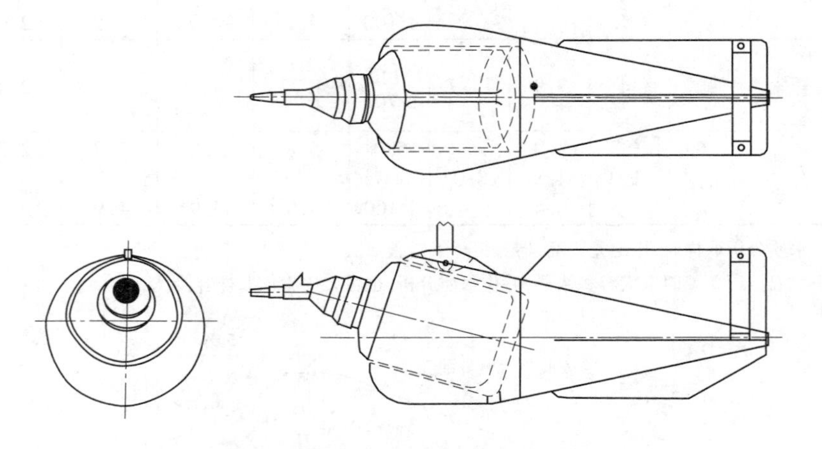

图 3-4-9　USD－77 积深式采样器

6. 普通瓶式采样器

普通瓶式采样器器身是一容积为 0.5～2.0 L 的玻璃瓶(或塑料瓶等),瓶口为橡皮塞,塞上装有进水管和排气管,适用于水深小于 5.0 m 河流的积深式取样。普通瓶式采样器管嘴安设示意图如图 3-4-10 所示。图中 $p_0$ 为大气压强;$H_1$ 为进流处水深,$p_1$ 为进流处压强;$p$ 为进瓶压强;$H_2$ 为排气处水深,$p_2$ 为排气处压强;$\Delta H$ 为排气水深差。与 $\Delta H$ 相应的压强差 $p - p_2$ 造成边进流边排气,实现取样进瓶。

应该指出,普通瓶式采样器的进水管和排气管如采用经过专门设计的采样器管嘴而不用任意弯制(紫铜管)而成,可以提高瓶式采样器取样的代表性,使采样器符合进口流速与天然流速一致的基本要求并经过率定,会与 USD 型积深式采样器效果相当。

7. 瓶囊结合采样器

由美国地质调查局研制的皮囊式取样器是用塑料食品袋作皮囊,放在带孔的塑料瓶中。特制的瓶盖用塑料制成，带有排气孔（在用皮囊取样时将排气孔堵塞），并配有用塑料制成的尺寸不同的经过率定的进水管，以适应不同条件下的取样要求。它是一种可兼作皮囊式与瓶式的仪器。在水深较小时，也可不用皮囊而直接装上不带孔的塑料瓶，按瓶式采样器进行积深取样。这一仪器结构简单，要求水样容积不同时可改变不同大小的食品袋和塑料瓶，使用范围不受水样限制。也可借助轻质金属架连接在铅鱼上使用。

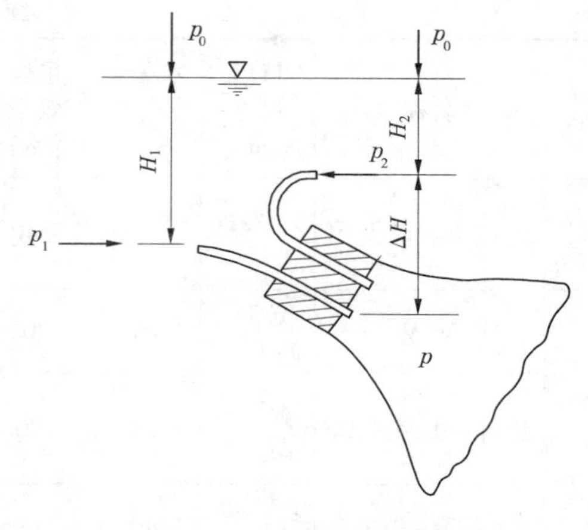


图 3-4-10 普通瓶式采样器管嘴安设示意图

4.1.1.2 **推移质取样测验仪器**

推移质测验方法有直接法和间接法两类。直接法（即器测法）是利用采样器或专门设计的机械装置直接测取推移质的一种方法；间接法不需要应用专门的推移质采样器，而是通过定期地施测水库、湖泊淤积量，施测沙波尺寸和运行速度，用示踪剂探测泥沙运动等途径推求推移质输沙率的方法。

推移质采样器要求的性能是：仪器口门的下缘应能紧贴河床，进口流速应与天然流速一致，采样器放置于床面后对水流干扰要小，不能在口门附近形成淘刷，仪器取样效率较高，机构简单、牢固，便于操作。

推移质采样器种类繁多，归纳起来有网篮式、盘式、压差式和槽坑式等四类，其规格、性能和适用范围见表 3-4-4，其外形如图 3-4-11 ~ 图 3-4-15 所示。

表 3-4-4 推移质采样器规格、性能和适用范围

| 类别 | 名称 | 口门尺寸（cm） | 水力效率（%） | 采样效率（%） | 适用范围 | | 说明 |
|---|---|---|---|---|---|---|---|
| | | | | | 推移质泥沙粒径（mm） | 流速（m/s） | |
| 网篮式 | 瑞士采样器 | 宽 50 | | 平均 45 | 粗粒径，直到 100 mm 的大卵石 | | 20 世纪 30 年代使用较为广泛 |
| 网篮式 | YZ－64 软底网式采样器 | 宽 50 | | 约 10（天然渠道中率定） | 中值粒径小于 50 mm 的中等卵石 | <5 | 软底，两侧及尾部为 10 mm 孔径的铁丝网，在长江干流使用多年 |
| 网篮式 | YZ－80 型船用卵石推移质采样器 | 宽 50 | 0.92 | 55（水槽内用模型仪器率定） | 中值粒径 50 mm | <4.5 | 软底，网孔 10 mm，底网用边长 10 mm 的薄钢板制成，是 YZ－64 型的换代仪器 |
| 网篮式 | 大卵石推移质采样器 | 宽 60 | | 30（水槽内用模型仪器率定） | 粒径较大的卵石 | <6 | 软底，器顶器侧及尾部为 5 mm 孔径的铁丝网，铅块固定在器顶两侧，在岷江使用 |

续表 3-4-4

| 类别 | 名称 | 口门尺寸（cm） | 水力效率（%） | 采样效率（%） | 适用范围 | | 说明 |
|---|---|---|---|---|---|---|---|
| | | | | | 推移质泥沙粒径（mm） | 流速（m/s） | |
| 盘式 | 波里亚可夫 | | | 不定 | 沙 | 低速 | 采样效率随流速和推移质粒径而异，苏联研制，我国曾在20世纪50年代使用 |
| 压差式 | VUV | 宽38、高12.7 | 1.09 | 70 | 1～100 | <3.0 | 有大、小两种型号，在欧洲使用 |
| 压差式 | 赫利－史密斯HS | 宽7.6、高7.6 | 1.54 | 100 | 0.5～16 | <3.0 | 在美国使用，对于推移质粒径较大的河流，可用口门为15 cm宽的采样器 |
| 压差式 | TR－2 | 宽30.48、高15.24 | 1.40 | — | 1～100 | <3.0 | 美国研制，网孔1 mm，口门面积扩张比较小 |
| 压差式 | Y78－型沙推移质采样器 | 宽10、高10 | 10.5 | 60 | 小于10 mm的砂和卵石 | <3.0 | 有Y78－1、Y78－2两种型号，近年来已在国内逐步推广使用 |
| 压差式 | （半压差式）BM－2缆道用卵石推移质采样器 | 宽70 | ≥0.9 | ≥30（在水槽内用模型仪器试验） | 5～500 | <5.0 | 器身为三面封闭，单向放大的拱式结构，软底网，用于岷江都江堰测区 |
| 坑式 | 美国东议河推移质测槽 | 横跨河槽 | — | 100 | 砂和卵石 | | 可连续取样和自动称量，适用于小河上用于采样器率定 |
| 坑式 | 中国江西坑测器 | 宽10 | | | 砂 | <2.0 | 固定埋设于天然河流中，用电测器连续测定坑内沙样体积，在赣江使用 |

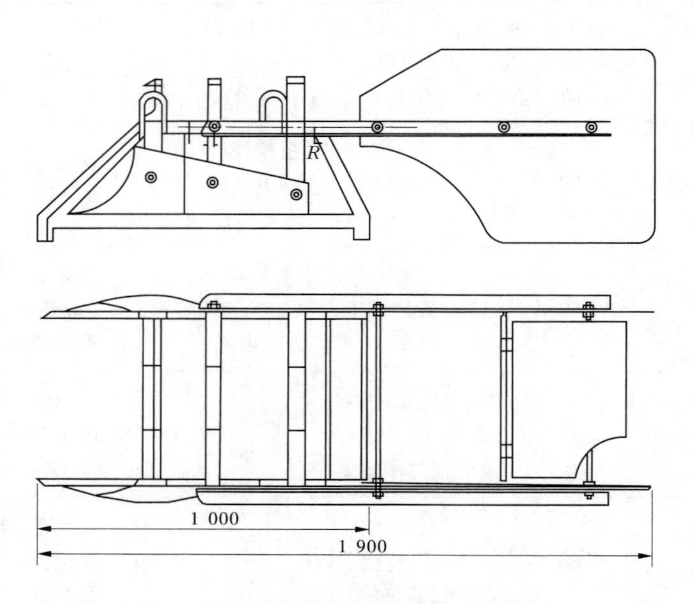


图 3-4-11　YZ－80 型船用卵石推移质采样器　（单位：mm）

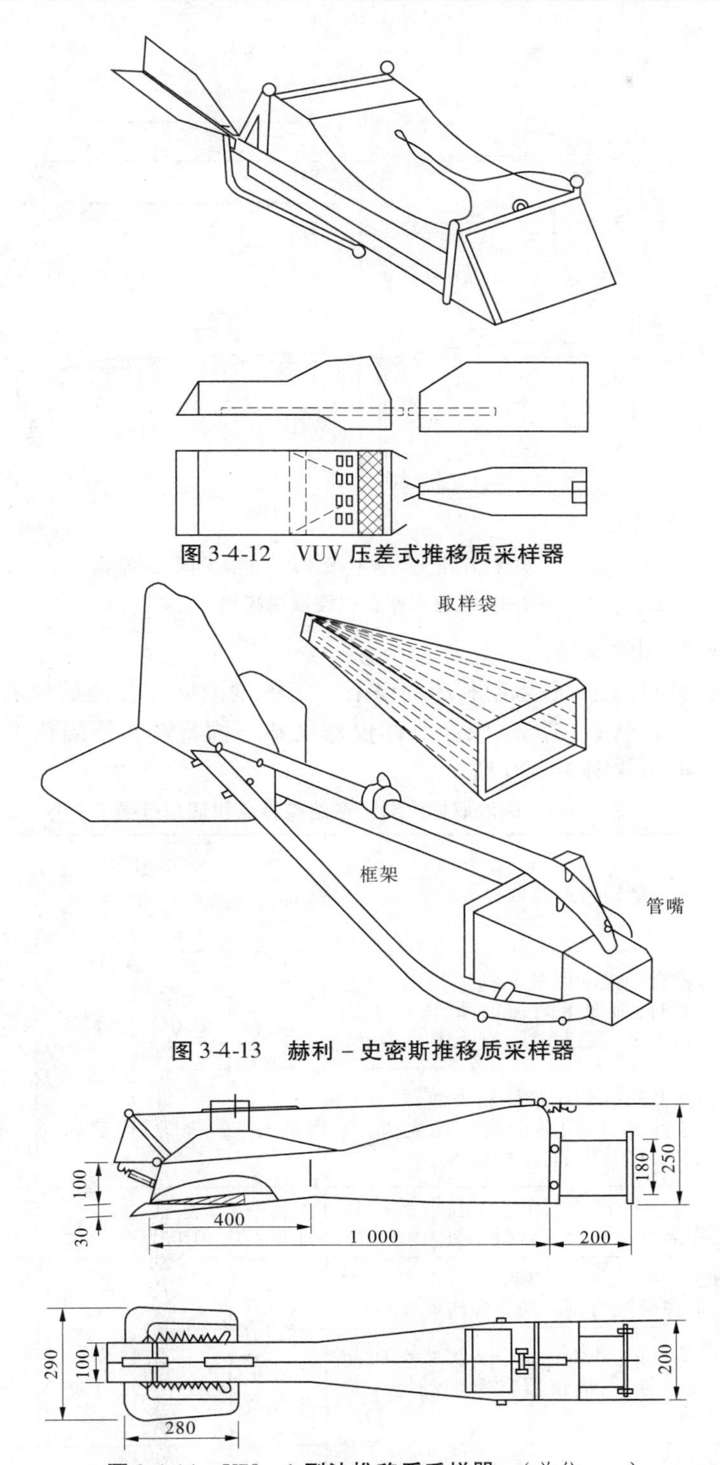


图 3-4-12　VUV 压差式推移质采样器

图 3-4-13　赫利 - 史密斯推移质采样器

图 3-4-14　Y78 - 1 型沙推移质采样器　（单位:mm）

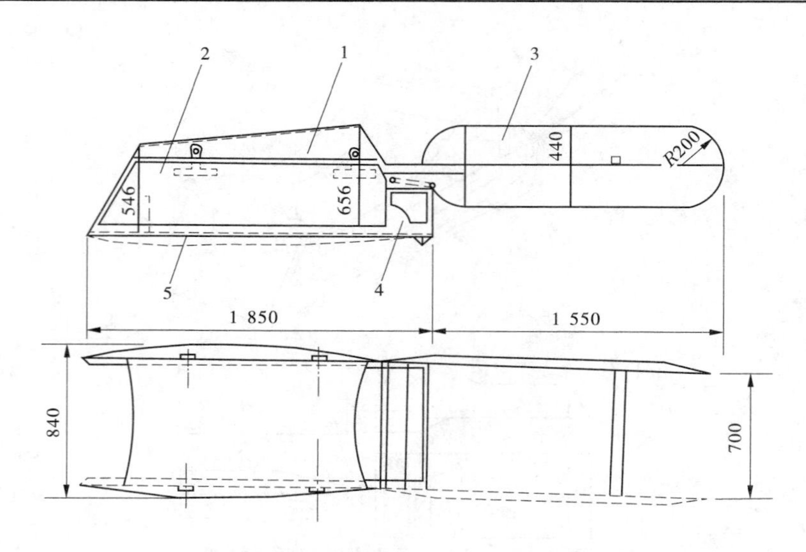


1—器体;2—流线型加铅外壳;3—尾翼;4—侧网背网;5—底网

**图 3-4-15　BM-2 缆道用卵石推移质采样器**　(单位:mm)

#### 4.1.1.3　床沙取样测验仪器

床沙取样仪器设备是采取床面和床面以下一定深度内床沙样品的仪器设备,其型式有拖曳式、挖掘式和钻管式三类。床沙取样仪器设备结构特点和使用范围如表 3-4-5 所示,其外形如图 3-4-16 ~ 图 3-4-20 所示。

**表 3-4-5　床沙取样仪器设备结构特点和使用范围**

| 类型 | 名称 | 结构特点及取样方法 | 使用范围 | | | | 最大样品质量(kg) |
|---|---|---|---|---|---|---|---|
| | | | 床沙性质 | 取样深度(m) | 流速(m/s) | 水深(m) | |
| 拖曳式 | 拖沙筒 | 由具有锐缘的圆筒和拖绳构成,当流速较大时,拖绳上附加重锤,以利于筒口接触床面,取到床沙 | 沙<br>小卵石 | 表层<br>0.05 | <1.5 | 不限 | 1 |
| 拖曳式 | 犁式 | 与网篮式推移质采样器类似,器身重心位于前部,口门前沿有一排尖齿,以利于器口接触床面,刮取床沙 | 卵石 | 表层 | 高速 | 不限 | 100 |
| 挖掘式 | 戽斗式 | 手持悬杆操作,用戽斗刮取表层床沙,样品贮存于戽斗后帆布袋内 | 沙<br>小卵石 | 表层<br>0.05 | 中速 | <6 | 3 |
| 挖掘式 | USBM-54 | 挖斗装在铅鱼体内,仪器放至床面后,借弹簧拉力拉动挖斗旋转取样 | 沙<br>小卵石 | 0.1 | 中速 | 不限 | 1 |
| 挖掘式 | 挖斗式 | 挖斗装在铅鱼体内,仪器放至床面后,收绞悬索,借仪器自重带动挖斗旋转取样 | 沙<br>小卵石 | 0.1 | 中速 | 不限 | 1 |
| 挖掘式 | 蚌式 | 张开挖斗,下放至床面,然后松动扣环上悬索并收绞拉索,使挖斗借自重作用抓取床沙 | 中等<br>卵石 | 表层 | 较高 | 不限 | 30 |

续表 3-4-5

| 类型 | 名称 | 结构特点及取样方法 | 使用范围 | | | | 最大样品质量（kg） |
|---|---|---|---|---|---|---|---|
| | | | 床沙性质 | 取样深度（m） | 流速（m/s） | 水深（m） | |
| 钻管式 | 圆锥式 | 由厚铁皮制成的圆锥体，腰部有进沙孔，将采样器插入河床并旋转，样品即转入圆锥内 | 沙 | 0.1 | 中速 | <4 | 0.5 |
| | 锥式 | 由锥形容器、盖板、弹簧、连杆等组成，使用时将锥形容器压入床沙内取样 | 沙 | 表层 0.05 | 中速 | 不限 | 0.3 |
| | 钻头式 | 由铁管制成，下端削成尖劈形，上接测杆，用力将杆插于河床内取样 | 沙 | | 中速 | <6 | |
| | 活塞式 | 取样圆筒内有活塞，将圆筒压入河床取样，上提时借活塞移动所形成的部分真空，维持样品不漏失 | 沙 | | 中速 | <4 | |
| | 管式 | 取样管为两端开口的圆管，焊接于贮沙箱底板上，并伸出箱底 0.26 mm，取样时将取样管压入床面内，直至贮沙箱底与床面齐平 | 沙 小卵石 | 0.26 | | 滩面或水边 | 6 |
| | 冰冻采样器 | 是一内径为 20 mm 的圆管，管端装有尖锥，另用一根管子将钻管与贮有液化二氧化碳的箱相连；借二氧化碳气体的膨胀冷却作用，使卵石样品冻结，从而可取得不扰动的水下卵石样品 | 卵石 | | 中速 | 4～6 | 2 000 |
| | 卵石切入器 | 是一下有尖齿、上端开口的圆桶，桶顶与金属矩形样品箱相连，取样时将桶压入卵石床面，随压随淘取卵石样品，直至床面与箱底齐平。水下取样时，需潜水员潜水操作，沙样暂存于贮沙箱内，水流可从贮沙箱背面的筛网孔流出 | 卵石 | 0.5 | 低速 | 浅水 | 300 |

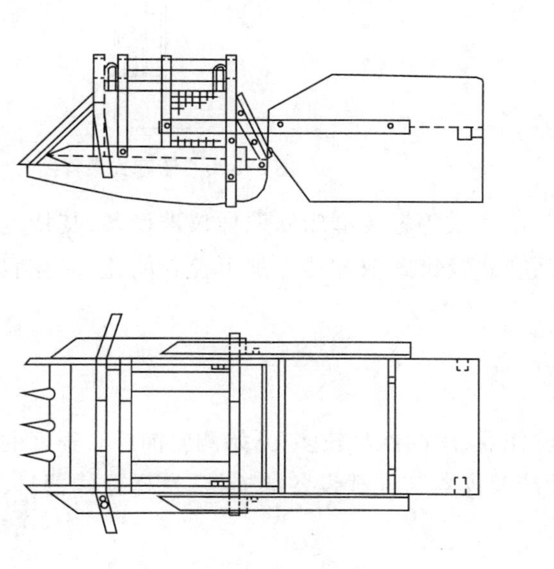

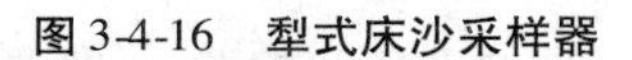

图 3-4-16　犁式床沙采样器

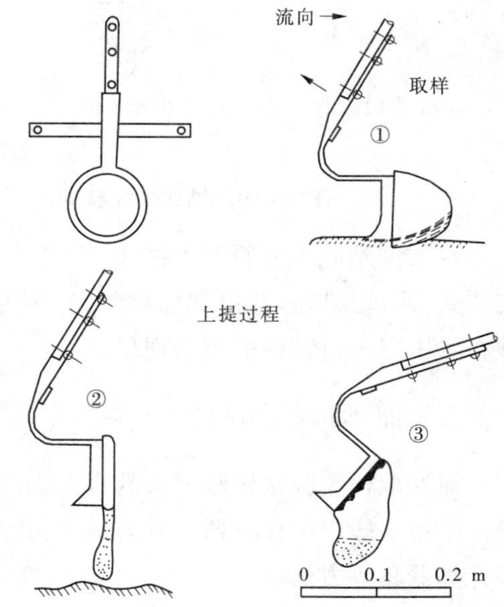


图 3-4-17　带帆布袋的戽斗式采样器

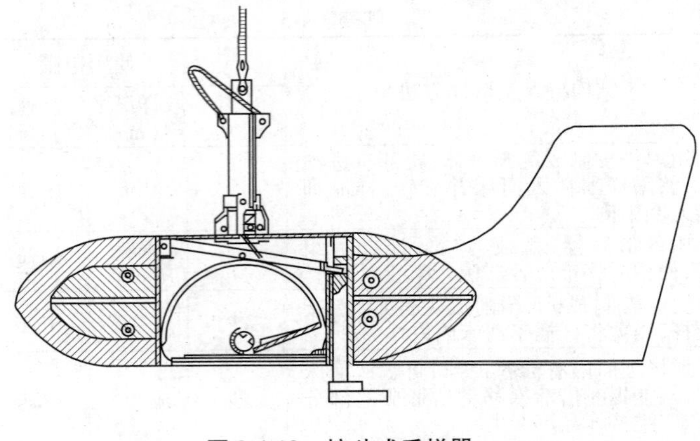

图 3-4-18　挖斗式采样器

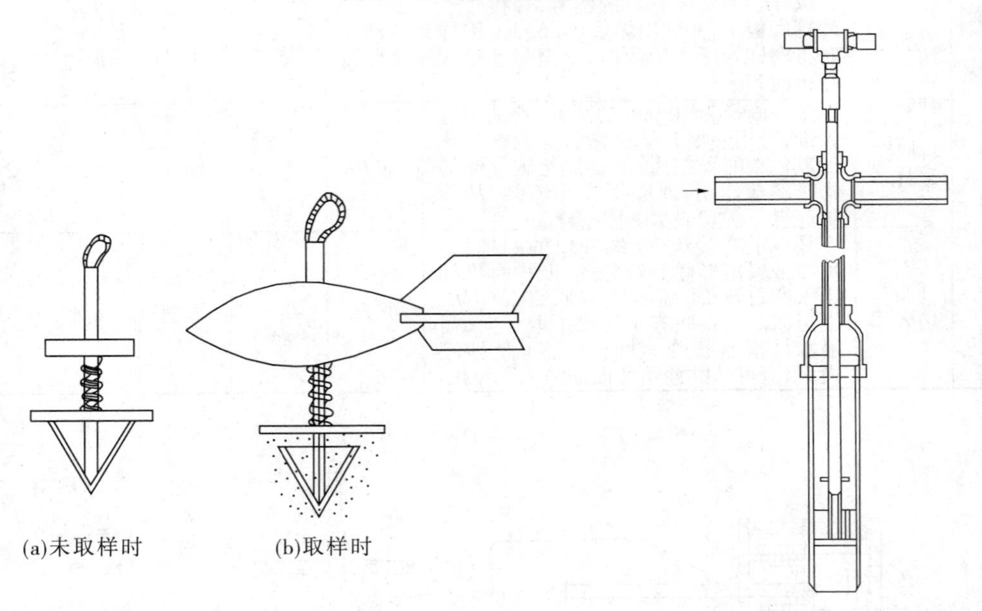

(a)未取样时　　(b)取样时

图 3-4-19　锥式采样器　　　　图 3-4-20　活塞式采样器

水文测站职工还研制了锚式、锄耙式、活塞式等轻便型床沙取样仪器设备，其特点是在锚式、锄耙式取样器后部加存贮袋，在活塞式及锥式取样器上加可控封闭盖，以克服床沙在水中提出过程中的流失现象。

## 4.1.2　泥沙取样测验的准备

泥沙取样测验是比较复杂的水文测验作业，用的器具较多，开始测验前应有很好的准备。准备一般以取样仪器工具为基本，并涉及仪器与挂载设备的连接、量样存样器具、记载计算器具等方面。

### 4.1.2.1　仪器工具的准备和检验

根据测验项目和测站配备的仪器工具进行仪器工具的准备和检验，一般要观察仪器的完好程度,检验主要的机动结构。如悬移质测验用横式采样器,要检查开启盖门的密封胶垫、弹簧和开关是否满足两端筒盖同时关闭的使用要求,必要时入水试验。积时式采样器开关可用通气试验检查打开通畅和关闭密封性能。用皮囊式采样器要选择管嘴口径,检查皮囊,皮囊排气,试验装卸皮囊,通电并检验开关等。用多仓式选点采样器重点试验转动机构控制的多路分流盘是否顺序分水进入预定的水样仓,检验满仓信号的反应等。用普通瓶式采样器注意进水管低于排气管和瓶塞的密封性等。准备仪器电源,检测电压等指标在工作要求范围。连接导线,检查接头,特别是入水节点的密封。注意用电安全。准备钟表等计时器,调整到准确时间。需要时,测深、测速仪器也应准备。

应按测验卵石或沙石推移质准备相应的推移质采样仪器,清洗器内的泥沙或杂物,用网兜的要清洗网孔使之不被堵塞。有机械活动部件的要手动检验,保持活动能力。用悬索悬吊仪器的,要检查仪器是否平衡,不平衡时要调整到平衡,平衡的程度一般以使尾部略先接触河床为度。

#### 4.1.2.2　仪器与挂载设备的连接

泥沙取样测验一般在测船、缆道吊箱、缆道铅鱼等渡河平台的有关升降机构支撑下作业。有的仪器(如手持横式采样器、手持床沙采样器等)直接安装有杆把的仪具,在水浅情况下使用,要检查杆把与仪器是否连接牢靠,还应检查、调整拉线开关的绳索使之合适。安装有杆把的仪器也可在流速较小、涉水行走渡河情况下使用。在水深情况下,悬移质取样仪器常挂装在铅鱼上或安装在铅鱼腹仓中,仪器要挂装牢靠、装卸方便。推移质取样仪器多直接挂装在水文绞车上,由水文绞车提拉升降,要检验起吊是否平衡平稳。绞车的主吊索、拉偏索、传输电缆、测验仪器等应互不干扰且能同步收放升降。

#### 4.1.2.3　量样存样器具的准备

从水流中采取的悬移质浑水水样要及时测量体积,需要准备专用量筒和装筒漏斗,量筒一般安放在专制的支架上,支架应稳固且有使量筒保持垂直的功能,量筒放在方便量积操作的位置。水样量积以后要倒装入存样器具,存样器具一般是专制的水样桶、框架叠套的水样盒等,注意标注编号。存样器具使用较多时,应按编号顺序放置在渡河平台的合适位置,从量筒倒装入水样后,更应安全防护。推移质和床沙样品要根据是卵石或沙石样品,装入有编号的适当的存样器具。另外,还要准备冲洗器具的清水,在悬移质量积后,清洗取样器和量筒、漏斗等处的剩沙进入存样器具。推移质和床沙样品也要清洗取样器的剩沙进入存样器具。

#### 4.1.2.4　记载计算器具等的准备

测验现场记载计算表,硬度2H、3H的铅笔,计算器等要准备齐全并妥善安置。采用便携计算机记载计算的,应准备好计算机。

泥沙测验所用器具较多,准备工作应予复查。

泥沙测验环节岗位较多,要组织安排好各个岗位的人员,协调衔接操作程序,特别在洪水时的泥沙测验,分秒必争,更要求准备充分,以保证紧张有序的作业。

### 4.1.3 泥沙取样测验作业

#### 4.1.3.1 悬移质测验

1. 横式采样器点位采样

渡河平台到达断面预定垂线位置(一般是断面起点距 × × m),测量水深,打开横式采样器筒盖,将仪器放入预定水深处(如水深 3.00 m,在相对水深 0.6 处采样,则仪器入水深为 1.80 m),保证筒体顺流,筒口迎流,稍息稳定,使水流最大限度不受干扰地充满筒体,拉动开关,关闭筒盖,将水样封存于筒体中。然后,提升采样后的仪器出水,停留片刻,使仪器体外水流淋滴,移动仪器到量筒和装筒漏斗处,扶持好仪器,使一端对着装筒漏斗打开筒盖,将筒体中封存的水样倒进漏斗输入量筒。

若手持采样,则将仪器举起,在上游适当处入水,顺流下伸,以使仪器到达断面刚好为预定水深;若仪器连接在铅鱼上,采样前要连接好,绞车下放的深度为仪器预定水深,提出水面后,卸下仪器,再进入接样量积作业。

一般情况下,应在现场即时量记水样容积。用量筒测量水样体积时,量筒应垂直,视线与弯月下面平齐,读取弯月下面与量筒的对应刻度数值,精确到 mL。量积的读数误差不得大于水样容积的 1%。量积过程应注意不得使水样体积和泥沙有所减少或增加。量积后的水样,倒入准备好的有编号的存样器具。

量筒量积后用清水冲洗筒体内部残留的泥沙进入量筒或存样器具;完成量筒量积并将水样倒入存样器具后,也要用清水冲洗量筒中的残留泥沙进入存样器具。

横式采样器取得的水样体积,与采样器本身容积一般相差不得超过 ±10%。

横式采样器采样是瞬时的,不需要记、计起止或持续时间,但有时需要记录取样作业时间。为了消除或减弱脉动影响,可在条件允许时,实施同一点位多次重复采样,混合处理水样测定含沙量,或各自处理水样测定含沙量计算平均值,作为单点位的代表含沙量。

2. 积时式采样器采样

积时式采样器类型较多,但采样的功能结构多为管嘴和贮样容器之间加控制开关,贮样容器多装在铅鱼体内(容样仓),管嘴伸出铅鱼头外,采样作业主要为开、关控制开关,以便贮样容器进流或断流。

积时式采样器点位采样作业的通常步骤为,渡河平台到达断面预定垂线位置,测量水深,关闭采样仪器开关使水流不能进入贮样容器,将仪器放入预定水深处,保证仪器顺流,管嘴口迎流,稍息稳定。然后打开开关使水流进入贮样容器,记录开始时间;到达预定时间后,关闭仪器开关,停止进流,记录停止时间,提升采样后的仪器出水转移到量积处。若是单贮样容器的仪器,卸下贮样容器,将贮样容器的水样倒进漏斗输入量筒量积,清洗仪具残留的泥沙进入存样器具;若是多贮样容器的仪器,一点位采样完成后,转移到另一点位采样……直至所有的贮样容器都采到水样,或虽不是所有的贮样容器都采到水样,但已经采完预定的点位水样,将仪器转移到量积处,分别卸下贮样容器,将贮样容器的水样倒进漏斗输入量筒量积(一般情况下,应在现场量记水样容积),清洗仪具残留的泥沙进入存样器具。为了消除或减弱脉动影响,点位采样的持续时间一般不小于 100 s,洪水时可以取 60 s 或 30 s。

积时式采样器垂线积深采样作业分单程积深和双程积深,单程积深又分从水面到河底或从河底到水面两个方向。双程积深通常步骤为,渡河平台到达断面预定垂线位置,测量水深,打开采样仪器开关使仪器从水面匀速下降到河底,不停留地立即从河底匀速上提到水面(或者到河底立即关闭开关,稍许停留,开始上提随即打开开关)。下降进入水面前和上提离开水面后(河底停留期间)仪器贮样容器均无水可进,而在水流中的时段过程进水,取得的水样是全水深匀速下降和上升双程的入流。将仪器转移到量积处,卸下贮样容器,将贮样容器的水样倒进漏斗输入量筒量积,清洗仪具残留的泥沙进入存样器具。

从水面到河底的单程积深通常步骤为,打开采样仪器开关使仪器从水面匀速下降到河底,立即关闭开关,贮样容器只在下降过程中进水。从河底到水面的单程积深通常步骤为,关闭采样仪器开关使仪器从水面下降到河底,匀速上提,开始上提随即打开开关,贮样容器只在上升过程中进水。取样后,卸下贮样容器,将贮样容器的水样倒进漏斗输入量筒量积,清洗仪具残留的泥沙进入存样器具。

一般认为,双程积深有反向补偿作用;从河底到水面的单程积深上拉下垂比较稳定;习惯上也用从水面到河底的单程积深。

积时式采样器采样总的限制是一次采样不允许水样充满贮样容器,因此需要协调管嘴口径、贮样容器、点位采样时间或水深积程之间的关系。在条件可能时,可以制作几种规格的贮样容器、几种口径的管嘴,以适应不同流速、不同采样持续时间及不同水深的情况。

3. 普通瓶式采样器采样

普通瓶式采样器与积时采样器比较,是无进流控制开关,可以在水面点位实施入水进流、出水断流的测点积时采样,或实施垂线双程积深取样。双程积深取样方法是,将仪器自水面向河底以均匀的速度下放,到达河底时,迅速转向,并以同样的速度上提,提放速度要求不大于取样垂线平均流速的1/3。仪器上升离开水面后转移到量积处,打开瓶塞,将水样倒进漏斗输入量筒量积,清洗仪具残留的泥沙进入存样器具。

#### 4.1.3.2 推移质器测法采样

取样测验前,应探测、了解断面测区河底情况,使测验位置避开河底岩石、陡坡、沙浪、深槽等不当之处。应用器测法取样,仪器多悬吊在绞车上升降,仪器悬吊宜使尾部先触及河底。渡河平台到达断面预定垂线位置,测量水深,下降仪器入水,当仪器接近河底时应小心缓慢,使仪器口门下缘尽量贴接河床并少扰动河底泥沙,还要避免仪器周缘对河底的淘刷。感到仪器已到达河底,使悬索稍松,立即计时,推移质进入器内。在到达预定的测验停止时间,立即上提仪器,随即计时。上提应稳当,避免水流扰动使沙样出漏散失。仪器上升离开水面后转移到取样处,样品转入存样器具,清洗仪具残留的泥沙进入存样器具。

推移质测验取样要求有,取得的沙量不少于50 g,也不能装满仪器的贮沙器;取样历时宜在60~600 s。对于沙质推移质测验,为了消除或减弱脉动影响,每条垂线(河底点位)应重复取样三次以上。

推移质测验还有测坑法、体积法、沙波法等。其中,测坑法是在卵石河床断面上设置若干测坑,洪水后,测量坑内推移质淤积体积,计算推移量。测坑法适于洪峰历时短、悬移质含沙量小、河床为卵石的河流。

#### 4.1.3.3 床沙器测法采样

床沙取样器采样方法可参见表3-4-5床沙取样仪器设备结构特点和使用范围。这里提示说明蚌式采样器采取卵石床沙的方法：渡河平台到达断面预定垂线位置，测量水深，下降仪器入水，当仪器接近河底时应加速，使仪器深入沙石层，能取得10～20 cm深的卵石床沙。然后上提出水，仪器上升离开水面后转移到取样处，样品转入存样器具，清洗仪具残留的泥沙进入存样器具。

## 4.2 实验室作业

### 4.2.1 泥沙实验室一般配置和管理要求

水文测验泥沙实验室基本业务是处理浑水水样或泥沙样，测定泥沙样品质量及含沙量，分析颗粒级配。根据具体情况，有的流域地区将浑水水样或泥沙样处理和颗粒级配分析分开，分别建立若干实验室，相应称泥沙室和颗分室。这里统称泥沙实验室，介绍一般配置情况。

泥沙实验室根据业务开展情况，需要配备有关仪器和器具，有水样沉淀浓缩处理、分样处理及存放转移的器具，有量积、称量器具，有干燥器具，有颗粒分析的仪器和器具等，天平、烘箱、套筛、量筒、比重瓶、分沙器、漏斗、吸管、吸球、烧杯、盛样桶（盒、盆）、连接胶管、粒径计、粒度仪等都是常用器具。还有计算机等仪器工具。

泥沙实验室应建有稳定的作业台，布置有电路和插孔，设置上、下水路，温度与湿度调节、监测器具，器具（药品、文件）存放柜等。

泥沙实验室宜与办公室分开。实验室基本条件应满足相关法规、技术标准规范、仪器安装操作和保障工作人员安全健康等要求。实验室工作环境应宽敞明亮，不受阳光直接照射，不受震源和噪声影响，能经常保持干燥、无浮尘、无有害气体及灰尘侵入、温度和湿度比较稳定（温度宜控制在10～26 ℃、相对湿度宜控制在20%～70%）。当室内工作区域之间有不利影响时，应采取有效的隔离措施。当试样保鲜和电测仪器温度要求不能满足时，应有冷储和室温控制设备。废物污物有存放处并及时清理。

各种电器设备安装必须符合有关规定，保证安全。仪器供电宜配备稳压器（或UPS）。上、下水路保持畅通，无冒漏泄露积污，水池保持干净。

精密仪器宜在单独房间放置，应控制室内温度和相对湿度，配备净化电源，保证仪器不受脉冲电流的影响；振动性的仪器工具和散热设备，如电烘箱、电炉、蒸馏器、振筛机等，宜放置在专用房间里；分析天平应安置在专用的独立空间和专用的防震台上，周围不应放置含有较多水分的物品和具有挥发性、腐蚀性的化学药品；与分析仪器连接的计算机应专机专用，保证分析数据转移和数据处理的安全性、完整性和保密性；分析试剂，应放在专用药品柜内，并注明试剂名称、浓度和配置日期等；凡具有毒性、腐蚀性、易燃性和其他有害物质的药品，应放置在安全处，妥善保管；各种分析器皿（如量筒、吸管、粒径计管、盛沙杯、接沙杯等）必须依分类编号放在远离门窗和热源处的专用柜内，每次分析完后，应及时将所用器皿洗净放回原处,以备下次使用。

所有仪器设备(包括标准物质)都应用明显的标志来表明其状态。对各种仪器设备,应经常检查,以保证正常使用。当设施和环境条件对结果的质量可能有影响时,应监测、控制和记录环境条件。

实验室应保存对分析结果具有重要影响的仪器设备及其软件等档案资料,该档案至少应包括仪器设备及其软件的名称、制造商名称、型号、仪器序列号或其他唯一性标志,接收/启用日期和验收记录,仪器历经和当前的位置等,仪器设备检定/校准报告或证书,性能故障的检查维护记录。

### 4.2.2　含沙量测定和颗粒级配分析仪具的准备

通常水流中悬移质含沙量用"单位体积浑水内所含悬移质干沙的质量"来表达和度量,符号为 $S$ 或 $C$ 或 $C_s$,单位为 $kg/m^3$(或 g/L),$g/m^3$(或 mg/L)。在河流中取出水样并测量了体积后,实验室的任务就是测求水样中干沙的质量,通过基础知识部分式(2-5-2)计算含沙量。

测定水流中悬移质含沙量或水样中沙质量目前常用置换法、烘干法和过滤法。烘干法和过滤法处理水样,所用器具主要有烧杯、烘箱、天平及漏斗、滤纸等,都是通用器具,作业前应予准备。置换法所用器具主要有比重瓶、温度计、小漏斗、天平、毛巾、加水器具等,比重瓶的型号根据需要选择,选定比重瓶的有关资料数据也应准备。准备的器具应放置在便于顺序操作且互不干扰的地方。

河流泥沙粗细是通俗的说法,表达单个颗粒的几何大小或颗粒群体中大小颗粒的多少,是非定量难度量的感觉性概念。在学术界和工程界,单个泥沙颗粒大小用粒径或等效粒径来描述,群体泥沙用小于某粒径或用不同粒径级之间颗粒质量(或体积,表面积及颗粒数)占样本总量比例的级配来描述。

一般情况下,河流泥沙的颗粒分析基本是测算群体泥沙的粒径质量级配。由于河流泥沙颗粒粒径大小差别很大,群体的粒径范围很宽,考虑的原理不同,需要和可采用的测定级配的方法较多,如比重计法、粒径计法、光电法、吸管法、筛分法等都曾经应用。目前,以光散射理论为基础的颗粒粒径级配测量技术以其显著突出的优势,已在国内外得到了迅速的发展和广泛的应用,我国也将其应用于河流泥沙粒度分析,取得了很好的效果。我国《河流泥沙颗粒分析规程》(SL 42—2010)关于泥沙粒度分析方法适用粒径范围及沙量要求的规定见基础知识部分表2-5-2。

进行泥沙颗粒级配分析应根据采用的方法准备仪具,用激光粒度仪和光电颗分仪分析,自动化程度较高,主要是连接或检查电路水路,连接或检查主机和计算机信息传输,调用、启动专用软件等。筛分法主要是准备套筛和振筛机,还有天平、收集筛后沙样的器具、清扫筛网剩沙的毛刷等。粒径计法的基础器具是粒径计管,操作件有注沙器、接样器具,后续为烘干、称量器具等。吸管法多在量筒中操作,需要搅浑棒、吸管、吸球等操作件,后续为存样、烘干、称量等器具。

准备泥沙试样也是重要的基础工作,分析前的沙样应按测验次序或盛样容器编号有序放置。作业后分离的沙样也要有序放置。

## 4.2.3 浑水水样和泥沙样的初步处理

### 4.2.3.1 悬移质水样的沉淀浓缩

从河流中取得的悬移质水样运到泥沙实验室后，应按取样测验的顺序或存样器具编号顺序放置，用玻璃棒或其他棒具搅动，释放气泡，浮选草沫，挑拣杂物。然后静置沉淀。

水样的沉淀时间应根据试验确定，并不得少于24 h；因沉淀时间不足而产生沙量损失的相对误差，一、二、三类站分别不得大于1.0%、1.5%、2.0%；当洪水期与平水期的细颗粒相对含量相差悬殊时，应分别试验确定沉淀时间。当细颗粒泥沙含量较多，沉淀损失超过限差时，应作细沙损失改正。不作颗粒分析的水样，需要时可加氯化钙或明矾凝聚剂加速沉淀，凝聚剂的浓度及用量应经试验确定。

水样沉淀时间试验做法为，将水样放在存样器具（如水桶）内，沉淀经过24 h、36 h、48 h…设定时间后，析出上部清水放到另一容器内（可称为未尽样），经过更长时间的沉淀抽吸清水，剩样再烘干称出干沙量。计算剩样干沙量占总沙量（设定沉淀时间的干沙量加剩样干沙量）的百分比，作为因沉淀时间不足而产生沙量损失的相对误差。此值也可作为细沙损失改正的增大系数。

水样经沉淀后，可用虹吸管将上部清水吸出，获得浓缩水沙样，供后续作业用。当吸水接近下部浓缩水沙样时，应悉心操作，不得干扰和吸出底部的泥沙。

### 4.2.3.2 推移质和床沙样的初步处理

推移质和床沙沙样可放在水桶或其他器皿中，加入清水，用玻璃棒或其他棒具搅动，释放气泡，浮选草沫，挑拣杂物。然后静置沉淀。沉淀后，可虹吸吸出清水，沙样供后续作业用。

### 4.2.3.3 颗粒分析沙样的分沙

按基础知识部分表2-5-2规定的泥沙粒度分析方法的适用粒径范围及沙量要求，当悬移质沙样的泥沙数量过多时需要分沙。分沙的器具为分样器，分样器的类型和使用范围为，两分管式适用于粒径0.062 mm以下悬液沙样；旋转式和两分式适用于粒径1 mm以下悬液沙样；锥型多比例分沙器适用于粒径2 mm以下悬液沙样；管截取式适用于粒径2 mm以下的湿沙样；锥体四分器适用于粒径2 mm以下干沙样。

若大（小）于0.062 mm的沙用筛分（沉降）法分析级配，因一般情况筛分（沉降）法用沙多（少），分沙应先使原沙样过0.062 mm筛，只对筛下部分进行分沙，并将筛上泥沙及筛下分取的泥沙分别装入两个水样瓶内，注明沙样总沙量、筛上沙量及筛下分沙次数。

悬移质水样分沙的分样容积误差应小于10%。

*1. 两分式分沙器及操作方法介绍*

两分式分沙器如图3-4-21所示，器高约260 mm，中部长111 mm，中部宽50 mm，两腿间隔约160 mm，宽102 mm。在中部向两边间隔排列着用薄铜皮制成（或其他不锈材料制作）的30个分沙槽。分沙时，将水样摇匀，以小股、均匀、往返地倒入分沙槽内，用清水将原盛水样容器及分沙器内冲洗干净。向两边的分沙槽将水样分流到两个盛样器中，实现分沙。若一份分沙样已经满足要求,取一份用之;否则,可取一份再分……直至满足要求。

2. 锥型多比例分沙器及操作方法介绍

锥型多比例分沙器主要用于河流悬移质水样及低黏度流体的分样抽样。锥型多比例分沙器如图3-4-22所示,主要由漏斗、分沙圆锥、分沙盘、支架等构成。分样原理是,分沙水样倒入漏斗经过混合后再束导导流至分沙圆锥上,分沙圆锥将水样均匀分散沿锥面流下,在圆锥底部按周长比例分隔取样可得到总水样各种比例的分沙水样。仪器构造简单合理,操作方便可靠,具有工作效率高、精度高、代表性好等特点。

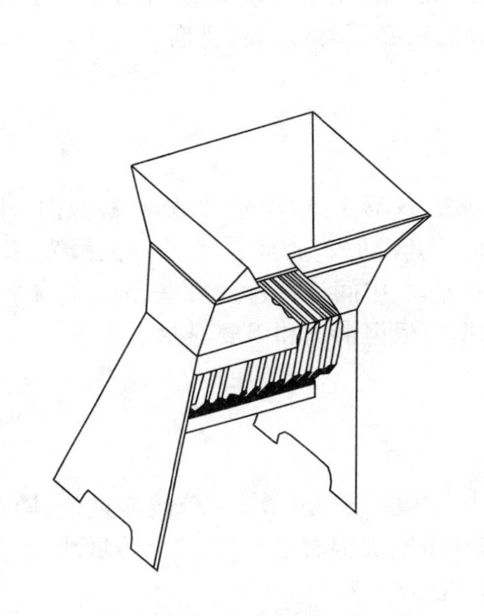

图3-4-21　两分式分沙器

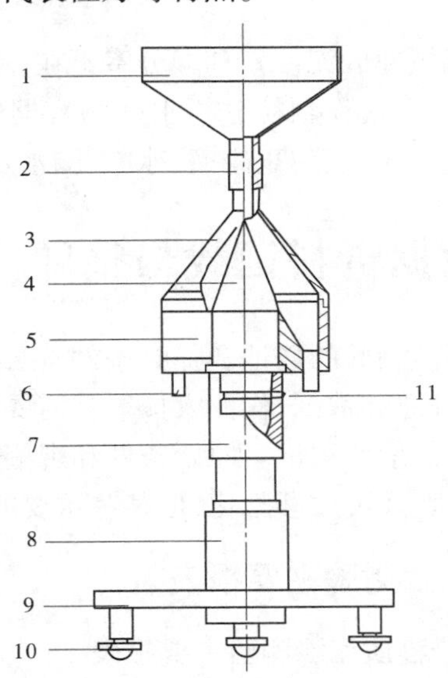


1—分沙漏斗;2—漏斗下管;3—漏斗座;4—分沙圆锥;5—分沙盘;6—下水管;7—支杆;8—支杆座套;9—底盘;10—脚螺旋;11—固定螺丝

图3-4-22　锥型多比例分沙器

仪器可按组件安装。每次投入使用前,应调节三个脚螺旋,使分沙盘转到任何方向时水平管气泡都处于居中位置,保证分沙盘轴线垂直。

分样操作时,将被分水样摇匀后迅速倒入分沙漏斗进行分沙,由250~1 000 mL比重瓶等容器接样。应保证导流管内充满水流及避免漏斗中水样外溢。水样将倒完时,应加入清水摇晃冲洗后再倒入分沙漏斗,避免大量积沙沿漏斗边壁流下。一次冲洗不净时可进行多次冲洗。

仪器适应的分样容积为250 mL以上,分样浓度为900 $kg/m^3$以下,水样泥沙粒径在2 mm以下,分样能力为50~75 mL/s。

仪器一次工作可将总水样分为1/2、1/4、1/8、1/16、1/32五种比例的分样,按这五种比例设计确定接样管嘴位置。可根据被分水样的总沙量及目标分析留样的沙量确定分样次数与接样位置。留样沙量按5~10 g考虑,各级留样沙量的分样次数与接样位置见表3-4-6。

表 3-4-6 各级留样沙量的分样次数与接样位置

| 留样沙量(g) | 分沙次数 | 接样位置 | 留样沙量(g) | 分沙次数 | 接样位置 |
|---|---|---|---|---|---|
| 10～20 | 1 | 1/2 | 160～320 | 1 | 1/32 |
| 20～40 | 1 | 1/4 | 320～640 | 2 | 1/8、1/8 |
| 40～80 | 1 | 1/8 | 640～1 280 | 2 | 1/8、1/16 |
| 80～160 | 1 | 1/16 | 1 280～2 560 | 2 | 1/16、1/16 |

有的流域地区泥沙室和颗分室不在一地，由前者准备（或分沙后）需要颗粒分析的沙样送后者分析，送作颗粒分析水样的容器应采用容积适当、便于冲洗和密封的专用水样瓶。装运水样时，应防止碰撞、冰冻、漏水及有机物腐蚀，必要时可加防腐剂。

# 4.3 数据资料记载与整理

河流泥沙测验的场地、时间、条件、项目单位、方法、仪器工具、序号、原始测量数据、计算数据、统计总和数据、作业人员等都需要随测随记、随算随校，为此设计了有关报表，提供应用时按需依序填记。原始条件和观测部分必须记载，中间计算过程数据，随着计算机技术应用的普及可逐渐隐化，但某些重要的中间数据应根据情况和需要显示出来。

## 4.3.1 泥沙测验主要报表

### 4.3.1.1 悬移质泥沙测验主要报表

悬移质泥沙测验主要报表有流量及悬移质输沙率测验记载计算表（分畅流期流速仪法和冰期流速仪法两种）、悬移质输沙率测验记载表（全断面混合法）、单样含沙量测验记载表、悬移质水样处理记载表（分烘干法、置换法和过滤法三种）等。

### 4.3.1.2 推移质泥沙测验主要报表

推移质泥沙测验主要报表有卵石推移质测验记载计算表、沙推移质测验记载计算表、推移质测验现场合理性检查记载表、推移质断面输沙率及平均颗粒级配计算表等。

### 4.3.1.3 床沙测验主要报表

床沙测验主要报表有床沙器测法现场记载表、床沙试坑法取样颗粒分析记载计算表、床沙试坑法取样多坑平均颗粒级配计算表、床沙直格法及颗粒分析（颗数计）记载计算表、床沙断面平均颗粒级配计算表等。

### 4.3.1.4 泥沙颗粒分析主要报表

泥沙颗粒分析主要报表有尺量法记录计算表、筛分法记录计算表、粒径计分析记录计算表、吸管法分析记录计算表、消光法自动打印图表、离心法自动打印图表、激光法输出模板、几种方法级配成果的归并接续计算表、悬移质垂线平均级配计算表、悬移质断面平均级配计算表、平均粒径计算表等。

### 4.3.1.5 泥沙测验报表的汇集装订

泥沙测验的报表种类不少，有的按测次记载计算成一份，有的按次成行多次在一页，一般要求按照公历年度汇集装订成册，依时间或测次顺序排序。装订册的封面要写明领导机关、站名、册名、流域、水系、河名、测站驻地各级行政区名、测次编号、起止时间、站长或实验室主任签名等。以泥沙颗粒分析记录计算表封面为示例文字格式展现如下。

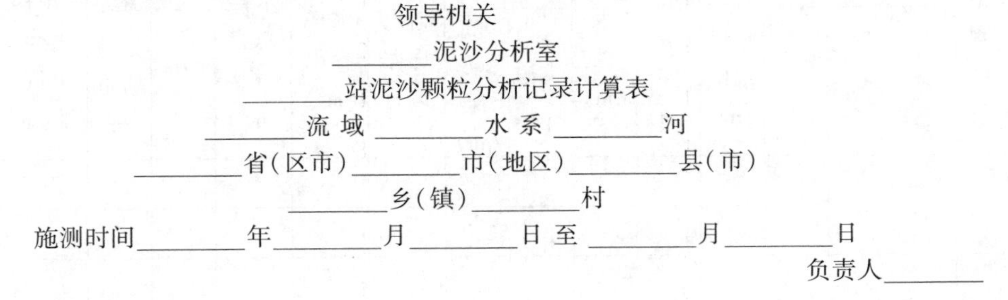

领导机关

________泥沙分析室

________站泥沙颗粒分析记录计算表

________流 域________水 系________河

________省（区市）________市（地区）________县（市）

________乡（镇）________村

施测时间________年________月________日 至________月________日

负责人________

上述各表的格式分别编制在《河流悬移质泥沙测验规范》（GB 50159—92）、《河流推移质泥沙及床沙测验规程》（SL 43—92）、《河流泥沙颗粒分析规程》（SL 42—2010）等标准规范中。

泥沙室和颗分室不在一地，由前者向递送者准备（或分沙后）需要颗粒分析的沙样时，要填写清楚水样递送单，内容包括站名、断面、取样日期、沙样种类、测次、垂线起点距及相对水深位置、取样方法、分沙情况、沙重损失改正百分数和装入瓶号等。在水样处理时，作沉淀损失或漏沙改正的沙样，在递送单中应注明该沙样处理所得的沙量和改正沙量。由公共物流系统递送水样时递送单应和水样一并寄送。

### 4.3.2　泥沙测验主要物理量的单位和数值的数字取位

泥沙测验涉及的物理量很多，规范规程对其单位和数字取位有详细明确的规定，应用时可查阅，常用的应熟记，现摘录泥沙测验一些物理量的单位和数字取位的规定列入表3-4-7，以便理解概念。

**表3-4-7　泥沙测验一些物理量的单位和数字取位的规定**

| 物理量 | 符号 | 单位 | 数字取位和示例 |
|---|---|---|---|
| 水样体积 | $V$ | $cm^3$ 或 L | 取3位有效数字，示例如1 010 |
| 沙质量 | $W_s$ | g | 天平感量10 mg，取0.01（g），示例如1.56；天平感量1 mg，取0.001（g），示例如0.125 |
| 含沙量 | $C_s$ | $kg/m^3$ | 取3位有效数字，小数不超过3位，示例如1.37，0.012 |
| 输沙率 | $Q_s$ | kg/s | 取3位有效数字，小数不超过3位，示例如1 380，0.072 |
| 泥沙粒径 | $D$ | mm | 有效数字3位，小数不超过3位，示例如20.3，0.062 |
| 颗粒级配 | $P$ | 1% | 取小数1位，示例如75.4 |

### 4.3.3　单样含沙量测验记载表

单样含沙量测验记载表（1992－悬4）如表3-4-8所示。

表 3-4-8　单样含沙量测验记载表

取样断面位置　　　　采样器型式及容量　　　　取样垂线位置及方法

| 施测号数 | 施测时间 | | | 基本水尺水位(m) | 起点距(m) | 水深(m) | 仪器位置 | | 盛水样器编号 | 水样容积($m^3$) | 水样总容积($m^3$) | 水样处理 | | 单样含沙量($kg/m^3$) | 水温 | 备注 |
|---|---|---|---|---|---|---|---|---|---|---|---|---|---|---|---|---|
| | 月 | 日 | 时:分 | | | | 相对深 | 测点深(m) | | | | 方法 | 记载簿页号 | | | |
| | | | | | | | | | | | | | | | | |
| | | | | | | | | | | | | | | | | |
| | | | | | | | | | | | | | | | | |

单样含沙量测验记载表填制说明如下:

(1)“取样断面位置”。填采取单样断面的位置,以与基本水尺断面的关系表示。如基上 100 m(测流断面)。

(2)“采样器型式及容量”。填所用采样器型式及容量,如使用 2 $dm^3$ 的横式采样器,即填横式“2”;使用 3 $dm^3$ 的调压积时式采样器,即填调压积时式“3”。

(3)“取样垂线位置及方法”。简要说明取样垂线位置、数目与在垂线上的取样方法。如“(起点距)120 m 一线积深法”。“等流(量)中三线,0.2、0.8 等历时垂线混合法”。

(4)“施测号数”。按年编号填记。

(5)“施测时间”。与编号相应的时间。

(6)“基本水尺水位”。与编号相应时间的基本水尺水位,由水位观测簿转抄。

(7)“水样处理—方法”。填使用的方法,如“烘干法”。

(8)“水样处理—记载簿页号”。填写本次水样处理记载所在的记载簿号与页号,如 3 号簿第 5 页,记为“3 ~5”。

(9)“单样含沙量”。自水样处理记载表内抄录。

“起点距”、“水深”、“仪器位置”(相对深、测点深)、“盛水样器编号”等按测验情况填记。“水样容积”和“水样总容积”,若单样为一线一点采取,水样容积和水样总容积数值相同;若单样为多线多点采取,且各点分别量积存样,则各项按点填记,水样总容积为各点水样容积数值之和;若各点水样混合后量积,则只填水样总容积,不填各点水样容积,但各点的起点距、水深、仪器位置(相对深、测点深)仍要填记。在单样为多线多点采取的情况下,上面(4)“施测号数”到(9)“单样含沙量”各项填记在多点的第一行。

# 模块5　水质取样

## 5.1　取样作业

### 5.1.1　基本概念

#### 5.1.1.1　水体水质

水体是地表被水覆盖的自然综合体,包括水、水中的悬浮物和溶解性物质、水生生物和底部的沉积物。水质是水体质量的简称,标志着水体的物理、化学和生物的特性及其组成的状况。水质指标是判断水体质量的具体项目和衡量标准,概括起来主要分为物理性、化学性和生物学三大类。

1. 物理性指标

(1)感官物理性状指标:温度、色度、臭和味、浑浊度、透明度等。

(2)其他物理性指标:溶解性总固体、电导率、悬浮物等。

2. 化学性指标

(1)一般化学性指标:碱度、硬度、各种阴阳离子、总含盐量、一般有机物质等。

(2)有毒的化学性指标:各种重金属、氰化物、多环芳烃、各种农药等。

(3)氧平衡指标:溶解氧、化学需氧量、生化需氧量、总需氧量等。

3. 生物学指标

细菌、微生物、浮游生物、底栖生物等。

#### 5.1.1.2　水样

水样是为了解水体的物质成分及物理、化学性质,而从指定的水域中间断或连续地采集一部分具有代表性的能提供分析、鉴定、试验的水体实物。

按水样的采集方法可将水样分为如下几种类型:

(1)瞬时水样。指从水体中不连续地随机采集的样品。

(2)混合水样。指在同一采样点上以流量、时间、体积或是以水量为基础,按照已知比例(间歇或连续地)混合在一起的样品。

(3)综合水样。指从不同采样点同时采得的瞬时水样混合在一起的样品。

#### 5.1.1.3　水样采集必须满足的基本要求

(1)所采集的水样体积应满足分析和重复分析的需要。

(2)所采集的水样必须具有足够的真实代表性。为保证所采集的水样的代表性,必须选择科学的采样技术,合理的采样位置、采样方法和采样时间。

(3)所采集的水样必须不受任何意外的污染。

## 5.1.2　水质采样器的选用

### 5.1.2.1　采样器选用原则

凡采样器直接与水样有接触的部件,其材质不应对原装水样产生影响,如由高密度聚乙烯、聚四氟乙烯、有机玻璃或不锈钢等制成。金属材料制成的采样器一般不宜采集痕量金属分析样品。

采样器应有足够的强度,且启动灵活、操作简单、密封性能好,一次最大采水量不应小于1.0~5.0 L。

采样器应具有设计简单、表面光滑、容易清洗和没有流量干扰等特点,以免样品被采样器沾污失去代表性。

采样器的选择应考虑河流(湖泊、水库)的宽窄、深浅、急缓程度,并与所采集水样的类型及对象相适应。

### 5.1.2.2　采样器的选用

根据当地实际情况,可选用以下类型的水质采样器:

(1)表层采样器。该采样器是一种普通的敞开式开口容器,适用于采集水面或靠近水面除溶解氧、油类、细菌学指标等有特殊要求外的大部分水质和水生生物监测项目的水样。

(2)单层采样器。该采样器的特点是从表层水到深层水都可以由样品瓶直接在水体中采样,它适用于大部分监测项目的水样采集,尤其是油类和细菌学指标等监测项目必须使用这类采样器。

(3)积深式采样器。该采样器适用于采集平原河流、湖泊、水库沿垂线不同深度的混合水样。采样时,将采样器以匀速沉入水中,然后以近似同样的速度上升提至水面,使整个垂直断面的各层水样进入采样瓶。积深式采样器不适用于浅水河流,因浅水河流的深度不够,实施积分采样的积程占全深(程)比例小,或容量难取够。

无积深式采样器时,可采用排空式采样器分别采集每层深度的样品,然后混合。

(4)封闭管式采样器。该采样器是一种能采集较大容量(2 L以上)不同深度水样的采样器。这类采样器是由两端开口的管子或圆筒组成的,并带有十分合适的密封盖或塞子。当采样器沉入水中时,它的口是敞开的,水不停留在采样器中,到达预定深度启动机械或光电解扣装置,从而关闭采样器两端的盖子或插入塞子,即取到所需深度的样品。属于这种类型的采样器有横式采样器、竖式采样器和排空式采样器等,其适用范围如下:

①横式采样器适用于山区水深流急的河流和溪流的水样采集。

②竖式采样器适用于水流平稳的平原河流、湖泊、水库的水样采集。

③排空式采样器适用于水流平稳,水体中除细菌学指标及油类外大部分监测项目分析样品的采集,也适用于采集分层水样和积深水样。

(5)泵式采样器。该采样器由抽吸泵(常用的是蠕动式或手动式真空泵)、采样瓶、安全瓶、采水软管等部件构成,它适用于从特定深度采集大部分监测项目测定用的水样,不适用于油类、叶绿素和细菌学指标分析样品的采集。

(6)溶解氧采样器。该采样器装置示意见图3-5-1,它适用于溶解氧(或其他溶解性气体）和生化需氧量测定项目水样的采集。这种采样器是在采样瓶内放置一个 250～300 mL 的 BOD 瓶，在采样瓶口的胶塞中插入两根玻璃管，一根靠近 BOD 瓶底，一根靠近采样瓶口。采样时，将采样器放至水中所需深度打开夹子，并停放在那里，直至看不见采样器中的空气逸出，然后取出采样器，将特定的锥形塞放在 BOD 瓶中，即取到所需深度的溶解氧样品。

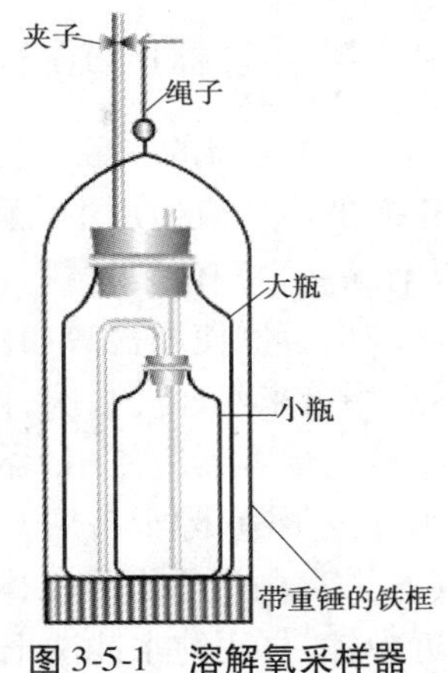

图 3-5-1　溶解氧采样器

（7）自动式采样器。该类采样器分间歇型和连续型，如何选择将依赖于实际采样情况。自动式采样器适用于采集位置确定的时间混合积分样，也适用于采集位置移动的时空混合积分样，但不适用于油类、pH 值、溶解氧、电导率、水温和水生生物等项目的水样采集。

（8）降水采样器。该类采样器分为人工采样器和自动采样器。前者为选用上口直径 40 cm、高 20 cm 左右的聚乙烯塑料桶；后者为桶盖带有湿度传感器的聚乙烯塑料桶，降水开始自动打开，降水停止自动关闭。

### 5.1.3　水质贮样容器的选择

容器不应引起新的沾污。一般的玻璃在贮存水样时可溶出钠、钙、镁、硅、硼等元素，在测定这些项目时，应避免使用玻璃容器，以防止新的污染；容器器壁不应吸收或吸附某些待测组分。一般的玻璃容器吸附金属，聚乙烯等塑料吸附有机物质、磷酸盐和油类，在选择容器材质时应予以考虑；容器不应与某些待测组分发生反应，如测氟时，水样不能贮于玻璃瓶中；某些容器应使用不透光或棕色玻璃，以减少或防止光敏性组分的透光损失；容器应有一定强度，并具有抗碰撞、抗破裂、抗极端温度、成本费用低和便于清洗等特点。

根据监测项目及组分含量，可选用以下类型的贮样容器：

（1）硬质（硼硅）玻璃容器。适用于常规采样，宜于贮存测定有机物及生物水样，也宜于贮存某些无机物（如六价铬、硫化物、氨等）水样，不宜贮存碱性水样以及测定锌、钠、钾、钙、镁、硅等水样。

（2）聚乙烯容器。适用于常规采样，宜于贮存测定金属、放射性及无机项目的水样，不宜贮存测定有机物和痕量汞的水样。

（3）聚四氟乙烯容器。是材质惰性最好的一种容器，宜于贮存测定痕量有机物和痕量金属元素的水样，也宜于用做自动采样器的采样管。

（4）可溶气体或组分样品的容器。测定溶解氧和生化需氧量的样品瓶应配有锥形磨口玻璃塞且可以用水密封，以减少空气的吸收程度。

（5）光敏物质样品的容器。测定含有光敏物质的样品（如藻类），应使用不透明材料或有色玻璃构成的容器。

（6）贮存微生物样品的容器。应能经受灭菌过程中产生的高温，并在灭菌和样品存放期间，不应产生或释放抑制生物生存能力或促进繁殖的化学物质，也不得释放有毒化学物质。

### 5.1.4　贮样容器的洗涤与干燥

(1)贮样容器的一般清洗方法应符合以下要求：

①新的容器应使用不含磷酸盐的去污粉或洗涤剂，用软毛刷洗刷容器内外表面及盖子，以清除灰尘和包装材料。

②玻璃容器使用盐酸和硫酸混合液进行清洗，如贮存有机物，应用重铬酸钾洗液浸泡，然后用自来水冲洗数次，再用纯水冲洗干净，直至瓶壁不挂水珠，晾干备用。

③聚乙烯容器应使用1 mol/L的硝酸或盐酸浸泡1～2 d，然后用自来水冲洗数次，再用纯水冲洗干净，晾干备用。

(2)贮存微量重金属水样的容器，应使用1+4硝酸浸泡24 h以上，然后用自来水冲洗至近中性，再用纯水冲洗干净。

(3)贮存痕量有机物水样的容器，应按贮样容器一般清洗方法清洗干净后，在烘箱内180 ℃下烘干4 h，再用纯化过的乙烷或石油醚冲洗数次，最后用氮气或其他惰性气体干燥处理。

(4)贮存阴离子表面活性剂水样的容器，应使用去污粉或洗涤剂刷洗，然后用甲醇洗1 min，再依次用自来水、纯水冲洗干净。

(5)贮存微生物水样的容器，除按贮样容器一般清洗方法洗涤干燥外，还应用防潮硬纸将瓶塞与瓶颈包扎好，于160 ℃干热灭菌2 h，或置于高压灭菌锅中，于120 ℃和200 kPa下灭菌20 min。当要采集加氯处理水样时，样品瓶应在灭菌前，按每125 mL样品加入0.1 mL 10%(m/m，即质量比)硫代硫酸钠溶液，以除去余氯对细菌的抑制作用。

(6)采样前应随机抽查已洗好的贮样容器数个加入纯水，按样品保存技术要求加入相应保存剂，在规定条件下放置一定时间，然后进行实验室分析，不应检出待测组分，否则应查明原因重新清洗。

### 5.1.5　现场采样安全防护

#### 5.1.5.1　**一般安全措施**

(1)河流涉水采样应有两人以上同时进行，并限制在卵石河床断面使用，采样前应用探深杆对水深进行探测，水深到大腿处时不许涉水采样。

(2)如果涉水采样人员不能确定自己的蹚河能力或水流较急，应在河岸一坚固的物体上系一根安全绳，并穿一套经安全检查的救生衣。

(3)在桥上采样时，应在人行道上作业，防止发生事故。如果因采样作业干扰交通，应提前与地方交通部门协商，并在桥上设置“有人作业”显示标志。

(4)在通航河流的桥上采样时，现场作业应特别小心，注意航行来往船只和航行安全。

(5)在船上采样必须有两人以上，船要有良好的稳定性。采样过程中船要悬挂信号旗，以示采样工作正在进行中，防止商船和捕捞船只靠近。

(6)采样人员自行划船采样，必须持驾驶证，熟悉水性，并按照水中安全规则与规定作业，测船严禁超载。

(7)在较小河流中用橡皮船采样时,应有安全绳系在河岸坚固的物体上,船上还须有人拉绳随时做好保护。

(8)在吊箱采样时,吊箱应按操作规程运行,采样人员在吊箱上系一根安全绳,并穿一套经安全检查的救生衣,岸上要有专人做监视工作。

(9)需要破冰采样的地方,应预先小心地检查薄冰层的位置和范围,作好标志。行走和采样时应有专人做监视工作,防止采样人员掉进冰窟内。

(10)当采样人员进入有毒气体环境中时,要使用气体防毒面具,呼吸、苏醒器具和其他安全设备。此外,在进入封闭空间之前,要测量氧气的浓度和可能存在的有毒蒸汽和毒气。

(11)采样过程中应注意不要接触有毒植物,以防止意外事故的发生。严重污染的河流,可能有细菌、病毒及其他有害物质,应注意防护安全。

(12)为了保证采样人员作业人身安全,必须考虑气象条件。在大面积水体上采样时,应穿救生衣或戴救生圈。

(13)安装在河岸上的仪器和其他设备,为了防止洪水淹没或破坏行为,应采取适当的防护措施。

#### 5.1.5.2　化学处理安全措施

(1)利用酸或碱保存水样时,应戴上手套、保护镜,穿上试验服小心操作,避免烟雾吸入或直接与皮肤、眼睛及衣服接触。

(2)酸碱保存剂在运输期间应妥善贮存,防止溢出。溢出部分应立即用大量的水冲洗稀释或用化学物质中和。

## 5.2　数据资料记载与整理

### 5.2.1　地表水现场资料记载

应在现场及时按照地表水水质监测记载表的结构内容填记清楚。

#### 5.2.1.1　测定项目

在贮样容器上标明并在采样原始记录上填该样品用于分析测试的项目。

#### 5.2.1.2　断面名称

与水文(水位)站结合的,填××水文(水位)站基本断面,否则填断面附近的地名或具有特征的建筑物名称。

#### 5.2.1.3　地点

填监测断面所在地名,一般填至省(自治区、直辖市)、县(市)、乡、村。

#### 5.2.1.4　采样点

记录采样垂线上采样点的位置,如水面下0.5 m,1/2水深,河底以上0.5 m。

#### 5.2.1.5　样品保存方法

记录在采样现场,样品转移至贮样容器后所实施的样品保存方法,如冷藏、冷冻、加入保存剂的种类及其量。

#### 5.2.1.6　质量控制记录

记录采样时所实施的质量控制技术,包括现场平行样、现场空白样、现场加标样等。

#### 5.2.1.7　采样时间

填采样时的时间,填至年、月、日、时、分。还应填采样人员的姓名。

#### 5.2.1.8　现场测定参数记载

(1)水温:记载水样的温度,以摄氏度(℃)计,有效数字最多3位,小数点后最多1位数字。

(2) pH值:记载就地测定或现场测定水样的pH值,有效数字最多2位,小数点后最多2位数字。

(3)电导率:记载用电导率仪现场测定水样的电导率数值,以μS/cm计,有效数字最多3位,取整数。

(4)浊度:记载用浊度仪现场测定水样的浊度,以度计,有效数字最多3位,取整数。

(5)氧化－还原电位:记载用铂电极和甘汞电极以mV计现场测定水样的氧化－还原电位。

(6)DO:记载用膜电极现场测定水样中的溶解氧,以mg/L计,有效数字最多3位,小数点后最多1位数字。

#### 5.2.1.9　现场观测样品表观信息

(1)描述水体中水的异常颜色、异常气味、水藻过量生长、水面油膜及死鱼等现象。

(2)描述水样中有无悬浮物质、沉降物质及颜色等。

(3)臭:水样采集后,检验人员依靠自己的嗅觉,在20 ℃和煮沸后稍冷闻其臭,用适当词句描述臭特性,并按表3-5-1臭强度等级中的6个等级报告臭强度。

表3-5-1　臭强度等级

| 等级 | 强度 | 说明 |
|---|---|---|
| 0 | 无 | 无任何气味 |
| 1 | 微弱 | 一般饮用者难以察觉,嗅觉敏感者可以察觉 |
| 2 | 弱 | 一般饮用者刚能察觉 |
| 3 | 明显 | 已能明显察觉 |
| 4 | 强 | 有很明显的臭味 |
| 5 | 很强 | 有强烈的恶臭 |

### 5.2.2　地下水现场资料记载

应在现场及时按照地下水水质监测记载表的结构内容填记清楚。

#### 5.2.2.1　测定项目

在贮样容器上标明并在采样原始记录上填该样品用于分析测试的项目。

#### 5.2.2.2　监测站名称

为监测站编号所代表的监测站的中文名称。

**5.2.2.3　监测站地点的位置**

填监测站所在地名,一般填至省(自治区、直辖市)、县(市)、乡、村。

**5.2.2.4　井深**

记载自地面至井底的距离,以m计。

**5.2.2.5　采样深度**

记载从水面以下的某采样点采样的水深,以m计。

**5.2.2.6　地下水类型**

记载“潜水”、“承压水”、“裂隙水”、“岩溶水”。可用组合表示,如“潜水;裂隙水”。

**5.2.2.7　地下水开采量**

按月开采量统计记载。其中,水表法根据“月初、月末水表读数差”填写;水泵出水量统计法根据“水泵单位时间出水量”与“累计开泵时间”的乘积填写;在用水定额调查统计法中,“农田灌溉地下水开采量”根据“灌溉面积”、“灌溉定额”“灌溉次数”三者的连乘积填写,“乡镇工业生产地下水开采量”根据“产值”与“万元产值用水定额”的乘积填写,“农村生活地下水开采量”根据“人口数”与“人均日用水定额”的乘积再加上“牲畜头数”与“牲畜日用水定额”的乘积之和填写。

其他现场测试项目数据记录、样品保存方法、采样时间、采样人姓名等的填记同地表水有关项目。

# 模块 6　地下水及土壤墒情监测

## 6.1　观测作业

浅层地下水具有地域分布广、随时接受降水和地表水体补给、便于开采、水质良好、径流缓慢等特点，因此具有重要的供水价值。目前的地下水监测基本在浅层地下水范围，主要监测要素有水位、水温、水质和出水量等。

### 6.1.1　地下水位人工监测仪器的使用方法

#### 6.1.1.1　测盅

测盅是最简单的地下水位测具，其盅体是长约 10 cm 的中空圆筒，直径数厘米，圆筒一端开口，另一端封闭并系测绳，测绳上标有刻度，测量时人工提测绳，测盅开口端向下放至地下水面，上下提放测盅，测盅开口端接触水面时会发出撞击声，由此判断水面位置，读取测绳上刻度，得到地下水埋深，计算出地下水位。此方法简单，但由于判断测盅接触水面和测绳的误差，水位观测值误差较大。

#### 6.1.1.2　悬锤式水位计

悬锤式水位计又称为电接触悬锤式水尺、水位测尺，由水位测锤、测尺、接触水面指示器（音响、灯光、指针）、测尺收放盘等组成。

测锤有一定重量，其重量应能拉直悬索，端部有两个相互绝缘的触点。测尺是刻度准确的柔性金属长卷尺，其上附有 2 根导线和触点，两个触点接触地下水体时，导线连通，地面上的指示器（音响、灯光、指针）发出信号，表示已到达地下水面，从测尺上读取读数，得到地下水埋深，计算出地下水位。

这种水位计简单，使用方便，便于携带，可以适用于各种地下水位的观测，准确性较高，测尺长度不受限制，可用于不同埋深和变幅的水位观测。

悬锤式水位计的基准板或基准点的高程测量与水尺零点高程测量的要求相同，可每年汛前校测一次，当发现有变动迹象时，应及时校测。其编号方法与水尺编号相同。

人工监测水位，应测量两次，间隔时间不应少于 1 min，取两次水位的平均值，两次测量允许偏差为 ±0.02 m。当两次测量的偏差超过 ±0.02 m 时，应重复测量，直至满足允许偏差限制。

### 6.1.2　地下水水温监测

（1）水温基本监测站的监测频次为每年 4 次，分别为每年 3 月、6 月、9 月、12 月的 26 日 8 时。

(2)监测水温的同时应监测气温及地下水位。

(3)监测水温、气温的测具由仪器和防护组成,仪器的最小分度值应不小于0.2 ℃,允许误差为±0.2 ℃。

(4)水温监测应符合下列规定:

①监测水温的测具应放置在地下水水面以下1.0 m处,或放置在泉水、正在开采的生产井出水水流中心处,静置5 min后读数。

②连续进行两次水温监测,当这两次监测数值之差的绝对值不大于0.4 ℃时,将这两次监测数值及其算术平均值计入相应原始水温监测记载表中;当两次监测数值之差的绝对值大于0.4 ℃时,应重复监测。

(5)水温测具和气温测具应每年检定一次,检定测具的允许误差为±0.1 ℃。

### 6.1.3　土壤墒情(含水率)的取样监测方法

基本监测站除收集代表性地块的土壤墒情信息外,在发生脱墒的情况下,应增设临时监测站进行墒情监测。临时监测站的布设视土壤、水文地质条件、作物种类代表性、旱情轻重等情况确定。

地块的布点方法可采用平面均匀布点法,采样点间的距离不小于1 m。采样点的位置一经确定,应保持相对的稳定,不应作较大的改变。

同一点的分层人工监测应同时在三条(或两条)垂线上采样,取各垂线相同深度的含水量的平均值作为代表性地块在该土层的土壤含水量。

人工监测土壤墒情主要用取样烘干法,用到的器具有烘箱、干燥器、天平(感量0.01 g)、取土钻、洛阳铲、铝盒、记录表及铝盒重量记录表等。具体监测方法如下:

(1)在野外取样点按照观测的要求在不同深度用洛阳铲或取土钻取土样,在土壤水分测定记录表上记录取样日期、取样地点、取样深度和盛样铝盒号码。

(2)在同一取样地点的不同深度上应重复取样三次,每次取样的土量应为30~50 g。

(3)土壤装入铝盒前应清除盒中残存的泥土,土壤装入铝盒后盖紧盒盖并揩抹干净铝盒外的泥土,检查盒盖号和盒号是否一致。将铝盒放入塑料袋中,避免阳光暴晒并及时送入室内称量,不得长期放置。

(4)野外田间采样时应避开低洼积水处和排水沟,避免地表水和土壤中自由水分沿取土钻渗入下层,以免影响土壤含水量的观测精度。

(5)土样称量时应在精度为1%的天平上进行,并由熟练使用天平的工作人员操作,称量时应核对盒号,登记盒质量并作好湿土质量的记录。

(6)湿土称量后,揭开盒盖,把盒盖垫在铝盒下放入烘箱烘烤。揭开盒盖时应在干净纸张上进行,以防盒内土壤洒出,若有土壤洒出,应小心收集起来放入盒内。

(7)把揭开盒盖的土壤样品放入烘箱中,使烘箱温度保持在105~110 ℃,持续恒温

6～8 h。若是黏性土壤，可延长时间，直至达到恒质量时取出。

（8）对于有机质含量丰富的土壤，可降低烘箱温度，延长烘烤时间，以避免土壤中有机质气化而影响土壤含水量的精度。

（9）土壤烘干后关闭烘箱电源，待冷却后取出，盖好盒盖放入干燥器中冷却至常温时称量，并核对铝盒和盒盖号码，作好记录。当土壤样品多或无干燥器时，可直接在温箱中冷却至常温后再称量。从烘箱中取出土样时应小心，避免打翻土样。

（10）土样称量完毕后应立即计算各土样的土壤含水量，并检查含水量有无明显异常，若有错误，应立即进行核对，在未发现明显错误后可将该批土样倒出，并擦干净铝盒，核对铝盒和盒盖号码，以备下次再用。

（11）可采用下式计算土壤质量含水率

$$\omega = \frac{W_1 - W_2}{W_2 - W_0} \times 100\% \tag{3-6-1}$$

式中　$\omega$——土壤质量含水率（%）；

$W_1$——湿土加盒质量，g；

$W_2$——干土加盒质量，g；

$W_0$——铝盒的质量，g。

（12）土壤体积含水率可用下式计算

$$\theta = \rho_0 \omega \tag{3-6-2}$$

式中　$\theta$——土壤体积含水率；

$\rho_0$——土壤干密度；

$\omega$——土壤质量含水率（%）。

由以上两式可知，$(W_2 - W_0)/\rho_0$ 为干土体积，$(W_1 - W_2)/\rho_s$ 为水的体积，并且水的密度 $\rho_s = 1$。因为体积含水率 $\theta$ 是指土壤中水分占有的体积与土壤总体积的比值，所以 $\theta = \frac{(W_1 - W_2)/\rho_s}{(W_2 - W_0)/\rho_0} \times 100\% = \rho_0 \omega$。

（13）每一测点的土壤含水量为重复测次的均值，而代表性地块的不同深度的土壤含水量为各点位相应深度上测得的均值。

## 6.2　数据资料记载与整理

### 6.2.1　地下水监测站基本情况表的内容与填记要求

地下水监测站基本情况表有几种结构类型，其中地下水统测站基本情况一览表如表3-6-1所示。其他表可参见《地下水监测规范》（SL 183—2005）。有关填记内容与要求说明如下：

**表 3-6-1　地下水统测站基本情况一览表**

________省(自治区、直辖市)________市(州、盟)________县(市、旗)　________基本断面

| 序号 | 统测站 | | | 位置 | | | | 坐标 | | | | | | 井深 | | 统测井类型 | 地下水类型 | 高程(m) | | 监测项目 | | 监测频次 | 备注 |
|---|---|---|---|---|---|---|---|---|---|---|---|---|---|---|---|---|---|---|---|---|---|---|---|
| | 名称 | 类别 | 编号 | 乡镇 | 村 | 方向 | 距离(m) | 东经 | | | 北纬 | | | 原来(m) | 现在(m) | | | 井口固定点 | 地面 | 水位 | 水质 | | |
| | | | | | | | | ° | ′ | ″ | ° | ′ | ″ | | | | | | | | | | |
| | | | | | | | | | | | | | | | | | | | | | | | |
| | | | | | | | | | | | | | | | | | | | | | | | |
| | | | | | | | | | | | | | | | | | | | | | | | |

(1)“统测站—名称”。为监测站编号所代表的监测站的中文名称。

(2)“统测站—类别”。填写国家级监测站、省级行政区重点监测站或普通基本监测站。

(3)“统测站—编号”。按照《全国水文测站编码方法》编制的监测站编号。

(4)“位置—方向”。按 N、NE、E、SE、S、SW、W、NW 8 个方位填写,“位置—距离”单位为 m,精确到百位。

(5)“坐标”。按测量的地理坐标数值填记。

(6)“井深”。分原来和现在,前者指上次或某特定次观测时,后者指当次或某特定次观测时。两者之差为“淤积厚度”。

(7)“统测井类型”。填写生产井、民井、勘探井或专用监测井。

(8)“地下水类型”。填写“潜水”、“承压水”、“裂隙水”、“岩溶水”。可用组合表示,如“潜水;裂隙水”。

(9)“高程”。填井口固定点和地面的测量高程。

(10)“监测项目”。可在“水位”、“水质”栏下打钩。

(11)“监测频次”。填若干天、旬、月、季度、半年、年等。

(12)“备注”。填写裁撤、更换井的原因和日期,以及新换井编号和原井的相对位置等。

## 6.2.2　地下水监测原始记载表的结构内容与填记要求

地下水监测内容有水位、水温、开采量等,都涉及专门的原始记载表,可见《地下水监测规范》(SL 183—2005)。地下水位逐日监测原始记载表见表 3-6-2。

**表 3-6-2　地下水位逐日监测原始记载表**

________省(自治区、直辖市)　　________市(州、盟)　　________县(市、旗)

| 监测站 | 名称 | | 位置 | ________乡(镇)________村 | | 高程(m) | 固定点 | |
|---|---|---|---|---|---|---|---|---|
| | 类别 | | | 地理坐标 | 东经　°　′　″ | | 地面 | |
| | 编号 | | | | 北纬　°　′　″ | 井深(m) | | |

| 监测日期 | | | 固定点至地下水水面距离(m) | | | 地下水埋深(m) | 地下水位(m) | 备注 |
|---|---|---|---|---|---|---|---|---|
| 年 | 月 | 日 | 第一次读数 | 第二次读数 | 平均值 | | | |
| | 1 | 1 | | | | | | |
| | | 2 | | | | | | |
| | | ⋮ | | | | | | |
| | | 31 | | | | | | |
| | 2 | ⋮ | | | | | | |
| | ⋮ | | | | | | | |
| | 12 | ⋮ | | | | | | |

记载人________　年　月　日 校核人________　年　月　日 复核人________　年　月　日

有关填记内容与要求说明如下：

(1)“监测站”、“位置”等填记同表 3-6-1，其中“监测站—类别”填国家级监测站、省级行政区重点监测站、普通基本监测站、统测站或实验站。

(2)“井深”。指最近一次测量的地面至井底的距离。

(3)“地下水埋深”。根据“固定点至地下水水面距离”加上“地面高程”再减去“固定点高程”的代数和填写；“地下水位”根据“固定点高程”减去“固定点至地下水水面距离”的差填写。

(4)“缺测”、“可疑”的表示符号分别为“ - ”、“※”；“停测”时，相应数据格保持空白，并在“备注”中说明原因。

(5)采用汛期逐日监测、非汛期 5 日监测的水位原始记载表，其中非汛期时间段的非监测日按“停测”填写。

(6)“备注”。填写监测数值异常的原因及监测站附近挖塘开渠、开采地下水等影响监测精度的情况。

# 模块 7　测站水文情报水文预报

## 7.1　水情信息接收发送

### 7.1.1　水情信息的概念

水情信息是用来描述(反映)江河、水库(湖泊)、地下水和其他水体及有关要素过去、现在及未来的客观状态及变化特征的数据,水情信息具有时效性、相对性、共享性、传递性、可压缩性等本质属性特征。时效性表现在在防汛、抗旱及其他紧急情况时刻,其使用价值非常高,但过了这一时刻可能就价值不大。相对性是说,对某地区或某群体非常有价值,但对其他地区或群体可能就毫无价值或价值不大。共享性的意义为,水情信息可以被相关地区各级领导机关及有关群体、人员使用,从而得到充分利用。现代技术使水情信息可以通过如计算机网络、电话、电台、广播等多种形式迅速传输,并且可作压缩处理,即进行集中、综合与概括而又不丢失水情信息本义的处理。

### 7.1.2　利用电话、电台收发水情信息

水情信息的传输方式有多种,其中利用电话、电台进行传输是传统、基本的方法。

发送水文情报前,应组织好内容,用语音者口齿清晰,语速适中;用电码者击键准确,发送简明,以达到好的接收效果。

#### 7.1.2.1　用电话收发水情信息

利用已经开通的有线电话,按水情报汛任务书的要求,将本地(站、点)发生的根据《水情信息编码》(SL 330—2011)的格式编制的实时水情信息向有关领导机关、防汛抗旱部门报告。遇有特殊、紧急等非常情况时,可突破任务书的范围,向与水情信息相关的单位或部门直接用电话报送本地(站、点)水情信息。也可利用有线电话,直接接收外地(站、点)报来的水情信息。

#### 7.1.2.2　用电台收发水情信息

利用电离层能反射短波(频率在 3 ~ 30 MHz 的频段),从而进行较长距离和大范围通信的方式称短波无线通信,该类通信的仪器系统称为电台。短波通信具有机动灵活、设站方便、设备简单、通信距离远、不受地形影响等特点。短波通信主要由短波电台系统完成,电台系统一般由短波通信天线、短波通信馈线、短波发信台、短波收信台、电源等组成。水情信息可以利用短波无线电台进行发收。

短波电台操作方法:打开电台稳压器电源开关,开电台电源开关,检查电台有关参数设置,按住步话器按钮进行呼叫,将水情信息(编码格式或话报形式)用步话器报出,报完后关闭电台电源,关稳压器电源。

## 7.2　水情信息管理

### 7.2.1　测站水情值班工作情况记载

水文测站的水情信息是该站所观测项目水文要素变化过程的表现和记载，也是所控制江河或河段等水体变化情况的实录。在出现较大的水情时，水情信息关系到本站的测报，关系到本地区和下游地区的防汛、抗旱等方面的安全。为及时、有效、有序地报送本站水情信息，接收有关水文测站水情信息和上级有关指令、指示，水文测站通常要建立水情值班记载本，用以记录水情信息传输及有关情况。水情值班及记载主要内容如下：

(1)汛情。要及时了解、掌握本站及相关地区实时水情信息和有关气象、水文预报情况并作好记载。当水情、雨情达到一定数量级时，要主动了解河道堤防、水库等工程的运用和防守情况。当地出现灾情时，要主动了解受灾地区的范围和人员财产损失情况以及抢救措施并记载。

(2)请示、传达、报告。按照报告制度，对于重大汛情要及时向上级报告，对于本单位需要采取的一些紧急措施及时请示，一经批准立即执行，对于上级授权传达的指示命令及意见，要及时准确传达，并全面作好记录。

(3)对发生的重大汛情，要对本站相关方面的测报工作及有关的其他情况作好记载，并进行整理，以备查阅。

### 7.2.2　建立和记载测站水情服务单位档案

水情信息是防汛抗旱指挥决策的重要基础资料和依据，水文测站需要报送水情的单位和部门在本站的水情报汛任务书中进行规定。为更好地做好水情信息服务，还需要进一步了解收报单位的有关情况，建立水情服务单位档案。主要内容有单位名称、单位性质、单位地址(含经纬度)、单位重要程度、需要具体水情信息项目及标准、正常情况接收水情信息通信途径、非常紧急情况的水情信息通信途径、具体联系人员及电话等信息。

在建立水情信息报送单位档案的同时，也应建立向本站报送水情单位的档案，以备在特殊情况下使用。

# 模块8　水文普通测量

## 8.1　测量作业

### 8.1.1　水文普通测量的概念

水文普通测量指水文业务中的水准测量、地形测量和断面测量。在水文业务中,有的项目需要通过普通测量来完成,有的项目则只需用普通测量完成部分工作。引测、校测水准点、水尺零点以及水文设施的高程,在地形测量中建立高程控制,在断面测量中确定水面和岸上地形转折点高程,要进行水准测量。在勘测建站时测站地形图的测绘,开展水文调查和进行重点冰塞、冰坝观测,河段地形图的测绘以及测站地形图的复测等均要进行地形测量。在查勘建站,水文测验,水文调查以及冰塞、冰坝观测工作中均需进行断面测量。

水文系统所进行的水准测量、地形测量和断面测量,虽然与其他部门的同类工作基本相同,但就水文实际情况而论,又具有其自身的特点,如在高程测量方面有专门要求;测站地形图测绘面积较小且独立;以普通测绘仪器和常规方法为主;普通测量工作不需要经常进行,部分仅在规定专用项目中开展。长江、黄河等水文系统建立有专门测量河道、水库和河流入口滨海区淤积的队伍,业务主要职责就是断面测量和地形测量。

### 8.1.2　测量仪器及辅助工具准备

#### 8.1.2.1　一般准备

不同的测量工作,使用的仪器不同。测量前,应根据工作要求、测绘场地以及仪器备存情况,选择合适的仪器及工具。常用仪器有水准仪、经纬仪、测距仪、罗盘仪、平板仪、全站仪、GPS等。水准仪是测定和测设高差的仪器;经纬仪主要用于测定和测设角度;测距仪测定和测设距离;罗盘仪测定和测设磁方位角;平板仪测绘地形散点;全站仪及GPS是现代化的仪器,其功能齐全,可测定和测设平面及高度三维坐标。

仪器准备应注意辨认仪器型号(主要是因为同类仪器不同型号之间的精度不同),并查看检验记录等信息,需进行检验的,应在检验后各项指标符合要求时,方可使用。对于水准仪、经纬仪、全站仪、平板仪,均需准备与仪器相配套的固定三脚架。仪器准备的数量上应满足工作分组的需要。在实际测量工作中,各类仪器除单独使用外,常配合使用,也应根据测区实际情况予以考虑。如使用GPS测定地形控制点,当遇到建筑物密集或树林等遮挡时,GPS信道不畅,在其附近用GPS测定控制点后,可使用全站仪、经纬仪等测定GPS受遮挡的测点。

测量使用工具应备齐备足。如水准测量应配套准备一定数量的水准尺和尺垫。双面水准尺还应注意配对(两尺红面的起始读数应不同);当测量地段有土质松软情况时,应提前备制木桩。木桩尺寸长约 40 cm,直径 8 ~ 10 cm,顶端钉一圆帽钉,用于放置水准尺,另一端削成尖状,以方便用锤头打入地下;经纬仪测量应准备小卷尺(测量仪器高用)、测量目标使用的花杆或觇标及三脚架、带线垂球、木桩以及小铁钉(作目标点标志用于对点)等;测距仪、全站仪应准备棱镜及三脚固定架、小卷尺、电源等。

为便于测量作业时仪器观测员与跑点员相互之间沟通联系,应准备若干对讲机;为仪器准备防晒、防雨用遮阳伞;准备如记录夹、记录表格纸、铅笔、计算器等记录、计算用品,使用便携计算机查看有关软件是否安装并可靠运行,文档路径是否设置好。

#### 8.1.2.2 仪器使用前准备

仪器使用一般经过领取、架设、测量、迁站、装箱等过程,各环节都需注意检查、正确使用及维护测量仪器工具。下面以水准仪、经纬仪为例说明准备事项。

(1)领取仪器时注意辨认仪器型号,查看检验记录等信息;检查仪器箱盖是否关妥、锁好,背带、提手是否牢固;脚架与仪器是否相配,脚架各部分是否完好,脚架腿伸缩处的连接螺旋是否滑丝。

(2)仪器开箱时应平放在地面上或其他台面上,不要托在手上或抱在怀里开箱,以免将仪器摔坏。取出仪器前,要注意观察仪器安放的位置与方向,以免使用结束装箱时因安放位置不正确而损伤仪器。

(3)仪器自箱内取出前一定要先放松制动螺旋,以免取出仪器时因强行扭转而损坏制动、微动装置,甚至损坏轴系。自箱内取出仪器时,应一手握住照准部支架,另一手扶住基座部分,轻拿轻放,不要用一只手抓仪器。自箱内取出仪器后,要随即将仪器箱盖好,以免沙土、杂草等进入箱内,并避免搬动仪器时丢失附件。仪器在取出、放入及使用过程中,要注意避免触摸仪器的目镜、物镜,以免玷污,影响成像质量。不允许用手指或手帕等物直接擦拭仪器的目镜、物镜等光学部分。

#### 8.1.2.3 仪器安装、使用与装箱

1. 架设仪器时的注意事项

(1)脚架三条腿拉出的长度要适中。伸缩式脚架三条腿抽出后,要拧紧固定螺旋,用力不能过猛,以免造成螺旋滑丝。要防止因螺旋未拧紧而使脚架自行收缩造成仪器摔坏。

(2)架设脚架时,三条腿分开的跨度要适中,跨度太小则脚架稳定性差,跨度太大则脚架腿容易滑动。若在斜坡上架设仪器,应使两条腿在坡下(可稍放长),一条腿在坡上(可稍缩短)。若在光滑地面上架设仪器,要采取安全措施(例如用细绳将脚架三条腿连接起来),防止脚架滑动摔坏仪器。

(3)在脚架安放稳妥并将仪器放到脚架上后,应一手握住仪器,另一手旋紧仪器和脚架间的中心连接螺旋,避免仪器从脚架上滑落。

(4)仪器箱多为薄型材料制成,不能承重,因此严禁踩、坐在仪器箱上。

2. 仪器在使用过程中的注意事项

(1)在阳光或雨天观测时必须撑伞,防止日晒和雨淋(包括仪器箱)。

(2)任何时候仪器旁必须有人守护。禁止无关人员拨弄仪器,注意防止行人、车辆碰撞仪器。

(3)如遇目镜、物镜外表面蒙上水汽而影响观测(在冬季较常见),应稍等一会或用纸

片扇风使水汽散发。如镜头上有灰尘,应用仪器箱中的软毛刷拂去,严禁用手帕或其他纸张擦拭,以免损伤镜面。观测结束应及时套上物镜盖。

(4)操作仪器时,用力要均匀,动作要准确、轻捷。制动螺旋不宜拧得过紧,微动螺旋和脚螺旋旋转应使用其中间部分,用力过大或动作太猛都会造成对仪器的损伤。

(5)转动仪器时,应先松开制动螺旋,然后平稳转动。使用微动螺旋时,应先旋紧制动螺旋。

3. 仪器迁站时的注意事项

(1)在远距离迁站或通过行走不便的地区时,必须将仪器装箱后再迁站。

(2)在近距离且平坦地区迁站时,可将仪器连同三脚架一起搬迁。首先检查连接螺旋是否旋紧,松开各制动螺旋,再将三脚架腿收拢,然后一手托住仪器的支架或基座,另一只手抱住脚架,稳步行走。搬迁时切勿跑行,防止摔坏仪器。严禁将仪器横扛在肩上搬迁。

(3)迁站时,要清点所有的仪器和工具,防止丢失。

4. 仪器装箱时的注意事项

(1)仪器使用完毕,应及时盖上物镜盖,清除仪器表面的灰尘和仪器箱、脚架上的泥土。

(2)仪器拆装前,要先松开各制动螺旋,将脚螺旋调至中段并使大致等高。然后一手握住仪器基座,另一只手将支架中心连接螺旋旋开,双手将仪器从脚架上取下放入仪器箱内。

(3)仪器装入箱内要试盖一下,若箱盖不能合上,说明仪器未正确放置,应重新放置,严禁强压箱盖,以免损坏仪器。在确认安放位置正确后再将各制动螺旋略微旋紧,防止仪器在箱内自由转动而损坏部件。

(4)清点箱内附件,若无缺失,则将箱盖盖上、扣好搭扣、上锁。

#### 8.1.2.4 测量工具的使用

(1)使用钢尺时,应防止扭曲、打结,防止行人踩踏或车辆碾压,以免折断钢尺。携尺前进时,不得沿地面拖拽,以免钢尺面磨损。使用完毕,应将钢尺擦净并涂油防锈。

(2)使用皮尺时应避免沾水,若受水浸,应晾干后再卷入皮尺盒内。收卷皮尺时,切忌扭转卷入。

(3)水准尺和标杆,应注意防止受横向压力,不得将水准尺和花杆斜靠在墙上、树上或电线杆上,以防倒下摔坏。也不允许在地面上拖拽或用花杆作标枪投掷。

(4)小件工具如垂球、尺垫等,应用完即收,防止遗失。

### 8.1.3 普通量尺测量距离

#### 8.1.3.1 距离测量基本概念

不在同一水平面上的两点间直线连线的长度称为两点间的倾斜距离,倾斜距离投影在水平面上的直线长度称为水平距离。

距离测量的一般目标是测定地面上两点间的水平直线长度。测量的方法有钢尺量距、视距测量、光电测距等。可根据不同的测距精度要求和作业条件(仪器、地形等)选用测距方法。在平坦地区测距可用钢卷尺沿地面直接丈量。精度要求不高的间接量距可利用经纬仪、水准仪十字丝的上、下丝进行视距测量。高精度的远距离量距可用电磁(光)波发射与接收类的电子物理仪器测定距离。

### 8.1.3.2　钢尺丈量距离的用具

距离丈量常用工具有钢尺(皮尺)、标杆、测钎及线锤等。钢尺基本分划为mm。根据尺的零点位置不同,有端点尺和刻线尺之分,端点尺以尺的最外端作为尺子零点,刻线尺在尺子的前端刻有零点分划线,后类尺比较常用,使用时应注意零点位置。标杆(又称花杆)主要用来标点和定线。测钎用来标定尺段端点位置和计算丈量尺段数。线锤用来对点、标点和投点,常用于在斜坡上丈量水平距离。除这些用具外,必要时准备经纬仪配合定线。

### 8.1.3.3　距离丈量的工作内容

钢尺距离丈量的工作内容包括直线定线和各段距离丈量。量距分为一般量距和精密量距。下面介绍量距实施方法。

1. 直线定线

水平距离测量时,当地面上两点间的距离超过一整尺长,或地势起伏较大,一尺段无法完成丈量工作时,需要在两点的连线上标定出若干个点,这项工作称为直线定线。按精度要求的不同,直线定线有目估定线(用于一般量距)和经纬仪定线(用于精密量距)两种方法。

1)目估定线

目估定线如图3-8-1所示,欲在$AB$直线上定出$C$、$D$等分段点,采用目估定线的方法。

第一步:在$A$、$B$点上竖立标杆,测量员甲立于$A$点后1~2 m处,目测标杆的同侧,由$A$瞄向$B$,构成一视线。

第二步:甲指挥乙持标杆于$C$点附近移动,直到三支标杆的同侧位于同一视线上。

第三步:甲指挥乙将标杆或测钎竖直插在地上,得出$C$点。用同样的方法得出$D$点等。

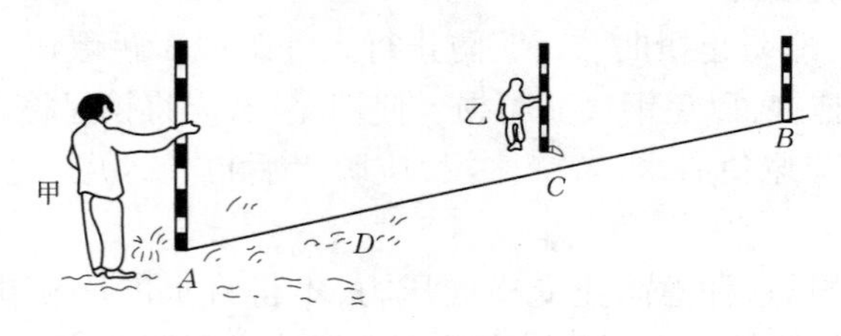


图3-8-1　目估定线

2)经纬仪定线

经纬仪定线如图3-8-2所示,欲在$AB$直线内精确定出1,2…分段点的位置,采用经纬

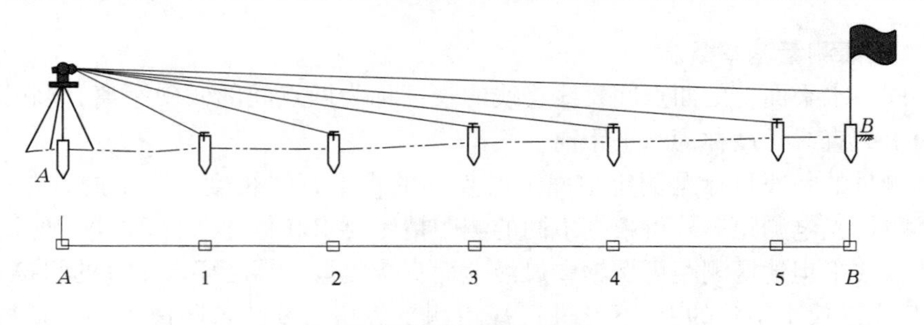


图3-8-2　经纬仪定线

仪定线的方法。

第一步：由甲将经纬仪安置于 $A$ 点，用望远镜瞄准 $B$ 点，固定照准部制动螺旋。

第二步：甲将望远镜向下俯视，用手势指挥乙移动标杆，使标杆与十字丝竖丝重合，在标杆的位置打下木桩，再根据十字丝竖丝在木桩上钉小钉，准确定出1点的位置。用同样的方法定出2,3…点。

2. 距离丈量

钢尺量距为了防止丈量错误和提高精度，一般应由 $A$ 点至 $B$ 点进行往、返测量，返测时应重新进行定线。取往、返测距离的平均值作为直线 $AB$ 最终的水平距离，用下式计算

$$D_{av} = \frac{1}{2}(D_{AB} + D_{BA}) \tag{3-8-1}$$

式中　$D_{av}$——往、返测距离的平均值，m；

$D_{AB}$——往测的距离，m；

$D_{BA}$——返测的距离，m。

1）平坦地面的距离丈量方法

距离丈量经直线定线后，用钢尺量第1整尺段 $l$、用线锤和测钎定出点位。继续丈量2,3…整尺段，最后丈量不足整尺段的余长 $q$ 至终点，记清量过的整尺段数和余长，分别记入观测手簿中。往测完成后，及时返测（由终点量至起点），并作记录。然后计算水平距离和检核丈量结果的精度。

单程测量距离用下式计算

$$D_{AB} = nl + q \tag{3-8-2}$$

式中　$D_{AB}$——单程测量距离，m；

$n$——整尺段数，即 $A$、$B$ 两点之间所拔测钎数；

$l$——钢尺长度，m；

$q$——不足一整尺段的余长，m。

2）倾斜地面的距离丈量

（1）平量法：丈量 $A$、$B$ 两点间各测段水平距离的总和即为 $AB$ 水平距离。

（2）斜量法：斜量法如图3-8-3所示，当倾斜地面的坡度比较均匀时，可以沿倾斜地面丈量出 $A$、$B$ 两点间的斜距 $L_{AB}$，用经纬仪测出直线 $AB$ 的倾斜角 $\alpha$，或测量出 $A$、$B$ 两点的高差 $h_{AB}$，然后用式（3-8-3）或式（3-8-4）计算 $AB$ 的水平距离 $D_{AB}$。

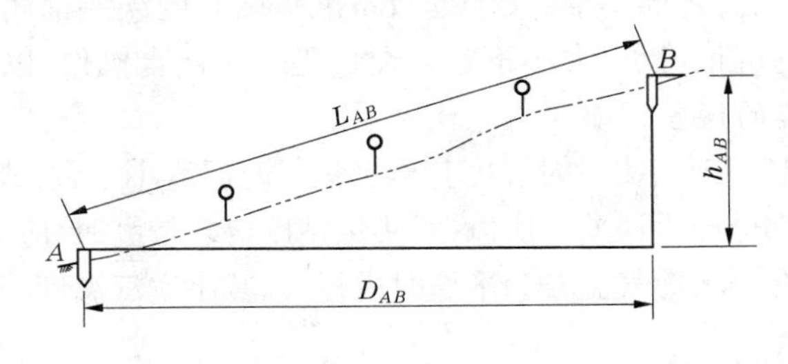


**图3-8-3　斜量法**

$$D_{AB} = L_{AB}\cos\alpha \tag{3-8-3}$$

$$D_{AB} = \sqrt{L_{AB}^2 - h_{AB}^2} \tag{3-8-4}$$

3. 距离丈量的精度评价

量距精度通常用相对误差 $K$ 来表示,计算公式为式(3-8-5),通常将相对误差 $K$ 化为分子为 1 的分数形式,即

$$K = \frac{|D_{AB} - D_{BA}|}{D_{av}} = \frac{1}{\dfrac{D_{av}}{|D_{AB} - D_{BA}|}} \tag{3-8-5}$$

相对误差分母愈大,则 $K$ 值愈小,精度愈高;反之,精度愈低。在水文测站大断面断面桩及各固定点之间的距离往返测量时,要求相对误差不大于 1/500;在基线测距时,往返测量相对误差不大于 1/1 000。

#### 8.1.3.4　钢尺量距的误差及注意事项

1. 尺长误差

钢尺的名义长度和实际长度不符,产生尺长误差。尺长误差是积累性的,其大小与所测量距离成正比。

2. 定线误差

丈量时钢尺偏离量测直线方向,使测量线路成为一折线,会导致丈量结果偏大。

3. 拉力误差

钢尺有弹性,受拉力时会伸长。钢尺在丈量时所受拉力应与检定时拉力相同。如果拉力变化 ±2.6 kg,尺长将改变 ±1 mm。一般量距时,只要保持拉力均匀即可。

4. 钢尺垂曲误差

钢尺悬空丈量时中间下垂,称为垂曲,由此产生的误差为钢尺垂曲误差。垂曲误差会使量得的长度大于实际长度,故在钢尺检定时,亦可按悬空情况检定,得出相应的尺长方程式。在成果整理时,按此尺长方程式进行尺长改正。

5. 钢尺不水平的误差

用平量法丈量时,钢尺不水平,会使所量距离增大。对于 30 m 的钢尺,如果目估尺子水平误差为 0.5 m(倾角约 1°),由此产生的量距误差为 4 mm。因此,用平量法丈量时应尽可能使钢尺水平。

6. 丈量误差

钢尺端点对不准、测钎插不准、尺子读数不准等引起的误差都属于丈量误差。这种误差对丈量结果的影响可正可负,大小不定。在量距时应认真操作,以减小丈量误差。

7. 温度变化引起的误差

钢尺的长度随温度变化,丈量时温度与检定钢尺时温度不一致,或测定时的空气温度与钢尺温度相差较大,都会产生误差。所以,对丈量精度要求较高时,应进行温度改正,尺温测定宜使用点温计,或在阴天等气温较为平稳时进行,以减小空气温度与钢尺温度的差值。

### 8.1.4　水准尺使用方法

#### 8.1.4.1　水准尺的选用

水文测站进行高程测量使用的水准尺,应采用双面水准尺,如因条件限制,四、五等水

准测量可采用单面尺，不得使用塔尺。

对于新购置或初次使用的水准尺，应对水准尺上圆水准器、分划面弯曲差、dm 分划误差、一对水准尺零点不等差及基、辅分划读数差和名义米长等检校和测定。

#### 8.1.4.2　立尺点的选择

选择合适的立尺点可以提高测量工作的效率和质量。对于不同的测量工作，其立尺点有所不同，在水准点上，水准尺应立于原点上；转点处应将尺垫踩实，立于尺垫半球顶端上，前视转为后视时立尺点位置不变，保证逐站传递高程的正确性；由后视转为前视时，为使前、后视距基本相等，转移时可用步丈量距离。测量立尺时应随时注意听从仪器观测员的指挥。

地形测量时，地物点应立于控制点位上，如长方形房屋的几何图形的三个角上；地貌点应立于特征点及转折点上，当测绘山顶时，应立尺于山顶最高点和山顶附近坡度变化处，以利于绘出其形状。

#### 8.1.4.3　扶尺

测量时，水准尺应扶直、扶稳，使水准尺立于测点的铅垂线上。水准尺处于垂直状态下，所测读的数据才是准确的。

扶尺员应站在尺后，双手握住把手，两臂紧贴身躯，借助尺上水准器将尺铅直立在测点上。对无气泡的水准尺，观测员可从望远镜中观察尺子与竖丝是否平行来判断尺子是否左右倾斜。当水准尺前后倾斜时，观测员难以发现，导致读数偏大。使用尺垫时，应事先将尺垫踏实，将尺立在半球顶端。在作业过程中，要经常注意尺底的清洁，以免造成零点有误。使用塔尺时，要防止尺段下滑造成读数错误。

#### 8.1.4.4　水准尺的读数方法

在水准尺竖直、水准仪气泡居中的前提下读取中横丝截取的尺面数字。

读尺之前，要弄清、掌握所用水准尺的分划和注字规律。读数时，当从望远镜看到的水准尺影像是倒镜时，应从上往下、从小向大读数，以 dm 标注数字为参照点，先读出注记的 m 数和 dm 数，再读出 cm 数，最后估读 mm 数，不要漏 0（如 1.050 的两个 0 都应读记）。对于呈正镜的望远镜，应从下往上、从小向大读数。

## 8.2　数据资料记载与整理

### 8.2.1　测量数据资料的记录要求

（1）观测记录必须现场填写在规定的表格内，不得用其他纸张记录后再行转抄。

（2）凡记录表格上规定填写的项目应填写齐全。

（3）所有记录与计算均用 3H 及以上硬度的铅笔记载。字体应端正清晰，字高应稍大于表格行高的一半。一旦记录中出现错误，可在留出的空隙处对错误的数字进行更正。观测者读数后，记录者应立即回报读数，经确认后再记录，以防听错、记错。

（4）禁止对记载数据擦拭、涂改与挖补。发现错误时，应在错误数值上用斜线划去，将正确数值写在原数值上方，不得使原数值模糊不清。若某整个部分内容因错误舍弃，可用较长斜线划去该部分，并保持原内容清晰。所有记录的修改和观测成果的舍弃，均应在备注栏内注明原因(如测错、记错或超限等)。

(5)禁止连环更改,若已修改了平均数,则不准再改计算得此平均数之任何一原始数。若已改正一个原始读数,则不准再改其平均数。假如两个读数均错误,则应重测、重记。

(6)读数和记录数据的位数应齐全,“0”值位不能空缺。如在普通测量中,水准尺读数为0325;度盘读数为4°03′06″,其中的“0”均不能省略。不同等级水准测量水准尺读数应均记至4位。

(7)数据计算时,应根据所取的位数,按“4 舍 6 入,奇进偶舍”的规则进舍。如1.314 4,1.313 6,1.314 5,1.313 5 等数,若取3位小数,则均记为1.314。

(8)每测站观测结束,应在现场完成计算和检核,确认合格后方可迁站。

## 8.2.2　大断面测量记载

### 8.2.2.1　表式与记载计算栏目

大断面测量记载表格式见表 3-8-1。

**表 3-8-1　大断面测量记载表**

______水系________河________站大断面测量记载表

测量日期:________天　　气:________

断面名称:________仪器型号:________

| 时分 | 水尺编号 | 水尺读数(m) | 零点高度(m) | 水位(m) |
|---|---|---|---|---|
| 始: | | | | |
| 终: | | | | |

| 仪器站点 | 测点 | 距离(m) | | 后视(m) | 前视(m) | 间视(m) | 高差(m) | | 平均高差(m) | | 测深时水位(m) | 水深(m) | | 高程(m) | 植被与质地 | 备注 |
|---|---|---|---|---|---|---|---|---|---|---|---|---|---|---|---|---|
| | | 间距 | 起点距 | | | | + | − | + | − | | 第一次 | 第二次 | | | |

记载:　　　计算:　　　初校:　　　月　日　　　复校:　　　月　日

测量:

表3-8-1记载内容分岸上部分测量和水下部分测量。岸上部分测量记录水准测量的间视距离、起点距、后(前)视读数,计算高差;水下部分测量记录水位观测、垂线起点距及水深测量数据,计算垂线河底高程。

#### 8.2.2.2　水下地形点高程的计算

测时水位减去水深即为水下地形点高程。

在测深过程中,水位变化不大时,各垂线位置的河底高程都可由其断面测量开始和终了的平均水位减去水深而得;水位变化较大时,可根据每条垂线施测水深的时间,从自记水位过程线上摘录出的水位或其他方法加测的水位,减去实测水深,即得该处的河底高程。

#### 8.2.2.3　断面起点距的测算

断面起点距是从断面线起算点沿断面线方向到测量点(垂线)的水平距离,其测算应根据断面有关设施设备配置情况选择,有断面标志索牌的可直接读记,有岸滩标志的可用测距仪、全站仪等测量,有基线设施的可用经纬仪、六分仪测角计算,也可用测站专修的平板仪(台)测算起点距,缆道站可用循环索计数长度测算。

# 第 4 篇　操作技能——中级工

# 模块1　降水量、水面蒸发量观测

## 1.1　观测作业

### 1.1.1　人工观测雨量器的安装

安装前，应检查确认雨量器各部分完整无损。暂时不用的仪器备件，应妥善保管。

雨量器要固定安置于埋入土中的圆形木柱或混凝土基柱上。基柱埋入土中的深度要能保证雨量器安置牢固，在暴风雨中不发生抖动或倾斜。基柱顶部要平整，承雨器口应水平。要使用特制的带圆环的铁架套住雨量器，铁架脚用螺钉或螺栓固定在基柱上，保证雨量器的安装位置不变，还要便于观测时替换雨量筒。

雨量器的安装高度，以承雨器口在水平状态下至观测场地面的距离计，一般为0.7 m。

黄河流域及其以北地区，青海、甘肃及新疆、西藏等省（区），如多年平均降水量大于50 mm，且多年平均降雪量占年降水量达10%以上的雨量站，在降雪期间用于观测降雪量的雨量器口的安装高度宜为2 m；积雪深的地区，可适当提高安装高度，但一般不应超过3 m，并要在雨量器口安装防风圈。

### 1.1.2　使用雨量器观测固态降水

在夏季，一些地方会降冰雹；在冬季，北方多数地区要降雪。冰雹和雪花统称为固态降水。可以使用雨量器观测固态降水量。

#### 1.1.2.1　使用雨量器观测降雪、降雹

在降雪或降雹时，应取掉雨量器的漏斗和储水器（或换成承雪器），直接用储水筒承接雪或雹。在规定的观测时间以备用储水筒替换已经承接雪或雹的储水筒，并将后者加盖带回室内，待雪或雹自然融化后（严禁用火烤），倒入量雨杯量测雪或雹的降水量。或者取定量的温水加入储水筒内快速融化雪或雹，用量雨杯量出总水量，再减去加入的温水量，也可得到降雪或降雹的降水量。

配有感量不大于1 g台秤的测站，可用称量法。称量前应将附着在筒外的降水物和泥土等杂物清除干净。称出雪或雹的质量后，再称出同样质量的水倒入量雨杯量读，得到降水量。

如遇固态降水物或测记雾、露、霜，应记录降水物符号。降水物符号应记于降水量数值的右侧，单纯降雨和无人驻守雨量站则不注记降水物符号。降水物的符号如表4-1-1所示。

表 4-1-1　降水物的符号

| 降水物 | 雪 | 有雨,也有雪 | 有雹,也有雪 | 雹或雨夹雹 | 霜 | 雾 | 露 |
|---|---|---|---|---|---|---|---|
| 符号 | * | · * | A * | A | U | ≡ | Ω |

#### 1.1.2.2　雪深的观测方法

观测场四周视野地面被雪覆盖超过一半时,要测记雪深。

可在观测场安置面积为 1 m×1 m 的测雪板进行雪深测量,也可在观测场附近选择一块平坦、开阔的地面,在入冬前平整好,并做上标志作为测雪深的场地。

每次测量雪深应分别测三点,求其平均值作为该次的测量值,记至 cm。在测雪板上观测,三点相距离开 0.5 m;在附近场地上观测,三点相距离开 5 ~ 10 m,且每次测点位置不应重复。

为将雪深折算成准确的降水量,当雪深超过 5 cm 时,可用体积法或称重法测量与雪深相应的雪压(记至 0.1 g/cm$^2$),同时注意观测降雪形态,作为建立雪深和雪压关系的参数。未测雪压时,可将雪深与同期用雨量器观测的降雪量建立关系(应考虑降雪形态),必要时也可乘以 0.1 系数将雪深折算成降水量。

雪深、雪压或雪深折算系数均应记在与固态降水量观测时间相应的备注栏内,也可列表单独记载。

雪深和雪压应只观测当日或连续数日降雪的新积雪。

一日或连续数日降雪停止后,应将测雪板上或测记雪深场地上的积雪清除。冬季降雪量很大且在冬季不消融的地区,可采用压实并平整场地上积雪的办法测新雪深。

#### 1.1.2.3　冰雹直径的测量方法

遇降较大冰雹时,应选测几颗能代表为数最多的冰雹粒径作为平均直径,并挑选测量最大冰雹直径。被测冰雹的直径,为 3 个不同方向直径的平均值,记至 mm,说明记载在降水量观测记载簿与降雹时间相应的备注栏内。

### 1.1.3　固态存储(电子类)自记雨量计的使用

固态存储自记雨量计的数据采集结构一般为翻斗,雨量记录方式主要为有专门时间系统的固态存储器。通常同时配置依靠机械钟驱动时间带着记录纸运动和记录笔画线的模拟器,根据雨量测量信号画出台阶状记录的累积雨量线。

#### 1.1.3.1　目前常用仪器基本技术指标

自记雨量计的雨量分辨力为 0.1 mm、0.2 mm、0.5 mm、1.0 mm 四种,应按不同地区和不同采集目的进行选用。时间分辨力为 1 min、5 min。

自记雨量计传感器可测量的降水强度一般在 0 ~ 4 mm/min。

传感器的测量准确度用计量误差来表示,采用人工注水滴定检测的计量误差应在 ±4% 之间。

自记雨量计的计时精度:记录周期为 1 d 的,不大于 1 min;1 个月的,不大于 4 min;3 个月的,不大于 9 min;6 个月的,不大于 12 min;12 个月的,不大于 15 min。

#### 1.1.3.2　自记周期和数据收集时间

固态存储自记周期，根据测站综合条件和系统配置确定，一般可选3个月、6个月或1年。存储的累积降水量的观测和采集数据转移时间可选在自记周期末1~3 d内无雨时进行。若数据传输采用即时数据传输到收集中心的方式，则不受此自记周期限制，可根据降水量情况和测验需要决定数据传输的频度和时间。这种情况下存储的累积降水量的观测可择日实施。

#### 1.1.3.3　观测方法及数据下载

完成安装和检查的仪器，在正式投入使用前，应清除以前存储的试验数据，对固态存储器进行必要的设置和初始化。主要设置的参数有站号、日期、时间、仪器分辨力、采集雨量的间隔时间、通信方式、通信波特率等，要根据现场情况选择。其中，采集雨量的间隔时间一般设置为5 min，有特殊需要时也可设置为1 min，计时误差应小于60 s。

固态雨量计经过1个自记周期的观测记载后，要按说明书的操作要求，用计算机读取（下载）降水量数据，并需对仪器重新进行功能检查。复核初始化设置是否正确，并要清除已被读出的数据，重新开始下一个自记周期的运行。

配置在水文自动测报系统中的长期自记雨量计（站），若采用按中心站随机指令或终端定时进行数据传输，应结合测报系统对测站的巡视维护进行安排，定期到雨量站检查仪器工作情况。

### 1.1.4　冰期蒸发观测

#### 1.1.4.1　冰期蒸发量观测的基本要求

1. 观测时间和次序

冰期水面蒸发量及气象辅助项目的观测时间、次序一般情况下与非冰期相同。

2. 冰期较短地区的水面蒸发量观测

凡结冰期很短，蒸发器内间歇地出现几次结有零星冰体或冰盖的站，整个冰期仍用$E_{601}$型蒸发器，按非冰期的要求进行观测。结有冰盖的几天可停止逐日观测，待冰盖融化后，观测这几天的总量。停止观测期间应记合并符号，但不应跨月、跨年。当月初或年初蒸发器内结有冰盖时，应沿着器壁将冰盖敲离，使之呈自由漂浮状态后，仍按非冰期的要求，测定自由水面高度。

3. 稳定封冻期较长地区的蒸发量观测

（1）在结冰初期和融冰后期，8时观测时，蒸发器的冰体处于自由漂浮状态，则不论多少，均用$E_{601}$型蒸发器，按非冰期的要求，用测针测读器内自由水面高度的方法测定蒸发量。

（2）当8时器内结有完整冰盖或部分冰层连接在器壁上，午后冰层融化或融至脱离器壁呈自由漂浮状态的时候，可将观测时间推迟至14时，仍用$E_{601}$型蒸发器按非冰期的要求进行观测。当进入间歇地出现全日封冻时，则可在封冻的日子不观测，待解冻日观测几天的合并量，直至不再解冻进入稳定封冻期。

（3）从进入稳定封冻期，一直到春季冰层融化脱离器壁期间，可根据不同的气候区，选一部分代表站，采取适当的防冻措施，用$E_{601}$型蒸发器观测冰期蒸发总量，同时用20 cm

口径蒸发器观测日(或旬)蒸发量,以便确定折算系数和时程分配。其他测站在此期间则只用 20 cm 口径蒸发器观测,其折算系数根据代表站资料确定。所以,代表站的数量应以满足确定折算系数的需要为原则。

为进行年际分配上的方便,$E_{601}$型蒸发器应在年底用称重法(或测针)观测一次。称重时可用普通台秤进行。称重前,台秤应进行检验,误差以不超过 1.0 mm 蒸发量为准(普通台秤的感量为 300 g)。

为便于资料的衔接,20 cm 口径蒸发器必须提前于历年最早出现蒸发器封冻月份的第 1 日就开始观测,并延至历年最晚解冻月份的月末。这样,秋季、春季各有一段时间需同时观测 $E_{601}$型蒸发器和 20 cm 口径蒸发器。在同时观测期间,两者的观测时间应取一致。

(4)由于气温突变,在稳定封冻期 $E_{601}$型蒸发器出现融冰现象,并使冰层脱离器壁而漂浮时,则应立即用测针测读自由水面高度的方法,加测蒸发量。

(5)结冰期要记结冰符号,以"B"表示,并统计每年初冰、终冰日期,初冰、终冰日期均以 8 时为准。

#### 1.1.4.2　观测方法和要求

1. $E_{601}$型蒸发器观测方法

(1)进入冰期后,将 $E_{601}$型蒸发器布设于套桶内进行观测。在春季,进入融冻期后,即可去掉套桶,按非冻期的布设方法和要求进行观测。

(2)不稳定封冻期用测针测读蒸发量时,蒸发器内的冰体必须全部处于自由漂浮状。如有部分冰体连接在器壁上,则应轻轻敲离器壁后再测读。

(3)封冻期一次总量是用封冻前最后一次和解冻后第一次蒸发器自由水面高度相减而得的。整个封冻期只要不出现冰层融化脱离器壁的情况,就不再进行蒸发量测读,但必须搞好蒸发器的防冻裂。防冻裂可采取钻孔抽水减压的方法。结冻初期钻孔时,可适量抽水,抽水的目的是在冰层下预留一定空隙,以备冰厚增加所产生的体积膨胀。抽水量应视两次钻孔期间冰层增加的厚度而定。每次钻孔抽水时,都要注意防止器内的水喷出器外。每次钻孔和抽水的时间及抽出水量,都必须记入记载簿。如在钻孔时发生水喷出器外的情况,要估计喷出的水量,并在附注栏内详细说明。

2. 20 cm 口径蒸发器观测方法

(1)20 cm 口径蒸发器的蒸发量可用专用台秤测定。如无专用台秤,也可用其他台秤,但其感量必须满足测至 0.1 mm 蒸发量的要求。台秤应在使用前进行检验,以后每月检验一次。检验时,先将台秤放平,并调好零点,接着用雨量杯量取 20 mm 清水放入蒸发器内,置于台秤上称量(重),比较量杯读数与称量(重)结果是否一致。接着再向蒸发器内加 0.1 mm 清水,看其感量是否达到 0.1 mm。发现问题应进行修理和重新检定。

(2)蒸发器的原状水量为 20 mm,每次观测后应补足 20 mm,补入的水温应接近零度。如蒸发器内冰面有沙尘,应用干毛刷扫净后再称重。如有沙尘冻入冰层,须在称重后用水将沙尘洗去后,再补足 20 mm 水量。

(3)每旬应换水一次。换水前一天应用备用蒸发器加上 20 mm 清水加盖后置于观测场内,待第二天原蒸发器观测后,将备用蒸发器补足 20 mm 清水替换原蒸发器。

#### 1.1.4.3　封冻期降雪量的处理

各类蒸发器在封冻期降雪时，只要器内干燥，应在降雪停止后立即扫净器内积雪。以后再吹雪落入，也应随时清除，计算时不作订正。如冰面潮湿或降雨夹雪，应防止器内积雪过满，甚至与器外积雪连成一片的情况出现。要求及时取出积雪，记录取雪的时间和雪量，并适当清除器内积雪，防止周围积雪刮入器内。进行雪量订正时，须把取出雪量减去。不论是扫雪还是取出雪量，均应在附注中说明。

#### 1.1.4.4　封冻期蒸发量的计算

（1）用测针观测一次总量时，可按下式计算

$$E_{总} = h_{前} - \sum h_{取} - h_{后} + \sum P + \sum h_{加} \tag{4-1-1}$$

式中　$E_{总}$——封冻期一次蒸发总量，mm；

$h_{前}$、$h_{后}$——封冻前最后一次和解冻后第一次的蒸发器自由水面高度，mm，如封冻期间出现融冰而加测，则分段计算时段蒸发量；

$\sum P$——整个封冻期（或相应时段）的降水量之和，mm，若进行了扫雪，则相应场次的降雪量不作统计，如从蒸发器中取出一定雪量，则应从降雪量中减去取出雪量；

$\sum h_{取}$、$\sum h_{加}$——整个封冻期（或相应时段）各次取出和加入水量之和，mm。

（2）用称量（重）法观测一次总量时，可按下式计算

$$E_{总} = \frac{W_1 - W_2}{300} + \sum P \tag{4-1-2}$$

式中　$W_1$、$W_2$——封冻前最后一次和解冻后第一次（或某一结冰时段始、末）$E_{601}$型蒸发器的质量，g；

300——$E_{601}$型蒸发器内每毫米水深的质（重）量，g/mm；

其余符号意义同前。

（3）用口径20 cm蒸发器观测的一次（日）蒸发总量，可按下式计算

$$E = \frac{W_1 - W_2}{31.4} + \sum P \tag{4-1-3}$$

式中　$E$——次（日）蒸发总量，mm；

$\sum P$——次（日）时段内累积降水量，mm；

$W_1$、$W_2$——上次和本次称得的蒸发器的质（重）量，g；

31.4——蒸发器内每毫米水深的质（重）量，g/mm。

### 1.1.5　降水量、蒸发量观测仪器的管理、检查、维护

#### 1.1.5.1　降水量观测仪器的检查、维护

1. 检查

新安装在观测场的雨量仪器，应按照有关规定和使用说明书认真检查仪器各部件安装是否正确。对传感器人工注水，观察相应显示记录，检查仪器运转是否正常。若显示记录器为固态存储器，还应进行时间校对，检查降水量数据读出功能是否符合要求。对虹吸

式雨量传感器，应进行示值标定、虹吸管位置的调整、零点和虹吸点稳定性检查。对翻斗式雨量传感器，分别以大约0.5 mm/min、2.0 mm/min、4.0 mm/min的模拟降水强度，用量雨杯向承雨器注入清水（分辨力为0.1 mm、0.2 mm的仪器注入量为10 mm，分辨力为0.5 mm、1.0 mm的仪器注入量分别为12.5 mm和25 mm），将显示记录值与排水量比较，其计量误差应在允许范围内。若超过其允许值，则应按仪器说明书的要求步骤，调节翻斗定位螺钉，改变翻斗翻转基点，直至合格。

经过运转检查和调试合格的仪器，试用7 d左右，证明仪器各部分性能合乎要求和运转正常后，才能正式投入使用。固态存储器正式使用前，需对其内存储的试验数据予以清除，对画线模拟记录的试验数据予以注明；在试用期内，检查时钟的走时误差是否符合要求，若仪器有校时功能，应检查校时功能是否正常。

停止使用的自记雨量计，在恢复使用前，应按照上述要求，进行注水运行试验检查。

每年应用分度值不大于0.1 mm的游标卡尺测量观察场内各个仪器的承雨器口直径1～2次。检查时，应从5个不同方向测量器口直径。

每年应用水准器或水平尺检查承雨器口平面是否水平1～2次。

凡是检查不合格的仪器，应及时调整。无法调整的仪器，应送回生产厂家维修。

2. 维护

应注意保护仪器，防止碰撞。保护器身稳定，器口水平不变形。无人驻守的降水量站，应对仪器采取特殊安全防护措施。

应保持仪器内外清洁，及时清除承雨器中的树叶、泥沙、昆虫等杂物，保持传感器、承雨器汇流畅通，以防堵塞。

传感器与显示记录器间有电缆连接的仪器，应定期检查插座是否密封防水，电缆固定是否牢靠，并检查电源供电状况，及时更换电量不足的蓄电池。

多风沙地区在无雨或少雨季节，可将承雨器加盖，但要注意在降雨前及时将盖打开。

在结冰期间仪器停用时，应将传感器内积水排空，全面检查养护仪器，器口加盖，用塑料布包扎器身，也可将传感器取回室内保存。

长期自记雨量计的检查和维护工作，应在每次巡回检查和数据收集时，根据实际情况进行。

每次对仪器进行调试或检查都应有详细的记录，以备查考。

#### 1.1.5.2　蒸发仪器的管理、检查、维护

1. $E_{601}$型蒸发器的管理、检查、维护

（1）$E_{601}$型蒸发器每年至少进行一次渗漏检验。不冻地区可在年底蒸发量较小时进行。封冻地区可在解冻后进行。在平时（特别是结冰期）也应注意观察有无渗漏现象。如发现某一时段蒸发量明显偏大，而又没有其他原因，应挖出检查。如有渗漏现象，应立即更换备用蒸发器，并查明或分析开始渗漏日期。根据渗漏强度决定资料的修正或取舍，并在记载簿中注明。

（2）要特别注意保护测针座不受碰撞和挤压。如发现测针座遭碰撞，应在记载簿中注明日期和变动程度。

（3）测针每次使用后（特别是雨天）均应用软布擦干放入盒内，拿到室内存放。还应

注意检查音响器中的电池是否腐烂,线路是否完好。

(4)经常检查蒸发器的埋设情况,当发现蒸发器下沉倾斜、水圈位置不准、防坍墙破坏等情况时,应及时修整。

(5)经常检查器壁油漆是否剥落、生锈。一经发现,应及时更换蒸发器,将已锈的蒸发器除锈并重新油漆后备用。

2. 80 cm、20 cm 口径蒸发器的管理、检查、维护

(1)经常检查蒸发器是否完好,有无裂痕或口缘变形,发现问题应及时修理。

(2)经常保持器体洁净,每月用洗涤剂彻底洗刷一次,以保持器体原有色泽。

(3)经常检查放置蒸发器的基础是否牢固,并及时修整。

# 1.2　数据资料记载与整理

## 1.2.1　降水量的月统计

降水量的月统计表有总降水量、降水日数、最大日降水量及日期,检查者、审核者意见等栏目,填记说明如下。

### 1.2.1.1　统计填记

(1)"月总降水量"。为本月各日降水量的总和,全月未降水者填"0"。全月有部分日期未观测,月总量仍计算,但数值加括号。有跨月合并观测者,合并的量记入后月,月总降水量不加括号,但应备注说明。

(2)"降水日数"。日降水量达0.1 mm,即作为降水日统计。记录精度为0.1 mm的雨量站,填本月有降水日数之和;全月无降水者填"0";部分时期缺测而又不知具体日期者,对降水日数加括号;确知有降水和记载合并符号之日,合并的各日应计入全月降水日数。观测记载的最小量大于0.1 mm的站,不统计降水日数,本栏任其空白。

(3)"最大日降水量"。从本月各日降水量中挑选最大者填记。如有缺测情况,应加括号。若能肯定为本月最大值,可不加括号。一月内只有合并的降水量者,记"—"符号。全月无降水者,本栏空白。"日期"填最大日降水量发生的日期。

全月缺测者,月统计各栏均记"—"符号。

### 1.2.1.2　检查、审查者意见

(1)"检查者意见"。由指导站下站检查人员,按照《测站任务书》对该站观测工作和资料质量写出评语,检查发现问题时及时提出处理意见。

(2)"审查者意见"。由负责审查资料质量的有经验的技术人员填写,对检查者意见有异议时应说明理由。

## 1.2.2　模拟自记雨量计的数据订正和日降水量的计算

### 1.2.2.1　虹吸式自记雨量计

有降雨之日,于8时观测更换记录纸和量测自然虹吸量或排水量后,应立即检查核算雨量记录误差和计时误差。若雨量记录误差和计时误差超限,应进行订正。订正后再计

算日降水量。

1. 时间订正

一日内机械钟的记录时间误差超过 10 min，且对时段雨量有影响时，应进行时间订正。若时差影响暴雨极值和日降水量，时间误差超过 5 min，也要进行时间订正。

订正的方法是：以 20 时、8 时观测注记的时间记号为依据，计算出记号实际时间与自记纸上的相应纵（或横）坐标（时间轴）时间不重合的时间差，以两记号间的实际时间数（以 h 为单位）除两记号间的时间差（以 min 为单位），可得到每小时的时差数，然后用累积分配的方法订正于需摘录的整点时间上，并用铅笔画出订正后的正点纵（或横）坐标（时间轴）线。

2. 记录雨量的订正

1）虹吸量的订正

自然虹吸雨量大于记录雨量，且每次虹吸的平均差值达到 0.2 mm 或 1 d 内自然虹吸量累积差值大于记录量 2.0 mm 时，应进行虹吸订正。订正的方法是：将自然虹吸量与相应记录的累积降水量的差值平均（或者按降水强度大小）分配在每次自然虹吸时的降水量内。

自然虹吸雨量小于记录量，应分析偏小的原因。若偏小量较小，可能是蒸发或湿润损失；若偏小量较多，可能是储水器漏水或其他方面的故障。

2）虹吸记录线倾斜的订正

在钟筒或浮子室左右倾斜时，由于降水记录歪斜而使时间、雨量均有误差。一般对雨量影响很小，可不作雨量订正，只对时间坐标进行订正。

当虹吸记录线倾斜值达到 5 min 时，需要进行倾斜订正。订正的方法是：以放纸时笔尖所在位置为起点，画平行于横坐标的直线，作为基准线；通过基准线上正点时间点，作平行于虹吸线的直线，作为纵坐标订正线，其中分为基准起点位置在零线的和不在零线的，分别如图 4-1-1、图 4-1-2 和图 4-1-3 所示，则纵坐标订正线与记录线交点处的纵坐标雨量就是所求订正后的雨量值。如在图 4-1-1 中，需求出 14 时正确的雨量，则通过基准线 14 时坐标点，作出一平行于虹吸线 *bc* 的直线 *ef*，交记录线 *ab* 于 *g* 点，*g* 点纵坐标读数（图中 *g* 点读数为 3.5 mm）即为 14 时订正后的雨量。其他时间的订正值以此类推。

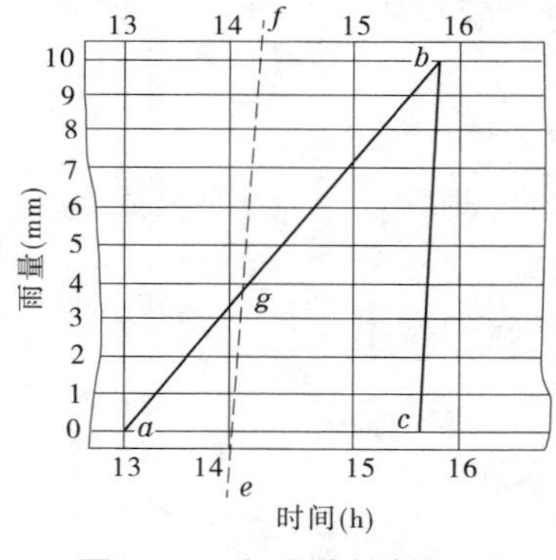


**图 4-1-1　虹吸线倾斜订正**

（基准起点位置在零线，右斜）

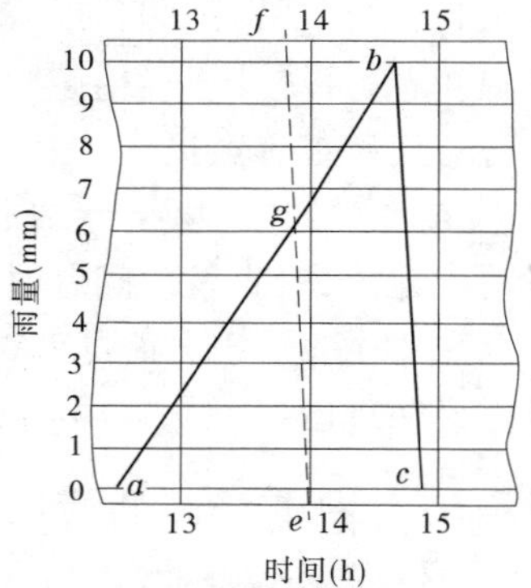


**图 4-1-2　虹吸线倾斜订正**

（基准起点位置在零线，左斜）

如果虹吸倾斜和时钟快慢同时存在，则先在基准线上作时钟快慢订正（即时间订

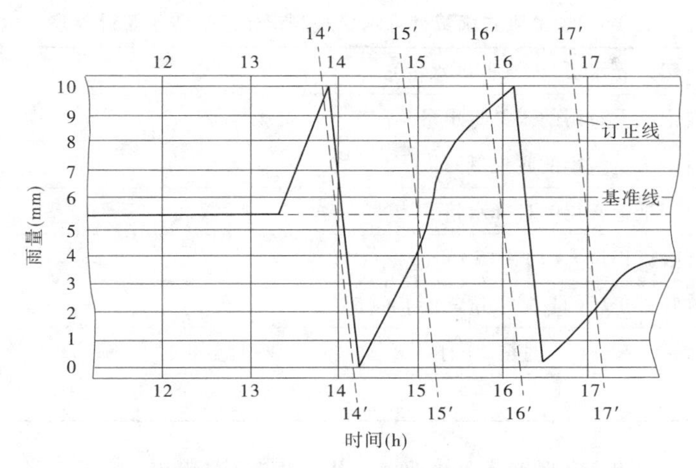


**图4-1-3　虹吸线倾斜订正**(基准起点位置不在零线)

正),然后通过订正后的准确时间,作出虹吸倾斜线的平行线(即纵坐标线),再求订正后的雨量值。

3)以储水器收集的降水量为准的订正

记录线在10 mm处呈水平线并带有波浪状,则该时段记录量要比实际降水量偏小,应以储水器水量为准进行订正。

记录笔到10 mm或10 mm以上等一段时间才虹吸,记录线呈平顶状,则以储水器量得的降水量为准,订正从开始平顶处顺势延长至虹吸线上部延长部分相交。

在大雨时,记录笔不能很快回到零位,致使一次虹吸时间过长,则以储水器的雨量为准进行订正。

4)按实际记录线查算降水量

虹吸时记录笔不能降至零线,中途上升;记录笔不到10 mm就发生虹吸;记录线低于或高于10 mm部分;记录笔跳动上升,记录线呈台阶形,则通过中心绘一条光滑曲线作为正式雨量记录。

5)器差订正

虹吸式雨量计有器差时,其雨量记录要进行器差订正。

3. 日降水量的计算

虹吸式自记雨量计降水量观测记录及日降水量计算表见表4-1-2。每日观测后,将测得的自然虹吸水量填入表4-1-2第(1)栏,然后根据记录纸查算表中各项数值。如不需要进行虹吸量订正,则第(4)栏数值就是该日降水量;如需要订正,则第(6)栏的数值为最后的日降水量。

#### 1.2.2.2　记录笔画线翻斗式雨量计的订正和日降水量的统计

当记录降水量与自然排水量相对误差为±2%,且绝对误差达到±0.2 mm,或者记录日降水量与自然排水量之差为±2.0 mm时,则应进行记录量订正。订正的方法是:1 d内降雨强度变化不大时,将差值按小时平均分配到降水时段内。但订正值不足一个分辨力的小时不进行订正,则将订正值累计订正到达一个分辨力的小时内; 1 d内降雨强度相差

表 4-1-2 虹吸式雨量计降水量观测记录及日降水量计算表

| | | | |
|---|---|---|---|
| (1) | 自然虹吸水量(储水器内水量) | = | mm |
| (2) | 自记纸上查得的未虹吸水量 | = | mm |
| (3) | 自记纸上查得的底水量 | = | mm |
| (4) | 自记纸上查得的日降水量 | = | mm |
| (5) | 虹吸订正量 = (1) + (2) - (3) - (4) | = | mm |
| (6) | 虹吸订正后的日降水量 = (4) + (5) | = | mm |
| (7) | 时钟误差　8 时至 20 时　分，　20 时至 8 时　分 | | |
| 备注 | | | |

较大,需将差值订正到降雨强度大的时段内;若根据降水期间巡视记录能认定偏差出现时段,则只订正该时段内雨量。

当 1 d 内时间误差超过 10 min,而且对时段雨量有影响时,应进行时间订正。若时差影响暴雨极值和日降水量,时间误差超过 5 min 时也应进行时间订正。订正的方法同虹吸式雨量计的时间订正方法。

记录笔画线翻斗式降水量观测记录统计表如表 4-1-3 所示。

表 4-1-3 记录笔画线翻斗式降水量观测记录统计表

| | | | |
|---|---|---|---|
| (1) | 自然排水量(储水器内水量) | = | mm |
| (2) | 记录纸上查得的日降水量 | = | mm |
| (3) | 计数器累计的日降水量 | = | mm |
| (4) | 订正量 = (1) - (2)或(1) - (3) | = | mm |
| (5) | 日降水量 | = | mm |
| (6) | 时钟误差　8 时至 20 时　分，　20 时至 8 时　分 | | |
| 备注 | | | |

每日 8 时观测后,将量测到的自然排水量填入表 4-1-3 第(1)栏,然后根据记录纸依序查算表中各项数值。但计数器累计的降水量只在记录器发生故障时填入,否则任其空白。

根据表 4-1-3 计算出订正量,若需要订正,按订正方法进行订正,则以第(1)栏自然排水量作为日降水量;若不需订正,则第(2)栏数值就作为日降水量。

## 1.2.3 逐日降水量表和蒸发量表的编制

### 1.2.3.1 逐日降水量表

逐日降水量表(见表 4-1-4)中的数值从经审核后的降水观测记载簿或订正后的自记记录中计算得出。

**表 4-1-4　××河××站逐日降水量表**

年份:　　　　测站编码:　　　　　　　　　　　　　　　降水量单位:mm

<table>
<tr><td>日</td><td>1 月</td><td>2 月</td><td>3 月</td><td>4 月</td><td>5 月</td><td>6 月</td><td>7 月</td><td>8 月</td><td>9 月</td><td>10 月</td><td>11 月</td><td>12 月</td></tr>
<tr><td>1</td><td></td><td></td><td></td><td></td><td></td><td></td><td></td><td></td><td></td><td></td><td></td><td></td></tr>
<tr><td>2</td><td></td><td></td><td></td><td></td><td></td><td></td><td></td><td></td><td></td><td></td><td></td><td></td></tr>
<tr><td>3</td><td></td><td></td><td></td><td></td><td></td><td></td><td></td><td></td><td></td><td></td><td></td><td></td></tr>
<tr><td>4</td><td></td><td></td><td></td><td></td><td></td><td></td><td></td><td></td><td></td><td></td><td></td><td></td></tr>
<tr><td>5</td><td></td><td></td><td></td><td></td><td></td><td></td><td></td><td></td><td></td><td></td><td></td><td></td></tr>
<tr><td>⋮</td><td></td><td></td><td></td><td></td><td></td><td></td><td></td><td></td><td></td><td></td><td></td><td></td></tr>
<tr><td>26</td><td></td><td></td><td></td><td></td><td></td><td></td><td></td><td></td><td></td><td></td><td></td><td></td></tr>
<tr><td>27</td><td></td><td></td><td></td><td></td><td></td><td></td><td></td><td></td><td></td><td></td><td></td><td></td></tr>
<tr><td>28</td><td></td><td></td><td></td><td></td><td></td><td></td><td></td><td></td><td></td><td></td><td></td><td></td></tr>
<tr><td>29</td><td></td><td></td><td></td><td></td><td></td><td></td><td></td><td></td><td></td><td></td><td></td><td></td></tr>
<tr><td>30</td><td></td><td></td><td></td><td></td><td></td><td></td><td></td><td></td><td></td><td></td><td></td><td></td></tr>
<tr><td>31</td><td></td><td></td><td></td><td></td><td></td><td></td><td></td><td></td><td></td><td></td><td></td><td></td></tr>
<tr><td>月总量</td><td></td><td></td><td></td><td></td><td></td><td></td><td></td><td></td><td></td><td></td><td></td><td></td></tr>
<tr><td>降水日数</td><td></td><td></td><td></td><td></td><td></td><td></td><td></td><td></td><td></td><td></td><td></td><td></td></tr>
<tr><td>最大日量</td><td></td><td></td><td></td><td></td><td></td><td></td><td></td><td></td><td></td><td></td><td></td><td></td></tr>
<tr><td rowspan="4">年统计</td><td colspan="6">降水量</td><td colspan="6">降水日数</td></tr>
<tr><td colspan="2">时段(d)</td><td colspan="2">1</td><td colspan="2">3</td><td colspan="2">7</td><td colspan="2">15</td><td colspan="2">30</td></tr>
<tr><td colspan="2">最大降水量</td><td colspan="2"></td><td colspan="2"></td><td colspan="2"></td><td colspan="2"></td><td colspan="2"></td></tr>
<tr><td colspan="2">开始日期<br>(月-日)</td><td></td><td></td><td></td><td></td><td></td><td></td><td></td><td></td><td></td><td></td></tr>
<tr><td>附注</td><td colspan="12"></td></tr>
</table>

有降水之日,填记一日各时段降水量的总和;无降水之日为空白。降雪或降雹时在降水量数值的右侧加注观测物符号。有必要测记初霜、终霜的站,在初霜、终霜之日记霜的符号。

整编符号与观测物符号并用时,整编符号记在观测物符号之右。

降水量缺测日(包括降水记录丢失、作废)的降水量,应尽可能予以插补;不能插补的记"—"符号。全月缺测的,各日空白,只在月总量栏记"—"符号。

降雪量缺测,但知其雪深时,可按 10:1(有试验数据时,可采用试验值)将雪深折算成降水量填入逐日栏内,并将折算比例记入附注。

未按日分界观测降水量,但知其降水总量时,可根据邻站降水历时和雨强资料进行分列并加分列符号"Q"。无法分列的,将总量记入最后一日,在未测日栏记合并符号"!"。

#### 1.2.3.2　逐日水面蒸发量表

逐日水面蒸发量表(见表 4-1-5)中的数值从审核后的观测记载表中抄录。

表 4-1-5 ××河××站逐日水面蒸发量表

年份: 测站编码: 蒸发器位置特征: 蒸发器型式: 蒸发量单位:mm

<table>
<tr><th>日</th><th>1月</th><th>2月</th><th>3月</th><th>4月</th><th>5月</th><th>6月</th><th>7月</th><th>8月</th><th>9月</th><th>10月</th><th>11月</th><th>12月</th></tr>
<tr><td>1<br>2<br>3<br>4<br>5<br>⋮<br>26<br>27<br>28<br>29<br>30<br>31</td><td></td><td></td><td></td><td></td><td></td><td></td><td></td><td></td><td></td><td></td><td></td><td></td></tr>
<tr><td>月总量</td><td></td><td></td><td></td><td></td><td></td><td></td><td></td><td></td><td></td><td></td><td></td><td></td></tr>
<tr><td>最大日量</td><td></td><td></td><td></td><td></td><td></td><td></td><td></td><td></td><td></td><td></td><td></td><td></td></tr>
<tr><td>最小日量</td><td></td><td></td><td></td><td></td><td></td><td></td><td></td><td></td><td></td><td></td><td></td><td></td></tr>
<tr><td rowspan="2">年统计</td><td colspan="12">水面降水量 最大日蒸发量 月 日 最小日蒸发量 月 日</td></tr>
<tr><td colspan="6">终冰 月 日</td><td colspan="6">初冰 月 日</td></tr>
<tr><td>附注</td><td colspan="12"></td></tr>
</table>

如算出的水面蒸发量为负值,则一律记为“0.0+”。

水面蒸发量短时间缺测,尽量参照邻站及有关因素插补,插补的日蒸发量值加“@”符号。

蒸发器结冰期间,不论是逐日观测还是数日测记一次水面蒸发总量,均在观测值右侧加注结冰符号“B”,未观测日栏内填记合并及结冰符号“! B”;连续封冻期较长的站,也可不注结冰符号,改在附注栏说明。非结冰期数日测记一次水面蒸发总量的,在未观测日栏填记合并符号“!”。

因故未能正点观测,如对日量影响较大,应附注说明。

结冰期跨月观测时,应按日数的比例分别算出前月分配量和后月分配量。前月分配量记在月末一日栏内;后月分配量记在观测之日栏内。两个数值均加注结冰符号“B”及分裂符号“Q”。

## 1.2.4 降水、蒸发、气温月、年特征值统计计算

### 1.2.4.1 降水月特征值统计计算

1. 月降水量特征值统计

本月各日日降水量的总和为本月月降水量。

全月各日未降水时，月降水量记为“0”。

一月内部分日期（时段）雨量缺测时，月降水总量仍予计算，但应加不全统计符号“（）”。

全月缺测时，记“—”符号。

有跨月合并情况的，合并的量记入后月。前、后月的月总量不加任何符号。合并量较大时应附注说明。

2. 月降水日数统计

本月降水日数的总和为月降水日数。

全月无降水日时，月降水日数记为“0”。

全月缺测时，记“—”符号。

一部分日期缺测时，根据有记录期间的降水日数统计，但应加不全统计符号。确知有降水和记载合并符号之日，可加入全月降水日数统计。

3. 月最大日降水量统计

全月无降水时，月最大日雨量不统计。

全月缺测时，记“—”符号。

一月部分日期缺测或无记录时，仍应统计，但应加不全统计符号。如确知其为月最大，则不加不全统计符号。

一月部分日期有合并降水，且合并各日的平均值比其余各日仍大时，可选做月最大日雨量，并加不全统计符号。

全月只有合并的降水量时，月最大日雨量不统计，应记“—”符号。

#### 1.2.4.2　降水年特征值统计计算

年降水量、降水日数、日最大降水量统计计算同月特征值统计计算方法。

各时段最大降水量统计，可从逐日降水量中分别挑选全年最大1日降水量及连续3日、7日、15日、30日（包括无降水之日在内）的最大降水量填入，并记明其开始日期（以8时为日分界）。全年资料不全时，统计值应加不全统计符号。能确知其为年最大值时，也可不加不全统计符号。

附注说明，主要是雨量场（器）的迁移情况（迁移日期、方向、距离、高差等）、有关插补、分列资料情况、影响资料精度等的说明。

#### 1.2.4.3　蒸发量月特征值统计计算

月水面蒸发量为月内各日水面蒸发量之和。一月内有合并、分列数值时，应当做资料齐全看待，月水面蒸发量不加不全统计符号。

月最大、最小日水面蒸发量从月内逐日值中挑选。有合并数值的，以每一合并期间的总量除以相应总日数，算出该期间的日平均水面蒸发量，参加月最大、最小值挑选。如平均值被挑选为最大或最小值，应加不全统计符号。

#### 1.2.4.4　蒸发量年特征值统计计算

全年水面蒸发量为各月月水面蒸发量之和。

年最大、最小日水面蒸发量从各月最大、最小值中挑选。

一月或一年内使用两种不同类型蒸发器观测，应换算为同一口径资料。如不能换算，则不作月或年统计。

初冰、终冰日期按结冰符号所在日统计发生日期。终冰日期为本年 1 月 1 日至 6 月 30 日期间蒸发器内最后一次结冰的日期,初冰日期为从本年 7 月 1 日至年末期间蒸发器内第一次结冰的日期。初冰、终冰均在上半年出现时,在初冰的月、日前加填年份或者空白,但要在附注中说明。

附注中一般要注明冰期观测仪器及方法、特殊观测情况、换算系数、插补及其他有关资料精度的说明。

### 1.2.4.5 气温日平均值计算及月、年特征值统计

1. 气温日平均值计算

每日 8 时、14 时、20 时观测三次气温时,日平均值为 8 时、14 时、20 时和次日 8 时观测值之和除以 4,按下式计算

$$t = \frac{1}{4}(t_8 + t_{14} + t_{20} + t_{次日8}) \tag{4-1-4}$$

若有最低气温资料,则日平均值按下式计算

$$t = \frac{1}{4}\left[\frac{1}{2}(次日最低气温 + 次日8时气温) + t_8 + t_{14} + t_{20}\right] \tag{4-1-5}$$

连续或短周期间歇观测的气温记录仪器或系统,日平均气温原则上可按面积包围法计算,计算时间范围为本日 8 时至次日 8 时。

2. 气温月、年特征值统计

气温月、年特征值统计表如表 4-1-6 所示。根据逐日平均气温,可计算出旬、月、年平均气温。从实测值中挑选月、年极值。

表 4-1-6 ______站气温月、年特征值统计表 气温单位:℃

| 项目 | | 1月 | 2月 | 3月 | 4月 | 5月 | 6月 | 7月 | 8月 | 9月 | 10月 | 11月 | 12月 |
|---|---|---|---|---|---|---|---|---|---|---|---|---|---|
| 旬平均 | 上 | | | | | | | | | | | | |
| | 中 | | | | | | | | | | | | |
| | 下 | | | | | | | | | | | | |
| 月统计 | 平均 | | | | | | | | | | | | |
| | 最高 | | | | | | | | | | | | |
| | 日期 | | | | | | | | | | | | |
| | 最低 | | | | | | | | | | | | |
| | 日期 | | | | | | | | | | | | |
| 年统计 | | 最高气温 月 日 | | | | 最低气温 月 日 | | | | 平均气温 | | | |
| 附注 | | | | | | | | | | | | | |

# 模块2 水位观测

## 2.1 观测作业

### 2.1.1 人工观读水尺的标划、安装和编号

#### 2.1.1.1 水尺的标划

水尺的刻度要求清晰,一般用"E"字形,左右交错排列。最小刻度为1 cm,误差不大于0.5 mm。当水尺长度在0.5 m以下时,累积误差不得超过0.5 mm;当水尺长度在0.5 m以上时,累积误差不得超过长度的1‰。水尺面宽不宜小于5 cm。数字一般按dm标度,应清楚且大小适宜,下边缘应靠近相应的刻度处。刻度、数字及底板的色彩对比应鲜明,且不易褪色和剥落。

水尺一般多使用成品搪瓷水尺板面,长度不足时使用多支板面拼接,也可自行刻画。搪瓷水尺板如图4-2-1所示。

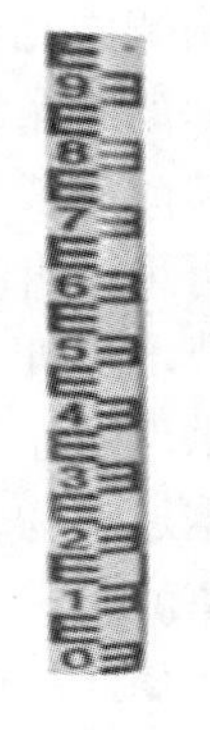

图4-2-1 搪瓷水尺板

#### 2.1.1.2 水尺的布设与安装

1.水尺的布设原则

水尺设置的位置应在测验断面上便于观测员接近,直接观读水位处。在风浪较大的观测点,宜设置静水设施。

水尺观读控制范围应高(低)于测站历年最高(低)水位0.5 m以上(下),在此变幅可沿断面分高低安置多支水尺。相邻两支水尺的观测范围应有不小于0.1 m的重合;当风浪经常性较大时,重合部分可适当增大。当水位超出水尺的观读范围时,应及时增设水尺,如河道接近干涸或断流,当水边即将退出最后一支水尺时,应及时向河心方向增设水尺。

同一组基本水尺,各支水尺宜设置在同一断面线上。当因地形限制或其他原因不能设置在同一断面线时,其最上游与最下游水尺的水位差不应超过1 cm。同一组比降水尺,如不能设置在同一断面线上,偏离断面线的距离不得超过5 m,同时任何两支水尺的顺流向距离偏差不得超过上、下比降断面间距的1/200。

临时水尺布设:当原水尺损坏,原水尺处冻实或干涸;断面出现分流且分流流量超出总流量的20%;发生特大洪水或出现特枯水位,超出原设水尺的观读范围;分洪溃口以及出现其他特殊情况时,应及时设置临时水尺,以保证水位测验正常进行。

2.直立式水尺的安装

直立式水尺的水尺板应固定在垂直的靠桩上,靠桩宜呈流线型,可用型钢、铁管或钢筋混凝土等材料制作,或用直径10~20 cm木桩做成。当采用木桩时,表面应作防腐处

理。安装时,应将靠桩浇注在稳固的岩石或水泥护坡上,或直接将靠桩打入河床。

靠桩入土深度应大于1 m。松软土层或冻土层地带,宜埋设至松土层或冻土层以下至少0.5 m;在淤泥河床上,入土深度不宜小于靠桩在河底以上高度的1.5倍。

在阻水作用小的坚固岩石或混凝土块石的河岸、桥墩、水工建筑物上,可直接刻绘刻度或安装水尺板。

水尺应与水平面垂直,安装时应吊垂线校正。

3. 矮桩式水尺的安装

矮桩式水尺的矮桩材料及入土深度与直立式水尺靠桩相同,桩顶应高出床面10~20 cm,桩顶应牢固并呈水平面,木质矮桩顶面宜打入直径为2~3 cm的金属圆头钉,以便放置测尺。两相邻桩顶的高差宜为0.4~0.8 m,平坦岸坡宜为0.2~0.4 m。

4. 倾斜式水尺的安装

倾斜式水尺的坡度应大于30°。倾斜式水尺应将金属板固紧在岩石岸坡上或水工建筑物的斜坡上,按斜线与垂线长度的换算,在金属板上刻划尺度,或直接在水工建筑物的斜面上刻划,刻度面的坡度应均匀,刻度面应光滑。一般每间隔2~4 m应设置高程校核点。

倾斜式水尺的尺度刻划方法:方法一是用测定水尺零点高程的水准测量方法在水尺板或斜面上均匀测定几条高程控制线,然后按比例内插需要的分划刻度。方法二是先测出斜面与水平面的夹角,然后按照斜面长度与垂直长度的换算关系绘制水尺刻度。

5. 临时水尺的安装

临时水尺可采用直立式或矮桩式,并应保证在使用期间牢固可靠。当发生特大洪水、出现特枯水位或水尺处干涸冻实时,临时水尺应在原水尺失效前设置。

若在观测水位时才发现观测设备损坏,可立即打一个木桩至水下,使桩顶与水面齐平或在附近的固定建筑物、岩石上刻上标记,先用校测水尺零点高程的方法测得水位,再设法恢复观测设备。

6. 测针式水位计的设置

测针式水位计以能测到历年最高水位和最低水位为宜。若测不到,应配置多台测针式或其他相同观测精度的设备。当同一断面需要设置两个以上水位计时,水位计可设置在不同高程的一系列基准板或台座上,但应处在同一断面线上;当受条件限制达不到此要求时,各水位计偏离断面线的距离不宜超过1 m。

安装时,应将水位计支架紧固在用钢筋混凝土或水泥浇筑的台座上,测杆应与水面垂直,安装时可用吊垂线调整,并可加装简单的电器设备来判断指示针尖是否恰好接触水面。

7. 悬锤式水位计的设置

悬锤式水位计宜设置在水流平顺无阻水影响的地方,能测到历年最高、最低水位。当条件限制测不到时,应配置其他观测设备。

安装时,支架应紧固在坚固的基础上,滚筒轴线应与水面平行,悬锤重量应能拉直悬索。安装后,应进行严格的率定,并定期检查测索引出的有效长度与记数器或刻度盘读数的一致性,其误差应小于±1 cm。

安装的各类人工观测水尺及水位计均应测量水尺零点高程和水位计固定点(基准点)的高程(测量方法见本书操作技能中级工水文普通测量模块)。

#### 2.1.1.3　水尺的编号

设置的各类水尺和水位计均应统一编号。按不同断面水尺组和从岸上向河心依次排列的次序,采用英文字母与数字的组合编号,编号的排列顺序为:组号、脚号、支号、支号辅助号。

组号用于区别不同断面,代表水尺断面名称,用大写英文字母表示,P 为基本水尺,C 为流速仪测流断面水尺,S 为比降水尺,B 为其他专用或辅助水尺。设在重合断面上的水尺编号,按基本水尺、流速仪测流断面水尺、比降水尺、其他专用或辅助水尺顺序,选用前面一个,如基本水尺兼作流速仪测流断面水尺,组号用 P。必要时,可另行规定其他组号。

脚号用于区别同一类水尺有上、下游断面设置的情况,代表同类水尺的不同断面位置,用小写英文字母 u 表示上,l 表示下。如比降断面分为比降上、下断面,比降上断面表示为 $S_u$,比降下断面表示为 $S_l$。

一个断面上有多股水流时,自左岸开始用 a、b、c 等小写英文字母作脚号,但不选用 u、l 等已规定专用的字母。

支号用于区别同一组水尺在本断面的位置,代表同一组水尺中各支水尺从岸上向河心依次排列的次序,用数字表示,如 $P_1$、$P_2$ 等。当在原设一组水尺中增加水尺时,应从原组水尺中最后排列的支号连续排列,如在 $P_5$、$P_6$ 之间增加水尺时用 $P_6$ 之后的顺序号 $P_7$、$P_8$、$P_9$ 等。

支号辅助号代表同支水尺零点高程的变动次数或在原处改设的次数,用数字表示。当某支水尺被毁,新设水尺的相对位置不变时,应在支号后面加辅助号,并用连接符"—"与支号连接。如 $P_9$ 水尺被毁两次均新设,相对位置不变,其编号为 $P_{9-2}$。

当设立为临时水尺时,在组号前面加符号"T",支号应按设立的先后次序排列,当校测后定为正式水尺时,应按正式水尺统一编号。

水尺编号应注意字母和脚号的书写规则。组号为大写(含临时水尺组号 T);脚号为小写,与支号、支号辅助号均为下标脚号。水尺编号的标注应清晰直观。

当水尺设置变动较大时,可经一定时期后将全组水尺重新编号。水尺编号一般情况下一年重编一次。

### 2.1.2　转换水尺的水位观测

换读水尺比测是指水位在涨落过程中,水面同时到达相邻两支水尺的尺面上,可以观测到同一时刻两支水尺的读数,并计算出各支水尺水位,用以检验两支水尺观测的水位是否衔接,并可检验水尺零点高程有无变动。

当水位的涨落过程需要换水尺观测时,应对两支相邻水尺同时比测一次。换尺频繁时期,若能确定水尺稳固,可不必每次换尺时都比测。

在水尺水位涨落换读观测中,当两支相邻水尺同时比测的水位差不超过 2 cm 时,以平均值作为观测的水位;当比测的水位差超过 2 cm 时,应查明原因或校测水尺零点高程。当能判明某支水尺观测不准确时,可选用较准确的那支水尺读数计算水位,并应在未选用的记录数值上加一圆括号。应详细记录选用水位数值的依据,并将记录结果填入水位记载表的备注栏内。

### 2.1.3 冰期水位观测方法

冰期应观测河道、水库(湖泊)等水体的自由水面的水位。水位测次,以能测得完整的水位变化过程为原则。

当观读水尺处周围出现微冰、流冰花等冰情,水尺处能观测到自由水面时,直接观读水尺读数。

当观读水尺处为岸冰时,应将水尺周围的冰层打开,观读自由水面的水位。

封冻期观测水位,应将水尺周围的冰层打开,捞除碎冰,待水面平静后观读自由水面的水位。当水面起伏不息时,应测记平均水位;当自由水面低于冰层底面时,应按畅流期水位观测方法观测。当水从孔中冒出向冰上四面溢流时,应待水面回落平稳后观测;当水面不能回落时,可筑冰堰,待水面平稳后观测,或避开流水处另设新水尺进行观测。

当发生全断面冰上流水时,应将冰层打开,观测自由水面的水位,并量取冰上水深;当水下已冻实时,可直接观读冰上水位。

当发生层冰层水时,应将各个冰层逐一打开,然后观测自由水位。当上述情况只是断面上的局部现象时,应避开这些地点重新凿孔,设尺观测。

当水尺处冻实时,应向河心方向另打冰孔,找出流水位置,增设水尺进行观测;当全断面冻实时,可停测,记录连底冻时间。

对于出现全断面冰上流水、层冰层水、冻实冰情时,应在水位记载表中注明。

### 2.1.4 比降水尺水位的观测

#### 2.1.4.1 比降水尺水位的观测方法

比降水尺水位一般由两名观测员同时观测。水位变化缓慢时,可由一人观测。观测步骤为:先观读上(或下)比降水尺,后观读下(或上)比降水尺,再返回观读一次上(或下)比降水尺,取上(或下)比降水尺的均值作为与下(或上)比降水尺的同时水位,往返的时间应基本相等。

比降水位一般读记至1 cm。当上、下比降断面的水位差小于0.2 m时,比降水位应读记至0.5 cm,时间应记录至1 min。

#### 2.1.4.2 比降计算

水面比降数值$S$是用观测到的上、下比降断面的水位计算而得的,等于上、下比降断面观测水位$Z_u$、$Z_l$的差值除以上下比降断面间距$L$,并以万分率(‱)表示,计算公式为

$$S = \frac{Z_u - Z_l}{L} \times 10\ 000‱ \tag{4-2-1}$$

### 2.1.5 自记水位计日常检查

自记水位计日常检查一般包括机房环境安全、接头连接、电源工作、仪器工作、记录误差、数据保存等方面,可根据具体仪器配置和有关条件设计记录文档格式,随检查随记录,

出现问题及时处理，记录文档保存备查。

(1)检查机房和测验环境的卫生、安全等，使仪器始终保持良好的工作环境和工作状态。记录仪表应存放在干燥、通风、清洁和不受腐蚀气体侵蚀的地方，并按说明书要求进行使用、保养和维护。

(2)检查主要记录仪表的接地、避雷针等防雷装置是否连接正常。

(3)检查设备与各种电缆的连接是否完好，保证接头紧固；检查是否存在因漏水或沿电缆、电源线入口进水造成故障。

(4)检查测站供电情况，供电电压是否在正常范围。检查仪器配接的蓄电池连接是否完好。检查仪器电源指示灯是否正常，处于何种供电状态。

(5)检查自记水位计记录显示或打印过程情况，判断水位计工作是否正常，出现故障应及时采取措施，使用其他方法观测；判断仪器参数设置是否符合测验要求；通过校测及其他测验(如流量测验观测的相应水位)检查观测值对比记录精度，保证观测数据的连续性、正确性和完整性。

(6)对于气介式的超声波、雷达等水位仪器测量端，应定期检查换能器安装处是否有鸟类、昆虫结网或脏物遮挡声波发射与接收，影响工作。

(7)检查仪器工作一定时期的数据备存情况，应定期将存储在仪器的测量数据读出备份保存，保证测量数据的安全。

(8)纸介质模拟记录的自记水位计检查。

①在换记录纸时，应检查水位轮感应水位的灵敏性和走时机构工作的正常性。电源应充足，记录笔、墨水应适度。换纸后，应上紧自记钟，将自记笔尖调整到当时的准确时间和水位坐标上，观察1～5 min，待一切正常后方可离开，出现故障时应及时排除。

②应按记录周期定时换纸，并应注明换纸时间与校核水位。当换纸恰逢水位急剧变化或高、低潮时，可适当延迟换纸时间。

## 2.1.6　冰厚测量

### 2.1.6.1　固定点冰厚测量

1. 测量地点的选择

固定点冰厚测量的地点应能代表河段冰厚的平均情况，条件许可时宜在基本水尺断面适当位置测量。应离开清沟、岸边、浅滩和河上冬季道路有足够的距离，不受泉水、工业废水或污水汇入影响，避开有冰堆、冰塞、冰坝、冰上冒水等冰情现象出现的地点，在下游回水或上游电站泄流影响范围之外。

2. 冰孔的布设

固定点冰厚测量冰孔，大中河流及湖泊、水库应在同一断面上分两处进行，一孔在河心(湖心、库心)或中泓处，另一孔在离冰底边5～10 m处。小河可仅在中泓一处进行。仅发生岸冰的河段，可只测记岸冰中间一处的岸冰厚。原则上测量冰厚的冰孔应固定不变，以便前后资料对比。

3. 测量的时间与测次

固定点冰厚测量应从封冻后且在冰上行走无危险时开始观测，至解冻时停止，于每月1日、6日、11日、16日、21日、26日测量，应与当日8时水位观测结合进行。在封冻初期冰厚变化较显著时，应每日测量1次。在冰厚大于70 cm的稳定封冻期(不包括冰层融解时期)且无冰花时，可只在每月1日、11日、21日进行。在连底冻时期内停止冰厚观测。如遇断面封冻不稳定，可改测岸冰厚。

4. 冰厚测量程序

冰厚测量工具主要是量冰尺，多采用普通量冰尺和固定量冰尺。有条件的测站可采用声纳等先进仪器测量冰厚、冰花厚及水深。

冰厚测量操作程序一般为：当有积雪时，先量取冰上积雪深度，然后开凿冰孔，量取冰花厚、水浸冰厚与冰厚，测量水深及气温。将测量结果记入记载表中，并计算河心多孔的冰厚平均值。

#### 2.1.6.2　河段冰厚测量

河段冰厚测量是为了了解河段的冰厚分布及固定点冰厚对河段平均冰厚的代表性。有条件时，可计算河段的冰量及变化情况。

1. 河段冰厚测量的河段长度、断面和冰孔数目

测验河段在计算冰厚、单位河长的冰体积等方面应有足够的代表性。测量范围应尽可能涵盖顺直段、弯道、深槽、浅滩等。

河段冰厚测量的河段长度应为当时冰面宽的3～5倍且不应小于300 m，不宜超过1 000 m。断面数不应少于5个。当以冰底边计算的水面宽大于25 m时，每个断面的冰孔数不应少于5个；当以冰底边计算的水面宽小于25 m时，每个断面的冰孔数不应少于3个。当断面内有分流岔沟时，应分别按独立断面考虑布设冰孔。

冰厚、冰下冰花厚度变化复杂时，断面数和冰孔数应适当增加。冰厚测量的断面应在两岸设置固定标志，引测高程，施测横断面。

2. 河段冰厚测量的测次

河段冰厚测量可在设站初期的2～3个冬季内连续进行，以后冰盖形成条件历年大体相同，可每隔10年测量一次。冰盖形成条件历年不同，可每隔3～5年测量一次，但在特别严寒、温暖、多雪、少雪等特殊年份应加测。

封冻期不足2个月的测站，每年可只在冰盖最厚时测量一次。封冻期在2个月以上的测站，每年可在封冻初期冰上行走无危险时测量一次，在冰盖最厚时测量一次。

3. 河段冰厚测量内容

测量河段内各点冰上雪深、冰花厚、水浸冰厚、冰厚和水深，确定冰花分布界限，目测冰情并绘制冰情图，接测各断面的水面高程和冰面边起点距。

4. 冰孔位置的选定

岸边冰孔应选在向河心侧冰底边附近，其余冰孔在中间大致均匀分布。应离开冰堆和冰礁，如断面上有较大清沟，应在清沟上、下两端另设辅助断面设置冰孔。冰孔选定后，应测量起点距。在一个冬季内，进行几次测量的各次冰孔位置宜大致相同。

5. 测量要求

河段冰厚测量应从下游断面依次向上游进行。同一冰孔的开凿和测量应在 1 d 内完成。河段冰厚测量应在 1 ~2 d 内完成。

## 2.2 数据资料记载与整理

### 2.2.1 水位观测设备编号及高程校测记载

测站使用的各断面水尺组在每一年汛前或一定时期内需统一重新编号。在使用中水尺因损坏或零点高程变动等原因,需进行水尺零点高程引校测和相应编号,因此需制作编号及高程校测索引表,供水位观测、计算和资料整编审查使用。水位观测设备编号及零点高程校测记载表如表 4-2-1 所示,应根据具体情况按栏目填记。

表 4-2-1 水位观测设备编号及零点高程校测记载表

| 水尺编号 | 测定或校测 | | | | | | | | 校测前 | | 校测后 |
|---|---|---|---|---|---|---|---|---|---|---|---|
| | 日期 | 引据高程点 | 测量方法 | 测量者 | 测量记载簿号 | 高程(m) | 高程不符值(m) | | 应用高程(m) | 测定日期(年-月-日) | 应用高程(m) |
| | | | | | | | 实测 | 允许 | | | |
| | | | | | | | | | | | |
| | | | | | | | | | | | |
| | | | | | | | | | | | |

### 2.2.2 自记水位观测记录的摘录

自记水位计水位观测记录数据是以分钟或其倍数为单位进行测量的,记录数据较多,整编数据处理工作量大,需根据情况进行摘录。数据摘录应在数据订正后进行,摘录的数据成果应能反映水位变化的完整过程,并满足计算日平均水位、统计特征值和推算流量的需要。

当水位变化不大且变率均匀时,可按等时距摘录;当水位变化急剧且变率不均匀时,应摘录转折点和变化过程。8 时水位和特征值水位必须摘录,当水位基本定时、观测时间改在其他时间时,应摘录相应时间的水位。

纸介质模拟自记水位计记录摘录的时刻宜选在 6 min 的整数倍之处。摘录点应在记录线上逐一标出,并应注明相应水位数值。

潮水位站应摘录高、低潮水位及其出现时刻。对具有代表性的大潮以及受洪水影响的最大洪峰,在较大转折点处应选点摘录。当观测憩流时,应摘录断面平均憩流时刻的相应水位。沿海及河口附近测站,根据需要,加摘每小时的潮水位。

自记水位记录摘录可填入自记水(潮)位记录摘录表(见表 4-2-2)。

有关栏目填记说明如下:

(1)“仪器型号”。填写测站观测应用的自记水位计的类型。

(2)“自记水位”。填写由自记仪观测并经过时间订正后的相应水位数值。

表 4-2-2　________站自记水(潮)位记录摘录表

仪器型号________　　________年________月　　第________页

| 日 | 时：分 | 自记水位（m） | 校核水尺水位（m） | 水位订正数（m） | 订正后水位（m） | 日平均水位（m） | 备注 |
|---|---|---|---|---|---|---|---|
| | | | | | | | |
| | | | | | | | |
| | | | | | | | |

(3)“校核水尺水位”。从基本水尺水位记载表内摘录。

(4)“水位订正数”。对自记水位记录加以订正的水位订正数,当自记仪观测数值偏高时,水位订正数为负;反之,水位订正数为正。当不需要进行订正时,则水位订正数填为“0”或任其空白。

(5)“订正后水位”。填写“自记水位”与“水位订正数”的代数和。

(6)“日平均水位”。填写方法同基本水尺水位记载表。

## 2.2.3　面积包围法计算日平均水位

计算日平均水位的面积包围法又称48加权法,以各次水位观测或插补值在一日24 h中所占时间的小时数为权重,用加权平均法计算值作为本日的日平均水位值。计算时,可将1 d内0~24 h(当无0时或24时实测水位时,应根据前后相邻水位直线插补推求)的折线水位过程线下的面积除以1 d内的小时数得平均水位。面积包围法计算日平均水位如图4-2-2所示,按下式计算

$$\overline{Z} = \frac{1}{48}[Z_0a + Z_1(a + b) + Z_2(b + c) + \cdots + Z_{n-1}(m + n) + Z_nn] \quad (4\text{-}2\text{-}2)$$

式中　$\overline{Z}$——日平均水位,m;

$a,b,c,\cdots,n$——观测时距,h;

$Z_0,Z_1,Z_2,\cdots,Z_n$——相应时刻的水位值,m。

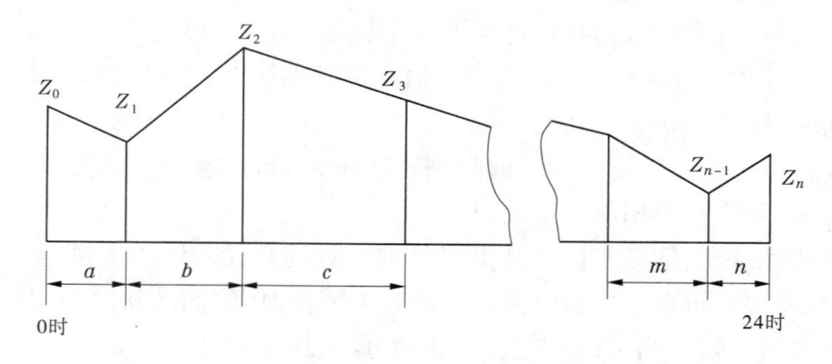


图 4-2-2　面积包围法计算日平均水位示意图

计算机水位资料整编均采用面积包围法。

以面积包围法求得的日平均值作为标准值,用其他方法求得的日平均值与标准值相比,其允许误差一般为2 cm。

# 模块3　流量测验

## 3.1　测验作业

### 3.1.1　交会法测量起点距

#### 3.1.1.1　基线交会法

基线交会法一般要设置已知两者之间距离的断面基线桩杆和起点桩杆，以提供测量交会角的条件。断面线、基线及有关杆桩与仪器测量的关系如图4-3-1所示，图中$P$是断面起点，$A$是基线在线点，$B$是基线外桩点，$C$是待测起点距的目标点，$P$、$A$、$B$点都有杆桩（通常分别称为断面杆桩、起点杆桩、基线杆桩），$C$点在断面移动、有标志（一般为渡船）。$CP$是断面线，$A$在断面线上，$PA=k$；$AB$是基线，$AB=l$；$BC$是基线外桩点$B$与待测起点距目标点$C$的视线。在基线杆桩和目标点形成的$\triangle ABC$中，$\angle CAB=\alpha$，$\angle ABC=\beta$，$\angle BCA=\theta$，$\theta=180°-(\alpha+\beta)$，$\beta=180°-(\alpha+\theta)$。其中，$PA=k$，$AB=l$，$\angle CAB=\alpha$是设计的已知条件。

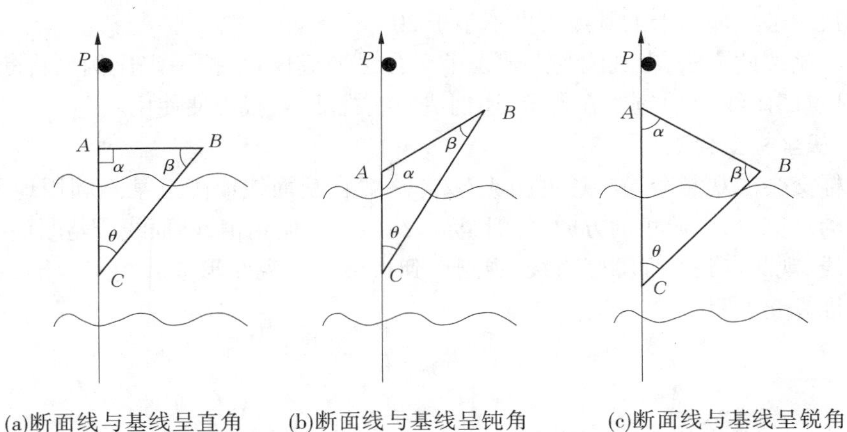


(a)断面线与基线呈直角　(b)断面线与基线呈钝角　(c)断面线与基线呈锐角

**图4-3-1　断面线、基线及有关杆桩与仪器测量的关系**

使用经纬仪、平板仪交会法测量时，仪器架设在$B$点，以$BA$为后视方向，$BC$为前视方向，测得的是$\angle ABC=\beta$，按三角形的正弦定理和有关已知条件，用下式计算目标点$C$的起点距$L$，即

$$L=l\frac{\sin\beta}{\sin(\alpha+\beta)}+k \tag{4-3-1}$$

当$\angle CAB=\alpha=90°$时，$L$为

$$L=l\cdot\tan\beta+k \tag{4-3-2}$$

使用六分仪交会法测量时，仪器架设在 $C$ 点，测得的是 $\angle BCA=\theta$，用下式计算目标点 $C$ 的起点距 $L$ 为

$$L = l\frac{\sin(\alpha+\theta)}{\sin\theta}+k \tag{4-3-3}$$

当 $\angle CAB=\alpha=90°$ 时，$L$ 为

$$L = l\cdot\cot\theta+k \tag{4-3-4}$$

使用仪器交会法注意事项如下：

(1)使用经纬仪和平板仪测定垂线及桩点的起点距时，应在观测最后一条垂线或一个桩点后，将仪器照准原后视点校核一次。当判定仪器确未发生变动时，方可结束测量工作。

(2)使用六分仪测定垂线的起点距时，应先对准测流断面线上一岸的两个标志，使测船上的定位点位于断面线上。

(3)每年应对测量标志进行一次检查，标志受到损坏时，应及时进行校正或重设。

#### 3.1.1.2　交会法平板仪台

平板仪或小平板仪交会法也属于基线交会法，即先在图纸上绘制基线，使图上基线与实际基线平行，用照准仪在交会图纸上测绘出每个桩点或每条测深垂线位置的视线，可度量图4-3-1中角 $\angle ABC=\beta$ 的度值，再按式(4-3-1)或式(4-3-2)计算起点距；也可用图解法确定起点距，即按一定比例尺，在图上绘出断面线、基线、观测基点的图线(点)，并在断面线标示起点距数值，画出视线交于断面线，交点上断面线的读数即为起点距。图解法要求所选比例尺一般应使图上的基线长度不小于20 cm。

一些测站按此方法，在观测基点建设了交会法平板仪台，按一定比例尺将断面线、基线、观测基点的图线(点)刻绘在台上，还创造一些视准器，很方便使用。

#### 3.1.1.3　极坐标交会法

极坐标交会法观测布局示意见图4-3-2。一般在断面线或附近某点利用地形或建设高于水面的观测点，以俯角的方向观测目标垂线位置的俯角值，断面线或与断面线呈一定角度的直线、观测点到水面的竖直线、观测点到目标点的视线形成直角三角形，由已知量和观测量推算起点距。

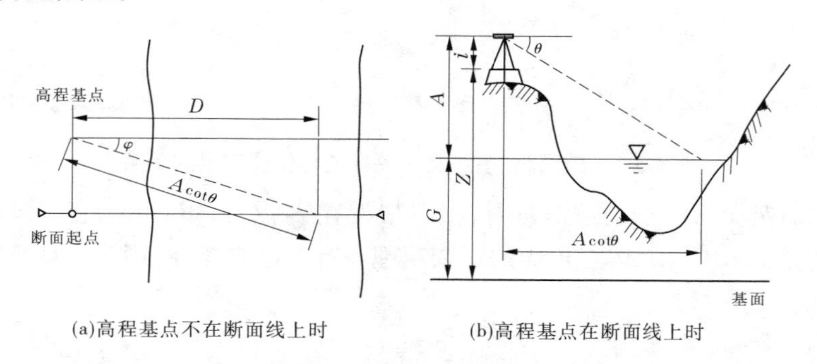


(a)高程基点不在断面线上时　　(b)高程基点在断面线上时

**图4-3-2　极坐标交会法观测布局示意图**

当高程基点不在断面线上时，按下式计算起点距

$$D = A\cot\theta\cos\varphi = (Z+i-G)\cot\theta\cos\varphi \tag{4-3-5}$$

当高程基点在断面线上时，即 $\varphi=0°$，则起点距计算公式简化为

$$D = A\cot\theta = (Z + i - G)\cot\theta \tag{4-3-6}$$

式中　$D$——起点距，m；

$A$——水面与仪器水平视线的高差，m；

$Z$——高程基点的高程，m；

$i$——仪器高，m；

$G$——与高程基点同一基面以上的水位，m；

$\theta$——实测俯角；

$\varphi$——交会视线与断面线的方位角之差。

注意，$\varphi$ 随起点距变化，需要在观测 $\theta$ 的同时予以观测。不难看出，极坐标交会法实际是竖直面的基线交会法。

## 3.1.2　机械转子式流速仪维护与检查

### 3.1.2.1　机械转子式流速仪的原理结构

机械转子式流速仪的转子，受水流驱动绕着水流方向的垂直轴或水平轴转动，其转速与周围流体的局部流速关系密切。根据率定的对应关系，可以利用流速仪的转速感知水流的流速，测量了转速也就测量了水流流速。由于测速总在一段时间内实施，所以该类流速仪测量的是水流的时均流速。

机械转子式流速仪由旋转部件、身架部件和尾翼三部分组成。其中，旋转部件直接感知流速。身架部件为支承仪器工作和与悬吊设备相连的部件。尾翼安置在身架上，其作用是使仪器保持平衡和方向正对水流流向。图4-3-3是流速仪作业状态示意图。

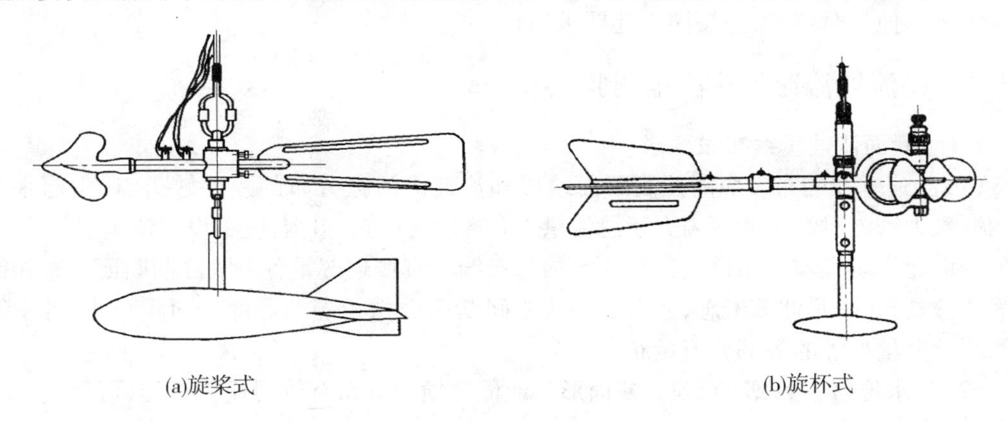

(a)旋桨式　　(b)旋杯式

图4-3-3　流速仪作业状态示意图

常用的转子式流速仪包括旋桨式流速仪、旋杯式流速仪、旋叶式流速仪等几种类型。

旋桨式流速仪是我国应用最广泛的一种河流流速测量仪器，它具有性能可靠、适应性强、测速范围广等优点。我国研制的LS25－1型旋桨式流速仪是旋桨式流速仪的代表型号，其使用性能特点为：在安装使用方法正确、水深小于24 m的条件下，能够防止浑水进入仪器内部，保证仪器的正常工作。每套仪器包括两只可以互换使用的旋桨，1号桨用于

测量0.06~2.5 m/s的流速,2号桨用于测量0.2~5.0 m/s的流速。

LS68-2型旋杯式流速仪是旋杯式流速仪的代表型号,适用水深为0.2 m以上,流速的测量范围为0.02~0.5 m/s。为了保持仪器灵敏度较长时期不变化,流速上限最好设定在0.2 m/s。当流速超过0.2 m/s时,优先选用LS25-1型旋桨式流速仪或LS68-2型旋杯式流速仪。

#### 3.1.2.2 流速仪的维护与检查

(1)流速仪在每次使用后,应立即按仪器说明书规定的方法拆洗干净,并加仪器润滑油。

(2)流速仪装入箱内时,转子部分应悬空搁置。

(3)长期储藏备用的流速仪,易锈部件必须涂黄油保护。

(4)仪器箱应放于干燥通风处,并应远离高温和有腐蚀性的物质。仪器箱上不应堆放重物。

(5)仪器箱中所有的零附件及工具,用后应放还原处。

(6)仪器说明书和检定图表、公式等应妥善保存。

(7)在每次使用流速仪之前,必须检查仪器有无污损、变形,仪器旋转是否灵活及接触丝与信号是否正常等情况。

### 3.1.3 计时器检校

水文站常用的计时器是停表。在正常情况下,应在每年汛前对停表检查一次。当停表受过雨淋、碰撞、剧烈震动或发现走时异常时,应及时进行检校。

检校时,应以每日误差小于0.5 min带秒针的钟表为标准计时,与停表同时走动10 min,当读数差不超过3 s时,可认为停表合格。

使用其他计时器时,应按照上述要求执行。

### 3.1.4 畅流期流速仪法流量测验

#### 3.1.4.1 断面测速垂线布设要求

(1)测速垂线的布设应能控制断面地形和流速沿河宽分布的主要转折点,主槽垂线应较河滩为密。对测流断面内大于总流量1%的独股水流、串沟,应布设测速垂线。

条件允许时宜均匀布设测速垂线。均匀布线的直接理解是各垂线之间断面间距相等的等部分宽布线,延伸该概念,还有各垂线之间断面面积相等的等部分面积布线,各垂线之间断面流量相等的等部分流量布线。

(2)随水位(流量)级的不同,断面形状或流速横向分布有较明显变化的,可分高、中、低水位(大、中、小流量)级分别布设测速垂线。

(3)测速垂线的位置宜固定,当发生可能影响到流量测验精度的下列情况之一时,应随时调整或补充测速垂线:

①水位涨落或河岸冲淤使靠岸边的垂线离岸边太远或太近时;

②断面上出现死水、回流,需确定死水、回流边界或回流量时;

③河底地形或测点流速沿河宽分布有较明显的变化时;

④冰期的冰花分布不均匀或测速垂线上冻实时。

#### 3.1.4.2　垂线流速测点分布要求

根据流速在垂线上的分布规律，垂线的流速测点分布应能控制流速沿垂线的转折变化，以满足垂线平均流速计算的精度要求。流速测点应按本教材初级工流量测验模块表3-3-1流速仪选点法测速垂线流速测点分布位置安排。

#### 3.1.4.3　测定死水边界或回流边界要求

当测流断面出现死水区或回流区时，应测定死水边界或回流边界。

(1)死水区的断面面积不超过断面总面积的3%时，死水区可作流水处理；死水区的断面面积超过断面总面积的3%时，应根据以往的测验资料分析确定或目测决定死水边界。死水区较大时，应用低速流速仪或深水浮标测定死水边界。

(2)断面回流量未超过断面顺流量的1%，且在不同时间内顺逆流不定时，可只在顺逆流交界两侧布置测速垂线测定其边界，回流可作死水处理。当回流量超过断面顺流量的1%时，除测定其边界外，还应在回流区内布设适当的测速垂线，并测算回流量。

#### 3.1.4.4　测速历时的合理确定

天然河道中，水位和流速随时间在不断地变化，而时均流速的稳定程度又与测速历时成正比，即测速历时越长，流速脉动误差抵消效果越好。但历时过长，会因水情变化而给流量成果带来较大误差；历时过短又不能消除脉动影响，保证测验成果的精度。经试验资料分析，一般可把历时为600 s上限的时均流速视为基本稳定。当测速历时为100 s时，流速的相对误差可控制在±3%以内，近河底处的误差也不超过±4%。因此，一般情况下，测点测速历时应不短于100 s。

当洪水涨落变化较快时，为了不至于因测速历时过长而影响流量测验精度，允许测速历时减为60 s。对特殊条件下的流量测验，如洪水暴涨暴落，或有水草、漂浮物、严重流冰等情况，为了取得资料，测速历时可以再度缩短，但不应少于30 s。

### 3.1.5　冰期测流要求

(1)凿冰孔测流时，应先将碎冰或流动冰花排除后再行施测。

(2)当测流断面冰上冒水严重或断面内冰下冰花所占面积超过流水面积的25%时，可将测流断面迁移到无冰上冒水和冰花较少的河段上。

(3)封冻冰层较厚时，宜采用专用冰钻(或打冰机)钻孔测流。

(4)测定冰下死水边界时，可将系有红、白两色轻质纤维布的测杆伸入有效水深处，或将长吸管伸入有效水深处，向管内注入与水比重相近的有色溶液，观察是否流动。

(5)严寒天气，可采用在仪器表面涂煤油或加保温防冻罩等方法防止流速仪出水后表面结冰。当仪器结冰时，可用热水融化，严禁强行扭动或敲打来消除表面冰层。

(6)在初封冻与将解冻时期，冰层不够坚固时，宜在早上气温较低时施测流量。

(7)测流断面发生层冰层水时，可采取以下措施：

①改在未发生层冰层水的临时断面测流。

②当断面狭窄时，可将测流断面及附近一小段河段内的所有冰层全部清除，按畅流期方法施测。

③对于较大河流，可分层施测。当分层施测有困难时，可在测流断面上钻平行于流向

的长槽冰孔。冰槽长度应根据流速和水浸冰厚而定，以保证在拟定的测流断面位置上不出现明显层间涡流和死水为原则。

④当各冰层之间水道断面未被水流充满时，可在测流断面上游一定距离处，钻若干穿透各冰层的冰孔，使水流经过冰孔集中至最下层，待水位平稳后，再在测流断面上按正常方法施测流量。

### 3.1.6 枯水期测流要求

(1)当河道水草丛生或河底石块堆积影响正常测流时，应随时清除水草，平整河底。

(2)当断面内水深小于流速仪一点法测速所必需的水深或流速低于仪器的正常运转范围时，可采取下列措施：

①整治河段长度宜大于枯水河宽的5倍，对宽浅河流，宜大于20 m。

②当整治后仍不能保证测流精度时，可将河段束狭或采取壅水措施。

③水深大、流速小时，可将河段束狭。束狭的长度为其原宽度的1.0倍。测流断面应布设在束狭河段的下游段内。

④水浅而流速足够大时，可建立渠化的束狭河段，并应使多数垂线上水深在0.2 m以上。束狭后河段的边坡可取1:2～1:4，渠化长度应大于宽度的4倍。测流断面应设在渠化河段内的下游，距进口的长度宜为渠化段全长的6/10。

⑤整治河段宜离开基本水尺断面一段距离。当枯水期基本水尺水位与整治断面的流量关系较好时，可不设立临时水尺。当基本水尺水位与整治断面的流量没有固定关系时，应在整治河段设立临时水尺。

(3)断面内水深太小或流速太低，不能使用流速仪和采取人工整治措施时，可迁移至无外水流入、内水分出的临时断面测流并设立临时水尺。

### 3.1.7 水文缆道

#### 3.1.7.1 水文缆道的适用条件

水文缆道是为把水文测验仪器送到测验断面任一指定位置以进行测验作业而架设的一套索道工作系统，由缆索、驱动、信号三大系统组成，并由岸上操作控制，进行江河流量、泥沙等测验工作。符合下列条件之一，且经济效益较好的水文测站宜建立水文缆道。

(1)流速较大，跨度一般不超过500 m，采用缆道设备比用测船、缆车等进行测验能提高测洪能力及测验精度的测站。

(2)测验河段下游有险滩、桥梁、水工建筑物等，用测船测验安全得不到保证的测站。

(3)有特殊需要的测站。

#### 3.1.7.2 水文缆道操作与管理

1. 操作规程

为保证安全生产和测验工作顺利进行，各缆道站必须根据本站缆道情况和运行要求，制订缆道操作规程，主要内容如下：

(1)操作步骤程序及对操作人员的要求。缆道操作人员应熟悉本站缆道形式结构和缆道操作步骤程序，严格执行缆道操作规程。

(2)运行规则。如严禁违章操作,严禁超负荷运行,严禁用缆道作交通工具等。

(3)注意事项。如高空作业应系保险带,注意缆索下的行人,注意上下行船及漂浮物等。

2. 管理制度

根据本站实际情况建立操作人员岗位责任制度、交接班制度、设备维修养护制度等。

3. 安全操作装置

为了保证安全操作,应根据需要配备下列装置:

(1)水平、垂直运行系统的制动装置。

(2)极高、极远、极近的标志或限位保护装置。

(3)通航河道在进行测验时,必须按航道管理部门的规定设置明显的测量警示标志。

(4)夜测时的照明装置。

#### 3.1.7.3　水文缆道测流

水文缆道在测流中的基本功能是,在岸上作业室人员的操控下,运载铅鱼流速仪等到达测验设计的垂线,测量水深和预定测点的流速。特点之一是要将水深、流速等测量信号传回到测验缆道作业室。另外,也有吊箱缆道,测验人员乘坐吊箱到达测验设计的垂线,测量水深和预定测点的流速并记载计算,或将信息传回岸上作业室记载计算。

目前,有些缆道测流系统设计的自动化程度较高,编写有各种应用软件,在计算机操控下进行程序化作业,按规定格式记载计算出流量测验成果表。有的系统在监控摄像配合下,由操作台视屏可方便地观察作业情景,代表着水文缆道测验作业的现代化水平或发展方向。

## 3.2　数据资料记载与整理

### 3.2.1　垂线平均流速计算

#### 3.2.1.1　畅流期垂线平均流速的计算

(1)当垂线上没有回流时,垂线平均流速按下列公式计算:

十一点法

$$v_m = \frac{1}{10}(0.5v_{0.0} + v_{0.1} + v_{0.2} + v_{0.3} + v_{0.4} + v_{0.5} + v_{0.6} + v_{0.7} + v_{0.8} + v_{0.9} + 0.5v_{1.0}) \tag{4-3-7}$$

五点法

$$v_m = \frac{1}{10}(v_{0.0} + 3v_{0.2} + 3v_{0.6} + 2v_{0.8} + v_{1.0}) \tag{4-3-8}$$

三点法

$$v_m = \frac{1}{3}(v_{0.2} + v_{0.6} + v_{0.8}) \tag{4-3-9a}$$

或

$$v_m = \frac{1}{4}(v_{0.2} + 2v_{0.6} + v_{0.8}) \tag{4-3-9b}$$

二点法

$$v_m = \frac{1}{2}(v_{0.2} + v_{0.8}) \tag{4-3-10}$$

一点法

$$v_m = K_{\eta i}v_{\eta i} \tag{4-3-11}$$

式中　$v_m$——垂线平均流速,m/s;

$v_{0.0}, v_{0.1}, v_{0.2}, \cdots, v_{1.0}$及$v_{\eta i}$——各相对水深处的测点流速,m/s;

$K_{\eta i}$——0.6或0.5、0.0、0.2等相对水深处的流速系数。

(2)当垂线上有回流时,回流流速应为负值,可采用图解法量算垂线平均流速。

(3)若实测流向偏角大于10°,但仅在水面或其他个别测点施测流向,则可先用各测点的实测流速算出实测的垂线平均流速,再经偏角校正换算为垂直于断面的垂线平均流速(偏角改正计算见本书操作技能——初级工3.2.4部分)。

#### 3.2.1.2　冰期垂线平均流速的计算

冰期垂线平均流速可按下列公式计算:

六点法

$$v_m = \frac{1}{10}(v_{0.0} + 2v_{0.2} + 2v_{0.4} + 2v_{0.6} + 2v_{0.8} + v_{1.0}) \tag{4-3-12}$$

三点法

$$v_m = \frac{1}{3}(v_{0.15} + v_{0.5} + v_{0.85}) \tag{4-3-13}$$

二点法

$$v_m = \frac{1}{2}(v_{0.2} + v_{0.8}) \tag{4-3-14}$$

一点法

$$v_m = K_{0.5}v_{0.5} \tag{4-3-15}$$

式中符号意义同前。

测验作业时,按有关公式的计算在本书操作技能初级工流量测验模块表3-3-3等表中实施。

#### 3.2.1.3　垂线流速系数的确定

流速系数是垂线平均流速与垂线某测点流速的比值,其试验确定方法如下:

(1)畅流期半深流速系数,采用五点法测速资料绘出垂直流速分布曲线,内插出0.5相对水深的流速,与垂线平均流速对比,经多次分析后确定。

(2)封冻期半深流速系数,采用六点法或三点法测速资料分析确定。

(3)畅流期0.2相对水深的流速系数,可用本站二点法或多点法的资料分析确定。

(4)畅流期水面流速系数由多点法测速资料或其他加测水面流速的资料分析确定,或根据实测的水面比降、河床糙率等资料分析计算。

## 3.2.2　流速仪法流量测验统计计算

### 3.2.2.1　部分平均流速的计算

这里的部分是测速垂线划分的部分面积,相应该部分面积的平均流速,可按下式计算

$$\bar{v}_i = \frac{v_{m(i-1)} + v_{mi}}{2} \tag{4-3-16}$$

式中　$\bar{v}_i$——第 $i$ 部分断面平均流速,m/s;

$v_{mi}$——第 $i$ 条垂线平均流速,m/s,$i$ 为序号。

靠岸边或死水边的部分平均流速,按下式计算

$$v_1 = \alpha v_{m1} \tag{4-3-17}$$

$$v_n = \alpha v_{mn} \tag{4-3-18}$$

式中　$v_{m1}$——开始测验临岸垂线的平均流速,m/s;

$v_{mn}$——最后测验临岸垂线的平均流速,m/s;

$\alpha$——岸边流速系数,可根据岸边情况在表 4-3-1 选用适当数值。

**表 4-3-1　岸边流速系数 α 值**

| 岸边情况 | | α 值 |
|---|---|---|
| 水深均匀地变浅至零的斜坡岸边 | | 0.67～0.75 |
| 陡岸边 | 不平整 | 0.8 |
| | 光滑 | 0.9 |
| 死水与流水交界处的死水边 | | 0.6 |

### 3.2.2.2　断面流量的计算

(1)部分断面面积通过的流量可按下式计算

$$q_i = \bar{v}_i A_i \tag{4-3-19}$$

式中　$q_i$——第 $i$ 部分断面的流量,$m^3/s$;

$\bar{v}_i$——第 $i$ 部分断面平均流速,m/s;

$A_i$——按测速垂线划分的第 $i$ 部分断面面积,$m^2$。

(2)全断面流量 $Q$ 可按下式计算

$$Q = \sum q_i \tag{4-3-20}$$

当断面上有回流时,回流区的部分流量应为负值。

测验作业时,按有关公式的计算在本书操作技能——初级工流量测验模块表 3-3-3 等表中实施。

### 3.2.2.3　流量测验统计

本书操作技能——初级工流量测验模块表 3-3-3 等表中有流量测验统计的栏目,方法内容说明如下:

(1)“断面流量”。即全断面流量,由各部分实测流量合成。有分流串沟时,一般采用主流、分流合并记载的方法,但需要在“备注”栏内注明各分流流量;如果主流、分流分别

记载，则需考虑各自对应的水位，以及同一组水尺所控制的各分流流量之和。

当断面上有回流时，回流区的部分流量应为负值，以正负流量的代数和计算断面流量。

（2）“水道断面面积”。即测流时相应水位下的过水断面面积，由各部分实测面积合成。

“死水面积”：流速为“0”的死水区部分水道断面实测面积。

（3）“平均流速”。即全断面平均流速，由全断面流量除以相应水道断面面积计算而得。若断面有死水区且面积较大，死水区面积不参与断面平均流速计算。

“最大测点流速”：本次流量测验中所有实测测点流速中的最大值。

（4）“水面宽”。所有部分水面宽的和，若为独股水流，则为两岸边起点距的差。

（5）“平均水深”。水道断面面积除以水面宽。

“最大水深”：本次流量测验中所有实测垂线应用（有效）水深中的最大值。

（6）“水面比降”。与本次流量测验对应的上、下比降水位之差除以上、下比降断面间距，单位是万分率。

（7）“糙率”。用曼宁公式计算，$n = \frac{1}{\bar{v}} R^{\frac{2}{3}} S^{\frac{1}{2}}$，式中 $n$ 是糙率，$\bar{v}$ 是断面平均流速，$R$ 是水力半径（宽浅河道一般用平均水深作 $R$），$S$ 是水面比降。

（8）“相应水位”。与本次流量测验对应的基本断面水位。

（9）“垂线数/测点总数”。垂线数是指测速垂线数，测点总数是指流速实测点总数。

（10）“备注说明”。可记载表中已有栏目不能包括的测验过程中需要说明的情况，如水面现象、仪器工作情况、水流变化情况等可能对流量测验结果产生影响的因素。

## 3.2.3　浮标法流量测验计算

### 3.2.3.1　均匀浮标法实测流量的分析计算

（1）每个浮标的流速按下式计算

$$v_{fi} = \frac{L_f}{t_i} \tag{4-3-21}$$

式中　$v_{fi}$——第 $i$ 个浮标的实测流速，m/s；

$L_f$——浮标上、下断面间的垂直距离，m；

$t_i$——第 $i$ 个浮标的运行历时，s。

（2）测深垂线和浮标点位的起点距（$D$），可按经纬仪和平板仪交会法的有关方法计算。

（3）图解分析法计算流量如图 4-3-4 所示，绘制浮标流速横向分布曲线和横断面图的方法如下：

在水面线的上方，以纵坐标为浮标流速，横坐标为起点距，按坐标数值点绘每个浮标的点位，对个别突出点应查明原因，属于测验错误者则予舍弃，并加注明。

当测流期间风向、风力（速）变化不大时，可通过点群重心勾绘一条浮标流速横向分布曲线。当测流期间风向、风力（速）变化较大时，应适当照顾到各个浮标的点位勾绘分布曲线。勾绘分布曲线时，应以水边或死水边界作起点和终点。

在水面线的下方，以纵坐标为水深或河底高程，横坐标为起点距，点绘横断面图。

（4）在各个部分面积的分界线处，从浮标流速横向分布曲线上读出该处的流速数值（称虚流速）。

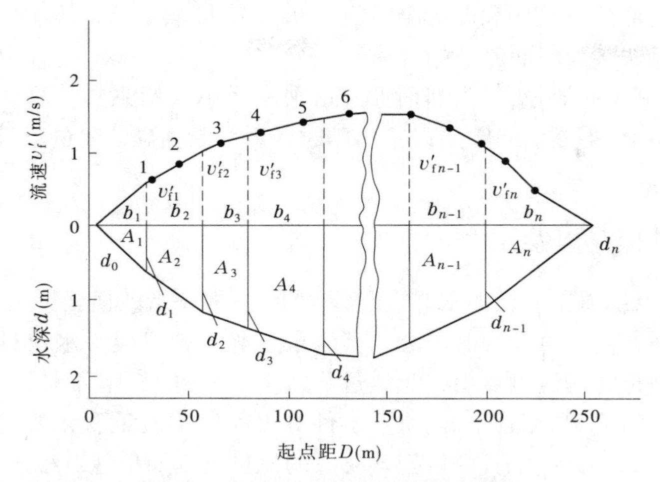


图 4-3-4　图解分析法计算流量示意图

(5)部分平均虚流速、部分面积、部分虚流量、断面虚流量的计算方法与流速仪法测流的计算方法相同。

(6)断面流量按下式计算

$$Q = K_f Q_f \tag{4-3-22}$$

式中　$Q$——断面流量,$m^3/s$;

$K_f$——浮标系数;

$Q_f$——断面虚流量,$m^3/s$。

### 3.2.3.2　中泓浮标法或漂浮物浮标实测流量的计算

中泓浮标法或漂浮物浮标实测流量按下式计算

$$Q = K_{mf} A_m \bar{v}_{mf} \tag{4-3-23}$$

式中　$Q$——断面流量,$m^3/s$;

$K_{mf}$——断面流量系数;

$A_m$——断面面积,$m^2$;

$\bar{v}_{mf}$——中泓浮标流速的算术平均值或漂浮物浮标流速,m/s。

### 3.2.3.3　浮标法、流速仪法联合测流实测流量的计算

浮标法、流速仪法联合测流是有滩、槽河道洪水漫滩后常用的组合方法,根据具体情况,有的是槽中用浮标法,滩中用流速仪法,或者相反。这种情况下实测流量的计算也应分析,即绘制出滩地部分的流速仪法垂线平均流速(或浮标流速)和主槽部分的浮标流速(或流速仪法垂线平均流速)的横向分布曲线,对于滩地和主槽边界处浮标流速与流速仪法垂线平均流速的横向分布曲线互相重叠的一部分,在同一起点距上两条曲线查出的流速比值,应与试验的浮标系数接近。当差值超过 10% 时,应查明原因。当能判定流速仪测流成果可靠时,可按该部分的流速仪法垂线平均流速的横向分布曲线,并适当修改相应部分的浮标流速横向分布曲线,使两种测流成果互相衔接。

分析处理合理后,分别按流速仪法和浮标法实测流量的计算方法,计算主槽和滩地部

分的实测流量,两部分流量之和即为全断面实测流量。

#### 3.2.3.4 小浮标法实测断面流量的计算

小浮标法实测断面流量,可由断面虚流量乘断面小浮标系数计算。每条垂线上小浮标平均流速,可由上、下断面间距除以平均历时计算。断面虚流量的计算方法同均匀浮标法实测流量的计算。

### 3.2.4 流量过程线点绘

流量过程线点绘需要专门的水文过程线图纸,一般图纸的横坐标主分度线为日期,副分度线为小时,通常以一个月为时段总长。流量过程线一般应与水位过程线点绘在同一张坐标图纸上,并把实测流量点绘在流量过程线上。另外,根据需要,在流量过程线上应注明特殊的天气、河势、水流、河段内重要事件等可能影响流量变化的情况。遇到特殊水情或其他需要特别分析的水情,也可把该时段的流量过程线单独点绘。

水位、流量标注的纵坐标,需要根据本站的水位、流量变化特性定义坐标比例,多取1、2、5的倍比。总的原则是流量过程线与水位过程线尽量避免交叉,过程线能灵敏反映出流量的转折变化过程。

流量过程线应每天及时点绘,及时检查分析。

### 3.2.5 单一的水位—流量关系图

#### 3.2.5.1 水位—流量关系图绘制

(1)将水位—流量关系图绘制于普通直角坐标纸上,以水位为纵坐标,流量为横坐标,比例的选择应能使确定的水位—流量关系线与横坐标轴约呈45°夹角。横、纵坐标比例尺一般宜选1、2、5的十、百、千等整倍数。

(2)在坐标系中,以实测流量数值和相应水位分别为横、纵坐标,按坐标数值在图上点绘点据。为了便于分析测点的走向变化,应在每个测点的右上角或同一水平线以外的一定位置,注明测点序号。测流方法不同的测点,用不同的符号表示("O"表示流速仪法测得的点据,"Δ"表示浮标法测得的点据,"∨"表示深水浮标或浮杆法测得的点据,"×"表示用水力学法推算的或上一年年末、下一年年初的接头点据)。按点据的走向趋势绘制水位—流量关系曲线。

(3)根据需要,在水位—流量关系图上还应同时点绘水位—面积、水位—流速关系线,以检查确定水位—流量关系线的合理性。即以同一水位为纵坐标,自左至右,依次以流量、面积、流速为横坐标点绘于普通坐标纸上。选定适当比例尺(一般宜选1、2、5的十、百、千倍数),使水位—流量、水位—面积、水位—流速关系曲线分别与横坐标大致呈45°、60°、60°的夹角,并使三种曲线互不交叉。图4-3-5为水位—流量、水位—面积、水位—流速关系曲线示例,可资参考。

(4)流量变幅较大、测次较多、水位—流量关系点据分布散乱的站,可分期点绘关系图,一般一定阶段或年度再综合绘制一张总图。水位—流量关系曲线下部,读数误差超过2.5%的部分,应另绘放大图,在放大后的关系曲线上推求的流量应与原线数值吻合。流量很小,点据很少时,误差可适当放宽。

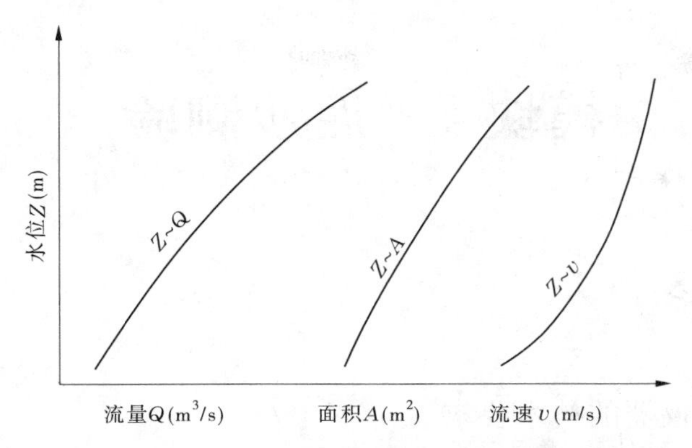


图 4-3-5　水位—流量、水位—面积、水位—流速关系曲线示例

(5)对于全年的水位—流量关系图,为使前后年资料衔接,图中应绘出上一年年末和下一年年初的 3 ~5 个点据。

(6)在关系图上还要注明河名、站名、年份及水位—流量、水位—面积、水位—流速关系曲线的标题和注记,在图下方要填写点图、定线、审查者的姓名,三关系线的纵横坐标及名称都要填写清楚。

### 3.2.5.2　水位—流量关系线的确定与使用

水位—流量关系线的确定应以实测流量测次为依据,并参考水位过程(线)、断面变化等有关影响。分析逐时水位过程线、汛期洪峰水位过程线,可克服直接定线的盲目性。洪水期间变化复杂的水位—流量关系线的确定,应结合测站特性、历史洪水等因素综合分析。

使用确定的水位—流量关系线由水位推算流量时,首先应明确水位—流量关系线对应的推流时段,或推流时段对应的水位—流量关系线。

具体推流时,把纵坐标的水位向右水平移动至推流时段对应的水位—流量关系线上交叉,再自此交叉点向下垂直移动至横坐标的流量,该流量值就是要推算的与某一水位对应的流量。例如,图 4-3-6 为某站某时段确定使用的水位—流量关系线。某日 8 时水位为 72. 80 m,图中线上由 72. 80 m 水位查得的流量为 1 060 $m^3/s$(该站 8 时)。至 20 时,本站水位涨至 73. 60 m,查得 73. 60 m 水位对应的流量为 1 410 $m^3/s$(该站 20 时)。

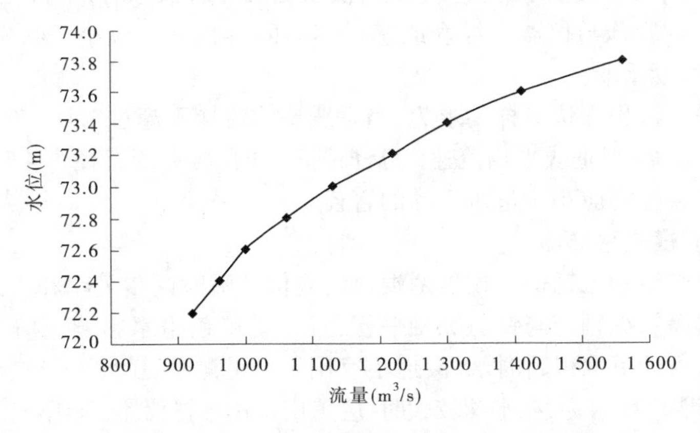


图 4-3-6　某站某时段确定使用的水位—流量关系线

# 模块 4　泥沙测验

## 4.1　外业测验

### 4.1.1　泥沙测验仪器的技术要求

#### 4.1.1.1　悬移质积时式采样器

1. 仪器一般技术要求

仪器应制作简单,结构牢固,工作可靠,维修方便,贮样容器可卸下冲洗。仪器(或承装铅鱼)外形应为流线型,管嘴进水口应设置在水流扰动较小处,取样时应使仪器内的压力与仪器外的静水压力相平衡。仪器取样容积应能适应取样方法和室内分析要求,条件许可时可采用较长的取样历时,以减少泥沙脉动影响。仪器应尽可能取得接近河床床面的水样。用于宽浅河道的仪器,其进水管嘴至河床床面的距离宜小于 0.15 m。当采用各种混合法取样时,仪器应能减少点位变动过程的管嘴积沙影响。

2. 仪器适用条件

调压积时式采样器适用于含沙量小于 30 $kg/m^3$ 时的选点法和混合法取样。皮囊积时式采样器适用于不同水深和含沙量条件下的积深法、选点法和混合法取样。普通瓶式采样器适用于水深在 1.0~5.0 m 的双程积深法和手工操作取样。多仓积时式采样器多用于缆道多点位采样。

3. 积时式采样器积深法取样要求

采用积深法取样时,一类站的水深不宜小于 2 m,二、三类站的水深应大于 1 m;仪器的悬吊方式,应保证仪器进水管嘴正对流向;取样仪器应等速提放;当水深小于或等于 10 m 时,提放速度应小于垂线平均流速的 1/3;仪器处于开启状态时,不得在各点位(包括河底)停留;仪器取样容积与仪器水样仓或盛样容器的容积之比应小于 0.9;发现仪器灌满时,所取水样应作废重取。

普通瓶式采样器积深法取样要求为,当垂线平均流速不超过 1.0 m/s 时,应选用管径为 6 mm 的进水管嘴;当垂线平均流速大于 1.0 m/s 时,应选用管径为 4 mm 的进水管嘴;仪器排气管嘴的管径均应小于进水管嘴的管径。

#### 4.1.1.2　悬移质横式采样器

仪器内壁应光洁和无锈迹。仪器两端口门应保持瞬时同步关闭和不漏水。仪器的容积应准确。仪器筒身纵轴应与铅鱼纵轴平行,且不受铅鱼阻水影响。横式采样器能在不同水深和含沙量条件下取得瞬时水样,但不宜用于缆道测沙,精度要求较高时不宜使用。

横式采样器取样要求为,在水深较大时,应采用铅鱼悬挂仪器;采用锤击式开关取样时,必须在口门关闭后再提升仪器;倒水样前,应稍停片刻,以防止仪器外部带水混入水样。

4.1.1.3 **推移质采样器**

仪器应结构合理、牢固可靠、操作维修简便,应有足够的重量,尾翼应具有良好的导向性,能稳定地搁置在河床上,在适用水深、流速范围内,悬索偏角一般不大于45°;口门能伏贴河床,口门前不产生明显的淘刷或淤积;器身应具有良好的流线型,以减小水阻力,口门平均进口流速系数值宜为0.95~1.15;采样效率系数较稳定,样品有较好的代表性,进入器内的泥沙样品不被水流淘出。沙质推移质采样器的口门宽和高应小于或等于100 mm。卵石推移质采样器的口门宽和高应大于床沙最大粒径,但应小于或等于500 mm。采样器的有效容积应大于在输沙强度较大时按规定的采样历时所采集的沙样容积(通常网式采样器沙样容积取盛样器最大容积的30%,压差式采样器取40%)。

推移质采样器应根据测验河段的床沙粒径和断面的水流条件等选用。当河床组成复杂,选择一种仪器不能满足测验要求时,可选用两种不同的仪器。选用的仪器应有可供使用的原型采样效率。

手持仪器采样时,应使口门正对流向平稳地轻放在床面上采样。上提时,应使仪器口门首先离开床面,并保持适当的仰角将仪器提出水面。

悬吊仪器采样在下放到接近河床时,应减缓下放速度使仪器平稳地放在床面上并适当放松悬索,采样器上提过程中不得在水中和水面附近停留。

在采样过程中,当仪器受到扰动而影响采样时应重测。

4.1.1.4 **床沙采样器**

采样器到达河床面上不要扰动河床,以取到天然状态下的床沙样品;采样器贮样仓有效取样容积应满足颗粒分析对样品数量的要求;用于沙质河床的采样器,应能采集表面以下深度500 mm内的样品;卵石河床采样器的取样深度应为床沙中值粒径的2倍;采样过程中样品不被水流冲走或漏失。结构合理牢固,操作维修简便。

床沙采样器应根据河床组成、测验设备、采样器的性能和使用范围等条件选用。对于沙质河床可供选用的采样器有拖斗式、横管式、钳式、钻管式、转轴式等,对于卵石河床可供选用的采样器有挖斗式、犁式、沉筒式等。

用拖斗式采样器取样时,牵引索上应吊装重锤,使拖拉时仪器口门伏贴河床。用横管式采样器取样时,横管轴线应与水流方向一致并应顺水流下放和提出。用钳式、挖斗式采样器取样时,应平稳地接近河床并缓慢提离床面。用转轴式采样器取样时,仪器应垂直下放,当用悬索提放时悬索偏角不得大于10°。

犁式采样器安装时,应预置15°的仰角;下放的悬索长度应使船体上行取样时悬索与垂直方向保持60°的偏角,犁动距离可为5~10 m。使用沉筒式采样器取样时,应使样品箱的口门逆向水流,筒底铁脚插入河床,用取样勺在筒内不同位置采取样品,上提沉筒时,样品箱的口部应向上,不使样品流失。

## 4.1.2 泥沙测验仪器的机械故障及排除

泥沙测验仪器种类很多,结构也不大相同,适应条件差别也较大,出现故障的特征更是多样,故障识别和排除是具体到特定仪器的经验性很强的工作。还应强调的是,防止仪器超出适用条件的破坏性使用,可降低故障率或避免故障的发生。但这些仪器多为机械结构,直观性也较强,从一般注意方面介绍可能出故障的环节和排除维护还是必要的。下面结合各类仪器介绍常见故障和排除方法。

横式采样器最常见的故障是漏水,可能的原因是弹簧拉力不平衡、筒盖密封橡胶老化或破损、枢纽铰链松动致使筒盖关闭偏离定位等,可根据观察试验,找出原因排除;弹簧拉力不平衡,两筒盖关闭不同步常会出现取不够容积的现象,应当调整。控制开关的滑脱会造成偶然扰动不到位(时)的关闭,控制开关扣死会出现到位(时)的不能关闭,应检查、调整及维修。

积时式采样器管嘴堵塞或部分堵塞会造成不能取样或取样体积减小失真。开关部分类型较多,压缩胶管开关易弹性降低,要多检查试验和更换;滑动对孔开关对位不准难于畅流,有时细沙进阻,有时转动乏力;顶塞开关有时会开不动、塞不严,造成该通未通,该堵未堵;还要关注电动力,测试电源电压等指标,检查接头和密封及导线是否内断。盛样贮样器与开关后连接管的接口的螺旋胶垫是经常旋紧采样旋开取样的机关,应检查试验保持良好状况。盛样贮样器皮囊要防止破损,容器要防止变形。瓶式采样器要避免胶塞不密封和管嘴变形或压扁。多仓仪器要注意安装平衡、接口转换稳当有效。调压机构故障率也较高,需要悉心调整,发现问题及时处理。

推移质采样器要检查口门特别是接触河床的面板的变形,及时矫正;防止网兜等贮样器破损。

床沙采样器机械运动部位较多,应检查试验机械运动部位是否转动灵活、开关自如,发现问题及时处理。

### 4.1.3 悬移质含沙量及颗粒级配测量仪

悬移质含沙量及颗粒级配测量仪一般根据浑水中泥沙含量和颗粒分布的物理效应而研制,也称物理测沙技术。此类仪器可以在现场直读含沙量及颗粒级配数值,避免了取样、分析等烦琐程序。我国自20世纪50年代起就在不断研究物理测沙技术,有些技术在60年代就从实验室进入现场使用,后来得到不断完善、提高和研发。主要研发方向有同位素测沙仪、光电测沙仪、振动式测沙仪、超声波测沙仪等。同时,引进了国外一些先进技术,开展试验应用和改进完善。一些悬移质含沙量测量仪主要技术参数见表4-4-1。

**表4-4-1　一些悬移质含沙量测量仪主要技术参数**

| 仪器名称 | 测沙范围($kg/m^3$) | 测点流速(m/s) | 水深(m) |
|---|---|---|---|
| 同位素测沙仪 | 2.0~1 000.0 | ≤5 | ≤20 |
| 光电测沙仪(激光测沙仪) | ≤5 | <2 | ≤15 |
| 振动(管)式测沙仪 | 1.0~1 000.0 | >0.75,≤4 | >0.3 |
| 超声波测沙仪 | 0.5~1 000.0 | ≤3 | ≤10 |

下面提示性地介绍一些悬移质含沙量及颗粒级配测量仪的物理技术原理。

#### 4.1.3.1 压差测沙

在浑水体系中,将同类型、同精度的两压力传感器放在同一垂线水深分别为 $h_A$、$h_B$ 的

$A$、$B$ 两处。当浑水密度为 $\rho_h$ 时，压力传感器测出的两处之压强相应为 $p_A=\rho_h h_A$、$p_B=\rho_h h_B$，压差 $p_C$ 为

$$p_C = p_B - p_A = \rho_h h_C \tag{4-4-1}$$

其中，$h_C=h_B-h_A$ 为水深差。

在含沙量为 $S_y$(t/m$^3$)的浑水 $V$(m$^3$)中，清水、泥沙的密度分别为 $\rho_o$ 和 $\rho_s$ 时，泥沙的质量为 $VS_y$，体积为 $VS_y/\rho_s$，水的体积为 $V(1-S_y/\rho_s)$，则浑水密度可表达为

$$\rho_h = \rho_o(1 - S_y/\rho_s) + S_y = \rho_o + (1 - \rho_o/\rho_s)S_y \tag{4-4-2}$$

由式(4-4-1)、式(4-4-2)解出 $S_y$ 为

$$S_y = (\frac{p_C}{h_C} - \rho_o) \cdot \frac{\rho_s}{\rho_s - \rho_o} = K\frac{p_C}{h_C} - K\rho_o \tag{4-4-3}$$

其中，$K=\rho_s/(\rho_s-\rho_o)$。

对一定的环境条件，$\rho_o$ 和 $\rho_s$ 是可取常数的，当 $h_C$ 取定后，$S_y$ 随 $p_C$ 呈线性变化，从而测得 $p_C$ 即可求出含沙量 $S_y$，这就是压差测沙的基本依据。

设计压差测沙仪要合理选择压力传感器，使两个相对确定位置的压力传感器性能参数匹配一致；同时应明白，适当增大两传感器的距离 $h_C$ 能提高测沙精度，但付出的代价是宽泛了测试的空间。

#### 4.1.3.2　波粒衰减类测沙仪器

声波、光波和放射性粒子入射于浑水流体介质中，由于反射、散射、绕射以及更复杂的物理反应，对于顺入射方向或散射场的一定行程，其能量的衰减将随含沙量的高低呈现显著变化。在恒定发射下，测量通过一定行程流体后的能衰变化，即可检测出含沙量，由此研究了一些测沙仪器。

一般认为，波、粒能量 $I$ 随行程 $L$ 有 $dI/dL=-aI$ 的衰变关系（其中，$a$ 是与介质有关的衰减系数）。当入射能量为 $I_o$ 时，解出上述微分方程得衰减规律为

$$I = I_o e^{-aL} \tag{4-4-4}$$

即在设定 $L$ 构成探测结构后，$I$ 随 $a$ 呈指数衰减。在浑水中，$a$ 的值又与含沙量关系密切。因此，当测出 $I_o$ 和 $I$ 后，由式(4-4-4)求出 $a$，再建立 $a$ 与含沙量的关系，或者直接建立 $I/I_o$ 与含沙量的关系，由衰减 $I/I_o$（或 $a$）推算含沙量。

1. 光电测沙仪

20 世纪 70 年代初，天津港务局回淤研究站研制了光电测沙仪，并在实验室进行了试验。试验含沙量范围未超过 10 kg/m$^3$，粒径范围为 1～5 μm。对低于 2 kg/m$^3$、2～6 kg/m$^3$、6～10 kg/m$^3$ 的含沙量，其精度分别为 ±0.05 kg/m$^3$、±(0.1～0.15) kg/m$^3$、±(0.15～0.25) kg/m$^3$。研究指出，泥沙粒径越细，消光作用越强，使用单色光源和复色光源，浑水的衰减不一样。

2000 年前后，黄委水文局依据光衰减原理，采用红外线光电传感技术研制了清水、浑水界面探测器，解决小浪底水库有关测验问题。该仪器随铅鱼悬索下沉，在含沙量达 1.0 kg/m$^3$ 时发出信号，由悬索入水长度测得清水、浑水界面深度。仪器密封抗压，最大入水深 150 m。

对粒径小于 0.05 mm，含沙量为 1～5 kg/m$^3$ 的粉沙和黏土，而且级配无大变化的泥

沙样品可以用光电浑浊度仪器施测含沙量。有的实验室,用不同级配的泥沙事先求出一组含沙量与仪器读数的率定曲线,以便于在已知级配时用光电仪测定含沙量。

OBS(Optical Backscatter Sensor)也是应用光电衰减原理的仪器,该仪器可以自动采集、储存数据,也可以通过电缆实时采集数据,使用极为方便。长江口水文局在长江口深水航道二期治理工程流场观测中,将 OBS 测量技术应用于现场测定水体含沙量及水温、含盐度,OBS 野外施测见图 4-4-1,并开展了常规含沙量和含盐度测验方法比对标定试验,效果良好。

图 4-4-1 OBS 野外施测

2. 放射性同位素测沙仪

20 世纪 70 年代,黄委水科所和清华大学水利系先后研制了散射式和吸收式的放射性同位素测沙仪,并在部分水文站应用推广,某些站曾坚持使用达数年之久。这类仪器在含沙量达到或超过 50 $kg/m^3$ 时误差较小,低含沙量时误差较大。关于 $\gamma$ 射线与粒径的关系未见试验报道。人们对这类仪器发展和应用的主要顾虑是怕造成放射性污染。

国外应用的几种同位素测沙仪性能及适用范围见表 4-4-2。我国研制的同位素测沙仪性能见表 4-4-3。

表 4-4-2 国外应用的几种同位素测沙仪性能及适用范围

| 使用国家 | 放射源 | 探测器型式 | 测验历时(s) | 测验范围($kg/m^3$) | 说明 |
|---|---|---|---|---|---|
| 意大利 | 镅 241 | 闪烁 | 600 | 5~100 | 全自动,装有太阳能光电转换装置 |
| | 铯 137 | 闪烁 | 600 | 10~100 | |
| 匈牙利 | 镅 241 | 半导体 | 300 | 0.5~25 | 新型定标器,装有可编程序计算器,能施测距河底 5 cm 处含沙量 |
| 波兰 | 镅 241 | 闪烁 | 1 000 | | 仅能测高含量泥沙 |

表4-4-3　我国研制的同位素测沙仪性能

| 型号 | 放射源 | 计数器型式 | 测验历时(s) | 允许相对误差(%) | 最低可测含沙量($kg/m^3$) | 特点 |
|---|---|---|---|---|---|---|
| FH－422 | 铯137<br>镅241 | 盖革<br>正比管 | 100 | | 15<br>2 | 对使用多年的原型仪器作改进,改用镅源及正比管计数 |
| 双探头型 | 镅241<br>双源 | 闪烁<br>双管 | 300 | ±10 | 0.6 | 用双源和闪烁双管提高了计数率 |
| FT－1 | 镅241 | 闪烁管 | 100 | ±10 | 0.5 | 高计数率,可补偿水温及水中可溶盐的变化 |
| ATX5－1 | 钚238 | 正比管 | 100 | ±10 | 0.5 | 高计数率,射线影响范围较小,可测距河底5 cm处的含沙量 |

3. 超声波测沙仪

关于声波在浑水中传播特性的试验研究,国内早已开展。20世纪80年代以来,以超声波在浑水中的衰减测量含沙量的仪器研制工作也开展起来。中国科学院山西煤化所采用一组换能器以直接发射—接收的方式研制了测沙仪,并进行室内和野外试验。据报告称,该仪器测沙范围可达0.5～500 $kg/m^3$,在0.5～5 $kg/m^3$、5～50 $kg/m^3$、50～500 $kg/m^3$含沙量范围相对误差分别为±15%、±10%、±5%。

武汉水电学院认为,直接发射—接收式的测沙仪器不能保证稳定可靠。他们采用一个换能器配合一个反射板构成发射—反射—接收的复程方式,进行多次反射—接收试验,得出衰减规律。研究指出,由第二次接收和首次接收直到无接收信号给出的衰减曲线与时间轴包围的两个面积的比值和衰减系数有稳定的相关性。由此可能会研制出适用可靠的工程仪器。据报道,试验最大含沙量为120 $kg/m^3$。用黄河沙在0.3～60 $kg/m^3$范围平均测量误差为±0.3 $kg/m^3$。

加拿大生产的一种仪器设计测量范围为0.5～70 $kg/m^3$,经在美国进行野外比测,表明含沙量过低时测验准确度较低。

这些研究表明,在进一步搞清楚粒径对声吸收系数的影响后,有可能将超声技术应用于野外实测含沙量。

#### 4.1.3.3　振管型测沙仪

振动理论的研究指出,棒体自由振动的基频周期$T$与其密度$\rho$的平方根成正比,反过来也即密度与基频周期的平方成正比,有$\rho=AT^2$的关系。其中,$A=\pi^2EJ/(4L^4)$,是与棒长$L$、弹性模量$E$和惯性矩$J$有关的比例系数。当用恒振性材料制成管,并在其中充满液体时,可看做一个组合整体棒。一般情况下,$E$、$J$、$L$和管体的密度变化不大,则管中注入浑水时,浑水的密度随含沙量变化。因此,上述振动特性的描述实际上表达了振动周期与含沙量的关系,实用方程式可写为

$$S_n = K(T_n^2 - T_o^2) \tag{4-4-5}$$

式中　$S_n$——含沙量;

$T_n$——管中注入含沙量为$S_n$的浑水时的振动周期;

$T_o$——管中注入清水时的振动周期；

$K$——系数。

根据式(4-4-5)，可由试验确定 $K$、$T_o$，建立 $S_n \sim T_n$ 关系，使用时由 $T_n$ 推得 $S_n$。

20 世纪 80 年代以来，云南大学和云南省水文总站、新光电工厂和西北水科所、黄委水文局和郑州市自来水公司、黄科所和三门峡水电厂依据上述原理，研制和结合具体使用要求安装了振管型测沙装置，做了大量试验，使此类仪器的精度和稳定性有了长足的进展。如在水轮机、挖泥船浑水管旁开支管引流监测都获得成功。云南省水文总站曾将传感振管装在测流铅鱼中试验，效果很好。西方国家对振管测沙也早有研究，先期用一种 U 形管，后来用直管，我国有些部门的引进试验表明效果很好。美国地质调查局研制有直通管、U 形管等几种形式，对水温变化进行了补偿，在管内流速为 0.12 m/s 条件下试验，测验误差仅为 0.025 kg/m$^3$。矿业部门也早有应用振管传感器测量矿浆密度的研究。

从原理上看，振管对流过其中的浑水含沙量似无限制，试验数据曾达 1 000 kg/m$^3$ 以上。云南的试验表明，在 10 ~ 800 kg/m$^3$ 含沙量范围，相对误差不超过 ±5% 的概率达 87% 以上。黄河河工模型试验资料表明，当含沙量为 4 ~ 150 kg/m$^3$ 时，误差在 8% 以内；当含沙量为 150 ~ 1 000 kg/m$^3$ 时，误差不大于 5%。试验还表明，泥沙粒径对含沙量测验无明显影响。

21 世纪以来，黄委水文局和哈尔滨工业大学合作，悉心试验研究缩短振管，校正温度影响，设计研发出体积较小外挂型的新型振管型测沙仪，已经进入中试和应用阶段，推广前景良好。目前推广应用的是 AEX - 3 型振动式悬移质测沙仪（见图 4-4-2)，主要技术指标如下。

测沙范围：0 ~ 800 kg/m$^3$；

测量精度：含沙量为 0 ~ 35 kg/m$^3$ 时为 ±10%，

含沙量为 35 ~ 800 kg/m$^3$ 时为 ±5%；

使用环境：- 10 ~ 45 ℃；

水流条件：水深为 0.30 ~ 15 m，流速为 0.5 ~ 8 m/s；

测量历时：任意设置（最大 24 h)。

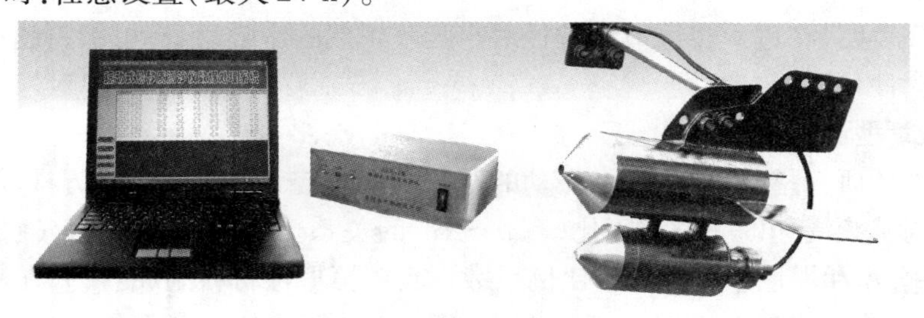

图 4-4-2　AEX - 3 型振动式悬移质测沙仪

#### 4.1.3.4　OPUS

OPUS 是"In-and On-line Particle Size Analysis of Suspensions and Emulsions of High Concentration with an Industrially Approved Sensor Based on Ultrasonic Extinction"的缩写，字面直译为基于超声衰减原理用于高浓度悬浮液和乳浊液在线粒度分析的工业准入传感

器,可简称为在线泥沙浓度测量和粒度分析仪。该仪器研发生产商为 Sympatec 公司(新帕泰克公司——德国)。

OPUS 技术参数如下:

测量体积比含沙量:0.25% ~70%;

检测的颗粒或液滴尺寸:0.01 ~3 000 μm;

工艺过程压力范围:0 ~40 bar;

工艺过程温度范围:0 ~120 ℃;

环境温度范围:-20 ~65 ℃;

pH 值:1 ~14。

OPUS 的结构基本分为可插入管道的探针和机电控制箱两部分。探针前端收缩凹圈处开有进流孔,进流孔内部设有超声波传感器,传感器由严格平行的发射—接收两个平面构成,被测悬浮介质通过发射—接收两个平面之间的间隙遇到发射超声波时就会被检测,接收平面就感应到带有被测悬浮介质衰减信息的信号。机电控制箱包括电源、信号传输、机电控制等部分组件。显然,作为现代仪器,OPUS 要连接计算机,计算机装有通用软件和专用软件。另外,还有蓄电池电源。

OPUS 原来是用于工业生产过程监测的仪器,可同时监测悬浮介质的浓度和粒度。黄委水文局引进后进行初步改造,改造后下河入水的 OPUS 外形如图 4-4-3 所示。

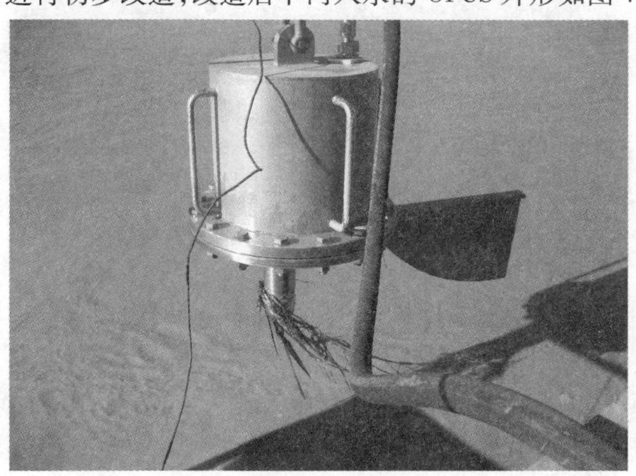

图 4-4-3　下河入水的 OPUS 外形

黄委水文局还设计了泵动吸搅自循环试验装置(见图 4-4-4),使该仪器也可运用于现场取样测量或在实验室测量。

黄委水文局的检验试验表明,OPUS 测试悬浮泥沙浓度和粒度的效果很好。若进行微型化或探针和机电箱分离设计改造,只使探针入水,将有更好的用场。

#### 4.1.3.5　LISST 现场激光粒度仪

该仪器由美国 Sequoia 公司生产,LISST -100X 现场激光粒度仪见图 4-4-5。它是根据大尺寸粒子衍射角度小、小尺寸粒子衍射角度大的原理和激光技术研发的,单色激光光线照射到大小不同粒子上以后,衍射光线分开,通过一个凸透镜将衍射光线聚焦到由 32

图 4-4-4 泵动吸搅自循环试验装置

个圆环构成的光敏二极管检测器上，接收到激光能量被保存下来，从而转换为粒子的大小分布，32 个探测环可以测量 32 个级别的粒子分布，根据每个检测环上接收到的能量和总能量换算出该尺寸粒子的浓度比例。

图 4-4-5 LISST－100X 现场激光粒度仪

LISST 光学传感器测量的最低浓度为 0.03 mg/L(30 g/$m^3$)，最高浓度为 10 kg/$m^3$。LISST 是系列仪器，其中 LISST－100X 用于测量液体中粒子的浓度和粒子的尺寸分布，其尺寸测量范围为：型 B，1.25～250 μm；型 C，2.5～500 μm；型 D(LISST－FLOC)，7.5～1 500 μm。LISST－25 用于测量液体中粒子的浓度和粒子的平均尺寸。LISST－ST 用于测量液体中粒子的沉降速度。

长江委水文局已将 LISST 光学传感器仪器应用于野外测验。

悬移质含沙量及颗粒级配测量仪的结构组成一般分一次仪表、二次仪表及电源等部分。一次仪表为物理感应的传感器(俗称探头)，进入水流将悬移质的浓度或颗粒组成变为电(光)信号或加载在电(光)信号上，需要设计和制作符合入水适流的结构。使用过程中应根据一次仪表的结构特点，注意克服或排除水草堵塞或干扰感应场(如 OPUS 的通流孔、振管型测沙仪的通流管等)。

二次仪表是触发、接收、控制电(光)信号，并将接收的感测电(光)信号输入数学物理模型，处理变换为悬移质的浓度或颗粒组成的工程量值。二次仪表一般不入水，可以专门研发制造，但现在二次仪表的有些功能或全部功能多用计算机及软件实现。

悬移质含沙量及颗粒级配测量仪的工作制式一般是间歇触发、接收，一个几乎瞬时的间歇周期可获得 1 个信号数值或工程量值，间歇频率高，测值的密度大，可获得足够连续的信号数值或工程量值。但是，通常为减弱或消除脉动影响，总是设置一定的测量时间段，用时间段瞬时值序列的统计平均值作该时间段的代表值。因此，该类仪器都可以应用于点位积时测量和垂线积深测量，但更适合定点位的过程监测。至于操作，一般在二次仪表或计算机可视化界面实施，有开机预热稳定及归零，设置测量时间段、控制条件等参数，测量，处理数据等步骤，详细的作业按操作手册的指导结合实际情况要求进行。

### 4.1.4　悬移质单样含沙量测验

断面悬移质单样含沙量是与断面平均含沙量对应的一个概念，理解前者可先了解后者。断面平均含沙量是断面输沙率与断面流量的比值。输沙率法测验的基本做法是，根据一般的断面流速、含沙量分布不均匀的特点，在断面布置测验垂线，在垂线上选择测点，测验(测定)各点含沙量，通过垂线各测点含沙量、流速及分布计算垂线平均含沙量，通过垂线平均含沙量推求两垂线之间断面区域的平均含沙量，结合同区域的流量计算区域输沙率，继之统计出全断面的输沙率 $Q_s$。这个过程也测算了断面流量 $Q$，进而通过 $S=Q_s/Q$ 计算出断面平均含沙量 $S$。可见，断面平均含沙量的测算符合流量加权原理，考虑条件要素较全，精度较高，但环节多，费时间，作业量大，不易控制含沙量的变化过程。如果在断面探寻一些有代表性的垂线、测点，测得的含沙量或其平均值与断面平均含沙量数值接近，或多次类似测验的单沙—断沙(常称单断沙)相关关系良好，则这些有代表性的垂线、测点测得的含沙量或其平均值可作为单样含沙量。

在一次实测悬移质输沙率过程中同次测算的单样含沙量称为相应单样含沙量。相应单样含沙量是用于探寻建立单沙—断沙相关关系，检验单样含沙量能否实用的方法，一旦确认了这一方法，一般单样含沙量的测验是不需同时施测输沙率的。不测断面输沙率而按相应单沙方式测算含沙量即通常简称的单样测验或单沙测验。

所谓单沙—断沙关系线，即把前述较完整的选点法等施测的断面平均含沙量称为断沙，又将相应时间在断面以适当合理的方式布置很少点线而测出的代表含沙量称为相应单沙，由两者建立的相关关系曲线。当相关关系曲线有良好的稳定性且保证一定的精度，由按相应单沙方法测试的其他单样含沙量经单沙—断沙关系线可推算断沙。这样每年或一定时间段只进行一定分布的有限测次的断沙测验和相应单沙测验，建立单沙—断沙关系线，而可较多次地测验单样含沙量控制悬沙变化过程，进而通过单沙—断沙关系线推算出全年或一定时间段的断沙过程。

从以上阐述还可知，单样含沙量可采用多种方式方法测验，单样测验位置和方法原则上根据测站条件由试验确定，要求是能求得较稳定的单沙—断沙关系。一般来说，单沙在垂线上的测点位置必须使测得的含沙量近似地代表垂线平均含沙量，以采用二点法、三点法或积深法取样为宜，只有在含沙量垂直分布比较均匀的测站，才可采用一点法。取样的垂线和位置，视含沙量横向分布情况而定。横向分布比较稳定的站，可选择在垂线平均含沙量与断面平均含沙量比值接近 1 且比较稳定的位置上取样；对于水流紊动特别强烈、含沙量横向分布相当均匀的站，也可选择在临近水边有明显流动的位置取样。断面比较稳定而含沙量横向分布随水位的升降具有周期性变化的测站，一般应在两条能控制含沙量横向变化的垂线上取样；也可只测一线，按不同水位级选择取样位置。水位、流量等有关要素对单沙影响明显，它们发生变动时，垂线位置及测点也可随之变动。河床变形剧烈、主泓摆动频繁的站，应根据含沙量横向分布的变动情况，分别采取主流一线法、多线法或横渡法施测。如测站上游有较大支流汇入，含沙量横向分布受支流来水影响变化甚为复杂，单沙一般应测二线以上，如单沙垂线所代表的部分流量相差悬殊，则水样应分别处理，用流量加权法计算单沙。当水面较宽要求单沙有较好的代表性时，可在部分流量相等的几根垂线上取样，混合后作为单位水样。

黄河冲积河段干流一些河床变动激烈的水文站，经多年多次试验，采用等流量五线相对水深0.5（或0.6）一点法测取单沙，即将断面以垂线按相等流量分为10份，分别在第1、第3、第5、第7、第9号垂线的相对水深0.5（或0.6）处采取水（沙）样混合后测定含沙量，或直接测定各自含沙量计算平均值。由于断面变化，每次测流后都要重新安排单沙取样垂线，具体做法如图4-4-6所示，介绍于下。

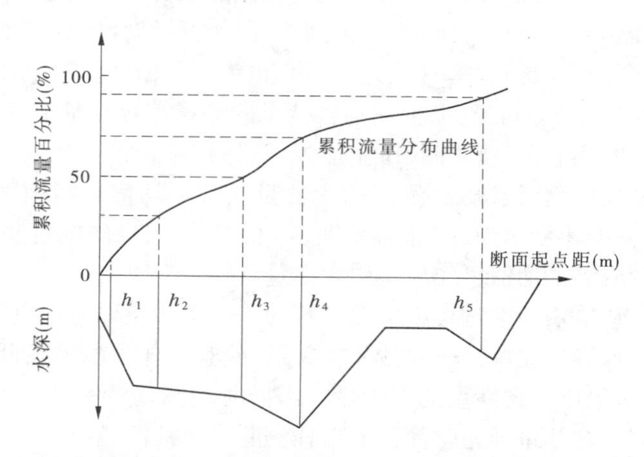


**图4-4-6　等流量五线相对水深0.5（或0.6）一点法单沙垂线设计示意图**

按测流垂线顺序从断面一边起计算累积流量及累积流量与断面流量百分比值，以断面起点距为横坐标，上部以断面累积流量百分比为纵坐标，点绘累积流量分布曲线，横坐标下部可绘断面图。分别在累积流量百分比的第10、第30、第50、第70、第90处查读起点距数值，此各值即安排的单沙取样垂线位置。

采取单样的工作内容有观测基本水尺水位、施测取样垂线的起点距、施测或推算垂线水深、按确定的方法取样或测含沙量，单样需作颗粒分析时，应加测水温。

单样取样的次数，应以能控制含沙量变化过程，准确地推算逐日平均输沙率为原则。应用采样器取样时，一年内洪水期，每次较大洪水，一类站不应少于8次，二类站不应少于5次，三类站不应少于3次；洪峰重叠、水沙峰不一致或含沙量变化剧烈时，应增加测次；在含沙量变化转折处应分布测次。汛期的平水期，在水位定时观测时取样一次；非汛期含沙量变化平缓时，一类站可2～3 d取样一次，二、三类站可5～10 d取样一次。含沙量有周期性日变化时，应经试验确定在有代表性的时间取样。如应用能在现场直接读取或记录含沙量的仪器,则可测记含沙量连续变化。

单样兼作颗粒分析水样时,取样方法应满足代表断面平均颗粒级配的要求。当出现单样颗粒比断面平均颗粒显著偏粗或偏细时,应改进单样的取样方法,或另确定单样颗粒取样方法。

需进行单样颗粒分析的一、二类站,洪水期,每次较大洪峰应分析3~7次,在流量、含沙量变化转折处应分布测次。汛期的平水期,多沙河流5~7 d分析一次,少沙河流可10 d分析一次。非汛期,多沙河流7~10 d分析一次,少沙河流可15 d分析一次。单样采用累积水样混合处理时,用累积水样进行分析。选做颗粒分析的输沙率测次,其相应单样均应作颗粒分析。二类、三类站如无特殊要求,每年只在汛期每次洪水过程中取样分析1~3次,非汛期需要时分析2~3次。

# 4.2　实验室作业

## 4.2.1　量筒、天平及使用

### 4.2.1.1　量筒

量筒为有体积(容积)刻度的筒体,是量度液体体积的仪器工具。常用的有10 mL、25 mL、50 mL、100 mL、250 mL、500 mL、1 000 mL等规格。外壁刻度都是以mL为单位的,最小分度有0.1 mL、0.2 mL、0.5 mL和1.0 mL等。一般量筒越大,管径越粗,其精确度越小,由视线的偏差所造成的读数误差也越大。因为量取液体的体积与量筒规格相差越大,准确度越小,所以试验中应根据所取溶液的体积,尽量选用能一次量取的最小规格的量筒。如量取70 mL液体,应选用100 mL量筒,不应选小于等于50 mL和大于100 mL的量筒。液体体积大而用规格小的量筒分次量取也能引起误差。

向量筒内注入液体时,应用左手拿住量筒,使量筒略倾斜,右手拿注入器(瓶),器(瓶)口紧挨着量筒口,使液体缓缓流入。若实施定量注入,待注入的量比所需要的量稍少时,把量筒放平,更缓慢地或改用胶头滴管滴加到所需要的量。注入液体后,等1~2 min,使附着在内壁上的液体流下来,再读出刻度值;否则,读出的数值偏小。

观读刻度时,应把量筒放在平整的桌面上,使筒体竖直,刻度面对着人,视线与量筒内液体的凹液面的最低处保持水平,再读出所取液体的体积数;否则,读数会偏高或偏低。

量筒面的刻度是指温度在20 ℃时的体积数。温度升高,量筒发生热膨胀,容积会增大。由此可知,量筒是不能加热的,也不能用于量取过热的液体,更不能在量筒中进行化学反应或配制溶液。量取液体时应在室温下进行。

从量筒中倒出液体后是否要用水冲洗,这要看具体情况而定。如果是为了使所取的液体量准确,似乎要用水冲洗并倒入所盛液体的容器中,这就不必要了,因为在制造量筒时已经考虑到有残留液体这一点。相反,如果冲洗,反而使所取体积偏大。如果是用同一量筒再量别的液体,这时就必须用水冲洗干净,以防止杂质的污染。

### 4.2.1.2　机械天平

机械天平是一种衡器,其结构和作用为由支点(轴)在梁的中心支持着天平梁而形成两个臂，每个臂上挂着一个盘，其中一个盘里放着已知质量的物体（一般已知质量的物体是专门制作的砝码），另一个盘里放待称量的物体，梁上有偏斜指针和刻度指示盘，称量时若指针不摆动且指向正中刻度，就指示出待称物体的质量等于已知质量的物体（砝码）的质量；若有偏斜，则偏斜量指示待称物体的质量与已知质量物体（砝码）质量的差值。支点（轴）也称刀口，多为坚硬的玛瑙制成剑刃状，以增强平衡灵敏度。刀口有升降机构，在称量作业过程中，加载和调整砝码时，都要落下刀口，只应在称量时升起刀口。有关应用事项列出如下：

（1）天平检定室的温度应保持在 15 ~ 30 ℃内，不得受震动、气流及其他强磁场的影响，避免阳光直接照射。天平玻璃柜内放置硅胶干燥剂，忌用酸性液体作干燥剂。

（2）旋转开关升刀口时，必须缓慢均匀，过快时会使刀刃急触而损坏，同时由于过剧晃动，造成计量误差。

（3）检定砝码时，砝码应放置于称盘中央，而且不得超过天平最大载荷。

（4）尽量少开启天平的前门，取放砝码时，可通过左右门进行。关闭门时要轻缓。

（5）当天平处在工作位置（升起刀口）时，绝对不能在称盘上取放物品或砝码，或开启天平门，或做其他会引起天平振动的动作。

（6）随时保持天平内部清洁，不得把湿的或有腐蚀性的物品放在称盘上称量。

（7）称量完毕，所称物品应从天平内框取出，关好天平开关及天平门。所有砝码必须放回盒中，并使圈砝码指示读数恢复到零。

（8）取放圈砝码时要轻缓，不要过快转动指示盘旋钮至使圈砝码跳落或变位。

#### 4.2.1.3　电子天平

电子天平是根据电磁力平衡原理研制的全量程不需砝码直接称量的天平。放上称量物后，在几秒钟内即达到平衡显示读数，称量速度快，精度高。电子天平的支承点用弹性簧片取代机械天平的玛瑙刀口，用差动变压器取代升降装置，用数字显示代替指针刻度方式。因而，电子天平具有使用寿命长、性能稳定、操作简便和灵敏度高的特点。此外，电子天平还具有自动校正、自动去皮、超载指示、故障报警等功能。电子天平具有质量电信号输出功能，且可与计算机联用，进一步扩展其功能，如统计称量的最大值、最小值、平均值及标准偏差等。电子天平具有机械天平无法比拟的优点，越来越广泛地应用于各个领域并逐步取代机械天平。

电子天平安装室的房间应避免阳光直射，最好选择阴面房间或采用遮光办法。工作室内应清洁干净，避免气流的影响。应远离震源、热源和高强电磁场等环境。工作室内温度应恒定，以 20 ℃左右为佳。工作室内的相对湿度以在 45% ~ 75% 为佳。工作室内应无腐蚀性气体的影响。在使用前调整水平仪气泡至中间位置。电子天平应按说明书的要求进行预热。经常对电子天平进行自校或定期外校，保证其处于最佳状态。操作电子天平不可过载使用，以免损坏天平。若长期不用电子天平，应暂时收藏。

电子天平的主要使用指标如下：

（1）绝对精度。类同于机械天平的感量，如 0. 1 mg 精度的天平或 0. 01 mg 精度的天平等。

（2）称量范围。如半微量天平的称量一般在 20 ~ 100 g；常量电子天平最大称量一般在100～200 g等。称量范围上限通常取最大载荷加少许保险系数即可，也就是常用载荷再放宽一些即可，不是越大越好。

(3)分度值 $e$。一般用最大称量的10的负次幂表达，如其分度值小于(最大)称量的 $10^{-5}$ 等。

注意，有时绝对精度和标尺分度值 $e$ 不统一，如选0.1 mg精度的天平，但标尺分度值可能不是0.1 mg。另外，切忌笼统地说万分之一或十万分之一精度的天平，因为有些厂家是用相对精度来衡量天平的。例如，用一台实际标尺分度值 $d$ 为1 mg，检定标尺分度值 $e$ 为10 mg，最大称量为200 g的Mettler电子天平，用来称量7 mg的物体，是不能得出准确的结果的。《非自动天平试行检定规程》(JJG 98—1990)中规定，最大允许误差与检定标尺分度值 $e$ 为同一数量级，此台天平的最大允许误差为 $1e$，显然不能称量7 mg的物体。称量15 mg的物体用此类天平也不是最佳选择，因为其测试结果的相对误差会很大，应选择更高一级的天平，有的厂家在出厂时已规定了最小称量的数值。

电子天平在称量过程中会因为摆放不平而产生测量误差，称量精度越高，误差就越大(如精密分析天平、微量天平)，为此大多数电子天平都提供了调整水平的功能，并配置检验水平的水准泡。水准泡必须位于液腔中央，否则称量不准确。调好之后，应尽量不要搬动，否则水准泡可能发生偏移，又需重调。

因存放时间较长、位置移动、环境变化或为获得精确测量值，电子天平使用前一般都应进行校准操作。注意，电子天平开机显示零点，不能说明天平称量的数据准确度符合测试标准，也不能说明已经校准，只能说明天平零位稳定性合格。通常采用的外校准方法是，把准备好的校准砝码(如100 g)放上称盘，若显示器出现100.000 0 g，拿去校准砝码，显示器应出现0.000 0 g，若出现不是为零，则再清零，重复以上校准操作，直至出现0.000 0 g。

电子天平接通电源，预热至规定时间后(天平长时间断电之后再使用时，至少需预热30 min)，开启显示器即可进行称量操作。

电子天平常用的称量方法有直接称量法、固定质量称量法和递减称量法。

(1)直接称量法。

此法是将称量物放在天平盘上直接称量物体的质量。例如，称量小烧杯的质量，容量器皿校正中称量某容量瓶(如比重瓶)的质量，试验中称量某坩埚的质量等，都使用这种称量法。

(2)固定质量称量法。

此法又称增量法，用于称量某一固定质量的试样。这种称量操作的速度很慢，适于称量不易吸潮、在空气中能稳定存在的粉末状或小颗粒样品。

使用固定质量称量法应注意：若不慎加入试样超过指定质量，应先关闭升降旋钮，然后用小匙取出多余试样。重复上述操作，直至试样质量符合指定要求。

(3)递减称量法。

此法又称减量法，用于称量一定质量范围的样品。在称量过程中样品易吸水、易氧化或易与 $CO_2$ 等反应时，可选择此法。由于称取试样的质量是由两次称量之差求得的，故也称差减法。具体做法是，夹住称量瓶盖柄，打开瓶盖，用小匙加入适量试样，盖上瓶盖，称出称量瓶加试样后的准确质量；将称量瓶从天平上取出，在接收容器的上方倾斜瓶身，用称量瓶盖轻敲瓶口上部使试样慢慢落入容器中，瓶盖始终不要离开接受容器上方。当倾出的试样接近所需量时，一边继续用瓶盖轻敲瓶口，一边逐渐将瓶身竖直，使黏附在瓶口上的试样落回称量瓶，然后盖好瓶盖，准确称其质量。两次质量之差，即为试样的质量。按上述方法连续递减，可称量多份试样。有时一次很难得到合乎质量范围要求的试样，可重复上述称量操作1~2次。

#### 4.2.1.4　称量泥沙天平的精度要求

称量泥沙所用天平的精度应根据一年内大部分时期的含沙量确定。在一年内大部分时期的含沙量小于1.0 kg/m$^3$的测站，应使用1 g/1 000天平；含沙量大于1.0 kg/m$^3$的测站，可使用1 g/100或1 g/1 000天平。

在多沙河流，一年内含沙量小于1.0 kg/m$^3$的时间虽长，但占全年输沙总量的比例却很小时，可选择精度稍低的天平。

### 4.2.2　烘干法处理水样

#### 4.2.2.1　采用烘干法处理水样的步骤

(1)量水样容积。

(2)沉淀浓缩水样。

(3)烘干烘杯并称杯质量。

烘干烘杯时，应先将烘杯洗净，放入温度为100~110 ℃的烘箱中烘2 h，稍后移入干燥器内冷却至室温，再称烘杯质量。

(4)浓缩水样烘干、冷却。

用少量清水将浓缩水样全部冲入烘杯，加热至无流动水时，移入烘箱，在温度为100~110 ℃的情况下烘干。烘干所需时间应由试验确定。试验要求，当相邻两次时差2 h的烘干沙量之差不大于天平感量时，可采用前次时间为烘干时间。烘干后的沙样应及时移入干燥器中冷却至室温。

(5)称量。

将冷却至室温的烘杯加沙放在天平上称质量。

烘杯加沙质量减去烘杯质量即为干沙质量。烘干法所需最小沙量与使用的天平感量有关(一般为其100倍)，天平感量为0.1 mg、1 mg、10 mg对应的最小沙量分别为0.01 g、0.1 g、1.0 g。

#### 4.2.2.2　河水中溶解质试验

采用烘干法时，当河水中溶解质质量与沙量之比，一、二、三类站分别大于1.0%、1.5%、2.0%时，应对溶解质的影响进行改正。方法是取已知容积的澄清河水，注入烘杯烘干后，称其沉淀物即溶解质质量，用下式计算河水溶解质含量，即

$$C_j = \frac{W_j}{V_w} \tag{4-4-6}$$

式中　$C_j$——河水溶解质含量，g/cm$^3$；

$W_j$——水样溶解质质量，g；

$V_w$——水样体积，cm$^3$。

## 4.2.3　过滤法处理水样

### 4.2.3.1　过滤法处理水样的步骤

(1)量水样容积。

(2)沉淀浓缩水样。

(3)过滤泥沙。

用滤纸过滤泥沙,应根据水样体积大小,确定是否需要将水样进行浓缩,采用浓缩水样或不经浓缩而直接过滤。

水样经沉淀浓缩后的过滤方法为,将已知质量的滤纸铺在漏斗或筛上,将浓缩后的水样倒在滤纸上,再用少量清水将水样容器中残留的泥沙全部冲于滤纸上,进行过滤。

水样不经沉淀浓缩的直接过滤方法如图 4-4-7 所示。做法为,放好漏斗,铺好滤纸,加入适量清水;将水样装于盛样瓶,塞紧瓶塞(大口瓶要如图中乙整理好出样管和排气管),倒转瓶口放在加适量清水的漏斗滤纸中进行滴漏过滤;过滤结束后,扒开瓶塞,用清水冲洗瓶中及瓶塞上残留的泥沙到滤纸上。

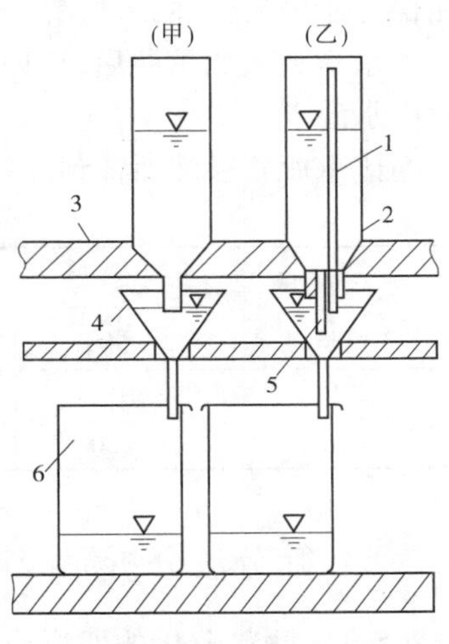


1—气管;2—瓶塞;3—支架;4—漏斗;5—液管;6—盛水容器

图 4-4-7　直接过滤法示意图

(4)烘干沙包(滤纸和泥沙)。

沙包烘干时间应由试验确定,并不得少于 2 h。当不同时期的沙量或细颗粒泥沙含量相差悬殊时,应分别试验和确定烘干时间。

在干燥器内存放沙包的个数应经沙包吸湿量试验确定,一、二、三类站的沙包吸湿量与泥沙量之比分别不应大于 1.0%、1.5%、2.0%。

(5)称量。

将冷却至室温的沙包放在天平上称质量。

过滤法所需最小沙量与使用的天平感量有关,天平感量为 0.1 mg、1 mg、10 mg 对应的最小沙量分别为 0.1 g、0.5 g、2.0 g。

### 4.2.3.2　滤纸选用与可溶性检验

选用滤纸应经过试验,滤纸应质地紧密、坚韧,烘干后吸湿性小和含可溶性物质少。

滤纸在使用前,应进行可溶性物质含量的试验。方法是从选用的滤纸中抽出数张进行编号,放入烘杯,在温度为 100 ~ 105 ℃的烘箱中烘 2 h,稍后将烘杯加盖移入干燥器内冷却至室温后称量;再将滤纸浸入清水中,经相当于滤沙时间后,取出烘干、冷却、称量,算出平均每张滤纸浸水前、后的烘干质量差值,即为平均每张滤纸含可溶性物质的质量。当一、二、三类站的滤纸含可溶性物质质量与泥沙质量之比分别大于 1.0%、1.5%、2.0% 时,必须采用浸水后的烘干滤纸质量。

### 4.2.3.3　滤纸漏沙试验

每种滤纸在使用前,应作漏沙试验。方法是将过滤的水样,经较长时间的沉淀浓缩后,吸出清水,用烘干法求得沙量,即为漏沙量。根据汛期、非汛期不同沙量的多次试验结果,计算不同时期的平均漏沙量。当一、二、三类站的平均漏沙量与泥沙量之比分别大于

1.0%、1.5%、2.0%时，应作漏沙改正。

## 4.2.4　置换法处理水样

置换法处理水样的步骤是：

(1)量水样容积。

(2)沉淀浓缩水样。

(3)将浓缩水样装入比重瓶。

(4)测定比重瓶瓶加浑水质量及浑水的温度。

比重瓶的一般形状如图4-4-8所示。瓶口可装中通细孔的塞子。装满液体塞紧塞子的过程中，多余的液体会从细孔中溢出，从而保证瓶中液体体积准确。

图4-4-8　比重瓶的一般形状

水样装入比重瓶后，瓶内不得有气泡；比重瓶内浑水应充满塞孔；称量后，应迅速测定瓶内水温。

比重瓶置换法所需最小沙量见表4-4-4。

表4-4-4　比重瓶置换法所需最小沙量

| 天平感量(mg) | 不同比重瓶容积(mL)所需最小沙量(g) | | | | | |
|---|---|---|---|---|---|---|
| | 50 | 100 | 200 | 250 | 500 | 1 000 |
| 1 | 0.5 | 1.0 | 2.0 | 2.5 | 5.0 | 10.0 |
| 10 | 2.0 | 2.0 | 3.0 | 4.0 | 7.0 | 12.0 |

## 4.2.5　筛分法分析泥沙粒度

### 4.2.5.1　颗粒分析的取样沙量

沙样中含有粒径大于20 mm的颗粒时，沙量应大于500 g；沙样中粒径大于2 mm的颗粒占总沙量10%以上(10%以下)时，沙量不应少于80(60) g；沙样中粒径小于2 mm时，沙量不应少于50 g；当取样有困难时，沙量可适当减少，但应在备注中说明情况。

### 4.2.5.2　筛分法的主要设备

(1)分析筛。

筛孔为$\Phi$标准孔径系列尺寸或其他分级法划分的孔径系列尺寸。孔径2 mm以上各级宜选用筛框尺寸为400 mm或200 mm的圆孔粗筛；孔径0.062～2 mm各级宜选用筛框尺寸为200 mm或120 mm的方孔编织筛。方孔编织筛网底为耐腐蚀、耐磨损和高强度材料编织，经纬线互相垂直、无扭曲、无断丝、触感无凹陷。筛框均为硬质不易变形的材料，周缘光滑无缝隙。

(2)振筛机。

应附有定时控制器，运行时差为每15 min不超过15 s。

(3)音波自动筛分仪。

(4)其他设备。

分度值为10 mg和1 mg的天平各一台，电热干燥箱、超声波清洗机、游标卡尺、软质毛刷、平口铲刀等。

#### 4.2.5.3　干沙筛分析步骤

(1)对粒径大于 2 mm 的颗粒。

称量试样沙量;将依粒径分级法划分孔径系列的圆孔粗筛组装成套;将试样置于套筛最上层,逐级手摇过筛,直至筛下无颗粒下落;当样品沙量过多时,可分几次过筛,同一组的颗粒,可合并称量计算。

(2)对粒径小于 2 mm 的颗粒。

称量试样沙量;将依粒径分级法划分孔径系列的方孔编织筛和底盘组装成套;将试样倒在套筛最上层,用软质毛刷拂平,加上顶盖;移入振筛机座上,套紧压盖板,启动振筛机,定时振筛 15 min。若用音波自动筛分仪,按规定的分析时间操作。

(3)逐级称沙量。

对粒径大于 2 mm 的颗粒,从最上一级筛盘中挑出最大颗粒,用游标卡尺量其三轴并称其质量,列为第一粒径组;

分别称各级筛盘中的沙量,或由小到大逐级累计称沙量。

当累计总沙量与试样沙量之差超过 2% 时,应用备样重新分析。

#### 4.2.5.4　水沙法筛分析步骤

水沙法主要用于很细的泥沙分析,一般不能装成套筛进行多级一次分析,通常的做法是,将试样置于最大孔径筛上,用高水压冲洗,使小于该筛孔径细沙通过;然后将已经通过最大孔径筛的水沙样置于次大孔径筛上,用高水压冲洗,使小于该筛孔径细沙通过……直至分到预定的最小孔径筛。收集各级筛上水沙样,烘干,称量沙量。

### 4.2.6　尺量法分析泥沙粒度

#### 4.2.6.1　尺量法主要设备

1. 分离筛

孔径(圆孔)64 mm,外框直径 400 mm。

2. 游标卡尺

游标卡尺如图 4-4-9 所示,是一种测量长度、内外径、深度的量具。游标卡尺由主尺和附在主尺上能滑动的游标两部分构成。主尺一般以 mm 为单位,而游标上则有 10、20 或 50 个分格,根据分格的不同,游标卡尺可分为十分度游标卡尺、二十分度游标卡尺、五十分度游标卡尺等。游标卡尺的主尺和游标上有两副活动量爪,分别是内测量爪和外测量爪,内测量爪通常用来测量内径,外测量爪通常用来测量长度和外径。

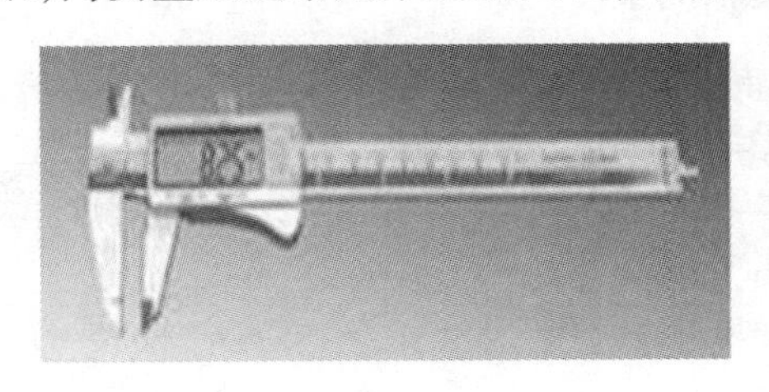

(a)电子游标标尺

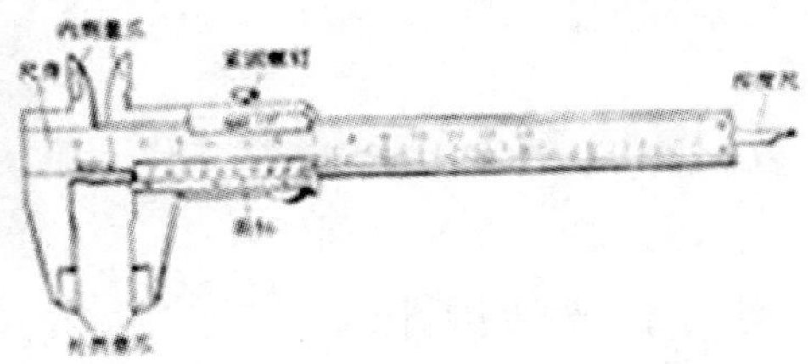

(b)普通游标卡尺

图 4-4-9　游标卡尺

泥沙粒径测量可选分度值为0.1 mm的游标卡尺,这种精度的游标卡尺,尺身上的最小分度是1 mm,游标尺上有10个小的等分刻度,总长为9 mm,每一分度为0.9 mm,比主尺上的最小分度相差0.1 mm。量爪并拢时尺身和游标的零刻度线对齐,它们的第一条刻度线相差0.1 mm,第二条刻度线相差0.2 mm……第10条刻度线相差1 mm,即游标的第10条刻度线恰好与主尺的9 mm刻度线对齐。当量爪间所量物体的线度为0.1 mm时,游标尺向右应移动0.1 mm。这时,它的第一条刻度线恰好与尺身的1 mm刻度线对齐。以此类推,当游标的第二,第三……条刻度线跟尺身的2 mm,3 mm……刻度线对齐时,说明两量爪之间有0.2 mm,0.3 mm……的宽度。当测量大于1 mm的长度时,整的mm数要从游标“0”线与尺身相对的刻度线读出。

实际工作中,常用精度为0.05 mm和0.02 mm的游标卡尺。它们的工作原理和使用方法与精度为0.1 mm的游标卡尺相同。精度为0.05 mm的游标卡尺的游标上有20个等分刻度,总长为19 mm。测量时如游标上第11根刻度线与主尺对齐,则小数部分的读数为$\frac{11}{20}$ mm = 0.55 mm,如第12根刻度线与主尺对齐,则小数部分读数为$\frac{12}{20}$ mm = 0.60 mm。精度为0.02 mm的游标卡尺的游标上有50个等分刻度,总长为19 mm。测量时如游标上第11根刻度线与主尺对齐,则小数部分的读数为$\frac{11}{50}$ mm = 0.22 mm,如第12根刻度线与主尺对齐,则小数部分读数为$\frac{12}{50}$ mm = 0.24 mm。

3. 台秤(或杆秤)、天平

台秤(或杆秤)分度值为10 g,天平分度值为1 g。

#### 4.2.6.2　分析步骤与技术要求

(1)将全部样品用64 mm孔径筛分离,筛下部分用筛分法分析。

(2)筛上卵石颗粒,依粒径大小次序排列后,分成若干自由组,其中最大粒径列为第1组。

(3)每组挑选最大一颗或两颗用游标卡尺量其三轴,用下式计算各组最大颗粒的几何平均粒径 $D_i$ 为

$$D_i = \sqrt[3]{abc} \tag{4-4-7}$$

式中　$a$——颗粒长轴方向的长度,mm;

$b$——颗粒垂直于 $a$ 方向的最大宽度,mm;

$c$——颗粒垂直于 $a$ 和 $b$ 方向的最大厚度,mm。

(4)当整个样品卵石数量少于15颗时,应逐颗测量。

(5)分别称量各组沙量。

## 4.3　数据资料记载与整理

### 4.3.1　烘干法含沙量计算

#### 4.3.1.1　烘干法沙量计算

烘干法沙量可按下式计算

$$W_s = W_{bsj} - W_b - C_j V_{nw} \tag{4-4-8}$$

式中　$W_s$——泥沙质量，g；

$W_{bsj}$——烘杯、泥沙、溶解质总质量，g；

$W_b$——烘杯质量，g；

$C_j$——河水溶解质含量，$g/cm^3$，不需溶解质改正时该值取0；

$V_{nw}$——浓缩后水样体积，$cm^3$。

#### 4.3.1.2　含沙量计算

若测量的浑水水样体积为 $V_{hs}$，其中的泥沙质量为 $W_s$，则水样的含沙量 $S$ 为

$$S = \frac{W_s}{V_{hs}} \tag{4-4-9}$$

#### 4.3.1.3　烘干法悬移质水样处理记载表

烘干法悬移质水样处理记载表的一般格式见表4-4-5。

表4-4-5　______站悬移质水样处理记载表（烘干法）

取样断面位置：　　　　采样器型式及容积：　　　　取样方法：

沉淀损失（%）：　　　　溶解质含量（$g/cm^3$）：

| 施测号数 | 水位、施测时间、取样位置、水样容器编号等同操作技能——初级工的表3-4-8单样含沙量测验记载表的栏目 | | | | | 水样体积（$cm^3$） | 烘杯编号 | 浓缩后水样体积（$cm^3$） | 烘杯质量（g） | 烘杯加沙量（g） | 泥沙量（g） | 沙量校正数（g） | 校正后沙量（g） | 含沙量（$kg/m^3$） |
|---|---|---|---|---|---|---|---|---|---|---|---|---|---|---|
| | | | | | | | | | | | | | | |
| | | | | | | | | | | | | | | |
| | | | | | | | | | | | | | | |
| | | | | | | | | | | | | | | |
| | | | | | | | | | | | | | | |
| | | | | | | | | | | | | | | |

本表中的“水样体积”、“烘杯编号”、“烘杯质量”很明确，“泥沙量”等于烘杯加沙量减去烘杯质量。“沙量校正数”即沉淀损失（取负值）和按式（4-4-6）计算的溶解质质量 $W_j$（取正值）之和，求 $W_j$ 之前，应试验求出河水的 $C_j$ 并填写于第二行溶解质含量项之后（溶解质含量不必每次都测，只是在发现明显变化时才重测），浓缩后水样体积 $V_{nw}$ 则在需要修正溶解质含量时施测。校正后的泥沙量等于泥沙量减去泥沙校正数。最后的含沙量按式（4-4-9）由校正后的泥沙量除以水样体积求出。

### 4.3.2　过滤法含沙量计算

#### 4.3.2.1　过滤法沙量计算

过滤法沙量可按下式计算

$$W_s = W_{gsb} - W_{lz} + W_{ls} \tag{4-4-10}$$

式中　$W_s$——泥沙质量，g；

$W_{gsb}$——干沙包总质量，g；

$W_{lz}$——滤纸质量，g；

$W_{ls}$——漏沙量，g。

4.3.2.2　**含沙量计算**

含沙量 $S$ 可由式(4-4-9)计算。

4.3.2.3　**过滤法悬移质水样处理记载表**

过滤法悬移质水样处理记载表一般格式见表4-4-6。

**表4-4-6　______站悬移质水样处理记载表(过滤法)**

取样断面位置：　　采样器型式及容积：　　取样方法：

沉淀损失(%)：　　漏沙损失(%)：

| 施测号数 | 水位、施测时间、取样位置、水样容器编号等同操作技能——初级工的表3-4-8单样含沙量测验记载表的栏目 | | | | | 水样体积(cm³) | 滤纸编号 | 滤纸质量(g) | 滤纸加沙量(g) | 泥沙量(g) | 沙量校正数(g) | 校正后沙量(g) | 含沙量(kg/m³) | 备注 |
|---|---|---|---|---|---|---|---|---|---|---|---|---|---|---|
| | | | | | | | | | | | | | | |
| | | | | | | | | | | | | | | |
| | | | | | | | | | | | | | | |
| | | | | | | | | | | | | | | |
| | | | | | | | | | | | | | | |
| | | | | | | | | | | | | | | |

本表结构与表4-4-5悬移质水样处理记载表(烘干法)相同，“沙量校正数”即沉淀损失和漏沙量之和，“校正后沙量”即由泥沙量加上沙量校正数得出。

## 4.3.3　置换法含沙量计算

4.3.3.1　**置换法沙量计算**

置换法沙量按下式计算

$$W_s = \frac{\rho_s}{\rho_s - \rho_o}(W_{s+p} - W_{o+p}) = k(W_{s+p} - W_{o+p}) \tag{4-4-11}$$

式中　$W_s$——水样泥沙质量，g；

$\rho_s$——泥沙密度，$g/cm^3$；

$\rho_o$——水的密度，$g/cm^3$；

$W_{s+p}$——比重瓶加其中浑水水样的质量，g；

$W_{o+p}$——与浑水样测定时同温度下比重瓶加其中清水的质量，g。

$k=\dfrac{\rho_s}{\rho_s-\rho_o}$，$k$ 称置换系数，是由泥沙密度 $\rho_s$ 和水的密度 $\rho_o$ 决定的，而水的密度 $\rho_o$ 又与温度密切有关，实际上有关规范或手册中常计算编制泥沙密度和水温二元因素的置换系数查阅表提供应用。

#### 4.3.3.2　含沙量计算

含沙量 $S$ 可由式(4-4-9)计算。

#### 4.3.3.3　置换法悬移质水样处理记载表

置换法悬移质水样处理记载表一般格式见表4-4-7。

**表4-4-7　______站悬移质水样处理记载表(置换法)**

取样断面位置：　　　　采样器型式及容积：　　　　取样方法：

沉淀损失(%)：

| 施测号数 | 水位、施测时间、取样位置、水样容器编号等同操作技能——初级工的表3-4-8单样含沙量测验记载表的栏目 | | | | 水样体积(cm³) | 比重瓶编号 | 瓶加清水质量 $W_1$ (g) | 瓶加浑水质量 $W_2$ (g) | 浑水温度(℃) | 置换系数 $k$ | $W_2-W_1$ (g) | 泥沙量(g) | 沙量校正数(g) | 校正后沙量(g) | 含沙量(kg/m³) |
|---|---|---|---|---|---|---|---|---|---|---|---|---|---|---|---|
| | | | | | | | | | | | | | | | |
| | | | | | | | | | | | | | | | |
| | | | | | | | | | | | | | | | |
| | | | | | | | | | | | | | | | |
| | | | | | | | | | | | | | | | |
| | | | | | | | | | | | | | | | |

本表结构与表4-4-5悬移质水样处理记载表(烘干法)相同，此处泥沙量由式(4-4-8)计算，“沙量校正数”即沉淀损失，“校正后沙量”即由泥沙量加上沙量校正数得出。

### 4.3.4　单沙—断沙关系

单沙—断沙关系图通常以断面平均含沙量为横坐标，以相应单沙含沙量为纵坐标，建立直角坐标系，设定单位坐标网，用全年测验的输沙率资料点绘相关曲线(见图4-4-10)，也可拟合曲线方程。

单沙—断沙关系结合测站断面条件经反复试验而获得，一般在建立的直角坐标系中绘制成直线。绘制成直线既是对试验结果的要求，也是对试验的指导。

手工建立坐标系和绘制曲线，在方格纸上进行，纵横主网格标度一般可取1、2、5(kg/m³)的整数倍。

用Excel软件绘制单沙—断沙关系图的一般步骤介绍如下：

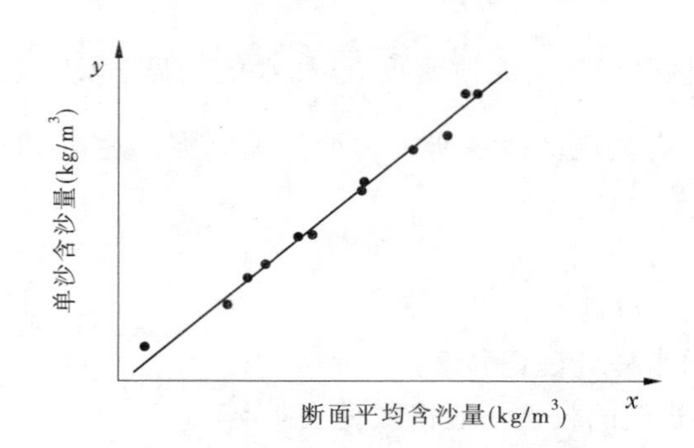


**图 4-4-10　××水文站 2009 年单沙—断沙关系示意图**

(1)将断面平均含沙量数值填写在第 1 列,相应单沙数值填写在第 2 列。

(2)选择全部两列数值,打开图表功能,在“图表向导—图表类型”视窗,打开标准类型卡,选择散点图的纯散点型,点击“下一步”。

(3)进入“图表向导—图表源数据”视窗,在数据区域卡选择系列产生在的“列”项,点击“下一步”。

(4)进入“图表向导—图表选项”视窗,打开标题卡在图表标题空白处填写“××站单沙—断沙关系图”,数值($x$)轴空白处填写“断面平均含沙量(kg/m³)”,数值($y$)轴空白处填写“单沙含沙量(kg/m³)”;打开网格线卡选择纵横主网格线和次网格线;打开图例卡按需要选择是否要图例及图例布置位置。点击“下一步”。

(5)进入“图表向导—图表位置”视窗,选择作为新工作表插入或作为其中的对象插入。点击“完成”,在新工作表或本工作表以对象方式出现散点图。

(6)在出现的散点图上用鼠标右键点击数据点,出现选项附加视窗;选择“添加趋势线”项,出现“添加趋势线”附加视窗;打开类型卡选择“线性”项,即拟合出直线;打开选项卡,选择“显示公式”和“显示 R 平方值”项,确定之,图表中即出现公式和 $R^2$ 值。

作出图后,还可按需要利用 Excel 软件的有关功能进行编辑优化。

单沙—断沙关系按年度建立,也常用历年建立的曲线套绘对比,以分析变化情况,有益于了解研究水文测站特性。

一般来说,输沙率测验费时费力较多,单沙测验相对简单,水文站安排任务是两者结合应用,以发挥各自的长处。一般,根据测站断面特性和可能影响单沙—断沙关系的条件,一年内在含沙量变化幅度范围选择时机安排有限测次的输沙率和相应单沙测验,获得满足建立年度的单沙—断沙关系的数据资料,从而绘制曲线图;其他时间则根据水流、泥沙变化情况布置单沙测验控制变化过程,由单沙—断沙关系曲线用单沙推算断面平均含沙量。这样,就可获得全年的断面平均含沙量过程。

按照同样的方法,可以绘制单样颗粒级配和断面平均颗粒级配的相关关系(单颗—断颗关系)。一般以断面平均颗粒级配为横坐标,以单沙颗粒级配为纵坐标,建立直角坐标系,两坐标轴的标度为百分数,分划取 10 的整数倍。

## 4.3.5　水文物理量(含沙量)过程线

为了形象或可视化地表达某水文物理量随时间的变化情况,通常制作成过程线,含沙量过程线就是其中的一种。含沙量过程线的横坐标轴是时间，标度常以h为基本分划，小时内有10 min、6 min或5 min的加密分划，扩展分划有24 h(日)、旬、月等；纵坐标轴是含沙量，标度单位为$kg/m^3$，以1、2、5的$10^n$为分划。设计坐标系时，应把握好含沙量的变化幅度，估计好时间长度。绘制过程线，就是将测验的(时间，数据)对标绘在坐标系的对应点位上，相邻点位以直线连接。时间较长，数据较多后，过程线效果是波折线，有显著的数据变化时，出现峰谷起伏状。

手工绘制含沙量过程线是水文站的日常业务之一，要求随测、随算、随点图，特别是洪水期间，不但要及时绘制出过程线，而且要加强分析预测。

至于选择哪种特征含沙量点绘过程线，由测站特定情况确定，一般有断面特征点位含沙量、单样含沙量、断面平均含沙量等。

特定断面含沙量的变化过程和同断面的水位、流量、输沙率、断面过流面积等水文物理量从各方面描述着河段水文泥沙及河床演变的状况，将它们绘制在同一时间标度的坐标系可以提供直观的分析研究。通常将水位、流量、含沙量三个物理量过程线绘制在同一时间标度的坐标系，比较分析它们之间以及综合的关系。图4-4-11是××水文站2005年水位、流量、含沙量过程线示意图。

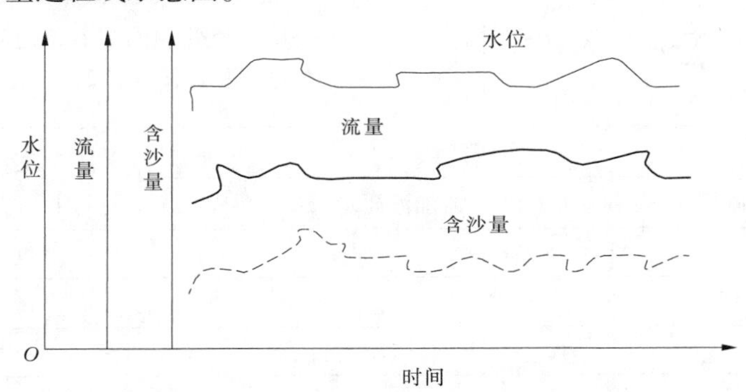


**图4-4-11　××水文站2005年水位、流量、含沙量过程线**

过程线的另一种常绘常用的做法是，将上、下游若干站的水文物理量绘制在同一时间标度的坐标系上，从而分析洪水传播的态势过程。

## 4.3.6　筛分法、尺量法粒度级配计算

### 4.3.6.1　筛分法、尺量法粒度级配计算公式

筛分法、尺量法一般是分别称量粒径级间各组沙量，粒度级配用下式计算

$$P_{cfi} = \frac{\sum_{1}^{i} m_{cfi}}{\sum_{1}^{n} m_{cfi}} \times 100\% \tag{4-4-12}$$

式中　$P_{cfi}$——沙样小于某粒径沙量百分数(%)；

$m_{cfi}$——相邻粒径级之间的沙量系列；

$i$——测试粒径级、相邻粒径级之间及累加序列号，$n$为序列总长，$i=1,2,\cdots,n$，$i$一

般对应的特定粒径级为 0.062 mm、0.125 mm、0.25 mm、0.50 mm、1.0 mm、2.0 mm、4.0 mm、8.0 mm、16.0 mm、32.0 mm、64.0 mm 及大于 64 mm 等的各适合粒径段，尺量法可不按此分级而按分成若干自由组分级。

#### 4.3.6.2 筛分法粒度级配计算表

筛分法粒度级配计算表见表 4-4-8。

表 4-4-8 ______站筛分法粒度级配计算表

（2009 颗分 2）

施测号数　　　　沙样种类

施测断面　　　　取样日期　　年　　月　　日

垂线测点号　　　　分析日期　　年　　月　　日

垂线起点距　　（m）　　总沙量　　（g）　　筛分法试样量　　（g）

计算公式：$P_{cfi}=\dfrac{\sum_{1}^{i} m_{cfi}}{\sum_{1}^{n} m_{cfi}}\times 100\%$

式中 $P_{cfi}$——小于某粒径沙量百分数(%)；

$m_{cfi}$——相邻粒径级之间的沙量；

$i$——测试粒径级、相邻粒径级之间及累加序列号，$n$ 为序列总长，$i=1,2,\cdots,n$。

| 粒径(mm) | 分级沙量 | | | | 累计沙量(g) | 小于某粒径沙量百分数(%) |
|---|---|---|---|---|---|---|
| | 皿号 | 皿质量(g) | 皿加沙质量(g) | 沙量(g) | | |
| | | | | | | |
| | | | | | | |
| | | | | | | |
| | | | | | | |
| | | | | | | |
| | | | | | | |
| | | | | | | |
| | | | | | | |

备注说明：

分析：　　　　计算：　　　　校核：

#### 4.3.6.3 尺量法粒度级配计算表

尺量法粒度级配计算表见表 4-4-9。

### 4.3.7 粒度级配曲线

#### 4.3.7.1 粒度级配曲线图表

泥沙半对数坐标系粒度级配曲线图表格式如表 4-4-10 所示。

表 4-4-9 ______站尺量法粒度级配计算表

（2009 颗分 1）

| 施测号数 | | 沙样种类 | |
|---|---|---|---|
| 施测断面 | | 起点距 | （m） |
| 取样日期 | 年 月 日 | 总沙量 | （g） |
| 分析日期 | 年 月 日 | | |

计算公式：$P_{cfi} = \dfrac{\sum_{1}^{i} m_{cfi}}{\sum_{1}^{n} m_{cfi}} \times 100\%$

式中 $P_{cfi}$——小于某粒径沙量百分数（%）；

$m_{cfi}$——相邻粒径级之间的沙量；

$i$——测试粒径级、相邻粒径级之间及累加序列号，$n$ 为序列总长，$i = 1,2,\cdots,n$。

| 组号 | $D_{max}$（mm） | | | | 分组沙量（g） | 累计沙量（g） | 小于某粒径沙量百分数（%） |
|---|---|---|---|---|---|---|---|
| | $a$ | $b$ | $c$ | $\sqrt[3]{abc}$ | | | |
| | | | | | | | |
| | | | | | | | |
| | | | | | | | |
| | | | | | | | |
| | | | | | | | |
| | | | | | | | |
| | | | | | | | |
| | | | | | | | |

备注说明：

分析：　　　　　计算：　　　　　校核：

泥沙半对数坐标系粒度级配曲线图表填表说明如下：

（1）“沙样种类”、“施测号数”等项，分别抄自分析记录计算表或综合平均计算表。

（2）“代表符号”。将点绘曲线的符号填入，如“·”、“×”、“√”、“⊥”、“○”、“△”、“T”等。

（3）“分析方法”。填写相应的颗粒分析方法。用几种分析方法的，均应填写，并注明分级粒径。

（4）半对数级配曲线的横坐标为粒径数值（用对数分度），纵坐标为级配数值（用算术分度）。

#### 4.3.7.2 绘制级配曲线的一般要求

（1）检查泥沙颗粒分析成果合理性、查读特征粒径、变自由粒径级为统一规定的粒径级等，应绘制级配曲线。

**表 4-4-10 ______站泥沙半对数坐标系粒度级配曲线图表**

（2009 级配曲线图 - 1）

| 沙样种类 | 施测号数 | 垂线位置 | | 测点位置 | | 代表符号 | 最大粒径（mm） | 分析方法 | 备注 |
|---|---|---|---|---|---|---|---|---|---|
| | | 号数 | 起点距（m） | 水深（m） | 相对水深 | | | | |
| | | | | | | | | | |
| | | | | | | | | | |
| | | | | | | | | | |
| | | | | | | | | | |
| | | | | | | | | | |
| | | | | | | | | | |
| | | | | | | | | | |
| | | | | | | | | | |
| | | | | | | | | | |
| | | | | | | | | | |

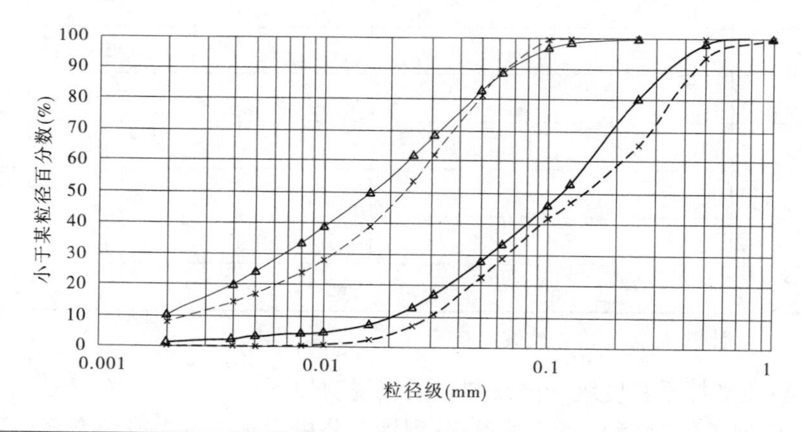


备注说明：

绘图：　　　　日期：　　　　校核：　　　　日期：

(2)绘制级配曲线宜选用以粒径为横坐标(对数分度)、级配数值为纵坐标(算术分度)的半对数直角坐标系,也可选用对数机率直角坐标系或其他坐标系。粒径标度宜采用 $\Phi$ 分级。

(3)手工绘制级配曲线,通常在专门印制的坐标纸上实施,应根据点据分布状况绘制成曲线。不同分析方法测试的接头部分,应按曲线趋势并通过点据中间连线。对大于 2. 0 mm 的泥沙样品,可根据分析点定线。遇有突出点或特殊线型时,必须详细检查各个工序。发现错误时,应进行改正和说明。

(4)用计算机软件的图表绘制功能绘制级配曲线时,应选择或设计合适的坐标系,清晰表达级配曲线(簇),提供研究颗粒级配的对比资料。

(5)激光粒度分析仪等自动化仪器,可由配备的计算机程序绘制默认的级配曲线。

(6)级配曲线宜顺趋势延长到级配坐标不大于 5% 。

#### 4.3.7.3　用 Excel 软件绘制半对数坐标系级配曲线图步骤

(1)打开 Excel 软件。

(2)输入粒径—级配数组(或拷入数据表)。

(3)在数据表中选择绘图目标的粒径—级配数组(列或行),打开图表功能进入“图表向导—图表类型”视窗界面。

(4)在图表类型图目中选择“XY 散点图”,在子图表类型图目选择“带点符号的平滑曲线图”或其他,点击“下一步”进入“图表向导—图表源数据”视窗界面。

(5)点击“下一步”进入“图表向导—图表选项”视窗界面。打开“标题卡”填写需要的内容,如在“图表标题”填入“ × ×站 × ×沙级配曲线”,在“数轴(X)轴”填入“粒径级(mm)”,在“数轴(Y)轴”填入“小于某粒径百分数(%)”;打开“网格线卡”,选择 X、Y 轴主次网格线;打开“图例卡”,选择是否要图例及图例布置位置;点击“下一步”进入“图表向导—图表位置”视窗界面。

(6)选择“作为新工作表”插入或“作为其中的对象插入”,点击完成出现算术标度坐标系的曲线图。点击 X 坐标轴进入“坐标轴格式视窗”。

(7)打开“刻度卡”,选择“对数刻度”,在“最大值”、“最小值”、“主要刻度单位”、“次要刻度单位”、“与 Y 轴交叉位置”等提示区填写合适的数值,点击“确定”完成曲线绘制。

(8)要在该坐标系绘制其他粒径—级配数组的曲线,可在上图区:①点击鼠标右键,出现“操作提示视窗”;②选择“数据源”进入“数据源视窗”;③打开“系列卡”;④选择“添加项”;⑤填写“名称”(名称会出现在图例中);⑥点击“X 值”栏,到数表区选择数值;⑦点击“Y 值”栏,到数表区选择数值;⑧点击“确定”完成曲线绘制。

(9)绘制的曲线或曲线簇,可移贴到如表 4-4-10 的图区。

# 模块 5　水质取样

## 5.1　取样作业

### 5.1.1　采样断面与采样点的布设

#### 5.1.1.1　地表水采样断面的布设

1. 地表水采样断面的布设原则

(1)断面布设总体原则是,在总体和宏观上应能反映水系或区域的水环境质量状况;各断面的具体位置应能反映所在区域环境的污染特征;尽可能以最少的断面获取有足够代表性的环境信息;应考虑实际采样时的可行性和方便性。

根据上述总体原则,对水系可布设背景断面、控制断面(若干)和入海口断面。对行政区域可布设背景断面(对水系源头)或入境断面(对过境河流)、控制断面(若干)和入海口断面或出境断面。在各控制断面下游,如果河段有足够长度(至少 10 km),还应布设消减断面。

(2)环境管理除需要上述断面外,还有许多特殊要求,如了解饮用水源地、水源丰富区、主要风景游览区、自然保护区、与水质有关的地方病发病区、严重水土流失区及地球化学异常区等水质的断面。

(3)断面位置应避开死水区、回水区、排污出口,尽量选择顺直河段、河床稳定、水流平稳、水面宽阔、无急流、无浅滩处。

(4)采样断面力求与水文测流断面一致,以便利用其水文参数,实现水质监测与水量监测的结合。

(5)采样断面的布设应考虑社会经济发展,监测工作的实际状况和需要,要具有相对的长远性。

(6)流域同步监测中,根据流域规划和污染源限期达标目标确定监测断面。

(7)入海口断面要设置在能反映入海河水水质并临近入海的位置。

(8)其他如突发性水环境污染事故、洪水期和退水期的水质监测,应根据现场情况,布设能反映污染物进入水环境和扩散、消减情况的采样断面及点位。

2. 地表水采样断面分类

(1)背景断面。指为评价某一完整水系的污染程度,未受人类生活和生产活动影响,能够提供水环境背景值的断面。

(2)对照断面。指具体判断某一区域水环境污染程度时,位于该区域所有污染源上游处,能够提供这一区域水环境本底值的断面。

(3)控制断面。指为了解水环境受污染程度及其变化情况的断面。

(4)消减断面。指工业废水或生活污水在水体内流经一定距离而达到最大程度混合,污染物受到稀释、降解,其主要污染物浓度有明显降低的断面。

(5)管理断面。为特定的环境管理需要而设置的断面。

3.河流采样断面的布设方法与要求

(1)城市或工业区河段,应布设对照断面、控制断面和消减断面。

(2)污染严重的河段可根据排污口分布及排污状况,设置若干控制断面,控制的排污量不得小于本河段总量的80%。

(3)本河段内有较大支流汇入时,应在汇合点支流上游处,以及充分混合后的干流下游处布设断面。

(4)出入境国际河流、重要省际河流等水环境敏感水域,在出、入本行政区界处应布设断面。

(5)水质稳定或污染源对水体无明显影响的河段,可只布设一个控制断面。

(6)河流或水系背景断面可设置在上游接近河流源头处,或未受人类活动明显影响的河段。

(7)水文地质或地球化学异常河段,应在上、下游分别设置断面。

(8)供水水源地、水生生物保护区以及水源性地方病发病区、水土流失严重区应设置断面。

(9)城市主要供水水源地上游1 000 m处应布设断面。

(10)重要河流的入海口应布设断面。

(11)水网地区应按常年主导流向设置断面;有多个岔路时应设置在较大干流上,控制径流量不得少于总径流量的80%。

4.潮汐河流采样断面的布设方法与要求

(1)设有防潮闸的潮汐河流,应在闸的上、下游分别布设采样断面。

(2)未设防潮闸的潮汐河流,应在潮流界以上布设对照断面,若感潮河段潮波上溯距离很长,超出本河段范围,应在本河段上游布设对照断面。

(3)潮汐河流消减断面应布设在靠近入海口处,若入海口在本地区管辖河段以外,则布设在本地区河段的下游处。

(4)潮汐河流内排污口上、下游应布设采样断面,其他采样断面按一般河流要求布设。

(5)入海河流河口区采样断面应与径流扩散方向垂直布设,并根据地形、潮流、监测对象和水力动力学特征等情况布设若干个采样断面。

5.湖泊、水库采样断面的布设方法与要求

(1)湖泊、水库应根据进水区、出水区、滞水区及岸边区布设采样断面。

(2)湖泊、水库沿岸主要排污口、饮用水水源地、风景游览区、鱼类洄游产卵区、游泳场等不同功能水域处,应分别以这些功能区为中心布设弧形采样断面。

(3)峡谷型水库应根据水库回水变动区的水文特征,分别在水库的上游、中游、近坝区、库尾回水区及坝下泄水区布设采样断面。

(4)湖泊、水库的采样断面应与断面附近水流方向垂直。

### 5.1.1.2　地表水采样垂线和采样点布设

1. 河流、湖泊(水库)的采样垂线布设方法与要求

(1)河流(潮汐河段)采样垂线的布设应符合表 4-5-1 的规定。

表 4-5-1　河流采样垂线的布设

| 水面宽(m) | 采样垂线布设 | 岸边有污染带 | 相对范围 |
| --- | --- | --- | --- |
| <50 | 1 条(中泓处) | 如一边有污染带,增设 1 条垂线 | |
| 50 ~ 100 | 左、中、右 3 条 | 3 条 | 左、右设在距湿岸 5 ~ 10 m 处 |
| 100 ~ 1 000 | 左、中、右 3 条 | 5 条(增加岸边 2 条) | 岸边垂线距湿岸 5 ~ 10 m 处 |
| >1 000 | 3 ~ 5 条 | 7 条 | |

(2)湖泊(水库)采样垂线布设要求:

①主要出入口上、下游和主要排污口下游断面,其采样垂线按表 4-5-1 的规定布设。

②湖泊(水库)的中心,滞留区的各断面,可视湖泊(水库)大小、水面宽窄,沿水流方向适当布设 1 ~ 5 条采样垂线。

2. 河流、湖泊(水库)的采样点布设要求

(1)河流采样垂线上采样点的布设应符合表 4-5-2 规定,特殊情况可按河流水深和待测物分布均匀程度确定。

表 4-5-2　河流采样垂线上采样点的布设

| 水深(m) | 采样点数 | 位置 | 说明 |
| --- | --- | --- | --- |
| <5 | 1 | 水面下 0.5 m | 不足 1 m 时,取 0.5 相对水深;<br>如沿垂线水质分布均匀,可减少中层采样点;<br>潮汐河流应设置分层采样点 |
| 5 ~ 10 | 2 | 水面下 0.5 m,河底上 0.5 m | |
| >10 | 3 | 水面下 0.5 m,0.5 相对水深处,河底以上 0.5 m | |

(2)湖泊(水库)采样垂线上采样点的布设要求与河流相同,但出现温度分层现象时,应分别在表温层、斜温层和亚温层布设采样点。

(3)水体封冻时,采样点应布设在冰下水深 0.5 m 处;水深小于 0.5 m 时,在 0.5 相对水深处采样。

### 5.1.1.3　水体沉降物采样点布设

1. 水体沉降物采样点布设原则

水体沉降物采样点应根据本地区、河段的土壤背景状况和污染源及主要污染物种类等情况布设,并应符合以下原则:

(1)根据监测目的与水体水力学特征(如河道地形、水流流态等)及功能要求,能反映监测区域沉降物的基本特征。

(2)与现有地表水监测采样垂线相结合。

(3)专用站采样点按监测目的与要求布设。

2. 采样点布设方法与要求

(1)在本河段上游应设置背景采样断面(点)。

(2)采样断面应选择在水流平缓、冲刷作用较弱的地方,采样点按两岸近岸与中泓布设,近岸采样点距湿岸 2～10 m。如因砾石等采集不到样品,可略作移动,但应作好记录。

(3)布设排污口区采样点时,可在上游 50 m 处设对照采样点,并应避开污水回流的影响;在排污口下 50～1 000 m 处布设若干采样断面(或半断面)或采样点,亦可按放射式布设。

(4)湖泊、水库采样点布设应与湖泊、水库水质采样垂线一致。

(5)柱状样品采样点应设置在河段沉积较均匀、代表性较好处。

#### 5.1.1.4　地下水采样井布设

1. 地下水采样井的布设原则

(1)在以地下水为主要供水水源的农业区、经济开发区和城市区应布设采样井,以掌握地下水供水水源地的补给区、径流区、排泄区及遭受污染地段的地下水水质分布规律及其动态特征。

(2)地下水重点污染区、水源性地方病高发区、污水灌溉区、垃圾堆积区及地下水回灌区应布设采样井。

(3)采样井的布设应以易污染的浅层地下水为主,兼顾深层地下水和自流地下水。

(4)采样井的布设应考虑周围工业建设项目、矿山开发、石油开发、水源地开发、水利工程和农业活动等对地下水的影响。

(5)采样井应与地下水位基本监测井、泉水流量监测井或动态观测井结合,并尽可能利用水文地质单元中现有的民用井、生产井及泉水口等出水点,以充分利用已有水量资料,保证进行常年连续监测工作。

2. 地下水采样井布设方法

(1)在布设地下水采样井之前,应收集本地区有关资料,包括区域功能类型、水文地质条件、地下水运动规律、污染源分布、污水排放特征、城镇工业区分布、土地利用及水利工程状况等。

(2)根据区域水文地质单元状况及地下水主要补给来源,可在垂直于地下水流的上方布设一个背景采样井,背景采样井应布设在污染区外围。

(3)地下水污染区采样井应根据污染源分布状况和污染物在地下水中的扩散形式,采用网格法、放射法或平行和垂直于地下水流向布设。

(4)专用地下水采样井应按监测目的及要求布设。地下水采样井的布设密度,应根据水文地质条件、地下水运动规律及地下水污染程度确定,应有足够覆盖面,能反映本地区地下水环境质量状况与特征,一般宜控制在同一类型区内水位基本监测井数的10%左右。重要水源地、地下水水化学特性复杂或地下水污染严重地区可适当加密。在已经掌握地下水动态规律的地区可相应减少10%～20%。

(5)布设的采样井应有固定的和明显的天然标志物。没有天然标志物的,应设立人工标志物,然后按顺序编号,并将编号的采样井位标在地区分布图上。

### 5.1.2　水质取样的基本方法

水样是为了解水体的物质成分及物理化学性质，而从指定的水域中间断或连续地采集一部分具有代表性的能提供分析、鉴定、试验的水体实物。

#### 5.1.2.1　地表水采样的基本方法

1. 地表水样分类

地表水样按水样的采集方法可分为如下3种类型：

(1)瞬时水样。指从水体中不连续地随机采集的样品。对于组分较稳定的水体，或水体的组分在相当长的时间和相当大的空间范围变化不大，采集瞬时样品具有很好的代表性。当水体的组成随时间发生变化时，则要在适当的时间间隔内进行瞬时采样，分别进行分析，测出水质的变化程度、频率和周期。当水体的组成发生空间变化时，就要在各个相应的部位采样。一般情况下，瞬时水样只能代表当时和采样点的水质。

(2)混合水样。指在同一采样点上以流量、时间、体积或是以水量为基础，按照已知比例(间歇的或连续的)混合在一起的样品。混合水样是混合几个单独样品，可减少分析工作量，节约时间，降低试剂损耗。混合样品提供组分的平均值，因此在样品混合之前，应验证这些样品参数的数据，以确保混合样品数据的准确性。如果测试成分在水样贮存过程中易发生明显变化，则不适用混合水样，如测定挥发酚、油类、硫化物等。要测定这些物质，需采取单样贮存方式。

(3)综合水样。指从不同采样点同时采得的瞬时水样混合在一起的样品(时间应尽可能接近，以得到所需要的资料)。综合水样的采集包括在特定位置采集一系列不同深度的水样和在特定深度采集一系列不同位置的水样两种情况。综合水样是获得平均浓度的重要方式，有时需要把代表断面上的各点或几个污水排放口的污水按照相对比例流量混合，取其平均浓度。

2. 地表水采样方式与适用范围

(1)涉水采样。适用于水深较浅的小河、近岸、河岸或码头。采样时要面向上游，保证水样免受泥沙、垃圾或其他漂浮物的污染。

(2)桥梁采样。适用于有桥梁的监测断面。采样时，应将绳子一端系在采样器上，另一端安全而牢靠地系在桥上固定的位置。

(3)船只采样。适用于水体较深的河流、湖泊和水库。采样时应位于上游一侧采集，使机器浮油污染减至最低程度。采样时，必须用抛锚或马达使船平衡浮在水面，保证悬吊采样器的的绳子能到达垂线位置，并能精确读出采样水深。

(4)缆道采样。适用于山区流速较快的河流。如用吊箱，方法同桥梁采样。

(5)冰上采样。适用于北方冬季冰冻河流、湖泊和水库。采样时，为获得一个合适的工作场地，应除去冰面上覆盖的雪，用气钻钻开一个洞，在冰盖以下采集水样。

3. 采样方法与适用范围

(1)时间积分采样。指在一定地点，从水体某一特定深度采集一定时间内的混合水样。时间积分法采集的水样为混合水样，适用于在某一采样点上采集一定时段内的混合水样。

(2)深度积分采样。指在一定地点,从水体不同深度间歇或连续地采集而得到的混合水样。深度积分法采集的水样为综合水样,适用于采集沿采样垂线不同深度的混合水样。

#### 5.1.2.2　地下水采样的基本方法

地下水采样较常用的采样方法有井口采样、钻井采样、抽取采样和深度采样4种。

(1)井口采样。适用于供水水源水质的常规监测或监督饮用水的水质状况。采样时,直接用采样瓶从井口水龙头或生产井排液管中采集水样,也可以从距配水系统最近的水龙头或井口储水箱中取样。

(2)钻井采样。适用于了解劣质地下水所处的水平位置和研究含水层内地下水水质沿垂向变化情况。通常在钻井过程中用抓斗式采样器或气体泵采集样品。

(3)抽取采样。适用于地下水质在竖直方向是均匀的地方,或所要求的是近似平均成分的垂直混合样品。采样时,直接通过一根安放于测井内的管子抽取水样或经采样瓶虹吸抽取,也可以通过气动法压缩气体(一般用氮气)将水柱从测井内推至地面。

(4)深度采样。适用于样品的来源是已知的情况下和不稳定性分析参数的采样。采样时,将深水采样器放至井中,让它在指定深度灌满水,然后将采样器提至地面,并将水样转入采样瓶中。

### 5.1.3　样品采集注意事项

#### 5.1.3.1　地表水采样注意事项

(1)采样时,采样器口部应面对水流方向,用船只采样时,船首应逆向水流,采样在船舷前部逆流进行,以避免船体污染水样。

(2)除细菌、油等测定用水样外,容器在装入水样前,应先用该采样点水样冲洗三次。装入水样后,应按要求加入相应的保存剂后摇匀,并及时填写水样标签。

(3)采集测定溶解氧、生化需氧量和有机物等项目的水样时,必须将水样充满容器,不留空间,并用水封口。

(4)采样时,不可搅动水底部沉降物。

(5)测定油类的水样,应在水面至水面下300 mm采集柱状水样,并单独采样,全部用于测定。采样瓶不能用采集的水样冲洗。

(6)测定湖泊、水库水COD、高锰酸盐指数、叶绿素a、总氮、总磷的水样,静置30 min后,用吸管一次或几次移取水样至盛样容器,吸管进水尖嘴应插至水样表层50 mm以下位置。

(7)测定油类、五日生化需氧量、DO、硫化物、余氯、粪大肠菌群、悬浮物、放射性等项目要单独采样。

(8)因采样器容积有限,需多次采样时,可将各次采集的水样倾入洗净的大容器中,混匀后分装,但本法不适用于溶解氧及细菌等易变项目测定。

(9)沉降物采样前,采样器应用水样冲洗,采样时应避免搅动底部沉积物。

(10)为保证样品代表性,在同一采样点可采样2~3次,然后混匀。

(11)沉降物样品采集后应沥去水分,除去石块、树枝等杂物。

(12)沉降物样品的采集应与水质采样同步进行。

#### 5.1.3.2 地下水采样注意事项

(1)采样时,采样器放下与提升动作要轻,避免搅动井水及底部沉积物。

(2)用机井泵采样时,应待管道中的积水排净后再采样。

(3)自流地下水样品应在水流流出处或水流汇集处采集。

### 5.1.4 水质样品的保存及预处理方法

#### 5.1.4.1 水样的保存及预处理方法

各种水质的水样,从采集到分析的过程中,由于物理、化学和生物的作用,会发生各种变化。微生物的新陈代谢活动和化学作用,能引起水样组分和浓度的变化;二氧化碳含量的变化,可使水样的 pH 值和总碱度发生变化;水样也可能由于某些物质的聚合和解聚而发生变化。此外,物理作用也能引起水样的变化,如胶体物质的絮凝作用和沉淀物的吸附作用等,在采样器、贮样容器或悬浮物的表面上产生胶体吸附现象或溶解性物质被溶出等,都会使水样组分发生变化。为尽可能地减少水样的物理、化学和生物的变化,必须在采样时针对水样的不同情况和待测物的特性实施保护措施,并力求缩短运输时间,尽快将水样送至实验室进行分析。当待测物浓度很低时,更要注意水样的保存。

1. 水样的保存要求

适当的保护措施虽然能够降低水样变化的程度和减缓其变化速度,但并不能完全抑制其变化。有些项目特别容易发生变化,如水温、溶解氧、二氧化碳等必须在采样现场进行测定。有一部分项目可在采样现场对水样做简单的预处理,使之能够保存一段时间。水样允许保存的时间与水样的性质、分析项目、溶液的酸度、贮样容器的材质、比表面积以及存放的温度等多种因素有关。

保存水样的基本要求是:

(1)抑制微生物作用。

(2)减缓化合物或络合物的水解及氧化还原作用。

(3)减少组分的挥发和吸收损失。

2. 冷藏和冷冻法水样保存技术

1)冷藏法

冷藏法是指在 1 ~ 5 ℃冷藏并在暗处保存的方法。该方法可以抑制生物活动,减缓物理挥发作用和化学反应速度。在大多数情况下,使用冷藏法保存样品就足够了,但不适用长期保存,对废水样品的保存时间更短。

2)冷冻法

冷冻法是指在 -20 ℃冷冻保存的方法。该方法可以抑制生物活动,减缓物理挥发作用和化学反应速度。该方法较之冷藏法能延长储存期,但不适用于测试微生物及挥发性物质的样品。如果样品包含细胞、细菌或微藻类,在冷冻过程中,会破裂、损失细胞组分,同样不适于冷冻。冷冻需要掌握冷冻和融化技术,以使样品在融化时能迅速、均匀地恢复其原始状态,用干冰快速冷冻是令人满意的方法。一般选用塑料容器,推荐聚氯乙烯或聚乙烯等塑料容器。

3. 添加保存剂法水样保存技术

1) 控制溶液 pH 值

测定金属离子的水样常用硝酸酸化至 pH 值为 1 ~ 2,既可以防止重金属的水解沉淀,又可以防止金属在器壁表面上的吸附,同时在 pH 值为 1 ~ 2 的酸性介质中还能抑制生物的活动。此法保存的大多数金属可稳定数周或数月。

测定氰化物的水样需加氢氧化钠调至 pH 值为 12;测定六价铬的水样应加氢氧化钠调至 pH 值为 8(因在酸性介质中六价铬的氧化电位高,易被还原)。

2) 加入抑制剂

为了抑制生物作用,可在样品中加入抑制剂。

在测氨氮、亚硝酸盐氮、硝酸盐氮和 COD 的水样中,加入氯化汞或三氯甲烷、甲苯作防护剂,以抑制生物对亚硝酸盐氮、硝酸盐氮和铵盐的氧化还原作用。

在测酚的水样中用磷酸调溶液的 pH 值,加入硫酸铜以控制苯酚分解菌的活动。

3) 加入氧化剂

水样中的痕量汞易被还原,引起汞的挥发损失,加入硝酸—重铬酸钾溶液可使汞维持在高氧化态,使汞的稳定性大为改善。

4) 加入还原剂

测定硫化物的水样,加入抗坏血酸对保存有利。

含余氯的水样,能氧化氰离子,可使酚类、烃类、苯系物氯化生成相应的衍生物,为此在采样时加入适量的硫代硫酸钠予以还原,除去余氯干扰。

常用保存剂的作用和应用范围如表 4-5-3 所示。

表 4-5-3　常用保存剂的作用和应用范围

| 保存剂 | 作用 | 应用范围 |
| --- | --- | --- |
| 氯化汞 | 细菌抑制剂 | 各种形式的氮;各种形式的磷 |
| 硝酸 | 金属溶剂,防止沉淀 | 多种金属 |
| 硫酸 | 细菌抑制剂与有机碱形成盐 | 有机水样(COD、TOC、油和油脂)<br>氨和胺类 |
| 氢氧化钠 | 与挥发化合物形成盐 | 氰化物、有机酸类、酚类 |
| 冷藏或冷冻 | 减缓化学反应速率 | 酸度、碱度、有机物<br>五日生化需氧量、色度、嗅、有机磷、有机氮、生物机体 |

4. 对保存剂的要求及保存剂的添加

对地表水和地下水,常用的保存剂最好为优级纯试剂(如酸应使用高纯品,碱或其他试剂使用分析纯试剂)。如保存剂内含杂质太多达不到要求,则应提纯。

保存剂可以在实验室预先按所需量加在已洗净晾干的水样容器中,也可在采样后加入水样中。为避免保存剂在现场被玷污,最好在实验室将其预先加入容器内。但易变质的保存剂则不得预先加入。

测定溶解氧的水样应在现场采集后立即按有关分析方法的要求加入硫酸锰溶液和碱

性碘化钾－叠氮化钠试剂。加试剂应使用尖细的移液管将试剂加到液面以下,小心盖上塞子,避免带入气泡。

5. 水样预处理方法

在采样现场对水样的预处理方法主要有:自然沉降 30 min,分离可沉降物;离心和过滤,分离悬浮物、沉淀、藻类及其他微生物。

(1)自然沉降 30 min:如果水样中含有沉降性固体,如泥沙等,应分离除去。分离方法为将所采水样摇匀后倒入筒型玻璃容器,静置 30 min,将已不含沉降性的固体但含悬性固体的水样移入盛样容器并加入保存剂(悬浮物和油类水样除外)。

(2)过滤和离心:采样时或采样后,用滤器(滤纸、聚四氟乙烯滤器、玻璃滤器)等过滤样品或将样品离心分离都可以除去其中的悬浮物、沉淀物、藻类及其他微生物。滤器的选择要注意与分析项目相匹配,用前清洗及避免吸附、吸收损失。因为各种重金属化合物、有机物容易吸附在滤器表面,滤器中的溶解性化合物(如表面活性剂)会滤到样品中。一般测有机项目时选用砂芯漏斗和玻璃纤维漏斗,而在测定无机项目时常用 0.45 μm 的滤膜过滤。

过滤样品的目的就是区分被分析物的可溶性和不可溶性的比例(如可溶部分和不可溶金属部分)。

#### 5.1.4.2　沉降物样品的保存及预处理方法

1. 沉降物样品的保存

(1)沉积物样品采集后,于 −40 ~ −20 ℃冷冻保存,并在样品保存期内测试完毕。

(2)悬浮物采用 0.45 μm 滤膜过滤或离心等方法将水分离后保存。

(3)样品保存应符合表 4-5-4 的要求。

表 4-5-4　样品保存的要求

| 测定项目 | 容器<br>(P—塑料;G—玻璃) | 样品保存方法与要求 |
|---|---|---|
| 颗粒度 | P、G | 小于 4 ℃,保存期 6 个月,样品在分析前严禁冷冻和烘干处理 |
| 总固体、水分 | P、G | 冷冻保存,保存期 6 个月 |
| 总挥发性固体 | P、G | 冷冻保存,保存期 6 个月 |
| 总有机碳 | P、G | 冷冻保存,保存期 6 个月,室温融解 |
| 生化需氧量 | P、G | 尽快分析(4 ℃下可保存 7 d,分析前升温到 20 ℃) |
| 化学需氧量 | P、G | 尽快分析(4 ℃下可保存 7 d) |
| 油脂 | P、G | 尽快分析(80 g(湿样)/1 mL 浓盐酸,4 ℃下密封保存,保存期 28 d) |
| 硫化物 | P、G | 尽快分析(80 g(湿样)/2 mL、1 mol/L 醋酸锌并摇匀,于 4 ℃下避光密封保存,保存期 7 d) |
| 重金属 | P、G | −20 ℃下,保存期为 6 个月(汞为 30 d) |
| 有机污染物 | G | 尽快萃取或 4 ℃下避光保存至萃取,可萃取有机物在萃取后 40 d 内分析,挥发性有机物保存期为 14 d |

2.沉降物样品的制备

沉降物样品制备包括样品干燥、粉碎、过筛和缩分等步骤。

根据测试对象,样品干燥可选用下列方法之一:

(1)真空冷冻干燥。适用于对热、空气不稳定的组分。

(2)自然风干。适用于较稳定组分。

(3)恒温干燥(105 ℃)。适用于稳定组分。

沉降物样品干燥脱水后,按下列程序制备样品:

(1)剔除石块、贝壳、杂草等杂质,平摊在有机玻璃板上,剔除明显的砾石与动植物残体,反复碾压过20目筛,至筛上不含泥土。

(2)测定金属的样品应用玛瑙粉碎器皿研磨至全部样品通过80~200目筛(视测定项目要求而定)。

(3)筛下样品应采用四分法缩分,得到所需量的沉降物样品后,装入棕色广口瓶中,贴上标签后供测试用或冷冻保存。

样品制备应注意以下事项:

(1)测定金属项目的样品应使用尼龙网筛,测定有机污染物样品应使用不锈钢网筛。

(2)测定汞、砷、硫化物等项目的样品宜采用人工方法碎样,并且过80目筛。

(3)采用湿样测定不稳定组分时,应同时制备两份样品,其中一份用于含水量测定。

## 5.2　数据资料记载与整理

### 5.2.1　现场采样记载规定

#### 5.2.1.1　现场采样记载的一般规定

(1)记录事项应随取样作业的展开即时记入正式记录表格中,不允许事后整理,不得以回忆方式填写,以保证记录的原始性和真实性。

(2)原始记录的改错。原始记录改错禁止抹去原先记录的痕迹,应保留整个改错记录的过程。

(3)所有的现场记载应完整、清楚、准确,并在离开测站之前完成。

#### 5.2.1.2　贮样容器的标记方法

(1)每个水样瓶均需贴上标签,内容应包括采样点位、测定项目、保存方法等。

(2)标签应使用水不溶性的墨水填写,严寒季节墨水不易流出时,可用硬质铅笔书写。

(3)对于未知的特殊水样以及危险或潜在危险物质如酸,应用记号标出。

标签应事先设计打印好,在现场取样完成后,及时填记粘贴在存样容器上。

### 5.2.2　现场采样记载表

水质现场采样记载表的一般格式内容如表4-5-5所列,表中各栏目意义很明确,按照测验方法过程填写。项目除列出的5项外,其他根据监测实际项目续填。

表 4-5-5　水质现场采样记载表

测次编号：　　采样时间：　　年　　月　　日　　时　　分

水系：　　河名：　　断面名称：　　地址：　　省(区)　　县(市)　　乡(镇)　　村

水样类型：　　采样方法：

水位：　　(m)　　流量：　　($m^3/s$)　　水面宽：　　(m)　　气温：　　℃

| 位置 | 原状水 | | | 石油类 | | | 硫化物 | | | 溶解氧 | | | 细菌类 | | | | | |
|---|---|---|---|---|---|---|---|---|---|---|---|---|---|---|---|---|---|---|
| 垂线 | 左 | 中 | 右 | 左 | 中 | 右 | 左 | 中 | 右 | 左 | 中 | 右 | 左 | 中 | 右 | 左 | 中 | 右 |
| 离岸距离(m) | | | | | | | | | | | | | | | | | | |
| 水深(m) | | | | | | | | | | | | | | | | | | |
| 测层深(m) | | | | | | | | | | | | | | | | | | |
| 样品现场处理与保存方法 | | | | | | | | | | | | | | | | | | |
| 位置 | | | | | | | | | | | | | | | | | | |
| 垂线 | 左 | 中 | 右 | 左 | 中 | 右 | 左 | 中 | 右 | 左 | 中 | 右 | 左 | 中 | 右 | 左 | 中 | 右 |
| 离岸距离(m) | | | | | | | | | | | | | | | | | | |
| 水深(m) | | | | | | | | | | | | | | | | | | |
| 测层深(m) | | | | | | | | | | | | | | | | | | |
| 样品现场处理与保存方法 | | | | | | | | | | | | | | | | | | |

现场测定项目

| 水温(℃) | pH 值 | 电导率(μS/cm) | | | 溶解氧(mg/L) | | | 样品现场制备 |
|---|---|---|---|---|---|---|---|---|
| | | 左 | 中 | 右 | 左 | 中 | 右 | |
| | | | | | | | | |

污染现象观察：(色、嗅、浊度等)：

备注：

采样人：　　收样人：　　年　　月　　日　　时　　分　　复核：　　年　　月　　日

# 模块6　地下水及土壤墒情监测

## 6.1　观测作业

### 6.1.1　地下水位自动监测仪器的使用方法

地下水位自动监测仪器主要有浮子式、压力式和其他类型。对于大口径水井，埋深不大时可以应用所有类型的地表水位计。

#### 6.1.1.1　浮子式地下水位计

浮子式地下水位计的结构和测地表水位用的浮子式水位计相同，包括水位感应器、编码器、固态存储器、电源等，还有平衡锤或自收悬索机构。水位感应器由浮子、悬索、水位轮等元件组成。

在水位测井中，安装一个浮子，作为水位感测元件，当水位变化时，浮子灵敏地响应水位变化并作相应的涨落运动，同时把此水位涨落的直线运动通过悬索传递给水位轮，使水位轮产生圆周运动，并准确地将直线位移量转换为相应的角位移量。水位轮枢轴就是转角编码器的输入轴，在水位轮旋转的同时，轴角编码器已将水位模拟量转换并编制成相应的数字编码，用固态存储器记录或遥测传输。

浮子式地下水位计结构简单、可靠，便于操作维护，只要测井口径满足安装要求，可以用于所有地点。

由于水位轮、浮子、平衡锤的直径很小，小浮子感应水位变化的灵敏度较差，地下水埋深较大时，悬索长也影响水位感应灵敏度，因此编码器的阻力应尽可能小些。

在使用浮子式地下水位计前，应仔细阅读说明书，检查外观、功能、轴向游隙、转动力矩、跳动量、输出、旋转水位轮转速、悬索的牢固性等。

浮子式地下水位计维护：水位轮枢轴伸出端与机壳之间应定期补充黄油，以免潮湿空气进入，腐蚀内部零件；定期检查浮子、平衡轮与悬索固定处的牢固性；定期用手轻轻盘转水位轮，感觉轴角编码器内部机构运转是否正常；定期用水尺核对水位；对定期清除轴角编码器外表污物，擦拭金属外表，以防氧化生锈；经常检查记录纸、时钟等记录装置。

#### 6.1.1.2　压力式地下水位计

压力式地下水位计的原理结构和压力式地表水位计一致，包括压力传感器、测量控制装置、固态存储器、专用电缆、电源等。

安装使用时，只需将仪器用专用缆索悬挂在地下水测井内的最低水位以下某点位，压力式地下水位计就能测量地下水面以下某一点的静水压力，此压力除以水体的密度，可换算得到此测量点以上水面的高度，该高度加仪器感应面的零点高程从而得到水位。水位计算关系如下式

$$H_{水位} = H_{显示} + H_0 \tag{4-6-1}$$

式中　$H_{水位}$——水位值，m；

$H_{显示}$——水面的高度显示值，m；

$H_0$——压力传感器的零点高程，m。

压力式地下水位计应定期校核零点高程并进行比测（一般一个月一次，必要时随时校核），校核后应用传感器新零点高程。

压力式地下水位计的传感器在运输、安装、运行及维修过程中切不可碰撞、跌落、敲击，不可接近高温，不可接触腐蚀性液体和气体；通气防水电缆要固定好，不可承受重压，不可接触锋利物体，电缆和传感器连接部位不可承受重拉力，通气管要始终通畅，不能进水；注意防雷、防破坏；冬天传感器提出水面时注意防冻，温度变化过大（气温变化 ±20 ℃，水温变化 ±10 ℃）时要及时注意比测，发现误差偏大时也要重新比测，以便及时修正测量成果。

压力式地下水位计的所有工作部分都可放在地下水测井的水下，不受地面的干扰。压力式地下水位计对测井口径没有要求，基本上可以适用于任何埋深。

#### 6.1.1.3　其他地下水位计

（1）自动跟踪式悬锤水位计。悬锤式水位计需人工放测锤，观测灯光、音响信号。自动跟踪式悬锤水位计用一电机自动放测锤，利用导通信号控制测锤接触水面时停止，利用编码器自动测得测尺长度。该仪器结构复杂，可动部件多，水位测量误差较大。

（2）声学测头水位计。固定在井口，通过声波发射返回的参数连续计算声学测头与水面之间的距离。

（3）水位长期自动存储装置水位计。水位记至 cm，时间记至 min，测量误差和走时误差符合要求；具有通过手动或指令显示出最近一次记录的水位测量值和测量时间的功能；能直接或经数据读出机送入计算机整编，并可长期作资料保存。

配有远传装置的水位计，其远传部分应按产品说明书进行安装和使用。

#### 6.1.1.4　地下水水温监测

目前，水文系统基本用人工方法测量地下水温。一种方法是在地下水抽出地面后进行测量，另一种方法是用数字式温度计直接放入地下水测井中测量。

自动测量水温的传感器一般和其他传感器安装在一起，构成水位、水温测量传感器，多参数水质传感器等。

### 6.1.2　土壤含水率的仪器监测方法

土壤含水率的监测方法很多，其中较常用的方法有烘干法、张力计法、中子水分仪法及时域反射法和频域法。烘干法设备简单，且测试结果准确可靠，是测定土壤水分最普遍的方法，也是标准方法，常作为校定一种新的土壤含水率测定仪器精度和可靠性的基准方法使用。关于烘干法的原理及测试步骤见本书操作技能——初级工模块 6 地下水及土壤墒情监测的 6.1.3 部分。

#### 6.1.2.1　土壤含水率自动监测方法的一般要求

（1）土壤含水率的自动监测系统应包括土壤水信息的采集、传输、信息的存储和处理及自动报送功能。

(2)土壤含水率自动监测站的所有仪器设备须符合标准化、市场准入的要求，不得采用自行研制的仪器设备。

(3)土壤含水率自动监测站的空间布点原则同一般监测站。

(4)土壤含水率自动监测站的采样时间可从8时开始，每隔6 h采样一次，而报送和整编土壤含水率信息时，以8时的数据为准。

#### 6.1.2.2　张力计法

1.原理

当陶土头插入被测土壤后，管内自由水通过多孔陶土壁与土壤水接触，经过交换后达到水势平衡。此时，从张力计读到的数值就是土壤水(陶土头处)的吸力值，也即为忽略重力势后的基质势的值，然后根据土壤含水率与基质势之间的关系——土壤水分特性曲线(土壤体积含水率与基质吸力水头的关系图)就可以确定出土壤的含水率。张力计法也称负压计法。

2.仪器

张力计主要由陶土头、连通管和压力计组成。陶土头孔径为1.0～1.5 μm，是张力计的关键部件。

3.特点

(1)优点：试验设备和操作都较为简单，在土壤比较湿润的时候测量土壤基质势很准确，可适用于灌溉耕地，喷灌和滴灌土地与水分胁迫转台的连续监测，而且受土壤空间变异性的影响较小。

(2)缺点：应需长时间后才能达到水势平衡，测量范围窄，通常只在0～0.08 MPa吸力范围内有效，不适合于干燥土壤，陶土头需定期维护和更换，整个测量过程所消耗的劳力与时间较多，运行费用高。

4.张力计的使用方法

(1)使用张力计法观测土壤含水率时首先应作好各观测点的土壤水分特性曲线。

(2)张力计有指针式和电子压力传感器两种类型。张力计安装前应进行外观检查，真空表指针应指示零点且转动灵活。电子张力计采用压力传感器替代真空表，其测量精度高，可以接入数据采集器进行连续自动测量。

(3)张力计安装前要进行排气和密封检查。

(4)真空表至陶土管中部的高差形成静水压力，为作精确测量时应在读数中减去静水压力值。

(5)张力计用于定位测量土壤含水率，可按观测要求定点布设张力计，为减少张力计因陶土管渗水而产生的相互影响，任意两支张力计的间距不应小于30 cm。

(6)埋设张力计时应避免扰动原状土壤，应用直径等于或略小于陶土管直径的钻孔器，开孔至待测深度，在钻孔底部放入少量泥浆后插入张力计，使陶土管与土壤紧密接触并将地面管子周围的填土捣实，以防水分沿管进入土壤。

(7)张力计埋设深度处的土壤含水率不应超过其量测范围。一般接近地面且含水量变化幅度大的土层不适合埋设张力计，可用烘干法量测土壤含水率。

(8)埋置张力计 1 ~ 2 d 后,当仪器内的压力与陶土头周围的土壤吸力平衡时方可正常观测,观测时间以每天 8 时为宜,读数前可轻击真空表,以消除指针摩擦对观测值的影响。

(9)按照观测要求读取真空表的土壤吸力值后,由吸力值查土壤水分特性曲线得出体积含水率的数值。

(10)水传感张力计只有在气温为 0 ℃以上才能正常观测,气温低于 0 ℃时应当拆除真空表头使管内水分自然排干,以防冻坏。

(11)张力计在使用过程中,若集气室气体过多,需进行补水排气,补水时慢慢打开密封盖,注入凉开水或蒸馏水,使气体排出,或用针管注水排气。注水时管内失压,管内水外流至土壤中影响含水率的量测精度,补水日期应记录在表上,以便在资料分析时对数据进行合理取舍。

(12)使用电子压力传感器的张力计,一般具有温度补偿功能(0 ~ 50 ℃),可以由数据采集器进行自动连续测量。

#### 6.1.2.3　中子水分仪法

1. 原理

从放射源放射出的快速中子,以辐射状辐射至土壤中,当碰撞原子核时可能散射或被吸收,快中子损失能量,从而使其慢化成为热中子。快中子碰撞原子核的质量愈小,减速的比例愈大,特别是碰撞强慢化体氢原子核,中子的减速最大。因此,热中子云的密度主要取决于氢的含量。土壤中绝大部分,甚至几乎所有的氢都存在于水中,所以土壤中水分的含量与热中子数量成正比。热中子数量可由热中子探测器测量获得,根据热中子的计数率与土壤含水率的线性关系,由计数率得出含水率的数值。

2. 仪器组成

中子水分仪包括两个主要部分:探测器(包括一个快中子放射源和一个慢中子检测器)和定标器(或定率器)。定标器用做监视慢中子流,慢中子流与土壤含水率成比例。快中子放射源可采用镭 226 - 铍、镅 241 - 铍等中子源,近年来还有采用微量的纯锎 252,其放射线损伤的危险性很小。选用寿命长的快中子源(如镭 226 - 铍的半衰期为 1 620 年),可使用很多年而无显著的辐射流变化。探测器有插入型和表面型两种。

3. 特点

(1)优点:测量简单,快速,精度高,受温度和压力的影响不大,套管永久安放后能长期定位测定,可达根区土壤任何深度。

(2)缺点:最主要的缺点是需要田间校准。另外,仪器设备昂贵,一次性投入大。中子水分仪法对土壤采样范围为一球体,这使得在层状土壤、土壤表层等情况下测量误差较大。安装套管时会破坏土壤的水分连续性和根系。此外,中子水分仪存在潜在的辐射危害,对使用者的身体健康有影响,操作者必须经过培训。

4. 中子水分仪的使用方法

(1)操作人员在使用中子水分仪前应进行专门的培训和操作训练,应熟悉所持型号的中子水分仪的使用和保养方法、辐射防护方法和国家有关放射源使用与保管的有关规定,而且应在当地相关主管部门登记,取得含放射源仪器的使用许可证。

(2)中子水分仪测管的埋设,应在代表性地块的代表区域中根据观测要求布置测点和确定量测深度，监测点一经设置后不得随意变动，以保证土壤含水率观测资料的一致性。

（3）中子水分仪测管的材质取铝合金管或硬塑料管，用塑料管时避免使用聚氯乙烯管和含氢量高的塑料管，管材应有一定的强度和防腐蚀性能，以防管壁变形和腐蚀。

（4）中子水分仪测管下端用锥形底盖密封，以防止地下水分进入，测管上端以橡皮塞密封，以防雨水及地表水分进入。在灌溉或降雨过程后，放下中子水分仪测管前应检查测管内是否有积水，有积水时不能进行测量。

（5）导管安装前应向管内注水并保持数小时，检查导管底部封接处是否漏水，若漏水，则不能使用。

（6）在野外观测使用的各种型号的中子水分仪应有完整的技术资料和使用说明书，中子水分仪在使用前应进行率定和检验。

（7）对于只给出读数 $R$ 的中子水分仪，应测试其标准读数 $R_w$，并根据测区的土壤通过试验来标定土壤含水率曲线，建立土壤体积含水率 $\theta$ 和计数比 $R/R_w$ 的关系线，其直线方程为

$$\theta = m(R/R_w) + C \tag{4-6-2}$$

式中　$\theta$——土壤体积含水率，以小数计；

$m$——直线斜率；

$R$——中子水分仪在土壤中的实测读数；

$R_w$——标准计数；

$C$——相关直线的截距。

（8）对于直接给出体积含水率的中子水分仪，在不同土壤质地区域观测时应对中子水分仪的读数进行校核。有较大误差时应通过率定修正。

（9）对中子水分仪进行率定时可采用野外率定方法。

（10）若更换探测器，应对仪器重新进行率定。

（11）野外观测土壤含水率时，首先应按照说明书的规定读取标准计数，并在没有外部放射性物质或高含氢物质的环境下进行。读取的当前标准计数与既往标准计数的误差应在规定的标准误差范围内；否则，应检查仪器的工作状态是否正常。

（12）中子水分仪测土壤含水率时应备有标准的记录表格，观测结束后应根据观测的结果和标定方程计算出每个测点的平均体积含水率。

（13）中子水分仪发生故障时不可随意拆卸，应送指定的单位进行修理。

（14）中子源在发生意外情况遗失或外露时应及时报告有关部门，并隔离辐射区域，以防止核辐射对人体的损害和扩散。

（15）在观测过程中，观测人员应按操作规则搬运和使用中子水分仪，应设有专门的房间、配有专门的工作人员来保管中子水分仪，保管室与居室和工作室应有一定的距离。

（16）使用中子水分仪应按照国家环保部门对含放射源仪器的管理办法执行。

（17）中子水分仪的观测记录和换算方法按统一的表格进行。

#### 6.1.2.4　时域反射法（TDR）

1. 原理

时域反射法是根据电磁波在介质中的传播速度来测定介质的介电常数，从而确定土

壤体积含水率的方法。电磁脉冲沿着波导棒的传播速度取决于与波导棒相接触的和包围着波导棒的材料的介电常数($K_\alpha$)。电磁脉冲在土壤中传播时,其介电常数与土壤体积含水率有很好的相关性,与土壤类型、密度等几乎无关。一般来说,土壤成分包括空气、矿物质和有机颗粒以及土壤水分等。由于水的介电常数远远大于空气和土壤基质中其他物质的介电常数,因此土壤的介电常数主要依赖于土壤的含水率。

空气－土壤－水分混合物的较粗略的介电常数($K_\alpha$)可以通过下式来确定

$$K_\alpha = (t \times c/L)^2 \tag{4-6-3}$$

式中　$K_\alpha$——介质的相对介电常数;

$t$——电磁脉冲从波导棒的始端到波导棒的末端所需的时间,s;

$c$——真空中电磁波的传播速度,m/s;

$L$——波导棒的长度,m。

由式(4-6-3)得

$$v = \frac{L}{t} = \frac{c}{\sqrt{K_\alpha}} \tag{4-6-4}$$

式中　$v$——电磁波在介质中的传播速度,m/s;

其余符号意义同前。

信号发生器产生一个具有陡峭上升沿的阶跃电压信号,以电磁波的形式沿同轴电缆和埋入土壤中的探针(长度为 $L$)传播。由于同轴电缆和探针的阻抗不同,部分电磁波在同轴电缆与探针的连接处(即探针首端)发生反射并沿同轴电缆传回;剩下的电磁波继续沿探针传播,在探针末端被全部反射并传回。这两部分反射信号均被高速采样示波器记录下来,使用双切线法可以确定信号传播的时间。其中,$t_1$ 为探针首端反射的信号被示波器捕获的时间,$t_2$ 为探针末端反射的信号被示波器捕获的时间,$\theta$ 为土壤体积含水率。考虑到电磁波在探针上来回传播的距离为 $2L$,传播的时间为($t_2 - t_1$),则由式(4-6-4)可得土壤介电常数计算公式为

$$K_\alpha = \left(\frac{c}{v}\right)^2 = \left[\frac{c(t_2 - t_1)}{2L}\right]^2 \tag{4-6-5}$$

Topp 等使用该方法测量了土壤的介电常数,得出的计算土壤体积含水率的纯经验公式为

$$\theta = (-530 + 292K_\alpha - 5.5K_\alpha^2 + 0.043K_\alpha^3) \times 10^{-4} \tag{4-6-6}$$

上述公式已被证明广泛适用于各种矿物质土壤。但在实际应用中,由于土壤容重、有机质含量、电导率以及质地等因素都会影响 TDR 测量的结果,为了得到较高的测量精度,仍需要对不同的土壤进行单独标定。

2. 仪器

时域反射法仪器包括快沿信号发生器、采样示波器、探头系统(连接被测件和 TDR 仪器)。

3. 特点

(1)优点:测量速度快,操作简便,精确度高(能达到 0.05%),可连续测量。既可测量土壤表层水分,也可用于测量剖面水分;既可用于手持式的实时测量,也可用于远距离

多点自动监测。测量数据易于处理。

(2)缺点:电路复杂,价格昂贵。

4. TDR 仪的使用方法

(1)TDR 仪正式使用前,应与取土烘干法进行对比观测,当有系统误差时应予以校正。

(2)TDR 探头分探针和管式两大类。探针式可以埋设在土壤的剖面中进行定点连续测量,管式探头须和测管配合使用,可对土壤不同深度连续测量,测管可用硬质塑料管,埋设时注意管体与土壤间的良好接触。

(3)TDR 仪测出的含水率为测针长度或探管有效作用范围内对应深度的平均体积含水率。

(4)在观测时应注意 TDR 仪设置的功能及适应的土壤。特别是有机土壤和无机土壤应根据仪器上的功能设置来选择对应的计算公式。当 TDR 观测功能有土壤含水率、土壤温度、土壤电导率时应同时记录三个要素的观测值,以便于分析不同温度、不同电导率对土壤含水率监测的影响。对已考虑电导率和温度影响的 TDR 仪,可直接使用仪器观测土壤含水率,对未考虑此两要素影响的仪器,在高电导率土壤或高温且温度变化剧烈期应考虑上述两要素对土壤含水率观测的影响,并经试验分析得出修正方法。

(5)探针式 TDR 仪观测土壤含水率时,可采用在土壤中埋设探针的置入法或直接插入法来观测土壤含水率。具体方法见本节 6.1.2.6 部分。

#### 6.1.2.5　频域法

频域法包括频域分解法(FD)、驻波法(SWR)、频率反射法(FDR)等。

(1)频域分解法:该方法利用矢量电压测量技术,在某一理想测试频率下将土壤的介电常数进行实部和虚部的分解,通过分解出的介电常数虚部可得到土壤的电导率,由分解出的介电常数实部换算出土壤含水率。

(2)驻波法:驻波法是基于微波理论中的驻波原理确立的土壤水分测量方法,它不再利用高速延迟线测量入射—反射时间差 $\Delta T$,而是测量它的驻波比。试验表明,三态混合物介电常数的改变能够引起传输线上驻波比的显著变化,因此通过测量传输线两端的电压差即可获得土壤体积含水率信息。

(3)频率反射法:频率反射仪的传感器主要由一对电极(平行排列的金属棒或圆形金属环)组成一个电容,其间的土壤充当电介质,电容与振荡器组成一个调谐电路,振荡器工作频率 $F$ 随土壤电容的增加而降低,即

$$F = \frac{1}{2\pi \sqrt{L}}\left(\frac{1}{C} + \frac{1}{C_{\mathrm{b}}}\right)^{0.5} \tag{4-6-7}$$

式中　$L$——振荡器的电感;

$C$——土壤电容;

$C_{\mathrm{b}}$——与仪器有关的电容。

$C$ 随土壤含水率的增加而增加,于是振荡器频率与土壤含水率成非线性反比关系。FDR 使用扫频频率来检测共振频率(此时振幅最大),土壤含水率不同,发生共振的频率不同。

操作方法可参考本节 6.1.2.6 部分。

**6.1.2.6 探针式土壤水分测试仪使用方法**

(1)探针式土壤水分测试仪包括时域反射仪(TDR)、频率反射仪(FDR)、驻波仪(SWR)等。

(2)置入法定点观测土壤含水率投资较大,探针和电缆的价格很贵,墒情监测站可在代表性和试验性地块采用置入法观测,而在巡测点采用直接插入法来观测土壤含水率。

(3)作为土壤含水率自动监测仪器,采用置入法观测。置入法水平安置探针时,可在观测剖面旁挖坑,探针可在挖出的剖面按测点深度水平插入原状土壤中,探针的插入位置距开挖剖面应有一定的距离,安装完毕后土坑应按原状土的情况填实。

(4)置入法垂向安置探针时,应在被测地块按观测的不同深度钻孔,孔径应与探针导管的外径相同或略小,地表导管周围土壤应填实以保证导管与周围土壤密切接触,防止地表和土壤中各层间的水分沿导管与土壤间的缝隙流动。垂向埋入探针时,两组探针间距不应小于 30 cm,以防止钻孔对土壤结构的破坏影响不同深度测点的观测值。水平和垂向埋入法均要保持各测点两探针间相互平行。

(5)直接插入或定点监测和巡测土壤含水率时,采用挖坑插入或打孔插入观测的方法,打孔时,孔径应大于探针导管的外径。直接插入法观测时要避开上次的测坑和土壤结构被破坏的地块,探针插入土壤时应使探针与土壤密切接触,避开孔隙、裂缝、石块和其他非均质异物。

(6)对置入法的土壤水测点,应保持测点相对的稳定性,不随意改变观测位置,以保持观测资料的连续性和一致性。

(7)每次观测后应用干布擦拭探针,揩干净泥土和水分,再进行下一次观测。为避免插入方法引起的观测误差,可在同一深度进行重复观测。重复观测时,应避开上一次的针孔,取两次接近的读数的均值作为该点的土壤含水率。

## 6.2 数据资料记载与整理

### 6.2.1 地下水位与埋深的转换计算方法

地下水位即地下含水层中水面的高程。地下水埋深指地下水位与地面高程之差,也就是地下水水面至地面的距离。地下水位与埋深示意图见图 4-6-1。

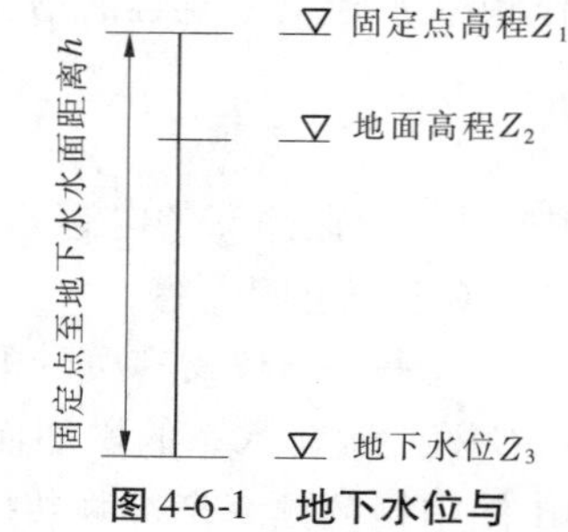

图 4-6-1 地下水位与埋深示意图

由图 4-6-1 容易得出

$$Z_3 = Z_1 - h \tag{4-6-8}$$

$$H = Z_2 - Z_3 = h + Z_2 - Z_1 = Z_1 - Z_3 - (Z_1 - Z_2) \tag{4-6-9}$$

式中 $Z_1$——固定点高程;

$Z_2$——地面高程;

$Z_3$——地下水位;

*h*——固定点至地下水水面距离；

*H*——地下水埋深。

也就是说，地下水位由固定点高程减去固定点至地下水水面距离计算。地下水埋深可由地面高程减去地下水位计算；也多用固定点至地下水水面距离加上地面高程再减去固定点高程的代数和计算；或者用观测井（孔）口上的固定点高程减地下水位，再减观测井（孔）口上的固定点高程与地面的高程之差计算。

统计时段内（标志时间前若干天）测站地下水埋深的平均值，称为平均地下水埋深，计量单位为 m。

## 6.2.2　土壤墒情监测采样与烘干测定记录表的结构内容与填记要求

### 6.2.2.1　土壤墒情监测采样记录表

土壤墒情监测采样记录表如表 4-6-1 所示。

**表 4-6-1　土壤墒情监测采样记录表**

采样时间：　　年　　月　　日　　时　　分　　　　　　天气：

采样地点：　　省（自治区、直辖市）　　县（市、区）　　乡（镇）　　村　　组

| 土壤采样 | 土样编号 | | 主要作物种植情况 | |
|---|---|---|---|---|
| | 采样深度(cm) | | 耕作制度 | |
| | 土壤类型 | | | |
| | 土壤质地 | | 作物种类 | |
| 地形地貌 | | | 播种面积（亩） | |
| 地下水埋深(m) | | | 作物生长阶段 | |
| 灌溉时间 | | | 作物水分状况 | |
| 其他 | | | | |
| 现场情况记录 | | | 采样点位示意图　↑北 | |

采样人：　　　　　　记录人：　　　　　　校对人：

### 6.2.2.2　土壤墒情监测烘干法测定记录表

土壤墒情监测烘干法测定记录表如表 4-6-2 所示。

### 6.2.2.3　表中有关内容填记

表中有关内容填记如下：

（1）“采样时间”：填采样时的年、月、日、时（时以 h 计，记至一位小数）。

（2）“天气”：填晴、阴、雨。

（3）“土样编号”：按照唯一性原则统一编号。

（4）“采样深度”：采样点的深度，记至 1 cm，即 0.01 m。

**表 4-6-2　______站测点土壤墒情监测烘干法测定记录表**

测次：　采样时间：　年　月　日　时　烘干温度：　℃　烘干时间：　日　时　分～　日　时　分

| 项目 | | 取样深度(cm) | | | | | |
|---|---|---|---|---|---|---|---|
| | | 10 | 20 | 40 | 60 | 80 | 100 |
| 称样容器编号 | | | | | | | |
| 称样容器＋湿土质量(g) | (1) | | | | | | |
| 称样容器＋干土质量(g) | (2) | | | | | | |
| 称样容器质量(g) | (3) | | | | | | |
| 干土质量(g) | (4)＝(2)－(3) | | | | | | |
| 土壤水质量(g) | (5)＝(1)－(2) | | | | | | |
| 土壤含水率(%) | (6)＝(5)/(4)×100% | | | | | | |
| 测点平均土壤含水率(%) | | | | | | | |

| 主要作物种类 | | 地下水埋深(m) | | 表土情况 | 主要作物生长描述 |
|---|---|---|---|---|---|
| 主要作物生长阶段 | | 时段降水量(mm) | | | |
| 主要作物水分状况 | | 连续无雨日 | | | |
| 土壤类型 | | 灌溉时间 | | | |
| 土壤质地 | | 其他 | | | |

取样：　　测定：　　一校：　　二校：

(5)“土壤类型”：填有机土、人为土、灰土、火山灰土、铁铝土、变性土、干旱土、盐成土、潜育土、均腐土、富铁土、淋溶土、雏形土、新成土等。

(6)“土壤质地”：填粗砂土、细砂土、面砂土、砂粉土、粉土、粉壤土、黏壤土、砂黏土、粉黏土、壤黏土、黏土等。

(7)“作物种类”：填监测地块监测时的作物种类(小麦、玉米、棉花、谷子、大豆、油菜、烟草等)。

(8)“耕作制度”：按作物年(熟、作)实际情况，可填一年一季(熟、作)，或一年二季(熟、作)，或一年三季(熟、作)，或二年三季(熟、作)。

(9)“地形地貌”：填山地、高原、平原、丘陵或盆地等。

(10)“播种面积”：以亩为单位填写。

(11)“地下水埋深”：填墒情监测站或附近的地下水埋深，记至 0.01 m。

(12)“连续无雨日”：填墒情监测站点连续无降雨的天数，记至 1 d。

(13)“时段降水量”：填墒情监测站(或附近)前次报送至本次报送时的时段累积降水量，记至 0.1 mm。

(14)“作物生长阶段”：填监测地块监测时作物生长阶段(一般可分为播种期、苗期、拔节期、孕穗期、灌浆期、成熟期等 6 个阶段)。

(15)“灌溉时间”:填监测地块进行灌溉的月、日。

(16)“作物水分状况”:指监测到的水分状况,填涝、渍、正常、缺水、萎蔫、发黄、枯死或其他。

(17)“现场情况记录”:填采样现场除以上内容外需交代的情况。

(18)“采样点位示意图”:可以参照明显地物标志位草绘。

表4-6-2中的有关计算见本书操作技能——初级工模块6中6.1.3部分。

#### 6.2.2.4　土壤含水量监测误差的概念

由于仪器、试验条件、环境等因素的限制,土壤含水量监测存在误差。

测量值与真值或标准值的差定义为误差。对于土壤含水量,用烘干法作为标准,其他监测方法测得的土壤含水量与烘干法测得的土壤含水量之差定义为土壤含水量监测误差。

对不同类型的传感器,在使用前均应按常规的率定方法来率定检验。土壤含水量的量测误差应为$\delta \leqslant 2.5\%$。

任何新的观测方法和观测仪器的率定与分析均应以烘干法作为标准,没有率定曲线的仪器应先针对仪器使用地区土壤类型进行率定,以确定仪器的读数与含水量之间的关系。

### 6.2.3　土壤墒情仪器法观测记录表的结构内容与填记要求

#### 6.2.3.1　土壤墒情仪器法观测记录表

土壤墒情仪器法观测记录表如表4-6-3所示。

表4-6-3　______站测点土壤墒情仪器法观测记录表

测点名(号):　　　　监测时间:　　年　　月　　日

| 仪器名称 | | | | 仪器型号 | | | | 校正情况 | |
|---|---|---|---|---|---|---|---|---|---|
| 土壤类型 | | | | 土壤质地 | | | | 地下水埋深(m) | |
| 作物名称 | | | | 作物生长阶段 | | | | 作物生理状况 | |
| 时段降水量(mm) | | | | 连续无雨日 | | | | 表土情况 | |
| 灌溉时间 | | | | 其他 | | | | 读数时间(s) | |
| 施测时间 | | 测点深度(cm) | | | | | | 垂线平均体积含水率$\theta$ | 垂线平均质量含水率$\omega$ |
| 时 | 分 | 10 | 20 | 40 | 60 | 80 | 100 | | |
| | | | | | | | | | |
| | | | | | | | | | |
| | | | | | | | | | |

观测:　　　　计算:　　　　校核:

#### 6.2.3.2　表中有关内容填记

表中有关内容填记如下:

(1)“测点名(号)”:填此墒情监测点的名称。

(2)“监测时间”:填观测时的年、月、日。

(3)“仪器型号”:填所使用仪器的型号。

(4)“校正情况”:填校正合格与否。

(5)“灌溉时间”:填监测地块进行灌溉的月、日。

(6)“时段降水量”:填墒情监测站或附近前次报送至本次报送时的时段累计降水量,记至0.1 mm。

(7)“连续无雨日”:填墒情监测站点连续无降雨的天数,记至1 d。

(8)“读数时间”:填读数的持续时间,以秒(s)为单位。

(9)“施测时间”:填每一测点的监测时间,记至h、min。

(10)“测点深度含水量”:填仪器测得的含水量。

(11)“垂线平均体积含水率”:填用测点深度含水量计算出的垂线平均体积含水率(见6.2.4部分)。

(12)“垂线平均质量含水率”:填用垂线平均体积含水量计算出的垂线平均质量含水率(见6.2.4部分或用本书操作技能——初级工式(3-6-2)换算)。

其他同表4-6-1、表4-6-2的填法。

### 6.2.4　土壤含水率分层和垂线平均值的计算

(1)墒情监测站各土层平均土壤体积含水率计算。

第一土层(0~10 cm)平均土壤体积含水率$\theta_{c1}$按下式计算

$$\theta_{c1} = \theta_{10} \tag{4-6-10}$$

第二土层(10~20 cm)平均土壤体积含水率$\theta_{c2}$按下式计算

$$\theta_{c2} = (\theta_{10} + \theta_{20})/2 \tag{4-6-11}$$

第三土层(20~40 cm)平均土壤体积含水率$\theta_{c3}$按下式计算

$$\theta_{c3} = (\theta_{20} + \theta_{40})/2 \tag{4-6-12}$$

第$i$土层平均土壤体积含水率$\theta_{ci}$的计算公式按以上的方法和计算公式类推。

式中　$\theta_{c1}$、$\theta_{c2}$、$\theta_{c3}$、$\theta_{ci}$——第一、第二、第三、第$i$土层平均土壤体积含水率(%);

$\theta_{10}$、$\theta_{20}$、$\theta_{40}$——10 cm、20 cm、40 cm监测深度点的土壤体积含水率(%)。

也可将式(4-6-10)~式(4-6-12)等计算的平均土壤体积含水率分别作为0~15 cm、15~25 cm、25~45 cm等之间厚度层的平均土壤体积含水率。

(2)墒情监测站监测土层深度平均土壤体积含水率按下式计算

$$\bar{\theta} = \frac{\sum_{i=1}^{n} \theta_{ci} h_i}{H} \tag{4-6-13}$$

式中　$\bar{\theta}$——监测土层深度平均土壤体积含水率(%);

$\theta_{ci}$——第$i$土层的平均土壤体积含水率(%);

$h_i$——第$i$土层的土壤厚度,cm;

$H$——土层深度,cm。

(3)墒情监测站各土层平均土壤质量含水率计算与土层深度平均土壤质量含水率计算公式结构同体积含水率公式结构,但式中的各体积含水率$\theta$要由质量含水量$\omega$替代,两者的换算见本书操作技能——初级工模块6 地下水及土壤墒情监测式(3-6-2)。

# 模块 7　测站水文情报水文预报

## 7.1　水情信息准备

### 7.1.1　利用网络或电话等查询有关测站水情信息

随着计算机技术和通信技术的发展,水情信息的传送与接收已逐步使用计算机网络,水情信息也显示在计算机网页上。计算机网络是利用通信设备、通信线路和网络软件,把地理上分散的多台具有独立工作能力的计算机(及其他智能设备)以相互共享资源为目的而连接起来的一个系统。按网络的覆盖范围和作用地域可分为局域网、城域网和广域网。

计算机网络组成需要相应的计算机、通信硬件设备、软件系统等,计算机上网的方式大致有专线式、拨号式、ISDN 方式三种。专线式需要配置一台 Modem(调制解调器)及一台路由器(Router),一条专用通信线和相关计算机硬件、软件设备,通信速率较高,费用较高;拨号式需要 Modem,电话线与相应拨号上网软件及相关计算机硬件、软件设备;ISDN(综合业务数字网)需要一个网络接口(NT),一个终端适配器(TA),一条 ISDN 电话线及相关计算机硬件、软件设备。

计算机网络技术发展很快,水平不断提升,应注重结合水文测报业务学习和实践应用。

上网查询水情信息时,需要输入需查询水情信息的网址,利用已有的网络,即可找到要查询的水情信息网页,从中选择需要的水情信息。

电话查询有关测站水情信息,就是使用公共或专门的电话系统,打电话询问水情,记录在专门的记载簿中,并及时告知有关负责人员。

### 7.1.2　检查并整理水情信息

#### 7.1.2.1　日常信息

要全面了解本站出现的各类水情信息,如降水量、水位、流量、泥沙等水情。

根据《测站水情任务书》,确定需发送的水情信息类别和接收单位。

对需要发送的有关水情信息,要从已有的水文测验记录(人工观测或自记记录)中摘录、登记到专门的登记簿,并进行核对和合理性检查,再进行水情信息编码。

#### 7.1.2.2　水情月报编制

根据《测站水情任务书》,需要报送旬、月降水量、蒸发量、径流量、输沙量等水情信息的水文测站,可在旬或月终了后次日(11 日、21 日和下月 1 日)及时编报。

旬、月总量及平均值的计算:旬、月总量是该旬、月逐日量之总和(数),一般旬、月平均值为旬、月逐日量的总和(数)除以该旬、月天数。计算结果应经检查、校核、审查,确保准确可靠,然后进行水情信息编码。

## 7.2 水情信息编码与译码

### 7.2.1 概述

为及时、准确、有效地传输和便于计算机快速高效地处理实时水情信息,水利部制定了中华人民共和国水利行业标准《水情信息编码》(SL 330—2011),以此统一水情信息的编码。

水情信息编码采用代码标识符加数据(值)描述的方法,表示水文要素的标识及属性。水文要素值采用实际观测值或计算值,水文要素的观测时间采用北京时间(120°E 标准时),并以 24 h 法计时。

根据《水情信息编码》(SL 330—2011),可以对拟发的水情信息进行编码,也可对接收到的水情信息进行译码。

下面简明介绍水情信息编码的基本格式和基本规则,其后几节介绍主要编码类型,详细的作业规定参阅《水情信息编码》(SL 330—2011)。

#### 7.2.1.1 水情信息编码格式

水情信息编码一般包括编码格式标识符、水情站码、观测时间码、要素标识符、数据和结束符“NN”。其基本组成形式见图 4-7-1。

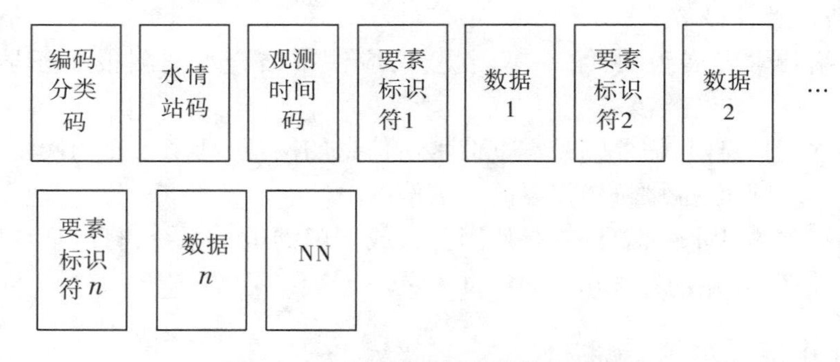


图 4-7-1 水情信息编码基本组成形式

在一份编码中,可编列多个水文要素的信息。要素标识符与其数据应成对编列,标识符在前,数据紧列其后。

编列同一观测时间的水情信息时,观测时间码可只编列一次。

在同一编码中编报不同观测时间的水情信息时,可由时间引导标识符“TT”引导后续各时间码,“TT”和观测时间码之间用空格分隔。不同观测时间水情信息编码形式见图 4-7-2。

同时编报多个水情站的信息时,可重复编写水情站码、观测时间、要素标识符和数据。从第二个水情站开始,前面由水情站码引导符“ST”引导,中间用空格分隔。多个水情站水情信息编码形式见图 4-7-3。

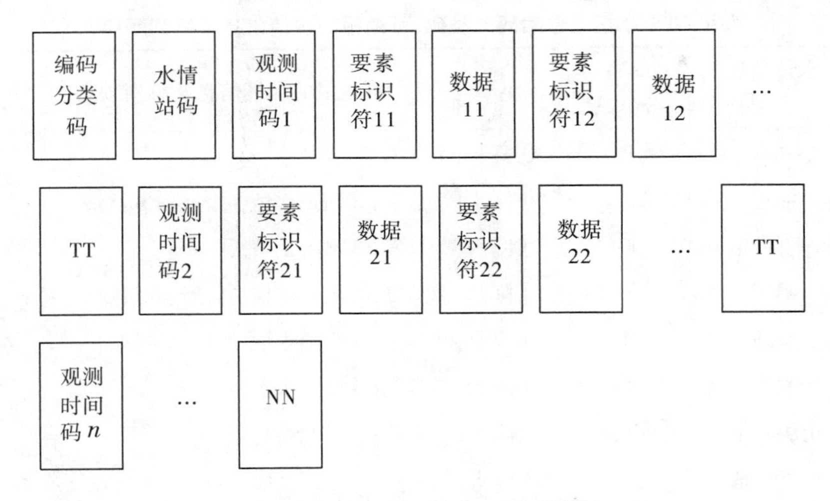


图4-7-2　不同观测时间水情信息编码形式

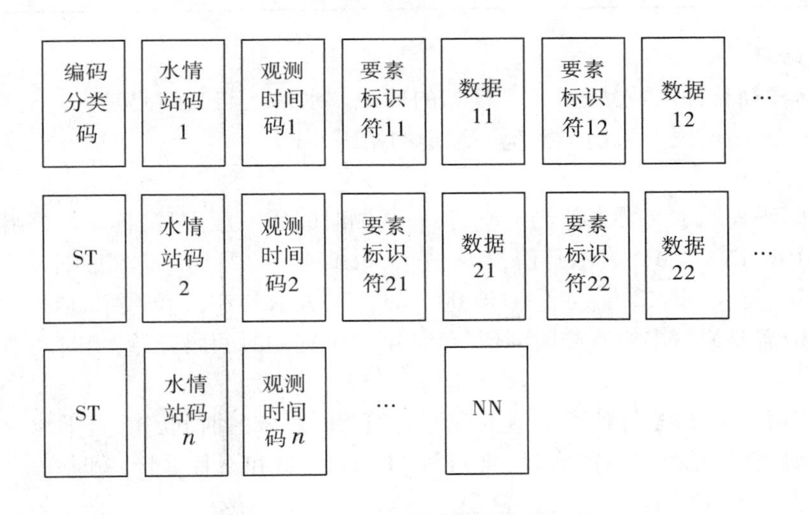


图4-7-3　多个水情站水情信息编码形式

### 7.2.1.2　水情信息编码的基本规则

1. 水情信息编码分类码

根据水情站站类和水情信息的特性，水情信息编码分为降水、河道、水库（湖泊）、闸坝、泵站、潮汐、土壤墒情、地下水情、水文预报等9类。水情站如有多个项目要在同一份编码中编报，各类水情信息编码分类码、可编报的水情信息及编列顺序如表4-7-1所示。

一份水情信息编码只能由一种编码分类码引导，不同水情站类的信息应由各自的编码分类码引导并单独编报，不应混合编报。在同一编码分类码引导下，各水情信息单元可在同一份水情信息编码中组合编报，也可单独编报。当专门编报多个水情站点的降水量和蒸发量信息时，不同水情站类的信息可编列在一份信息编码中，但应采用降水编码分类码进行引导。

表 4-7-1　水情信息编码分类码、可编报的水情信息及编列顺序

| 序号 | 水情信息类别 | 编码分类码 | 可编报的水情信息及编列顺序 |
|---|---|---|---|
| 1 | 降水 | P | ①降水;②蒸发 |
| 2 | 河道 | H | ①降水;②蒸发;③河道水情;④沙情;⑤冰情 |
| 3 | 水库(湖泊) | K | ①降水;②蒸发;③水库水情;④冰情 |
| 4 | 闸坝 | Z | ①降水;②蒸发;③闸坝水情;④沙情;⑤冰情 |
| 5 | 泵站 | D | ①降水;②蒸发;③泵站水情 |
| 6 | 潮汐 | T | ①降水;②蒸发;③潮汐水情 |
| 7 | 土壤墒情 | M | ①降水;②蒸发;③土壤墒情 |
| 8 | 地下水情 | G | ①降水;②蒸发;③地下水情 |
| 9 | 水文预报 | F | 水文预报 |

2. 水情站码

水情站码(简称站码或站号)是水情站的标识。水情站与其站码是一一对应的关系,具有唯一性。水情站码要采用国家统一编定的站码。

3. 观测时间码

观测时间码表示水文要素值的发生时间,观测时间码一般由月、日、时、分组成。编码格式是 MMDDHHNN。MM 表示月份,2 位数字,取值 01 ~ 12;DD 表示日期,2 位数字,取值 01 ~ 31;HH 表示小时,2 位数字,取值 00 ~ 23;NN 表示分钟,2 位数字,取值 00 ~ 59。

如编码中需要编写多组观测时间码,可从第二个观测时间码开始,由时间引导标识符"TT"引导。

时段平均值或时段累计值所对应的观测时间为时段末的时间,旬、月平均值或累计值的观测时间则是旬、月终了后的次日(即每月 11 日、21 日和下月 1 日)8 时。

4. 时间步长码

时间步长码是指某组等时段水文数据之间的时间间隔,由标识符、时间类型和时间间隔组成,编码格式为:DRxnn。DR 是时间步长码标识符;x 表示时间类型,是一个字母;nn 表示与 x 对应的时间长。编码时,x 的编码位置由表示时间的类型之一代替,类型有 M(月)、X(旬)、D(日)、H(小时)、N(分钟),则 nn 对应取值范围分别为 01 ~ 12、01 ~ 03、01 ~ 31、01 ~ 23、01 ~ 59。

5. 要素标识符

要素标识符一般由主代码、副代码、时段码与属性码四部分组成。编码格式是[主代码][副代码][时段码][属性码],主代码表示水文要素类型码,副代码是对主代码的补充说明,时段码表示水文要素所涉及的时段长,属性码是水文要素的属性标识符。

要素标识符需与相应水文要素观测(或计算)值关联编码,不能单独出现在信息编码中。

(1)主代码是水文要素类型码。要素分类及其类型码见表 4-7-2。

表4-7-2　要素分类及其类型码

| 序号 | 要素分类 | 类型码 | 序号 | 要素分类 | 类型码 |
| --- | --- | --- | --- | --- | --- |
| 1 | 面积、气温 | A | 9 | 降水量 | P |
| 2 | 水温 | C | 10 | 流量 | Q |
| 3 | 密度 | D | 11 | 径流深 | R |
| 4 | 蒸发量 | E | 12 | 含沙量 | S |
| 5 | 气压 | F | 13 | 时间、历时 | T |
| 6 | 水深 | H | 14 | 流速、速度 | V |
| 7 | 距离、长度 | L | 15 | 水(径流)量 | W |
| 8 | 土壤含水量 | M | 16 | 水位、潮位 | Z |

(2)副代码是对所要表示的水文要素主代码作出的补充说明,包括水文要素具有的方位属性等。部分水文要素及其副代码见表4-7-3。

表4-7-3　部分水文要素及其副代码

| 序号 | 要素 | 副代码 | 序号 | 要素 | 副代码 |
| --- | --- | --- | --- | --- | --- |
| 1 | (闸、坝)上 | U | 4 | 右 | R |
| 2 | (闸、坝)下 | B | 5 | 入流 | I |
| 3 | 左 | L | 6 | 出流 | G |

(3)时段码是用于描述水文要素观测(或计算)值的时段长度。如时段码所描述的水文要素是一个连续值(江河流量),则设定该水文要素值是时段平均值;如为累计值(时段降水量、蒸发量),则设定该水文要素值为时段总量。在报送水情信息时,年、月、旬、日的时段分别用Y、M、X、D表示;24 h以内的时段码用相应的小时数表示,小时的取值范围为00~23;1 h以内的时段码用“N”加相应的分钟数表示,分钟的取值范围为01~59。如果水文要素是瞬时值,则不列时段码。

(4)属性码用于表示水文要素极值,如用于最高、最大、极大等特征属性,用代码“M”表示;如用于最低、最小、极小等特征属性,用代码“N”表示。

6. 数据(值)编码

在水情信息编码中,数据(值)是实测值或计算值。凡是水准基面以下的水位值或0 ℃以下的温度值均用负值表示。

数据(值)的单位和有效位数以《水情信息编码》(SL 330—2011)及国家有关标准为准。

数据(值)要填列在与所属水文要素相对应的规定位置处,并用空格分隔。

如认为数据(值)的精度或准确性可疑,则在相应的数据(值)编码上加括号“()”。

## 7.2.2　降水量编码

### 7.2.2.1　编码的有关规定

在降水量信息编码中,可同时编报降水、蒸发类信息,降水信息的编码内容要包括降雨、降雪和降雹等信息。

规定编报降水量的水情站，一日内编报次数分为六级。级别由观测时段和发报次数联系规定，均从每天 8 时起算时间，具体规定为：一级是 1 段 1 次，只在每天 8 时报送一次；二级是 2 段 2 次，每天 8 时、20 时各报送一次；三级是 4 段 4 次，每天 8 时、14 时、20 时、次日 2 时各报送一次；四级是 8 段 8 次，每天 8 时、11 时、14 时、17 时、20 时、23 时、次日 2 时、次日 5 时各报送一次；五级是 12 段 12 次，每天 8 时后每次报送间隔 2 h，全天共报送 12 次；六级是 24 段 24 次，每天从 8 时起，每小时报送一次，全天共报送 24 次。

编报时段降水量：如一日内各个时段降水量均未达到起报标准，8 时除编报日降水量外，还要同时编报各时段降水量；到规定编报时间，如时段降水量达到起报标准，要立即编报这个时段的降水量；前一个或几个规定时段内降水量均未达到起报标准，其后某一规定时间已达到起报标准时，除编报这一规定时段内的降水量外，还要按时间先后列报本日内该时段之前未达到起报标准的各个时段降水量，但时段降水量为零的各时段可不列报。

编报时段降水量及日降水量信息时，要列报天气状况。天气状况的标识符为“WS”，天气状况类型为：5 代表降雪，6 代表降雨夹雪，7 代表降雨，8 代表阴天，9 代表晴天。

每日 8 时要编报前一日的日降水量，并将每日 8 时作为前一日日降水量编码的观测时间。旬、月降水量为零时也要列报。

编报暴雨加报时，暴雨加报的时间应为 1 h、2 h 或 3 h 等整小时正点，暴雨加报的雨量标准一般在规定时段内降水量达到 20 mm、30 mm、50 mm；在规定的时段内，如降水量达到暴雨加报标准，要立即单独编发暴雨加报，并同时编列降雨历时；加报的暴雨量不应跨时段、跨日计算；加报过的暴雨量仍要参加时段降水量及日降水量的统计；当暴雨加报时间与时段或日降水量编报时间相同时，可不编报暴雨加报；如遇间歇性暴雨，则降雨历时为观测时段内累计降雨时间；观测时间编码为暴雨观测时间末的时间。

当发生雹情时，应在雹情停止时立即编报降雹历时和雹粒直径。

当降雪或雨夹雪时，要把降雪量或雨夹雪量折合成雪水当量再编报降水量。

#### 7.2.2.2　编码格式

降水量编码以降雨、降雪、降雹的顺序编报。

降雨以时段降水量、降水历时、日降水量、天气状况、旬降水量、月降水量的顺序列报（日、旬、月降水量的标识符分别为 PD、PX、PM）。

暴雨加报以暴雨量、降水历时、天气状况的顺序列报。

降雪以降水量、天气状况、积雪深度、积雪密度的顺序列报。

降雹以降雹历时、雹粒直径的顺序列报。

降水量编码基本格式见图 4-7-4，暴雨加报编码基本格式见图 4-7-5。

#### 7.2.2.3　编码示例

时段降水量编码：某雨量站 81012，采用三级发报，降水量的起报标准为有雨即报。6 月 18 日 8～14 时降水量为 1.4 mm，14 时天气阴（代码为 8），则该时段降水量编码为：P　81012　06181400　P6　1.4　WS　8　NN。

日降水量编码：某水库站 62038，规定有雨即报，6 月 28 日 8 时至 29 日 8 时日降水量为 16.8 mm，29 日 8 时天气阴，则该日降水量编码为：K　62038　06290800　PD　16.8

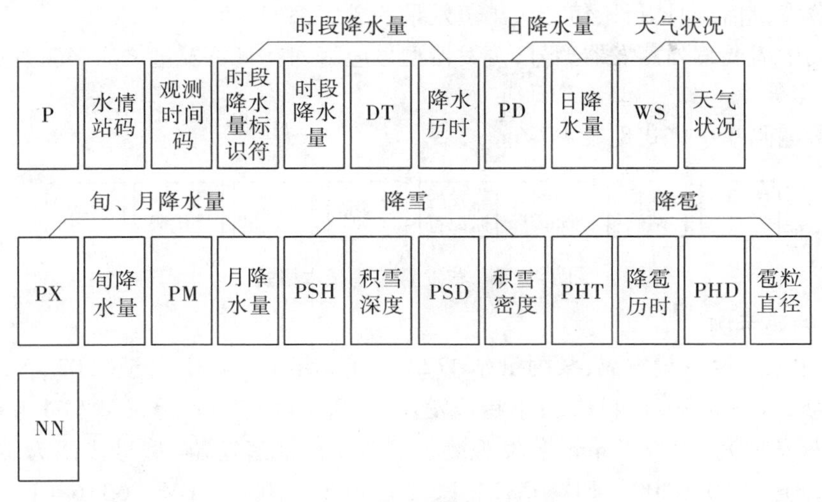


图 4-7-4　降水量编码基本格式

图 4-7-5　暴雨加报编码基本格式

WS　8　NN。

日、旬、月降水量编码：某雨量站 45787，采用一级编报标准。6 月 30 日 8 时至 7 月 1 日 8 时降水量为 2.6 mm，8 时天气晴（代码为 9）；6 月下旬降水量为 58 mm，6 月份月降水量为 269 mm，则编码为：P　45787　07010800　PD　2.6　WS　9　PX　58　PM　269　NN。

暴雨加报编码：某水情站 68428，采用三级拍报，起报标准为 10 mm，规定进行暴雨加报，加报标准为 1 h 降雨超过 30 mm。7 月 14 日 8～9 时降雨 31 mm，9 时天气雨（代码 7）；9～10 时又降雨 42 mm，10 时仍在降雨（代码为 7），则 9 时的暴雨加报编码为：P　68428　07140900　PR　31　DT　1　WS　7　NN，10 时的暴雨加报编码为：P　68428　07141000　PR　42　DT　1　WS　7　NN。

## 7.2.3　蒸发量编码

### 7.2.3.1　编码的有关规定

蒸发量编码内容包括蒸发量、蒸发器型号等信息。

每日 8 时编报前一日蒸发量，将每日 8 时作为前一日蒸发量编码的观测时间。

编发蒸发器型号时，若为本月首次编报日蒸发量或蒸发器型号改变应列报蒸发器型号。如只编报旬、月、年蒸发量（标识符分别为 EX、EM、EY），不编列蒸发器型号。

蒸发器型号的编码标识符为“ES”，代码 1 表示型号为 $E_{601}$，代码 2 为 $\Phi$20，8 为 $\Phi$80，9 为其他类型。

### 7.2.3.2　编码格式

蒸发信息编码按蒸发量、蒸发器型号的顺序编列。

编报蒸发量信息时以日、旬、月、年蒸发量的顺序编列。

如编码中需要编列蒸发器型号，蒸发器型号应编列在日蒸发量之后，旬、月、年蒸发量之前。

蒸发量编码基本格式见表 4-7-6。

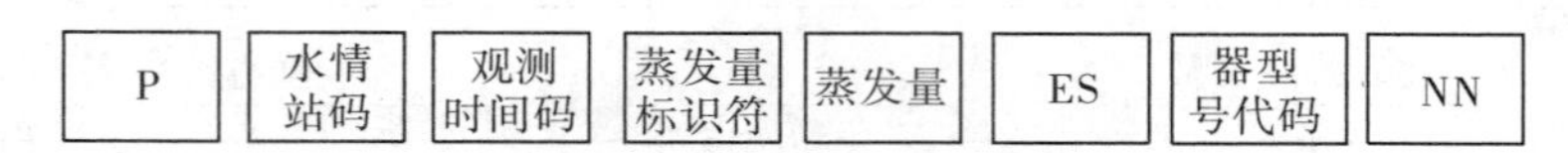


图 4-7-6　蒸发量编码基本格式

#### 7.2.3.3　编码示例

日、旬、月、年蒸发量编码：某雨量站 47221，2001 年 12 月 31 日至 2002 年 1 月 1 日 8 时蒸发量为 2.1 mm，2001 年 12 月下旬蒸发量为 20.3 mm，12 月份月蒸发量为 63.6 mm，2001 年年蒸发量为 1 029.5 mm，蒸发观测仪器为 $E_{601}$ 型蒸发器（型号代码为 1），则编码为：P　47221　01010800　ED　2.1　ES　1　EX　20.3　EM　63.6　EY　1029.5　NN。

降水量、蒸发量同时发报编码：某雨量站 81012，同时观测蒸发。6 月 18 日 8 时测得 6 h降水量为 41.4 mm，天气阴，日降水量为 56.8 mm，日蒸发量为 6.2 mm，蒸发器为 $E_{601}$ 型（型号代码为 1），则编码为：P　81012　06180800　P6　41.4　PD　56.8　WS　8　ED　6.2　ES　1　NN。

### 7.2.4　河道水情编码

#### 7.2.4.1　编码的有关规定

河道水情信息编码中可编报降水、蒸发、河道水情、沙情、冰情 5 类水情。

河道水情编码内容应包括水位、流量、断面面积、流速、波浪高度、风力风向、河道径流量等信息。

编报水位（基本水尺断面处水位）与流量时，水势与流量测法应同时编列。水势为观测时的水位变化趋势，当观测的水位低于相邻的前次即为落；反之即为涨；若相邻水位相同，即为平。水势编码时的格式码为“ZS”，代码 4 表示水势落，代码 5 表示水势涨，代码 6 表示水势平。流量测法编码的格式码为“QS”，代码 1 表示用水位—流量关系曲线法推算流量，代码 2 表示用浮标及溶液测流法测得的流量，代码 3 表示用流速仪及量水建筑物测得的流量，代码 4 表示用估算方法计算的流量，代码 5 表示用 ADCP 测得的流量，代码 6 表示用电功率反推法得到的流量，代码 9 表示用其他方法测、算的流量。

凡指定编报流量的水情站，每次编报水位时，要列报相应流量。当水位没有实际应用价值时，可只编报流量值。编报实测流量时，要列报其相应水位。

断面面积和流速可随实测流量一并编报。当编报流速时，可编列断面平均流速和断面最大流速。断面面积测法编码的格式码为“AS”，代码 1 表示用水位—面积关系曲线推算的面积，代码 2 表示用测深杆（锤、铅鱼）测得的面积，代码 3 表示用回声测深仪测得的面积，代码 9 表示用其他方法测、算的面积。流速测法的编码格式码为“VS”，代码 1 表示用流速仪法，代码 2 表示用浮标法，代码 3 表示用声学法，代码 9 表示用其他方法。

每日 8 时要编报前一日的日平均水情信息，并将每日 8 时作为前一日的日平均水情编码的观测时间。

当编报旬、月水情极值时，要同时编列发生时间。各项极值的出现时间不论相同与否，均应分别列报，不能缺省。一旬（月）内有 2 次或 2 次以上的水情特征值相同时，则发生时间应编列第一次的出现时间。

河道水流特征可分为河水干涸、断流、顺逆不定、逆流、起涨、洪峰等情况，当出现河水干涸、断流、起涨、洪峰时，应立即编报。河道水流特征编码的格式码为“HS”，代码 0 表示河水干涸，代码 2 表示断流，代码 3 表示顺逆不定，代码 4 表示逆流，代码 5 表示起涨，代码 6 表示洪峰。

起涨水位一般应在涨势明显后立即补报起涨转折点的水位。洪峰水位一般应在水势由涨趋平，判定已达峰顶时，立即编报。

河道发生干涸或断流现象时，应于开始发生时列报一次干涸或断流标志，以后可停止编报。当河道两次过流时，应恢复正常编报。

编报波浪高度时，应同时列报风力、风向。

#### 7.2.4.2　编码格式

河道水情编码要按水位、流量、断面与流速、风力风向、波浪高度、河道径流量顺序编列。

水位编码要按水位、水势顺序编列。当水位为特征值时，不编列水势信息。

流量编码要按流量、流量测法、水流特征的顺序编列。当流量为特征值时，不编列流量测法和水流特征信息。

断面信息要按断面面积、断面测法的顺序编列。

流速信息应按断面平均流速、断面最大流速、流速测法的顺序编列。

旬、月水文特征值信息要按先均值后极值、先旬后月、先水位后流量、先高（大）后低（小）的顺序编列。

河道水情编码基本格式见图 4-7-7，河道水情旬、月特征值信息编码格式见图 4-7-8。

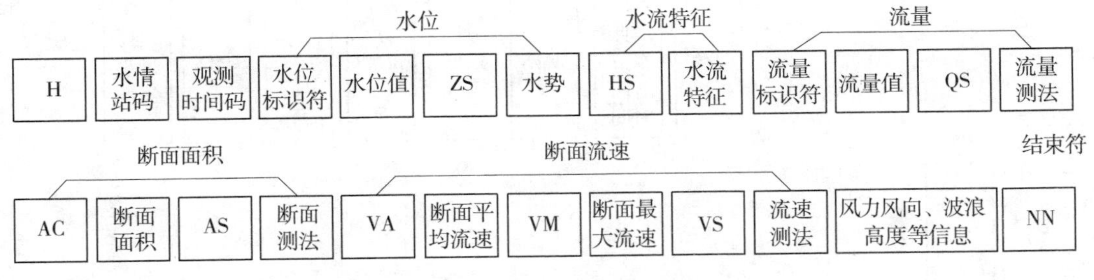


图 4-7-7　河道水情编码基本格式

#### 7.2.4.3　编码示例

8 时河道水情编码：某河道站 55202，6 月 17 日 8 时水位为 134.72 m，水势涨（代码为 5），查线流量（代码为 1）为 1 350 $m^3/s$，则编码 A 格式为：H　55202　06170800　Z　134.72　ZS　5　Q　1350　QS　1　NN。

水位流量、实测流量、断面面积、月平均水位流量编码：某河道站 37030，7 月 31 日 12

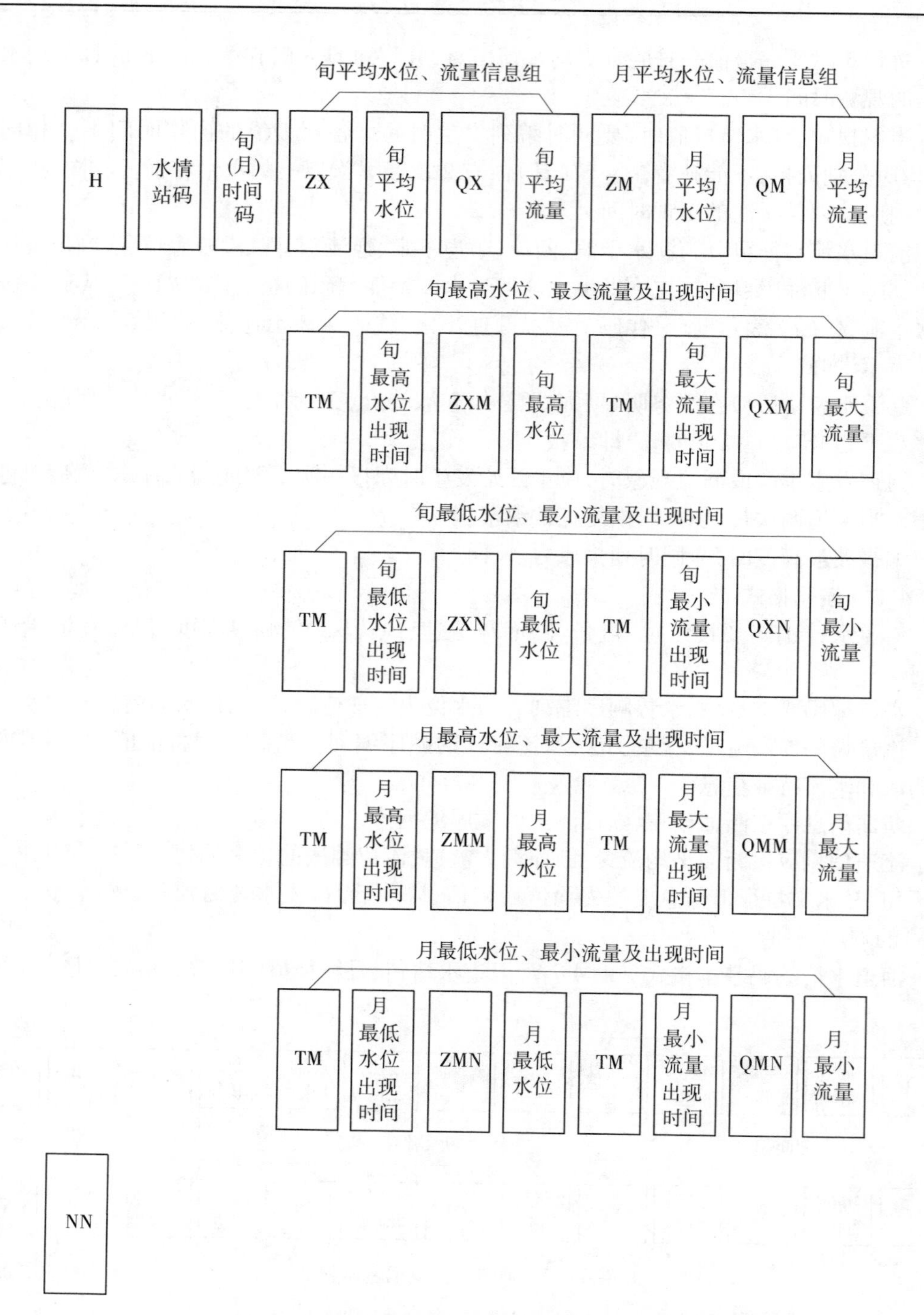


**图 4-7-8　河道水情旬、月特征值信息编码格式**

时 35 分用流速仪实测的流量（代码为 3）为 568 $m^3/s$，相应水位为 541.25 m，水势涨（代码为 5），用测深杆测（代码为 2）得断面面积为 705 $m^2$。7 月月平均水位为 540.85 m，7 月下旬平均流量为 584 $m^3/s$，7 月月平均流量为 520 $m^3/s$，8 月 1 日 8 时水位为 542.06 m，水势平(代码为 6),相应流量为 870 $m^3/s$(查线流量代码为 1),则编码为:H　37030　08010800　Z　542.06　ZS　6　Q　870　QS　1　QX　584　ZM　540.85　QM　520　TT　07311235　Z　541.25　ZS　5　Q　568　QS　3　AC　705　AS　2　NN。

## 7.2.5　沙情编码

### 7.2.5.1　编码的有关规定

沙情水情的编码内容应包括含沙量、旬(月)径流总量、旬(月)输沙总量等信息。

编报含沙量的水情站,应编报每日 8 时含沙量。当沙情有较大变化时,还应编报含沙量过程,并列报日平均含沙量。含沙量的测算方式格式码为一般测验时用“SQS”,日平均用“SDS”,沙峰用“SMS”;其后紧跟测算方法码:代码 1 表示混合法,代码 2 表示单沙法,代码 3 表示单位水样推估法,代码 4 表示实测断面平均含沙量法,代码 9 表示其他方法。

当日的含沙量最迟应在次日内报出,沙峰应在当日内报出。旬、月输沙总量应在旬或月终了后 3 日内报出,观测时间应以旬、月终了次日(1 日、11 日、21 日)8 时编列。

编报输沙总量时,应同时列报相应的径流总量。编报调(输)水量时,可仅编报每日径流总量。一般径流总量的单位用百万 $m^3$,输沙总量的单位用万 t。

### 7.2.5.2　编码格式

沙情编码要按含沙量、沙峰、日平均含沙量、径流总量、输沙总量的顺序编列。

含沙量、沙峰、日平均含沙量要按含沙量值、含沙量测算方式的顺序编列。

输沙总量要按先旬后月、先径流总量后输沙总量的顺序编列。

河道站沙情编码基本格式见图 4-7-9。

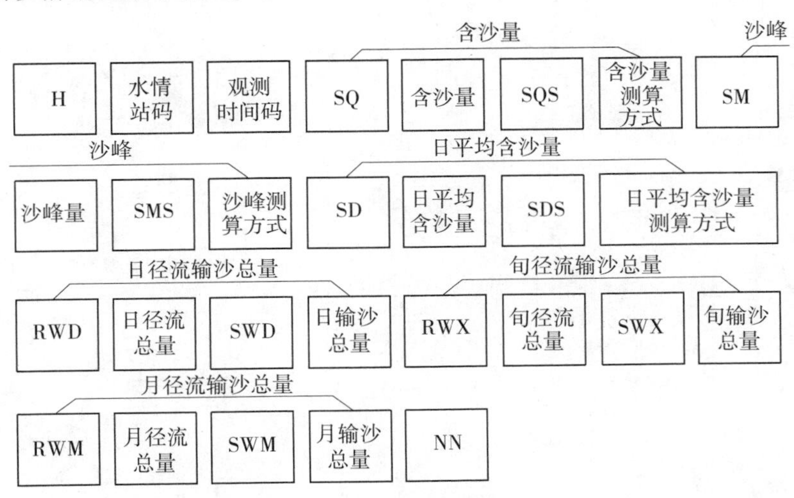


图 4-7-9　河道站沙情编码基本格式

### 7.2.5.3　编码示例

同时列报推求与实测断面平均含沙量编码:某河道站 41558,7 月 15 日 13 时由单位水样推求(代码为 3)的断面平均含沙量为 98.4 $kg/m^3$,同日 18 时实测的断面平均含沙量(代码为 4)为 253 $kg/m^3$,则编码为:H　41558　07151300　SQ　98.4　SQS　3　TT　07151800　SQ　253　SQS　4　NN。

加报沙峰并报日平均含沙量编码：某河道站 41558，8 月 18 日 15 时实测沙峰断面平均含沙量（代码为 4）为 1 240 kg/$m^3$，18 日日平均含沙量为 1 100 kg/$m^3$（由实测成果用流量加权法求得，代码为 4），则编码为：H　41558　08181500　SM　1240　SMS　4　TT　08190800　SD　1100　SDS　4　NN。

报旬及月径流总量和输沙总量编码：某河道站 46532，9 月下旬径流总量为 6.286 亿 $m^3$，输沙总量为 0.305 8 亿 t，9 月月径流总量为 24.78 亿 $m^3$，输沙总量为 1.482 亿 t，10 月 1 日 8 时编码为：H　46532　10010800　RWX　628.6　SWX　3058　RWM　2478　SWM　14820　NN。

# 模块8　水文普通测量

## 8.1　测量作业

### 8.1.1　水准尺的检验与校正

水准尺是水准测量使用的重要工具，水准尺的质量直接影响水准测量的成果，因此在进行水文三、四等水准测量时，必须对水准尺进行外观检查，进行尺面弯曲差及圆水准器的检验。

#### 8.1.1.1　外观检查

检查水准尺有无缺陷、裂缝、碰伤、划痕、脱漆等现象；水准尺刻划线和数字注记是否粗细均匀、清晰，能否读数使用；尺的底部有无磨损情况等。

#### 8.1.1.2　分划面弯曲差的检验与校正

1. 分划面弯曲差的测定

在水准尺两端引张一细直线，在水准尺分划面的两端及中央分别量取分划面至细直线的垂直距离，两端垂直距离的平均值与中央垂直距离之差，即为分划面的弯曲差。计算公式为

$$f = R_{中} - (R_{上} + R_{下})/2 \tag{4-8-1}$$

式中　$f$——分划面弯曲差，mm；

$R_{中}$——中间读数，mm；

$R_{上}$——上端读数，mm；

$R_{下}$——下端读数，mm。

三、四等水准测量使用的水准尺（长度3 m）分划面弯曲差 $f$ 应不大于8 mm；否则，应进行尺长改正。

2. 尺长改正

按下式计算结果进行尺长改正

$$\Delta L_c = \frac{8f^2}{3L_c} \tag{4-8-2}$$

式中　$\Delta L_c$——水准尺长度改正数，mm；

$f$——分划面弯曲差，mm；

$L_c$——水准尺名义长度，mm。

#### 8.1.1.3　圆水准器的检验与校正

在距水准仪约50 m处的尺垫上安置水准尺，安平（检校、整平）水准仪后，使水准尺的中线或边缘与望远镜中的竖丝重合，此时观察水准尺的圆水准器气泡是否居中。若气

泡不在中央，用改正针将其调整至中央，然后将水准尺转动 90°，重复上述操作，反复检验数次，直至气泡精确位于中央位置。这样才能使水准尺按标尺上圆水准器指示准确地位于垂直位置。

## 8.1.2 水文四等水准测量

### 8.1.2.1 水准路线概念

进行水准测量所经过的路线称为水准路线。相邻两固定点间的路线称为测段。在水文普通测量中，水准路线布设主要有闭合水准路线、附合水准路线、支水准路线三种形式，前两种路线的测量成果可以得到高级水准可靠的检核。

（1）闭合水准路线。

闭合水准路线如图 4-8-1（a）所示，是从一已知水准点 $BM_A$ 出发，经过测量各测段的高差，求得沿线其他各点高程，最后又闭合到 $BM_A$ 的环形路线。

（2）附合水准路线。

附合水准路线如图 4-8-1（b）所示，是从一已知水准点 $BM_A$ 出发，经过测量各测段的高差，求得沿线其他各点高程，最后到另一已知水准点 $BM_B$ 的路线。

（3）支水准路线。

支水准路线如图 4-8-1（c）所示，是从一已知水准点 $BM_1$ 出发，沿线往测其他各点高程到终点 2，又从 2 点返测至 $BM_1$，其路线既不闭合又不附合，但必须是往返施测的路线。

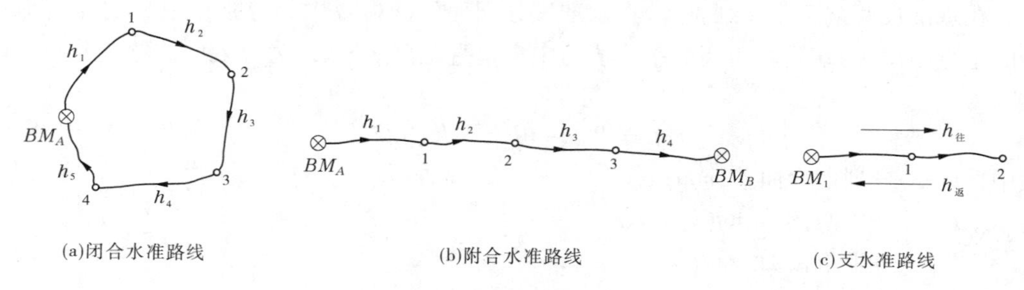


**图 4-8-1 水准路线**

### 8.1.2.2 水文四等水准测量的用途和一般要求

水文四等水准测量一般用于接测高程基点、固定点和洪水痕迹的高程。地形测量的高程控制测量和大断面岸上部分的高程测量均可使用四等水准测量，无条件按三等水准接测校核水准点高程时，可改用四等水准接测。

水文四等水准测量的一般要求如下：

（1）水准仪采用不低于国产水准仪系列的 $S_3$ 级。在每次外业测量前要对仪器作全面检查；水准标尺一般应用双面水准尺。如因条件限制，可用单面水准尺（禁止使用塔尺或折尺），但测量时，在每一仪器站读取第一次读数后，即应变换仪器高度 10 cm 以上，再进行第二次测读。

（2）水文四等水准路线支线长度一般应不大于 15 km。在两高级点间布设的附合路线长度应不大于 65 km；测站水准点联测和比降观测高程测量的路线长度应不大于 1 km。

(3)水文四等水准测量要求视线高度保证三丝能读数。在每一仪器站的允许视线长度不超过 100 m,前后视距不等差单站不超过 3 m,测段累计不超过 10 m。同时要求各项测量允许高差限差满足如表 4-8-1 所示的水文四、五等水准允许高差限差。

**表 4-8-1　水文四、五等水准允许高差限差**

| 测量等级 | 同尺黑、红面读数差(mm) | 同站黑、红面所测高差之差(mm) | 左、右线路转点差(mm) | 检测间歇点高差之差(mm) |
|---|---|---|---|---|
| 四等水准 | 3 | 5 | 5 | 5 |
| 五等水准 | 4 | 6 | 6 | 6 |

(4)左、右路线高差不符值应为 $\pm 14\sqrt{K}$ mm,测段,路线往、返闭合差应为 $\pm 20\sqrt{K}$ mm,附合路线(或环形)闭合差应为 $\pm 20\sqrt{L}$ mm($K$ 为往、返测量或左、右路线所算得的测段,路线长度的平均值(km),$L$ 为路线或环线长度(km))。

(5)一般高程和水尺零点高程测量等常用水准仪,每年应进行不少于 1 次的水准仪圆水准气泡和 $i$ 角的检验与校正。

#### 8.1.2.3　水文四等水准测量的方法

四等水准测量采用中丝读数法。当为闭合或附合水准路线时,可只进行单程测量。水准支线必须进行往返测量或采用单程双转点左、右路线法观测。在每一仪器站的观测读数应及时记入水准观测手簿。

1. 采用双面水准尺时每一仪器站的操作程序

(1)安平仪器(当望远镜绕垂直轴旋转时,符合水准器气泡两端影像分离应不大于 1 cm)。

(2)照准后视水准尺的黑面(此时水准尺垂直立于桩点或尺垫上,下同),转动微倾螺旋使符合气泡精确居中,先读视距丝读数,然后读中丝读数,再照准后视水准尺的红面,用中丝读取红面读数,即按后黑——下、上、中,后红——中读数。

(3)照准前视水准尺黑面,按(2)项操作,转动微倾螺旋使符合水准器气泡精确居中,按前黑——下、上、中,前红——中读数。

其操作顺序简称为后黑、后红、前黑、前红。也可按三等水准测量观测要求顺序后黑、前黑、前红、后红进行。

2. 采用一镜双高单面水准尺时每一仪器站的操作程序

(1)安平仪器(要求同上)。

(2)照准后视水准尺,使用微倾螺旋使符合水准器气泡精确居中,先读视距丝读数,然后读中丝读数,即后黑——下、上、中。

(3)照准前视水准尺,进行第(2)项操作,即前黑——下、上、中。

(4)变换仪器高度 10 cm 以上,然后按第(1)、(3)项操作,读前视水准尺中丝读数,即前黑——中。

(5)按第(2)项的操作,用中丝测读后视水准尺读数,即后黑——中。

其操作顺序简称为后、前、前、后。

8.1.2.4　**测量结果检查**

1. 测站检查

在每一仪器站观测时，应及时检算前后视距不等差，同尺黑、红面读数差以及同站黑、红面高差之差是否符合所要求的限差。当符合限差要求时，方可迁至下一站，否则应重测。

2. 测段检查

每测完一个测段时，应立即计算往、返测（或单程双转点左、右路线测得）的高差。若闭合差（或不符值）超过要求的限差，用往、返观测时，应先就可靠程度较小的往测或返测向进行单程重测；若重测的单程高差与同一方向原测高差的不符值符合限差，且其平均数与反方向的原测高差亦符合限差，则取此平均数作为该单程的高差结果；若重测的单程高差与同方向原测高差的不符值超出限差，则用重测的单程高差与反方向的原测高差计算闭合差；若该单程高差重测后与原往、返测的单程高差计算结果均超出限差，则重测另一单程。用单程双转点左、右路线的测法时，可只重测一个单程单线，并与原测结果中符合限差的一个单线取用其平均数；若重测结果与原测的左、右线结果比较均符合限差，则取三次结果的平均数；当重测结果与原测两个单线结果均超出限差时，应分析原因，再测一个单程单线，直至符合限差要求。

8.1.2.5　**作业操作注意事项**

（1）测量最好能在无风或风小的天气进行；测量时，仪器须用浅色测伞遮蔽阳光；迁站时，仪器应罩上白色布罩，且不应将仪器横扛肩上前进。

（2）若因天气等影响成像不够清晰，应适当缩短视线长度至成像清晰再测读。视线长度用视距法测定，为使其前、后视距不等差符合要求，测量过程中应注意不使其累积差系统过大。

（3）测量时，水准尺应垂直放在尺桩或尺垫（地钉）上。安放尺垫时，须先铲除松土或草皮。在土质松软地段，可用长 40 cm、直径 8 ~ 10 cm、顶端钉有圆帽钉的木桩，打入土中以代替尺垫，仪器脚架也应安放在不带帽钉的同样木桩上，以免沉陷。

（4）地形高程控制及长距离引测的水准测量，作业时应遵守下列事项：

①使用的水准仪、水准尺，应在使用前进行相应等级的全面检验与校正。在使用中应经常进行水准仪圆水准气泡和 $i$ 角的检验与校正，$i$ 角不得大于 20″。水准尺的米间隔平均真长与名义长之差，木质标尺不得大于 0.5 mm。

②安放仪器三脚架时，应使三脚架的其中两脚与水准路线的方向平行，第三脚则轮换置于路线的左、右侧。

③在同一仪器站测量时，除水准路线转弯处外，每一仪器站的前、后视尽可能在同一直线上；不得两次对透镜调焦。旋动仪器倾斜螺旋和测微鼓时，最后均应为旋进方向。使用自动安平水准仪时，相邻站应交替对准前、后视调平仪器。

④对于每一测段的往测或返测，其仪器站数均应为偶数，以消除一对水准尺零点不等差；若为奇数，应加入标尺零点差改正。由往测转向返测时，应重新安平仪器，并互换前、后视水准尺的位置，即往测第一个测站上当做前视的水准尺，在返测第一个测站上它应该

当做后视水准尺。

⑤若一次连续测量不能测完一个测段(指往返双向),应在测至水准点或固定点以后方能间歇;否则,应选择两个坚稳可靠的临时固定点作为间歇点。间歇后再次开始工作时,应先检测间歇前最末一个仪器站的两个固定转点,比较间歇前后所测高差,若在3 mm以内,方可从最后的转点继续向前测量;否则,须继续检测间歇前的各转点,以确定没有变动的转点,然后由此点继续起测。转点间的关系位置须在记载簿上绘图编号标示。

## 8.1.3　水尺零点高程测量和洪水痕迹高程测量

### 8.1.3.1　水尺零点高程测量

水尺零点高程指水尺的零刻度线(起始线)相对于某一基面的高差数值。水尺零点高程的测量就是经过测量确定水尺零刻度线的高程。

水尺零点高程测量仪器要求和测量方法基本同水文四等水准测量,均应采用往返测量。水准尺采用双面水准尺,如用单面水准尺,往、返测均应采用一镜双高法。水尺零点高程测量视线长度高差不符值见表4-8-2。测量过程中应注意间视视距与后视视距差不宜过大,不使前后视距不等差累积增大。

**表4-8-2　水尺零点高程测量视线长度高差不符值**

| 地势 | 同尺黑、红面读数差(mm) | 同站黑、红面所测高差(mm) | 往返不符值(mm) | 视线长度(mm) | | 单站前、后视距不等差(mm) |
|---|---|---|---|---|---|---|
| | | | | $S_3$ | $S_{10}$ | |
| 不平坦 | ≤3 | ≤5 | $\pm3\sqrt{n}$ | 5~50 | 5~40 | ≤5 |
| 平坦 | ≤3 | ≤5 | $\pm4\sqrt{n}$ | ≤100 | ≤75 | ≤5 |

注:$n$为单程仪器站数。

需要校测的各支水尺,在往测和返测过程中,都需逐个测读。往、返两次水准测量都由校核(或基本)水准点开始,推算各测点高程。

接(校)测水尺时,直立式水尺的零点如不能在水尺上直接测读,可在水尺桩一侧钉一个能安放水准尺的小木块,使木块上端的平面与水尺上的dm分划齐平,每次接测或校测时将水准尺固定放置在小木块上读数;矮桩式水尺测量时,应将水准尺放在桩顶帽钉或固定点上;倾斜式水尺应在不同倾斜度适当的dm分划线处安放水准尺测读其高程;悬锤式和测针式水尺测定其固定点高程。

### 8.1.3.2　洪水痕迹高程测量

洪水过后,往往在河道岸壁岸坡或附近的固定建筑物上留有因浸水和未浸水的分界印记痕迹,确认点位后可测量其高程。重要的洪水痕迹的高程应采用四等水准测量,一般的可采用五等水准测量。进行水准测量时,一般应由附近已有的水准基点接测,并注明何种标高起算。如附近没有水准基点,可以自行设立,并假定标高。若洪水痕迹高程点不便直接进行水准测量,可在其点位的竖直方向选择方便测量的点位实施水准测量,计算高程,然后以该点为基点用尺丈量洪痕的距离,再计算洪痕点的高程。

洪水痕迹高程测量多用于调查历史特大或特殊洪水所产生的痕迹点位。在规划的洪痕调查河段或必要的地方,一般应设立固定的永久性水准基点,以备日后查考及复测之用。

## 8.1.4 水文大断面测量

河道断面测量分为横断面和纵断面。超出一定洪水位或特定高程的垂直于水流平均流向的河流横断面在水文测验中称为大断面(水流过流断面俗称小断面),如水文测验中的基本水尺断面、流速仪测流断面、浮标中断面等都属于大断面。描述断面要进行包括断面上各点(垂线)与起始点的水平距离(也称起点距)及相应高程的测量,一般分为岸上和水下两部分施测。

大断面起点距施测方法同流量测验,可见本书操作技能——初级工、操作技能——中级工流量测验模块有关内容。

### 8.1.4.1 大断面测量的一般要求

(1)测量范围。新设测站的基本水尺断面、流速仪测流断面、浮标中断面和比降断面均应进行大断面测量,测量的范围岸上部分应测至历年最高洪水位以上0.5~1.0 m。漫滩较远的河流,可测至历年实测最高洪水边界;有堤防的河流,应测至堤防背河侧的地面。水道断面测至水边并控制水深转折点(垂线),水深测量结果应换算为河底高程。

(2)测量次数。测流断面河床稳定的测站,水位与面积关系点偏离关系曲线应控制在±3%范围内,可在每年汛前或汛后施测一次大断面。河床不稳定的测站,应在每年汛前或汛后施测一次大断面,并在每次较大洪水过程中或过后及时施测断面的过水部分。

(3)起点距要求。大断面和水道断面的起点距应以高水位时的断面桩作为起算零点。两岸始末断面桩之间总距离的往返测量不符值不应超过1/500。

### 8.1.4.2 大断面岸上高程测量

大断面岸上高程测量测点分布应以控制地形转折变化、测绘出断面的实际情况为原则。滩地平缓处可适当减少测点。

大断面的两岸固定点高程应采用四等水准测量。水边线以上地形转折点的高程,可用五等水准测量。施测前应清除杂草及障碍物,可在地形转折点处打入有编号的木桩作为高程的测量点。

大断面的水准测量中,除转点外的各地形转折点高程,一律读至cm。往返测量的高差不符值应控制在$\pm 30\sqrt{K}$ mm范围内,其中$K$为往返测量或左右路线所算得之测段、路线长度的平均值(km);前后视距不等差不应大于5 m,累积差不应大于10 m。当复测大断面时,可只进行单程测量,并闭合于已知高程的固定点上。

### 8.1.4.3 大断面水下高程(水深)测量

1. 普通测深控制

大断面水下高程为测时水位减去水深,因此水下地形点高程测量即观测水位和测量水深,具体方法可参见本书操作技能——初级工、操作技能——中级工水位观测和流量测验模块的有关内容。

测深垂线数量与布设应能控制河床变化的转折点,以一定精确度描绘水道断面形状,使部分水道断面面积无大补大割情况,满足流量等水文要素测验的要求。主槽、陡岸及河底急剧转折处的测深垂线应较滩地为密。断面最深处、串沟及独股水流处应布设测深垂线。断面有回流、死水区时,若需测定其边界,可在顺、逆流分界线及死水边界处布设测深垂线。湖泊及河面较宽的水位站,可仅测半河或靠近水尺的局部大断面。

新设测站或增设断面时,为探清河床地形的起伏变化,可沿断面采用连续探测法探测水深。当水面宽度大于25 m时,垂线数目不得少于50条;当水面宽度小于或等于25 m时,垂线数目宜为30~40条,但最小间距不得小于0.5 m。在水深测量施测开始和结束时,应各观测或摘录水位一次。

2. 超声波测深仪测深

超声波测深仪测深的原理是测量超声波从水面发射到河底返回的历经时间,在已知它在水中的传播速度后,由此两要素可计算出水面到河底的距离即求得水深。超声波测深仪使用应按仪器说明书进行,水文测验中有关事项说明如下:

(1)超声波测深仪在使用前,应进行现场比测。比测点不宜少于30个,并宜均匀分布于各级水位不同水深的垂线处。当比测的相对随机不确定度不超过2%,相对系统误差能控制在±1%范围内时,方可投产使用。

(2)超声波测深仪在使用过程中应进行定期比测,每年不宜少于2~3次。经过一次大检修或测深记录明显不合理时,应及时进行比测检查。

(3)当测深换能器发射接收面离水面有一段距离时,应对测读或记录的水深作换能器入水深度的改正。当仪器系统为发射换能器与接收换能器分置模式,使用时之间有较大水平距离,使得超声波传播的距离与垂直距离之差超过垂直距离的2%时,应作斜距改正。

(4)施测前,应在流水处水深不小于1 m的深度上观测水温,并根据水温作声速校正。

(5)当采用无数据处理功能的测试数字直接显示的测深仪时,每次测深应连续读取五次以上的读数,取其平均值。

(6)河底不平整的断面宜采用将换能器放至河底向上发射超声波的方式测深。

### 8.1.4.4　误差来源与控制

1. 影响断面测量精度的因素

(1)水深测量误差的来源:波浪或测具阻水较大影响准确观测;水深测量在横断面上的位置与起点距测量不吻合;悬索的偏角较大,测深杆的刻划或测绳的标志不准,施测时测杆或测锤陷入河床;超声波测深仪的精度不能满足要求,或超声波测深仪的频率与河床地质特征不适应;水深测量的仪器设备在施测前缺少必要的检查和校测等。

(2)起点距测量误差的来源:基线丈量的精度或基线的长度不符合要求;由于断面索的伸缩和垂度的变化施测不准;使用经纬仪交会施测时,后视点观测不准或仪器发生位移;使用六分仪交会施测时,测船的摇晃或不在断面测深处施测;仪器的观测和校测不符合要求等。

2. 测量误差的控制

在测量过程中,必须按照操作规程施测,控制或消除测量误差,并且做到以下几个方面:

(1)当有波浪影响观测时,水深观测不应少于3次,并取其平均值。

(2)对水深测量点必须控制在测流横断面线上。

(3)使用铅鱼测深,偏角超过10°时应作偏角改正,当偏角过大时应更换较大铅鱼。

(4)应选用合适的超声波测深仪,使其能准确地反映河床分界面。对测宽、测深的仪器和测具应进行校正。

### 8.1.5 河道纵断面测量

纵断面是指在水面和河床之间河道沿水流方向的剖面,一般有由河流深泓点控制的深泓纵断面,也有由主流向和平均河底高程描述的纵剖面。

开展水文测站地形测量,进行洪水调查,在河流主槽的河底高程和水面线发生较大变化时均应进行纵断面测量。纵断面测量包括整个测验河段及延续到下游对测验河段起控制作用的石梁、跌水、拦河闸(坝)、桥梁等,一般情况下,应不小于测验河段的2倍。洪水调查时的纵断面测量应包括各种推算方法的计算断面。

纵断面测量的测点间距应不大于比降断面间距的1/2。在比降、浮标、基本水尺测流断面洪痕及纵向河底转折点处均应布设测点。施测各断面测点水深时,应进行相应断面水位观测,一般纵断面的水面高程(水位)可用四等水准测定瞬时(测深当时)水面,有水位设施的断面可观测水位。由水位和水深计算河底高程,确定最大水深处、流速中泓高程及河床谷点(高程最低处)。

河道纵断面测量实际是许多横断面测量后的择点组合,纵断面测量中各横断面方向宜垂直流向,各横断面的间距取用中泓处的距离。深泓纵断面可以只在各横断面河流中泓处探测中泓高程及河床谷点。需要平均河底高程纵剖面线时,各横断面均应用横断面测量方法实测。

### 8.1.6 角度的观测

角度的观测分水平角和垂直角的观测。水平角观测常用的方法有测回法和方向观测法(全圆方向法)两种。根据观测的方向数不同,所采用的方法有所不同,测回法仅适用于观测两个方向形成的单角。一个测站上需要观测的方向数在2个以上时,要用全圆测回法观测。垂直角观测方法有中丝观测法和三丝观测法。

在经纬仪角度观测中,为了消除仪器的某些误差,必须在盘左(也称上半测回)和盘右(也称下半测回)两个位置进行观测,上、下两个半测回角值之差不超过限差时,合为一测回,取平均值作为角的观测结果。盘左又称正镜,就是观测者对着望远镜的目镜时,竖盘在望远镜的左边;盘右又称倒镜,是指观测者对着望远镜的目镜时,竖盘在望远镜的右边。

为了提高观测精度,如需观测多个测回,为了消减度盘刻度不匀的误差,每个测回都要改变度盘的位置,则各测回起始方向大致按180°/$n$($n$为测回数)的差值,安置水平度盘读数。最后成果取多个测回的平均值。

#### 8.1.6.1 测回法测水平角

如图4-8-2所示,欲测$OA$、$OB$两方向之间的水平角$\angle AOB$时,以$O$点为仪器测站,安置、对中、整平仪器,在$A$、$B$处设立观测标志。用测回法观测水平角的步骤为:

(1)盘左观测。照准目标$A$,读取水平度盘读数$a_{左}$。顺时针方向转动,照准目标$B$,读取水平度盘读数$b_{左}$,则盘左所得角值即为$\beta_{左}=b_{左}-a_{左}$。上述过程为盘左半测回观测,也称为上半测回观测。

(2)盘右观测。将望远镜纵转180°,重新照准目标$B$,并读取水平度盘读数$b_{右}$。然后逆时针方向转动,照准目标$A$,读取水平度盘读数$a_{右}$,则盘右所得角值为$\beta_{右}=b_{右}-a_{右}$。这一过程为盘右半测回观测,也称为下半测回观测。

(3)上、下两个半测回合称一测回。检查上、下两个半测回角值之差$\Delta\beta=|\beta_{左}-\beta_{右}|$,不超过限差(如对于$DJ_6$经纬仪不超过40″)时,取上、下测回所得角值的平均值(即$\beta=\frac{\beta_{左}+\beta_{右}}{2}$)为一测回的角值。若超过限差,则应重测。

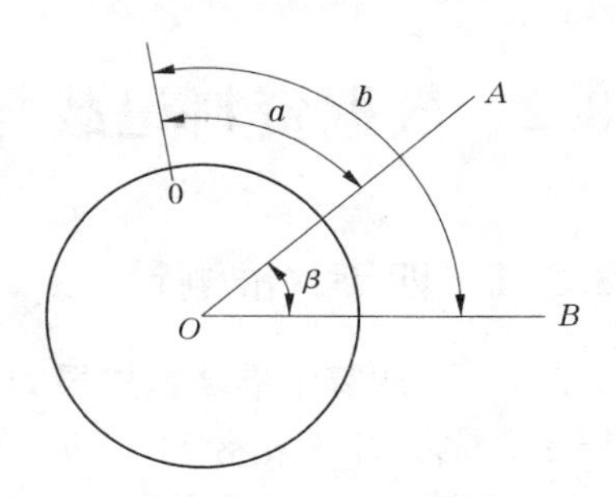


图4-8-2　测回法观测水平角的步骤

8.1.6.2　**全圆测回法测水平角**

如图4-8-3所示,设$O$为测站点,$A$、$B$、$C$、$D$为观测目标,在$O$处安置整平经纬仪,在$A$、$B$、$C$、$D$观测目标处竖立观测标志。用全圆测回法观测各方向间的水平角的步骤为:

(1)盘左位置。选择一个明显目标,如$A$作为起始方向(又称零方向)。先照准$A$,将水平度盘读数大致安置在大于等于0处,再顺时针方向依次观测$B$、$C$、$D$各方向,为了校核,应再次瞄准零方向$A$,称为上半测回归零。零方向$A$的两次读数之差的绝对值称为半测回归零差,归零差不应超过表4-8-7规定,如果归零差超限,应重新观测。

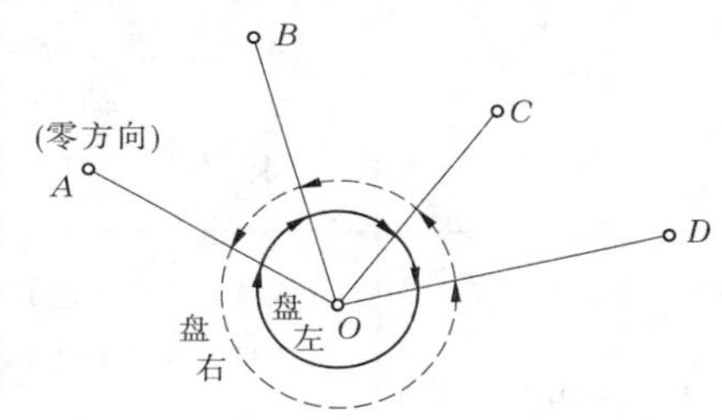


图4-8-3　全圆测回法观测水平角

每观测一个方向均读取水平度盘读数并记录。以上称为上半测回。

(2)盘右位置。将望远镜纵转180°,按逆时针方向依次照准目标$A$、$D$、$C$、$B$、$A$,读取水平度盘读数并记录。观测中又二次照准零方向$A$,称为下半测回归零,限差要求同上。此为下半测回。

(3)上、下两个半测回合起来称为一测回。

8.1.6.3　**竖直角观测**

中丝观测法是仅用十字丝的中丝照准目标,以盘左和盘右垂直角的平均值为最后结果。三丝观测法是分别按上、中、下丝的次序照准目标进行观测,取3个盘左和3个盘右,共6个垂直角的平均值为最后结果。

设$O$为测站点,$A$为目标点,在$O$处安置、对中、整平经纬仪,在目标点$A$立观测标志。中丝观测法观测步骤为:

(1)盘左位置。照准目标$A$,使十字丝横丝切于目标顶端。转动竖盘指标水准管微动螺旋,使水准管气泡居中,读取竖盘读数$L$,并记录。

(2)盘右位置。倒转望远镜,再照准目标$A$同一位置,并使竖盘指标水准器泡居中,读取竖盘读数$R$,并记录。

# 8.2　数据资料记载与整理

## 8.2.1　四等水准测量

### 8.2.1.1　四等水准测量成果的记录与检查

1. 记载计算表格式

四等水准测量记载计算表格式见表 4-8-3。

表 4-8-3　四等水准测量记载计算表(双面尺法)　　(单位:m)

| 测站编号 | 点号 | 后尺 下丝<br>上丝<br>后距<br>视距差 $d$ | 前尺 下丝<br>上丝<br>前距<br>$\sum d$ | 方向及尺号 | 水准尺读数 黑面 | 水准尺读数 红面 | $K$ + 黑 − 红 | 平均高差 | 备注 |
| --- | --- | --- | --- | --- | --- | --- | --- | --- | --- |
| | | (1)<br>(2)<br>(9)<br>(11) | (5)<br>(6)<br>(10)<br>(12) | 后<br>前<br>后 − 前 | (3)<br>(7)<br>(15) | (4)<br>(8)<br>(16) | (13)<br>(14)<br>(17) | (18) | |
| 1 | BM. 1—TP. 1 | 1 571<br>1 197<br>37. 4<br>−0. 2 | 0 739<br>0 363<br>37. 6<br>−0. 2 | 后 12<br>前 13<br>后 − 前 | 1 384<br>0 551<br>+0. 833 | 6 171<br>5 239<br>+0. 932 | 0<br>−1<br>+1 | +0. 832 5 | |
| 2 | TP. 1—TP. 2 | 2 121<br>1 747<br>37. 4<br>−0. 1 | 2 196<br>1 821<br>37. 5<br>−0. 3 | 后 13<br>前 12<br>后 − 前 | 1 934<br>2 008<br>−0. 074 | 6 621<br>6 796<br>−0. 175 | 0<br>−1<br>+1 | −0. 074 5 | $K$ 为水准尺尺常数,表中 $K_{12}=4.787$ $K_{13}=4.687$ |
| 3 | TP. 2—TP. 3 | 1 914<br>1 539<br>37. 5<br>−0. 2 | 2 055<br>1 678<br>37. 7<br>−0. 5 | 后 12<br>前 13<br>后 − 前 | 1 726<br>1 866<br>−0. 140 | 6 513<br>6 554<br>−0. 041 | 0<br>−1<br>+1 | −0. 140 5 | |
| 4 | TP. 3—A | 1 965<br>1 700<br>26. 5<br>−0. 2 | 2 141<br>1 874<br>26. 7<br>−0. 7 | 后 13<br>前 12<br>后 − 前 | 1 832<br>2 007<br>−0. 175 | 6 519<br>6 793<br>−0. 274 | 0<br>+1<br>−1 | −0. 174 5 | |

表中第一行各栏括弧中数字表示该栏记录或计算的先后顺序,其中(1)~(8)为观测读数记录。使用单面水准尺采用一镜双高法时,变动仪器高的前、后读数分别相当于双面尺的黑、红面读数。

记录和计算的数值一般记至mm(以m为单位时,小数位取至0.001),但前、后视距差记至dm(以m为单位时,小数位取至0.1)。

2.测站计算及检查

测站检查可以校核本站的测量结果是否符合要求。

1)视距部分

视距等于下丝读数与上丝读数的差乘以100。

后距(9)=[(1)-(2)]×100

前距(10)=[(5)-(6)]×100

计算前、后视距差(11)=(9)-(10)≤±3 m

计算前、后视距累积差(12)=上站(12)+本站(11)≤±10 m

2)水准尺读数检核

同一水准尺的红、黑面中丝读数之差,应等于该尺红、黑面的尺常数$K$(4.687 m或4.787 m)。红、黑面中丝读数差(13)、(14)按下式计算

$(13)=(3)+K_{前}-(4)\leqslant \pm 3$ mm

$(14)=(7)+K_{后}-(8)\leqslant \pm 3$ mm

3)高差计算与校核

根据黑、红面读数计算黑、红面高差(15)、(16),计算平均高差(18)。

黑面高差(15)=(3)-(7)

红面高差(16)=(4)-(8)

黑、红面高差之差(17)=(15)-[(16)±0.100]=(14)-(13)(校核用)

式中　0.100——两根水准尺的尺常数之差,m。

黑、红面高差之差(17)的值,四等水准测量不得超过5 mm。

平均高差$(18)=\frac{1}{2}\{(15)+[(16)\pm 0.100]\}$

当$K_{后}=4.687$ m时,式中取+0.100 m;当$K_{后}=4.787$ m时,式中取-0.100 m。

3.每页或多站计算的校核

每页或多站检查可以校核相应测段的测量结果是否符合要求。

1)视距计算检查

后视距离总和减前视距离总和应等于末站视距累积差,即

$$\sum(9)-\sum(10)=\text{末站}(12)$$

$$\text{总视距}=\sum(9)+\sum(10)$$

2)高差计算检查

黑、红面后视读数总和减黑、红面前视读数总和应等于黑、红面高差总和,还应等于平均高差总和的2倍,即

测站数为偶数时

$$\sum[(3)+(4)]-\sum[(7)+(8)]=\sum[(15)+(16)]=2\sum(18)$$

测站数为奇数时

$$\sum[(3)+(4)]-\sum[(7)+(8)]=\sum[(15)+(16)]=2\sum(18)\pm 0.100$$

4. 线路检查

线路校核可以校核整个线路的测量结果是否符合要求。

计算水准线路的高差闭合差并与允许闭合差比较，若闭合差（或不符值）不超过允许的限差，说明测量成果符合要求；否则，应检查测量和计算过程。

#### 8.2.1.2　四等水准测量记载计算示例

用双面水准尺进行四等水准测量的记录、计算与校核见表4-8-4，现用表中数据示例每页检核：

（1）视距计算检查。

$\sum(9)-\sum(10)=139.5-138.8=-0.7=$ 第4站的(12)

总视距 $=\sum(9)+\sum(10)=278.3$

（2）高差计算检查。

$$\sum[(3)+(4)]-\sum[(7)+(8)]=32.700-31.814=+0.886$$

$$\sum[(15)+(16)]=+0.886$$

$$\sum(18)=+0.4430\qquad \sum(18)=+0.886$$

### 8.2.2　水尺零点高程记载与计算

#### 8.2.2.1　水尺零点高程测量记载表

水尺零点高程测量记载表如表4-8-4所示。

起点距栏填写各支水尺零点标志桩的起点距；距仪器站间距即仪器测量的视距；后视、前视和间视栏填写水准尺中丝读数；上、下两栏分别为水准尺黑、红面读数，其差为某号尺黑、红面间的尺常数；高差为后视读数减前视读数或间视读数；平均高差为高差上、下两栏的平均值；高程为水准点或转点高程加本测点高差。

间视是水准路线两尺点之间附加的点，如水尺距离很近，用一镜多尺测量时常可有若干间视点，间视栏可填记占几栏（向下顺延），若无附加点，应空白不填。

#### 8.2.2.2　水尺零点高程的计算

水尺零点高程由校核（或基本）水准点或转点高程加本测点与其测量的平均高差求得。往返的各测点高程均由校核（或基本）水准点高程开始推算。往测时，某测点的前、后视高差，由前一测点的后视读数减去本测点的前视读数而得，后视大于前视时高差为正，反之为负；其平均值亦按正、负确定。返测时，由校核（或基本）水准点算起，将返测的后视当做前视，前视当做后视，反算各测点的前、后视高差和高程。

**表 4-8-4　水尺零点高程测量记载表**

| 仪器站号 | 测点 | 起点距或间距(m) | 距仪器站间距(m)(后视/前视) | 后视(m) | 前视(m) | 间视(m) | 高差(m) | | 平均高差(m) | | 高程(m) |
|---|---|---|---|---|---|---|---|---|---|---|---|
| | | | | | | | + | − | + | − | |
| | | | | | | | | | | | |
| | | | | | | | | | | | |
| | | | | | | | | | | | |
| | | | | | | | | | | | |
| | | | | | | | | | | | |
| | | | | | | | | | | | |
| | | | | | | | | | | | |
| | | | | | | | | | | | |
| | | | | | | | | | | | |
| | | | | | | | | | | | |
| | | | | | | | | | | | |
| | | | | | | | | | | | |
| | | | | | | | | | | | |
| | | | | | | | | | | | |
| | | | | | | | | | | | |

| 水尺编号 | 高程(m) | | | 原测高程(m) | 取用高程(m) | 闭合差(m) | |
|---|---|---|---|---|---|---|---|
| | 往测 | 返测 | 平均 | | | 实测 | 允许 |
| | | | | | | | $\pm m\sqrt{\quad}=$ |
| | | | | | | | $\pm m\sqrt{\quad}=$ |
| | | | | | | | $\pm m\sqrt{\quad}=$ |
| | | | | | | | $\pm m\sqrt{\quad}=$ |
| | | | | | | | $\pm m\sqrt{\quad}=$ |
| | | | | | | | $\pm m\sqrt{\quad}=$ |
| | | | | | | | $\pm m\sqrt{\quad}=$ |

计算各支水尺的返、往测高程不符值，如符合规定精度，再计算各支水尺往、返高程平均值，确定水尺零点高程。各支水尺往、返算出的零点高程不符值，若不超过 $\pm 4\sqrt{n}$（不平坦）或 $\pm 3\sqrt{n}$（平坦）的限差，即以往、返两次高程的平均值作为新测的水尺零点高程。当新测高程与原用水尺零点高程相差不超过本次测量的允许不符值，或虽超过允许不符值，但对一般水尺≤10 mm，或对比降水尺≤5 mm 时，其水尺零点高程仍沿用原高程；否则，应采用新测高程。

## 8.2.3　大断面资料的整理

断面测量工作结束后，应将外业测得的各项资料及时进行校核整理。

### 8.2.3.1　岸上部分测量成果的整理

岸上部分的水准测量与起点距实测成果，应按一般水准测量的要求进行内业工作，计算各点次的高程,并附相应的起点距测算成果。

#### 8.2.3.2 水下部分测量成果的整理

水下部分的水深测量、垂线起点距及水位观测资料的整理方法,应与外业的不同测法相适应。最后求出各垂线的河床高程及起点距。

(1)在测深过程中,水位变化小于等于5 cm时,在同一岸观测开始和终了的水位,各垂线位置的河底高程,可由观测开始和终了的平均水位减去水深而得。

(2)水位变化大于5 cm时,可根据每条垂线施测水深的时间,从自记水位过程线上摘录水位或在各垂线测深时观测水位,各测点(垂线)河底高程用相应观测的水位值减去实测水深。

(3)横比降超过5 cm时,应进行横比降改正。

(4)断面上有分流和串沟时,应对每个较大的分流和串沟至少在一岸观测一次水位,单独计算出各股水流的河底高程。

#### 8.2.3.3 大断面图的绘制

大断面图应绘制在毫米方格纸上。根据岸上和水下测量成果,以各垂线的高程为纵坐标,起点距为横坐标绘制,两坐标的标度比例宜分别考虑。绘制时,应注意左岸必须绘在左边,右岸必须绘在右边,数据对点间用实线连接,并标出施测时的水位和历年最高洪水位线(并注明历年最高水位相应流量数值),如图4-8-4所示。对于多次大断面套绘图,数据对点可用不同符号区别,连线可使用不同颜色区分。

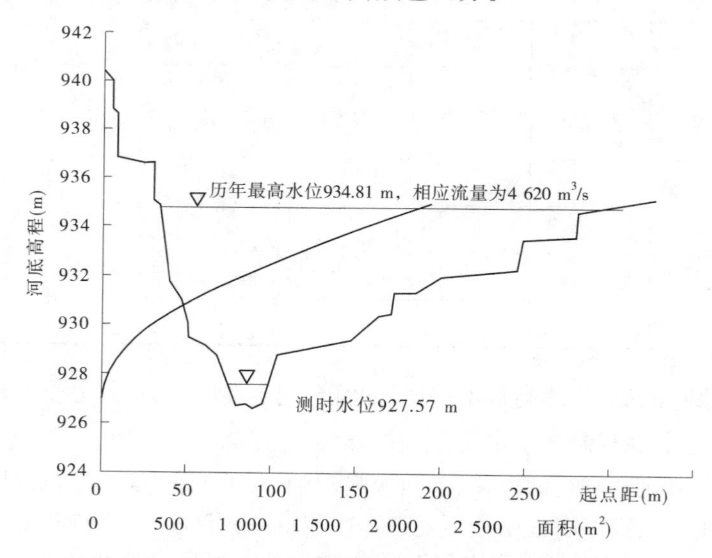


图4-8-4 某站汛前实测大断面及水位—面积关系曲线

许多计算机绘图软件(如Excel软件)都有绘制坐标图(包括断面图)的功能,可充分利用。

#### 8.2.3.4 大断面水力(面积)因素的计算

水文大断面主要计算面积、水面宽、平均水深及水力半径等。面积一般用以下方法计算:

(1)几何求积法。把断面按河床的转折点依竖直方向划分成若干个梯形或三角形，然后用几何面积公式算出各部分面积。各部分面积的总和，即为所求的面积。若断面起点距为 $L_i$，规定高程与河底点高程差为 $h_i$($i=1,2,\cdots,n$ 为转折点、包括边点的顺序号)，则规定高程断面面积计算的一般公式为

$$S=\frac{1}{2}\sum_{i=1}^{n}\left[(L_{i+1}-L_i)(h_{i+1}-h_i)\right] \tag{4-8-3}$$

(2)求积仪法。用求积仪在大断面图上测量，并按比例尺折算。所用大断面图的比例尺要选择适当，以保证推求的面积有足够的精度。

(3)数方格法。通过数绘制在方格纸上大断面图的精确到毫米方格数乘以每毫米方格代表的面积，推算面积。

#### 8.2.3.5　水位—面积关系曲线的绘制

为了绘制水位—面积曲线，宜按历年最高洪水位以下的水位变幅分若干水位级，然后分级计算面积。以水位为纵坐标，相应水位下各分级面积的累加值为横坐标，点绘水位—面积关系曲线。该曲线一般与大断面图绘制在同一张图中。图4-8-4为某站汛前实测大断面及水位—面积关系曲线。

### 8.2.4　纵断面及洪水水面线的绘制

#### 8.2.4.1　纵断面图绘制

纵断面图应在方格纸上绘制。纵坐标为高程，横坐标为沿河长水平距离，在高程比例尺的左边注明采用的基面名称。纵、横坐标比例尺宜采用1、2、5的10或1/10倍数，高程比例尺宜为水平距离比例尺10的整倍数。连接相邻横断面上河底高程的最低点，绘出深泓河底线。视需要绘制平均河底高程线。在横坐标相应位置用虚线标出各断面的标识符号，并注明断面编号或名称。根据各测点同时间的水面高程绘出瞬时水面线。

图中注明水系、河名、站名、实测时间等。根据需要在横坐标相应位置绘出石梁、跌水及拦河闸(坝)、桥梁等工程的标识符号及关键部位的高程；在支流汇入口中心位置，注明支流名称等。

#### 8.2.4.2　洪水水面线的绘制及合理性分析

洪水调查时应将各大水年的洪水水面线绘出，并注明相应水位和水面比降数值。洪水水面线纵坐标为测量的或调查的水面洪痕点高程，横坐标为沿河长水平距离。可结合绘出河底线、测时水面线。可标出大断面、洪痕点的位置(左、右岸洪痕应以不同符号区别)。

绘制洪水水面线，需作合理性分析。应以评定可靠程度较高、代表性较好的洪痕点为依据，同时参照河底线，中、高水和近期大洪水的水面线，并考虑河段地形等方面因素绘制。若两岸有洪痕，应分别绘出水面线，并以其中较能代表主流一岸的水面线为准。同时，考虑诸如河道地形、洪水涨落率大小、河床的组成及植物生长情况等因素影响。其中，地形地貌的影响最为明显，如一般山区河流洪水水面线平行于河底纵断面线，洪水水面比降与河底平均比降关系密切，在河底比降有显著变化的地方，水面线比降也有明显的改变。又如上游河道地形较陡，调查河段地形平缓，则比降随水位的上升而加大；反之，调查

河段的比降随水位上升而变缓。

## 8.2.5　角度测量成果的记录与整理

### 8.2.5.1　测回法的记录与检查

测回法水平角观测记载表格式见表 4-8-5，示例见图 4-8-2。

表 4-8-5　水平角观测记载表（测回法）

| 测站 | 目标 | 竖盘位置 | 水平度盘读数（°　′　″） | 半测回角值（°　′　″） | 一测回平均角值（°　′　″） | 备注 |
|---|---|---|---|---|---|---|
| 1 | 2 | 3 | 4 | 5 | 6 | 7 |
| O | A | 左 | 00　02　06 | 68　47　12 | 68　47　09 | A　O　β　B |
| | B | | 68　49　18 | | | |
| | A | 右 | 180　02　24 | 68　47　06 | | |
| | B | | 248　49　30 | | | |

1. 观测读数记载

各方向盘左水平度盘读数记入第 4 栏中竖盘位置“左”相应栏，盘右水平度盘读数记入第 4 栏中竖盘位置“右”相应栏。

2. 水平角的计算

（1）盘左所得角值 $\beta_{左}$，填入第 5 栏中竖盘位置“左”相应栏。

（2）盘右所得角值 $\beta_{右}$，填入第 5 栏中竖盘位置“右”相应栏。

（3）当上、下两个半测回角值之差不超限（按 $DJ_6$ 型经纬仪 $\Delta\beta \leqslant 40''$），将上、下测回所得角值的平均值 $\beta$ 填入第 6 栏。

当有多个测回时，取其平均值作为最后成果。

### 8.2.5.2　全圆测回法的记录与检查

全圆测回法水平角观测记载表格式见表 4-8-6，示例见图 4-8-3。

1. 观测读数记载

各目标方向盘左水平度盘读数记入第 4 栏，盘右水平度盘读数记入第 5 栏。

2. 水平角的计算

1）计算两倍视准轴误差 $2c$ 值

$$2c = 盘左读数 - (盘右读数 \pm 180°)$$

式中，当盘右读数 > 180°时取“ - ”号，当盘右读数 ≤180°时取“ + ”号。例如，$OB$ 方向 $2c = 37°44'15'' - (217°44'05'' - 180°) = +10''$。

计算的各方向 $2c$ 值，填入第 6 栏。一测回内各方向 $2c$ 值不应超过表 4-8-6 的规定。如果超限，应重测。

**表4-8-6　水平角观测记载表(全圆测回法)**

| 测站 | 测回数 | 目标 | 水平度盘读数 | | 2c | 平均读数 | 归零后方向值 | 各测回归零后方向平均值 | 备注 |
|---|---|---|---|---|---|---|---|---|---|
| | | | 盘左 | 盘右 | | | | | |
| | | | ° ′ ″ | ° ′ ″ | ″ | ° ′ ″ | ° ′ ″ | ° ′ ″ | |
| 1 | 2 | 3 | 4 | 5 | 6 | 7 | 8 | 9 | 10 |
| O | 1 | A | 00 02 12 | 180 02 00 | +12 | (00 02 10)<br>00 02 06 | 00 00 00 | 00 00 00 | A<br>B<br>37° 42′ 04″<br>O<br>72° 44′ 48″<br>39° 45′ 41″<br>C<br>D |
| | | B | 37 44 15 | 217 44 05 | +10 | 37 44 10 | 37 42 00 | 37 42 04 | |
| | | C | 110 29 04 | 290 28 52 | +12 | 110 28 58 | 110 26 48 | 110 26 52 | |
| | | D | 150 14 51 | 330 14 43 | +8 | 150 14 47 | 150 12 37 | 150 12 33 | |
| | | A | 00 02 18 | 180 02 08 | +10 | 00 02 13 | | | |
| | 2 | A | 90 03 30 | 270 03 22 | +8 | (90 03 24)<br>90 03 26 | 00 00 00 | | |
| | | B | 127 45 34 | 307 45 28 | +6 | 127 45 31 | 37 42 07 | | |
| | | C | 200 30 24 | 20 30 18 | +6 | 200 30 21 | 110 26 57 | | |
| | | D | 240 15 57 | 60 15 49 | +8 | 240 15 53 | 150 12 29 | | |
| | | A | 90 03 25 | 270 03 18 | +7 | 90 03 22 | | | |

2)计算各方向的平均读数

平均读数又称为各方向的方向值。计算时,以盘左读数为准,将盘右读数加或减180°后,和盘左读数取平均值,即

$$平均读数=\frac{1}{2}[盘左读数+(盘右读数\pm180°)]$$

例如,OB方向平均读数为$\frac{1}{2}\times[37°44'15''+(217°44'05''-180°)]=37°44'10''$。计算值填入表第7栏。

起始方向有两个平均读数,应再取其平均值,即$\frac{1}{2}\times(00°02'06''+00°02'13'')=00°02'10''$,填入表第7栏上方小括号内。

3)计算归零后的方向值

各方向的归零后方向值为各方向的平均读数(第7栏)减去起始方向平均读数的平均值(括号内数值),填入第8栏,但起始方向归零后的方向值为零。

例如,OB的归零后方向值为37°44′10″-00°02′10″=37°42′00″,但起始方向OA归零后的方向值为00°00′00″。

4)计算各测回归零后方向值的平均值

多测回观测时,同一方向值各测回差,符合表4-8-7的规定,则取各测回归零后方向值的平均值,作为该方向的最后结果,填入第9栏。例如,OB方向各测回归零后方向值的平均值为$\frac{1}{2}\times(37°42'00''+37°42'07'')=37°42'04''$。

5）计算各目标间水平角值

将第9栏相邻两方向值相减即得水平角值。

### 8.2.5.3　全圆测回法的技术要求

水平角全圆测回法技术要求见表4-8-7。

表4-8-7　水平角全圆测回法技术要求

| 经纬仪型号 | 半测回起始方向归零差 | 一测回中两倍照准差(2c) | 同一方向值各测回角差 | 前、后半测回角差 |
| --- | --- | --- | --- | --- |
| $DJ_2$ | 12″ | 18″ | 12″ | 20″ |
| $DJ_6$ | 18″ | — | 24″ | 40″ |
| 引用规范 | 《工程测量规范》(GB 50026—2007) | | | 《水文普通测量规范》(SL 58—93) |

### 8.2.5.4　垂直角观测记录与检查

垂直角观测记载表格式见表4-8-8。示例为经纬仪为$DJ_6$型，采用中丝观测法，竖直度盘为顺时针注记，盘左位置竖盘始读数为90°。

表4-8-8　垂直角观测记载表

| 测站 | 目标 | 竖盘位置 | 竖盘读数 | 半测回垂直角 | 指标差 | 一测回垂直角 | 备注 |
| --- | --- | --- | --- | --- | --- | --- | --- |
| | | | °　′　″ | °　′　″ | ″ | °　′　″ | |
| 1 | 2 | 3 | 4 | 5 | 6 | 7 | 8 |
| *O* | *A* | 左 | 94　33　24 | -4　33　24 | -18 | -4　33　42 | |
| | | 右 | 265　26　00 | -4　34　00 | | | |

1. 观测读数记载

目标*A*：盘左垂直度盘读数*L*（设为94°33′24″）与盘右垂直度盘读数*R*（设为265°26′00″），记入第4栏中竖盘位置“左”和“右”相应栏。

2. 垂直角计算

（1）根据竖直度盘注记，盘左位置竖盘始读数计算垂直角。盘左垂直角值 $\alpha_L = 90° - L = 90° - 94°33'24'' = -4°33'24''$，填入第5栏中竖盘位置“左”相应栏。

（2）盘右垂直角值 $\alpha_R = R - 270° = 265°26'00'' - 270° = -4°34'00''$，填入第5栏中竖盘位置“右”相应栏。

（3）竖盘指标差为 $x = \frac{1}{2}[(L+R) - 360°] = \frac{1}{2} \times [(94°33'24'' + 265°26'00'') - 360°] = -18''$，填入第6栏，竖盘指标差不超限（按$DJ_6$型经纬仪≤24″）。

（4）一测回平均垂直角 $\alpha = \frac{1}{2}(\alpha_L + \alpha_R) = \frac{1}{2} \times (-4°33'24'' - 4°34'00'') = -4°33'42''$，填入第7栏。

# 第 5 篇　操作技能——高级工

# 模块1　降水量、水面蒸发量观测

## 1.1　观测作业

### 1.1.1　自记雨量计安装与运用参数设置

应先检查、确认仪器各部分完整无损，传感器、显示记录器工作正常，方可投入安装。

用螺栓将仪器底座固定在混凝土基柱上，承雨口应水平。对有筒门的仪器外壳，其筒门朝向应背对本地常见风向。部分仪器可加装钢丝拉线拉紧仪器，有水平工作要求，配置水准泡的仪器应调节水准泡至水平。

传感器与显示记录器间用电缆传输信号的仪器，显示记录器应安装在稳固的桌面上；电缆长度应尽可能短，宜加套保护管后埋地敷设，若架空铺设，应有防雷措施；插头插座间应密封，安装牢固。使用交流电的仪器，应同时配备直流备用电源，以保证记录的连续性。

采用固态存储的显示记录器，安装时应使用电量充足的蓄电池，并注意连接极性。当配有太阳能电池时，应保证连接正确。根据仪器说明书的要求，正确设置各项参数后，再进行人工注水试验，并调节至符合要求。试验完毕，应清除试验数据。

雨、雪量计的安装，应针对不同仪器工作原理，妥善处理电源、燃气源、不冻液等安全隐患，注意安全防范。

仪器安装完毕后，应用水平尺复核，检查承雨器口是否水平。用测尺检查安装高度是否符合规定，用五等水准引测观测场地地面高程。若附近无引测水准点，可在大比例尺地形图上查读高程数。

### 1.1.2　翻斗式雨量计精度率定

翻斗式雨量计精度率定方法是，从翻斗集水口注入一定的水量。要求为：模拟0.5 mm/min雨强时，注入清水量应不少于相当于4 mm的雨量；模拟2 mm/min雨强时，注入清水量应不少于相当于15 mm的雨量；模拟4 mm/min雨强时，注入清水量应不少于相当于30 mm的雨量。误差应满足以下规定：仪器分辨率为0.1 mm时，若排水量小于等于10 mm，误差不应超过±0.2 mm，若排水量大于10 mm，误差不应超过±2%；仪器分辨率为0.2 mm时，若排水量小于等于10 mm，误差不应超过±0.4 mm，若排水量大于10 mm，误差不应超过±4%；仪器分辨率为0.5 mm时，若排水量小于等于12.5 mm，误差不应超过±0.5 mm，若排水量大于12.5 mm，误差不应超过±4%；仪器分辨率为1.0 mm时，若排水量小于等于25 mm，误差不应超过±1.0 mm，若排水量大于25 mm，误差不应超过±4%。

### 1.1.3　雨量观测场地设置检查

一般雨量观测场可设置两套不同的观测设备，有试验任务和比测需要的可以有多套设备。

观测场地面积仅有一台雨量器（计）时为 4 m×4 m；同时设置雨量器和自记雨量计时为 4 m×6 m。如试验和比测需要，在雨量器（计）上加防风圈测雪及设置测雪板，或设置地面雨量器（计）的雨量站，应根据需要加大观测场面积。

观测场地应平整，地面种草或作物，其高度不宜超过 20 cm。场地四周应设置栅栏防护，场内应铺设观测人行小路。栅栏条的疏密应以不阻滞空气流通又能削弱通过观测场的风力为准，在多雪地区还应考虑在近地面不致形成雪堆。有条件的地区，可利用灌木防护。栅栏或灌木的高度宜为 1.1～1.5 m，并应常年保持一定的高度。杆式雨量器（计），可在其周围半径为 1.0 m 的范围内设置栅栏防护。

观测场内的仪器安置应使仪器相互不受影响，观测场内的小路及门的设置方向应便于进行观测。水面蒸发站的降水量观测仪器可按《水面蒸发观测规范》（SD 265—88）的要求进行布置。

在观测场地周围有障碍物时，应测量障碍物所在的方位、高度及其边缘至仪器的距离，在山区应测量仪器口至山顶的仰角。

### 1.1.4　蒸发观测仪器安装

#### 1.1.4.1　$E_{601}$ 型蒸发器的埋设

$E_{601}$ 型蒸发器的埋设，可按本书操作技能——初级工图 3-1-1（$E_{601}$ 型蒸发器结构图）的尺寸进行。

蒸发器口缘高出地面 30.0 cm，并保持水平。埋设时，可用水准仪检验，器口高差应小于 0.2 cm。

水圈应紧靠蒸发桶，蒸发桶的外壁与水圈内壁的间隙应小于 0.5 cm。水圈的排水孔底和蒸发桶的溢流孔底，应在同一水平面上。

蒸发器四周设一宽 50.0 cm（包括防坍墙在内）、高 22.5 cm 的土圈。土圈外层的防坍墙用砖顺向平摆干砌而成。在土圈的北面留一小于 40.0 cm 的观测缺口。蒸发桶的测针座应位于观测缺口处。

埋设仪器时，应力求少扰动原土，坑壁与桶壁的间隙用原土回填捣实。溢流桶应设在土圈外带盖的套箱内，用胶管将蒸发桶上的溢流嘴与溢流桶相接。安装时，必须注意防止蒸发桶外的雨水顺着胶管表面流入溢流桶。

为满足冰期观测一次蒸发总量的需要，在稳定封冻期，蒸发桶外需设套桶。套桶的内径稍大于蒸发桶的外径，两桶器壁间隙应小于 0.5 cm。套桶高度应稍低于蒸发桶，使它套在蒸发桶口缘加厚部分的下面，两桶底恰好接触。为防止两桶间隙的空气与外界直接对流，应在套桶口加橡胶垫圈或用棉、麻塞紧。为观测方便，需在口缘四个方向设起吊用的铁环。

#### 1.1.4.2　80 cm 口径蒸发器的安装

在要安装蒸发器的位置，做一高25 cm的墩台，将蒸发器套盆安置在墩台上，放好木垫块，将蒸发器安置在木垫块上，使器身上下、左右不能有松动，器口水平。

#### 1.1.4.3　20 cm 口径蒸发器的安装

在场内预定的位置上，埋设一直径为20 cm的圆木柱，柱顶四周安装一铁质圈架，将蒸发器安放其中。蒸发器应保持水平，距地面高度为70.0 cm。木柱的入土部分应涂刷沥青防腐，木柱地上部分和铁质圈架应涂刷白漆。

## 1.2　数据资料记载与整理

### 1.2.1　降水、蒸发资料处理和整编

#### 1.2.1.1　降水量资料整编

1.降水量资料整编工作内容

（1）对观测记录进行审核，检查观测、记载、缺测等情况。对于自记资料，除检查时间和降水量的订正外，还应检查仪器的故障处理情况。

（2）数据整理。按水文资料整编规范要求和整编通用程序有关降水量整编数据格式的要求，对降水量原始记录（记载）进行加工，再用通用整编程序操作方法步骤进行降水量资料的整编。

（3）编制逐日降水量表、降水量摘录表以及各时段最大降水量表（1）、各时段最大降水量表（2）。

（4）单站合理性检查。

（5）编制降水量资料整编说明表。

2.降水量数据整理方法

当一个站同时有自记记录和人工观测记录时，应使用自记记录。自记记录有问题的部分，可用人工观测代替，但应附注说明。自记记录无法整理时，可全部使用人工观测记录，同时期的降水量摘录表与逐日降水量表所依据的记录必须一致。

做各时段最大降水量表（1）的站，应根据自记曲线转折情况（固态存储资料情况）选摘数据。做各时段最大降水量表（2）的站，自记记录一般按24段制摘取数据，人工观测记录根据观测段制整理数据。

3.降水量的插补与改正

插补缺测日的降水量，可根据地形、气候条件和邻近站降水量分布情况，采用邻站平均值法、比例法或等值线法进行插补。

修正降水量时，如自记雨量计短时间发生故障，使降水量累积曲线（固态自记）发生中断或不正常，通过分析对照或参照邻站资料进行改正。对不能改正的部分，则采用人工观测记录或按缺测处理。

4.降水量的摘录

可选择一部分自记站按24段制摘录，其他自记站根据需要确定一种段制摘录。选站

的原则是：观测降水量的水文站；降水径流分析需要的站；山区、丘陵、平原交界处及水文站以上（区间）集水区中心应有站；面上分布均匀，暴雨中心、山区、暴雨梯度大的站；观测系列长、观测资料质量好的站；降水站布置较少的地区的全部站；多年来连续摘录的站。

人工观测的站按观测段制摘录。

雨洪配套站的摘录：中小河流水文站以上的配套雨量站，可采用与洪水配套的摘录方法，摘录段制可按涨洪历时的1/3确定。

稀遇暴雨的摘录标准，可由有关领导机关决定。

5. 降水量的单站合理性检查

各时段最大降水量应随时间加长而增大，长时段降水强度一般小于短时段的降水强度。

降水量摘录表或各时段最大降水量表与逐日降水量对照时，要检查相应的日量及符号，24 h最大降水量应大于或等于一日最大降水量，各时段最大降水量应大于或等于摘录中相应的时段降水量。

#### 1.2.1.2　水面蒸发量资料整编

1. 水面蒸发量资料整编工作内容

（1）编绘水面蒸发场说明表及平面图。

（2）数据整理。按水文资料整编规范要求和通用整编程序有关水面蒸发量整编数据格式的要求，对水面蒸发量原始记录（记载）进行加工，再用通用整编程序操作方法步骤进行蒸发量资料的整编。

（3）编制逐日水面蒸发量表及水面蒸发量辅助项目月、年统计表。

（4）单站合理性检查。

（5）编制水面蒸发量资料整编说明书。

2. 水面蒸发量资料的插补、改正和换算

当缺测日的天气状况与前后日大致相似时，可根据前后日观测值直线内插，也可借用附近气象站资料。

观测水气压力差和风速的站，可绘制有关因素的过程线或根据相关线进行插补。

当水面蒸发量很小时，测出的水面蒸发量是负值，应改正为“0.0”，并加改正符号。

一年中采用不同口径的蒸发器进行观测的站，当历年积累有20 cm口径蒸发器与$E_{601}$型蒸发器比测资料时，应根据分析的换算系数进行换算，并附注说明。

3. 单站合理性检查

逐日水面蒸发量与逐日降水量对照时，对突出偏大、偏小确属不合理的水面蒸发量，应参照有关因素和邻站资料予以改正。

观测辅助项目的站，水面蒸发量还可以与水气压力差、风速的日平均值进行对照。水气压力差与风速愈大，则水面蒸发量愈大。

### 1.2.2　降水量摘录表编制

降水量摘录表格式见表5-1-1。

表 5-1-1　××河××站降水量摘录表

年份：　　　　　测站编码：　　　　　降水量单位：mm　　　　　共　　页第　　页

| 月 | 日 | 起（时：分） | 止（时：分） | 降水量 | 月 | 日 | 起（时：分） | 止（时：分） | 降水量 |
|---|---|---|---|---|---|---|---|---|---|
| | | | | | | | | | |
| | | | | | | | | | |
| | | | | | | | | | |

#### 1.2.2.1　编制说明

（1）两种填表方法。

方法一：记降水起止时分者，当一次降水量的起止时分跨过一个或几个正点分段时间时，则将该次降水按正点分段时间分成几段，分别记各段起止时间及各段降水量。有时可记相邻段的合并时间及总量。

方法二：不记降水起止时分者，只记降水的起止时段及降水量，有时可记相邻段的合并时段及总量。

（2）采用“汛期全摘”的站，在汛期前后出现与汛期大水有关的降水，均应摘录。非汛期的暴雨，其洪水已列入洪水水文要素摘录表时，该站及上游各站的相应降水，均应摘录。

（3）采用“雨洪配套摘录”的站，应根据洪水水文要素摘录表所列入的洪水，摘录该站及上游各站的相应降水，必要时还应摘录流域界周围站的相应降水。

（4）当相邻时段的降水强度等于或小于 2.5 mm/h（少雨地区可减少）时，可合并摘录，合并后不跨过 2 段的分界时间。也可根据需要规定不跨过 4 段或 8 段的分界时间，但同一站同年资料必须一致。

#### 1.2.2.2　记起止时分的填列方法

（1）“月”、“日”、“起止时分”。一次降水分为几段者，填记各段开始的月、日和开始及终止时分；一次降水只有一段者，填记该次开始的月、日和开始及终止时分。

（2）“降水量”。填记降水过程中定时分段观测及降水终止时所测得的降水量。

（3）起止时分缺测，但各时段降水量记录完整者，“起止时分”栏填降水开始以前和结束以后正点分段观测的时间，但只记小时不记分钟。“月”、“日”栏填起时所在月、日。

（4）未按日界或分段时间进行观测但知其总量者，记总的起止时间及总量。

（5）一日或若干日全部缺测者，在“月”、“日”、“时分”栏记缺测的起止时间，只记时不记分。缺测一日者，记一行，降水量栏记“—”符号；缺测两日以上者，分记两行，只在下一行降水量栏记“—”符号。

#### 1.2.2.3　不记起止时分的填列方法

“月”、“日”、“起止时间”，填列时段开始的月、日和起止时间，时段小于 1 h，记至时分；时段等于或大于 1 h，记至时。

各种缺测情况及配套摘录可按照记起止时分的有关规定填列。

## 1.2.3　时段最大降水量推求和编表

### 1.2.3.1　各时段最大降水量表(1)

各时段最大降水量表(1)如表 5-1-2 所示。

**表 5-1-2　各时段最大降水量表(1)**

年份:　　　　流域水系码:　　　　降水量单位:mm　　　　共　　页第　　页

| 站次 | 测站编码 | 站名 | 时段(min) | | | | | | | | | | | | |
|---|---|---|---|---|---|---|---|---|---|---|---|---|---|---|---|
| | | | 10 | 20 | 30 | 45 | 60 | 90 | 120 | 180 | 240 | 360 | 540 | 720 | 1 440 |
| | | | 最大降水量/开始月.日 | | | | | | | | | | | | |
| | | | | | | | | | | | | | | | |
| | | | | | | | | | | | | | | | |
| | | | | | | | | | | | | | | | |

统计与填列方法:

(1)各分钟时段最大降水量一律采用 1 min 或 5 min 滑动进行挑选,在数据整理时,应注意采用 1 min 或 5 min 滑动摘录。

(2)表中各时段最大降水量值,分别在全年的自记记录纸上连续滑动挑选。

(3)自记雨量计短时间发生故障,经邻站对照分析插补修正的资料可参加统计。

(4)无自记记录期间可采用人工观测资料挑选,但应附注说明暴雨的时间、降水量等情况。当一年内暴雨期自记记录不全或有舍弃情况,且无人工观测资料时,应在有自记记录期间挑选,并附注说明情况,如年内主要暴雨都无自记记录,则不编本表。

(5)挑选出来的数据分记两行,上行为各时段最大降水量,下行为对应时段的开始日期。日期以零时为日分界。

### 1.2.3.2　各时段最大降水量表(2)

各时段最大降水量表(2)如表 5-1-3 所示。

**表 5-1-3　各时段最大降水量表(2)**

年份:　　　　流域水系码:　　　　降水量单位:mm　　共　　页第　　页

| 站次 | 测站编码 | 站名 | 时段(h) | | | | | | | | | | | | | | | | | |
|---|---|---|---|---|---|---|---|---|---|---|---|---|---|---|---|---|---|---|---|---|
| | | | 1 | | | 2 | | | 3 | | | 6 | | | 12 | | | 24 | | |
| | | | 降水量 | 开始 | | 降水量 | 开始 | | 降水量 | 开始 | | 降水量 | 开始 | | 降水量 | 开始 | | 降水量 | 开始 | |
| | | | | 月 | 日 | | 月 | 日 | | 月 | 日 | | 月 | 日 | | 月 | 日 | | 月 | 日 |
| | | | | | | | | | | | | | | | | | | | | |
| | | | | | | | | | | | | | | | | | | | | |
| | | | | | | | | | | | | | | | | | | | | |

统计与填列方法：

(1)表内各小时时段降水量，通过降水量摘录表统计而得。

(2)凡作此项统计的自记站或人工观测站，均按观测时段或摘录时段滑动统计。当有合并摘录时，应按合并前资料滑动统计。

(3)按24段观测或摘录的，各种时段最大降水量都应统计；按12段观测或摘录的，统计2 h、6 h、12 h、24 h的最大降水量；按8段观测或摘录的，统计3 h、6 h、12 h、24 h的最大降水量；按4段观测或摘录的，只统计6 h、12 h、24 h的最大降水量。不统计的各栏，任其空白。按两段制观测或只记日量的站，不作此项统计。

(4)挑选出来的各时段最大降水量，均应填记其时段开始的日期。日期以零时为日分界。

# 模块 2　水位观测

## 2.1　观测作业

### 2.1.1　自记水位计主要类型

自记水位计是利用机械、压力、声波、电磁波等传感装置间接观测记录水位变化的设备，一般由水位感应、信息传输与记录装置三部分组成。常见感应水位的方式有浮子式、水压力式、超声波、雷达波等多种类型，按感应器是否触及水体分为接触式和非接触式，按数据传输距离可分为就地自记式与远传、遥测自记式，按水位记录形式可分为模拟记录曲线纸式与数字记录式等。以下按感应分类简要介绍其原理。

#### 2.1.1.1　浮子式水位计

浮子式自记水位计主要由感应传输部分和记录部分组成，靠它们的联合作用绘出水位升降变化的模拟曲线。感应传输部分直接感受水位变化，构件为浮筒（浮子）、悬索及平衡锤、变速齿轮组，浮筒（浮子）和平衡锤用塑胶铜线连接悬挂在水位轮上，水位涨落使浮筒升降带动水位轮正反旋转。记录部分由记录滚筒、自记钟、自记笔及导杆组成，记录滚筒与水位轮直接连接，当水位轮旋转时，记录滚筒一起转；记录纸是装在记录滚筒外面的，记录笔是特制的小钢笔，由石英晶体自记钟以每小时一定的速度带动它在记录纸横坐标方向上单向运动，这样记录滚筒随水位变化作纵向运动，记录笔随时间变化作横向运动，将水位模拟曲线描绘在记录纸上。

#### 2.1.1.2　压力式水位计

通过测量水体的静水压力，实现水位测量的仪器称为压力式水位计。设测点的静水压强为 $p$，水体密度为 $\rho$，则测量（传感固定测点）处的水深为 $H=p/\rho$。若固定测点高程为 $Z$，则 $Z+H$ 即为水位。该类仪器可应用在江河、湖泊、水库及其他密度比较稳定的天然水体中，实现水位测量和存储记录。

压力式水位计又分为气泡式和压阻式两种。气泡式是通过气管向水下的固定测点通气，使通气管内的气体压力和测点的静水压力平衡，从而通过测量通气管内气体压力来实现水压（水深）测量。压阻式是直接将压力传感器严格密封后置于水下测点，测量其静水压力（水深）。

#### 2.1.1.3　超声波水位计

超声波水位计是一种把声学和电子技术相结合的水位测量仪器。按照声波传播介质的区别可分为液介式和气介式两大类。传感器安装在水中的称为液介式超声波水位计；而传感器安装在空气中不接触水体的称为气介式或非接触式超声波水位计。黄河水文科技公司生产的 HW－1000C 非接触式超声波水位计如图 5-2-1 所示。

图5-2-1 HW-1000C 非接触式超声波水位计

超声波水位计的原理是,超声波在空气(或水)中的传播速度为 $v$,当超声波在空气(或水)中传播遇到水面(或气面)后被反射,仪器测得超声波往返于传感器到水面(或气面)之间的时间为 $t$,则超声波在空气(或水)中传播的距离为 $H=\frac{1}{2}vt$,再用传感器安装起算零点高程 $Z$ 减去(或加上)$H$ 即得水位。

由于超声波在空气中的传播速度是温度的函数,一般有 $v=331.45+0.61T$($T$ 为气温)的关系,正确地修正波速是保证测量精度的关键,因此非接触气介式超声波水位计,需采用温度实时修正方法实现声波测距校准,以使测量精度达到规范要求。液介式超声波水位计也需要选择和校准声波测距。

气介式超声波水位计的主要特点有,在水位测量过程中没有任何部件接触水体,实现非接触测量,不受高速水流冲击,不受水面漂浮物的缠绕、堵塞或撞击以及水质电化反应的影响;设备无运动部件,不会因部件磨损锈蚀而产生故障,寿命长,可靠性好;采用实时温度自动校准技术,精度高;测量范围大,施测水位变幅可达40 m;设备安装一般比建造水位计台(井)基建投资小。

#### 2.1.1.4 雷达水位计

雷达水位计是通过非接触气介方式测量地表水位的一种高精度测量仪器。原理同非接触式超声波水位计,但由电磁波传输反射实施测量。它可用于多泥沙、多漂浮物、多水草以及具有腐蚀性的污水、盐水等恶劣环境下的水位观测。由德国SEBA公司生产的SEBAPULS雷达水位计传感器如图5-2-2所示,该仪器发送26 GHz短微波脉冲(雷达波),主要使用指标为:测量范围0~20 m,温度范围-20~+70 ℃,发射锥度角22°,精度±1 cm,工作电压12~24 V,功耗0.24 W,质量1.6 kg。该仪器安装简便,基础投资小。

### 2.1.2 自记水位计技术要求

#### 2.1.2.1 水位传感器技术要求

(1)工作应适应温度-20~+50 ℃,相对湿度95%的环境。

(2)分辨力一般为1.0 cm,高精度为0.1 cm。

(3)测量范围一般为0~40 m。

图 5-2-2　SEBAPULS 雷达水位计传感器

(4)水位变率一般情况下不低于 40 cm/min,对有特殊要求的不低于 100 cm/min。

(5)自记水位计允许测量误差应符合表 5-2-1 的要求。

表 5-2-1　自记水位计允许测量误差

| 水位量程 $\Delta Z$(m) | ≤10 | $10 < \Delta Z \leq 15$ | >15 |
|---|---|---|---|
| 综合误差(cm) | 2 | $2‰\Delta Z$ | 3 |
| 室内测定保证率(%) | 95 | | |

注:表中的综合误差是指室内测试时,传感器误差、传动误差、仪器本身及其他误差综合反应的总误差。各栏指标是根据水位资料的精度要求,并适当考虑我国目前水文仪器制造水平而确定的。

(6)电源宜采用直流供电,电源电压波动范围为额定电压的 -15% ~ +20% 时,仪器能正常工作。

(7)传感器及输出信号线应有防雷电及抗干扰措施。

(8)有波浪抑制措施,传感器的输出应稳定。

(9)可靠性要求浮子式水位计 MTBF(平均无故障工作时间)不小于 25 000 h,其他类型水位计 MTBF 应不小于 8 000 h。

#### 2.1.2.2　数据采集(遥测)终端技术要求

(1)数据计算、存储及下载功能。取用的存储值宜是存储时刻前后多次采样的算术平均值。现场存储的水位值可记至 1 cm,有特殊要求的记至 0.1 cm。时间应记至 1 min,计时误差每月小于 2 min;能现场存储 1 年以上水位数据,并可下载备份,数据格式满足水文资料整编要求。

(2)数据显示与采集模式。具有显示设置参数的功能,显示当前及以前不少于 12 个时段整点水位值和相应时间的功能;可工作在定时采集、事件采集等多种数据采集模式;能通过人工装置植入数值、读取数据、设置参数、校准时钟等。

(3)可靠性与可扩展性。具有低功耗、高可靠性和扩展传感器接口。在正常维护条件下,数据采集终端 MTBF 应不小于 25 000 h。

(4)同时连接两种不同型号水位传感器时,在水位接头时应能自动切换至选择使用的传感器,并同时校验两传感器水位差是否在规定范围内。

(5)数据遥测终端还应满足可工作在定时自报、事件自报或随机查询应答等多种工作模式;支持远程下载数据、参数设置及时钟校准等。

当水位变化1 cm或达到设定的时间间隔时,能自动采集、存储和发送水位数据;在定时间隔内,当水位变化超过设定值时,具有加密测次、加密发报的功能,并可响应中心站召测指令发送数据;具有发送人工观测水位、工作状态等信息功能;水位信息传输方式可采用两种互为备份的不同传输信道等。

#### 2.1.2.3　纸介质模拟自记水位计技术要求

纸介质模拟自记水位计允许测量误差应符合表5-2-1的要求,纸介质模拟自记水位计允许计时误差应符合表5-2-2的要求。涨落急剧的小河站,应选择时间估读误差±2 min的自记仪器。

**表5-2-2　纸介质模拟自记水位计允许计时误差**

| 记录周期 | 允许误差(min) | |
|---|---|---|
| | 精密级 | 普通级 |
| 日记 | ±0.5 | ±3 |
| 周记 | ±2 | ±10 |
| 双周记 | ±3 | ±12 |
| 月记 | ±4 | |
| 季记 | ±9 | |
| 半年记 | ±12 | |
| 年记 | ±15 | |

### 2.1.3　自记水位计的安装设置要求

测站选用的自记水位计设备应符合国家水文质检部门的准入许可要求。

自记水位计设置应能测记到本站观测断面历年最高水位和最低水位。当受条件限制,一套自记水位计不能测记历年最高、最低水位时,可同时配置多套自记水位计或其他水位观测设备,且处在同一断面线上,相邻两套设备之间的水位观测值应有不小于0.1 m的重合。

#### 2.1.3.1　自记水位计传感器安装的基本要求

自记水位计传感器安装前,应按其说明书对技术指标进行全面的检查和测试。

传感器安装应牢固,不易受风力或水流冲击的影响;波浪较大的测站,应采取波浪抑制措施。对采用设备固定点高程进行初始值设置的测站,设备固定点高程的测量精度应不低于四等水准测量精度。

1.浮子式自记水位计

浮子式自记水位计测井不应干扰水流的流态,井壁必须垂直,截面可建成圆形或椭圆形,应能容纳浮子随水位自由升降,浮筒(浮子)与井壁应有5~10 cm间隙。测井口应高于设计最高水位0.5~1 m,井底应低于设计最低水位0.5~1 m。

进水管管道应密封不漏水,进水管入水口应高于河底0.1~0.3 m,测井入水口应高于测井底部0.3~0.5 m。根据需要可以设置多个不同高程的进水管。井底及进水管应设防淤和清淤设施,卧式进水管可在入水口设置沉沙池。测井及进水管应定期清除泥沙。多沙河流,测井应设在经常流水处,并在测井下部上、下游的两侧开防淤对流孔。因水位滞后及测井内外含沙量差异引起的水位差均不宜超过1 cm。

记录仪器室应有一定的空间方便维护,能通风、防雨、防潮。

2. 气泡式水位计

气泡式水位计入水管管口可设置在历年最低水位以下0.5 m,河底以上0.5 m处。入水管应紧固,管口高程应稳定。当设置一级入水管会超出测压计的量程时,可分不同高程设置多级入水管。

水下管口的高程可按水尺零点高程测量的要求测定。供气装置的压力应随时保持在测量所需的压力以上。当水位上涨时,应向管内连续不断地供气,以防止水流进入管内。测量水位时,从水下溢出的气泡应调节在每秒一个左右。当观测气泡不便时,可观测气流指示器。

3. 压阻式水位计

压阻式水位计的压力传感器宜置于设计最低水位以下0.5 m。当受波浪影响时,可在二次仪表中增设阻尼装置。传感器的底座及安装应牢固,感压面应与流线平行,不应受到水流直接冲击。

4. 超声波式水位计

超声波式水位计可采用气介式或液介式。气介式应设置在历史洪水位0.5 m以上。液介式宜设置在历年最低水位以下1 m、河底以上0.5 m,且不易淤积处。当水体的深度小于1 m时,不宜采用液介式。

传感器的安装应牢固。传感器发射(接收感应)面应平行于水面,应有防水、防腐、防损坏措施;液介式应定时为传感器冲沙,传感器表面的高程可按水尺零点高程测量的要求测定。

5. 雷达水位计

雷达水位计传感器应牢固安装于支架上,传感器发射面应与水面水平。传感器设置在历史洪水位0.5 m以上,距离边壁至少0.8 m,以减弱扰动反射信号的影响。

#### 2.1.3.2　自记水位计参数设置

自记水位计安装测试完成后或根据不同时期的观测要求,及时进行时间、水位初始值(或零点高程)及采集段次等基本参数设置,以保证观测时间、水位数值误差及观测频次符合测验任务书要求。

(1)时钟设置。以标准北京时间进行设置。

(2)水位初始值或零点高程设置。根据人工观测水位与同时刻自记水位计观测值的差值,或通过测量仪器测定传感器感应面距水面的距离确定水位初始值,或者将传感器安装的零点高程输入。

(3)采集段次设置。按测站在汛期、枯水期、高洪时期的观测任务和报汛要求进行设置,其观测频次应不低于人工观测的要求(连续工作模拟记录的仪器不需此设置)。

## 2.1.4　自记水位计的比测与校测

### 2.1.4.1　比测

自记水位计的比测应在仪器安装后或改变仪器类型时进行。一般为自记水位计与同位置同时刻的水尺观测水位比测。比测时,可按水位变幅分几个测段分别进行,包括水流平稳、变化急剧等情况,每段比测次数应不少于30次。比测结果应符合:一般水位站置信水平95%的综合不确定度为3 cm,系统误差为±1 cm;受波浪影响突出的近海地区水位站,综合不确定度可放宽至5 cm。纸介质模拟自记水位计允许计时误差应符合表5-2-2的规定。在比测合格的水位变幅内,自记水位计可正式使用,比测资料可作为正式资料。不具备比测条件的无人值守站可只进行校测。

### 2.1.4.2　校测

自记水位计校测在仪器的正常观测使用期进行,应定期或不定期进行,校测频次可根据仪器稳定程度、水位涨落率和巡测条件等确定。每次校测时,应记录校测时间、校测水位值、自记水位值、是否重新设置水位初始值等信息,作为水位资料计算整编的依据。当校测水位与自记水位系统偏差超过±2 cm时,经确认后重新设置水位初始值。

自记水位计的校测可根据测站设施情况确定:

(1)设有水尺的自动监测站,可采用水尺观测值进行校测。未设置水尺的可采用悬锤式水位计、测针式水位计或水准测量的方法进行校测。

(2)采用纸记录的自记水位计的水位校测。

①使用日记式自记水位计时,每日8时定时校测一次;资料用于潮汐预报的潮水位站,应每日8时、20时校测两次。当一日水位变化较大时,应根据水位变化情况适当增加校测次数。

②使用长周期自记水位计时,对周记和双周记式自记水位计应每7 d校测一次,对其他长期自记水位计应在使用初期根据需要加强校测,当运行稳定后,可根据情况适当减少校测次数。

③校测水位时,应在自记纸的时间坐标上画一短线。需要测记附属项目的站,应在观测校核水位的同时观测附属项目。

## 2.1.5　自记水位计的维护

自记水位计的检查和维护应定期和不定期进行,检查维护时应注意安全防护。现场维护时,应先备份数据。

### 2.1.5.1　熟识仪器结构

应基本熟悉设备仪表板块插件的功能和连接方式,能进行整套设备的装接与调试,可拆装板块插件。

### 2.1.5.2　定期检查

在汛前、汛中和汛后,应对系统的运行状态进行全面的检查和测试。现场定期检查主要事项有：

（1）检查设备与各种电缆的连接是否完好，防水性能是否良好；检查蓄电池的密封性是否保持完好，测试电压是否正常，按保养说明要求对蓄电池进行充放电养护；测量太阳能电池的开路电压、短路电流是否满足要求，并检查接线是否正常；检查天线和馈线设施，保证接头紧固，防水措施可靠，输出功率等符合设计要求，查看避雷针、同轴避雷器等防雷装置的安装情况。

（2）对于液介式仪器，在汛期结束后水位较低时，检查换能器发射面是否有泥沙淤积或杂草遮盖，应及时清除。如果换能器发射面暴露出水面，拆卸的电缆接头必须用电工胶布密封包扎，防止雨水等进入电缆内部。

（3）对测站设备作全面的检查，包括各项参数的正确设置；模拟传感器参数变化、数据遥测终端发送数据、固态存储数据、中心站接收数据、中心站读出固态存储数据均应一致。

#### 2.1.5.3　不定期检查

可结合日常维护情况或根据远程监控信息进行不定期检查。主要是专项检查和检修，也可作全面检查，视具体情况而定。

#### 2.1.5.4　维修维护

应能使用万用表等配备检修仪具量测检查连接线路、接头的短（开）路并自行维修；根据故障特点判断模块插件是否正常，能使用常用备品备件进行更换和调试等工作。

## 2.2　数据资料记载与整理

### 2.2.1　水（潮）位观测资料的插补

#### 2.2.1.1　水位资料的插补

当遇到水位短时间缺测时，可根据不同情况，选用以下方法进行插补。

1. 直线插补法

当缺测期间水位变化平缓，或虽变化较大，但属单一的上涨或下落趋势时，可用缺测时段两端的观测值按时间比例内插求得缺测期间的值，称为直线插补法。用面积包围法计算日平均水位时，如0时或24时没有实测水位记录，亦可用此法进行插补。计算公式为

$$\Delta Z = \frac{Z_2 - Z_1}{\Delta t_{1\leftrightarrow 2}} \tag{5-2-1}$$

$$Z_i = Z_1 + \Delta t_{1\to i} \cdot \Delta Z \tag{5-2-2}$$

式中　$\Delta Z$——单位时间的水位差值；

$Z_1$、$Z_2$——缺测时间前、后的水位；

$\Delta t_{1\leftrightarrow 2}$——缺测时间；

$\Delta t_{1\to i}$——观测 $Z_1$ 后到需要内插时刻的时间；

$Z_i$——需要内插时刻的水位。

2. 水位相关曲线插补法

若缺测期间水位变化较大，跨越峰、谷，且本站水位与同河邻站水位有密切相关关系，区间无大支流汇入或无大量引出、引入水量，河段冲淤变化不大，可点绘两站水位相关线，用邻站水位插补本站水位，这种方法称为水位相关曲线插补法。相关曲线可用同时水位或相应水位（同相位）点绘。如当年资料不足，可借用往年水位过程相似时期的资料。

3. 水位过程线插补法

当缺测期间水位有起伏变化，如上下游站区间径流增减不多、冲淤变化不大、水位过程线又大致相似，可将本站与邻站的水位绘在同一张及同一坐标过程线纸上，缺测期间的水位参照邻近站的水位过程线趋势，勾绘出本站水位过程线，在过程线上查读缺测时间的水位，这种方法称为水位过程线插补法。

### 2.2.1.2　潮位资料的插补

因故缺测高、低潮位之间的潮位，可根据前、后潮位变化趋势或参照相似潮汐，分别选用以下方法插补高、低潮之间潮位：

（1）当缺测期间潮位接近直线变化时，可采用直线插补法。

（2）当缺测期间潮位有起伏变化时，可根据相似潮汐的水位涨落比例采用比例插补法进行插补。插补时，可先将相似潮的潮位变化过程根据转折点分为数段，然后将需要插补潮的潮位变化过程相应部分亦分为同等数段，则可采用相应段的历时关系式（5-2-3）和潮位涨落差关系式（5-2-4）插补出对应的 $t_i'$ 和 $\Delta Z_i'$ 获得缺测期间潮位数值，即

$$\frac{t_i}{t}=\frac{t_i'}{t'} \tag{5-2-3}$$

$$\frac{\Delta Z_i}{\Delta Z}=\frac{\Delta Z_i'}{\Delta Z'} \tag{5-2-4}$$

式中　$t$——相似潮的涨（落）潮历时，h；

$t'$——需要插补潮的涨（落）潮历时，h；

$t_i$——相似潮的第 $i$ 段历时，h；

$t_i'$——需要插补潮的第 $i$ 段历时，h；

$\Delta Z$——相似潮的涨（落）潮潮差，m；

$\Delta Z'$——需要插补潮的涨（落）潮潮差，m；

$\Delta Z_i$——相似潮的第 $i$ 段潮位涨（落）差，m；

$\Delta Z_i'$——需要插补潮的第 $i$ 段潮位涨（落）差，m。

因故缺测高潮位或低潮位及出现时分，而本站与邻站（或上、下游站）的相应高（低）潮位及其出现时分有密切相关关系时，可根据两站同时期（包括缺测前、后一段时期及与缺测的潮期相隔半月或一月的时期内）的实测资料，分别点绘相应的高、低潮位及其出现时分相关曲线，采用高（低）潮位相关插补法插补缺测的数值。

如果只有个别高潮位或低潮位及其出现时分缺测，可直接根据缺测前后的本站各潮期高、低潮位及其出现时分的变化规律，并参照与缺测的高（低）潮相隔半月的时期内各次高、低潮位及其出现时分的变化趋势，插补缺测的个别高（低）潮位及其出现时分。

## 2.2.2　水文资料整编简述

各类测站测得的水文信息原始数据都要按科学的方法和统一的格式整理、分析、统计，成为系统、完整且有一定精度的水文资料，供使用者应用。这种水文信息数据的加工、处理过程，称为水文资料整编。

水文资料整编一般经过在站整编、审查、复审、汇编、流域验收及全国终审等工作阶段，其中在站整编、审查工作由测站或地(市)级组织；复审阶段、水系或区域汇编由省及流域机构水文部门组织；流域验收工作由流域机构组织；水利部水文局负责全国终审工作的组织。

目前，水文资料整编工作执行的行业规范为《水文资料整编规范》(SL 247—1999)、《水文年鉴汇编刊印规范》(SL 460—2009)。整编方式基本实现计算机电算整编，推荐使用的整汇编程序为全国南、北方片水文资料整汇编系统。

水文资料分很多项目，各项目整编阶段的工作内容，视测验情况、整编方法而不尽相同，其共同的基本内容为：

(1)收集原始数据、测站考证等资料；审核原始资料，检查测验计算方法是否正确，实测成果是否合理，全面审核原始资料和各种整编图表的内容与数字计算是否有误；编制考证表。

(2)编制实测成果表，如实测流量成果表、实测输沙率成果表等。

(3)确定整编方法，绘制各种必要的分析用图，定线，如水位—流量关系线等。

(4)手算时，进行推算、制表；电算时，进行数据整理、录入数据文件，计算推求逐时、逐日值，编制或输出各类整编成果表。

(5)进行单站合理性检查，并编写整编说明书(只编写主要项目)。

## 2.2.3　水位资料整编

### 2.2.3.1　水位资料整编工作内容

水位记录是反映江、河、湖、库的水情变化的最基本的资料之一，有时也是流量和泥沙资料整编的基础。水位资料整编工作内容包括：

(1)考证水尺零点高程。

(2)审核水位原始资料，计算逐时和逐日平均水位，编制逐日平均水位表或水位月(年)统计表和洪水水位摘录表；以潮汐为主的感潮河段站应编制逐潮高、低潮位表和潮位月年统计表。逐时潮位表，潮位摘录表，逐日最高、最低潮位表及风暴潮位摘录表可根据需要编制。

(3)进行单站合理性检查及综合合理性检查。

(4)编制水位资料整编说明书。

### 2.2.3.2　水尺零点高程的考证

引起水尺零点高程变动的原因较多，如水准点高程变动、水准测量错误、水尺因碰撞倾斜或冰冻上拔等。考证时，应将本年水尺零点高程的接测和校测记录全面列表比较，查明有无变动。如有变动，要分析变动的原因和日期，以确定两次校测间各时段采用的水尺零点高程。水尺零点高程考证表如表5-2-3所示。

表 5-2-3　××河××站水尺零点高程考证表(2006 年)

| 水尺编号 | 测量或校测时间(年-月-日) | 测得高程(m) | 高程不符值(m) | | 引据水准点及高程 | | 水尺位置 | 原测高程(m) | 应用高程(m) | 变动原因 | 应用时间(起讫年月日) |
|---|---|---|---|---|---|---|---|---|---|---|---|
| | | | 实测 | 允许 | 编号 | 高程(m) | | | | | |
| $P_{15}$ | 2005-09-12 | 1 045.110 | | | BM 永 | 1 059.508 | 左岸,起点距 123 m | | 1 045.11 | | 2006 年 7 月 17 日至 8 月 19 日 |
| $P_{15}$ | 2006-04-07 | 1 045.110 | 0.005 | 0.007 | BM4 | 1 056.192 | 左岸,起点距 123 m | 1 045.110 | 1 045.11 | 未变 | |
| $P_{15}$ | 2006-08-01 | 1 045.116 | 0.003 | 0.003 | TBM2 | 1 045.228 | 左岸,起点距 123 m | 1 045.110 | 1 045.11 | 未变 | |
| $P_{15}$ | 2006-09-01 | 1 045.109 | 0.002 | 0.003 | TBM2 | 1 045.228 | 左岸,起点距 123 m | 1 045.110 | 1 045.11 | 未变 | |
| $P_{16}$ | 2005-09-12 | 1 044.679 | | | BM 永 | 1 059.508 | 左岸,起点距 125 m | | 1 044.68 | | 2006 年 7 月 17 日至 8 月 19 日 |
| $P_{16}$ | 2006-04-07 | 1 044.676 | 0.005 | 0.007 | BM4 | 1 056.192 | 左岸,起点距 125 m | 1 044.679 | 1 044.68 | 未变 | |
| $P_{16}$ | 2006-08-01 | 1 044.677 | 0.002 | 0.003 | TBM2 | 1 045.228 | 左岸,起点距 125 m | 1 044.679 | 1 044.68 | 未变 | |
| $P_{16}$ | 2006-09-01 | 1 044.676 | 0.002 | 0.003 | TBM2 | 1 045.228 | 左岸,起点距 125 m | 1044.679 | 1044.68 | 未变 | |

#### 2.2.3.3　逐日平均水位表编制

逐日平均水位表要求表列全年的逐日平均水位，各月与全年的平均水位和最高、最低水位及其发生日期。有的测站还需统计出各种保证率水位。表5-2-4为逐日平均水位表格式。

**表5-2-4　××河××站逐日平均水位表**

表内水位（冻结基面以上米数）±×××m　=　××基面以上米数

<table>
<tr><th colspan="2">日期</th><th>1月</th><th>2月</th><th>3月</th><th>4月</th><th>5月</th><th>6月</th><th>7月</th><th>8月</th><th>9月</th><th>10月</th><th>11月</th><th>12月</th></tr>
<tr><td colspan="2">1<br>2<br>3<br>⋮<br>29<br>30<br>31</td><td></td><td></td><td></td><td></td><td></td><td></td><td></td><td></td><td></td><td></td><td></td><td></td></tr>
<tr><td>月统计</td><td>平均<br>最高<br>日期<br>最低<br>日期</td><td></td><td></td><td></td><td></td><td></td><td></td><td></td><td></td><td></td><td></td><td></td><td></td></tr>
<tr><td colspan="2">年统计</td><td colspan="4">最高水位　月　日</td><td colspan="4">最低水位　月　日</td><td colspan="4">平均水位</td></tr>
<tr><td colspan="2">各种保证率水位</td><td colspan="2">最高</td><td colspan="2">第15天</td><td colspan="2">第30天</td><td>第90天</td><td colspan="2">第180天</td><td>第270天</td><td colspan="2">最低</td></tr>
<tr><td colspan="2">附注</td><td colspan="12"></td></tr>
</table>

（1）表头所列“表内水位（冻结基面以上米数）±×××m=××基面以上米数”，将绝对基面与本站采用的本年最后一次测算的冻结基面的高差填入等号之前，并在等号后注明绝对基面的名称，或“假定”、“测站”字样。

（2）逐日平均水位填写要求。

按规定几日观测一次水位或水位停测的站，停测之日的日平均水位栏空白。

有缺测、欠准、插补、断面干涸、连底冻、停滞、逆流等情况时，应加注符号或文字说明（有关具体处理按《水文年鉴汇编刊印规范》（SL 460—2009）的规定）。

（3）月（年）统计。

①月（年）平均水位的计算。月（年）平均水位用全月（年）日平均水位总和除以全月（年）天数求得。当发生河干、连底冻或记录不全无法进行插补时，不宜计算月（年）平均水位，应在该栏填写“河干”、“连底冻”或“部分河干”等。

②月（年）最高（低）水位统计。月最高（低）水位是在全月瞬时水位记录中挑选最高（低）水位及其发生日期。当最高、最低水位出现数次时，应挑选最初出现的一次填入。如极值发生在0时，一般填后一天的日期。如发生在某月第一天0时，参加前后两月挑选，被选为上月极值者，填上月的最后一日，被选为下月极值者，填下月的第一日。当本月记录不全时，应在所选特征水位数值上加“（　）”。当发生河干或连底冻现象时，应在最

低水位栏填记“河干”或“连底冻”及其发生日期。当一月内“河干”及“连底冻”现象都有发生时，最低水位栏可只填“河干”。

年最高(低)水位在全年各月最高(低)水位中挑选。

③各种保证率水位统计，可根据需要进行统计，一经统计应保持此表的连续；资料不全的站，可不进行统计。

一年中日平均水位高于和等于某一水位值的天数称为该水位的保证率。例如，保证率为15 d的水位为236.50 m，就是指该年中有15 d的日平均水位高于和等于236.50 m。一般在有航运的河流上，要求统计部分测站的各种保证率水位。其做法是对全年各日日平均水位由高到低排序，从中依次挑选第1日、第15日、第30日、第90日、第180日、第270日及最后日对应的日平均水位，即为其保证率水位。

(4)附注说明应包括整编采用的观测资料，对水位有显著影响的现象。如冰塞、冰坝的形成或崩溃，水库冲决，堤防决口等；基本水尺断面迁移日期、方向和距离；停测或撤销、恢复观测的日期；资料缺测、欠准、插补、改正及作废的情况；资料在观测和整编方面影响成果质量的问题。示例：表内水位采用人工观测资料整编。

#### 2.2.3.4　逐潮高、低潮位表编制

表5-2-5为逐潮高、低潮位表格式。

**表5-2-5　××河××站逐潮高、低潮位表**

表内潮位(冻结基面以上米数)±×××　m=　××基面以上米数

<table>
<tr><td colspan="18">××月</td></tr>
<tr><td>日期</td><td>潮别</td><td>潮位</td><td>时分</td><td>潮差</td><td>历时</td><td>日期</td><td>潮别</td><td>潮位</td><td>时分</td><td>潮差</td><td>历时</td><td>日期</td><td>潮别</td><td>潮位</td><td>时分</td><td>潮差</td><td>历时</td></tr>
<tr><td></td><td></td><td></td><td></td><td></td><td></td><td></td><td></td><td></td><td></td><td></td><td></td><td></td><td></td><td></td><td></td><td></td><td></td></tr>
<tr><td rowspan="7">月统计</td><td colspan="2">项目</td><td colspan="2">最高(大)</td><td>日</td><td>时分</td><td colspan="2">夏历<br>月-日</td><td colspan="2">最低(小)</td><td>日</td><td>时分</td><td colspan="2">夏历<br>月-日</td><td>平均</td><td>月总数</td><td>次数</td></tr>
<tr><td colspan="2">高潮</td><td colspan="2"></td><td></td><td></td><td colspan="2"></td><td colspan="2"></td><td></td><td></td><td colspan="2"></td><td></td><td></td><td></td></tr>
<tr><td colspan="2">低潮</td><td colspan="2"></td><td></td><td></td><td colspan="2"></td><td colspan="2"></td><td></td><td></td><td colspan="2"></td><td></td><td></td><td></td></tr>
<tr><td colspan="2">涨潮潮差</td><td colspan="2"></td><td></td><td></td><td colspan="2"></td><td colspan="2"></td><td></td><td></td><td colspan="2"></td><td></td><td></td><td></td></tr>
<tr><td colspan="2">落潮潮差</td><td colspan="2"></td><td></td><td></td><td colspan="2"></td><td colspan="2"></td><td></td><td></td><td colspan="2"></td><td></td><td></td><td></td></tr>
<tr><td colspan="2">涨潮历时</td><td colspan="2"></td><td></td><td></td><td colspan="2"></td><td colspan="2"></td><td></td><td></td><td colspan="2"></td><td></td><td></td><td></td></tr>
<tr><td colspan="2">落潮历时</td><td colspan="2"></td><td></td><td></td><td colspan="2"></td><td colspan="2"></td><td></td><td></td><td colspan="2"></td><td></td><td></td><td></td></tr>
<tr><td>附注</td><td colspan="17"></td></tr>
</table>

根据观测和插补的潮位资料，对含潮差、历时、月统计项目的逐潮高、低潮位表，按“日期、潮别、潮位、时分、潮差、历时”各项分月进行整理，填写。其中，潮差分为涨潮潮差（高潮潮位减去其前相邻低潮潮位即得涨潮潮差）和落潮潮差（高潮潮位减去其后相邻低潮潮位即得落潮潮差）两类；历时分为涨潮历时（高潮出现时间减去其前相邻低潮出现时间即得涨潮历时）和落潮历时（低潮出现时间减去其前相邻高潮出现时间即得落潮历时）两类。

对特殊潮汐现象及对潮位资料有影响的有关文字说明填写在“附注”中。

（1）潮别栏填写“低”、“高”，“低”靠左，“高”靠右，并错开一个字符。

（2）如本月一日首先出现的是高潮，则第一行低潮的“日期”、“潮位”和“时分”各栏均空白不填。

（3）受洪水影响潮汐现象消失期间，应将各日的最高、最低和转折点水位及其出现时分依时序填入“潮位”、“时分”栏，“潮别”栏任其空白。如果持续涨水（或退水）过程很长（数天、半月甚至一月以上），可只摘录洪水涨落转折点和峰、谷水位及其出现日期和时分。也可另编洪水摘录表。

（4）沿海挡潮闸有时因泄洪、排洪和在高（低）潮附近启闭闸门，出现高潮潮位低于低潮潮位时，对应的潮位栏均空白。

（5）沿海或沿江，当挡潮闸下河道淤积，自记仪器记录不到低潮潮位时，可用本表编制逐日各次高潮潮位，并统计月、年高潮位特征值，其他栏任其空白。

（6）感潮堰闸站编制本表时，在出现高（低）潮位前，如发生突然开闸或关闸，对高（低）潮位影响较大，应在潮位右方加注“·”符号。

（7）如果一次潮期内潮位出现“双峰（谷）”或“三峰（谷）”（在涨落过程中有小的起伏不计），峰、谷的选取应经过分析，参照前、后涨落潮历时及比照上、下游潮位，选择出现时分较合理的高潮潮位或低潮潮位填入潮位栏内。若另一个峰或谷为月最高或最低，应在附注栏内注明高度及时分；如为年最高或最低，还应在月年统计表附注栏内注明。在无法判断时，采用较高峰或较低谷的潮位及时分填写；若两峰或谷的高度相等，以先出现的峰或谷为准。

（8）如果高潮或低潮发生平潮现象，出现时间应以平潮开始和终了的平均时间为准。平潮持续时间超过 30 min 的，应根据前后潮历时分析决定，或参考下游站相应潮位、潮时分析决定。

（9）因气象、地形等因素影响，各次高低潮的出现时间有超前或落后现象时，仍以实测为准。必要时，应在附注栏内说明原因。

#### 2.2.3.5　潮位月（年）统计表编制

表 5-2-6 为潮位月（年）统计表。

潮位月（年）统计表为潮水位的特征值统计。其中，有高、低潮的最高、最低潮位及出现时间，涨、落潮差的极值及出现时间，涨、落潮历时的极值及出现时间等。在有关栏目出现日期之后，应加注农历日期（月-日）。对特殊潮汐现象及对潮位月（年）统计资料有影响的有关文字说明填写在附注中。

**表 5-2-6　× × 河 × × 站潮位月(年)统计表**

表内潮位(冻结基面以上米数) ± × × ×　m =　× × 基面以上米数　潮差(m)　历时(时分)

| 项目 | | | 1 月 | 2 月 | 3 月 | 4 月 | 5 月 | 6 月 | 7 月 | 8 月 | 9 月 | 10 月 | 11 月 | 12 月 | 全年 |
|---|---|---|---|---|---|---|---|---|---|---|---|---|---|---|---|
| 高潮潮位(m) | 最高 | 潮位 | | | | | | | | | | | | | |
| | | 公历:日 T 时:分 | | | | | | | | | | | | | |
| | | 农历:月-日 | | | | | | | | | | | | | |
| | 最低 | 潮位 | | | | | | | | | | | | | |
| | | 公历:日 T 时:分 | | | | | | | | | | | | | |
| | | 农历:月-日 | | | | | | | | | | | | | |
| | 平均潮位 | | | | | | | | | | | | | | |
| 低潮潮位(m) | 最高 | 潮位 | | | | | | | | | | | | | |
| | | 公历:日 T 时:分 | | | | | | | | | | | | | |
| | | 农历:月-日 | | | | | | | | | | | | | |
| | 最低 | 潮位 | | | | | | | | | | | | | |
| | | 公历:日 T 时:分 | | | | | | | | | | | | | |
| | | 农历:月-日 | | | | | | | | | | | | | |
| | 平均潮位 | | | | | | | | | | | | | | |
| 涨潮潮位(m) | 最大 | 潮差 | | | | | | | | | | | | | |
| | | 公历:日 T 时:分 | | | | | | | | | | | | | |
| | | 农历:月-日 | | | | | | | | | | | | | |
| | 最小 | 潮差 | | | | | | | | | | | | | |
| | | 公历:日 T 时:分 | | | | | | | | | | | | | |
| | | 农历:月-日 | | | | | | | | | | | | | |
| | 平均潮差 | | | | | | | | | | | | | | |
| 落潮潮位(m) | 最大 | 潮差 | | | | | | | | | | | | | |
| | | 公历:日 T 时:分 | | | | | | | | | | | | | |
| | | 农历:月-日 | | | | | | | | | | | | | |
| | 最小 | 潮差 | | | | | | | | | | | | | |
| | | 公历:日 T 时:分 | | | | | | | | | | | | | |
| | | 农历:月-日 | | | | | | | | | | | | | |
| | 平均潮差 | | | | | | | | | | | | | | |

续表 5-2-6

| 项目 | | | 1月 | 2月 | 3月 | 4月 | 5月 | 6月 | 7月 | 8月 | 9月 | 10月 | 11月 | 12月 | 全年 |
|---|---|---|---|---|---|---|---|---|---|---|---|---|---|---|---|
| 涨潮历时 | 最大 | 历时 | | | | | | | | | | | | | |
| | | 公历:日T时:分 | | | | | | | | | | | | | |
| | | 农历:月-日 | | | | | | | | | | | | | |
| | 最小 | 历时 | | | | | | | | | | | | | |
| | | 公历:日T时:分 | | | | | | | | | | | | | |
| | | 农历:月-日 | | | | | | | | | | | | | |
| | 平均历时 | | | | | | | | | | | | | | |
| 落潮历时 | 最大 | 历时 | | | | | | | | | | | | | |
| | | 公历:日T时:分 | | | | | | | | | | | | | |
| | | 农历:月-日 | | | | | | | | | | | | | |
| | 最小 | 历时 | | | | | | | | | | | | | |
| | | 公历:日T时:分 | | | | | | | | | | | | | |
| | | 农历:月-日 | | | | | | | | | | | | | |
| | 平均历时 | | | | | | | | | | | | | | |
| 附注 | | | | | | | | | | | | | | | |

(1)高、低潮位:最高、最低填写从本月各次高潮潮位和低潮潮位中挑取的最高潮位和最低潮位及它们出现的日期和时分。平均高潮潮位和平均低潮潮位,是将各次高潮潮位和低潮潮位分别相加得各自月总数,再对应除以高潮潮位和低潮潮位次数即得。

(2)涨、落潮潮差和历时:最大、最小填写从本月各次高潮和低潮潮差中挑选的各自最大、最小值及它们出现的日期(均以高潮所在日期为准)和历时。平均高潮潮差和平均低潮潮差,是从全月各次潮差和历时中分别求出涨潮潮差和落潮潮差、涨潮历时和落潮历时,分别相加得各自月总数,再对应除以高潮和低潮次数即得。

(3)各栏出现的日期(农历:月-日):统一采用“月-日”形式,如6月21日填“6-21”;农历月份若为闰月的,要加“闰”字,如闰5月16日填“闰5-16”。

(4)一月中部分日期因受洪水影响无潮汐现象,而其他日期仍有潮汐现象时,各个项目应进行月统计。挑选高潮最高与低潮最低时,潮汐消失期间逐日最高、最低水位均参加统计。

其他项目可根据有潮汐期间的资料进行统计。资料无残缺时,统计的数字上均不加括号;资料有残缺时,只选极值,按一般规定加括号,不算平均值,在平均栏填“—”符号。

(5)当全月潮汐现象消失时,月统计只统计填写全月的最高水位和最低水位,其余各栏任其空白。

(6)年统计中各项极值从各月极值中挑选,其出现日期(公历,月日)采用“月-日”形式填写,如6月21日填“6-21”。各项平均值是将12个月的总数相加除以各值全年出现的次数求得。也可用12个月的月平均值相加除以12求得。

(7)附注:说明特殊潮汐现象,受洪水影响潮汐现象消失的起止时间,有关资料精度、断面迁移及其他应说明的事项。

#### 2.2.3.6　水位的单站合理性检查

用逐时或逐日水位过程线分析检查。首先,根据水位变化的一般特性(如水位变化的连续性、涨落率的渐变性、洪水涨陡落缓的特性等)和变化的特殊性(如受洪水顶托、冰塞及冰坝等影响),检查水位变化的连续性与突涨、突落及峰形变化的合理性,有无突涨、突落现象,峰形变化是否正常,换用水尺前后、年头年尾与前后年是否衔接;其次,检查平水期、枯水期及洪水期的水位变化趋势是否符合本站的特性。必要时,可对照上、下游的水位变化情况和上游的降水情况进行检查。水库及堰闸站还应检查水位的变化与闸门启闭情况的相应性。

#### 2.2.3.7　潮位资料单站合理性检查

根据潮位变化的连续性,采用潮位过程线检查有无突涨、突落等不合理现象。

根据日、月、年中潮汐涨落的周期性进行检查,一般半日周期潮汐的平均周期约为12 h 25 min。河口以内各站,涨潮历时较短而落潮历时较长。日潮不等现象呈有规律性的变化。一般在春分和秋分时期的朔、望,日潮不等现象最不显著;而在夏至和冬至附近的朔、望,日潮不等现象则最为显著。期间日潮不等,由不显著到显著,再由显著到不显著,大致以14.5 d为一周期。相差约半月的高、低潮位和出现时间大致相同,但出现时间上、下午相反。各年同月且月龄相同的那天,潮差也大致相同。此外,涨、落潮潮差和历时等,在一月和一年中均有其变化规律,可分别据以检查。

### 2.2.4　水温资料整编

水温资料整编工作的主要内容包括审核原始资料、编制逐日水温表、进行水温资料的合理性检查、编制水温资料整编说明表等。

#### 2.2.4.1　编制逐日水温表

逐日水温表编制应在对水温观测读数、器差订正、最高(低)值等原始观测记录进行审核的基础上,整理水温逐日值、统计制表。

逐日水温表格式如表5-2-7所示。表中日值填写每日8时(或规定的其他时间)所观测的水温数值。除矿化度很高的河流外,水温为负值者一般均改为0.0。缺测之日可参照邻站或有关因素插补。

月统计中的(月)平均,全月资料完整者,由月总数除以全月日数而得。月最高、最低水温及日期:在全月规定的定时(包括20时)观测值中挑选最高、最低值及其发生日期,若极值出现在20时,应在附注中说明。其他项目附属观测的水温,不参加挑选。

年统计中的(年)平均,由全年12个月的月平均水温总数除以12而得。如稳定封冻期按规定停测,则不计算年平均水温,该栏任其空白。年最高、最低水温及日期,从各月最高、最低水温中挑选。

表 5-2-7　× × 河 × × 站逐日水温表

水温　℃

| 日期 | | 1月 | 2月 | 3月 | 4月 | 5月 | 6月 | 7月 | 8月 | 9月 | 10月 | 11月 | 12月 |
|---|---|---|---|---|---|---|---|---|---|---|---|---|---|
| 1 | | | | | | | | | | | | | |
| 2 | | | | | | | | | | | | | |
| 3 | | | | | | | | | | | | | |
| ⋮ | | | | | | | | | | | | | |
| 29 | | | | | | | | | | | | | |
| 30 | | | | | | | | | | | | | |
| 31 | | | | | | | | | | | | | |
| 月统计 | 平均 | | | | | | | | | | | | |
| | 最高 | | | | | | | | | | | | |
| | 日期 | | | | | | | | | | | | |
| | 最低 | | | | | | | | | | | | |
| | 日期 | | | | | | | | | | | | |
| 年统计 | | 最高水温　月　日 | | | | 最低水温　月　日 | | | | | 平均水温 | | |
| 附注 | | | | | | | | | | | | | |

附注说明逐日水温表中整编数值的来源以及有关影响资料精度情况。示例:逐日水温系根据每日8时观测值整编,特征值在8时或20时观测值中挑选。

#### 2.2.4.2　水温的单站合理性检查

进行单站合理性检查时,应绘制水温过程线,并与岸上气温、水位过程线对照。水温变化一般是连续、渐变的,与岸上气温变化趋势大体相应,且水温的变化常落后于气温的变化。在结冰期间,一般水温趋于0 ℃,但对矿化度很高的水体,可能要在水温低于0 ℃时才有冰出现。进行合理性检查时,当发生上游水库放水、冰川融冰或暴雨洪水等情况时,应注意水温会发生显著的变化。

### 2.2.5　冰情目测和固定点冰厚资料整编

冰情目测和固定点冰厚资料整编工作内容包括审核原始观测记录、编制冰厚及冰情要素摘录表和冰情统计表、进行单站合理性检查。

#### 2.2.5.1　审核原始资料

应对观测记录进行审核,如目测冰情的文字叙述能否说明整个冰期的冰情变化过程,冰情图能否表明整个冰期的冰情特性,主要冰情特征值统计是否正确,目测资料与有关因素(如水位、水温、气温等)对照有无问题等。

#### 2.2.5.2　冰厚及冰情要素摘录表编制

填记冰情现象应以测验河段为主。分春、冬两段摘录。春季从年初开始摘至"终冰"之日,冬季从"初冰"之日开始摘至年底。在冰情变化复杂时期,可摘录冰情的变化过程。冰厚测次全部列入。冰厚及冰情要素摘录表如表5-2-8所示。

表5-2-8　××河××站冰厚及冰情要素摘录表

| 日期 | | | 冰情 | 冰厚(m) | 冰上雪深(m) | 岸上气温(℃) | 水位(m) | 日期 | | | 冰情 | 冰厚(m) | 冰上雪深(m) | 岸上气温(℃) | 水位(m) |
|---|---|---|---|---|---|---|---|---|---|---|---|---|---|---|---|
| 月 | 日 | 时:分 | | | | | | 月 | 日 | 时:分 | | | | | |
| | | | | | | | | | | | | | | | |

最大河心冰厚：　m，　月　日；最大岸边冰厚：　m，　月　日；最大冰上雪深：　m，　月　日；
最大流冰块长：　m　宽：　m，　冰速：　m/s
附注：

(1)摘录冰厚资料及解冻、初冰、终冰、封冻日期的冰情。需要摘录冰情变化过程的，可摘录影响水流的主要冰情。有冰上雪深、岸上气温、水位资料的，则相应填写。没有观测的项目，任其空白。需要摘录之日，宜将8时成果填写。

(2)“日期”。填写所摘冰情或冰厚的观测月、日、时分。

(3)“冰情”。按《水文年鉴汇编刊印规范》(SL 460—2009)规定的冰情符号填写(注意与冰情测验相关规范规定的符号有区别)。

(4)“冰厚”。填写河心冰厚。若有多孔观测，填写算术平均值。仅测岸边冰厚时，可填写岸边冰厚，但应附注说明。出现连底冻时，冰厚仍应填写。

(5)“冰上雪深”。为选列指标。填写河心冰孔附近的冰上雪深。没有整片封冻冰层的站，可填写岸边冰孔附近的冰上雪深。

(6)“岸上气温”、“水位”。均自相应的观测记载表中抄录。

(7)“最大河心冰厚”、“最大岸边冰厚”及“最大冰上雪深”。从断面冰厚测量记载表中挑选各项最大值填写，并注明出现日期。

(8)“最大流冰块长”、“宽”及“冰速”。从冰情观测记载表中挑选最大流冰块，将其长、宽及其漂流速度填写。

(9)“附注”。说明冰厚观测的位置及有关资料的代表性，测验河段附近特殊冰情等问题。示例：冰厚系在基本水尺断面附近观测。

#### 2.2.5.3　冰情统计表编制

冰情统计表以测站冰厚及冰情要素摘录表为基础，按水系汇列各站冰情特征日期、封冻天数及冰厚特征等项资料。冰情统计表如表5-2-9所示。

(1)“初冰日期”、“终冰日期”。初冰填写下半年第一次出现冰情的日期，终冰填写上半年最后一次出现冰情的日期。

(2)“开始流冰日期”、“终止流冰日期”。分别填写下半年第一次出现流冰和上半年最后一次出现流冰的日期。

表 5-2-9　冰情统计表

| 河名 | 站名 | 特征冰情日期(月-日) | | | | | | 实际封冻天数 | | 最大冰厚(m) | | | | 附注 |
|---|---|---|---|---|---|---|---|---|---|---|---|---|---|---|
| | | 解冻 | 终止流冰 | 终冰 | 初冰 | 开始流冰 | 封冻 | 上半年 | 下半年 | 河心 | 出现日期(月-日) | 岸边 | 出现日期(月-日) | |
| | | | | | | | | | | | | | | |
| | | | | | | | | | | | | | | |

(3)“封冻日期”、“解冻日期”。分别填写下半年第一次封冻和上半年最后一次解冻的日期。

(4)“实际封冻天数”。分别填写上半年、下半年实际封冻的天数。

(5)“最大冰厚”。填写本年测得的最大河心或岸边冰厚及出现日期。

(6)初冰、开始流冰、封冻等冰情有提前或后延现象的,应在次年成果表附注中说明。

(7)“附注”。填写需要说明的事项。示例:去冬今春封冻出现在今春××月××日。

#### 2.2.5.4　单站合理性检查

进行单站合理性检查时,应绘制冰厚、冰上雪深、水位及气温等过程线,分析冰厚及冰情资料合理性。

# 模块3　流量测验

## 3.1　测验作业

### 3.1.1　流量测次布置

#### 3.1.1.1　确定测流次数的基本原则

测站一年中测流次数的多少应根据水流特性以及控制情况等因素而定，总的要求是能准确推算出逐日流量和各项特征值。为此，必须全面了解测站特性，掌握各个时期的水情变化，恰当地掌握测流时机，不失时机地布置流量测次，使测次均匀分布于各级水位和包括最大流量、最小流量的各级流量，注意控制水位与流量变化过程的转折点。用水位（或其他水力因素）与流量的关系曲线整编的，应取得点绘确定水位（或其他水力因素）与流量的关系曲线所必要的足够实测的测次点据。

新设站的测流次数，要比同类型测站适当增加。有条件时，最好能在全年选择一些典型时段（如平水期、洪水期、枯水期等）加密测流次数，以便通过分析，确定本站最合理的流量测次。

#### 3.1.1.2　河道站测流次数的布置

1.畅流期流量的测次

（1）河床稳定，控制良好，并有足够资料证明水位与流量关系是稳定的单一线时，或水位与流量关系虽然不是稳定的单一线，但能应用其他有关水力因素与流量建立关系，而相关曲线是稳定的单一线时，以后可按水位变幅均匀布置测次，每年一般不少于15次。若洪水及枯水超出历年实测流量的水位，或发现关系曲线有变化，应机动加测。

（2）受冲淤、洪水涨落或水生植物等影响的测站，在平水期，一般根据水情变化或水生植物生长情况每3～5 d测流一次。水生植物生长情况有变化的时期，适当增加测次。在洪水期，每次较大洪水过程，一般测流不少于5次，即涨水和落水时至少各测2次，峰顶附近测一次。当峰形变化复杂或洪水过程持续较久时，应适当加测。暴涨暴落的山溪性小河测站，每次洪峰过程中至少应在涨水、落水和峰顶附近各测流1次。

（3）受变动回水影响或混合影响的测站，其测流次数应视变动回水或混合影响变化频繁的程度而适当增加，以能测得断面流量的变化过程为度。

2.冰期流量的测次

结冰河流测流次数的分布应以控制断面流量变化过程或冰期改正系数变化过程为原则。流冰期小于5 d者，应1～2 d施测一次；超过5 d者，应2～3 d施测一次。稳定封冻期测次可较流冰期适当减少。封冻前和解冻后可酌情加测。

对流量日变化较大的测站，应通过加密测次的试验分析，确定一日内的代表性测次时间。

3. 机动加测流量

不论测验河段的稳定性及其他条件如何，若在其上下游附近发生堤防决口等意外的破坏水流规律的事件，应立即机动加测其流量变化过程，直至河流水情恢复正常。若洪水位及枯水位超出历年实测流量的水位，或发现水位与流量等关系曲线有变化，应机动加测流量。

## 3.1.2　流速仪法测流的条件和要求

### 3.1.2.1　采用流速仪法测流应具备的条件

（1）断面内大多数测点的流速不超过流速仪的测速范围，在特殊情况下超出了适用范围时，应在资料中说明；当高流速超出仪器测速范围 30% 时，应在使用后将仪器封存，重新检定。

（2）垂线水深不应小于流速仪用一点法测速的必要水深。

（3）在一次测流的起止时间内，水位涨落差不应大于平均水深的 10%；水深较小而涨落急剧的河流，一次测流中的水位涨落差不应大于平均水深的 20%。

（4）流经测流断面的漂浮物不致频繁影响流速仪正常运转。

### 3.1.2.2　流速仪法单次流量测验允许误差

流速仪法单次流量测验允许误差应符合表 5-3-1 的要求。

表 5-3-1　流速仪法单次流量测验允许误差

| 站类 | 水位级 | $\frac{B}{\bar{d}}$ | $\overline{(\frac{1}{n_{11}})}$ | 总随机不确定度(%) | 系统误差(%) |
|---|---|---|---|---|---|
| 一类精度的水文站 | 高 | 20 ~ 130 | 0.11 ~ 0.20 | 5 | -2 ~ 1 |
| | 中 | 25 ~ 190 | 0.13 ~ 0.18 | 6 | |
| | 低 | 80 ~ 320 | 0.13 ~ 0.18 | 9 | |
| 二类精度的水文站 | 高 | 30 ~ 45 | 0.13 ~ 0.19 | 6 | -2 ~ 1 |
| | 中 | 45 ~ 90 | 0.12 ~ 0.18 | 7 | |
| | 低 | 85 ~ 150 | 0.14 ~ 0.17 | 10 | |
| 三类精度的水文站 | 高 | 15 ~ 25 | 0.12 ~ 0.19 | 8 | -2.5 ~ 1 |
| | 中 | 20 ~ 50 | 0.13 ~ 0.18 | 9 | |
| | 低 | 30 ~ 90 | 0.14 ~ 0.17 | 12 | |

注：1. $\overline{(\frac{1}{n_{11}})}$为十一点法断面概化垂线流速分布形式参数；

2. $\frac{B}{\bar{d}}$为宽深比，$B$ 为水面宽，$\bar{d}$为断面平均水深；

3. 总随机不确定度的置信水平取 95%。

### 3.1.2.3　适于连续测流、分线测流和缆道站测流的条件

（1）河床冲淤变化不大的测站，当一次测流过程水位涨落急剧，使得测次分布不能满足要求时，可采用连续测流法。

（2）河床比较稳定，垂线上的水位与垂线平均流速关系稳定的测站，水位暴涨暴落，

使得一次测流过程中的水位涨落差可能超过流速仪法测流应具备条件的要求时，可采用分线测流法。

(3)河床条件适宜建设缆道的测站，在正式使用缆道测流之前，应进行比测率定。

### 3.1.3　浮标法测流方案编制内容简介

#### 3.1.3.1　浮标法测流方法的选用

浮标法测流包括水面浮标法、深水浮标法、浮杆法和小浮标法，分别适用于流速仪测流困难或超出流速仪测流范围的高流速、低流速、小水深等情况的流量测验。测站应根据所在河流的水情特点，按下列要求选用测流方法，制订测流方案。

(1)当一次测流起止时间内的水位涨落差符合流速仪法测流的一般要求时，应采用均匀浮标法测流。均匀浮标法测流方案中有效浮标横向分布的控制部位，按流速仪法测流方案的测流垂线数及垂线所在位置确定。多浮标测流方案中有效浮标横向分布的控制部位应包含少浮标方案中有效浮标的控制部位在内。

(2)当洪水涨、落急剧，洪峰历时短暂，不能用均匀浮标法测流时，可用中泓浮标法测流。

(3)当浮标投放设备冲毁或临时发生故障，或河中漂浮物过多，投放的浮标无法识别时，可用漂浮物作为浮标测流。

(4)当测流断面内一部分断面不能用流速仪测流，另一部分断面能用流速仪测流时，可采用浮标法和流速仪法联合测流。

(5)深水浮标法和浮杆法测流适用于低流速的流量测验。测流应在无水草生长、无乱石突出、河底较平整、纵向底坡较均匀的顺直河段实施。

(6)小浮标法测流宜用于水深小于0.16 m时的流量测验。当小水深仅发生在测流断面内的部分区域时，可采用小浮标法和流速仪法联合测流。

(7)当风速过大，对浮标运行有严重影响时，不宜采用浮标法测流。

#### 3.1.3.2　浮标系数的确定和选用

采用浮标法测流的测站，浮标的制作材料、型式、入水深度等规格本站必须统一。浮标系数应经过试验分析，不同的测流方案应使用各自相应的试验浮标系数。

当因故改用其他类型的浮标测速时，其浮标系数应另行试验分析。当测验河段或测站控制发生重大改变时，应重新进行浮标系数试验，并采用新的浮标系数。

需要使用浮标法测流的新设测站，自开展测流工作之日起，应同时进行浮标系数的试验，宜在2~3年内试验确定本站的浮标系数。在取得浮标系数试验数据之前，可借用本地区断面形状和水流条件相似、浮标类型相同的测站试验的浮标系数。

在因故无本站浮标系数的情况下，可根据测验河段的断面形状和水流条件，在下列范围内选用浮标系数：

(1)一般情况下，湿润地区的大、中河流可取0.85~0.90，小河流取0.75~0.85；干旱地区的大、中河流取0.80~0.85，小河流取0.70~0.80。

(2)特殊情况下，湿润地区取0.90~1.00，干旱地区取0.65~0.70。

(3)对于垂线流速梯度较小或水深较大的测验河段，宜取较大值；垂线流速梯度较大或水深较小的测验河段,宜取较小值。

3.1.3.3　**流量测验允许误差**

对断面比较稳定和采用试验浮标系数的测站,均匀浮标法单次流量测验允许误差见表5-3-2。

**表5-3-2　均匀浮标法单次流量测验允许误差**

| 站类 | 允许误差指标(%) | |
|---|---|---|
| | 总不确定度 | 系统误差 |
| 一类精度的水文站 | 10 | -2～1 |
| 二类精度的水文站 | 11 | -2～1 |
| 三类精度的水文站 | 12 | -2.5～1 |

注:对断面冲淤变化较大或采用经验浮标系数的测站,浮标法单次流量测验的允许误差应根据实际情况加以研究确定。

3.1.3.4　**浮标法测流的工作内容**

(1)观测基本水尺、测流断面水尺、比降水尺水位。

(2)投放浮标,观测每个浮标流经上、下断面间的运行历时,测定每个浮标流经中断面线时的起点距位置。

(3)观测每个浮标运行期间的风向、风力(速)及应观测的项目。

(4)施测浮标中断面面积。

(5)计算实测流量及其他有关统计数值。

(6)检查和分析测流成果。

### 3.1.4　流速仪比测

(1)常用流速仪在使用时期,应定期与备用流速仪进行比测。其比测次数可根据流速仪的性能、使用历时的长短及使用期间流速和含沙量的大小情况而定。当流速仪实际使用50～80 h时,应比测一次。

(2)比测宜在水流平稳的时期和流速脉动较小、流向一致的地点进行。

(3)常用与备用流速仪应在同一测点深度上同时测速,并可采用特制的U形比测架,两端分别安装常用和备用流速仪,两架仪器间的净距应不小于0.5 m。在比测过程中,应交替变换比测仪器在U形测架端的位置。

(4)比测点不宜靠近河底、岸边或水流紊动强度较大的地点。

(5)不宜将旋桨式流速仪与旋杯式流速仪进行比测。

(6)每次比测应包括较大、较小流速且分配均匀的30个以上测点,当比测结果的偏差不超过3%,比测条件的偏差不超过5%,且系统偏差能控制在±1%范围内时,常用流速仪可继续使用。超过上述限差者应停止使用,并查明原因,分析偏差对已测资料的影响。

没有条件比测的站,仪器使用1～2年后必须重新检定。当发现流速仪运转不正常或有其他问题时,应停止使用。超过检定日期2～3年的流速仪,虽未使用,亦应送检。

## 3.1.5　水文缆道的养护维修

### 3.1.5.1　钢丝绳的养护维修

1. 养护要求

(1)主索、工作索及其他运行钢丝绳,每年擦油次数为:主索一般每年1次;工作索每年不少于2~3次,经常入水部分应适当增加擦油次数,防止生锈;其他运行钢丝绳每年不少于2~3次。

(2)绳索与锚碇接头部分要特别注意养护,可涂柏油或黄油,并每年至少检查1次。

(3)锚杆与螺旋扣(即花兰螺丝)联结处应高出地面,防止积水。缆索与锚杆联结处应加大型衬圈(俗名"牛眼")。采用混凝土桩锚的,绕绳应整齐,不可挤压,并配用足够数量的钢丝夹头。夹头的松紧以压扁索径的1/3左右为宜。钢丝绳夹头数目及夹头间距参照表5-3-3。

**表5-3-3　钢丝绳夹头数目及夹头间距**

| 钢丝绳直径(mm) | 夹头数目(个) | 夹头间距(cm) |
| --- | --- | --- |
| 10~15 | ≥3 | 8~10 |
| 15~20 | 4~5 | 12~14 |
| 20~30 | 5~6 | 15~20 |

注:夹头间距应不小于钢丝绳直径的6倍。

(4)钢丝绳局部损伤,若断股或扭坏不能解开,可将扭坏损伤部分截去,采用插股编结方法进行维修。钢丝绳编结最小长度见表5-3-4。钢丝绳接头应尽量减少,接头之间的距离不得小于5 m。

**表5-3-4　钢丝绳编结最小长度**

| 钢丝绳直径(mm) | 5~10 | 12~14 | 16~18 | 22~26 |
| --- | --- | --- | --- | --- |
| 编结段长度(cm) | 60 | 90 | 120 | 150 |

(5)对支架顶部的钢丝绳长年与滑轮接触而产生挤压变形者,年维修时应作错位处理。

2. 报废标准

缆道主索、工作索及起重滑轮组钢丝绳等,发现有下列情况之一者应予报废:

(1)钢丝绳每一搓绕节距(钢丝绳拧一周的长度)长度内,断丝根数顺捻(绕)超过5%,交捻(绕)超过10%时,钢丝绳报废标准见表5-3-5。

(2)钢丝绳中有一整股折断时。

(3)钢丝绳疲劳严重,使用时断丝数目增多很快时。

(4)使用达一定的年限时。

每年对主索擦油时,结合检查并记录断丝、断股、锈蚀、直径变化情况,作为更换主索的参考。

表 5-3-5 钢丝绳报废标准

| 钢丝绳构造 | 搓绕形式 | 一搓绕节距长度内断丝根数(根) |
| --- | --- | --- |
| 6×19+1 | 交绕 | 12 |
| | 顺绕 | 6 |
| 6×37+1 | 交绕 | 22 |
| | 顺绕 | 11 |
| 6×61+1 | 交绕 | 36 |
| | 顺绕 | 18 |

### 3.1.5.2 支架、锚碇的养护维修

1. 支架

支架应保证按设计结构不变形。每年汛前全面检查一次。凡有拉线的支架,其水平荷载都是用拉线来平衡的,因此必须经常检查调节拉线的松紧度,保证拉线处于拉紧状态,使支架在各方向的拉力均衡。每年应全面检查调整 2~3 次,大洪水期应检查 1~2 次。用钢支架者,除镀锌钢架外,应每隔 1~2 年进行除锈、油漆养护。除锈后,先涂红丹,再涂油漆。对混凝土支架的钢结构部分,也应照此处理。应定期检查支架基础有无沉陷,架柱有无位移变化,联结螺栓是否松动,混凝土基础有无裂缝等,如不符合要求,要及时检修。

2. 锚碇

定期检查锚碇有无位移,锚碇附近土壤有无裂纹、崩坍、沉陷现象;钢丝绳夹头是否松动,锚杆是否生锈。锚碇周围应有排水措施,以防止积水。

### 3.1.5.3 驱动设备的养护维修

1. 动力设备

(1)变压器。按供电部门规定,隔一定年限更换变压器油。

(2)柴油机和发电机组。按使用说明书的规定进行技术保养。

(3)电动机。经常检查电动机发热情况,当温升超过 60 ℃时,应采取降温措施,电动机应接地。当发现电动机有异样声响时,应即停车,检查原因,设法排除。测量完毕后,应切断电源。

凡经常与人和物体碰、触的动力线,宜用管套保护,导线接头处必须用绝缘胶布包好。禁止用湿手接触电器设备。

2. 绞车

经常检查绞车运转情况,若发现不正常情况,应停车检修。经常保持绞车轴承、转动部件油润及表面清洁。尽量避免超负荷运行,为保证高水测验能正常工作,每年汛前应检修 1 次。

3. 滑轮

经常检查各导向滑轮、游轮、行车轮等运转情况,发现运转不正常,应及时检修。滑轮中的轴承要定期检查,若有损坏,应及时更换,并保持油润。不允许钢丝绳在滑轮上滑动、擦边、跳槽,若有上述情况存在,应采取措施及时排除。为保证各滑轮正常工作,汛前应全

面检修1次,洪水测验时应随时监视各滑轮运转情况。

#### 3.1.5.4　记录仪表的养护维修

各项记录仪表应存放在干燥、通风、清洁和不受腐蚀气体侵蚀的地方,并应按仪表说明书进行使用和养护。主要电子、电器记录仪表应设置接地装置,防止雷电感应短路而烧坏仪器。

各缆道站应建立并认真执行必要的维修制度。贵重和比较复杂的仪器应由熟悉此项仪器性能的人员负责使用和维修。改装定型的仪器设备须经上级批准。测站应根据需要备有一定数量的电子元件和电工器材,以便检修使用。

使用计数器测距法时注意事项如下:

(1)使用计数器测距,应对计数器进行率定,并应与经纬仪测角交会法测得的起点距比测检验。比测点不应少于30个,并均匀分布于全断面。

(2)垂线的定位误差不得超过河宽的0.5%,绝对误差不得超过1 m。超过上述误差范围时,应重新率定。每次测量完毕后,应将行车开回到断面起点距零点处,检查计数器是否回零。

当回零误差超过河宽的1%时,应查明原因,并对测距结果进行改正。

(3)每年应对计数器进行一次比测检验,当调整主索垂度,更换铅鱼、循环索、起重索、传感轮及信号装置时,应及时进行比测率定。

#### 3.1.5.5　防雷设备的检查维修

1.验收检查

防雷装置施工完毕后,应进行下述事项的验收检查:

(1)检查接闪器、引下线、连接条及接地装置是否使用规定的导体截面,以及是否按规定的位置安装,每个焊接点是否达到所要求的焊接面积及长度,焊接点有无氧化壳及焊水饱满与否。

(2)检查引下线与连接条的弯曲情况,以及上下楼层相接地点的跨越处理情况。

(3)检查各处接闪器、引下线、支持点的机械强度是否达到要求,以及利用结构钢材作接闪器或引下线的焊接和连接情况,并检查是否因此而影响结构的应力。

(4)检查引下线明装地点的绝缘处理及绳卡的接触情况。

(5)检查接地装置的填土情况,测量接地装置的散流电阻。

2.检查、养护注意事项

为使防雷装置具有可靠的保护效果,在每年雷雨季节之前,应作定期检查养护。其检查养护注意事项如下:

(1)检查是否由于修建建筑物或其他活动,使防雷装置的保护情况发生改变,有无因挖土敷设其他管道时而挖断接地装置。

(2)检查各处明装导体有无因锈蚀或机械力的损伤而折断的情况,引下线距地2 m一段的绝缘保护处理有无破坏情况。

(3)检查接闪器有无因接受雷击而熔化或折断的情况,接闪器支架有无腐朽现象,断接卡子有无接触不良情况,每次雷电后避雷器有无损坏。

绝缘处理后的工作索引入缆道房时,宜在室外将该悬索与接地体之间加间隙放电装置。

(4)对缆道房内较大的金属设备,如绞车滑轮等,应将这些金属联线后与接地体连接或加设避雷器装置,以免在雷电期造成人身事故。

(5)检查保护间隙,当发现保护间隙的间距有变动时,应立即调整。

接地体应埋设在人们少去的地方,并埋深0.5 m,防止跨步电压的危险。接地体不宜涂绝缘防腐剂。

(6)测量全部接地装置的散流电阻,如发现接地装置的电阻值有很大变化,应对接地系统进行全面检查。

(7)避雷针的针尖上或避雷线不允许悬挂收音机、电视机天线或晒衣服的铅丝(天线在雷雨时应该接地)。在装有防雷引下线的墙壁上,离引下线很近的地方不允许有架空进户线。

### 3.1.6　计算机辅助测流系统简介

计算机辅助测流系统目前尚未有明确的定义,从概念上来说,将计算机技术应用于流量测验,辅助工作人员实施部分作业就应关联到计算机辅助测流系统。从发展过程和应用方面看,应分几个层次,如水文测验早期的计算器代替算盘开展水文数值计算,后来编写程序软件或利用成熟软件设计流量测验记载计算表,填记数据实现计算机成表作业等属于一个层级;将流速仪、水面、河底等信号输入计算机记录处理,以及如水面雷达流速仪、ADCP等新型测流仪器直接配备计算机也属于一个层次;用计算机控制缆道运行,控制铅鱼运动等又是一个层次。目前将几个层次组合,以计算机控制管理为中心使之成为系统,比较完善的、具有代表性的是铅鱼缆道自动半自动测流系统和浮标监视测流系统,下面简略介绍这两类系统的功能组成。

#### 3.1.6.1　铅鱼缆道自动半自动测流系统

这类系统一般在岸上建设视野开阔、机电设置优良的作业控制室,安装集成度较高的作业台,作业台版面有规律地安置操控按钮(或计算机软图标按钮)、显示屏和有关仪表,在计算机与其专门软件的支持下,主要实施如下功能:

(1)开动水平运行机构,使其驱动的铅鱼以一定速度运行到断面预定的起点距,并将起点距信息数值传递到计算机有关程序。

(2)开动竖直运行机构,使其驱动的铅鱼以一定速度入水测深,按照预定测点的相对水深控制铅鱼运行到位,并将水深、相对水深信息数值传递到计算机有关程序。

(3)随铅鱼一起运行到位的流速仪开始测速作业,接收流速仪信号,同时记录流速测量有效时间,将信息数值传递到计算机,按有关程序计算测点流速;计算垂线平均流速和部分面积对应的平均流速。

以(1)、(2)、(3)步骤按垂线依序实施。

(4)计算部分面积、部分流量。

(5)完成流量测验记载计算表其他相关计算和成果统计。

(6)存储或打印成果表。

设计良好的系统还设置有电视摄像监控机构等;在作业台版面,可以观察铅鱼仪器的运行过程和到位状态,可以看到测算的数据添加过程;可以远程通信和遥控作业;在条件适宜时,可以设置为完全自动测流等。

上述系统,只要不用水平运行机构,即可成为船用或巡测车等自动半自动测流系统。

#### 3.1.6.2　浮标监视测流系统

浮标监视测流系统在上、中、下断面设置高清广角摄像机云台,可以清晰地观察断面水流;在基线观测点设置全站仪;在作业控制室的作业台版面设置大屏幕,屏幕背景显示河段地图并清楚地标示上、中、下断面线;还设置操控按钮(或计算机软件图标按钮)、显示屏和有关仪表,在计算机与其专门软件的支持下,主要实施如下功能:

(1)某浮标投放后,到达上、中、下断面摄像机视野,浮标摄像信号即传送到大屏幕,控制台操作人员就跟踪监视,在通过上断面线的瞬间,启动一路计时器,开始记录时间;在通过中断面线的瞬间,接收全站仪信号;在通过下断面线的瞬间,关闭一路计时器,记录浮标从上断面线到下断面线的运行时间。

一般设置若干路计时器和记录器,对浮标编号后,分别记录若干浮标的运行时间和定位信息。

有的系统在中断面线还设计了起点距标度,可以直接判读浮标的起点距位置数值。

(2)根据接收的信息数据计算浮标流速和起点距。

(3)绘制浮标流速沿断面线的分布曲线,结合断面测量或借用断面数据对应绘制断面图,进行虚流量计算。

(4)完成流量测验记载计算表其他相关计算和成果统计。

(5)存储或打印成果表。

## 3.2　数据资料记载与整理

### 3.2.1　实测流量相应水位的计算

在一次实测流量过程中要耗费一定的时间,流量和水位可能有所变化,而工程中,总是将一段时间过程的实测流量和水位归算到某瞬时(一般为测验过程的中间瞬时或开始结束的平均时),与该次实测流量所对应的由规定法则归算的某一瞬时水位称为相应水位。其计算方法有以下几种。

#### 3.2.1.1　算术平均法

测流过程中水位变化引起水道断面面积的变化,当平均水深大于 1 m 时,过水面积变幅不超过 5%,或当平均水深小于 1 m 时过水面积变幅不超过 10%,可取测流开始和终了两次水位的算术平均值作为相应水位;当测流过程跨越水位峰顶或谷底时,应采取多次实测或摘录水位的算术平均值作为相应水位。

#### 3.2.1.2　$b_i'v_{mi}$加权平均法

测流过程中水道断面面积的变化超过上述使用算术平均法计算的范围时,相应水位按下式计算

$$Z_{\mathrm{m}} = \frac{b'_1 v_{\mathrm{m1}} Z_1 + b'_2 v_{\mathrm{m2}} Z_2 + \cdots + b'_n v_{\mathrm{m}n} Z_n}{b'_1 v_{\mathrm{m1}} + b'_2 v_{\mathrm{m2}} + \cdots + b'_n v_{\mathrm{m}n}} = \frac{\sum_{i=1}^{n} b'_i v_{\mathrm{m}i} Z_i}{\sum_{i=1}^{n} b'_i v_{\mathrm{m}i}} \tag{5-3-1}$$

式中　$Z_{\mathrm{m}}$——相应水位，m；

$b'_i$——测速垂线所代表的水面宽度，m，宜采用该垂线两边两个部分宽的平均值，在岸边垂线上，宜采用水边至垂线的间距再加该垂线至下一条垂线间距的一半之和；

$v_{\mathrm{m}i}$——第 $i$ 条垂线的平均流速，m/s；

$Z_i$——第 $i$ 条垂线测速时的基本水尺水位，m，由实测或插补而得。

当使用这种方法计算连续测流法实测流量的相应水位时，所采用的垂线平均流速、部分宽度、测时水位等数值的垂线号数和施测时间应同计算部分流量和断面流量时所取的号数和时间一致。

#### 3.2.1.3　其他方法

与 $b'_i v_{\mathrm{m}i}$ 加权平均法相比，当水位误差不超过 1 cm 时，可以采用其他方法计算的相应水位。

### 3.2.2　流量测验成果的检查分析

#### 3.2.2.1　单次流量测验成果及测次布置的检查分析

应在现场对单次流量测验的每一步测量、计算结果和测验成果，结合测站特性、河流水情和测验现场的具体情况随时进行检查分析，当发现测验工作中有差错时，应查清原因，在现场纠正或补救。单次流量测验成果的检查分析内容有以下几个方面。

1. 流速、水深和起点距测量记录的检查分析

(1)点绘垂线流速分布曲线图，检查分析其分布的合理性。当发现有反常现象时，应检查原因；当有明显的测量错误时，应进行复测。

(2)点绘垂线平均流速或浮标流速横向分布图和水道断面图，对照检查分析垂线平均流速或浮标流速横向分布的合理性。当发现有反常现象时，应检查原因；当有明显的测量错误时，应进行复测。

(3)采用固定垂线测速的站，当受测验条件限制，现场点绘分析图有困难，或因水位急剧涨落需缩短测流时间时，可在事先绘制好的流速、水深测验成果对照检查表上，现场填入垂线水深、测点流速、垂线平均流速的实测成果，与相邻垂线及上一测次的实测成果对照检查。

(4)水深和起点距测量记录可与流速分布对比，一般流速大的区段起点距居中，水深也较大。

2. 流量测验成果的检查分析

应在每次测流结束的当日进行流量的计算、校核，并应按下列要求进行合理性检查分析：

(1)将该次水位、流量、面积、流速数值点绘在水位(或其他水力因素)与流量、水位与

面积、水位与流速关系图坐标系中,与其他测次绘制曲线图,检查分析其变化趋势和三个关系曲线相应关系的合理性。

(2)采用连实测流量过程线进行资料整编的测站,可点绘水位、流速、面积和流量过程线图,对照检查各要素变化过程的合理性。

(3)冰期测流,可点绘冰期流量改正系数过程线图或水浸冰厚及气温过程线图,检查冰期流量的合理性。

(4)当发现流量测点反常时,应检查分析反常的原因。对无法进行改正而具有控制性的测次,宜到现场对河段情况进行勘察,并及时增补测次验证。

3. 流量测次布置的检查分析

流量测次布置的合理性检查分析应在每次测流结束后将流量测点点绘在逐时水位过程线图的相应位置上。采用落差法整编推流的站,应同时将流量测点点绘在落差过程线图上,并结合流量测点在水位或水力因素与流量关系曲线图上的分布情况,进行对照检查。当发现测次布置不能满足资料整编定线要求时,应及时增加测次,或调整下一测次的测验时机。

#### 3.2.2.2　流量测验成果的综合检查分析

1. 河床稳定的测站

对河床比较稳定的测站,应每隔一定时期分析测站控制特性,工作内容主要有以下几个方面:

(1)点绘水位或水力因素与流量关系曲线图,将当年与前一年的上述曲线点绘在一张图上,进行对照比较。从水位或水力因素与流量关系的偏离变化趋势,了解测站控制的变化转移情况,并分析其原因。

(2)点绘水位与流量测点偏离曲线百分数的关系图,从流量测点的偏离情况和趋势,了解测站控制的转移变化情况,并分析其原因。

(3)点绘流量测点正、负偏离百分数与时间关系图,了解测站控制随时间变化的情况,并分析其原因。

(4)将指定的流量值按多年的实测相应水位依时序连绘曲线,从与指定流量对应的水位(同流量水位)曲线的下降或上升趋势,了解测站控制发生转移变化的情况,并分析其原因。

2. 河床不稳定的测站

对河床不稳定的测站,每隔一定年份,应对测站测流断面的冲淤与水力因素及河势的关系进行分析。

3. 垂线流速分布的综合分析

可采用多点法资料,分析测站垂线流速分布型式。当断面上各条垂线的流速分布型式基本相似时,可点绘一条标准垂线流速分布曲线;当断面上各个部分的垂线流速分布型式不完全相同时,可分别点绘2~3条垂线流速分布曲线。对水位变幅较大的测站,当在不同水位级垂线流速分布型式不同时,应对不同水位级点绘垂线流速分布曲线,并可采用曲线拟合得出的流速分布公式,分析各种相对水深处测点流速与垂线平均流速的关系。

### 3.2.3 水位—流量关系图的检查

#### 3.2.3.1 突出点的检查分析

一般偏离所定平均线超过测验误差的测点，就可以认为是突出点。从水位—流量关系点据分布中，常可发现一些比较突出反常的点据，对这些点据应进行认真的考察，分析是否正确，找出原因。对一些在定线上关键的点据，往往由于错误的判断，而对水位—流量关系曲线的改动很大，返工不少。突出点的检查分析是决定水位—流量关系曲线和认识测站特性的重要步骤。一般可以从以下几个方面检查突出点：

(1)根据水位—流量、水位—面积、水位—流速三条关系曲线的一般性质，结合本站特性、测验情况，从线型、曲度、点据分布带的宽度等方面，去研究分析三条关系线的相互关系，检查偏离原因。

(2)通过本站水位和流量过程线对照，以及在水位过程线上点绘各实测流量的相应水位点据、在流量过程线上点绘各实测流量的点据去检查分析，发现问题。

(3)通过与历年水位—流量关系曲线比较，如果发现趋势不一致，可能是突出点造成定线不当。

#### 3.2.3.2 相关图表分析

在充分了解本站测验情况和测站特性的基础上，根据上述问题，有目的地绘制一些分析图表，分析追查问题的原因。常用的分析图表有：

(1)横断面和流速横向分布曲线图。流速的横向分布一般和断面形状相似，主流流速最大，两岸及水深较浅处流速较小。据此特性，可在横断面和流速横向分布曲线图上检查垂线平均流速的合理性。

(2)水位与各水力因素关系图。水位与水面宽、平均水深、最大水深、平均流速、最大流速、比降、糙率等各水力因素常有一定的关系。分析各水力因素的变化规律及其相互关系，可以检查实测流量成果表中数据是否有错误。

另外，还可以通过绘制及分析水深与流速关系图检查某垂线水深或流速存在的问题；通过绘制及分析横断面图，判断断面变化有无问题；也可绘制及分析水面比降图、平均河底高程过程线图等进行研究。

#### 3.2.3.3 原因检查分析

突出点的产生可能是人为错误，也可能是特殊水情变化。检查突出点应先看是否点绘错误，如果点绘正确，再复核原始记录，检查计算方法和计算过程。如果点绘和计算都没问题，再从特殊水情及测验方面着手分析。

特殊水情方面的原因有上、下游溃坝或闸门启闭，冰花、冰塞或冰坝影响，支流及局部径流的顶托等。

测验方面一般包括水位观测、断面测量、流速测验等原因。一般水位方面主要有水准点高程错误、水尺校测或计算错误等原因。断面测量方面有测深垂线过少或分布控制不良、测船离开断面、浮标测流借用断面不当等原因。流速测验方面的可能原因有，测验仪器问题及测验方法不当等，使流速测验产生较大的误差。若用流速仪测流速，流速超出了流速仪的测速范围，或流速仪未按规定及时检定，而使流速产生较大的误差；测速垂线和测点过少或分布不当,测速历时过短,可使流速偏大或偏小;测速垂线不在断面线上,流速仪悬索偏角太大及水草、漂浮物、冰花冰塞、风向风力等的影响;用浮标测流时,如浮标类型不同,选用漂浮物不当,断面间距太短,测定浮标通过断面的位置不准,浮标分布不均以及浮标系数采用不当等,都能使流速产生较大误差。

[例] 如图5-3-1所示,在某站某年一时段的水位—流量、水位—面积、水位—流速关系图上,50、51两测次突出偏离,成为突出点。从水位—流速关系曲线线型上看,一般流速随水位升高而逐渐增大,该两测次与水位—流速关系曲线性质不符,明显不合理。另外,从水位过程线上看,50、51测次是在落水阶段,水量没有增加,流速也不会增加,故判定流速有问题,从而影响流量。经检查原始记录,发现是测速历时过短所致。

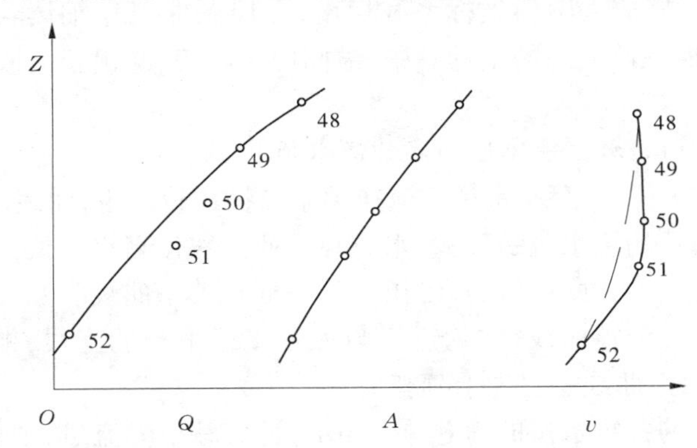


图5-3-1 ××站××年一时段水位—流量、水位—面积、水位—流速关系

#### 3.2.3.4 问题处理

突出点经检查分析后,应根据情况,予以客观审慎处理,既要避免主观片面,又要克服消极草率。

(1)如突出点是由水力因素变化或特殊水情所造成的,则应作为可靠资料看待,必要时可说明其情况。

(2)如突出点为测验错误所造成,能够改正的应予改正,无法改正的可以舍弃。但除计算错误外,都要说明改正的根据或舍弃的原因。

(3)暂检查不出突出点的反常原因,宜作为可疑资料,待继续调查研究分析,并作适当处理和说明。

### 3.2.4 水位—流量关系曲线的低水放大和高低水延长

按照规定,水位—流量关系曲线读图的流量最大误差应小于或等于2.5%,低水小流量读图可能不满足要求,需要绘制低水放大图。

水文站因故未能测得洪峰流量或枯水流量时,为推求全年完整的流量过程,必须对水位—流量关系曲线作高水或低水延长。一般情况下,高水部分延长不应超过当年实测流量所占水位变幅的30%,低水部分延长不应超过10%。如超过此限,至少用两种方法作比较,并在有关成果表中对延长的根据作出说明。

### 3. 2. 4. 1　低水放大图的绘制

一般情况下，水位—流量关系曲线的低水部分都要另绘放大图，其目的是保证读图的流量最大误差满足小于或等于 2.5% 的精度规定。在推流时，一般读图误差不超过方格图纸的半个小格（1 小格为 1 mm），设放大界限为 $x$ 格，则读数相对误差为$\frac{0.5}{x}$，为满足精度要求，应有$\frac{0.5}{x} \leqslant 2.5\%$，即$x \geqslant \frac{0.5}{2.5\%} = 20$ 格（mm）。这样，不论流量比例如何，放大界限一律位于从零点算起的 20 mm 处。低水放大比例仍按 1、2、5 的十、百、千的整数倍，即 1 cm 代表 0.1，1，10，100，…，$m$，也可代表 0.2，2，20，…，$m$ 或 0.5，5，50，…，$m$。

绘图方法是设计好放大图的坐标系和标度，在原图曲线仔细读若干数据坐标（可借助放大镜观读），点绘在放大图的坐标系中，参照原图趋势，绘出新的放大曲线。

### 3. 2. 4. 2　高水延长

1. 根据水位—面积、水位—流速曲线作高水延长

河床比较稳定，水位—面积、水位—流速关系点据比较集中，曲线趋势明显的站，可用此法。如图 5-3-2 所示的用水位—面积、水位—流速曲线作高水延长，延长方法为：

（1）根据最近实测的大断面资料，绘出水位—面积关系曲线。

（2）高水的水位—流速曲线，常趋近于与纵轴接近平行的直线，根据这种特性，可顺实测的水位—流速关系曲线趋势向上延长。

（3）以延长部分的各级水位的流速乘以相应面积得相应流量，据此便可绘出延长部分的水位—流量关系曲线。

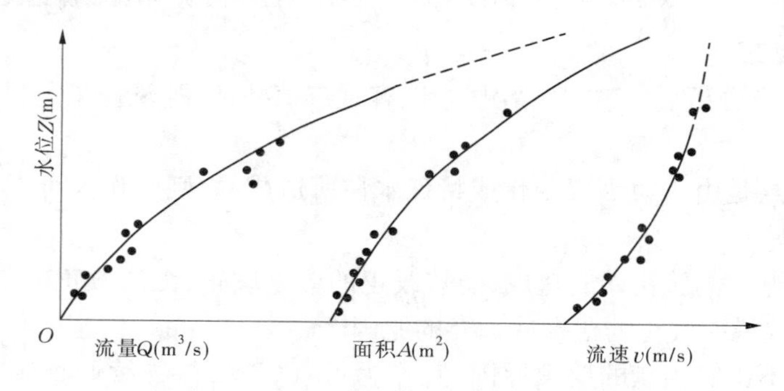


**图 5-3-2　用水位—面积、水位—流速曲线作高水延长示意图**

2. 用谢才－曼宁公式作高水延长

河道顺直、河床底坡平坦、断面均匀较稳定的站，可用谢才－曼宁公式（见本书基础知识 4.1.7 部分。在这里原式中比降用水面比降 $S$，平均水深用符号$\bar{d}$）作高水延长，方法如下。

1）有糙率和比降资料的延长方法

对有糙率和比降资料的站，可点绘水位与糙率关系曲线，并延长至高水。选用高水时的糙率 $n$ 值与实测的比降 $S$，由实测大断面资料算得的过流水力半径 $R$ 或平均水深$\bar{d}$和过流面积 $A$，代入谢才－曼宁公式计算高水时的流速、流量，据此延长水位—流量关系曲线。

高水无实测比降时,可由洪水痕迹推算洪峰时的比降,并可点绘水位与比降关系曲线,延长至高水位,进行验证。

2)无糙率和比降资料的延长方法

对无糙率和比降资料的站,可按如图5-3-3所示的方法用谢才－曼宁公式作高水延长。根据实测流量资料,用谢才－曼宁公式计算$\frac{1}{n}S^{1/2}$(即$v/\bar{d}^{2/3}$)值,并据以点绘$Z\sim\frac{1}{n}S^{1/2}$关系曲线。一般高水部分$\frac{1}{n}S^{1/2}$值接近常数,故可顺趋势沿平行于纵轴的方向延长至高水。依据实测大断面资料,计算面积$A$、平均水深$\bar{d}$和$A\bar{d}^{2/3}$,点绘$Z\sim A\bar{d}^{2/3}$关系曲线。高水延长部分按不同水位在曲线上分别查得相应的$\frac{1}{n}S^{1/2}$和$A\bar{d}^{2/3}$值,以两者乘积求得流量,据此延长水位—流量关系曲线。

若高水漫滩,则主槽和漫滩部分应分别计算流量进行延长。

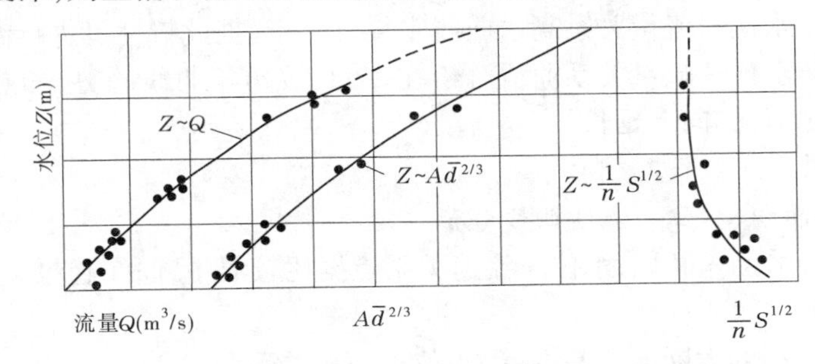


图5-3-3　用谢才－曼宁公式作高水延长示意图

3. 用$Q\sim A\sqrt{\bar{d}}$曲线法作高水延长

本法适用于断面为窄深的单式河槽,无显著冲淤,高水糙率和比降变化不大的站。根据谢才公式(见本书基础知识4.1.7部分。在这里原式中比降用水面比降$S$,平均水深用符号$\bar{d}$),若$R$以平均水深$\bar{d}$代替,在高水部分,$C\sqrt{S}$值近似为常数$K$,则原式可改写为

$$Q = CA\sqrt{RS} = KA\sqrt{\bar{d}} \tag{5-3-2}$$

即高水部分$Q$与$A\sqrt{\bar{d}}$近似呈直线关系,可据此作高水曲线延长。延长方法为:

按如图5-3-4所示的用$Q\sim A\sqrt{\bar{d}}$曲线法作高水延长,依据实测大断面资料,计算各级水位的$A\sqrt{\bar{d}}$值,并点绘$Z\sim A\sqrt{\bar{d}}$关系曲线。根据实测部分的$Z\sim Q$曲线和$Z\sim A\sqrt{\bar{d}}$曲线,查得各级水位的$Q$、$A\sqrt{\bar{d}}$值,点绘$Q\sim A\sqrt{\bar{d}}$关系曲线,并顺趋势按直线向上延长。以不同高水位$Z$,在$Z\sim A\sqrt{\bar{d}}$曲线上查得$A\sqrt{\bar{d}}$值,再以$A\sqrt{\bar{d}}$值在$Q\sim A\sqrt{\bar{d}}$曲线上查得相应$Q$值,据此点绘在原水位—流量关系曲线上,连绘成平滑的高水延长曲线。将各条曲线绘制在一起,便于对比分析;也可以各自建立坐标系单绘各自的曲线,只要概念清楚,也能分析。

4. 参照历年水位—流量关系曲线作高水延长

若测站控制基本稳定,河床变化不太剧烈,河底坡降无突出变化,基本水尺位置未迁

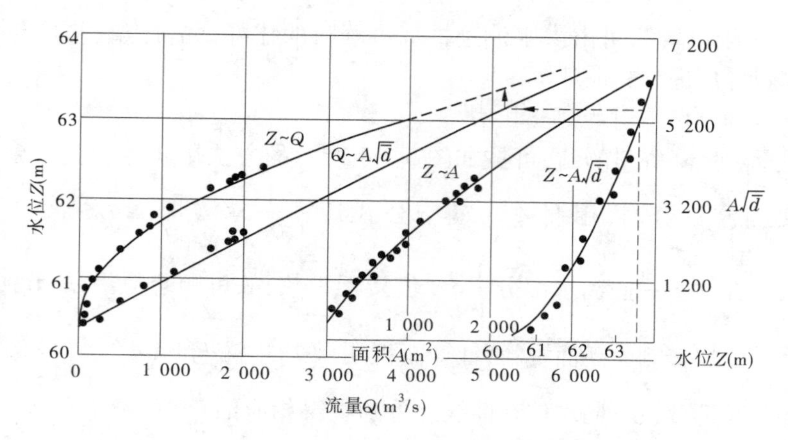


图 5-3-4　用 $Q\sim A\sqrt{d}$ 曲线法作高水延长示意图

移(或迁移距离很近,落差很小),其历年水位—流量、水位—面积、水位—流速关系曲线无突出变化,则各年水位—流量关系高水曲线常接近平行,据此特性可进行高水延长。延长时,将历年和本年水位—流量关系曲线合绘在一起,按历年曲线趋势,参照本年断面冲淤、流速和比降变化情况,向上延长。

#### 3.2.4.3　低水延长

1. 根据水位—面积、水位—流速曲线作低水延长

河床比较稳定,水位—面积、水位—流速关系点据比较集中,曲线趋势明显的站,可用此法。延长方法为:

(1)根据最近实测的大断面资料,绘出水位—面积关系曲线。

(2)低水水位—流速曲线在断面无深潭情况下,常是向上凹的曲线,根据这种特性,可顺实测的水位—流速关系曲线趋势向下延长。

(3)以延长部分的各级水位的流速乘以相应面积得相应流量,据此便可绘出延长部分的水位—流量关系曲线。

2. 以断流水位为控制作低水延长

(1)根据水文站纵横断面资料确定。若水文站下游有浅滩或石梁,则以其顶部高程作断流水位;若下游较长距离内河底平坦,则以基本水尺断面最低点高程作断流水位。

(2)分析法。如断面整齐,在延长部分的水位变幅内,河宽变化不大,且无浅滩、分流等现象,可用此法。

在水位—流量关系曲线中低水弯曲部分,从低向高依次取 $a$、$b$、$c$ 三点,使这三点的流量关系满足 $Q_b=\sqrt{Q_aQ_c}$,则断流水位 $Z_0$ 按下式计算

$$Z_0=\frac{Z_aZ_c-Z_b^2}{Z_a+Z_c-2Z_b} \tag{5-3-3}$$

式中　$Z_0$——断流水位,m;

$Z_a$、$Z_b$、$Z_c$——水位—流量关系曲线上 $a$、$b$、$c$ 三点的水位,m。

(3)图解法。原理和使用条件与分析法相同。按如图 5-3-5 所示的图解法推求断流水位,按 $Q_b=\sqrt{Q_aQ_c}$ 的条件选 $a$、$b$、$c$ 三点,在水位—流量关系曲线图上通过 $b$、$c$ 点作平

行于横轴的两条水平线,分别与通过 $a$、$b$ 点所作垂直于横轴的线相交于 $d$、$e$ 点,使 $ed$、$ba$ 的延长线相交于 $f$,过 $f$ 点作平行于横轴的水平线交于纵轴,该交点即为断流水位 $Z_0$。

(4)延长方法。以断流水位和流量为零的坐标($Z_0$,0)为控制点,依趋势将水位—流量关系曲线向下延长至需要的水位处即可。

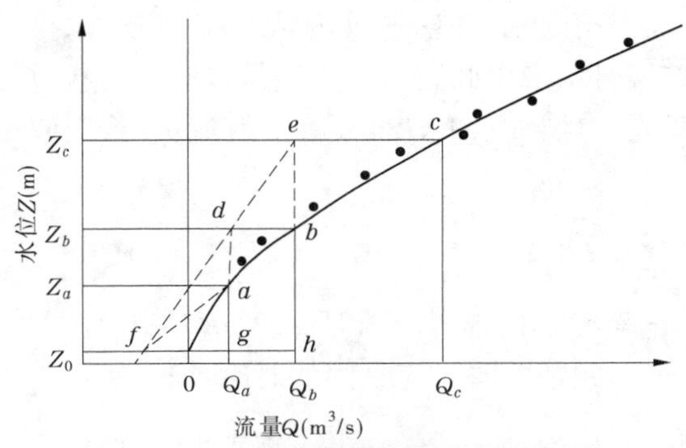


图 5-3-5　图解法推求断流水位示意图

## 3.2.5　逐日平均流量推算及有关统计

### 3.2.5.1　推流时段表的编制

全年各个时期水位—流量关系曲线定好后,要按顺序注上线号,并编写推流时段表。推流时段表结构如表 5-3-6 所示。

表 5-3-6　推流时段表结构

| 线号 | 推流时段 | | | | | | 依据测次 | 接头 | | 附注 |
|---|---|---|---|---|---|---|---|---|---|---|
| | 起 | | | 止 | | | | 水位 (m) | 流量 ($m^3/s$) | |
| | 月 | 日 | 时:分 | 月 | 日 | 时:分 | | | | |
| 1 | 1 | 1 | 00:00 | 2 | 8 | 12:00 | ①~⑧ | 112.11 | 35.6 | |
| 2 | 2 | 8 | 12:00 | 3 | 4 | 20:00 | ⑨~⑭ | 113.32 | 43.2 | |
| 3 | 3 | 4 | 20:00 | 5 | 18 | 23:00 | ⑮~㉖ | 113.56 | 50.5 | |

表内线号与流量关系线的线号一一对应,每个线号都要注明推流时间,接头水位、流量。接头水位和流量是指该线号推流终止时分的水位和流量,也是下一线号开始推流的水位和流量,其作用是检查两条曲线是否衔接。

凡使用时段较长的水位(或其他水力因素)与流量(或流量系数)关系曲线,可编制水位—流量关系表或其他推流检数表,供查用。制表时,所有内插的流量与曲线的偏差,在曲线的上中部应不超过 ±1%,下部不超过 ±2% ~ ±3%。表上的流量增值一般随水位增高而逐级增大。换用曲线前后的流量应衔接,低水放大曲线接头处的流量必须一致。

### 3.2.5.2　日平均流量的推求

1.用日平均水位推求日平均流量

当水位—流量关系曲线较为平直,水位及其他有关水力因素在一日内变化平缓时,可根据日平均水位直接推求日平均流量。用此法推流可免去日平均流量的计算工序。

2. 用瞬时水位推算流量并计算日平均流量

当一日内水位或流量变化较大时,应先用瞬时水位推求出瞬时流量,再视情况选用合适的方法计算日平均流量。

(1)面积包围法。适用于洪水时期一日内流量变幅较大,观测或摘录时距不等时。利用计算机进行资料整编时均采用此法。该方法是以时距为权重,进行加权计算,其原理与日平均水位的计算相同。计算时,0 h、24 h 都应有流量,否则应先插补其值。计算公式为

$$\overline{Q} = \frac{1}{48}[\Delta t_1 Q_0 + (\Delta t_1 + \Delta t_2)Q_1 + (\Delta t_2 + \Delta t_3)Q_2 + \cdots + \Delta t_n Q_n] \tag{5-3-4}$$

式中　$Q_0, Q_1, \cdots, Q_n$——瞬时水位推得的瞬时流量,$m^3/s$;

$\Delta t_1, \Delta t_2, \cdots, \Delta t_n$——相邻两瞬时流量间的时距,h;

$\overline{Q}$——日平均流量,$m^3/s$。

(2)算术平均法。适用于一日内流量变化不大或等时距摘录的时期。其方法是将一日内各次流量相加,除以一日内的观测次数。0 h、24 h 无资料时,不要求插补。

3. 年度衔接

年头年尾与上下年流量应衔接,以方便计算日平均流量。

#### 3.2.5.3　日平均流量精度

日平均流量计算误差限度以面积包围法求得的日平均值作为标准值,用其他方法求得的日平均值与其相比,其允许相对误差,中高水为 ±2%,低水为 ±5%,流量很小时可适当放宽。

为保证日平均值计算误差在限差以内,可用以下判别方法选用合理的计算方法。

1. 相对流量变差法

按下式计算流量日变幅百分数 $K$ 值进行判别

$$K = \frac{Q_{max} - Q_{min}}{Q_{max}} \times 100\% \tag{5-3-5}$$

式中　$K$——流量日变幅百分数(%);

$Q_{max}$、$Q_{min}$——一日内最大、最小瞬时流量,$m^3/s$,0 h、24 h 流量应参加统计。

各站可根据实际资料,建立流量日变幅百分数与不同方法计算误差的关系,定下外包线,确定 $K$ 值,作为不同计算方法的判别指标。

2. 弦线离差法

以日水位变幅在水位—流量关系曲线上确定其弦线。用日平均水位在曲线和弦线上分别查得流量,两者差值与在曲线上查得的流量之比,即为弦线离差值。可根据实际资料建立弦线离差与日平均水位推流误差的关系,确定不同水位级允许误差的弦线离差值,作为对误差的判别标准。

#### 3.2.5.4　逐日平均流量表的编制

逐日平均流量表是流量整编的一项重要成果,可反映流量在 1 年内的变化和分配,除将计算的日平均流量抄入表中外,还要将月、年流量特征值统计清楚。

（1）月、年极值的挑选。月、年最大、最小流量及发生日期均从各月及全年瞬时流量中挑选。当各月极值挑选后，年极值从各月极值中挑选。

（2）月、年平均流量。月平均流量为 1 月内各日平均流量的总和除以 1 月内的日数，年平均流量为 1 年中日平均流量的总和除以全年的日数。

（3）径流量。径流的概念是陆地上的降水汇流到河流、湖、库、沼泽、海洋含水层或沙漠的水流。径流量是一定时段径流的量。表中通常统计年径流量，即 1 年内流过某一断面的总水量，等于日平均流量的年总数乘以 1 日的秒数（86 400 s）。总量单位常选用亿 $m^3$ 或百万 $m^3$。计算式为

$$R = 86\ 400 \sum \overline{Q} \tag{5-3-6}$$

式中　$R$——年径流量，$m^3$；

$\sum \overline{Q}$——全年逐日平均流量的总和，$m^3/s$。

（4）径流模数。即在测流断面以上流域集水面积内，每平方千米的年平均流量。其值等于年平均流量除以集水面积，即

$$M = \frac{Q}{A} \tag{5-3-7}$$

式中　$M$——径流模数，$m^3/(s \cdot km^2)$；

$Q$——年平均流量，$m^3/s$；

$A$——集水面积，$km^2$。

（5）径流深。即将年径流量平铺在集水面积上的水深

$$Y = \frac{R}{1\ 000A} \tag{5-3-8}$$

式中　$Y$——径流深，mm；

$R$——年径流量，$m^3$；

$A$——集水面积，$km^2$。

水文统计中有时要用径流系数的概念及数值，时段或次流域平均径流深（mm）与相应降水量（mm）的比值称径流系数。在流域级长系列多年水文水资源计算中，也会用到蒸发系数的概念及数值，先由流域多年平均降水量（mm）减去平均径流深（mm）获得（陆面）平均蒸发量（mm），将平均蒸发量（mm）与平均降水量（mm）的比值称蒸发系数。在这一概念范畴，径流系数和蒸发系数有和为 1 的互补关系。

### 3.2.6　洪水水文要素摘录编表

编制洪水水文要素摘录表是把测站汛期内主要洪水水文要素（包括水位、流量、含沙量）资料及其变化过程完整地摘录编表或录入数据库，为使用资料者提供方便。

洪水水文要素摘录表的主要内容有水位、流量、含沙量等项目。现摘录某站一段洪水的洪水水文要素摘录表（见表 5-3-7），以了解洪水水文要素摘录表的基本格式。当洪水涨落变化大，日平均值不能准确表示各项水文要素变化过程时，均应编制此表。有关要求和方法介绍于下。

**表 5-3-7　某站一段洪水的洪水水文要素摘录表**

| 日期 | | | 水位 | 流量 | 含沙量 | 日期 | | | 水位 | 流量 | 含沙量 |
|---|---|---|---|---|---|---|---|---|---|---|---|
| 月 | 日 | 时:分 | (m) | ($m^3/s$) | ($kg/m^3$) | 月 | 日 | 时:分 | (m) | ($m^3/s$) | ($kg/m^3$) |
| 5 | 10 | 08:00 | 111.62 | 29.3 | 0.025 | 6 | 13 | 05:00 | 114.15 | 214 | 0.977 |
| | | 20:00 | 111.62 | 29.3 | 0.025 | | | 08:00 | 115.11 | 215 | 1.050 |
| | | 24:00 | 111.82 | 58.0 | 0.016 | | | 12:00 | 115.78 | 229 | 1.070 |
| | 11 | 07:00 | 112.16 | 101.0 | 0.150 | | | 18:30 | 115.98 | 315 | 1.250 |
| | | 11:00 | 112.04 | 83.1 | 0.167 | | | 20:00 | 116.12 | 324 | 1.340 |
| | | 14:00 | 112.14 | 98.0 | 2.600 | | 14 | 04:00 | 116.45 | 426 | 2.450 |
| | | 20:00 | 112.66 | 179.0 | 8.670 | | | 08:00 | 116.89 | 435 | 4.780 |
| | 12 | 08:00 | 112.02 | 80.1 | 6.250 | | | 12:00 | 117.34 | 467 | 7.890 |
| | | 20:00 | 112.56 | 149.0 | 7.450 | | | 20:00 | 117.21 | 456 | 7.670 |

#### 3.2.6.1　摘录原则

(1)全年应摘录几次较大洪峰和一些有代表性的中小洪峰。选择各种洪峰类型是:洪峰流量最大的和洪峰总量最大的洪峰;当汛期内能按暴雨特性分成不同时期时,应尽可能包括不同时期的最大洪峰,以满足计算分期设计洪水的需要;含沙量最大的和输沙量最大的峰;孤立的峰;连续洪峰或特殊峰形和久旱以后的峰;汛初第一个峰或汛末较大的峰;较大的春汛、凌汛的峰或非汛期较大的峰。

(2)摘录洪峰要上下游配套。每年主要的大峰,在相当长的河段内,上下游站均应摘录;一般洪峰,则只要求按"上配下"的原则配套摘录。配套是将下游站按上述各种洪峰类型所选摘的洪峰作为基本峰,一般应予摘录,上游也摘录与此为同一场洪水的相应洪峰。当上游站的配套峰的峰形平缓或日平均值已能代表其变化过程,或上下游的集水面积相差很大,无必要推算区间流量时,上游也可不摘这种配套峰。

(3)暴雨形成的洪水要与降水量摘录配套。

#### 3.2.6.2　摘录与填表方法

(1)洪峰一般应在水位或流量过程线上选取。配套峰宜比照观察上下游水位或流量过程线。

(2)洪水摘录选点应在逐时过程线上进行,对每次洪水都应完整地摘录其变化过程,一般应从起涨前开始,摘至落平。

(3)摘录点的多少应以能控制水位、流量、含沙量的变化过程基本不变形为原则,即摘录点所连绘过程与原过程的峰、谷完全相符,洪峰过程吻合,洪量基本相等。另外,要尽量精简摘录点次,以节省工作量,并满足下述要求:

①洪峰起涨前、落平后要多摘录 2 ~3 个点,以满足分割基流的要求;起涨后、落平前及峰顶前后的转折点处应有摘录点;峰顶附近不少于 3 ~5 个点;雨洪期最高水位、最大流量必须摘入;年最大含沙量应摘入。

②水位、流量、含沙量合摘于一张表时，含沙量（应为换算后的断沙值）同样从逐时过程线摘录沙峰的完整过程，主要是摘录实测点、转折点或控制点，虽为插补值，但有控制作用时也应摘录，对水位、含沙量插补值，应加插补符号。

③摘录点应尽量摘录日8时的值，所摘数值应为定时观测值，不得用日平均值代替。

④在沙峰时期，每日测取单沙2次或2次以上，并能绘出基本完整的沙峰过程线的站，必须摘录含沙量。若每日仅取一次单沙，逐日平均含沙量已能代替其过程者，一般不予摘录。

⑤不论哪一种过程线的转折点或控制点，水位、流量两项均应全部填表，不能空白。含沙量栏只填实测点及转折点或控制点的数值，不必逐项填齐。

⑥编表时，摘排一次洪水（或连续洪峰）过程后，应空一行，再排下一次洪水。

# 模块 4　泥沙测验

## 4.1　外业测验

### 4.1.1　悬移质输沙率测验

#### 4.1.1.1　单次输沙率测验的原理与方法

一般情况下,河段或河流断面各点位水流流速不相同,含沙量也不相同,要获得单位时间通过断面的悬移质输移沙量(即输沙率),就应在断面相当多的点位同时测量含沙量与流速(流量),计算点位区域的输沙率并累加。以此原理为基础,还探寻了许多等效的方法途径。

实际上,断面测量点位的布置常取比较规矩的方式,断面输沙率测验作业示意图如图 5-4-1所示,图中表达了过流断面轮廓、测验垂线及测点点位等有关空间要素,还表达出有关测算量的分布曲线。

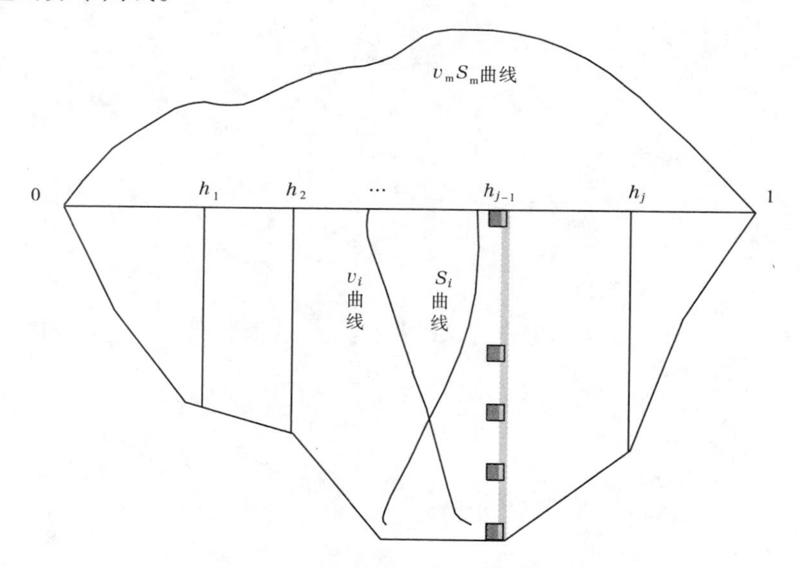


图 5-4-1　断面输沙率测验作业示意图

图中 0—1 示意断面线;下面的折线示意断面轮廓;$h_j$($j$ 为垂线序号)示意垂线,并特写了一条垂线的测点位置;$v_i$ 曲线、$S_i$($i$ 为序号)曲线分别示意垂线流速、含沙量分布;$v_m$、$S_m$ 分别为垂线平均流速、含沙量,$v_m S_m$ 曲线示意断面单宽输沙率分布。

具体的测验实施介绍如下:

1. 设定断面

断面一般与水流总体方向正交,是水流的横断剖面。在断面上确定从一岸指向另一岸的断面方向线,规定和设置断面方向线的零点,作为测算断面垂线位置(起点距)的起算点。

2. 布置测验垂线

试验或根据先验知识沿断面方向线在断面布置测验垂线,测量起点距,确定垂线在断面的位置。布置的测验垂线将断面分为若干部分,各部分作为输沙率测验的基本单元。测验垂线数目,一类站不应少于10条,二类站不应少于7条,三类站不应少于3条。

测验垂线布设方法:对于河床水流比较稳定的情况,一般根据实际条件和符合流量加权原理的要求,可采用等水面宽布线法、等部分流量布线法、等部分面积布线法、单宽输沙率转折点布线法等。等水面宽布线法简明易行,若要布置 $n$ 条垂线,取均分水面宽为 $n+1$ 等份的数值,从一水边起点距逐级累加数值即可确定各垂线的起点距位置。等部分流量布线法、等部分面积布线法可参考本书操作技能——中级工泥沙测验模块图4-4-6单沙垂线设计示意图的原理方法设计。若用单宽输沙率转折点布线法,应布置较多试验垂线,计算各垂线单宽输沙率并点绘沿断面线的分布图,按图示转折点精简分析确定。断面垂线布设有试验探索和积累总结的过程,成熟后可编进测站任务书,参照应用。

3. 垂线的有关测量

测量垂线水深,在水深范围抽样布置测点。测量各点的流速;测量各点的含沙量,或采取含沙水(沙)样到泥沙实验室测定含沙量。这种方法称为选点法,各种选点法的测点位置见表5-4-1。

**表5-4-1　各种选点法的测点位置**

| 河流情况 | 方法名称 | 测点的相对水深位置 |
|---|---|---|
| 畅流期 | 五点法 | 水面、0.2、0.6、0.8及河底 |
| | 三点法 | 0.2、0.6、0.8 |
| | 二点法 | 0.2、0.8 |
| | 一点法 | 0.6 |
| 封冻期 | 六点法 | 冰底或冰花底、0.2、0.4、0.6、0.8及河底 |
| | 二点法 | 0.15、0.85 |
| | 一点法 | 0.5 |

垂线也可采用积深法测验,应同时施测或推算垂线平均流速。

垂线还可采用垂线混合法测验,应同时施测或推算垂线平均流速。应用积时式仪器按取样历时比例取样混合时,各种取样方法的取样位置与历时见表5-4-2;按容积比例取样混合时,取样方法应经试验分析确定。

4. 测验时间与时机

输沙率测验历时较长,应尽量缩短时间,一般用开始时间和终止时间的平均时间代表测验时间,可准确到分钟。测验时机宜选择在各有关测验要素变化不大的合适时段。

5. 同时测流量

通常情况下，在输沙率测验的同时施测流量，根据流速和含沙量断面分布特性，两者的垂线数目可以相等，也可以不等，一般流量测验的垂线数目多一些，在全部或部分流量测验的垂线安排输沙率测验垂线，即两者选线应重合；垂线选点法测验流速、含沙量的点位也应重合。

**表 5-4-2　各种取样方法的取样位置与历时**

| 取样方法 | 取样的相对水深位置 | 各点取样历时(s) |
|---|---|---|
| 五点法 | 水面、0.2、0.6、0.8 及河底 | $0.1t$、$0.3t$、$0.3t$、$0.2t$、$0.1t$ |
| 三点法 | 0.2、0.6、0.8 | $t/3$、$t/3$、$t/3$ |
| 二点法 | 0.2、0.8 | $0.5t$、$0.5t$ |

注：$t$ 为垂线总取样历时。

6. 其他配合观测

测验输沙率时，应同时观测水位、水面比降。

4.1.1.2　**相应单样的采取**

采用单沙—断沙或单颗—断颗关系进行资料整编，需要建立单沙—断沙关系的站，在进行输沙率测验的同时，应采取相应单样。相应单样的取样方法和仪器应与经常的单样测验方法相同。

相应单样的取样次数，在水情平稳时取 1 次；有缓慢变化时，应在输沙率测验的开始、终了各取 1 次；水沙变化剧烈时，应增加取样次数，并控制随时间的转折变化。

4.1.1.3　**悬移质输沙率的测次分布**

(1)一年内悬移质输沙率的测次应主要分布在洪水期。

(2)采用断面平均含沙量过程线法进行资料整编时，每年测次应能控制含沙量变化的全过程，每次较大洪峰的测次不应少于 5 次；平、枯水期，一类站每月测 5 ~ 10 次，二、三类站每月测 3 ~ 5 次。

(3)一类站历年单沙—断沙关系线与历年综合关系线比较，其变化在 ±3% 以内时，年测次不应少于 15 次；二、三类站作同样比较，其变化在 ±5% 以内时，每年测次不应少于 10 次；历年变化在 ±2% 以内时，年测次不应少于 6 次，并应均匀分布在含沙量变幅范围内。

(4)单沙—断沙关系线随水位级或时段不同而分为两条以上关系曲线时，每年悬移质输沙率测次，一类站不应少于 25 次，二、三类站应不少于 15 次，在关系曲线发生转折变化处，应分布测次。

(5)采用单沙—断沙关系比例系数过程线法整编资料时，测次应均匀分布并控制比例系数的转折点，在流量和含沙量的主要转折变化处，应分布测次。

(6)采用流量—输沙率关系曲线法整编资料时，年测次分布应能控制各主要洪峰变化过程，平、枯水期应分布少量测次。

(7)堰闸、水库站和潮流站的悬移质输沙率测次应根据水位、含沙量变化情况及资料整编要求，分布适当测次。

(8)新设站在头三年内应增加输沙率测次。

#### 4.1.1.4 颗粒级配测验

1. 悬移质颗粒级配的取样

采用悬移质输沙率测验水样进行颗粒分析,采用选点法并使用流速仪法测流时,悬移质输沙率测验水样可兼作颗粒分析,也可在同一测沙垂线上,另取水样作颗粒分析。各种全断面混合法兼作输沙率颗粒级配的取样方法应经试验分析确定,试验分析前,全断面混合法的取样垂线数目,一类站不应少于5条,二、三类站不应少于3条。

当单样含沙量取样方法与单颗取样方法相同时,可用相应单样作颗粒分析;不同时,应另取水样作颗粒分析。

采取作颗粒分析的水样时,应同时观测水温。

2. 测次

一年内测定断面平均颗粒级配的测次应主要分布在洪水期。

(1)当用断面平均颗粒级配过程线法进行资料整编时,一、二类站每年测次应能控制颗粒级配变化过程;每次较大洪峰测3~5次;汛期每月不应少于4次;非汛期,多沙河流每月测2~3次,少沙河流每月测1~2次。

(2)一类站每年单样颗粒级配与断面平均颗粒级配关系线(简称单颗—断颗关系线)和历年综合关系线比较,粗沙部分变化在±2%以内,细沙部分变化在±4%以内时,每年测次不应少于15次;二类站作同样比较,粗沙部分变化在±3%以内,细沙部分变化在±6%以内时,每年测次不应少于10次。

### 4.1.2 推移质输沙率测验

#### 4.1.2.1 测验

(1)推移质输沙率测验的垂线位置,应设在有推移质的范围内,并尽可能与悬移质输沙率测验垂线重合,垂线数目可较后者适当减少,但在推移质运动强烈的断面区段应加密。一般在水面宽大于(小于)50 m时,垂线不应少于5条(3条)。

(2)各垂线取样方法和要求见本书操作技能——初级工泥沙测验模块推移质器测法采样的内容。

(3)推移质沙样的处理,卵石质沙样可直接称量;沙质沙样可采用本书操作技能——中级工泥沙测验模块的置换法、烘干法。

(4)沙样颗粒分析可用筛分法、尺量法。

(5)推移质输沙率测验应和流量及悬移质输沙率测验结合进行,有关水文水力要素可从后两者的有关观测中摘取。

#### 4.1.2.2 测次

1. 沙质推移质

一类站,每年不应少于20次;二类站,应在3~5年内,每年测5~7次,总测次达40次后可停测;三类站,测3~5年,总测次不少于6次可停测。测次应在各级输沙率范围内均匀分布,当出现特殊水清、沙情时,应增加测次。还应考虑掌握有关水文水力要素的变幅。

2. 卵石推移质

一类站，采用过程控制法进行测验资料整编的每年 50 ~ 80 次，采用水力因素法进行测验资料整编的每年不应少于 30 次；二类站，应在 3 ~ 5 年内，每年测 7 ~ 10 次，总测次达 60 次后可停测；三类站，测 3 ~ 5 年，总测次不少于 10 次可停测。测次布置应主要控制洪峰过程，当出现特殊水情、沙情时，应增加测次。还应考虑掌握有关水文水力要素的变幅。

# 4.2　实验室作业

## 4.2.1　泥沙密度测定

容器或量具可用 50 mL 或 100 mL 比重瓶、已知质量的烧杯。作业步骤如下：

(1)将经沉淀浓缩后的样品，用小漏斗注入比重瓶内，瓶内浑液不宜超过容积的 2/3。要求样品中沙量为 15 ~ 20 g。

(2)将装好样品的比重瓶放在砂浴锅上(或在铁板上铺一层砂子，放在电炉上)煮沸，并不时转动比重瓶，经 15 min 后，冷却至室温。

(3)用经煮沸并冷却至室温的纯水缓慢注入装好样品的比重瓶，使水面达到适当高度，插上瓶塞，瓶内不得有气泡存在。然后用手指抹去塞顶水分，用毛巾擦干瓶身，称瓶加浑水质量后，拔去瓶塞，即时测定瓶内水温。

(4)将称量后的浑水倒入已知质量的烧杯内，放在砂浴锅上蒸至无流动水后，移入烘箱，在 100 ~ 105 ℃烘 4 ~ 8 h，在干燥器内冷却至室温，称量记至 0.001 g。由此称得的质量减去烧杯质量得出干沙质量。

(5)泥沙密度按下式计算

$$\rho_s = \frac{W_s \rho_w}{W_s + W_w - W_{ws}} \tag{5-4-1}$$

式中　$\rho_s$——泥沙密度，g/cm³；

$\rho_w$——纯水密度，g/cm³；

$W_s$——泥沙质量，g；

$W_{ws}$——瓶加浑水质量，g；

$W_w$——与 $W_{ws}$ 同温度下的瓶加清水质量，g。

(6)每个沉淀浓缩后的样品须分成两(几)份进行平行测定，取其密度相差不大于 0.02 g/cm³ 的平均值作为密度测定成果。

## 4.2.2　粒径计法分析颗粒级配

### 4.2.2.1　粒径计管

根据适用粒径范围和沙量不同，可分别选用不同规格粒径计管。

(1)粒径计管下端 80 ~ 100 mm 处应开始逐渐收缩，至管底口内径 8 mm，管内壁光滑，管身顺直，中部弯曲矢距小于 2 mm。粒径计管的沉降始线、盛水水面线、最大粒径终止线等标记应用钢尺准确测量，标画清晰。

(2)对管长1 300 mm、内径40 mm、沉降距离1 250 mm、最大粒径观读沉距1 000 mm的粒径计管，由管的下口向上量至1 250 mm处应为沉降始线，始线以上5 mm处为盛水水面线，始线以下1 000 mm处(即管的下口向上至250 mm处)为最大粒径终止线。

(3)对管长1 050 mm、内径25 mm、沉降距离1 000 mm、最大粒径观读沉距800 mm的粒径计管，由管的下口向上量至1 000 mm处应为沉降始线，始线以上5 mm处为盛水水面线，始线以下800 mm处(即管的下口向上至200 mm处)为最大粒径终止线。

(4)粒径计管应垂直安装在稳固的分析架上。分析架位置适中，照明良好，避免热源影响和阳光直射，管高和两管间距(通常将若干粒径计管安装于同一分析架上)以便于注样操作为宜。

(5)进行悬移质颗粒分析时，粒径计管应盛澄清的天然河水。

#### 4.2.2.2　粒径计分析的其他设备

(1)注样器。由带柄玻璃短管与皮塞盖组成。管长为45 mm，外径为34 mm或22 mm，柄长为20～30 mm。注样器盖为一圆薄片，直径略大于注样器外径，并用细线与管柄连接。

(2)其他器具。洗筛，孔径为0.062 mm；天平，分度值为1 mg；温度表，量度为0～50 ℃，分度值为0.5 ℃；接沙杯，容积为30～50 mL；尾样放淤杯，容积为500 mL或2 000 mL；电热干燥箱、玻璃干燥器、秒表和时钟等。

#### 4.2.2.3　分析试样准备

(1)试样经过大于1 mm(或2 mm)孔径洗筛除去杂质后，再经0.062 mm孔径筛水洗过筛将其分离为两部分，筛上部分用本法分析。

(2)当沙量超过本法规定范围时，可用两只或多只注样器盛装，分别分析，同粒径级的沙量合并处理，计算成果。

(3)将试样移入注样器，注入纯水至有效容积4/5处。

#### 4.2.2.4　分析步骤

(1)将粒径计管下端管口套上皮嘴，管内注入纯水至水面线。

(2)为每只粒径计管配备5～6个接沙杯，并注满纯水。

(3)观测管内水温，准备操作时间表和计时钟表。

(4)将注样器加上盖片，手握注样器，拇指按住盖片，摇匀试样，在预定分析前10 s将注样器倒立，松开拇指，将试样移入粒径计管内，按预定的分析开始时间，迅速准时接触水面，同时开动秒表，旋紧皮塞，观读和记录最大粒径到达终线的时间。

(5)当管口旋紧皮塞后，立即拔掉下管口皮嘴，放上第1个接沙杯。当第1组粒径沉降历时终了时，迅速将杯移开，同时换上第2个接沙杯，如此交替接、换，直至最后一级。

(6)将管内余样放入尾样杯，澄清后，将沉积泥沙移入小于0.062 mm粒径级的样品中进行细沙级配分析。

(7)各接沙杯澄清后，小心倾出上层清水，移入电热干燥箱，在100～105 ℃条件下烘至无明显水迹后，再继续烘干1 h，切断电源。

(8)待干燥箱内温度降至60～80 ℃后，将接沙杯移入干燥器内，加盖冷却至室温，逐个称量，并用下式计算各粒径组(系列)沙量

$$W_{si} = W_{sib} - W_b \quad (5\text{-}4\text{-}2)$$

式中 $W_{si}$——某粒径组沙量,g;

$W_{sib}$——某粒径组沙、杯总质量,g;

$W_b$——某杯空杯质量,g。

### 4.2.3 吸管法分析颗粒级配

(1)吸管法的主要设备。

①吸管。为吸样容积20 mL或25 mL的玻璃质大肚形直管,底部封闭,进水口开在近底四周的侧壁上,孔眼4个,孔径为1.0~1.5 mm。吸管的标称容积应经校核,当误差超过0.1 mL时,吸样容积应加改正值或修正容积刻画。吸管后端敞口连接有吸气球。

吸管吸样的深度刻画应加吸管放入沉降筒内引起的水面上升距离校正值。

②量筒。容积为600 mL或1 000 mL,高约450 mm。进行悬移质颗粒分析时,量筒中应盛澄清的天然河水。

③吸管装置有手持搅拌器或双管机械搅拌器两种。

④其他设备。孔径为0.062 mm洗筛、盛沙杯、温度计、烘箱等。

(2)反絮凝处理和试样制备。

①用1 mm孔径洗筛除去样品中的杂质。

②用0.062 mm孔径洗筛将试样分成两部分,筛下部分作反凝处理。筛下部分如沙量过多,应进行分样。

③将试样移入沉降分析筒内,加纯水至有效容积2/3处,用搅拌器强烈搅拌2~3 min,搅拌速度每分种往返不少于30次。

④选用和加入反凝剂,再搅拌2 min,加纯水至规定刻度,静置1.5 h后,即可进行分析。

(3)分级吸样操作步骤。

①测记悬液体积和温度,准备好吸管、盛沙杯、计时表、操作时间表、分析记录表等。

②用搅拌器在量筒近底处强烈搅拌10 s,然后上下搅拌1 min(往复约30次),使悬液中泥沙均匀分布,搅拌器每次向下应触及筒底,向上不能提出水面。

③搅拌停止后,随即在液面下中部处吸代表样一次,测记体积,测算沙量(置换法或烘干称量法),并换算出预定体积的总沙量。

④吸样的粒径级应能控制样品的级配变化,一般为0.031 mm、0.016 mm、0.008 mm、0.004 mm,必要时可以分析到0.002 mm,其相应的吸样深度分别为200 mm、200 mm、100 mm、100 mm、50 mm。

⑤在各粒级规定(计算)的时间分次实施吸管取样测试。吸管应垂直缓慢自量筒中央插入和取出,吸样历时为15 s(在规定时刻前后的时间大致相等),吸样速度应均匀,吸样历时和吸样深度应掌握准确。

⑥试样容积为1 000 mL或600 mL时,每次吸样宜为25 mL或20 mL,吸多了不应倒回,吸少了不应再吸,按实际吸样体积计算沙量。

⑦吸出试样注入与粒径级相应的盛沙杯内,并用少量纯水冲洗吸管内壁,清洗液一并

注入盛沙杯中。记录盛沙杯编号和对应吸取的试样情况。

(4)烘干和称量各盛沙杯内沙量。

(5)当吸样体积多于或少于预定体积时,应用下式进行沙量改正计算

$$W_g = \frac{V_g}{V_s} \times W_s \quad (5\text{-}4\text{-}3)$$

式中　$W_g$——预定吸样体积中的沙量,g;

$W_s$——实际吸样体积中的沙量,g;

$V_g$——预定吸样体积,mL;

$V_s$——实际吸样体积,mL。

### 4.2.4　消光法分析颗粒级配

消光法分析颗粒级配的仪器是光电颗粒分析仪,通用电源为 AC220 V ± 22 V, 50 Hz ± 1 Hz,要求光源稳定。仪器由精良的点光源变为平行光的光学系统,光狭缝尺寸一般为 1.5 mm × 20 mm。沉降盒厚、宽尺寸宜为 12 mm × 40 mm,高度应保证沉降距离 100 mm。扫描装置应使一个样品的测试历时不超过 10 min。光电机构与沉降盒之间的距离宜为 110 mm。有自动记录或微机自动处理系统。

其他设备有量筒、吸管、搅拌器、天平、洗筛及温度计等。

#### 4.2.4.1　试样制备

(1)用分样器分取符合要求的沙量。

(2)用置换法测定试样沙量。

(3)将已知沙量的试样过 0.062 mm 孔径的洗筛,筛上部分用其他方法测定级配,筛下部分接入 600 mL 量筒中。

(4)将量筒内试样加入适量的反凝剂,并加纯水 300 ~ 500 mL,充分搅拌分散,静置 1.5 h 后作消光法分析。

#### 4.2.4.2　消光法分析的操作步骤

(1)开机预热。

(2)仪器检查。按仪器说明书要求进行扫描方式、存储记录、沉降距离等检查。

(3)充分搅拌量筒中制备好的样品,停止搅拌的同时,随即用吸管吸取适量试样注入沉降盒内,加纯水至满刻度线并测记水温。

(4)搅拌沉降盒内试样使试样均匀,停止搅拌的同时开始沉降记时。

(5)在沉降过程中,根据选择的沉降扫描方式对试样进行扫描。

(6)根据选用的仪器情况,事先输入或在分析结束后填写样品来源、取样日期、分析日期和试样水温等。

### 4.2.5　激光法分析颗粒级配

激光法使用的仪器为激光粒度分析仪,基本设备有光学测量系统、样品分散进测系统、计算机(含软件)及备样配样辅助设备。

#### 4.2.5.1　试样制备

（1）湿样，静置后直接将浓度调整为既能充分混匀又易取样的稠糊状浆体，或经试验控制为以能满足最佳取样代表性为标准。

（2）干样，应用水浸泡 6 ~ 8 h，然后充分搅拌，排除干沙表面的吸附气泡，静置后抽取上部多余水分，按湿样制备方法实施。

#### 4.2.5.2　激光法粒度分析操作步骤

（1）开机顺序和预热时间应按仪器要求进行。

（2）对仪器进行运行状态检查。

（3）设计运行进程和组织成果文档。

（4）设置（或调整）率定的参数值。

（5）输入样品名称、来源，室内温度、湿度等相关信息。

（6）往贮样容器加入符合规定的分散介质（水），并对其进行背景测量，观察进程和结果，若背景值偏大，应按要求进行光路校准或光路清洁或更换高质量的分散介质（水）。

（7）将一次抽取的有充分代表性的样品完全加入贮样容器中，应保证加入 1 ~ 3 次达到遮光度要求的范围（粗沙样的遮光度取正常范围上限，细沙样的遮光度取正常范围下限），然后进入实际测量。

（8）可重复测量 3 次，观察成果数据与图形，级配曲线吻合良好即作为分析结果，差异较大时应及时查找原因，采取排除气泡、杂质，超声分散或重新取样分析等措施，直至数据一致。

（9）储存（自动储存）测量结果，完成一个样品的粒度检测。

（10）清洁系统，去除粒子残留，为下次粒度检测做好准备。

（11）某样品组粒度分析完毕，应将数据按要求输出并备份。

（12）工作完成或告一段落可关机，关机顺序按仪器要求进行。

### 4.2.6　泥沙颗粒在水中沉降（沉降法）分析颗粒级配原理

我们知道，一个物体受到作用在同一直线上的两个方向相反的力时，会向力大的方向加速运动。泥沙颗粒在静水中受到最明显的两个方向相反的力是向下的重力和向上的浮力，前者大于后者，颗粒一旦入水即向下（地心）加速运动，加速运动的动力为重力与浮力之差。但运动的过程就受到水流的阻力，并且阻力随速度增大而增大，达到与动力相等时，加速运动停止，颗粒保持加速运动停止时的速度匀速惯性下沉，这个速度称为沉速。

泥沙颗粒的重力与本身体积和密度有关，入水后受到的浮力与泥沙颗粒的体积和水的密度有关，下沉阻力与速度、颗粒截面面积及水的黏滞系数或雷诺数有关，如果把泥沙颗粒概化为球体，则泥沙颗粒在静水中受到的重力、浮力、下沉阻力等各种力都是粒径的函数，因而沉速也是粒径的函数。通过理论研究和试验考察分析，获得了许多关于泥沙颗粒沉速的公式，都有粒径这一基础因素，总的结论是粒径大沉速大，粒径小沉速小。如果把群体泥沙从水面放入静水中，则大颗粒下沉快，小颗粒下沉慢，设定沉降距离和终点，则大颗粒早到达，小颗粒晚到达，采用合适的方法收集泥沙，可实现几何（粒径）分选，达到将泥沙颗粒按大小或粗细分开的目标。利用泥沙颗粒在水中下沉的几何分选进行泥沙颗粒级配分析的方法统称为沉降法，前述的粒径计法和吸管法及消光法都属于沉降法。

泥沙颗粒在水中下沉的几何分选是以泥沙各颗粒密度差别不大（可看做相等）为前提的，若两种密度差别很大的颗粒在同一介质下沉，粒径差别不大时，密度大的下沉快，甚或密度大而粒径小的也下沉快，通常称重力分选。表现很明显的"沙里淘金"现象就是这种重力分选的应用。因此，实际的泥沙颗粒在水中的沉降要复杂得多，定量的沉降速度公式适用的是物理简化模型。

我国《河流泥沙颗粒分析规程》（SL 42—2010）中沉降法选用的沉速公式如下。

（1）当粒径等于或小于0.062 mm时，应采用司托克斯沉速公式推算泥沙颗粒的沉降粒径，沉速公式为

$$\omega = \frac{g}{1\ 800}\left(\frac{\rho_s - \rho_w}{\rho_w}\right)\frac{D^2}{\nu} \tag{5-4-4}$$

式中　$\omega$——沉降速度，cm/s；

$D$——沉降粒径，mm；

$\rho_s$——泥沙密度，g/cm$^3$；

$\rho_w$——清水密度，g/cm$^3$；

$g$——重力加速度，cm/s$^2$；

$\nu$——水的运动黏滞系数，cm$^2$/s。

（2）当粒径为0.062～2.0 mm时，应采用沙玉清的过渡区公式间接推算泥沙颗粒的沉降粒径，沉速公式为

$$(\lg Sa + 3.665)^2 + (\lg\varphi - 5.777)^2 = 39.00 \tag{5-4-5}$$

其中，沉速判数$Sa$为

$$Sa = \frac{\omega}{g^{1/3}\left(\frac{\rho_s}{\rho_w} - 1\right)^{1/3}\nu^{1/3}} \tag{5-4-6}$$

粒径判数$\varphi$为

$$\varphi = \frac{g^{1/3}\left(\frac{\rho_s}{\rho_w} - 1\right)^{1/3}D}{10\nu^{2/3}} \tag{5-4-7}$$

其他符号意义同式（5-4-4）。

（3）悬移质中有粒径大于2.0 mm的成分时，在推算断面平均沉速等有关计算中，对粒径大于2.0 mm的沉速可用牛顿紊流区沉速公式计算，沉速公式为

$$\omega = 0.557\sqrt{\frac{\rho_s - \rho_w}{\rho_w}gD} \tag{5-4-8}$$

式中符号意义同式（5-4-4）。

有了上述公式，可以按各预定粒径（级）计算沉速，进一步根据粒径计法和吸管法及消光法的沉降距离计算出各预定粒径（级）到达收集处的时间，结合其他条件编制操作时间表。实际作业时，测记开始沉降时间，加上操作时间表中预定粒径（级）的操作时间即为大于或小于该粒径（级）的收集时间，到达收集时间，实时收集泥沙样品。

计算泥沙颗粒在水体中沉降速度的公式很多,都与粒径有关,应用沉降分析法测试粒径实际是测量沉降速度推算粒径。我国《河流泥沙颗粒分析规程》(SL 42—2010)中的泥沙颗粒沉速公式引自《泥沙运动学引论》(修订本)[1],本套公式的特点是衔接平滑,在我国有很好的适用性。

沉降分析法包括粒径计法、吸管法、消光法和离心沉降法等。从泥沙在静水中沉降的紊动流态角度看,司托克斯沉速公式在层流区,沙玉清的过渡区沉速公式在过渡区。《河流泥沙颗粒分析规程》(SL 42—2010)已规定粒径计法只用于过渡区,吸管法和消光法只用于层流区。因此,吸管法和消光法的操作时间表用司托克斯公式制作,粒径计法的操作时间表用沙玉清过渡区的球体颗粒沉速公式计算。泥沙密度可采用 2.65 $g/cm^3$、2.70 $g/cm^3$等计算,如不符合本站实际的泥沙密度值或采用其他沉降距离,应另行计算操作时间表。

悬移质中有大于2.0 mm 的成分,由别的方法分析测试,而不用沉速公式推算,但在推算断面平均沉速等有关计算中有时要用到大于2.0 mm 的沉速,特给出紊流区的牛顿沉速公式,供粒径大于2.0 mm 的有关计算应用。

《泥沙运动学引论》(修订本)中粒径 $D$ 的单位为 cm,《河流泥沙颗粒分析规程》(SL 42—2010)中粒径 $D$ 的单位为 mm,应用《河流泥沙颗粒分析规程》(SL 42—2010)中的公式,牵涉到粒径 $D$ 时,应将 $D$ 的单位由 cm 换算为 mm。

## 4.3　数据资料记载与整理

### 4.3.1　悬移质输沙率测验的记载计算和实测成果索引整理

#### 4.3.1.1　悬移质输沙率测验分析计算

分析计算的目标物理量是断面流量、输沙率和断面平均含沙量,推求全断面流量、输沙率的基本思路是按断面分成的基本单元计算后再累加。

参看图 5-4-1 断面输沙率测验作业示意图,为分析计算方便,建立断面方向线为 $X$ 轴、水深为 $Y$ 轴、流速方向为 $Z$ 轴的坐标系。

约定的符号:$h$——垂线水深;$\Delta h$——测点控制或代表的水深区段;$l$——起点距;$b$——起点距间隔或垂线间距($b = l_{i+1} - l_i$);$s$——基本单元面积;$S$——断面总面积;$v$——测点流速;$v_{垂}$——垂线平均流速;$v_s$——断面基本单元平均流速;$v_{断}$——断面平均流速;$q$——断面基本单元流量;$Q$——断面流量;$c$——测点含沙量,常用测点相对水深具体数值作下标;$c_{垂}$——垂线平均含沙量;$C_s$——断面基本单元平均含沙量;$C$——断面平均含沙量;$q_s$——断面基本单元输沙率;$Q_s$——断面输沙率;$i$、$j$、$k$——有关量的序列号。

(1)基本单元面积

$$s_k = \frac{b_i(h_i + h_{i+1})}{2}$$

[1]沙玉清著,沙际德校订. 泥沙运动学引论(修订本). 2 版. 陕西科学技术出版社,1996 年10 月。

(2)断面总面积

$$S = \sum s_k$$

(3)垂线平均流速

$$v_{垂i} = \frac{\sum (v_j \Delta h_j)}{\sum \Delta h_j}$$

(4)断面基本单元面积平均流速

$$v_{sk} = \frac{v_{垂i} + v_{垂i+1}}{2}$$

(5)断面基本单元面积流量

$$q_k = v_{sk} s_k$$

(6)断面流量

$$Q = \sum q_k$$

(7)断面平均流速

$$v_{断} = \frac{Q}{S}$$

(8)垂线平均含沙量

$$c_{垂i} = \frac{\sum (c_j v_j \Delta h_j)}{\sum (v_j \Delta h_j)}$$

上式的特点是,计算垂线平均含沙量用水深区段 $\Delta h$ 和测点流速 $v$ 双加权,考虑了流速因素,结果是所谓的输移含沙量。若 $v=0$,则 $c_{垂}=0/0$ 为不定式,不能定义含沙量。例如,含沙量较大的浑水,不流动或在断面无流速,其输移含沙量不存在或不定义。

(9)断面基本单元平均含沙量

$$C_{sk} = \frac{c_{垂i} + c_{垂i+1}}{2}$$

(10)断面基本单元输沙率

$$q_{sk} = C_{sk} q_k$$

(11)断面输沙率

$$Q_s = \sum q_{sk}$$

(12)断面平均含沙量

$$C = \frac{Q_s}{Q}$$

用积深法、垂线混合法采集的水样,其实测含沙量为垂线平均含沙量。选点法垂线平均含沙量可将公式 $c_{垂j} = \frac{\sum (c_j v_j \Delta h_j)}{\sum (v_j \Delta h_j)}$ 具体化,按照表 5-4-1 各种选点法的测点位置和各点水深区段 $\Delta h$ 与水深的比例 $\frac{\Delta h}{\sum \Delta h}$ 关系简化,各选点法的垂线平均含沙量计算公式如下:

畅流期五点法

$$c_{垂5} = \frac{1}{10v_{\mathrm{h}}}(v_{0.0}c_{0.0} + 3v_{0.2}c_{0.2} + 3v_{0.6}c_{0.6} + 2v_{0.8}c_{0.8} + v_{1.0}c_{1.0}) \qquad (5\text{-}4\text{-}9)$$

畅流期三点法

$$c_{垂3} = \frac{v_{0.2}c_{0.2} + v_{0.6}c_{0.6} + v_{0.8}c_{0.8}}{v_{0.2} + v_{0.6} + v_{0.8}} \qquad (5\text{-}4\text{-}10)$$

畅流期二点法

$$c_{垂2} = \frac{v_{0.2}c_{0.2} + v_{0.8}c_{0.8}}{v_{0.2} + v_{0.8}} \qquad (5\text{-}4\text{-}11)$$

封冻期六点法

$$c_{垂6} = \frac{1}{10v_{垂}}(v_{0.0}c_{0.0} + 2v_{0.2}c_{0.2} + 2v_{0.4}c_{0.4} + 2v_{0.6}c_{0.6} + 2v_{0.8}c_{0.8} + v_{1.0}c_{1.0}) \qquad (5\text{-}4\text{-}12)$$

封冻期二点法

$$c_{垂2} = \frac{v_{0.15}c_{0.15} + v_{0.85}c_{0.85}}{v_{0.15} + v_{0.85}} \qquad (5\text{-}4\text{-}13)$$

一点法垂线平均含沙量由测点含沙量乘以试验系数计算。

式中,$v$、$c$ 分别为流速和含沙量符号;下角标的小数表示相对水深位置点,脚标“垂”代表垂线平均,脚标“垂”后的数是垂线测点数。

断面输沙率的实用公式为

$$Q_{\mathrm{s}} = c_{垂-1}q_0 + \frac{c_{垂-1} + c_{垂-2}}{2}q_1 + \frac{c_{垂-2} + c_{垂-3}}{2}q_2 + \cdots + \frac{c_{垂-(n-1)} + c_{垂-n}}{2}q_{n-1} + c_{垂-n}q_n \qquad (5\text{-}4\text{-}14)$$

下角标表示各垂线和各相邻垂线间流量序号。

#### 4.3.1.2 悬移质输沙率测验记载计算表

悬移质输沙率测验的记载计算一般在专门设计的表格内进行,下面结合“流量及悬移质输沙率测验记载计算表(畅流期流速仪法)”(见表5-4-3),介绍该表的结构、记载计算方法和过程。

表5-4-3的结构分为标题、情况和条件、记载计算项目、统计项目、备注、责任人和测次号7部分。标题只需填站名;情况和条件的施测时间、天气等按具体情况和条件填记;采样器型号按实际使用的仪器填记,如调压积时式、皮囊积时式、横式、普通瓶式等;垂线取样方法按主要或多数垂线的方法填记,如五点法、二点法、积深法等;备注填写需要说明的情况问题等;责任人中的施测填组织者,计算、初校、复校填承担者;施测号数按年度编序依序填写;1992悬1(1、2)为《河流悬移质泥沙测验规范》(GB 50192—92)中的报表设计年份和编号。

表5-4-3是在本书操作技能——初级工流量测验模块表3-3-2“测深、测速记载及流量计算表(畅流期流速仪法)”中增加了含沙量、输沙率有关项目的扩展,本表中的记载计算项目、统计项目的流量部分与前表相同,这里主要介绍输沙率的记载计算内容。

表5-4-3中床沙沙样编号、盛水样器编号、水样容积($\mathrm{cm}^3$)都在测验现场记载,测点含沙量($\mathrm{kg/m}^3$)由泥沙实验室处理计算,可从“悬移质水样处理记载表”中转抄。若用含沙

表 5-4-3　________站流量及悬移质输沙率测验记载计算表(畅流期流速仪法)

施测时间：　年　月　日　时　分至　日　时　分(平均：　日　时　分)　天气：　风向风力：　水温：　(℃)

流速仪牌号及公式：　鉴定后使用次数：　基线号及计算公式：　采样器型号：　铅鱼重：　垂线取样方法：

| 垂线号 | | | | 起点距(m) | 测深测速时间 | 水深(m) | 仪器位置 | | 床沙沙样编号 | 盛水样器编号 | 水样容积($cm^3$) | 测速记录 | | | 流向偏角(°) | 流速(m/s) | | | | 测深垂线间 | | 水道断面面积($m^2$) | | 部分流量($m^3/s$) | | 含沙量($kg/m^3$) | | | | 部分输沙率(kg/s) |
|---|---|---|---|---|---|---|---|---|---|---|---|---|---|---|---|---|---|---|---|---|---|---|---|---|---|---|---|---|---|---|
| 测深 | 测速 | 取样 | 床沙 | | | | 相对 | 测点深(m) | | | | 信号数 | 总转数 | 总历时(s) | | 测点 | 流向改正后 | 垂线平均 | 部分平均 | 平均水深(m) | 间距(m) | 测深垂线间 | 部分 | 测深垂线间 | 取样垂线间 | 测点 | 单位输沙率 | 垂线平均 | 部分平均 | |
| | | | | | | | | | | | | | | | | | | | | | | | | | | | | | | |
| | | | | | | | | | | | | | | | | | | | | | | | | | | | | | | |
| | | | | | | | | | | | | | | | | | | | | | | | | | | | | | | |
| | | | | | | | | | | | | | | | | | | | | | | | | | | | | | | |
| | | | | | | | | | | | | | | | | | | | | | | | | | | | | | | |
| | | | | | | | | | | | | | | | | | | | | | | | | | | | | | | |

| 断面流量 | $m^3/s$ | 水面宽 | m | 断面平均含沙量 | $kg/m^3$ | 水位记录 | 水尺名称 | 编号 | 水尺读数(m) | 零点高程(m) | 水位(m) |
|---|---|---|---|---|---|---|---|---|---|---|---|
| 断面面积 | $m^2$ | 平均水深 | m | 相应单样含沙量 | $kg/m^3$ | | 基本 | | 始:终:平均: | | |
| 死水面积 | $m^2$ | 最大水深 | m | 水面比降 | $\times 10^{-4}$ | | 测流 | | | | |
| 平均流速 | m/s | 相应水位 | m | 测线数 | | | 比降上 | | | | |
| 最大测点流速 | m/s | 断面输沙率 | kg/s | 测点数 | | | 比降下 | | | | |
| 备注 | | | | | | | | | | | |

施测：　计算：　(　月　日)　初校：　(　月　日)　复校：　(　月　日)　施测号数(流量：　输沙率：　单样：　)　1992 悬 1(1、2)

量测量仪直接测得含沙量，盛水样器编号、水样容积栏不填写。

单位输沙率是测点流速 $v$(m/s)和测点含沙量 $c$(kg/m$^3$)的乘积，单位为kg/(s · m$^2$)，意义是单位面积的输沙率。垂线平均含沙量(kg/m$^3$)根据具体公式计算后填记。部分平均含沙量(kg/m$^3$)一般是相邻两测沙垂线平均含沙量的均值。部分输沙率一般是相邻两测沙垂线间部分平均含沙量与相应流量的乘积。

断面输沙率 $Q_s$ 是各部分输沙率的累加，断面平均含沙量 $C = Q_s/Q$，为断面输沙率 $Q_s$ 除以断面流量 $Q$ 的商。相应单样含沙量由“悬移质水样处理记载表”转抄。

全断面混合法悬移质输沙率测验也有专门设计的记载计算表，需要记载测点位置、水样容积等，由“悬移质水样处理记载表”转抄混合法的含沙量即为断面平均含沙量 $C$，断面输沙率 $Q_s = QC$，是断面平均含沙量与断面流量的乘积。

#### 4.3.1.3　实测悬移质输沙率成果表

悬移质输沙率测验业务有按年度编制实测悬移质输沙率成果表的要求，该表的格式如表 5-4-4 所示。

**表 5-4-4　××河××站实测悬移质输沙率成果表**

年份：　　测站编码：　　共　页第　页

<table>
<tr><th colspan="2">施测号数</th><th colspan="3">施测时间</th><th rowspan="3">流量<br>(m$^3$/s)</th><th rowspan="3">断面<br>输沙率<br>(kg/s)</th><th colspan="2">含沙量<br>(kg/m$^3$)</th><th colspan="2">测验方法</th><th rowspan="3">附注</th></tr>
<tr><th rowspan="2">输沙率</th><th rowspan="2">流量</th><th rowspan="2">月　日</th><th>起</th><th>止</th><th rowspan="2">断面<br>平均</th><th rowspan="2">单样</th><th rowspan="2">断面<br>平均<br>含沙量</th><th rowspan="2">单样<br>含沙量</th></tr>
<tr><th>时:分</th><th>时:分</th></tr>
<tr><td></td><td></td><td></td><td></td><td></td><td></td><td></td><td></td><td></td><td></td><td></td><td></td></tr>
<tr><td></td><td></td><td></td><td></td><td></td><td></td><td></td><td></td><td></td><td></td><td></td><td></td></tr>
<tr><td></td><td></td><td></td><td></td><td></td><td></td><td></td><td></td><td></td><td></td><td></td><td></td></tr>
<tr><td></td><td></td><td></td><td></td><td></td><td></td><td></td><td></td><td></td><td></td><td></td><td></td></tr>
</table>

表中各栏目意义是清楚的，可从悬移质输沙率测验记载计算表中转抄。但注意，“含沙量”栏下的单样填记输沙率测验时实测的相应“单样”，“测验方法”栏下的“单样含沙量”填写本站采用的具体方法，如“固定一线两点混合法”等。断面平均含沙量的测验方法分 3 段文字数字填写，第一段填写仪器，第二段填写“垂线/测点数”或“垂线/积深”，第三段填垂线取样方法。如填写“横式 15/45 选点”就表示本次采用选点法使用横式采样器在 15 条垂线共 45 点位取样测验。

### 4.3.2　悬移质日平均输沙率、含沙量计算

日平均输沙率、含沙量计算属于水文资料整编的范畴，下面先介绍悬移质泥沙测验资料整编的概念，然后阐述日平均输沙率、含沙量计算。

#### 4.3.2.1　悬移质输沙率资料整编的工作内容和目标成果

悬移质输沙率资料整编的工作内容概括地说，就是从收集实测资料到填制完规定的

成果表,以及编写完整编说明的全部技术业务。有时,从全流域看,后期的汇审也包括在内。

悬移质输沙率资料整编的目标成果是,完成"实测悬移质输沙率成果表","逐日平均悬移质输沙率表","逐日平均含沙量表",以及流域、水系"各站月年平均悬移质输沙率对照表","洪水水文要素摘录表"的有关内容等。

工作内容是围绕完成目标成果而展开的。目标成果的精度及可靠性是由测验的实施程度和整编的工作内容来保证的,工作内容认识到的具体知识甚或学问要比目标成果的数值丰富得多。重要的情况、方法、矛盾处理等工作内容要在整编说明中整理描述,作为应用资料的参考材料。当然,目标成果是规范规整的资料,是提供一般使用的数据。同一水系各站的成果可比性较强,是分析河流水文特性的基本依据。

悬移质输沙率资料整编的工作内容一般包括以下几个方面:

(1)实测资料的整理与考证。

目的是检查全年实测数据的可靠性和了解影响数据可靠性的特殊情况。有时要在全年系列数据的比较和其他更可靠的甄别中剔除错误。

(2)建立和点绘各种关系图线。

目的是检验数据系列的合理性,推算计算目标成果所需的数据资料。从实际工作的角度看,常用的关系线分两类,一类是用相应时间数值建立的正交坐标轴相关线(如单沙—断沙关系线,流量—输沙率相关线),分析相应变化规律,由易控或实测量值推算计算目标成果的量值;另一类是量值时间过程的正交坐标线(也称过程线),各量值自成一线,用以分析各量时间变化过程的相应性。实质上,两种正交坐标线描述的是一回事。如果在时间过程线上各量变化很一致,则相关线上相应点据也不会太偏离。当然两种线也不能等同看待,它们的直观效果和作用也不一样。在流域水文条件和河段测验条件没有太大变化时,本年度的关系线与历年或以往各年的关系线不应有大的变化,否则应进行考证并给以说明。

实用中,测站常将水位、流量、单沙、断沙绘制在同一时间坐标系的图中成多条曲线,用以对比分析,修正确认成果。从流量、断沙过程曲线摘录用于控制计算时间段输沙量或平均量(平均输沙率)的数值。

(3)资料的延长与插补。

当输沙率有关"沙量"的量值不满足推算目标成果的要求时,关系线需要延长,某些值要通过内插而得。若单沙与断沙为直线关系,测点总数不少于10个,且实测输沙率相应单沙占实测单沙变幅的50%以上,可作高沙延长,向上延长变幅应小于年最大单沙的50%;若单沙与断沙关系为曲线,延长幅度不超过30%,否则,可参考历年关系曲线进行延长。至于内插,一般是对实测量来说的,并且常用线性内插。这是因为,从水文泥沙测验看,实测量相邻测次间的过程总是按线性变化把握的。比如需要内插断沙量,一般先在其时段内由实测单沙内插未测期间的单沙,再由单沙与断沙关系推出相应断沙,而不应直接由时段始末的断沙线性内插出时段间的断沙。显然,当单沙与断沙关系是非线性时,断沙直接内插会产生错误,即使是线性,时段始、末的断沙也不一定是实测的。在实测量与实测量相关延长和插补有困难时,也可用过程线插补,流量(水位)与含沙量关系插补,上、下游站相应过程及相关插补等方法，其可靠性一般不如前述实测值的直接线性内插法。

(4)目标成果的制作。

大多实测成果，如“实测悬移质输沙率成果表”，一般在考证无误后即可作出。若属推算、计算成果，则要在完成前述三个方面的工作内容后才能作出。

#### 4.3.2.2　推求断面平均含沙量的方法

从悬移质泥沙测验看，按目前的测站业务技术水平，断面输沙率测验任务很重，直接短周期测出输沙率的全过程是困难的。推算整编悬移质输沙率和断面平均含沙量的日平均值成果，先要推求断面平均含沙量(简称推求断沙)。推求断沙可选择的方法有单沙与断沙关系曲线法、单沙与断沙比例系数过程线法、流量与输沙率关系曲线法和近似法。这些方法各有不同的适用条件，单沙与断沙关系曲线法要求关系良好且比较稳定；单沙与断沙比例系数过程线法要求输沙率测次较多，且分布能控制单沙与断沙关系变化转折点，并在点绘时要参照水位、流量过程线；流量与输沙率关系线法要求输沙率测次基本能控制各主要水沙峰涨落变化过程；近似法是在其他方法不能应用或仅测单沙的站直接将单沙作为断沙。在国家标准《河流悬移质泥沙测验规范》(GB 50159—92)中对各种推求断沙方法的测次也作了规定。因此，推求断沙整编方法的选择是从总结测站历史经验和测验任务书中就应筹划的事情。

流量输沙率关系是一个最常用的方法，其物理背景是，在流域充分产沙的条件下，流量越大，含沙量和输沙率也越大。但在含沙量较小时颇有假相关之嫌，因为断面输沙率 $Q_s$、流量 $Q$、含沙量 $C$ 有 $Q_s = QC$ 的关系，写成对数式为 $\ln Q_s = \ln Q + \ln C$，在 $C$ 与 $Q$ 相比不是很大时，$Q_s$ 与 $Q$ 的关系似为 $Q$ 的自我相关。

单沙与断沙关系曲线的点绘制作是在设定比例、单沙取纵坐标、断沙取横坐标的正交坐标系中，点上输沙率测验时的相应单样含沙量和断面平均含沙量的坐标点，由点据分布情况定出单一直线、折线、单一曲线或多条直线、多条曲线。在定多线时，常用时间、水位及单沙取样方法、位置等作参数，以使各线满足定线精度要求。相应地，使用曲线时，这些条件是划分有效查读范围的根据。在关系线的合理性确定后，即可由实测量进行所需量的推算。

在正交(直角)坐标系关系曲线由已知量(单沙、单颗)推算待求量(断沙、断颗)的步骤是，从已知量坐标轴查读已知数值点位，由该点位作已知量坐标轴的垂线交关系曲线(有交点)，再由交点作待求量坐标轴的垂线交待求量坐标轴(有交点)，该交点在待求量坐标轴的数值即为推算的目标数值。

由单沙与断沙关系曲线查读断沙还有一些技术方法，如为了消除同一单沙值在不同时间或由不同人员直接查读时的差别，常对各条线或各段线建立断沙与单沙转换的公式，则可由公式从已知量演算推求目标函数量(断沙)，电子计算机整编都有这些程序。

#### 4.3.2.3　日平均输沙率和日平均含沙量的计算

流量 $Q$、含沙量 $C$ 和输沙率 $Q_s$ 三者有 $Q_s = CQ$ 的关系，流量数据是由测验和整编的其他途径获取的。输沙率和含沙量在测验整编方面联系很紧密，实际上我们一般直接测算的是点、线或断面混合的含沙量，再逐步推算出输沙率。这里若将流量作为含沙量的权看待，此推算输沙率或平均含沙量的方法可称为流量加权法。具体到计算日平均输沙率，乃与输沙率的变化过程有关，这时又有时间加权平均的问题。联系下面有关公式的推导，可以认为日平均输沙率计算是以时间加权为主线的，日平均含沙量则是流量时间双加权的。

我们知道，由流量和含沙量可以推算出输沙率。设从流量、断沙过程曲线摘录了用于控制计算时间段输沙量或平均量（平均输沙率）的数值，相应于时刻 $t_i$ 与 $t_{i+1}$ 的流量和含沙量分别为 $q_i$、$p_i$ 和 $q_{i+1}$、$p_{i+1}$，则对应的输沙率为 $Q_{si}=q_ip_i$、$Q_{si+1}=q_{i+1}p_{i+1}$。如果认为输沙率随时间呈线性变化，则从 $t_i$ 到 $t_{i+1}$ 的时段平均输沙率为

$$Q_{s1i}=\frac{1}{2}(q_ip_i+q_{i+1}p_{i+1}) \tag{5-4-15}$$

当一日分为 $n$ 个时段，各时段为 $\Delta t_i(i=1,2,\cdots,n)$ 且用 h 作单位时，日平均输沙率为

$$Q_{s1}=\frac{1}{24}\sum_{i=1}^{n}(Q_{s1i}\Delta t_i)=\frac{1}{48}\sum_{i=1}^{n}[(q_ip_i+q_{i+1}p_{i+1})\Delta t_i] \tag{5-4-16}$$

这就是计算日平均输沙率的48加权法。

另一种思路是认为在 $\Delta t_i=t_{i+1}-t_i$ 时段，流量和含沙量都呈线性变化，用流量均值 $(q_i+q_{i+1})/2$ 和含沙量均值 $(p_i+p_{i+1})/2$ 的积作为时段平均输沙率 $Q_{s2i}$，即

$$Q_{s2i}=\frac{q_i+q_{i+1}}{2}\frac{p_i+p_{i+1}}{2}=\frac{1}{4}(q_i+q_{i+1})(p_i+p_{i+1}) \tag{5-4-17}$$

当一日分为 $n$ 个时段，各时段的 $\Delta t_i(i=1,2,\cdots,n)$ 且用 h 作单位时，日平均输沙率为

$$Q_{s2}=\frac{1}{24}\sum_{i=1}^{n}(Q_{s2i}\Delta t_i)=\frac{1}{96}\sum_{i=1}^{n}[(q_i+q_{i+1})(p_i+p_{i+1})\Delta t_i] \tag{5-4-18}$$

这就是计算日平均输沙率的96加权法。

96加权法和48加权法的基本不同点在于：前者将流量和含沙量看做时间的线性函数，而后者将输沙率看做时间的线性函数，显然这是矛盾的。实际上，96加权法也只是一种近似方法，当流量和含沙量随时间呈一次线性变化时，它们的积——输沙率随时间的变化应按二次函数描述，这时应该用积分的方法推求时段平均输沙率。下面探求积分法的计算公式。

设在时段 $\Delta t_i=t_{i+1}-t_i$，流量 $q$、含沙量 $p$ 呈线性变化，我们定义

$$K_{qi}=\frac{q_{i+1}-q_i}{t_{i+1}-t_i} \tag{5-4-19}$$

$$K_{pi}=\frac{p_{i+1}-p_i}{t_{i+1}-t_i} \tag{5-4-20}$$

在时间坐标，当以 $t_i$ 为起点，$t_{i+1}$ 为止点，$t$ 为时间变量时，有关时间量均应减去 $t_i$，则流量、含沙量变量在时段内可表达为

$$q=q_i+K_{qi}t \tag{5-4-21}$$

$$p=p_i+K_{pi}t \tag{5-4-22}$$

这时 $t_i\sim t_{i+1}$ 时段的平均输沙率 $Q_{s3i}$ 是以下限为 $t_i-t_i=0$，上限为 $(t_{i+1}-t_i)$ 的 $qp$ 的时

间积分与相应时段时间($t_{i+1}-t_i$)的比值,即

$$Q_{s3i}=\frac{1}{t_{i+1}-t_i}\int_{t_i-t_i}^{t_{i+1}-t_i}qp\mathrm{d}t \tag{5-4-23}$$

将有关公式代入并积分简化可得到

$$Q_{s3i}=\frac{1}{3}(q_ip_i+q_{i+1}p_{i+1})+\frac{1}{6}(q_ip_{i+1}+q_{i+1}p_i) \tag{5-4-24}$$

当将一日分为 $n$ 个时段,各时段的 $\Delta t_i$ 以 h 为单位时,日平均输沙率为

$$\begin{aligned}Q_{s3}&=\frac{1}{24}\sum_{i=1}^{n}(Q_{s3i}\Delta t_i)\\&=\frac{1}{72}\sum_{i=1}^{n}[(q_ip_i+q_{i+1}p_{i+1})\Delta t_i]+\frac{1}{144}\sum_{i=1}^{n}[(q_ip_{i+1}+q_{i+1}p_i)\Delta t_i]\end{aligned} \tag{5-4-25}$$

因此,为了提高计算精度,日平均输沙率可以用积分法计算。为了有个直观的概念,××站××日日平均输沙率和日平均含沙量积分法计算表列于表5-4-5,我们在表5-4-5的上面3行给出××站××日的过程数据,下面用积分法计算日平均输沙率和日平均含沙量。

比较来看,用式(5-4-15)、式(5-4-17)、式(5-4-24)计算同一时段平均输沙率的数值是不同的,进一步分析可知,如以积分法式(5-4-24)的值为准,则在实际上水、沙过程大多同步变化的情况下,48加权法计算的日平均输沙率系统偏大,96加权法相应值系统偏小。

以上方法适用于流量和含沙量变化都较大的情况,主要在洪水期应用。它的途径是由各过程控制点的流量和断面平均含沙量,顺次推到时段平均(日平均)的输沙率。由时段平均输沙率与相应时段平均流量可推出时段平均的断面平均含沙量。

当流量变化不大时,时段平均含沙量可由含沙量变化过程推算。在以含沙量为纵坐标,时间为横坐标的正交坐标系的含沙量过程线图中,时段平均含沙量具有几何面积纵向均值的意义,故称为面积包围法,实际是时间加权平均法。在流量变化不大,含沙量测次分布均匀的情况下,时间加权平均法各含沙量的时间权大致相等时,又可简化为算术平均法。更进一步,一日只测一次单沙者,它推得的断沙即可直接作日平均断沙。由这些方法推出日平均断面平均含沙量后,与日平均流量的乘积便为日平均输沙率。

时段(日)平均输沙率和断面平均含沙量计算互为因果的关系,表现在从测验到整编的全过程,也引出许多具体的方法。从整编角度看,流量加权法是一个普适的方法,因为从测验到整编初级数据的推求,大多数条件和情况下总是尽可能获得瞬时断面平均含沙量和流量,从而推出时段(日)平均输沙率,进而到时段(日)平均的断面平均含沙量。这里前一个是时间平均,后一个是空间(断面)输移泥沙分布的平均。

从介绍的具体算法,如积分法、96加权法、48加权法,以及面积包围法、算术平均法、直接单断替代法等计算悬沙日平均值来看,有精度依次降低、算法依次简化的特性,特别是积分法常作为衡量其他各法误差的标准。不过由于现代计算工具的发展,计算的繁复已不是工作的主要矛盾,采用误差较小的计算方法,不致在整编阶段降低精度是需要和可能的。

有了日平均输沙率和日平均含沙量数值,可编制年度"逐日平均输沙率表"和"逐日

表 5-4-5　××站××日日平均输沙率和日平均含沙量积分法计算表

| $t_i$ (h) | 0 | 1.5 | 3.3 | 7.2 | 10.0 | 14.2 | 17.0 | 20.0 | 22.0 | 24.0 |
|---|---|---|---|---|---|---|---|---|---|---|
| $q_i$ ($m^3/s$) | 28.5 | 37.0 | 45.0 | 80.0 | 85.0 | 75.3 | 60.0 | 53.0 | 50.0 | 45.0 |
| $p_i$ ($kg/m^3$) | 3.70 | 10.3 | 38.4 | 52.3 | 60.0 | 64.5 | 55.3 | 40.2 | 43.0 | 38.2 |
| $q_ip_i$ | 105.45 | 381.10 | 1 728 | 4 184 | 5 100 | 4 856.85 | 3 318 | 2 130.6 | 2 150 | 1 719 |
| $\Delta t_i$ | 1.5 | 1.8 | 3.9 | 2.8 | 4.2 | 2.8 | 3.0 | 2.0 | 2.0 | |
| $(q_ip_i + q_{i+1}p_{i+1})\Delta t_i$ | 730 | 3 778 | 23 057 | 25 995 | 41 819 | 22 890 | 16 346 | 8 561 | 7 738 | |
| $q_ip_{i+1}$ | 293.55 | 1 420.8 | 2 353.5 | 4 800 | 5 482.5 | 4 164.09 | 2 412 | 2 279 | 1 910 | |
| $q_{i+1}p_i$ | 136.9 | 463.5 | 3 072 | 4 445.5 | 4 518 | 3 870 | 2 930.9 | 2 010 | 1 935 | |
| $(q_ip_{i+1} + q_{i+1}p_i)\Delta t_i$ | 646 | 3 392 | 21 159 | 25 887 | 42 002 | 22 495 | 16 029 | 8 578 | 7 690 | |
| $(q_i + q_{i+1})\Delta t_i$ | 98.3 | 147.6 | 487.5 | 462 | 673.3 | 378.8 | 339 | 206 | 190 | |

$$\frac{1}{72}\sum[(q_ip_i + q_{i+1}p_{i+1})\Delta t_i] = 2\ 096,\quad \frac{1}{144}\sum[(q_ip_{i+1} + q_{i+1}p_i)\Delta t_i] = 1\ 027$$

$$Q_s = 2\ 096 + 1\ 027 = 3\ 123(kg/s)$$

$$Q = \frac{1}{48}\sum[(q_i + q_{i+1})\Delta t_i] = 62.1(m^3/s)$$

$$C = Q_s/Q = 50.3(kg/m^3)$$

平均含沙量表”，××河××站逐日平均输沙率表如表5-4-6所示。

表5-4-6　××河××站逐日平均输沙率表

年份：　　测站编码：　　输沙率单位：kg/s　　集水面积：　km²

<table>
<tr><td colspan="2">月份</td><td>1月</td><td>2月</td><td>3月</td><td>4月</td><td>5月</td><td>6月</td><td>7月</td><td>8月</td><td>9月</td><td>10月</td><td>11月</td><td>12月</td></tr>
<tr><td colspan="2">1<br>2<br>⋮<br>30<br>31</td><td></td><td></td><td></td><td></td><td></td><td></td><td></td><td></td><td></td><td></td><td></td><td></td></tr>
<tr><td rowspan="3">月统计</td><td>平均</td><td></td><td></td><td></td><td></td><td></td><td></td><td></td><td></td><td></td><td></td><td></td><td></td></tr>
<tr><td>最大</td><td></td><td></td><td></td><td></td><td></td><td></td><td></td><td></td><td></td><td></td><td></td><td></td></tr>
<tr><td>日期</td><td></td><td></td><td></td><td></td><td></td><td></td><td></td><td></td><td></td><td></td><td></td><td></td></tr>
<tr><td colspan="2" rowspan="2">年统计</td><td colspan="12">最大日平均输沙率：　月　日　　平均输沙率：</td></tr>
<tr><td colspan="12">输沙量：　$10^4(10^8)$t　　输沙模数：　t/km²</td></tr>
<tr><td colspan="14">附注：</td></tr>
</table>

月、年统计的平均值以月、年总数（即月、年逐日数值之和）除以月、年日数而得，年输沙量数值以年总数乘以一日秒数（86 400）并换算成以t或$10^4$ t或$10^8$ t为单位，输沙模数数值以年输沙量数值除以集水面积并换算成以t/km²为单位。

“逐日平均含沙量表”结构同表5-4-6。

#### 4.3.2.4　断面有逆流时日平均输沙率和日平均含沙量的计算

1. 泥沙输移效果法

分别计算断面顺流和逆流的日平均输沙率，如果顺（逆）流的数值大于逆（顺）流的数值，则用顺（逆）流值减去逆（顺）流值，得断面顺（逆）流的效果日平均输沙率。同理，可计算效果日平均流量。效果日平均输沙率除以效果日平均流量的商可称为效果日平均含沙量。一般来说，顺（逆）流日平均输沙率大时，顺（逆）流日平均流量也大，效果日平均输沙率和效果日平均流量均取正（负）号，效果日平均含沙量总取正号。这种方法是从断面泥沙输移的效果来看待输沙率和含沙量的，并且与时段平均含沙量等于相应时段平均输沙率除以时段平均流量的概念一致。

2. 顺、逆流各自计算法

按泥沙输移效果法，如果日平均输沙率顺（逆）流的数值大于逆（顺）流的数值，则用顺（逆）流值减去逆（顺）流值，得出的断面顺（逆）流的效果日平均输沙率为正（负）；而日平均流量，如果逆（顺）流的数值大于顺（逆）流的数值，则用逆（顺）流值减去顺（逆）流值，得出的断面逆（顺）流的效果日平均流量为负（正）。由于效果日平均输沙率和效果日平均流量方向不配套，上述1.的泥沙输移效果法失效，只能采取顺、逆流各自计算法，分别求出顺、逆流的日平均输沙率、日平均流量和日平均含沙量，在整编成果表中附加说明。

3. 顺、逆流绝对值综合法

《水文资料整编规范》(SL 247—1999)3.7.6.2 规定:"日平均含沙量……则用顺、逆流输沙量绝对值总和除以顺、逆流径流量绝对值的总和得之。"此为顺、逆流绝对值综合法。此法的明显不足是未能体现明确的输移含沙量的概念。

上述各方法,对一日内时间交替出现的顺、逆流和断面空间分布的顺、逆流都适用,关键是实际悬沙测验的方式方法要能控制顺、逆流的时空变化。至于各方法的应用选择,显然首选泥沙输移效果法,当其难以应用时,才考虑后二法,并应在成果表中附加说明。

## 4.3.3　粒径计法和吸管法粒度分析级配计算

### 4.3.3.1　粒径计法粒度级配计算

粒径计法与筛分法、尺量法粒度作业都是称量粒径级之间的各级沙量(差分法),级配计算公式一样,仍用本书操作技能——中级工部分泥沙测验模块的式(4-4-12)。

粒径计法分析记录计算如表 5-4-7 所示。表中记载计算的项目意义很清楚,根据测算数据填写。

表 5-4-7　________站粒径计法分析记录计算表

(2009 颗分 3)

| | | | |
|---|---|---|---|
| 施测号数 | | 沙样种类 | |
| 施测断面 | | 取样日期　　年　　月　　日 | |
| 垂线测点号 | | 分析日期　　年　　月　　日 | |
| 垂线起点距　　(m) | 总沙量　　(g) | 粒径试样量　　(g) | |
| 粒径计号 | 分析水温　　(℃) | | |

计算公式:$P_{cfi}=\dfrac{\sum_{1}^{i} m_{cfi}}{\sum_{1}^{n} m_{cfi}}\times 100\%$

式中　$P_{cfi}$——小于某粒径的沙量百分数(%);

$m_{cfi}$——相邻粒径级之间的沙量;

$i$——测试粒径级、相邻粒径级之间及累加序列号,$i=1,2,\cdots,n$,$n$ 为序列总长。

| 粒径(mm) | 分级沙量 | | | | 累积沙量(g) | 小于某粒径沙量百分数(%) |
|---|---|---|---|---|---|---|
| | 杯号 | 杯质量(g) | 杯加沙量(g) | 沙量(g) | | |
| | | | | | | |
| | | | | | | |
| | | | | | | |
| | | | | | | |
| | | | | | | |

备注说明:

分析:　　　　计算:　　　　校核:

#### 4.3.3.2　吸管法粒度级配计算

吸管法称量的是小于某粒径的各级沙量，级配按下式计算

$$P_{xgi} = \frac{W_{xgi} - a}{W_{xgz} - a} \times 100\% \quad (5\text{-}4\text{-}26)$$

式中　$P_{xgi}$——吸管法单个自然沙样小于某粒径的沙量百分数(%)；

$W_{xgi}$——称量的各接杯并改正到预定体积的沙量(即小于某粒径级沙量)，g；

$W_{xgz}$——悬沙搅拌均匀时随即吸样的预定体积的沙量，g；

$a$——吸样体积内的分散剂剂量，g；

$i$——测试粒径级序列号，一般对应的特定粒径级为 0 mm、0.001 mm、0.002 mm、0.004 mm、0.008 mm、0.016 mm、0.031 mm、0.062 mm。

吸管法分析记录计算如表 5-4-8 所示。

**表 5-4-8　________站吸管法分析记录计算表**

（2009 颗分 4）

| | |
|---|---|
| 施测号数 | 沙样种类 |
| 施测断面 | 取样日期　　年　　月　　日 |
| 垂线测点号 | 分析日期　　年　　月　　日 |
| 垂线起点距　　　(m) | 总沙量　　　(g) |
| 量筒号　　容积($cm^3$) | 分析试样总量　　　(g) |
| 计算公式：$P_{xgi} = \frac{W_{xgi} - a}{W_{xgz} - a} \times 100\%$ | 式中　$P_{xgi}$——小于某粒径沙量百分数(%)；<br>$W_{xgi}$——称量的各接杯并改正到预定体积(即小于某粒径)的沙量，g；<br>$W_{xgz}$——悬沙搅拌均匀时随即吸样的预定体积的沙量，g；<br>$a$——吸样体积内的分散剂剂量，g；<br>$i$——测试粒径级序列号。 |

| 粒径 (mm) | 吸样深度 (cm) | 吸样容积 ($cm^3$) | 杯号 | 杯和沙量 (g) | 杯质量 (g) | 沙量 (g) | 分散剂剂量 (g) | 净沙量 (g) | 小于某粒径沙量百分数 (%) |
|---|---|---|---|---|---|---|---|---|---|
| | | | | | | | | | |
| | | | | | | | | | |
| | | | | | | | | | |
| | | | | | | | | | |
| | | | | | | | | | |

备注说明：

分析：　　　　　计算：　　　　　校核：

### 4.3.4　用Excel软件绘制对数几率坐标系级配曲线

对数几率坐标系级配曲线格式如图5-4-2所示。

对数几率级配曲线的横坐标为级配数值，用正态机率分度；纵坐标为粒径数值，用对数分度。对数几率坐标系格网线的分布不均匀，Excel软件也无此种坐标系，但可利用Excel软件的某些功能专门设计该种坐标系。设计思路是：规划横向主网格线的粒径值和纵向主网格线的级配值，分别变换为对数值和正态分布积分值，在算术坐标系$X(Y)$轴，填点各正态分布积分值（各粒径对数值）和最小粒径对数值（最小正态分布积分值）构成的起始点，用粒径对数值（正态分布积分值）的极大差（最大最小值的差）作$Y(X)$误差线构成网格线。同样方法也可绘制次网格线。原来的算术坐标系$X(Y)$轴及网格线选择“无”而隐去。绘制粒度曲线时，将粒径值变换为对数值，将级配值变换为正态分布积分值，变换后的值作为添加数据源系列，在同一坐标系绘出曲线。

主要的作业过程是，准备主网格线绘制数据，填点坐标轴的点并调整坐标轴位置，绘制主网格线，准备次网格线数据，并加绘次网格线，准备粒度曲线数据绘制粒度曲线。

用Excel软件绘制对数几率坐标系级配曲线图步骤如下：

（1）确定粒径值坐标轴的方向（如纵轴$Y$）。确定泥沙级配曲线粒径值取值范围（如0.001～10 mm）。根据“1、2、5分度”取值和图线疏密适当的原则，确定并建立主网格线（如横向）的粒径值系列（见图5-4-2的纵向粒径标度值），将该系列粒径值填写入Excel软件的数表成为一列（如An，命名该列为“主格线粒径值”），在另一列（如Bn，命名该列为“主格线粒径对数值”）数值首行写“=LOG（An）”回车，将首行粒径值变为对数值。选定该单元格，利用格右下角“+”符号下拉再将全列系列粒径值变为对数值。

（2）确定级配百分数坐标轴的方向（如横轴$X$）。确定级配百分数的取值范围（如1%～99.9%）。根据“1、2、5分度”取值和图线疏密适当的原则，确定并建立主网格线（如纵向）的级配百分数值系列（见图5-4-2的横向级配标度值），将该系列级配百分数值填写入Excel软件的数表成为一列（如Dn，命名该列为“主格线级配值”），在另一列（如En，命名该列“主格线级配正态分布积分值”）数值首行写“=NORMSINV（Dn）”回车，将首行级配百分数值变为正态分布积分值。选定该单元格，利用格右下角“+”符号下拉再将全列系列级配百分数值变为正态分布积分值。

（3）将“主格线级配正态分布积分值”的最小值复制，并选择数值粘贴到“主格线粒径对数值”数值首行相邻列的单元格（如Cn，命名该列为“粒径主格线最小级配正态分布积分值”）。选定该单元格，利用格右下角“+”符号下拉到与“主格线粒径对数值”列等长，使全列均为“主格线级配正态分布积分值”的最小值。

（4）将“主格线粒径对数值”的最小值复制，并选择数值粘贴到“主格线级配正态分布积分值”数值首行相邻列的单元格（如Fn，命名该列为“级配主格线最小粒径对数值”）。选定该单元格，利用格右下角“+”符号下拉到与“主格线级配正态分布积分值”列等长，使全列均为“主格线粒径对数值”的最小值。

（5）将“主格线粒径对数值”的最大值、最小值复制，并选择数值粘贴到数表适当位置，再计算两者之差并复制选择数值粘贴到数表本单元格，分别命名为“粒径对数最大

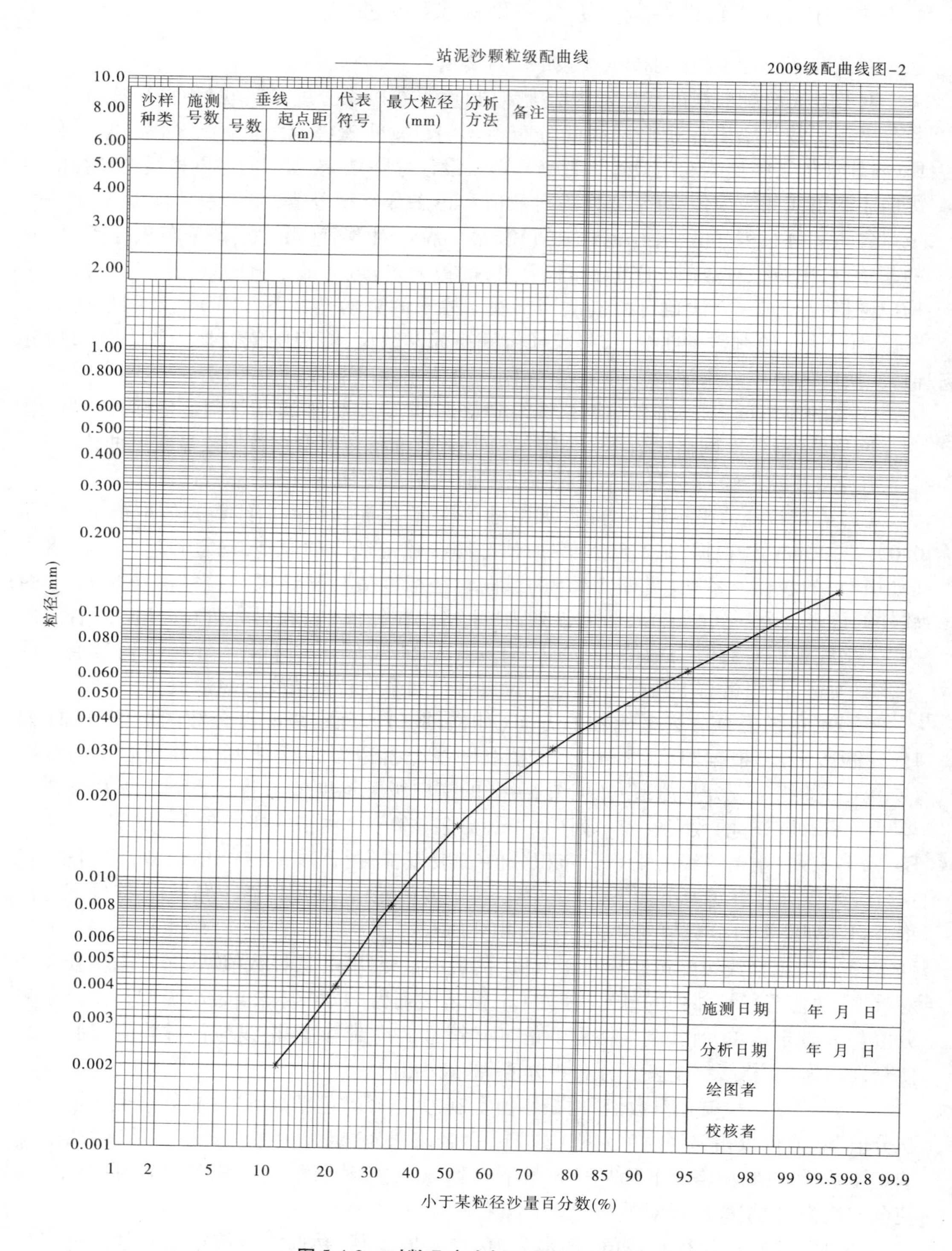


图 5-4-2　对数几率坐标系级配曲线图

值”、“粒径对数最小值”和“粒径对数极大差”。

(6)将“主格线级配正态分布积分值”的最大值、最小值复制,并选择数值粘贴到数表适当位置,再计算两者之差并复制选择数值粘贴到数表本单元格,分别命名为“正态分布积分最大值”、“正态分布积分最小值”和“正态分布积分极大差”。

(7)在数据表中选择“主格线级配正态分布积分值(如En)”列和对应的“级配主格线最小粒径对数值(如Fn)”列;打开“图表向导”进入“图表向导—图表类型”视窗界面,在图表类型图目中选择“XY散点图”;点击“下一步”进入“图表向导—图表源数据”视窗界面;点击“下一步”进入“图表向导—图表选项”视窗界面。具体操作如下:

①打开“标题卡”填写需要的内容,如在“图表标题”后填入“××站××沙级配曲线”,在“数轴(Y)轴”后填入“粒径(mm)”,在“数轴(X)轴”后填入“小于某粒径沙量百分数(%)”。

②打开“图例卡”不选择图例。

③打开“数据标志卡”选择X。

④点击“下一步”进入“图表向导—图表位置”视窗界面;选择“作为新工作表”插入“或作为其中的对象插入”,点击“完成”出现坐标系图表。

(8)在图表中双击X坐标轴进入“坐标轴格式视窗”,打开“图案卡”,主要刻度线类型、次要刻度线类型、刻度线标签都选择“无”,点击“确定”。

(9)打开数表,点击“正态分布积分最小值”数值单元格,在数表上栏操作行选中数值,点击“复制”钮标,点击“√”号;打开图表,双击X坐标轴进入“坐标轴格式视窗”,打开“刻度卡”,各选择栏都选择“无”;在最小值添加处按“Ctrl+v”键粘贴“正态分布积分最小值”;在与Y轴交叉处按“Ctrl+v”键粘贴“正态分布积分最小值”,点击“确定”。

打开数表,点击“正态分布积分最大值”数值单元格,在数表上栏操作行选中数值,点击“复制”钮标,点击“√”号;打开图表,双击X坐标轴进入“坐标轴格式视窗”,打开“刻度卡”,在最大值添加处按“Ctrl+v”键粘贴“正态分布积分最大值”,点击“确定”。

(10)在图表中双击Y坐标轴进入“坐标轴格式视窗”,打开“图案卡”,主要刻度线类型、次要刻度线类型、刻度线标签都选择“无”,点击“确定”。

(11)打开数表,点击“粒径对数最小值”数值单元格,在数表上栏操作行选中数值,点击“复制”钮标,点击“√”号;打开图表,双击Y坐标轴进入“坐标轴格式视窗”,打开“刻度卡”,各选择栏都选择“无”;在最小值添加处按“Ctrl+v”键粘贴“粒径对数最小值”;在与Y轴交叉处按“Ctrl+v”键粘贴“粒径对数最小值”,点击“确定”。

打开数表,点击“粒径对数最大值”数值单元格,在数表上栏操作行选中数值,点击“复制”钮标,点击“√”号;打开图表,双击X坐标轴进入“坐标轴格式视窗”,打开“刻度卡”,在最大值添加处按“Ctrl+v”键粘贴“粒径对数最大值”,点击“确定”。

(12)双击X轴主要网格线数据标注系列进入“数据标志格式”视窗,打开“对齐卡”在标签位置栏选择“下方”;打开“数字卡”选择“数值”类且确定小数位数,点击“确定”。

(13)分别点击X轴主要网格线点标注的数值,选中原数值,对应改写填入“小于某粒径沙量百分数”的值,回车。

(14)打开数表,点击“粒径对数极大”数值单元格,在数表上栏操作行选中原数值,点击“复制”钮标，点击“√”号；打开图表，双击 X 轴主要网格线点系列进入“数据标志格式”视窗，打开“误差线 Y 卡”，在“误差量的定值栏”按“Ctrl + v”键粘贴“粒径对数极大”；选择“正偏差”显示方式；打开“图案卡”在“数据标注”处选择“无”，点击“确定”。该“误差线 Y”成为 Y 方向的主网格线。

(15)在图表区击右键，选择数据源进入“数据源”视窗。打开“系列卡”选择“添加”，分别添加 X、Y 系列；打开数表，X 圈选“粒径主格线最小级配正态分布积分值”列，Y 圈选“主格线粒径对数值”列，点击“确定”。

(16)双击 Y 轴主要网格线数据标注系列进入“数据标志格式”视窗，打开“对齐卡”在标签位置栏选择“靠左”；打开“数字卡”选择“数值”类且确定小数位数，点击“确定”。

(17)分别点击 Y 轴主要网格线点标注的数值，选中原数值，对应改写填入“粒径沙”的值，回车。

(18)打开数表，点击“正态分布积分极大差”数值单元格，在数表上栏操作行选中数值，点击“复制”钮标，点击“√”号；打开图表，双击 Y 轴主要网格线点系列进入“数据标志格式”视窗，打开“误差线 X 卡”，在“误差量的定值栏”按“Ctrl + v”键粘贴“正态分布积分极大差”；选择“正偏差”显示方式；打开“图案卡”在“数据标注”处选择“无”，点击“确定”。该“误差线 X”成为 X 方向的主网格线。

(19)分别点击 X、Y 误差线即网格线进入“误差限格式”视窗，打开“图案卡”选择无正交终止短线的“刻度线标志”，点击“确定”。

(20)按照上面(1)、(2)、(15)、(18)、(19)等步骤的做法，绘制坐标系 X、Y 的次网格线。

(21)整理测试成果数据，按照上面(1)、(2)、(15)等步骤的做法，在坐标系点绘成果数据点；右键点击成果点，选择图表“散点图”和“带标志点符号的平滑曲线图”类型，点击“确定”，即绘出该成果的级配曲线。

# 模块5　水质取样

## 5.1　取样作业

### 5.1.1　样品存贮

各种水质的水样从采集到分析这段时间内，由于物理的、化学的、生物的作用会发生不同程度的变化，这些变化使得进行分析时的样品已不再是采样时的样品，为了使这种变化降低到最小程度，必须在采样时对样品加以保护。

#### 5.1.1.1　水样变化的原因

(1)物理作用：光照、温度、静置或震动、敞露或密封等保存条件及容器材质都会影响水样的性质。如温度升高或强震动会使得一些物质如氧、氰化物及汞等挥发，长期静置会使 $Al(OH)_3$、$CaCO_3$、$Mg_3(PO_4)_2$ 等沉淀。某些容器的内壁能不可逆地吸附或吸收一些有机物或金属化合物等。

(2)化学作用：水样及水样各组分能发生化学反应，从而改变某些组分的含量与性质。例如，空气中的氧能使二价铁、硫化物等氧化，聚合物解聚，单体化合物聚合等。

(3)生物作用：细菌、藻类及其他生物体的新陈代谢会消耗水样中的某些组分，产生一些新组分，改变一些组分的性质，生物作用会对样品中待测的一些项目(如溶解氧、二氧化碳、含氮化合物、磷及硅等)的含量及浓度产生影响。

#### 5.1.1.2　样品保存环节的预防措施

水样在贮存期内发生变化的程度主要取决于水样的类型及水样的化学性和生物学性质，也取决于保存条件、容器材质、运输及气候变化等因素。

这些变化往往非常快。样品常在很短的时间里明显地发生变化，因此必须在一切情况下采取必要的保存措施，并尽快地进行分析。保存措施在降低变化的程度或减缓变化的速度方面是有作用的，但到目前为止所有的保存措施还不能完全抑制这些变化，而且对于不同类型的水，产生的保存效果也不同，饮用水很容易贮存，因其对生物或化学的作用很不敏感，一般的保存措施对地面水和地下水可有效地贮存，但对废水则不同。废水性质或废水采样点不同，其保存效果也就不同，如采自生化处理厂的废水及未经处理的废水的保存效果不同。

分析项目决定废水样品的保存时间，有的分析项目要求单独取样，有的分析项目要求在现场分析，有些项目的样品能保存较长时间。由于采样地点和样品成分的不同，迄今为止还没有找到适用于一切场合和情况的绝对准则。在各种情况下，存贮方法应与使用的分析技术相匹配。

pH值、电导率、DO、色度、浊度、气味、余氯等项目尽量在采样现场测定。随着技术的进步,可现场测定的项目会增多。

1. 贮样容器的选择

保存样品的贮样容器应充分考虑以下几方面(特别是被分析组分以微量存在时):

(1)最大限度地防止容器及瓶塞对样品的污染。一般的玻璃在贮存水样时可溶出钠、钙、镁、硅、硼等元素,在测定这些项目时应避免使用玻璃容器,以防止新的污染。一些有色瓶塞含有大量的重金属。

(2)容器壁应易于清洗、处理,以减少如重金属或放射性核类的微量元素对容器的表面污染。

(3)容器或容器塞的化学和生物性质应该是惰性的,以防止容器与样品组分发生反应。例如测氟时,水样不能贮存于玻璃瓶中,因为玻璃会与氟化物发生反应。

(4)防止容器吸收或吸附待测组分,引起待测组分浓度的变化。微量金属易于受这些因素的影响,其他如清洁剂、杀虫剂、磷酸盐同样也受到影响。

(5)深色玻璃能降低光敏作用。

2. 贮样容器的准备

1)一般规则

所有的准备都应确保不发生正负干扰。

尽可能使用专用容器。如不能使用专用容器,那么最好准备一套容器进行特定污染物的测定,以减少交叉污染。同时,应注意防止以前采集高浓度分析物的容器洗涤不彻底,污染随后采集的低浓度污染物的样品。

对于新容器,一般应先用洗涤剂清洗,再用纯水彻底清洗。但是,用于清洁的清洁剂和溶剂可能引起干扰。例如,当分析营养物质时,含磷酸盐的清洁剂的残渣会产生污染。如果使用,应确保洗涤剂和溶剂的质量。如果测定硅、硼和表面活性剂,则不能使用洗涤剂。所用的洗涤剂类型和选用的容器材质要随待测组分来确定。测定磷酸盐不能使用含磷洗涤剂;测硫酸盐或铬则不能用铬酸－硫酸洗液。测定重金属的玻璃容器及聚乙烯塑料容器通常用盐酸或硝酸($c=1$ mol/L)洗净并浸泡1～2 d后用蒸馏水或去离子水冲洗。

2)清洁剂清洗塑料或玻璃容器程序

(1)用水和清洗剂的混合稀释溶液清洗容器和容器帽;

(2)用实验室用水清洗两次;

(3)空干水并盖好容器帽。

3)溶剂洗涤玻璃贮样容器程序

(1)用水和清洗剂的混合稀释溶液清洗容器和容器帽;

(2)用自来水彻底清洗;

(3)用实验室用水清洗2～3次;

(4)用丙酮清洗并干燥;

(5)用与分析方法匹配的溶剂清洗并立即盖好容器帽。

4)酸洗玻璃或塑料贮样容器程序

(1)用自来水和清洗剂的混合稀释溶液清洗容器和容器帽;

(2)用自来水彻底清洗;

(3)用10%硝酸溶液清洗；

(4)空干后，注满10%硝酸溶液；

(5)密封，浸泡至少24 h；

(6)用实验室用水清洗并立即盖好容器帽。

5)用于测定农药、除草剂等样品的贮样容器的准备

因聚四氟乙烯外的塑料容器会对分析产生明显的干扰，故一般使用棕色玻璃瓶。按一般规则清洗(即用水及洗涤剂—铬酸—硫酸洗液—蒸馏水)，在烘箱内180 ℃烘干4 h。冷却后再用纯化过的己烷或石油醚冲洗数次。

6)用于微生物分析的贮样容器

用于微生物分析的贮样容器及塞子、盖子应经高温灭菌，灭菌温度应确保在此温度下不释放或产生出任何能抑制生物活性、灭活或促进生物生长的化学物质。

玻璃贮样容器按一般清洗原则洗涤，用硝酸浸泡，再用蒸馏水冲洗，以除去重金属或铬酸盐残留物。在灭菌前，可在容器里加入硫代硫酸钠($Na_2S_2O_3$)，以除去余氯对细菌的抑制作用(以每125 mL容器加入0.1 mL的10 mg/L $Na_2S_2O_3$计量)。

3. 贮样容器的封存

对需要测定物理、化学分析物的样品，应使水样充满贮样容器至溢流并密封保存，以减少因与空气中氧气、二氧化碳的反应干扰及样品运输途中的振荡干扰。但当样品需要被冷冻保存时，不应溢满封存。

4. 生物检测样品的处理保存

用于化学分析的样品和用于生物分析的样品是不同的。加入到生物检测的样品中的化学品能够固定或保存样品，“固定”用于描述保存形态结构，而“保存”用于防止有机质的生物退化或化学退化。保存剂，从定义上说，是有毒的，而且保存剂的添加可能导致生物的死亡。生物死亡之前，振动可使那些没有强核壁的脆弱生物在“固定”完成之前就瓦解了。为使这种影响降低到最低，保存剂快速进入核中是非常重要的，有一些保存剂，如卢格氏溶液可导致生物分类群的丢失，在特定范围的特定季节内可能就成为问题。如在夏季，当频繁检测硅-鞭毛虫时，就可以通过添加防腐剂，如卢格氏碱性溶液来解决。

生物检测样品的保存应符合下列标准：

(1)预先了解防腐剂对预防生物有机物损失的效果。

(2)防腐剂至少在保存期间，能够有效地防止有机质的生物退化。

(3)在保存期内，防腐剂应保证能充分研究生物分类群。

5. 放射化学分析样品的处理与保存

用于化学分析的样品和用于放射化学分析的样品是不同的。安全措施依赖于样品的放射能的性质。这类样品的保存技术依赖放射类型和放射性核素的半衰期。

6. 样品的冷藏、冷冻保存

样品的冷藏、冷冻保存见本书操作技能——中级工5.1.4.1部分第2小节。

7. 过滤和离心

样品的过滤和离心见本书操作技能——中级工5.1.4.1部分第5小节。

8. 添加保存剂对样品的保存

添加保存剂对样品的保存见本书操作技能——中级工 5.1.4.1 部分第 3 小节。

5.1.1.3　**常用样品保存技术**

表 5-5-1 列出了物理、化学及生物分析指标的保存技术。样品的保存时间、容器材质的选择以及保存措施的应用都要取决于样品中的组分及样品的性质，而现实中的水样又是千差万别的，因此表 5-5-1 所列的要求不可能是绝对的准则。因此，每个监测人员都应结合具体工作验证这些要求是否适用。

**表 5-5-1　物理、化学及生物分析指标的保存技术**

| 序号 | 测试项目或参数 | 采样容器 | 保存方法及保存剂用量 | 可保存时间 | 最少采样量(mL) | 容器洗涤方法 | 说明 |
| --- | --- | --- | --- | --- | --- | --- | --- |
| 1 | pH 值 | P 或 G |  | 12 h | 250 | I | 尽量现场测定 |
| 2 | 色度 | P 或 G |  | 12 h | 250 | I | 尽量现场测定 |
| 3 | 浊度 | P 或 G |  | 12 h | 250 | I | 尽量现场测定 |
| 4 | 气味 | G | 1～5 ℃冷藏 | 6 h | 500 |  | 大量测定可带离现场 |
| 5 | 电导率 | P 或 BG |  | 12 h | 250 | I | 尽量现场测定 |
| 6 | 悬浮物 | P 或 G | 1～5 ℃暗处 | 14 d | 500 | I |  |
| 7 | 酸度 | P 或 G | 1～5 ℃暗处 | 30 d | 500 | I |  |
| 8 | 碱度 | P 或 G | 1～5 ℃暗处 | 12 h | 500 | I |  |
| 9 | 二氧化碳 | P 或 G | 水样充满容器，低于取样温度 | 24 h | 500 |  | 最好现场测定 |
| 10 | 溶解性固体 | P 或 G | 1～5 ℃冷藏 | 24 h | 100 |  |  |
| 11 | 化学需氧量 | G | 用硫酸酸化至 pH 值≤2 | 2 d | 500 | I |  |
|  |  | P | −20 ℃冷冻 | 1 mon | 100 |  | 最长 6 m |
| 12 | 高锰酸盐指数 | G | 1～5 ℃暗处冷藏 | 2 d | 500 | I | 尽快分析 |
|  |  | P | −20 ℃冷冻 | 1 mon | 500 |  |  |
| 13 | 五日生化需氧量 | P | −20 ℃冷冻 | 1 mon | 1 000 |  | 冷冻最长保持 6 m（浓度 < 50 mg/L 保存 1 m） |
| 14 | 溶解氧 | 溶解氧瓶 | 加入硫酸锰、碱性碘化钾叠氮化钠溶液，现场固定 | 24 h | 500 | I | 尽量现场测定 |

续表 5-5-1

| 序号 | 测试项目或参数 | 采样容器 | 保存方法及保存剂用量 | 可保存时间 | 最少采样量(mL) | 容器洗涤方法 | 说明 |
|---|---|---|---|---|---|---|---|
| 15 | 总磷 | P或G | 用硫酸、盐酸酸化至pH值≤2 | 24 h | 250 | Ⅳ | |
| | | P | −20 ℃冷冻 | 1 mon | 250 | | |
| 16 | 氨氮 | P或G | 加硫酸酸化至pH值≤2 | 24 h | 250 | Ⅰ | |
| 17 | 亚硝酸盐氮 | P或G | 1～5 ℃冷藏避光保存 | 24 h | 250 | Ⅰ | |
| 18 | 硝酸盐氮 | P或G | 1～5 ℃冷藏 | 24 h | 250 | Ⅰ | |
| | | P或G | 用盐酸酸化至pH值为1～2 | 7 d | 250 | | |
| | | P | −20 ℃冷冻 | 1 mon | 250 | | |
| 19 | 总氮 | P或G | 用硫酸酸化至pH值为1～2 | 7 d | 250 | Ⅰ | |
| | | P | −20 ℃冷冻 | 1 mon | 500 | | |
| 20 | 硫化物 | P或G | 水样充满容器。1 L水样加氢氧化钠至pH值为9，加入5%抗坏血酸5 mL，饱和EDTA 3 mL，滴加饱和醋酸锌，至胶体产生，常温避光 | 24 h | 250 | Ⅰ | |
| 21 | 易释放氰化物 | P | 加氢氧化钠到pH值>12；1～5 ℃暗处冷藏 | 24 h | 500 | | 24 h(存在硫化物时) |
| 22 | 硫酸盐 | P或G | 1～5 ℃冷藏 | 1 mon | 200 | | |
| 23 | 阴离子表面活性剂 | P或G | 1～5 ℃冷藏，用硫酸酸化至pH值为1～2 | 2 d | 500 | Ⅳ | 不能用溶剂清洗 |
| 24 | 氯化物 | P或G | | 1 mon | 100 | | |
| 25 | 余氯 | P或G | 避光 | 5 min | 500 | | 最好在采集样品后5 min内现场分析 |
| 26 | 氟化物 | P(聚四氟乙烯除外) | | 1 mon | 200 | | |
| 27 | 钠 | P | 1 L水样中加浓硝酸10 mL | 14 d | 250 | Ⅱ | |

续表 5-5-1

| 序号 | 测试项目或参数 | 采样容器 | 保存方法及保存剂用量 | 可保存时间 | 最少采样量(mL) | 容器洗涤方法 | 说明 |
|---|---|---|---|---|---|---|---|
| 28 | 镁 | P | 1 L 水样中加浓硝酸 10 mL | 14 d | 250 | 酸洗Ⅱ | |
| 29 | 钾 | P | 1 L 水样中加浓硝酸 10 mL | 14 d | 250 | 酸洗Ⅱ | |
| 30 | 钙 | P | 1 L 水样中加浓硝酸 10 mL | 14 d | 250 | Ⅱ | |
| 31 | 六价铬 | P 或 G | 加氢氧化钠到 pH 值为 8 ~ 9 | 14 d | 250 | 酸洗Ⅱ | |
| 32 | 锰 | P 或 G | 1 L 水样中加浓硝酸 10 mL | 14 d | 250 | Ⅲ | |
| 33 | 铁 | P 或 G | 1 L 水样中加浓硝酸 10 mL | 14 d | 250 | Ⅲ | |
| 34 | 铜 | P | 1 L 水样中加浓硝酸 10 mL | 14 d | 250 | Ⅲ | |
| 35 | 锌 | P | 1 L 水样中加浓硝酸 10 mL | 14 d | 250 | Ⅲ | |
| 36 | 砷 | P 或 G | 1 L 水样中加浓硝酸 10 mL；DDTC 法，盐酸 2 mL | 14 d | 250 | Ⅲ | |
| 37 | 硒 | P 或 G | 1 L 水样中加浓盐酸 2 mL | 14 d | 250 | Ⅲ | |
| 38 | 镉 | P 或 G | 1 L 水样中加浓硝酸 10 mL | 14 d | 250 | Ⅲ | 如用溶出伏安法测定，可改用 1 L 水样中加浓高氯酸 19 mL |
| 39 | 汞 | P 或 G | 如水样为中性，1 L 水样中加浓盐酸 10 mL | 14 d | 250 | Ⅲ | |
| 40 | 铅 | P 或 G | 如水样为中性，1 L 水样中加浓硝酸 10 mL | 14 d | 250 | Ⅲ | 如用溶出伏安法测定，可改用 1 L 水样中加浓高氯酸 19 mL |
| 41 | 总硬度 | P 或 G | 1 L 水样中加浓硝酸 10 mL | 14 d | 250 | Ⅱ | |
| 42 | 石油类 | G | 加盐酸酸化至 pH 值 ≤2 | 7 d | 1 000 | | |

续表5-5-1

| 序号 | 测试项目或参数 | 采样容器 | 保存方法及保存剂用量 | 可保存时间 | 最少采样量(mL) | 容器洗涤方法 | 说明 |
| --- | --- | --- | --- | --- | --- | --- | --- |
| 43 | 挥发酚 | G | 加磷酸酸化至pH值<4,添加硫酸铜溶液,使样品中硫酸铜浓度约为1 g/L;4 ℃下冷藏 | 24 h | 1 000 | | |
| 44 | 挥发性有机物 | G | 用1+10盐酸调至pH值≤2,加入抗坏血酸0.01~0.02 g除去残余氯;1~5 ℃避光保存 | 12 h | 1 000 | | |
| 45 | 杀虫剂(包含有机氯、有机磷、有机氮) | G(溶剂洗,带聚四氟乙烯瓶盖)或P(适用草甘膦) | 1~5 ℃冷藏 | 萃取5 d | 1 000~3 000 | | 不能用水样冲洗采样容器,不能用水样充满容器;萃取应在采样后24 h内完成 |
| 46 | 叶绿素 | P或G | 1~5 ℃冷藏 | 24 h | 1 000 | | 棕色采样瓶 |
| | | P | 用乙醇过滤萃取后,-20 ℃冷冻 | 1 mon | 1 000 | | |
| | | P | 过滤后-80 ℃冷冻 | 1 mon | 1 000 | | |
| 47 | 多环芳烃 | G(溶剂洗,带聚四氟乙烯瓶盖) | 1~5 ℃冷藏 | 7 d | 500 | | 尽可能现场萃取。如果样品加氯,采样前1 000 mL样加80 mg $Na_2S_2O_3 \cdot 5H_2O$ |

**注**:1. P为聚乙烯瓶(桶),G为硬质玻璃瓶,BG为硼硅酸盐玻璃瓶。

2. mon表示月,d表示天,h表示小时,min表示分钟。

3. Ⅰ,Ⅱ,Ⅲ,Ⅳ表示四种洗涤方法。

Ⅰ:洗涤剂洗一次,自来水洗三次,蒸馏水洗一次。对于采集微生物和生物的采样容器,须经160 ℃干热灭菌2 h。经灭菌的微生物和生物采样容器必须在两周内使用,否则应重新灭菌。经121 ℃高压蒸汽灭菌15 min的采样容器,如不立即使用,应于60 ℃将瓶内冷却水烘干,两周内使用。细菌检测项目采样时不能用水样冲洗采样容器,不能采混合水样,应单独采样2 h后送实验室分析。

Ⅱ:洗涤剂洗一次,自来水洗二次,(1+3)硝酸荡洗一次,自来水洗三次,蒸馏水洗一次。

Ⅲ:洗涤剂洗一次,自来水洗二次,(1+3)硝酸荡洗一次,自来水洗三次,去离子水洗一次。

Ⅳ:铬酸洗液洗一次,自来水洗三次,蒸馏水洗一次。如果采集污水样品,可省去蒸馏水、去离子水清洗的步骤。

此外,如果采用的分析方法和使用的保存剂及容器之间有不相容的情况,则常需从同一水体中取数个样品，按几种保存措施分别进行分析，以找出最适宜的保存方法和容器。

表5-5-1只是保存样品的一般技术要求。由于天然水和废水的性质复杂，在分析前，需要验证一下采用常用样品保存技术处理过的每种类型样品的稳定性。

微生物指标的保存技术见表5-5-2。

**表5-5-2　微生物指标的保存技术**

| 待测项目 | 采样容器 | 保存方法及保存剂用量 | 最少采样量(mL) | 可保存时间 | 容器洗涤方法 | 说明 |
|---|---|---|---|---|---|---|
| 细菌总数、大肠菌总数、粪大肠菌、粪链球菌、沙门氏菌、志贺氏菌等 | 灭菌容器或硬质玻璃瓶 | 1～5 ℃冷藏 | | 尽快(地表水、污水及饮用水) | | 取氯化或溴化过的水样时，所用的样品瓶消毒之前，按每125 mL加入0.1 mL 10%(m/m)的硫代硫酸钠，以消除氯或溴对细菌的抑制作用。对重金属含量高于0.01 mg/L的水样，应在容器消毒之前，按每125 mL加入0.3 mL 15%(m/m)的EDTA |

放射性指标的保存技术见表5-5-3。

**表5-5-3　放射性指标的保存技术**

| 待测项目 | 采样容器 | 保存方法及保存剂用量 | 最少采样量(mL) | 可保存时间 | 说明 |
|---|---|---|---|---|---|
| α放射性 | P | 用硝酸酸化至pH值为1～2 | 2 000 | 1 mon | 如果样品已蒸发，不酸化 |
| | P | 1～5 ℃暗处冷藏 | 2 000 | 1 mon | |
| β放射性(放射碘除外) | P | | 2 000 | 1 mon | 如果样品已蒸发，不酸化 |
| | P | | 2 000 | 1 mon | |
| γ放射性 | P | | 5 000 | 2 d | |

**注**：mon表示月，d表示天。

### 5.1.2　样品的运输

(1)水样采集后必须立即送回实验室，根据采样点的地理位置和每个项目分析前最长可保存时间，选用适当的运输方式，在现场工作开始之前，就要安排好水样的运输工作，以防延误。

(2)水样运输前应将容器的外(内)盖盖紧。装箱时，应用泡沫塑料等分隔，以防破损。同一采样点样品应装在同一包装箱内，如需分装在两个或几个箱子中，则需在每个箱内放入相同的现场采样记录表。运输前，应检查现场记录上的所有水样是否全部装箱。

要用醒目色彩在包装箱顶部和侧面标上“切勿倒置”的标记。

(3)除防震、避免日光照射和低温运输外,还要防止新的污染物进入容器和玷污瓶口使水样变质。

(4)每个水样瓶均需贴上标签,内容有采样点位编号、采样日期和时间、测定项目、保存方法,并写明用何种保存剂。

(5)在水样运送过程中,应有押运人员,每个水样都要附有一张管理程序登记卡。在转交水样时,转交人和接受人都必须清点和检查水样并在登记卡上签字,注明日期和时间。管理程序登记卡是水样在运输过程中的文件,应防止差错并妥善保管以备查。尤其是通过第三者把水样从采样地点转移到实验室分析人员手中时,这张管理程序登记卡就显得更为重要了。

(6)在运输途中如果水样超过了保质期,管理员应对水样进行检查。如果仍然决定进行分析,那么在出报告时,应明确标出采样和分析时间。

(7)水样如通过铁路或公路部门托运,水样瓶上应附上能清晰识别样品来源及托运到达目的地的装运标签。

(8)水样运抵实验室后,收样人员应对照水样标签和送样单核查验收无误后在送样单上签名。若不相符或有异常情况,应注明情况,作为样品分析和资料整编的依据,同时要反馈给采样的组织部门采取补救措施。

### 5.1.3　现场采样记录检查的相关规定

(1)逐项检查现场记录表的填记。

(2)检查每个水样瓶标签,内容包括采样点位、测定项目、保存方法等。

(3)检查运输水样容器的外(内)盖是否盖紧,箱中容器有无泡沫塑料等分隔保护材料,同一采样点的样品是否装在同一包装箱内,包装箱顶部和侧面标有无“切勿倒置”的标记等。

(4)校核、清点容器和装箱数量,是否附有现场采样记录表,送样单是否签字并注明装运日期和运输方式等。

水样运抵实验室后,收样人员要做同样的检查,无误后方可签名验收。若有问题,应及时反馈给采样的组织部门采取补救措施。

## 5.2　水污染基本知识

### 5.2.1　水体污染源及其分类

水体污染可简称为水污染,是指因某种物质的介入,水体中水的物理、化学性质或生物群落组成发生变化,从而降低了水体的使用价值。向水体中排放污染物的场所、设备、装置和途径称为水的污染源。

水污染源分类的方法较多,按造成水体污染的原因可分为天然污染源和人为污染源;按污染源释放的有害物种类可分为物理性(如热和放射性物质)污染源、化学性(无机物和有机物）污染源和生物性（如细菌、病毒）污染源；按污染源分布和排放特征可分为点污染源、面污染源和扩散污染源。

点污染源主要包括工业污染源和生活污染源；面污染源主要指农田灌溉水形成的径流和地面雨水径流；扩散污染源是指随大气扩散的有毒、有害污染物通过重力沉降或降水过程污染水体的途径，如酸雨、黑雪等。

#### 5.2.1.1　点污染源

（1）工业废水：由工业污染源排放的工业废水产自工业生产过程，其来源、水量及性质随生产过程而异，一般可分为工艺废水、设备冷却水、原料或成品洗涤水、设备和场地冲洗水以及由于跑冒滴漏产生的废水等。废水中常含有工业生产原材料、中间产物、产品及其他杂质。工业废水根据所含的主要污染物性质，通常可分为有机废水、无机废水、有机物和无机物的混合废水、重金属废水、含放射性物质的废水和造成热污染的废水等；按产生废水的行业可分为造纸废水、制革废水、农药废水、印染废水、电镀废水、焦化废水等。

（2）生活污水：由生活污染源排放的污水称为生活污水。生活污水主要来自家庭、商业、机关、学校、旅游服务业及其他城市公用设施，包括厕所冲洗水、厨房洗涤水、洗衣机排水、沐浴排水及其他排水等。生活污水含纤维素、淀粉、糖类、脂肪、蛋白质等有机类物质，其浓度可以用生化需氧量或化学需氧量表示。生活污水还含氮、硫、磷等无机盐类及多种微生物、病原体和悬浮物等。

#### 5.2.1.2　面污染源

面污染源包括农村灌溉水形成的径流、农村废水、地表径流和其他污染源。数量很小、分布很广的点污染源也可视为面污染源。

农村废水包括农业废水和农村居民生活污水。农业废水指在农作物栽培、畜禽饲养、农副产品加工等过程中排出的影响人体健康和环境质量的废水或液态物质。农村废水中含有较多病原体、悬浮物、化肥、农药、耗氧有机物、氨氮、磷不溶性固体物质和盐分等。

大气中所含的工业生产废气及汽车尾气等通过重力沉降或降雨淋溶进入地表水体，水上交通及旅游活动造成水体污染，也可看做是对水体的面污染源。

天然污染源多属面污染源，如水与土壤之间的物质交换，气流刮起的泥沙、粉尘进入水体影响水体水质的过程；地表水下渗和地下水流动将地层中某些矿物质溶解，带入水体中，造成水中盐分、微量元素、重金属或放射性物质浓度增高而使水质恶化的过程等。

### 5.2.2　污染物的类型及其主要性质

#### 5.2.2.1　污染物在水中的形态

污染物按其在水体中的形态，可分为以下几类：

（1）无机悬浮固体。包括卵砾石（4 ~ 10 mm）、粒砂（2 ~ 4 mm）、粗砂（0.5 ~ 2 mm）、中砂（0.25 ~ 0.5 mm）、细砂（0.06 ~ 0.25 mm）、黏土（5 nm ~ 4 μm）等，它们在水体中呈悬浮状态。

（2）浮游生物。包括浮游动物（7 μm ~ 10 mm）和浮游植物（3 μm ~ 0.2 mm）。

（3）微生物。包括变形虫类（10 ~ 50 μm）、细菌（0.8 ~ 50 μm）和病毒（8 ~ 400 μm）。

（4）胶体。包括胶体黏土、胶体硅、胶体重金属氢氧化物、腐殖质、蛋白质、多糖、类脂等。这些胶体悬浮在水中,增加水的浊度,有的胶体物质在生物降解过程中消耗水中大量溶解氧,使水质变坏。

(5)低分子化合物。包括有机酸、有机碱、氨基酸、糖类、油脂类等。这些化合物或溶解或悬浮在水中,大多可以被水中微生物分解,分解过程要耗掉水中大量溶解氧。

(6)无机离子。包括 $H^+$、$NH_4^+$、$Mg^{2+}$、$Ca^{2+}$、$Fe^{3+}$、$Mn^{2+}$、$Cu^{2+}$、$Al^{3+}$、$OH^-$、$HCO_3^-$、$Cl^-$、$CN^-$、$NO_2^-$、$NO_3^-$、$H_2PO_4^-$、$SO_4^{2-}$、$SO_3^{2-}$、$CO_3^{2-}$、$PO_4^{3-}$ 等。这些离子有的具有毒性,有的使水的硬度升高,影响水的使用。

(7)溶解性气体。主要包括 $CO_2$、$CO$、$Cl_2$、$H_2S$、$SO_2$、$NH_3$ 等,这些气体中,有的具有毒性,能杀死水中的一些水生生物;有的酸性较强,溶于水内使水酸化,影响水中鱼类的生存及水的利用。

#### 5.2.2.2　污染物分类

污染物按其危害特征分为以下几类:

(1)耗氧有机物。生活污水和某些工业废水中含有糖、蛋白质、油脂、氨基酸、脂类、木质素等有机物质,这些物质以悬浮或溶解状态存在于废水中,在微生物作用下可分解为简单的无机物等。这些有机物在分解过程中消耗氧气,因而被称为耗氧有机物。

污染水体中的耗氧有机物主要来自工业废水和生活污水。制浆造纸、食品、制革、制糖、印染、焦化和石油化工等工业废水均含大量有机物。城市生活污水的耗氧有机物浓度虽不高,但因排水量大,排放有机物总量亦大。畜禽养殖业排出的粪尿及其冲洗水含耗氧有机物量也十分巨大。

由于有机污染物组成复杂,分别测出其中各种有机物的浓度相当困难,实际工作中通常采用生化需氧量(BOD)表示。

(2)难降解有机物。主要指有机氯化物、有机胺(芳香胺类)化合物、有机重金属化合物及多环有机化合物等一些难以被微生物分解的有机物。这些物质大多具有较强毒性,并有致癌、致畸、致突变作用。难降解有机污染物主要来自农药、染料、塑料、合成橡胶、化纤等工业废水及农田排水。

(3)植物营养物。指硝酸盐、亚硝酸盐、铵盐、氨氮、有机氮化合物及一些磷化合物等,它们能为水中植物及藻类的生长、发育提供所需的养分——N 和 P 等。

随着工农业的发展,化肥的生产量和消耗量逐年增加。化肥的大量施用,促进了农业的增产丰收,但是施入农田的化肥只有一部分被农作物吸收,未被植物利用的化肥,一部分随着农田排水和地面径流渗到地下或流入地表水中,一部分挥发到大气中,然后随降雨再返回地表水和地下水中。现在农业生产中施用的农药有不少是有机磷农药,这些农药中的有机磷也是以同样的方式进入水体的。

农业废弃物(植物秸秆、牲畜粪便等)也是水体中氮磷化合物的重要来源。

(4)重金属。主要是指汞、镉、铅、铬、镍及类金属砷等生物毒性显著的元素,也指具有一定毒害性的一般重金属,如锌、铜、钴、锡等。其中,汞的毒性最大,镉次之,铬、铅、砷也有相当大的毒性。水体重金属污染的特点与危害在于:在水体中浓度很低时即可产生毒性;不能被微生物降解,长期停留与积累在环境中,最多不过改变化合价和化合物的种类;被生物吸收后,通过食物链逐步浓缩千万倍,最终进入人体,人体吸收后不易排泄,容易积累在一些脏器中,造成慢性中毒;在一定条件下可被某些微生物转化为毒性更大的物质。

(5)无机悬浮物。主要指泥沙、炉渣、铁屑、灰尘等颗粒物质。它们在水体中呈悬浮状态,主要来自水土流失、水力排灰、农田排水及洗煤、选矿、冶金、化肥、化工、建筑等一些工业废水和生活污水。另外,雨水径流、大气降尘也是其重要来源。这些物质本身是无毒的,但它可以吸附有机毒物、重金属、农药等,形成危害性更大的复合污染物,随水流扩散,迁移到很远的地方,扩大污染范围,亦可沉淀于底泥中。

(6)放射性污染物。污染水体的最危险的放射性物质为$^{90}Sr$、$^{137}Cs$等,这些物质半衰期长,化学性能与组成人体的主要元素钙、钾相似,经水和食物进入人体后,能在一定部位积累,增加人体的内照射。

污染水体的放射性物质主要来自天然放射性核素,核武器试验的沉降物,核电站的废水、废气、废渣及事故泄漏,放射性同位素的生产、运输和应用等。

放射性污染物对人体的危害主要是放射性核素通过自身的衰变放出α射线、β射线和γ射线,这些射线能使人的机体内起着重要作用的各种分子变得不稳定,化学键断裂和分子被电离成新的分子,引起遗传变异或诱发癌症。

(7)石油类。水体中的石油主要来自炼油厂、石油化工厂的废水,沿海、河口和海底石油开采及事故泄漏,油船事故和各种机动船的压舱水、洗船水等含油废水。石油进入水体后漂浮于水面,并迅速扩散,形成一层极薄油膜,阻止大气中的氧气进入水中,妨碍水中浮游生物的光合作用;石油在自然降解及微生物分解过程中要消耗水中大量溶解氧,造成严重缺氧,使水体变黑发臭;石油及其制品中含有多种可致癌的多环芳烃,可通过水生生物的食物链而富集,最后进入人体诱发癌症,这是石油污染对人体健康的主要威胁。

(8)酸、碱。酸主要来源于冶金、金属加工、化纤、制酸、农药等工厂的废酸水及矿山排水。碱主要来自碱法造纸、化学化纤、印染、制革、炼油、制碱等工厂排出的废水。酸、碱污染水体后,水的pH值将发生变化,破坏其自然缓冲作用。

(9)热污染。是指向水体排放的废热使水温升高,从而影响水生生物的生存及对水资源的利用。水体热污染主要来自火力发电厂、核电站、金属冶炼厂、石油化工厂等,在其生产过程中向水体排放大量温热的废水,或直接向水体倾倒高温废渣,造成在一定范围内水温明显升高。

水体受热污染后水温升高,溶解氧减少,水温升高使水体中水生生物的代谢率增大。这样,一方面水中溶解氧大量减少,另一方面水中生物需氧量加大,对水生生物构成很大的威胁,最终将导致水体自净能力降低、水质恶化。水体热污染还可使水中某些毒物的毒性增强,以及使某些物质在水中溶解度增大,促使底泥中某些污染物向水体转移。

(10)病原体。主要来自生活污水、医院污水以及屠宰、制革、洗毛、生物制品等工业废水。常见的病菌是肠道传染病菌,常见的病毒有肠道病毒、腺病毒、呼吸道病毒及传染性肝炎病毒等。

### 5.2.3　水污染事件

#### 5.2.3.1　水污染突发事件产生的原因与特征

水污染突发事件产生的原因一般有:生产过程中人为或其他非正常工况,有毒有害品在贮存中发生意外事故,运输过程中发生交通事故或泄漏,平时累积在某些自然环境下造成污染事件。

水污染突发事件有以下特征:

(1)形式多样性。有核污染、农药污染、有毒化学品污染及溢油污染等事故。产生的方式由在生产、储存、运输中使用和处置不当所引起。

(2)突发性。一般的水环境污染是常量排污,有固定的排污方式和途径。而突发性水环境污染事件往往无固定排污方式,在人们意料之外。

(3)危害的严重性。一般水环境污染多产生于生产过程之中,短期内排污量少,相对危害小,不破坏正常生活和生产秩序。而突发性水环境污染事件,往往在极短时间内一次性大量泄漏有毒物或发生严重爆炸,短期内难以控制,破坏性大、损失严重。

(4)处理处置的艰巨性。由于事件的突发性、危害的严重性,所以很难在短期内控制,加之污染面大,又给处理、处置带来不少困难。

(5)发生的规律性。水污染突发事件有其难以预料的一面,但也有其规律性的一面,即污染源集中处(生产、使用、贮存、运输)是突发事故的发生源,工艺落后、制度不健全、管理不善、防范不足是发生突发事件的直接原因。

#### 5.2.3.2　重大水污染事件

重大水污染事件指下列情形之一:

(1)长江、黄河、松花江、辽河、海河、淮河、珠江干流、太湖及其他重要河流、湖泊、水库发生或可能发生大范围水污染。

(2)县级以上城镇集中供水水源地发生水污染,影响或可能影响安全供水。

(3)因水污染导致人群中毒。

(4)水污染直接损失在10万元以上。

(5)因水污染使社会安定受到或可能受到影响。

(6)其他影响重大的水污染事件。

#### 5.2.3.3　水污染突发事件简要描述的内容

(1)事故发生的时间、接到通知的时间及到达现场的时间。

(2)事故发生的具体位置。

(3)事故发生的性质、原因及伤亡损失情况。

(4)主要污染物的种类、流失量、浓度及影响范围。

(5)污染物的有害特性及采取的应急措施、处理结果,事故直接、潜在或间接的危害、社会影响、遗留问题和防范措施等。

#### 5.2.3.4　水污染事件的报告原则

(1)重大水污染事件遵循"谁获悉、谁报告"的原则。各级地方水行政主管部门或流域管理机构对发生在辖区内的重大水污染事件,应立即逐级上报上一级水行政主管部门,并报告当地人民政府。紧急情况下,可以越级上报。

(2)重大水污染事件报告需经领导签发,做到信息及时、内容准确,并执行国家保密的有关规定。

# 模块 6　地下水及土壤墒情监测

## 6.1　观测作业

### 6.1.1　便携式地下水位计使用

地下水位观测手段向便携自动式监测仪器发展,已有不少种类,其中声学便携水位计较具代表性,其使用方法提示如下,详细的操作请阅读使用说明书或测站使用规定。

气介声学水位计感应探头固定在井口,通过声波发射和返回的有关物理参数连续计算声学探头与水面之间的距离。使用时,将仪器对准井口,按下有关按钮,即可测得固定点到水面的距离,从而计算水位。例如,WL600 声学水位计在面板上仅有三个按钮,操作简单。

(1)按钮"DEPTH"(深度量程选择):可以选择测量量程,"NORMAL"正常(3～150 m),"DEEP"深(60～350 m)。

(2)按钮"POWER ON"(电源开关):将仪器对准井盖口,按下此按钮,只需要几秒种的时间液晶屏上就可以显示结果。在 3～150 m 量程下,仪器会连续发射 5 次探测声波;在 60～350 m 量程下,仪器在 16 s 之内会发射 4 次探测声波。要延长测量时间,只要按住开关不放即可。

(3)按钮"TEMP"(温度测量):因为声波的传播速率受环境和井内温度的影响,所以仪器内部有一温度传感器,用来测量温度,进而校正声波速率值。在液晶屏有显示的时候,拨动此开关,来进行温度测量的设置。

### 6.1.2　地下水位计管理维护

#### 6.1.2.1　地下水位计的基本结构

常用地下水位监测仪器包括浮子式地下水位计、压力式地下水位计、跟踪式地下水位计等。

地下水位计的基本结构一般为传感器、测量控制装置、固态存储器、电源等几部分。

浮子式地下水位计的结构为水位感应器(浮子、平衡锤、悬索、水位轮)、轴角编码器(计数器、码轮组部件、开关组部件、支承系统、机壳、底座)、固态存储器、电源等。

压力式地下水位计的结构为压力传感器、测量控制装置、固态存储器、电源和专用电缆等。

#### 6.1.2.2　管理维护

根据仪器的结构性能,开展一般的管理维护,如运动部分是否灵活,密封是否良好,信息传输是否通畅,存储或记录是否有效等。

浮子式地下水位计由于水位编码器的性能各异，需注意维护；地下水位埋深较大时，要注意悬索、水位轮的配合，避免悬索和水位轮之间打滑；还应注意小浮子感应水位变化的灵敏度。另外，浮子式水位计对测井的倾斜度有要求，应用时要注意。

压力式地下水位计应注意检查耐压密封性能。

地下水位计要做好保护措施，要耐干扰、抗雷击、防破坏。

## 6.1.3　地下水位监测误差及控制的概念

### 6.1.3.1　误差影响因素

悬锤式水位计地下水位监测误差受零点指示调整不准确影响。

浮子式水位计地下水位监测误差受滚筒轴线与水面不平行、零点指示调整不准确影响。

布卷尺、钢卷尺、测绳等测具的精度对监测误差也有一定的影响。

地下水位监测误差还受水位观测设备设置的位置的影响。

监测人员的业务素质对监测误差有较大的影响。

### 6.1.3.2　地下水位监测的规定

(1)地下水位监测数值以 m 为单位，精确到小数点后第二位(cm)。

(2)人工监测水位应测量两次，间隔时间不应少于 1 min，取两次水位观测值的平均值，两次测量允许偏差为 ±0.02 m。当两次测量的偏差超过 ±0.02 m 时，应重复测量。

(3)水位自动监测仪允许误差为 ±0.01 m。

(4)每次测量结果应当场核查，发现反常及时补测，保证监测资料真实、准确、完整、可靠。

(5)及时填制水位监测原始记载表。

### 6.1.3.3　测具检定的规定

(1)自动监测仪器每月检查、校测一次，当校测的水位监测误差的绝对值大于 0.01 m 时，应对自动监测仪器进行校正。

(2)布卷尺、钢卷尺、测绳等测具的精度必须符合国家计量检定规程允许的误差规定，每半年检定一次。

(3)基准点的高程测量与水尺零点高程测量的要求相同，可每年汛前校测一次，当发现有变动迹象时，应及时校测。

## 6.1.4　地下水开采量的调查方法

(1)对于开采井数量较少的地区，可采用逐一调查方法，并利用孔口流量计或田间三角堰测定实际出水量。

(2)对于集中供水的城市和工矿企业，开采量调查比较简单，以总计量数为准，资料可信度较高，收集来的资料基本不用修正，直接作为城市地下水开采量。但要注意个别企业自备井的开采量需要进行校验。

(3)对于开采井数量巨大的农村地区，尤其在华北农村以开采地下水灌溉为主，逐一调查不太现实，生活用水开采量和灌溉水量可采取收集资料和抽样调查校核相结合的方法。

(4)目前,农田灌溉地下水开采量的主要统计方法有以下几种:

①灌溉定额法,即

单井开采量=灌溉定额×保浇面积

②额定出水量法,即

单井开采量=额定出水量×开采时间

③电度法,即

单井开采量=单井年用电量$P$(电机功率×运行时间)×额定出水量

④实际出水量法,即

单井开采量=开采时间×实际单位时间出水量

在不可能对机井逐一调查的情况下,可以采用上述③的方法,但必须对统计资料进行抽样核查和校正。

### 6.1.5　土壤墒情便携式监测仪器的使用方法

土壤墒情便携式监测仪器常用探头为探针式的时域反射法(TDR)、频域法类仪器,可采用直接插入法来观测土壤含水量。

定点监测和巡测土壤含水量时,采用挖坑插入或打孔插入观测的方法,打孔时,孔径应大于探针导管的外径。采用直接插入法观测时,要避开上次的测坑和土壤结构被破坏的地块,探针插入土壤时应使探针与土壤密切接触,避开孔隙、裂缝、石块和其他非均质异物。

土壤含水量测点应保持测点相对的稳定性,不随意改变观测位置,以保持观测资料的连续性和一致性。

所用仪器正式使用前应与取土烘干法进行对比观测和标定,精度应达到2%。当有系统误差时,应予以校正。

土壤—水分输出曲线由多项式表达,一般用三次多项式便可得到良好的对应测量精度。在非饱和状态土壤水分测量中,也可采用简单的线性公式计算测量结果。

仪器实际应用中可能会有数量较多的探头同时使用,所以每个探头技术参数的一致性十分重要,个体差异应在容许误差范围内,满足无须系统标定即可互换使用的条件。

## 6.2　数据资料记载与整理

### 6.2.1　地下水开采量的计算方法

#### 6.2.1.1　地下水开采量原始记载表

地下水开采量根据施测和调查的情况统计计算,原始记载表如表5-6-1～表5-6-3所示。

表5-6-1　地下水开采量监测(水表法)原始记载表

________省(自治区、直辖市)　　________市(州、盟)　　________县(市、旗)

| 监测站 | 名称 | | 位置 | ________乡(镇)________村 | | 井深(m) | |
|---|---|---|---|---|---|---|---|
| | 类别 | | | 地理坐标 | 东经　°　′　″ | | |
| | 编号 | | | | 北纬　°　′　″ | 水泵型号 | |

| 监测日期 | | 水表读数($m^3$) | | | 地下水开采量($m^3$) | 备注 |
|---|---|---|---|---|---|---|
| 年 | 月 | 月初 | 月末 | 月初、月末水表读数差 | | |
| | 1 | | | | | |
| | 2 | | | | | |
| | ⋮ | | | | | |
| | 12 | | | | | |

记载人________　年　月　日　　校核人________　年　月　日　　复核人________　年　月　日

表5-6-2　地下水开采量监测(水泵出水量统计法)原始记载表

________省(自治区、直辖市)　　________市(州、盟)　　________县(市、旗)

| 监测站 | 名称 | | 位置 | ________乡(镇)________村 | | 井深(m) | |
|---|---|---|---|---|---|---|---|
| | 类别 | | | 地理坐标 | 东经　°　′　″ | | |
| | 编号 | | | | 北纬　°　′　″ | 水泵型号 | |

| 监测日期 | | 累计开泵时间(h) | 水泵单位时间出水量($m^3/h$) | 地下水开采量或矿坑排水量($m^3$) | 备注 |
|---|---|---|---|---|---|
| 年 | 月 | | | | |
| | 1 | | | | |
| | 2 | | | | |
| | ⋮ | | | | |
| | 12 | | | | |

记载人________　年　月　日　　校核人________　年　月　日　　复核人________　年　月　日

#### 6.2.1.2　原始记载表填表说明

“地下水开采量”按月填写。水表法根据“月初、月末水表读数差”填写；水泵出水量统计法根据“水泵单位时间出水量”与“累计开泵时间”的乘积填写；用水定额调查统计法中，“农田灌溉地下水开采量”根据“灌溉面积”、“灌溉定额”、“灌溉次数”三者的连乘积填写，“乡镇工业生产地下水开采量”根据“产值”与“万元产值用水定额”的乘积填写，“农村生活地下水开采量”根据“人口数”、“人均日用水定额”、“该月的日数”三者连乘积，再加上“牲畜头数”、“畜均日用水定额”、“该月的日数”三者连乘积的和填写。

“井深”指最近一次测量的地面至井底的距离。

**表 5-6-3　地下水开采量监测(用水定额调查统计法)原始记载表**

________省(自治区、直辖市)　　________市(州、盟)　　________县(市、旗)

<table>
<tr><td rowspan="3">监测站</td><td>名称</td><td colspan="4"></td><td rowspan="3">位置</td><td colspan="7">________乡(镇)________村</td><td rowspan="2">井深(m)</td><td rowspan="2"></td></tr>
<tr><td>类别</td><td colspan="4"></td><td rowspan="2" colspan="2">地理坐标</td><td colspan="5">东经　°　′　″</td></tr>
<tr><td>编号</td><td colspan="4"></td><td colspan="5">北纬　°　′　″</td><td>水泵型号</td><td></td></tr>
<tr><td colspan="2">监测日期</td><td colspan="4">农田灌溉</td><td colspan="3">乡镇工业生产</td><td colspan="5">农村生活</td><td rowspan="2">地下水开采量合计($m^3$)</td><td rowspan="2">备注</td></tr>
<tr><td>年</td><td>月</td><td>灌溉面积(亩)</td><td>灌溉定额($m^3$/(亩·次))</td><td>灌溉次数</td><td>地下水开采量($m^3$)</td><td>产值(万元)</td><td>万元产值用水定额($m^3$/万元)</td><td>地下水开采量($m^3$)</td><td>人口数(人)</td><td>牲畜头数(头)</td><td>人均日用水定额($m^3$/(人·日))</td><td>畜均日用水定额($m^3$/(头·日))</td><td>地下水开采量($m^3$)</td></tr>
<tr><td rowspan="5"></td><td>1</td><td></td><td></td><td></td><td></td><td></td><td></td><td></td><td></td><td></td><td></td><td></td><td></td><td></td><td></td></tr>
<tr><td>2</td><td></td><td></td><td></td><td></td><td></td><td></td><td></td><td></td><td></td><td></td><td></td><td></td><td></td><td></td></tr>
<tr><td>⋮</td><td></td><td></td><td></td><td></td><td></td><td></td><td></td><td></td><td></td><td></td><td></td><td></td><td></td><td></td></tr>
<tr><td>12</td><td></td><td></td><td></td><td></td><td></td><td></td><td></td><td></td><td></td><td></td><td></td><td></td><td></td><td></td></tr>
<tr><td colspan="15"></td></tr>
</table>

记载人：　年　月　日　　校核人：　年　月　日　　复核人：　年　月　日

## 6.2.2　地下水可开采量估算

地下水可开采量是指在可预见的时期内，通过经济合理、技术可行的措施，在不引起生态环境恶化条件下允许从含水层中获取的最大水量。

可开采量评价的范围主要为目前已经开采和有开采前景的矿化度小于 2 g/L 的平原区和部分山丘区的浅层地下水。

影响可开采量的主要因素有总补给量大小、含水层厚度、岩性、渗透性能及单井涌水量等含水层条件。

### 6.2.2.1　平原区可开采量估算

平原区可开采量的估算主要采用可开采系数法和实际开采量调查法。

1. 可开采系数法

可开采系数 $\alpha$ 是指某一地区的地下水可开采量 $Q_{KC}$ 与该地区地下水总补给量 $Q_{ZB}$ 的比值，即 $\alpha = Q_{KC}/Q_{ZB}$。此法适用于含水层水文地质条件研究程度较高的地区，即对该地区浅层地下水含水层岩性、厚度、渗透性能及单井涌水量，单井影响半径等开采条件掌握得比较清楚的地区。

可开采系数 $\alpha$ 的确定主要以含水层的开采条件为依据，开采条件好，$\alpha$ 值大；开采条件差,α 值小。

可开采系数 α 不能大于 1,一般确定其值应遵循以下基本原则:

(1)由于浅层地下水总补给量中,可能有一部分要消耗于水平排泄和潜水蒸发,故可开采系数 α 应不大于 1。

(2)对于开采条件良好,特别是地下水埋藏较深、已造成水位持续下降的超采区,应选用较大的可开采系数,参考取值范围为 0.8 ~ 1.0。

(3)对于开采条件一般的地区,宜选用中等的可开采系数,参考取值范围为 0.6 ~ 0.8。

(4)对于开采条件较差的地区,宜选用较小的可开采系数,参考取值范围为不大于 0.6。

在确定了均衡区的可开采系数 α 值后,即可根据公式 $Q_{KC}=\alpha Q_{ZB}$ 计算得各均衡区的多年平均地下水可开采量 $Q_{KC}$。

2. 实际开采量调查法

实际开采量调查法适用于浅层地下水开采程度较高、地下水实际开采量统计资料较准确、完整且潜水蒸发量不大、地下水位多年变化相对不大的地区。顾名思义,这些地区的地下水可开采量 $Q_{KC}$ 即可用调查统计的实际开采量代表。

#### 6.2.2.2　山丘区可开采量估算

山丘区可开采量计算只在部分岩溶山区和未单独划归平原区计算地下水资源量的小型山间河谷、盆地平原进行。一般采用多年平均地下水实际开采量法和未计入地表水资源量的多年平均实测泉水流量法计算。

### 6.2.3　土壤墒情监测站说明表及位置图示例

表 5-6-4 是杨楼站土壤墒情监测站说明表及位置图,其填制内容比较典型,可供参考。具体到特定土壤墒情监测站应根据勘测情况编制填写。

**表 5-6-4　______年杨楼站土壤墒情监测站说明表及位置图**

<table>
<tr><td rowspan="2">取样位置</td><td colspan="5">萧县　杨楼镇　小吴楼村　NE　300 m</td><td colspan="4">土壤剖面说明</td></tr>
<tr><td colspan="5">东经:116°49′　　北纬:34°21′</td><td>深度(cm)</td><td>剖面图</td><td>质地</td><td>土层</td></tr>
<tr><td>土壤类型</td><td>潮土</td><td>取样方法</td><td>取土钻</td><td>监测深度</td><td>10 cm、20 cm、40 cm</td><td>0</td><td rowspan="4"></td><td></td><td></td></tr>
<tr><td>称量器具</td><td>天平</td><td>感量</td><td>1/1 000 g</td><td>烘干方法</td><td>恒温干燥箱</td><td>15</td><td>中壤土<br>中壤土</td><td>耕作层<br>犁底层</td></tr>
<tr><td>烘干温度</td><td colspan="2">105 ℃</td><td>地下水位站名</td><td colspan="2">杨楼</td><td>30</td><td>砂壤土</td><td>心土层</td></tr>
<tr><td>降水量站名</td><td colspan="2">杨楼</td><td>蒸发站名</td><td colspan="2">杨楼</td><td>50</td><td></td><td></td></tr>
</table>

**续表 5-6-4**

| | |
|---|---|
| 说明 | 本站于 2001 年 5 月 1 日开始土壤墒情监测，7 月 21 日起取样地点由水文站移至铁路南侧，小吴楼东北 300 m。耕作层灰黄棕色，碎块状结构，较疏松，根系多，有活蚯蚓。犁底层灰黄棕色，片块状，较紧实，根系较少，有少量铁锰结核及动物穴。心土层细粉沙含量高，浅灰黄色，较紧，无结核，层面内沙土中掺杂有少量暗黄棕色中壤土块，40 ~ 50 cm 有少量铁锰结核，50 cm 上下有灰色横向条纹。具有两合土特性，黏沙适中，保水保肥性及供水供肥性较好，耕性良好。适耕期较长，适种作物广泛 |
| 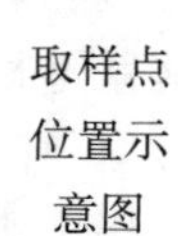 取样点位置示意图 | 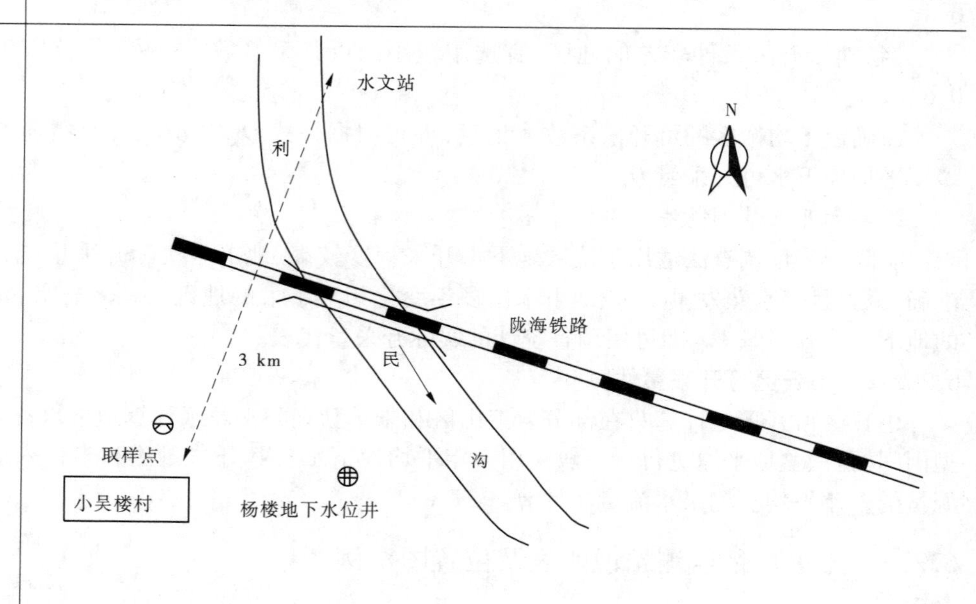  |

# 模块7　测站水文情报水文预报

## 7.1　情报作业

### 7.1.1　水情编码与译码的审核

#### 7.1.1.1　水情信息编码校核

测站水情信息编码在发送前要进行校核。

首先,对水情信息的报送项目、起报标准、发报段次、发往单位进行核查。然后,对拟报的原始水情信息检查核对,准确无误后,按水情信息编码标准检查编码的基本格式、基本规则、具体项目编码格式是否正确,确认标识符,注意空格,核对数据数值单位及有效数字。

#### 7.1.1.2　水情信息译码校核

对接收到的水情信息译码要进行校核。

接收到有关站水情信息编码,在初步译码后还要进行译码校核。

校核水情译码要按水情信息编码标准进行。校核还包括合理性检查,检查不合理的情报再反复校核。必要时溯源查询。

水文情报事关重大,每道环节都应认真细心作业,校核、审核不要只看结果成果数字,而应溯源看原始记载、重新查图推算、考察分析演算结果成果,避免和减少差错。

### 7.1.2　水情错报修正

发报单位如果发报后发现出错,应立即查明原因,按规定核发水情错报更正,必要时用多种通信方式发报并说明原因。

水情错报一般有以下两种情况:

(1)站号或时间错。站号错造成在接收数据库中不仅本站的信息没有记录,而且给其他站加上了一条错误记录;观测时间码错会造成数据库记录错误。在这种情况下,应及时通知信息接收单位,在人工干预下通过合理方式修改数据库。

(2)标识码或数值错及漏编某组信息,在这种情况下,应发水情错报修正报。用“R”开头的水情信息码表示修正码,也就是在需要修正信息的编码分类码前加符号“R”,组成修正信息的编码分类码,其他部分的编码形式不变。通常的做法是,在原发有错误的报文中改正错误,在需要修正信息的编码分类码前加符号“R”后重发。也可以仅发出错类的部分,但应列出原编码中与错误信息同类的全部内容。例如,一条河道水情信息编码中,同时列出了降水量、河道水情和沙情,报文发出后发现河道水情中的流量数据有误,应编报修正报文,则修正报文中应包含水位等原编码中所有河道水情信息,而不仅仅是流量信息;但降水量与流量无直接关系,可不列入修正报文。

例如,某河道站20204028,发出的编码为"H 20204028 07110800 Z 28.42 ZS 4 Q 370 QS 1 TT 07201336 Z 28.52 ZS 5 Q 598 QS 2 NN",经检查发现实测流量有误,应立即发修正编码,这时编码为"RH 20204028 07201336 Z 28.52 ZS 5 Q 398 QS 2 NN"。

对特殊水情,虽无错误,认为必要时也可发说明文字或用语音报告,同时作好档案记载。

有时上级业务机构或其他收报单位会从对比分析中发现某发报单位的水情错报或提出疑问,应及时询问查证。发报单位对上级或其他收报单位的查询应及时办理,确认正误后立即回复。

对重大的错报应写出检查,报告上级。

水情发报单位应经常总结容易出错的经验教训,写入测算、编报、校核等环节的注意事项,引起警觉,减少误报率。

## 7.2 预报作业

### 7.2.1 水文预报方法

水文预报是对自然界未来水文现象态势及其变化作出的估算。它对于合理调度水资源、发挥水利工程效益与水旱灾害作斗争等方面有着先期了解以便做好心理和实际准备的功效。

水文预报的内容很广泛,按照水体所处空间位置的不同,分为陆地水文预报、海洋水文预报、地下水水文预报等。陆地水文预报按预报的对象不同,又可分为径流预报、冰情预报、泥沙预报、水质预报、台风风暴潮预报、风浪预报、墒情预报等。就预报的预见期分,有短期预报、中长期预报。短期雨洪径流的水文预报方法有相应水位(流量)法、河道流量演算法、单位过程线法等。

#### 7.2.1.1 相应水位(流量)法

相应水位(流量)法是河道洪水预报中最常用的一种方法。当洪水流经河道时,沿河道自上而下会出现水位(流量)的涨落变化。在有水文测站的断面上都会测到洪水过程。同一次洪水,河道上、下游站的洪水过程一般是相应的,上游过程的各种特征点(如起涨、洪峰、波谷等)都会延迟一段时间后在下游相应地出现。根据掌握的洪水在河道中的运动规律,也就可以由上游已出现的水位(流量)来预报下游未来的水位(流量)。

具体方法是,根据以往的洪水过程线资料,分别摘录上、下游站相应的洪峰水位(流量)及其出现时间,点绘上、下游站相应洪峰水位(流量)相关图,按图中的关系,就可根据上游站已出现的洪峰水位(流量)来预报下游站未来的洪峰水位(流量);再点绘上游站洪峰水位(流量)与洪水传播到下游站的传播时间相关图,按图中的关系,来预报下游站未来的洪峰水位(流量)的出现时间。

#### 7.2.1.2 河道流量演算法

河道流量演算法是从分析河段水流的水量与能量变化入手,用槽蓄关系对水流进行定量计算,将河段上游断面流量过程直接演算成下游断面流量过程的方法。

流量演算法的计算公式是基于非稳定流方程组中的连续方程与运动方程以及它们的简化数值解。例如,假定不同时刻河段之间的槽蓄量与上、下游断面流量的综合值是单一关系,同时是线性关系,可导出马斯京根法流量演算公式

$$Q_{下,2} = C_0 Q_{上,2} + C_1 Q_{上,1} + C_2 Q_{下,1} \tag{5-7-1}$$

实际应用时,已知上游站入流过程 1、2 两时刻流量 $Q_{上,1}$、$Q_{上,2}$和下游站起始时刻出流量 $Q_{下,1}$,代入式(5-7-1)即可推得出流流量 $Q_{下,2}$,顺序推演可获得预报过程 $Q_{下}(t)$。$C_0$、$C_1$、$C_2$ 是利用以往洪水率定的系数,且它们的和为 1,应用时要根据洪水洪峰的类型、形态选择适当的系数,才能有好的结果。

#### 7.2.1.3　单位过程线法

单位过程线法是由流域降雨量推求流域出口处流量过程的方法。单位过程线法一般分为两个阶段:一是由流域降雨量推求出流域径流量(也称流域净雨量);二是由流域净雨量推算出流域出口处的流量过程。

由流域降雨量推求流域净雨量通常用降雨—径流相关图,绘制降雨—径流相关图需要计算流域平均降雨量、次降雨产生的径流量、流域平均前期土壤含水量等因素,实际应用时,可用降雨量和前期土壤含水量查相关图得到流域净雨量。在北方干旱地区,也可用超渗产流模型推算净雨量;在南方湿润地区,可用蓄满产流模型推算净雨量。

单位线是在单位时段内流域上均匀分布的单位净雨深所形成的流域出口断面径流过程线。单位线一般用三个要素(洪峰流量、洪峰滞时、洪水历时)表示,单位净雨深一般取 10 mm,单位时段一般取 2 h、3 h、6 h、12 h 等。单位线有三个基本假定:流域的下垫面因素不变,单位线形状不变;若单位时段内有径流深(净雨量)$n$ mm,其洪水历时即径流过程的底宽 $T$ 仍与单位线底宽一致,而流量是单位线流量的 $n/10$ 倍;若有 $m$ 个时段产流,各时段所形成的过程互不干扰,出口断面任一时刻的流量是 $m$ 个过程中能在该时刻到达出口的流量叠加的结果。实际生产中应用单位线时,需确定降雨时段数,求出各时段的径流深(净雨量),再根据单位线的假定计算出流域出口的流量过程。

### 7.2.2　应用已有方案预报本站水情

有水文预报任务的水文测站都建立有水文预报方案,有的站可能还不止一种,应全面了解。在进行测站水文预报作业时,要熟悉预报方案,了解预报方案的编制方法,掌握预报方案的应用作业方法。

水文预报方案有多种,预报的水文要素也不尽相同,如洪峰水位、洪峰流量、净雨量(径流深)、流量过程等。对上游站洪峰水位、流量过程,流域内平均降雨或者区间其他要素也要了解清楚。

实际进行作业预报时,根据本站上游或者流域已经出现并接收到的雨情、水情数据资料,使用水文预报方案,查阅有关图、表,进行必要的计算,预报出本站未来的有关水文要素,如洪峰水位、洪峰流量、径流深、流量过程等。

在熟悉、应用本站水文预报方案的基础上,根据预报结果误差、预报方案存在的问题、水文预报方法的新发展和实际资料的积累,可提出本站水文预报方案的修正建议。

# 模块 8　水文普通测量

## 8.1　测量作业

### 8.1.1　普通水准仪检校

根据水准测量的原理,水准仪必须能提供一条水平的视线,才能正确地测出两点间的高差。为此,水准仪在结构上应满足如图 5-8-1 所示的水准仪轴线几何条件,即视准轴 $CC$ 垂直于仪器的竖轴 $VV$;圆水准器轴 $L'L'$ 应平行于仪器的竖轴 $VV$,垂直于视准轴 $CC$;十字丝的横丝应垂直于仪器的竖轴 $VV$;水准管轴 $LL$ 应平行于视准轴 $CC$,垂直于竖轴 $VV$。在水准测量作业之前,应对水准仪进行认真的检验与校正,以满足这些条件。下面介绍普通水准仪检校的内容。

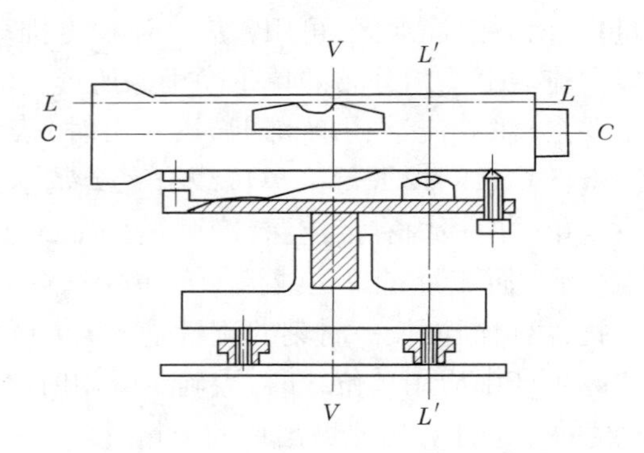


图 5-8-1　水准仪轴线

#### 8.1.1.1　水准仪的外观及一般性检查

(1)望远镜的物镜和各光学部件应洁净无疵点。

(2)调节望远镜焦距的装置应转动灵活,调节对焦之物像应清晰正确。

(3)符合水准气泡构像的两半部应对称于分界线,反光镜的反光应均匀明亮。

(4)倾斜螺旋应灵活稳当,不应有阻滞和跳动现象;脚螺旋、制动和微动螺旋以及各种校正螺旋应完好无损。

#### 8.1.1.2　望远镜光学性能的检验

(1)望远镜影像的检验。在距水准仪 100 ~ 150 m 处放置水准尺,观察水准尺分划线的影像是否清晰,如影像模糊,则此望远镜不适用。

(2)望远镜放大倍率的检验。对准远距离地物调整望远镜焦距后,使物镜对向天空,用一较硬纸片在目镜端前后移动至纸上呈现明显圆圈。量取此圆圈的直径为 $d$,物镜的直径为 $D$,则望远镜的放大倍率 $U$ 为

$$U = \frac{D}{d} \tag{5-8-1}$$

### 8.1.1.3　圆水准器的检验与校正

1.检验

安装仪器后,旋转脚螺旋使圆水准器气泡居中,然后将仪器绕竖轴旋转到任何方向,圆水准器的气泡总是保持在居中位置,说明圆水准器轴平行于仪器竖轴;若气泡偏离出分划圈外,说明圆水准器轴与视准轴不垂直,则需要校正。

2.校正

先调整脚螺旋,使气泡移动偏离值的一半,然后稍旋松圆水准器底部中央固定螺丝,用校正针拨动三个校正螺丝,使气泡居中。如此反复检校,直至气泡都在分划圈内。最后旋紧固定螺丝。

圆水准器校正螺丝的结构如图5-8-2所示。此项校正,需反复进行,直至仪器旋转到任何位置时,圆水准器气泡皆居中。最后旋紧固定螺丝。

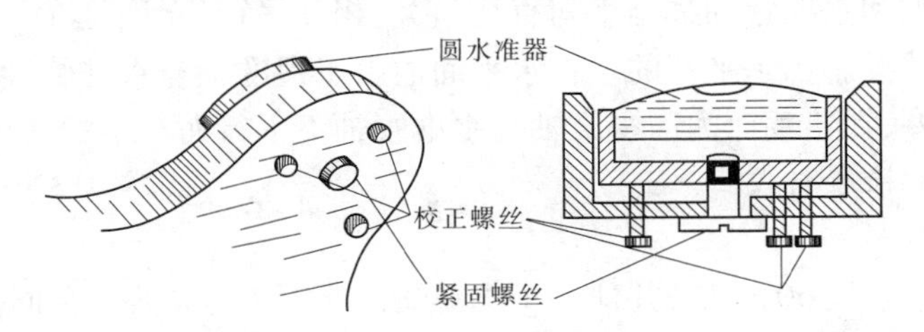


图5-8-2　圆水准器校正螺丝

### 8.1.1.4　符合水准器分划值的检验

检验普通水准仪时,可先安平仪器,在距仪器40~50 m处打一木桩设置水准尺,并精确量出其间距。使符合水准器气泡偏于水准管的一端,并读气泡两端的分划值数值,计算其平均值;再读水准尺上的读数。转动倾斜螺旋,使符合水准器气泡偏于水准管的另一端,重复以上观测。然后可按下式计算分划值

$$L = \frac{h}{nD} \rho'' \tag{5-8-2}$$

式中　$L$——符合水准器分划值;

$h$——两次水准尺读数之差,m;

$n$——两次气泡移动的格数;

$D$——仪器至水准尺的距离,m;

$\rho''$——角度换算常数,即角度1弧度的秒数,其值为206 265″。

### 8.1.1.5　十字丝的检验与校正

1.检验

安置水准仪,使圆水准器的气泡严格居中后,先用十字丝交点瞄准某一明显的点状目标$M$,如图5-8-3(a)所示,然后旋紧制动螺旋,转动微动螺旋使镜头微转,如果目标点$M$不离开中丝,如图5-8-3(b)所示,则表示中丝垂直于仪器的竖轴;如果目标点$M$离开中丝,如图5-8-3(c)所示,则需要校正。

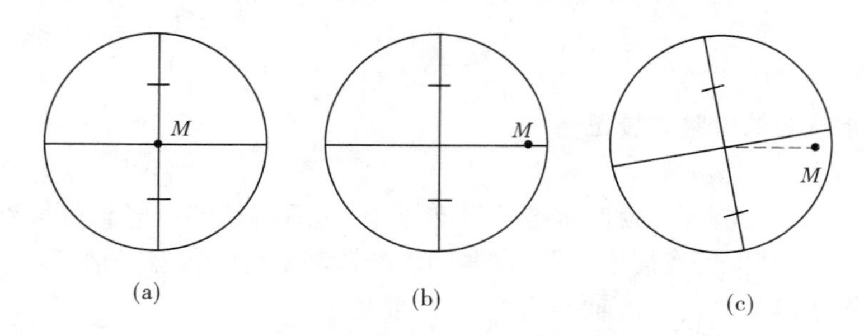


图 5-8-3　十字丝中丝垂直于仪器的竖轴的检验

2. 校正

松开十字丝分划板座的固定螺钉，转动十字丝分划板座，使中丝一端对准目标点 $M$，再将固定螺钉拧紧，重新检验、校正。此项校正也需反复进行。

#### 8.1.1.6　水准轴平行于视准轴的检验与校正

望远镜视准轴和水准管轴都是空间直线，它们相互平行，无论是在包含视准轴的铅垂面还是水平面上的投影都是平行的。在水平面内由于视准轴与水准管轴不平行所产生的误差叫做交叉误差，在铅垂面内因视准轴与水准管轴不平行而产生的交角，称为 $i$ 角。

1. 交叉误差的检验与校正

1）检验

置仪器于距水准尺 50 m 处，并使一个脚螺旋与望远镜、水准尺在同一视准面内。安平仪器，使气泡严格居中，用中丝在水准尺上读数，再将视准面左侧的一个脚螺旋向一方转动两周，使仪器向左侧倾斜，同时将视准面右侧的脚螺旋反方向转动，使中丝仍保持原有读数，此时观测气泡两端是否符合其偏离的距离。然后反方向转动两侧的脚螺旋，使中丝保持在原有读数的情况下，气泡两端恢复到符合的位置。

同法，使仪器向右侧倾斜，使中丝仍保持原有读数，观测气泡两端是否符合其偏离的距离。若两次检验气泡均符合居中，或同方向偏离相同的距离，则表示视准轴与水准管轴在铅垂面互相平行，无交叉误差。若两次检验气泡偏离的距离为反方向，且大于 2 mm，则应校正。

2）校正

将水准器一侧的校正螺旋放松，另一侧的校正螺旋拧紧，使水准器一端向左右移动，至气泡两端恢复符合。

2. $i$ 角的检验与校正

1）检验

如图 5-8-4 所示，在较平坦场地上取一直线，用钢尺量距使 $AI_2 = D_2$ 且为 40 ~ 50 m，$BI_2 = D_1$ 且为 5 ~ 7 m，$AI_1 = I_1B$（即 $A$、$B$ 的中间点为 $I_1$），$I_1$、$I_2$ 为安置仪器处，$A$、$B$ 为立标尺处。分别在 $A$、$B$ 处各打一尺桩立标尺，先后在 $I_1$、$I_2$ 处安置仪器，仔细整平后，分别在 $A$、$B$ 标尺上各照准读基本分划四次，分别为 $a_1$、$b_1$、$a_2$、$b_2$。$i$ 角按下式计算

$$i = \frac{\Delta\rho''}{D_2 - D_1} - 1.61 \times 10^{-5} \cdot (D_1 + D_2) \tag{5-8-3}$$

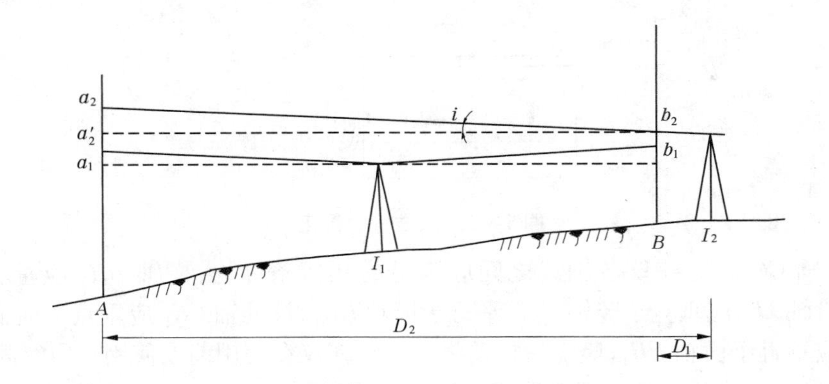


图5-8-4　$i$ 角检验示意图

$$\Delta = \frac{[(a_2 - b_2) - (a_1 - b_1)]}{2} \tag{5-8-4}$$

式中　$i$——$i$ 角值(″),仪器视准轴与水准轴的交角;

$\Delta$——仪器视准轴倾斜的读数误差,mm;

$\rho''$——角度换算常数,即角度1弧度的秒数,其值为206 265″;

$D_1$——在 $I_2$ 处仪器距 $B$ 标尺的距离,mm;

$D_2$——在 $I_2$ 处仪器距 $A$ 标尺的距离,mm;

$a_2$——在 $I_2$ 处观测 $A$ 标尺的读数平均值,mm;

$b_2$——在 $I_2$ 处观测 $B$ 标尺的读数平均值,mm;

$a_1$——在 $I_1$ 处观测 $A$ 标尺的读数平均值,mm;

$b_1$——在 $I_1$ 处观测 $B$ 标尺的读数平均值,mm。

当三、四等水准测量水准仪的 $i$ 角大于20″时,即应进行校正。

2)校正

对于自动安平水准仪,应送有关修理部门进行校正。对于气泡式水准仪,可按下述方法校正。

如图5-8-4所示,在 $I_2$ 处,用倾斜螺旋将望远镜视线对准 $A$ 标尺上应有的正确读数 $a'_2$,$a'_2$按下式计算

$$a'_2 = a_2 - \frac{\Delta \cdot D_2}{D_2 - D_1} \tag{5-8-5}$$

然后校正水准器改正螺丝使气泡居中(见图5-8-5)。

校正后,将仪器望远镜对准 $B$ 标尺读数 $b'_2$,气泡不居中时再行校正。$b'_2$按式(5-8-6)计算,即

$$b'_2 = b_2 - \frac{\Delta \cdot D_1}{D_2 - D_1} \tag{5-8-6}$$

需反复进行校正,使读数符合要求,也即 $i$ 角符合要求为止。

### 8.1.2　普通经纬仪检校

经纬仪的轴线如图5-8-6所示,经纬仪的主要轴线有竖轴 $VV_1$、横轴 $HH_1$、水准管轴

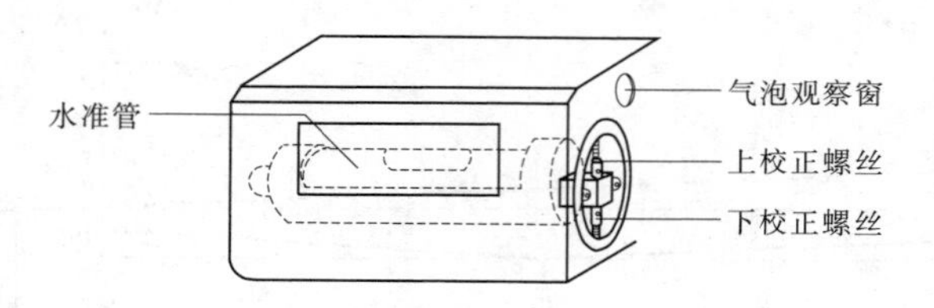


图 5-8-5　水准管的校正

$LL_1$ 和视准轴 $CC_1$。经纬仪各轴线之间应满足的几何条件为，横轴 $HH_1$ 应垂直于竖轴 $VV_1$；水准管轴 $LL_1$ 应垂直于竖轴 $VV_1$，平行于横轴 $HH_1$；视准轴 $CC_1$ 应垂直于横轴 $HH_1$；十字丝竖丝应垂直于横轴 $HH_1$；竖盘指标差为零。经纬仪在使用前或使用一段时间后，应进行检验，如发现上述几何条件不满足，则需要进行校正。

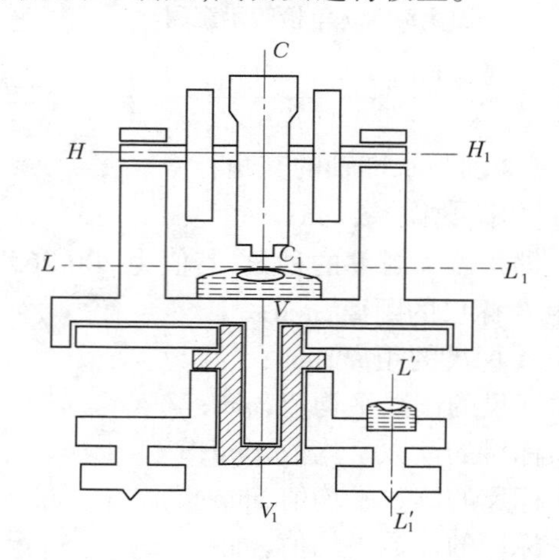


图 5-8-6　经纬仪的轴线

#### 8.1.2.1　水准管轴 $LL_1$ 垂直于竖轴 $VV_1$ 的检验与校正

1. 检验

首先利用圆水准器粗略整平仪器，然后转动照准部使水准管平行于任意两个脚螺旋的连线方向，调节这两个脚螺旋使水准管气泡居中，再将仪器旋转 180°，若水准管气泡仍居中，说明水准管轴与竖轴垂直；若气泡不再居中，则说明水准管轴与竖轴不垂直，需要校正。

2. 校正

水准管轴垂直竖轴的检验与校正以如图 5-8-7 所示进行。如图 5-8-7(a)所示，设水准管轴与竖轴不垂直，倾斜了 $\alpha$ 角，当水准管气泡居中时，竖轴与铅垂线的夹角为 $\alpha$。将仪器绕竖轴旋转 180°后，竖轴位置不变，而水准管轴与水平线的夹角为 $2\alpha$，如图 5-8-7(b)所示。校正时，先相对旋转这两个脚螺旋，使气泡向中心移动偏离值的一半，如图 5-8-7(c)所示，此时竖轴处于竖直位置。然后用校正针拨动水准管一端的校正螺丝，使气泡居中，如图 5-8-7(d)所示，此时水准管轴处于水平位置。

此项检验与校正比较精细，应反复进行，直至照准部旋转到任何位置，气泡偏离零点不超过半格。

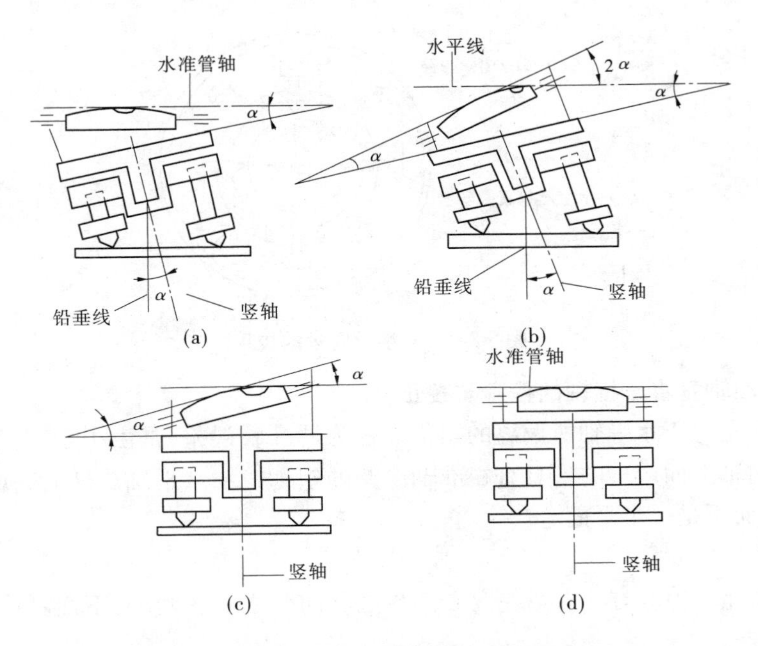


图 5-8-7　水准管轴垂直竖轴的检验与校正

### 8.1.2.2　十字丝竖丝的检验与校正

1. 检验

以如图 5-8-8 所示进行十字丝竖丝的检验，首先整平仪器，用十字丝交点精确瞄准一明显的点状目标，然后制动照准部和望远镜，转动望远镜微动螺旋使望远镜绕横轴作微小俯仰，如果目标点始终在竖丝上移动，说明条件满足，如图 5-8-8（a）所示；否则，如图 5-8-8（b）所示，需要校正。

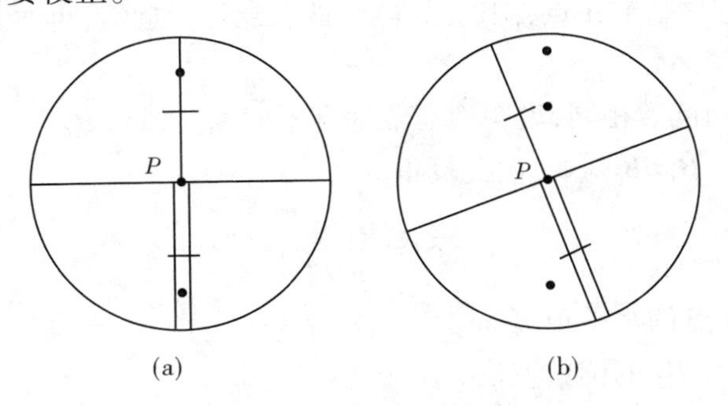


图 5-8-8　十字丝竖丝的检验

2. 校正

与水准仪中横丝应垂直于竖轴的校正方法相同，此处只是应使竖丝竖直。如图 5-8-9 所示进行十字丝竖丝的校正，校正时，先打开望远镜目镜端护盖，松开十字丝环的四个固定螺钉，按竖丝偏离的反方向微微转动十字丝环，使目标点在望远镜上下俯仰时始终在十字丝竖丝上移动为止，最后旋紧固定螺钉拧紧，旋上护盖。

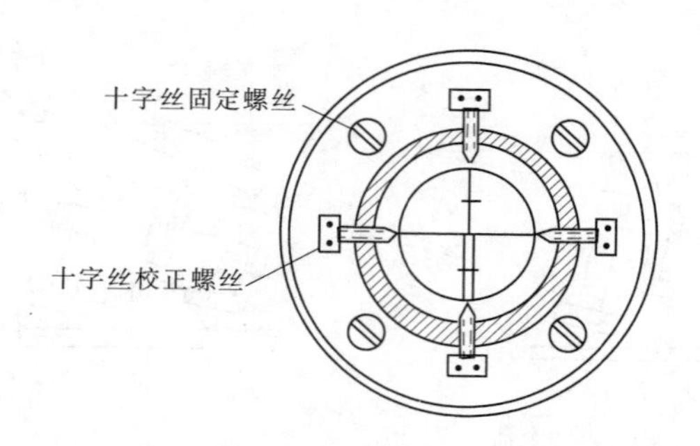


图 5-8-9　十字丝竖丝的校正

#### 8.1.2.3　视准轴垂直于横轴的检验与校正

视准轴不垂直于水平轴所偏离的角值 $c$ 称为视准轴误差,是由于十字丝交点不在望远镜筒的几何轴上而产生的。具有视准轴误差的望远镜绕水平轴旋转时,视准轴将扫过一个圆锥面,而不是一个平面。

1. 检验

视准轴误差的检验方法有盘左盘右读数法和四分之一法两种,下面具体介绍四分之一法的检验方法。

(1)如图 5-8-10 所示进行视准轴误差的检验。在平坦地面上,选择相距约 100 m 的 $A$、$B$ 两点,在 $AB$ 连线中点 $O$ 处安置经纬仪,并在 $A$ 点设置一瞄准标志,在 $B$ 点横放一根刻有 mm 分划的直尺,使直尺垂直于视线 $OB$,$A$ 点的标志、$B$ 点横放的直尺应与仪器大致同高。

(2)用盘左位置瞄准 $A$ 点,制动照准部,然后竖转望远镜,在 $B$ 点尺上读得 $B_1$,如图 5-8-10(a)所示。

(3)用盘右位置再瞄准 $A$ 点,制动照准部,然后纵转望远镜,再在 $B$ 点尺上读得 $B_2$,如图 5-8-10(b)所示。

如果 $B_1$ 与 $B_2$ 两读数相同,说明视准轴垂直于横轴。如果 $B_1$ 与 $B_2$ 两读数不相同,由图 5-8-10(b)可知,$\angle B_1OB_2 = 4c$,由此算得

$$c = \frac{B_1B_2}{4D}\rho'' \tag{5-8-7}$$

式中　$D$——$O$ 到 $B$ 点的水平距离,m;

$B_1B_2$——$B_1$ 与 $B_2$ 的读数差值,m;

$\rho''$——角度换算常数,其值为 206 265″。

对于 $DJ_6$ 型经纬仪,如果 $c > 60''$,则需要校正。

2. 校正

校正时,在直尺上定出一点 $B_3$,使 $B_2B_3 = B_1B_2/4$,$OB_3$ 便与横轴垂直。打开望远镜目镜端护盖,用校正针先松十字丝上、下的十字丝校正螺钉,再拨动左、右两个十字丝校正螺钉,一松一紧,左右移动十字丝分划板,直至十字丝交点对准 $B_3$。此项检验与校正也需反复进行。

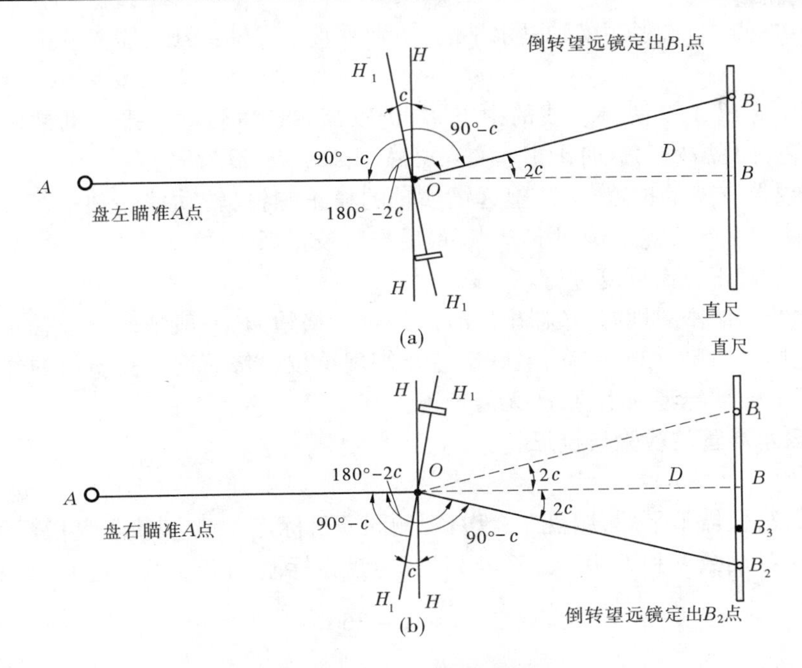


图5-8-10　视准轴误差的检验

### 8.1.2.4　横轴垂直于竖轴的检验与校正

若横轴不垂直于竖轴，则仪器整平后竖轴虽已竖直，但横轴并不水平，因而视准轴绕倾斜的横轴旋转所形成的轨迹是一个倾斜面。这样，当瞄准同一铅垂面内高度不同的目标点时，水平度盘的读数并不相同，从而产生测角误差，影响测角精度，因此必须进行检验与校正。横轴垂直于竖轴的检验与校正如图5-8-11所示。

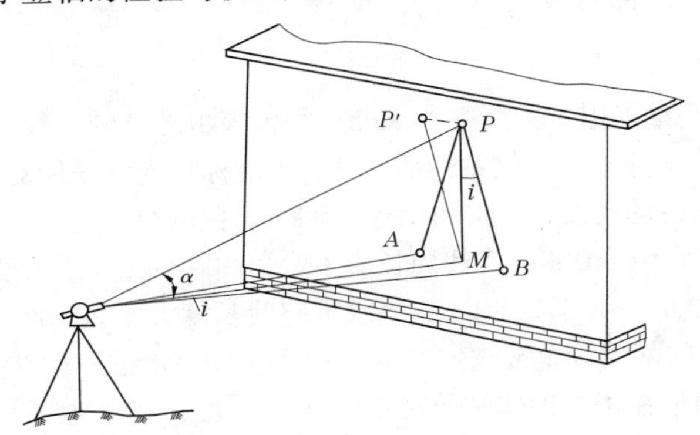


图5-8-11　横轴垂直于竖轴的检验与校正

1. 检验

(1)在距一垂直墙面20～30 m处，安置经纬仪，整平仪器。

(2)盘左位置，瞄准墙面上高处一明显目标$P$，仰角宜在30°左右。

(3)固定照准部，将望远镜置于水平位置，根据十字丝交点在墙上定出一点$A$。

(4)倒转望远镜成盘右位置，瞄准$P$点，固定照准部，再将望远镜置于水平位置，定出点$B$。

如果 $A$、$B$ 两点重合，说明横轴是水平的，横轴垂直于竖轴；否则，需要校正。

2. 校正

（1）在墙上定出 $A$、$B$ 两点连线的中点 $M$，仍以盘右位置转动水平微动螺旋，照准 $M$ 点，转动望远镜，仰视 $P$ 点，这时十字丝交点必然偏离 $P$ 点，设为 $P'$ 点。

（2）打开仪器支架的护盖，松开望远镜横轴的校正螺钉，转动偏心轴承，升高或降低横轴的一端，使十字丝交点准确照准 $P$ 点，最后拧紧校正螺钉。

此项检验与校正也需反复进行。

由于光学经纬仪密封性好，仪器出厂时又经过严格检验，一般情况下横轴不易变动。但测量前仍应加以检验，如有问题，最好送专业修理单位检修。近代高质量的经纬仪，设计制造时保证了横轴与竖轴垂直，故无需校正。

#### 8.1.2.5 竖盘水准管的检验与校正

1. 检验

安置经纬仪，仪器整平后，用盘左、盘右观测同一目标点 $A$，分别使竖盘指标水准管气泡居中，读取竖盘读数 $L$ 和 $R$，用式(5-8-8)计算竖盘指标差 $x$，若 $x$ 值超过 1′，需要校正。

$$x = \frac{1}{2}(L + R - 360°) \tag{5-8-8}$$

2. 校正

先计算出盘右位置时竖盘的正确读数 $R_0 = R - x$，原盘右位置瞄准目标 $A$ 不动，然后转动竖盘指标水准管微动螺旋，使竖盘读数为 $R_0$，此时竖盘指标水准管气泡不再居中，用校正针拨动竖盘指标水准管一端的校正螺钉，使气泡居中。

此项检校需反复进行，直至指标差小于规定的限度。

### 8.1.3 水文三等水准测量要求与方法

#### 8.1.3.1 一般要求

水文三等水准测量多用于接测基本水准点和校核水准点的高程，一般要求如下：

（1）水准仪使用不低于水准仪系列的 $S_3$ 级，水准标尺通常采用双面水准尺。

（2）三等水准路线的支线长度应不大于 45 km。在两个二等水准点之间布设三等附合路线，其长度应不大于 180 km；环线周长应不大于 300 km；测站水准点联测和比降观测高程测量的路线长度应不大于 2.8 km。当水准路线长度大于 20 km 时，应每隔 10 km 左右分一测段，在测段的两端设置或选定基本上相当于校核水准点标准的固定点。

（3）三等水准测量在每个仪器站的视线长度应不大于 75 m；前后视距不等差，单站不超过 2 m，测段累计不超过 5 m。

（4）三等水准测量单站高差限差见表 5-8-1。三等水准往返测量高差不符值的限差：检测已测测段高差之差为 $\pm 20\sqrt{L}$ mm，路线、区段、测段往返测高差不符值，附合路线、环线闭合差为 $\pm 12\sqrt{L}$ mm；左、右路线高差不符值为 $\pm 8\sqrt{L}$ mm。$L$ 为各种路线单程长度，以 km 为单位。$L$ 小于 1 km 时，按 1 km 计算；水准环由不同等级路线构成时，环线闭合差的限差应按各等级路线长度分别计算，然后取其平方和的平方根为限差。

表 5-8-1　三等水准测量高差限差　（单位:mm）

| 测量方法 | 同尺黑、红面读数差 | 同站黑、红面所测高差之差 | 左右线路转点差 | 检测间歇点高差之差 |
|---|---|---|---|---|
| 光学测微法 | 1 | 1.5 | 3 | 3 |
| 中丝读数法 | 2 | 3 | | |

（5）水准测量成果超限时，应重测。若在本站检查发现后应立即重测；若迁站后才检查发现，则应从水准点或符合限差要求的测段或间歇点开始重测。

#### 8.1.3.2　三等水准测量方法

三等水准测量采用中丝读数法，进行往返测量。当使用有光学测微器的水准仪和线条式因瓦水准尺进行观测时，也可采用光学测微法进行单程双转点观测。

一个仪器站的双面中丝读数法观测程序应为：

（1）安平仪器，当望远镜绕垂直轴旋转时，符合水准器气泡两端影像分离，应小于1 cm。

（2）照准后视水准尺的黑面（此时利用标尺上的圆水准器，将水准尺垂直立于测桩或尺垫上，下同），用倾斜螺旋使水准气泡严密居中，然后精确读数，顺序为后视黑——下、上、中。

（3）照准前视水准尺的黑面按（1）项操作步骤调平，然后精确读数，顺序为前视黑——中、下、上。

（4）照准前视水准尺的红面，调平精确读数，前视红——中。

（5）照准后视水准尺的红面，调平精确读数，后视红——中。

该操作顺序简称为后黑、前黑、前红、后红。

光学测微法的仪器安平同前要求，但照准水准尺基本分划时，符合水准气泡两端影像分离应不大于2 mm，中丝读数应读至0.1 mm。采用补偿式自动安平水准仪进行水准测量时，先将水准仪概略整平，即可按相应等级水准仪观测顺序进行测量。

三等水准测量尺面中丝读数应读记至1 mm，计算平均高差取至0.5 mm。用测微法时，中丝读数计算高程平均高差均取至0.1 mm。各类水准测量的视距和视距差取至0.1 m。

三等水准测量结果检查同本书操作技能——中级工水文普通测量模块的四等水准测量部分。

三等水准测量成果的记载表格式及方法基本同本书操作技能——中级工水文普通测量模块的四等水准测量部分。测量过程中，应注意在每一仪器站的允许视线长度、前后视距不等差，同尺黑红面读数差与同站黑红面所测高差之差、左右线路转点差、检测间歇点的允许限差要求与四等测量不同。

#### 8.1.3.3　水准测量误差的主要来源与控制

水准测量误差主要来自三个方面，即仪器、测具误差和操作中因作业人员感官灵敏度的限制以及受作业外部环境的影响。了解误差来源，以便将误差减小到最小。

1. 仪器误差

(1)水准仪校正后的残余误差。主要是指水准管轴与视准轴不平行,虽经校正但仍然存在着残余误差。这种误差大多是系统性的,观测时,使前后视距相等,便可消除或减弱此项误差的影响。因此,规定水准仪 $i$ 角不得大于20″,在长距离引测时应作 $i$ 角检验;应按规定掌握前后视距不等差、测段累计允许限差;在同一测站,前后视不得调焦等。

(2)水准尺误差。水准尺刻划不准确、尺长变化、弯曲等都会影响水准测量的精度,因此水准尺需经过检验才能使用。对于水准尺的零点差,可采用在一个测段中使测站数为偶数的方法予以消除。

2. 观测误差 $\tau$

(1)水准管气泡居中的误差。水准测量的主要条件是视线必须水平,它是利用水准管气泡位置居中来实现的。设水准管分划值为 $\tau''$,居中误差一般为 $\pm 0.15\tau''$,采用符合式水准器时,气泡居中精度可提高一倍,故居中误差为

$$m_{\tau} = \pm \frac{0.15\tau''}{2\rho''}L \tag{5-8-9}$$

式中　$\tau''$——分划值(″);

$\rho''$——角度换算常数,其值为206 265″;

$L$——视距长,m。

视距长与气泡居中误差成正比关系,因此在《水文普通测量规范》(SL 58—93)中规定其视距长,三等水准测量应小于或等于75 m;四、五等水准测量应小于或等于100 m。

(2)估读水准尺的误差。在水准尺上估读mm数的误差与人眼的分辨能力、望远镜的放大倍率以及视距长度有关。因此,对不同等级水准测量时的视距长度均作了规定。

(3)水准尺倾斜误差。在水准测量中,若水准尺在视线方向前后倾斜,将使尺上读数偏大。可通过在水准尺上安装圆水准器,使水准尺保持在竖直位置上予以克服。

3. 外部条件的误差

(1)水准仪下沉。仪器下沉使视线降低,从而引起高程误差。因此,在进行三等水准测量时,应采用后黑、前黑、前红、后红的观测程序,以减弱其影响。

(2)尺垫下沉。如果在转站时尺垫发生下沉,将使下一站后视读数增加,高差增大。采用往返观测的方法,取成果的中数,可以减弱其影响。

(3)大气折光的影响。空气中温度不均匀,将使光线发生折射,视线即不成为一条直线。特别在晴天,靠近地面的温度较高,它使尺子上的读数增大。一般应将视线高出地面以上0.3 m,以减少此项影响。

(4)温度的影响。温度的变化不仅引起大气折光的变化,而且当烈日照射水准管时,管内液体温度升高,气泡向着温度高的方向移动,从而影响仪器的水平产生气泡居中误差。所以,一般限制晴天进行测量的时间并随时注意撑伞以遮太阳。

以上各项误差来源是采用单独影响的原则进行分析的,在实际中则是综合影响的。由于随机误差有相互抵消的特性,综合影响误差不是简单的累加。只要在作业中注意上述误差来源,采取相应措施,严格按规定进行操作,各项和综合误差将会大为减小,观测精度将得到提高。

### 8.1.4　水准点的引测和校测

#### 8.1.4.1　水准点的引测

水文站的基本水准点，其高程应从国家一、二等水准点引测；条件不具备时，也可从国家三等水准点引测。引测水准点一经选用，如无特殊情况，不得更换。当其他部门的水准点具有国家相应等级水准点精度时，也可用这些水准点作为引测水准点。引测实施用不低于三等水准测量作业。

校核水准点从基本水准点用三等水准引测。条件不具备时，可用四等水准引测。

新设或改用新高程的水准点应进行全面考证并与多次测量结果进行验证，由近期2次以上符合限差的成果确定其高程。

#### 8.1.4.2　水准点的校测

对水位精度要求较高的测站，基本水准点每5年校测1次，其他测站每10年校测1次。校核水准点每年校测1次。

当测站设有3个以上的基本水准点时，应用环形闭合水准线路进行水准点联测，构成高程控制自校系统。高程自校系统2~3年校测1次，若发现某一水准点发生变动，应及时校测。若高程自校系统经过校测，未发现基本水准点有变动，则可按前述要求校测时间延长1倍。

校测后的基本水准点和校核水准点高程的采用：当新测高程与原采用高程之差小于或等于允许限差时，仍采用原测定的高程；当新测高程与原采用高程之差超过允许限差时，应通过高程自校系统、附近高程固定点联测或重复测量的办法，判定被校测的水准点是否变动，并确定水准点的新高程。

### 8.1.5　地形碎部测量与点绘

#### 8.1.5.1　碎部测图概述

地球表面上的物体和地表形状，在测量工作中可概括为地物和地貌。地物是指地球表面上相对固定性的物体，如河流、湖泊、道路、房屋和植被等；地貌是指高低起伏、倾斜缓急的地表形态，如山地、谷地、凹地、陡壁和悬崖等。

碎部测量以控制点为基础，一是测定碎部点的平面位置和高程，二是使用地图符号在图上绘制各种地物和地貌。地物的测绘实际上是地物平面形状的测绘，地物平面形状可用其轮廓点（交点和拐点）和中心点来表示。地貌也有相应地能够反映其特征的方向变化线和坡度变化线的特征点，确定了其平面位置及高程，则地貌的基本形状也就表示出来了。因此，无论是地物还是地貌，其形态都是由一些特征点，即碎部点的点位所决定的。

碎部测图的方法有经纬仪测图、平板仪测图等传统测图法（也称白板测图），也有航空摄影测量法及数字测图法等现代化的方法。

传统测图法是通过测量将碎部点展绘在图纸上，以手工方式描绘地物和地貌，具有测图周期长、精度低等缺点，主要适用于小区域、大比例尺的地形测图。一般工作内容和程序为，通过收集资料和现场初步踏勘拟订技术计划；进行测区的基本控制测量和图根控制测量；进行测图前的一系列准备工作，以保证测图工作的顺利进行；在测站点密度不够时要进行加密测站点测量；在各测站点控制区域选择碎部点逐点完成碎部测图工作；进行地形图拼接、整饰，检查、验收测量成果等。

航空摄影测量法是测绘大面积地形测图的主要方法，基本作业方式是利用航空摄影像片，以野外实测的控制点为基础，借助航测内业仪器制作地形图。

数字测图是对利用各种手段采集到的地面数据进行计算机处理，而自动生成以数字形式储存在计算机存储介质上的地形图的方法。

#### 8.1.5.2 测图准备工作

(1)资料准备。包括收集测图规范、地形图图式、控制点成果以及拟定任务书和技术计划书等。

(2)仪器与工具准备。测图前，应对测图仪器按规定进行检查、检验与校正，使它们能满足测图要求。

(3)图板图纸准备：

①图纸。一般采用厚度为0.07 ~0.1 mm，并经过热定型处理的伸缩性小、无色透明、不怕潮湿的聚酯薄膜。

②坐标网格绘制。在图纸上精确地绘制10 cm×10 cm直角坐标格网。坐标格网绘制可采用对角线法、专用格网尺法、绘图仪等进行。绘制完后，必须检查方格网的长对角线长度与其理论值之差(应小于0.3 mm)，检查图廓的边长与其理论值之差(应小于0.2 mm)。若超限必须重新进行绘制。

③控制点展绘。先确定待展点所在的方格，用比例尺或分规在网格上截取横(纵)坐标值的分点，垂直连接分点(线)，则其交点即为展点在图上的位置。各点展绘完后，必须逐点检核，用比例尺在图上量取各控制点之间的距离与已知的边长(可由控制点坐标反算)的最大误差(不得超过图上0.3 mm)，若超限应重新展绘。检查无误后，注明其点名、点号和高程。

#### 8.1.5.3 碎部测图方法

测定碎部点平面位置主要用极坐标法，就是根据测站点上的一个已知方向，测定已知方向与测站点到所测碎部点方向之间的夹角，量测测站点至所测碎部点的水平距离，以确定碎部点的位置。高程测算确定一般采用三角高程法。地形碎部测图的方法，按使用仪器的不同，分为经纬仪测图、大平板仪测图和全站仪、GPS测图等。

1. 经纬仪测图

经纬仪测图一般采用极坐标法测量碎部点，依靠经纬仪来确定碎部点的方向和距离，然后根据所测的方向和距离，将碎部点在图纸上展绘出来。经纬仪测图如图5-8-12所示，操作程序为：

(1)安置仪器。在已知点上安置经纬仪，对中、整平后，量取并记录仪器高 $i$。将经纬仪精确照准已知点 $B$，将水平度盘读数归零。

(2)观测。在需要测量的碎部点上立标尺，用经纬仪照准标尺，读取碎部点方向与起始方向间的水平角(称为碎部点方向角)、视距、垂直角。

(3)记录。记录员在观测员读数时，将读取的视距、垂直角、水平角读数数据记入碎部点观测记录手簿的相应栏内。再分别计算出测站点至碎部点的水平距离或碎部点的坐

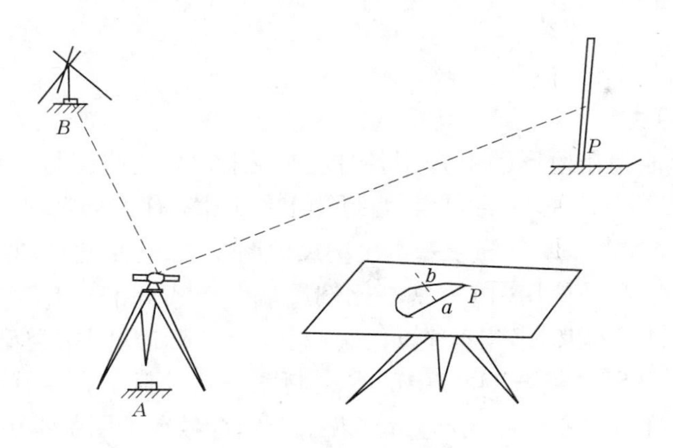


图5-8-12　经纬仪测图

标和碎部点的高程,并及时报给绘图员进行展点。

2. 大平板仪测图

(1)在测站点上安置大平板仪,进行对中、整平和定向,并量取仪器高。

(2)用照准仪瞄准碎部点上的标尺,读取测站至标尺的视距、垂直角以及目标高,并计算出测站至标尺的水平距离和碎部点的高程。

(3)按测图比例尺,用卡规在复式比例尺(或三棱尺)上截取水平距离在图上的长度,使照准仪的直尺边正确通过图板上测站点的刺孔,用卡规沿照准仪的直尺边将碎部点展刺在图板上,并在点位旁注记高程。

(4)重复上述(2)、(3)步骤,将测站四周所要测的全部碎部点测绘完为止。

(5)根据所测绘的碎部点,按规定的图式符号,着手描绘地物、地貌,并随时注意和实地对照检查,发现错误立即改正。必须经过全面检查后,方可迁至下一测站工作。

3. 全站仪测图

全站仪测图步骤基本同经纬仪操作,其碎部点上的标尺改用手持式棱镜,输入仪器高、棱镜高等参数,对准棱镜,使用光电测距测量视距。全站仪提供碎部点方向与起始方向间的水平角,测站点至碎部点的水平距离,或碎部点的坐标和碎部点的高程,进行碎部点点绘。

目前,全站仪测图采集数据的方式有全站仪测记法和全站仪配合电子平板(或电子手簿)采集数据。测记法采集数据是用带有内存数据功能的全站仪现场直接储存观测数据或人工记载,采用极坐标法或直角坐标法展点。电子平板采集数据是全站仪通过电子平板(便携式计算机)配合相应的测图软件现场计算出点位的坐标,通过电子平板连接专用计算机及自动绘图仪自动绘图。

4. GPS 测图

一般采用 GPS 实时动态定位技术(RTK)进行测图。设立基准站后,由一人背着 GPS 流动接收机到达地物或地貌碎部点位置(移动站)停留几秒钟,并同时输入特征编号,能够实时提供碎部点三维坐标成果。可将一个区域碎部点测完后,带回室内,由专业的软件进行数据处理,就可以输出所要求的地形图。

## 8.1.6　地物测绘

### 8.1.6.1　地形图图式

实际的地物和地貌在地形图上是用各种符号表示的，这些符号总称为地形图图式。为便于交流和使用，统一地形图的测绘、编制等工作，国家有关部门对地形图图式进行了规范化管理，制定颁布了一系列国家基本比例尺地图图式，它是地形图测绘与使用的重要依据。一般常用地形符号使用《国家基本比例尺地图图式标准》（GB/T 20257.2—2006）系列。在进行水文测站地形图测绘时，水文测验设施及标志、测站类型等，应使用《水文年鉴汇编刊印规范》（SL 460—2009）中的水文制图图式绘制。在工作中应注意，国家基本比例尺地图图式和水文制图图式已修订多次，个别符号在不同版本中有差异，在使用过去的地形图时，则需要参照制图时所依据的图式版本。

根据其性质、用途、功能、特点，地形图图式地物分类如表 5-8-2 所示。

**表 5-8-2　地形图图式地物分类**

| 地物类型 | 地物类型举例 |
| --- | --- |
| 水系 | 江河、运河、沟渠、湖泊、池塘、井、泉、堤坝、闸等及其附属建筑物 |
| 居民地 | 城市、集镇、村庄、窑洞、蒙古包以及居民地的附属建筑物 |
| 道路网 | 铁路、公路、乡村路、大车路、小路、桥梁、涵洞以及其他道路附属建筑物 |
| 独立地物 | 三角点等各种测量控制点、亭、塔、碑、牌坊、气象站、独立石等 |
| 管线与垣墙 | 输电线路、通信线路、地面与地下管道、城墙、围墙、栅栏、篱笆等 |
| 境界与界碑 | 国界、省界、县界及其界碑等 |
| 土质与植被 | 森林、果园、菜园、耕地、草地、沙地、石块地、沼泽等 |

地形图测绘时应根据使用的比例尺，按测量规范和图式的要求，将各种地物表示在地形图上。地物在地形图上表示的原则是：凡能按比例尺表示的地物，则将它们的水平投影位置的几何形状依照比例尺描绘在地形图上（如房屋、双线河等），或将其边界位置按比例尺表示在图上，边界内绘上相应的符号（如果园、森林、耕地等）；不能按比例尺表示的地物，在地形图上地物中心位置标绘相应的地物符号（如水塔、烟囱、纪念碑等）；凡是长度能按比例尺表示，而宽度不能按比例尺表示的地物，则其长度按比例尺表示，宽度以相应符号表示。

### 8.1.6.2　地物符号

地物的类别、形状、大小及其在图上的位置是用地物符号表示的。根据地物的大小及描绘方法不同，地物符号可被分为比例符号、半比例符号、非比例符号及地物注记。

1. 比例符号

凡按照比例尺能将地物轮廓缩绘在图上的符号称为比例符号，又称为面状符号，如房屋、江河、湖泊、森林、果园等。这些符号与地面上实际地物的形状相似，可以在图上量测地物的面积。

当用比例符号仅能表示地物的形状和大小，而不能表示出其类别时，应在轮廓内加绘相应符号，以指明其地物类别。

2. 半比例符号

凡长度可按比例尺缩绘，而宽度不能按比例尺缩绘的狭长地物符号，称为半比例符号，也称线性符号，如道路、河流、通信线以及管道等。半比例符号的中心线即为实际地物的中心线。这种符号可以在图上量测地物的长度，但不能量测其宽度。

3. 非比例符号

当地物的轮廓很小或无轮廓，以致不能按测图比例尺缩小，但因其重要性又必须表示时，可不管其实际尺寸，均用规定的符号表示。这类地物符号称为非比例符号，如测量控制点、独立树、里程碑、钻孔、烟囱等。这种地物符号和有些比例符号随着比例尺的不同是可以相互转化的。

4. 地物注记

用文字、数字等对地物的性质、名称、种类或数量等在图上加以说明，称为地物注记。地物注记可分为如下三类：

(1)地理名称注记。如居民点、山脉、河流、湖泊、水库、铁路、公路和行政区的名称等均须用各种不同大小、不同的字体进行注记说明。

(2)说明文字注记。在地形图上为了表示地物的实质或某种重要特征，可用文字说明进行注记。如咸水井除用水井符号表示外，还应加注“咸”字说明其水质；石油井、天然气井等的符号相同，必须在符号旁加注“油”、“气”以示区别。

(3)数字注记。在地形图上为了补充说明被描绘地物的数量和说明地物的特征，可用数字进行注记。如三角点的注记，其分子是点名或点号，其分母的数字表示三角点的高程。

在地形图上对于某个具体地物的表示，是采用比例符号还是非比例符号，主要由测图比例尺和地物的大小而定，在《国家基本比例尺地图图式标准》(GB/T 20257.2—2006)中有明确规定。但一般而言，测图比例尺越大，用比例符号描绘的地物就越多；相反，比例尺越小，用非比例符号表示的地物就越多。随着比例尺的增大，说明文字注记和数字注记的数量也相应增加。符号和注记还要处理地物成图后的重合、接边等更细致的问题，可参看有关规范和标准。

#### 8.1.6.3　地物测绘

在居民地测绘时，应在地形图上表示出居民地的类型、形状和行政意义等。独立地物应准确测绘并按规定的符号正确予以表示。道路测绘(包括各类道路，所有铁路、公路、大车路、乡村路)一般应立尺于道路中心并测定高程，使用比例符号或半比例符号表示。水系测绘时，海岸、河流、湖泊、水库、池塘、沟渠、泉、井以及各种水工设施均应实测，水涯线(水面与地面的交线)、洪水位(历史上最高水位的位置)应测绘。植被、土质测绘时要测定其边界，对经济林地、土质类别应加种类说明注记；永久性的电力线、通信线路的电杆、铁塔位置应实测。

### 8.1.7　地貌测绘

在地形图上，地貌通常用等高线法配合地貌符号和高程注记点表示。等高线能够表示地貌的起伏形状、地面的坡度和地面点的高程。对于等高线不能单独表示或不能表示的地貌,应配合使用地貌符号和地貌注记来表示。常见地貌及相应等高线如图 5-8-13 所示。

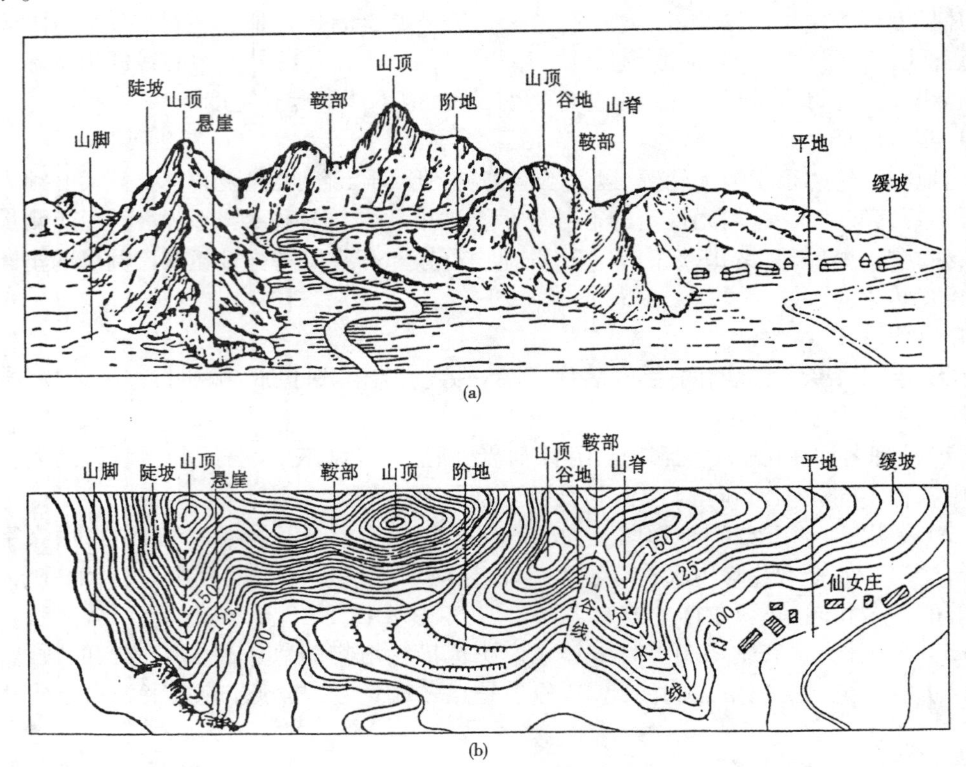


图 5-8-13　常见地貌及相应等高线

### 8.1.7.1　等高线

等高线是地图上地面高程相等的相邻点连成的闭合曲线。

1. 等高距、等高线平距及示坡线

地形图上相邻两条等高线之间的高差称为等高距。采用的等高距越小,则图上等高线越密,地貌显示就越详细。等高距越大,则图上等高线越稀,地貌显示就越简略。因此,等高距的选择应根据测区地形情况、测图比例尺和使用地形图的目的等因素来确定。

等高线平距是地形图上相邻两条等高线之间的相距长度(水平投影面距离),也称等高线间距,它与地面坡度的缓陡相关。

示坡线是指示斜坡降落的方向线,与等高线垂直相交,一般在山头、洼地、鞍部、图廓边及斜坡方向不易判读的地方。如盆地的示坡线一般选择在最高、最低两条等高线的内侧,山头的示坡线仅表示在高程最大的等高线上的外侧。

2. 等高线的分类

地形图上等高线主要分为首曲线、计曲线、间曲线三种。按规定的等高距(称为基本等高距）描绘的等高线称为首曲线，亦称为基本等高线，用细实线绘制。为了识图和用图时等高线计数方便，每隔4根基本等高线加粗描绘一条并注记有相应高程的等高线，称为计曲线，又称为加粗等高线。计曲线的高程应是5倍基本等高距的整倍数，用宽实线绘制。当用首曲线不能反映出重要的局部地貌时，可加绘等高距为1/2基本等高距的等高线，称为间曲线，又称半距等高线，用长虚线绘制，表示时可以不闭合。

3. 等高线的特性

（1）等高性。在同一条等高线上，各点的高程是相同的。

（2）闭合性。等高线是一条完整的闭合曲线，若不在本幅图内闭合，必在图幅外闭合。

（3）非交性。除在陡崖或悬崖处外，等高线既不会重合，也不会相交。

（4）缓稀陡密性。等高线平距的大小与地面坡度大小成反比。同比例尺地形图，等高线的平距大表示坡度缓，平距小表示坡度陡。

（5）山脊线和山谷线与等高线呈正交。

#### 8.1.7.2　地貌的测量

地貌形态较多，由山地、盆地、山脊、山谷、鞍部等基本地貌组成。地球表面的形态可被看做是由一些不同方向、不同倾斜面的不规则曲面组成的，两相邻倾斜面相交的棱线，称为地貌特征线（或称为地性线）。如山脊线、山谷线即为地性线。在地性线上比较显著的点有山顶点、洼地的中心点、鞍部的最低点、谷口点、山脚点、坡度变换点等，这些点被称为地貌特征点。

山顶测绘时，山顶最高点应立尺，还应在山顶附近坡度变化处立尺。山脊测绘时，要能真实地表现其坡度和走向，特别是大的分水线、坡度变换点和山脊、山谷转折点应立尺。山谷测绘时，立尺点应选在等高线的转弯处。鞍部测绘时，在鞍部的最底处必须有立尺点，以便使等高线的形状正确。鞍部附近的立尺点应视坡度变化情况选择。盆地测绘时，除在盆底最低处立尺外，对于盆底四周及盆壁地形变化的地方均应适当选择立尺点，才能正确显示出盆地的地貌。山坡测绘时，应在山坡上坡度变化处立尺。梯田在地形图上一般以等高线、梯田坎符号和高程注记（或比高注记）相配合表示。

除用等高线表示的地貌外，有些特殊地貌如冲沟、雨裂、砂崩崖、土崩崖、陡崖、滑坡等不能用等高线表示。对于这些地貌，用测绘地物的方法测绘出这些地貌的轮廓、位置，用图式规定的符号表示。

#### 8.1.7.3　等高线的勾绘

在测定了地貌特征点后，首先，对照实际地形先将地性点连成地性线，通常用实线连成山脊线，用虚线连成山谷线。然后，在同一坡度的两相邻地貌特征点间按高差与平距成正比关系，使用目估内插法来确定等高线通过点。最后，根据等高线的特性，把高程相等的点用光滑曲线连接起来，即为等高线。等高线勾绘出来后，还要对等高线进行整饰，注意区别计曲线、首曲线等，加粗计曲线并注记高程。山顶、鞍部、凹地等坡向不明显处的等高线应沿坡度降低的方向加绘示坡线。

# 8.2　数据资料记载与整理

## 8.2.1　水准测量平差

### 8.2.1.1　水准路线闭合差的计算

从理论上讲，附合水准路线各测段高差代数和应等于路线上终了已知水准点的高程 $H_d$ 与起始已知水准点的高程 $H_u$ 之间的高差（$H_d - H_u$）。附合水准高差闭合差 $\Delta h$ 为线路各测段高差代数和 $\sum h$ 与其理论值（$H_d - H_u$）的差值，即

$$\Delta h = \sum h - (H_d - H_u) \tag{5-8-10}$$

闭合水准路线各测段高差代数和应等于零，即 $\sum h = 0$。如果不等于零，则高差闭合差等于各测段高差的代数和，即

$$\Delta h = \sum h \tag{5-8-11}$$

支线水准路线往测高差与返测高差代数和应等于零，即 $\sum h_t + \sum h_c = 0$。如果不等于零，其数值为支线水准路线闭合差 $\Delta h$，即

$$\Delta h = \left| \sum h_t \right| - \left| \sum h_c \right| \tag{5-8-12}$$

### 8.2.1.2　水准路线闭合差的调整分配

附合、闭合、支线水准路线闭合差的改正，一般按测段长度或仪器站数成正比，反其符号进行分配。

按线路长度的闭合差改正数计算式为

$$\delta_i = -\frac{L_i}{L}\Delta h \tag{5-8-13}$$

按仪器站数的闭合差改正数计算式为

$$\delta_i = -\frac{n_i}{n}\Delta h \tag{5-8-14}$$

式中　$\delta_i$——某一测段上高差改正数，m；

$L_i$——某一测段前、后视距离之和，m；

$L$——水准路线总长度，m；

$n_i$——某一测段仪器站数；

$n$——水准路线总仪器站数。

### 8.2.1.3　改正后高差和高程

各测段改正后的高差等于实测高差加上相应的高差改正数 $\delta_i$。根据已知点高程和各测段改正后的高差，依次推算出水准路线上各点的高程。还应注意检核各测段改正数是否等于高差闭合差。

## 8.2.2　碎部地形点计算与点绘

碎部点通常使用经纬仪、全站仪或大平板仪等进行测量，配合量角器或坐标展点器进

行绘图。也可使用全站仪、GPS测量,使用测图软件、绘图仪进行数字化成图。

#### 8.2.2.1　碎部地形点计算

(1)碎部点水平距离及高程的计算公式。

如图5-8-14所示的碎部点水平距离及高程的计算中,$A$为测站点,$B$为碎部点。碎部点水平距离及高程的计算公式如下:

水平距离

$$S = kl\cos^2\alpha \tag{5-8-15}$$

高程

$$H_B = H_A + \frac{1}{2}kl\sin 2\alpha + i - v \tag{5-8-16}$$

(2)碎部点坐标计算公式

$$\left.\begin{aligned} x_B &= x_A + kl\cos^2\alpha\cos\beta \\ y_B &= y_A + kl\cos^2\alpha\sin\beta \end{aligned}\right\} \tag{5-8-17}$$

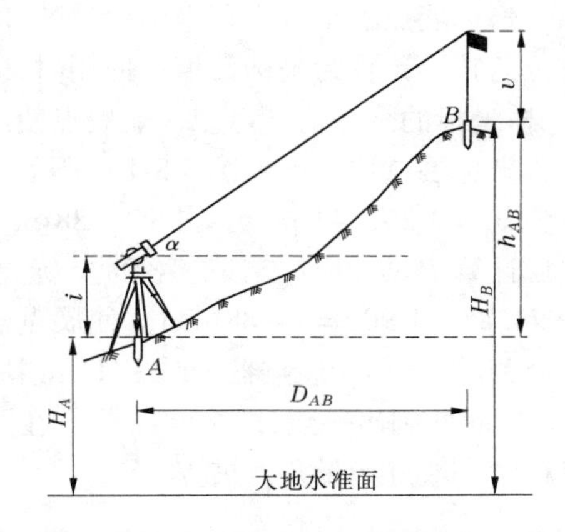


图5-8-14　碎部点水平距离及高程的计算示意图

式中　$S$——水平距离;

$k$——视距乘常数,通常取$k=100$;

$l$——相应的尺间隔;

$\alpha$——碎部点的竖直角值;

$H_B$——地形点高程;

$H_A$——仪器测站点高程;

$v$——中丝在碎部点地形尺上的读数;

$i$——仪器高;

$x_B$、$y_B$——碎部地形点坐标;

$x_A$、$y_A$——仪器测站点坐标;

$\beta$——测站与碎部点连线的水平方向的方位角。

#### 8.2.2.2　碎部地形点点绘

常规测图的点绘有量角器展点和坐标展点器展点两种方法。

1. 量角器展点

量角器展点是以仪器测站点为起算点,根据碎部点的水平方向读数和计算的水平距离确定碎部点的点位。其特点为工具简单,操作方便,效率较高。一般展点使用的量角器半径不应小于10 cm,其偏心差不大于0.2 mm。

如图5-8-15所示量角器展点,在测站点$A$附近适当位置安置图板,先用小钢针穿过半圆量角器的刻划中心,轻轻钉在图上$a$点处,然后在图上$ab$方向上画一条细线,作为起始方向线。该方向就是图上的零方向。展点时,先根据碎部点的水平方向角读数,用量角器在图纸上确定碎部点的方向。然后,根据碎部点的水平距离,在量角器直径刻划线上依照比例尺量取测站点至碎部点水平距离的图上长度,即可定出$P$点在图上的位置,并在点旁注记碎部点的高程。

量角器展点时,量角器在不断地旋转运动中,量角器刻划中心的刺孔会越来越大,使量角器中心在展点过程中发生变动,从而影响展点精度。

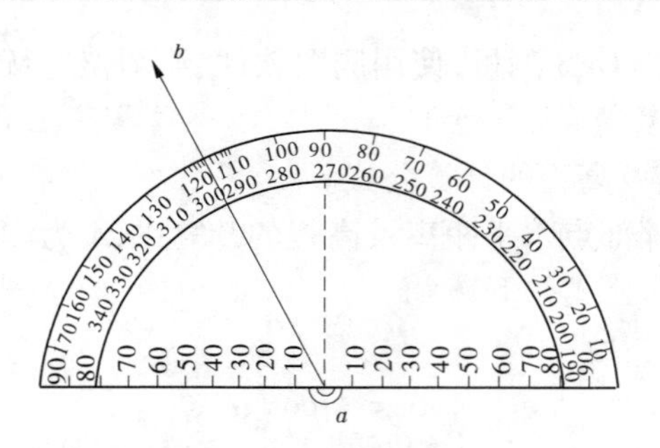

图 5-8-15　量角器展点

2. 坐标展点器展点

坐标展点器是按直角坐标设计的，展点前必须将碎部点观测计算的水平距离和水平方位角转换计算为坐标数值。使用时，以坐标网格线为起算点，在图纸的坐标网格内，按纵、横坐标的余数值展点。一般展点使用的展点器刻划误差不应超过 0. 2 mm。

坐标展点器展点如图 5-8-16 所示。设在 1∶1 000 比例尺测图中，算得碎部点 $P$ 的坐标为 $x_B = 3\ 261.42$ m，$y_B = 1\ 974.88$ m。展点时，先根据 $P$ 点的坐标判断它所在的方格，然后计算 $P$ 点相对于该方格的坐标尾数：$\Delta x = 3\ 261.42 - 3\ 200 = 61.42$(m)，$\Delta y = 1\ 974.88 - 1\ 900 = 74.88$(m)。使展点器左、右两边线与 1 900 m 和 2 000 m 两纵坐标线重合，并上下移动展点器，使 61. 42 m 精确对准 3 200 m 横坐标线。再沿展点器上边缘于 74. 88 m 处刺出一点，即为碎部点 $P$ 在图上的位置，在其旁边注记高程。用坐标展点器展点精度一般好于量角器展点。

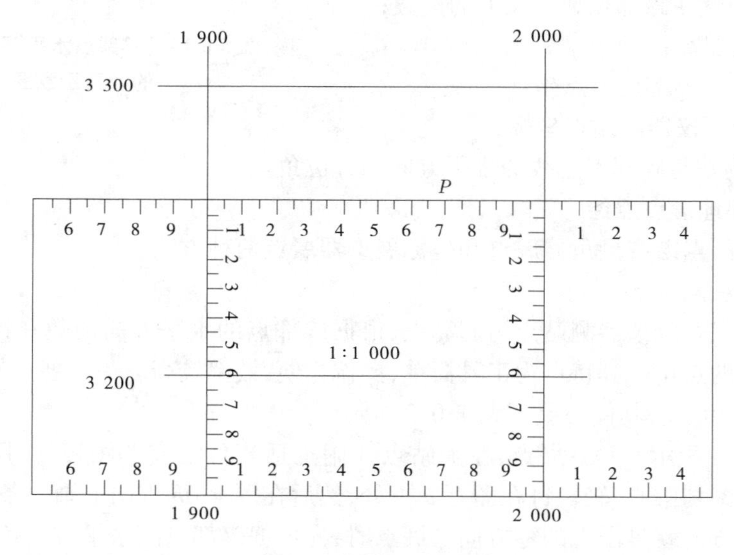


图 5-8-16　坐标展点器展点

#### 8. 2. 2. 3　地形图的检查

为了保证地形图的测绘质量，除测绘过程中要做好经常性检查外，在地形图测完后，必须对成图质量进行全面检查。地形图的检查包括室内检查、野外巡查和仪器检查。

(1)室内检查。检查图上地物、地貌表示符号、注记是否正确，等高线描绘是否合理，地形点高程是否相符等;如发现错误或疑点,应到野外进行实地检查修改。

(2)野外巡查。在室内图面检查的基础上,选择合理的巡查路线,将原图上的地物、地貌与实地对照比较。

(3)仪器检查。在内业检查和野外巡查基础上进行。到野外测站使用仪器实地检查选择的一些地形点的位置和高程,验证是否符合要求,如果发现点位的误差超限,应按正确的观测结果修正。

#### 8.2.2.4　测绘成果的整理

测图工作结束后,应将各种资料予以整理并装订成册,以便提交验收和保存。这些资料包括平面和高程控制测量、地形测图两部分。主要有控制点分布略图、控制测量观测手簿、计算手簿、控制点成果表、地形测量手簿、地形原图等。

### 8.2.3　地形图基本应用

地形图应用范围很广,但从基础来说,应用包括确定图上点的平面坐标与高程,确定直线的长度、坡度及坐标方位角,绘制纵断面,确定集水面积、水库库容及平整土地等。

#### 8.2.3.1　确定图上点的平面坐标与高程

在地形图上,点的平面坐标可以根据坐标网格的坐标值确定,高程则根据等高线或高程注记确定。如在标有详细经纬度坐标的地形图上,可点绘或识别确定水文站或降水站的经纬度。

#### 8.2.3.2　确定图上直线的长度

欲求图 5-8-17 中 $A$、$B$ 两点间的直线长度,可用以下两种方法。

(1)直接量测法。使用直尺或卡规量取 $A$、$B$ 两点间在图上的长度 $d_{AB}$,再按地形图比例尺换算为实际距离 $D_{AB}$,也可使用三棱比例尺直接量取。

(2)解析法。先在图上确认量取 $A$、$B$ 两点坐标$(x_A,y_A)$、$(x_B,y_B)$,再按下式计算两点间的距离 $D_{AB}$,即

$$D_{AB} = \sqrt{(x_B - x_A)^2 + (y_B - y_A)^2} \tag{5-8-18}$$

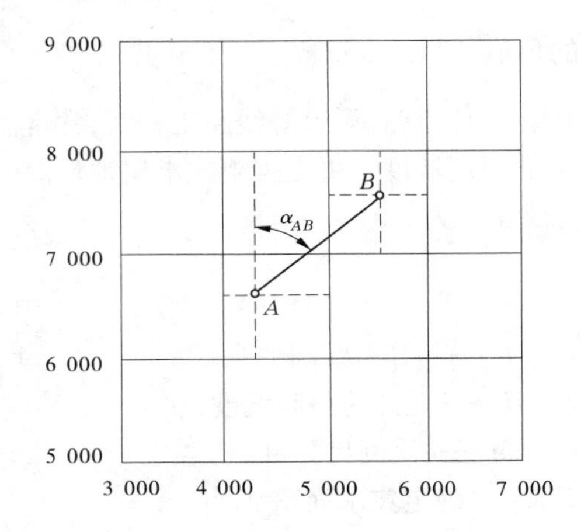


图 5-8-17　确定两点间的直线长度及方位角示意图

#### 8.2.3.3　确定图上某直线的坐标方位角

使用量角器直接在图上量测直线方位角。如图 5-8-17 所示,先通过 $A$ 点作坐标网格纵轴(一般为正北方向)的平行线,然后将量角器的直径刻划线对准纵轴的平行线,刻划中心对准 $A$ 点,可量出直线 $AB$ 的方位角 $\alpha_{AB}$。

也可用直线上 $A$、$B$ 两点的坐标由下式计算方位角 $\alpha_{AB}$,即

$$\alpha_{AB} = \arctan \frac{y_B - y_A}{x_B - x_A} \tag{5-8-19}$$

8.2.3.4　**按一定方向读点绘制纵断面图**

如图 5-8-18 所示，在地形图上绘出纵断面方向线，量取直线方向与等高线各交点的起点距（事先规定起点）并查读高程，获取系列起点距—高程数据对，建立起点距—高程坐标系，由数据对确定图点，连接图点绘制纵断面图。

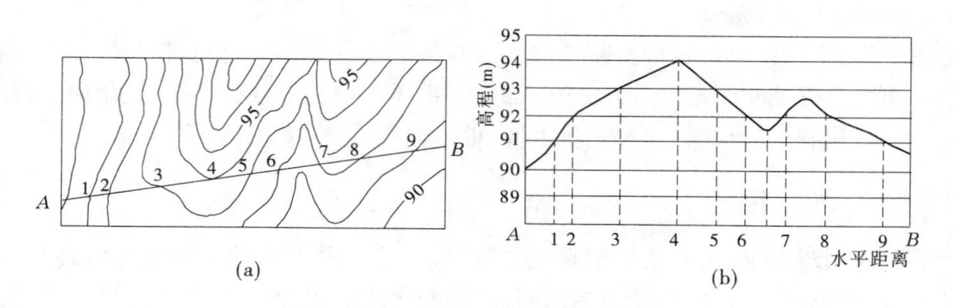


**图 5-8-18　根据地形图绘制纵断面图**

8.2.3.5　**确定直线的坡度**

先求出直线两端点的高差 $h_{AB}$ 和水平距离 $D_{AB}$，然后按下式计算直线坡度，即

$$i = \frac{h_{AB}}{D_{AB}} \tag{5-8-20}$$

直线的坡度一般用百分数（%）表示。也可用地面倾角 $\alpha$ 表示，可用正切反函数求出 $\alpha$ 的角值，即 $\alpha = \arctan \frac{h_{AB}}{D_{AB}}$。

在设计道路、渠道等线路工程时，常常需要定出一条最短线路，而其坡度要求不超过规定的限制坡度。可根据下式求出地形图上相邻两条等高线之间满足限制坡度要求的最小平距 $d_{\min}$ 为

$$d_{\min} = \frac{h_{\mathrm{d}}}{iM} \tag{5-8-21}$$

式中　$h_{\mathrm{d}}$——等高线间的高距；

$i$——设计的限制坡度；

$M$——比例尺分母。

8.2.3.6　**确定集水面积**

集水面积是指河流横断面以上，分开相邻流域或河流地表集水的边界线（即分水线）所围成的平面面积。边界线是由山脊线、道路、堤坝等一系列的分水岭控制点连接而成的。在地形图勾绘边界线时应通过山顶和鞍部最高点、山脊线等。在图 5-8-19 所示的地形图中，用虚线连接而成的区域即为确定的集水面积边界线或流域界线。可使用求积仪等工具、方法计算由边界线围成的平面面积。更详细些，可由坡度等估计坡面面积。

8.2.3.7　**水库淹没区平面区域面积与库容的计算**

在图 5-8-19 所示的地形图中，斜线部分为水库的淹没区平面区域。可使用求积仪等

图 5-8-19　由地形图确定集水面积及水库库容

工具、方法测算其面积。

水库库容是指水库坝上游在一定水位水平面下的水库容积，即可蓄积的水量体积，以 $m^3$ 为单位，细分还有设计库容、有效库容、死库容、淤积损失库容等。库容计算一般采用分层等高线法，即先求出淹没范围内坝轴线与每条等高线所围成的面积，取相邻两等高线所围面积的平均值乘以等高距，即得一层体积，累加各层体积即得水库库容。

# 第6篇　操作技能——技师

# 模块1　降水量、水面蒸发量观测

## 1.1　观测作业

### 1.1.1　降水观测场地查勘与场地设置要求

水文分区是水文站网规划的基础，根据流域的气候特点、水文特征和自然地理条件划分不同的水文分区。在同一水文分区内，气候和下垫面条件基本相似或有渐变的规律，而不同的水文分区则差别较大，故水文站网布设的原则也有差异。

在同一个水文分区内布设一系列降水量观测站点，形成降水量观测站网，以控制月、年降水量和暴雨特征值在大范围内的分布规律和暴雨的时空变化，满足有关需求，是降水观测站网的意义。为使观测数据具有代表性，必须根据站网规划的设站地点进行现场查勘。查勘前，要先了解设站目的，收集设站地区自然地理环境、交通和通信等资料，并结合地形图确定查勘范围，做好相关准备工作。

#### 1.1.1.1　观测场地查勘内容

查勘范围为拟设站地点2~3 $km^2$。

查勘内容包括：自然地貌地形及高程高差特征；植被和农作物，河流、湖泊、水工程的分布；居民点和交通、通信、邮电、当地经济文化等方面情况；降水障碍物的分布等。

查阅资料或调查气候特征、降水和气温的年内变化及其地区分布，初（终）霜、雪和结冰融冰的大致日期、常年风向风力及狂风暴雨、冰雹等情况。

#### 1.1.1.2　观测场地的环境要求

由于降水量观测受风的影响最大，因此观测场地应避开强风区，其周围应空旷、平坦，不受突变地形、树林和建筑物以及烟尘的影响，使在该场地上观测的降水量能代表水平地面上的水深。

观测场若不能完全避开建筑物、树木等障碍物的影响，雨量器（计）离障碍物边缘的距离不应小于障碍物顶部与仪器口高差的2倍，保证当降水倾斜下降时，四周地形或物体不致影响降水落入观测仪器内。

在山区，观测场不宜设在陡坡上、峡谷区和风口处，要选择相对平坦的场地，使承雨器口至山顶的仰角不大于30°。

当因条件限制，难以找到符合要求的雨量观测场地时，可设置杆式雨量器（计）。杆式雨量器（计）应设置在当地雨期常年盛行风向的障碍物的侧风区，杆位离障碍物边缘的距离不应小于障碍物高度的1.5倍。在多风的高山、出山口、近海岸地区的雨量站，不宜设置杆式雨量器（计）。

原有观测场地如受各种建筑影响已不符合要求，应重新选择。

在城镇、人口稠密地区设置的专用雨量站,观测场地的选择条件可以适当放宽。

#### 1.1.1.3　降水量场地设置要求

(1)观测场地面积仅设一台雨量器(计)时为4 m×4 m;同时设置雨量器和自记雨量计时为4 m×6 m;雨量器(计)上加防风圈测雪及设置测雪板或地面雨量器的雨量站,应加大观测场面积。

(2)观测场地应平整,地面种草或作物,其高度不宜超过20 cm。场地四周设置栏栅防护,场内铺设观测人行小路。栏栅条的疏密以不阻滞空气流通又能削弱通过观测场的风力为准,在多雪地区还应考虑在近地面不致形成雪堆。有条件的地区,可利用灌木防护。栏栅或灌木的高度一般为1.2～1.5 m,并应常年保持一定的高度。杆式雨量器(计),可在其周围半径为1.0 m的范围内设置栏栅防护。

(3)观测场内的仪器安置要使仪器相互不受影响,观测场内的小路及门的设置方向,要便于进行观测工作,一般降水量观测场地平面布置如图6-1-1所示。

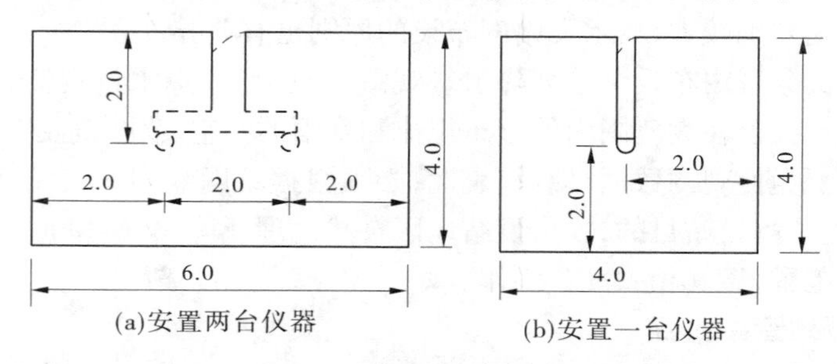


**图6-1-1　降水量观测场地平面布置**　(单位:m)

(4)当观测场地周围有障碍物时,应测量障碍物所在的方位、高度及其边缘至仪器的距离,在山区应测量仪器口至山顶的仰角。

#### 1.1.1.4　雨量站考证簿的编制

考证簿是雨量站最基本的技术档案,是使用降水量资料必需的基础资料,应在查勘设站任务完成后及时编制。以后如有变动,应将变动情况及时填入考证簿。

考证簿内容包括测站沿革,观测场地的自然环境,平面图,观测仪器,通信、交通、委托观测员等方面情况。考证簿编制应一式四份加电子文档,分别存本站、指导站、地区(市)水文领导部门、省(自治区、直辖市)或流域水文领导机关。

公历逢"5"年份,应全面考证雨量站情况,修订考证簿;逢"0"年份也可重新进行考证。雨量站考证内容有变化或迁移时,应随即补充或另行建立考证簿。

### 1.1.2　水面蒸发观测场地的查勘及设置

水面蒸发观测场是根据流域的气候、水文特征和自然地理条件布设的,用于探索水体的水面蒸发及蒸发能力在不同地区和时间上的变化规律。

水面蒸发观测场地查勘前,要先了解设站目的,收集设站地区自然地理环境、交通和通信等资料,并结合地形图确定查勘范围,做好查勘设站的各项准备工作。

#### 1.1.2.1　陆上水面蒸发观测场地环境要求

(1)选择蒸发观测场,首先必须根据站网布设规划考虑其区域代表性。场地附近的下垫面条件和气象特点,应能代表和接近该站控制区的一般情况,反映控制区的气象特点,避免局部地形影响。必要时,可脱离水文站建立蒸发场。

(2)蒸发观测场四周必须空旷平坦,以保证气流畅通。避免在陡坡、洼地和有泉水溢出的地段,或邻近有丛林、铁路、公路和大工矿的地方设站。当附近有城市和工矿区时,观测场应选在城市或工矿区最多风向的上风向。观测场附近的丘岗、建筑物、树木、篱笆等障碍物所造成的遮挡率应小于10%。凡新建蒸发观测场必须符合这些要求。原有蒸发观测场不符合要求的,应采取措施加以改善或搬迁。

如受条件限制,无法改善或搬迁,其遮挡率小于25%的,仍可在原场地观测,但必须实测障碍物情况,并在每年的逐日蒸发量表的附注栏内,将遮挡率加以说明。凡遮挡率大于25%的,必须采取措施加以改善或搬迁。

(3)陆上水面蒸发场离较大水体(水库、湖泊、海洋等)最高水位线的水平距离应大于100 m。

(4)选择场地应考虑用水方便。水源的水质应符合观测用水要求。

#### 1.1.2.2　陆上水面蒸发观测场遮挡率测算

障碍物的测定,可用经纬仪进行。以蒸发器为圆心,以磁北方向为零度,以地面高度为零,测出每一障碍物两侧的方位角及其高度、距离,按顺时针方向依次记录每一障碍物的名称和折实系数。折实系数是指障碍物的实际遮挡面积与障碍物整体面积之比。如一般建筑物均无孔隙,其折实系数为1;而各种树木、篱笆等往往有一定孔隙,其折实系数就小于1。可根据实际情况进行估算。

场地周围某障碍物遮挡率$\Delta Z$用式(6-1-1)计算

$$\Delta Z = \frac{H}{L} \times B \times C \tag{6-1-1}$$

式中　$H$——障碍物高度,m;

$L$——障碍物与蒸发器的水平距离,障碍物各点与蒸发器的距离是不等的,应取平均值,m;

$B$——障碍物两侧方位角之差占整个圆(360°)的百分数;

$C$——折实系数,以小数计,取小数点后两位。

场地四周各障碍物遮挡率之和,即为场地总的遮挡率$Z$,用式(6-1-2)计算

$$Z = \frac{H_1}{L_1} \times B_1 \times C_1 + \frac{H_2}{L_2} \times B_2 \times C_2 + \cdots + \frac{H_n}{L_n} \times B_n \times C_n = \sum_{i=1}^{n} \frac{H_i}{L_i} \times B_i \times C_i \tag{6-1-2}$$

当场地四周全部被高度与距离之比为1的密实障碍物所包围时,则障碍物遮挡率为100%。

由于各风向的频率不同,按上述方法算出的遮挡率不能完全真实地反映障碍物对场内蒸发条件的影响程度。为此,凡有风向频率资料的站,应先算出八个方位的遮挡率,然后用风向频率加权计算场地总的遮挡率。

#### 1.1.2.3　陆上水面蒸发观测场的设置要求

(1)场地大小应根据各站的观测项目和仪器情况而定。设有气象辅助项目的场地应

不小于 16 m(东西向)×20 m(南北向);没有气象辅助项目的场地应不小于 12 m×12 m。

(2)为保护场内仪器设备,场地四周应设高约 1.2 m 的围栅,并在北面安设小门。为减少围栅对场内气流的影响,围栅尽量用钢筋或铁纱网制作。

(3)为保护场地自然状态,场内应铺设 0.3～0.5 m 宽的小路。进场时只准在路上行走。

(4)除沼泽地区外,为避免场内产生积水而影响观测,应采取必要的排水措施。

(5)在风沙严重的地区,可在风沙的主要来路上设置拦沙障。拦沙障可用秫秸等做成矮篱笆或栽植矮小灌木丛,以不影响场地气流畅通。

水文站的降水量、蒸发量观测场通常建在一起,应通盘考虑场地设置。

#### 1.1.2.4　观测仪器安置

观测仪器的安置应以相互不受影响和观测方便为原则。高的仪器安置在北面,低的仪器顺次安置在南面。仪器之间的距离,南北向不小于 3 m,东西向不小于 4 m,与围栅距离不小于 3 m。陆上水面蒸发观测场仪器布设如图 6-1-2 所示。一般在尺寸为 16 m×20 m 的观测场布局 7 个仪器位,在尺寸为 12 m×12 m 的观测场布局 4 个仪器位。

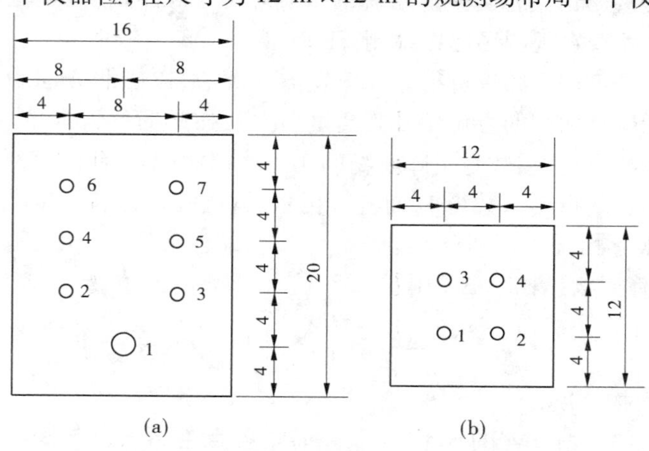


1—$E_{601}$ 型蒸发器;2—校核雨量器;3—20 cm 口径蒸发器;

4—自记雨量计或雨量器;5—风速仪(表);6、7—百叶箱

**图 6-1-2　陆上水面蒸发观测场仪器布设**　(单位:m)

#### 1.1.2.5　水面蒸发观测场考证资料的编制

蒸发观测场设置后,要编制考证资料,并将蒸发观测场说明表及平面图列入考证簿。当场地迁移、四周地物显著变化、观测项目调整、蒸发器型号改变时,均应补充和修订考证资料。

### 1.1.3　暴雨调查

雨量站的定位观测,是积累、收集雨量资料特别是暴雨资料的主要途径,但其站网的布设密度总是有一定限度的,不可能无限地在一个区域内设置很多雨量站。由于暴雨或特大暴雨在一个地区任一地点都有可能发生,其中心雨量往往极有可能发生在没有雨量站的空白点;有时又由于雨量太大,仪器容易发生故障,使观测记录不完整,往往难以观测到真实的暴雨资料。如果单纯以定位观测的雨量资料推求设计暴雨或估算可能最大暴雨,则可能使推算成果偏小,带来不安全的后果。因此,随时开展暴雨调查工作是非常必要的。

暴雨调查是掌握特大暴雨,研究暴雨地区性规律及洪水成因的重要手段,与洪水调查工作是相辅相成的。我国各地发生过的一些特大暴雨,其暴雨中心雨量、面雨量分布很多是通过调查获得的。有时调查的暴雨资料也能对观测的资料进行核实或订正。

#### 1.1.3.1　暴雨调查内容

(1)暴雨中心及暴雨范围、雨轴分布等情况。

(2)暴雨中心雨量,沿雨轴方向雨量变化的梯度、暴雨起迄时间、时程分配及移动情况,确定各调查点的不同历时最大暴雨量。

(3)结合调查访问和历史文献的考证,确定暴雨的重现期。

(4)对特大暴雨观测记录或可疑记录,通过调查予以补充或订正。

(5)暴雨成因调查,可向当地气象部门了解暴雨的天气形势、暴雨成因等情况。

#### 1.1.3.2　暴雨调查方法

暴雨调查时,由暴雨中心一带开始,逐步向四周扩展。

1.承雨器的选择

当地群众放在露天的生产、生活用具,如水桶、水缸、汽油桶、锅、盆、坛、罐等器皿,都可作为承雨器,但能较准确测到暴雨量的比较理想的承雨器应具有容量较大而口径较小,特大暴雨时一般不会漫溢(如坛子等);口径比较规格,易于准确测量;其边缘不太厚,无溅水现象(尽量选择近于锐缘)等特点。

暴雨期间位于比较空旷的地点,受房屋、大树或其他建筑物影响较少。如果不能满足,则承雨器最好在建筑物的迎风方向,而不能在背风方向。

雨前承雨器内应确无积水,雨后也未曾取水或注水,如雨水已经倒出,则器内水痕比较清楚或易于指认。

2.暴雨量的确定

对于承雨器内雨水尚存在的,可酌情加上蒸发量后倒出称量,再折算成体积。对于雨水已经倒出的,则可根据指认的水痕位置,重新注水率定。注水的水量也可称量后折算成体积,并用式(6-1-3)计算雨量

$$P = \frac{10V}{A} \tag{6-1-3}$$

式中　$P$——降水量,mm;

$V$——由承雨器倒出或注入水的体积,$cm^3$;

$A$——承雨器口的受雨面积,$cm^2$。

如果水的体积由式(6-1-4)计算

$$V = \frac{W}{\rho} \times 1\,000 \tag{6-1-4}$$

式中　$\rho$——水的密度,$g/cm^3$,取$\rho = 1\ g/cm^3$;

$W$——由承雨器倒出或注入水的质量,kg。

则降水量计算公式为

$$P = \frac{10 \times \frac{W}{\rho} \times 1\ 000}{A} = 10^4 \times \frac{W}{A} \qquad (6\text{-}1\text{-}5)$$

当承雨器口缘较厚且平缓时,其承雨口径可采用内、外径的平均值;当内缘高出外缘,坡度较陡时,也可采用内径;如口缘有明显脊线,则承雨器口径以量至脊线为准。

3. 暴雨重现期(排列序位)的调查

暴雨重现期可根据当地老年人的描述,或者查阅历史文献、碑记,了解古建筑物冲毁情况、灾情等方面综合推算,并可与调查洪水重现期相比较进行核实。

#### 1.1.3.3 实测暴雨量的复核

位于特大暴雨中心的雨量站,往往因自记仪器来不及反应雨量,不能正常记录,而用雨量筒人工观测,又不能按正常的方法及时观测和量测,以致有时一次降雨过程中需要采用几种不同规格的临时测雨器观测。还有可能一些站未能采取有效措施,不能准确地按时掌握特大暴雨过程,类似情况的雨量站,其实测暴雨量就有必要在暴雨以后进行调查核实。

实测暴雨量调查复核的重点是总雨量及各个时段的分段雨量,调查对象主要是参加观测的有关人员。

对于自记仪器,要检查在大雨期间反应是否灵敏,自记笔尖跳动幅度或翻斗及数据存储是否正常,仪器的时间是否准确,储水器有无漫溢现象。

用雨量筒观测降雨的站,降雨过大时,有的用雨量器的外套大筒直接接雨,用量雨尺在筒内直接量读雨深,在这种情况下要查明筒底直径与承雨口径是否一致。

调查中如发现实测值不准或有漏测的,应根据调查结果进行订正或补充,时间欠准的也应作时间改正,但改正实测记录一定要慎重从事,必须经过多方比较,确认调查结果确实可靠,能作为改正依据时,在有关领导部门同意后才可以落实。

## 1.2 数据资料记载与整理

### 1.2.1 降水量、水面蒸发观测场查勘报告的编写

在降水量、水面蒸发观测场现场实地查勘结束后,要及时编写查勘报告,供有关领导部门审阅和将来具体承担观测工作的单位参考。报告一般应包括以下主要内容:

(1)查勘工作的组织、范围和查勘进行情况。

(2)查勘地区的自然地理概况、河流及水文气象特征方面的描述。

(3)拟选降水、水面蒸发观测场地的描述,周边环境的描述。

(4)对拟选降水、水面蒸发观测场的初步结论。

(5)存在问题及建议。

(6)查勘报告附件:附表、附图、声像资料等。

### 1.2.2 暴雨调查资料整理

在暴雨现场调查结束后,应整理编制暴雨调查成果资料,主要内容有暴雨调查时间、

地点、见证人、承雨器名称、暴雨发生情况及描述、降雨历时,调查降水量、可靠性等。必要时,可根据实测雨量资料和暴雨调查资料,点绘降水区域的暴雨降水量等值线图,绘制暴雨历时—面积—平均雨深关系曲线图等。

#### 1.2.2.1　暴雨调查成果合理性检查与分析

1. 同一地点重复调查值互相对照法

在同一地点最好根据群众对暴雨如雨情、承雨器位置及性能、承雨情况等的描述,能重复调查演算几个暴雨数值,选择代表性较好和成果较可靠的,然后结合其他方面的合理性检查,核实定量。当几个重复调查值相差很小时,也可取其平均数作为最后调查结果。如相差悬殊,则要找到原因,再决定取舍。

2. 雨量等值线图对照法

调查到的暴雨数据,在结合实测暴雨绘入等值线图后,便可互相比较,当不便绘图时,也可将邻近地点的实测或调查暴雨量进行列表对照。若发现问题,应再做专门复查。分析时,应结合天气形势、地形条件等综合进行。

对于非常稀遇的暴雨调查成果在无法估计重现期时,其中心雨量可以同全国可能最大暴雨等值线图对照。

3. 雨洪调查成果对照法

通过雨洪调查成果对照,可及时发现存在的问题,并进行改正。

在资料整理中,除通过合理性检查,落实调查的暴雨量外,对暴雨重现期(序位排列)的调查成果也可通过分析作出评价。

#### 1.2.2.2　调查报告的编写

在暴雨现场调查及资料整理工作任务完成后,应编写调查报告,主要内容如下:

(1)调查工作的组织、任务、调查范围、工作进行情况;

(2)调查区域及调查河段的自然地理概况、河流及水文气象情况,暴雨的天气系统及成因;

(3)文献、文物资料的收集、查访、印证情况;

(4)暴雨的规模、调查成果及可靠程度评价;

(5)调查成果的合理性检查结论及存在问题;

(6)报告附件,如附表、附图、影视、图片等。

# 模块 2 水位观测

## 2.1 观测作业

### 2.1.1 水位观测断面布设

水文测站的水位观测断面主要有基本水尺断面和比降水尺(上、下)断面。水尺断面设置要求安全、便于设备安装与观测,应避开受崩塌、滑坡、涡流、回流等影响的地点。

#### 2.1.1.1 基本水尺断面的布设

河道站的基本水尺断面宜设在河床稳定、水流集中的顺直河段中间,并与流向垂直。感潮河段站的基本水尺断面宜选在河岸稳定、不易冲淤、不易受风浪直接冲击的地点。

堰闸站的上游和下游基本水尺断面应分别设在堰闸上游和下游水流平稳处,上游断面与堰闸的距离不宜小于最大水头的 3 ~5 倍;下游断面距消能设备末端的距离不宜小于消能设备总长的 3 ~5 倍。

水库库区站的基本水尺应设在坝上游岸坡稳定、水流平稳且水位有代表性的地点。当坝上水位不能代表闸上水位时,应另设闸上水尺。当需用坝下水位推求流量时,应在坝下游水流平稳处设置水尺断面。湖泊站的基本水尺断面应设在有代表性的水流平稳处。

当发生地震、滑坡、溃坝、泥石流等突发性灾害,造成河道堵塞需要观测水位时,基本水尺断面的布设可视观测目的要求和现场具体情况而定。

#### 2.1.1.2 比降水尺断面的布设

一般比降水尺断面分两个断面设置在基本水尺断面的上、下游。当受地形等条件限制时,也可用基本水尺断面兼作比降上断面或下断面。

在比降上、下断面间河段不应有水流流入或分出,河底坡降和水面比降均无明显转折。比降上、下断面的间距,应使测得比降的综合不确定度不超过 15%(置信水平为 95%)。间距可用式(6-2-1)计算

$$L = \frac{2}{\Delta Z^2 X_S^2}\left(S_m^2 + \sqrt{S_m^4 + 2\Delta Z^2 X_S^2 S_Z^2}\right) \tag{6-2-1}$$

式中 $L$——比降上、下断面的间距,km;

$\Delta Z$——河段每 1 km 长的落差,mm,宜取中水位的平均值;

$X_S$——比降水位观测允许的综合不确定度(置信水平为 95% 时不超过 15%),估算可取 15%;

$S_m$——水准测量每 1 km 线路上的标准差,mm,三等水准为 6 mm,四等水准为 10 mm;

$S_Z$——水面比降水位观测的允许误差,mm。

比降上、下断面间距也可根据河段水面比降按表6-2-1查推。

表6-2-1　河段水面比降查推比降上、下断面间距

| 水面比降(‰) | 18.5 | 10.2 | 5.7 | 4.2 | 3.3 | 2.8 | 2.5 | 2.2 | 2.0 | 1.8 | 1.7 |
|---|---|---|---|---|---|---|---|---|---|---|---|
| 比降上、下断面间距(m) | 50 | 100 | 200 | 300 | 400 | 500 | 600 | 700 | 800 | 900 | 1 000 |

比降上、下断面间距的往返测量不符值应小于1/1 000。

### 2.1.2　水位观测方式选择

测站水位观测方式选择,应根据水位观测、报汛的任务要求,测站所处河段河流特性、河道地形、含沙量及河床组成、断面形状或河岸条件,水位或潮水位变幅、涨落率,测站气候、电力供应、通信条件、断面观测交通、是否有航运以及各种水位观测设备的特点等情况,以人员及设备安全、易于观测,数据可靠、连续,经济实用为原则,综合考虑选择合适的水位观测方式。有条件安装自记水位计的测站,应尽可能以自记观测为主,人工观测为辅。涨落急剧的小河站,应选择水位变率较大的自记仪器。

直立式水尺构造简单、观测方便,但易被冲毁,对于水草等漂浮物较多的河段应注意被损坏并及时补设;矮桩式水尺不宜设在淤积严重的地方;倾斜式水尺测读水位方便,但对岸坡和断面要求较高,需在斜尺面边修建观测道路;悬锤式水位计适用于断面附近有坚固陡岸、桥梁或水工建筑物岸壁的断面;测针式水位计适用于有测流建筑物或有较好的静水湾、静水井,精度要求较高,水位变幅相对较小的断面。

浮子式自记水位计简单可靠、易于维修,产品技术成熟,性能稳定,适用于可修建测井、无封冻、河床无较大冲淤变化的测站,但建设工程量大,投资较大;液介式或水下安置式自记水位计(压力、气泡、超声波等)需将传感器设置在河底附近,因水位计受水体密度变化的影响,不适合含沙量较大或水体密度变化大,河床冲淤变化大、易淤积的河段;气介式(超声波、雷达)自记水位计易于安装,维修方便;雷达式水位计不受温度影响,性能稳定可靠。自记水位计机电电子技术含量较高,多数属于非直接测量水位的仪器,感测、信号处理、信息传输等环节较多,注意选择性能稳定的仪器设备,同时加强维护检修。

各类人工或自记观测设备在一处或单台不能满足水位变幅的情况下,可按不同的水位级设置多处(台)设备,也可组合使用不同人工或自记观测设备,以满足观测水位需要。

### 2.1.3　洪水、枯水水位调查

洪水调查是为推算某次洪水的洪峰水位和流量及过程、径流总量及其重现期而进行的现场调查和资料收集工作。洪水调查分为历史洪水调查和当年洪水调查。当年洪水调查一般为对某河段或水文站因特殊原因没有实测到洪峰流量的洪水调查。

枯水调查是为查明测站或特定地点的最低枯水水位和流量而进行的调查工作。枯水调查分当年枯水调查和历史枯水调查。当河流发生历年某时段最低、次低水位或流量时,应进行当年枯水调查。历史枯水调查可按需要进行。

#### 2.1.3.1　洪水调查工作准备

1. 明确任务,拟定工作计划

每个调查组成员应了解调查的任务和要求,明确调查的目的,学习调查方法和有关规定。根据调查目的、任务及人力、物力情况,拟定调查工作计划。

2. 准备必要的仪器工具及用品

一般应携带的测绘、计算工具有水准仪、经纬仪、全站仪、GPS、便携式微机、望远镜、照相机、秒表、水准尺、测杆、皮尺、计算器、求积仪及有关表簿等,必要时还应携带救生设备。

3. 调查前的资料收集

洪水调查需要收集的资料包括以下几个方面:

(1)流域水系及调查区自然资料。调查区域的地形图、交通图、水文气象图(手册)、流域的水利规划及现状图等基本资料。以了解区域自然情况、水利工程设施情况、交通情况等调查基础背景。

(2)调查河段及附近水文站的基本资料。如有关测站水位—流量关系曲线,历年最高洪水位、最大洪峰流量的出现时间,水面比降,糙率,历年大断面及河道纵横断面图,河段水准点布设情况等。

(3)与调查有关的历史文献资料。如有关文物考证、历史文献、地方志,历史水旱灾情报告、各类查勘报告,水文调查报告等。

(4)流域内实测及调查的大暴雨资料。

#### 2.1.3.2　洪水调查内容及评价

洪水调查内容包括,洪水发生的时间、水系、河流及调查地点;最高洪水位的痕迹和洪水涨落变化,测量洪水痕迹的高程;发生洪水时河道及断面内的河床组成,滩地被覆情况及冲淤变化,测量河道纵横断面或河道简易地形(平面)图;了解流域自然地理情况和洪水的来源地区及组合情况;有关文献文物洪水记载的考证及摄影。最后写出洪水位调查总结报告。

洪水痕迹经调查测量之后,应对每一洪痕点的可靠程度作出评价,洪水痕迹可靠程度评定标准见表 6-2-2。

**表 6-2-2　洪水痕迹可靠程度评定标准**

| 评定因素 | 等级 | | |
|---|---|---|---|
| | 可靠 | 较可靠 | 供参考 |
| 指认人的印象和旁证情况 | 亲身所见,印象深刻,所讲情况逼真,旁证确凿 | 亲身所见,印象深刻,所讲情况逼真,旁证材料较少 | 听传说,或印象不深,所述情况不够清楚具体,缺乏旁证 |
| 标志物和洪痕情况 | 标志物固定,洪痕位置具体或有明显的洪痕 | 标志物变化不大,洪痕位置较具体 | 标志物已有较大的变化,洪痕位置不具体 |
| 估计可能误差范围(m) | 0.2 以下 | 0.2 ~ 0.5 | 0.5 ~ 1.0 |

#### 2.1.3.3　洪水调查河段的选择

调查河段的选择是关系到成果精度的重要一环，一般都要经过初步选择、实地踏勘、最后确定等三个步骤。调查河段应具备下列条件：

(1)符合调查目的和要求，调查河段应有一定的长度，有足够数量的可靠洪水痕迹，为此在选定河段的两岸宜尽可能靠近水文站测验河段和村庄，便于查询历史洪水的痕迹和重现期。

(2)为了准确推算流量，调查河段应比较顺直、规整、稳定，控制条件较好，河床冲淤变化不大，河段内无大的分流串沟及支流加入，没有壅水、变动回水等现象。

(3)河段河床覆盖情况应比较一致，以便于确定糙率。

(4)当利用控制断面及人工建筑物推算洪峰流量时，要求该河段有良好的控制条件：洪水发生时建筑物能正常工作，水流渐近段具有良好的形状，无漩涡现象；建筑物上、下游无因阻塞所引起的附加回水，并且在其上游适当位置应有可靠的洪水痕迹。

#### 2.1.3.4　洪水调查的方法步骤

(1)调查人员到达调查地区后，必须向当地政府汇报洪水调查工作的目的和意义，请他们给予协助，介绍调查地区有关情况。

(2)河道查勘。对调查地区的概况有了初步了解后，应进行河道查勘，了解各段河道顺直情况，河床、断面、河滩情况，中间有无支流、分流等。进一步了解河流洪水情况，河道变化情况，可以找到洪水痕迹的地点、标志等，以作为选择调查测量河段的根据。

(3)洪水发生时间的调查。历史上每次大洪水都会给当地群众造成一定的灾害，在沿河居住的老人对此记忆犹深，他们往往可以提供洪水发生的准确时间。洪水发生时间还可以从传说、文献记载等方面了解。可与干支流、上下游和邻近河流的洪水发生日期对照核实。

(4)洪水痕迹的调查。河道内每发生一次洪水，都有一个最高洪水位。最高洪水位所通过的泥印、水印、人工刻记以及一切能够代表最高洪水位达到位置的标志物，均称为洪水痕迹。洪水痕迹是确定最高水位、绘制洪水水面曲线、计算洪峰流量最直接的依据。洪水痕迹应明显、固定、可靠和具有代表性。

洪水痕迹的调查，一般说来可以从三个方面进行：一是依靠了解情况的当地群众；二是根据群众所提供的线索同群众一起组织查找；三是调查人员可以根据了解的情况，亲自到现场寻找辨认、核实，分析判断。

采用比降—面积法推流时，不得少于两个洪痕点；采用水面曲线法推流时，至少要有三个以上洪痕点；遇有弯道，应在两岸调查足够的洪痕点；洪痕点确定后应作临时标记，在重要洪痕点埋设永久标志物。

(5)洪水调查的测量工作。包括洪痕的高程、河道纵断面及横断面、河道简易地形测量等。

#### 2.1.3.5　枯水调查

1.枯水调查的内容

当河流有水流时，调查其枯水的起、止时间，枯水期水位、流量的变化情况，最低水位、流量及出现时间；当河流干涸时，调查其断流起、止时间，断流天数，断流次数，各次断流的间隔时间和水流变化情况；调查流域旱灾面积，灾害程度，工农业因干旱减产和人、畜饮水，地下水位下降及井水干涸情况；当调查河段上游受水工程有中等影响以上时，调查其上游枯水期灌溉水量、工业和生活用水量、跨流域引水量和蓄水工程蓄水变量；收集枯水开始前期流域雨量，枯水期雨量；枯水期天气系统和成因。

2. 枯水调查河段的选择

调查河段要满足调查的目的，选在河道顺直、河槽稳定、水流集中处，当有石梁、急滩、卡口、弯道时，应选在其上游的附近，调查河段尽量靠近村庄居民点。

3. 枯水调查方法

1) 当年枯水调查方法

枯水发生时应立即进行调查。调查人员应到实地了解流域河道特性，深入细致地访问当地群众，收集与枯水有关的各种资料。当河流有水流时，应对其水位、流量进行测量，并调查其水量的来源，对重要的枯水痕迹可进行摄影。

2) 历史枯水调查方法

历史枯水调查可通过收集历史文献、文物中关于旱灾的描述，用历史上发生的重大事件，群众中最易记忆的事件，或由调查的旱灾比较判断，分析枯水发生的时间，枯水最低水位或最小流量，河水断流情况。

## 2.2　数据资料记载与整理

### 2.2.1　水位资料的订正

水位资料订正分为水尺零点高程变动时的水位订正和自记水位观测数值误差订正。

#### 2.2.1.1　水尺零点高程变动时的水位订正

当水尺零点高程变动大于 1 cm 时，需查明变动原因及时间，并对相关的水位记录进行改正。

水尺零点高程变动的时间，可根据绘制的本站与上、下游站的逐时水位过程线或相关线比较分析确定。当水尺零点高程突变的原因和日期确定时，在变动前应采用原测高程，校测后采用新测高程，变动开始至校测期间应加一改正数。其订正示意图见图 6-2-1。

当已确定水尺零点高程在某一期间内发生渐变时，应在变动前采用原测高程，校测后采用新测高程，渐变期间的水位按时间比例改正，渐变终止至校测期间的水位应加同一改正数。其订正示意图见图 6-2-2。

#### 2.2.1.2　自记水位观测数值误差订正

自记水位的订正应以校核水尺水位为基准值，订正标准为：自记水位与校核水位比较，河道站系统偏差超过 ±2 cm，时间误差超过 ±2 min；资料用于潮汐预报的潮水位站，当使用精度较高的自记水位计时，水位误差超过 1 cm，时间误差超过 1 min；当堰闸站采用闸上、下游同时水位推流且水位差很小时，可按推流精度的要求确定时间和水位误差的订正界限。采用纸介质模拟自记水位计的，计时误差按本书操作技能——高级工水位观测模块表 5-2-2 执行。

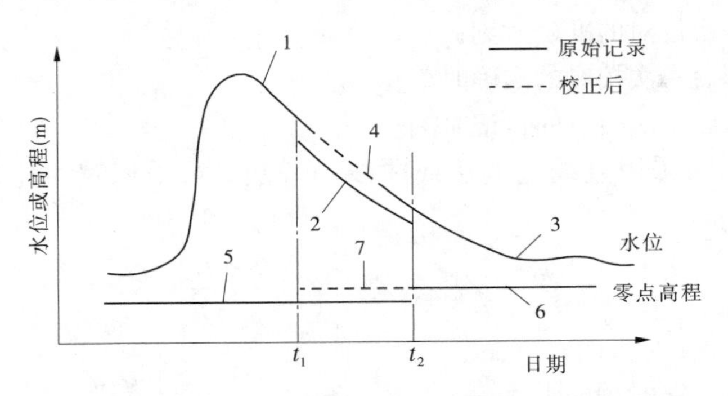


1、2、3—原始记录水位过程线；4—改正后的水位过程线；5—校测前水尺零点高程；
6—校测后水尺零点高程；7—改正后的水尺零点高程；$t_1$—水尺零点高程变动起始时间；
$t_2$—校测水尺零点高程时间

**图6-2-1　水尺零点高程突变时水位订正示意图**

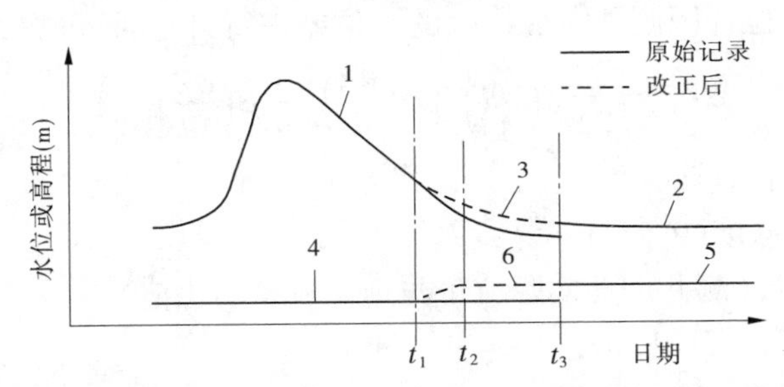


1、2—原始记录水位过程线；3—改正后的水位过程线；4—校测前水尺零点高程；
5—校测后水尺零点高程；6—改正后的水尺零点高程；$t_1$、$t_2$—水尺零点高程变动起迄时间
$t_3$—校测水尺零点高程时间

**图6-2-2　水尺零点高程渐变时水位订正示意图**

(1)当水位变化不大或水位变化虽大而水位变率变化不大时，一般用直线比例法订正；当水位变率变化较大时，应分析原因，分段处理，各段分别采用合适的方法订正。

当时间和水位误差同时超过规定时，应先作时间订正，再作水位订正。订正方法如下：

①初始值订正。按设置的时间确定各订正时段后，根据订正值按时间先后逐时段按式(6-2-2)订正：

$$Z = Z_0 + \Delta Z \tag{6-2-2}$$

式中　$Z$——订正后的水位，m；

$Z_0$——订正前的水位，m；

$\Delta Z$——订正值，m，初始值设置偏大时为负值，偏小时为正值。

②时间订正：可采用直线比例法，按式(6-2-3)计算

$$t = t_0 + (t_2 - t_3) \times \frac{t_0 - t_1}{t_3 - t_1} \tag{6-2-3}$$

式中　$t$——订正后的自记时刻；

$t_0$——订正前的自记时刻；

$t_1$——前一次校对的准确时刻；

$t_2$——相邻后一次校对的准确时刻；

$t_3$——相邻后一次校对的自记时刻。

③水位订正。可采用直线比例法或曲线趋势法。当采用直线比例法订正时可按式(6-2-4)计算

$$Z = Z_0 + (Z' - Z'')\frac{t - t_1}{t_2 - t_1} \tag{6-2-4}$$

式中 $Z$——订正后 $t$ 时刻的水位，m，

$Z_0$——订正前 $t$ 时刻的水位，m；

$Z'$——$t_2$ 时刻校核水尺水位，m；

$Z''$——$t_2$ 时刻自记记录的水位，m；

$t_1$——起算时刻（该时刻自记水位与校核水位相等）。

（2）对于自记水位计因测井滞后产生的水位差进行订正时，可按式(6-2-5)计算

$$\Delta Z_1 = \frac{1}{2gc^2}\left(\frac{A_W}{A_P}\right)^2\left[\alpha\left(\frac{dZ}{dt}\right)^2 - \beta\left(\frac{dZ}{dt}\bigg|_{t=0}\right)^2\right] \tag{6-2-5}$$

式中 $\Delta Z_1$——订正值，m；

$g$——重力加速度($9.81\ m/s^2$)；

$c$——流量系数（测井进孔实际流量与理论流量的比值）；

$A_W$——测井截面面积，$m^2$；

$A_P$——进水管截面面积，$m^2$；

$\frac{dZ}{dt}$——订正时刻测井内的水位变率，m/s，其值大于0时 $\alpha$ 取 +1，小于0时 $\alpha$ 取 -1；

$\frac{dZ}{dt}\Big|_{t=0}$——换纸时刻测井内的水位变率，m/s，其值大于0时取 +1，小于0时取 -1。

（3）对自记水位计测井内外含沙量不同而产生的水位差进行订正时，可按式(6-2-6)计算

$$\Delta Z_2 = \left(\frac{1}{\rho_0} - \frac{1}{\rho}\right)\frac{(h_0 C_{s0} - h_t C_{st})}{1\ 000} \tag{6-2-6}$$

式中 $\Delta Z_2$——订正值，m；

$\rho_0$——清水密度，$1.00\ t/m^3$；

$\rho$——泥沙密度，$t/m^3$；

$h_0$、$h_t$——换纸时刻、订正时刻进水管的水头，m；

$C_{s0}$、$C_{st}$——换纸时刻、订正时刻测井外含沙量，$kg/m^3$。

（4）当水位过程出现中断时，应进行插补。当模拟纸质记录曲线中断不超过3 h且不发生在水位转折时期时，一般测站可按曲线的趋势用红色铅笔以虚线插补描绘；潮水位站可按曲线的趋势并参考前一天的自记曲线，用红色铅笔以虚线插补描绘。当中断时间较长或跨峰时，不宜描绘，其中断时间的水位，可采用曲线趋势法或相关曲线法插补计算，并应在编制的水位记录摘录表的资料备注栏中注明（插补方法见本书操作技能——高级工

水位观测模块2.2.1部分)。无法插补的,按缺测处理。

(5)水位自动监测值为瞬时值,水位过程若呈锯齿状,可采用中心线平滑方法进行处理。为模拟纸质时,可用红色铅笔通过中心位置画一细线;为数字记录时,可使用相关软件处理后,再摘录水位瞬时值。当记录线呈阶梯形时,应用红色铅笔按形成原因加以订正。

(6)对于气介式观测仪器,天气寒冷时,水面若结冰应打破冰层,记录并采用露出自由水面时间段的水位。应注意剔除未破冰层观测数据。

## 2.2.2 水位、潮位等整编资料审查

### 2.2.2.1 水位整编资料的综合合理性检查

(1)审查考证材料,抽查原始资料,对整编成果进行全面检查。

(2)上、下游水位过程线对照,检查相邻测站水位变化是否相应。当上、下游各站水位之间具有相似的关系时,应进行此项检查。检查时,将上、下游站的过程线点绘纵排在一起,比较相应时段各站水位变化趋势。若发现水位变化过程不相应,则要分析原因。

在有闸坝的河段上,作闸上、下游水位对照时,可点绘平均闸门开启高度过程线加以比较。当闸门全部提出水面时,上、下游站水位变化与无闸河段相同。关闸时,下游水位陡落,上游水位陡涨;开闸时情况相反。

(3)特征水位沿河长演变图检查。当一条河流上测站较密,比降平缓,无大的冲淤,绝对基面又一致时,可进行此项检查。

特征水位沿河长演变图绘制,以水位为纵坐标,以至河口距离为横坐标,点绘上、下游各站同时水位或相应的最高、最低水位,连绘的各特征水位线应从上游平滑递降到下游河口。否则,水位或基面高程可能有误。检查时,还可将历年同类的图互相对照。

(4)上、下游水位相关图检查。此法适用于上、下游水流条件相似、河床无严重冲淤、无闸坝影响、水位关系密切的站。可根据以往资料归纳总结出来的规律,检查本年度资料是否合理。

### 2.2.2.2 潮位整编资料的综合合理性检查

(1)上、下游潮位过程线对照。用各站过程线直接对比。潮差的大小应与距河口的距离成反比,高(低)潮位的出现时分则应自下游向上游推迟。涨潮历时愈向上游愈短,落潮历时与之相反。

检查时要注意强风的影响。在河口三角洲地区,河汊交错,进潮口门较多,要了解潮波传播的方向,作为分析各站高低潮位出现时间顺序的依据。

受洪水影响以致一个长时期潮区界下移,潮汐现象消失时,应按河道站的方法进行合理性检查。

(2)各站潮汐特征值的检查。用各站的潮位月(年)统计表,将同月份的潮汐特征值排在一起进行比较,检查其合理性。

### 2.2.2.3 水温整编资料综合合理性检查

可绘制上、下游逐日水温过程线进行对照检查。一般情况下,上、下游站的水温变化趋势相似,但由于各河段所处的地理位置、气候条件不同,以及在有人工调节或区间有较

大水量加入时,可能发生异常情况。

#### 2.2.2.4　目测冰情和固定点冰厚资料综合合理性检查

当一条河流上有两个以上测站观测冰情时,可将上、下游站的冰厚、冰花厚、冰上雪深的过程线绘在一张图上(冰上雪深绘在冰面以上),并绘入冰情符号,在图上分析各因素沿河长的演变情况。分析重点为:

(1)流速与冰厚的关系,一般是流速愈大的河段,冰层愈薄,反之则厚。

(2)地形的影响主要反映在河床比降上,河床平缓的河流,沿河长方向冰厚的变化也就比较平缓。

(3)冰下冰花的堆积,引起冰下冰速的减小,堆积厚度愈大,则阻水程度愈大,流速也就愈小,因而冰厚增长就快;反之,增长则慢。

(4)冰厚还随各个河段的过水断面面积而变化。冰上冒水、冰上流水的冻结等,也都能引起冰厚的变化。

### 2.2.3　洪水位调查资料整编

#### 2.2.3.1　调查资料整理

调查测量的计算图表,都应通过计算制作、校核和检查分析工序,以保证计算精度和明确资料的可靠程度。调查资料中的图、表、照片应加以整理并装订成册。

#### 2.2.3.2　调查报告的编写

调查工作结束后应编写调查报告,报告书中内容包括以下几个方面:

(1)调查工作的组织、范围和工作进行情况。

(2)调查地区的自然地理概况、河流及水文气象特征等方面的概述。

(3)调查各次洪水、暴雨情况的描述和分析及成果可靠程度的评价。

(4)对调查成果作出的初步结论及存在的问题。

(5)报告的附件,包括附表(洪水调查整编情况说明表,洪水痕迹和洪水情况调查表,洪峰流量计算成果表,洪水文献记载一览表,洪水调查成果表,暴雨调查表,枯水调查表等)、附图(洪水调查河段平面图,洪水调查河段纵断面图与洪水调查河段横断面图;流域水系图;水位—流量关系曲线图和其他分析图等)和照片(选择有重要参考价值的照片附入,每张照片均应附文字说明)。

#### 2.2.3.3　调查资料整编

调查资料整编内容有编制洪水调查说明表及成果表,绘制洪水调查河段平面图,编制洪水痕迹调查表,绘制洪水调查河段纵断面及水面比降图,编制实测大断面(横断面)成果表,进行洪水位调查成果的单站合理性检查等。洪水痕迹调查表式见表6-2-3。

(1)洪水发生时间及调查时间,为洪峰发生和开展洪痕调查的年-月-日。

(2)岸别及编号,为洪痕所在的左(右)岸,以及分别左、右岸从上游向下游的编号。

(3)洪痕位置、特征及高程,填记洪痕相对基本水尺断面或某断面为起点的上(下)游沿河长的距离(m),所在位置的特征(如“岩石上”),以及洪痕点的高程等。

表6-2-3　××河××站(河段)洪水痕迹调查表

| 洪水发生时间(年-月-日) | 岸别 | 编号 | 洪痕 | | 高程(m) | 可靠程度 | 调查时间(年-月-日) | 附注 |
|---|---|---|---|---|---|---|---|---|
| | | | 位置 | 特征 | | | | |
| | | | | | | | | |
| | | | | | | | | |
| | | | | | | | | |

(4)可靠程度,以洪水痕迹可靠程度评定标准进行评定的“可靠”、“较可靠”、“供参考”级别。

(5)附注,说明洪痕的其他情况。

# 模块 3　流量测验

## 3.1　测验作业

### 3.1.1　流量测验方法分类简介

流量是反映水利资源和江河湖库水量变化的基本资料。流量测验的目的是要取得天然河流以及水利工程地区河道经过调节控制后的各种径流资料，掌握全河水量的时空分布情况，为流域水利规划、防汛抗旱、生态环境保护、水利工程管理运用和国民经济建设提供可靠的基本资料支撑。

江河流量（流速）测验的方法很多，按工作原理划分，有面积—流速法、水力学法、化学法和物理法四大类。

目前，机械转子流速仪一般被认为是接近直观的有效测量河流点流速的仪器，河流点流速的测量常以其成果为标准，通过平行比测率定其他方法测量点流速的有关系数和检验评定精度。采用机械转子流速仪开展断面多线、多点的面积—流速法测流成果，也是比测率定有关系数和检验评定流量测验精度的标准。转换角度看，一些测流方法高效，但流量测验的直观性不明显，通过从定义出发直观方法的检验，才能确立工程实用地位。

#### 3.1.1.1　面积—流速法

面积—流速法作业的特点是，根据断面流速分布不均匀的特性，按一定规律，沿河宽取若干垂线，将过流断面划分为若干部分，在各垂线上施测流速，计算垂线平均流速及部分平均流速，再与部分面积相乘，得部分流量。各部分流量之和，即为全断面流量。如果所测流速不能代表垂线或断面平均流速，那么算出的流量叫做虚流量，虚流量乘以一个系数才是断面流量。

根据测定平均流速的方法不同，面积—流速法又可分为选点（积点）法、积分法和浮标法。

1. 选点法

选点法（也称积点法）是根据断面流速分布规律布置测速垂线，再根据流速沿垂线分布规律，将流速仪停留在垂线上选定的位置，进行逐点测速，然后按规定公式计算垂线平均流速的方法。而后再结合断面面积计算统计流量。这是河流测流的基础方法，普遍用它检验其他方法测验的精度及率定有关换算系数。

选点法可以给出垂线流速分布的实测资料，为研究垂线流速分布规律建立分布模型提供了资料。

2. 积分法

积分法（或称时空积分法）是流速仪以运动的方式测取垂线或断面平均流速的测速

方法。根据流速仪运动形式的不同,可分为积深法、积宽法和动船法等。

1)积深法

积深法测速是将测速仪器以某一固定速度沿垂线均匀移动(从水面到河底,或从河底至水面)测取平均流速。该法具有快速、简便等优点,并可达到一定精度。

一般认为,从水面到河底再从河底至水面的双程积深有来往反向的补偿作用,测出的垂线流速代表性较好;但从铅鱼等运载流速仪的平台的运动稳定性考虑,从河底至水面的方向积深,仪器比较稳当。

2)积宽法

习惯上,流量模型总是将断面依垂线竖直分割,但是按水平分割也无不可。所谓积宽法,是将流速仪放在预定的水深(可分若干层水深)位置,沿断面线等速移动,连续进行全断面测速的方法。而后通过各层流速和面积计算各层流量并统计断面流量。也可建立某特定流层积宽法测速与断面平均流速等的换算关系,通过换算得出断面平均流速,再与断面面积相乘进行断面流量计算。

3)动船法

动船法测速,是将一特制的能读瞬时流速的流速仪置于船头一定水深(0.4~1.2 m)处,测船沿着预定航线,边横渡边测量的方法。此法适用于大江大河(河宽大于300 m、水深大于2 m)的流量测验;特别适用于不稳定流的河口河段、洪水泛滥期,以及巡测或间测、水资源调查、河床演变观测中汊道河段的分流比的流量测验。

3.浮标法

浮标法是利用水上标志物在一定时间流过相应距离推算流速的测流方法,该法与流速的定义有很直观性的吻合。人工制作投放的有水面浮标、水面－垂物双浮标、浮杆、积深浮标等,也可利用河流自然漂浮物作浮标测流速。流速与断面面积结合可推算流量。

#### 3.1.1.2　水力学法

测量水力因素,代入适当的水力学公式算出流量的方法,叫做水力学测流法,可分为量水建筑物测流、水工建筑物测流、比降—面积法三种。

1.量水建筑物

在明渠或天然河道上专门修建的测量流量的水工建筑物叫测流建筑物或量水建筑物。它是通过试验按水力学原理设计的,建筑尺寸要求准确,工艺要求严格,因此系数稳定,测量精度高。

测流建筑物的形式很多,概括起来分为两类,一类为测流堰,包括薄壁堰、三角形剖面堰、宽顶堰等;另一类为测流槽,包括文德里槽、驻波水槽、自由溢流槽等。

测流堰通过建筑堰控制的断面流量,是堰上水头和率定系数的函数。率定系数与控制断面形状、大小及行近水槽的水力特性有关。系数是通过模型试验和试验对比求出的。因此,只要测得堰上水头,即可求得所需流量。

测流槽也是通过观测上、下游水位等参数并结合率定的流量系数测算流量。

2.水工建筑物

河流上各种形式的水工建筑物,如堰闸、涵管、水电站和抽水站等,它们不但是控制与调节江湖水量的水工建筑物,也可用做水文测验的测流建筑物。只要合理选择有关的水力学公式和参数,通过观测有关部位的水位结合设计或测定的系数就可以推求过流量。

3. 比降—面积法

通过测量上、下两比降断面的水位求出比降,选用水力学的谢才-曼宁公式算出断面流速,如断面面积已知,流量就可以求得。由于流速也是糙率的函数,应用该方法应慎重选择(或通过试验推求)糙率。

#### 3.1.1.3　化学法

化学法又叫稀释法、溶液法、混合法及离子法等。从物质不灭原理出发,将一定浓度已知量的指示剂注入河水中,由于扩散稀释后的浓度与水流的流量成反比,因此测定水中指示剂的浓度,就可推算出流量。稀释法要求渠道中水流的紊动程度高,以便使注入溶液与全部水流充分融合,并且贯穿于整个流程。实施稀释法测流,是在测验河段的上游断面注入一定浓度的示踪剂,经水流充分混合后,在下游取样断面测定稀释后的示踪剂浓度或稀释比,进而推求流量。

化学法所用溶液指示剂,主要有重铬酸钾、同位素、食盐、颜色染料,荧光染料等。指示剂的选用,既要考虑容易检测,又要避免对水体造成污染。

化学法的特点是不需测量断面面积,适用于乱石壅塞、水流湍急,不易测量断面面积和施测流速的断面。

#### 3.1.1.4　物理法

物理法是利用某种反映流速、流量的物理效应,通过测定有关物理量在流水中的变化来测定流速,以及结合断面面积推算流量。归纳起来可分为三大类型。

1. 超声波法

超声波法又分为超声时差法、波束偏转法和多普勒法。

1)时差法

超声时差法流量计原理如图6-3-1所示,在直径为$D$的管道中特设位置,采用两个声波发送器($S_A$和$S_B$)和两个声波接收器($R_A$和$R_B$)。同一声源的两组声波在$S_A$与$R_A$之间和$S_B$与$R_B$之间分别传送。它们沿着管道(或规则的河渠段)安装的位置与管道成$\theta$角(一般$\theta=45°$)。由于向下游传送的声波被流体加速,而向上游传送的声波被延迟,它们之间的时间差$\Delta t$与流量$Q$(或断面平均流速$v_{断}$)成正比($k_1$为系数),一般计算公式为

$$Q = k_1\Delta t \tag{6-3-1}$$

也可以同一声源的发送器和接收器之间发送正弦信号测量两组声波之间的相移或发送频率信号测量频率差$\Delta f$来实现流量的测量($k_2$为系数),则一般计算公式为

$$Q = k_2\Delta f \tag{6-3-2}$$

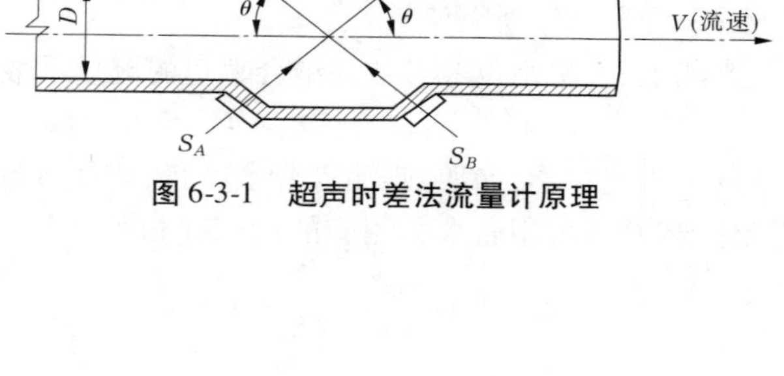

图6-3-1　超声时差法流量计原理

2）波束偏转法

波束偏转法测量原理是，声波发送器沿垂直于管道的轴线向流体发送一束声波，由于流体流动的作用，声波束向下游偏移一段距离。偏移距离与流速成正比，测量偏移距离可以推算流速。

3）多普勒法

多普勒法的物理基础是多普勒效应，该效应是指按一定发射频率 $f_1$ 的波，射向流速点，经流体反射后接收的频率 $f_2$ 会变动，流速 $v$ 与发射和接收反射的频率差 $f_D$ 紧密相关，通过测量发射和接收反射的频率可推算速度，一般公式为（$k$ 为系数）

$$v = kf_D = k(f_2 - f_1) \tag{6-3-3}$$

声学多普勒法的代表型仪器为ADCP（Acoustic Doppler Current Profilers，即声学多普勒流速剖面仪），是20世纪80年代初发展起来的一种用多普勒效应原理进行流速测量的新型测流设备。ADCP用声波换能器作传感器，换能器发射声脉冲波，声脉冲波通过水体声路中许多不同位置不均匀分布的泥沙颗粒、浮游生物等反散射体产生反散射，由换能器接收反散射信号，经测定多普勒频移而测算出各位置点的流速，即直接测出声路的流速剖面。ADCP突破传统以机械转动为基础的传感流速仪，具有不扰动流场、测验历时短、测速范围大等特点，目前被广泛用于河流流速和流量测验。

2. 电磁法

电磁法测流一种实施方案是，在河底安设若干个线圈（或铺设电缆），线圈通入电流后即产生磁场。磁力线与水流方向垂直。当河水流过线圈，就是运动着的导电体切割与之垂直的磁力线，便产生电动势，其值与水流速度成正比。只要测得感应区两极的电位差，就可求得断面平均流速。

利用电磁感应原理，根据流体切割磁场所产生的感应电势与流体速度成正比的关系研发了多种型号的电磁流速仪。由于该类仪器无转动部件，在许多场合应用更方便。电磁流速仪的数学关系为

$$v = k\frac{e}{\sin\theta} \tag{6-3-4}$$

式中　$v$——流速；

$k$——系数；

$e$——电动势；

$\theta$——仪器流向偏角。

3. 光学法

光学法测流目前有两种类型，一是频闪效应的流速仪，二是激光多普勒效应的流速仪。

1）频闪效应流速仪

频闪效应在机电工程中的高速测速（如飞轮转动）中应用较多，一般仪器结构装有频闪灯泡，通过调节频闪灯泡的闪动频率，使它与被测物的转动或运动速度接近并同步，被测物虽然在高速运动着，但看上去却是缓慢运动或相对静止的，这时频闪仪显示的状态（数字）就反映了被测物的转速或运动速度。

测量水流流速应用频闪效应的仪器结构，一般装有特制反射功能的棱镜、驱动调节棱镜转速的机构和观测器（望远镜），在水面以上观测水的流动，调节棱镜转速，使反光镜运（转）动速度和水流速度趋于同步，镜中观测的水面波动逐渐减弱；当完全同步时，观测的点水面呈静止状态，此时仪器棱镜的转速或角频率是直接反映流速的主要要素，结合光学轴至水面的垂直距离等已知要素数据，通过仪器测速模型关系，即可算得流速数值。

2）激光多普勒效应流速仪

激光多普勒效应流速仪的一种原理性结构是，激光器发射的激光由光路分成呈一定角度的两路，射向交点的被测流速点，经水中流速点细弱质点散射形成两路散射光，通过光学系统装置来检测散射光，可得到两个发射—散射多普勒信号（频率差分别为$f_{D1}$、$f_{D2}$）及其之间的频率差$f_D = f_{D1} - f_{D2}$。$f_D$和激光波长$\lambda$及入射光路之间的角度$\theta$建立了式(6-3-5)的推算流速的关系，从而实现流速测量。

$$v = \frac{\lambda f_D}{2\sin(\theta/2)} \tag{6-3-5}$$

性能优良的激光流速仪，对水流无干扰，其分辨率也很高。能进行单点瞬时非接触式测量，可获取流体的瞬时速度、平均速度、均方根、剪应力系数、湍流度等流体参数。适用于各种复杂水流测量，如高湍流、分离流、射流、涡流、两相流等。

## 3.1.2　流量测验设施设备

### 3.1.2.1　测船测流设备

1. 水文绞车

水文绞车有手摇、机电动力、动力－手摇双功能等类型。结构主要有主体、支架、吊索卷筒、动力与传动机构、索长计数机构等。有的为传送水下仪器（如流速仪）信号，专门制作吊索中加藏导线的铠装电缆并配置信号触接机构。水文绞车的功能主要是悬吊铅鱼或悬杆等入水设备，此类入水设备使流速仪等仪器有了支撑作业平台。水文绞车集成体底部常设置有转动底盘，底盘的下部固定安装在测船边，上部可承载绞车集成体转动，使用时转动支架悬于水面，不用时转回船上，释放悬索铅鱼稳当搁置。

绞车设计必须按照安全、适用、合理、经济的原则，做到布局紧凑，结构牢固，操作集中，使用维修方便。

2. 水深测记装置

水深测记装置一般有两种形式，一种是直接利用绞车滚筒在边缘刻画长度，使用时观测并记下铅鱼等入水到河底的整转数和余长数，由周长乘整转数加余长计算水深；另一种是配置传感轮和计数器，设计好滚筒、传感轮、计数器的直径、分度、传递比等的长度关系，由计数器反映铅鱼等测深设备从入水到河底的长度而求得水深。

水深计数及显示装置，按结构分有机械仪表、电子仪器两大类；按显示方式分有指针显示、灯光显示、数字显示三种。一般由机械传递与电器传递两种形式，将传感轮或滚筒转数传送到计数显示部分。

3. 流速测记装置

水下流速等信号传输可采用专门的电缆，在铅鱼等入水设备仪器与船上后端控制接收设备仪器之间传输信号。也可采用通过钢丝悬索和水体构成的回路进行传输。水下发射装置主要有水下电池和音频振荡脉冲讯号发射器等部件,船上接收装置有简单讯号器、数字计数器、计时计数器和直读流速显示仪等。

#### 3.1.2.2　缆道测流设施设备

1. 吊船缆道

吊船缆道架设在测流断面上游一定距离处。主要部件包括主索,两岸支架及其拉线、地锚、吊船索、吊船行车等。测船通过悬索吊于主索,借助于悬吊以稳定测船不移动偏离断面线,控制舵向稳定测船在设定垂线上。吊船缆道适用于水流较平稳、漂浮物不严重的河流。

2. 水文缆道

水文缆道及绞车有手摇、机电动力、动力－手摇双功能等类型,是控制测验仪器在缆道上作水平巡回和垂直升降的机械设施设备,用于悬吊铅鱼和悬杆,实现岸上操控测流。

水文缆道除雨天需要防雷外,一般比较安全,与其他测验设施设备相比,在抢测洪峰、保证安全、节省人力、方便操作、改善劳动条件等方面,有突出的优越性,适用于在暴涨暴落和水深流急的山区河流上应用。

一般铅鱼水文缆道主要由承载、驱动、信号、操作控制、附属安防设备等五大部分组成。承载部分主要有承载索(主索)、支架(柱)及其拉线、地锚等设施。驱动部分包括牵引索、驱动绞车、导向滑轮、行车、升降滑动轮、平衡锤等设备及动力、机房。信号部分包括发射、传输、接收三部分。操作控制部分包括操作室、控制台及各种仪表等。附属安防设施设备包括防雷、防震、副索拉偏等设备。

悬杆缆道是一种将悬杆吊在行车架上,由起重索操纵升降的测验设备。为了保持悬杆垂直,悬杆的下端与拉偏索相连。拉偏索挂在上游副索上,能与悬杆作同步横向移动。

水文缆道系远距离测量,不便于用电线传输信号,故普遍采用悬索和大地(水体)作为传输信号的通道。在一个回路中,有时要传递测速、测深、测沙三种信号,这就要求各种信号互不干扰,信号装置能正确分辨接收。目前使用的信号发生器有直流和交流两大类。直流信号有不设水下电池的电阻型和设水下电池两种,既可用正脉冲,也可用负脉冲。交流振荡器则有音频信号发生器、中频信号发生器、多谐振荡器等。感应开关有干簧管、水银开关、磁力开关。湿水不能工作的水下部件要求密封良好。

3. 水文缆车

水文缆车与缆道的不同之处在于利用一个悬挂在主索上的缆车(或称吊厢、吊篮、吊人滑架)来进行渡河,车上装配悬杆或悬索悬吊仪器的设备,工作人员在车内进行测验操作。

#### 3.1.2.3　巡回测流设备

水文巡测设施设备的配置一般要求具备野外生活的功能,可离开驻地较长时间巡回测验。

1. 巡测车

巡测车是适用于平原、丘陵地区在桥梁、涵闸上进行水文测量的专用车,配备有关测验设备和仪器,能进行流速、水深、流向、含沙量、水温、冰情以及水质分析取样等项目的水文测验，是实行站队结合的地区进行巡测的主要工具。

2. 巡测船

巡测船是平原湖泊水网地区的测流设备。船上用具及设备与通常的水文测船基本相同，不同的是仪器配备较齐全，测船的驾驶和测验操作比较方便。

### 3.1.2.4　水文测杆

水文测杆是用于测深和安装支承流速仪等器具实施测流的杆状器具，通常可以分为手持操纵和电动机械操纵两大基本类型。测杆的直径和长度有多种类型，可根据具体需求选择。通用式及涉水用测杆刻度为 10 mm 或 20 mm；单一测深式测杆刻度为 20 mm 或 50 mm。刻度标记无论是否湿水均应明显、清晰，同时要求可从任何角度进行观测。一般测杆的刻度标记宜着颜色。

测杆重量应尽可能轻，以利操作。测杆应具有一定的刚度及强度，以便在使用过程中无明显的弯曲或抖动。测杆不应由于本身的阻拦产生明显的壅水现象，有条件时，测杆的入水部分或近仪器段应考虑采用流线形截面管杆。测杆材料表面应耐腐蚀、抗磨损，宜采用玻璃钢、高强度塑料、铝合金及不锈钢管等型材制成，或采用具有防腐蚀镀层的钢管或铜管等材料制成。

手持操纵测杆一般在水深不超过 3 m、流速不超过 2 m/s 时使用。

电动机械操纵测杆一般都在水深不超过 6 m、流速不超过 2 m/s 时使用。

### 3.1.2.5　水文测验铅鱼

铅鱼是一种用金属铅或铅、铁混合铸造成的具有一定重量和细长比、外形呈流线鱼形的水文测验器具。在鱼身的背部装有悬挂机构和流速仪悬杆，并与纵、横尾翼及信号等组成铅鱼整机。铅鱼依靠重力维系悬索支点之下悬吊体系的稳定平衡，并为流速仪等仪器安装设置了平台。

铅鱼按外形构造可分为对称型和非对称型两类，其类型及规格如表 6-3-1 所列。

**表 6-3-1　铅鱼的类型及规格**

| 类型 | 型式 | 型号 | 产品规格(kg) |
|---|---|---|---|
| 对称型 | 儒柯夫斯基线型 | CYBW 系列 | 5、10、15、30、50、75、100、150、200、250、300、400、500、600 |
| | 水工 | CYYS 系列 | 100、150、200、250、300、400 |
| 非完全对称型 | 沉压式 | CYLY 系列 | 100、150、200、250、300、400 |

铅鱼的技术要求分列如下：

(1)铅鱼的外形流线体要求完整光滑，水体绕流质点沿铅鱼表面，不能出现明显的附面层分离与尾端涡流。

(2)铅鱼在安装附件时应注意不能使整机阻力增大。整机阻力系数应控制在 0.4 ~ 0.5。

(3)在使用范围内，铅鱼放置在任意测点位置时，在水中都能保持平衡和迎合流向。铅鱼的纵尾使铅鱼与水流方向的夹角不大于 5°，下纵尾的高度应低于铅鱼底部，使铅鱼在接触水面时，及时起到定向作用。

(4)铅鱼一般应用单点悬吊。在多漂浮物河流，重 200 kg 以上的铅鱼可用双点悬吊。重 100 kg 以上的重型铅鱼安装流速仪的悬杆应固定在铅鱼的正前方。仪器至铅鱼头部的水平距离和垂直距离，在深水江河为铅鱼最大直径的 2 倍；在浅水江河为铅鱼最大直径的1.0～1.5 倍。

(5)凡利用缆道悬吊较重铅鱼并兼测水深的，应考虑设置相应的水面、河底信号器。测深信号在使用范围内应简单可靠。

(6)信号源与电源应简单、准确、可靠。有密封要求的元器件应放置在专用密封容器内。密封容器耐压不低于 $2\times10^5$ Pa。

(7)为提高缆道测流信号传输效率，在铅鱼与悬索之间应配备绝缘装置。

(8)铅鱼的表面应作处理。鱼身部分沿铅鱼水平轴线的横断面方向涂 5～10 cm 宽的红白相间油漆，作为安全警戒标志。铅鱼尾翼不允许涂漆，一律作表面镀锌处理。

(9)水文测验铅鱼的全套设备及附件、配件应齐全，易损件要有充足备件。

(10)水文测验铅鱼在遵守包装、运输、保管和使用规则的条件下，使用寿命为 10 年，如无重大损坏或变形时可继续使用。

## 3.1.3　比降—面积法测流

### 3.1.3.1　比降—面积法的原理和方法

比降—面积法是用水力学谢才－曼宁公式推算流量的一种方法。它是通过测量水面比降(能量比降)，用水力学公式计算河段平均流速$\bar{v}$，并测量河段若干断面的平均断面面积$\bar{A}$，从而将平均流速与平均断面面积相乘求得流量。

比降—面积法适宜在稳定均匀流的情况下使用，不宜用于水力因素和断面变化极其复杂情况的不稳定流。但对于一般情况的不稳定流，在一个较短的时间段内，近似的认为其符合明渠稳定流条件，并且其沿程阻力系数在阻力平方区内，也可使用该法测算流量。

对于流量不随时间变化，水深、流速沿程不变的稳定均匀流，测出水面比降后，可用谢才－曼宁公式(见本书基础知识 4.17 部分的有关公式)计算断面平均流速及断面流量。

比降—面积法的实施比较简单，主要是观测比降水位计算比降，测量或借用河段断面面积，选择糙率取值等。

### 3.1.3.2　水文测站推求糙率的方法

水文测站推求糙率的方法是，按本书基础知识 4.1.7 部分有关公式的要求，以测流时测算的流量 $Q$、断面面积 $A$、断面平均流速 $v_{断}$、水力半径 $R$、水面比降 $S$、湿周 $\chi$ 等要素，反算糙率 $n$。积累相当多的资料数据后，建立水位—糙率关系曲线。一般要求建立和分析糙率的水位—糙率关系点据不少于 30，且均匀分布在糙率曲线的上、中、下部。大、中河流水文站的水位—糙率关系曲线，要求有 75% 以上的点据偏离曲线中、高水位级不超过 ±5%，低水位级不超过 ±10%。小河站的水位—糙率关系曲线，要求有 75% 以上的点据偏离曲线中、高水位级不超过 ±8%，低水位级不超过 ±12%。如果没有高水位时的实测糙率资料，可结合河道河床岸壁组成、河段植物生长情况、河段下游控制情况等的分析，进行糙率曲线延长。

#### 3.1.3.3 影响比降—面积法推流的主要因素

影响比降—面积法推流的因素有糙率、水面比降、过水面积、水力半径等，其中糙率是主要因素，一个河段的糙率规律性及稳定性对推流精度起决定性作用，应掌握糙率的变化规律。有实测资料的站，应从实测资料中推求糙率。漫滩明显的河段，常需分主槽、滩地分别分析糙率推求流量。没有实测资料的河段，糙率可参考上、下游或邻近河流上河槽相似的水文站资料确定。

水面比降的精度，与上、下比降水尺断面的间距有关，应严格按有关规范设置上、下比降水尺断面的间距。面积测量的精度，同流速—面积法，在山区测站每次洪水后施测一次断面，一般可达到推流的要求。

从比降—面积法的原理来讲，该方法针对的是某一个河段，因此糙率、水面比降、过水面积、水力半径等参数都应该是该河段的一个平均情况。对于不均匀河段，需要通过增设水位断面、面积断面等手段来提高该方法推流的精度。比降—面积法主要适用于较稳定的河槽，对于河槽不稳定的河流，河流阻力常受水流与河槽交互作用的影响，其推流精度能否保证需要视各地具体情况而定。

#### 3.1.3.4 比降—面积法在推流中的适用性

比降—面积法推流基于能量方程，而能量方程又是建立在稳定流的基础上，对天然河流不是总能适用，需要满足一定的条件。

(1)推流河段不受变动回水的影响。一般对于水位—流量关系为单一线的测站，推流精度较高。

(2)推流河段基本顺直，各级水位岸边水流畅通，观测的水位有代表性。弯曲河段和河段有卡口，因局部损失不易处理，不能使用比降—面积法。

(3)河槽稳定，无频繁冲淤变化，一般断面面积变化在3%以内，视为稳定。

(4)糙率有较好的规律，历年稳定，无系统偏离现象。

(5)一般情况下，比降—面积法适用于山溪性河流。有冲淤变化的河段和大河的中下游不宜采用。

### 3.1.4 水工建筑物测流

水工建筑物测流是指利用堰、闸、洞、涵、水电站、电力抽水站等水工建筑物进行的流量测验作业。本法的关键是确定流量系数和观测水位。确定水工建筑物流量系数有现场率定、模型试验、同类综合、经验系数等方法，应根据建筑物条件、资料精度要求及经济效益等综合考虑确定试验分析方法和具体系数。观测水位的点位与精度应符合规定。

#### 3.1.4.1 水工建筑物测流观测的内容与方法

1. 水位、水头

人工观测水尺时，在每次闸门启闭过程及变动前后过程中，一般应每0.5～1.0 h加测水位一次，待闸门变动终止、水位稳定后，再观测水位一次，以后转入正常水位观测。

淹没出流时，建筑物上、下游基本水尺和闸下辅助水尺必须同步观测。

上（下）游实测水头，用建筑物上（下）游基本水尺观测水位减堰顶（闸底）高程求得。

2. 闸门开启高度和开启孔数

当开闸、关闸及闸门有变动时，应随时测记闸门的编号、开启高度、开启孔数、开启时间。闸门的开启高度要求测记至0.01 m，当闸门提出水面后，不记开启高度数，仅记"提出水面"字样。弧形闸门的开启高度，应是弧形闸门开启的弧形长度换算而成的垂直高度。

用启闭机的计数器测记闸门开启高度时，应经常校正零点。由于悬吊闸门钢丝绳伸缩造成的读数误差，应及时检验校正。

闸门开启高度必须由观测人员现场直接观测记载。

3. 流态观测与判别

水工建筑物出流有堰流、孔流、管流三种，其中又分为自由流、淹没流、半淹没流。管流可分为无压流、有压流和半有压流。

流态观测以目测为主，必要时也可辅以有关水力因素的观测资料进行分析计算而确定。流态观测应与水位观测同时进行并作记录。

孔流和堰流、自由堰流和淹没堰流、自由孔流、淹没孔流、半淹没孔流、洞（涵）自由管流和淹没管流、洞（涵）无压流、有压流和半有压流等流态的判别，均应严格按照相关规范进行。

### 3.1.4.2　流量系数率定

利用水工建筑物测流时，确定水工建筑物流量系数有现场率定、模型试验、同类综合、经验系数等方法。

1. 现场率定

流量系数现场率定，可用流速仪法实测建筑物出流量为标准值，通过实测水头（水头差）等水力因素，用水力学公式计（反）算流量系数。通过多次测验，分析流量系数规律，建立流量系数与有关水力因素的相关关系。当一处工程有多种形式的泄水建筑物混合出流时，应分别逐个率定流量系数。流量系数现场率定，应符合下列要求：

（1）每一流量系数关系线或关系式，应积累不少于3年30次的实测资料，均匀分布于流量系数相关因素实测全变幅内的75%以上。确定后的流量系数关系线或关系式，以后每隔3~5年应检测一次。

（2）若在短期内难以测得水力因素全变幅的流量测次，可以分阶段率定流量系数推求流量。每条流量系数关系线上流量测次不少于20次，且均匀分布，控制相关因素变幅不低于实测全变幅的80%。

（3）当年流量测次不少于10次，且均匀分布，控制相关因素变幅不低于实测全变幅的80%时，则可用当年率定的流量系数推求流量。

现场率定流量系数关系线的实测流量点据，应在相关水力因素变幅内均匀分布密集成带状，实测流量系数与关系线的偏离差值(%)应符合表6-3-2的要求。

**表6-3-2　实测流量系数与关系线的偏离差值**　(%)

| 站类 | 关系线中上部 | 关系线下部 |
|---|---|---|
| 一类 | ±5 | ±8 |
| 二类 | ±8 | ±10 |
| 三类 | ±10 | ±15 |

注：关系线的分界以底部为零向上计算，占全变幅30%以下为关系线下部，以上为中上部；关系线的使用应在实测资料范围内。

2. 同类综合

当进行流量系数综合时，应将各个同类型建筑物和同流态的流量系数与无量纲的水力因素建立相关关系线或关系式。当单站流量系数关系线与建立的综合关系线的偏离差不超过表6-3-3规定的允许偏离差(%)时，综合流量系数可以用于同类型建筑物的流量推算。

**表6-3-3　单站流量系数关系线与综合关系线允许偏离差**　(%)

| 站类 | 关系线中上部 | 关系线下部 |
|---|---|---|
| 一、二类 | ±3 | ±5 |
| 三类 | ±5 | ±7 |

流量系数的综合，应在单站流量系数率定的基础上进行，且不得少于3个站的实测资料。

3. 经验系数

流量系数关系线应进行符号检验、适线检验、偏离数值检验和$t$检验。

## 3.1.5　现代新型仪器测流

### 3.1.5.1　电波流速仪测验水面流速

电波流速仪利用微波多普勒效应，使用时仪器不接触水体，依靠向水面发射微波和接收回波来远距离测量水面流速。测速时不受水面、水内漂浮物影响，也不受水质、流态等影响，而且流速越快，漂浮物越多，波浪越大，反射信号就越强，更有利于电波流速仪工作。因此，很适合高洪时以桥测和巡测方式进行水面流速测量，有替代浮标的趋势。

在野外正常使用电波流速仪前，需要和转子式流速仪在断面上不同点、在不同流速段进行同步比测。比测时应注意转子式流速仪测水面流速的技术要求，比测检定结果分析应考虑转子式流速仪引起的误差，以及电波流速仪误差允许范围。取得可靠的比测资料，分析获得有效换算系数后，可根据实际情况，将测速成果换算到转子式流速仪测速水平。

在野外正常使用测流，还需要注意保持各垂线点在同一断面线上。

### 3.1.5.2　电磁流速仪测验点流速

电磁流速仪在河流中使用方式基本和转子式流速仪相同，可安装在测杆上，也可以悬吊安装在带有尾翼或装在能自动对准流向的铅鱼上，但传感器必须有自动对准水流的导向装置,使仪器正对水流。向水上引装电缆要特别注意电缆长度,电缆不能受水流强力冲击。

电磁流速仪按要求定期检查。需要进行流速比测时,可以在检定水槽内进行室内检定,现场使用中还要经常与标准转子式流速仪进行比测。

#### 3.1.5.3　时差法声学流速仪测流

时差法声学流速仪一般将两个或多个探测声波的传感器安装在两岸滑道上,同步升降测量断面上各水层的平均流速。也可根据建立的某水层平均流速与断面平均流速的相关关系,推求整个断面的平均流速。在测速的同时测量水位,计算(推算)过水断面面积;由断面平均流速和过水断面面积,计算断面流量。

#### 3.1.5.4　声学多普勒流速仪 ADV 测流

测量点流速的声学多普勒流速仪称为 ADV,可以像转子式流速仪或电磁流速仪一样安装使用,测量点流速。

#### 3.1.5.5　声学多普勒流速仪 ADCP 测流

1. 声学多普勒流量测验

ADCP 是水文上应用较多的声学多普勒剖面流速仪,定点式固定安装在河底或水面,可以测量一条垂线的流速分布;移动位置,可以测量各垂线的流速分布。

走航式 ADCP 测流,一般将仪器安装在船上,仪器作业前,要根据要求和断面与测船动力情况及可能最大流速,设置 ADCP 的如深度单元的尺寸和数目、脉冲间隔时间、走航采样频率等基本测验参数。测验时,船舶驾驶员应熟悉测验断面附近河流的水深、水流情况。船横向行进后,仪器在水面表层横跨断面,可测得经过处的多条垂线的流速分布,进而得到全断面的流速数据,同时利用 ADCP 的回声测深功能测得各预定垂线的水深,或利用底跟踪或外接 GPS、测深仪(GPS、测深仪等外接设备的刷新频率或采样频率宜大于声学多普勒流速仪流量测验的采样频率)测得各垂线的地理坐标,转换为断面上的起点距;由此计算断面各部分流量和全断面流量。走航式 ADCP 实施测流过程中应缓慢匀速航行。常用多次重复测量的结果分析后统计计算(如有效结果的平均)确定采用成果。

走航式 ADCP 的流量计算方法和转子式流速仪是相同的,都是通过将整个断面划分为若干部分,根据测量出的各部分断面的水深和流速分别计算各部分的流量,最后累积得到断面总流量。ADCP 划分的部分断面的数量较多,概念上精度很高,并且还能够划分很多的水流层,也可以通过计算累加不同水流层的流量得到全断面的流量。

应用走航式 ADCP 时应注意河床走沙、河底推移质、高含沙量、较大流速、水草、船速及铁质船体对磁场的影响等问题。另外,其流量成果的处理,包括特征值选择,也是需要积累经验,谨慎对待。

H－ADCP 或横向流量测验,可将 ADCP 仪器固定安装在岸边某一位置进行水平测量,得到某一水平层仪器有效测程范围的流速分布数据。也可滑动升降 ADCP 测得若干流层仪器有效测程范围的流速分布数据。通过建立所测流速、水位及其他有关要素与断面平均流速或流量的关系模型,推算断面流量。欲通过较少流层的测验获得断面流量成果,需要分析研究流层的代表性或建立稳定的换算关系的有效性,因为横向流速实测区间的代表性误差是横向流量测验误差来源之一。

2. ADCP 的安装

实施声学多普勒剖面流速仪走航式流量测验，其安装支架应采用非磁性材料，结构简单、灵活方便、安全可靠，防腐、防锈蚀。安装时，在垂直方向上应保证仪器纵轴垂直，呈自然悬垂状态；仪器探头的入水深度，应根据测船航行速度、测船吃水深度、水流流速和水面波浪大小等因素综合考虑，使探头在整个测验过程中始终不会露出水面。在给仪器通电之前，应确认信号线、电源线连接正确。需要外接 GPS 的，GPS 天线宜安装在声学多普勒流速仪正上方平面位置 1 m 以内。

采用定点式声学多普勒流速仪进行流量测验的，信号线、电源线的连接处应采取水密措施。

3. 走航式声学多普勒流量测验

利用走航式声学多普勒流速仪进行流量测验的主要程序包括测验前的准备工作，现场进行流速、流向、流量等的测验计算操作，流量测验文件的编制和存档等。要求盲区的设置应不小于厂商推荐的最小盲区；垂线流速流向测验时间应不少于 20 s，以减小由水流脉动引起的误差；流量相对稳定的，应进行 2 个测回断面流量测量，取均值作为实测流量值。测验成果应使用声学多普勒流速仪专用流量测验记录表进行记载。测量实施过程及完成后还要进行仪器参数设置是否正确，盲区设定是否正确、插补方法是否恰当，测船航速是否过快，有没有底沙运动等主要方面的检测审查。

走航式声学多普勒流速仪测验流量，仪器入水深度测量，测验盲区流速插补方法，水位、水深、水边距离测量，船速测量等产生的误差都会传递到成果。采用含 30 个脉冲的数据组的平均值，可减小由噪声和流速脉动引起的流速测量误差；选取合适的垂线经验公式进行盲区流速插补可减小测验盲区流速插补误差；定期校准声学多普勒流速仪和改进有关安装测量条件可提高测验水平和质量。

4. 定点声学多普勒流速仪流量测验

定点声学多普勒流速仪流量测验包括船测多线法流量测验、垂向代表线法流量测验、横向流量测验。H－ADCP 横向流量测验已如上所述。船测多线法流量测验即测船在预定垂线位置停泊，测量垂线流速及分布，应布置足够的垂线，以减小由测速垂线数目不足导致的流量成果误差。利用垂向代表线法进行流量测验时，应适当安排水道断面的测量次数，以减小借用断面带来的误差；应收集大于 30 个样本的不同水位级各水流条件的流量测验相关关系率定资料，比测、分析确定采用的代表线数目及位置；其测速频次可根据水情变化、模型推流的需要确定。盲区流速可按指数流速分布、常数流速分布或经过率定的其他流速分布等方法插补。

5. 声学多普勒流速仪检查与保养

声学多普勒流速仪的电缆线应放在专用箱中，且保持自然状态，不应有扭曲变形。当发现声学多普勒流速仪的探头表面有附着物时，应用光滑的软布蘸清水小心拭去。声学多普勒流速仪设备检修一般应包括探头检查、电缆(信号)线检查、防腐蚀部件检查等。在每次测量开始前和结束后，应对声学多普勒流速仪进行检查。每年应在汛前定期对声学多普勒流速仪应用进行一次全面系统的检查，包括仪器设备检修和技术人员培训两部分。在仪器正式使用前，仪器有较大的硬件、软件升级后，对严重损坏的仪器硬件维修或更新后等情况下,应对声学多普勒流速仪进行与转子式流速仪的比测、分析。

### 3.1.6 流量的间测与巡测

流量的间测或巡测测流的方法,与常测驻测站是一样的。是否实施流量的间测或巡测,应通过分析水位—流量关系资料,检验精度,满足一定条件后制订间测或巡测的实施方案。

#### 3.1.6.1 流量的间测

集水面积小于10 000 $km^2$ 的各类精度的水文站,有10年以上资料证明实测流量的水位变幅已控制历年(包括大水、枯水年份)水位变幅80%以上,历年水位—流量关系为单一线,并符合下列条件之一者,可实行间测。

(1)每年的水位—流量关系曲线与历年综合关系曲线之间的最大偏离不超过允许误差范围者。

(2)各相邻年份的水位—流量关系曲线之间的最大偏离不超过允许误差范围者,可停一年测一年。

(3)在年水位变幅的部分范围内,当水位—流量关系是单一线,并符合第(1)项要求者,可在一年的部分水位级内实行间测。

(4)水位—流量关系呈复式绳套,通过水位—流量关系单值化处理,可达到第(1)、(2)项要求者。

(5)在枯水期,流量变化不大,枯水径流总量占年径流总量的5%以内,且对这一时期不需要施测流量过程,经多年资料分析证明,月径流与其前期径流量或降水量等因素能建立关系并达到规定精度者,可在非汛期特定的时期内实行流量间测。

#### 3.1.6.2 流量的巡测

集水面积小于10 000 $km^2$ 的各类精度的水文站,符合下列条件之一者,可实行巡测。

(1)水位—流量关系呈单一线,流量定线可达到规定精度,并不需要施测洪峰流量和洪水流量过程者。

(2)实行间测的测站,在停测期间实行检测者。

(3)枯水期、冰期水位—流量关系比较稳定或流量变化平缓,采用巡测资料推算流量,年径流的误差在允许范围以内者。

(4)枯水期采用定期测流者。

(5)水位—流量关系不呈单一线的测站,距离巡测基地较近,交通通信方便,能按水情变化及时施测流量者。

开展巡测的水文站,与常测驻测站相比,使用的测流方法完全一样,但巡测需要配备巡测车或巡测船、野外生活用品、救生设备等。

实施巡测前,要分析测站情况和水文特性,研究巡测时机,考虑与相关项目结合的方式,准备需要的资料,选择一次多站的巡测路线,配齐仪具,组织人力,还应考虑野外通信联系、生活和安全等,形成并编制流量巡测方案,然后按方案结合具体情况开展巡测。

# 3.2 数据资料记载与整理

## 3.2.1 水工建筑物法流量推算

水工建筑物法流量推算主要是选择符合条件的公式和系数，代入观测的水位、水头等参数后予以计算。

### 3.2.1.1 一般堰闸、涵管、隧洞出流流量计算公式

一般堰闸、涵管、隧洞流量计算公式及适用范围，列于表 6-3-4。

表 6-3-4 一般堰闸、涵管、隧洞流量计算公式及适用范围

| 公式编号 | 流量计算公式 | 相关因素 | 适用范围 | |
|---|---|---|---|---|
| | | | 出流状态 | 堰闸、涵管类型 |
| 1 | $Q=c_1Bh_u^{3/2}$ | $h_u-c_1$ | 自由堰流 | 一般堰闸 |
| 2 | $Q=\sigma c_1Bh_u^{3/2}$ | $h_1/h_u-\sigma$ 或 $\Delta Z/h_u-\sigma c_1$ | 淹没堰流 | 一般堰闸 |
| 3 | $Q=c_2Bh_1\sqrt{\Delta Z}$ | $h_1-c_2$ | 淹没堰流 | 平底闸、宽顶堰闸 |
| 4 | $Q=M_1Be\sqrt{h_u-h_c}$ | $e/h_u-M_1$ | 自由孔流 | 平底闸、宽顶堰闸、平板及弧形闸门闸 |
| 5 | $Q=M_1Be\sqrt{h_u}$ | $e/h_u-M_1$ | 自由孔流 | 实用堰、跌水壁堰、平底闸 |
| 6 | $Q=M_2Be\sqrt{\Delta Z}$ | $e/\Delta Z-M_2$ | 淹没孔流 | 一般堰闸 |
| 7 | $Q=\mu_1\alpha\sqrt{h_u'-h_p}$ | $e/d-\mu_1$ | 有压、半有压自由管流 | 一般涵洞、长洞 |
| 8 | $Q=\mu_1'\alpha\sqrt{h_u'-h_p}$ | $e/d-\mu_1$ | 有压淹没管流 | 一般涵洞 |
| 9 | $Q=\mu_2bh^{3/2}$ | $h-\mu_2$ | 无压自由出流 | 一般涵洞 |
| 10 | $Q=\mu_\sigma bh^{3/2}$ | $h_L/h-\mu_\sigma$ | 无压淹没流 | 一般涵洞 |
| 11 | $Q=\mu_3\alpha'\sqrt{h}$ | $e/d-\mu_3$ | 自由孔流 | 进口设置有短管无压隧洞 |

注：$Q$—流量（$m^3/s$）；$Z_u$—上游水位（m）；$Z_1$—下游水位（m）；$Z_a$—闸底或堰顶高程（m）；$h_u$—上游水头（$h_u=Z_u-Z_a$）（m）；$h_1$—下游水头（$h_1=Z_1-Z_a$）（m）；$h_c$—收缩断面处水深（m）；$h_u'$—涵管出口中心以上水头（m）；$h_p$—下游势能（m）；$h$—涵管进口水头（m）；$\Delta Z$—上下游水位差（$\Delta Z=Z_u-Z_1$）（m）；$e$—闸门开启高度（m）；$B$—闸孔总宽或开启净宽（m）；$b$—涵管宽度（m）；$d$—涵管高度（m）；$A$—堰闸过水面积（$m^2$）；$a$—涵管断面面积（$m^2$）；$a'$—涵管进口闸孔过水面积（$m^2$）；$c_1$、$c_2$—自由、淹没堰流流量系数；$M_1$、$M_2$—自由、淹没孔流流量系数；$\mu_1$、$\mu_1'$—有压、半有压自由、淹没管流流量系数；$\mu_1$、$\mu_\sigma$—无压自由、淹没孔流流量系数；$\mu_3$—进口设置有短管无压隧洞自由孔流流量系数；$\sigma$—淹没系数。

“相关因素”是指有关系数的主要影响因素，一般建立两者的关系，供有关系数的推算选用。

### 3.2.1.2 水电站、排灌站流量计算公式

1. 水电站过流流量的计算公式

水电站过流流量的计算公式如下

$$Q = \frac{N_{效}}{9.8\eta H} \tag{6-3-6}$$

式中　$Q$——流量，$m^3/s$；

$N_{效}$——有效功率，kW；

$\eta$——效率（%），即有效功率占理论功率的百分比（试验时，可由式（6-3-6）反算）；

$H$——水头，m，即水电站上、下游水位差；

9.8——重力加速度，以 $m/s^2$ 为单位的通用数值。

2. 动力排灌站水泵出流量的计算公式

动力排灌站水泵出流量的计算公式如下

$$Q = \frac{\eta' N_{耗}}{9.8H} \tag{6-3-7}$$

式中　$Q$——流量，$m^3/s$；

$N_{耗}$——动力机耗用功率，kW；

$\eta'$——效率（%），即有效功率占耗用功率的百分比（试验时，可由式（6-3-7）反算）；

$H$——水泵扬程，m；

9.8——重力加速度，以 $m/s^2$ 为单位的通用数值。

## 3.2.2　ADCP 流量测算及有关问题探讨

由于 ADCP 流量测验类似流速仪法流量测验，其计算流量的模式也和流速仪法流量计算相近，即都是通过对单元流速、面积的测验，计算出单元流量，最终合成出断面流量。但 ADCP 一般配备有专门的测算程序，当所有测验参数正确设置完成后，ADCP 可以在测验结束后自动给出断面流量数值。

使用 ADCP 进行流量测验时，要考虑盲区插补和断面最大点流速测选等问题，还应对其精度有所认识。下面从 ADCP 测区概念和物理机制方面出发，对有关问题予以探讨。

### 3.2.2.1　**盲区插补**

使用 ADCP 进行流量测验时，由于受仪器固有的物理特点及感应面安装距水面位置等影响，在水面、河底以及近岸边均存在仪器测不到因而也未纳入断面流量计算的盲区。ADCP 测流表层、底层盲区示意如图 6-3-2 所示，从几何概念看，图中相邻垂线间与表层线和底层线之间合围部分为已测区，常称核（心）区；相邻垂线间与表层线和水面线之间合围部分为水面盲区；相邻垂线间与底层线和河底之间合围部分为河底盲区；近岸边垂线与岸界为临岸盲区。盲区在流体的外圈，盲区的面积、流速分布可通过几何关系和已测核区流速分布的外延弥补计算。实用上，常通过研究垂线流速分布模型和岸边系数，并经由实测数据来插补盲区的流速、流量。实用上，总是开展大量试验，通过试验资料分析，探索建立盲区流量加 ADCP 实测流量后比（除以）ADCP 实测流量（或盲区流量比 ADCP 实测流量）的系数与诸如水位、断面面积、断面流速及流量的关系，应用时根据情况由后者经已建关系选择确定适当系数，继而由 ADCP 实测流量乘以系数，获得盲区弥补后的全断面流量成果。

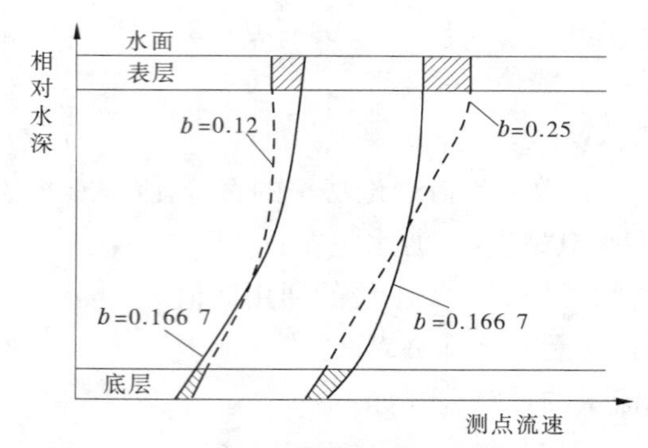


**图 6-3-2　ADCP 测流表层、底层盲区示意图**

盲区的影响程度显然与过流断面形态和面积有关。极宽浅和很窄深的断面,小河流和小流量情况由于盲区面积占断面面积的比例大,应重视盲区流量的弥补试验研究。

有关研究表明,明渠均匀流垂线流速分布 $v=v_0\eta^b$ 模型的幂指数 $b$ 的取值不同对于断面流速、流量的计算有很大影响,进而影响盲区插补(见图 6-3-2)。这就提示我们,要解决盲区流量插补问题,还需要分析本断面的水流特性,掌握水流分布的客观规律。

实际测验作业中,利用 ADCP 测流时,岸边部分的流量估算主要是正确选用岸边流速系数,对于水深均匀地变浅至零的斜坡岸边,岸边流速系数实用参考值一般选用 0.67 ~ 0.75。当使用常数流速剖面的假定来外推上部(下部)盲区的表层(底层)流速时,表层(底层)流速与第(最后)一个深度单元的流速之间的转换系数为 1.0。

### 3.2.2.2　ADCP 测流的时均流速与最大点流速

ADCP 的物理机制是发射频率脉冲波,设定深度单元的尺寸和数目后,可从设定的各深度位置反射回波、仪器接收各位置回波,进行多普勒效应的解算,获得各点位流速,各点位流速沿深度的分布即流速剖面。脉冲波基本是瞬时的,因而各点位流速也是瞬时值。设定声波脉冲的发射间歇时间(周期)后,ADCP 会按此间歇周期连续工作。从单个频率脉冲波与多次重复测量的成果看,ADCP 比转子流速仪测验在垂线上布置的测点多(密)、点距小、分布均匀空间连续性好、数据量大,虽然点位测验历时很短,但经多测次平均后削减时均垂线平均流速计算误差的效能要好。

我们知道,水文测验追求的点位流速一般是尽量消除不稳定流速影响的时均流速,而河流中每个特定位置的瞬时流速是不稳定的,ADCP 单个频率脉冲波的瞬时流速不符合时均流速的追求。如果仪器定点于垂线,收集一定数量脉冲的流速数据,利用这些数据平均可得到每个测点的时均流速,继而可推算时均流速的垂线平均流速。长江水利委员会水文局开展的 ADCP 多次测速采样垂线平均流速与旋桨式流速仪垂线平均流速平行比测试验成果——ADCP 垂线平均流速比测误差(相对于旋桨式流速仪法)示意如图 6-3-3 所示,图中 ADCP 采样次数是比测时段的抽样脉冲测量数,相对均方差是以旋桨式流速仪垂线平均流速为准由 ADCP 采样次数各流速值计算的。由图可见,ADCP 采样次数越多,接近旋桨式流速仪测量的时均流速的程度越好。当在不少于 100 s 时段,脉冲信号组数达到30时,其平均流速可以达到精度要求。理论分析和试验都提示我们,为获取特定位置的时均流速,ADCP也必须根据消除脉动影响准确计算流速的原理——即通过大量瞬时数据的平均来进行,不应从ADCP测量数据中单一地抽取某一特定位置的瞬时流速数值作为该位置的(时均)流速。ADCP方法获取的测点流速因为点距小、点子密、数据量大,因而垂线流速的连续性更好,多测次平均后削减时均垂线平均流速计算误差的效能也好。

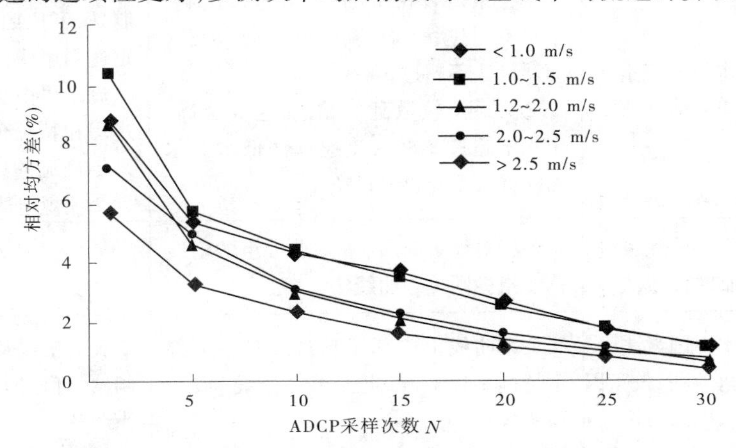


图6-3-3 ADCP垂线平均流速比测误差(相对于旋桨式流速仪法)示意图

实际上,ADCP是用走航法实施测流的,需要特定垂线时均平均流速时,仪器通过此范围时速度放慢或停留,从而获取相对多的邻域或该垂线脉冲数据组数,以消除脉动影响。

水流稳定的测站断面,传统测验方式中垂线和测点有合理的布置,最大流速垂线和最大流速点可以根据经验确定。在该垂线位置用ADCP多次脉冲测验,计算最大流速点邻域若干点位的时均流速,选择最大值作为ADCP测验断面的最大流速。断面水流复杂时,可现场目测确定最大流速区域,在该区域选择若干垂线位置用ADCP多次脉冲测验,计算较多点位的时均流速,选择最大值作为ADCP测验断面的最大流速。

#### 3.2.2.3 ADCP重复走行测验提高精度

尽管ADCP单脉冲测验是瞬时的,点流速是紊动流速,但全断面空间尺度上点位数据量巨大,正负、大小紊动流速的融合具有从空间抵偿方面削减紊动的能力。为了使该能力发挥得更有效,在水流比较稳定的条件下,ADCP单次走行测验航速应小些。较多的是采用ADCP多次重复走行测验,用多次接近结果的平均值作为流量成果,提高精度。

### 3.2.3 水位—流量关系线定线方法与推流

#### 3.2.3.1 不同站类各种定线方法精度要求

根据测验方式、方法、测验精度和使用需要的不同,水位及其他因素与流量关系定线(简称流量定线)精度指标规定详见表6-3-5。流量定线和推流所采用的方法应符合测站特性和测验情况,并力求简单合理。全年可视情况分期选用不同方法。实行站队结合的站,定线精度指标可适当放宽。

**表 6-3-5　流量定线精度指标**

| 站类 | 定线方法 | 定线精度指标(关系点子分布呈一带状,无明显系统偏离*,置信水平95%的随机不确定度满足定线精度指标) | 附注 |
| --- | --- | --- | --- |
| 河道站(含渠道、水库坝下断面) | 水位—流量单一曲线法 | ①关系点较密集的站,流速仪法高、中水不超过±5%,流速仪法低水及水面浮标法不超过±8%;<br>②关系点较散乱的站,流速仪法高、中水不超过±8%,流速仪法低水及水面浮标法不超过±11% | 大河干流及重要支流控制站,可比照左列①项规定适当严些;<br>流量很小及不需要流量过程和特征值,而只需要月年径流的站,可比照左列②项规定适当宽些 |
| | 水位—流量临时曲线法 | 各相对稳定时段,每一点带组的定线精度指标同单一曲线法 | |
| | 水力因素法(含落差法、校正因数法、抵偿河长法) | 关系曲线上中部不超过±7%,下部不超过±12%,可定为单一曲线(或一簇曲线) | 大河干流及重要支流控制站,可比照左列规定适当严些 |
| | 合并定线法 | 受洪水涨落影响,历时短、水位变幅小的涨落支线宽度,或多线关系中两相邻曲线宽度为4%~6%时,可合并定线 | |
| 堰闸和涵管、隧洞站 | 流量系数法及相关分析法 | ①关系点较密集的站,关系曲线上中部不超过±5%,下部不超过±8%;<br>②关系点较散乱的站,关系曲线上中部不超过±7%,下部不超过±10% | 小开启高度、小水头、小水位差及受冲淤影响时,可比照左列②项规定适当放宽 |
| 水力发电站和电力抽水站 | | 以电功率作参数的水头与单机流量相关曲线的精度指标,同堰闸站②项规定 | |
| 潮水河(含感潮闸坝)站 | 合轴相关法、定潮汐要素法、一潮推流法 | ①关系点较密集的站,不超过±10%;<br>②关系点较散乱的站,不超过±15% | 各种相关曲线实测点不少于30个 |

**注:** 带*的指无明显系统偏离,即各种定线允许短时间、少数点子系统偏离关系曲线2%~3%;实行站队结合的站,定线精度指标可适当放宽。

### 3.2.3.2　水位—流量关系单一曲线法定线与推流

单一曲线法适用于测站控制良好,各级水位—流量关系都保持稳定,水位—流量关系点的分布及定线精度指标符合表6-3-5单一曲线法要求的站。利用单一曲线法定线时,对于关系点较密集的大河干流站、重要支流控制站,定线精度指标可比规定的指标适当严些。

在点绘的水位—流量($Z \sim Q$)、水位—面积($Z \sim A$)、水位—流速($Z \sim V$)三种关系图上,通过点群中心分别绘出一条平滑的关系曲线,使关系点均匀分布于曲线两旁,并使曲线尽可能靠近测验精度较高的点据。绘出的三种关系曲线,须互相对照,在曲线上查读各级水位的流量,近似等于相应的面积和流速的乘积,其误差一般不超过 ±2% ~ ±3%,否则应调整修改关系曲线。

在水位—流量关系曲线上直接查读或编制水位—流量关系表推求流量。

#### 3.2.3.3　水位—流量关系临时曲线法定线与推流

临时曲线法主要适用于不经常性冲淤的站,也可用于处理受结冰影响的水位—流量关系。

1. 受不经常性冲淤影响的定线和推流方法

(1)相对稳定时段的定线。以水位—流量、水位—面积关系点的时序分布情况,参照水位过程线,分析确定相对稳定时段和关系点分组,按定单一曲线的要求,分别定出各稳定时段的水位—流量关系曲线(即临时曲线)。

(2)过渡时段的处理。两相邻临时曲线间的过渡时段,可绘过渡线连接。过渡线不具有稳定曲线的性质,可以反曲。根据过渡段的水位变化和关系点分布情况,可分别采用自然过渡、连时序过渡、内插曲线过渡等方法处理。

(3)各临时曲线和过渡线应按推流使用时序分别编号。使用时段较长的曲线,可编制水位—流量关系表。

2. 用于推求冰期流量时的注意事项

(1)有较长时期的固定岸冰或稳定的封冻,不受冰凌堆积或冰塞影响,其水位—流量关系点据呈几组密集点带时,可用此法。定线方法与上述受冲淤影响的情况相似。

(2)定线推流时,对突出点和两测次间水位突涨突落现象,必须结合冰情变化分析其原因,采用符合情况的方法恰当处理。

(3)春季或秋季畅流期的曲线与它相邻近的冰期临时曲线之间,可用绘过渡线或内插曲线推流。

#### 3.2.3.4　水位—流量关系连时序法定线与推流

1. 适用条件

若水位—流量关系受某一因素或混合因素影响而连续变化时,可用此法。使用此法时,要求流量测次较多,并能控制水位—流量关系变化的转折点。

2. 定线和推流方法

(1)绘制水位—流量关系曲线。先点绘水位—流量、水位—面积、水位—流速关系图,并依测点时序分析,找出各个时期的主要影响因素。然后参照水位过程线,并结合受主要因素影响所导致的水位—面积或水位—流速关系变化趋势,连绘水位—流量关系曲线。

(2)定线注意事项。连绳套形曲线,其绳套顶部和底部应分别与相应洪水峰顶和谷底水位相切。过渡线与临时曲线或稳定曲线相切;影响因素无明显变化的较稳定时段,可通过测点中心定线,定线精度应符合表6-3-5的要求;如测点控制不够,应借助主要影响因素变化趋势连绘曲线;如测点较多,曲线较复杂,可分时段点图定线,但应使各图曲线之间互相衔接。

（3）推求流量。依据已定的时序曲线，用瞬时水位直接在相应时段曲线上查读流量。

## 3.2.4 水位—流量关系成因性质分析

### 3.2.4.1 稳定的水位—流量关系

1. 水位—流量关系稳定的条件

水位—流量关系是否稳定，主要取决于影响流量的各水力因素是否稳定。从基础知识4.1.7部分谢才－曼宁公式等可知，要使水位—流量关系保持稳定，必须在测站控制良好的情况下，同一水位的断面面积、水力半径、河床糙率、水面比降等各水力因素均保持不变，或者各水力因素虽有变化，但集中反映在能使断面面积、断面平均流速两因素互相补偿，这样同一水位只有一个相应流量，其关系就成为单一曲线。

2. 稳定水位—流量关系点的分布

一般关系点据应密集，分布呈一带状，置信水平为95%的随机不确定度满足定线精度指标，且关系点据没有明显的系统偏离。

### 3.2.4.2 不稳定的水位—流量关系的几种形式与影响因素

在天然河道里，一个河段的水力因素常发生变化，因而水位—流量关系能保持长期稳定的很少。当测站控制条件较差，各有关水力因素不能保持不变，又不能互相补偿时，则形成不稳定的水位—流量关系。以其所受主要影响因素不同，水位—流量关系点的分布规律也不相同，其关系可分以下几种。

1. 受冲淤影响的水位—流量关系

当测站的控制河段或控制断面发生冲刷或淤积时，使同水位的面积增大或减小，水位—流量关系也受到相应影响。冲淤现象是很复杂的，从冲淤发生时间的持续性分为经常性冲淤和不经常性冲淤；从冲淤形态分有纵横断面普遍冲淤和局部冲淤等情况。

受不经常性冲淤影响时，水位—流量、水位—面积关系点据随时间分布成几个较稳定的带组，且具有在某一时段从一带组向另一带组过渡的性质。如受经常性冲淤影响，则关系点据分布散乱，显现不出相对稳定的时段。

受普遍冲淤影响时，反映在冲淤前后的水位—流量、水位—面积关系点据的分布呈纵向平移，两者平移的程度也大体一致。如受局部冲淤影响时，反映在水位—流量、水位—面积点据分布无一定规律，且两者的分布并不相应。

2. 受变动回水影响的水位—流量关系

水文站受下游支流顶托、拦河建筑物蓄水、冰凌壅塞等影响，水位抬高，产生变动回水，水面比降减小，与不受回水影响比较，同水位下的流速、流量减小。

受变动回水影响期间，水位—流量、水位—流速关系点据的分布都很散乱，而水位—面积关系点则密集呈一条带状。若分析水位相近测点测流时的落差值，则可看出落差值大流量也大的同步移动。

3. 受洪水涨落影响的水位—流量关系

受洪水涨落影响的站，由于受洪水波产生附加比降的影响，洪水过程的流速与同水位下稳定流时的流速相比，涨水时流速增大，流量也增大；落水时则相反。

在一次洪水过程中，水位—面积关系点据分布为带状。水位—流量、水位—流速关系点据的分布有涨水点偏右,落水点偏左,峰、谷点居中间的相应性;若依时序连接各点,则形成以峰、谷点连线为轴线的逆时针方向的绳套曲线。绳套的宽窄,由洪水特性所决定,一般孤立洪峰形成单式绳套;出现连续洪峰时,由于受河谷壅水影响,后到洪峰绳套略向左移,形成复式绳套。

对于同一条河流的同一场洪水,从上游到下游,其水位—流量关系逐渐由单一曲线转变为绳套曲线,愈向下游绳套套圈愈大。这种现象说明,从河流的上游到下游由于河底比降越来越小,附加比降的作用越来越明显。

4. 受水生植物影响的水位—流量关系

受河床水生植物生长影响的站,当水生植物逐渐繁茂时,过水面积减小,糙率增大,水位—流量关系点据逐渐左移;待水生植物逐渐衰枯,水位—流量关系点据又逐渐右移。有时洪水涨落可能对水生植物的繁殖造成突然性破坏,而失去上述的规律性。

5. 受结冰影响的水位—流量关系

受结冰影响的站,冰期水流有效过水面积减小,摩阻增大,水位—流量关系点据的分布,总的趋势是偏在畅流期水位—流量关系曲线的左边。若下游有冰塞、冰坝,使水位抬高,形成回水顶托影响,就有如2.项的表现。有些小河的冰期流量,随气温的周期日变化而有相应的变化,对水位—流量关系也产生影响。

6. 受混合因素影响的水位—流量关系

水位—流量关系受到两种以上因素的影响,且其影响均较显著,称为受混合因素影响。常见的有冲淤与洪水涨落、冲淤与回水、洪水涨落与回水等混合因素影响型。在混合因素影响下,水位—面积、水位—流速、水位—流量关系点据的分布都很散乱,但在不同时期,随着某种因素的变化起主导作用,而呈现上述有关成因的分布规律。

#### 3.2.4.3 水位—面积关系曲线的性质

水位—面积关系曲线只取决于河宽和水深的大小,而与水力因素无直接关系,只有在河床不稳定、断面变化剧烈时,水位—面积关系曲线才有复杂表现。

1. 基本水尺断面与测流断面重合且断面不变的情况

天然河道的河宽 $B$ 一般是随水位的增高而增加的。水位愈高,河宽愈大,水位—面积关系曲线的斜率($1/B$)就愈小,所以面积曲线呈一条凹向横轴(面积轴)的曲线。只有在两岸悬崖突出的情况下,才有反曲的可能。

矩形或"U"形河槽的上部,河宽不随水位的增减而变化,面积的大小只与水深(水位)有关,因而面积曲线为一条直线。

复式河槽,在漫滩水位转折处,水位—面积曲线呈突变,出现转折而变平。

2. 基本水尺断面与测流断面重合而断面有变化的情况

随着断面的变化,水位—面积关系也随之而变,如断面经常变动,水位—面积关系也较散乱。如河底发生冲淤,在冲淤前后水位—面积曲线上部呈水平移动的状态。如河槽上部宽度变化很小,则上部曲线也近似直线移动。

3. 基本水尺断面与测流断面不重合的情况

如测流断面与基本水尺断面不重合,水位—面积曲线远较上述情况复杂。这种曲线可以看做是先以测流断面水位与面积绘成关系曲线后,再加上两断面间的水面落差(基本水尺断面在上游为正、下游为负）而成。如两断面间落差是常数，则两断面的水位—面积关系曲线具有完全相同的形状与性质。但实际上，其落差并不是一个稳定的常数，而是随水位的高低、涨落率的大小和河势、断面形态不同而变的数值，因此其基本水尺断面的水位—面积曲线往往不能代表测流断面的水位—面积曲线的情况。

#### 3.2.4.4　水位—流速关系曲线的性质

流速受多种水力因素和测验误差的影响，水位—流速关系远较水位—面积关系复杂。

1. 基本水尺断面与测流断面重合时的情况

如断面整齐，比降变动不大，水位—流速关系曲线一般是一条凹向纵轴（水位轴）的曲线。高水部分以垂线为其极限。

在漫滩时，水位流速曲线有明显的转折。漫滩后，面积突然增加，但滩地上流速很小，故平均流速减小，至滩地上有相当水深后，流速又渐增。

当断流水位以下有深潭时，流速曲线反曲。

其他影响流速的因素很多，如高、低水位间比降、糙率有较大的变化，皆可造成流速曲线的反曲现象。

2. 基本水尺断面与测流断面不重合时的情况

当基本水尺断面与测流断面不重合时，水位—流速关系情况比较复杂。如有冲淤变化或比降、糙率等变动时，水位—流速关系都将发生变化。

#### 3.2.4.5　水位—流量关系曲线的性质

天然河道的水位—流量关系，虽各不相同，但一般呈一条或多条凹向横轴（流量轴）的曲线。

当水位增大时，低水控制被淹没失去作用，而由其下游某一新控制水位所取代且控制的历时较长，若由新控制水位所形成的水位—流量关系曲线比由低水控制所形成的曲线的坡度陡，则会发生反曲现象。

复式河槽中，当水面漫滩以后，面积增加很多，流量曲线也会出现转折，但没有面积曲线那样显著。

基本水尺断面与测流断面若相距不远，两断面的同时流量可以认为相等，则对水位—流量关系曲线无甚影响。如距离很远，两断面间有径流加入或损失，以及槽蓄影响等使同时流量不等，则对水位—流量关系就有显著影响。

若测站控制（如河道及断面形态、河床组成、水位观测位置、基本水尺断面与测流断面之间的关系等）发生变动，水位—流量关系也就有变动。当水位—流量关系有变动时，将水位—流量关系点据依时序连起，即为连时序线。连时序线可以向任何方向弯曲，且在推读流量时，每一线段只能对应某一固定时期。

### 3.2.5　流量过程线法和代表日流量法推流

#### 3.2.5.1　连实测流量过程线法

1. 适用条件

畅流期受断面冲淤、变动回水、水草生长，或冰期结冰等因素影响，水位—流量关系紊乱，而流量变化较小时，只要流量成果精度符合要求、测次较多，能基本上控制流量变化过程，可使用此法。

2. 畅流期定线和推流方法

(1)在水位过程线图下方，选用适当比例尺依时序点绘实测流量点。

(2)比较水位过程线与实测流量点的趋势，如发现突出点或峰谷缺少测次，应将附近测次一并点绘在水位—流量、水位—面积、水位—流速关系曲线图上进行分析，并用连时序法或高低水延长法插补相应峰谷点确定流量。

(3)根据突出点的处理和峰谷插补结果，通过各实测点并参考水位变化趋势连成光滑的过程线。

(4)直接在过程线上查读流量。

3. 冰期定线和推流方法

在封冻期，可依时序点绘实测流量(瞬时或日平均值)点，直接连绘各点过程线，在过程线上查读瞬时或日平均流量。在冰期与畅流期的过渡时段，如缺少测点，须参照水位、冰情和气温过程线变化情况，连绘流量过程线查读流量。

#### 3.2.5.2　代表日流量法

代表日流量法适用于将枯水期或冰期简化为每月固定日期测流的站。

推流方法为，以各固定日几次实测流量的平均值作为该日的日平均流量。根据各月固定测流日的分布情况划分其代表时段。如每月前半月和后半月各有一固定测流日，则前一日的日平均流量代表1～15日的各日平均流量，后一日的日平均流量代表16日至月底各日的日平均流量。若每月上、中、下旬各有一个固定测流日，则各测流日的日平均流量分别代表上、中、下旬各日的日平均流量。

### 3.2.6　流量资料的单站合理性检查

#### 3.2.6.1　历年水位—流量关系曲线对照

1. 对照图的绘制

将历年和本年，水位—流量、水位—面积、水位—流速三种关系曲线绘于同一图中并注明各曲线年份。流量变幅大的，应点绘低水放大图，用以检查低水曲线。

用临时曲线的站，可只绘变幅最大及最左、最右边的曲线。用改正水位法、改正系数法定线推流的站及单值化关系曲线，可只绘各年标准曲线或校正曲线。

2. 检查内容

高水控制较好，冲淤或回水影响不严重时，历年水位—流量关系曲线高水部分的趋势应基本一致；历年水位—流量关系曲线低水部分的变化应该是连续的，相邻年份年头年尾曲线应该衔接或接近一致；水情相似年份的水位—流量关系曲线，其变动程度相似；用相同方法处理的单值化曲线，其趋势应是相似的。如发现曲线有异常情况，应检查其原因。

通过检查，可发现定线是否正确及高水延长是否合理。

#### 3.2.6.2　流量与水位过程线对照

1. 对照图的绘制

将水位、流量过程线绘在同一图上。必要时，在流量过程线图上绘入各实测流量点据，在水位过程线图上绘各实测流量的相应水位点据。

2. 检查内容

主要检查流量变化过程是否连续合理，与水位是否相应。除冲淤特别严重或受变动回水影响及其他特殊因素影响外，两种过程线的变化趋势应一致，峰形一般应相似，峰、谷相应。流量过程线上的实测点据，不应呈明显系统偏离，水位过程线上的实测流量相应水位点据应与过程线基本吻合。对照时，如发现反常情况，可从推流所用的水位、方法、曲线的点绘和计算等方面进行检查。

#### 3.2.6.3 降水与径流关系对照检查

此项检查适用于中、小河流站，或发现资料有问题须加引证的站。

降水与径流的关系，一般是用径流系数列表进行检查，也可点绘历年各次暴雨—径流或年降水—径流关系图检查。

1. 计算方法

(1)对照时段的确定。一般是以每次洪水的起止时间作为一个对照时间单位，包括完整的降水过程和相应的径流过程。如连续洪水难以分割，也可作为一个对照时段单位。

(2)计算流域平均降水量。根据流域内及其周围各站降水量，用算术平均法、加权平均法或等雨深线法计算流域平均降水量。

(3)计算径流深及径流系数。

(4)按各次洪水列出降水与径流关系对照表或点绘关系图进行检查。

2. 检查内容

主要检查径流系数变动范围，分析规律，以发现较大问题。影响降水与径流关系的因素虽然复杂，但特定地区各次洪水的降水与径流关系的变动有一定范围。可与往年径流系数比较，如相差很大或突出不合理，需深入检查其原因。

# 模块4　泥沙测验

## 4.1　外业测验

### 4.1.1　测验(洪)方案编制

#### 4.1.1.1　一般内容

水文测验方案是直接领导、指挥、组织测验实施的基本文件,业务管理机构通常按年度组织力量(包括生产一线人员)编制或修订,生产一线人员应了解方案编制内容,以便结合具体情况实施。

一般测站的测验方案以洪水测验为目标,测洪方案具有重要地位。2000~2001年,水利部水文局组织力量编制汇编了《全国重要水文站测洪及报汛方案》(共201个水文站),较规范地统一了测洪及报汛方案的编制模式和内容,对一般水文测验方案的编制有示范意义。《全国重要水文站测洪及报汛方案》的总格局模式是4表5图,具体如下:

表1　××水文站基本情况一览表;

表2　××水文站较大洪水测洪及报汛方案;

表3　××水文站大洪水测洪及报汛方案;

表4　××水文站特大洪水测洪及报汛方案;

图1　××水文站位置示意图;

图2　××水文站测验河段平面图;

图3　××水文站测流断面大断面图;

图4　××水文站测流断面水位—面积关系曲线(图3、图4可合绘为一幅图);

图5　××水文站报汛水位—流量关系曲线。

测站测洪洪水的一般分级是:较大洪水为重现期10~20年一遇或本站实测最大洪水以下的洪水;大洪水为重现期20~50年一遇或本站建设标准以内的洪水;特大洪水为重现期大于50年一遇或超过本站建设标准的洪水。

表1　××水文站基本情况一览表包括的栏目内容为:测站概况、水沙特征、水文特征、测验河段及断面情况、测验项目及测洪标准、测验设施设备、测验测具仪器、水尺和测井设置、报汛情况、通信设备、电力供应、交通工具、人员情况等。

表2(3、4)　××水文站较大(大、特大)洪水测洪及报汛方案的栏目内容为:水位观测、流量测验、泥沙测验、报汛方案,扼要叙述描述采用的方式、方法和要求;组织指挥、人力运用、后勤技术支援的方案;特殊情况下的测洪报汛方案(夜间、溃口分流等);存在与需要解决的问题等。

图1、图2　采用5年一测(修编)的整编刊印图;图3~图5采用当年汛前的新编图。

实际工作时,各测站应根据自己的情况制表绘图。

编制测验方案的前提是充分了解测站基本情况和测验任务要求,编制时要注重项目配合、人员组织和器械配置。

#### 4.1.1.2　示例

现以从《全国重要水文站测洪及报汛方案》摘录的黄河潼关(八)水文站的基本情况(见表 6-4-1)、大洪水测洪及报汛方案(见表 6-4-2)作为示例,提供了解、认识编制洪水测洪及报汛方案包括一般测验方案的实用内容和方法。

表 6-4-1　黄河潼关(八)水文站基本情况

<table>
<tr><td rowspan="4">测站概况</td><td>站号</td><td>40104360</td><td>测站编码</td><td>40104360</td><td>建站时间</td><td colspan="2">1929 年 2 月</td></tr>
<tr><td>所在地点</td><td colspan="3">陕西省渭南市潼关县秦东镇</td><td colspan="3">东经 110°20′北纬 34°37′</td></tr>
<tr><td>所在河流</td><td colspan="2">黄河流域黄河水系黄河</td><td>集水面积</td><td>682 166 km$^2$</td><td>距河口距离</td><td>1 138 km</td></tr>
<tr><td>使用基面</td><td colspan="2">大沽</td><td>警戒水位</td><td></td><td>保证水位</td><td></td></tr>
<tr><td>水沙特征</td><td colspan="7">洪水主要来源于干流龙门以上和渭河、北洛河。其中,黄河来水陡涨陡落,历时较短;而渭河来水持续时间较长。一般沙峰滞后于洪峰,洪水时浪大流急,断面上涟子水、回流水等复杂水情多有出现,给测验造成很大困难。当渭河、北洛河有高含沙水流时,往往对测验河段造成大范围冲刷,黄、渭河来水来沙差异较大时有时会发生河道异重流现象。水位—流量关系点据散乱,一般渭河来水逆时针绳套曲线机会较多,黄河来水顺时针绳套曲线机会较多,流速含沙量横向分布复杂多变,汛期水沙量分别占年总量的 58%、80%</td></tr>
<tr><td rowspan="8">水文特征</td><td colspan="2">项目</td><td colspan="2">出现日期</td><td colspan="2">相应水位(流量)</td><td>施测方法</td></tr>
<tr><td colspan="2">实测最高水位 332.65 m</td><td colspan="2">1961-10-21</td><td colspan="2">蓄水</td><td>人工观测</td></tr>
<tr><td colspan="2">调查最高水位</td><td colspan="2"></td><td colspan="2"></td><td></td></tr>
<tr><td colspan="2">实测最大流量 14 000 m$^3$/s</td><td colspan="2">1977-08-03</td><td colspan="2">328.47 m</td><td>流速仪</td></tr>
<tr><td colspan="2">建站以来最大流量 15 400 m$^3$/s</td><td colspan="2">1977-08-06</td><td colspan="2">330.33 m</td><td>线推</td></tr>
<tr><td colspan="2">实测最大流速 6.60 m/s</td><td colspan="2">1954-07-13</td><td colspan="2">10 600 m$^3$/s</td><td>浮标</td></tr>
<tr><td colspan="2">实测最大水深 13.0 m</td><td colspan="2">1970-08-03</td><td colspan="2">8 420 m$^3$/s</td><td>测深锤</td></tr>
<tr><td colspan="2">实测最大含沙量 911 kg/m$^3$</td><td colspan="2">1977-08-06</td><td colspan="2">15 400 m$^3$/s</td><td>横式采样器</td></tr>
<tr><td>测验河段及断面情况</td><td colspan="7">本站测验河段在黄、渭、北洛河汇合口下游 6 km 左右。测验河段内现有 2 个断面:即基上 2 616 m 潼关(六)水位观测断面;基下 165 m 潼关(八)测流断面。测验河段从潼关(六)到潼关(八)断面全长约 3 km,两岸之间一般洪水河宽 900 余 m,右岸为砌石护坝,左岸为土坡。潼关(八)基本水尺断面上游约 2.6 km 处有铁路桥,基上 130 m 处有公路桥。左岸上游 2.5 km 处有风陵渡抽水站,右岸上游 2.0 km 处有港口抽水站,基下约 600 m 处建有控导工程。本测验河段为游荡性宽浅河道,一般水面宽 500 余 m,洪水时水面宽达 900 m 以上。河床为细泥沙组成,断面冲淤变化较大,主流位置常有摆动,枯水期水流宽浅分散,常有浅滩、分流、串沟。大水时出现回流、壅水,测验困难。流向在中高水时较顺直,小水时将主流摆向左岸,流向偏角较大,有时流向偏角达 40 多度。水位—流量关系复杂多变</td></tr>
<tr><td>测验项目</td><td colspan="5">降水量、水位、流量、单沙、输沙率、泥沙颗粒分析、冰情、水质监测</td><td>测洪标准</td><td>18 800 m$^3$/s</td></tr>
</table>

续表 6-4-1

<table>
<tr><td rowspan="16">测验设施设备</td><td rowspan="7">水准点位</td><td>编号</td><td>类别</td><td>高程(m)</td><td>绝对高程(m)</td><td>位置</td><td>形式</td></tr>
<tr><td>BM3</td><td>基本</td><td>333.042</td><td>333.042</td><td>原七断面观测房院内仓库南墙根</td><td>暗标</td></tr>
<tr><td>82－095 明</td><td>基本</td><td>332.251</td><td>332.251</td><td>铁路桥北扬水站宿舍东第二屋门前</td><td>明标</td></tr>
<tr><td>BDX1</td><td>校核</td><td>331.513</td><td>331.513</td><td>基下165 m流速仪测流断面右岸标志桩上游37 m</td><td>明标</td></tr>
<tr><td>BDX2</td><td>校核</td><td>329.935</td><td>329.935</td><td>基下165 m流速仪测流断面左岸标志桩上游22 m</td><td>明标</td></tr>
<tr><td>BDX3</td><td>校核</td><td>331.158</td><td>331.158</td><td>基本水尺断面自记水位计台上东南角螺栓</td><td>明标</td></tr>
<tr><td>BDX4</td><td></td><td>331.246</td><td>331.246</td><td>下比降水尺断面右岸</td><td>明标</td></tr>
<tr><td colspan="2">水位设置及观测方式</td><td colspan="5">潼关(六)水位站、潼关(八)基本水尺断面设有非接触式超声波自记水位计,同时各设一组直立式水尺。潼关(八)下比降水位采用直立式水尺观测</td></tr>
<tr><td colspan="2">断面标志</td><td colspan="5">按照要求设置,标牌桩点齐全,满足各级洪水测验要求。基下165 m断面有一条标志索,跨度为1 500 m</td></tr>
<tr><td colspan="2">基线、仪器</td><td colspan="5">基线设于右岸,长500 m,经纬仪交会定位</td></tr>
<tr><td colspan="2">缆道</td><td colspan="5">双跨双缆,热镀锌防腐、自立式钢支架吊船过河缆道1道,设计测洪能力18 800 $m^3/s$,1998年9月建设。主缆直径34.5 mm,主跨1 560 m。钢支架高38.5 m,支墩高程367.5 m</td></tr>
<tr><td colspan="2">测船</td><td colspan="5">A302吊机船1艘,1998年6月建成,钢质全焊接,长26 m。双机柴油机,主机型号6135ACaB2,功率均为150马力,航速19.5 km/h,排水量49.34 t。水文绞车1套(手动、电动变频调速),用于日常测验。<br>A305吊机船1艘(15 m浅水测量船),2002年12月建成,钢质全焊接,两台主机型号CUMMNs6BTA5,功率均为150马力,航速22.0 km/h,排水量17.5 t。水文绞车1套(手动、电动变频调速),与快艇配合进行滩区及串沟测验。<br>快艇长6 m,55马力和40马力操舟机各1台,用于洪水滩区及串沟测验,配有手持悬杆用于流速测量</td></tr>
<tr><td colspan="2">吊厢</td><td colspan="5">无</td></tr>
<tr><td colspan="2">其他</td><td colspan="5">公路桥用于投放浮标</td></tr>
<tr><td colspan="3">测验测具仪器</td><td colspan="5">$J_2B_{1002}$经纬仪2架,$S_2B_2$水准仪2架、$DS_3$水准仪1架、WILD水准仪1架,水准尺3对,$LS_{45}$流速仪1架、LS25－1流速仪20架、LS25－3A流速仪4架,手持流向仪2个,横式采样器7个,沙样桶200只,1/100天平1架,$TB_{3002}$电子天平1架,秒表4块,各类测深杆50根,250 kg铅鱼2个,150 kg铅鱼1个,350 kg铅鱼1个,30 kg铅鱼1个,测深锤2个,JDZ－1固态存储雨量计1台,HW－1000非接触式超声波自记水位计4台,计算机2台</td></tr>
<tr><td colspan="3">水尺和测井设置</td><td colspan="5">潼关(六)断面设直立式固定水尺4支,为钢管永久性水尺,控制水位变幅326.00～333.00 m。潼关(八)基本水尺断面兼上比降断面设HW－1000型非接触超声波自记水位计2台,直立式水尺4支,为钢管永久性水尺,控制水位变幅325.20～333.40 m。下比降断面有超声波自记水位计和直立式水尺5支,为钢管永久性水尺,控制水位变幅325.20～333.20 m。比降间距为555 m</td></tr>
</table>

续表 6-4-1

<table>
<tr><td>报汛情况</td><td colspan="3">向 11 个部门提供水情服务。拍报单位:黄河防汛抗旱总指挥部、黄河小北干流陕西河务局、山西省三门峡库区管理局、陕西省三门峡库区管理局、陕西防指、三门峡水利枢纽管理局、三门峡库区水文水资源局、渭南地区防指、河南省防办、黄河上中游水调办、潼关河务局</td></tr>
<tr><td>通信设备</td><td>有线电话 3 部,移动电话 1 部,无线电台 1 部,数传终端 1 台,对讲机 3 对</td><td>报汛(值班)电话</td><td>(0913)3971171</td></tr>
<tr><td>电力供应</td><td colspan="3">自配变压器 2 台,但供电线路为农用电,用电不能保证。有备用电源(24 kW 发电机 1 台)。另船上备有 24 kW 发电机 1 台,变频调速仪 2 台,用于测验</td></tr>
<tr><td>交通工具</td><td colspan="3">皮卡汽车 1 辆,雅马哈摩托车 1 辆</td></tr>
<tr><td>人员情况</td><td colspan="3">实有人数为 33 人 ,编制人数为 40 人;<br>人员结构为工程师 1 人,政工师 1 人,助工 1 人,技术员 2 人,高级技师 1 人,技师 2 人,高级工 10 人,中级工 5 人,初级工 1 人,见习期人员、学徒一共 9 人</td></tr>
</table>

**表 6-4-2　潼关(八)水文站大洪水测洪及报汛方案**

<table>
<tr><td colspan="3">流量指标值</td><td>15 000 ~ 18 800 $m^3/s$</td></tr>
<tr><td rowspan="4">水位观测</td><td colspan="2">要求</td><td>确保正常观测无漏误</td></tr>
<tr><td colspan="2">基本断面</td><td>用 HW – 1000 型非接触超声波自记水位计进行观测,仪器故障或脱流时用直立式水尺进行观测或操平</td></tr>
<tr><td colspan="2">比降断面</td><td>基本断面兼上比降断面,下比降断面用直立式水尺进行观测或操平</td></tr>
<tr><td colspan="2">勘选断面</td><td></td></tr>
<tr><td rowspan="8">流量测验</td><td rowspan="4">方案1</td><td>方案描述</td><td>此级洪水在设计测洪能力之内,可用流速仪法测流,机船测主槽,浅水测量船、操舟机测滩地</td></tr>
<tr><td>定位</td><td>用标志索定位,浮标法测验用经纬仪交会法定位,负责人马治全、雷广利等</td></tr>
<tr><td>测深</td><td>用测深杆和测深锤测深,负责人代运通等</td></tr>
<tr><td>测速</td><td>用流速仪测速,负责人马治全等</td></tr>
<tr><td rowspan="4">方案2</td><td>方案描述</td><td>水情复杂或漂浮物较多时,改用浮标法测速,实测断面或借用邻近实测断面资料计算流量</td></tr>
<tr><td>定位</td><td>用经纬仪交会法定位,负责人马治全、雷广利等</td></tr>
<tr><td>测深</td><td>实测断面时,用测深杆或测深锤,无法出船时借用邻近断面资料,负责人马治全、雷广利等</td></tr>
<tr><td>测速</td><td>用浮标测速,负责人马治全、雷广利等</td></tr>
<tr><td rowspan="4">泥沙测验</td><td rowspan="2">方案1</td><td>单沙</td><td>等流量五线 0.5 一点法测取</td></tr>
<tr><td>断沙</td><td>与测流配合采用垂线选点断面多线法取样或垂线混合法或全断面混合法测取</td></tr>
<tr><td rowspan="2">方案2</td><td>单沙</td><td>无法出船时,近岸边一线或桥上垂线混合法测取</td></tr>
<tr><td>断沙</td><td>暂时不测</td></tr>
<tr><td rowspan="3">报汛方案</td><td colspan="2">要求</td><td>报汛项目为降水量、水位、流量,含沙量,日、旬、月平均流量,旬月水沙总量。依据实测点或按高水报汛曲线并参考历年高水水位—流量关系趋势报汛,不得延误</td></tr>
<tr><td colspan="2">段次</td><td>$Q_m \geq 10\ 000\ m^3/s$,加报过程,拍报级别为 6 级,当含沙量大于 25 $kg/m^3$ 时随测随报且报沙峰过程</td></tr>
<tr><td colspan="2">途径、手段、方法</td><td>通过手机短信或有线电话报汛</td></tr>
</table>

续表 6-4-2

| | |
|---|---|
| 组织指挥、人力运用、后勤技术支援 | 局领导、站长负责大洪水测报指挥。副站长、主任工程师负责浮标法测验、单沙、水情报汛。吊船测验时吊机船、操舟机共需船员 8 人，流量测验需测工 8 人；浮标测验时需测工 8 人，输沙率测验需测工 10 人。水位观测 4 人（包括潼关（六）断面），降水观测及报汛 2 人，后勤保障 2 人。水质监测 2 人，洪水期局预备队支援测洪 |
| 特殊情况下的测洪报汛方案（夜间、溃口分流等） | 可确保在公路桥上用浮标法测流，力争测报无误 |
| 存在与需要解决的问题 | |

## 4.1.2　结合断面情况考虑泥沙测验方法

### 4.1.2.1　悬移质测验

悬移质测验尽可能选用多线选点法，当测验条件困难和时间受限时，可根据断面情况采用符合流量加权原理的其他方法。悬移质测验有些方法直接测算的是输沙率，有些方法直接测量的是断面平均含沙量。

1. 多线选点法

当测验条件和时间允许时，一般应采用断面多线垂线选点法施测输沙率，与流量的断面多线垂线选点法配合以符合输沙率测验的流量加权原理，测得断面多线垂线多点的含沙量，可绘制含沙量垂线分布曲线、垂线平均含沙量沿断面线的分布曲线及断面含沙量等值线，可为断面及垂线含沙量分布规律的研究和断面垂线及垂线测点的精简分析积累资料。本法由输沙率和流量推算断面平均含沙量。

2. 等部分水面宽全断面混合法

测验河段为单式河槽且水深较大的站，可采用等部分水面宽全断面混合法进行悬移质输沙率测验。技术要求为：按等部分水面宽布设测沙垂线；垂线用积深法取样；各垂线积深取样的提放速度相同；仪器进水管嘴的管径在各垂线上保持不变；各垂线采集的水样合并为 1 个水样；现场合并水样和量容积时，不得损失水样和泥沙。

本法符合输沙率测验的流量加权原理，说明如下：

设 $a$ 为进水管嘴截面积，全断面不变；$k_v$ 为仪器进口流速系数（进口流速与天然流速的比值）；$u$ 为积深取样仪器的提放速度，各垂线相同；$b$ 为等部分水面宽；$q_{s1},q_{s2},\cdots,q_{sn}$ 为某取样垂线的单宽输沙率；$q_1,q_2,\cdots,q_n$ 为相应于某取样垂线的单宽流量；$c$、$v$ 分别为垂线上任意点的含沙量与流速；$W_S$、$V$ 分别为总沙量与总容积；$C_m$、$\overline{C}$ 分别为垂线平均含沙量和断面平均含沙量。

用积深法采集的水样，其含沙量即为符合流量加权原理的垂线平均含沙量 $C_m=\dfrac{q_s}{q}=\dfrac{\int_0^1 cv\mathrm{d}\eta}{\int_0^1 v\mathrm{d}\eta}$，因为仪器的取样容积为 $V=\int_0^t ak_v v\mathrm{d}t=ak_v\int_0^t v\mathrm{d}t$，仪器取得水样的沙量为 $W_S=$

$ak_v\int_0^t cv\mathrm{d}t$，将 $\mathrm{d}\eta = u\mathrm{d}t$ 代入 $C_m$ 式得 $C_m = \dfrac{u\int_0^t cv\mathrm{d}t}{u\int_0^t v\mathrm{d}t} = \dfrac{W_S}{V}$。按技术要求采集的全断面合并水样，测其含沙量，即为$\overline{C} = \dfrac{Q_S}{Q} = \dfrac{\sum q_s}{\sum q} = \dfrac{b(q_{s1} + q_{s2} + \cdots + q_{sn})}{b(q_1 + q_2 + \cdots + q_n)} = \dfrac{buak_v \sum \int_0^t cv\mathrm{d}t}{buak_v \sum \int_0^t v\mathrm{d}t} = \dfrac{W_S}{V}$，是符合部分流量加权原理的断面平均含沙量。

3. 等部分面积全断面混合法

矩形断面用固定垂线取样的站，可采用等部分面积全断面混合法进行悬移质输沙率测验。技术要求为：在各个等部分面积的中心布设测沙垂线；各垂线用相同的垂线水样合并法取样；各垂线的取样历时相等；仪器进水管嘴的管径在各垂线保持不变；各垂线采集的水样合并为 1 个水样；现场合并水样和量容积时，不得损失水样容积和泥沙。

当部分面积不相等时，应按部分面积的权重系数分配各垂线的取样历时。

本法符合输沙率测验的流量加权原理，说明如下：

设$\overline{C}$为断面平均含沙量，$Q_S$ 为断面输沙率，$Q$ 为断面流量，$F$ 为各个等部分面积，$a$ 为进水管嘴截面积，$t$ 为采样进流时间，$W_{Si}$、$V_i$ 分别为各个等部分面积采取的沙量与容积，则

$$\overline{C} = \frac{Q_S}{Q} = \frac{\sum q_s}{\sum q} = \frac{F\sum cv}{F\sum v} = \frac{\dfrac{V_1}{at}\cdot\dfrac{W_{S1}}{V_1} + \dfrac{V_2}{at}\cdot\dfrac{W_{S2}}{V_2} + \cdots + \dfrac{V_n}{at}\cdot\dfrac{W_{Sn}}{V_n}}{\dfrac{V_1}{at} + \dfrac{V_2}{at} + \cdots + \dfrac{V_n}{at}} = \frac{W_{S1} + W_{S2} + \cdots + W_{Sn}}{V_1 + V_2 + \cdots + V_n} = \frac{W_S}{V}$$

是符合输沙率测验的流量加权原理的。

作为本法的一个特例，当部分面积不等时，应按部分面积的权重系数（即部分面积与总面积的比值）分配各垂线的取样历时。各垂线按分配的取样历时，再由采用的某种“垂线水样合并法”确定各测点的取样历时（例如，某垂线分得取样历时为 80 s，采用二点水样合并法取样，则相对水深 0.2、0.8 处各采集 40 s 水样进行混合），将全断面取得的水样合并后处理，即得断面平均含沙量

$$\overline{C} = \frac{Q_S}{Q} = \frac{\sum q_s}{\sum q} = \frac{q_1C_{m1} + q_2C_{m2} + \cdots + q_nC_{mn}}{q_1 + q_2 + \cdots + q_n}$$

$$= \frac{\alpha_1\dfrac{V_1}{at_1}\cdot\dfrac{W_{S1}}{V_1} + \alpha_2\dfrac{V_2}{at_2}\cdot\dfrac{W_{S2}}{V_2} + \cdots + \alpha_n\dfrac{V_n}{at_n}\cdot\dfrac{W_{Sn}}{V_n}}{\alpha_1\dfrac{V_1}{at} + \alpha_2\dfrac{V_2}{at} + \cdots + \alpha_n\dfrac{V_n}{at}}$$

式中　$\alpha_1, \alpha_2, \cdots, \alpha_n$——各个部分的面积。

设全断面总面积为 $A$，全断面取样总历时为 $T$，各垂线的取样历时为 $t_1, t_2, \cdots, t_n$；则各垂线的取样历时分别为 $t_1 = \dfrac{\alpha_1}{A}T, t_2 = \dfrac{\alpha_2}{A}T, \cdots, t_n = \dfrac{\alpha_n}{A}T$，代入上式后，则

$$\overline{C}=\frac{\alpha_1\frac{V_1}{\frac{\alpha_1}{A}T}\cdot\frac{W_{S1}}{V_1}+\alpha_2\frac{V_2}{\frac{\alpha_2}{A}T}\cdot\frac{W_{S2}}{V_2}+\cdots+\alpha_n\frac{V_n}{\frac{\alpha_n}{A}T}\cdot\frac{W_{Sn}}{V_n}}{\alpha_1\frac{V_1}{\frac{\alpha_1}{A}T}+\alpha_2\frac{V_2}{\frac{\alpha_2}{A}T}+\cdots+\alpha_n\frac{V_n}{\frac{\alpha_n}{A}T}}$$

$$=\frac{\frac{A}{T}(W_{S1}+W_{S2}+\cdots+W_{Sn})}{\frac{A}{T}(V_1+V_2+\cdots+V_n)}=\frac{W_S}{V}$$

同样是符合输沙率测验的流量加权原理的。

4. 等部分流量全断面混合法

断面比较稳定的站,可采用等部分流量全断面混合法进行悬移质输沙率测验。技术要求为,在各个等部分流量的中心布设测沙垂线;各垂线取样容积相等;各垂线采集的水样合并为 1 个水样;现场合并水样和量容积时,不得损失水样和泥沙。

本法符合输沙率测验的流量加权原理,说明如下:

按照技术要求采集的全断面合并总水样,测其含沙量,即为符合部分流量加权原理的断面平均含沙量

$$\overline{C}=\frac{Q_S}{Q}=\frac{qC_{m1}+qC_{m2}+\cdots+qC_{mn}}{nq}=\frac{C_{m1}+C_{m2}+\cdots+C_{mn}}{n}=\frac{\frac{W_{S1}}{V}+\frac{W_{S2}}{V}+\cdots+\frac{W_{Sn}}{V}}{n}$$

$$=\frac{W_{S1}+W_{S2}+\cdots+W_{Sn}}{nV}=\frac{W_S}{V_D}$$

式中　$q$——等部分流量;

$C_{m1}$、$C_{m2}$、…、$C_{mn}$——位于各部分流量中心的垂线平均含沙量;

$V$——各垂线取样容积;

$V_D$——总容积;

其余符号意义同前。

当各垂线取样容积不相等时(各垂线取样容积相差大于 10%),则各垂线水样应分别处理,用各垂线含沙量的算术平均值作为断面平均含沙量,即

$$\overline{C}=\frac{Q_S}{Q}=\frac{\sum q_s}{\sum q}=\frac{q(\frac{W_{S1}}{V_1}+\frac{W_{S2}}{V_2}+\cdots+\frac{W_{Sn}}{V_n})}{nq}=\frac{1}{n}(C_{m1}+C_{m2}+\cdots+C_{mn})$$

#### 4.1.2.2　采用悬移质输沙率测验水样进行颗粒分析的要求

(1)采用流速仪法、选点法测流时,悬移质输沙率测验水样可兼作颗粒级配分析沙样,也可在同一测沙垂线上,另取水样作颗粒分析。

(2)经试验分析确定的各种全断面混合法,可兼作输沙率颗粒级配的取样方法。试验分析前,全断面混合法的取样垂线数目,一类站不应少于 5 条,二、三类站不应少于 3 条。

#### 4.1.2.3 推移质测验

（1）若断面河床组成复杂，一部分是沙，一部分是卵石，可采用沙质推移质采样器和卵石推移质采样器在该断面上分别进行施测。

（2）理论分析和实际验证说明，按等部分输沙率布设推移质测验垂线，误差小，较合理，但实际使用难以做到，一般先按等部分河宽布线，然后在推移带加密垂线。

（3）可点绘以前多次测验的垂线流速与单宽输沙率关系线推求输沙率为零的流速，总结概括出具体数值后，将该流速数值作为输沙率测验的边界线，施测前先探测流速，与该流速数值比较，确定推移质运动边界。

### 4.1.3 泥沙测验仪器检验试验

#### 4.1.3.1 悬沙积时式采样器管嘴进口流速系数

管嘴进口流速系数是积时式采样器的重要指标，当河流流速小于 5 m/s、含沙量小于 30 $kg/m^3$ 时，管嘴进口流速系数为 0.9 ~ 1.1 的保证率应大于 75%；当含沙量为 30 ~ 100 $kg/m^3$ 时，管嘴进口流速系数为 0.7 ~ 1.3 的保证率应大于 75%。

管嘴进口流速系数试验检验的方法是，仪器在选择点位采样时同时同步测量流速，由式(6-4-1)和式(6-4-2)分别计算管嘴推算流速和管嘴进口流速系数。

$$v_s = \frac{4V}{\pi d^2 t} \tag{6-4-1}$$

$$k_v = \frac{v_s}{v_c} \tag{6-4-2}$$

式中 $v_s$——管嘴推算流速，cm/s；

$V$——采样容积，$cm^3$；

$d$——管径，cm；

$t$——采样进流时间，s；

$k_v$——管嘴进口流速系数；

$v_c$——采样时同时同步测量的测点时均流速，cm/s。

至于是否满足进口流速系数保证率的统计指标，可经多次多点位试验统计，不满足时应找出原因加以改进。

#### 4.1.3.2 悬移质含沙量测沙仪的试验方法

1. 率定建立工作模型

建造专用水池或水槽，配置不同含沙量级、不同泥沙颗粒级配（粗、中、细沙型）及不同水质化学特性、不同水温等水沙仿真条件，实施率定建立工作模型的试验。

试验方法为，在各条件下，合理安排建模率定试验的含沙量级点，分别对应采用被率定仪器的物理特征读数和积时式采样器（或其他可靠准确的方法）取样测量的含沙量建立换算模型。

试验的每一次测试时间宜为 60 ~ 100 s，仪器物理特征读数和含沙量的对应数值采用 60 ~ 100 s 期间的平均值。

2. 河流现场应用检验试验

在水流平稳条件下,与积时式采样器进行断面同位置测点的"同步平行"比测。比测应包括不同含沙量级、不同相对水深位置、不同流速等条件。被检验仪器和积时式采样器成果都采用60～100 s期间含沙量数值的平均值。

3. 误差计算

误差计算宜用下列公式

$$\eta_i = \frac{G_i - B_i}{B_i} \tag{6-4-3}$$

$$\sigma = \sqrt{\frac{\sum_{i=1}^{N} \eta_i^2}{N-1}} \tag{6-6-4}$$

$$\xi = \frac{1}{N}\sum_{i=1}^{N} \eta_i \tag{6-4-5}$$

式中　$\eta_i$—— 相对误差系列;

$G_i$—— 率定模型测得的含沙量系列数值;

$B_i$—— 积时式采样器测得的含沙量系列数值;

$\sigma$—— 统计标准差;

$\xi$—— 系统误差;

$i$——试验测试序列编号;

$N$——试验测试总数。

测量误差应满足下列要求:

(1)在建立率定工作模型时,其含沙量随机误差(相对误差统计标准差)应不大于5%,系统偏差(相对误差均值)应不大于1%;

(2)在野外应用验证时,其含沙量随机误差(相对误差统计标准差)应不大于10%,系统偏差(相对误差均值)应不大于3%。

4. 稳定性试验

在室内水箱中,进行清水读数试验,在不断改变水温和测沙仪探头重复装、卸操作程序等条件下,连续观测记录读数。

#### 4.1.3.3　推移质采样器采样效率试验

推移质采样器的采样效率是器测输沙率和无采样器时在采样器口门处与器测同时的天然推移质输沙率的比值。目前,推移质采样器采样效率试验的两种常用方法是坑测法和体积法。坑测法的做法是,选用条件适合于进行采样效率率定的河渠,经过必要的整治后埋设测坑,测量一定时段的推移质输沙量,换算为单宽和单位时间的输沙率。以测坑输沙率代表天然输沙率,同时在测坑两侧用推移质采样器测取输沙率,将两种方法测得的输沙率换算为单宽和单位时间的可比数值,计算采样效率。体积法的做法是,选择适当的河段、水库,利用上、下断面施测输沙量之差和河段或库区冲淤量之比推求采样效率。

推移质采样器的采样效率是由器测输沙率推算天然输沙率的基本换算系数,是评价仪器性能的重要指标，对特定的仪器要求采样效率适用范围较宽且有较稳定的数值，测验作业中应尽可能考虑仪器适用条件和执行操作规定。

## 4.2　实验室作业

### 4.2.1　比重瓶检定

比重瓶检定，每年不应少于一次。比重瓶在使用期间，应根据使用次数和温度变化情况，用室温法及时进行校测，并与检定图表对照，当两者相差超过表 6-4-3 所列的比重瓶检定允许误差(g)时，该比重瓶应停止使用，重新检定。

**表 6-4-3　比重瓶检定允许误差**　(单位：g)

| 天平感量(mg) | 比重瓶容积(mL) | | | | | |
|---|---|---|---|---|---|---|
| | 50 | 100 | 200 | 250 | 500 | 1 000 |
| 1 | 0.007 | 0.014 | 0.027 | 0.033 | 0.065 | 0.13 |
| 10 | 0.03 | 0.03 | 0.04 | 0.05 | 0.08 | 0.14 |

#### 4.2.1.1　恒温水浴法检定比重瓶瓶加清水量

恒温水浴法检定比重瓶瓶加清水量的步骤如下：

(1)将洗净后待检定的比重瓶注满纯水，放入恒温水槽内，然后往水槽内注清水(或纯水)直至水面达到比重瓶颈(如果注入的是纯水，可以将比重瓶全部淹没)。

(2)调节恒温器，使温度高于室温约 5 ℃。

(3)待到达预定温度后，测定瓶内和瓶外的水温，认为稳定后，测记瓶中心的温度，准确至 0.1 ℃。

(4)取出比重瓶，并用同温度的纯水加满，立即盖好瓶塞，用手抹去塞顶水分，用干毛巾擦干瓶身，检查瓶内有无气泡(如有气泡应重装)，然后放在天平上称量，准确至 0.001 g(擦比重瓶时要轻、快、干净，切勿用力挤压比重瓶，以防瓶内水分溢出。取放比重瓶应握住瓶颈，不得用手触及瓶身)。

(5)重复上述步骤，直至相应温度的称量差不超过 0.002 g。取不超差的均值为采用质量。

(6)再调节恒温器，使温度升高约 5 ℃，再重复以上步骤，如此各隔 5 ℃测定温度和称量一次，直至所需的最高温度。

#### 4.2.1.2　室温法检定比重瓶瓶加清水量

室温法检定比重瓶瓶加清水量的步骤如下：

(1)将待检定的比重瓶洗净，注满纯水，测量瓶中心的温度，准确至 0.1 ℃。

(2)再用纯水加满比重瓶，立即盖好盖子，用手抹去塞顶水分，用干毛巾擦干瓶身，检查瓶内有无气泡(如有气泡，应重装)，然后放在天平上称量，准确至 0.001 g。

(3)重复以上步骤，直至二次称量之差不大于 0.002 g。取不超过差值的均值为采用质量。

(4)将称量后的比重瓶妥为保存,不得使用。待气温变化5 ℃左右,将比重瓶取出洗净,再按上述步骤,称比重瓶盛满纯水的总质量。如此,室内温度每变化约5 ℃,测定温度和称量一次,直至取得所需要的最高最低及其间各级温度的全部检定资料。

#### 4.2.1.3　绘制比重瓶瓶加清水量与其相应温度关系的检定曲线

以比重瓶瓶加清水质量为横坐标,以其相应温度为纵坐标,绘制比重瓶检定曲线。用室温法检定的比重瓶,必须在各温度级全部检定后方可绘出曲线,以供使用。

### 4.2.2　分析筛镜鉴法检查

#### 4.2.2.1　镜鉴法检查的仪器

用于镜鉴法的仪器有显微镜或台式投影仪,对于粗筛网孔还可用普通放大镜。显微镜由机械部分的镜脚、镜臂、镜筒、载物台及光学部分的目镜、物镜、照明装置等组成。台式投影仪的结构包括光源,不同倍数的聚光镜、物镜、反射镜、投影屏、纵向测微轮、测微尺等。普通放大镜由放大镜(30倍)、镜座、平移螺杆、刻度尺等组成。

#### 4.2.2.2　台式投影仪检查的操作步骤

(1)根据筛标孔径,选用所需物镜,将筛子平整放在工作台上,旋转变阻器手轮至电阻最大处,然后将电源打开。

(2)对准鉴定方位和区号,一般每个筛面检定13处,筛面检定点位分布示意如图6-4-1所示。这些区域应包括目测到的最大网孔。检测按区号由小到大的顺序进行。

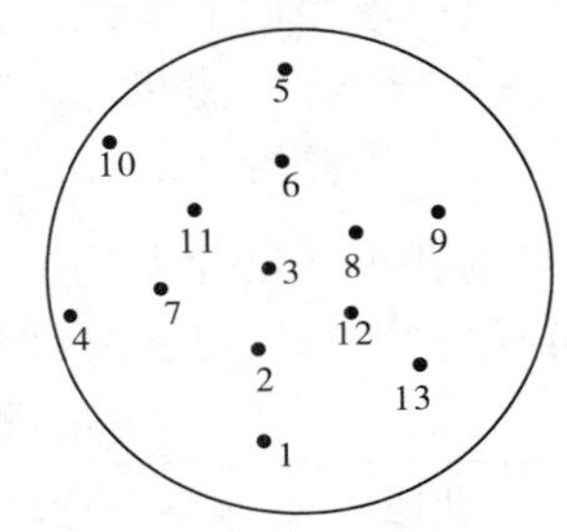


图6-4-1　筛面检定点位分布示意图

(3)调整镜头光源、焦距和电阻器,以能清晰看到检定处的筛孔和丝径为度。

(4)检测孔径:调整工作台位置,使检定处某孔的一边丝径左(右)边缘与影屏上垂直线平行并重合,读纵向测微手轮读数 $a_{xi1}$;转动纵向测微手轮使该孔另一边丝径左(右)边缘与影屏垂直重合,读纵向测微手轮读数 $a_{xi2}$;则该孔($i$ 为孔编号)被检测方向($x$)孔径为

$$a_{xi} = |a_{xi1} - a_{xi2}| \tag{6-4-6}$$

同样,可检测计算方向($y$)的孔径。

(5)检测丝径:调整工作台位置,使检定处某孔的一边丝径左边缘与影屏上垂直线平行并重合,读纵向测微手轮读数 $b_{xi1}$;转动纵向测微手轮使该孔同边丝径右边缘与影屏垂直重合,读纵向测微手轮读数 $b_{xi2}$;则被检测丝径($i$ 为丝编号)为

$$b_{xi} = |b_{xi1} - b_{xi2}| \tag{6-4-7}$$

(6)粗筛孔($D>0.1$ mm)每区观读纵横两方向各5个孔径、5个丝径;细筛孔($D<0.1$ mm)每个区观读纵横两方向各10个孔径、10个丝径。

(7)观读过程中发现异常情况,如明显的损坏点、丝径生锈、筛网松弛等情况,应在记录中注明。

其他仪器设备检查步骤类同于台式投影仪检查的操作步骤。

#### 4.2.2.3　记录及计算方法步骤

(1)将鉴定筛子的手轮微尺读数记入记录表中,计算观测的孔、丝径值。

(2)计算所测网孔与筛标网孔尺寸的差值,计算实际网孔、丝径平均尺寸等(纵横两方向不用分别计算)。

(3)任一检测网孔与标定尺寸的偏差限可按公式(6-4-8)计算

$$X = \frac{2W^{0.75}}{3} + 4W^{0.25} \tag{6-4-8}$$

式中　$X$——网孔标定尺寸偏差限,μm;

$W$——网孔标定尺寸,μm。

(4)网孔平均尺寸的偏差限可按公式(6-4-9)计算

$$Y = \frac{W^{0.98}}{27} + 1.6 \tag{6-4-9}$$

式中　$Y$——网孔平均尺寸的偏差限,μm。

#### 4.2.2.4　质量标准

(1)金属丝表面应该光滑,不得有裂纹、起皮和氧化皮,网面应平整、清洁,不得有断丝、跳丝、并丝、松丝、折痕、锈蚀及机械损伤。

(2)任一检测网孔的尺寸不应超过 $W \pm X$(见表6-4-4)。

(3)网孔平均尺寸$\overline{W}$不应超过 $W \pm Y$(见表6-4-4)。

(4)筛网孔、丝径尺寸及偏差限值见表6-4-4。

**表6-4-4　筛网孔径、丝径及偏差限值**　　(单位:μm)

| 筛网标注孔径 $W$ | 筛网标注丝径 $S$ | 孔偏差限 $X$(±) | 孔偏差限 $Y$(±) | 丝径偏差限 $s$(±) |
|---|---|---|---|---|
| 5 000 | 1 600 | 430 | 158 | 20 |
| 4 000 | 1 400 | 367 | 127 | 18 |
| 2 000 | 900 | 226 | 66 | 14 |
| 1 000 | 560 | 141 | 34 | 10 |
| 500 | 315 | 89 | 18 | 8 |
| 250 | 160 | 58 | 10 | 5 |
| 125 | 90 | 38 | 6 | 4 |
| 100 | 71 | 34 | 5 | 4 |
| 62 | 45 | 26 | 4 | 3 |
| 50 | 36 | 23 | 4 | 3 |

注:$X$ 按式(6-4-8)计算;$Y$ 按式(6-4-9)计算。

(5)筛子经检查符合以上各项标准,继续按筛标尺寸使用,否则应停止使用。

### 4.2.3　分析筛标准沙法校正

#### 4.2.3.1　仪器设备

(1)标准筛1套;

(2)天平:分度值为0.1 mg;

(3)其他:烘箱、振筛机、玻璃皿、毛刷等。

#### 4.2.3.2　标准沙样的配制

选取坚硬不易分裂，不具黏性，级配均匀的沙子约 300 g，分批（每次 50 ~ 100 g）倒入按孔径大小依次排列好的标准筛上，盖好盖子，放在振筛机上，振动 15 min，取下来，把留在各筛上的沙粒按孔径大小分别扫入有编号的玻璃皿中，待全部沙子过筛完毕后，从各杯中称取等量的沙子混合，混合后的沙量约为 100 g，此混合样品即为标准沙样。

#### 4.2.3.3　操作步骤

（1）将标准沙样在 100 ~ 110 ℃温度下的烘箱内烘干，冷却至室温后，倒入按孔径大小顺序排列好的标准筛中，按筛分析的方法步骤进行过筛，过筛后，精确称量各级筛上沙量，准确至 0.001 g。然后，将沙样混合在一起，进行第二次过筛。计算各筛上两次沙量的相对误差，如不大于 2%，即取两次的算术平均值作为该次的分析结果。否则，应重复以上混合、过筛、计算、比较的过程，直至符合要求。

（2）将用标准筛分析过的沙样，再烘干，冷却至室温后倒入按孔径大小顺序排列的被校正的筛中，按上述方法步骤进行过筛。

#### 4.2.3.4　筛孔校正

（1）按筛分析的计算方法，分别计算标准筛和被校正筛分析同一样品的小于某粒径沙量百分数。

（2）将标准筛和被校正筛分析同一样品的两条级配曲线绘在同一坐标系。

（3）按被校正筛孔径的标示尺寸查读被校正筛级配曲线小于某粒径沙量百分数，再查读同一百分数标准筛级配曲线对应的纵坐标值（粒径），即为被校正筛的孔径校正值。

## 4.3　数据资料记载与整理

### 4.3.1　推移质输沙率计算及整编

#### 4.3.1.1　推移质输沙率计算

实测垂线单宽输沙率按式（6-4-10）计算

$$q_{bi} = \frac{100W_{bi}}{t_i b_k} \tag{6-4-10}$$

式中　$q_{bi}$——第 $i$ 条垂线的实测推移质单宽输沙率，g/(s · m)；

$W_{bi}$——第 $i$ 条垂线的取样总质量，g；

$t_i$——第 $i$ 条垂线的取样总历时，s；

$b_k$——采样器口门宽，cm。

实测断面输沙率按式（6-4-11）计算

$$Q_b = \left(\frac{2\Delta b_0 + \Delta b_1}{2}\right) q_{b1} + \left(\frac{\Delta b_1 + \Delta b_2}{2}\right) q_{b2} + \cdots + \left(\frac{\Delta b_{n-1} + 2\Delta b_n}{2}\right) q_{bn} \tag{6-4-11}$$

式中　$Q_b$——实测断面推移质输沙率，kg/s；

$\Delta b_i$——垂线间距，角标 0 和 $n$ 为两岸水边至临岸垂线的间距，m；

$q_{bi}$——第 $i$ 条垂线推移质单宽输沙率，kg/(s · m)。

推移质输沙率测验计算也设计有如表6-4-5所示的专门报表，结构分为标题、情况和条件、记载计算项目、统计项目、说明、责任人和测次号等部分。

表6-4-5 ______站推移质输沙率测验记载计算表

断面：　　施测号数：　　水位(m)(起：　止：　　平均：　　)比降：

施测时间(起：　　止：　　平均：　　)　　采样器型号：　　口门宽：　　cm

| 垂线号 | 起点距 $b_i$ | 垂线间距 $\Delta b_i$ | $\frac{\Delta b_i+\Delta b_{i+1}}{2}$ | 取样历时 $t$(s) | 泥沙量 $W_{bi}$ | 单宽输沙率 $q_{bi}$(kg/(s·m)) | 部分输沙率 $Q_{bi}$(kg/s) |
|---|---|---|---|---|---|---|---|
| | | | | | | | |
| | | | | | | | |
| | | | | | | | |
| | | | | | | | |
| 说明 | | | | | | 断面输沙率 | |

施测：　　计算：　　(　月　日)初校：　　(月　日)复校：　　(　月　日)审核：

#### 4.3.1.2 推移质输沙率资料整编

推移质输沙率资料整编一般逐年编制“实测推移质输沙率成果表”、“实测推移质颗粒级配成果表”、“逐日平均推移质输沙率表”、“洪水推移质输沙率表”、“月(年)平均推移质颗粒级配成果表”、“推移质资料整编说明书”等。实测表雷同于悬移质实测表，可按规定编制。

逐日平均推移质输沙率表的核心是计算逐日平均推移质输沙率，当输沙率测次能控制变化过程时，可采用输沙率过程线法整编；但一般根据测验的配套观测建立容易观测推求的水文水力要素与推移质输沙率的关系(如雷同于悬移质单断沙关系的流量—推移质输沙率关系)，由前者推算后者，进而采用输沙率过程线法整编计算逐日平均推移质输沙率。

### 4.3.2 平均粒径及平均沉速计算

原则说来，绘出级配曲线即可查读需要的粒径和级配数值，开展平均粒径计算，因而不管是自然沙样、某方法分析的沙样、各综合平均、时段(日、月、年)平均等都可计算出相应的平均粒径。

#### 4.3.2.1 Φ分级法计算平均粒径(单位为mm)的组距

0.001～0.002、0.002～0.004、0.004～0.008、0.008～0.016、0.016～0.031、0.031～0.045、0.045～0.062、0.062～0.088、0.088～0.125、0.125～0.25、0.25～0.35、0.35～0.50、0.50～0.70、0.70～1.0、1.0～1.5、1.5～2.0、2.0～4.0、4.0～8.0、8.0～12.0、12.0～16.0、16.0～24.0、24.0～32.0、32.0～48.0、48.0～64.0、64.0～90.0、90.0～128、128～250、250～350、350～500、500～700、700～1 000。

#### 4.3.2.2 平均粒径计算

按各组距的上、下限粒径 $D_{Ui}$、$D_{Li}$ 系列，在级配曲线上查读对应的各组级配 $P_{Ui}$、$P_{Li}$ 系列数值，按式(6-4-12)～式(6-4-14)计算平均粒径 $\overline{D}$

$$\overline{D} = \frac{\sum \Delta P_i D_i}{100} \tag{6-4-12}$$

$$D_i = \sqrt{D_{Ui} D_{Li}} \tag{6-4-13}$$

$$\Delta P_i = P_{Ui} - P_{Li} \tag{6-4-14}$$

式中　$D_i$——组平均粒径系列；

$\Delta P_i$——组级配系列数值；

$i$——粒径级系列序号。

下限组即第1组的平均粒径 $D_1$ 取级配曲线可查读最小粒径的1/2，相应第1组的级配差 $\Delta P_1$ 取该查读最小粒径的级配 $P_1$（即 $P_1 - 0$）。

若样品的粒径最大值能确定，最上组距级的上限点 $D_{Ui}$ 可取该确定值。

组平均也有用 $D_i = \frac{1}{3}(D_{Ui} + D_{Li} + \sqrt{D_{Ui}D_{Li}})$ 公式计算，很难说 $D_i = \sqrt{D_{Ui}D_{Li}}$ 或其他哪个公式更好或更适用，这与从不同角度考虑的粒径级间的变化关系、颗粒体积或质量间的变化关系，或颗粒表面积间的变化关系有关，而这些关系又十分复杂，因此我国河流泥沙颗粒分析规程本着取简去繁，故推用 $D_i = \sqrt{D_{Ui}D_{Li}}$。

关于 $\overline{D} = \frac{\sum \Delta P_i D_i}{100}$ 分母取100，可作如下理解：从概念上说，级配曲线的起点应该为(0,0)，并且“下限组即第1组的平均粒径 $D_1$ 取级配曲线可查读最小粒径的1/2，相应第1组的级配差 $\Delta P_1$ 取该查读最小粒径的级配 $P_1$（即 $P_1 - 0$）”即低端再增加一级，可以使式(6-4-12)的各级累积级配 $\sum \Delta P_i$ 等于100。

若样品的粒径最大值能确定，最上组距级的上限点 $D_{Ui}$ 可取该确定值（即可不按该组距级的规定取值）是考虑泥沙颗粒较大时，能够测得最大实际粒径，而此粒径不恰好等于粒径分级和组距分级的规定粒径。

### 4.3.2.3　平均粒径计算表

平均粒径通常用表6-4-6实施计算。

**表6-4-6　____站平均粒径计算表**　（2009 颗分 10）

| 施测号数 | 泥沙类型 |
|---|---|
| 施测断面 | 施测日期　　年　　月　　日 |

计算公式：$\overline{D} = \frac{\sum \Delta P_i D_i}{100}$，$\Delta P_i = P_{Ui} - P_{Li}$，$D_i = \sqrt{D_{Ui}D_{Li}}$

| 粒径 $D$ (mm) | 小于某粒径沙量百分数 $P$(%) | 某组沙量百分数 $\Delta P$(%) | 某组平均粒径 | | | $\Delta P \cdot D$ |
|---|---|---|---|---|---|---|
| | | | $D_U$ | $D_L$ | $D$(mm) | |
| | | | | | | |
| | | | | | | |
| … | | | | | | |

$\overline{D} = \frac{\sum \Delta P_i D_i}{100}$　　　　(mm)

说明：

计算：　　　　　　　　校核：

#### 4.3.2.4 平均沉速计算

平均沉速可根据实际需要进行计算。计算公式为

$$\bar{\omega} = \frac{\sum \Delta P_i \omega_i}{100} \tag{6-4-15}$$

$$\omega_i = \sqrt{\omega_{Ui}\omega_{Li}} \tag{6-4-16}$$

式中 $\bar{\omega}$——平均沉速,cm/s;

$\Delta P_i$——组级配系列数值;

$\omega_i$——组平均沉速系列,cm/s;

$\omega_{Ui}$、$\omega_{Li}$——组上、下限粒径沉速系列,cm/s。

### 4.3.3 悬移质垂线平均级配计算

计算垂线平均级配的基本原理是部分输沙率加权。悬移质垂线平均级配计算的含义是,垂线平均级配各粒径级小于某粒径沙量百分数与单宽部分面积的水体输沙率的乘积等于各点位级配各粒径级小于某粒径沙量百分数与点位所跨深度、单点输沙率乘积的和。

推移质和床沙一般在垂线仅测取一个测点,无垂线多点综合统计计算级配的问题。

#### 4.3.3.1 垂线积深法和垂线混合法

垂线积深法测验的样品的级配系列符合部分输沙率加权原理且为一个样品,其样品的级配系列即为垂线平均级配系列。

垂线混合法水样作颗粒分析者,其系列成果即为垂线平均级配系列。悬沙测验规范中规定的垂线混合法,虽不测流速,但是按取样历时比例取样混合,符合流量加权的取样原理,故垂线混合水样分析成果可直接作为垂线平均级配。

#### 4.3.3.2 垂线选点法

垂线用选点法(六点法、五点法、三点法、二点法)测速取样作颗粒分析时,应按下列公式计算垂线平均级配系列。

1. 畅流期

五点法

$$\overline{P}_{XJi} = (P_{Di0}C_{s0}v_0 + 3P_{Di0.2}C_{s0.2}v_{0.2} + 3P_{Di0.6}C_{s0.6}v_{0.6} + 2P_{Di0.8}C_{s0.8}v_{0.8} + P_{Di1.0}C_{s1.0}v_{1.0}) / (C_{s0}v_0 + 3C_{s0.2}v_{0.2} + 3C_{s0.6}v_{0.6} + 2C_{s0.8}v_{0.8} + C_{s1.0}v_{1.0}) \tag{6-4-17}$$

三点法

$$\overline{P}_{XJi} = \frac{P_{Di0.2}C_{s0.2}v_{0.2} + P_{Di0.6}C_{s0.6}v_{0.6} + P_{Di0.8}C_{s0.8}v_{0.8}}{C_{s0.2}v_{0.2} + C_{s0.6}v_{0.6} + C_{s0.8}v_{0.8}} \tag{6-4-18}$$

二点法

$$\overline{P}_{XJi} = \frac{P_{Di0.2}C_{s0.2}v_{0.2} + P_{Di0.8}C_{s0.8}v_{0.8}}{C_{s0.2}v_{0.2} + C_{s0.8}v_{0.8}} \tag{6-4-19}$$

2. 封冻期

六点法

$$\overline{P}_{XJi} = (P_{Di0}C_{s0}v_0 + 2P_{Di0.2}C_{s0.2}v_{0.2} + 2P_{Di0.4}C_{s0.4}v_{0.4} + 2P_{Di0.6}C_{s0.6}v_{0.6} + 2P_{Di0.8}C_{s0.8}v_{0.8} + P_{Di1.0}C_{s1.0}v_{1.0})/(C_{s0}v_0 + 2C_{s0.2}v_{0.2} + 2C_{s0.4}v_{0.4} + 2C_{s0.6}v_{0.6} + 2C_{s0.8}v_{0.8} + C_{s1.0}v_{1.0}) \tag{6-4-20}$$

二点法

$$\overline{P}_{XJi} = \frac{P_{Di0.15}C_{s0.15}v_{0.15} + P_{Di0.85}C_{s0.85}v_{0.85}}{C_{s0.15}v_{0.15} + C_{s0.85}v_{0.85}} \tag{6-4-21}$$

式中　$\overline{P}_{XJi}$——垂线平均级配系列，$i$ 为粒径级系列编号；

$P_{Di0},\cdots,P_{Di1.0}$——0，…，1.0 各相对水深或有效相对水深处的级配；

$C_{s0},\cdots,C_{s1.0}$——0，…，1.0 各相对水深或有效相对水深处的测点含沙量，kg/m$^3$；

$v_0,\cdots,v_{1.0}$——0，…，1.0 各相对水深或有效相对水深处的测点流速，m/s。

3. 选点法通用计算公式

悬移质垂线选点法平均级配通用计算应按测点对应的部分水深$(\Delta h)_j$ 和其相应部分单宽输沙率 $C_jv_j$ 加权计算垂线平均级配，通用计算公式如下

$$\overline{P}_{XJi} = \frac{\sum_{i=1}^{n}(\Delta h)_jC_jv_jP_{Di}}{\sum_{i=1}^{n}(\Delta h)_jC_jv_j} \tag{6-4-22}$$

式(6-4-22)中内部单点权水深$(\Delta h)_j$ 为该点与上、下相邻测点均分其间水深的和，但边界邻点上、下的水深全计入边界邻点的水深。

式(6-4-17)~式(6-4-21)是测点在垂线规矩布置情况下按通用计算公式的归整简化，通用计算公式则可适用于垂线随机布置测点取样的一般情况。例如在水库异重流或壅水区，水沙沿水深分布不符合天然河流的规律，垂线测点不能按相对水深或有效相对水深(0、0.2、0.4、0.6、0.8、1.0)布置，就应根据垂线测点布置用式(6-4-22)计算平均级配。

4. 悬移质垂线平均级配计算表

悬移质垂线平均级配通常用如表 6-4-7 所示的表实施计算。

## 4.3.4　断面平均级配计算

计算断面平均级配的基本原理也是部分输沙率加权。悬移质及推移质断面平均级配公式，均为部分输沙率加权并按梯形法则计算；床沙断面平均级配按部分水面宽加权计算。

### 4.3.4.1　悬移质

悬移质用积深法、选点法、垂线混合法取样作颗粒分析者，断面平均级配应按式(6-4-23)计算

$$\overline{P}_{XMJi} = \frac{(2q_{s0} + q_{s1})\overline{P}_{XJi1} + (q_{s1} + q_{s2})\overline{P}_{XJi2} + \cdots + (q_{s(n-1)} + 2q_{sn})\overline{P}_{XJin}}{(2q_{s0} + q_{s1}) + (q_{s1} + q_{s2}) + \cdots + (q_{s(n-1)} + 2q_{sn})} \tag{6-4-23}$$

式中　$\overline{P}_{XMJi}$——断面平均级配系列，$i$ 为粒径级系列编号；

$\overline{P}_{XJi1},\overline{P}_{XJi2},\cdots,\overline{P}_{XJin}$——各取样垂线平均级配；

$q_{s0},q_{s1},\cdots,q_{sn}$——以取样垂线分界的部分输沙率，kg/s。

**表 6-4-7　××站悬移质垂线平均级配计算表**　　（2009 颗分 6）

| 施测号数 | | 施测日期 | 年　月　日 |
|---|---|---|---|
| 施测断面 | | 垂线起点距 | （m） |
| 垂线号 | | 垂线水深 | （m） |
| 垂线平均流速 | （m/s） | 垂线平均含沙量 | （$kg/m^3$） |
| 垂线最大粒径 | （mm） | 最低点至床面距离 | （m） |

$$通用计算公式：\overline{P}_{XJi}=\frac{\sum_{1}^{n}(\Delta h)_j C_j v_j P_{Di}}{\sum_{1}^{n}(\Delta h)_j C_j v_j}$$

<table>
<tr><td>权水深 $\Delta h$(m)</td><td colspan="2"></td><td colspan="2"></td><td colspan="2"></td><td colspan="2"></td><td colspan="2"></td><td colspan="2"></td><td colspan="2"></td><td rowspan="5">$N$ 累积<br>$\sum N=$</td></tr>
<tr><td>流速 $v$(m/s)</td><td colspan="2"></td><td colspan="2"></td><td colspan="2"></td><td colspan="2"></td><td colspan="2"></td><td colspan="2"></td><td colspan="2"></td></tr>
<tr><td>含沙量 $C$($kg/m^3$)</td><td colspan="2"></td><td colspan="2"></td><td colspan="2"></td><td colspan="2"></td><td colspan="2"></td><td colspan="2"></td><td colspan="2"></td></tr>
<tr><td>单位输沙率<br>$Cv$($kg/(s\cdot m^2)$)</td><td colspan="2"></td><td colspan="2"></td><td colspan="2"></td><td colspan="2"></td><td colspan="2"></td><td colspan="2"></td><td colspan="2"></td></tr>
<tr><td>$N=(\Delta h)Cv$(kg/s)</td><td colspan="2"></td><td colspan="2"></td><td colspan="2"></td><td colspan="2"></td><td colspan="2"></td><td colspan="2"></td><td colspan="2"></td></tr>
<tr><td>$\frac{N}{\sum N}=k$</td><td colspan="2"></td><td colspan="2"></td><td colspan="2"></td><td colspan="2"></td><td colspan="2"></td><td colspan="2"></td><td colspan="2"></td><td rowspan="2">垂线平均小于某粒径沙量百分数<br>$\overline{P}_{XJ}=\sum kp$<br>(%)</td></tr>
<tr><td>粒径 $D_i$(mm)</td><td>$p$</td><td>$kp$</td><td>$p$</td><td>$kp$</td><td>$p$</td><td>$kp$</td><td>$p$</td><td>$kp$</td><td>$p$</td><td>$kp$</td><td>$p$</td><td>$kp$</td><td>$p$</td><td>$kp$</td></tr>
<tr><td></td><td></td><td></td><td></td><td></td><td></td><td></td><td></td><td></td><td></td><td></td><td></td><td></td><td></td><td></td><td></td></tr>
<tr><td>⋮</td><td></td><td></td><td></td><td></td><td></td><td></td><td></td><td></td><td></td><td></td><td></td><td></td><td></td><td></td><td></td></tr>
<tr><td></td><td></td><td></td><td></td><td></td><td></td><td></td><td></td><td></td><td></td><td></td><td></td><td></td><td></td><td></td><td></td></tr>
</table>

说明：

计算：　　　　　　　　　　校核：

采用悬移质全断面混合法取样作颗粒分析，其成果即为断面平均级配。

悬移质断面平均级配通常采用如表 6-4-8 所示的表实施计算。

**表 6-4-8　××站悬移质断面平均级配计算表**

（2009 颗分 7）

| 施测号数 | | 施测断面 | | 施测日期　　年　月　日 |
|---|---|---|---|---|
| 断面输沙率 | $\sum q_s =$　　（kg/（s·m）） | | | 断面最大粒径　　（mm） |

计算公式：$\overline{P}_{XMJi}=\dfrac{(2q_{s0}+q_{s1})\overline{P}_{XJi1}+(q_{s1}+q_{s2})\overline{P}_{XJi2}+\cdots+(q_{s(n-1)}+2q_{sn})\overline{P}_{XJin}}{(2q_{s0}+q_{s1})+(q_{s1}+q_{s2})+\cdots+(q_{s(n-1)}+2q_{sn})}$

| 垂线号数 | | | | | | | | | | | | | | | |
|---|---|---|---|---|---|---|---|---|---|---|---|---|---|---|---|
| 部分输沙率（kg/（s·m）） | | | | | | | | | | | | | | | |
| 相邻部分输沙率之和 $q_s$（kg/（s·m）） | | | | | | | | | | | | | | | 断面平均小于某粒径沙量百分数 $\overline{P}=\sum kp$（%） |
| $\dfrac{q_s}{\sum q_s}=k$ | | | | | | | | | | | | | | | |
| 粒径 $D_i$（mm） | $p$ | $kp$ | $p$ | $kp$ | $p$ | $kp$ | $p$ | $kp$ | $p$ | $kp$ | $p$ | $kp$ | $p$ | $kp$ | |
| | | | | | | | | | | | | | | | |
| ⋮ | | | | | | | | | | | | | | | |
| | | | | | | | | | | | | | | | |

说明：

计算：　　　　　　　　校核：

#### 4.3.4.2　推移质

推移质断面平均级配系列应按式（6-4-24）计算

$$\overline{P}_{TMJi}=\frac{(2b_0+b_1)q_{b1}\overline{P}_{TXJi1}+(b_1+b_2)q_{b2}\overline{P}_{TXJi2}+\cdots+(b_{n-1}+2b_n)q_{bn}\overline{P}_{TXJin}}{(2b_0+b_1)q_{b1}+(b_1+b_2)q_{b2}+\cdots+(b_{n-1}+2b_n)q_{bn}} \tag{6-4-24}$$

式中　$\overline{P}_{TMJi}$——推移质断面平均级配系列，$i$ 为粒径级系列编号；

$\overline{P}_{TXJi1},\overline{P}_{TXJi2},\cdots,\overline{P}_{TXJin}$——推移质各取样垂线平均级配系列；

$q_{b1},q_{b2},\cdots,q_{bn}$——推移质各取样垂线的单宽输沙率，g/（s·m）；

$b_1,b_2,\cdots,b_{n-1}$——各取样垂线间的距离，m；

$b_0$、$b_n$——尽头垂线与推移质移动带边界的间距，m。

#### 4.3.4.3　床沙

床沙断面平均级配应按式（6-4-25）计算

$$\overline{P}_{\mathrm{CMJ}i} = \frac{(2b_0 + b_1)\overline{P}_{\mathrm{CXJ}i1} + (b_1 + b_2)\overline{P}_{\mathrm{CXJ}i2} + \cdots + (b_{n-1} + 2b_n)\overline{P}_{\mathrm{CXJ}in}}{(2b_0 + b_1) + (b_1 + b_2) + \cdots + (b_{n-1} + 2b_n)} \quad (6\text{-}4\text{-}25)$$

式中　$\overline{P}_{\mathrm{CMJ}i}$——床沙断面平均级配系列，$i$ 为粒径级系列编号；

$\overline{P}_{\mathrm{CXJ}i1},\overline{P}_{\mathrm{CXJ}i2},\cdots,\overline{P}_{\mathrm{CXJ}in}$——床沙各取样垂线平均级配系列；

$b_1,b_2,\cdots,b_{n-1}$——各取样垂线间的距离，m；

$b_0$、$b_n$——尽头垂线至水边的间距，m。

对于河床组成复杂的断面，可根据河床组成不同将断面划分为沙质(粒径小于 2 mm)、砾石、卵石、基岩(无泥沙覆盖)等若干区间，分别计算各区间床沙的平均级配。也可根据实际需要计算全断面床沙的平均级配。

### 4.3.5　悬移质泥沙颗粒级配资料整编

#### 4.3.5.1　悬移质泥沙颗粒级配资料整编的基本成果和工作内容

悬移质泥沙颗粒级配资料整编的基本成果有“实测悬移质颗粒级配成果表”，“实测悬移质单样颗粒级配成果表”和“月年平均悬移质颗粒级配表”。整编前两种表时，只要对数据进行检查验算，确认无误后，按表所需的内容和格式填入即可。“月年平均悬移质颗粒级配表”有两个方面的工作内容：一是建立单沙—断沙颗粒级配关系，由单颗级配推算断沙颗粒级配，进而计算日、月、年的平均颗粒级配成果；二是绘制日、月、年平均颗粒级配曲线图，按粒径级查算级配，进而计算平均粒级。

#### 4.3.5.2　实测悬移质颗粒级配成果表编制

“实测悬移质颗粒级配成果表”是悬沙输沙率测验并作颗粒级配分析的成果，表的栏目有分析号数、施测号数、施测(取样)日期、小于某粒径沙量百分数(级配数值)、中数粒径、平均粒径、最大粒径、平均沉速、施测水温、测验方法、分析方法、附注等。

分析号数填记断沙颗粒取样的顺序号；断沙施测号数填记输沙率测验的顺序号，单沙施测号数填记输沙率测验时相应单沙的顺序号，断沙施测号数和单沙施测号数分行填记，断沙颗粒级配(简称断颗)若对应两次或多次单沙颗粒级配(简称单颗)，则两次按时间前后依次填记，但在建立单颗—断颗关系时可用两者的均值，或取一个认为合理的单沙成果；施测(取样)日期按输沙率测验的日期填记；小于某粒径沙量百分数(级配数值)从相应记载计算表转摘填记；中数粒径为级配 50% 对应的粒径，从级配曲线查读填记；平均粒径、最大粒径、平均沉速、施测水温、测验方法、分析方法、附注等根据测验情况和计算数据填记。

“实测悬移质单样颗粒级配成果表”比实测悬移质颗粒级配成果表多了单样含沙量栏，可从单样处理记载计算表转摘填记。

#### 4.3.5.3　单断颗关系曲线的建立与应用查读

单断颗关系直角坐标系的纵标为单颗小于某粒径沙量百分数，横标为断颗小于某粒径沙量百分数，刻度为百分数(或小数)。定线时若点子散乱，可按同粒径级点群分组，分别计算各组单、断颗级配的算术平均值(百分数)，作为点群重心点，再按重心点定线。若某时段或因其他条件使关系点有明显合拢成多线趋势自成体系，可定成多条线，且分别确定各线的适用条件。

单断颗关系曲线一般有三种表现形式，由单颗推求断颗也有相应的方法要求。

一是曲线起于(0,0)点，终于(100%,100%)点，单、断颗均变化在0~100%区间，有满区间一一对应关系。由曲线对应即可从单颗推算断颗。

二是单颗比断颗系统偏粗，曲线起于(0,0)点，终于(100%,$x$%)点，且$x\% < 100\%$。单颗变化在0~$x$%区间，断颗变化在0~100%区间，即曲线上端在纵坐标有偏离100%的截距。推求断颗只用单颗$x$%以下部分，即只要推到对应断颗100%为止，单颗大于$x$%部分放弃不用。实际上与断颗100%对应的粒径介于规定的粒径级$d_i$和$d_{i+1}$之间，因此只能取$d_{i+1}$，即在粒径级$d_{i+1}$之下填100%。三是单颗比断颗系统偏细，曲线起于(0,0)点，终于($x$%,100%)点，且$x\% < 100\%$。单颗变化在0~100%区间，断颗变化在0~$x$%区间，即曲线上端在横坐标轴上有偏离100%的截距。推求断颗用完100%的单颗后，断颗仅达$x$%而尚未达100%，这时应使断颗增加规定的一个粒径级，令小于此粒径级的级配为100%。例如当单颗小于0.125 mm粒径的级配为100%时，从曲线上推得断颗小于同粒径级配的百分数为90%，则使断颗级配增加0.125 mm粒径的上一级粒径0.25 mm，且令断颗小于0.25 mm粒径的级配为100%。

#### 4.3.5.4　计算月(年)平均颗粒级配时各日(测次)代表时段的划分

我们知道，单颗测次主要是按水流泥沙变化情况布置的，计算日、月、年平均颗粒级配时用输沙量加权法。正确划分各测次代表的时段，或各时段应由哪一测次的颗分成果反映，对正确确定输沙量权是非常重要的。划分的原则是要较准确地反映泥沙颗粒级配的变化，而泥沙颗粒级配变化是与流量和含沙量即与输沙率变化密切相关的，因此输沙率变化的转折是划分各测次代表时段的基本依据。若某颗分测次在洪峰段施测，则它应代表峰段的级配，它划归的时段不应超出峰区。若相邻测次均在输沙率平缓渐变段，则之间的时段均分给这二测次。

#### 4.3.5.5　推求时段(日)平均颗粒级配时相应输沙量权的计算

在用输沙量加权法计算时段(日)平均颗粒级配时，设在$t_{i-1}$、$t_i$、$t_{i+1}$时刻均取颗分样和得出流量，对$t_i$时刻的颗分样来说，是以$t_{i-1} \sim t_i$的后半段和$t_i \sim t_{i+1}$的前半段相应输沙量之和作为级配的计算权的。由此可知，对于$t_i \sim t_{i+1}$的各个时段，有必要计算出前、后两半时段的输沙量。一种常用的简化方法是计算出$t_i \sim t_{i+1}$(或$t_{i-1} \sim t_i$)时段的平均输沙率$Q_{si}$后，用均分法推求前、后两半时段的输沙量$W_{siq}$和$W_{sih}$，即

$$W_{siq} = W_{sih} = \frac{1}{2}Q_{si}(t_{i+1} - t_i) \tag{6-4-26}$$

根据操作技能——高级工4.3.2部分的分析可知，在$t_i \sim t_{i+1}$时段，当流量$q$和含沙量$p$呈线性变化时，输沙率$q_s$并不是线性变化，因此用式(6-4-26)的均分法计算前、后两半时段输沙量是不适宜的，有必要按积分法分别推求前、后两半时段的输沙量。

操作技能——高级工4.3.2部分的关系和推导原理仍然适用，现设以$t_i$为起点，$t_{i+1}$为止点，以$(t_i + t_{i+1})/2$为中点，分别推求$t_i \sim (t_i + t_{i+1})/2$和$(t_i + t_{i+1})/2 \sim t_{i+1}$两半时段平均输沙率$Q_{s3iq}$和$Q_{s3ih}$。

因为以$t_i$为起算点，所以有关时间量均应减去$t_i$，这样$Q_{s3iq}$就是$qp$在下限为$t_i - t_i = 0$

和上限为$\frac{t_i + t_{i+1}}{2} - t_i = \frac{1}{2}(t_{i+1} - t_i)$的时间积分值与相应输沙时段时间$\frac{t_i + t_{i+1}}{2} - t_i = \frac{1}{2}(t_{i+1} - t_i)$的比值；$Q_{s3ih}$就是$qp$在下限为$\frac{t_i + t_{i+1}}{2} - t_i = \frac{1}{2}(t_{i+1} - t_i)$和上限为$t_{i+1} - t_i$的时间积分值与相应输沙时段$t_{i+1} - \frac{t_i + t_{i+1}}{2} = \frac{1}{2}(t_{i+1} - t_i)$的比值，计算如下

$$Q_{s3iq} = \frac{1}{\frac{t_i + t_{i+1}}{2} - t_i}\int_{t_i - t_i}^{\frac{t_i + t_{i+1}}{2} - t_i} qp\mathrm{d}t$$

$$= \frac{2}{t_{i+1} - t_i}\int_0^{\frac{1}{2}(t_{i+1} - t_i)} (q_i + k_{q_i}t)(p_i + k_{p_i}t)\mathrm{d}t$$

$$= \frac{2}{t_{i+1} - t_i}\int_0^{\frac{1}{2}(t_{i+1} - t_i)} [q_ip_i + (q_ik_{p_i} + p_ik_{q_i})t + k_{q_i}k_{p_i}t^2]\mathrm{d}t$$

$$= \frac{2}{t_{i+1} - t_i}\left\{\left[q_ip_it + \frac{1}{2}(q_ik_{p_i} + p_ik_{q_i})t^2 + \frac{1}{3}k_{q_i}k_{p_i}t^3\right]\Bigg|_0^{\frac{1}{2}(t_{i+1} - t_i)}\right\}$$

同理

$$Q_{s3ih} = \frac{1}{t_{i+1} - \frac{t_i + t_{i+1}}{2}}\int_{\frac{1}{2}(t_i + t_{i+1}) - t_i}^{t_{i+1} - t_i} qp\mathrm{d}t$$

$$= \frac{2}{t_{i+1} - t_i}\left\{\left[q_ip_it + \frac{1}{2}(q_ik_{p_i} + p_ik_{q_i})t^2 + \frac{1}{3}k_{q_i}k_{p_i}t^3\right]\Bigg|_{\frac{1}{2}(t_{i+1} - t_i)}^{t_{i+1} - t_i}\right\}$$

将上两式演算下去，并将$k_{qi} = \frac{q_{i+1} - q_i}{t_{i+1} - t_i}$、$k_{pi} = \frac{p_{i+1} - p_i}{t_{i+1} - t_i}$的关系代入消去$k_{q_i}$、$k_{p_i}$，简化后有

$$Q_{s3iq} = \frac{7}{12}q_ip_i + \frac{1}{6}(q_ip_{i+1} + q_{i+1}p_i) + \frac{1}{12}q_{i+1}p_{i+1} \qquad (6\text{-}4\text{-}27)$$

$$Q_{s3ih} = \frac{1}{12}q_ip_i + \frac{1}{6}(q_ip_{i+1} + q_{i+1}p_i) + \frac{7}{12}q_{i+1}p_{i+1} \qquad (6\text{-}4\text{-}28)$$

这样，$t_i \sim t_{i+1}$时段中，前、后两半时段相应输沙量分别为

$$W_{s3iq} = Q_{s3iq}\left(\frac{t_i + t_{i+1}}{2} - t_i\right) = \frac{1}{2}Q_{s3iq}(t_{i+1} - t_i) \qquad (6\text{-}4\text{-}29)$$

$$W_{s3ih} = Q_{s3ih}\left(t_{i+1} - \frac{t_i + t_{i+1}}{2}\right) = \frac{1}{2}Q_{s3ih}(t_{i+1} - t_i) \qquad (6\text{-}4\text{-}30)$$

当以$t_i$的颗粒级配为计算考虑的时间点位时，对应的$W_t$是$t_{i-1} \sim t_i$的$W_{s3ih}$加$t_i \sim t_{i+1}$的$W_{s3iq}$。

#### 4.3.5.6 计算时段（日、月、年）平均颗粒级配的通用公式

计算时段（日、月、年）平均颗粒级配的通用公式如下

$$P_i^* = \frac{\sum P_i W_t}{\sum W_t} \qquad (6\text{-}4\text{-}31)$$

式中　$P_i^*$——时段（日、月、年）颗粒级配，即小于某粒径沙质量（沙重）百分数，具体小于哪一级粒径，由 $P_i$ 确定，即 $P_i^*$ 与 $P_i$“粒径级别”是一致的，$P_i^*$ 与 $P_i$ 都是一个系列，如 $P_{0.002}$，$P_{0.004}$，…，$P_{2.0}$ 等，角标 $i$ 为《河流泥沙颗粒分析规程》（SL 42—2010）的粒径分级的粒径数值；

$P_i$——某时段小于某粒径沙质量（沙重）百分数；

$W_t$——$P_i$ 代表时段的输沙量。

计算月（年）$P_i^*$ 时，$P_i$ 可用日（月）的 $P_i^*$ 值。$W_t$ 也用相应值。

对于式（6-4-29）的应用我们给出一个示例：某站某月测验分析了4次断颗，各次断颗级配中粒径小于0.031 mm的百分数（$P_i$）分别为87%、93%、79%和83%，按时段划分计算出相应各次的输沙量 $W_t$ 分别为0.35 t、0.25 t、0.50 t和0.30 t。则

$$P_i^* = (0.35\times0.87+0.25\times0.93+0.50\times0.79+0.30\times0.83)/(0.35+0.25+0.50+0.30)\times100\% = 84\%$$

即该站该月平均颗粒级配中粒径小于0.031 mm的百分数为84%。

其他粒径级的颗粒级配数据同样可求出，从而可绘制出时段（日、月、年）颗粒级配曲线，进而可计算时段（日、月、年）平均悬移质粒径。

#### 4.3.5.7　断面有逆流时时段平均颗粒级配与平均粒径的计算

1. 泥沙输移效果法

在考察的时段（日、月、年），分别计算断面顺流和逆流各小于某粒径级 $D_i$ 的输沙量 $W_t$，如果顺（逆）流各级 $W_t$ 的数值均大于逆（顺）流的数值，则顺（逆）流值减去逆（顺）流值，得断面顺（逆）流的“时段各小于某粒径级效果输沙量 $\Delta W_t$”，由 $P_i = \Delta W_t/\Delta W_{zd}$（其中 $\Delta W_{zd}$ 是小于最大粒径级的效果输沙量）计算顺（逆）流“时段各粒径级效果平均颗粒级配 $P_i$”。

由上述计算的 $D_j$ 与 $P_j$ 的数值关系，点绘粒径颗粒级配曲线图，即可推求平均粒径。

2. 顺流、逆流各自计算法

分开顺流和逆流，用式（6-4-31）和式（6-4-12）及相应方法即可分别推算顺流、逆流时段平均颗粒级配与平均粒径。

不管那种方法，都应在成果中予以说明。

### 4.3.6　使用通用程序进行悬移质泥沙整编的步骤

为了提高水文资料整编的效率与质量，我国业务水文领导机构组织力量开发了水文资料整编的通用程序，并随着计算机技术的发展，不断更新升级。悬移质泥沙资料整编融合在通用程序中，由操作手册指导具体作业，通常的目标是推算日平均输沙率。这里仅介绍使用通用程序进行悬移质泥沙整编的一般步骤。

（1）整理全年悬移质输沙率测验资料，形成相应单沙—断面平均含沙量的数据对。

（2）建立相应单沙—断面平均含沙量的直角坐标系并依据数据对绘制相关曲线。若

曲线是单一线，拟合全年使用的曲线方程或分段线性方程，给分段线性方程编号且确定各段适合使用的单沙区间端点数值；若是多条曲线，一般每条曲线适合于一定的时间段，分别拟合各时间段使用的曲线方程或分段线性方程，给分段线性方程编号且确定各段适合使用的单沙区间端点数值。需要注意的是，时间段、单沙区间是导引到合适方程由单沙推求断沙的控制条件，通常称为节点。

(3)摘录单沙和流量数值，按各日的时间循序形成控制水、沙变化过程的时间、流量、单沙对应数值组。当数值组中有漏空时，应插补填实。从“日”的控制边界精确到“分钟”来说，应摘录或插补出 00:00 和 24:00(或次日的 00:00)的流量、单沙对应数值组。

(4)将时间、流量、单沙对应数值组中单沙经相应单沙—断面平均含沙量的方程变换为断面平均含沙量，形成时间、流量、断沙对应数值组。

(5)将时间、流量、断沙对应数值组灌注入日平均输沙率计算公式计算出日平均输沙率。

(6)将计算的日平均输沙率数值灌注入日平均输沙率制表模板，形成日平均输沙率数据表。

# 模块5　地下水及土壤墒情监测

## 5.1　观测作业

### 5.1.1　地下水位监测仪器的选择

地下水位监测仪器与方法紧密联系，从仪器与人工操作的关系来说，可分为人工观测仪器和自动监测仪器。人工观测仪器有测盅、电接触悬锤等；自动监测仪器有浮子式地下水位计、压力式地下水位计等。测井与仪器的关系主要反映在井口径和仪器尺寸，一般大口径测井容许大尺寸仪器，小口径测井不容许大尺寸仪器。当测井口径大于40 cm、地下水埋深较浅时可直接用地表水的浮子式自记水位计测量地下水位；当测井口径小于15 cm或地下水埋深较深时用能在10 cm口径的测井中工作的浮子式地下水位计。有些更小的浮子式地下水位计可安装在口径为5 cm的测井中工作，但小浮子浮力小，应注意与系统要求灵敏性的配合；压力式地下水位计体积较小，多可用于5 cm口径的水位测井，甚至1 in(1 in＝2.54 cm，下同)直径的测井。

地下水位监测仪器的选择，还要结合测井环境、电源等条件；有远传需求，还应考虑通信问题。

### 5.1.2　常用土壤墒情监测仪器的维护

#### 5.1.2.1　张力计的维护

张力计在使用一段时间后应进行清洗。方法是小心取出张力计，把陶土管冲洗后放在漂白粉溶液中浸泡30 min，再放入稀盐酸溶液中浸泡1 h，后泡入清洁水中冲洗干净。

机械表头长期使用后由于弹性元件长期受力而变形，产生读数误差，一般表头在使用3～6个月后需进行校验和偏差测定以校正读数。

#### 5.1.2.2　中子水分仪维护

中子水分仪维护应熟悉并遵守辐射防护方法和国家有关放射源使用保管的有关规定，发生故障时不可随意拆卸，应送指定的单位进行修理。

#### 5.1.2.3　探针式土壤水分测试仪维护

每次观测后应用干布擦拭探针，揩干净泥土和水分，再进行下一次观测。

### 5.1.3　土壤水分常数的基本概念及测定方法

#### 5.1.3.1　基本概念

土壤水分常数主要有饱和含水量、田间持水量和凋萎含水量。当用体积含水量描述时，分别以$\theta_s$、$\theta_m$、$\theta_a$表示；当用质量含水量描述时，分别以$\omega_s$、$\omega_m$、$\omega_a$表示。

饱和含水量指土壤处于水分饱和状态的含水量。

田间持水量指土壤样品毛管悬着水的最大含量。

凋萎含水量指植物因缺水发生凋萎时的土壤含水量。

#### 5.1.3.2　饱和含水量取样测定

对代表性地块和临时监测站需测定其饱和含水量。测定方法是,在田间用环刀采取原状土壤,在实验室中用滤纸和吸水石板扎住环刀上下侧,防止土壤的遗失,置入冷开水中浸泡 2 d 后取出,用烘干法测出其饱和含水量。

#### 5.1.3.3　田间持水量取样测定

田间持水量的野外测定应在长期降水或饱和灌溉后。测定方法是,用地膜或秸秆及土壤覆盖测验地块的表面以防土壤水分蒸发,自然排水 2 d 后,按土壤干容重的采样布置,用环刀采样并加盖,装入塑料袋中,用称量烘干法测出其质量含水量和体积含水量。

田间持水量在室内可用威尔科克斯(Wilcox)法测定。威尔科克斯法也称环刀法(或土壤容重钻)。是用环刀在欲测地段上采取原状土,同时在同一土层上取些散状土,带回室内。将前者放入水中(水不淹没环刀顶)浸一昼夜。后者经风干,通过孔径为 1 mm 的土筛,装入环刀。然后将装有湿土的环刀的有孔盖子打开,连同滤纸一起放在盛风干土的环刀上。经过 8 h 吸水后,从盛原状土的环刀中取 15 ~20 g 土样,用称量(重)烘干法,测其含水率。经过重复测量,求出同一土层含水率的平均值,即为该层的田间持水量。

墒情监测站可在不同深度取样测定田间持水量,深度平均田间持水量按式(6-5-1)计算

$$\bar{\theta}_{\mathrm{m}} = \frac{\sum_{i=1}^{n} \theta_{\mathrm{m}i} \times h_i}{H} \tag{6-5-1}$$

式中　$\bar{\theta}_{\mathrm{m}}$——监测土层深度平均田间持水量(%);

$\theta_{\mathrm{m}i}$——第 $i$ 土层的田间持水量(%);

$h_i$——第 $i$ 土层的平均土壤厚度,cm;

$H$——土层深度,cm。

#### 5.1.3.4　凋萎含水量取样测定

凋萎含水量的野外观测可在作物发生凋萎情况时施测,也可在实验室通过种植试验来测定,即在不大的容器中种植作物,待其根系完全发育时,让它自然消耗土壤中的水分,当叶片发生枯萎时测其土壤含水量。

有条件的地方可用离心机法或压力板仪法测定土壤水分特性曲线,确定土壤含水量和土壤吸力(基模势)的关系,并由土壤水分特性曲线来确定饱和含水量、田间持水量和凋萎含水量。

#### 5.1.3.5　土壤相对湿度的概念及计算方法

土壤相对湿度就是土壤含水量占田间持水量的百分数,计算方法为

土壤相对湿度 = 土壤含水量/田间持水量

墒情监测站监测土层深度平均土壤湿度,是指各监测土层深度平均土壤含水量与平均田间持水量的百分比,按式(6-5-2)计算

$$\beta = \frac{\bar{\theta}}{\bar{\theta}_m} \times 100\% \tag{6-5-2}$$

式中　$\beta$——监测土层深度平均土壤湿度(%)；

$\bar{\theta}$——监测土层深度平均土壤含水量(%)；

$\bar{\theta}_m$——监测土层深度平均田间持水量(%)。

# 5.2　数据资料记载与整理

## 5.2.1　地下水监测资料整编基本知识

### 5.2.1.1　地下水监测资料整编成果表

地下水监测资料整编成果表有:地下水监测站基本情况考证成果一览表,地下水水位自动监测资料摘录成果表,地下水水位逐日监测成果表,地下水水位 5 d 监测成果表,地下水水位年特征值统计表,地下水开采量监测成果表,泉流量监测成果表,地下水水质监测成果表,地下水水温监测成果表,地下水统测站考证成果一览表,地下水水位统测成果表等。

### 5.2.1.2　地下水监测资料整编步骤

地下水监测资料整编应按下列步骤进行:

(1)考证基本资料。

(2)审核原始监测资料。

(3)编制成果图、表。

(4)编写资料整编说明。

(5)整编成果的审查验收、存储与归档。

统计数值时,平均值采用算术平均法,尾数按四舍五入处理;挑选极值时,若多次出现同一极值,则记录首次出现者的发生时间。

### 5.2.1.3　地下水水位自动监测资料摘录成果表

地下水水位自动监测资料摘录成果表见表 6-5-1。

### 5.2.1.4　地下水开采量监测成果表

地下水开采量监测成果表见表 6-5-2。

## 5.2.2　土壤墒情资料整编基本知识

### 5.2.2.1　土壤墒情整编资料可分为说明资料、基本资料和调查资料

(1)说明资料宜包括整编说明、墒情监测站一览表、墒情监测站分布图。

(2)基本资料宜包括墒情监测站考证资料(墒情监测站说明表及位置示意图、墒情监测站各监测深度平均田间持水量、墒情监测站平面图)、土壤含水量资料(墒情监测站各监测深度点土壤含水量、墒情监测站各监测深度点土壤湿度)、地下水埋深、连续无雨日、时段降水量、时段蒸发量资料等。

(3)调查资料宜包括主要作物的生理状态、主要作物生长状况、灌溉情况。

**表 6-5-1　地下水水位自动监测资料摘录成果表**

________省(自治区、直辖市)________市(州、盟)________县(市、旗)________基本断面

| 自记仪型号 | | 监测站 | 名称 | | 位置 | ________乡(镇)________村 | | 高程(m) | 固定点 | |
|---|---|---|---|---|---|---|---|---|---|---|
| | | | 类别 | | | 地理坐标 | 东经　°　′　″ | | 地面 | |
| | | | 编号 | | | | 北纬　°　′　″ | 井深(m) | | |

| 日期 | 月份 | | | | | | |
|---|---|---|---|---|---|---|---|
| | 1 | | | … | 12 | | |
| | 平均 | 最高 | 最低 | … | 平均 | 最高 | 最低 |
| 1 | | | | … | | | |
| 2 | | | | … | | | |
| ⋮ | | | | ⋮ | | | |
| 30 | | | | … | | | |
| 31 | | | | … | | | |
| 月统计 日平均最高水位(m) | | | | … | | | |
| 月统计 发生日期 | | | | … | | | |
| 月统计 日平均最低水位(m) | | | | … | | | |
| 月统计 发生日期 | | | | … | | | |

| 年统计 | 最高水位 ______(m) 月　日 | 最低水位 ______(m) 月　日 | 年均水位 ____(m) | 年变幅 ______(m) | 年末差 ____(m) |
|---|---|---|---|---|---|

制表________　　年　月　日　校核________　　年　月　日　　审核________　　年　月　日

**表 6-5-2　地下水开采量监测成果表**

______省(自治区、直辖市)　　　______市(州、盟)______县(市、旗)

| 序号 | 监测站 | | | 位置 | | | | 地理坐标 | | | | | | 地下水开采量($m^3$) | | | | | | | | 监测方法 | | | 说明 |
|---|---|---|---|---|---|---|---|---|---|---|---|---|---|---|---|---|---|---|---|---|---|---|---|---|---|
| | | | | | | | | 东经 | | | 北纬 | | | 月份 | | | 单站年统计 | | | | | | | | |
| | | | | | | | | | | | | | | | | | 年总量 | 最大 | | 最小 | | | | | |
| | 名称 | 类别 | 编号 | 乡镇 | 村 | 方向 | 距离(m) | ° | ′ | ″ | ° | ′ | ″ | 1 | … | 12 | | 开采量 | 月份 | 开采量 | 月份 | 水表法 | 水泵法 | 定额法 | |
| | | | | | | | | | | | | | | | | | | | | | | | | | |
| | | | | | | | | | | | | | | | | | | | | | | | | | |
| | | | | | | | | | | | | | | | | | | | | | | | | | |
| | | | | | | | | | | | | | | | | | | | | | | | | | |
| | | | | | | | | | | | | | | | | | | | | | | | | | |
| | | | | | | | | | | | | | | | | | | | | | | | | | |
| 合计 | | | | | | | | | | | | | | | | | | | | | | | | | |

制表______　　年　月　日　　校核______　　年　月　日　审核______　　年　月　日

### 5.2.2.2　土壤墒情相关信息的资料整编

土壤墒情相关信息的资料整编按如下要求进行：

(1)墒情监测站地下水埋深资料从墒情监测站或附近的地下水监测井整编资料中摘录。

(2)墒情监测站连续无雨日，以与它配套雨量站已整编的逐日降水量表为依据进行统计。

(3)墒情监测站时段蒸发量，以墒情监测站或代表蒸发站已整编的逐日水面蒸发量表为依据进行统计。

(4)自动墒情监测站只对其每日 8 时的土壤含水量资料进行整编，其他时间的土壤含水量资料应以电子文档的形式妥为保存。

### 5.2.2.3　审查阶段

审查阶段的各项工作应由整编单位组织完成，其主要工作内容应包括以下几个方面：

(1)抽查原始资料。

(2)对考证、监测方法、数据整理表和数据文件及整编成果进行全面检查。

(3)审查单站合理性检查结果。

(4)统计错误情况。

(5)编制墒情监测站一览表及整编说明书。

### 5.2.2.4　复审阶段

复审阶段的各项工作应由复审单位在次年第一季度组织完成，其主要工作内容应包括以下几个方面：

(1)抽取 30% 左右的站，对考证、数据整理表、数据文件及成果表进行全面检查，其余只作主要项目检查；

(2)对全部整编成果进行表面(格式)统一检查。

(3)复查综合合理性检查成果表，作复查范围内的综合合理性检查。

(4)评定质量，对整编成果进行验收。

### 5.2.2.5　土壤墒情监测成果

土壤墒情监测成果表见表 6-5-3。

表 6-5-3 ________年______站土壤墒情监测成果表

<table>
<tr><th rowspan="2">测次</th><th colspan="3">监测时间</th><th colspan="4">各监测深度<br>土壤含水量(%)</th><th rowspan="2">地下水埋深(m)</th><th rowspan="2">连续无雨日(d)</th><th rowspan="2">时段降水量(mm)</th><th rowspan="2">时段蒸发量(mm)</th><th colspan="2">灌溉时间</th><th colspan="3">主要作物生长情况</th><th rowspan="2">说明</th></tr>
<tr><th></th><th></th><th></th><th>10 cm</th><th>20 cm</th><th>40 cm</th><th>垂线平均</th><th>月</th><th>日</th><th>种类</th><th>生长阶段</th><th>水分状态</th></tr>
<tr><td></td><td></td><td></td><td></td><td></td><td></td><td></td><td></td><td></td><td></td><td></td><td></td><td></td><td></td><td></td><td></td><td></td><td></td></tr>
<tr><td></td><td></td><td></td><td></td><td></td><td></td><td></td><td></td><td></td><td></td><td></td><td></td><td></td><td></td><td></td><td></td><td></td><td></td></tr>
<tr><td></td><td></td><td></td><td></td><td></td><td></td><td></td><td></td><td></td><td></td><td></td><td></td><td></td><td></td><td></td><td></td><td></td><td></td></tr>
<tr><td>…</td><td></td><td></td><td></td><td></td><td></td><td></td><td></td><td></td><td></td><td></td><td></td><td></td><td></td><td></td><td></td><td></td><td></td></tr>
</table>

制表：　　一校：　　二校：　　审查：　　复审：　　汇编：

### 5.2.2.6　自动土壤墒情监测资料(垂线平均土壤含水量)

自动土壤墒情监测资料(垂线平均土壤含水量)摘录成果表见表6-5-4。

**表6-5-4　自动土壤墒情监测资料(垂线平均土壤含水量)摘录成果表**

______年______省(自治区、直辖市)______市(州、盟)______县(市、旗)

<table>
<tr><td rowspan="3">自记仪型号</td><td rowspan="3"></td><td rowspan="3">监测站</td><td>名称</td><td></td><td rowspan="3">位置</td><td colspan="2">乡(镇)______村</td></tr>
<tr><td>类别</td><td></td><td rowspan="2">地理坐标</td><td>东经　°　′　″</td></tr>
<tr><td>编号</td><td></td><td>北纬　°　′　″</td></tr>
</table>

<table>
<tr><td rowspan="3">日期</td><td colspan="7">月份</td></tr>
<tr><td colspan="3">1</td><td>…</td><td colspan="3">12</td></tr>
<tr><td>平均</td><td>最大</td><td>最小</td><td>…</td><td>平均</td><td>最大</td><td>最小</td></tr>
<tr><td>1</td><td></td><td></td><td></td><td>…</td><td></td><td></td><td></td></tr>
<tr><td>2</td><td></td><td></td><td></td><td>…</td><td></td><td></td><td></td></tr>
<tr><td>⋮</td><td></td><td></td><td></td><td>⋮</td><td></td><td></td><td></td></tr>
<tr><td>30</td><td></td><td></td><td></td><td>…</td><td></td><td></td><td></td></tr>
<tr><td>31</td><td></td><td></td><td></td><td>…</td><td></td><td></td><td></td></tr>
</table>

<table>
<tr><td rowspan="6">月统计</td><td>月平均土壤含水量(%)</td><td></td><td></td><td></td></tr>
<tr><td>最大日平均土壤含水量(%)</td><td></td><td>…</td><td></td></tr>
<tr><td>发生日期</td><td></td><td>…</td><td></td></tr>
<tr><td>最小日平均土壤含水量(%)</td><td></td><td>…</td><td></td></tr>
<tr><td>发生日期</td><td></td><td>…</td><td></td></tr>
<tr><td>月变幅(%)</td><td></td><td>…</td><td></td></tr>
</table>

<table>
<tr><td>年统计</td><td>最大日平均土壤含水量<br>______(%)<br>月　日</td><td>最小日平均土壤含水量<br>______(%)<br>月　日</td><td>平均土壤含水量<br>______(%)</td><td>年变幅<br>______(%)</td></tr>
</table>

制表______　年　月　日　校核______　年　月　日　审核______　年　月　日

注:1. 垂线平均土壤含水量及最大、最小值仅整编每日8时的观测值;

2. 日平均土壤含水量即每日8时的垂线平均土壤含水量。

# 模块6　测站水文情报水文预报

## 6.1　预报作业

### 6.1.1　测站水文预报结果审核

水文测站预报结果在正式对外发布前,要进行审核。

对已接收到的本站预报,依据上游或区间水情、雨情进行准确可靠性核对。

审查预报使用的方案。预报使用的方案是否适当,方法是否正确。

审查预报使用的有关图、表和计算过程。查图、用表是否准确,计算过程有无错误。

对预报结果进行综合审查。本站预报结果与上游水情是否相应,与本站以往类似洪水是否一致。

### 6.1.2　测站预报方案检验

测站水文预报方案在使用一定年限后,应根据新的水文资料进行检验。

用方案编制以后出现的新的水文资料(应包括不同量级的洪水及其相关资料,特别是超出原水文预报方案使用数值范围的资料),代入原方案进行检验,看其规律是否有变化。如新资料与原方案结果一致,则原方案可继续使用。如多数新资料超出水文预报方案评定精度,说明测站水文规律已发生变化,或者是由于自然演变或人类活动影响,使流域、河段或水文断面水文特性发生变化,原有的方案已不能适应新情况,则要对水文预报方案进行修订、补充或更新。

## 6.2　方案编制

### 6.2.1　建立上、下游测站洪峰流量相关曲线

流域内降大暴雨后,会产生径流向河网汇集,在河道内形成洪水波。洪水波的形成和持续过程一般有一个水面最高点和一个瞬时最大流量点。洪水波受地心引力作用,向下游河道演进,在演进过程中会有一些变形,但总会出现水面最高点和瞬时最大流量点。如果在河道的上、下游分别设有水文断面,就会在不同的时间测到洪水波的最大流量点,即洪峰流量。于是,可建立上、下两个断面洪峰流量之间的相关关系曲线,也就能从上游已出现的洪峰流量来预报下游站的洪峰流量。

上、下游测站洪峰流量相关曲线可用于预报下游站洪峰流量,其制作方法如下:

(1)摘录基本资料。根据水文资料整编的最终成果,绘制预报河段上、下游站对应的洪水过程线,摘录相应的洪峰流量。一般要有30次以上洪水资料。

(2)点绘相关曲线。根据统计的30次以上的洪水资料,在米厘格纸上点绘上(纵坐标)、下(横坐标)游站的相应洪峰流量点,再根据点群分布趋势通过点群重心定出相关线。

(3)进行相关曲线的合理性检查。相关线初步确定后,对于曲线趋向、坡度变化等,要结合相关因素间的物理成因和河道的具体情况进行合理性分析。以避免有时因少数有误差或有错误的点据使相关关系出现不合理现象。

为了改善洪峰流量相关关系和提高预报精度,在上、下游区间无支流加入的河段,有时以下游站同时水位(或上游站水位涨差、区间降雨量)作为参数建立相关线;在上、下游区间有支流加入的河段,则建立上游合成流量与下游相应水位(流量)或以支流水位为参数的上、下游相应水位(流量)相关线。

### 6.2.2　建立洪峰流量与传播时间关系曲线

在短期洪水预报中,不仅要求预报出洪峰流量,还要预报出洪峰流量出现的时间。

洪水波在河道中传播时,在上、下游站分别出现瞬时流量最大点和相应的时间,上、下两个断面洪峰流量出现时间的差,即为洪峰流量从上游站传到下游站所需要的时间。每一次洪峰流量都对应有一个传播时间,可建立上游站洪峰流量与洪峰传播时间相关曲线,就能在未来上游站出现洪峰流量时,预报出下游站洪峰流量出现的时间。

因此,建立洪峰流量传播时间相关曲线可用于预报下游站洪峰出现时间,绘制方法如下:

(1)摘录、统计基本资料。根据水文资料整编最终成果,绘制预报河段上、下游站相应的洪水过程线,摘录上游站洪峰流量和洪峰传播时间。一般要有30次以上洪水资料。

(2)点绘相关曲线。根据统计的洪水资料,在米厘格纸上点绘上游站洪峰流量(纵坐标)、洪峰流量传播时间(横坐标)相应点。可根据点群分布趋势通过点群重心定出相关线。一般情况下,相关线是反比线,即洪峰流量越大,传播时间就越短。相关线初步确定后,要对曲线趋向、坡度变化等,根据河道、断面的情况进行合理性分析检查。

# 模块7　水文普通测量

## 7.1　测量作业

### 7.1.1　跨河水准测量

当水准测量跨越江河、湖泊、洼地、沟谷等障碍地段时，一般因跨越的宽度大，不能满足相应等级水准测量有关视距、前后视距差等技术指标，采取特殊方法进行的水准测量，称为跨河水准测量。

#### 7.1.1.1　跨河水准测量方法

当水准测量跨越河宽小于允许视线长度时，可用一般方法直接跨河测量，但在仪器站上应变换一次仪器高度，观读两次，两次高差之差应小于7 mm，取两次结果的平均值。当河宽大于允许视线长度，有桥梁和冰面可以利用时，可通过桥面或冰面进行水准测量。否则，应根据跨河视距长度、水流及仪器设备等情况，分别使用不同方法进行观测，其测量精度不低于四等水准。常用的测量方法有直接读尺法、微动觇板法、水面传递高程法、经纬仪倾角法等。

下面专门介绍直接读尺法。微动觇板法是专制可套滑在水准尺上的觇板，隔河测量时，观测与扶尺人员配合，以醒目准确地读取水准尺刻划。水面传递高程法是在水面平静时，将水面看做基面，采取措施（如在河边挖坑引水，坑中打桩设点）测出河流两岸测点与水面的高差，此两高差之差即为两点之间的高差。经纬仪倾角法属于水平三角高程测量，原理是由水平距离和竖直角计算出待测点高出仪器水平视线的高度数值，推算高程或多点之间的高差。现在有了全站仪等高精度的仪器，跨河水准测量或高差测量方便且精度有保证，可满足经纬仪倾角法的精度要求，应创设条件使用。

若跨河视线长度在300 m以内，可采用直接读尺法或采用静水面传递高程法。当跨河水准测量的视线长度大于300 m、小于2 000 m时，采用经纬仪倾角法进行测量；当采用三等水准最大视线长度小于500 m，采用四等水准最大视线长度小于1 000 m时，可采用微动觇板法。

当跨河视线长度超过2 000 m时，采用的方法和要求须依据测区条件进行专项设计。

#### 7.1.1.2　跨河水准测量的场地布设

跨河水准测量的场地布设以两岸两站等距、等高为基本原则，目的是抵偿因单站不等距、大气垂直折光等因素可能造成的误差。

（1）等距。安置仪器及标尺的位置，要求跨河视线长度力求相等，岸上视线长度不得小于10 m，且两岸视线长度应相等。两岸仪器至水边的距离，应基本相等。跨河水准测量场地等距布设示意如图6-7-1所示。当使用一台仪器观测时，宜采用如图6-7-1（a）所示的Z

字形布局,图中的 $I_1$、$I_2$ 处为仪器与远标尺轮换安置点,$b_1$、$b_2$ 为近标尺安置点,$I_1b_1=I_2b_2$,且为 10 ~ 20 m;使用两台仪器观测时,可采用如图 6-7-1(b)所示的平行四边形或如图 6-7-1(c)所示的等腰梯形。图中 $I_1$、$I_2$ 为两岸仪器安置位置,$b_1$、$b_2$ 为两岸水准标尺的立尺点。测量的是 $b_1$、$b_2$ 之间的高差,已知其中一个高程,可推算另一个高程。

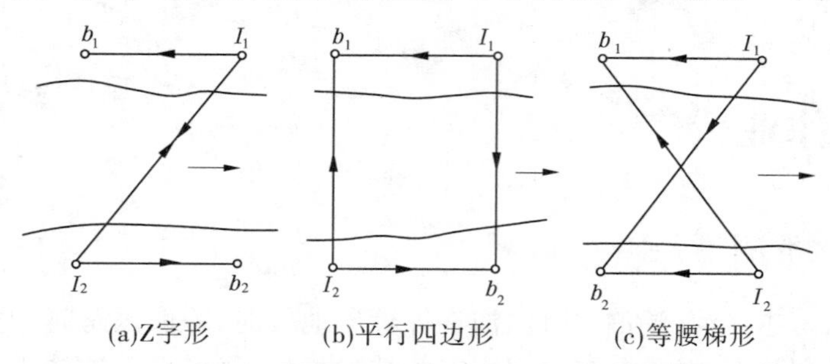


图 6-7-1　跨河水准测量场地等距布设示意

(2)等高。两岸安置仪器和水准尺的点应尽量等高。当跨河视线长度小于 300 m 时,视线高度至水面距离应大于 2 m。当跨河视线长度大于 300 m 时,视线高度至水面距离应大于 3 m(水位受潮汐影响时,按最高潮位计)。当不能满足上述要求时,应搭台解决。

(3)立尺点应牢固。设置木桩顶面直径应大于 5 cm,长度为 30 ~ 50 cm,打入地下后,桩顶要高于地面,并钉上铁帽钉。

(4)为了计算高程和检查立尺点高程是否发生变化,应在距跨河点不大于 300 m 处,设立临时水准点。

#### 7.1.1.3　跨河水准测量注意事项

跨河水准测量宜在风力微弱和气温变化较小的阴天进行,以减小大气垂直折光的影响。风力在 4 级以上或风向平行跨河视线时,不宜观测;当在晴天观测时,应在日出后 1 h 开始至地方时间上午 09:30 止;下午自地方时间 15:00 后开始至日落前 1 h 止。观测时仪器须用白色伞遮蔽阳光。

仪器调岸观测时,不得碰动调焦螺旋和目镜;立水准尺时,应保持圆水准器的气泡居中。

跨河水准测量前,应进行临时水准点与水准尺的立尺点连测。在每日观测前,用单程进行检测。当检测高差与连测高差比较,不超出规定限差时,即可进行跨河观测。若检测超限,则再检测另一个单程。

当跨河视线长度大于 300 m 时,应在专门手簿上记载;小于 300 m 时,可用一般水准测量记载簿记载。手簿上应写明水准路线名称、等级、跨河水准所在测段、跨越河流名称、水准测量所用的仪器、水准尺型式及必要的技术参数等项目;按适当比例尺绘出跨河场地示意图,包括跨河水准连测图、跨河水准测量平面示意图。

#### 7.1.1.4　直接读尺法

(1)按图 6-7-1(a)布设场地,并按下述操作程序完成一测回观测:

①先在 $I_1$ 与 $b_1$(或 $I_2$ 与 $b_2$)的中间,且与 $I_1$ 及 $b_1$ 等距的点上整平水准仪后,用同一

标尺按一般操作规程，测定 $I_1b_1$ 的高差 $h_{I_1b_1}$。

②移仪器于 $I_1$ 点，精密地整平仪器后，照准本岸 $b_1$ 点上的标尺，读取黑、红面中丝读数各一次。将仪器转向照准对岸 $I_2$ 点上的标尺，调焦后，即用胶布将调焦螺旋固定，用中丝读标尺黑、红面读数各两次。测定出 $I_2b_1$ 的高差 $h_{I_2b_1}$。

③在确保调焦螺旋不受触动的情况下，立即将仪器搬到对岸 $I_2$ 点上，同时将 $b_1$ 点上的标尺移置到 $I_1$ 点上。待仪器精密整平后，按②的反顺序及操作要求，首先照准对岸 $I_1$ 点上的标尺读数，而后照准本岸 $b_2$ 点上的标尺读数。测定出 $b_2I_1$ 的高差 $h_{b_2I_1}$。

④将仪器搬到 $b_2$ 和 $I_2$ 中间等距的点上，按一般操作方法测定 $I_2$ 与 $b_2$ 的高差 $h_{b_2I_2}$。

(2)一测回高差计算。

以(1)的①、②为上半测回观测，测得 $h_{I_1b_1}$ 和 $h_{I_2b_1}$；③、④为下半测回观测，测得 $h_{b_2I_1}$ 和 $h_{b_2I_2}$。如果上半测回所观测的 $b_1$、$b_2$ 两点的高差为 $h_{b_1b_2}=h_{I_2b_1}+h_{b_2I_2}$，下半测回所观测的 $b_2$、$b_1$ 两点的高差为 $h_{b_2b_1}=h_{b_2I_1}+h_{I_1b_1}$，则一测回高差按式(6-7-1)计算

$$H_{b_1b_2}=(h_{b_1b_2}-h_{b_2b_1})/2 \tag{6-7-1}$$

(3)应进行二测回观测，且两测回高差互差应满足相应的规定，取其均值为测得高差。

### 7.1.2　水下地形测量

水下地形测量是指测绘如河道、水库、湖泊等水域水面以下的地形，其作业内容包括控制测量、测深点定位、测深、判别底质和绘制地形图等。测绘水下地形时，往往不能直接测出测点高程，而是用水面高程(水位)及水深测量间接求出测点高程，因而需要同时观测测点断面或附近的水位。水下地形测量时机一般选在低水位平稳时期进行。

#### 7.1.2.1　水下地形控制测量

水下地形测量平面控制与高程控制点一般布设在陆地上，控制点密度应能满足水下地形测量需要。但应注意把平面和高程控制网布设在靠近或平行于河流岸边，固定点标石应埋设在常年洪水位线以上。控制点高程使用三等水准引测。采用断面法时，断面桩使用四等水准引测高程。水面高程测量应采用四等水准测量。

#### 7.1.2.2　水下地形测量设备仪器

水下地形测量设备需准备机动、灵活的测船，如冲锋舟等，进行水上航行定位及水深测量。

测量仪器需准备经纬仪、全站仪或测距仪、GPS 等用于定位测量，水准尺或棱镜定位目标，测深杆或测深锤、测深仪等进行水深测量，对讲机等联络通信设备。

配备人员应满足船上及岸上工作需要。

#### 7.1.2.3　测深断面和测深点的布设

水下地形测量方法有断面法和散点法。

断面法多应用于河道、水库等水下地形测量。设置的断面方向大致与水流方向垂直，观测较为方便，有序的横断面布点能较好地控制水道地形变化情况，使所测地形较好地反映其基本地形特征。设置断面间距应满足有关规范要求，并在两岸地面上分别埋设 1～2 个断面桩，测定其平面位置及高程。作业时，测船沿断面线前进测深，并确定测深点起点

距或平面位置。

散点法测深的方向及点间距由测船上的测量人员控制。以河道水下地形测量为例，在水面流速较大等情况下，测船难以直线航行，测点控制比较困难，可使用如图 6-7-2 所示的河道水下地形散点法。测船不断往返斜向航行，每隔一定距离测定一点。如一种可选方式是，先由 1 顺水斜航到 2，再由 2 顺水斜航到 7，然后自 7 沿岸逆航至 3，再由 3 顺水斜航到 4……依次类推。

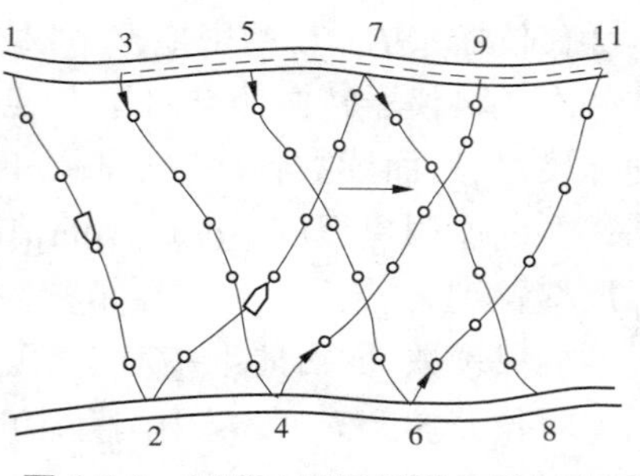

图 6-7-2　河道水下地形散点法示意图

#### 7.1.2.4　水下地形平面定位

水下地形平面定位可采用前方交会（经纬仪前方交会、平板仪前方交会）、后方交会、极坐标定位、无线电定位系统、动态 GPS 定位等。

1. 交会法测定点位

测量时交会角应大于 20°、小于 160°，交会方向线的长度，平板仪应不大于图上的 30 cm，经纬仪应不大于图上的 45 cm。测量方法如下：

（1）在两相邻控制点安置经纬仪（或平板仪），并同时以对方作为后视点进行仪器定向，整平和对中。

（2）到达水域内测点位置，在测量水深的同时给出信号，由两控制点同时观测水平角（经纬仪）或方向线（平板仪），并标明点号。

（3）在地形图上由两控制点，以同一测点两水平角定的方向线（经纬仪）或直接测定方向线，求其交点即为该测点图上点位。

2. 极坐标交会法测定点位

要求高程控制点高出水面，高程基点测得的测验河段内各垂线的俯角均大于 4°，在特殊情况下应不小于 2°；高程基点的高程使用四等水准测量，当高程基点高出最高洪水位的高差小于 5 m 时，使用三等水准测量引测基点高程；使用的经纬仪的垂直度盘的最小读数应不小于 30″。当水面宽小于 1 500 m 时，测定点位可在一岸进行；当水面大于1 500 m 时，测定点位宜由两岸分别进行。测量步骤如下：

（1）在控制点上安置经纬仪，后视相邻控制点进行仪器定向、整平和对中。

（2）当测点进行水深测量时给出信号，用经纬仪观测水平角、垂直角，并记录点号。

（3）在地形图上经控制点，由后视线与水平角定出测点图上方向线，在方向线上截取由垂直角推出的距离定出测点图上点位。

3. 无线电定位

在测船上设置主电台，包括发射机、接收机、天线及显示设备，在岸上两个已知点上设置副台各一部，设备有发射机、接收机和定向天线。定位时，船上主电台分别向副台发射两种频率的电磁波，测得主台至副台 1、副台 2 的距离 $D_1$、$D_2$，以副台 1、副台 2 为圆心，以 $D_1$、$D_2$ 为半径，所画圆弧的交点即为测船位置。无线电定位具有全天候连续实时作业的特点。

4. GPS-RTK 定位法

在岸上控制点设置基准站，在测船上设置流动站。作业过程中，有效观测卫星数应不少于 4 颗；GPS 船台天线位置与测深点位置应在同一铅垂线上，最大偏离值应小于 0.2 m，通过 RS-232 接口与 GPS 接收机连接，以获取定位数据。

7.1.2.5　**水位观测**

当测区河段已有水尺时，可以利用其水位资料，但应注意基面应用情况。湖泊及水库一般应在四周设立水尺，上、下游水尺之间的距离应控制在 10 km 以内，当湖面宽度超过 3 km 时应考虑横比降的影响，即采用分区观测、分区推算水位、分区推算地形点高程。

水位观测可用水准仪或全站仪、GPS 接测，也可用经纬仪视距法接测。

用水准仪、全站仪接测时，其接测精度应不低于五等水准精度要求。

采用经纬仪接测水位时，可用正反镜或用正镜变动仪器高 0.1 m 以上 2 次观测同一个水面桩；两镜或两次观测的较差，平原地区不应大于 0.05 m，山区不应大于 0.1 m，最后取其平均值作为水位。

GPS-RTK 可测量各测深垂线的实时水位。测定 GPS 相位中心的高程，量取 GPS 接收机天线相位中心与测深仪换能器垂距即可。

7.1.2.6　**水深测量**

水深测量以测深杆（锤）、回声测深仪测深为基本方法，多通道回声测深、遥感测深等其他新技术方式也有应用。

各种测深仪器、工具均需按有关要求及规定，进行保养、维修、检查、校正，符合要求后，方可投入测深作业。各类测深方法及仪器工具的单项测深误差，应控制在 ±0.1 m 以内；综合相对误差不应大于水深的 1%。

1. 回声测深仪

回声测深仪一般是指单通道回声测深仪，是利用单波束声波在同一介质中均速传播的特性，已知声波速度，测量声波从水面至水底往返的时间，推算出水深。主要由发射机、接收机、发射换能器、接收换能器、显示设备、电源等组成。

多通道回声测深仪是采用多个探头、多通道，换能器的个数由几个至几十个不等，以固定的频率，一定的时间间隔轮流工作，采集水深数据，可进行测深比对平差，或适合不同水深条件，提高测量范围及工作效率。如我国国产中海达 HD-30 多通道测深仪，安装有 16 个换能器。

2. 多波束测深系统

多波束测深系统是多通道回声测深仪与 GPS 定位系统等设备的结合，实现定位和测深一体化，能够较为直观地测量出较大范围的水面下河底状况，是目前河道、海洋水下地形测量中比较先进的仪器。如 SeaBeam1185 型是多波束多传感器水下地形测量系统，主要由换能器、DSP 数据处理系统、高精度的运动传感器、GPS 卫星定位系统、声速剖面仪及数据处理软件组成。能够对水下地形进行全覆盖测量，具有同步测深点多、测量快捷、全覆盖等特点，最深可测达 300 m。

与单通道测深相比较，多波束测深系统具有测量范围大、速度快、记录数字化以及成图自动化等诸多优点，使测深技术由点、线扩展到面上。

3. 遥感测深

遥感测深是使用卫星遥感影像数据，对水体信息主要包括水体表面直接反射的光信息、水体的后向散射光信息和水底反射光信息进行分离,突出水深信息并结合一定的模型运算,即可反演出相应区域的水深数据。具有覆盖面广,较强的时效性、经济性等优点,可以实现水体深度的宏观动态观测。

测深采集数据应与定位数据同步作业。将用水面高程(水位)和水深测量值求出的测点高程,标于定位点位上。

### 7.1.2.7 水下地形测量实施方案编制说明示例

水下地形测量是一项需要很好地组织实施才能取得预期成果的技术业务,应编制好的实施方案,以具体指导和安排工作。下面以表 6-7-1 的示例说明水库断面法地形测量实施方案编制的内容方法。

表 6-7-1　××水库断面法地形测量实施方案

| 工作项目 | 子项 | 内容概述 |
| --- | --- | --- |
| 1 工程概况 | 1.1 项目背景 | 叙述水库基本情况,原地形测量情况;本次测验目的与意义,使用方法(断面法地形测量);项目来源和具体目标等 |
| | 1.2 项目实施 | 项目组织、协作实施单位等 |
| | 1.3 测区概况 | 测区地理位置、范围,以及交通、地势地貌等情况概述。对测量工作的影响等 |
| 2 作业依据 | 2.1 采用基准系统 | 采用的平面坐标系统及高程系统 |
| | 2.2 作业依据 | 作业时依据的技术标准及文件,如《国家三、四等水准测量规范》、《水库水文泥沙观测规范》、《××断面法地形测量任务书》、《××断面法地形测量技术设计书》等 |
| | 2.3 测量工作任务 | 工作量统计:共实测××个横断面,河床质取样及颗分约××个。各横断面要求测至×××.××m 高程以上<br>断面控制桩点平面坐标及高程、断面陆上地形测量采用 GPS-RTK 测量;断面水下地形测量采用 GPS-RTK 及回声测深法;选取部分断面测取淤积物并进行颗粒级配分析;测量资料整编及库容计算等;测验技术总结报告编写等 |
| | 2.4 已有资料分析利用 | 有关水库电子地形图、考证资料、GPS 控制点资料等 |
| 3 准备工作 | 项目准备工作分四部分:测验人员准备、测验仪器准备、测验船只车辆等准备和内业准备 | |
| | 3.1 测验人员准备(含业务培训) | 测验人员配置情况;组织人员对 GPS 操作、水下测量、河床质取样、内业数据处理等业务进行培训,进一步提高人员综合业务素质 |
| | 3.2 测验仪器设备 | 测量仪器名称、型号,通信联络设备数量。回声测深仪、测深锤、测深杆应满足库区深水的测量需要。需要时可配置笔记本电脑 |
| | 3.3 测验船只车辆等准备 | 大(中)型生活船、用于断面测量的操舟机等船只、车辆数量,以及常用配件等 |
| | 3.4 内业准备 | 配置笔记本电脑、激光打印机、资料柜(箱)及各种使用的规范规定及有关参考成果资料等 |

续表 6-7-1

| 工作项目 | 子项 | 内容概述 |
| --- | --- | --- |
| 4 施工布置 | 4.1 进度安排 | 根据项目任务要求、人员设备配置、施工作业时段气候等情况,制定实地查勘、准备工作、间距量算工作、外业工作及原始数据整理、测区资料的整编、测区技术报告编写等阶段工作的完成时间表 |
| | 4.2 项目组织机构 | 组织机构构成概述。如成立项目领导小组,设置安全、质量检查组织;业务工作根据测区情况和测验工作特点,可分河道测验、库区测验、内业等业务组,组内可下设若干小组进行工作,以提高工作效率;明确各小组人员组成、业务组长人选,设施设备配置、工作任务等,确保测验质量、确保测量工期 |
| 5 施工方法 | 5.1 实地查勘、断面桩点埋设 | 了解各断面间的边界情况和河势变化情况,确定断面调整的重点河段和重点部位,绘制库区断面布设工作图;断面控制桩(杆)、桩点制作与埋设要求 |
| | 5.2 断面布设及外业测量 | 外业断面测量具体措施。如岸上部分 GPS-RTK 测高法,每天已知点比测两次以上;水位测量,在水边 GPS-RTK 采集 4 次以上数据,取平均数值作为计算水位;水下部分,GPS-RTK 定位,水深测量采用测深杆、测深锤,双频回声测深仪等;水下淤积物取样方法等 |
| | 5.3 内业计算处理 | 内业计算处理主要以内业组为主、外业组为辅来完成,内业主要工作包括:外业数据传输、水下测量数据录入、原始资料整理、大断面成果计算、合理性分析、各项成果计算及资料校核等。内业计算采用的计算软件。内业计算处理的初步成果内容 |
| 6 施工质量管理 | | 施工质量管理安排、措施等。如质量检查组负责全面质量管理;实行二级检查,作业小组现场进行自检符合要求后才可迁站。技术负责者进行每天验收合格后方可进行下一个测量作业等 |
| 7 安全生产管理 | | 认真落实"安全第一,预防为主"的方针,切实加强对安全的监管力度,保证项目的安全生产、文明施工的措施 |
| 8 上交资料 | | 按照任务书和本测区技术设计书的要求,提交测量数据及整编成果资料和技术报告 |

### 7.1.3　控制测量概述

任何一种测量工作都会产生误差,因此必须遵循一定的测量实施原则,防止误差的积累,提高测量精度。在实际测量中必须遵循"从整体到局部,先控制后碎部,由高级到低级"的测量实施原则,即先在测区内建立控制网,以控制网为基础,分别从各个控制点开始施测控制点附近的碎部点。

测量工作中,在测区范围内选择若干个点,用相对精密的测量仪器和比较严密的测量方法,确定这些点的平面坐标和高程,然后以它为基础来测定其他地面点的点位或进行其他测量工作,这些具有控制意义的点称为控制点;由控制点组成的几何图形称为控制网;对控制网进行布设、观测、计算,确定控制点位置的工作称为控制测量。

在碎部测量中,专门为地形测图测量而布设的控制网称为图根控制网,相应的控制测量工作称为图根控制测量。控制测量分为平面控制测量和高程控制测量。平面控制测量确定控制点的平面坐标,高程控制测量确定控制点的高程。

控制测量作业包括技术设计、实地选点、标石埋设、观测和平差计算等主要步骤。

#### 7.1.3.1 平面控制测量

平面控制根据平面控制点组成的几何图形,通常采用三角网测量、导线测量和交会测量等常规方法建立。目前,全球定位系统 GPS 已成为建立平面控制网的主要方法。我国原有国家平面控制网主要按三角网方法布设,分为四个等级,其中一等三角网精度最高,二、三、四等三角网精度逐级降低,点数则逐级加密。如四等三角网平均边长为 2 ~ 6 km。四等三角点每点控制面积为 15 ~ 20 $km^2$,可以满足 1∶1 000 和 1∶5 000 比例尺地形测图需要。

#### 7.1.3.2 高程控制测量

高程控制主要通过水准测量方法建立,对于建立低精度的高程控制网以及图根高程控制网,可采用三角高程测量方法。

在全国范围内采用水准测量方法建立的高程控制网,称为国家水准网。国家水准网遵循从整体到局部、由高级到低级、逐级控制、逐级加密的原则分四个等级,其中国家三、四等水准网直接为地形测图和工程建设提供高程控制点。

#### 7.1.3.3 GPS 控制测量

GPS 控制测量是以分布在空中的多个 GPS 卫星为观测目标来确定地面点三维坐标的定位方法。20 世纪 80 年代末,GPS 开始在我国用于建立平面控制网。目前,GPS 已成为建立平面控制网的主要方法。应用 GPS 定位技术建立的控制网称为 GPS 控制网,按其精度分为 A、B、C、D、E 五个不同精度等级。在全国范围内,已建立了国家(GPS)A 级网 27 个点、B 级网 818 个点。

#### 7.1.3.4 小区域控制网

在小于 15 $km^2$ 的非特别狭长范围内建立的控制网称为小区域控制网。在这个范围内,水准面可视为水平面,采用平面直角坐标系,计算控制点的坐标,不需将测量成果归算到高斯平面上。小区域平面控制网,应尽可能与国家控制网或城市控制网连测,将国家或城市高级控制点坐标作为小区域控制网的起算和校核数据。如果测区内或测区附近无高级控制点,或连测较为困难,也可建立独立平面控制网。

#### 7.1.3.5 水文测站地形图控制测量

(1)水文测站地形图控制测量一般测区面积不大,使用平面直角坐标系,采用白纸测图成图方式。

(2)水文测站地形图的平面控制,大测区应采用基本、图根、仪器站三级控制,以小三角网或量距导线作首级控制。小测区可采用以图根网为首级控制的两级控制。

(3)水文测站地形图的高程控制,大测区首级控制点高程,应采用四等水准测量。其余控制点高程,可采用五等水准测量,高出最高洪水位以上且用水准施测有困难的也可采用三角高程测量。

(4)布设控制网时,应将可利用的国家点和水文站固定点作为控制点,控制网内应至少有三个设置永久性标志的控制点,其中应包括起始数据点。

(5)控制网平差均可采用近似平差计算方法。

## 7.1.4 经纬仪量距导线控制测量

### 7.1.4.1 导线测量概念与导线布设形式

将控制点用直线连接起来形成折线,称为导线,这些控制点称为导线点,点间的折线边称为导线边,相邻导线边之间的夹角称为转折角。另外,与坐标方位角已知的导线边相连接的转折角,称为连接角。

通过观测导线边的边长和转折角,根据起算数据经计算而获得导线点的平面坐标,即为导线测量。导线测量布设简单,每点仅需与前、后两点通视,选点方便,应用灵活。导线的布设形式如图6-7-3所示。

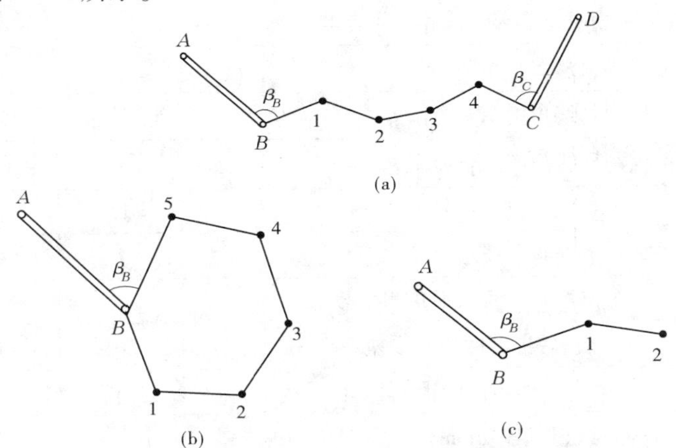


图6-7-3 导线的布设形式

附合导线如图6-7-3(a)所示,由一已知点出发,经各导线点终止到另一已知点,形成附合于已知点的伸展型导线。闭合导线如图6-7-3(b)所示,由一点(或已知点)出发,经各导线点仍回到原出发点,形成一个闭合多边形的导线。支导线如图6-7-3(c)所示,由一已知点出发,经导线点后,既不返回原出发点,又不终止于另一已知点的开放型导线。图中双线是连接已知坐标点的基线。

经纬仪量距导线测量是常用的导线测量方式,用它作独立测区首级控制时,应布设闭合导线或多闭合环导线。作加密控制时,可布设附合导线、闭合导线或支导线。

经纬仪量距导线测量工作内容包括外业工作的查勘选点、导线水平角观测、边长测量、起始方位角或连接角的测定,内业工作有导线网的平差和导线点的坐标计算。

### 7.1.4.2 导线测量的外业工作

1. 查勘选点

查勘选点是依导线的总体布设、图上设计,进入测区进行实地查勘,并按选点要求将导线点落实于地面上。

查勘选点前应先进行导线网设计，各导线边长应大致相等。导线点应选在地势较高、视野开阔、地面坚实，易于寻找和保护的地点，并便于控制点加密与测图。导线点应统一编号，当导线网为闭合导线时，编号顺序应为反时针方向。在水文站测图，应利用已有测验标志点兼作导线点。

2. 经纬仪量距导线测量的技术要求

经纬仪量距导线测量的技术要求见表 6-7-2。

表 6-7-2　经纬仪量距导线测量的技术要求

<table>
<tr><th colspan="2">项目</th><th colspan="3">技术要求</th></tr>
<tr><td colspan="2">导线全长(m)</td><td colspan="3">$<1.5M$</td></tr>
<tr><td colspan="2">平均边长(m)</td><td colspan="3">100 ~ 300</td></tr>
<tr><td colspan="2">最短边长(m)</td><td colspan="3">50</td></tr>
<tr><td colspan="2">基本控制导线边长相对误差与导线相对闭合差限差</td><td colspan="3">1/4 000</td></tr>
<tr><td colspan="2">图根控制导线边长相对误差与导线相对闭合差限差</td><td colspan="3">1/2 000</td></tr>
<tr><td colspan="2">导线最多折角数</td><td colspan="3">15</td></tr>
<tr><td colspan="2">基本控制导线角度闭合差限差</td><td colspan="3">$\pm 25'' \sqrt{n_\beta}$</td></tr>
<tr><td colspan="2">图根控制导线角度闭合差限差</td><td colspan="3">$\pm 50'' \sqrt{n_\beta}$</td></tr>
<tr><td rowspan="5">水平角观测</td><td>仪器型号</td><td>J2</td><td>J6</td><td>J15</td></tr>
<tr><td>基本控制导线水平角测回数</td><td>1</td><td>2</td><td></td></tr>
<tr><td>图根控制导线水平角测回数</td><td></td><td>1</td><td>2</td></tr>
<tr><td>前、后半测回角差限差</td><td>20″</td><td>40″</td><td>90″</td></tr>
<tr><td>两全测回角差限差</td><td>15″</td><td>30″</td><td>60″</td></tr>
<tr><td colspan="2">仪器对点差限差(mm)</td><td colspan="3">3</td></tr>
</table>

注：表中 $M$ 为测图比例尺分母；$n_\beta$ 为折角数。

3. 导线转折角(水平角)的观测

仪器对中对准选择的导线点，以已知或已测导线方向为后视，待测导线方向为前视观测水平角。水平角应采用测回法观测导线前进方向左角。观测时仪器水平盘水准气泡偏离中心不得超过一格，测角限差与测回数应满足表 6-7-2 的要求。

4. 导线边长的测量

一般以某一导线点为起点，相邻某导线点为终点，用钢尺丈量或光电测距仪测定导线边长。边长相对闭合差计算，应满足表 6-7-2 的规定。当在基本控制导线网下仅发展一次图根网，或不作二次图根网加密时，图根控制导线边长的相对误差与导线相对闭合差分别为 1/2 000 和 1/1 000。

5. 起始方位角或连接角的测定

目的是确定整个导线的方向，即与高级控制点连接，以获取坐标和方位角的起始数据。对于测区面积较小，使用独立坐标系统，可用罗盘仪直接测定控制网起始边的磁方位角，假定起始坐标。

## 7.1.5 小三角测量

### 7.1.5.1 小三角网形式与测量

在地面上选定一系列点,构成连续三角形,测定三角形各顶点水平角或边长,并根据起始(基线)边长、方位角和起始点坐标,经过数据处理确定各顶点平面位置的测量方法称为三角测量。三角测量根据观测内容的不同,有测角网、测边网和边角网三种。小三角测量是在面积小于15 $km^2$ 的测区内布设的边长较短的三角测量。

三角测量的外业工作包括设计网形,查勘选点进行布设;基线测量(仅限于独立测区的首级控制进行此项工作);水平角观测,包括三角形内角、方位角或连接角的测定;三角点的高程测量。内业工作包括进行三角网的精度评定,三角网(锁)的平差计算,三角点的坐标计算。

三角形的各个顶点称为三角点,各三角形连成网(锁)状,常用三角网的基本图形见图6-7-4,具体说明如下:

(1)小三角锁。图6-7-4(a)为一条由基线 *AB* 和若干个三角形组成的小三角锁,图6-7-4(b)为由两端基线 *AB* 和 *CD* 组成的小三角锁。

(2)中心多边形。由若干个三角形共有一个顶点组成的中心多边形,如图6-7-4(c)所示,*AB* 为基线。

(3)四边形。以 *AB* 为基线、具有对角线的四边形,如图6-7-4(d)所示。

(4)线形锁。在两个高级控制点 *A*、*B* 间布设的小三角锁,如图6-7-4(e)所示。

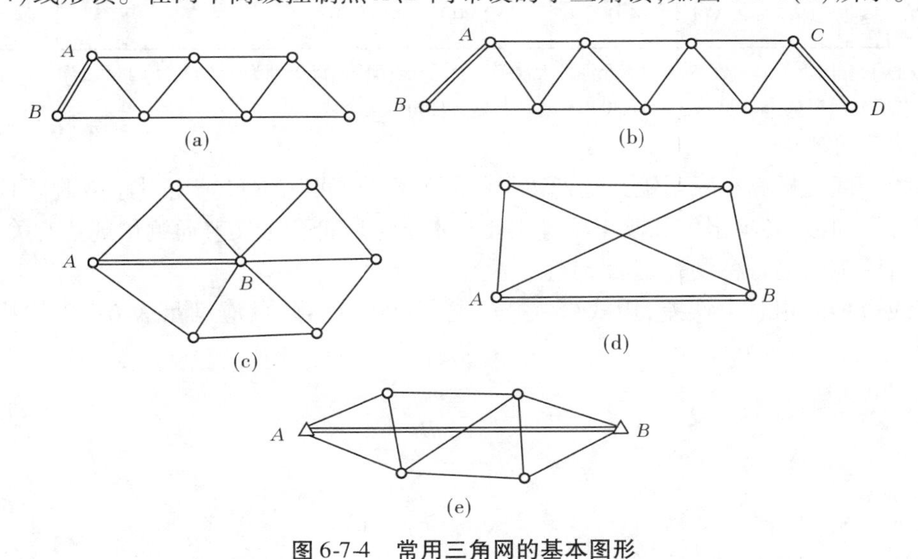


图6-7-4 常用三角网的基本图形

### 7.1.5.2 小三角锁测量的外业工作

1. 三角锁布设选点

确定三角锁的布置形式,并选定基线位置及小三角点的位置。根据测区面积与测图比例尺,需要时,确定布设三角网平面控制的分级,一般分2~3级。测区内或其附近有国家三角网或其他单位的高级控制网时,首级控制的小三角网可选用插锁法或插网法形式布设。独立测区的首级控制小三角网可选用三角锁、中点多边形、大地四边形布设。加密图根三角网宜采用线形三角锁布设。

三角点在测区内应均匀分布,并应选在地势较高、通视条件良好的地点,要求三角形所有方向均通视;在一个点上的各边长不宜相差过大;要利于三角网的加密,基线边的地面坡度应不大于1/10;在水文站测图,应利用已有测验标志点兼作三角点。

当进行实地选点时,应先找出已知点或起始边点(独立测区首级控制)。用三角网布设图采用图解交会法依次定出地面点。三角点选好后,应埋设标志并编号,除永久性标志点埋设标石外,其余均可打桩固定点位。为便于寻找需绘制点位图。

2. 三角网测量主要技术要求

三角网宜布设成近似等边三角形。各三角形边长和三角网内图形个数,应符合表6-7-3所列的三角测量主要技术要求。各三角形内角应不小于30°,受地形限制时的个别角应不小于25°,对图根三角网求距角应不小于30°,个别图形的求距角应不小于20°。

表6-7-3　三角网测量主要技术要求

| 等级 | 边长 | 测角中误差限差 | 起始边边长相对中误差限差 | 最弱边边长相对中误差限差 | 三角锁中图形个数 | 水平角测回 | | | 三角形内角闭合差限差 | 方位角闭合差限差 |
|---|---|---|---|---|---|---|---|---|---|---|
| | | | | | | J2 | J6 | J15 | | |
| 小三角 | ≤500 * | ±13″ | 1/8 000 | 1/4 000 | ≤12 | 1 | 3 | | ±40″ | $\pm 20'' \sqrt{n_a}$ |
| 图根三角 | ≤1.7R | ±25″ | 1/4 000 | 1/2 000 | ≤13 | | 1 | 3 | ±75″ | $\pm 40'' \sqrt{n_a}$ |

注:* 为边长在图上的 mm 数;R 为测图允许最大视距长度,当测图比例尺分别为 1∶500、1∶1 000、1∶2 000、1∶5 000 时,R 值分别为 60 m、100 m、180 m、300 m;$n_a$ 为传递方位角的角个数。

3. 基线边测量

基线长度是推算小三角锁其他各边长的起始数据,可用钢尺精密量距或测距仪进行测量。其测回数,各项限值和改正项等主要技术指标应符合水文普通测量规范有关要求。基线丈量结束应进行精度评定。

基线边长的相对中误差,用式(6-7-2)、式(6-7-3)计算,且应满足表6-7-3的技术要求。

$$M_B = \frac{m_B}{B} \tag{6-7-2}$$

$$m_B = \pm \sqrt{\frac{\sum \delta}{n_0(n_0 - 1)}} \tag{6-7-3}$$

式中　$M_B$——边长相对中误差;

$m_B$——基线边长相对中误差;

$B$——基线全长,m;

$\delta$——测回值与各测回均值的差值;

$n_0$——测回数,即往返丈量总次数。

当用小三角网作首级控制,图根控制仅需作一次加密时,其起始边、最弱边边长相对中误差分别取1/4 000与1/2 000。当图根网为一次加密,或小测区仅需用图根三角网一次布网时,其起始边、最弱边边长相对中误差分别取1/2 000与1/1 000。

4. 水平角观测

由于各测站上观测的方向往往多于两个,小三角锁的水平角观测一般采用全圆测回法观测。其测回数、各项观测误差应执行水文普通测量规范的有关规定。当水平角观测中观测误差超限时,应重测。在一个图形三个角均观测后,应按三角形内角和(理论上三角形内角和为180°)的条件计算闭合差,并应满足表6-7-3的技术要求。

测角中误差的计算:

由三角网中各三角形的闭合差$f$值,求出其平方和值$\sum f^2$后,三角网中$n$个三角形的测角中误差$m_\beta$用式(6-7-4)计算

$$m_\beta = \pm\sqrt{\frac{\sum f^2}{3n}} \tag{6-7-4}$$

最弱边相对中误差用式(6-7-5)计算

$$\frac{m_{B_n}}{B_n} = \pm\sqrt{\left(\frac{m_{B_0}}{B_0}\right)^2 + \left(\frac{m_\beta}{\mu\times 10^6}\right)^2 K\sum R} \tag{6-7-5}$$

式中 $\frac{m_{B_n}}{B_n}$——最弱边边长相对中误差;

$\frac{m_{B_0}}{B_0}$——起始边边长相对中误差;

$m_\beta$——测角中误差;

$\mu$——对数模,值为0.434 3;

$K$——系数,三角锁为2/3,大地四边形为0.4,中点多边形为0.5;

$R$——图形强度函数,$R=\delta_a^2+\delta_a\delta_b+\delta_b^2$;$\delta_a$、$\delta_b$分别为2个求距角正弦对数秒差,以对数第六位为单位。

5. 基线边方位角的测定

当所施测水平角为起始方位角或连接角时,三角网的连接角观测应执行同级三角网水平角观测技术要求的规定。与高级控制点连接的小三角锁,只需测定连接角,就可推算出起始方位角。当独立测区首级控制需要测定起始边方位角时,大测区应采用恒星观测起始边方位角,小测区可采用罗盘仪测定起始边磁方位角。

6. 三角网精度评定

三角网的基线测量(独立测区首级控制)和水平角观测结束后,应进行三角网精度评定计算。内容包括基线边长的相对中误差、测角中误差计算,最弱边相对中误差计算,各项中误差值均应满足表6-7-3规定要求。

## 7.1.6 水文测站地形测量

### 7.1.6.1 测站地形图测量的一般规定

1. 测量的时间

测站地形测量应在设站初期进行。以后当河道、地形、地物有显著变化时,可视变化

情况进行全部或局部重测。当地形变化不大时,重测时间不超过 20 年。

2. 测量的范围

河道站在垂直水流方向,一般应测至历年最高洪水位以上 0.5 ~ 1.0 m;漫滩较大的河流,应测至漫滩边界;当有标准较高的堤防时,可测至堤防背河侧的地面附近。在顺流方向上,应包括对测站测验起控制作用的全河段,其长度应大于宽度,无堤防而漫滩范围又很大的,可适当变通。

水库站、堰闸站、渠道站应尽可能包括对观测、测验有直接影响的地段。

3. 测站地形图测绘的内容

测绘的内容包括测站的平面、高程控制点、断面标志、基线桩及水准点,水边线及历年最高水位下的漫滩边界,等高线及流向、地物,河流、串沟、岛、居民区及其他建筑物,站房、观测场、测验设施设备点位、水尺、断面、测井等点位,主要交通线名称和通往的地点等。

4. 选用测图比例尺

测站地形图选用的测图比例尺,应使测验河段在正常水位的水面宽不小于图上的 3 cm。宜选用 1∶1 000、1∶2 000、1∶5 000 的比例尺,小测区也可选用 1∶200 或 1∶500 的测图比例尺。图幅尺寸 $L$(cm) × $b$(cm)应为:40 × 40、40 × 50 或 50 × 50。

5. 坐标系统的采用

测站地形图应采用平面直角坐标系。

6. 质量保证措施

进行地形测量作业之前,应对所用仪器、测具进行全面检查校正。作业时间长的,在作业过程中应进行主要项目的检查与校正。

#### 7.1.6.2　简易地形测量

对精度要求不高的小河站和水位站测验河段平面图,站址查勘或水文调查的附图,可采用简易地形测量测绘地形图。

简易地形测量的控制测量。平面控制测量,可采用平板仪导线或经纬仪视距导线。测区面积较小的,可采用小平板和罗盘仪量距导线。由平面控制网测定 3 ~ 5 个断面线作辅助控制。高程控制测量,可采用三角高程测量或用水准仪测量。

碎部测量。重要地物、地形点,高程用视距高程测量,点位用罗盘定向、视距测量,或在断面上用坐标法、交会法定位。其他地物地形点用目测法勾绘。

### 7.1.7　全站仪

#### 7.1.7.1　全站仪简述

全站型电子速测仪简称全站仪,它是经精心设计,由机械、光学、电子元件组合而成的测量仪器,可以同时进行角度(水平角、竖直角)测量、距离(斜距、平距、高差)测量和自动数据采集、处理及存储等工作。由于只需一次安置,仪器便可以完成测站上所有的测量工作,故被称为全站仪。

全站仪由照准部、基座、水平度盘、电源等部分组成,采用编码度盘或光栅度盘,读数方式为电子显示。有功能操作键,还配有数据采集处理软件和数据通信接口。一般仪器组成的上半部分包含有测量的四大光电系统,即水平角测量系统、竖直角测量系统、水平补偿系统和测距系统。通过键盘可以输入操作指令、数据和设置参数。以上各系统通过I/O接口接入总线与微处理机联系起来。

微处理机(CPU)与数据测记处理软件是全站仪的核心部件,主要由寄存器系列(缓冲寄存器、数据寄存器、指令寄存器)、运算器和控制器组成。微处理机的主要功能是根据键盘指令启动仪器进行测量作业,执行测量过程中的检核和数据传输、处理、显示、储存等业务,保证整个光电测量工作有条不紊地进行。输入输出设备是与外部设备连接的装置(接口),使全站仪能与磁卡和微机等设备交互通信、传输数据。

目前,世界各测绘仪器厂商均生产各种型号的全站仪,如日本索佳(SOKKIA)SET系列,拓普康(TOPCON)GTS系列,尼康(NIKON)DTM系列;瑞士徕卡(LEICA)TPS系列;中国苏光NTS、OTS系列,南方NTS系列,北光DZQ系列等。精度也越来越高,使用也越来越方便。全站仪正朝着功能全、全自动、易操作、体积小、重量轻的方向发展。

目前,全站仪基本都具备以下主要特点:

(1)仪器操作简单,高效。具有测量工作所需功能。采用同轴双速制、微动机构,使照准更加快捷、准确。

(2)控制面板具有人机对话功能。控制面板由键盘和显示屏组成。除照准外的各种测量功能和参数均可通过键盘来实现。仪器的两侧均有控制面板,操作十分方便。

(3)设有双向倾斜补偿器,可以自动对水平和竖直方向进行修正,以消除竖轴倾斜误差的影响,还可进行地球曲率、遮光误差以及温度、气压改正。

(4)机内设有测量应用软件,可以方便地进行三维坐标、对边测量、悬高测量、后方交会、放样测量等工作。

(5)具有双路通信功能,可将测量数据传输给电子手簿或外部计算机,也可接受电子手簿和外部计算机的指令和数据。这种传输系统有助于开发专用程序系统,提高数据的可靠性与存储安全性。

全站仪的基本测量功能为角度测量、距离测量,常用功能有坐标测量,专用功能有点位放样、对边测量、后方交会、悬高测量、面积测量等。其测量结果中水平角、垂直角及倾斜距离为实时观测数据,水平距离、高差、坐标及专用功能的测量结果为测距、测角观测数据的相关处理计算成果。

#### 7.1.7.2 全站仪的基本操作与使用

不同型号的全站仪,仪器机械结构、测角及测距原理、控制和显示系统虽不尽相同,但其基本功能和使用方法大体一致。下面简要介绍全站仪的基本功能操作与使用方法。使用前应安装电池并注意测量前电池需充足电。

一般全站仪显示屏显示符号说明如表6-7-4所示。

1. 仪器的安置

操作步骤与一般经纬仪基本相同,将全站仪安置于测站点,对中、整平。观测点安置棱镜。

2. 水平角测量

按角度测量键,使全站仪处于角度测量模式,调焦照准第一个目标$A$,设置$A$方向的水平度盘读数为00°00′00″;照准第二个目标$B$,此时显示的水平度盘读数即为两方向间的水平夹角。依软件程序要求按完成或存储键结束测量。

如果测竖直角,可在读取水平度盘的同时读取竖盘的显示读数。

表 6-7-4　一般全站仪显示屏显示符号说明

| 显示符号 | 内容 | 显示符号 | 内容 |
| --- | --- | --- | --- |
| V | 竖直角 | N | 北向坐标($x$) |
| % | 坡度 | E | 东向坐标($y$) |
| HR | 水平角(右角) | Z | 高程 |
| HL | 水平角(左角) | * | 正在进行测距 |
| HD | 水平距离 | m | 以米为单位 |
| SD | 倾斜距离 | ft | 以英尺为单位 |
| VD | 高程 | fi | 以英尺与英寸为单位 |

注:1 ft = 0.304 8 m,1 in = 2.54 cm,下同。

3. 距离测量

通过光电测距功能测定两点间的倾斜距离,与同时测定的垂直角、仪器高、棱镜高等数据,经三角关系数据计算得到水平距离和高差。

(1)在距离测量模式下,设置棱镜常数。测距前须将棱镜常数输入仪器中,仪器会自动对所测距离进行改正。

(2)设置大气改正值或气温、气压值。光在大气中的传播速度会随大气的温度和气压而变化,15 ℃和 760 mm 汞柱是仪器设置的一个标准值,此时的大气改正值为 0。实测时,可输入温度和气压值,全站仪会自动计算大气改正值(也可直接输入大气改正值),并对测距结果进行改正。

(3)量仪器高、棱镜高并输入全站仪。

(4)距离测量。照准目标棱镜中心,按测距键,距离测量开始,测距完成时显示斜距、平距、高差。依软件程序要求按完成或存储键结束测量。

全站仪的测距模式有精测模式、跟踪模式、粗测模式三种。精测模式是最常用的测距模式,测量时间约 2.5 s,最小显示单位为 1 mm;跟踪模式常用于跟踪移动目标或放样时连续测距,最小显示一般为 1 cm,每次测距时间约 0.3 s;粗测模式,测量时间约 0.7 s,最小显示单位为 1 cm 或 1 mm。在距离测量或坐标测量中,可按测距模式键选择不同的测距模式。

4. 坐标测量

平面坐标测量原理为极坐标法,使用测站点已知数据,与测定的水平角和距离数据经实时数据处理而得;高程坐标为已知点高程加三角高程测量的高差。

(1)在坐标测量模式下,设定测站点的三维坐标。

(2)设定后视点的坐标或设定后视方向的水平度盘读数为其方位角。当设定后视点的坐标时,全站仪会自动计算后视方向的方位角,并设定后视方向的水平度盘读数为其方位角。

(3)设置棱镜常数、大气改正值或气温、气压值。

(4)量仪器高、棱镜高并输入全站仪。

(5)照准目标棱镜,按坐标测量键,全站仪开始测距并计算显示测点的三维坐标。依软件程序要求按完成或存储键结束测量。

#### 7.1.7.3　全站仪使用注意事项

(1)运输仪器时,应采用原装的包装箱运输、搬动。操作仪器之前,须详细阅读使用说明,开箱时须记住仪器的装放位置。

(2)近距离将仪器和脚架一起搬动时,应保持仪器竖直向上。

(3)拔出插头之前应先关机。在测量过程中,若拔出插头,则可能丢失数据。

(4)换电池前必须关机。

(5)作业前一天,应给电池充电。出发之前应检查电池电量。仪器长期不用时,应将电池取出。

(6)全站仪是精密贵重的测量仪器,要防日晒、防雨淋、防碰撞振动。严禁仪器直接照准太阳。

#### 7.1.7.4　全站仪的检验

全站仪在使用过程中,因各种原因可造成各种部件可能的变位,电子元器件老化、仪器技术指标的变化都会影响仪器的正常使用,给测量结果带来影响。因此,必须定期检定全站仪,掌握其性能和有关误差的变化情况,以减弱或消除仪器误差对观测结果的影响。全站仪为精密电子仪器,检定与维修应到具有仪器鉴定资质的部门进行。国家计量检定规定,检定周期不能超过 1 年。

全站仪是光电测距与电子经纬仪的组合,其照准部长水准管、圆水准器、光学对准器等检验原理及校正方法与经纬仪相同。光电测距系统和电子测角系统的检定内容和程序按有关规定进行。

### 7.1.8　全球导航卫星系统

#### 7.1.8.1　简述

目前,全球导航卫星系统有美国的 GPS、欧盟的 Galileo、俄罗斯的 GLONASS 以及中国的 Compass 北斗等卫星导航系统。其中,美国的全球定位系统 GPS 已建成,并应用广泛,其他系统处于试运行或建设阶段。GPS 是一种可以授时和测距的空间交会定点的导航系统,可向全球用户提供目标物连续、实时、高精度的三维位置、三维速度和时间信息。

美国于 1973 年组织研制 GPS,1993 年全部建成。GPS 最初主要是为美国海陆空三军提供实时、全天候和全球性的导航服务。由于 GPS 全球定位系统定位技术的高度自动化及高精度,也引起了广大民用部门,特别是测量行业的普遍关注。近十多年来,GPS 定位技术在应用基础研究、新应用领域的开拓及软硬件的开发等方面都取得了迅速发展,使得 GPS 精密定位技术已经广泛地渗透到了经济建设和科学技术的许多领域,尤其是在大地测量学及其相关学科领域,如地球动力学、海洋大地测量学、地球物理勘探和资源勘察、工程测量、变形监测、城市控制测量、地籍测量等方面都得到了广泛应用。

与常规的测量技术相比,GPS 技术具有以下优点:

(1)测站点间不要求通视。可根据需要布点,也无需建造觇标。既要保持良好的通视条件，又要保障测量控制网的良好结构，这一直是经典测量技术在实践方面遇到的困难之一。GPS 测量的这一特点既可大大减少测量工作的经费和时间，也使点位的选择变得更为灵活。

（2）定位精度高。目前，单频接收机的相对定位精度可达到 5 mm + $D\times10^{-6}$ mm（$D$ 为测量距离，单位 mm），双频接收机精度更高。

（3）操作简便，自动化程度高；观测时间短，人力消耗少。GPS 测量的自动化程度很高，在观测中操作员的主要任务只是安置并开关仪器，量取仪器高，监视仪器的工作状态等。接收机自动完成观测如卫星捕获，跟踪观测和记录等工作。GPS 接收机重量轻，体积小，携带方便。可利用实时动态定位技术（RTK）在一定范围内提供厘米级的实时三维定位结果。

（4）可提供三维坐标，即在精确测定观测点平面位置的同时，还可以精确测定观测点的（地心）高程。

（5）全天候作业。GPS 接收机可以在任何地点（卫星信号不被遮挡的情况下）、任何时间连续地进行，一般也不受天气状况的影响。

但由于进行 GPS 测量时，要求保持观测站的上空开阔，以便于接收卫星信号，因此 GPS 测量在某些难以接收卫星信号环境下（如地下工程测量，紧靠建筑物的某些测量工作及在两旁有高大楼房的街道的测量等）并不适用。

#### 7.1.8.2　GPS 全球定位系统

GPS 全球定位系统由空间部分（GPS 卫星星座）、地面控制部分（地面监控系统）和信号接收处理部分（GPS 用户接收机）三部分组成。

1. 空间部分

1）GPS 卫星

GPS 卫星的主要功能是接收和储存由地面控制站发送来的信息，执行监控站的控制指令。微处理机进行必要的数据处理工作。通过星载原子钟提供精密的时间标准，向用户发送导航和定位信息。

2）GPS 卫星星座

GPS 卫星星座如图 6-7-5 所示，24 颗卫星均匀分布在 6 个轨道平面内，每个轨道平面内有 4 颗卫星运行，卫星距地面的平均高度为 20 200 km，环球运行 1 周为 11 小时 58 分，当地球自转 360°时，卫星绕地球运行 2 圈，地面观测者每天见到同一颗卫星的时间约 5 h。GPS 卫星布网方案将保证地球上任何地点、任何时间都能同时观测到最少 4 颗卫星，最多达 11 颗卫星。

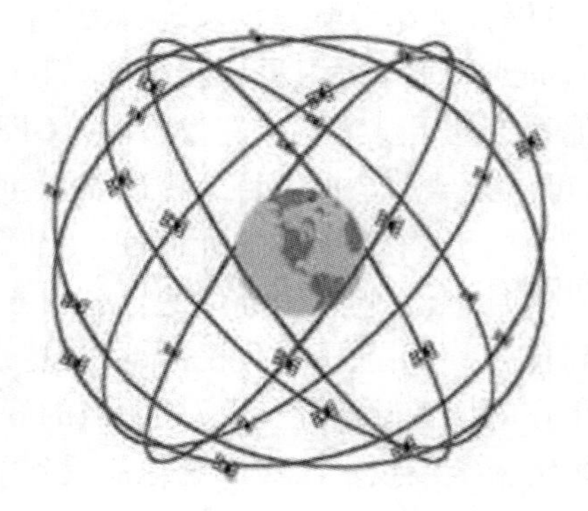

图 6-7-5　GPS 卫星星座示意图

3）GPS 卫星信号的组成

GPS 卫星向地面发射的信号是经过二次调制的组合信息，它是由铷钟和铯钟提供的基准信号（$f$ = 10.23 MHz），经过分频或倍频产生，D(t)码（50 Hz）、C/A 码（1.023 MHz，波长 293 m）、P 码（10.23 MHz，波长 29.3 m）、$L_1$ 载波($f_1$ =1 575.42 MHz)和$L_2$载波($f_2$ =1 227.60 MHz)。

D(t)码是卫星导航电文,它包含该卫星的星历、工作状态、时钟改正、电离层时延改正、对流层时延改正,以及由C/A码捕获P码的信息,以二进制码形式发送,故导航电文又叫数据码。利用星历数据可以计算卫星空间坐标。

C/A码是用于快速捕获卫星的码,不同卫星有不同的C/A码。D(t)码与C/A码或P码组合,分别调制在$L_1$、$L_2$载波上,合成后向地面发射。

2. 地面控制部分

地面控制部分是由分布在世界各地的五个地面站组成,按其功能可分为主控站、注入站和监测站三种。

1)主控站

主控站设在美国科罗拉多联合空间执行中心。它负责协调管理地面监控系统,还负责将监测站的观测资料联合处理,推算各个卫星的轨道参数、卫星的状态参数、时钟改正、大气修正参数等,并将这些数据按一定格式编制成电文传输给注入站。此外,主控站还可以调整偏离轨道的卫星,使之沿预定轨道运行或启用备用卫星。

2)注入站

注入站设在阿松森群岛、狄哥珈西亚、卡瓦加兰。其主要作用是将主控站要传输给卫星的数据资料以一定的方式注入到卫星存储器中,供卫星向用户发送。

3)监测站

除上述4个地面站具有监测站功能外,还在夏威夷设有一个监测站。主要任务是完成对GPS卫星信号的连续观测,并将算得的星站距离、卫星状态数据、导航数据、气象数据传送到主控站。

3. 信号接收处理部分

信号接收处理部分包括GPS接收机和数据处理软件两部分。

GPS接收机一般由主机、天线和电源三部分组成。主机是用户设备部分的核心,有变频器、信号通道、微处理器、存储器和显示器及面板按键等。主要功能是接收、跟踪、变换和测量GPS信号,获取必要的信息和观测量,经过数据处理完成定位任务。

GPS接收机根据用途可分为导航型、大地型和授时型;根据接收的卫星信号频率,又可分为单频和双频接收机等。单频接收机只能接收$L_1$载波信号,适用于10 km左右或更短距离的相对定位测量工作。双频接收机可以同时接收$L_1$和$L_2$载波信号,利用双频技术可以有效地减弱电离层折射对观测量的影响,所以定位精度较高,距离不受限制;其次,双频接收机数据解算时间较短,约为单频机的一半,但其结构复杂、价格较高。

数据处理软件是支持接收机硬件实现其功能,并完成各种导航和测量任务的程序。包括内软件和外软件。内软件是指诸如控制接收机信号通道,按时序对各卫星信号进行量测的软件,以及固化在中央处理器中的自动操作程序等,此类软件已与接收机融为一体。外软件是指处理观测数据的软件系统,一般以磁介质方式提供。无特别说明,通常所指的软件均指外软件。GPS测量技术的软件系统是支持接收机实现各种测量任务的基本条件,功能强大、品质良好的数据处理软件系统,对改善定位精度,提高作业效率和开拓GPS应用新领域都具有重要意义。

4. GPS 坐标系统

GPS 采用 WGS－84 坐标系统。由于 GPS 是全球性的定位导航系统，其坐标系统必须是全球性的。WGS－84 坐标系统是以国际时间局 1984 年第一次公布的瞬时地极（BIH1984.0）作为基准，建立的地球瞬时坐标系，通常称为协议地球坐标。其坐标原点位于地球的质心；$Z$ 轴指向 BIH1984.0 定义的协议地球极方向，$X$ 轴指向 BIH1984.0 的起始子午面和赤道的交点，$Y$ 轴与 $X$ 轴和 $Z$ 轴构成右手系。

在实际测量工作中，往往需要将 GPS 测量成果的 WGS－84 坐标换算到用户所采用的区域性坐标系统。

5. GPS 时间系统（GPST）

GPS 测量采用 GPS 时间系统。为精密导航和测量需要，全球定位系统建立了专用的时间系统 GPST，由 GPS 主控站的原子钟控制。规定 GPST 与协调世界时（简称 UTC，又称世界统一时间，世界标准时间，国际协调时间）的时刻，在 1980 年 1 月 6 日 0 时一致。在手簿记录中宜采用世界协调时（UTC）。

### 7.1.8.3 GPS 定位方法分类与原理

1. GPS 的定位方法

若按用户接收机天线在测量中所处的状态，可分为静态定位和动态定位；若按定位的结果来分，可分为绝对定位和相对定位。

静态定位，即在定位过程中，接收机天线（观测站）的位置相对于周围地面点而言，处于静止状态；而动态定位则正好相反，即在定位过程中，接收机天线处于运动状态，定位结果是连续变化的。

绝对定位亦称单点定位，是利用 GPS 独立确定用户接收机天线（观测站）在 WGS－84 坐标系中的绝对位置。相对定位则是在 WGS－84 坐标系中确定接收机天线（观测站）与某一地面参考点之间的相对位置，或两观测站之间相对位置的方法。

各种定位方法还可有不同的组合，如静态绝对定位、静态相对定位、动态绝对定位、动态相对定位等。目前，工程、测绘领域应用最广泛的是静态相对定位和动态相对定位。

按相对定位的数据解算，是否具有实时性，又可分为后处理定位和实时动态定位（RTK），其中后处理定位又可分为静态（相对）定位和动态（相对）定位。

若按观测值的不同，可分为伪距观测定位和载波相位测量定位。伪距测量定位是利用 C/A 码伪距或 P 码伪距作为观测量进行定位，载波相位测量是利用 $L_1$ 或 $L_2$ 载波测得的载波相位伪距作为观测量进行定位。

2. 绝对定位原理

利用 GPS 进行绝对定位的基本原理，是以 GPS 卫星和用户接收机天线之间的通信观测量为基础，测定用户接收机至 GPS 卫星之间的距离。从理论上说，如果接收机同时对 3 颗卫星进行距离测量，根据已知的卫星瞬时坐标，即可确定用户接收机所对应地点（接收机天线相位中心的位置）的三维坐标（$x,y,z$）。由此可见，GPS 单点定位的实质，就是空间距离后方交会测量。

实际测量时，为了修正接收机的计时误差，求出接收机钟差，将钟差也当做未知数。这样，在一个测站上实际存在 4 个未知数。为了求得 4 个未知数至少应同时观测 4 颗卫星，如图6-7-6所示。其优点是，只需一台接收机，数据处理比较简单，定位速度快；但缺点是精度较低，只能达到米级的精度。

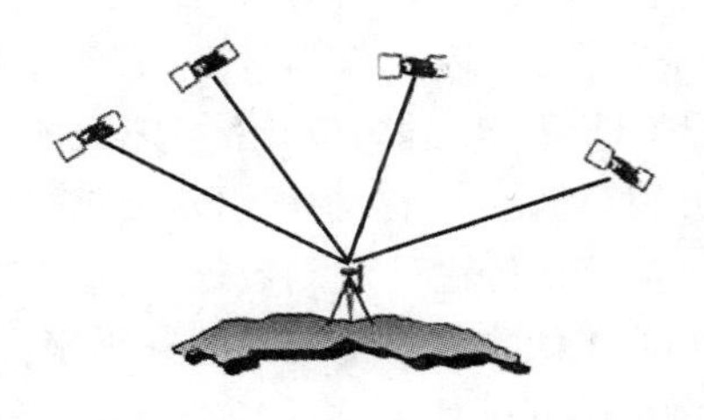

图6-7-6　GPS绝对定位原理图

3. 相对定位原理

GPS相对定位亦称差分GPS定位，其基本定位原理是用两台或多台用户接收机安置在一条或多条基线的端点上，并同步观测相同的GPS卫星，以确定基线端点（测站点）在WGS－84坐标系中的相对位置，如图6-7-7所示。由于同步观测值之间存在着许多数值相同或相近的误差影响，它们在求解相对位置过程中得到消除或削弱，是目前GPS定位中精度最高的一种定位方法。因此，静态相对定位在大地测量、精密工程测量等领域应用广泛。

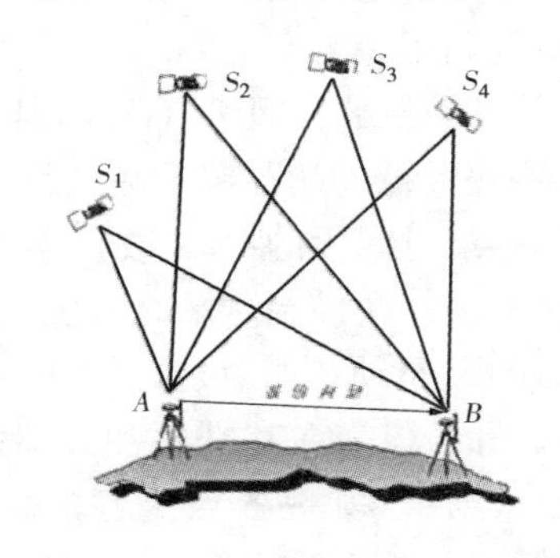


图6-7-7　GPS相对定位原理图

4. GPS定位常用方法

目前广泛应用的是相对定位模式。有后处理静态定位、动态定位和实时动态定位（RTK）。

1）静态相对定位

将几台GPS接收机安置在基线端点上，保持固定不动，同步观测4颗以上卫星。可观测数个时段，每时段观测十几分钟至1 h左右，如图6-7-8所示。最后将观测数据输入计算机，经软件解算得各点坐标。精度可达到5 mm + $D\times10^{-6}$ mm（$D$为测量距离，单位mm），是精度最高的作业模式，主要用于大地测量、控制测量、变形测量、工程测量。

2）动态相对定位

先建立一个基准站，并在其上安置接收机连续观测可见卫星，另一台接收机在第1点静止观测数分钟后，在其他点依次观测数秒，如图6-7-9所示。最后将观测数据输入计算机，经软件解算得各点坐标。动态相对定位的作业范围一般不能超过15 km，精度可达到10 mm + $D\times10^{-6}$至20 mm + $D\times10^{-6}$，$D$为测量距离，单位mm，适用于精度要求不高的碎部测量。

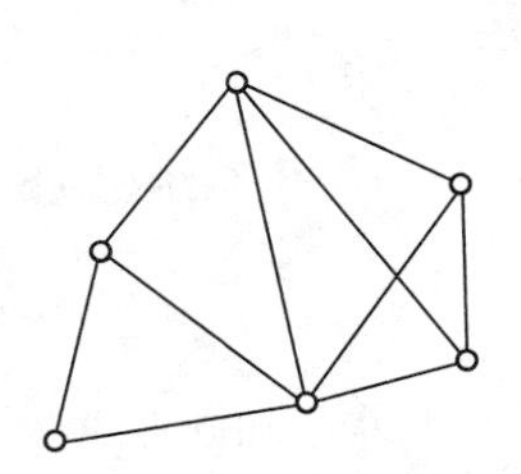

图6-7-8　静态相对定位模式示意

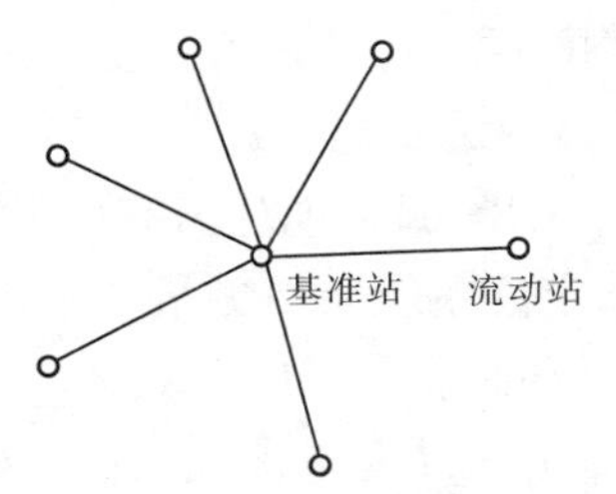


图6-7-9　动态相对定位模式示意

3）实时动态定位（RTK）

RTK是全球卫星导航定位技术与数据通信技术相结合的载波相位实时动态差分定位技术，它能够实时提供测站点在指定坐标系中的三维定位结果。基本思想是：在测区内选择部分控制点作为基准站，测量时在基准站上安置一台 GPS 接收机，连续观测所有可见 GPS 卫星，并将其观测数据通过无线电传输设备，实时发送用于移动测量的 GPS 接收机（移动站）。移动站 GPS 接收机在接收 GPS 卫星信号的同时，通过无线电接收设备，接收基准站传输的观测数据，然后根据相对定位的原理，在基准站坐标位置确定的前提下，实时计算并显示移动站的三维坐标成果和精度，以满足测量和实时导航的需求。RTK 技术的成功开发使 GPS 动态测量的精度和效率都得到了提高。

RTK 测量可分为单基准站 RTK 测量和网络 RTK 测量两种方法。单基准站 RTK 测量只是利用一个基准站，并通过数据通信技术接收基准站发布的载波相位差分改正参数进行 RTK 测量。网络 RTK 测量是指在一定区域内建立多个基准站，对该地区构成网状覆盖，并进行连续跟踪观测，通过这些站点组成卫星定位观测值的网络解算，获取覆盖该地区和某时间段的 RTK 改正参数，用于该区域内 RTK 用户进行实时 RTK 改正的定位方式。有条件在控制测量时宜优先采用网络 RTK 技术测量。

RTK 与动态相对定位方法相比，定位模式相同，仅需在基准站和流动站间增加一套数据链，实现各点坐标的实时计算、实时输出，以达到“精度、速度、实时、可用”等各方面的要求，如图 6-7-10 所示。作业范围目前一般为 10 km 左右，精度可达到厘米级，适用于实施平面控制测量和高程控制测量、地形测量及施工放样测量。

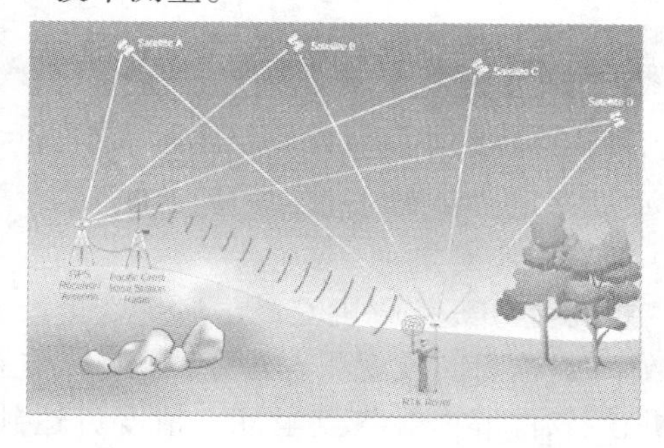

图 6-7-10　GPS-RTK 定位原理示意图

RTK 定位技术已应用于各种控制测量、地形测图、工程放样等工作中。如控制测量，传统的工程控制测量常采用三角网、导线网等方法进行，要求点间必须通视，使用人员较多，还需花费相当多时间来完成，测量精度需在外业工作结束、进行相应计算后才知晓。采用常规的 GPS 静态测量、快速静态、伪动态方法，在外业测设过程中不能实时知道定位精度，如果测设完成后，回到内业处理后发现精度不合要求，还必须返测。而采用 RTK 来进行控制测量，测一个控制点在几分钟甚至于几秒钟内就可完成，能够实时知道定位精度，如果点位精度要求满足了用户要求，就可以停止观测，完成测量任务目标。

### 7.1.8.4　GPS 测量的实施

我国制定了 GPS 测量规范国家标准 GB/T 18314《全球定位系统（GPS）测量规范》，行业标准有《全球定位系统城市测量技术规程》、《公路全球定位系统（GPS）测量规范》、《全球定位系统实时动态测量（RTK）技术规范》等。

GPS 测量的实施过程与常规测量一样，按性质可分为外业和内业两大部分；如果按照 GPS 测量实施的工作程序，可分为 GPS 网的技术设计、选点与建立标志、外业观测、成果检核、内业数据处理等阶段。现以 GPS 测量中最常用的载波相位观测值为主的静态相对定位法的工作程序作一简单介绍。

1. GPS 网的技术设计

GPS 网的技术设计是一项基础性的工作。GPS 网的布设应根据其布设目的、精度要求、卫星状况、接收机类型和数量、测区已有的资料、测区地形和交通状况以及作业效率等因素综合考虑,按照优化设计原则进行。其主要内容包括精度指标的确定和网的图形设计等。

GPS测量精度指标的确定取决于网的用途,设计时应根据用户的实际需要和可以实现的设备条件,恰当地确定GPS网的精度等级。精度指标通常以网中相邻点之间的距离误差$m_r$来表示,其形式为

$$m_r = a + bD \tag{6-7-6}$$

式中 $a$——GPS固定误差,mm;

$b$——比例误差系数,一般取$1 \times 10^{-6}$;

$D$——相邻点的距离,mm。

GPS网的图形设计是根据用户要求,确定具体的布网观测方案,其核心是如何高质量且低成本地完成既定的测量任务。通常在进行GPS网没计时,必须顾及测站选址、卫星选择、仪器设备装置与后勤交通保障等因素。当网点位置、接收机数量确定以后,网的设计就主要体现在观测时间的确定、网形构造及各点设站观测的次数等方面。GPS网的布设通常有星形、点连式、边连式和混合式四种。

2.选点与建立标志

GPS选点要求充分利用符合要求的已有控制点。点位选在交通方便,有利于同常规地面控制网的连测,易于安置接收设备的地方,且视野开阔,视场内15°以上不应有障碍物;附近不应有强烈反射卫星信号的物件(如大型建筑物等),应远离大功率无线电发射源(如电视台、电台、微波站等),其距离不小于200 m;与高压输电线和微波无线电信号传送通道的距离不应小于50 m。

点位选定后,应按要求埋置标石,绘制点之记、测站环视图和GPS网选点图,作为提交的选点技术资料。

3.外业观测

外业观测的主要工作是利用GPS接收机采集来自GPS卫星的电磁波信号,其作业过程大致可分为天线安置、接收机操作和观测记录。在外业观测之前,应对所选定的接收设备进行严格的检验,GPS接收机检验的内容、方法和技术要求,按《全球定位系统(GPS)测量型接收机检定规程》(CH 8016—95)规定执行。外业观测应严格按照技术设计时所拟定的观测计划进行实施。

1)观测前的准备

GPS接收机在开始观测前,应进行预热和静置,具体要求按接收机操作手册进行。

安置天线是GPS精密测量的重要保证。要仔细对中、整平,量取仪器高(观测时接收机天线相位中心至测站中心标志面的高度)。仪器高要求用钢尺在互为120°方向量三次,互差小于3 mm,取平均值后记录。用三脚架安置天线时,其对中误差不应大于1 mm。

2)观测作业要求

目前,GPS接收机的自动化程度相当高,一般仅需按下若干功能键,就能顺利地自动完成测量工作,并且每做一步工作,显示屏上均有提示。

接收机操作的具体方法步骤按接收机操作手册进行。观测时应注意:观测组应严格

按规定的时间进行作业；经检查接收机电源电缆和天线等各项连接无误，方可开机；开机后经检验有关指示灯与仪表显示正常后，方可进行自测试并输入测站、观测单元和时段等控制信息。

接收机开始记录数据后，观测员可使用专用功能键和选择菜单，查看测站信息、接收卫星数、卫星号、卫星运行状况、各通道信噪比、相位测量残差、实时定位的结果及其变化、存储介质记录和电源等情况。如发现异常或未预料到的情况，应记录在测量手簿的备注栏内，并及时报告作业调度者。每时段观测前后应各量取天线高一次，两次测量高度之差不应大于 3 mm，取平均值作为最后天线高。若互差超限，应查明原因，提出处理意见记入测量手簿记事栏。

接收机启动前与作业过程中，应随时逐项填写测量手簿中的记录项目。

观测期间观测员要细心操作，防止接收设备振动，更不得移动，要防止人员和其他物体碰动天线或阻挡信号。一个时段观测过程中，不允许进行如接收机重新启动、进行自测试（有故障除外）、改变卫星高度角、改变天线位置、改变数据采样间隔、按动关闭文件和删除文件等功能键操作。

观测期间，不应在天线附近 50 m 以内使用电台，10 m 以内使用对讲机。天气太冷时，接收机应适当保暖；天气太热时，接收机应避免阳光直接照晒，确保接收机正常工作。

经检查，所有规定作业项目均已全面完成，并符合要求，记录与资料完整无误，方可迁站。

3）外业数据质量检核

观测成果的外业检核是确保外业观测质量，实现预期定位精度的重要环节。所以，当观测任务结束后，必须在测区及时对外业观测数据进行严格的检核；并根据情况采取淘汰或必要的重测、补测措施。按照《全球定位系统（GPS）测量规范》（GB/T 18314—2009）要求，对各项检核内容严格检查，确保准确无误，才能进行后续的平差计算和数据处理。

4. 外业技术总结

外业技术总结应包括下列内容：

（1）测区范围与位置，自然地理条件，气候特点，交通及电讯、供电等情况；

（2）任务来源，项目名称，测区已有测量成果，本次施测目的和基本精度要求；

（3）施测单位，施测起止时间，技术依据，作业人员数量，技术状况；

（4）作业仪器类型、精度、检验与使用情况；

（5）点位观测条件的评价，埋石与重合点情况；

（6）连测方法、完成各级点数与补测、重测情况，以及作业中存在问题的说明；

（7）外业观测数据质量分析与数据检核情况。

#### 7.1.8.5　GPS 定位误差的来源

在利用 GPS 进行定位时会受到各种各样因素的影响，主要误差来源可分为与 GPS 卫星有关的误差、与 GPS 卫星信号传播有关的误差及与 GPS 信号接收机有关的误差。当误差为系统误差时，可在测量中采取一定的措施消除或减弱，或采用某种数学模型进行改正。

与 GPS 卫星有关的误差包括卫星的星历误差和卫星钟误差。卫星星历误差是指卫星星历给出的卫星空间位置与卫星实际位置间的偏差，卫星钟误差是指GPS卫星时钟与GPS标准时钟之间的误差。上述两种误差均为系统误差，是GPS测量的重要误差来源。

与GPS卫星信号传播有关的误差包括电离层折射误差、对流层折射误差和多路径误差。电离层折射误差和对流层折射误差即信号通过电离层和对流层时，对电磁波的折射效应，使得GPS信号的传播速度发生变化而产生延迟，使测量结果产生系统误差，在GPS测量中，可以采取一定的措施消除或减弱，或采用某种数学模型对其进行改正。在GPS测量中，由于受接收机周围环境的影响，接收机所接收到的卫星信号中还包含有各种反射和折射信号的影响，使观测值产生偏差，即为多路径误差，具有一定的随机性，为偶然误差。为减小多路径误差，应选择合适的站址，测站不宜选择在山坡、山谷和盆地中，应离开高层建筑物、大面积平静水面等。

与GPS信号接收机有关的误差主要包括接收机的观测误差、接收机的时钟误差和接收机天线相位中心的位置误差。观测误差包括观测的分辨误差及接收机天线相对于测站点的安置误差等，属于偶然误差，可适当增加观测量，减弱其影响。接收机的时钟误差是指在接收机内部安装的高精度石英钟的钟面时间相对于GPS标准时间的偏差，为系统误差。在GPS定位中，观测值是以接收机天线相位中心位置为准的，因而天线的相位中心与其几何中心理论上保持一致，但由于天线的相位中心位置随着信号输入的强度和方向不同而有所变化，致使其偏离天线几何中心而产生系统误差。

#### 7.1.8.6 接收设备的维护

接收设备的维护应符合下列要求：

(1)GPS接收机等仪器应指定专人保管，运输期间应有专人押送，并应采取防振、防潮、防晒、防尘、防蚀和防辐射等防护措施，不得碰撞、倒置或重压。

(2)接收设备的接头和连接器应保持清洁；在使用外接电源前，应检查电源电压是否正常，电池正负极切勿接反。

(3)作业期间，应严格遵守技术规定和操作要求，未经允许非作业人员不得擅自操作仪器。仪器交接时应按规定的一般检视的项目进行检查，并填写交接情况记录。

(4)当接收设备置于楼顶、高标或其他设施顶端作业时，应采取加固措施。雷雨天气时应有避雷设施或停止观测。

(5)作业结束后，应及时对接收设备进行擦拭，并及时存放在仪器箱内。仪器箱应置放于通风、干燥阴凉处，保持箱内干燥；室内存放时，机内电池要保持充满电状态，应每隔1~2个月通电检查一次。

(6)若仪器发生故障，应认真记录并报告有关部门，严禁拆卸接收机各部件，应请专业人员维修。

#### 7.1.8.7 北斗卫星导航系统简介

北斗卫星导航系统是我国自行研制开发的，可为用户提供快速导航定位、简短数字报文通信和授时服务的全天候卫星导航定位系统。其发展路线图为：2000~2003年，建成由3颗卫星组成的北斗卫星导航试验系统；于2012年发射12~14颗卫星，组成区域性、覆盖亚太区域、可以自主导航的定位系统；2020年左右将形成由30多颗卫星组网，具有覆盖全球的能力。系统实现自主创新,高精度,既具备 GPS 和伽利略系统的功能,又具备短报文通信功能。我国将自主积极稳妥地推进北斗卫星导航系统的建设与发展,与世界各卫星导航系统兼容,为全球用户提供高质量、免费的开放性服务。

北斗卫星导航系统由空间段、地面段和用户段三部分组成,空间段包括 5 颗静止轨道卫星和 30 颗非静止轨道卫星,地面段包括主控站、注入站和监测站等若干个地面站,用户段包括北斗用户终端以及与其他卫星导航系统兼容的终端。北斗卫星导航系统是利用两颗已知位置点卫星进行定位与导航的,工作过程如下:

首先由中心控制系统向卫星 1 和卫星 2 同时发送询问信号,经卫星转发器向服务区内的用户广播。用户响应其中一颗卫星的询问信号后,同时向两颗卫星发送响应信号,经卫星转发回中心控制系统,中心控制系统接收并解调用户发来的信号。其次根据用户的申请服务内容进行相应的数据处理。对定位申请,中心控制系统测出两路信号及时间延迟:一路从中心控制系统发出询问信号,经卫星 1 转发到达用户,用户发出定位响应信号,经卫星 1 转发回中心控制系统,有时间延迟Ⅰ;另一路从中心控制系统发出询问信号,经卫星 1 到达用户,用户发出响应信号,经卫星 2 转发回中心控制系统,有时间延迟Ⅱ。由于中心控制系统和两颗卫星的位置均是已知的,因此由上面两个延迟量可以算出用户到第一颗卫星的距离,以及用户到两颗卫星的距离之和,从而知道用户处于一个以第一颗卫星为球心的一个球面,和以两颗卫星为焦点的椭球面之间的交线上。另外,中心控制系统从存储在计算机内的数字化地形图查寻到用户高程值,又可知道用户处于某一个与地球基准椭球面平行的椭球面上。从而中心控制系统可最终计算出用户所在点的三维坐标,这个坐标经加密由出站信号发送给用户。其工作原理如图 6-7-11 所示。

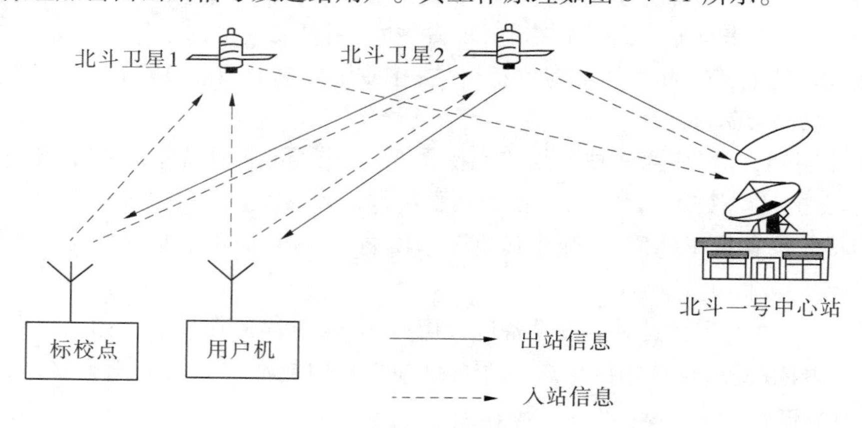


**图 6-7-11　北斗卫星导航系统工作原理**

北斗卫星导航系统的特点有:全天候快速定位,精度与 GPS 相当;同时具备定位与通信功能,无需其他通信系统支持,与 GPS 相比,增加了通信功能;自主系统,高强度加密设计,安全、可靠、稳定。北斗系统属于有源定位系统,系统容量有限,定位终端比较复杂。

建成的北斗导航试验系统,已应用于测绘、电信、水利、渔业、交通运输、森林防火、减灾救灾和公共安全等诸多领域,特别是在 2008 年北京奥运会、汶川抗震救灾中发挥了重要作用,产生了显著的经济效益和社会效益。

# 7.2 数据资料记载与整理

## 7.2.1 水下地形测量资料整理

水下地形观测成果及成图应进行校对和复校,控制计算成果应装订成册,成果及成图数据应存入磁盘备份。

绘制水下地形图时注意水下地形部分与岸上地形部分的衔接,地物、地貌各要素测绘应正确,取舍得当,图式符号运用应正确,各种注记应齐全。

根据各测点的平面位置及高程,用量角器等展点器具展出其位置,并注记高程。地形点点位应以小实圆点表示,高程注记应在其右方,字头朝北。

勾绘水下等高线的方法与岸上测图基本类同,岸上等高线必须采用实线,水下等高线应使用线长1 cm、间隔1 mm的虚线勾绘。地形图水边线应以水深测量所测水边线为准,以线长3 mm、间隔1 mm的虚线表示,岸上地形所测水边线可作为地形散点使用。每幅图两端水边点应注记水位及施测日期。

地形图成果资料经自检和互查后,提交的测绘成果应有:

(1)技术设计书和技术总结;

(2)控制点展点图、水准路线图(或高程导线);

(3)埋石点点之记及托管书;

(4)各项原始记录手簿及目录索引表;

(5)各种计算成果或磁盘及精度统计;

(6)水下地形原图(包括水下地形点计算机辅助自动采集数据);

(7)水位推算图表及回声纸。

## 7.2.2 导线测量的内业计算

### 7.2.2.1 坐标系及角度系

1. 坐标系与成图方向

水文测绘的地形图均规定采用平面直角坐标系,利用国家或其他部门控制网的宜采用相同的坐标系,也可采用独立平面直角坐标系。规定以$x$轴为纵轴,以$y$轴为横轴;$x$轴的方向与正北方向一致,以$x$轴为起始方位。一般以地形图的上方为正北方向,与$x$轴的指向相同;由于受区域方位和制图关系限制,地形图的上方不能为正北方向时,也即图上$x$轴的方向不能与规定的$x$轴的正北方向一致时,应在图上绘出正北方向标志。

2. 坐标方位角与象限角

由纵坐标($x$)轴正端开始依顺时针方向至某一直线间的水平角,称为该直线的坐标方位角,用$\alpha$表示,值域为0~360°。在直角坐标系各象限内,某一直线与纵坐标($x$)轴之间的夹角,称为该直线的象限角,用$R$表示,值域0~90°。坐标方位角与象限角的换算关系见表6-7-5。

表 6-7-5　坐标方位角与象限角的换算关系

| 象限 | 相应坐标方位角 | 坐标方位角与象限角换算 |
| --- | --- | --- |
| Ⅰ | 0～90° | $R=\alpha$ |
| Ⅱ | 90°～180° | $R=180°-\alpha$ |
| Ⅲ | 180°～270° | $R=\alpha-180°$ |
| Ⅳ | 270°～360° | $R=360°-\alpha$ |

象限角也常用北 N、南 S、东 E、西 W 的方位表述，NE 为第一象限，SE 为第二象限，SW 为第三象限，NW 为第四象限。如某第三象限角 85°30′也可写为 SW85°30′。

3. 坐标值与坐标增量

坐标值的代号：$x$—点的纵坐标；$y$—点的横坐标。

坐标增量的代号：$\Delta x$—两点间的纵坐标增量；$\Delta y$—两点间的横坐标增量。

坐标增量值符号与方位角的关系，见表 6-7-6。

表 6-7-6　坐标增量值符号与方位角的关系

| 象限 | 坐标方位角 | 坐标增量 $\Delta x$ 符号 | 坐标增量 $\Delta y$ 符号 |
| --- | --- | --- | --- |
| Ⅰ | 0～90° | + | + |
| Ⅱ | 90°～180° | − | + |
| Ⅲ | 180°～270° | − | − |
| Ⅳ | 270°～360° | + | − |

#### 7.2.2.2　附合导线的计算

附合导线有一定的几何条件，在观测值中加入一定的改正量进行调整，最终要求计算的有关数值与已知数据相吻合。计算的连带传递性很强，一处有错，后续全错，各步计算都应仔细认真。

附合导线示意如图 6-7-12 所示，由起始已知控制边 $AB$ 与起始已知控制点 $B$，经 1、2、3 等导线点后，附合于已知控制终点 $C$ 和已知控制终边 $CD$。其中，已知条件是起始边方位角 $\alpha_{AB}$与终边方位角 $\alpha_{CD}$，起点 $B$ 的坐标（$x_B$、$y_B$）与终点 $C$ 的坐标（$x_C$、$y_C$）。观测获得的数据有连接角 $\beta_B$、$\beta_C$，各导线点转折角 $\beta_1$、$\beta_2$、$\beta_3$ 及各导线边长 $D_1$、$D_2$、$D_3$、$D_4$ 等。待求的是各导线点的坐标（$x_1$，$y_1$），（$x_2$，$y_2$），…，以及导线最后精度是否合格。附合导线计算的过程如下。

1. 角度闭合 $f_\beta$ 差的计算与超限检验

计算附合导线角度闭合差，是指由起始已知控制边方位角 $\alpha_{AB}$经线路所有连接角和转折角传递推算得到终边方位角 $\alpha_{CD算}$与已知终边方位角 $\alpha_{CD}$的不符值，按式（6-7-7）计算

$$f_\beta = \sum_1^n \beta - n \times 180° + \alpha_{AB} - \alpha_{CD} \tag{6-7-7}$$

式中　$\sum_1^n \beta$——附合导线各折角之和；

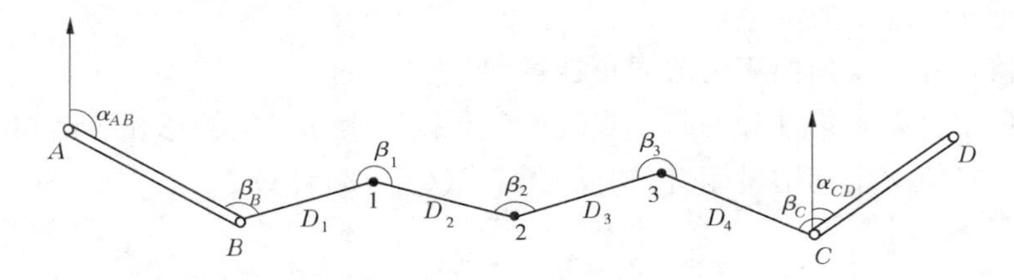


图6-7-12　附合导线示意图

$n$——折角数。

按基本控制导线角度闭合差限差（$\pm 25''\sqrt{n}$），图根控制导线角度闭合差限差（$\pm 50''\sqrt{n}$），由折角数$n$，计算角度容许闭合差$f_{\beta容}$。

角度闭合差$f_\beta$和容许角度闭合差$f_{\beta容}$进行比较。若$|f_\beta| \leqslant |f_{\beta容}|$，该导线角度观测值符合精度要求，则进行角度闭合差的调整。若$|f_\beta| > |f_{\beta容}|$，角度闭合差超限，角度观测不合格，应仔细检查水平角观测记录、计算中有无错误。若无记录、计算错误，应重测。

2. 角度闭合差的调整改正

1）平均调整计算

调整的目的是消除角度闭合差，在角度观测值上加入一定的改正数。各观测角值的改正数按式（6-7-8）计算

$$v_{i\beta} = \frac{-f_\beta}{n} \tag{6-7-8}$$

式中　$v_{i\beta}$——某一个角的角改正数。

式（6-7-8）表示按平均改正的原则进行改正。若有余数，将余数添加改正在短边的邻角上，并检查是否符合$\sum v_\beta = -f_\beta$，其中$\sum v_\beta$为角度改正数的总和，应等于角度闭合差的反号值。

2）改正后的角度计算

某控制点改正后的转折角应等于观测角值加改正数（为代数和相加），按式（6-7-9）计算

$$\beta_{i改} = \beta_i + v_{i\beta} \tag{6-7-9}$$

3）各边坐标方位角的推算

逐边推算各边方位角，一般推算公式为

$$\alpha_{导线后边} = \alpha_{导线前边} \pm 180° + \beta_{导线前后边改} \tag{6-7-10}$$

如图6-7-12所示，导线各边的坐标方位角具体由$\alpha_{B1} = \alpha_{AB} \pm 180° + \beta_{B改}$，$\alpha_{12} = \alpha_{B1} \pm 180° + \beta_{1改}$，…，$\alpha_{CD} = \alpha_{3C} \pm 180° + \beta_{C改}$递推。计算值$\alpha_{CD}$应与已知值相同，否则计算有误。

3. 各边坐标增量的计算与超限检验

坐标增量由式（6-7-11）计算

$$\left.\begin{aligned}\Delta x_{i,i+1} &= D\cos\alpha_i \\ \Delta y_{i,i+1} &= D\sin\alpha_i\end{aligned}\right\} \tag{6-7-11}$$

式中　$\Delta x_{i,i+1}$、$\Delta y_{i,i+1}$——纵、横坐标增量，m；

$D$——边长，m；

$\alpha_i$——方位角，$i$ 为点序号。

实际可将坐标方位角换算为象限角计算（见表 6-7-5）。

坐标增量闭合差是指计算的起点到终点各导线边坐标增量的总和与已知起点到终点坐标增量的不符值。坐标增量闭合差 $f_x$、$f_y$ 由式(6-7-12)计算

$$\left.\begin{aligned} f_x &= \sum_1^n \Delta x_{i,i+1} - (x_C - x_B) \\ f_y &= \sum_1^n \Delta y_{i,i+1} - (y_C - y_B) \end{aligned}\right\} \qquad (6\text{-}7\text{-}12)$$

式中，$B$ 点为导线起点，坐标为 $(x_B, y_B)$；$C$ 点为导线终点，坐标为 $(x_C, y_C)$；$\sum_1^n \Delta x_{i,i+1}$、$\sum_1^n \Delta y_{i,i+1}$ 为计算的各边坐标增量总和。

导线全长闭合差 $f_D$ 按式(6-7-13)计算

$$f_D = \sqrt{f_x^2 + f_y^2} \qquad (6\text{-}7\text{-}13)$$

导线全长相对闭合差 $f$ 按式(6-7-14)计算

$$f = \frac{f_D}{\sum D} = \frac{1}{\dfrac{\sum D}{f_D}} \qquad (6\text{-}7\text{-}14)$$

式中　$f_D$——导线全长闭合差，m；

　　$\sum D$——导线各边边长总和，m。

$\dfrac{\sum D}{f_D}$ 数值越大，$f$ 值越小，精度越高。根据不同的控制导线，$f$ 值应小于 1/2 000 或 1/4 000。

若导线全长相对闭合差 $f$ 小于容许值，导线测量精度合格，则调整坐标增量闭合差 $f_x$ 与 $f_y$。否则，成果不合格，先检查内业计算有无错误，再检查外业成果记录，必要时返工重测。

4. 坐标增量闭合差的调整改正

调整原则是将 $f_x$、$f_y$ 值以相反符号并按边长成正比分配到相应边的纵、横坐标增量中，即按式(6-7-15)计算

$$\left.\begin{aligned} v_{xi,i+1} &= \frac{-f_x}{\sum D} D_{i,i+1} \\ v_{yi,i+1} &= \frac{-f_y}{\sum D} D_{i,i+1} \end{aligned}\right\} \qquad (6\text{-}7\text{-}15)$$

计算改正后的坐标增量按式(6-7-16)计算

$$\left.\begin{aligned} \Delta x_{i,i+1改} &= \Delta x_{i,i+1} + v_{xi,i+1} \\ \Delta y_{i,i+1改} &= \Delta y_{i,i+1} + v_{yi,i+1} \end{aligned}\right\} \qquad (6\text{-}7\text{-}16)$$

根据起始点的已知坐标和改正后的坐标增量，逐点推算各点坐标，一般推算公式为

$$\left.\begin{aligned} x_{i+1改} &= x_{i改} + \Delta x_{xi,i+1改} \\ y_{i+1改} &= y_{i改} + \Delta y_{yi,i+1改} \end{aligned}\right\} \tag{6-7-17}$$

因 $B$ 点为已知导线起点，$x_B$、$y_B$ 已知，故有 $x_1 = x_B + \Delta x_{B1改}$、$y_1 = y_B + \Delta y_{B1改}$；$x_2 = x_1 + \Delta x_{12改}$、$y_2 = y_1 + \Delta y_{12改}$，…，$x_C = x_n + \Delta x_{nC改}$、$y_C = y_n + \Delta y_{nC改}$ 递推。$C$ 点为终点，推算的终点坐标与已知的终点坐标应完全相符，说明计算无误。否则，计算过程中有错。

### 7.2.2.3 附合导线计算示例

附合导线计算示例如图 6-7-13 所示，某附合导线由已知控制点 $H$ 起始，经 1、2、3 导线点后附合到已知控制点 $N$。已知数据与观测数据已从资料和记录中摘录注记在导线略图上，试评价导线测量质量，并求 1、2、3 点坐标。

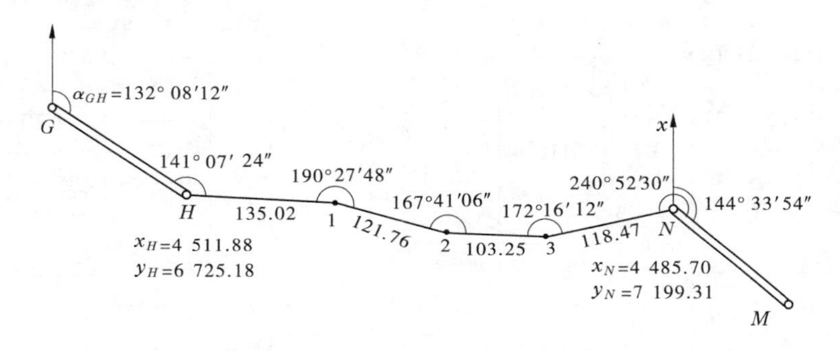


图 6-7-13 附合导线计算示例图 （单位：m）

附合导线的计算通常列表进行，本例导线坐标计算（附合导线）如表 6-7-7 所列。具体计算过程介绍如下：

（1）把导线略图上的点号、观测角值和边长，填入第 1、2、6 栏相应格内。将起始边、终边方位角，已知起始点、终点的已知坐标填入第 5、9 栏相应空格内，并在已知数据下方绘一横线，表示是已知值。

（2）计算观测角值、边长总和：$\sum\beta = 912°25'00''$，$\sum D = 478.50$ m。将计算结果填入第 2、6 栏总和 $\sum$ 格内。

（3）按式(6-7-7)计算角度闭合差，根据导线类型计算容许角度闭合差，并衡量测角精度。在合格的情况下，按式(6-7-8)计算观测角改正数，并填入第 3 栏相应格中；计算角改正数总和，改正数总和为 $+42''$，等于闭合差 $-42''$的反符号，改正计算无误。按式(6-7-9)进行观测角值加改正数得改正后角值，填入第 4 栏内。

（4）按方位角推算式(6-7-10)，将各边方位角计算结果填入第 5 栏。由于 $\alpha_{NM}$ 为 $83°41'16'' + 180° + 240°52'38'' - 360° = 144°33'54''$，与已填入的已知值 $144°33'54''$相符，前述各步计算无误。

（5）按式(6-7-11)计算各边坐标增量，填入第 7 栏相应空格内，并计算坐标增量总和，填入第 7 栏的总和 $\sum$ 格内。

（6）在计算栏内按式(6-7-12)计算坐标增量闭合差，得 $f_x = +0.08$ m，$f_y = -0.08$ m；按式(6-7-13)计算导线全长闭合差，得 $f_D = 0.113$ m；按式(6-7-14)计算导线全长相对闭合差，得 $f = 1/4\,234$，小于 1/2 000 的精度要求，导线精度合格。

**表 6-7-7　导线坐标计算表(附合导线)**

| 点号 | 观测角值(左角) ° ′ ″ | 改正数 ″ | 改正后角值 ° ′ ″ | 坐标方位角 ° ′ ″ | 边长(m) | 坐标增量计算值 $\Delta x$(m) | 坐标增量计算值 $\Delta y$(m) | 改正后坐标增量 $\Delta x$(m) | 改正后坐标增量 $\Delta y$(m) | 坐标值 $x$(m) | 坐标值 $y$(m) | 点号 |
|---|---|---|---|---|---|---|---|---|---|---|---|---|
| 1 | 2 | 3 | 4 | 5 | 6 | 7 | | 8 | | 9 | | 1 |
| *G* | | | | | | | | | | | | *G* |
| | | | | 132 08 12 | | | | | | | | |
| *H* | 141 07 24 | +8 | 141 07 32 | | | | | | | 4 511.88 | 6 725.18 | *H* |
| | | | | 93 15 44 | 135.02 | −2<br>−7.68 | +2<br>+134.80 | −7.70 | +134.82 | | | |
| 1 | 190 27 48 | +8 | 190 27 56 | | | | | | | 4 504.18 | 6 860.00 | 1 |
| | | | | 103 43 40 | 121.76 | −2<br>−28.89 | +2<br>+118.28 | −28.91 | +118.30 | | | |
| 2 | 167 41 06 | +9 | 167 41 15 | | | | | | | 4 475.27 | 6 978.30 | 2 |
| | | | | 91 24 55 | 103.25 | −2<br>−2.55 | +2<br>+103.22 | −2.57 | +103.24 | | | |
| 3 | 172 16 12 | +9 | 172 16 21 | | | | | | | 4 472.70 | 7 081.54 | 3 |
| | | | | 83 41 16 | 118.47 | −2<br>+13.02 | +2<br>+117.75 | +13.00 | +117.77 | | | |
| *N* | 240 52 30 | +8 | 240 52 38 | | | | | | | 4 485.70 | 7 199.31 | *N* |
| | | | | 144 33 54 | | | | | | | | |
| *M* | | | | | | | | | | | | *M* |
| | | | | | | | | | | | | |
| Σ | 912 25 00 | +42 | 912 25 42 | | 478.50 | −8<br>−26.10 | +8<br>+474.05 | −26.18 | +474.13 | | | |

辅助计算：

(1) $f_\beta = 132°08'12'' - 144°33'54'' + 912°25'00'' - 5\times180° = -42''$

(2) $f_{\beta容} = +40''\sqrt{5} = \pm 89''$

$|-42''| < |-89''|$　测角精度合格

(3) $v_{i\beta} = \dfrac{+42''}{5} = +8''$余$+2''$

(4) $f_x = -26.10 - (4\ 485.70 - 4\ 511.88) = +0.08$ m

$f_y = +474.05 - (7\ 199.31 - 6\ 725.18) = -0.08$ m

(5) $f_D = \sqrt{(+0.08)^2 + (-0.08)^2} = 0.113$ m

(6) $f = \dfrac{1}{\dfrac{478.50}{0.113}} = \dfrac{1}{4\ 234} < 1/2\ 000$

精度合格

略图

G　H　1　2　3　N　M

(7)按式(6-7-15)计算各边坐标增量改正数，填在第7栏各坐标增量计算值的上方(数值以cm为单位)；按式(6-7-16)计算改正后坐标增量填在第8栏。

(8)按式(6-7-17)逐点递推计算坐标值。推算的终点为 $x_N = 4\ 472.70 + 13.00 = 4\ 485.70$(m)，$y_N = 7\ 081.54 + 117.77 = 7\ 199.31$(m)，与计算开始时填入的已知值相符，全部计算过程无误。

#### 7.2.2.4　闭合导线的计算

闭合导线的计算与附合导线的计算步骤、过程、方法类同。闭合导线也应满足角度闭合和坐标闭合两个条件，因而也需要消除闭合差并进行改正调整。闭合导线与附合导线的几何条件不一样。附合导线是以两个已知高级控制点和两条已知控制方向为检核条件，而闭合导线是以起、闭于同一个已知高级控制点和一个闭合多边形为检核条件。由于条件不同，闭合导线与附合导线计算的差异有两点，一是角度闭合差 $f_\beta$ 的计算不同，二是坐标增量闭合差 $f_x$、$f_y$ 的计算不同。分别计算如下。

(1)闭合导线角度闭合差 $f_\beta$ 的计算公式为

$$f_\beta = \sum_1^n \beta - (n-2) \times 180° \tag{6-7-18}$$

式中　$\sum_1^n \beta$——闭合导线各内角之和；

$n$——闭合导线的边数(或内角数)。

(2)由于闭合导线起、闭于同一点，理论上坐标增量应该为零。但是角度观测，边长丈量的观测值中不可避免含有误差，各边推算的坐标增量总和往往并不为零，该值就是闭合导线坐标增量闭合差，计算公式为

$$\left.\begin{aligned} f_x &= \sum_1^n \Delta x \\ f_y &= \sum_1^n \Delta y \end{aligned}\right\} \tag{6-7-19}$$

#### 7.2.2.5　支导线的计算

支导线是从已知控制边和已知控制点发展 1 ~ 2 个少数点的形式，没有附合和闭合条件，导线转折角和计算的坐标增量均不需要进行改正，不需要平差，只需推算。支导线的计算步骤如下：

(1)根据观测的转折角和相邻前边的坐标方位角推算后边的坐标方位角；

(2)根据各边坐标方位角和边长计算坐标增量；

(3)根据各边的坐标增量推算各点的坐标。

### 7.2.3　小三角锁测量的内业工作

#### 7.2.3.1　三角形角度调整计算

以一条基线边的小三角锁为例介绍其角度调整计算和坐标计算。一个基线边小三角锁近似平差及边长计算列于表 6-7-8。图 6-7-14为一条基线边的小三角锁，$AB$ 为基线边，其边长为 $D_{AB}$ = 345.69 m，用罗盘仪测出 $AB$ 的方位角为 $\alpha_{AB}$ = 125°00′00″，$A$ 点坐标为(1 000.00，1 000.00)，并观测了所有三角形的内角(填入表 6-7-8 第④栏)。

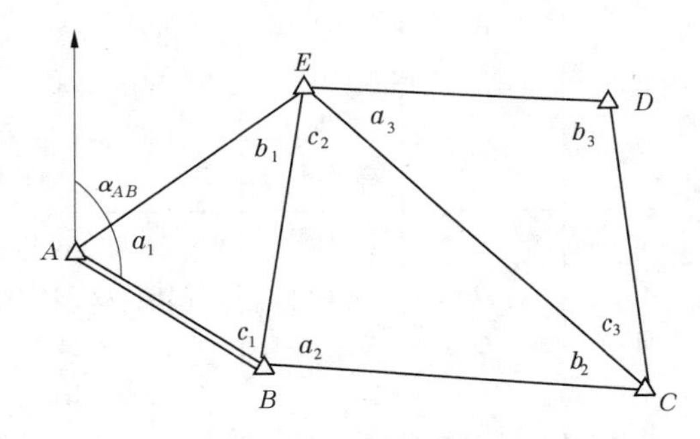


图 6-7-14　一条基线边的小三角锁

三角形内角的编号为：在每个三角形内，已知边所对的角为 $b_i$，前进边（在下一个三角形中为已知边，也称传距边）所对的角为 $a_i$，由于这两个角用来推算边长，故称为传距角；第三角为 $c_i$，它不作推算边长之用，称为间隔角。

三角形角度闭合差的计算式为

$$f_i = a_i + b_i + c_i - 180° \tag{6-7-20}$$

式中，$i = 1,2,3,\cdots,n$。

本项计算结果见表 6-7-8 第④栏 $f$ 项。

三角形角度闭合差调整：按图形条件闭合差计算三角形内角（观测角）改正值，设 $v_a$、$v_b$、$v_c$ 为三内角的改正值，因角度为等精度观测，故角度改正值计算式为

$$v_{ai} = v_{bi} = v_{ci} = -\frac{f_i}{3} \tag{6-7-21}$$

计算结果取整，若有余数，将余数给短边所夹的角（即最长边所对的角）。根据三角形的几何性质，短边夹大角（或长边对大角），故余数应给大角，并检查是否符合 $v_{ai} + v_{bi} + v_{ci} = f_i$ 的关系。

本项计算结果见表 6-7-8 第⑤栏。

计算改正后角值：经过改正后的内角 $a_{i改}$、$b_{i改}$、$c_{i改}$ 分别为 $a_{i改} = a_i + v_{ai}$，$b_{i改} = b_i + b_{bi}$，$c_{i改} = c_i + c_{ci}$。对计算改正后角度值进行校核，$a_{i改} + b_{i改} + c_{i改} = 180°$。

本项计算结果见表 6-7-8 第⑥栏。

表 6-7-8　一个基线边小三角锁近似平差及边长计算

| 三角形 | | | 观测角度 (° ′ ″) | 改正数 (″) | 改正后角度 (° ′ ″) | 边长 (m) |
|---|---|---|---|---|---|---|
| 编号 | 点号 | 角号 | | | | |
| ① | ② | ③ | ④ | ⑤ | ⑥ | ⑦ |
| Ⅰ | A | $a_1$ | 65 58 04 | +1 | 65 58 05 | 434.97 |
| | E | $b_1$ | 46 32 22 | +1 | 46 32 23 | 345.69 |
| | B | $c_1$ | 67 29 31 | +1 | 67 29 32 | 439.98 |
| | | Σ | 179 59 57 | +3 | 180 00 00 | |
| | | $f$ | −3 | | | |
| Ⅱ | B | $a_2$ | 85 05 42 | −1 | 85 05 41 | 704.26 |
| | C | $b_2$ | 37 58 43 | −1 | 37 58 42 | 434.97 |
| | E | $c_2$ | 56 55 38 | −1 | 56 55 37 | 592.33 |
| | | Σ | 180 00 03 | −3 | 180 00 00 | |
| | | $f$ | +3 | | | |
| Ⅲ | E | $a_3$ | 38 35 06 | 0 | 38 35 06 | 448.57 |
| | D | $b_3$ | 101 42 31 | −1 | 101 42 30 | 704.26 |
| | C | $c_3$ | 39 42 24 | 0 | 39 42 24 | 459.48 |
| | | Σ | 180 00 01 | −1 | 180 00 00 | |
| | | $f$ | +1 | | | |

#### 7.2.3.2　三角形边长的计算

用改正后角值和正弦定律公式，由第一个三角形开始，逐次推求出所有边的边长，如 $S_{BE}=S_{AB}\dfrac{\sin a_1}{\sin b_1}$，$S_{AE}=S_{AB}\dfrac{\sin c_1}{\sin b_1}$…本项计算结果见表 6-7-8 第⑦栏。

#### 7.2.3.3　三角点坐标计算

各小三角点的坐标，采用闭合导线的方法进行计算，如图 6-7-14 所示，组成闭合导线 $A—B—C—D—E—A$。根据起始边 $AB$ 的坐标方位角，用改正后角度值推算各边方位角，再用各边边长计算坐标增量，然后根据 $A$ 点的坐标推求出各点的坐标。小三角锁坐标计算见表 6-7-9。

表 6-7-9　小三角锁坐标计算

| 点号 | 改正后导线间角值（°　′　″） | 方位角 $\alpha$（°　′　″） | 边长 $D$（m） | 坐标增量 | | 坐标 | |
|---|---|---|---|---|---|---|---|
| | | | | $\Delta x$（m） | $\Delta y$（m） | $x$（m） | $y$（m） |
| $A$ | | | | | | 1 000.000 | 1 000.000 |
| | | 125 00 00 | 345.690 | -198.280 | 283.173 | | |
| $B$ | 152 35 13 | | | | | 801.720 | 1 283.173 |
| | | 97 35 13 | 592.326 | -78.205 | 587.141 | | |
| $C$ | 77 41 06 | | | | | 723.515 | 1 870.314 |
| | | 355 16 19 | 448.566 | 447.040 | -36.974 | | |
| $D$ | 101 42 30 | | | | | 1 170.555 | 1 833.340 |
| | | 276 58 49 | 459.485 | 55.840 | -456.079 | | |
| $E$ | 142 03 06 | | | | | 1 226.395 | 1 377.261 |
| | | 239 01 55 | 439.977 | -226.395 | -377.260 | | |
| $A$ | 65 58 05 | | | | | 1 000.000 | 1 000.001 |
| | | 125 00 00 | | | | | |
| | | 0 | | | | | |

注：计算的 $\sum\Delta x$、$\sum\Delta y$ 应为零，由于计算取舍误差，可能不等于零，最大在末位差值 1 ~ 2。

表中改正后导线间角值是表 6-7-8 第⑥栏有关角度的数值或几个角值的和，对照表 6-7-9和图 6-7-14 可知，角 $B$（$\angle ABC$）即为角 $c_1$、$a_2$ 的和（67°29′32″ + 85°05′41″ = 152°35′13″）；角 $C$（$\angle BCD$）即为角 $b_2$、$c_3$ 的和；角 $D$（$\angle CDE$）即为 $b_3$ 角的数值（101°42′30″）；角 $E$（$\angle DEA$）即为角 $a_3$、$c_2$、$b_1$ 的和；角 $A$（$\angle EAB$）即为角 $a_1$ 的数值。方位角（$\alpha$）是按式（6-7-10）推算的，如边 $BC$ 的方位角为 125°00′00″ - 180°00′00″ + 152°35′13″ = 97°35′13″（或 125°00′00″ + 180°00′00″ + 152°35′13″ = 457°35′13″，减去 360°00′00″后为 97°35′13″）。边长（$D$）同表 6-7-8 的第⑦栏的相应数值，但小数取 2 位。坐标增量按式（6-7-11）计算。坐标按式（6-7-17）计算。

### 7.2.4　全站仪数据记载与处理

#### 7.2.4.1　全站仪电子手簿简介

全站仪电子手簿也称数据采集器，是在外业测量工作中，用于存储观测数据并能将数据按规定要求输出的电子记录装置。电子手薄应具有能可靠记录一定容量数据的功能，并且还应体积小、重量轻、便于携带，菜单以文字、图形提示方便使用。目前绝大多数厂家生产的全站仪都有与之相配合的电子手簿。我国目前使用最多的是以掌上电脑(PDA)、袖珍机或便携机为依托自行开发编制的软件，如南方测绘的测图精灵、武汉瑞得的 RDMS 系统等，具有价格低廉、功能齐全、通用性强、使用方便等特点。

全站仪电子手簿在观测时能自动记载、显示或存储斜距、天顶距、水平角等原始观测数据，同时能计算得到平距、高差和点的坐标，比起经纬仪等传统测量仪器，单站记载计算大为简化，可直接记录单站测量成果。以地形测量为例，电子手薄的作用是，根据观测数据计算出各观测点的三维坐标，并存储。在内业工作开始之前，将记录的数据传输给微机，通过微机控制绘图仪，绘出大幅面成果图。也有部分电子手簿在测站就绘出局部地图，进而检查施测过程中的错、漏，以便即时纠正和补测。

#### 7.2.4.2　全站仪的数据记录与传输

全站仪观测数据的记录，可以使用仪器内部的内存存储器记录数据，也可以利用全站仪配置的存储卡 PCMCIA，后者的特点是通用性强，各种电子产品间均可互换使用。还有利用全站仪的通信接口，设定数据传送条件，建立仪器通信参数，通过电缆外接记录器实现双向数据传输。为保证数据的正确传输，设备两端必须设置相同的数据传输速度(波特率)，如常用每秒传输 600、1 200、2 400、4 800、9 600 等数据位(bit)数，并具有偶校验、奇校验、标记校验和空校验等检验数据正确性的技术措施。

#### 7.2.4.3　全站仪数据采集系统有关项目检查

测量数据记录功能检查。按仪器说明书提供的操作步骤，逐步进行配置的存储卡、内部存储器检查。

数据通信功能检查。检查全站仪与计算机间数据的互传。若传输不能正常进行，则要检查计算机端口选择是否正确，波特率是否一致，电缆是否有损坏等。

误差改正软件及其他应用软件检查。在全站仪中不仅设置有加常数改正、大气参数改正、轴系误差(视准轴误差、横轴误差及竖轴误差)和竖盘指标差修正等误差改正软件，而且也设置有坐标放样测量、后方交会等应用软件。对这些软件的要求是软件运算结果必须准确无误。检查时应按仪器说明书中提供的操作步骤进行实际对比。

#### 7.2.4.4　全站仪专用测量应用软件

全站仪除上述角度、距离及坐标测量外，机内设有一些程序化的测量应用软件，可以方便地进行对边测量、后方交会、悬高测量、放样测量等工作。如对边测量，常用于测量不通视两点间的距离，在不移动仪器的情况下，间接测量某一起始点至其他点间的斜距、平距和高差。后方交会测量，可通过对多个已知点(可相互不通视)的测量来确定站点的坐标。悬高测量，常用于不能设置棱镜，需要测定其目标高度的(如高压线等)高度测量。各应用软件是按一定的数学模型编程的，使用时根据需要选择相应测量模式，并严格按相应仪器使用手册规定的操作步骤进行。

## 7.2.5 GPS 测量系统数据处理

### 7.2.5.1 外业成果记录

GPS 测量作业所获取的成果记录应包括观测数据、测量手簿等。

观测数据记录的形式一般有两种：一种由接收机自动形成，并保存在机载存储器中，供随时调用和处理，这部分内容主要包括接收到的卫星信号、实时定位结果及接收机本身的有关信息。外业观测中接收机内存储介质上的数据文件应及时复制成一式两份，并在外存储介质外面适当处制贴标签，注明网区名、点名、点号、观测单元号、时段号、文件名、采集日期、测量手簿编号等。两份存储介质应分别保存在由专人保管的防水、防静电的资料箱内。接收机内所存数据文件卸载到外存储介质上时，不应进行剔除、删改或编辑。

另一种是测量手簿，由操作员随时填写，其中包括观测时的气象元素等其他有关信息。表 6-7-10 为现行《全球定位系统（GPS）测量规范》（GB/T 18314—2009）的测量手簿记录格式，按有关要求填写。

表 6-7-10 GPS 测量手簿记录格式

| 点号 | | 点名 | | 图幅编号 | |
|---|---|---|---|---|---|
| 观测记录员 | | 观测日期 | | 时段号 | |
| 接收机型号及编号 | | 天线类型及其编号 | | 存储介质类型及编号 | |
| 原始观测数据文件名 | | Rinex 格式数据文件名 | | 备份存储介质类型及编号 | |
| 近似纬度 | ° ′ ″ N | 近似经度 | ° ′ ″ E | 近似高度 | m |
| 采样间隔 | s | 开始记录时间 | h min | 结束记录时间 | h min |

| 天线高测定 | 天线高测定方法及略图 | 点位略图 |
|---|---|---|
| 测前：　　测后：<br>测定值____m　　____m<br>修定值____m　　____m<br>天线高____m　　____m<br>平均值____m　　____m | | |

| 时间（UTC） | 跟踪卫星数 | PDOP |
|---|---|---|
| | | |
| | | |
| | | |
| | | |
| | | |
| | | |
| | | |

| 记事 | |
|---|---|

### 7.2.5.2　数据处理

GPS 数据应按照《全球定位系统(GPS)测量规范》(GB/T 18314—2009)要求,对各项内容严格检查,确保准确无误,才能进行后续的平差计算和数据处理。

GPS 测量采用连续同步观测的方法,信息量大、数据多,是常规测量方法无法相比的;同时,采用的数学模型、算法等形式多样,数据处理的过程较复杂。在实际工作中,卫星定位的数据处理,一般均可借助相应的数据处理软件自动完成,随着定位技术的不断发展,数据处理软件的功能和自动化程度不断增强和提高。

GPS 数据处理基本流程如图 6-7-15 所示,包括数据的粗加工和预处理、基线向量计算和基线网平差计算,坐标系统转换或与地面网的联合平差等。数据的采集与实时定位在外业测量过程中完成;数据的粗加工和预处理一般采用随机配置的软件将接收机中的数据传输至计算机,进行预处理;基线数据处理可采用随接收机配备的软件,也可采用高精度数据处理专用的软件进行。数据处理软件应经有关部门的试验鉴定并经业务部门批准方能使用。

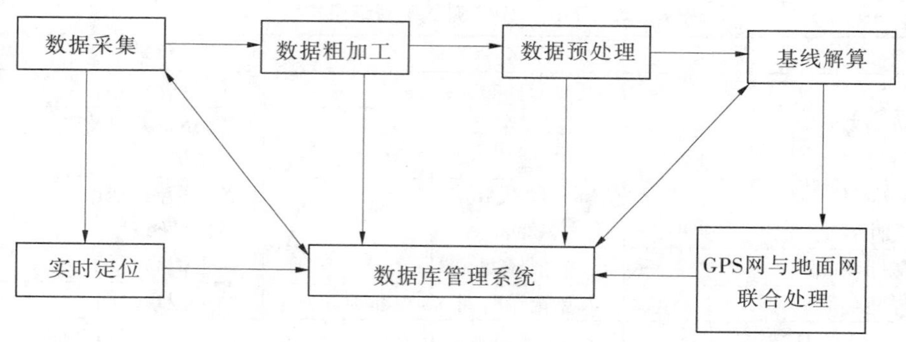


图 6-7-15　GPS 数据处理基本流程

# 模块8 管理与培训

## 8.1 技术管理

### 8.1.1 水文测站任务书编写

水文测站任务书狭义是测站水文业务任务书,是落实测站水文业务的基本文件,水文测站人员依据本站任务书组织生产和实施具体业务,业务质量管理者依据该站任务书检查和评价该站生产情况。原则上生产管理部门按年度组织编制包括测站一线人员参编测站任务书(或在编写过程中,上下协商沟通),形成确定的文件后,向测站通知颁发。测站按任务书将测验及管理业务分解到岗位落实实施。测站应组织学习测站任务书,要求各岗位的承担人员除熟悉本岗位的任务情况落实执行措施外,还应熟悉联系紧密的有关岗位的任务情况,知道本站各岗位的任务情况,有时还需在同一岗位安排一岗二岗人员以利于临时应变。站长或业务站长还应知道测区其他测站的任务。因此,水文测站任务书编写、学习和实施是一项重要的基础工作。

水文测站任务书的编写依据是测站设站目的、年度任务、技术装备等情况,还有与测验业务有关的技术标准、规范。编写之前应掌握相当多的有关测站生产、技术管理运行情况(需要时应专门调研),参阅历年特别是前两年度的测站任务书及其他测区的测站任务书。

目前,各地测站任务书由不同级别的管理机构组织编发,尚未形成全国性的测站任务书编写导则,下面以黄委中游水文水资源局编发的吴堡水文站的任务书为主要参考,介绍编写测站任务书的一般程式和内容提要。

#### 8.1.1.1 测站基本情况和测验总体要求(总则)

首先写明制订测站任务书的目的、目标,如将为使该站的水文资料成果质量符合新的技术标准,基本工作任务满足新形势下国家防汛和国民经济建设的要求等作为制订本任务书的目的、目标。

其次写明测站站名、所属流域水系和河名、测站行政位置、地理坐标、设站年月、测站沿革、集水面积、距河口距离等。

然后写明本站性质、地位、等级,如黄河吴堡水文站为国家基本水文站,国家重点水情报汛站,一类精度流量、泥沙站;为黄河干流控制站,控制吴堡断面以上黄河的水沙量变化,为全年驻测站等。

需要时可写汇流区即本站以上流域或与上游站之间区段的自然情况,如水系类型特点,流域或区域几何特征,下垫面地势、质地、植被情况,水利工程情况,水文气象概况及重要事件或特征值,社会人文情况等。还可以写明测站基本情况,如测验河段控制特性、断面布设、水文特征值、设施设备配置、人员组成等。

下面简写测报内容名目及要求，如测站各项目（水位、流量、降水、泥沙、水面比降、冰凌、水质监测等）观测、测验或拍报的次数、时间及办法，各种报表报送的时限、地点、方法和份数，各种测验资料的整理要求和时限，资料档案报表的管理方法，其他有关事项等内容。

总的要求写测报一律（一般）为北京时间；平水期、洪水期、畅流期、冰期的划分，洪峰标准，洪水实测流量控制变幅，流量单次质量合格率，水情拍报差错率的规定；合理布置测次，严密控制水沙过程，保证各级洪水测得到、测得准、报得出，杜绝缺测、漏测、缺报、漏报等事故的发生；强化质量管理，"随测随记随算随整理随分析"提高单次质量；认真做好资料整编工作，做到方法正确，成果合理、可靠，符合刊印标准；加强对水文规律的分析研究，加强测站特性分析，总结测报工作等。

8.1.1.2　**基础工作**

组织职工加强业务学习，开展岗位练兵、加强学规（范）练功（基本功）活动，进行考试或考核（次数），学习、考试或考核情况要有记录。

分析测站特性规律，特别是近几年的新情况，制订切实可行的测报方案（包括测报标准以内的各级洪水和超标准洪水测报方案）；修订单站预报方案、高水报汛曲线（同时套绘大断面），及时上报。组织洪水测报演习（次数）。

检查维修养护基础设施，包括水准点位的分布、等级的说明，高程数值校测的要求和校测后的保持和取新数值的规定；测验渡河设施设备（缆道、测船、机舟，各类仪器工具等）的维修养护要求和达到的水平；机电设备检修方法要求；实验室建设与仪器工具等配备补充要求。

安全生产，人身安全及测站安全防范要求，测站保护区巡查制度和实施办法；庭院美化，与驻地友邻和睦相处等。

8.1.1.3　**测报工作**

1. 降水、蒸发观测

降水、蒸发观测仪器工具的类型和适用的条件，检查维护的要求，降雨、降雪的观测段次和技术质量保证措施，资料整理，应急办法等。有些站还有管理辅导群众雨量站的任务，也要写明具体安排。

2. 水位观测

水位观测的仪器类型，在本站的分布，各适合的观测条件。人工观测水尺等在平水、洪水的观测段次和技术要求，资料整理等。保证自动仪器的正常运行和通信畅通，写明校测比测和订正要求，人工观测和仪器观测的配合，应急办法等。还要写清洪水期的时间控制和涨幅控制要求。总之，要以水位观测测次布设能测到完整的水位变化过程，满足计算逐日平均水位、推算各种水位特征值及流量等水文要素为目的来安排观测工作。

3. 流量测验

规定不同水流条件下的测验方法；平水、洪水期流速仪选点法测验垂线测点和断面垂线布置，测次和分布；浮标测验的断面借用和浮标系数采用，流量计算方法和要求；冰期测流的要求；其他测流方法的应用和要求等。注意如与基本断面、比降断面水位观测等同时测验项目的配合；年度大断面测量也常纳入流量测验项目一并安排。

4. 悬移质泥沙测验

结合仪器设备配备情况，规定输沙率测验的方法和年度平水、洪水期的测次和分布，采用选点法测验要规定垂线测点和断面垂线布置；规定单沙和相应单沙测验方法、掌控条件和控制过程的要求及采取时间；规定实验室处理泥沙样品的方法、时间；规定颗粒分析沙样的选取方法等；规定冰期、高含沙量等特殊情况时的测验方法。总之，悬移质输沙率测验测次布设的原则是，在单样含沙量测验的配合下，取得点绘单沙与断沙、单颗与断颗关系曲线所必须的和足够的实测点据；悬移质输沙率测验的目的是准确推算逐日输沙率、含沙量及各种输沙特征值。

5. 水文情报和本站预报

规定水情报告范围单位、内容和时期、时间，做到随测算、随整理、随分析、随发报，不错报、不漏报、不缺报、不迟报，严格执行拟报校核、发报校核、收报校核、转发报校核、收转报校核制度和水情室值班和交接班制度。出现较大水雨情时，应及时回答当地地方政府和防汛部门的询问，需要时并提供水雨情信息。非汛期出现特殊水情，应按汛期有关规定拍发水雨情报。明确水情报表填校和存档要求。

熟练掌握该站洪水预报方案，随时了解上游实时来水情况，注意总结经验教训，确保预报精度和合格率水平。根据上游水情，估计到达本站的洪水流量和时间，安排测验工作。

水文测报是水文站的基础业务，各站项目不尽相同，以上是一般水文站的基本测验项目，其他有关测报业务可根据性质和要求写入任务书。

#### 8.1.1.4　整编工作

1. 原始资料整理

原始资料整理与测验计算紧密结合，如规定三（四）等水准测量、水尺零点高程的测量，大断面测量必须随测随算随分析，不符规定时现场返工重测。校核、复核限时完成。水位观测、摘录资料随测（随摘）、随算、随点绘、随分析制度，洪水期、平水期校核完成时间，月统计、各日日平均水位计算及过程线校核、复核完成时间等。

规定流量测验资料要随测、随算、随点绘、随分析，发现问题时应查明原因，决定取舍。流量校核、复核平水期、洪水期完成时间等。年高水测次流量还应点绘于历年水位—流量、水位—面积、水位—流速关系曲线图上进行线型趋势对照。

规定悬沙达到规定沉淀时限后应及时分析处理，处理后的资料当即计算，随即点绘单沙过程线、单沙—断沙关系曲线草图检查分析，发现问题应查明原因及时处理，并将情况备注于记载簿中。校核、复核限时完成。年高沙测次还应点绘于历年单沙—断沙关系曲线图上进行线型趋势对照。

2. 中间、辅助性图表绘制

规定完成实测大断面成果编表、绘图及校核工作时间，大断面图中必须按规定标注集水面积、距河口距离、调查历史最高洪水位及其相应流量，实测最高洪水位及其相应流量，测量时水位、河床组成、图例、签名框等，并与上一年度汛前实测大断面图进行套绘，两岸部分变化较大时应在表下附注栏中予以说明。图中还要绘制同轴水位—面积关系曲线。

规定水位过程线标注流量测点和河干、连底冻符号;流量过程线在电算结果出来后及时点绘分析并标注流量测点符号;单沙过程线标注输沙率测次和颗分送样测点符号。水位—流量、单沙—断沙关系曲线工作草图应在平时随测算、随点绘、随分析中建立并在生产中使用,测验中存在的问题和曲线的走向应通过对工作草图的实时分析加以解决,在测验问题和曲线走向未解决之前,不得绘制成果图。同时规定初作、校核、复核、送上级审查完成时限。

各种整编说明书、水尺零点高程考证表,各种分析图表等在资料审查前完成并经过初作、校核、复核等手续。

3. 整编成果表编制

水位、流量、泥沙电算整编计算部分,在资料审查前,完成电算录入并经过初作、校核、复核 3 遍手续,完成上机计算并输出全部整编成果表,完成重点抽查和全部表面检查。水位、流量、泥沙电算整编综合制表部分,在资料审查前,完成各种成果表、摘录表、统计表和逐日冰流量表的底表编制并经过初作、校核、复核 3 遍手续,电算录入也经过 3 遍手续后上机计算并输出全部整编成果表,然后进行重点抽查、相互核对和全部表面检查。

降水量电算整编部分,在资料审查前完成面雨量对照检查和插补改正、电算录入并经过 3 遍手续、上机计算并输出全部整编成果表、重点抽查和全部表面检查。

在资料审查前,全部按规定要求检查各种整编成果表的附注、说明,必须符合规定要求。

在站整编成果必须符合现行有关规范、文件及补充规定。在站整编完成后,资料质量的定性标准应达到:项目完整,图表齐全;考证清楚,定线合理;资料可靠,方法正确;说明完备,规格统一;数字准确,符号无误。在站整编完成后,资料质量在成果的数字方面应达到:无系统性错误(连续数次、数日、数月或影响多项、多表的错误);无特征值错误;大错错误率小于 1/10 000,一般错错误率小于 1/1 000。

黄委中游水文水资源局要求吴堡水文站 1 ~ 9 月的资料在站整编工作 10 月 10 日前完成,10 月 12 日前将 1 ~ 9 月的推流本和流量、输沙率逐日表寄局技术科;12 月底前完成 1 ~ 9 月资料的审查工作;全年在站整编工作(含年终扫尾工作)次年元月底前完成;3 月底前完成全年资料的审查工作。

#### 8.1.1.5　资料档案报表管理

1. 水文资料管理

水文资料由专人保管,站内人员使用需履行登记手续,外部借阅由站长根据上级有关规定审批。

水位、降水等按月整理的原始资料由主管人负责平时的保管,次月 3 日必须将上月资料整理好完成相应手续后,移交给资料保管人;流量资料完成三遍手续后,由主管人按测次随时移交资料保管人;群众雨量站资料完成三遍手续后,由辅导人员随时移交保管人员;报汛底稿由主管人员负责装订、保管,每半年集中向保管人员移交一次,保存期限为 1 年,1 年后报站长批准销毁;其他中间、辅助性图表、整编成果表等可根据完成情况,随时移交保管人员。

2. 档案管理

测站记事簿,测站技术档案,测站设施设备档案,测站汛前检查档案,测站考证资料,水文调查资料,历年整编成果,测报方案,高水报汛曲线,上级下达的各种规范、文件、管理制度等测站重要且需较长时间保存的资料均属档案管理的范围。档案管理也由专人负责,任何人使用都必须履行借阅登记手续。测站记事簿一般由站长借阅并临时保管。有关测站的重要事项均应由站长负责记入簿中。站长更换时将测站记事簿交回档案管理人员。

属档案管理的资料必须统一建档登记入册。档案管理人员更换时,履行严格的清单签名移交手续并记入记事簿。未经建档登记,一般不得借阅。上级下达的技术文件、各种规范、规章制度等本站收到后应当即登记建档。

3. 报表管理

水文报表的管理由水文资料管理人员负责,使用报表的人员根据需要向报表管理人员领取,非工作需要不得随意拿用。报表管理人员每年根据本站用量向局领取。水文报表必须使用局统一印制的报表,不得自行制作或印制。水文报表更新或更换表式后,管理人员要及时换领新报表,不能再用旧的表式。

由于测站规模人员有差别,还有勘测局(队)组织多站生产,有些业务由勘测局(队)统一安排等情况,各地各站任务书内容模式不尽相同,上述介绍仅供参考。

#### 8.1.1.6　其他工作

若有测站考证、洪枯水调查、暴雨调查等项目,也应写明具体要求和实施方法。

总之,测站任务书是测站开展业务工作的直接基本依据,制订好文件是很重要的事情。这里仅结合案例作了介绍,着手其他测站特别是新站的任务书编写时,还要做好切合实际的工作。

### 8.1.2　水文测站业务检查的主要内容

目前,各地水文测站业务检查办法由不同级别的管理机构组织编发,尚未形成全国性的水文测站业务检查办法编写导则,下面根据了解的有关情况,提出水文测站业务检查的主要内容。

水文测站业务检查的主要内容与测站任务书有对应关系,任务书中规定的方法、测次、质量要求都是检查对应的目标内容。有的测站编写有业务检查办法,主要为自查或提供岗位互查,或提供业务站长及本站业务主管开展阶段检查及随时检查之指导。检查的方式方法一般有现场察看、测试,查阅资料,听取汇报,设置场景演示等。

编写测站业务检查办法前,应充分熟悉测站基本情况、人员编配、设施设备、任务目标、作业环节、质量要求等,然后进行系统构思、逻辑梳理,形成提纲。写法一般按测验项目或业务小组及岗位分类编写,先写大题再细化到作业的步骤。

现设某站以设施设备,降水、蒸发,水位观测、测流、测沙,内业报汛,资料管理与整编各为一岗位组,该站业务检查的主要内容可参考如下。

#### 8.1.2.1　设施设备

断面桩、杆、牌、点,水位基台、测井,码头,支架基础,缆索锚碇,气象(降水、蒸发)观测场,道路等维护完好程度检查;水准仪、经纬仪、全站仪等基本测量仪器的检查;基线,辐射杆点位间距,水准点,支架顶移位,缆索垂度,断面标志索牌等的测量和资料记载检查;测船,轮机,行车、吊厢类升降平台,供电线路,照明器具,电机等机电设备检查等。

#### 8.1.2.2　降水、蒸发

配备的降水、蒸发仪器器具包括记载传输系统是否完好,能否正常运行的检查;风速风向仪检查;运用过程的定期检查与故障检查排除;资料整理是否规范的检查;整编质量检查等。

#### 8.1.2.3　水位观测、测流、测沙

水温计、水尺、水位计及配套系统仪器检查,数据记载、整理、过程线绘制的检查,水位摘录与流量等配合检查,水位整编成果检查等。

测流计时、测距(起点距测量)、水深测量、流速测量、流量测量仪器检查,悬杆、悬索等起吊器具检查,浮标准备和施放设备运转检查,流量测验方式方法和实施过程检查,记载计算规范程度和质量控制检查,水位—流量关系曲线检查,各种有关图件绘制检查,整编成果检查等。

测沙采样器具、在线测沙仪检查;贮存运送水沙样器具检查;泥沙实验室仪器设备检查;泥沙测验方式方法和实施过程检查;记载计算规范程度和质量控制检查;单沙—断沙关系曲线检查;各种有关图件绘制检查;整编成果检查等。

水位观测、测流、测沙生产过程联系紧密,比如悬沙输沙率测验通常和流量测验一并进行,洪水测流时要在几处多次观测水位,要点绘水位—流量关系曲线,要分析流速和含沙量分布图等,有些数据共享互转,牵涉岗位人员较多,因此除本岗位检查外,要注重协调关系和检查耦合衔接环节。

#### 8.1.2.4　内业报汛

内业主要是完成外业记载计算未完成的后续计算(如输沙率记载计算表要待实验室完成含沙量测算后才最后完成等)和校核资料,要检查外业资料交接借还各环节手续,严防丢失。要检查数表资料数据的完善程度和质量水平,要检查图件曲线的绘制质量等。

报汛是测站平时使用资料较多的岗位,要注意交接手续检查。报汛业务本身是非常严格的作业,绘图查图、摘录数据、登记编发等环节务必细心检查;收到上游或其他测站发到本站的报汛资料,也要慎重处理及时报告负责人,注意或提醒检查后续环节,重要汛情,要特别注意,严防贻误大事。

#### 8.1.2.5　资料管理与整编

整理和管理资料的环节手续较多,一般一个阶段(如一月编月报时)或一场洪水后应梳理一次资料。

整编是平时不断关注测验成果,分阶段整理分析资料,然后年末到次年初集中力量完成在站整编的业务,要检查作业程序,检查处理有关问题的环节,要检查质量水平。前面降水、蒸发和水位观测、测流、测沙岗位也有整编成果检查的内容,与此岗位是配合的关系,应融洽合作,共同努力保证质量。

由于测站规模、人员多少有差别,还有勘测局(队)组织多站生产,有些业务由勘测局(队)统一安排等情况,上述内容仅供参考,但生产环节的质量管理是不可疏忽的。

需要指出,水文测验的操作环节是水文数据产生的原生物,后续应用和分析研究的资料由此传递或衍生,这里一旦粗放或出错,后面的质量就无保证。因此,应重视诸如水尺读数、测深杆直斜度和读数、测点定位、流速信号数和计时、取样容积测量等是否准确的现场旁站监理式自查和监查。

## 8.1.3　技术报告和科技论文编写提示

### 8.1.3.1　水文测站技术报告编写提示

报告适用于向上级机关汇报工作、反映情况、提出意见或者建议,答复上级机关的询问。报告属上行文,一般产生于事后和事情过程中。水文测站的业务基本属于技术生产试验,因此这里的上行报告主要是技术试验和技术总结报告。下面以年度技术生产总结的基本内容为背景,提示式的介绍技术报告一般编写方法。

首先写标题,如《××站××××年水文测报总结报告》。

其次写正文,应把握三点:第一点,开头概括说明全文主旨。将一定时间内各方面工作的总情况,如依据、目的,对整个工作的估计、评价等作概述,以点明主旨。第二点,主体是正文的核心,内容要丰富充实。将工作的主要情况、主要做法,取得的经验、效果等,分段加以表述,要以数据和材料说话,内容力求既翔实又概括。第三点,结尾要具体切实。写工作上存在的问题,提出下步工作具体意见。最后可以"请审阅"或"特此报告"等语作结束。

最后署名,关于报告署名和报告定稿时间,无封面时可写在标题之下,也可写在报告最后;有封面时,写在封面的下部。

编写水文测站测报总结报告要熟悉测站的生产过程和占有大量的基本素材,内容素材主要来自测站任务书、质量检查记录、技术会商和技术会议记录、岗位或个人业务报告,也可组织召开测站年度测报总结会听取情况介绍和研讨协商重要问题。写法上根据测站生产组织情况或年度任务实施过程特点,可按主要岗位或项目分节介绍全年各岗位或各项目的工作情况和业绩成果,也可按工作阶段如汛前准备、洪水测报、资料整编等叙述各阶段工作情况和业绩成果,有专门基建任务或专题试验研究项目等重要技术生产业务的应列为专节写出,典型事例或特殊情况或重要问题也应专节写出。报告中应整理出有关情况的图表,与文字叙述结合,以便加深理解。有的上级业务管理机构设计有专门的报告图表,可按要求编制。报告应注意总结经验、存在问题及教训,也可写出对下年度工作应抱的态度或需要上级解决的问题,以体现测报业务的连续性和可持续发展。

关于测站基本情况是否写,或是简写还是详写,与报告上报领导级别机构有关,如向熟悉测站情况的勘测局或水文水资源局上报,可简写或只写年度重要特殊情况,若考虑到报告继续上传,则应详写,以使不熟悉该测站情况的上级或本测区之外的机构有背景概念,易于理解报告的其他重要情况。

认为有必要时,也可写一个总体报告,再附录若干专门报告。专门报告应题目明确,内容集中。

### 8.1.3.2　科技论文撰写提示

凡对自然科学、工程技术科学领域的现象(或问题),运用概念、判断、证明和反驳等逻辑思维手段，进行分析、阐明自然科学的原理、定律和科学技术研究中的各种问题及成果的文章，都属于科技论文的范畴。科技论文建立在科学或试验的基础上，是一种具创新性的科学研究成果的记录，是进行成果推广和交流的手段，也是考核科技人员业务能力和学术水平的重要指标。它是人类知识宝库的基本单元，或为人类精神财富的一部分，并能为科学界有效地利用，对经济建设和社会进步起推动作用。

科技论文在情报学中又称为原始论文或一次文献，应按照各个科技期刊的要求进行电子和书面的表达。

从概念上说，科技论文应有理论性、创新性和科学性，概括起来论文分为理论型、试验型、描述型和设计型等四大类。理论型论文的重点在于理论证明和分析，有抽象的理论推导和运算，或对客观事物和现象的观测数据进行分析、综合、概括及抽象化，并通过归纳、演绎、模拟等过程，提出某种新的理论和见解。试验型论文的重点在于设计试验以及对试验结果的观察和分析。它也可分两种：一种是以介绍试验本身为目的，重在说明试验装置、方法和内容；另一种是通过对试验结果的分析和讨论，从而认识客观规律。试验型论文的正文结构主要是由试验报告的结构演化而来，并已形成一定约定俗成的格式，一般有“材料和方法”、“结果”和“讨论”等三部分。此三部分仍可作适当调整，其重点内容则必须对试验作说明和分析。描述型论文对研究对象进行描述和说明，向读者介绍新发现的某种客观事物或现象，论文的结构通常由描述和讨论两大部分构成。设计型论文是指对新产品、新工程等最佳方案进行全面论述的书面技术文件，一般由设计说明和设计图纸组成。其内容有理论或试验，也有设计的描述说明（包括图纸）。上述学术论文的“四分法”是相对的，理论型论文中也可能有描述，也会引用一些试验材料，试验型论文中也有必要的理论分析和描述；描述型论文也不是全无理论分析。但因研究目的手段不同，各有重点。当然，有些论文可能介于上述几类论文中间，这得看其如何归类。

水文业务中积累了较多水流泥沙分布规律等素材，可总结抽象模型或检验原有模型撰写理论论文；水文测验本身就有试验的意义，可以写成试验型论文的机会为多；水文测验可观测到许多水流泥沙现象，也可撰写描述型论文；工程建设、设备设计改造的典型也可写成设计型论文。处于生产前线的技术工作者，主要应以生产实践为撰写论文的基础和背景。

科技论文的格局，大致可分为提示部分、主体部分和备查说明部分。提示部分首先用简洁、恰当的词组写出题目，以显明的反映文章的特定内容。接着要署名作者，作者是指在论文主题内容的构思、具体研究工作的执行及撰稿执笔等方面的全部或局部上作出主要贡献的人员，能够对论文的主要内容负责答辩的人员，是论文的法定权人和责任者。接下来简明写出确切地记述论文目的、方法、结果、结论等具有文献意义重要内容的摘要。为了便于读者从浩如烟海的书刊中寻找文献，特别是适应计算机自动检索的需要，应在摘要后给出 3 ~8 个能反映文献特征内容，通用性比较强的关键词。

主体部分通常可先写引言（前言、序言、概述），简明介绍科技论文的背景（相关领域的前人研究历史与现状），本文著者的意图与分析依据，追求的目标，研究范围和理论、技术方案的选取等，主要回答“为什么”撰写本文这个问题。然后展开写正文，正文是科技论文的核心组成部分，主要回答“怎么研究”这个问题。正文应充分阐明科技论文的观点、原理、方法及具体达到预期目标的整个过程，并且突出一个“新”字，以反映科技论文具有的首创性。根据需要，论文可以分层深入，逐层剖析，按层设分层标题。科技论文写作不要求文字华丽，但要求思路清晰，合乎逻辑，用语简洁准确、明快流畅；内容务求客观、科学、完备，要尽量让事实和数据说话；凡用简要的文字能够说清楚的，应用文字陈述，用文字不容易说明白或说起来比较繁琐的，应由表或图来表达描述。物理量和单位应采用法定计量单位。后面写结论，结论是整篇文章的最后总结，主要是回答“研究出什么”。它应该以正文中的试验或考察中得到的现象、数据和阐述分析作为依据，由此完整、准确、简洁地指出：一是由研究对象进行考察或试验得到的结果所揭示的原理及其普遍性；二是研究中有无发现例外或本论文尚难以解释和解决的问题；三是与先前已经发表过的（包括他人或著者自己）研究工作的异同；四是本论文在理论上与实用上的意义与价值；五是对进一步深入研究本课题的建议。如果不可能导出应有的结论，也可以没有结论而进行必要的讨论。

备查说明部分主要是参考文献，它是反映文稿的科学依据和著者尊重他人研究成果而向读者提供文中引用有关资料的出处，或为了节约篇幅和叙述方便，提供在论文中提及而没有展开的有关内容的详尽文本。被列入论文的参考文献应该只限于那些著者亲自阅读过和论文中引用过，而且正式发表的出版物，或其他有关档案资料，包括专利等文献。

科技论文的写作一般可采用确定题目、收集整理资料、拟出提纲筹划轮廓、撰写初稿、回味斟酌研讨深化、反复修改定稿，达到主题突出，论点鲜明，结构严谨，层次分明。

## 8.2　技能培训

### 8.2.1　水文勘测工技能及培训特点

水文勘测工是依靠水文勘测技能知识，利用仪器设备，按照技术规程，实施水文要素测报、水文资料整编、水文调查和水文观测场地勘察测量的人员。为了保证和提高水文勘测工的业务技能水平，中华人民共和国人力资源和社会保障部、水利部共同组织有关专家，制定了《水文勘测工国家职业技能标准》（见本书附录），为水文勘测工职业教育、职业培训和职业技能鉴定提供了科学、规范的依据。本书就是与该标准配套的教材。按照水文行业业务特点，各级水文勘测工除等级培训受训外，还有围绕具体岗位和承担业务的学习任务。

从《水文勘测工国家职业技能标准》的要求和本书的内容看，水文勘测工的技能要求是很高的，内容是很丰富的。简略概括，水文勘测及水文勘测工技能有如下一些特点。

#### 8.2.1.1　水文勘测的项目类型内容涉及面较宽

从职业技能标准的功能和本书的大模块（篇级）考察，有降水量、水面蒸发观测，水位观测，流量测验，泥沙测验，水质取样，地下水及土壤墒情监测，测站水文情报水文预报，水文普通测量，水文调查及水资源评价，管理与培训，新技术推广，水文资料电算整编等。再细分内容就更多了，并且不断地拓展和发展。

#### 8.2.1.2　水文勘测的方法、设施设备及仪器类型等不但多且跨度大

以流速面积法流量测验为例，测量的要素就有起点距、水深、流速、流速偏角等。起点距测量的方法、设施设备及仪器器具有直接涉水尺量，测距仪直接测量，采用基线的经纬仪、六分仪测距，水文缆道测距，卫星定位测距等。水深测量的方法、设施设备及仪器器具有测深杆、测深锤、回声仪器等。流速测量的方法、设施设备及仪器器具有浮标法、机械流速仪、电磁流速仪、超声波流速法、ADCP 及 H－ADCP 等。水位、泥沙等项目测量的方法及仪器器具类型也很多。

仪器类型的层次跨度很大，如临水建筑物可以标划水尺观测水位，但雷达水位计采用了最新技术；古典原始的浮标称不上仪器，但 ADCP 可是当代的高新技术；取样、量积、烘干、称量是直观的悬沙含沙量测量方法，激光粒度仪分析泥沙粒度可是当代的高新技术等。从全国及全球看，水文勘测的方法、设施设备及仪器器具差别也非常大。我国水文测验条件复杂多样，技术方法和技术装备适用性和实际应用等不尽相同，新技术不断推进应用，老技术还在照常值班，技能标准制订和教材编写应当已经考虑了这些问题。

#### 8.2.1.3　水文勘测资料整理作业有分析研究抽象思维的成分

水文测验有测量和试验的含义，水流的流动多变使简单的重复测量难以实现，建立难测要素与易测要素的关系如水位—流量关系，建立非水文要素物理量与水位要素直观测量值的关系如含沙量测量仪器与取样测量值的关系（既有实用意义，也有检验作用），两种方法、仪器等测量同一物理量对比资料衔接联系的相关分析等用的很多。过程线也很常用，误差试验分析、质量控制研究几乎贯彻在各个方面。这些和此处未提及的更多内容都表明水文勘测的资料整理有分析研究的成分，初步进入抽象思维的表述描述领域。

#### 8.2.1.4　水文勘测技能需要广博宽泛的基础知识支持

为更有效的支撑上述水文勘测及水文勘测工的技能，需要学习的基础知识很多，普通基础知识不算，直接或技术基础知识就可列出不少，如水文学、气象学、水力学、水质污染与环境、机械、电力、电子、计算技术、计算机技术等都会用到。

水文勘测技师和高级技师具有水文勘测工培训教师的资格，应有广博的知识和丰富的实际经验，需要学习培训方案、教案编写的有关知识，训练直接担当教学的能力。本书在水文勘测技师和高级技师有关章节介绍了一些内容，要求在学好《水文勘测工国家职业技能标准》的前提下，在掌握必要业务技能的基础上，在了解测站或测区生产实施情况后，能承担相应培训任务。水文勘测技师承担培训的范围大致在测站和勘测队，高级技师承担培训的范围宜在地市级及省级测区。

水文勘测工等级培训受训分理论知识和操作技能两个方面，理论知识又分基础知识和技能相关知识两部分。具体培训受训有在教室按教材讲课、野外实际操作或仿真演练、内业整理资料作业实习等一般方式，在实际工作中还有更多更复杂的实际情况，应结合具体情况，做好水文勘测工培训工作。

另外，各单位实际生产组织和具体分工实施并不是按培训等级内容来确定和安排的，因此等级培训受训及培训教材只是按照一般工级级别要求提供学习知识技能的一种方式和载体，不可与各种关系及具体活动牵混，不能有我不是某工级，不担任不是该工级受训内容任务的思想。

### 8.2.2　水文测站业务学习和技能培训方案编写提示

水文测站业务学习和技能培训的目的和目标是满足本站业务生产对人力资源的要求,保质保量实施测站生产,完成业务任务。所以,不同于系统的业务培训,但应是普遍全面学习和岗位自学辅导以及兼顾等级升级学习。

方案的一般内容结构为目的目标、学习内容、方式方法、时间安排、督察考核等。

方案一般按年度编制,分全站人员学习和个人学习两方面。编写全站人员业务学习和技能培训方案,要熟悉本站业务,了解职工知识水平,应以测站任务书和测站业务检查办法为导引,从有关规范规程和手册及教材中选择内容。业务负责人定期召集大家分段通读测站任务书、测站业务检查办法,找出或指出与其相关标准、规范、规程的对应条文,然后要求各自自学,组织答疑讨论,加深理解,力求掌握并结合实际情况贯彻实施测站任务书,使测报成果达到应有质量。

个人方案主要结合年度岗位学习相关内容、演练相关业务。由个人写学习计划,记学习笔记,撰写学习心得,制订圆满完成任务的措施,设想可能的困难和克服的办法等。

等级升级学习方案主要按国家职业技能标准鉴定要求,学习配套教材相关内容。

上述各方案在充分讨论,比较完善后可以汇编公布,以使大家明确目标内容,努力学习,建设成为学习型的测站。

关于学习,还可考虑的方面提示如下:

(1)普遍学习和重点学习。水文测验的标准、规范和规程是实施生产保证质量的依据,体现着成熟的方法和做法,普遍学习应按种类、章节安排时间,由专人讲解,一起交谈理解,主要达到拓宽知识面,了解多种技能的目标。但标准、规范和规程又是对全国来考虑的,方法较多,因此应选择适合本区本站的内容重点讲解,共同讨论,肯定和发扬本站正确的做法,否定和改进不适当的做法。规范标准种类很多,本站常用的要详细学习,不常用的只作了解性学习。

(2)岗位自学和交流拓展。将各业务岗位自学计划纳入测站学习方案,督导岗位自学,选择时机由岗位现职人员向全站或相关紧密岗位人员交流学习心得体会,或提出疑难问题共同探讨解决的途径和办法。在技能方面还可实施岗位实习或岗位感受,这样,不但拓宽了岗位视野,也为岗位应急顶替储备了人力资源。

(3)在站升级学习主要靠自学,各级别的人员应制订有关学习计划,这类计划也可纳入测站学习方案,一同督导。测站可创造有利机会使之在较多适合级别等级的岗位学习实训,取得感受,帮助理解等级要求的系统知识。

(4)检查业务作业质量,总结出现的不符合规定的操作和记载计算的各类问题,整理后向学生集中讲解作业习题错误一样讲解研讨,是纠正错误,完善不足的很有效的方法,也应写进测站业务学习方案中。

(5)如有必要,也可写明考核内容和方法,如检查评比学习笔记,有普遍意义内容的出题答卷记分,某种业务作业竞赛,指定操作表演等。

### 8.2.3 业务培训实施

业务培训实施可以有两方面的认识，一是结合水文测站业务学习和技能培训方案安排学习，可根据学习的内容和进度编写习题和案例，督导检查，辅导实训；二是在有关机构组织下承担系统的业务培训教学，这种教学按指定的课程标准（大纲）和教材实施。系统培训教学要了解受训学员文化、等级、来源或工作地、承担过的主要业务等基本情况，以便针对大多数人员情况备课和组织教案。

现就系统培训教学的备课和教案编写予以提示。

备课主要是思索如何将知识技能向学习者怎么讲明白的过程，要求充分熟悉要讲的内容，本内容与已有知识的关联，可能遇到的知识障碍和克服办法，以往讲课的经验，容易接受的类同比喻例子，如何调动学习情绪等。编写教案一是依据课程标准（大纲），二是依据教科书（教材）；又要考虑学生的实际情况、教学的环境来掌握，不能完全依赖课程标准（大纲）和教科书，教案设计要灵活多样，注重实效。教案应当是教学思路的提纲性方案，撰写出来的教案也只是实施教学过程的一个骨架结构，不能将每一个想法、每一件事都写进教案中去。但教案中必须有教学内容（教学课题）、教学目标、教学重点、教学难点、板书设计（及演示文稿.ppt）、主要教学方法、教学工具、各阶段时间分配、教学过程、教师活动、学生活动、各阶段设计意图、课后评价与反思等内容。

设计完成一个教案的同时，在备课教师的头脑中就会形成一个完整的授课方案。在教学实施的过程中，会有许多的不定因素出现，要靠备课时准备充分，靠平时的知识积累，靠实事求是地真诚对待，要在课堂教学中展示出自己的特色来，不能出现任何的科学性错误。同时，要充分发挥出学习者的主观能动性。

下面以水文勘测工操作技能——中级工流量测验模块完成流速仪法流量测验记载计算表的记载计算为例，试写出参考教案。

培训题目：________站测深、测速记载及流量计算表（畅流期流速仪法）使用。

培训目的：掌握该表使用方法，能在实际测流中应用。

培训重点：表中数值的记载和计算。

培训难点：流速仪测点流速计算和由测点流速计算垂线平均流速。

讲解内容和程序：

（1）复习流速仪选点法流量测验实施过程，讲解流速仪流速计算公式结构和测验应用。

（2）复习选点法垂线平均流速计算方法。由于垂线较多，还要进行断面面积、流量等计算，要选择和统计特征值，要记载测验时间、天气、仪器型号等，并且资料要存档备查，引出应设计专门统一的记载计算表的意义。

（3）给出________站测深、测速记载及流量计算表（畅流期流速仪法），讲解表的总体结构。该表的结构分为标题、情况和条件、记载计算项目、统计项目、备注、责任人和测次号7个部分。重点讲解记载计算项目的关系，如起点距与间距的关系，水深与平均水深的关系，流速仪位置和测点流速的关系，垂线平均流速与部分平均流速的关系等。然后详细讲解每一栏目、项目等的记载计算填写要求。

(4)设计一两条垂线作示例,演示有关记载计算方法。重点指明,多点测验的测速垂线号、起点距、水深等只记载在该垂线第一测点的行,其他行不记;测点流速用流速仪流速计算公式计算;垂线平均流速由相应公式计算。

(5)设计仿真数据,由教师按测验过程场景读出如测深垂线号、测速垂线号、起点距、水深、按五(三、二)点法测流速、水面(0.2、0.6、0.8、1.0)流速信号数为××、时间×××秒……由受训学员听记填写在________站测深、测速记载及流量计算表(畅流期流速仪法)规定的栏目内,然后计算。

(6)抽查受训学员完成的记载计算表,讲解不完善或出错的地方,征询其他学员有否认为出错或拿不准的地方,再讲解。

(7)询问学员不明白的地方,共同探讨。

(8)简略总结所讲内容,加深认识。

(9)建议思考问题,根据本站的具体情况重新设计或简化________站测深、测速记载及流量计算表(畅流期流速仪法)。

总之,在教学方案的指导下,将有关内容(包括实训内容)组织成课时,按课时备课和编写教案,开展教学,实施培训。

教学的效果应使大多数学员能够理解原理,掌握方法,会在实际作业中应用。

# 第 7 篇　操作技能——高级技师

# 模块1　流量测验

## 1.1　试验作业与装备配置

### 1.1.1　浮标系数试验

浮标法测流是常用的流量测验方法之一，而浮标系数是影响浮标法测流成果精度的主要因素。因此，使用浮标法测流的水文站一般情况下都要开展水面浮标系数的试验与分析工作，以确定适用于本站的水面浮标系数。

#### 1.1.1.1　试验的一般要求

(1)水面浮标系数的试验，有条件进行比测试验的测站，应以流速仪法测流和浮标法测流进行比测试验；无条件进行比测试验的测站，可采用水位—流量关系曲线法和水面流速系数法确定浮标系数。浮标系数应根据应用需要，由断面流量除以断面虚流量，或由断面平均流速除以断面平均虚流速，或由断面平均流速除以中泓、漂浮物浮标流速计算而得。

(2)水面浮标系数的试验，关系曲线不应过多外延。应逐年积累资料，增大比测试验的水位变幅。高水部分应包括不同水位和风向、风力(速)等情况的试验资料，试验次数应大于20次。

(3)各种浮标法测流方案的浮标系数，应按测流方案分别进行试验分析。

(4)水面浮标系数的外延，当高水部分的浮标系数基本稳定时，可顺关系曲线趋势外延20%查用，浮标系数不稳定时，可外延10%查用；当浮标法测流水位超过浮标系数的允许外延幅度为10%～20%时，误差可能会随之增大，应根据测站特性，经综合比较分析，谨慎确定浮标系数。

#### 1.1.1.2　断面浮标系数比测试验

(1)开展比测试验时，浮标法测流的时间应尽量保证与流速仪法测流时间相一致。

用流速仪法测流得到的断面流量除以同时用浮标法测流得到的断面虚流量就是浮标系数。为了保证采用流速仪法测得流量与浮标法测得流量为同一水位下的流量，浮标法测流的时间应放在流速仪法测流时间的中间时段。若受条件限制而不能放在中间时段，应在多次试验中的涨、落水时分别交换流速仪测流和浮标法测流的先后次序，且交换的次数宜相等，以减小系统误差，提高浮标系数的精度。

(2)根据不同的试验方案，分别绘制浮标流速横向分布曲线查读虚流速，不得仅绘制一次多浮标流速横向分布曲线图，在其上反复查读不同试验(抽样)方案对应的虚流速。

断面浮标系数的试验，各有效浮标在横向上的控制部位，应和流速仪各测速垂线的布设位置彼此相应。根据不同的试验方案，也可从多浮标比测试验资料中抽取符合试验要求的有限浮标数,分别绘制浮标流速横向分布曲线,查读并计算断面平均虚流速。同时,从多测速垂线的比测试验资料中抽取与有限浮标数相应的流速仪有限测速垂线数,计算断面平均流速。用断面平均流速除以断面平均虚流速,即可以得到各种试验方案的浮标系数。

#### 1.1.1.3　中泓浮标系数和漂浮物浮标系数的试验

中泓浮标和漂浮物浮标一般用于高水期的流量测验,而且只有高水位时的浮标系数才适用于高水位时的流量测验。因此,中泓浮标系数和漂浮物浮标系数的试验,也应在高水期与流速仪法测流所选用的一种测流方案作对比试验,并可与断面浮标系数的试验结合进行。

洪水期间,由于漂浮物的类型很不一致,相应的系数也不相同。因此,要求漂浮物浮标系数的试验尽可能地具有广泛代表性。当其他时间用流速仪法测流时,如遇有可供选择的漂浮物,也可及时测定其流速,以补充试验资料的不足,有利于漂浮物浮标系数的分析。

高水期开展浮标系数试验比较困难,往往采用代表垂线进行浮标系数的试验分析。具体方法是,根据流速仪实测流量资料,建立 1 ~3 条代表垂线平均流速的算术平均值与断面平均流速的相关关系曲线,从中选择相关关系最好的曲线,参与建立该曲线的代表垂线就是我们要确定的代表垂线;在选用的代表垂线上,用流速仪施测垂线平均流速,并转换为断面平均流速,再分别按均匀浮标法、中泓浮标法(若干浮标)、漂浮物浮标法(若干浮标)分别施测浮标流速,并计算出相应的断面平均虚流速;用断面平均流速除以各相应的断面平均虚流速,分别得出代表垂线法的均匀浮标、中泓浮标、漂浮物浮标的流速系数。

采用代表垂线法试验得出的浮标系数,应与断面浮标系数或中泓、漂浮物浮标系数的试验成果一起进行综合分析。当变化趋势与测站特性相符时,可作为正式试验数据使用。高水期代表垂线位置随水位变动频繁的站不宜采用代表垂线法试验水面流速系数。

#### 1.1.1.4　多沙河流浮标系数试验

对于多沙河流,含沙量影响着垂线流速分布曲线的线型,进而改变了浮标系数的数值,是影响浮标系数的一个重要因素。因此,开展多沙河流浮标系数的试验,应同时施测单样含沙量。试验及应用时,根据含沙量、浮标流速、浮标系数之间的关系选用浮标系数,或者建立含沙量、水面流速、水面流速系数的关系,间接确定浮标系数。

#### 1.1.1.5　小浮标系数试验

小浮标系数试验应在流速仪测速允许最小水深或最小流速的临界水位处(时),选择无风或小风天气进行。试验时,在每条测速垂线上,同时用流速仪和小浮标分别施测垂线平均流速和浮标流速,重复施测 10 次。

每一次流速仪和小浮标的比测均可得出一个小浮标系数,重复比测 10 次得到 10 个小浮标系数,10 次的算术平均值即是该垂线的平均小浮标系数,全部垂线平均小浮标系数的算术平均值即是该断面的小浮标系数。

### 1.1.2　流速仪法流量测验Ⅰ、Ⅱ、Ⅲ型误差试验

#### 1.1.2.1　试验的一般要求

(1)为了保证流量测验误差试验的质量,试验应在具备人、财、物、技术等条件的试验

站开展。

(2)为了提高试验资料的代表性和效用,在高、中、低水位之间,分涨、落水段均匀布置试验测次,在水流较稳定的条件下开展试验。

(3)试验前,应收集试验河段的水道地形图、大断面图及已有的流速横向和纵向分布的资料;对专门配置的试验仪器进行详细检查,在一个阶段的试验结束后,应对流速仪进行检定;在试验过程中应观察和记载自然环境、仪器状况和人为因素等方面所发生的异常情况或其他影响试验的情况。

(4)试验期间,对于一类精度的水文站,水位变幅不应超过 0.1 m,对于二、三类精度的水文站,水位变幅不应超过 0.3 m。当水情变化急剧难以满足水位变幅要求时,可适当减少测量的重复次数或测点数或测速垂线数,在测验河段的几何特征和水力特征基本稳定的条件下,可将不同时间在水位相同或接近的条件下所做的试验,作为同水位条件下的重复试验处理。

#### 1.1.2.2　Ⅰ型误差试验

Ⅰ型误差是指由于测速历时不足,不能消除流速脉动影响,所引起的测点流速测验误差,一般称为测点流速的脉动误差,误差大小与测速历时的长短有关。

流速仪法Ⅰ型误差试验的一个目标,就是为了选择或验证既能保证测点一定测验历时时均流速的精度,又能有效缩短测验历时的最合适的测点流速测验历时。通常的试验步骤为:

(1)选择垂线。试验时,首先需要在测流断面内选择具有代表性的 3 条垂线(或 3 条以上垂线)。选择的一般原则是,一条垂线在断面中泓处,为水深最深垂线,另外两条按最深垂线水深的 0.3 倍和 0.6 倍水深选择。高、中、低水位都如此选择。

(2)确定测点。在每条测速垂线上取 2 ~ 3 个测点。取 2 个测点,位置一般在相对水深 0.2、0.8 处;取 3 个测点,位置在相对水深 0.2、0.6、0.8 处。特殊情况下,也有仅在相对水深 0.6 一点处开展试验。

(3)确定测速历时。测点测速时,应进行长历时连续测速。每一点的测速总历时一般为 2 000 s,水流条件允许时也可把测速总历时延长至 4 000 s,水位涨落变化较快时可减为 1 000 s。在一个测速总历时内,一般应控制水位涨落变化不超过断面平均水深的 1% ~5%。

(4)记录时段流速。在进行长历时连续测速过程中,如果使用机械转子流速仪,可每隔一个较短的时间段(称原始测量时段,一般为 10 s,精确记至 0.5 s,或用接近 10 s 的若干信号数的记录时段)观测一个流速,使测得的等时段时均流速的个数不少于 100 个。如果使用电波多普勒类间歇瞬时测速仪器,原始测量时段可以更小些,但总的测速历时不能小。

#### 1.1.2.3　Ⅱ型误差试验

Ⅱ型误差是指因垂线上测点数不够,不能完全控制流速沿垂线的垂向分布,所产生的垂线平均流速的计算误差。

流速仪法Ⅱ型误差试验,应根据已有的流速分布资料,选取中泓处的垂线和其他有代表性的垂线(5 条以上)作为试验垂线,在高、中、低水位级分别进行试验。浅水时用悬杆悬吊流速仪测速,深水用悬索悬吊流速仪测速。在每条垂线上的每次试验应符合表 7-1-1 所列的规定。

**表 7-1-1　Ⅱ型误差试验**

| 站类 | 各级水位试验测次(次) | 测时水位变幅(m) | 垂线上测点数(点) | 重复施测流速次数(次) | 测点测速历时(s) |
|---|---|---|---|---|---|
| 一类精度的水文站 | >2 | ≤0.1 | 11 | 10 | 100~60 |
| 二、三类精度的水文站 | >2 | ≤0.3 | 11 | 10 | 80~60 |

**注:**当二、三类精度的水文站不能满足上表规定时,可采用垂线上测 5 点,每点测速历时 50~30 s,在每条垂线上重复施测 8 次。

#### 1.1.2.4　Ⅲ型误差试验

Ⅲ型误差是指因断面上测速垂线数不够,不能完全控制流速沿断面的横向分布所产生的断面平均流速的计算误差。

流速仪法Ⅲ型误差试验,其测速垂线宜均匀布设,能控制断面地形和流速沿河宽分布的主要转折点,无大补大割。试验次数应在 20 次以上,并分布在高、中、低水位级。当一类精度的水文站,水位变幅不超过 0.1 m,二、三类精度的水文站水位变幅不超过 0.3 m 时,按表 7-1-2 的规定开展Ⅲ型误差试验。

**表 7-1-2　Ⅲ型误差试验**

| 垂线数目(条) | | 垂线平均流速施测方法 | 测点测速历时(s) | |
|---|---|---|---|---|
| $B>25$ m | $B<25$ m | 一、二、三类精度的水文站 | 一类精度的水文站 | 二、三类精度的水文站 |
| ≥50 | 按 $B/b$ 确定 | 二点法或一点法 | 100~60 | 60~50 |

**注:**1. $b$ 为垂线间距,为 0.5~1.0 m。

2. 当河宽 $B$ 大于 25 m 且水位变幅不能满足要求时,垂线数目可减至 30~40 条,测点测速历时可缩短至 30 s。

### 1.1.3　流量测验的误差分析

#### 1.1.3.1　流速仪法测流的误差来源与控制

1. 流速仪测流的误差来源

流速仪测流的误差来源应从直接测验及计算的要素考虑,主要有起点距定位误差、水深测量误差、流速测点定位误差、流向偏角导致的误差、入水物体干扰流态导致的误差、流速仪轴线与流线不平行使实测流速减小导致的误差、停表(或所用计时装置)的误差等。

2. 误差的控制

误差的控制方法应根据误差来源考虑或综合考虑,如测验期间多观察,防止渡河设备游移,确定定位位置;流速较大时,在不影响测验安全的前提下,应适当加大铅鱼重量,采用合适的鱼形,减小水阻力和阻力重力比,减小悬索偏角,使测深准确,控制流速仪稳定在测速点的预定位置;测船渡河宜使测船的纵轴与流线平行,并应保持测船的稳定;建立主要仪器、测具及有关测验设备装置的定期检查登记制度等。

#### 1.1.3.2　浮标法测流的误差来源与控制

浮标法测流的误差来源主要有以下几项:浮标系数试验分析的误差;断面测量的误差;由于水流影响,浮标分布不均匀,或有效浮标过少,导致浮标流速横向分布曲线不准;浮标流经上、中、下断面线时的瞄准视差(首先体现在计时上出现误差),浮标流经中断面时的定位误差;浮标运行历时的计时误差;浮标制作的人工误差;风向、风速对浮标运行的影响误差等。

浮标法测流常在洪水时实施,人为把握条件的可能性较小,控制误差较难。但应多试验分析浮标系数,在高水部分应有较多的试验次数;应执行有关测宽、测深的技术要求,并经常对测宽、测深的工具、仪器及有关设备进行检查和校正;加强借用断面的研究,使借用断面合理;制作的浮标形状尺寸标准统一;测验人员要合练,使测验作业配合好,信息通,计时定位准等。

#### 1.1.3.3　高洪流量测验的误差来源与控制

1.高洪流量测验的误差来源

高洪流量测验若用流速仪法和浮标法,误差来源同流速仪法和浮标法,同时包括下列内容:

(1)高洪期间,水位涨落率大,相对的测流历时较长所引起的流量代表性和相应水位误差。

(2)流速大,水流紊动强;测深、测速偏角甚大,测点位置不准且不易固定;缆道悬索负荷增大,引起变形、弹跳等一系列误差。

(3)高流速、高含沙量导致断面冲淤变化大,且有时借用水道断面,均引起较大误差。

(4)高洪时期浮标系数或水面流速系数难以试验,外延引起的误差。

(5)水面比降和糙率的不确定度大,且高洪时水位不易观测准确,糙率推算中受非恒定流的影响较大,导致较大流量误差。

2.高洪流量测验误差的控制

(1)进行高洪期单次流量测验各分项误差的试验分析,改进测验方法。

(2)充实补充高洪浮标系数、垂线流速分布形式、水面流速系数等试验。

(3)当采用比降—面积法测流时,可将整个测验河段分为上—中、中—下两段,进行河段流态分析。

(4)对一、二类精度的水文站,宜配置超声波测深仪,增加洪水期水道断面测次,减小借用断面带来的误差。

### 1.1.4　流量测验断面选择

#### 1.1.4.1　流速仪法测流断面的设置要求

(1)应选择在河岸顺直、等高线走向大致平顺、水流集中的河段中央,可与基本水尺断面重合。当需进行浮标法测流或比降水位观测时,可将浮标法测流中断面、比降断面与流速仪法测流断面重叠布设,配合应用。

(2)按高、中、低水位分别施测流速、流向。流速仪法测流断面应垂直于断面平均流向,偏角不得超过10°。当超过10°时,应根据不同时期的流向分别布设测流断面,不同时期各测流断面之间不应有水量加入或分出。

(3)低水期河段内有分流、串沟存在，且流向与主流相差较大时，分流、串沟宜分别垂直于流向布设不同于主流测流断面的测流断面。

(4)在水库、堰闸等水利工程的下游布设流速仪法测流断面，应避开水流异常紊动影响。

#### 1.1.4.2　浮标法测流断面的设置要求

浮标法测流除应选择在河岸顺直、等高线走向大致平顺、水流集中的河段中央设置上、中、下三个断面，分流、串沟可分别主流布设断面外，还应符合下列规定：

(1)浮标法测流的中断面宜与流速仪法测流断面、基本水尺断面重合。当有困难时，可分别设置，但两断面间不应有水量加入或分出。

(2)上、下浮标断面必须平行于浮标中断面并等距，且其间河道地形的变化小；上、下浮标断面的距离应大于最大断面平均流速的 50 倍；当条件困难时可适当缩短，但不得小于最大断面平均流速的 20 倍数。

(3)当中、高水位的断面平均流速相差悬殊时，可按不同水位分别设置上、下浮标断面。

### 1.1.5　流量测验仪器、设备

#### 1.1.5.1　铅鱼缆道测流的主要设备

(1)驱动设备。包括电动绞车、配电柜及交流变频技术设备等。

(2)信号系统。包括水深、起点距、流速、水面、河底信号的采集设备，信号传输接收设备、计时器等。

(3)控制设备与系统。手动、自动控制技术及设备，有条件的测站宜采用计算机测流控制系统。

(4)应用软件。测站应配置流量测验自动控制、记载、计算、分析处理等应用软件。

(5)悬吊测验设备。包括铅鱼、流速仪、流向仪等。

(6)照明设备。测站应配置满足夜间测验的照明设备，如特种探照灯等。

(7)图像监视系统。测站可配摄像头、变焦镜头、云台、控制器、监视器等设备。

#### 1.1.5.2　悬杆缆道测流的仪器、设备

河宽、流速较小河流的流量测验可按相关规范规定采用悬杆缆道。悬杆缆道主要设施设备除将悬索和铅鱼换为悬杆外，其他主要设备同铅鱼缆道测流的主要设备。

#### 1.1.5.3　水文缆车测流的仪器、设备

采用水文缆车测验的测站，可配置固定缆车或可升降缆车。水文缆车测流主要设备基本同铅鱼缆道测流的主要设备。其中，悬吊设备应配置缆车。采用升降水文缆车的测站应配置在缆车上操作的控制设备、电动设备、传动设备和电源等。

#### 1.1.5.4　机动船测流的仪器、设备

采用机动船测验的测站，应按表 7-1-3 所列机动测船分类及其设备配置主测船一艘，辅测船可按需配置。

表 7-1-3 机动测船分类及其设备配置

| 设备 | 大型 | 中型 | 小型 | 次小型 |
|---|---|---|---|---|
| 主机功率及船长 | 主机功率 > 300 kW,船长 > 25 m | 主机功率 150 ~ 300 kW,船长 15 ~ 25 m | 主机功率 75 ~ 150 kW,船长 10 ~ 15 m | 主机功率 <75 kW,船长 <10 m |
| 起锚机 | 机械或电动 | 机械或电动或人力 | 机械或人力 | |
| 副机 | >24 kW | 满足起锚、水文测验设备、夜间测验照明等用电需要 | | |
| 悬吊设备 | 电动绞车 1 ~ 2 套或电动绞车和吊、悬杆设备各 1 套 | | | 手动绞车或吊、悬杆设备 |
| 铅鱼 | 每套绞车配 2 ~ 3 个 | 每套绞车配 1 ~ 3 个 | 每套绞车配 1 ~ 2 个 | 每套绞车配 1 ~ 2 个 |
| 流速仪（含信号接收、计时仪器） | 每套悬吊设备配 3 ~ 5 架 | 每套悬吊设备配 2 ~ 4 架 | 每套悬吊设备配 2 ~ 3 架 | 2 ~ 3 架 |
| 计算机测流控制系统 | 每套悬吊设备 1 套 | | | |
| 流速测算仪 | 每套悬吊设备 2 个 | 每套悬吊设备 1 ~ 2 个 | 每套悬吊设备 1 ~ 2 个 | 备 1 ~ 2 个 |
| 流向仪 | 需要时可按标准规定选 1 ~ 2 种 | | 需要时可按标准规定选 1 种 | |
| 测深设备 | 配超声波测深系统 1 套或超声波测深仪 1 ~ 2 台,测深锤 2 ~ 4 个,测深杆根据需要配置 | | | 超声波测深仪 1 ~ 2 台,测深锤 1 ~ 2 个,测深杆根据需要配置 |
| 定位设备 | 六分仪、经纬仪、测距仪,必要时可配 GPS 或全站仪 | | | 六分仪、经纬仪、测距仪,必要时可配全站仪 |
| 通信设备 | 对讲机 2 ~ 3 对,多条测船测验时,可配备数据实时传输系统 1 套 | | | 对讲机 1 对 |

### 1.1.5.5 非机动船测流的仪器、设备

采用非机动测船的测站,应配置主测船一艘。辅测船可按需配置。流量测验设备除测船无主机、副机外,其他设备配备可参照表 7-1-3 中、小型测船配置,并可根据需要配备船用发电机。

#### 1.1.5.6　浮标流量测验的主要设备

(1)浮标投放器、计时器。

(2)采用电动驱动的测站应配置电动绞车设备。

(3)浮标定位设备采用交会法测定浮标的测站,可配经纬仪、平板仪等仪器,有条件的测站可配全站仪。

(4)通信设备应配对讲机 2 ~3 对。

#### 1.1.5.7　桥上测流的主要设备

桥测设备应配置机动或非机动桥测车。车上应有测流用的动力系统、机械系统、操作控制系统、信号系统、记录计算设备、测深仪器、铅鱼、流速仪、流速测算仪、无线通信设备等,夜间测验应配置照明设备。

#### 1.1.5.8　其他流量测验方法的设备

(1)超声波时差法测流设备。主要有超声换能器、水位计、测量主机、专用软件、传输接口、电缆、电源等。

(2)动船法流量测验设备。应按表 7-1-3 配置。采用 ADCP 测流的测站应配 ADCP 主机、罗盘、运动传感器、定位设备、计算机和专用软件等。

(3)堰槽法测流设备。采用堰槽法测流的测站应配备高精度水位计。

(4)水工建筑物法测流设备。采用水工建筑物测流的测站,应配备上、下游水位测量装置,闸门开启高度的测量装置及数据处理软件系统。

(5)比降—面积法测流设备。采用比降—面积法测流的测站,上、下游比降断面的水位观测应配备自记仪器。

(6)涉水测流设备。涉水测验时应配备测杆、流速仪、流速测算仪、自动记录装置等,测量人员应配备防水服等。

(7)电波流速仪测流设备。有条件的测站可配电波流速仪,实测水面流速。

(8)有流向测验任务的测站可选配机械式流向仪、磁感应式流向仪、海流仪等。

为方便起见,表 7-1-4 列出了水文测站流量测验主要仪器设备配置。

**表 7-1-4　水文测站流量测验主要仪器设备配置**

| 序号 | 仪器设备名称 | 单位 | 大河重要控制站 | 大河一般控制站 | 区域代表站 | 小河站 | 备注 |
|---|---|---|---|---|---|---|---|
| B.2 | 流量测验设备 | | | | | | |
| B.2.1 | 缆道设备 | 套 | √ | √ | √ | √ | |
| B.2.2 | 测船 | 艘 | √ | √ | √ | √ | 按实际需要配置 |
| B.2.3 | 水文绞车 | 台 | √ | √ | √ | √ | |
| B.2.4 | 浮标投放器 | 套 | 1 | 1 | 1 | 1 | |
| B.2.5 | 绞车控制装置 | 套 | √ | √ | √ | √ | |
| B.2.6 | 流速仪 | 架 | 5 ~10 | 4 ~6 | 3 ~5 | 3 ~5 | 按规范要求 |

续表 7-1-4

| 序号 | 仪器设备名称 | 单位 | 大河重要控制站 | 大河一般控制站 | 区域代表站 | 小河站 | 备注 |
|---|---|---|---|---|---|---|---|
| B.2.7 | 流速测算仪 | 台 | √ | √ | √ | √ | 按规范要求 |
| B.2.8 | 流向仪 | 架 | √ | √ | √ | √ | |
| B.2.9 | 铅鱼 | 只 | 2~4 | 2~4 | 1~3 | 1~3 | |
| B.2.10 | 超声波测深仪 | 台 | √ | √ | √ | √ | 按需酌增 |
| B.2.11 | 测距仪 | 台 | √ | √ | √ | √ | |
| B.2.12 | GPS | 套 | √ | √ | | | |
| B.2.13 | ADCP(声学多普勒流速剖面仪) | 套 | √ | √ | √ | | |
| B.2.14 | 计算机测流控制系统 | 套 | √ | √ | √ | √ | |
| B.2.15 | 探照灯 | 盏 | 2 | 1~2 | 1 | 1 | |
| B.2.16 | 岸标照明设备 | 套 | √ | √ | √ | √ | |
| B.2.17 | 电波流速仪 | 套 | √ | √ | √ | √ | 按需配置 |
| B.2.18 | 冰情观测设备 | 台 | √ | √ | √ | √ | |
| B.2.19 | 其他流量测验设备 | 台 | √ | √ | √ | √ | |

注:√代表按相关测验规范要求和测验工作需要设置,"数字"为必选项,"空格"为不选项;水文实验站测验设施按需建设。

## 1.2 资料分析与误差计算

### 1.2.1 流速仪法流量测验Ⅰ、Ⅱ、Ⅲ型试验误差分析计算

#### 1.2.1.1 Ⅰ型误差试验资料分析、计算

对于取得的Ⅰ型误差试验资料,先进行合理性分析,剔除原始流速测量系列中存在的不稳定趋势的资料,然后分别进行测点、垂线和断面的Ⅰ型相对标准差估算。

1.测点Ⅰ型相对标准差的有关计算

描述计算脉动误差有考虑和不考虑流速牵连影响的问题,牵连影响是指某一原始测量时段的流速自然存在或因测速仪器惯性而受其他原始测量时段流速的影响,物理成因比较复杂,数学处理常用所谓的自相关函数近似。下面分3种情况介绍测点Ⅰ型相对标准差的有关计算。

(1)不考虑流速牵连影响(或原始测量时段流速独立)的原始测量时段级误差按式(7-1-1)、式(7-1-2)计算。

$$\bar{v} = \frac{\sum_{i=1}^{I} v_i}{I} \tag{7-1-1}$$

$$S(t_0) = \sqrt{\frac{\sum_{i=1}^{I} \left(\frac{v_i - \bar{v}}{\bar{v}}\right)^2}{I - 1}} \tag{7-1-2}$$

式中　$t_0$——原始测量时段，s；

$v_i$——原始测量系列中第 $i$ 个 $t_0$ 时段的流速值，m/s，$i$ 为 $t_0$ 的序号；

$\bar{v}$——原始测量系列（$I$ 个）的算术平均值，m/s，$I$ 为 $t_0$ 系列的总数（样本容量）；

$S(t_0)$——原始测量系列各 $t_0$ 时段流速脉动（Ⅰ型）的相对标准差（%）。

（2）不考虑流速牵连影响（或原始测量时段流速独立）的原始测量时段级若干倍 $nt_0$ 的误差计算。

实用上，因试验的原始测量时段 $t_0$ 很短，和实际测速历时差距较大，常取原始测量时段级若干倍 $nt_0$（$n$ 取整数）的平均流速为误差计算单元，如原始测量时段为 10 s，而一般测速历时为 100 s，则取 $n=10$ 考察计算有关误差比较恰当。关于 $nt_0$ 的流速值系列，可考虑用"$1 \sim n, n+1 \sim 2n, 2n+1 \sim 3n, \cdots$"的原始测量分段接续模型，也可考虑用"$1 \sim n, 2 \sim n+1, 3 \sim n+2, \cdots$"的原始测量的滑动模型。

若规定 $j$ 为 $nt_0$ 的序号，各 $nt_0$ 的平均流速 $\bar{v}_{nt_0j}$ 用式（7-1-3）计算

$$\bar{v}_{nt_0j} = \frac{\sum_{n=1}^{N} v_{jn}}{N} \tag{7-1-3}$$

其中，$n$ 为各 $j$ 中 $t_0$ 的序号，$N$ 为 $n$ 的总数，$V_{jn}$ 是第 $j$ 个 $nt_0$ 中第 $n$ 个原始测量时段的流速，在每个 $j$ 中共有 $N$ 个 $v_{jn}$；作为全系列看，本式可以计算出 $J$ 个 $\bar{v}_{nt_0j}$（$J$ 为 $j$ 系列的总数）。

$j$ 个 $nt_0$ 平均流速对长历时连续测速平均流速的相对标准差 $S(nt_0)$ 用式（7-1-4）计算

$$S(nt_0) = \sqrt{\frac{\sum_{j=1}^{J} \left(\frac{\bar{v}_{nt_0j} - \bar{v}}{\bar{v}}\right)^2}{J - 1}} \tag{7-1-4}$$

式中　$j$——$nt_0$ 的序号；

$J$——$nt_0$ 系列的总数（样本容量）；

$\bar{v}$——由式（7-1-1）计算的原始测量系列（共 $I$ 个）的算术平均值，m/s。

（3）流速牵连影响的物理机制相当复杂，下面给出一种考虑流速牵连影响的原始测量时段级若干倍 $nt_0$ 的误差计算公式，可参考试用。

$$S^2(nt_0) = \frac{S^2(t_0)}{N}\left[1 + 2\sum_{j=1}^{J-1}\left(1 - \frac{j}{J}\right)\hat{\rho}(j)\right] \tag{7-1-5}$$

$$\hat{\rho}(j) = \frac{I-j}{I} \frac{\sum_{i=1}^{I-1} (v_i - \bar{v})(v_{i+1} - \bar{v})}{\sum_{i=1}^{I} (v_i - \bar{v})^2} \tag{7-1-6}$$

式中，$S^2(t_0)$是$(S(t_0))^2$的一种写法；$S^2(nt_0)$是$(S(nt_0))^2$的一种写法；$\hat{\rho}(j)$为时段位移原始测量系列$t_0$或其若干倍$nt_0$的流速脉动（Ⅰ型）的自相关函数，用于描述脉动牵连影响的自相关和惯性测速仪器（如机械转子流速仪前$t_0$的惯性会带到后$t_0$的测速）的自相关。

为了便于理解上述各式的应用，现设计一个流速脉动试验，大致以6 s间隔测量某点流速达到1 200 s，即取得200个流速数值系列$v_i$，编号为$i=1,2,\cdots,200(I=200)$，可以按式(7-1-1)计算出$\bar{v}$，按式(7-1-2)计算出不考虑流速牵连影响（或原始测量时段流速独立）的原始测量时段级的误差$S(t_0)$。

若使$n=5, nt_0=30$ s，考虑用"$1\sim n, n+1\sim 2n, 2n+1\sim 3n,\cdots$"原始测量分段接续模型，$j$为$nt_0$的序号，则编号为$j=1,2,\cdots,40(J=40)$，由各自$j$中已知的$v_{jn}$和$N=5$经式(7-1-3)可计算出$J$个$\bar{v}_{nt_0j}$，经式(7-1-4)可计算出不考虑流速牵连影响（或原始测量时段流速独立）的原始测量时段若干倍$nt_0$的误差$S(nt_0)$。

由已知的$v_i$、$I$经式(7-1-6)可计算出$\hat{\rho}(j)$系列；由式(7-1-2)计算出$S(t_0)$，将$n=5$和$N=5$、$J=40$、$j$系列编号、$\hat{\rho}(j)$系列等代入式(7-1-5)就计算出考虑流速牵连影响的原始测量($t_0=6$ s)时段5($n$)倍$nt_0=30$ s的误差$S^2(nt_0=30\text{ s})$或$S(nt_0=30\text{ s})$。

若使$n=5, nt_0=30$ s，考虑用"$1\sim n, 2\sim n+1, 3\sim n+2,\cdots$"的原始测量的滑动模型，$j=1,2,\cdots,195(J=195)$，同样可进行不考虑和考虑流速牵连影响的$S(nt_0)$。

2. 垂线Ⅰ型相对标准差的计算

垂线Ⅰ型相对标准差按式(7-1-7)估算

$$S_{ej}^2(nt_0) = \sum_{k=1}^{K} d_k^2 S_k^2(nt_0) \tag{7-1-7}$$

式中　$S_{ej}(nt_0)$——测点流速历时为$nt_0$的第$j$条垂线的Ⅰ型相对标准差(%)；

$K$——用以确定垂线平均流速的垂线测点数，$k$为其序号；

$d_k$——确定垂线平均流速时测点流速的权系数；

$S_k(nt_0)$——测点$k$处的流速历时为$nt_0$的Ⅰ型相对标准差(%)。

3. 断面Ⅰ型相对标准差的计算

断面Ⅰ型相对标准差按式(7-1-8)估算

$$S_e^2(nt_0) = \frac{1}{M}\sum_{j=1}^{M} S_{ej}^2(nt_0) \tag{7-1-8}$$

式中　$S_e(nt_0)$——当测点流速历时为$nt_0$时的断面Ⅰ型相对标准差(%)；

$M$——用以确定单次流量Ⅰ型误差的测速垂线数，$j$为其序号。

#### 1.2.1.2　Ⅱ型误差试验资料分析、计算

1. 分析计算

Ⅱ型误差用十一点法计算垂线平均流速，并把该值作为垂线平均流速的近似真值；按规范规定分别计算一点法、二点法、三点法、五点法等少点法的垂线平均流速；用少点法计算的垂线平均流速除以近似真值，得到相对平均流速；按下列公式估算流速仪法的Ⅱ型误差。

$$v_{r(i,j)} = \frac{\bar{v}_i}{\bar{v}_{11}} \tag{7-1-9}$$

$$\bar{v}_{r(i)} = \frac{1}{J}\sum_{j=1}^{J} v_{r(i,j)} \tag{7-1-10}$$

$$\hat{S}_i = \bar{v}_{r(i)} - 1 \tag{7-1-11}$$

$$\hat{\mu}_i = \frac{1}{N}\sum_{n=1}^{N} \hat{S}_{in} \tag{7-1-12}$$

$$S_{Pi}^2 = \frac{1}{N-1}\sum_{n=1}^{N} (\hat{S}_{in} - \hat{\mu}_i)^2 \tag{7-1-13}$$

式中 $\bar{v}_i$——少点法计算的垂线平均流速,m/s,$i$ 为少点法编号,如一点法、二点法、三点法、五点法等可分别对应为 $i=1$、2、3、5 等;

$\bar{v}_{11}$——同垂线 $j$ 次重复试验各十一点法计算的垂线平均流速的均值,m/s;

$v_{r(i,j)}$——第 $i$ 少点法同垂线第 $j$ 次重复试验垂线的相对垂线平均流速(%);

$J$——统计分析的同垂线重复试验总数;

$\bar{v}_{r(i)}$——同垂线第 $i$ 少点法重复试验的垂线相对平均流速的算术平均值(%);

$\hat{S}_i$——同垂线第 $i$ 少点法试验的Ⅱ型相对误差(%);

$\hat{S}_{in}$——第 $n$($n$ 为垂线编号)垂线第 $i$ 少点法试验的Ⅱ型相对误差(%);

$\hat{\mu}_i$——$N$ 条垂线($n$ 为垂线编号)第 $i$ 少点法试验Ⅱ型相对误差平均值,即已定系统误差(%);

$S_{Pi}$——第 $i$ 少点法试验Ⅱ型相对标准差(%)。

2. 一般规律

通常情况下,对于Ⅱ型标准误差来说,五点法的Ⅱ型标准误差较小,但垂线流速施测历时过长;一点法误差较大,必须通过适当增加垂线数的方法来减小误差;二点法的误差适中,历时较少,且能测得最大点流速,可作为常测法运用。对于Ⅱ型系统误差,高水位时较小,低水位时较大,且有正有负,因站而异,但普遍存在。

#### 1.2.1.3 Ⅲ型误差试验资料分析、计算

在对取得的试验资料进行分析计算时,采用已消除了不稳定因素的流速和相应水深,按平均分割法计算流量,作为流量的近似真值;对同一测次,根据断面形状和横向流速分布,确定对流量精度影响较大的垂线作为保留垂线,并按均匀抽取垂线的原则,根据实际需要精简一定数目的垂线,再计算流量(称为少线流量值);按下列公式估算流速仪法的Ⅲ型误差。

$$\hat{\mu}_{\mathrm{m}} = \frac{1}{I}\sum_{i=1}^{I} \left(\frac{Q_{\mathrm{m}}}{Q}\right)_i - 1 \tag{7-1-14}$$

$$S_{\mathrm{m}}^2 = \frac{1}{I-1}\sum_{i=1}^{I} \left[\left(\frac{Q_{\mathrm{m}}}{Q}\right)_i - \left(\overline{\frac{Q_{\mathrm{m}}}{Q}}\right)\right]^2 \tag{7-1-15}$$

式中 $\hat{\mu}_{\mathrm{m}}$——Ⅲ型相对误差平均值,即已定系统误差(%);

$I$——Ⅲ型误差试验总次数(次),$i$ 为序号;

$Q_{\mathrm{m}}$——少线流量值,$\mathrm{m^3/s}$;

$Q$——流量的近似真值,$\mathrm{m^3/s}$;

$S_{\text{m}}$——Ⅲ型相对标准差(%)；

$(\frac{Q_{\text{m}}}{Q})_i$——第 $i$ 个相对流量值(%)；

$\overline{\frac{Q_{\text{m}}}{Q}}$——$I$ 个相对流量值的平均值(%)。

## 1.2.2　流量测验试验报告编写

为了保证流量测验精度，满足测验目的，或为了验证某些水工程设计效果及有关河流的理论，需要在流量测验中开展专门的试验。这些试验包括浮标流速系数试验，流量测验Ⅰ、Ⅱ、Ⅲ型误差试验，流量精简试验，新仪器应用试验，测验方法比测试验，工程泄流试验，垂向流速分布理论试验等。开展专门的试验之前需要周密的计划，以确保试验的顺利完成。试验结束后，应认真总结，形成专题试验报告。

流量测验专题试验报告应有对试验全面总结的意义，前期的论证和方案要深化并简明阐述，试验开展情况要讲清楚，取得的资料数据要分析，要系统研究成果，明确结论，问题要提出，酌情提建议。编写题目宜简明，讲究描述方式方法的逻辑性，数据准确，文字贴切。各具体试验有其特殊性，现将一般的程式和内容提示如下。

### 1.2.2.1　试验目的、意义

只有那些目的明确、意义重要、可能产生显著效益(经济效益和社会效益)的试验才有开展的价值，也是试验项目得以立项的前提。因此，要阐述清楚流量测验试验开展的目的和意义，包括为什么要开展本试验，试验要达到什么目的，试验完成后可能产生什么样的经济或社会效益等。试验深化、扩大的目标和修正的目标也要论述充分。

### 1.2.2.2　试验的依据、条件

围绕试验目的，理清技术路线，明确试验依据。试验的依据一般包括法律法规、技术规范规定、上级主管部门下发的文件要求，以及本单位开展试验所具备的人员技术条件、设备资金条件、以前研究的基础，可资借用参考的资料成果等。

### 1.2.2.3　技术方案

该部分主要对技术方案进行描述和评价。

根据本单位现有的人员、技术、经济、物资等条件，编制科学可行的技术方案。编制的方案既要符合现实和适用等条件，又要体现技术先进的理念。为此，可能还需要进行大量的野外现场查勘，以及必要的技术调研等前期准备。

如果在试验过程中对技术方案有所修正，则在总结时还要说明方案的适合性和修订原因、情况、效果等。

### 1.2.2.4　人员、仪器等技术准备和试验安全生产措施保障

该部分主要是对所有技术准备和安全生产等工作进行系统全面的总结。

根据编制的技术方案，在组织开展试验之前，可能需要对人员进行必要的技术培训，对试验所用到的仪器设备进行检修维护和技术标定，购置补充器具，制作试验用图表等。

安全生产包括试验实施的全过程，既有人员的人身安全，也有贵重仪器设备的安全，还包括试验资料的安全和保密等。因此，在开展试验前应制订安全生产措施，可能还要配

置必要的安全防护设备。

#### 1.2.2.5 开展试验研究的情况

该部分主要说明试验开展的情况，试验过程中发现的问题与处理、资料取得情况等是需要重点阐述的内容。

在试验过程中或资料分析后可能会发现需要补充试验资料，故及时调整完善试验方案，达到最终满足试验目的的要求。这部分补充的试验情况及取得的成果也应一并写入开展试验研究的情况。

#### 1.2.2.6 试验资料分析评估

对试验取得的资料进行分析计算，评估它与试验目标的符合情况，并对本试验做出最终的结论性评价。该部分主要包括对资料分析方法的正确性、分析中所采用的技术指标等的论证与检验，以及资料的取舍利用情况、分析计算过程关键图表等内容。

#### 1.2.2.7 取得的试验成果

取得的试验成果既包括内容性的满足试验目的的结论性成果，特别是新发现性质的成果，也包括试验达到目的取得成功所形成的产品性的文字报告、有形产品、专利技术、人才培养等。同时，对试验过程中的影像图片文字实物等过程成果也要进行归类整理，对技术资料进行整编装印，一并作为试验成果资料。

#### 1.2.2.8 结论与建议

该部分主要是对本试验的过程和结果进行总结，对今后需要改进完善或继续深入试验研究的建议。

### 1.2.3 流量资料的考证、补缺和综合合理性检查

#### 1.2.3.1 流量资料考证、补缺

1. 资料考证

对于水位—流量关系曲线上的突出点，应通过检查原始流量记载计算表、绘制水位—面积及水位—流速关系曲线、调查测验过程中断面附近河岸及水流的异常情况及评估作业人员的综合技术素质等途径，确定影响该次实测流量的可能因素，最终决定对该次实测流量的取舍。

对于洪峰流量和当年最枯流量，也应该进行技术考证。

对于历史最大或最小流量的考证，按流量调查的有关方法进行。

2. 资料插补

对于缺测资料，如果缺测时间较短，应尽可能通过上、下游站或邻近站的资料对照等方法进行内插或借用，以使资料完整。对缺测资料的插补应在整编时加以说明。

缺测时间较长时不宜进行插补。

#### 1.2.3.2 流量资料的综合合理性检查

1. 上、下游洪峰流量过程线及洪水总量对照

1）检查图表

用洪水期上、下游逐时流量过程线及各站洪水总量对照表配合检查。将上、下游各站洪水期逐时流量过程线用同一纵横比例尺绘于同一图上。有支流入汇的河段，可将上游

站与支流站的流量按其洪峰传播到本站所需对应时间值相加合成，将其合成流量过程线绘入图中。

将上、下游各站选取的几次主要相应洪峰的洪水总量及其起止时间，分别列成对照表。当计算洪水总量时，一般不割除基流。截取洪峰时，注意使上、下游各站的截割点与洪峰传播时间相应。

2）检查内容

洪水沿河长演进，其上、下游过程线是否相应；洪峰流量沿河长变化及其发生时间是否相应合理；洪水总量是否平衡；河槽蓄水量与出水量是否大致相等。

2. 上、下游逐日平均流量过程线对照

利用逐日平均流量过程线图进行此项检查，其绘制方法与上、下游逐时流量过程线相同。

检查上、下游站流量变化是否相应。在作冰期流量对照时，应结合冰情记载进行。对冰期流量测次较少或冰情复杂、有流冰堆积、冰塞等现象引起回水时，要详细检查。

3. 月、年平均流量对照表检查

将上、下游干支流各站（包括引入、引出控制站）月、年平均流量汇列在一起，用水量平衡方法检查沿河水量变化是否合理。

当上、下游站区间面积较大或区间水量所占比重较大时，可根据区间面积及附近相似地区的径流模数来推算区间的月、年平均流量，并汇总列入。在降水量较多的月份，区间的月、年平均流量也可借用相似地区的降水径流关系推算。然后将上游站的流量与区间流量之和列入，与下游站比较。

有湖泊或水库时，将用流量单位表示的月、年容积变量列入，并将入湖或入库站流量与容积变量之差列入，与下游站比较。

用水量较大地区，可将水量调查成果列入，与上、下游比较。

4. 流量随集水面积演变图检查

流量随集水面积演变图能直观地反映出流量沿河长增减的规律，必要时可绘此图检查。

1）绘制方法

以各站的同步流量（年平均流量或年径流量、一个月或连续几个月的平均流量、洪水总量等）为纵坐标，集水面积为横坐标，点绘关系点，邻点用直线连接，多点总成呈沿集水面积增减的折线。

2）检查内容与作用

将历年同类曲线绘在同一图上，检查有无特殊变化情况；检查沿河长及区间水量增减情况，还可了解水量来源及各地区水量比例；比较各地区的径流深（或径流模数）变化。

5. 水库水量平衡检查

凡设有进、出库站，而进库站控制的面积占水库集水面积绝大部分（50%以上）的水库，可用水库水量平衡表进行对照检查。

1）水量平衡表的编制内容

（1）来水量。包括进库站径流量、区间径流量、库面降水量等。

(2)去水量。包括水库泄放径流量、库面蒸发量等。

(3)其他。水库容积变量(一般库容增加为正,减小为负)。

2)对照检查

(1)计算平衡差额。为来水量减去去水量再减去水库容积变量之差。平衡差额包括渗漏、库岸调节和测验误差、推算误差等。

(2)平衡差额通常有一定限度。若平衡差额数量较大或有其他反常现象,要深入分析原因。

3)月、年最大(最小)流量对照表检查

本表按测站自上游至下游(遇有大支流把口站插入)的顺序排列。月、年最大(最小)流量及出现日期分编两张表。检查时,可参照各站过程线,并考虑河段内水流传播规律。

必要时,绘制年径流深等值线图进行检查。

### 1.2.4　流量测验不确定度计算

流量测验成果应采用实测流量、总不确定度和已定系统误差三项数据表达。各类精度的水文站应每年按高、中、低水计算一次总不确定度和已定系统误差,并填入流量记载表中。

流量测验总不确定度由流量测验各分项的总随机不确定度和总系统不确定度构成。分项误差包括Ⅰ型误差、Ⅱ型误差、Ⅲ型误差、测深及测宽误差、仪器设备和其安装操作方法带来的误差等。不确定度可按需求设定置信水平和均方误差,一般设定置信水平为95%,取2倍均方误差为不确定度。

#### 1.2.4.1　已定系统误差计算

(1)流速仪法流量已定系统误差可按式(7-1-16)估算。

$$\hat{\mu}_Q = \hat{\mu}_m + \hat{\mu}_s \tag{7-1-16}$$

式中　$\hat{\mu}_Q$——流量已定系统误差(%);

$\hat{\mu}_m$——断面Ⅲ型误差的已定系统误差(%);

$\hat{\mu}_s$——断面Ⅱ型误差的已定系统误差(%)。

(2)均匀浮标法的已定系统误差,应采用流速仪法相应测流方案的Ⅲ型误差的已定系统误差($\hat{\mu}_m$)。

#### 1.2.4.2　流速仪法流量测验总不确定度计算

(1)总随机不确定度按式(7-1-17)估算。

$$X'_Q \approx \pm \left[ X'^2_m + \frac{1}{m}(X'^2_e + X'^2_P + X'^2_c + X'^2_d + X'^2_b) \right]^{\frac{1}{2}} \tag{7-1-17}$$

式中　$X'_Q$——流量总随机不确定度(%);

$X'_m$——断面Ⅲ型随机不确定度(%);

$X'_e$——断面Ⅰ型随机不确定度(%);

$X'_P$——断面Ⅱ型随机不确定度(%);

$X'_c$——断面流速仪率定随机不确定度(%);

$X'_d$——断面测深随机不确定度(%);

$X'_b$——断面测宽随机不确定度(%)；

$m$——由垂线分成的部分流量数目。

(2)总系统不确定度按式(7-1-18)估算。

$$X''_Q = \pm \sqrt{X''^2_b + X''^2_d + X''^2_c} \tag{7-1-18}$$

式中　$X''_Q$——流量总系统不确定度(%)；

$X''_b$——断面测宽系统不确定度(%)；

$X''_d$——断面测深系统不确定度(%)；

$X''_c$——断面流速仪率定系统不确定度(%)。

(3)总不确定度按式(7-1-19)估算。

$$X_Q = \pm \sqrt{X'^2_Q + X''^2_Q} \tag{7-1-19}$$

式中　$X_Q$——流量总不确定度(%)；

$X'_Q$——流量总随机不确定度(%)；

$X''_Q$——流量总系统不确定度(%)。

#### 1.2.4.3　均匀浮标法流量测验总不确定度

(1)总随机不确定度按式(7-1-20)估算。

$$X'_Q = \pm \left[ X'^2_m + X'^2_{kf} + X'^2_A + \frac{1}{m}(X'^2_L + X'^2_T + X'^2_b + X'^2_d) \right]^{1/2} \tag{7-1-20}$$

式中　$X'_Q$——流量总随机不确定度(%)；

$X'_m$——断面分布数(由垂线分成的部分流量数目)不足导致的随机不确定度，即相应于流速仪测流方案的Ⅲ型随机不确定度(%)；

$X'_{kf}$——浮标系数随机不确定度(%)；

$X'_A$——插补借用断面随机不确定度(%)；

$X'_L$——观测浮标流经上、下断面间距的随机不确定度(%)；

$X'_T$——浮标运行历时的随机不确定度(%)。

$X'_b$——断面测宽系统不确定度(%)；

$X'_d$——断面测深系统不确定度(%)；

$m$——由垂线分成的部分流量数目。

(2)总系统不确定度按式(7-1-21)估算。

$$X''_Q = \pm \sqrt{X''^2_b + X''^2_d} \tag{7-1-21}$$

式中　$X''_Q$——流量总系统不确定度(%)；

$X''_b$——断面测宽系统不确定度(%)；

$X''_d$——断面测深系统不确定度(%)。

(3)总不确定度按式(7-1-22)估算。

$$X_Q = \pm \sqrt{X'^2_Q + X''^2_Q} \tag{7-1-22}$$

式中　$X_Q$——流量总不确定度(%)；

$X'_Q$——流量总随机不确定度(%)；

$X''_Q$——流量总系统不确定度(%)。

# 模块2　泥沙测验

## 2.1　试验作业与装备配置

### 2.1.1　悬沙测验质量检查

实际技术业务工作中，检查、评估、指导、控制悬沙测验质量，一方面应以仪器、测验方法作为基础，以各种先验规律作检查，并把检查的信息反馈回去调整测验方法；另一方面是开展误差试验，评估和计算误差数值，总结作业方法，调整作业方案。实际上，两个方面联系很紧密，本节主要探讨前一方面的内容。

#### 2.1.1.1　从测验方法控制成果质量

1. 仪器检验

悬沙采样测验的仪器种类较多，瞬时的横式采样器仍在使用，瓶式、皮囊、调压等采样器用的也较多。对这些仪器首先要了解熟悉性能指标和适用条件，作必要的检查和试验，看它是否泄漏、是否能取到规定的容积、孔嘴是否滞流等。如使用皮囊采样器时，试验发现到临底高含沙、低流速状况和初冬水温较低时会滞流。还要检验对水流的干扰情况，进口流速系数是否符合规定等。发现横式采样器会泄漏，应检查是否是杂草夹在筒盖中或密封胶垫老化等。

自动或在线或现场测沙仪要熟悉原理，熟练操作，要明白率定状况与使用状况的差别等。

水样的实验室处理用的仪具也很多，同样要熟悉原理与操作。对商品仪具要按规定检验，曾经有人就发现比重瓶实际容积与标称容积不相符合。

现行的仪器自动化水平不高，人员操作对质量影响极大，人员的失误常常难以查找原因和不易弥补，因此要加强演练，质量检查时要单兵考验，强调责任心。

2. 测验方法

选点法要检查断面垂线、测点布置是否合理，数量是否符合规定，位置是否准确，采样器及其他测沙仪器是否按规定操作，现场记载是否及时准确，同时观测的项目是否配合得当等。

用积时式采样器进行等部分水面宽全断面混合法、等部分面积全断面混合法、等部分流量全断面混合法测验，可以提高效率，但为符合流量加权原理，有较严格的作业要求，要注意培训人员、加强指导，以保证质量。

3. 要试验研究单样测验方法

单样测验是控制过程的基本方法，但各站特性差异很大，没有统一的方法，要试验研究。在用多线测验时要注意垂线的分布，在用特定位置处的垂线测验时要考虑测点的分布,同时都要兼顾泥沙颗粒分析对水样的要求。黄河中、下游许多站因河床变化较剧烈,经过试验多采用等流量五线 0.5 或 0.6 一点法混合作单样就是反复试验的结果。

#### 2.1.1.2　由先验知识检查成果质量

作为水文泥沙测验的高级技师,理论学习和工作实践使我们获得了水文泥沙方面的一定的先验知识,用这些先验知识可以检查水文泥沙测验的质量。

1. 从悬沙的断面分布检查质量

点绘测点含沙量沿垂线的分布图,点绘垂线平均含沙量沿断面的分布图,由测点含沙量绘制断面含沙量等值线图等,同时绘制流速分布的对应图线,对比检查本次测验成果与本站特性是否一致。

2. 由过程线检查测次控制

绘制水位、流量、含沙量过程线,分析其相应情况,检查悬沙测次控制是否良好。

悬沙测次过程控制在洪水时特别重要,它的定量评定现行规范尚未明确规定。不过,按照一般"抽简法",我们可以在各站各类洪水过程安排很多测次计算洪水的总输沙量作为标准值,然后在能够控制洪峰形态的条件下精简测次计算洪水的输沙量,积累一定的资料后,分各类洪水评估测次误差,并且考虑测验条件,确定误差控制指标及相应的测次。

3. 单断沙关系检查

单断沙关系是检查测验质量的重要方法,如果单沙明显偏大或偏小,垂线上有可能是单样位置偏下或偏上,或多线时可能垂线位置不当。

4. 邻站输沙平衡对照检查

此法对于无加流减水和输沙量较大且河床稳定的河段,效果较好。对于冲积河床,由于有河床泥沙的冲淤交换效果较差,但用多年长期的资料平衡对照,且考虑河床演变,也会发现系统性问题。

实际检查后要综合分析,若属偏差,制订改进方案,反复试验,以提高质量。但有时会发现新的现象,黄河潼关断面高含沙量河道异重流现象就是综合检查分析时发现的重要现象:1975 年前在本断面历年的水文测验中,常常发现底层水流含沙量大于上层含沙量的几倍,甚至几十倍,单断沙关系图上也常出现明显偏离点,开始作为错误看待,后来采取有意增加垂线测点等加强测验的措施,并且在 1975 年的几场洪水中垂线用七点,以多的测点测沙测速,获得很好的资料,绘出悬沙断面分布的各种图线。典型的垂线含沙量呈板凳状分布,分析发现,这是渭河高含沙量水流潜入黄河低含沙量水流的分层流动现象,是河道里出现的异重流。这一成果不但为潼关站改进测沙方法提供了支持,也丰富了人们对河流泥沙的认识。

#### 2.1.1.3　通过误差评估检验和改进计算方法提高成果质量

后面我们要阐述这方面的内容,其实用价值不仅在于将信息反馈到改进测验的实施过程,就是其具体应用也可提高成果质量,如单断沙关系误差超过控制指标或检验通不过,多绘几条曲线改进后,成果质量会明显提高。改用适用性较好、精度较高的计算方法也会提高成果质量。

另外,应用"3$\sigma$ 规则"进行相关曲线检验也是发现错误的有效方法。

以上三个方面,我们用了"控制"、"检查"、"提高"三个词语表述它们对成果质量的作用,意义显然是不同的,控制在于减少失误,检查在于发现错误,提高在于限制误差。

需要指出的是,控制和评估具体测站的悬沙测验成果质量,全面熟悉或了解测站特性是基础,有了这个基础,才能使有关理论和方法产生效果。

## 2.1.2　悬沙测验误差试验

### 2.1.2.1　悬沙测验源误差的分类和标准值、被评估观测值的选取

悬沙测验的直接测量量较多,源误差主要是观测值和标准值的偏差,实际应用时标准值和观测值的试验选取是基础,下面按仪器性能、水流条件、计算方法等分类说明。

(1)与所用仪器工具有关的量,如水面宽 $b$ 和水深 $d$,测速仪器 $e$、取样仪器 $C_{yq}$。评估误差时将精度高、性能好的仪具获得的成果作为标准 $B_i$,常规仪器的相应成果作为观测值 $G_i$。

(2)水流、泥沙脉动量 $c$ 和 $C_{sI}$。评估误差时,把经过较长历时测量认为消除了脉动影响的时均值作为标准 $B_i$,把某种常规历时观测的时均值作为观测值 $G_i$。

(3)垂线测速、取样方法及计算规则影响的量 $P$、$C_{s\text{II}}$,断面测速、取样垂线布设及计算规则影响的量 $F_m$ 和 $C_{s\text{III}}$(或 $f_n$)。将控制了变化趋势的垂线多点法和断面多线法的测算结果作为标准值 $B_i$,把相应垂线其他方法和断面较少垂线测算的成果作为观测值 $G_i$。

(4)泥沙水样实验室处理的影响量 $C_{cl}$。将精度较高的仪器、方法处理的成果作为标准量 $B_i$,常用仪器、方法处理的成果作为观测值 $G_i$。

各因素量的试验可分项进行逐步开展,在积累了样本所需数量的资料后,统计分析各种条件下的源误差指标值,并随着样本的扩大和减小误差,提高精度措施的采用,更新源误差指标值直至稳定。这是一个渐进、改进和提高的过程,应成为测站的经常性业务。也可选择代表性测站专门从事试验,成果供同类测站借用。

### 2.1.2.2　悬沙测验含沙量Ⅰ、Ⅱ、Ⅲ型误差试验

1. Ⅰ型误差试验

Ⅰ型误差为垂线上单点取样的有限历时所引起的脉动误差。Ⅰ型误差试验,应在不同水位与含沙量级时,在中泓、中泓边和近岸边不同位置的0.6相对水深处实施,收集各种条件下的30组资料。使用瞬时仪器的,间歇连续取30个样品作为一组,各观测样品含沙量值作为观测值 $G_i$,组平均含沙量值作为标准值 $B_i$。使用悬沙仪器的,宜调整测试间歇周期为1(或2、5) s,连续测试不少于300 s,按60 s或100 s滑动计算的含沙量平均值作为观测值 $G_i$,不少于300 s平均含沙量值作为标准值 $B_i$。如测试间歇周期为1 s连续测试为300 s,滑动计算含沙量是在300 s的含沙量值排序中取第1~60或1~100、第2~61或2~101、第3~62或3~103,…,第241~300或201~300多组计算的含沙量平均值作为观测值 $G_i$;如测试间歇周期为2 s连续测试为300 s,滑动计算含沙量是在300 s的含沙量值排序中取第1~30或1~50,第2~31或2~51,第3~32或3~53,…,第121~150或101~150多组计算的含沙量平均值作为观测值 $G_i$。使用悬沙仪器测试获得的统计结果,可供积时式取样仪器Ⅰ型误差参考。

2. Ⅱ型误差试验

Ⅱ型误差为有限取样点数和计算规则所引起的垂线平均含沙量的误差,也称简化垂

线取样方法分析的误差。试验可按下列方法进行：

(1)在水沙变化较平稳时,应收集各级水位,包括中泓、中泓边与近岸边的不少于30条垂线的试验资料,试验应采用七点法或五点法同时测速,各点取样两次,取其均值。一类站各点水样应分别作颗粒分析,加测水温。

(2)一、二类站用七点法(水面、0.2、0.4、0.6、0.8、0.9、近河底)公式,三类站用五点法公式计算垂线平均含沙量作为近似真值,与三点法、二点法及各种垂线混合法比较,计算误差。一类站还应根据颗分资料计算床沙质粒径组的垂线平均含沙量近似真值,并分析误差。七点法可按式(7-2-1)计算垂线平均含沙量

$$C_{h7}=[v_0C_0+2v_{0.2}C_{0.2}+2v_{0.4}C_{0.4}+2v_{0.6}C_{0.6}+1.5v_{0.8}C_{0.8}+(1-5\eta_b)v_{0.9}C_{0.9}+(0.5+5\eta_b)v_bC_b]/[v_0+2v_{0.2}+2v_{0.4}+2v_{0.6}+1.5v_{0.8}+(1-5\eta_b)v_{0.9}+(0.5+5\eta_b)v_b] \tag{7-2-1}$$

式中,$v$、$C$分别为流速和含沙量符号,下脚注的小数表示从水面起算的相对水深位置点;$\eta_b$为从河底起算的近河底测点的相对水深,$v_b$是$\eta_b$的流速,$C_b$是$\eta_b$的含沙量;数字7是垂线测点数。

(3)采用积深法时,开展积深法与七点法或五点法的比测试验,积累资料,分析积深法的测验误差。

3. Ⅲ型误差试验

Ⅲ型误差为有限垂线数目和计算规则所引起的断面平均含沙量的误差,也称精简垂线数目分析的误差。试验可按下列方法进行：

(1)在水沙变化较平稳时,应收集各级水位、各级含沙量的30次以上的二点法(宜为0.2、0.6)或一点法(宜为0.6)或积深法的多垂线资料,每条垂线同时测速。一类站各垂线应分别作颗粒分析,加测水温。Ⅲ型误差试验垂线数目可按表7-2-1的规定布设。

表7-2-1　Ⅲ型误差试验垂线数目

| 河宽(m) | <100 | 100~300 | 300~1 000 | >1 000 |
|---|---|---|---|---|
| 垂线数 | 10~15 | 15~20 | 20~25 | 25~30 |

(2)按本书操作技能——高级工中的式(5-4-14)等计算断面输沙率和平均含沙量的近似真值。然后按等部分流量的原则精简垂线数目,重新计算断面平均含沙量和评估误差。

(3)断面多垂线混合法同样可按照上述方法开展精简垂线数目的Ⅲ型误差试验。

### 2.1.2.3　悬沙颗粒分析Ⅱ、Ⅲ型误差试验

(1)一、二类站开展七点法(水面、0.2、0.4、0.6、0.8、0.9、近河底)试验,收集试验资料后,可用式(7-2-2)计算垂线平均颗粒级配作为近似真值,并与简化的取样方法计算的垂线平均颗粒级配比较,进行误差分析。

$$P_{h7i}=[P_{0i}v_0C_{0.0}+2P_{0.2i}v_{0.2}C_{0.2}+2P_{0.4i}v_{0.4}C_{0.4}+2P_{0.6i}v_{0.6}C_{0.6}+1.5P_{0.8i}v_{0.8}C_{0.8}+(1-5\eta_b)P_{0.9i}v_{0.9}C_{0.9}+(0.5+5\eta_b)P_{bi}v_bC_b]/[C_0v_0+2C_{0.2}v_{0.2}+2C_{0.4}v_{0.4}+2C_{0.6}v_{0.6}+1.5C_{0.8}v_{0.8}+(1-5\eta_b)C_{0.9}v_{0.9}+(0.5+5\eta_b)C_bv_b] \tag{7-2-2}$$

式中，$P$ 代表颗粒级配，其他符号意义同式(7-2-1)。

(2)一、二类站按悬沙测验含沙量Ⅲ型误差试验的规定开展试验，收集试验资料后，可用式(7-2-3)计算断面平均颗粒级配作为近似真值，并与精简垂线数目后重新计算的断面平均颗粒级配比较，进行误差分析。

$$\overline{P_i} = \frac{(2q_{s-0} + q_{s-1})P_{ih-1} + (q_{s-1} + q_{s-2})P_{ih-2} + \cdots + (q_{s-(n-1)} + 2q_{s-n})P_{ih-n}}{(2q_{s-0} + q_{s-1}) + (q_{s-1} + q_{s-2}) + \cdots + (q_{s-(n-1)} + 2q_{s-n})} \quad (7\text{-}2\text{-}3)$$

式中，$P$ 代表颗粒级配，脚注为颗粒分级和垂线序号；$q_s$ 为垂线间输沙率，脚注为垂线序号。

#### 2.1.2.4　Ⅰ、Ⅱ、Ⅲ型误差试验的有关说明

Ⅰ、Ⅱ、Ⅲ型误差试验分析的水文测验目的是在限制一定误差的要求下，尽可能减少单次悬沙测验的工作量(时间短点、测点少点等)，以提高效率或适应洪水等水沙变化很快时期需要的快速测验，通常也称为精简分析。

精简分析的基本思路是，以精密测试的输沙物理量结果为标准，以有效精简的方法重新计算相应输沙物理量，检验后者对前者的误差。精简成果的应用是在控制误差的前提下，用精简合适的方法代替精密测试的方法。试验要求在不同水沙条件下都能开展，以便掌握更多情况，适应范围宽些，代表性好些。但对同一次试验应尽可能在水流平稳条件下进行，以保证测验过程的物理量的平衡逼真。

可见，Ⅰ、Ⅱ、Ⅲ型试验收集的数据资料不是对同一物理量重复观测的结果数值，以后的统计分析是对绝对量并不相同的观测值相对误差的综合，是根据河道水流易变性而选择的衡量办法，是表征测站观测精度的一种统计特征。

从测站管理和研究方面看，各试验收集到30次资料即可进行误差统计计算，以后逐步开展试验积累资料，扩大样本容量，重新计算和检验修正误差成果。当资料增加后，误差统计值会变化，但资料相当多后应趋于稳定。

如果因为某种条件的影响(如含沙量级差较大或沙源不同等)，使误差统计值出现明显分离，可分别组成系列统计计算误差，以掌握不同条件下的误差情况。

#### 2.1.2.5　我国《河流悬移质泥沙测验规范》(GB 50159—92)主要源误差控制指标的试验推求

我国在编写《河流悬移质泥沙测验规范》(GB 50159—92)时曾安排做了大量试验，推求了主要源误差的控制指标，情况如下：

1. 仪器误差

仪器的随机误差，是当采样器处于标准工作状态下同世界气象组织推荐的USP61型参证仪器进行比测而得出的统计误差。1986～1988年，在长江朱沱站和黄河潼关站，对我国常用的7种采样器进行比测，取得数千数据，含沙量范围为0～200 kg/m³。分析确定，对于积时式采样器，一、二、三类站随机误差(统计标准差)的控制指标分别为5.0%、8.0%、10.0%，置信水平为95%的不确定度(约为统计标准差的2倍)分别为10.0%、16.0%、20.0%，系统误差分别为1.0%、1.5%、3.0%。

2. $C_{sI}$型脉动误差

根据长江、湘江、黄河等18个水文站采用横式采样器试验的脉动资料，点绘取样次数

$n$与相对标准差的关系曲线,求得平均关系为:多沙河流黄河支流6个站$m=2.2/\sqrt{n}$,黄河干流2个站$m=3.4/\sqrt{n}$;少沙河流长江10个站$m=10.0/\sqrt{n}$;18站平均为$m=(2.2\times6+3.4\times2+10.0\times10)/[(6+2+10)\sqrt{n}]=6.6/\sqrt{n}$。其意义可理解为,平均来看,偶然一次测沙取样的脉动误差为6.6%,置信水平95%的不确定度(约为统计标准差的2倍)为13.2%,若重复取样$n$次,则不确定度为$13.2/\sqrt{n}$。

3. $C_{s\text{II}}$型垂线误差

1982~1986年,先后在黄河、辽河、都江10个站用八点法或七点法进行垂线测沙试验,共取得近500条不同含沙量级垂线资料,同时收集了长江干流4站1959~1974年七点法和五点法测沙概化垂线资料625条。通过精简测点分析,以二点法或三点法可以达到的精度为参考,一、二、三类站随机误差(统计标准差)的控制指标分别为6.0%、8.0%、10.0%,置信水平为95%的不确定度(约为统计标准差的2倍)分别为12.0%、16.0%、20.0%,系统误差分别为1.0%、1.5%、3.0%。

4. $C_{s\text{III}}$型断面布线误差

1982~1985年在黄河、长江10多个站进行了$C_{s\text{III}}$型断面布线误差试验,在断面按流速、含沙量转折变化布设不少于50条测速垂线,不少于25条测沙垂线,共取得140站次资料,按5、10、15、20、25条等部分流量法抽取计算悬沙物理量,经分析确定,一、二、三类站随机误差(统计标准差)的控制指标分别为2.0%、3.0%、5.0%,置信水平为95%的不确定度(约为统计标准差的2倍)分别为4.0%、6.0%、10.0%,系统误差分别为1.0%、1.5%、3.0%。

### 2.1.3　悬沙测验单沙取样代表性分析

悬沙测验单沙取样代表性分析的目标是建立点据密集、误差较小、线性稳定、换算系数接近1的单沙—断沙关系。通常要求,采用单沙—断沙关系的站,取得30次以上的各种水沙条件下的输沙率资料后,应进行单样取样位置分析。在每年的资料整编过程中,应对单样含沙量的测验方法和取样位置,进行检查、分析。

#### 2.1.3.1　断面比较稳定,主流摆动不大的站

应选择几次能代表各级水位、各级含沙量的输沙率资料,绘制垂线平均含沙量与断面平均含沙量的比值$C_h/\overline{C}_s$横向分布图,在图上$C_h/\overline{C}_s$值等于1处附近,确定一条或两条垂线,作为单样取样位置,由此建立单沙—断沙关系曲线,进行统计分析。一类站相对标准差不应大于7%,二、三类站不应大于10%。$C_h/\overline{C}_s$值等于1的位置在断面可能有多处,在分析时应选取不同位置作比较,以选择最合适的位置。单样取样垂线的测点数目和位置同原分析资料应一样。

#### 2.1.3.2　断面不稳定,主流摆动大,无法固定取样垂线位置的站

可在中泓处选2~3条垂线,或用取样垂线不多于5条的全断面混合法等作为单样取样方法,建立较稳定的单沙—断沙关系曲线并进行误差分析;实际单样取样垂线的测点数目和位置应同原分析资料的单沙方法一样。等流量五线0.6相对水深取样混合的单沙就属本法。

#### 2.1.3.3　单样取样断面与输沙率测验断面不一致

应在输沙率测验的同时，在单样取样断面上选几条垂线取样，分别处理，进行误差分析。

#### 2.1.3.4　单样含沙量测验方法，各级水位应保持一致

如为复式河槽，需要在不同水位级采用不同测验方法和调整垂线位置时，应经资料分析确定并明确规定各种方法的使用范围。

#### 2.1.3.5　高含沙量水流或实践证明悬沙分布均匀的情况

可在水边适当位置测取单样。高含沙量水流一般是指含沙量达到 200 ~ 400 $kg/m^3$ 以上具有非牛顿流体特性的水流，通常断面含沙量分布很均匀。

#### 2.1.3.6　兼顾泥沙颗粒分析要求

单样测验应兼顾泥沙颗粒分析单断颗级配关系的要求。

### 2.1.4　泥沙测验技术装备配置

#### 2.1.4.1　悬移质泥沙测验技术装备

悬移质泥沙测验技术装备一般有采样器和测沙仪两种。用测船测验的测站每船应配 3 ~ 5 个瞬时式采样器，配 2 ~ 4 个积时式采样器（可选择瓶式采样器、调压积时式采样器、皮囊积时式采样器、泵式采样器）。用缆道测验的测站配 3 ~ 6 个具有无线遥控装置的瞬时式采样器，配 3 ~ 6 个积时式采样器。各站宜积极配置 2 ~ 3 套悬移质测沙仪。

处理悬移质泥沙水样的测站，泥沙室仪器设备配置见表 7-2-2。

表 7-2-2　× × 测站泥沙室仪器设备配置

| 序号 | 设备名称 | 数量 | 备注 |
|---|---|---|---|
| 1 | 烘箱 | 1 ~ 2 个 | 具有温度表、调温、保温、排气等装置；烘箱的温度应能保持在 100 ~ 110 ℃ |
| 2 | 烘杯 | 20 ~ 50 个 | |
| 3 | 分沙器 | 1 ~ 2 个 | |
| 4 | 量杯 | 2 ~ 5 个 | |
| 5 | 天平 | 1 ~ 2 台 | 可选用电子天平或机械天平 |
| 6 | 水样桶（瓶） | 50 ~ 200 个 | 满足 5 次输沙率测验要求 |
| 7 | 比重瓶 | 2 ~ 5 套 | |
| 8 | 温度计 | 3 ~ 5 只 | 刻度精确至 0.1 ℃ |
| 9 | 干燥器 | 3 ~ 5 个 | |

#### 2.1.4.2　推移质和床沙测验技术装备

有推移质泥沙测验任务的测站，可选用 1 ~ 3 个推移质泥沙采样器。

有床沙质泥沙测验任务的测站可选用圆锥式、钻头式、悬锤式、锚式、蚌式等采样器中的 1 ~ 2 种，每种配 1 ~ 3 套。

#### 2.1.4.3　泥沙颗粒分析技术装备

各种泥沙颗粒分析方法技术装备配置见表7-2-3。表中未列入开展泥沙表面离子、有机质含量测定和分析筛检查等的专用装备。

表7-2-3　各种泥沙颗粒分析方法技术装备配置

| 方法 | 主要仪器设备 | 适用条件 |
|---|---|---|
| 尺量法 | 精密游标卡尺 | 粒径大于64.0 mm的泥沙 |
| 筛分析法 | 分析筛、天平、台秤、振筛机、毛刷、盛沙杯、干燥器等 | 粒径范围为0.062～64.0 mm的泥沙 |
| 粒径计 | 粒径计、注沙器、接沙杯、放淤杯、天平、比重瓶、温度计、分沙器、洗筛、烘箱等 | 粒径范围为0.062～2.0 mm的泥沙 |
| 吸管法 | 吸管、天平、量筒、盛沙杯、搅拌器、温度计、烘箱、比重瓶等 | 粒径范围为0.002～0.062 mm的泥沙 |
| 消光法 | 光电颗粒分析仪、量筒、吸管、搅拌器、洗筛、温度计等 | 粒径小于0.1 mm的细沙 |
| 激光法 | 激光粒度分析仪、量杯、分沙器、搅拌器等 | 粒径变化范围$2\times10^{-5}$～2.0 mm |

#### 2.1.4.4　泥沙测验设施

一般情况下应利用流量测验设施进行泥沙测验，不再建立专用的泥沙测验设施。当流量测验设施不能同时满足泥沙测验要求时，可建专用泥沙测验设施。

## 2.2　资料分析与误差评估

### 2.2.1　悬沙资料整编的高层审查

#### 2.2.1.1　水文年鉴刊布的悬沙资料

水文年鉴中刊布的悬沙资料有：××流域××水系各站月、年平均悬移质输沙率对照表（见表7-2-4），××河××站实测悬移质输沙率成果表，××河××站逐日平均悬移质输沙率表，××河××站逐日平均含沙量表，××河××站悬移质洪水含沙量摘录表或××河××站洪水水文要素摘录表。

表7-2-4　××流域××水系各站月、年平均悬移质输沙率对照表

| 序号 | 河名 | 站名 | 集水面积 | 月平均输沙率 | | | | | 年平均输沙率 | 年输沙量 | 年输沙模数 | 年最大日平均输沙率 | 发生日期 | | 备注 |
|---|---|---|---|---|---|---|---|---|---|---|---|---|---|---|---|
| | | | | 1 | 2 | … | 11 | 12 | | | | | 月 | 日 | |
| | | | | | | | | | | | | | | | |
| | | | | | | | | | | | | | | | |

水系各站月、年平均悬移质输沙率对照表将摘录的同一水系从上游到下游各水文站的月、年平均悬移质输沙率成列排序，从数值大小变化中可看出输沙情况的变化，进而了

解各水文站区间产水产沙的大致情况。洪水水文要素摘录表表列以时间为索引摘录了相应的水位、流量和断面平均含沙量数据，提供掌握洪水水文要素演变过程情况。

水文年鉴中刊布的悬沙颗粒级配资料有：实测悬移质颗粒级配成果表，实测悬移质单样颗粒级配成果表，实测流速、含沙量、颗粒级配成果表，日平均悬移质颗粒级配成果表，月、年平均悬移质颗粒级配成果表。

#### 2.2.1.2 测站以上（区间）主要水利工程基本情况的考证

查清测站以上（区间）主要水利工程的分布及变动情况，如工程的名称、类别、标准和个数，有哪些新建或冲毁、废弃工程等。水库、堰闸站应对水库或堰闸工程指标进行考证。注意考察水工程引起的泥沙变化情况。

#### 2.2.1.3 悬移质输沙率资料的审查

审查实测悬移质输沙率成果表，检查单沙、断沙测验方法、取样仪器、取样位置等。审查单沙过程线，单沙测验是否控制了含沙量变化过程。审查单沙—断沙关系与推沙方法。

用单沙—断沙、流量（水位）输沙率关系曲线法整编的站，应审查高、中、低沙测点分布，高沙延长范围、突出点的分析处理、检验结果、定线精度等。用比例系数过程线法整编的站，应审查其连线依据、变化趋势、输沙测次控制情况等。审查推沙使用的各种实测点及结点数据、各时段推沙结束时间的正确性。换用曲线或改变推沙方法时，其前后是否衔接。

#### 2.2.1.4 泥沙颗粒级配资料的审查

审查实测悬移质颗粒级配成果表及实测悬移质单样颗粒级配成果表。

审查月、年平均颗粒级配曲线的合理性。

审查悬移质断颗的推求方法，单沙—断颗关系曲线定线精度。

#### 2.2.1.5 资料延长与插补的审查

审查建立直线关系的单沙—断沙测点总数是否不少于10个，实测输沙率相应单沙占实测单沙变幅是否在50%以上，高沙向上延长变幅是否小于年最大单沙的50%；单沙—断沙关系为曲线，延长幅度是否超过30%；是否参考历年关系曲线进行延长等。

审查有关内插是线性内插或其他内插，为什么？内插断沙量，是否先在其时段内插单沙，再由单断关系推出相应断沙。

审查是否用了过程线插补。是流量（水位）与含沙量过程相似关系插补或上、下游站相应过程及相关插补等。

### 2.2.2 推移质和床沙资料整编的高层审查

#### 2.2.2.1 推移质

检查整编方法、定线方法的正确性，定线精度是否符合规定，注意突出点的分析处理，注意插补和延长方法及延长幅度等。结合年内径流分配分析年内输沙量及颗粒级配变化的合理性，将当年输沙率与水力因素关系和近几年的关系对照，分析变化趋势及其合理性，将当年与近几年的推移质年输沙量、年径流量对照，分析年际变化及其合理性等。

检查整编说明书是否包括了推移质测验工作的沿革，河段基本状况，测站控制水流及推移质输沙特性，河床组成、冲淤变化和推移质补给等情况。检查是否介绍了推移质测验设施、断面布设、测验仪器及其他有关水文测验项目，推移质测验方法、测次布置、输沙率计算及颗粒级配分析方法，资料审查情况。是否涉及整编成果述评及对今后测验工作的意见。

#### 2.2.2.2　床沙资料整编说明书

检查是否述及河段床面物质的组成（如基岩、卵石、沙）及其分布范围、粒径大小、岩性，冲淤变化及河床组成变化等。是否述及主泓变动及流速分布变化情况（应结合河段冲淤平面地形及控制变化情况和实测流速资料说明）。是否述及取样仪器使用情况（所用仪器使用是否正常，适用与使用条件是否一致以及与同类仪器比测等情况）。

### 2.2.3　误差系列的评估思路与准则

#### 2.2.3.1　流量和悬移质泥沙测验原理与误差评估思路

流量和悬移质泥沙是比较复杂的江河水流测验项目，其较严格的单次测验，一般是在河流设定断面，根据当时观察或经验估计的水深、流速和含沙量的分布情况，布置若干测验垂线测量其水深，在垂线水深范围安排数个测点测量各点的流速和含沙量（或采集含沙浑水水样送实验室测定含沙量），按测点代表的水深范围加权计算各垂线的平均流速和平均含沙量，由相邻垂线的平均流速的均值（称部分平均法）与垂线间夹持面积相乘之积计算这部分断面的流量（另一种称之为平均分割法计算流量的方法是，以某测速垂线为考察对象，分别均分与两侧相邻测速垂线间夹持的面积作为该测速垂线的对应面积，相乘计算部分流量），各部分断面的流量累加得全断面的流量；由相邻垂线的平均含沙量的均值与相应部分断面的流量之积计算这部分断面的输沙率，各部分断面的输沙率累加得全断面的输沙率；全断面的输沙率与全断面的流量之比为断面平均含沙量。这一过程实际上是对以二维的几何断面为基础，以流速或输沙率分布作第三维的复杂立体的特定抽样测量，其计算采用的是二元函数的近似积分。流量与悬移质泥沙较简单的单次测验常在较严格的单次测验基础上简化。至于掌握流量与悬移质泥沙的演变过程，则常建立水位及其他易测要素（方法程序简单可及时观测）与流量或断面平均含沙量的关系，由前者推算后者。

可以看出，流量和悬移质泥沙较严格的单次测验相当于一个工程施工过程，并且由于在测验过程中流水不停，使测算的断面流量 $Q$、断面输沙率 $Q_s$ 和断面平均含沙量 $\overline{C}$ 等江河水文物理量有两个明显的特点，一是难以取得所谓的客观真值，二是不易在真值不变的条件下进行重复测量，另外还有如何确定测算的水文物理量的代表时刻等问题。

一个由测算而得到的物理量的完整描述应包括方法、量值和误差。我国业务水文界对流量与悬移质泥沙单次测验获得的断面流量 $Q$、断面输沙率 $Q_s$ 和断面平均含沙量 $\overline{C}$ 的误差衡量过去常用精简对比法，即以断面多线多点测算的成果作标准，评定各种删线减点后测算成果的误差，用来选择既能保证一定成果精度又能减少工作量和缩短测验历时的测验方法。这种评定方法只能求出各种精简条件下的成果总误差，而成果总误差是由各直接测量的因素及其误差传递过来的，实用时难以由总误差推求或分配推算出组成成果各直接测量量的源误差，也就不易找出影响成果误差的主要因素，使得有效控制源误差与降低总误差的目标不明确。20世纪80年代以来，借鉴流量与悬移质泥沙测验国际标准的建议,开展以源误差试验的统计值传递合成成果误差的方法研究,并在90年代新制定的中国国家标准中以"一次测验成果总不确定度估算"的标题颁行。

流量和悬移质泥沙测验误差评估体系的基本思路是,对影响误差的各种因素在不同条件下分别多次试验测量,获得很多数据后用统计的办法计算评估各因素和各种情况的源误差,给出统计指标值。这样,当我们对某一被测对象作了一次测量后,便可从事先经试验统计确定的各种误差指标值中,选用与本次测量条件相近的数据,作为被测对象某因素的误差。对于由基本测量量推算的目标函数量的误差,可通过它们与基本测量量之间的数学关系,用误差传递的方法予以估计。概括地说,采用的基本路线是,单因素试验积累资料,统计推算源误差规律,应用时考虑条件选择适宜数值,按误差传递方法合成出目标函数量的误差。

流量和悬移质泥沙测验的目标函数量主要指断面流量 $Q$、断面输沙率 $Q_s$ 和断面平均含沙量 $\overline{C}$,这些量是由若干直接观测量推算出来的,它们的误差用直接观测量的误差合成估算。

#### 2.2.3.2　测量误差评估的一般约定

开展误差评估应对误差统计模型、类型、样本容量等作出约定,这是理论研究和实践应用的前提条件之一。根据流量与悬沙测验的误差研究情况,拟作如下约定。

(1)测量误差采用相对误差 $m$ 描述。

(2)同一条件下的源误差可组成一个误差系列样本,进行统计处理的样本容量不小于30。

(3)认为源误差和目标函数误差系列分布符合高斯正态分布规律,可用高斯正态分布描述。

(4)统计误差的评估用不确定度表述,置信区间和置信系数由需要和可能确定(通常分别取95%和2.0)。

(5)将直接测量的各量看做是相互独立的,由其计算出的目标函数量或结果量的误差可用独立变量函数误差传递的方法推求。

(6)系统误差和随机误差分别处理,总误差由两者合成,总不确定度用合成后的误差与置信系数的积表达。

#### 2.2.3.3　源误差的评估准则

观测值的误差是对真值或标准值来说的,流量与悬沙测验的真值难以确定,常用标准值评估误差。设标准值为 $B_i$,被评估的观测值为 $G_i$,相对误差为 $E_i$,误差系列样本统计均值为 $\mu$(常作为系统误差),统计方差为 $m^2$($m$ 即均方差或统计标准差),不确定度为 $X$,置信系数为 $z$,样本容量为 $I$,则源系列误差用下列一组公式评估。

$$E_i = \frac{G_i}{B_i} - 1 \tag{7-2-4}$$

$$\mu = \frac{1}{I}\sum_{i=1}^{I} E_i \tag{7-2-5}$$

$$m^2 = \frac{1}{I-1}\sum_{i=1}^{I}(E_i - \mu)^2 \tag{7-2-6}$$

$$X = zm \tag{7-2-7}$$

前面流量、悬沙测验误差试验中与所用仪器有关的量，水流、泥沙脉动量，垂线测速、取样方法及计算规则影响的量，泥沙水样实验室处理的影响量等，满足 $B_i$、$G_i$ 的对应测量，获得对应数据对及形成系列，可应用这些公式计算源误差。

#### 2.2.3.4　以垂线平均值为基础的垂线归并计算法则

因垂线上各测点代表着不同的区间，对垂线总值的影响程度不同，在计算垂线平均值时具有不等的贡献。当我们以垂线平均值作为后续目标量或结果量的计算基础时，应用下述法则将测点值归并为垂线值。

设各测点的标准值为 $b_i$，应用观测值为 $g_i$，垂线贡献权系数为 $W_i$，则垂线平均标准值 $B_i$ 和平均观测值 $G_i$ 分别为

$$B_i = \sum_{i=1}^{n} W_i b_i \tag{7-2-8}$$

$$G_i = \sum_{i=1}^{n} W_i g_i \tag{7-2-9}$$

### 2.2.4　流量与悬沙单次测验成果的误差评估

悬移质单次测验通常与流量测验结合进行，并且前者有关物理量的计算有流量因素，因此下面叙述一并考虑流量与悬移质单次测验成果的误差评估。

#### 2.2.4.1　常见函数及误差传递公式

在本书基础知识部分已经介绍过常见函数及误差传递公式，由于下面要频繁应用，现在摘录并按本节标号。

若和 $Y_H$、积 $Y_J$、商 $Y_S$ 函数分别如下列各式

$$Y_H = \sum_{i=1}^{K} x_i \tag{7-2-10}$$

$$Y_J = \prod_{i=1}^{K} x_i \tag{7-2-11}$$

$$Y_S = \frac{x_i}{x_{i-1}} \tag{7-2-12}$$

则据函数相对误差的方差式 $m_Y^2 = \frac{1}{Y^2}\sum_{i=1}^{K}(\frac{\partial f}{\partial x_i}m_i x_i)^2$，各函数对应的相对误差传递式为

$$m_H^2 = \frac{1}{Y_H^2}\sum_{i=1}^{K}(m_i x_i)^2 \tag{7-2-13}$$

$$m_J^2 = \sum_{i=1}^{K} m_i^2 \tag{7-2-14}$$

$$m_S^2 = m_i^2 + m_{i-1}^2 \tag{7-2-15}$$

另外，测量因素对结果量有影响，但不能用解析式表达时，可采用式(7-2-14)的平方和求目标量相对误差的方差。

在流量与悬移质泥沙测验的许多情况下，函数相对误差之方差 $m_Y^2$ 与各分量相对误

差的方差 $m_i^2, m_j^2, m_k^2, \cdots$ 具有线性组合的关系，当组合因子分别为 $a, b, c\cdots$ 时，可写为

$$m_Y^2 = am_i^2 + bm_j^2 + cm_k^2 + \cdots \tag{7-2-16}$$

设总量和分量的相对误差均为正态分布，对同一置信水平，其置信系数相同，按式(7-2-7)反算后，有 $m_Y = X_{BY}/Z_a, m_i = X_{Bi}/Z_a, \cdots$，代入式(7-2-16)后，约去公因子 $1/Z_a^2$，得

$$X_{BY}^2 = aX_{Bi}^2 + bX_{Bj}^2 + cX_{Bk}^2 + \cdots \tag{7-2-17}$$

由此可知，函数误差的不确定度平方与方差有线性组合的同构性，据此由总量和分量的方差关系即可直接写出总量和分量间不确定度的解析关系式。

上述函数误差传递公式都是针对相互独立的自变量考虑的，不考虑变量之间的关联及协方差。以下分析流量和输沙率中，也认为采样、实验室试样处理，测点、垂线、断面等计算各环节的要素量是相互独立的时，可以应用上述有关公式。

#### 2.2.4.2　流量的不确定度

设断面流量真值为 $Q$，实测流量为 $Q_m$，令 $Q/Q_m = F_m$，又知 $Q_m$ 是由垂线分成的 $m$ 部分流量累加而得出的，各部分流量 $q_i$ 是相应部分宽 $b_i$、部分平均(垂线)水深 $d_i$ 和部分(垂线)平均流速 $v_i$ 的积，则以下三式成立。

$$q_i = b_i d_i v_i \tag{7-2-18}$$

$$Q_m = \sum_{i=1}^{m} q_i \tag{7-2-19}$$

$$Q = F_m Q_m \tag{7-2-20}$$

按式(7-2-10)、式(7-2-11)和式(7-2-13)、式(7-2-14)及式(7-2-16)、式(7-2-17)，可将断面流量 $Q$ 的不确定度表达为

$$X_Q^2 = X_{Fm}^2 + \frac{\sum_{i=1}^{m}[q_i^2(X_{bi}^2 + X_{di}^2 + X_{vi}^2)]}{(\sum_{i=1}^{m} q_i)^2} \tag{7-2-21}$$

其中垂线流速 $v_i$ 的误差是由垂线水流脉动 $c$、仪器精度 $e$、测速和计算规则 $p$ 三因素引起的，可用下式表征。

$$X_{vi}^2 = X_{ci}^2 + X_{ei}^2 + X_{pi}^2 \tag{7-2-22}$$

当各部分流量 $q_i$ 都相等(即等流量布线)，并且各部分流量区各项源误差分别取相等值时，并考虑式(7-2-22)后，式(7-2-21)可简化为

$$X_Q^2 = X_{Fm}^2 + \frac{1}{m}(X_b^2 + X_d^2 + X_c^2 + X_e^2 + X_p^2) \tag{7-2-23}$$

以上各式中各分项不确定度的意义由下脚标字母代表的意义表示；脚标 $i$ 表示断面分成部分的序号。

#### 2.2.4.3　输沙率的不确定度

设断面输沙率真值为 $Q_s$，实测输沙率为 $Q_{sn}$，令 $Q_s/Q_{sn} = f_n$，又知 $Q_{sn}$ 是由垂线分成的 $n$ 部分输沙率累加而得出的，各部分输沙率 $q_{sj}$ 是相应部分流量 $q_j$ 和平均含沙量 $c_j$ 的积，则以下三式成立。

$$q_{sj} = q_j c_j = b_j d_j v_j c_j \tag{7-2-24}$$

$$Q_{sn} = \sum_{j=1}^{n} q_{sj} \tag{7-2-25}$$

$$Q_s = f_m Q_{sn} \tag{7-2-26}$$

按式(7-2-10)、式(7-2-11)和式(7-2-13)、式(7-2-14)及式(7-2-16)、式(7-2-17),可将断面输沙率 $Q_s$ 的不确定度表达为

$$X_{Qs}^2 = X_{fn}^2 + \frac{\sum_{j=1}^{n}[q_{sj}^2(X_{bj}^2 + X_{dj}^2 + X_{vj}^2 + X_{cj}^2)]}{(\sum_{j=1}^{n} q_{sj})^2} \tag{7-2-27}$$

其中垂线流速 $v_i$ 的误差同式(7-2-22);垂线含沙量 $c_j$ 的误差是由垂线 $C_{s\,\text{I}}$、$C_{s\,\text{II}}$ 和仪器精度 $Y_q$、水样处理 $c_1$ 四因素引起的,可用下式表征。

$$X_{cj}^2 = X_{C_{s\,\text{I}}}^2 + X_{C_{s\,\text{II}}}^2 + X_{Yq}^2 + X_{c_1}^2 \tag{7-2-28}$$

当各部分输沙率 $q_{sj}$ 都相等,并且各部分流区各项源误差分别取相等值时,同时考虑式(7-2-22)和式(7-2-28),式(7-2-27)可简化为

$$X_{Qs}^2 = X_{fn}^2 + \frac{1}{n}(X_b^2 + X_d^2 + X_c^2 + X_e^2 + X_p^2 + X_{C_{s\,\text{I}}}^2 + X_{C_{s\,\text{II}}}^2 + X_{Yq}^2 + X_{c_1}^2) \tag{7-2-29}$$

以上各式中各分项不确定度的意义由下角标字母代表的意义表示;脚标 $j$ 表示断面分成部分的序号。

#### 2.2.4.4　输沙率法测量时断面平均含沙量的不确定度

输沙率法测验的断面平均含沙量是由断面输沙率除以流量而得出的,因此应分别求出后两者的不确定度,再由其定量关系导出前者的不确定度。

我们知道

$$C = Q_s / Q \tag{7-2-30}$$

按式(7-2-12)、式(7-2-15)和式(7-2-16)、式(7-2-17)可知

$$X_C^2 = X_{Q_s}^2 + X_Q^2 \tag{7-2-31}$$

#### 2.2.4.5　把断面平均含沙量看做各垂线含沙量的线性组合时断面平均含沙量的不确定度

设断面平均含沙量真值为 $C$,实测断面平均含沙量为 $C_m$,令 $C/C_m = f_m$。一般可以认为 $C_m$ 是各垂线(或所代表流区)含沙量 $S_j$ 的线性组合,从全断面输沙率等于各部分输沙率之和的平衡知,组合系数 $K_j$ 是各部分流量与全断面流量的比值。上述关系可写为

$$C = f_m C_m \tag{7-2-32}$$

$$C_m = \sum_{j=i}^{m} k_j S_j \tag{7-2-33}$$

各垂线平均含沙量的源误差(同式(7-2-28))都取相等值时,按式(7-2-10)、式(7-2-11)和式(7-2-13)、式(7-2-14)及式(7-2-16)、式(7-2-17),可将断面平均含沙量 $C$ 的不确定度表达为

$$X_C^2 = X_{fm}^2 + \frac{\sum_{j=1}^{m}(k_j S_j)^2}{(\sum_{j=1}^{m} k_j S_j)^2}(X_{C_{s\,\text{I}}}^2 + X_{C_{s\,\text{II}}}^2 + X_{Yq}^2 + X_{c_1}^2) \tag{7-2-34}$$

按各部分流量相等概括简化，当测沙垂线为 $m$ 时，可用下式估算断面平均含沙量 $C$ 的不确定度

$$X_C^2 = X_{fm}^2 + \frac{4}{3m}(X_{C_{s\mathrm{I}}}^2 + X_{C_{s\mathrm{II}}}^2 + X_{Y_q}^2 + X_{c_1}^2) \tag{7-2-35}$$

实际上 $4/3m$ 常用经验系数替代，此时与式(7-2-37)意义类同。

当断面各部分输沙率大致相等时，式(7-2-34)简化为

$$X_C = [X_{fn}^2 + \frac{1}{n}(X_{C_{s\mathrm{I}}}^2 + X_{C_{s\mathrm{II}}}^2 + X_{Y_q}^2 + X_{c_1}^2)]^{\frac{1}{2}} \tag{7-2-36}$$

当断面各部分输沙率不相等时，式(7-2-34)也可简化为

$$X_C = [X_{fn}^2 + \frac{k}{n}(X_{C_{s\mathrm{I}}}^2 + X_{C_{s\mathrm{II}}}^2 + X_{Y_q}^2 + X_{c_1}^2)]^{\frac{1}{2}} \tag{7-2-37}$$

以上两式中，$n$ 为断面部分数；$k$ 为断面含沙量分布不均匀时的修正系数，其值可通过资料分析确定。一般参考数值为 1.0～1.3，含沙量分布越不均匀，其值越大。

**2.2.4.6　悬移质泥沙测量目标函数随机误差评估公式的选用**

因悬移质泥沙测量精度试验要求和资料占有的不同，应选择不同的公式计算悬移质泥沙测量各目标量的随机不确定度。

(1)当有详细的输沙率试验资料时，可选式(7-2-21)或式(7-2-23)、式(7-2-27)或式(7-2-29)和式(7-2-31)计算断面流量、输沙率和平均含沙量的不确定度。这套公式建立在较严密的悬移质泥沙测量原理基础上，有丰富悬移质泥沙测量理论的意义。

(2)在水文业务中，为了事前估计一次悬移质泥沙测量的随机不确定度，可选用式(7-2-23)和式(7-2-35)～式(7-2-37)估算流量和断面平均含沙量的随机不确定度，再由它们结合估计输沙率 $Q_s$ 的不确定度，可从 $Q_s = QC$ 得出为

$$X_{Q_s}^2 = X_Q^2 + X_C^2 \tag{7-2-38}$$

**2.2.4.7　与相对误差不确定度相应的带有误差限的目标函数绝对量值的估算**

$$Q_{\mathrm{M}m} = Q(1 \pm X_Q) \tag{7-2-39}$$

$$Q_{s\mathrm{M}m} = Q_s(1 \pm X_{Q_s}) \tag{7-2-40}$$

$$C_{\mathrm{M}m} = C(1 \pm X_C) \tag{7-2-41}$$

式中　$Q_{\mathrm{M}m}$、$Q_{s\mathrm{M}m}$、$C_{\mathrm{M}m}$——一定统计置信水平下，给出误差限的流量、输沙率、含沙量的值域；

$Q$、$Q_s$、$C$——流量、输沙率、含沙量的真值，工程实际中常用实测值替代真值的地位，套用上述公式，估计实测值在一定统计置信水平下的值域。

**2.2.4.8　悬移质泥沙测量总误差的估算规则**

(1)总误差 $E$ 由系统误差 $S$ 和随机标准差 $m$ 用平方和的平方根方法合成，即

$$E = \sqrt{S^2 + m^2} \tag{7-2-42}$$

(2)总不确定度 $X$ 用置信系数 $Z_a$ 与总误差 $E$ 之积表达，即

$$X = Z_a E \tag{7-2-43}$$

或用下式表达

$$X^2 = X_S^2 + X_m^2 \tag{7-2-44}$$

式(7-2-44)等号右边分别为系统不确定度和随机不确定度的平方,并且

$$X_S = Z_a S \tag{7-2-45}$$

$$X_m = Z_a m \tag{7-2-46}$$

### 2.2.4.9　目标函数量不确定度估算示例

如表 7-2-5 所示,某测站由悬移质测量试验统计出的置信水平 95% 的各项源误差的不确定度及平方值列在第 2、3 行。一次输沙率测量,在断面布设 10 条测沙垂线,将断面分为 11 个流区(表中第 4 行),各流区的流量、输沙率列在表中 5、6 行。现进行断面流量、输沙率、含沙量不确定度的估算。

**表 7-2-5　目标函数量不确定度估算示例用表**

| 不确定度 | $X_b$ | $X_d$ | $X_c$ | $X_e$ | $X_p$ | $X_{Fm}$ | $X_{fn}$ | $X_{C_s\text{II}}$ | $X_{C_s\text{I}}$ | $X_{Yq}$ | $X_{c1}$ |
|---|---|---|---|---|---|---|---|---|---|---|---|
| 数值(%) | 2 | 3 | 3 | 4 | 3 | 3 | 5 | 13 | 6 | 9 | 4 |
| $X^2(10^{-4})$ | 4 | 9 | 9 | 16 | 9 | 9 | 25 | 169 | 36 | 81 | 16 |
| 断面流区 | 1 | 2 | 3 | 4 | 5 | 6 | 7 | 8 | 9 | 10 | 11 |
| $q_i$(m³/s) | 10 | 30 | 50 | 80 | 100 | 70 | 60 | 40 | 30 | 20 | 10 |
| $q_{si}$(kg/s) | 50 | 240 | 550 | 1 600 | 5 000 | 2 100 | 1 800 | 600 | 300 | 140 | 50 |

由表列有关数值可算得,$Q = 500\ \text{m}^3/\text{s}$, $\sum q_i^2 = 31\ 400(\text{m}^3/\text{s})^2$,$Q_s = 12\ 430\ \text{kg/s}$,$\sum q_{si}^2 = 36\ 044\ 700(\text{kg/s})^2$。

(1)按输沙率法估算

$$C = \frac{Q_s}{Q} = \frac{12\ 430}{500} = 24.9(\text{kg/m}^3)$$

$$X_Q^2 = X_{Fm}^2 + \frac{\sum_{i=1}^{m} q_i^2}{Q^2}(X_b^2 + X_d^2 + X_c^2 + X_e^2 + X_p^2)$$

$$= \frac{9}{10^4} + \frac{31\ 400}{500^2} \times \frac{4+9+9+16+9}{1\times 10^4}$$

$$= \frac{14.9}{1\times 10^4}$$

$$X_{Q_s}^2 = X_{fn}^2 + \frac{\sum_{j=1}^{n} q_{si}^2}{Q_s^2}(X_b^2 + X_d^2 + X_c^2 + X_e^2 + X_p^2 + X_{CsI}^2 + X_{Cs\text{II}}^2 + X_{Yq}^2 + X_{c1}^2)$$

$$= \frac{25}{1\times 10^4} + \frac{36\ 044\ 700}{12\ 430^2} \times \frac{4+9+9+16+9+169+36+81+16}{1\times 10^4}$$

$$= \frac{106.4}{1\times 10^4}$$

$$X_Q = \sqrt{X_Q^2} = \sqrt{\frac{14.9}{1\times 10^4}} = 3.9\%,\ X_{Q_s} = \sqrt{X_{Qs}^2} = \sqrt{\frac{106.4}{1\times 10^4}} = 10.3\%$$

$$X_C = \sqrt{X_Q^2 + X_{Q_s}^2} = \sqrt{\frac{14.9}{1\times10^4} + \frac{106.4}{1\times10^4}} = 11.0\%$$

按此估算，这次测量，流量、输沙率、断面平均含沙量的相对误差不确定度，有95%的概率分别不超过3.9%、10.3%、11.0%。

（2）按等流量布置垂线的有关公式估算

$$X_Q^2 = X_{Fm}^2 + \frac{1}{m}(X_b^2 + X_d^2 + X_c^2 + X_e^2 + X_p^2)$$

$$= \frac{9}{1\times10^4} + \frac{1}{11}\times\frac{4+9+9+16+9}{1\times10^4}$$

$$= \frac{13.3}{1\times10^4}$$

$$X_C^2 = X_{fm}^2 + \frac{4}{3m}(X_{C_{1\mathrm{I}}}^2 + X_{C_{1\mathrm{II}}}^2 + X_{Y1}^2 + X_{c_1}^2)$$

$$= \frac{25}{1\times10^4} + \frac{4}{3\times11}\times\frac{36+169+81+16}{1\times10^4}$$

$$= \frac{61.6}{1\times10^4}$$

$$X_Q = \sqrt{X_Q^2} = \sqrt{\frac{13.3}{1\times10^4}} = 3.6\%, X_C = \sqrt{X_C^2} = \sqrt{\frac{61.6}{1\times10^4}} = 7.9\%$$

$$X_{Q_s} = \sqrt{X_Q^2 + X_C^2} = \sqrt{\frac{13.3}{1\times10^4} + \frac{61.6}{1\times10^4}} = 8.7\%$$

按这种考虑估算，表明这次测量，流量、输沙率、断面平均含沙量的相对误差不确定度，有95%的概率分别不超过3.6%、8.7%、7.9%。与按输沙率法估算的对应值比较有偏差，这是由实际情况和简化式的要求不符及计算顺序不同等原因造成的。

## 2.2.5　相关关系曲线的精度评估与检验

### 2.2.5.1　相关关系曲线的精度评估

我们知道，在确定的坐标系中，相关曲线是由选做自变量的观测值和选做函数的观测值许多对应测验（量）点据拟合而成的，对某一选做自变量的观测值不仅有对应选做函数的观测值，还有从曲线上查得的函数倚变值。相关关系精度评估的基本出发点认为，通过点据群重心按趋势定的曲线，是消除了选做自变量的观测值和选做函数的观测值各种误差的相对稳定关系，由某一自变量在曲线上查读的对应函数倚变值是对应选做函数的观测值（实测值）的“真值”。一般情况下，点据偏离曲线，表明实测值对“真值”是有误差的，从以“真值”为准的意义上说，所谓相关关系曲线的精度评估，评估的是实测水平的精度。

水位—流量关系和单沙—断沙关系评估精度进行误差计算时用相对误差。系统误差可用误差代数和的平均值估计，随机误差用统计标准差或置信水平95%（相应置信系数取1.96，或取2）的不确定度评估。计算公式同式（7-2-4）~式（7-2-7）。

进行精度评估统计计算的样本容量值一般不应少于10。

为了对相关关系曲线的精度评估计算有一个直观的概念,现给出单沙—断沙关系曲线精度评估计算的一个实例,列于表7-2-6。其中 $C_{di}$、$C_{xi}$ 分别是实测和线推含沙量($kg/m^3$),$E_i$ 用%,$E_i^2$ 用$(\%)^2$,$I=12$。

表7-2-6　某站单沙—断沙关系曲线精度评估计算实例

| $C_{di}$ | $C_{xi}$ | $E_i$ | $E_i^2$ | $(E_i-\mu)^2$ | $C_{di}$ | $C_{xi}$ | $E_i$ | $E_i^2$ | $(E_i-\mu)^2$ |
|---|---|---|---|---|---|---|---|---|---|
| 2.54 | 2.55 | -0.4 | 0.16 | 0.12 | 27.4 | 27.2 | 0.7 | 0.49 | 0.58 |
| 3.67 | 3.64 | 0.8 | 0.64 | 0.74 | 42.3 | 43.0 | -1.6 | 2.56 | 2.37 |
| 5.33 | 5.30 | 0.6 | 0.36 | 0.44 | 55.8 | 55.5 | 0.5 | 0.25 | 0.31 |
| 7.88 | 7.92 | -0.5 | 0.25 | 0.19 | 80.3 | 80.5 | -0.2 | 0.04 | 0.02 |
| 10.50 | 10.70 | -1.9 | 3.61 | 3.39 | 101.0 | 102.0 | -1.0 | 1.00 | 0.88 |
| 19.20 | 18.90 | 1.6 | 2.56 | 2.76 | 154.0 | 153.0 | 0.7 | 0.49 | 0.58 |

按式(7-2-4)~式(7-2-7)计算

$$\sum E_i=-0.7\% \quad \mu=\frac{1}{I}\sum E_i=-0.06\% \qquad \sum(E_i-\mu)^2=12.38(\%)^2$$

$$m=\left[\frac{1}{I-2}\sum(E_i-\mu)^2\right]^{\frac{1}{2}}=1.11\%\text{(样本容量}I\text{较小时,分母用}I-2) \quad X=2m=2.22\%$$

我们知道,对不同精度等级的水文站和不同的线数其相关关系曲线有不同的精度指标要求,确定指标有两个方面的意义:一是实测点不能偏离曲线太远,否则它所反映的单沙—断沙关系不能归于这条线,如在实际定线精度评估计算中,剔除某些特殊点,或多定一条线即可将统计误差降下来;二是所定的线必须以实测点为根据,当精度评估的误差超出指标允许值时,常可通过调整定线减小统计误差。从这两方面的意义看,精度评估计算及其指标限度不能简单地只说是评估实测点的误差,而是调整点、线关系达到允许的折中平衡;一般称为定线精度。

确定关系曲线的方法步骤一般为,定坐标系—点绘点据—按点据趋势定线—定线精度估算—确定或重新定线—精度评估直至符合精度指标—确定所定关系曲线。

可以看出,上述的精度评估误差统计计算具有对现有样本资料"算总账"的意思。未牵涉这些样本点据相对于曲线的分布情况、偏离情况以及两个样本数值能否合用同一曲线的情况,它们的合理性和能否合用,是由关系曲线的检验方法和检验控制指标来确认的。

#### 2.2.5.2　相关关系曲线的检验

检验方法的理论基础是概率论与数理统计,具体整编水文资料的技术业务中主要是掌握应用条件和计算方法。由10个以上测点确定的单一相关关系曲线,才作符号检验、适线检验和偏离检验,检验这些点确定的曲线和这些点之间的关系是否合理,在什么可信程度反映出总体也符合此曲线。当判定原定曲线对新资料能否继续使用,或判断相邻时段是否分别定线时应进行 $t$ 检验。

1. 符号检验

符号检验是判定关系曲线两侧测点分布从总数量方面看是否均衡，两侧点据之差不应超过一定的允许范围。方法是按式(7-2-47)计算统计量 $u$ 值，并将其与给定的显著性水平 $\alpha$ 所相应的 $u_{1-\alpha/2}$ 值比较，当 $u<u_{1-\alpha/2}$ 时认为所定曲线合理。

$$u=\frac{|k-0.5n|-0.5}{0.5\sqrt{n}} \tag{7-2-47}$$

式中　$u$——统计量；

$n$——关系线两侧测点总数；

$k$——关系线一侧的测点个数。

设正侧的测点数为 $k$，则负侧的测点数为 $n-k$。对正侧的 $k$，公式中有 $|k-0.5n|$；对负侧的 $n-k$，相应有 $|n-k-0.5n|=|0.5n-k|=|k-0.5n|$。即不论用哪侧的点数计算 $u$，都是一样的。

下面用本节单沙—断沙关系曲线精度评估计算的例子(见表 7-2-6)进行符号检验。其中 $n=12$，两侧均为 $k=6$(表中 $E_i$ 取正、取负数均为 6)

$$u=\frac{|k-0.5n|-0.5}{0.5\sqrt{n}}=\frac{|6-0.5\times12|-0.5}{0.5\times\sqrt{12}}=-0.29$$

若取显著性水平为 0.05，即置信水平 $1-\alpha=0.95$，则 $u_{1-\alpha/2}=1.96$。这时 $u<u_{1-\alpha/2}$。

由此我们认为，由这几个样本点确定的单沙—断沙曲线，就曲线两侧点据分布来说，有 95% 的可信度反映出总体也符合，也可用。

2. 适线检验

适线检验检验的是实测点沿关系曲线两侧位置顺序交换分布情况。如果点据沿曲线两侧顺序交换位置，就避免了某些区间点线系统偏离，计算公式如下

$$u=\frac{0.5(n-1)-k-0.5}{0.5\sqrt{n-1}} \tag{7-2-48}$$

式中　$u$——统计量；

$n$——测点总数；

$k$——变换符号次数，$k<0.5(n-1)$ 时作检验，否则不作此检验。

这是因为，对于 $n$ 个点来说，最多有 $n-1$ 次变换，当变换数达最多变换的一半以上时，即认为很不错了。

检验方法是将实测点按关系线上升顺序排列，从第 2 点起，依次与前一点比较，从曲线一侧变到另一侧时记 1 次变换，累加出变换数 $k$。代入公式计算出 $u$，并与给定的显著性水平 $\alpha$ 的相应 $u_{1-\alpha}$ 比较，当 $u<u_{1-\alpha}$ 时认为定线合理。

仍用表 7-2-6 的算例，进行适线检验。表中 $n=12$，$k=6$。

$$u=\frac{0.5(n-1)-k-0.5}{0.5\sqrt{n-1}}=\frac{0.5\times11-6-0.5}{0.5\times3.32}=\frac{-1.0}{1.66}=-0.6$$

若取显著性水平 $\alpha=0.05$，则 $u_{1-\alpha}=1.64$，这时 $u<u_{1-\alpha}$，认为定线合理。

黄委水文局张法中等在定线中发现，在水位—流量关系曲线或单沙—断沙关系曲线中，按水位或单沙从低向高察看交替变化进行适线检验，有时会淹没因测验时间不同而产

生的系统偏离。例如，两组不同期的资料有系统偏离，但因水位—流量关系点或单沙—断沙关系点交替排列，按一组数据分析，符号检验与适线检验都能通过。若按时间顺序对相邻测次的点据分居曲线两侧情况进行适线检验，认为各定一条线较合理。为此，他们提出按时间顺序对测点进行适线检验，若此检验通不过，也要进行重新定线。

3. 偏离检验

偏离检验的实质是检验样本均值与总体均值是否有明显差异，也即定线是否有系统偏差或系统偏差是否容许。检验是把测点的平均相对误差作为正态分布总体的一个样本均值，以检验总体的均值是否为零。由于总体方差未知，故用样本方差 $S^2$ 代之，用 $t$ 检验法作检验。其步骤为：按式(7-2-4) ~ 式(7-2-7)要求查读 $C_{di}$(被评估的观测值 $G_i$)与 $C_{xi}$(标准值 $B_i$)，并计算出 $E_i$ 与 $\mu$，再按式(7-2-49)、式(7-2-50)计算出 $S$ 与 $t$，将 $t$ 与用给定显著性水平 $\alpha$ 相应的 $t_{1-\alpha/2}$ 值比较，当 $|t| < t_{1-\alpha/2}$ 时，则认为合理，接受检验。

$$S = \left[\frac{\sum (E_i - \mu)^2}{n(n-1)}\right]^{\frac{1}{2}} \tag{7-2-49}$$

$$t = \mu / S \tag{7-2-50}$$

式中　$n$——测点总数。

仍用表 7-2-6 例题进行偏离检验。由表列各 $(E_i - \mu)^2$ 值算出 $\sum (E_i - \mu)^2 = 12.38 (\%)^2$，则

$$S = \left[\frac{12.38(\%)^2}{12 \times (12-1)}\right]^{\frac{1}{2}} = 0.31\%$$

$$t = \mu / S = \frac{-0.06\%}{0.31\%} = -0.2$$

取显著性水平 $\alpha = 0.05$，当 $n - 1 = 11$ 时，$t_{1-\alpha/2} = 2.21$，这时 $t < t_{1-\alpha/2}$，通过检验。

4. $t$ 检验

$t$ 检验是在用已有资料(一般用前一年资料或多年资料)建立了关系曲线后，检验后续资料(一般用后一年资料)能否用前一资料建立的关系，也即是否需要重新定线。其计算公式为式(7-2-51)及式(7-2-52)。

$$S = \sqrt{\frac{\sum (x_{1i} - \bar{x}_1)^2 + \sum (x_{2i} - \bar{x}_2)^2}{n_1 + n_2 - 2}} \tag{7-2-51}$$

$$t = \frac{|\bar{x}_1 - \bar{x}_2| - |\mu_1 - \mu_2|}{S\left(\frac{1}{n_1} + \frac{1}{n_2}\right)^{\frac{1}{2}}} \tag{7-2-52}$$

式中，$x_{1i}$ 为已建立过相关关系曲线的测点的流量或断沙与关系曲线推得的流量或断沙偏离值；$x_{2i}$ 为未曾建立过相关曲线的测点的流量或断沙与由已建立的关系曲线推得的流量或断沙偏离值。如果曲线上相对于同一水位或单沙值推得的流量或断沙值为 $x_i$，两组的相应实测的流量或断沙值为 $x_{ai}$ 和 $x_{bi}$，则 $x_{1i} = x_{ai} - x_i$，$x_{2i} = x_{bi} - x_i$；$\bar{x}_1$ 和 $\bar{x}_2$ 分别为 $x_{1i}$ 和 $x_{2i}$ 的均值，即 $\bar{x}_1 = \frac{1}{n_1}\sum x_{1i}$，$\bar{x}_2 = \frac{1}{n_2}\sum x_{2i}$；$n_1$ 和 $n_2$ 分别为 $x_{1i}$ 和 $x_{2i}$ 的测点总数；$\mu_1$ 和 $\mu_2$ 分

别为 $x_{1i}$ 和 $x_{2i}$ 样本总体均值；$S$ 和 $t$ 为统计量。

另外，约定查表参数 $k=n_1+n_2-2$。

检验计算步骤是，用资料数据计算出 $t$，与给定的显著性水平及 $k$ 值（在有关表中）查出的 $t_{1-\alpha/2}$ 相比较，当 $|t|<t_{1-\alpha/2}$ 时，则认为原定曲线对于新资料组仍可使用。否则，用新资料另行定线，自成体系，提供应用。

实际上，$t$ 检验大多建立或适用在认为 $\mu_1=\mu_2$ 或 $\mu_1-\mu_2=0$ 的条件下。这可以从两总体均值相等是合用一条关系线的客观背景之一来理解，也可从公式中 $\mu_1-\mu_2=0$ 使 $t$ 值计算偏大，检验更趋保险来说明。这时

$$t=\frac{\bar{x}_1-\bar{x}_2}{S\left(\dfrac{1}{n_1}+\dfrac{1}{n_2}\right)^{1/2}} \tag{7-2-53}$$

例如，某站前三年共测 29 次（即 $n_1=29$）输沙率，合定一条关系曲线，令为 $x_{1i}$ 系列，$\sum x_{1i}=11.4$，$\bar{x}_1=0.39$，$\sum(x_{1i}-\bar{x}_1)^2=801$；第四年共测 10 次（即 $n_2=10$）输沙率，令为 $x_{2i}$ 系列，$\sum x_{2i}=-47.7$，$\bar{x}_2=-4.77$，$\sum(x_{2i}-\bar{x}_2)^2=353$。试检验第四年的资料能否和前三年共用一条曲线。

解算时，将式（7-2-51）代入式（7-2-53），则

$$\begin{aligned}t&=\frac{\bar{x}_1-\bar{x}_2}{\left[\dfrac{\sum(x_{1i}-\bar{x}_1)^2+\sum(x_{2i}-\bar{x}_2)^2}{n_1+n_2-2}\left(\dfrac{1}{n_1}+\dfrac{1}{n_2}\right)\right]^{1/2}}\\&=\frac{0.39-(-4.77)}{\left[\left(\dfrac{801+353}{29+10-2}\right)\times\left(\dfrac{1}{29}+\dfrac{1}{10}\right)\right]^{1/2}}\\&=2.52\end{aligned}$$

取显著性水平 $\alpha=0.05$，$k=n_1+n_2-2=29+10-2=37$，则 $t_{1-\alpha/2}=2.01$，$t>t_{1-\alpha/2}$。表明第四年的资料不能和前三年的资料合定一条曲线，需要另定一线，自成体系，提供使用。

我们需要知道，关系曲线的精度评估与合理性检验是从误差的角度控制关系曲线的定线，以便关系曲线的应用不致带来大的误差。但若实测点太分散，难以定成几条有明显规律的线，就要从测验方式、方法中找原因。测验是整编的基础，通过整编发现测验存在的问题，从而改进测验。

### 2.2.6 泥沙颗粒分析的误差试验与评估

我们知道，各类泥沙颗粒级配分析的误差来源于取样方法、样品制备和级配测定三个主要工作环节，取样方法的误差试验和分析已在测验部分多处涉及，例如悬移质取样方法的选择和误差控制，按河流悬移质泥沙测验规范要求，测得断面平均各粒径级累积沙量百分数绝对误差的不确定度应小于 6～9，系统误差，粗沙部分应小于 ±2.0%，细沙部分应小于 ±3.0%。本节主要讨论样品制备和级配测定的误差试验检验与评估。泥沙颗粒分析宜进行误差试验，并将各主要工作环节上的误差和综合误差控制在允许范围内。

泥沙级配的基本误差应采用小于某粒径级级配成果的绝对误差,这是因为级配成果本身就是归一化的相对数,因而一般不再采用相对误差。泥沙级配的随机误差,应按正态分布的置信水平 95% 考察,不确定度以 2(较精确的数值为 1.96)倍标准差表示。当通过检验分析确定了系统偏差,超过允许范围时,应进行改正。

一条曲线的测点有 10 个以上时,要进行定线精度评估和合理性检验。定线精度评估和合理性检验一般也采用小于某粒径级级配成果的绝对误差而不再采用相对误差。

#### 2.2.6.1　误差试验采用的模型

1."标准"和"常规"平行比测的统计模型

用 20 个以上"标准"和"常规"对应进行"平行"测试,获得对应级配测次的系列为 $B_{ij}$ 和 $G_{ij}$,计算各测次 $G_{ij}$ 对 $B_{ij}$ 偏差系列 $\Delta_{ij}$,将同粒径级各"平行"测次的偏差组成误差系列,用误差系列的统计标准差作随机误差 $\sigma_i$,用误差系列代数和的均值作系统误差 $\xi_i$,计算公式如下

$$\Delta_{ij} = G_{ij} - B_{ij} \tag{7-2-54}$$

$$\sigma_i = \sqrt{\frac{\sum_{j=1}^{N} \Delta_{ij}^2}{N-1}} \tag{7-2-55}$$

$$\xi_i = \frac{1}{N}\sum_{j=1}^{N} \Delta_{ij} \tag{7-2-56}$$

式中　$\Delta_{ij}$——"平行"比测时"常规"对于"标准"的偏差系列;

$G_{ij}$——"平行"比测时的"常规"值系列;

$B_{ij}$——"平行"比测时的"标准"值系列;

$\sigma_i$——某粒径级平行比测偏差值系列的统计标准差;

$\xi_i$——某粒径级平行比测偏差值系列的统计平均值;

$i$——粒径级序号,$i=1,2,\cdots,M_i$;

$j$——"平行"测次序号,$j=1,2,\cdots,N$。

比较 $i=1,2,\cdots,M$ 各粒径级级配随机误差、系统误差,用较大数值作控制指标或检验指标。

2."标准"1 次和"常规"多次重复的统计模型

已知"标准"或用"标准"只进行 1 次测试,级配系列为 $B_i$。用"常规"进行 20 测次以上的"重复"测试,级配测次系列为 $G_{ij}$,则统计"常规"各测次级配系列的均值 $\overline{G_i}$,用各测次 $G_{ij}$ 对 $\overline{G_i}$ 的标准差作随机误差 $\sigma_i$,用 $\overline{G_i}$ 与 $B_i$ 的偏差作系统误差 $\xi_i$,计算公式如下

$$\overline{G_i} = \frac{\sum_{j=1}^{N} G_{ij}}{N} \tag{7-2-57}$$

$$\sigma_i = \sqrt{\frac{\sum_{j=1}^{N} (G_{ij} - \overline{G_i})^2}{N-1}} \tag{7-2-58}$$

$$\xi_i = \overline{G_i} - B_i \tag{7-2-59}$$

式中　$\overline{G}_i$——各粒径级“常规”多次测值系列的统计平均值；

$B_i$——各粒径级的“标准”值系列；

$\xi_i$——某粒径级系统误差；

$i$——粒径级序号，$i=1,2,\cdots,M$；

$j$——“重复”测次序号，$j=1,2,\cdots,N$。

比较 $i=1,2,\cdots,M$ 各粒级级配随机误差、系统误差，用较大数值作控制指标或检验指标。

3.“标准”1 次和“常规”若干次的对比模型

已知“标准”或用“标准”只进行 1 次测试，级配系列为 $B_i$。用“常规”进行若干(1～3)测次测试，级配测次系列为 $G_{ij}$，仅直接比较各测次 $G_{ij}$ 与 $B_i$ 的偏差，计算公式如下

$$\Delta_{ij} = G_{ij} - B_i \tag{7-2-60}$$

式中　$i$——粒径级序号，$i=1,2,\cdots,M$；

$N$——测次序号，$j=1,2,\cdots,N$。

比较 $i=1,2,\cdots,M$ 各粒径级级配偏差，用较大数值作控制指标或检验指标。也可统计 $G_{ij}$ 平均值 $\overline{G}_i$，用式(7-2-59)计算偏差。

4. 无“标准”而“常规”多次重复的统计模型

无“标准”，用“常规”进行 20 测次以上的“重复”测试，级配测次系列为 $G_{ij}$，则统计“常规”各测次级配系列的均值 $\overline{G}_i$，用各测次 $G_{ij}$ 对 $\overline{G}_i$ 的标准差作随机误差 $\sigma_i$。$i=1,2,\cdots,M$ 为粒径级序号；$j$ 为“重复”测次序号，$j=1,2,\cdots,N$。计算采用式(7-2-57)和式(7-2-58)。

比较 $i=1,2,\cdots,M$ 各粒径级级配随机误差，用较大数值作控制指标或检验指标。

5. 样本系列不确定度 $X$

样本系列不确定度 $X$ 可由置信系数 $z$(置信度 $\phi=95\%$ 时 $z$ 取 2.0)和标准差 $\sigma$(或统计系统误差)按式(7-2-61)或式(7-2-62)计算

$$X = z\sigma \tag{7-2-61}$$

$$X = z\xi \tag{7-2-62}$$

对 1 个样品进行 1 次测试是无法衡量其质量或精度的，因而质量检验试验有两方面的意义，一是和所谓的标准器具或标准方法或标准级配样品(简称“标准”)比测，对比或统计评估误差；二是用常规方法或一种样品(简称“常规”)“重复”测试而统计误差，以上从这两方面考虑，总结了误差检验试验的一些类型。从 4 种模型看，标准和常规对应进行平行测试的模型(模型 1)有普适性，其他模型可看做该型的简化或衍变。之所以都列出来，是因为目前应用于泥沙颗粒分析的方法繁简差别较大，需要根据具体情况和沿用以往的做法选择模型。

概念“重复”是指同一条件、同一方法反复做多次测试，获得可统计的多值系列数据；“平行”是指同母样不同方法做测试，一次(多次)平行测试获得与方法数相同的一组(多组)可比数值系列，多组数据可统计分析。

对试样统计个(测次)数的要求，规定为 20 个(测次)以上，系考虑到泥沙颗粒分析手工作业的实际情况一般比较繁复，不宜太多。有条件时，以不少于 30 个(测次)为好。

2.2.6.2　**分样器分样的误差试验**

干沙(湿沙)试验检验方法:对粒径大于(小于)0.062 mm的干湿沙样,用分样器分取20个以上试样,用筛分法(吸管法)分别分析,计算各试样的级配系列 $G_{ij}$,按式(7-2-57)、式(7-2-58)和式(7-2-61)估算误差。各粒径级小于某粒径沙量百分数的不确定度应小于8(6)。

可选几种不同级配的干沙(湿沙)样,如上做同样的试验分析,以综合考察,确定满足干沙(湿沙)样分样误差要求的操作要领。

2.2.6.3　**搅拌器搅拌混匀的误差试验**

1. 试验检验方法

选粒径小于0.062 mm的沙样,按试样制备规定搅拌混匀之后,在悬液面下200 mm处吸样测试级配系列。测试完成后,重新搅拌混匀,在悬液面下200 mm处吸样测试级配系列……如此重复操作20次以上,计算各次操作的级配系列 $G_{ij}$,按式(7-2-57)、式(7-5-58)和式(7-2-61)估算误差。

各粒径级小于某粒径沙量百分数的不确定度应小于5。

2. 多样品试验

可选粒径小于0.062 mm的几种不同级配的沙样按上面方法做同样的试验分析,以综合考察,确定满足搅拌混匀误差要求的操作要领。

2.2.6.4　**泥沙样品絮凝处理的误差试验**

1. 沙样标准级配的确定方法

可选粒径小于0.062 mm的沙样,取沙量约3 g的试样放于容量瓶中,加纯水约200 mL摇匀,然后放在离心机上使泥沙加速沉降至容量瓶底,细心吸出清水。再将沙样加纯水200 mL摇匀,经离心沉淀后,吸出清水……如此反复淋洗,直至无水溶盐。然后用吸管法分析测试的成果,作为该沙样的标准级配系列 $B_{ij}$。

2. 试验检验方法

仍用上面试验所用粒径小于0.062 mm的沙样,根据沙样含可溶盐的实际情况选用反凝剂和确定用量,进行1~3次测试分析,测得级配系列 $G_{ij}$,按式(7-2-60)估算偏差。

各粒径级小于某粒径沙量百分数的偏差应小于2。

3. 多样品试验

可选粒径小于0.062 mm的几种不同级配的沙样如上做同样的试验分析,以综合考察,确定满足絮凝处理误差要求的作业条件。

2.2.6.5　**筛分法分析成果误差检验**

要求各粒径级小于某粒径沙量百分数的偏差应小于4。

1. 标样检验法

从粒径大于0.062 mm不同大小的玻璃球样品中,取出约15 g用标准套筛分析级配,将留于不同筛号内的玻璃球,分别倒入相应编号的器皿内,然后从各器皿内取出一定量的玻璃球,配制成级配系列为 $B_{ij}$ 的标准试样。用常用套筛对标准试样按常规法分析进行1~3次测试分析,测得级配系列 $G_{ij}$,按式(7-2-60)估算偏差。

可选粒径大于0.062 mm的几种不同级配的玻璃球样品如上做同样的试验分析,以综合考察,确定满足筛分法的误差要求的作业条件。

2. 显微镜及投影仪检验法

选粒径大于0.062 mm的泥沙样品，用试验套筛按常规法进行1次测试分析，级配系列为$G_{ij}$。然后用显微镜或投影仪对该样品再进行分析，所得成果作标准级配系列$B_{ij}$，按式(7-2-60)估算偏差。

可选粒径大于0.062 mm的几种不同级配的泥沙样品如上做同样的试验分析，以综合考察，确定满足筛分法误差要求的作业条件。

**2.2.6.6 粒径计法分析成果误差检验**

要求各粒径级小于某粒径沙量百分数的偏差应小于4。

(1)将适用粒径范围的沙样风干后，取约15 g放在筛级稠密的标准套筛上过筛，并将各级筛中泥沙颗粒分别倒入有编号的器皿内烘干称量，每个器皿中泥沙用四分法分开，各取25颗，共取出约100颗作为一组，代表各皿(级)泥沙样品。

(2)将从每个器皿中取出的代表样品组，用单颗沉降法测定各颗粒沉速并测水温，根据实测的泥沙密度，按规定的沉速公式计算单颗沉降粒径。

(3)各组单颗粒径按从小到大顺序排列，按式(7-2-63)计算各组小于某粒径沙量百分数

$$P_k = \frac{\sum_1^k D_k^3}{\sum_1^n D_k^3} \times 100 \tag{7-2-63}$$

式中　$P_k$——某组泥沙样品中的小于$D_k$沙量百分数(%)；

$D_k$——某组泥沙样品由小到大顺序中的第$k$颗泥沙粒径，mm；

$k$——颗粒按粒径从小到大的序号，$k=1,2,\cdots,n(100)$，$n$为序列总长。

(4)绘制各组(即各皿100颗粒的)级配曲线，由各曲线查读合适的各粒径级的小于某粒径沙量百分数$P_{ji}$。由各组的沙量$m_j$和对应小于某粒径沙量百分数计算各组各粒径级的小于某粒径级的沙量$m_{ji}=m_j \times p_{ji}$($i$为粒径级序号，$j$为组序号，$j=1,2,\cdots,J$，$J$为总组数)。

由$M_i = \sum_{j=1}^{J} m_{ji}$计算全部共$J$组中小于$i$粒径级的沙量，最大一级粒径全部共$J$组中的沙量为$M$，用$P_I = 100 \times M_i/M$作整个沙样各粒径级小于某粒径沙量百分数的标准级配系列$B_{ij}$。

(5)以同样的泥沙，按所需沙量配制成试样，再用常规粒径计法进行1次测试分析，级配系列为$G_{ij}$，按式(7-2-60)估算偏差。

(6)可选几种不同级配的泥沙样品如上做同样的试验分析，以综合考察，确定满足粒径计分析误差要求的作业条件。

简单说来，上述标准样品制样选样及试验方法是筛分后再加选择单颗粒沉降；标准级配分析综合是先计算各级筛的100颗粒的级配，再计算各100颗粒的小于某粒径沙量，然后进行同级小于某粒径沙量累加，最后获得所谓的标准级配。

**2.2.6.7 消光法及离心沉降法分析成果误差检验**

要求小于某粒径沙量百分数的系统不确定度消光法应小于4，离心沉降法应小于5。

(1)沙样应主要来自日常作颗粒分析的试样,并使试样在含沙量及级配变化方面具有代表性,满足吸管法和消光法及离心沉降法比测要求。

(2)应由操作技术熟练的人员担任同母样的吸管法分析,并以该分析成果作为标准 $B_{ij}$。

(3)用消光法或离心沉降法进行20测次以上的“重复”测试,级配测次系列为 $G_{ij}$,按式(7-2-57)、式(7-2-58)和式(7-2-59)估算误差,按式(7-2-62)估算系统不确定度。

(4)可选几种不同级配的泥沙样品如上作同样的试验分析,以综合考察,确定满足消光法及离心沉降法分析误差要求的作业条件。

### 2.2.6.8　采用吸管法的“盲样”试验对分析操作人员进行操作误差检验

1.备样

选择湿沙样,经0.062 mm孔径筛水洗过筛后,筛下沙样用分样器分成若干份,每份沙量约5 g。

2.操作技术熟练的人员测试“盲样”的标准级配

挑选吸管法分析操作技术熟练的人员两人,每人从每种沙型的分样样品中任意抽出3份,按规定絮凝处理后进行吸管法分析。每人分析的成果要求达到各样各粒径级小于某粒径沙量百分数对3份样级配平均值的差应小于3;两人各自分析得的平均级配相比,各粒径级小于某粒径沙量百分数的差值应小于3。用两人6份样级配的平均级配作为“盲样”的标准级配 $B_{ij}$。

3.颗粒分析操作人员作业质量检验测试

每人从每种沙型的分样样品中任意抽出3份,按规定絮凝处理后进行吸管法分析。每人分析的成果,要求达到各样各粒径级小于某粒径沙量百分数对3份样级配平均值 $\overline{G_i}$ 的差应小于4,按式(7-2-59)估算偏差。

级配平均值与标准级配比较,各粒径级小于某粒径沙量百分数相差应小于5。

“盲样”检验应注意的是,只有在具体分析操作人员完全不知沙样中有检验样品的情况下,运用与平常一样的操作分析,才能使检验样品的分析质量符合常规分析的实际,否则失去“盲样”检验的意义。

### 2.2.6.9　激光法分析误差检验

1.重复性试验

要求各型沙各粒径级小于某粒径沙量百分数的标准差均小于2。选取 $D_{50} \leq 0.025$ mm的泥沙样品,备样成完全混匀状态,取样1次进入仪器检测系统,然后实施20次以上重复测量获得 $G_{ij}$,按式(7-2-57)、式(7-2-58)和式(7-2-61)估算随机误差。再选取 $0.025\ \text{mm} < D_{50} < 0.050$ mm和 $D_{50} \geq 0.050$ mm沙型如上作同样的试验和统计计算。

2.平行性试验

要求各型沙各粒径级小于某粒径沙量百分数的标准差均小于3。选取 $D_{50} \leq 0.025$ mm的泥沙样品,备样成完全混匀状态,每取样1次进入仪器检测系统测量3次,计算3次测量级配的平均值作本次取样的成果……如此,共进行20次(取样60次)测量获得20个级配成果值 $G_{ij}$,按式(7-2-57)、式(7-2-58)和式(7-2-61)估算随机误差。再选取 $0.025\ \text{mm} < D_{50} < 0.050$ mm和 $D_{50} \geq 0.050$ mm沙型如上作同样的试验和统计计算。

3. 人员对比试验

选样备样：选取 $D_{50} \leqslant 0.025$ mm、0.025 mm $< D_{50} <$ 0.050 mm、$D_{50} \geqslant 0.050$ mm 的泥沙样品各 1 个，备样成完全混匀状态。

一人自检：由一人用激光法对每一个沙样平行测试 2 次，要求各级级配的互差均小于 3。

两人互检：由两人分析时，对每一个沙样，每人平行测试 2 次并计算级配平均值，要求两人各级级配平均值的互差均小于 3。

#### 2.2.6.10　断面平均级配总不确定度估算

断面平均级配总不确定度可按式(7-2-64)、式(7-2-65)和式(7-2-66)估算。

随机不确定度

$$X = \pm (X_q^2 + X_Z^2 + X_c^2)^{1/2} \tag{7-2-64}$$

系统不确定度

$$X' = \pm (X_q'^2 + X_Z'^2 + X_c'^2)^{1/2} \tag{7-2-65}$$

总不确定度

$$X_{pd} = \pm (X^2 + X'^2)^{1/2} \tag{7-2-66}$$

式中　$X$——断面平均级配总随机不确定度(%)；

$X_q$——取样方法随机不确定度(%)；

$X_Z$——试样制备随机不确定度(%)；

$X_c$——级配测定随机不确定度(%)；

$X'$——断面平均级配总系统不确定度(%)；

$X_q'$——取样方法系统不确定度(%)；

$X_Z'$——试样制备系统不确定度(%)；

$X_c'$——级配测定系统不确定度(%)；

$X_{pd}$——断面平均级配总不确定度(%)。

#### 2.2.6.11　单断颗关系曲线定线精度评估和合理性检验

有 7 测次以上(大致 35～50 个粒度级配点)的单断颗关系应进行定线精度评估和合理性检验，方法同“2.2.5 相关关系曲线的精度评估与检验”。但应注意，因为级配成果本身就是归一化的相对数，所以泥沙级配的基本误差应采用小于某粒径级级配成果的绝对误差，定线精度评估和合理性检验一般也采用小于某粒径级级配成果的绝对误差而不再采用相对误差，计算公式为 $E_i = G_i - B_i$ 而不是式(7-2-4)的 $E_i = \frac{G_i}{B_i} - 1$。

### 2.2.7　两种颗粒分析方法级配成果互换关系的建立和使用

#### 2.2.7.1　试验

有共同适用粒径范围的两种颗粒分析方法，要获得能够建立级配成果互换关系的数据资料，宜按下述步骤进行平行对比试验：

(1)分别制备 50 个以上共同适用粒径范围的泥沙样本，此类样本简称母本。各母本体积/质量的数量不小于用两种分析方法分别进行级配测试时的总量。

(2)以不改变母本粒级组分的原则从各母本中分别采取满足两种分析方法进行级配测试泥沙量的样本,装存标记。此类样本简称第一/二子样本。

(3)分别用第一/二子样本的泥沙进行两种方法的颗粒分析。

(4)整理两种方法分析的级配成果资料。

#### 2.2.7.2　建立相关关系

获得平行对比试验级配成果资料后,可用计算机数据处理软件建立两种分析方法级配成果的互换关系,通常宜按下列步骤进行(此以 Excel 软件为背景):

(1)将级配成果资料输入或转移到数据处理软件的数表中,数据分两列,一列为第一种方法分级粒径的级配值,定义为 $X$ 序列(被转换量);一列为第二种方法相应分级粒径的级配值,定义为 $Y$ 序列(转换目标量)。

(2)用数据处理软件的图表功能作 $X$、$Y$ 序列的散点图,分析点据趋势,剔除远离点带趋势点的试样数据(判为错误数据);考虑到系统性误差,剔除时可将此泥沙试样各粒径级的数据点全部剔除。

(3)$X$、$Y$ 序列散点点带明晰后,分别作二(一、三)次方多项式的趋势线,拟合 $Y = f(X)$ 方程,且标注出方程式和相关指数 $R^2$ 值。

(4)用二(一、三)次多项式拟合方程,由级配值 $X$ 序列计算出相应的 $Y$ 序列的拟合级配值,且定义为 $Y_2$($Y_1$、$Y_3$)序列。

(5)计算 $Y$ 序列测量值与对应拟合值 $Y_2$($Y_1$、$Y_3$)序列的误差序列 $\delta_2 = Y - Y_2$($\delta_1 = Y - Y_1$、$\delta_3 = Y - Y_3$),并作成表列(在此将拟合方程看做为消除了误差的变换关系,将从拟合关系由第一种方法推算的第二种方法的级配值看做第二种方法的标准值)。

(6)用统计公式 $\sigma_2 = \sqrt{\frac{\sum \delta_2^2}{n}}$($\sigma_1 = \sqrt{\frac{\sum \delta_1^2}{n}}$、$\sigma_3 = \sqrt{\frac{\sum \delta_3^2}{n}}$)计算误差序列 $\delta_2$($\delta_1$、$\delta_3$)的均方差(标准差),本均方差用以衡量平均随机误差;用统计公式 $\xi_2 = \frac{\sum \delta_2}{n}$($\xi_1 = \frac{\sum \delta_1}{n}$、$\xi_3 = \frac{\sum \delta_3}{n}$)计算误差序列 $\delta_2$($\delta_1$、$\delta_3$)的均值,本误差均值用以评定系统误差。

(7)用“3 倍均方差误差限准则”对数据对(点)进行“过滤”。做法为:用通用公式 $y = Y \pm 3\sigma$ 的计算值分别作二(一、三)次多项式拟合方程曲线的对应外包线,剔除外包线之外的数据对(点)。

(8)对用“3 倍均方差误差限准则”“过滤”后的数据对(点)重新按步骤(3)~(6)进行拟合方程曲线、计算 $R^2$ 值、统计误差。

(9)分析用“3 倍均方差误差限准则”“过滤”后确定的一、二、三次多项式各拟合方程曲线,选择 $R^2$ 值较大、统计误差较小的方程曲线作为两种分析方法级配成果的互换关系。

(10)选择应用的两种方法级配成果互换关系的精度应控制在小于某粒径百分数系统误差不大于 3,均方差不大于 8。此系统误差、随机误差(均方差)采用确定后方程曲线的统计数值。

#### 2.2.7.3　相关关系使用

可利用两种分析方法的级配成果互换关系由被转换量 $X$ 推求转换目标量 $Y$,通常宜按下列方法处理级配换算关系(见图 7-2-1)：

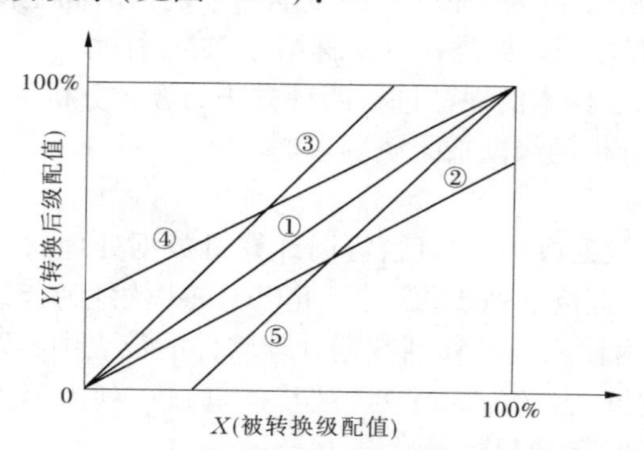


图 7-2-1　两种分析方法级配成果关系

(1)如图 7-2-1 两种分析方法级配成果关系线①所示，若始点 $X=0$、$Y=0$，终点 $X=100\%$、$Y=100\%$，在级配 0 ~ 100% 范围，两者规定粒级级配一一对应，并且两者 0 与 0，100% 与 100% 对应于相同的粒经级，可直接用拟合方程换算。

(2)如图 7-2-1 两种分析方法级配成果关系线②所示，若始点 $X=0$、$Y=0$，终点 $X=100\%$、$Y<100\%$，这时使 $Y$ 增加规定的一个粒径级，且令此级的 $Y=100\%$。

例如，当 $X=100\%$ 时，推得 $Y=95.0\%$，对应粒径为 0.125 mm，这时使 $Y$ 增加 0.125 mm 粒径的上一级粒径 0.25 mm，且令小于 0.25 mm 粒径级的 $Y=100\%$。

(3)如图 7-2-1 两种分析方法级配成果关系线③所示，若始点 $X=0$、$Y=0$，终点 $X=100\%$、$Y>100\%$，表明在 $X<100\%$ 的某点存在 $Y=100\%$，此时若 $Y=100\%$ 对应的粒径介于 $X=100\%$ 对应粒径 $d_i$ 和其下一级 $d_{i-1}$ 之间，则直接使 $d_i$ 的 $Y=100\%$。

例如，由 $d_i=0.25$ mm 的 $X=100\%$ 推得 $Y>100\%$，由 $d_i$ 下一级 $d_{i-1}=0.125$ mm 的 $X=95.0\%$，推得 $Y=98.5\%$，则 $Y=100\%$ 介于 0.25 mm 和 0.125 mm 粒径级之间，直接使 $d_i=0.25$ mm 的 $Y=100\%$。

(4)如图 7-2-1 两种分析方法级配成果关系线④所示，若始点 $X=0$、$Y>0$，终点 $X=100\%$、$Y=100\%$，则使与 $X=0$ 对应的 $d_i$ 级粒径的下相邻 $d_{i-1}$ 级粒径的 $Y=0$，本级 $d_i$ 粒径对应的级配取由 $X=0$ 推得的 $Y$ 值。

例如，当 $d_i=0.031$ mm 级 $X=0$ 时，推得 $Y=5.3\%$，则使 $d_i$ 相邻下一级 $d_{i-1}=0.016$ mm 的 $Y=0$，本级 $d_i=0.031$ mm 的 $Y=5.3\%$。

(5)如图 7-2-1 两种分析方法级配成果关系线⑤所示，若始点 $X=0$、$Y<0$，终点 $X=100\%$、$Y=100\%$，则 $Y<0$ 部分舍弃，从 $X>0$ 的最低粒径级 $d_i$ 推出 $Y$ 值，且使 $d_i$ 以下相邻的 $d_{i-1}$ 粒径级的 $Y=0$。

例如，当 $d_i=0.031$ mm 级的 $X=10.3\%$ 时，推得 $Y=3.5\%$；当在 $d_{i-1}=0.016$ mm 级 $X=4.5\%$ 时推出 $Y<0$，则 $d_i=0.031$ mm 的 $Y=3.5\%$ 是最小的 $Y>0$ 值，这样就使 $d_i$ 以下相邻 $d_{i-1}=0.016$ mm 粒径级的 $Y=0$。

## 2.2.8　河流泥沙测验试验报告的编写

河流泥沙测验通俗的理解为测量和试验，包括测量的方法、程序和质量保证等内容，试验报告编写的格式很重要。试验报告基本是根据试验的具体情况编写,但也应遵循一般的步骤组织内容。现列出一般格式的提纲如下。

#### 2.2.8.1　明确试验报告的标题

标题要反映内容的主题,用词简明准确,避免用宽泛的概念,例如"悬移质测验试验"不要简单地写为"泥沙测验"。

#### 2.2.8.2　简述试验目标

试验目标是试验前预期成果或设想的结果,也有可能随着试验的深入有所修改,或与实际结果有出入,但应如实简述,使读者吸取经验教训。

若有必要,也可叙述同类试验以前是否做过,结果如何,本项目为什么还要做等。

#### 2.2.8.3　简述试验方案或技术路线

试验方案或技术路线也是事前的设计,是对试验实施有指导作用的内容。有时也是专门报告,可摘录主要内容。这部分内容与后面的试验实施应有呼应关联。试验方案一般是比较详细的方法、内容、步骤,技术路线则是考虑的基本方向、实施的主要阶段及作业内容。

#### 2.2.8.4　试验概况

试验概况包括开展试验的次数,每次的时间、地点(测站、断面、起点距、实验室)、人员组织与分工,自然情况(天气、水流等),仪器类型,试验方法,试样过程,取得的成果数量等。

#### 2.2.8.5　试验的作业过程

若为多次试验,可分情况类别描述,如1、5、8次水流和作业情况一样,可归为一类描述。作业过程也可能和数据分析、结果讨论联系。还应重视的是特殊情况,这有时会是新发现,有时可能是失误,前者要寻找机会再试验再验证,后者在分析资料时要慎重考虑或剔除。

#### 2.2.8.6　试验数据整理分析

在这个部分,数据可以使用各种形式给出,包括表格、图片或者图表。注意,在任何情况下,信息的来源、数据的细节和涉及的评论等都应该标注清楚。

作业过程不能反映的现象、规律等要在试验数据整理分析中挖掘。常说水文应用数据说话,或者说水文规律应用数据规律或规律的数据说话,都说明了试验数据整理分析的地位。要讲究数据的表达形式,数据多列成数表且多和图形、曲线等可视化的显示结合,用形象化思维帮助理性思维。

试验数据整理分析牵涉误差统计精度评估等内容,应选择合适的模型,注意特殊数据的处理。水文测验的精度可分为需求精度和可能精度,前者与应用水文数据的工程的目标任务有关,后者与水文测验的各种情况和条件有关,超越条件要求的高精度不现实,试验数据整理分析宜以可能精度成果为基础。

#### 2.2.8.7　讨论

讨论的主要目的是解释如何从数据结果得到最终的结论。还应该包括对特殊现象、数据的认识和解释,对局限性的分析,可能存在的问题,以及这些问题的解决办法等。

#### 2.2.8.8　结论

结论部分基于前面的介绍和数据结果等,通过概括总结而得,展现作者(们)的观点。应该明确指出试验目标实现的程度,技术方案、作业过程适合与否,通过数据分析所得到的重要成果,让读者深切领会到该试验的意义和解决了的问题。

#### 2.2.8.9　结尾

在报告的最后,应该列出报告中提及的参考资料,以及这些参考资料的全部信息。

#### 2.2.8.10　其他

有时报告写成论文的格式,应有摘要。有时报告篇幅较长,可写概述或绪论。有的试验已经做过较多前期工作,可写试验情况历史回顾。有的试验发现新苗头,需要采取另外途径开展有关试验,可写建议等。

# 模块3　地下水及土壤墒情监测

## 3.1　观测作业

### 3.1.1　区域地下水概念和测站布设规定

#### 3.1.1.1　区域地下水的相关概念

地下水一般赋存在相互关联的含水层体系中，它在某一特定区域范围内，受到地貌和水文地质条件的控制，形成区域性的地下水流系统，系统包括补给区、排泄区和水平径流区。

地下水资源具有可恢复性、时空变化性、有限性、与地表水相互转换性、不可取代性和广泛性、自调节性、质优性、系统性等特点。区域地下水监测就是为了掌握区域地下水的动态情况，探索其变化规律，为合理开发利用地下水，防止土壤盐碱化、地下水浸没以及研究河流补给问题等提供资料。

补给量是指在天然和开采条件下，单位时间从各种途径进入含水层的水量，常用单位为 $m^3/d$ 或万 $m^3/a$。补给来源主要包括降水入渗、地表水入渗、地下水径流的侧向流入、含水层的越流补给以及各种人工补给等。

储存量是指储存于含水层内的重力水体积，单位为 $m^3$。

开采量是指目前开采的水量或预计开采量。

可开采量又称允许开采量，是指在水源地设计的开采期内，以合理的技术经济开采方案，在不引起开采条件恶化和环境地质问题的前提下，单位时间内可以从含水层中取出的水量，常用单位为 $m^3/d$ 或万 $m^3/a$。

#### 3.1.1.2　地下水监测基本站的布设规定

1. 水位基本监测站的布设规定

(1)水位基本监测站应分别沿着平行和垂直于地下水流向的监测线布设。

(2)各基本类型区、开采强度分区的水位基本监测站布设密度可参照表7-3-1掌握。

(3)各特殊类型区的水位基本监测站布设密度可在表7-3-1的基础上适当加密；冲洪积平原区中的山前地带，水位监测站布设密度宜采用表7-3-1相应开采强度分区布设密度的上限值。

(4)国家级水位基本监测站宜占水位基本监测站总数的20%左右，省级行政区重点水位基本监测站宜占水位基本监测站总数的30%左右。

(5)国家级水位基本监测站和省级行政区重点水位基本监测站主要布设在特殊类型区内和三级基本类型区(冲洪积平原区、内陆盆地平原区、山间平原区)的边界附近。

表 7-3-1　水位基本监测站布设密度　　（单位：$\times10^{-3}$ 眼/$km^2$）

| 基本类型区名称 | | 监测站布设形式 | 开采强度分区 | | | |
|---|---|---|---|---|---|---|
| | | | 超采区 | 强开采区 | 中等开采区 | 弱开采区 |
| 平原区 | 冲洪积平原区 | 全面布设 | 8 ~ 14 | 6 ~ 12 | 4 ~ 10 | 2 ~ 6 |
| | 内陆盆地平原区 | | 10 ~ 16 | 8 ~ 14 | 6 ~ 12 | 4 ~ 8 |
| | 山间平原区 | | 12 ~ 16 | 10 ~ 14 | 8 ~ 12 | 6 ~ 10 |
| | 黄土台塬区 | 选择典型代表区布设 | 宜参照冲洪积平原区内弱开采区水位基本监测站布设密度布设 | | | |
| | 荒漠区 | | | | | |
| 山丘区 | 一般基岩山丘区 | | | | | |
| | 岩溶山区 | | | | | |
| | 黄土丘陵区 | | | | | |

（6）生产井不宜作为水位基本监测站的监测井。

（7）国家级水位基本监测站应采用专用水位监测井并实行自动监测；省级行政区重点水位基本监测站宜采用专用水位监测井，宜实行自动监测；实验站监测井宜采用自动监测。

2. 开采量基本监测站的布设规定

（1）针对各水文地质单元的各地下水开发利用目标含水层组，分别布设开采量基本监测站。

（2）在基本类型区内的各开采强度分区，应分别选择 1 组或 2 组有代表性的生产井群，布设开采量基本监测站；每组井群的分布面积宜控制在 5 ~ 10 $km^2$，开采量基本监测站数不宜少于 5 个。

（3）特殊类型区内的生产井，均应作为开采量基本监测站。

3. 泉流量基本监测站的布设规定

（1）山丘区流量大于 1.0 $m^3/s$、平原区流量大于 0.5 $m^3/s$ 的泉，均应布设为泉流量基本监测站。

（2）山丘区流量不大于 1.0 $m^3/s$、平原区流量不大于 0.5 $m^3/s$ 的泉，可选择少数具有较大供水意义者，布设为泉流量基本监测站。

（3）具有特殊观赏价值的名泉，宜布设为泉流量基本监测站。

4. 水质基本监测站的布设规定

（1）水质基本监测站布设应符合《水环境监测规范》（SL 219—98）的相关要求。

（2）水质基本监测站宜从经常使用的民井、生产井及泉流量基本监测站中选择布设，不足时可从水位基本监测站中选择布设。

（3）水质基本监测站的布设密度，宜控制在同一地下水类型区内水位基本监测站布设密度的 10% 左右，地下水水化学成分复杂的区域或地下水污染区应适当加密。

（4）国家级水质基本监测站宜占水质基本监测站总数的 20% 左右，省级行政区重点水质基本监测站宜占水质基本监测站总数的30%左右。

5. 水温基本监测站的布设规定

(1)沿经线方向布设水温基本监测站。

(2)水温基本监测站宜从水质基本监测站中选择布设,不足时可从开采量基本监测站或泉流量基本监测站中选择布设。

(3)水温基本监测站的布设密度宜控制在同一区域内水位基本监测站布设密度的5%左右,地下水水温异常区应适当加密。

#### 3.1.1.3 统测站与试验站布设规定

除有特殊要求外,统测站只设水位和与水质有关的监测项目。

水位统测站应在水位基本监测站的基础上加密布设,布设密度宜控制在同一区域内水位基本监测站总数的3~5倍。应选择不受开采影响的民井、生产井作为水位统测站。

水质统测站应在水质基本监测站布设的基础上加密布设,布设密度宜控制在同一区域内水质基本监测站总数的1~3倍。

应根据试验目的,确定相应试验站的布设密度、监测项目及监测频次。

### 3.1.2 土壤墒情测站、地块、测点布设

#### 3.1.2.1 站网布设

土壤墒情监测站网应以旱情和旱作农业、牧业的地理格局分区为背景,根据国家宏观控制和地区需求布设国家墒情监测站网和各级地方站网。国家墒情监测站网的密度在山区、丘陵区和平原区,单站控制的耕作面积应在3 000~30 000 $hm^2$、10 000~50 000 $hm^2$、30 000~90 000 $hm^2$,地方站网密度由地方根据具体情况确定。墒情监测站宜均匀分布,有条件的应靠近水文站、气象站、雨量站。需要时,应在相同地貌和构造条件上建设墒情监测站和配套地下水测井。

墒情监测站网可分为基本监测站网和临时监测站网,基本监测站网应承担灌溉耕地(或牧场)和非灌溉耕地(或牧场)的墒情监测任务,配备墒情要素监测所必需的仪器设备,进行长期监测和资料整编。基本监测站的监测位置应相对稳定,监测位置一经确定不得随意改变,以保持墒情监测资料的一致性和连续性。临时监测站网根据当地当年或当季旱情发展情势选点布设,直接服务于当地农牧业当年或当季掌握土壤旱情墒情信息的需要。

土壤墒情监测站网规划图上作业前应调查了解区域自然地理、水文气象、地质地貌、土壤植被、人文经济、农田水利工程及农业种植等情况,规划图上作业期间或完成后应实地勘察,确定站点地块及有关建设事项。

#### 3.1.2.2 代表性地块位置确定

(1)进行墒情监测的代表性地块的选择应考虑其地貌、土壤、气象和水文地质条件以及种植作物的代表性。

(2)山丘区代表性地块应设在坡面比降较小而面积较大的地片中,不应设在沟底和坡度大的地片中。代表性地块面积一般应大于666.7 $m^2$(1亩)。

(3)平原区代表性地块应设在平整且不易积水的地片。代表性地块面积一般应大于

6 667 $m^2$(10 亩)。

(4)代表性地块土壤含水量采样点可布置若干点。土壤含水量采样点应布置在距代表性地块边缘、路边 10 m 以上且平整的地块中,应避开低洼易积水的地方,且同沟漕和供水渠道保持 20 m 以上的距离,避免沟渠水侧渗对土壤含水量产生影响。

同一采样点垂向测点数目可根据检测区域的具体情况采用 20 cm 深一点法,20 cm、40 cm 深二点法,10 cm、20 cm、40 cm 深三点法;有特殊要求,可在 10 cm、20 cm、40 cm、60 cm、80 cm、100 cm 布点。

#### 3.1.2.3 实施基础性项目测量

对观测点的土壤类型质地、颗粒级配、密度(容重、比重)、孔隙度、水分特性曲线、饱和含水量、田间持水量、凋萎含水量等项目开展测量,作为基础资料数据。

## 3.2 数据资料记载与整理

### 3.2.1 地下水动态报告的编写方法

影响地下水动态的因素分为自然因素和人为因素。自然因素包括气候及气象、水文、地质、土壤、生物等,对于潜水,气候、气象和水文是主要的影响因素;对于深层承压水,地质因素的作用是主要的。人为因素包括修建水利工程、地下水开采以及人工回灌、人为污染等。

地下水的动态类型主要包括:降水入渗型、蒸发型、人工开采型、径流型、水文型、灌溉入渗型、冻结型、越流型等。

地下水动态报告分汛期地下水动态报告、年度地下水动态报告。编制内容应包括以下几个方面:

(1)综述自然条件和社会生产活动背景下的地下水概况。

(2)本年(汛期)内降水量的时空分布概况,与上年(汛期)降水量时空分布的比较,与多年平均(多年汛期平均)降水量的比较。

(3)本年(汛期)末及年(汛期)内最高、最低地下水位(或埋深)的时空分布概况,与上年(汛期)末及年(汛期)内最高、最低地下水位(或埋深)时空分布的比较。

(4)本年(汛期)内地下水开采量,与上年(汛期)地下水开采量的比较。

(5)本年(汛期)内水文地质环境问题概况,与上年(汛期)水文地质环境问题的比较。

(6)降水量、开采量、水位(或埋深)、水质的动态变化对当地地下水资源量的影响。

(7)编制统计数表,编制年降水量等值线图,年末及年内最高、最低地下水位(或埋深)等值线图。

### 3.2.2 土壤墒情有关分析报告的编写

#### 3.2.2.1 监测站网查勘报告内容提示

国家级和地方级墒情和旱情监测网的站点在代表性地块和监测区域的查勘后应写出

查勘报告,报告的内容包括:

(1)测区概况。自然地理概况、水文气象、地质地貌、土壤植被、人文经济、农田水利工程及农业种植情况等。

(2)站点布设和监测方案。如测站分布图、地形简图、依据的规范和具体监测的方式方法、仪器工具配备等。

(3)基础测试资料数据整理分析。如固定观测点及巡测点的土壤质地及颗粒级配曲线,土壤密度(容重、比重)、土壤孔隙度、土壤水分特性曲线、饱和含水量、田间持水量、凋萎含水量、各种作物的适宜含水量、最低限度的临界含水量等土壤物理特性和土壤水分特性资料数据。

#### 3.2.2.2　土壤墒情监测分析报告结构

土壤墒情监测分析报告一般分为四个部分,第一部分说明检测时间、监测数据出处和来源。第二部分描述本地当前农田土壤墒情和旱情状况(综合评价),不同类型农田土壤墒情和旱情级别与土壤平均含水量,主要种植作物的生育期及作物表象,农田土壤墒情和旱情发展预测。第三部分针对农田土壤墒情与旱情变化情况,结合当前种植作物的生育期和长势状况,结合不同旱作类型区情况提出具有可操作性的生产指导建议;如需要灌溉,要提出灌溉水量要求。第四部分为有关监测点数据的图表。

#### 3.2.2.3　土壤墒情和旱情报告内容

土壤墒情和旱情是国家农业的基础情报,国家和地方的墒情监测站网的站点负责向各级政府及业务主管部门和有关单位报告墒情和旱情。在发生旱情的情况下,一般情况下每10天报告一次墒情和旱情,报告时间为1日、11日、21日。旱情严重时5天报告一次墒情和旱情,报告时间为1日、6日、11日、16日、21日、26日。需求特殊的,每个观测日后的第二天向报送单位发送墒情监测信息。

墒情和旱情信息的报送可由电报、电话、网络等形式传递,可由全国统一规定来编出墒情和旱情报送项目的代码,以利于信息的发送、接收和处理的自动化。

区域技术业务主管部门汇总分析检测数据后编制墒情和旱情的专门报告,报告内容为气象要素、土壤含水量、地下水埋深、作物的水分状态、作物的生理状态,旱情发生的日期、旱情发生持续时间、干旱程度及作物的受旱面积等。

作物的水分状态可由涝、渍、正常、缺水、受旱来表示。

作物的生理状态可由正常、缺水、萎蔫、发黄、枯死来描述。

作物的生长阶段可分为播种期、苗期、拔节期、孕穗期、灌浆期、成熟期等6个阶段。

当日天气情况可由晴、阴、雨来表示。

# 模块4　水文调查及水资源评价

水文调查是为水文分析与计算、水利规划、水文预报以及国民经济建设需要而进行的野外实地查勘、试验和收集有关水文、水利资料的工作，也是弥补水文基本站网定位观测不足，扩大资料收集范围和提供专项水文资料的工作。水文调查的基本内容有：流域基本情况调查、水量调查、暴雨洪水和枯水调查（其中暴雨调查见操作技能——技师模块1.1.3部分）、专项水文调查等。

水资源评价是对某一地区水资源数量的时空分布特征及变化范围，开发利用条件、程度及可控性，水的质量等进行调查并分析估价，是合理开发利用和保护管理水资源的基础工作。

## 4.1　水文调查

### 4.1.1　洪水调查

洪水资料是水利枢纽、桥涵、给水、排水等水工程设计所不可缺少的一项水文资料，因水文观测资料系列在时间上和空间上的有限性，故需要进行洪水资料的调查，以补充水文站定位观测资料系列的不足。

#### 4.1.1.1　洪水调查的内容

选择适当的调查河段，查明洪水痕迹，测出洪水痕迹高程；查明洪水起涨时间、峰现时间、落平时间及洪水总历时；查明河道变化情况和调查断面冲淤变化幅度；查明调查河段内河床组成、河床糙率变化；收集当地有关历史文献、古迹、碑刻、民谚等；考证洪水的相对大小和它在历史洪水中的排列序位；查明洪水相应暴雨的雨情、天气系统及成因；了解流域自然情况及水利、水保措施对于洪水的影响；进行调查河段内纵横断面及简易地形测量，根据需要可进行摄影或录像；计算洪峰流量、洪水总量及洪水重现期；编写洪水调查报告。

#### 4.1.1.2　洪水调查的分类

洪水调查按调查时间分为历史洪水调查和当年洪水调查。前者调查河段或流域内历史上曾经发生过的特大洪水；后者调查测站漏测洪水、设站以来实测最大洪水、流域内出现全流域洪水时无设站地区发生的洪水等。

按调查范围分为普遍调查和专门调查。前者对未进行过历史洪水调查的河段根据需要进行历史洪水的普查与考证；后者在指定地点调查某一年份洪水或对已调查过的洪水成果进行复查。

按调查方法分为实地调查和考证调查。前者到洪水发生地点对历史洪水及当年洪水进行现场实地调查；后者利用地方志、宫廷档案、水利专著等历史文献和碑记、石刻、古建筑物兴废、民谣等研究历史洪水的大小及重现期。

#### 4.1.1.3　洪水调查的方法、步骤

1.准备工作

在进行洪水调查前,要明确调查目的、任务和要求,明确调查方法,了解已有资料情况及地区条件,做好准备工作。

(1)收集资料。拟调查河段及附近测站历年洪水资料,如洪水位、洪峰流量、比降、糙率、水位—流量关系曲线等;拟调查河段及邻近地区已有的洪水观测及相应暴雨资料、历史洪水研究资料、调查报告、分析成果等;拟调查河段的地形图、河道纵断面图等;沿河水准点位置及高程;与洪水调查有关的历史文献、文物、考证资料等。

(2)准备仪器、工具及用品。调查需携带的测绘仪器、记录记载图表和计算工具、办公生活用品等。

(3)初步确定调查范围。根据调查目的、任务,确定开展调查的范围,并选择交通路线,编制具体工作计划。

2.现场实地调查

(1)了解情况。到达调查区域后,要与当地政府部门接触,说明进行洪水调查的目的和意义,争取得到支持和帮助,可到有关部门收集资料,了解河道变迁情况、洪水淹没范围、村寨分布、受灾情况等。

(2)查勘河道。对拟调查河段进行实地查勘,要了解河段控制条件、河床稳定性、断面特征、主槽河滩组成和支流加入、急滩、卡口、跌水等情况,便于选择合适的调查河段和断面。

(3)实地访问。在选定调查河段后,按调查内容进行深入、细致、全面的访问,可个别拜访,也可召开座谈会。要虚心访问,原话或原意如实记录。

(4)现场核实。对于调查访问到的资料,应在现场进行初步整理和综合分析,如发现问题要在现场核实。

#### 4.1.1.4　选择调查河段

(1)要满足调查目的和要求。如为水利工程设计,可选择尽量靠近工程地点的调查河段;如为延长洪水系列,可选择水文测站邻近河段作为调查河段。

(2)调查河段应有一定的长度,应比较顺直,无大的支流、分流、变动回水及阻水影响。

(3)各处断面形状相近,河道平面位置及断面变化不大。

(4)如没有较为理想的河段,可选在急滩、卡口、剧烈弯道或桥涵等的上游。避免选在扩散河段,需选在向下游收缩的河段。

#### 4.1.1.5　洪水痕迹调查和评定

洪水痕迹是确定洪水最高水位,绘制洪水水面曲线和计算洪峰流量的直接依据,对于洪水调查成果质量影响很大。

(1)洪水痕迹调查。洪水痕迹应在现场由当地群众指认,或者由调查人员自己辨认,对每一处洪痕点的可靠程度要能够做出判断,一般认为有具体标志物的洪痕可靠程度较高。洪水痕迹经确认后,要对其位置以红漆做好标志,便于随后测量。

(2)洪痕可靠程度评定。洪水痕迹经调查确认后,要对其做出可靠性评价。

凡是洪痕指认者亲身经历,印象深刻,所讲情况逼真,旁证确凿,且标志物固定,洪痕位置具体、清晰,估计洪痕可能高程误差小于0.2 m的,认为是可靠的洪水痕迹。

凡是洪痕指认者亲身经历,印象比较深刻,所讲情况比较逼真,旁证材料较少,且标志物有变化,洪痕位置基本能确定,估计洪痕可能高程误差在0.2~0.5 m的,认为是较可靠的洪水痕迹。

如被调查人听传说,或印象不深,所述情况不够清楚具体,缺乏旁证,且标志物已有较大变化,洪痕位置不具体,估计洪痕可能高程误差在0.5 m以上的,认为是仅供参考的洪水痕迹。

#### 4.1.1.6　洪水调查的测量

(1)洪痕的水准测量。洪水痕迹高程测量一般应从附近已有水准基点接测,并注明使用基面。如附近无水准基点,可以自行设立,并假定高程。重要洪痕高程可用四等水准测量,一般的用五等水准测量。

(2)河道纵断面测量。纵断面测量可顺主流布置测点,测点间距可视河道的纵坡变化程度而定。底坡转折处需有测点,在急滩、跌水以及水工建筑物的上、下游要增加测点。

测河道纵断面的同时要施测水面线,当两岸水位不等时,要同时测定两岸水位。如施测持续数日,水位有显著变动的,应设立临时水尺,读记各日水位,将各日所测水面线加以改正。

(3)河道横断面测量。选取的横断面数量要能反映出断面面积变化及其形状沿河长的特性。在平直整齐的河段可以少取,在曲折或不均匀的河段应多取,在洪水水面坡度转折的地方要选取断面。断面间距一般为100~500 m。

选取的断面应尽量靠近已确定的洪水痕迹。

选取的断面应垂直于洪水时期的平均流向。

在测量横断面时,要在测量记载簿中记载断面各部分的河床质的组成及粒径、河滩上植物生长情况(草、树木、农作物的疏密情况)、阻水建筑物的情况(地埂、石坝、土墙等)及有无串沟等情况,以确定河槽及河滩糙率。

(4)河道简易地形测量。进行河道简易地形测量,可更好地确定调查河段长度及洪水期水流情况,一般要测至最高洪水位以上。测量内容应有:导线及永久水准点位置,施测期间河流水边线,洪水痕迹及横断面位置,洪水淹没范围内的灌滩简略地形,阻水建筑物(房屋、堤坝、桥梁、树木等)、支流入口、险滩、急流、村庄等位置。

在进行洪水调查测量的同时,也可辅以摄影、摄像。主要拍摄洪水痕迹位置,河槽及河滩覆盖情况,河道平面情况。拍摄的方法:在拍摄洪水痕迹时,视线应垂直于痕迹,平行于地面,尽可能地显示附近地物地貌;拍摄碑文、壁字,可先涂以白粉或黑墨,使字迹清楚;拍摄水印,可用手指点位置;拍摄河床覆盖情况时,视线应与横断面垂直,有时为确定有关物体的大小可用测尺作为陪衬;拍摄河道形状、水流流势,要登高,以求全貌。拍摄时,还应记录所拍对象、地点、方向,并加以简要说明。

#### 4.1.1.7　洪水调查报告的编写

在洪水调查工作全部完成后,要及时编写洪水调查报告,主要内容包括以下几个方面:

洪水调查工作的组织、范围和总体情况。

调查地区的自然地理概况、河流及水文气象特征等方面的概述。

调查洪水的量级及相关情况描述和分析,成果可靠程度评价。

对洪水调查成果做出的初步结论及存在的问题。

调查报告的附件,附表、附图、声像资料等。

## 4.1.2　枯水调查

在河流出现历年某个时段最低、次低水位或最小、次小流量时,要进行当年枯水调查。历史枯水调查可根据实际需要进行。

### 4.1.2.1　枯水调查内容

当河流仍有流水时,应调查枯水的起、止时间,枯水时段水位、流量的变化情况,最低水位、最小流量及出现时间。

当河流干涸时,要调查其断流起、止时间,断流天数,断流次数,每次断流的间隔时间和水流变化情况。

调查流域旱灾面积,受旱程度及因干旱造成工农业减产和人畜饮水、地下水水位下降、井水干涸等情况。

当调查河段的上游受水工程影响较为严重时,要调查枯水期其上游灌溉水量、工业和生活用水量、跨流域引水量和蓄水工程蓄水变量。

收集枯水开始前期流域雨量,枯水期雨量,枯水期天气系统变化及成因等方面资料。

### 4.1.2.2　枯水调查的方法

要在枯水发生后及时进行调查。

实地调查了解流域河道特性,深入细致地访问当地群众,收集与枯水有关的各种资料。

当河流有水时,要观测相应的水位和进行流量测验,并调查水量减少的原因。

对重要的枯水痕迹进行摄影或摄像。

### 4.1.2.3　枯水流量的推算

如果调查河段有实测水位、流量资料,可用实测水位—流量关系曲线低水延长法(延长幅度一般不超过总变幅的20%)、上下游流量相关法、流域退水曲线法等方法推算枯水流量。

如调查河段没有实测水位流量资料,可用水文比拟法、降雨径流模型法推算枯水流量。也可根据调查流域的旱灾情况,按相似流域的相应枯水年估算枯水流量。

水文现象具有地区性,如果某几个流域处在相似的自然地理条件下,则其水文现象具有相似的发生、发展、变化规律和相似的变化特点或规律。水文比拟法就是将有实测资料的中小河流域作参证(即参证流域),计算出某些水文特征值,并进行影响因素分析,建立影响因素与水文特征值的估算关系,将这些分析计算成果应用到一些自然地理条件类似的无资料的中小河流域(即相似流域)的一种简便方法。

水文比拟法在缺乏等值线图时是一个较为有用的方法。即使在具有等值线图的条件下,而研究流域面积较小,它的年径流量受流域自身特点的影响很大,因此对研究流域影响水文特征值的各项因素进行一些分析,可以避免盲目地使用等值线图而未考虑局部下垫面因素所产生的较大误差。因此,对于较小流域,水文比拟法更有实际意义。

降雨径流模型法是通过研究流域降雨量与径流量的关系和有关影响因素,建立定量的数学模型,在本流域(区域)没有实测径流量的时期,按适合的条件模型由流域降雨量推算径流量的方法。

调查河段上游受水工程影响较严重时,可对其调查枯水流量进行还原计算。

还原计算的一般概念是,将水文站实测的径流量加上本应或原来流过水文断面而不再流过的水量,得到水文断面原来的径流量。调查本应或原来流过水文断面而不再流过的水量是还原计算的重要基础工作。

#### 4.1.2.4　枯水流量的合理性检查

将调查到的枯水流量与上下游、干支流、邻近站的同期枯水流量或枯水流量模数进行对照、比较。

将调查的枯水流量与用降雨径流模型推算的枯水流量进行对照、比较。

### 4.1.3　水利工程及水量与水质调查

水利工程包括灌溉、防洪、排泄、蓄洪、航运等工程。当流域内有为控制、利用和保护水资源与环境而修建的水利工程时,要进行调查了解。

#### 4.1.3.1　水利工程调查的内容

(1)水利工程数量、分布、工程特性和效益等。

(2)水利工程名称、建设地点、建设时间以及领导机关。

(3)水利工程的类别(如水库、堰闸、堤防、水电站、灌区、抽水站、蓄洪区、跨流域引水、水土保持等)、用途(防洪、灌溉、发电、航运等)及作用、规模。

(4)水利工程特征参数(如防洪水位、兴利水位、库容等)、使用基面、控制集水面积。

(5)水利工程建设类型、水利工程对河流洪水径流的影响,对水文规律的影响。

#### 4.1.3.2　水利工程调查的方法

(1)查阅档案。到水利工程管理单位查阅水利工程档案,全面了解水利工程基本情况和特性。

(2)访谈与收集资料。深入细致地访问当地群众,全面调查、收集与水利工程有关的各种资料。

(3)实地测量。对一些比较重要的具体数值,必要时可进行实地测量。

(4)对重要的水利工程可进行摄影或摄像。

#### 4.1.3.3　水量与水质调查

为更有效地利用和保护水资源,除进行定点观测外,还要进行流域水量与水质的调查。

1.水量与水质调查内容

(1)向生活、工业、农业、生态等方面供应的水量。

(2)农田灌溉、蓄(引、提)水、工业、城镇公共、居民生活、生态环境引用的水量。

(3)农田灌溉、工业、城镇公共、居民生活、生态环境所消耗掉的不能回归到河流、湖泊的水量。

(4)经工农业、生活、生态等方面耗用过后返回到河流的水量。

(5)引用水与退水的水质状况。

2. 水量与水质调查方法

到有关水文部门和引退水监测管理单位调查,收集有径流资料以来的供水量、引水量、退水量及相应的有关指标变化情况。有困难时,可调查、收集丰、平、枯水典型年资料。收集到的基本资料要与各分项水量估算相配套,便于换算成调查区的成果。

走访了解。深入群众,进一步弄清楚调查区内引、退水的全面情况。

实地测量。对于需要较长时期设立辅助断面进行测验的调查区域,可按照有关水文测验规范要求实施断面布设与测验工作;对于临时性或一次性的水量测验,可携带有关的流量测验设备、仪器进行测验。需要调查水质的,可实地采取水样进行分析。

拍摄声、像、影资料。

### 4.1.4　企业水平衡测试

企业水平衡是指以企业作为一个完整考核对象的水量平衡,即该企业各用水单元或系统的输入水量之和应等于输出水量之和。输入的方式是引水进水,输出则牵涉到用水耗水和排水,所以企业水平衡的概念也就是企业各种形式的引水、耗水、排水的平衡状态。企业水平衡测试是对用水单元和用水系统的水量进行系统的测试、统计和分析,从而得出企业水量平衡关系的过程。通过企业水平衡测试,可以确定不同工业行业的用水水平,或同行业不同机械设备、不同工艺水平、不同管理水平的企业单位产品用水量,从而进一步确定不同工业行业的合理用水定额,并作为区域内、流域内计划用水、节约用水、合理调配水资源的一项重要的、科学的依据。企业水平衡测试是开展计划用水、促进节约用水、合理调配区域水资源的一项重要的基础工作,是考核企业用水节水的重要措施。

在进行企业水平衡测试之前,应制订水平衡测试方案。

#### 4.1.4.1　方案编制

(1)企业基本概况。企业名称、厂址位置及规模、建厂时间、主管单位、生产的产品、产量、产值,主要生产设备及技术水平,用水特征、生活人口、服务类型、服务规模,历年用水量、用水单耗等。

(2)企业水源情况。企业水源类型,如自来水、自备井水、地表水、海水、回用水等;取水量,地下水抽取量。水源用途,如用于生产、日常服务、职工生活或居民生活、环境用水等;取水能力;水源设施,包括计量水表的规格、数量,取水水泵型号和额定流量、扬程;水源水质、水温等。

(3)企业用水情况。各类用水和节水设备、设施的名称、型号、数量以及所属的用水单元,各用水设备、设施中水的主要用途、额定用水量,设备、设施工况特点、年运行小时数,计量仪表配备情况,企业用水技术档案、用水管理制度、办法等规章。

(4)给排水管网情况。管径、走向及埋深,蓄水池、加压设备、水塔,水表井,主要用水点和用水设施的名称和位置;各建筑物、构筑物的名称及平面位置;绘制单位用户给水管网平面图和系统图。

(5)工艺流程情况。生产工艺及其用水情况,绘制工艺流程图。

(6)筹划测试布局和选择测试方法,配置仪器设备,部署人员。

(7)配备分析计算工具和软件,设计测试数据记载记录及汇总格式。

(8)设计测试作业程序,协调配合工作关系,注意同步联动。

(9)安排分析研究内容和测试报告编写。

#### 4.1.4.2 水平衡测试前的准备工作

(1)查清测试系统中各用水环节、用水工艺及用水设备。备齐水表、流量计、温度表、秒表等测量工具,按照要求安装、校验计量仪表;检查全企业各供水点及用水点的水表配备率及水表计量率。

(2)提取企业用水技术档案,编制各种记录和统计空白表单,以全面、真实地反映企业的用水情况。主要表格有企业取水水源情况表、企业年用水情况表(近 3 ~5 年)、企业生产情况统计表、企业计量水表配备情况表、用水单元水平衡测试表、企业水平衡测试统计表、企业用水分析表,也可根据企业自身特点编制相关的记录统计表。

(3)绘制用水流程图。根据企业用水管网图和用水工艺,绘制出企业内用水流程图,应包括企业层次、车间或用水系统层次、重要装置或设备(用水量大或取新水量大)层次的用水流程图。

#### 4.1.4.3 水量测试实施

1. 划分用水单元

根据生产流程或供水管路等的特点,把具有相对独立性的生产工序、装置(设备)或生产车间、部门等,划分为若干个用水系统(单元),即水平衡测试的子系统。合理划分用水单元,确定测试边界,关系到各种用水指标的正确计算。

用水单元是水量平衡测试工作的基本研究单元,是单位用户内部划分的可以单独计量用水量的区域。根据用水单元的复杂程度和包含的用水点数量,用水单元可以分成不同的层次和不同的大小。可将单位用户看成一个最高层次的用水单元,单位用户是指具有独立用水系统,独立计量用水量、支付水费和申报用水计划的用水区域。单位用户可以是一座工厂、一片住宅区、一栋建筑或一组建筑群。单位用户一般具有确定的管理主体,该管理主体应当具有独立的法人资格,或者其上级主管单位应当具有独立的法人资格。如果单位用户是一座工厂,则工厂内的一栋厂房可以划分为一个用水单元,厂房内的不同车间可以划分为次一级用水单元,车间内的生产线以及生产线上的用水设备均可以划分为更次级的用水单元。上一层次的用水单元可以包含多个次级单元,或者嵌套多个层次的次级单元。

用水单元的水量分配或传递基本相互关系可以分为并联或串联。实际上,由于水量分配和传递的复杂性,一个用水单元可能与其他多个用水单元之间存在着水量的传递,因此用水单元之间的关系也十分复杂,一般用水量平衡图表示不同用水单元之间的水量关系。

2. 选取测试水量的时段

选取生产运行稳定的、有代表性的时段。每次连续测试时间为 48 ~72 h,每 24 h 记录一次,共取 3 ~4 次测试数据。

实测水量时应考虑工业生产、居民生活和社会服务等受作息时间、节假日和季节的影响，选择有代表性的时段进行水量测试。对于单位用户整体（一级用水单元）而言，测试工作应当选择在有代表性的月或季内进行。所有次级用水单元的测试工作都必须在上一级用水单元的代表性时段内再选择适合本级用水单元的代表性时段进行，即不同的次级用水单元的测试期可能不一致。通常季节性或间歇性用水单元以正常运行时的一周作为测试期。基本单元的各类水量都必须包含在测试期内。

3. 确定测试参数

1）水量参数

新水量 $V_f$——企业内用水单元或系统取自任何水源被该企业第一次利用的水量，也称为取水量。

循环水量 $V_{cy}$——在确定的用水单元或系统内，生产过程中已用过的水经过处理或未经处理后再循环用于同一过程的水量。

串联水量 $V_s$——在确定的用水单元或系统内，生产过程中产生的或使用后的水量，经过处理或未经处理后再用于另一单元或系统的水量。

耗水量 $V_{co}$——在确定的用水单元或系统内，生产过程中进入产品、蒸发、飞溅、携带及生活饮用等所消耗的水量。

排水量 $V_d$——对于确定的用水单元或系统，完成生产过程和生产活动之后排出该单元进入污水系统的水量。

漏失水量 $V_l$——企业供水及用水管网和用水设备漏失的水量。

2）水质参数

企业主要用水点和排水点的水质参数。

3）水温参数

循环水进、出口及对水温有要求的串联水的控制点的水温。

4. 获得测试参数数值

如企业用水档案齐全，有稳定、可靠的计量资料并记录完整的用水系统，则可通过对历史数据的统计分析得到水量数值。如果当前用水情况与历史用水情况发生变化，水量参数应当进行合理修正；如企业用水定额稳定，有运行可靠的用水设备，则可采用设备的用水定额得到水量数值；测试期采用水表计量、容积法、流速法、堰测法以及超声波流量计等方法现场测定。

水质参数数值的获得，可在企业需要测定水质的用水点和排水点现场测定或取水样送水质分析室测定。

水温参数数值可用温度表在选定的地点测定。

## 4.2　数据资料记载与整理及水资源评价

### 4.2.1　调查洪水洪峰流量的推算

调查洪水洪峰流量的推算要根据不同的情况，采用不同的方法。

4.2.1.1　**水位—流量关系法**

如调查的洪水痕迹靠近水文站,调查水位超过已有水位—流量关系曲线上限水位不多,则可用该水文站实测水位—流量关系曲线,并进行延长,再用洪水痕迹高程推求洪峰流量。

4.2.1.2　**比降面积法**

在均匀顺直的河段上,若各个断面的过水面积变化不大,则可将水面比降代入谢才-曼宁公式,计算洪峰流量,即

$$Q = \frac{1}{n}FR^{\frac{2}{3}}I^{\frac{1}{2}} = KI^{\frac{1}{2}} \tag{7-4-1}$$

式中　$Q$——洪峰流量,$m^3/s$;

$F$——过水断面面积,$m^2$;

$R$——水力半径,m;

$I$——水面比降(‱);

$n$——河床糙率;

$K$——输水率。

过水断面面积、水力半径、输水率可用上、下断面的平均值。

在非均匀顺直河段,当各过水断面面积有较大变化时,则要考虑流速水头的变化,水面比降 $I$ 值要用能坡比降 $I_e$ 来代替

$$I_e = \frac{h_f}{L} = \frac{h + \frac{V_{上}^2}{2g} - \frac{V_{下}^2}{2g}}{L} \tag{7-4-2}$$

$$Q = K_m I_e^{\frac{1}{2}} = K_m \sqrt{\frac{h + \frac{V_{上}^2}{2g} - \frac{V_{下}^2}{2g}}{L}} \tag{7-4-3}$$

式中　$K_m$——上、下断面的平均输水率;

$I_e$——能坡比降(‱);

$h$——两断面间水面落差,m;

$L$——两断面间距离,m;

$V_{上}$、$V_{下}$——上、下断面的平均流速,m/s;

$g$——重力加速度,取 9.81 $m/s^2$。

在扩散河道,则需考虑由于水流扩散所产生的损失 $h_e = \alpha(\frac{V_{上}^2}{2g} - \frac{V_{下}^2}{2g})$,$\alpha$ 值可取 0 ~ 1.0,一般采用 0.5,则洪峰流量计算公式可写成

$$Q = K_m I_e^{\frac{1}{2}} = K_m \sqrt{\frac{h + (1 - \alpha)(\frac{V_{上}^2}{2g} - \frac{V_{下}^2}{2g})}{L}} \tag{7-4-4}$$

在弯曲河段,应减去弯道的水头损失,但其值不易估算,故在洪水调查时最好选择在顺直而均匀或断面向下游略微收缩的河段上,以避免弯道损失和扩散估算带来的误差。

糙率 $n$ 值的确定。在有水文资料的河段,应根据实测结果绘制水位与糙率关系曲线,并加以延长,可推求出调查洪水位时的河床糙率;在无实测资料的河段,糙率值可参考上下游或邻近河流上与河槽情况相似的水文站的资料推求。

#### 4.2.1.3　水面曲线法

如洪水调查河段较长,洪水痕迹较少,且由于各段河底坡降及横断面的变化,洪水水面曲线呈曲折形,难以用少数洪水痕迹所连直线求得洪峰流量时,则可使用水面曲线法推求洪峰流量。

水面曲线法是先假定一个流量,根据所选定的各段糙率 $n$ 值,自下游一个已知的洪水水面点起向上游逐段推算水面线。然后检查这个水面线与各个洪水痕迹的符合程度。如大部分符合,则说明假定流量是准确的;否则,重新假定再行计算水面线,直到大部分符合。

利用水面曲线法计算上断面的水位如下

$$Z_{上} = Z_{下} + \frac{1}{2}\left(\frac{Q^2}{K_{上}^2} + \frac{Q^2}{K_{下}^2}\right)L - (1 - \alpha)\left(\frac{V_{上}^2}{2g} - \frac{V_{下}^2}{2g}\right) \tag{7-4-5}$$

式中　$Z_{上}$、$Z_{下}$——上、下断面的水位,m;

$Q$——假定流量,$m^3/s$;

$\alpha$ 取值,当 $V_{上} < V_{下}$ 时,$\alpha = 0$;$V_{上} > V_{下}$ 时,$\alpha = 0.5$;

其余符号意义同前。

### 4.2.2　调查洪水总量、洪水过程的估算

(1)如调查到比较详细的洪水涨落情况(如洪水起涨时间、峰顶时间、落平时间、涨水次数等),则可据此绘出洪水过程线,并可计算出洪水总量。

(2)如没有调查到洪水涨落时间情况,仅调查到流域内降雨的起讫时间(其差可作产生径流的降雨历时的估计值),则洪水起涨时间由降雨开始时间确定,洪水的总历时可由下列公式计算

$$t = t_{雨} + \tau \tag{7-4-6}$$

$$\tau = \frac{L}{3.6V} \tag{7-4-7}$$

式中　$t$——洪水总历时,h;

$t_{雨}$——产生径流的降雨历时,h;

$\tau$——集流时间,h;

$L$——河源至断面处的河道长度,km;

$V$——洪水的集流速度,m/s,为出口断面最大平均流速的 0.3 ~0.4 倍。

洪水过程可按五点概化过程线推求,如图 7-4-1 所示。

概化过程线采用下列三个比值作为形状特征参数

$$K_a = \frac{Q_a}{Q_m} \tag{7-4-8}$$

$$K_w = \frac{W_z}{W} \tag{7-4-9}$$

$$K_t = \frac{t_z}{t} \tag{7-4-10}$$

式中　$K_a$、$K_w$、$K_t$——形状特征系数；

$Q_a$——涨水过程线上拐点(转折点)流量，$m^3/s$；

$Q_m$——洪峰流量，$m^3/s$；

$W_z$——涨水段洪水总量，$m^3$；

$W$——洪水总量，$m^3$；

$t_z$——涨水段历时，h，一般取 $t_z = \tau$；

$t$——洪水过程总历时，h。

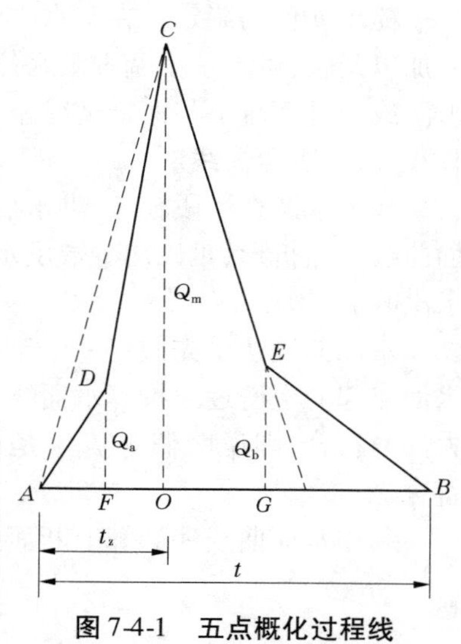


**图 7-4-1　五点概化过程线**

特征系数 $K_a$、$K_w$、$K_t$ 可在本地区内选用流域面积与调查流域接近的实测单峰过程线，进行统计平均，或以特征系数与代表流域特点的参数之间进行相关定线求出。

在调查求得洪峰流量 $Q_m$ 后，再根据流域特性求出集流时间 $\tau$，并选用适当的 $K_a$、$K_w$、$K_t$ 值，则涨水拐点与退水拐点的流量可由下列公式求出

$$Q_a = K_a Q_m \tag{7-4-11}$$

$$Q_b = K_b Q_m \tag{7-4-12}$$

$$K_b = \frac{Q_b}{Q_m} = \frac{1 - 2K_w}{\frac{1}{K_t} - 2} \tag{7-4-13}$$

式中　$K_b$——形状特征系数；

$Q_b$——退水拐点的流量，$m^3/s$。

各特征点的时间坐标可由下列公式求得

$$t_{Q_a} = t_{起} + (1 - 2K_w + K_a)\tau \tag{7-4-14}$$

$$t_{Q_m} = t_{起} + \tau \tag{7-4-15}$$

$$t_{Q_b} = t_{起} + (2 - K_b)\tau \tag{7-4-16}$$

$$t_{止} = t_{起} + \frac{\tau}{K_t} \tag{7-4-17}$$

式中　$t_{Q_a}$、$t_{Q_m}$、$t_{Q_b}$——$Q_a$、$Q_m$、$Q_b$ 的时间坐标，h；

$t_{起}$、$t_{止}$——起涨时间和过程线终点时间，h。

根据以上五点时间坐标及其相应的流量，即可绘出五点概化调查洪水过程线。

(3)如有相似流域水文站的实测资料，也可绘制出洪水过程线。点绘洪水总量与洪峰流量相关关系曲线并加以延长，用调查的洪峰流量推求出洪水总量。再选用典型年洪水过程线进行比拟放大，可得到调查流域的洪水过程线。

### 4.2.3　调查洪水经验频率的估算

对于调查到的洪水的洪峰流量，应确定它包括调查洪水和实测洪水系列在内的序位，

进而估算调查洪水的经验频率。

(1)在 $n$ 项连序洪水系列中,按大小顺序排位的第 $m$ 项洪水的经验频率 $p_m$,可采用式(7-4-18)计算

$$p_m = \frac{m}{n+1} \tag{7-4-18}$$

式中　$p_m$——调查洪水的经验频率;

$m$——调查洪水在 $n$ 年系列中的序位,$m=1,2,\cdots,n$;

$n$——系列长度,年。

(2)在调查考证期 $N$ 年中有特大洪水 $a$ 个,其中有 $l$ 个发生在 $n$ 项连序系列内,这类不连序洪水系列中各项洪水的经验频率采用不同的公式计算。

$a$ 个特大洪水的经验频率为

$$p_M = \frac{M}{N+1} \tag{7-4-19}$$

其中,$M=1,2,\cdots,a$。

$(n-l)$个连序洪水的经验频率为

$$p_m = \frac{a}{N+1} + \left(1 - \frac{a}{N+1}\right) \times \frac{m-l}{n-l+1} \tag{7-4-20}$$

其中,$m=l+1,l+2,\cdots,n$。

$(n-l)$个连序洪水的经验频率也可用式(7-4-18)计算。

### 4.2.4　普通水量调查资料的计算

#### 4.2.4.1　计算生活、工业、农业、生态等方面供应的水量

可根据从供水部门了解到的水位或流量资料(或者其他方面的资料),进行合理性分析与检查,用水文测验和水文资料整编计算(推算)流量和时段水量的方法进行水量的计算,得出供应的水量;还可用临时设立的观测断面所观测到的有关资料,计算出供水量。

#### 4.2.4.2　计算农田灌溉、林牧渔业、蓄(引、提)水、工业、城镇公共、居民生活、生态环境的引用水量

可根据引水口已有的水文资料或者临时设立断面观测到的资料计算(推算)出引用的水量。

#### 4.2.4.3　计算经工农业、生活、生态等方面耗用过后返回到河流的水量

可根据退水口资料或者临时观测的资料计算出退回到河流的水量。

#### 4.2.4.4　计算农田灌溉、工业、城镇公共、居民生活所消耗掉的不能回归到河流湖泊的耗水量

1. 工业及生活耗水量计算

(1)当有引、排水量资料时,用式(7-4-21)或式(7-4-22)计算

$$W_{Gh} = W_y - W_p \tag{7-4-21}$$

$$W_{Gh} = (1 - \varphi_1) W_y \tag{7-4-22}$$

式中　$W_{Gh}$——工业及生活耗水量;

$W_y$——工业及生活引水量；

$W_p$——工业及生活排水量；

$\varphi_1$——工业及生活用水排放系数。

（2）当有用水定额、工业产值、人口等有关统计资料时，用式（7-4-23）计算

$$W_{Gh} = \kappa(1-\xi)mD - W_p \tag{7-4-23}$$

式中　$m$——工业用水定额、火电用水定额或生活用水定额；

$D$——工业产值、火电发电量或人口数量；

$\xi$——工业用水重复利用系数，生活用水时取零；

$\kappa$——单位换算系数。

2. 灌溉耗水量计算

（1）当有引退水或只有引水量资料时，用式（7-4-24）或式（7-4-25）或式（7-4-26）计算

$$W_{gh} = W_y - W_g \tag{7-4-24}$$

$$W_{gh} = (1-\varphi_2)W_y \tag{7-4-25}$$

$$W_{gh} = \eta_1(1-\varphi_3)W_y + W_{\Delta E} \tag{7-4-26}$$

式中　$W_{gh}$——灌溉耗水量；

$W_y$——总引水量；

$W_g$——灌溉水综合回归水量；

$\varphi_2$——灌溉回归系数，渠系田间下渗回归水量与田渠弃水量之和同总引灌水量之比；

$\varphi_3$——田间回归系数，田间下渗回归水量同引入田间净灌水量之比；

$\eta_1$——渠系水有效利用系数，干渠水、支渠水、斗渠水、农渠水有效利用系数之积；

$W_{\Delta E}$——渠系引水、输水过程增加的蒸发损失量。

（2）有灌溉定额和实灌面积时，用式（7-4-27）或式（7-4-28）计算

$$W_{gh} = \eta_1(1-\varphi_3)M_mA + W_{\Delta E} \tag{7-4-27}$$

$$W_{gh} = (1-\varphi_3)M_jA + W_{\Delta E} \tag{7-4-28}$$

式中　$M_m$——灌区综合毛灌溉定额；

$M_j$——田间综合净灌溉定额；

$A$——全年实际灌溉面积。

#### 4.2.4.5　水量调查成果的合理性检查

（1）单项指标检查。对于引水、耗水有单项指标的，可对照进行合理性检查，消除表面矛盾。

（2）大数框算检查。利用引水、退水、蓄水、耗水量的各部分水量，大体计算每部分的水量，再与调查到的水量进行比较，确定合理性。

（3）上下游、干支流及区间水量平衡检查。对流域内各单站（或区间）总还原水量和控制站实测水量进行上下游、干支流水量平衡对照检查。

（4）年际间、地区间综合检查。可将调查成果与历年变化规律、地区间分布规律进行分析比较，看是否符合基本规律，确定成果的可靠性。

## 4.2.5 水平衡水量测试数据汇总

### 4.2.5.1 绘制水平衡方框图

绘制企业层次、车间或用水系统层次及重要装置和设备的水平衡方框图。各用水单元均用方框表示,方框内写明用水单元的名称,方框之间的相对位置,既要考虑到与实际工艺流程一致,又要使水量分配关系清晰、明了。

标注各种水量参数,水流走向要用箭头标明。

水平衡方框图中的用水单元的名称、数量、水量等数值以及用水的分类要与测试数据及其汇总数据对应一致。

### 4.2.5.2 填制测试表与汇总表

填写水量测试数据。以水量为参数,按工艺流程或用水流程顺序逐项填写用水单元水平衡测试表,如表7-4-1所示。

**表7-4-1 用水单元水平衡测试表**

| 日期 | 工序或设备名称 | 输入水量 | | | | | | | | | | | | 输出水量 | | | | | | | | | | |
|---|---|---|---|---|---|---|---|---|---|---|---|---|---|---|---|---|---|---|---|---|---|---|---|---|
| | | 新水量 | | | | 循环水量 | | | 串联水量 | | | | | 循环水量 | | | 串联水量 | | | | | 排水量 | 漏失水量 | 耗水量 |
| | | | | | | 直接冷却循环水量 | 间接冷却循环水量 | 其他循环水量 | | | | 蒸汽冷凝水回用量 | 回用水量 | | | | | | | | | | | |
| | | 1 | 2 | 3 | 4 | 5 | 6 | 7 | 8 | 9 | 10 | 11 | 12 | 13 | 14 | 15 | 16 | 17 | 18 | 19 | 20 | 21 | 22 | 23 |
| | | | | | | | | | | | | | | | | | | | | | | | | |
| | | | | | | | | | | | | | | | | | | | | | | | | |
| | | | | | | | | | | | | | | | | | | | | | | | | |
| | | | | | | | | | | | | | | | | | | | | | | | | |
| | | | | | | | | | | | | | | | | | | | | | | | | |

注:新水量、循环水量以及串联水量的空格项依据各用水单元情况填写,表中填项供参考。

汇总各生产用水单元水平衡测试表,填写企业水平衡测试统计表(见表7-4-2)以及企业年用水情况统计表(见表7-4-3)。

**表 7-4-2　企业水平衡测试统计表**

<table>
<tr><th rowspan="3">用水分类</th><th rowspan="3">序号</th><th rowspan="3">用水单元名称</th><th colspan="7">新水量</th><th colspan="6">重复利用水量</th><th colspan="3">其他水量</th></tr>
<tr><th colspan="4">常规水资源量</th><th colspan="3">非常规水资源量</th><th rowspan="2">直接冷却循环水量</th><th rowspan="2">间接冷却循环水量</th><th rowspan="2">其他循环水量</th><th rowspan="2">蒸汽冷凝水回用量</th><th rowspan="2">回用水量</th><th rowspan="2">其他串联水量</th><th rowspan="2">排水量</th><th rowspan="2">漏失水量</th><th rowspan="2">耗水量</th></tr>
<tr><th></th><th></th><th></th><th></th><th>城镇污水再用水</th><th></th><th></th></tr>
<tr><td></td><td></td><td></td><td>1.1</td><td>1.2</td><td>1.3</td><td>1.4</td><td>2.1</td><td>2.2</td><td>2.3</td><td>3</td><td>4</td><td>5</td><td>6</td><td>7</td><td>8</td><td>9</td><td>10</td><td>11</td></tr>
<tr><td rowspan="6">主要生产用水</td><td></td><td></td><td></td><td></td><td></td><td></td><td></td><td></td><td></td><td></td><td></td><td></td><td></td><td></td><td></td><td></td><td></td><td></td></tr>
<tr><td></td><td></td><td></td><td></td><td></td><td></td><td></td><td></td><td></td><td></td><td></td><td></td><td></td><td></td><td></td><td></td><td></td><td></td></tr>
<tr><td></td><td></td><td></td><td></td><td></td><td></td><td></td><td></td><td></td><td></td><td></td><td></td><td></td><td></td><td></td><td></td><td></td><td></td></tr>
<tr><td></td><td></td><td></td><td></td><td></td><td></td><td></td><td></td><td></td><td></td><td></td><td></td><td></td><td></td><td></td><td></td><td></td><td></td></tr>
<tr><td></td><td></td><td></td><td></td><td></td><td></td><td></td><td></td><td></td><td></td><td></td><td></td><td></td><td></td><td></td><td></td><td></td><td></td></tr>
<tr><td></td><td></td><td></td><td></td><td></td><td></td><td></td><td></td><td></td><td></td><td></td><td></td><td></td><td></td><td></td><td></td><td></td><td></td></tr>
<tr><td rowspan="6">辅助生产用水</td><td></td><td></td><td></td><td></td><td></td><td></td><td></td><td></td><td></td><td></td><td></td><td></td><td></td><td></td><td></td><td></td><td></td><td></td></tr>
<tr><td></td><td></td><td></td><td></td><td></td><td></td><td></td><td></td><td></td><td></td><td></td><td></td><td></td><td></td><td></td><td></td><td></td><td></td></tr>
<tr><td></td><td></td><td></td><td></td><td></td><td></td><td></td><td></td><td></td><td></td><td></td><td></td><td></td><td></td><td></td><td></td><td></td><td></td></tr>
<tr><td></td><td></td><td></td><td></td><td></td><td></td><td></td><td></td><td></td><td></td><td></td><td></td><td></td><td></td><td></td><td></td><td></td><td></td></tr>
<tr><td></td><td></td><td></td><td></td><td></td><td></td><td></td><td></td><td></td><td></td><td></td><td></td><td></td><td></td><td></td><td></td><td></td><td></td></tr>
<tr><td></td><td></td><td></td><td></td><td></td><td></td><td></td><td></td><td></td><td></td><td></td><td></td><td></td><td></td><td></td><td></td><td></td><td></td></tr>
<tr><td rowspan="6">附属生产用水</td><td></td><td></td><td></td><td></td><td></td><td></td><td></td><td></td><td></td><td></td><td></td><td></td><td></td><td></td><td></td><td></td><td></td><td></td></tr>
<tr><td></td><td></td><td></td><td></td><td></td><td></td><td></td><td></td><td></td><td></td><td></td><td></td><td></td><td></td><td></td><td></td><td></td><td></td></tr>
<tr><td></td><td></td><td></td><td></td><td></td><td></td><td></td><td></td><td></td><td></td><td></td><td></td><td></td><td></td><td></td><td></td><td></td><td></td></tr>
<tr><td></td><td></td><td></td><td></td><td></td><td></td><td></td><td></td><td></td><td></td><td></td><td></td><td></td><td></td><td></td><td></td><td></td><td></td></tr>
<tr><td></td><td></td><td></td><td></td><td></td><td></td><td></td><td></td><td></td><td></td><td></td><td></td><td></td><td></td><td></td><td></td><td></td><td></td></tr>
<tr><td></td><td></td><td></td><td></td><td></td><td></td><td></td><td></td><td></td><td></td><td></td><td></td><td></td><td></td><td></td><td></td><td></td><td></td></tr>
<tr><td></td><td></td><td>水量合计</td><td></td><td></td><td></td><td></td><td></td><td></td><td></td><td></td><td></td><td></td><td></td><td></td><td></td><td></td><td></td><td></td></tr>
<tr><td></td><td></td><td>取水量计算</td><td colspan="16">取水量 = ∑1 + 2.1</td></tr>
<tr><td></td><td></td><td>总用水量计算</td><td colspan="16">总用水量 = 新水量 + 重复利用水量</td></tr>
</table>

**注：** 1. 新水量栏按本企业水源类别及名称填报；

2. 非常规水资源量中的城镇污水再用水填报在 2.1 栏；

3. 各用水单元水平衡测试表中数据的平均值列入本统计表。

**表 7-4-3　企业年用水情况统计表**

| 年份 | 新水量（万 $m^3$） | | | | | | 重复利用水量（万 $m^3$） | | | | | | 其他水量（万 $m^3$） | | | 考核指标 | | | | | | | | |
|---|---|---|---|---|---|---|---|---|---|---|---|---|---|---|---|---|---|---|---|---|---|---|---|---|
| | | | | | | | 直接冷却循环水量 | 间接冷却循环水量 | 其他循环水量 | 蒸汽冷凝水回用量 | 回用水量 | 其他串联水量 | 排水量 | 漏失水量 | 耗水量 | 单位产品取水量 | 重复利用率 | 直接冷却水循环率 | 间接冷却水循环率 | 蒸汽冷凝水回用率 | 废水回用率 | 漏失率 | 达标排放率 | 非常规水资源替代率 |
| | | | | | | | | | | | | | | | | | | | | | | | | |
| | | | | | | | | | | | | | | | | | | | | | | | | |
| | | | | | | | | | | | | | | | | | | | | | | | | |
| | | | | | | | | | | | | | | | | | | | | | | | | |
| | | | | | | | | | | | | | | | | | | | | | | | | |

注：1. 新水量栏，按本企业水源类别，分别填在空格中；
2. 当工业用水中有直流冷却水量时，应自行增加直流冷却水用量栏。

## 4.2.6　水平衡水量测试结果分析

### 4.2.6.1　企业水量平衡计算

水量平衡是指确定的用水区域内恒定存在的水量平衡关系，即该区域的输入水量之和等于输出水量之和。根据用水区域的不同划分，水量平衡分为单位用户水量平衡和单位用户内部各层次用水单元的水量平衡。企业水量平衡计算见式（7-4-29）、式（7-4-30）、式（7-4-31）。企业水平衡计算允许误差应根据不同行业、不同生产规模来确定。

输入水量表达式为

$$V_{cy} + V_f + V_s = V_t \tag{7-4-29}$$

输出水量表达式为

$$V_t = V'_{cy} + V_{co} + V_d + V_1 + V'_s \tag{7-4-30}$$

输入、输出水量平衡方程式为

$$V_{cy} + V_f + V_s = V'_{cy} + V_{co} + V_d + V_1 + V'_s \tag{7-4-31}$$

式中　$V_{cy}$、$V'_{cy}$——循环水量；
$V_f$——新水量；
$V_s$、$V'_s$——串联水量；
$V_t$——总用水量；
$V_{co}$——耗水量；
$V_d$——排水量；
$V_1$——漏失水量。

### 4.2.6.2　企业水平衡测试评估

对企业水平衡测试过程进行评估，评估测试仪表安装是否齐全，测试过程是否顺利，测试步骤是否完整,水平衡测试是否科学,测试数据是否准确、可靠,测试结果是否符合实际。

#### 4.2.6.3　企业用水量和用水效益计算

在后评估的基础上,根据企业水平衡测试结果,可计算企业内各种用水评价指标:单位产品取水量、重复利用率、漏失率、排水率、废水回用率、冷却水循环率、冷凝水回用率、达标排放率等评价指标。进而计算企业主要生产系统、辅助生产系统、附属生产系统及生活办公环境方面用水量、耗水量,计算出企业用水的效率和效益。

根据企业的水平衡测试分析计算结果,提出改进和完善企业日常计量统计制度和方法,提高用水计量统计的精度;分析测算相关节水改造项目的节水效益和成本;对比同类企业的水平,挖掘企业内节水潜力;提出企业取水、用水、排水、节水的改进措施。

### 4.2.7　水资源评价

#### 4.2.7.1　水资源评价的概念

水资源评价是对水资源数量和变化范围、可依赖程度及水的质量进行评定,并对其可利用程度和可控性进行评价。

广义的水资源评价对包括大气水、降水、蒸发、地表水、地下水等的个体及全面评价,目前较实用的水资源评价主要在地表水、地下水等个体开展。

水资源分为地表水和地下水两大部分。地表水和地下水在水循环过程中不断转化,构成了完整的水资源体系。因此,在区域水资源评价工作中采用水量平衡方法对地表水和地下水作出统一的评价,以避免水量的重复估算。水资源的使用价值和社会经济价值不仅取决于水的数量,而且取决于水的质量和可靠程度,需要对水资源量、质作出全面的评价。水资源评价是在水资源供需矛盾日益突出、水源污染不断加重的历史条件下发展起来的。随着时间的推移,人类活动影响的加剧,需要不断加强地表水和地下水的动态观测工作,定期更新资料,使水资源评价不断充实、提高。

地表水资源评价是以河流、湖泊、水库等地表水体作为评价对象。对于一个流域来说,河川径流量就是全流域可利用的地表水资源量。河川径流量在时程上不断变化,但在较长的时间内可以保持动态平衡,故通常可以多年平均河川径流量作为地表水资源量。为了充分有效地利用水资源,应对不同保证率的干旱年份的水量作出评价。

地下水资源评价是从地下水的补给量、储存量、可开采量 3 个方面进行评价。评价时根据水文地质条件,划分水文地质单元,对各项补给量、排泄量进行均衡计算。在地表水和地下水相互转化明显的地区,如岩溶地区、山前平原区,应把地表水和地下水作为统一的循环系统进行评价。地下水的评价,需要有足够的水文地质勘探资料、地下水位的动态观测资料。

水质评价是根据用水要求和水的物理、化学、生物性质对水体的质量作出评价。水质评价是开发利用水资源、满足工农业生产和人民生活的需要,也是维护和改善生态环境的需要。评价水质要开展水质监测和污染源调查,根据国家规定的水质标准,选择必要的评价参数,分水体、分河段对水质优劣分级作出分析评估。

水资源评价应分区进行。水资源数量评价、水资源质量评价和水资源利用现状及其影响评价均应使用统一分区。各单项评价工作在统一分区的基础上,可根据该项评价的特点与具体要求,再划分计算区或评价单元。水资源评价根据评价区的大小可再分一级分区或二级分区进行统计,然后逐级向上汇总平衡。分级原则分为两种:按水资源系统即按流域进行划分和按水资源管理系统即按地方行政区划分。为进行水资源自然条件评价使用的水文、气象资料系列的统计分析,应选择同步期系列资料,以保证面上精度的基本一致,对用水资料应选择近期几年(包括丰水年、平水年和枯水年)资料,以提高其代表性。

水资源评价内容包括水资源数量评价、水资源质量评价和水资源利用评价及综合评价。水资源评价工作要求客观、科学、系统、实用,并遵循地表水与地下水统一评价、水量水质并重、水资源可持续利用与社会经济发展和生态环境保护相协调、全面评价与重点区域评价相结合的原则。

#### 4.2.7.2　水资源数量评价

1. 水汽输送

水汽输送用水汽通量和水汽通量散度描述。有条件的地区可进行水汽输送分析计算:将评价区概化为经向直角多边形和纬向直角多边形,采用边界附近探空气象站的风向、风速和温度资料,计算各边界的水汽输入量或输出量,统计评价区水汽的总输入量、总输出量和净输入量,并分析年内、年际变化;根据评价区内探空气象站的湿度资料,估算评价区上空大气中的水汽含量。

2. 降水

采用雨量观测站的观测资料进行降水量评价。选用资料质量较好、系列较长、面上分布较均匀的雨量观测站,采用的降水资料应经过整编、审查和汇编。计算分区降水量和分析其空间分布特征,要采用同步资料系列。分析降水的时间变化规律,应采用尽可能长的资料系列。资料系列长度的选定,既要考虑评价区大多数测站的观测年数,避免过多地插补延长,又要兼顾系列的代表性和一致性,并做到降水系列与径流系列同步。

降水分析计算要计算各分区及全评价区同步期的年降水量系列、统计参数和不同频率的年降水量。分析降水的地区分布特征,统计不同频率典型年的降水月分配,分析年降水量的年际变化,包括丰枯周期、连枯连丰、变差系数、极值比等。

3. 蒸发

蒸发是影响水资源数量的重要水文要素,其相关参数有水面蒸发、陆面蒸发量和干旱指数。

水面蒸发的分析计算选取的测站应尽量与降水选用站相同,不同型号蒸发器观测的水面蒸发量,应统一换算为 $E_{601}$ 型蒸发器的蒸发量。计算单站同步期年平均水面蒸发量,绘制等值线图,并分析年内分配、年际变化及地区分布特征。

陆面蒸发量往往只能间接地用闭合流域同步期降水量与径流量的差值表示,如同步期为年,则年陆面蒸发量用闭合流域年降水量与年径流量的差值表示,但也可用多年平均年降水量与多年平均年径流量的差值表示较长的历史时期平均年陆面蒸发量总况。可绘制同步期陆面蒸发量等值线图,并进行地区分布特征的分析。

干旱指数一般采用年蒸发能力(常用水面蒸发量代替)与年降水量的比值表示。

4. 地表水资源数量评价

地表水资源数量评价主要内容有：单站径流资料统计分析，主要河流年径流量计算，分区地表水资源数量计算，地表水资源时空分布特征分析，入海、出境、入境水量计算，地表水资源可利用量估算，人类活动对河川径流的影响分析。分析的特征值可包括年份变化、年内变化、考察时段的均值及变差、频率分布等，但限于资料，常以年或多年平均水资源量为主。

地表水资源总量用天然河川径流量表示，为消除人工取用水的影响，常采用实测径流还原计算的方法，考虑下垫面变化对产汇流的影响，常采用天然径流系列一致性分析与修正的方法来评价地表水资源量。因此，地表水资源评价方法可简单概括为实测—还原—修正法。

1）实测径流还原计算

还原计算时段内河川天然年径流量用式(7-4-32)计算

$$W_{天然} = W_{实测} + W_{农灌} + W_{工业} + W_{城镇生活} \pm W_{引水} \pm W_{分洪} \pm W_{库蓄} \tag{7-4-32}$$

式中　$W_{天然}$——还原后的天然径流量；

$W_{实测}$——水文站实测径流量；

$W_{农灌}$——农业灌溉耗损量；

$W_{工业}$——工业用水耗损量；

$W_{城镇生活}$——城镇生活用水耗损量；

$W_{引水}$——跨流域（区间）引水量，引出为正，引入为负；

$W_{分洪}$——河道分洪决口水量，分出为正，分入为负；

$W_{库蓄}$——水库蓄水变量，增加为正，减少为负。

在实际进行还原计算时，可根据具体情况进行项目的增减。

2）资料系列一致性分析与修正

在计算出天然径流量后，为保持一致性并反映下垫面条件是否变化，需要进行一致性分析。如有变化，要进行修正。

在单站还原计算的基础上，点绘面平均年降水量与天然年径流量关系相关图，分析一致性。如有变化，要找出变化突出点。

根据曲线突变点，将长系列划分为两个不同的系列，分别通过点群中心绘制其年降水—径流深关系曲线。

选定一个年降水量值，从不同曲线上查出不同年径流深，用式(7-4-33)、式(7-4-34)计算年径流衰减率和年径流修正系数。

$$\alpha = \frac{R_1 - R_2}{R_1} \times 100\% \tag{7-4-33}$$

$$\beta = \frac{R_2}{R_1} \tag{7-4-34}$$

式中　$\alpha$——年径流衰减率；

$\beta$——年径流修正系数；

$R_1$——下垫面改变前的产流深；

$R_2$——下垫面改变后的产流深。

根据查算的不同年降水量的$\alpha$和$\beta$值，绘制$\alpha \sim \beta$关系曲线，作为前段天然年径流修正的依据。

根据需要修正年份的降水量，从$\alpha \sim \beta$曲线上查修正系数，乘以该年修正前的天然年径流量，可求得修正后的天然年径流量。

5. 地下水资源数量评价

地下水资源数量评价主要针对浅层地下水，根据区域地形、地貌特征划分为平原区、山丘区，称一级类型区。根据次级地形地貌特征、地层岩性及地下水类型，将山丘区划分为一般基岩山丘区、岩溶山区和黄土丘陵沟壑区；将平原区划分为山前倾斜平原区、一般平原区、滨海平原区、黄土台塬区、内陆闭合盆地平原区、山间盆地平原区、山间河谷平原区和沙漠区，称二级类型区。根据地下水的矿化度，将各二级类型区划分为淡水区、微咸水区、咸水区，称二级类型亚区。根据水文地质条件，将各二级类型区或二级类型亚区划分为若干水文地质单元，称计算区。

平原区地下水资源数量评价分别进行补给量、排泄量和可开采量的计算。地下水补给量包括降水入渗补给量、河道渗漏补给量、水库（湖泊、塘坝）渗漏补给量、渠系渗漏补给量、侧向补给量、渠灌入渗补给量、越流补给量、人工回灌补给量及井灌回归量，沙漠区还应包括凝结水补给量。各项补给量之和为总补给量，总补给量扣除井灌回归补给量为地下水资源量。地下水排泄量包括潜水蒸发量、河道排泄量、侧向流出量、越流排泄量、地下水实际开采量，各项排泄量之和为总排泄量。应进行总补给量与总排泄量的平衡分析；地下水可开采量是指在经济合理、技术可行且不发生因开采地下水而造成水位持续下降、水质恶化、海水入侵、地面沉降等水环境问题和不对生态环境造成不良影响的情况下，允许从含水层中取出的最大水量，地下水可开采量应小于相应地区地下水总补给量。

山丘区地下水资源数量评价可只进行排泄量计算。山丘区地下水排泄量包括河川基流量、山前泉水出流量、山前侧向流出量、河床潜流量、潜水蒸发量和地下水实际开采净消耗量，各项排泄量之和为总排泄量，即为山丘区地下水资源量。

6. 总水资源数量评价

总水资源数量评价在地表水和地下水资源数量评价的基础上进行。总水资源数量采用地表水资源量加上地下水资源量计算。如果地表水资源量和地下水资源量有重复计算，则应扣除两者重复计算的量。一般情况用式（7-4-35）计算

$$W = R_s + P_r = R + P_r - R_g \qquad (7\text{-}4\text{-}35)$$

式中　$W$——水资源总量；

$R_s$——地表径流量（河川径流量与河川基流量之差）；

$P_r$——降水入渗补给量（山丘区用地下水总排泄量代替）；

$R$——河川径流量（地表水资源量）；

$R_g$——河川基流量（平原区为降水入渗补给量形成的河道排泄量）。

#### 4.2.7.3　水资源质量评价

1. 河流泥沙分析计算

河流泥沙分析计算内容应包括河流输沙量、含沙量及其时程分配和地区分布。选用

站以上引出或引入水量和分洪、决口水量中挟带的河流泥沙，以及选用站以上蓄水工程中淤积的河流泥沙，均应在选用站实测资料中进行修正。计算中小集水面积选用站的多年平均年输沙模数，绘制评价区的多年平均年输沙模数分区图，并用主要河流控制站的多年平均年输沙量实测值与输沙模数图量算值核对。对主要站不同典型年的河流输沙量、含沙量的年内分配地区分布特征进行分析。

2. 天然水化学特征分析

天然水化学特征分析内容应包括天然水化学类型及地区分布，天然水化学成分的年内、年际变化，河流离子径流量（包括入海、出境、入境离子径流量），河流离子径流模数及地区分布。

天然水化学特征分析参数一般选用 pH 值、矿化度、总硬度、钾、钠、钙、镁、硫酸盐、硝酸盐、碳酸盐、氯化物等，有条件地区可根据本地区的水质及水文地质特征增加必要的参数。凡具有长系列观测资料的地表天然水化学监测站和基本地下水化学监测井，可作为选用站，缺测和不足的资料应予以补测。天然水化学类型的分类方法、水化学特征值计算、分区图的绘制方法参见有关规范。地表水、地下水应分别进行天然水化学特征分析。

3. 水资源污染状况调查和评价

水资源污染状况评价内容主要有：污染源调查与评价，地表水资源质量现状评价，地表水污染负荷总量控制分析，地下水资源质量现状评价，水资源质量变化趋势分析及预测，水资源污染危害经济损失分析，不同质量的可供水量估算及适应性分析。

水资源质量评价应分区进行，分区应与地表水、地下水资源数量评价分区一致。

污染源调查和评价主要应查明污染物的来源、种类、浓度、数量、排放地点、排放方式、排放规律，化肥、农药使用情况，固体废弃物堆放和处置情况，污水库及污水灌溉状况。在此基础上，根据污染物的危害性、排放量及对水体污染的影响程度，评定主要污染源和主要污染物。

地表水资源质量现状评价。在评价区内，应根据河道地理特征、污染源分布、水质监测站网，划分成不同河段（湖、库区）作为评价单元。在评价大江、大河水资源质量时，应划分成中泓水域与岸边水域，分别进行评价。应描述地表水资源质量的时空变化及地区分布特征。在人口稠密、工业集中、污染物排放量大的水域，应进行水体污染负荷总量控制分析。

地下水资源质量现状评价对象主要是浅层地下水，其次是已开发利用的深层地下水，评价内容应包括地下水污染途径和地下水资源质量现状分析。

地下水资源质量现状评价。选用的监测井（孔）应具有代表性。将地表水、地下水作为一个整体，分析地表水污染、污水库、污水灌溉和固体废弃物的堆放、填埋等对地下水资源质量的影响。描述地下水资源质量的时空变化及地区分布特征。

水资源污染危害及经济损失分析，主要调查、分析由于水体污染引起的缺水、水生态系统恶化、水污染事故，以及水污染对人体健康、工农业生产的影响，并估算造成的直接和间接损失。

### 4.2.7.4 水资源开发利用及其影响评价

1. 社会经济及供水基础设施现状调查分析

社会经济及供水基础设施现状调查分析主要内容包括主要自然资源(除水外)开发利用状况分析、社会发展状况分析、经济发展状况分析、供水基础设施情况分析。

主要自然资源(除水外)是指可用于农牧的土地,可开发利用的矿产,可利用的草场、林区等,主要应分析它们的现状分布,数量,开发利用状况、程度及存在的主要问题。

社会发展主要分析人口分布变化、城镇及乡村发展情况。

经济发展分为工农业和城乡两方面,着重分析产业布局及发展状况,分析各行业产值、产量情况。

供水基础设施应分类分析其现状情况、主要作用及存在的主要问题。

2. 供用水现状调查统计分析

选择具备资料条件的最近一年作为基准年,调查统计分析该年及近几年河道外用水和河道内用水情况。

河道外供水应分区按当地地表水、地下水、过境水、外流域调水、利用海水替代淡水、利用处理或未处理过的废污水等多种来源,以及按蓄、引、提、机电井等四类工程分别统计,分析各种供水占总供水的百分比,并分析年供水和组成的调整变化趋势。分区统计的各项供水量均为包括输水损失在内的毛供水量。

河道外用水应分区按农业、工业、生活三大类用水户分别统计各年用水总量、用水定额和人均用水量,其中,农业用水可分为农田灌溉和林、牧、副、渔用水等亚类;工业用水可分为电力工业、一般工业、乡镇工业等亚类;生活用水可分为城镇生活(居民生活和公共用水)、农村生活(人、畜用水)等亚类。统计分析年用水量增减变化及其用水结构调整状况。分区统计的各项用水量均为包括输水损失在内的毛用水量。

河道内用水指水力发电、航运、冲沙、防凌和维持生态环境等方面的用水。同一河道内的各项用水可以重复利用,应确定重点河段的主要用水项,并分析近年河道内用水的发展变化情况。

3. 现状供用水效率分析

根据典型调查资料或分区水量平衡法,分析各项供用水的消耗系数和回归系数,估算耗水量、排污量和灌溉回归量,对供用水有效利用率作出评价。

分析近几年万元工业产值用水定额和重复利用率的变化,并通过对比分析,对工业节水潜力作出评价。

分析近几年的城镇生活用水定额,并通过对比分析,对生活用水节水潜力作出评价。

分析各项农业节水措施的发展情况及其节水量,并通过对比分析,对农业节水潜力作出评价。

分析城镇工业废水量、生活污水量和可处理废污水量的废污水处理、回用状况,对近几年发展趋势进行评价。

分析海水和微咸水利用及其替代淡水量,对近几年发展趋势进行评价。

4. 现状供用水存在问题分析

现状供需水平衡状况分析。以基准年社会经济指标和现有工程条件为依据,根据供水保证率对基准年供水量作必要修正，包括地下水超采量和未经处理污水利用量的扣除。以基准年实际用水量为基础，对不合理的用水定额作必要的调整，重新估算现状基准年的合理需水量。按流域自上而下、先支流后干流分区进行供需分析，对各分区和全流域的余缺水量作出评价，对当地地表水、地下水开发利用程度进行分析，并结合现有的供水工程分布和控制状况，对当地水资源进一步开发潜力作出分析评价。

分析近几年因供水不足造成的影响，并估算造成的直接和间接经济损失。

分析水资源开发、利用、保护、管理方面影响供用水的主要问题，以及河道外用水与河道内用水之间的矛盾。

5. 水资源开发利用现状对环境的影响

水资源开发利用现状造成的水环境问题有：水体污染，河道退化、断流，湖泊、水库萎缩，次生盐碱化和沼泽化，地面沉降、岩溶塌陷、海水入侵、咸水入侵，沙漠化。

各项水环境问题评价的内容。分析水环境问题的性质及其成因，调查统计水环境问题的形成过程、空间分布特征和已造成的正面和负面影响，分析水环境问题的发展趋势，提出防治、改善措施。

河道退化和湖泊、水库萎缩的水环境问题评价内容还应包括河床变化和湖泊、水库蓄水量及水面面积减少的定量指标；河道断流的水环境问题评价内容应包括河道断流发生的地段及起讫时间。

次生盐碱化和沼泽化的水环境问题评价内容应包括面积、地下水埋深、地下水水质、土壤质地和土壤含盐量的定量指标。

地面沉降的水环境问题评价内容：开采含水层及其顶部弱透水层的岩性组成、厚度，年地下水开采量、开采模数、地下水埋深、地下水位年下降速率，地下水位降落漏斗面积、漏斗中心地下水位及年下降速率，地面沉降量及年地面沉降速率。

海水入侵和咸水入侵的水环境问题评价内容：开采含水层岩性组成、厚度、层位，开采量及地下水位，水化学特征(包括地下水矿化度或氯离子含量)。

沙漠化的水环境问题评价内容还应包括地下水埋深及植物生长、生态系统的变化。

**4.2.7.5 水资源综合评价**

水资源综合评价是在水资源数量、质量和开发利用现状评价以及对环境影响评价的基础上，遵循生态良性循环、资源永续利用、经济可持续发展的原则，对水资源时空分布特征、利用状况及与社会经济发展的协调程度所作的综合评价。

1. 水资源综合评价内容

水资源综合评价包括水资源供需发展趋势分析、评价区水资源条件综合分析、分区水资源与社会经济协调程度分析。

(1)水资源供需发展趋势分析。不同水平年的选取应与国民经济和社会发展五年计划及远景规划目标协调一致，应以现状供用水水平和不同水平年经济、社会、环境发展目标以及可能的开发利用方案为依据，分区分析不同水平年水资源供需发展趋势及可能产生的各种问题，其中包括河道外用水和河道内用水的平衡协调问题。

(2)水资源条件综合分析是对评价区水资源状况及开发利用程度的总括性评价，应从不同方面、不同角度进行全面综合和类比，并进行定性和定量的整体描述。

(3)分区水资源与社会经济协调程度分析包括建立评价指标体系、进行分区分类排序等两部分内容。评价指标应能反映分区水资源对社会经济可持续发展的影响程度、水资源问题的类型及解决水资源问题的难易。如人口、耕地、产值等社会经济状况的指标，用水现状及需水情况的指标，水资源数量、质量的指标，现状供水及规划供水工程情况的指标，水环境状况的指标。应对所选指标进行筛选和关联分析，确定重要程度，并在确定评价指标体系后，采用适当的技术理论与方法，建立数学模型对评价分区水资源与社会经济协调发展情况进行综合评判。按水资源与社会经济发展严重不协调区、不协调区、基本协调区、协调区对各评价分区进行分类，按水资源与社会经济发展不协调的原因，将不协调分区划分为资源短缺型、工程短缺型、水质污染型等类型，按水资源与社会经济发展不协调的程度和解决的难易程度，对各评价分区进行排序，各评价指标的重要程度以及评判标准应充分征求决策者和专家的意见。有条件时应使用交互式技术，让决策者与专家参与排序工作全过程。

2. 对策和措施

在进行水资源综合评价的基础上，应结合评价区水资源开发利用中存在的问题，有针对性地提出对策与措施的建议。

#### 4.2.7.6　水资源价值量评价

水资源价值量评价主要是核算水资源本身所具有的价值，内容应包括按水源、水资源用途、水资源质量，分类核算水资源的数量和单位水资源量的价值，有条件的地区可对该项进行研究评价。

核算单位水资源价值量。应根据各分区水资源数量、供需平衡情况和资源短缺程度等因素综合考虑单位水资源量价值，不同水资源质量的单位水资源量价值不同，不是所有水资源数量都可利用，只有那些可被人类利用的水资源才具有价值，要考虑水资源利用的多功能性，不同利用功能的水资源应具有不同的价值。

水资源评价是水资源规划和管理的重要基础工作，应注意随时补充新情况和新资料，以保持评价主要结论及建议的及时、现实和可行。通常应每5年进行一次检验和修正，每10年根据客观形势的发展作较大的补充甚至重新进行评价。对水资源问题特别突出或十分重要的特定地区要专门进行评价，以保持其实用价值。此外，全球变化的研究涉及一切领域，气候变化有可能影响水资源时空分布的改观，需不断加强这方面的预测研究，以供更长远的水资源问题决策参考，从战略目标上考虑采取相应对策。

# 模块5　管理与培训

## 5.1　技术管理

### 5.1.1　水文测区技术业务综合报告编写提示

水文测区是水文业务管理的一个通俗概念，有水文自然分区（如某较大支流流域、某若干小河流区域、干流某区段）、行政分区和水文业务管理分区的意义，通常这些分区有统一性，分布若干水文站，由一个管理机构管理。水文测区技术业务综合报告就是围绕测区的业务开展和实施情况编写的呈报给上级的报告，最常见的是年度报告，也有阶段报告或专题报告。

各级报告的内容素材主要来自测站给测区管理机构的业务技术报告，本级业务管理部门巡站质量检查记录、技术会商和技术会议记录，本级机构开展的专门业务或集中性业务的情况，也可组织召开测站年度测报总结会听取情况介绍和研讨协商重要问题。写法上根据各测站生产情况或年度任务实施过程特点进行综合分析，可按主要业务项目统计后分节介绍全年各项目的工作情况和业绩成果，也可按工作阶段如汛前准备、洪水测报、资料整编等叙述各阶段测区工作情况和业绩成果，有专门生产业务任务的应专节写出，典型事例或特殊情况或重要问题也应专节写出。报告中应整理出有关情况的图表，与文字叙述结合，以便加深理解。有的上级业务管理机构设计有专门的报告图表，可按要求编制。报告应注意总结经验问题及教训，也可写出对下年度工作应抱的态度或需要上级解决的问题，以体现测报业务的连续性和可持续发展。

从测验资料分析本测区的水文规律，发现某些测站的特点或质量缺陷是技术业务综合报告编写前的一项基础工作，可先组织技术力量开展有关工作。由各测站的资料汇总为测区的业务技术报告，需要进行仔细的合理性分析，及时发现问题。常用的办法有干支流、上下游的水量平衡分析，降水量的面上分布及邻站的一致性、合理性比较等。如点绘年、重要场次雨量站观测数据地理分布图（等值线等）观察测区降雨分布状况，查检明显偏大或偏小的测站，分析原因（曾发现极少数委托雨量观测站有缺测现象）。有上下游关系的站，可套绘洪水流量过程线，分析洪水传播情势，对比各站洪峰测次控制和水位—流量关系。分析无明显加水或失水上下游站的径流量，对比测验整编质量。分析流域降水和下垫面相近测站的径流深的一致性也可发现一些问题。总之，测区有关资料综合分析可发现单站自身不易觉察的一些问题，对改进测验提高质量水平是有帮助的。

报告前面应写的测区基本情况，附水系和测站分布图，有个背景概念，易于理解报告的其他重要情况。

认为有必要时,也可写一个总体报告,再附录若干专门报告。专门报告应题目明确、内容集中。

### 5.1.2　水文测区业务检查办法编写

目前,水文业务技术质量要求分布在各有关规范标准中,尚无全国统一的检查评定办法或编写此类办法的导则。水文测区业务检查办法通常由测站管理的上级统一制订,作为测区各站之间的业务考核和工作评定的标准。检查办法宜包括检查的准备、组织、实施程序和指标体系及检查总结等。

指标体系是检查办法的核心内容,一般为综合本区各站任务书中规定的方法、测次、质量要求,提出可资检查操作和比较评定的条文。但写法有正写和反写的方式,正写是达到要求给正面评价或得分,反写是达不到要求给反面评价或扣分(得负分)。关于分数,一种是先确定总分数(通常取100分),再根据各项目、各阶段、各任务情况等级轻重分配分数;另一种是根据各项目、各阶段、各任务情况等级轻重确定分数,再累加总分数后反算百分比。因为测站的成绩总是主要的,所以反写扣分的方式似乎方便些。

考虑全国水文勘测的基本和主要项目,本节从长江水利委员会水文局水文测验成果质量评定办法中节选"2　质量评定标准"、"3　通用评分标准"、"6　流量评分标准",节选黄河水利委员会山东水文水资源局水文资料质量检查考评标准部分内容,节选黄河水利委员会中游水文水资源局水文站测报质量评定办法部分内容,以案例的方式提供学习编写水文测区业务检查办法的参考。案例仍用原编号列出。

1　长江水利委员会水文局水文测验成果质量评定办法(节选)

2　质量评定标准

2.1　一般规定

2.1.1　水文成果质量评定划分为优、良、中、劣四个等级。水文成果的使用价值分为"提供使用、部分成果提供使用、供参考、无使用价值"四类。

2.1.2　水文测验项目权重系数划分为:水(潮)位0.2、流量0.5、含沙量0.4、悬颗0.3、床沙0.1、卵推0.1、沙推0.1、降水0.1、蒸发0.1、水温0.1、岸温0.1、风向风速0.1、波浪0.1、气象0.1。

2.1.3　综合得分等于各项目的权重系数乘以该项目的得分之和。综合得分相同时,按项目多少排序。权重系数等于该项目系数除以本站各项目系数之和,计算的权重系数不进行舍入处理。

2.1.4　本办法未明确规定的项目,可比照类似条件相应条款扣分。

2.1.5　某项符合多项扣分标准,应按最高分值扣分。

2.2　水文项目质量评定

2.2.1　水文项目质量评定按基本、测验、分析、整编等工作类别赋分,每项工作扣分不应超过规定的赋分。

2.2.2　各工作类别的扣分之和不超过其规定的赋分,分数精确到0.1分。

2.2.3　各水文项目工作类别分数分配见表2.2.3。

表 2.2.3　各水文项目工作类别分数分配表

| 水文项目 | 工作类别 | | | | 说明 |
|---|---|---|---|---|---|
| | 基本 | 测验 | 分析 | 整编 | |
| 水(潮)位 | 25.0 | 50.0 | | 25.0 | |
| 水(岸)温 | 25.0 | 50.0 | | 25.0 | |
| 流(潮)量 | 25.0 | 50.0 | | 25.0 | |
| 悬移质含沙量 | 20.0 | 60.0 | | 20.0 | |
| 推移质输沙率 | 20.0 | 60.0 | | 20.0 | |
| 悬沙颗粒分析 | 15.0 | 20.0 | 40.0 | 25.0 | |
| 床沙颗粒分析 | 15.0 | 20.0 | 45.0 | 20.0 | |
| 降雨量 | 20.0 | 60.0 | | 20.0 | |
| 水面蒸发量 | 20.0 | 60.0 | | 20.0 | |
| 波浪 | 20.0 | 60.0 | | 20.0 | |
| 风向风速 | 20.0 | 60.0 | | 20.0 | |
| 气象(含蒸发辅助项目) | 20.0 | 60.0 | | 20.0 | |

2.3　综合质量等级划分标准

2.3.1　水文项目测站综合质量得分 90.0～100 分为优等,75.0～89.9 分为良等,60.0～74.9 分为中等,59.9 分以下为劣等。

2.3.2　水文项目资料有一项为劣等时,测站综合质量等级不得评为优等。

2.3.3　只供参考的资料,不得评为良等级。

2.3.4　伪造或故意损毁资料其质量等级作劣等处理。

2.3.5　无使用价值的资料,评定为劣等。

## 3　通用评分标准

3.1　一般规定

3.1.1　造成连续改动的错误,不影响成果质量的扣第一个改动资料分,影响成果质量按扣分标准中最高限额分数扣分,不累计扣分。

3.1.2　各水文项目单项资料和成果整理混乱的每项扣 1.0 分。

3.1.3　凡原始资料丢失,对整编成果无影响,并有复制资料和其他补充成果的扣 3.0 分;只有复制资料的扣 5.0 分;只有其他补救成果的扣 8.0 分。对整编成果有影响的按 2.3.3 条处理。

3.2　基本工作

3.2.1　测验设备应按《水文测验仪器设备设施检查规定》的要求进行检校,不符合要求按下列规定扣分:

1　使用的计量仪器(如水位/雨量自记仪、流速仪、回声测深仪、天平、水准仪、经纬仪等)、设备,经检查无"合格"和"准用"标识的,每个扣 0.5 分;未按规定进行检定或检校的,每个扣 2.0 分。

2　年检查要求为一次的项目,每缺检一项扣 2.0 分。

3　年检查要求为二次以上(含二次)的项目,每项缺检一次扣 1.0 分,累计每项最高扣 2.0 分。

4　填写不全、不规范、误差计算错误的每项每次扣 0.1 分,累计多份表扣 0.5 分。

5　检查不完善、方法不正确的每次扣0.5分，累计每项最高扣2.0分。

6　因检查错误影响资料连续改算的，按缺测处理，一次扣2.0分，连续改算一月以上的，每次扣4.0分。

7　检查仪器超限，应校正或立即送检。若既不校正也不送检继续使用的，每项每次扣2.0分；使用次数过多，且无法改算的，该项资料不得评为优等。

8　测验仪器精度检查无检测数据的每次扣0.5分。累计每项扣1.0分。

9　水准点高程在未审批时变更并使用，不影响成果质量的，每次扣0.2分，影响成果质量的，按相关条款扣分。

10　三等水准测量每站指标差超限，每次扣1.0分；若上下丝记录位置颠倒，每次扣0.5分。三等水准测量整理结果，采用高程未填写，每次扣0.1分。

3.2.2　测站沿革、水准点及基面考证不清，且有重大变化而无考证的，每项每年扣1.0分；影响成果质量加倍扣分。

3.2.3　各种考证表与整编说明书中文字说明填写不一致的，每张表扣0.2分。

3.2.4　原始记录每次成果中无签名的扣0.3分，无月日或跨年未加年者扣0.2分；整编资料每项无工序表的扣2.0分，缺一道工序的扣0.2分，无年月日的扣0.1分，累计最高扣5.0分。

3.2.5　观测、一校、二校或审查时间矛盾，每次扣0.2分，每项累计扣2.0分。

3.2.6　参加审查和复审时未带必备资料，在此期间无法补交的每项扣5.0分。

3.2.7　未经分析随意舍弃实测成果的，每测次扣1.0分。虽经分析但理由不充分、不正当的，每测次扣0.5分。影响成果质量者扣3.0分。

3.3　原始记载表簿（含自记纸及中间计算表簿）

3.3.1　原始观测为非硬质铅笔现场测记，每处扣0.1分，每项目累计最高扣1.0分。

3.3.2　特殊情况下重抄原始观测记录，附原始观测记录，每次每项扣1.0分；无法附原始记录，但在主动向勘测局说明原因，按丢失原始记录扣分，每次每项扣10.0分；未附原始记录，未说明原因的，并按2.3.4条处理。

3.3.3　原始观测记载表簿不整洁的，每份资料扣0.3分。原始观测记载表簿不清楚、字迹难辨认，每份资料扣0.5分。

3.3.4　原始观测数据更改不规范（擦改、套改和字上改字等），每处扣0.4分，每表簿累计最高扣4.0分；计算数据修改不规范每处扣0.1分，每表簿累计最高扣1.0分。

3.3.5　各项原始观测记录（杯沙共重复称除外）现场重测、复测，未另起一行填记的每处扣0.3分，造成数据连改的每处扣1.0分。

3.3.6　原始观测资料整理计算错误，不影响整编成果的每项扣0.5分，影响整编成果的每项扣2.0分，返工的每项扣5.0分。

3.3.7　观测记载簿一般应有封面、仪器说明（流量、输沙率为施测说明表）、统计等，其内容应按规定填写。未填写的每类每项每月扣0.5分；填写不全或错误的每处扣0.1分，每项每月累计最高扣0.5分。

3.3.8　观测记载簿中的记载内容，应按规范、规定要求填写。凡直接影响测量数据（如悬索偏角、流向偏角、温度订正数等）的有关辅助项目内容填写错误、不规范或与项目观测实际情况不符的，每次每处扣0.1分，累计最高扣2.0分。

3.3.9　原始观测资料整理、计算错误，审查阶段发现每处扣0.2分；复审阶段发现每处扣0.5分。统计数据错误，审查阶段发现每个扣0.5分；复审阶段每个扣1.0分。

3.3.10　各项观测和计算表、簿的内容，应在指定的位置填写，填写有误的每处扣0.1分。凡不影响成果质量的，每项累计扣0.5分，影响成果质量应加倍扣分。

3.3.11　各项观测和计算数据未按规定读记有效位数的,每份扣0.1分。各项观测和计算数据省略部分未按规定处理的,每次扣0.1分,最高扣5.0分。误差统计方法错误的,每次每处扣0.5分。

3.3.12　水文测验新仪器未经比测,也未经上级批准用于测验,造成水文资料系列中断,视影响程度扣5.0~20.0分。

3.4　整编工作

3.4.1　辅助图、表填写不全或填写不规范或错误的,每处扣0.1分,每页(项)累计最高扣1.0分。

3.4.2　整编成果按测站资料整编项目进行装订,其顺序和内容见《水文测验补充技术规定》附录B。凡缺少成果资料的每项扣6.0分;缺少辅助资料的,每项扣3.0分。

3.4.3　审查阶段整编成果错误,年特征值每个扣5.0分;月特征值每个扣3.0分;一般数据每个扣1.0分。

3.4.4　复审阶段整编成果错误,年特征值每个扣10.0分;月特征值每个扣5.0分;一般数据每个扣2.0分。错情划分见水文局《水文测验补充技术规定》。

3.4.5　审查发现整编方法或定线不合理,需返工的,<5天扣2.0分,≥5天扣3.0~10.0分;复审发现整编方法或定线不合理,需返工的,<5天扣5.0分,≥5天扣5.0~20.0分;影响极值的参照极值错误扣分。

## 6　流量评分标准

6.1　基本工作

6.1.1　基本工作最高扣25.0分。其中:基本设施、测验设备检查最高扣10.0分;基线桩、断面起止桩校测最高扣5.0分;大断面、断面流向测量最高扣10.0分。

6.1.2　基本设施、测验设备检查、考证见通用评分标准。

6.1.3　大断面、断面流向测量未按规范与任务书规定,缺测1次扣3.0分;大断面测量应在3天内完成水下和岸上两部分测量,每迟后1天扣0.2分;测量方法不当(含岸上部分借用不合理,水下控制不够和水深测量不符合要求等)每次扣1.5分,影响成果质量的加倍扣分;岸上高程水准测量不符合规定的,每项每处扣0.2分。流向计算方法不对的每次扣1.0分;总扣分每项不超过3.0分。

6.2　测验工作

6.2.1　测验工作最高扣50.0分。其中水道断面测量与借用最高扣5.0分;测次、垂线、测点控制最高扣25.0分;单次成果最高扣20.0分。

6.2.2　水道断面未按规定施测的,每少一次扣2.0分;测验方法不当每次扣1.0分,影响成果使用的,扣2.0分。

6.2.3　采用钢尺丈量大断面起点距时,应丈量往、返测距离,少一次扣1.0分。

6.2.4　当常用旋桨式流速仪在使用50次后,未比测继续使用的,超过1次扣0.2分,累计最多扣5.0分。用不同型号的流速仪进行比测或把常用流速仪当备用流速仪使用的每次扣3.0分。

6.2.5　测速、测深垂线借用河底高程,借用错误的每线扣0.5分;借用不当的每线扣0.1分,每次最高扣0.5分;应加测测速垂线而未加测的每线扣0.5分,应加测测深垂线而未加测的每线扣0.2分,影响成果的按流量缺测扣分。

6.2.6　测次控制未按要求布置按下列规定扣分:

1　单一线型,测次未按水位级均匀分布,相邻测点间距大于当年水位变幅15%(水位变幅小于5 m或暴涨暴落河流大于20%)的每处扣2.0分,大于20%(水位变幅小于5 m或暴涨暴落河流大于30%)的每处扣3.0分;一日内连续施测2次以上而以后未出现同级水位减半扣分;对于坝下站按1/3分值扣分(正常调机或加大泄洪或突然关闸期间水位涨落较大无法测流不扣分);一日内连续施测5次以上,单一关系稳定的无人值守站、巡测站,而以后未出现同级水位的不扣分。

2　绳套线型,由于测次控制不够,或峰顶、峰谷附近无测点,造成定线任意性较大时(其任意性较大是指经二人以上定线都合理的二条不同关系线，一类站同一水位的流量相对误差大于3%，二、三类站同一水位的流量相对误差大于5%，闸坝控制站流量相对误差大于8%），每处扣1.0分；流量变化转折处，每少一测次扣1.0分（坝下站扣0.3分）。

3　实测流量过程线法，测次不能满足流量变化过程的要求，每少一测次（两测点间距大于本次洪峰流量变幅的50%以上）扣1.0分，流量变化转折处，每少一测次扣1.0分。属月特征值扣5.0分，年特征值扣10.0分。

4　年高水外延大于当年水位变幅5%扣3.0分（年水位变幅在2.0 m内且外延不超过0.1 m的不扣分），大于10%扣5.0分，大于15%扣10.0分，大于20%扣15.0分，大于30%扣20.0分（山溪性河流减半扣分）；巡测站高水外延大于当年水位变幅30%时扣10.0分。

5　年低水外延大于当年水位变幅的3%时扣3.0分，大于当年水位变幅的5%时扣5.0分，大于10%时扣20.0分；巡测站低水外延大于10%扣10.0分（年水位变幅在2.0 m内且外延不超过0.1 m的不扣分）。

6　水位—流量关系为单一线型的测站，遇特殊水情改变了单值关系，而未及时调整测验方法或增加测次，影响定线推流精度的，视影响程度扣5.0~15.0分。发现改变单值关系后，调整了测验方法。水位—流量关系定线两种方法接头处，因测次不够导致定线有任意性的，视情况扣3.0~5.0分或按缺测减半扣分。

6.2.7　影响单次成果质量的按下列规定扣分：

1　随意减少测线的，每线扣0.5分；随意减少测点的，每点扣0.2分。

2　未按规定测量悬索偏角、垂线流向偏角、未进行偏角改正的，每次扣0.5分。

3　计算相应水位方法不当或计算错误的每次扣1.0分；未记测速垂线时间或水位，导致相应水位难以计算的，每次扣2.0分。

4　未实施现场“四随”的，每次扣0.2分；影响质量的每项每次扣1.0分。

5　测验方法不当或不正确（如仪器超过使用范围、测点位置放错等），每次扣1.0分。

6　水面流速系数、半深流速系数、岸边流速系数使用不当，每次扣0.5分，影响成果的每次扣1.0分。

7　未按规定施测死水边界或计算死水面积的，每次扣0.5分。

8　未按要求观测测流水位、风向、风力等项目的，每项每次扣0.5分。

6.3　整编工作

6.3.1　整编工作最高扣25.0分。其中：定线精度、三种检验及不确定度计算最高扣5.0分；关系曲线放大、点绘、接头最高扣10.0分；其他错误最高扣10.0分。

6.3.2　测站 $Z\sim Q$ 关系三种检验及不确定度计算，未进行的扣5.0分；补作后发现定线不合理的按6.3.3扣分。检验不完善或计算错误的扣1.0分。多年合并定线作三种检验缺少上年度资料样本的，扣2.0分。

6.3.3　单一线定线精度超过规范允许范围的扣10.0分。资料精度降低但能使用的，减半扣分。有明显系统偏离的（即有同侧连续五个以上测点的相对偏差 >2.5%，时间大于20天的）扣5.0分。

6.3.4　连时序法定线推流与辅助分析相矛盾时，未加处理，每处扣1.0分。绳套线未点绘流量过程线对照图的，每缺一个峰每次扣1.0分，反常线段未作辅助分析的扣2.0分。

6.3.5　流速测点测验误差过大，造成定线不合理未作分析说明的每处扣2.0分。

6.3.6　未使用微机辅助测流技术，无现场分析图表，或有图但比较随意，随手勾绘，每份资料扣0.1分。

6.3.7　测站 $Z\sim Q$ 关系曲线放大不够，使读数误差大于2.5%或与原线不符以及不能接头的每线扣1.0分。

6.3.8　单一线 $Z\sim Q$、$Z\sim A$、$Z\sim V$ 关系线点绘不全，每缺一线扣 3.0 分。同水位 $Q$ 与 $A\times V$ 超过 2.5% 时，扣 1.0 分。

6.3.9　年头年尾接头、换线接头误差超规定，每处扣 3.0 分。

6.3.10　突出点未分析的，每点扣 0.5 分；造成判断失误影响定线的扣 2.0 分。

6.3.11　因测点点错或漏点，$Z\sim Q$ 关系线每处扣 0.5 分，$Z\sim A$、$Z\sim V$ 关系线每处扣 0.2 分；影响定线的，连时序法每处扣 1.0 分，单一线每处扣 2.0 分，实测流量过程线每处扣 3.0 分，影响月年特征值按 3.4.3 扣分。

6.3.12　用水工建筑物推流的测站，电功率明显不合理未作处理的，每处扣 1.0 分；若是流量转折点，扣 2.0 分；若影响月极值扣 3.0 分；影响年极值扣 10.0 分。

6.3.13　测站 $Z\sim Q$ 关系为单一线型（含单值化线）未作单一线历年综合分析的扣 1.0 分。

6.3.14　造成上下游站年水量不平衡的水文站，经分析确认，流量相差超过 ±5% 的，扣 10.0 分。

黄河水利委员会山东水文水资源局水文资料质量检查考评标准（节选）

| 项目及细目 | 扣分技术原因 | 总分或扣分 |
|---|---|---|
| 一、水位部分 | | 100 分 |
| (一)仪器设备 | | 共 30 分 |
| 1. 测量仪具 | 水准仪、水准尺、全站仪等测量仪具未按规定校正或使用校正不合格的仪具测量水准点及水尺零点高程 | 每架次扣 5 分 |
| 2. 水准点 | 未按任务书要求校测基本点、校核点或使用未校测的水准点引校测水尺零点高程 | 每点次扣 3 分 |
| 3. 水尺设置 | ①水尺的设置范围不能满足本站历年水位最大变幅的观测要求 | 每组扣 1 分 |
| | ②邻尺衔接不合要求 | 每支扣 1 分 |
| | ③水尺偏离断面超限 | 每支扣 1 分 |
| | ④设置不牢、歪斜或分划不清 | 每支扣 1 分 |
| | ⑤编号错 | 每支扣 1 分 |
| 4. 水位计 | ①浮子式水位计未按规定定时校测 | 每次扣 1 分 |
| | ②浮子式水位计时钟误差一日超过 5 min，未作订正 | 每次扣 1 分 |
| | ③遥测水位计未按要求对探头高程进行校测 | 每次扣 2 分 |
| | ④遥测水位计未按要求进行水位的观测、摘录和比测 | 每日扣 1 分 |
| | ⑤水位计水位与水尺水位误差大于 2 cm，未作订正 | 每日扣 1 分 |
| (二)水尺校测 | | 共 10 分 |
| 1. 次数 | 未按任务书要求及时校测 | 每缺 1 次扣 2 分 |

续表

| 项目及细目 | 扣分技术原因 | 总分或扣分 |
| --- | --- | --- |
| 2. 测量 | ①前后视距不等差不符合《水位观测标准》 | 每仪器站扣0.2分 |
| | ②视距不等差累积值不符合《水位观测标准》 | 每次扣0.2分 |
| | ③同尺黑红面读数差超过±3 mm | 每次扣0.2分 |
| | ④同站黑红面所测高差之差超过±5 mm | 每尺扣0.2分 |
| | ⑤闭合差未计算或超限而未重测 | 每次扣0.5分 |
| | ⑥观测项目不全,测量方法或记载计算不符合规定 | 每次扣0.5分 |
| 3. 高程采用 | 水尺校测后的高程采用不符合《水位观测标准》 | 每支次扣2分 |
| (三)水位观测 | | 共50分 |
| 1. 洪峰过程 | ①缺测流量大于6 000 $m^3/s$ 的峰顶水位 | 每次扣10分 |
| | ②缺测流量4 000~6 000 $m^3/s$ 的峰顶水位 | 每次扣5分 |
| | ③缺测流量2 000~4 000 $m^3/s$ 的峰顶水位 | 每次扣3分 |
| | ④缺测起涨、转折变化水位或不满足任务书要求 | 每缺测一次扣1分 |
| 2. 一般控制 | ①平水期或水位涨落过程有明显转折变化,观测次数不满足任务书要求 | 每缺测一次扣0.5分 |
| | ②缺测定时水位、流量的相应水位及单沙、大断面测验的对应水位 | 每缺测一次扣1分 |
| | ③未按任务书规定次数观测,影响日平均水位超过2 cm | 每日扣1分 |
| 3. 水位代表性 | 观测水位失去代表性 | 每日扣5分 |
| 4. 记载计算 | ①用错水尺编号或零点高程 | 每支扣5分 |
| | ②读数错(已改且有合理分析者除外) | 每次扣2分 |
| | ③换读水尺不按规定比测或记载(涨落急剧时除外) | 每次扣0.2分 |
| | ④记载、计算不规范,有涂擦现象或每页的改正数字组超过5组 | 每项扣0.5分 |
| | ⑤不计算日平均水位或未按《水位观测标准》计算或计算错误 | 每日扣0.5分 |
| (四)其他项目观测 | | 共5分 |
| 1. 水温 | 未按任务书规定观测 | 每缺测一次扣0.2分 |
| 2. 冰情 | 缺测初冰、初始流冰、封河、开河、终止流冰、终冰日期或缺测岸冰(厚)、流冰(密度)最大冰块尺寸及冰速或记录不规范;缺测岸上气温等 | 每项次扣0.2分 |

续表

| 项目及细目 | 扣分技术原因 | 总分或扣分 |
|---|---|---|
| 3.附属项目 | 缺测风向、风力、水面起伏度、流向等(无此任务除外) | 每次扣0.2分 |
| (五)原始资料 | | 共5分 |
| 1.项目填记 | 水位记载簿应填项目缺漏或错误(按月计) | 每项扣0.2分 |
| 2.校核 | 未在2日内完成3遍手续(洪水期应及时校核),当月资料在次月5日内未完成4遍手续 | 每缺一遍手续扣1分 |
| 3.过程线 | 水位过程线不随时点绘或点绘错误 | 每天或每处扣0.1分 |
| 三、泥沙部分 | | 100分 |
| (一)仪器设备 | | 共15分 |
| 1.测具 | 采样器杆分划不准、不清、标错或采样器漏水 | 每件扣2分 |
| 2.天平 | 未按规定检定、检查、养护或砝码不全 | 每台扣2分 |
| 3.比重瓶 | 未按规定检定或数量不足3组(含备用) | 缺检定1只或缺1组扣1分 |
| (二)单次质量 | | 共20分 |
| 1.单样取样 | ①单样取样位置、方法不是"横渡五线0.5一点"(特殊情况不能采用,说明原因,站长签字除外) | 每次扣0.2分 |
| | ②平水期8:00单样未定时测取或以输沙率相应单样代替 | 每次扣1分 |
| 2.输沙率取样垂线 | 取样垂线数少于测速垂线数 | 少1条扣0.2分、1条以上扣2分 |
| 3.输沙率测验方法 | 未按2:1:1垂线定比混合法取样,超规定采用全断面混合法 | 每次扣2分 |
| 4.水样容积 | 容积差超过±10% | 每个扣0.5分 |
| 5.相应单样 | ①取样位置、方法不符合要求或采用仪器与单样不一致 | 每次扣1分 |
| | ②未在测验开始和终了取样或含沙量变化较大时未在测验过程中加取单样 | 每次扣1分 |
| 6.水样处理 | ①水样的沉淀时间不足24 h | 每次扣1分 |
| | ②违规处理或其他问题导致水样作废 | 每个扣2分 |
| | ③所用处理方法的最小沙量超出规定 | 每个扣0.5分 |

续表

| 项目及细目 | 扣分技术原因 | 总分或扣分 |
| --- | --- | --- |
| 7.检查分析 | ①单样含沙量突出偏大或偏小,又不能说明原因 | 每次扣0.5分 |
| | ②单、断沙关系点突出偏离,未及时分析处理或分析理由不充分,处理结果不可靠 | 每点次扣2分 |
| (三)测次控制 | | 共35分 |
| 1.单样 | ①水、沙峰期间峰顶未取单样 | 每次扣2分 |
| | ②水、沙峰期间或含沙量大于50 kg/m$^3$及平水平沙期间未按任务书要求和次数测取单样 | 每次扣0.5分 |
| 2.输沙率 | ①单沙—断沙关系曲线的延长幅度大于15% | 每增加1%扣0.5分 |
| | ②水、沙峰过程或平水期少于任务书规定的次数 | 每缺一次扣0.5分 |
| (四)颗分 | | 共20分 |
| 1.单颗 | ①缺(或不及时)送水、沙峰峰顶沙样 | 每次扣2分 |
| | ②水、沙峰期间及平水平沙期间未按任务书的要求送样 | 每次扣0.5分 |
| | ③缺测水温造成单颗作废 | 每次扣0.1分 |
| 2.断颗 | ①大中峰峰顶缺送 | 每次扣2分 |
| | ②大中峰过程或相应单颗缺送 | 每次扣1分 |
| | ③其他时期断颗或相应单颗缺送 | 每次扣1分 |
| | ④颗分沙样缺测水温造成断颗作废 | 每次扣3分 |
| | ⑤河床质沙样缺送 | 每次扣2分 |
| 3.递送报表 | 递送单和输沙率摘录表数据错且未及时更正 | 每字组扣0.5分 |
| 4.沙样寄送 | 造成沙样丢失、损毁等 | 每个扣1分 |
| (五)原始资料 | | 共10分 |
| 1.记载计算 | 单样记载计算不符合要求,单样、输沙率水位与水位记载簿观测水位不符 | 每次扣0.5分 |
| 2.项目填记 | 应填项目有缺漏(常年固定不变的项目可在每月的第一页填写完整) | 每月扣1分 |
| 3.完成时间 | 单样、输沙率未及时完成水样处理;未在2日内完成第2、3遍校核手续;未在次月的5天内完成第4遍校核手续 | 每缺一遍扣0.5分 |

## 黄河水利委员会中游水文水资源局水文站测报整编质量评定办法(节选)

### 降水观测

说明:①总降水日数按日降水量200 mm、100 mm、50 mm、25 mm分级统计。

②全部符合下列各▲条，为一个降水观测合格日：

▲仪器合格正常，器口水平，高度符合要求；

▲自记存储完整，非汛期、汛期自记仪器故障期间按规定段制人工观测；

▲与邻站对照无不合理现象；

▲一日时差小于2 min。

降水观测得分表

| 项目 | 技术要求 | 得分 |
| --- | --- | --- |
| 合格率 | 降水观测合格日数占总降水日数的100% | 10 |
| | 降水观测合格日数占总降水日数的95.0%～99.9% | 5 |
| | 降水观测合格日数占总降水日数的90.0%～94.9% | −5 |
| | 降水观测合格日数占总降水日数的<90.0% | −10 |
| 年最大日降水量 | 符合降水观测合格日条件为正分，不符为负分 | ±3 |
| 加分标准 | 日降水量大于等于200 mm且符合降水观测合格日条件，每天得分 | 15 |
| | 日降水量为100～199.9 mm且符合降水观测合格日条件，每天得分 | 10 |
| | 日降水量为50～99.9 mm且符合降水观测合格日条件，每天得分 | 5 |
| | 日降水量为25～49.9 mm且符合降水观测合格日条件，每天得分 | 2 |
| 扣分标准 | 自记期间日降水量未按要求进行人工读记者，每天得分 | −0.5 |
| | 未对自记期间人工读记日降水量资料按原始要求进行整理者，每月得分 | −5 |
| | 因资料质量问题，影响《水文资料整编规范》（SL 247—1999）中“××流域××水系各时段最大降水量表（1）、表（2）”规定的时段降水量的挑选，每影响1个时段降水量，得分 | −2 |
| | 自记雨量计故障连续达5 d，次得分 | −3 |
| | 日降水量缺测、漏测，丢失原始资料，每天得分 | −2 |
| | 伪造、涂改原始资料，每天得分 | −4 |

水情报汛

说明：① 全部符合下列各▲条，为一份水情合格报：

▲所发报系任务书或有关规定，应发报；

▲报文中电码符合规定；

▲报文中的数据正确；

▲各类报均按规定时限发出报文（实测流量洪水期1 h以内，平水期2 h以内报出。以平均时间计）；

▲含沙量估报误差小于等于±10%；

▲流量估报误差小于等于±10%。

②全部符合下列各▲条，为一个水情报汛合格日：

▲全日水情报无错报、迟报、缺报、漏报、多报；

▲报洪水过程次数合理；

▲全日无违犯水情有关制度现象。

③符合下列各▲条之一且未及时更正者即为一份错报：

▲报文不符合规定格式；

▲报文中数据电码有误或超过有关规定。流量、含沙量估报误差大于等于±20%；

▲报文数值表面矛盾且超舍入误差。

④水情报数为全年水情报总份数(1份报有几个收报单位仍统计为1份)。

⑤合格水情日数为全年合格水情报汛日总数。

⑥合格水情报数为全年合格水情报总份数。

⑦错报数为全年错报总份数。

水情报汛得分表

| 项目 | 技术要求 | 得分 |
|---|---|---|
| 差错率 | 全年错报总份数占全年水情报总份数的1%为合格，每减0.1%得正分，每增0.1%得负分 | ±2 |
| 水情报合格率 | 全年合格水情报总份数占全年水情报总份数的98%为合格，每增0.1%得正分，每减0.1%得负分 | ±1 |
| 水情日合格率 | 全年合格水情日占全年规定水情日总数的98%为合格，每增0.1%得正分，每减0.1%得负分 | ±1 |
| 年最大峰顶报 | 年最大峰顶各水文要素报，合格得正分，不合格得负分 | ±3 |
| 加分标准 | 通信设备运行良好，水情报传输无误，年加分 | 5 |
| | 手机短信使用率90%及以上，年加分 | 2 |
| | 全年报总份数每200份，加分 | 3 |
| | 超大、大、中峰过程均在合格水情日，每峰分别加5、3、1分 | |
| 扣分标准 | 人为原因使通信中断，造成较大后果，次得分 | -10 |
| | 错报为大错，每份得分 | -5 |
| | 错报致不良后果(或引起上级水文局、地方防办追查)，引起直接经济或生命财产损失，每份再得分 | -15 |

在站整编技术要求和得分表

| 项目 | 技术要求 | 得分条件 | 得分数值 |
|---|---|---|---|
| 项目完整 | 规定刊印和整理上交存档的资料无遗漏 | 缺一项目得分 | -10 |
| 图表齐全 | 规定刊印和整理上交存档的图表无遗漏。包括各种刊印图表、辅助性图表、电算加工表等 | 缺一种得分 | -5 |
| 考证清楚 | 规定考证的项目齐全、内容清楚，问题处理正确。不影响整编成果 | 不清楚每项得分 | -2 |

续表

| 项目 | 技术要求 | 得分条件 | 得分数值 |
|---|---|---|---|
| 定线恰当 | 关系线走向符合测站特性,关系图比例恰当,注字正确;高、低水延长超规定时用两种以上方法延长 | 影响成果改动超5天得分 | -5 |
| 方法正确 | 原始资料计算、整理方法正确,整编方法正确 | 不正确每项次得分 | -5 |
| 资料合理 | 经单站和面上合理性检查,原始和整编成果合理 | 不合理每项次得分 | -5 |
| 说明完备 | 整编说明书说明详细、清楚,原始和整编图表说明、附注完备 | 不完备每项次得分 | -5 |
| 规格统一 | 原始和整编图表格式、整编内容、说明附注内容规格统一 | 不统一每项次得分 | -5 |
| 字迹清楚 | 原始、辅助性图表和整编图表填制按规定书写,工整、清晰,每页改动小于10处 | 不清楚(原始填写不规范)或每改动10处得分 | -2 |
| 数字无误 | 原始、辅助性图表和整编图表无系统错误,大错率小于1/10 000、一般错率小于1/1 000 | 超过规定得分 | -20 |
| 装订合格 | 原始、辅助性图表和整编图表装订均符合规定 | 不合格或填写不全、不正确、未装订者,每本得分 | -2 |
| 按时完成 | 原始、辅助性图表整理和整编成果按规定时限完成并上交 | 不按时完成并上交,每页次或每迟1天得分 | -1 |
| 手续齐全 | 按测站任务书要求 | 不全(该填写而空缺者)每页次得分 | -0.5 |

# 5.2 技能培训

## 5.2.1 水文勘测工培训教材编写及教学实施

### 5.2.1.1 水文勘测工培训基本要求

1.培训期限

对于全日制职业学校教育,根据其培养目标和教学计划确定培训期限。晋级培训期限:初级不少于600标准学时;中级不少于500标准学时;高级不少于320标准学时;技师不少于200标准学时;高级技师不少于120标准学时。

2.培训教师

培训初级、中级、高级水文勘测工的教师应具有本职业技师及以上职业资格证书或相关专业中级及以上专业技术职务任职资格;培训技师的教师应具有本职业高级技师职业资格证书或相关专业高级专业技术职务任职资格;培训高级技师的教师应具有本职业高级技师职业资格证书2年以上或相关专业高级专业技术职务任职资格。

3.培训场地设备

理论培训场地应为满足教学需要的标准教室。实际操作培训场地应为具有必备的仪器、设备和设施，安全措施完善的场所。

5.2.1.2　**培训教材编写大纲制订提示**

大纲特指著作、讲稿、计划等经系统排列的内容要点。对技术业务培训来说有教材编写大纲、课程教学大纲、实习实践操作大纲等。大纲的一般文件形式为，先简单说明编写大纲的目的和考虑实现的目标，然后分等级层次以凝练的条文逻辑列出各有关核心内容或标题。大纲也给出了认识描述事物或实施作业的大致程序，考究层次关系，避免不同层次的内容平行罗列。有了大纲才便于在其指导下展开论述、描述、说明、介绍、配置资料图表等更具体丰富的专业工作。下面就本水文勘测工培训教材编写大纲的制订及结构内容特点予以提示。

培训教材大纲按中华人民共和国人力资源和社会保障部制定的《水文勘测工国家职业技能标准》（见本书附录）的要求编制。按该标准体系，本教材以基础知识和操作技能——初级工、操作技能——中级工、操作技能——高级工、操作技能——技师、操作技能——高级技师各等级为分册级，以职业功能为模块（篇）级，以工作内容为章级，由技能要求和相关知识结合确定节级，之下小节根据具体内容确定。一般的体系是“工级等级（如：技师）—模块级（如：模块3　流量测验）—章级（如：3.1　测验作业）—节级（如：3.1.1　流量测验方法分类简介）—小节和具体内容”。这种分级格局模块化建构的体系能较好地配合水文勘测工分级培训教学和分级技能鉴定设计方式的实施。

《水文勘测工国家职业技能标准》、水利行业职业技能培训教材《水文勘测工》、水利行业职业技能培训教材《水文勘测工理论知识题库》三者基本构成水文勘测工职业技能培训和等级鉴定实施较完整配套的资料体系。标准起着统领指导和依据的作用，也是教材编写的提纲；教材写出标准要求的内容，支撑培训的实施；题库可加深理解教材内容，提高培训效果，支持选题组卷考试的技能鉴定。

本教材分级分块编写的格局和传统的教材体系很不一样，传统的教材体系一般从宏观全局逐步向实际作业分解过渡，如先讲站网，再说断面，然后是项目、年度分布、方法仪具、要素记载计算、成果整理等。本教材一般从具体简单作业逐步向宏观全局发展，如先认识工具、实施单项或单次观测测量，后叙述一般方法、年度分布，再说断面和站网建设等。编写中，我们一直在努力调整处理各工级之间节级内容的技术业务衔接，避免重复，克服漏洞。另外，测验作业（外业）和数据资料记载与整理（内业）交织很多，一般将简单的记载计算就归于外业，水文资料整编及知识性论述的内容归于内业。

本教材基础知识内容主要取材于传统教材，要求是建立水文测验学的基础概念，明白一般原理，了解基本方法。技术作业内容主要取材有关标准、规范、规程，介绍成熟的生产作业方法和技能知识，同时吸收有关书籍的描述表述。教材内容体现以实用为本，设施设备仪器工具主要讲用法；项目要素测验主要讲做法；原始数据讲记法；中间和成果数据讲算法；表格讲填法；绘图讲画法；公式基本为使用公式；不易理解的方法给示例；难以写成条文或写成条文太空洞的内容给案例；概念围绕和服务于实用作业，点到为止。水文勘测工业务项目较多，涉及面较宽，作业方法和试验检验、仪器工具和设施设备、计算制图和分析研究内容十分丰富，我们只能根据水文勘测工的国家职业技能标准组织教材内容。

按照这一体系，大致说来，初级工主要承担简单直观的观测测量和记载相关数据，做些协同作业的准备和辅助工作；中级工主要利用普通设施设备和常用仪器工具实施单项或单次观测测量，计算相关数据，初步整理资料；高级工主要利用自动化程度较高的设施设备和仪器工具组织实施协同作业的观测测量，资料计算整理和在站整编资料，检查维护普通的技术装备，承担中小测站一般技术业务管理；技师应能编制测验方案，组织一般测站的较复杂的多项目的联合作业，承担复杂项目的水文资料整编和一般审查，起草测站任务书、业务检查办法及业务报告，指导工级人员学习工作；高级技师学习后应从测区的高度，组织和承担水文测验的试验研究，开展水文调查和水资源评价，起草业务技术规划，实施培训教学和参与技能鉴定，编写测区技术业务和试验研究报告，审查或探索较复杂的技术问题等。

如果将概念、物理量、测验方法、数据资料记载整理等融合在一起，完整地或按顺序地讲解一类(个)仪器、一种方法、一个要素项目，也有特色，会形成一定格局的教材编写大纲，现列出依此思路的一个水文勘测工教材大纲，提供参考。

## 操作技能——初级工

模块1　降水量、水面蒸发量观测

1.1　人工雨量器(本节理出下目，其他节不再理出下目)

1.1.1　雨量器结构原理和配套器具

1.1.2　雨量器观测降雨量方法

1.1.3　记载、计算时段降水量、日降水量

1.2　模拟自记雨量器使用与记录部件调节

1.3　人工观测蒸发器观测、记载、计算蒸发量

1.4　有关气象要素的观测、记载

模块2　水位观测

2.1　水尺

2.2　人工观读水尺水位

2.3　水尺水位记载计算

2.4　水位过程线

2.5　附属项目观测

2.6　水温冰情观测

模块3　流量测验

3.1　流速面积法测流的概念与方式

3.2　流速仪法流量测验的设施设备与仪器工具

3.3　直接读数测量起点距

3.4　直接读数测量水深

3.5　机械转动流速仪测量计算流速

3.6　流量测验记载计算表的结构

3.7　流量测验附属观测项目的观测与填记

3.8　浮标测速的方法和投放、观测浮标

3.9　水上测验安全注意事项
模块4　泥沙测验
4.1　河流泥沙简明分类
4.2　泥沙外业测验的仪器工具
4.3　悬沙取样测验
4.4　推移质取样测验
4.5　床沙取样测验
4.6　实验室测定悬沙含沙量的方法与沙样制备
4.7　悬沙单沙测验与记载
模块5　水质取样
5.1　水质的概念
5.2　水质取样的器具
5.3　水质样品的存储
模块6　地下水及土壤墒情监测
6.1　地下水位和水温的人工监测
6.2　地下水监测基本情况表
6.3　人工监测土壤墒情的器具
模块7　测站水文情报
7.1　水情信息的概念
7.2　利用电话、电台收发水情信息
7.3　测站水情值班工作情况记载
7.4　建立和记载测站水情服务单位档案
模块8　水文普通测量
8.1　普通测量的概念
8.2　测量仪器与辅助器具的准备
8.3　普通量尺测量距离
8.4　水准尺及使用方法
8.5　水准仪、经纬仪搬运注意事项
8.6　大断面测量与记载

## 操作技能——中级工

模块1　降水量、水面蒸发量观测
1.1　人工观测雨量器的安装
1.2　使用雨量器观测固体降水
1.3　机械类自记雨量计的数据订正
1.4　电子类自记雨量计的使用
1.5　冰期蒸发观测
1.6　降水、蒸发仪器的管理维护

1.7　逐日降水量表和蒸发量表的编制
1.8　降水、蒸发、气温月、年特征值统计计算
模块2　水位观测
2.1　水尺的标划、安装和编号
2.2　转换水尺的水位观测与计算
2.3　冰期水位观测
2.4　自记水位计检查
2.5　“面积包围法”计算日平均水位
模块3　流量测验
3.1　交会法测算起点距
3.2　测深仪测量水深
3.3　机械转动流速仪及计时仪器的检查养护
3.4　流速面积法测流垂线、测点布设
3.5　流量测验记载计算表计算、统计
3.6　水文缆道的装备与使用
3.7　浮标测速的测算
3.8　水位流量相关图
模块4　泥沙测验
4.1　常用河流泥沙取样仪器的结构与故障排除
4.2　现场测定悬沙含量仪器的操作
4.3　悬沙单沙的概念与常见单沙测验方案
4.4　实验室测定悬沙含沙量
4.5　单断沙相关图
4.6　尺量法测定单颗粒的粒度
4.7　筛分法测定泥沙群的粒度并填制记载计算表
4.8　粒度曲线绘制
4.9　单断沙粒度相关图
模块5　水质取样
5.1　按断面测点布设采集水质水样
5.2　水质取样的现场记载
5.3　存储并标记水质水样
模块6　地下水及土壤墒情监测
6.1　地下水位和水温的自动监测仪器的使用
6.2　地下水位与地下水埋深的转换计算
6.3　土壤墒情的土样点位选取与记载表填记
6.4　土壤墒情自动监测仪器的使用
6.5　土壤体积含水量和质量含水量的转换计算

模块 7　测站水文情报
7. 1　利用网络或电话等查询有关测站水情信息
7. 2　水情信息的编码与译码
7. 3　检查并整理水情信息
7. 4　水情月报编制
模块 8　水文普通测量
8. 1　水准尺弯曲度检查
8. 2　四等水准测量
8. 3　大断面测量及计算
8. 4　洪水痕迹调查与测量

## 操作技能——高级工

模块 1　降水量、水面蒸发量观测
1. 1　自记雨量计安装与运用参数设置
1. 2　雨量观测场地检查
1. 3　蒸发观测仪器安装
1. 4　降水、蒸发资料处理和整编
模块 2　水位观测
2. 1　自记水位计运行比测与管理维护
2. 2　水位观测资料处理与整编
模块 3　流量测验
3. 1　计算机辅助测流系统
3. 2　不稳定河床测流
3. 3　流量测次掌握
3. 4　机械转动流速仪比测
3. 5　测流过程水位变动较大时相应水位的计算
3. 6　水文缆道维护
3. 7　浮标测流分析计算
3. 8　流量资料在站整编
模块 4　泥沙测验
4. 1　输沙率测验
4. 2　悬沙资料处理与整编
4. 3　泥沙密度测定
4. 4　沉降法和激光法测试泥沙粒度
4. 5　泥沙粒度分析资料处理与整编
模块 5　水质取样
5. 1　水质取样的器具选择与使用
5. 2　水质样品的存储运送与检查

5.3　水污染突发事故描述
模块6　地下水及土壤墒情监测
6.1　地下水水位计管理维护
6.2　地下水水位检测与水量开采调查
6.3　便携仪器监测土壤含水量
6.4　土壤墒情检测、制图与数据检查
模块7　测站水文情报与水文预报
7.1　水文预报方法介绍
7.2　审核水情编码与译码
7.3　应用已有方案预报本站水情
模块8　水文普通测量
8.1　普通水准仪检校
8.2　普通经纬仪检校
8.3　三等水准测量计算
8.4　地形碎部测量与点图

## 操作技能——技师

模块1　降水量、水面蒸发量观测
1.1　降水、蒸发观测场地勘察
1.2　暴雨调查
模块2　水位观测
2.1　水位观测断面位置勘察确定
2.2　水位观测方式方法选择
2.3　水位整编资料审查
2.4　历史洪水、枯水水位调查
模块3　流量测验
3.1　流速面积法测流方案分析确定
3.2　比降面积测流方案编制
3.3　利用水工建筑物测流
3.4　利用声、光、电等新技术测流
3.5　巡测方案编制
3.6　利用计算机通用程序整编流量资料
模块4　泥沙测验
4.1　悬沙输沙率测验方案编制
4.2　推移质测验方案编制
4.3　泥沙测验新仪器比测
4.4　比重瓶鉴定
4.5　分析筛校正

4.6　垂线及断面粒度计算
4.7　单断关系检查
4.8　利用计算机通用程序整编泥沙资料
模块5　地下水及土壤墒情监测
5.1　地下水位监测仪器选择
5.2　地下水监测资料整编
5.3　土壤墒情监测仪器的维护
5.4　土壤墒情监测资料整编
模块6　测站水文预报
6.1　测站预报结果审核
6.2　测站预报方案检验
6.3　上、下测站洪峰流量相关曲线建立
6.4　洪峰流量传播时间分析
模块7　水文普通测量
7.1　跨河水准测量
7.2　水下地形测量方案编制
7.3　布置控制网实施导线和小三角测量
7.4　简易测站地形测量
7.5　使用全站仪和GPS接收机测量
模块8　管理与培训
8.1　“测站任务书”编写
8.2　测站业务检查办法和业务技术总结编写
8.3　测站水文勘测工业务学习培训方案编写

## 操作技能——高级技师

模块1　流量测验
1.1　浮标流速系数试验
1.2　流量测验误差试验
1.3　流量测验断面勘察确定
1.4　流量测验仪器工具配置方案编制
1.5　流量整编成果审核
模块2　泥沙测验
2.1　悬沙测验误差试验
2.2　单沙测验代表性分析
2.3　泥沙测验仪器工具配置方案编制
2.4　泥沙整编成果审核
模块3　地下水及土壤墒情监测
3.1　区域地下水监测

3.2　地下水动态分析报告编制

3.3　区域土壤墒情监测

3.4　土壤墒情时空分布分析

模块4　水文水资源调查及水资源评价

4.1　野外水文调查

4.2　城乡用水调查

4.3　企业水平衡测试方案编制

4.4　区域水资源评价

模块5　管理与培训

5.1　测区业务检查办法和业务技术总结编写

5.2　测区水文勘测工业务学习培训方案编写

5.3　水文勘测工职业技术鉴定

模块6　技术改造推广

6.1　国内外水文测验新技术介绍

6.2　水文测验新技术推广应用

#### 5.2.1.3　教材编写

本教材编写主要是按照大纲收集组织材料，梳理逻辑关系，用流畅的文字描述现象，叙述原理，说明方法，注意增强图形图像等可视化形式。教材编写内容要考虑符合学员的知识基础、心理特征、认识规律和接受能力。要反映社会经济、科技发展状况和趋势，满足工作需要。选材要注意适合技能型人才实用性和实践性的特点，应是生产中常用的工作内容，并能明确反映从理论到实践的过程，要注重学生基本技能特别是动手技能的培养，避免教材内容中重理论轻实践的现象，避免编入"难、繁、偏、细"的内容，对于理论性较深的知识点应直说结果和应用，少讲推导过程。要注意叙述方式的启发性，引入探索性学习，避免传统的注入式、填鸭式写法。

水文勘测工教材应是技术学科教材，不宜按学科课程教材组织内容。学科课程是学术的分类，是某科学领域的分类，学科课程对本学科的知识是系统的、全面的。但对专业课程的技术支持不够明确，对完成某一任务所需知识是不完整的，如数学、物理、水力学、水文原理、泥沙运动力学等均属学科课程。技术学科课程是为完成某一领域或某一任务由诸多学科知识的结合。对某一学科来说知识不完整，但为完成某项任务来说是完整的体系，它是一门综合课程。可采用行为导向法编写教材，先将本专业需要解决的各种问题经过筛选、归纳，分解成若干项主要工作任务，每一项任务为一个单元，在每一单元中编写解决该问题所需的文化基础、专业基础和专业知识。这样就使得教材任务目标明确，所学的文化课、专业基础课针对性强，避免了以往学科课程中，学非所用、用非所学、基础知识重复的现象，本教材按照中华人民共和国人力资源和社会保障部制定的《水文勘测工国家职业技能标准》编写的基础知识等就有这种尝试。

#### 5.2.1.4　教学实施

教学实施同本教材操作技能——技师部分的"8.2.3　业务培训实施"，同样是要了解受训学员的文化程度、等级、来源或工作地、承担过的主要业务等基本情况，备课、编写教案及授课。但还要注意事先预测在教学过程中可能出现的问题。尽可能采用教学新技术(如电教视频等)。若为技师或高级工培训,宜增大共同讨论或典型交流等方式方法。

教学实施是实现教学目标的中心阶段,教学实施策略的选择既要符合教学内容、教学目标的要求和教学对象的特点,又要考虑在特定教学环境中的必要性和可能性,注重以下策略。

(1)学习心态的积极维持策略。如发展学生的好奇心,培养兴趣,促使学生"卷入"学习任务,教学方法灵活多样且把握教学难度等。

(2)教学内容的传输加工策略。如言语、板书及多媒体结合传输教学内容,注重互动合作学习,提倡超常认知,鼓励先理解者带动大家,合理的布置作业练习等。

(3)有效认知指导策略。如观察学生的信息接收特点,使之形成对信息的熟练反应;分析对问题的错误回答,增强正确的认知;尽可能总结简明的记忆模式强化记忆等。

(4)课堂秩序管理策略。听讲严肃,发言活泼,师生团结,上好每堂课。

## 5.2.2　水文勘测工试题编写

水文勘测工技能鉴定见本书附录《水文勘测工国家职业技能标准(2009 年修订)》的"职业概况"部分。

技能鉴定的基本方式是用试题对受鉴定者进行考核测试,考核测试的评分成绩是决定受鉴定者升级的基本依据。因此,要根据情况条件和作业步骤编写试题和评分办法支持技能鉴定。

技能鉴定的试题是升级试题,试题范围和难度水平应符合《水文勘测工国家职业技能标准》的要求,主要考核拟升级者的基本知识和技能,适用于普通从业人员。国家或行业还有技能竞赛,其方式也是用试题对参赛者进行考核测试,但难度水平要高些,适用于知识技能优秀的人员。

水文勘测工技能鉴定试题一般分三个方面:一是以水文勘测工教材知识内容为基础的理论知识题;二是外业操作技能题;三是内业作业题。现就这三个方面示例说明。

### 5.2.2.1　理论知识题

所谓理论知识题,通俗的说法就是"书本知识"。一般要求围绕理论技能主线出题目,题目应独立完整,简明扼要,答案确切。

围绕理论技能主线是要求回答的问题属于行业技术知识,而不是一般语文修辞基础知识。

题目要独立完整,注意克服缺头少尾无主题现象。如教材文字叙述"直立式水尺的靠桩入土深度应大于 1 m。在淤泥河床上,入土深度不宜小于靠桩在河底以上高度的 1.5 倍",改为淤泥河床直立式水尺入土深度要求的填空题目时,应为"在淤泥河床上,直立式水尺入土深度不宜小于靠桩在河底以上高度的( )倍。"或"直立式水尺在淤泥河床上入土深度不宜小于靠桩在河底以上高度的( )倍。"不能仅写为"在淤泥河床上,入土深度不宜小于靠桩在河底以上高度的( )倍。"而忽略"直立式水尺"这个主题。教材叙述可能几段或几句文字关联较紧密,在以某段文字凝练题目时,独立完整是很重要的事情,搞不好就无从理解题目。

题目要从教材中凝练,避免长篇抄写大段文字,造成冗余,干扰主题。

题目应给出答案，答案应仔细斟酌推敲，避免出错。工程技术很少有“标准答案”，多为“最优答案”，且最优答案有明显的时代特征，还有与实际情况结合的优劣之分，给出答案时也应考虑这些情况。

理论知识题的题型主要有填空题、单项选择题、多项选择题、判断题、简答题（论证题）及计算题等，现摘《水文勘测工理论知识题库》几道试题，示例如下，供参考。

（1）单项选择题。

①题干：在水位的涨落过程中，换读水尺比测是为了检验两支水尺观测的水位是否衔接，并可检验（　　）有无变动。

供选答案：（A）水尺零点高程　（B）水尺高程　（C）水位　（D）水尺读数

答案：A

②题干：设 $t_0$、$t_1$、$t_2$、…、$t_n$ 为水位观测时间（h），$Z_0$、$Z_1$、$Z_2$、…、$Z_n$ 为相应时刻的水位值（m），则面积包围法计算日平均水位公式为（W）。

供选答案：

（A）$[Z_0(t_1-t_0)+Z_1(t_2-t_0)+Z_2(t_3-t_1)+\cdots+Z_{n-1}(t_n-t_{n-2})+Z_n(t_n-t_{n-1})]/24$

（B）$[Z_0(t_1-t_0)+Z_1(t_2-t_0)+Z_2(t_3-t_1)+\cdots+Z_{n-1}(t_n-t_{n-2})+Z_n(t_n-t_{n-1})]/48$

（C）$[Z_0(t_1-t_0)+Z_1(t_2-t_1)+Z_2(t_3-t_2)+\cdots+Z_{n-1}(t_n-t_{n-2})+Z_n(t_n-t_{n-1})]/24$

（D）$[Z_0(t_1-t_0)+Z_1(t_2-t_1)+Z_2(t_3-t_2)+\cdots+Z_{n-1}(t_n-t_{n-2})+Z_n(t_n-t_{n-1})]/48$

答案：B

（2）多项选择题。

①题干：采用特制的“U”形比测架开展流速仪比测时，要求两架仪器（　　）。

供选答案：

（A）位于同一测点深度　（B）同时测速

（C）比测过程中交换位置　（D）水平净距应不小于0.5 m

答案：ABCD

②题干：作单次流量测验流速、水深和起点距测量记录的检查分析时，一般需要点绘（　　）。

供选答案：

（A）水位过程线图　（B）垂线流速分布曲线图

（C）水道断面图　（D）垂线平均流速或浮标流速横向分布图

答案：BCD

（3）判断题。

①题干：绘制水位—流量关系图时，水位在纵坐标，流量在横坐标，确定的水位—流量关系线与横坐标轴宜成45°夹角。

答案：√

②题干：一点法测点含沙量即为垂线平均含沙量。

答案：×

（4）简答题。

题目：简述比降面积法流量测验的原理。

答题要点：

①比降面积法是用水力学公式推算流量的一种方法。它是通过测量水面比降(能量比降),用水力学公式计算河段平均流速$\overline{V}$,并测量河段若干断面的平均断面面积$A$,从而将平均流速与平均断面面积相乘求得流量。

②比降面积法适宜在稳定均匀流情况下使用,不宜用于水力因素和断面变化复杂情况的不稳定流。但对于一般情况的不稳定流,在一个较短的时间段内,近似的认为它符合明渠稳定流条件,并且其沿程阻力系数在阻力平方区内,也可使用该法测算流量。

③对于流量不随时间变化,水深、流速沿程变化的稳定均匀流,测出水面比降后,可用以下一组公式计算流量(公式本意用能量比降,稳定均匀流的能量比降可由水面比降或床面坡降替代)

$$Q = A\bar{v} \quad \bar{v} = C\sqrt{RS} \quad C = \frac{1}{n}R^{\frac{1}{6}} \quad R = \frac{A}{\chi}$$

式中　$Q$——断面流量;
$A$——断面面积;
$\bar{v}$——断面平均流速;
$C$——谢才系数;
$R$——断面水利半径;
$S$——水面比降;
$n$——河段糙率;
$\chi$——断面湿周。

#### 5.2.2.2　外业操作技能题示例——水文三等水准测量

外业操作技能题拟题任务主要是设计项目操作程序和评分表,除符合一般程序外,要结合具体情况考虑方案。现以水文水准测量为例,说明编题与评分方式,供参考。

下面列出全国水文勘测工竞赛自动安平水准仪三等水准测量技能评分表,表中各项目设置和赋分、细目考虑和扣分按重要程度由专家研讨确定。现移用为技能鉴定表(见表7-5-1),供参考。

**表7-5-1　水文三等水准测量技能鉴定评分表**

**(适于自动安平水准仪;测量4站)**

鉴定人员编号______　　姓名______　　最后得分______(总分100分)

| 项目 | 赋分 | 测算扣分细目 | | 单站扣分数 | | | | 细目扣分合计(扣分总和) |
|---|---|---|---|---|---|---|---|---|
| | | | | 1 | 2 | 3 | 4 | |
| 测量观测作业 | 22 | 1 | 仪器安装、拆卸生疏不完满,或损伤仪器扣1.0~2.0 | | | | | (2.0) |
| | | 2 | 仪器圆水平气泡未调进限圈每站扣1.0分 | | | | | (4.0) |
| | | 3 | 迁站未转换三脚架脚每站扣0.5分 | | | | | (2.0) |
| | | 4 | 测站观测时多次调焦每站扣1.0分 | | | | | (4.0) |
| | | 5 | 测站违反观测读数程序每站扣1.5分(正确的观测读数程序为后黑—前黑—前红—后红) | | | | | (6.0) |
| | | 6 | 迁站过程未有效保护仪器出现明显磕碰每站扣0.5分 | | | | | (2.0) |
| | | 7 | 迁站过程奔跑每站扣0.5分 | | | | | (2.0) |

续表 7-5-1

| 项目 | 赋分 | 测算扣分细目 | | 单站扣分数 | | | | 细目扣分合计（扣分总和） |
|---|---|---|---|---|---|---|---|---|
| | | | | 1 | 2 | 3 | 4 | |
| 单站计算 | 52 | 8 | 视距计算每错一个数值或未做扣0.5分（每站4个计算数值） | | | | | (8.0) |
| | | 9 | 单站前后视距差超限(2 m)每站扣1.0分 | | | | | (4.0) |
| | | 10 | 累计前后视距差超限(5 m)每站扣0.5分 | | | | | (2.0) |
| | | 11 | 高差计算每错一个数值或未做扣1.0分（每站6个计算数值） | | | | | (24.0) |
| | | 12 | 同尺黑红面差超限(2 mm)每尺位扣1.0分(共8尺位) | | | | | (8.0) |
| | | 13 | 同站黑红面差超限(3 mm)每站扣1.5分 | | | | | (6.0) |
| 累计及结果 | 20 | 14 | 前后视距总累计算错或未算每个值扣1.0分(共2个数值) | | | | | (2.0) |
| | | 15 | 水准尺读数、测站高差总累计值等检核数算错或未算每个值扣1.0分(共9个计算数值) | | | | | (9.0) |
| | | 16 | 总高差计算错或未计算总高差扣3.0分 | | | | | (3.0) |
| | | 17 | 高差闭合差三等超限($L<1$ km, ±12 mm) 扣6.0分 | | | | | (6.0) |
| 其他 | 6 | 18 | 书面不整洁扣0.5～1.0分 | | | | | (1.0) |
| | | 19 | 其他扣分0～5.0分（原因由裁判写在评分表备注说明栏） | | | | | (5.0) |
| 扣分总计 $a$ | | | | $a=(100.00)$ | | | | |

开始时间：________结束时间：________个人完成总历时（记至分钟）$T=$________（限时40分钟）

延时扣分 $t=$______分（限时40分钟，每延迟1分钟减2分；最多延迟5分钟）

个人测算总得分 $A=100.00-a-t=$____________

备注说明栏：1. 数值计算错只在本值扣分，不向后续传递扣分。

考评员：　1　　　　　　2　　　　　　3　　　　　　年　月　日

考评组长：　　　　　　　　　　　　　　　　　　　　年　月　日

水准测量是水文勘测的基本项目之一，各地比较通用。作业过程一般为，勘察路线、设置桩点、架设仪器和立尺观测测量、记载观测数据、计算有关数值（记载计算表参见本书操作技能——中级工8.2.1　四等水准测量成果的记录与整理）。通常的作业由4～5人为一小组实施，分别承担勘察、立尺、司镜、记载计算等岗位工作。本鉴定内容为司镜和记载计算，由一人在40 min内完成4站测量计算任务（从表7-5-1可看出作业过程与要求)，经考评人员评分，提供给鉴定机构。

#### 5.2.2.3　内业作业技能题示例——水位—流量关系和日平均流量计算

1. 题目

和平水文站 2000 年 8 月 2 ~ 5 日实测流量成果见表 7-5-2。

表 7-5-2　和平水文站 2000 年 8 月 2 ~ 5 日实测流量成果

| 项目 | 测次 | | | | | | | | | |
|---|---|---|---|---|---|---|---|---|---|---|
| | 1 | 2 | 3 | 4 | 5 | 6 | 7 | 8 | 9 | 10 |
| 时间 | 2 日 09:40 | 3 日 08:30 | 4 日 00:00 | 4 日 04:30 | 4 日 08:24 | 4 日 15:36 | 4 日 21:30 | 5 日 00:00 | 5 日 10:30 | 5 日 18:00 |
| 水位 (m) | 93.50 | 94.95 | 96.00 | 96.53 | 95.92 | 94.68 | 95.00 | 95.80 | 96.50 | 97.20 |
| 流量 ($m^3/s$) | 1 520 | 2 100 | 2 600 | 3 050 | 3 330 | 2 950 | 3 520 | 4 200 | 4 750 | 5 300 |
| 断面面积 ($m^2$) | 1 350 | 1 540 | 1 690 | 1 820 | 1 800 | 1 750 | 1 850 | 1 930 | 2 050 | 2 130 |
| 断面平均流速 (m/s) | 1.13 | 1.36 | 1.54 | 1.68 | 1.85 | 1.69 | 1.90 | 2.18 | 2.32 | 2.49 |

(1)请按表 7-5-2 中数据在专用图纸上绘制水位过程线和流量过程线。

(2)请按表 7-5-2 中数据在专用图纸上绘制水位—流量、水位—断面面积、水位—断面平均流速关系曲线。

(3)请按表 7-5-2 中数据在专用表格纸上用面积包围法(48 加权法)计算 8 月 4 日的日平均流量。

(以上专用图表纸张水文测验业务单位都有备存)

2. 作业内容提示

题目的物理过程是一场小洪水后，河床发生冲刷，接着又来了较大洪水。经过小洪水冲刷，河道同水位断面面积增大，水流流速也相应增大。水位—流量、水位—断面面积、水位—断面平均流速关系曲线从一个稳态向另一个稳态过渡，水位—流量曲线一般表现为顺时针绳套。

要求在水文测验业务专用图表纸张上作业。数据用表 7-5-2 中数据，不再增加水位数据，不用在水位—流量关系曲线上推流。

3. 作业评分标准

作业评分标准见表 7-5-3。

表 7-5-3 作业评分标准

| 项目 | 赋分 | 扣分细目 |
| --- | --- | --- |
| 一、水位过程线 | 10 | ①缺标题扣 1.0 分<br>②坐标轴名称缺一处扣 1.0 分<br>③坐标轴单位缺一处扣 1.0 分<br>④坐标轴标度缺一处扣 1.0 分<br>⑤实测点据未标符号或数字序号扣 1.0 分<br>⑥点出点据但未连线扣 2.0 分<br>⑦其他扣 3.0 分(原因写在备注说明栏) |
| 二、流量过程线 | 10 | 扣分细目同"一、水位过程线"项目 |
| 三、水位—流量关系曲线 | 30 | 扣分细目①、②、③、④同"一、水位过程线"项目<br>⑤实测点据未标符号或数字序号扣 4.0 分<br>⑥点出点据但未绘制曲线扣 10.0 分<br>⑦曲线不光滑连续扣 2.0 分<br>⑧关系曲线未显示出顺时针绳套扣 6.0 分<br>⑨其他扣 4.0 分(原因写在备注说明栏) |
| 四、水位—断面面积关系曲线 | 20 | 扣分细目①、②、③、④同"一、水位过程线"项目<br>⑤实测点据未标符号或数字序号扣 2.0 分<br>⑥点出点据但未绘制曲线扣 6.0 分<br>⑦曲线不光滑连续扣 2.0 分<br>⑧关系曲线未显示出两条线趋势扣 4.0 分<br>⑨其他扣 2.0 分(原因写在备注说明栏) |
| 五、水位—断面平均流速关系曲线 | 20 | 扣分细目同"四、水位—断面面积关系曲线"项目 |
| 六、日平均流量计算 | 10 | ①转抄或计算数值每个错误扣 0.5 分,直至扣完(但数值计算错只在本值扣分,不向后续传递扣分)<br>②转抄数值不是流量而为水位或断面面积或断面平均流速,但时间权数正确扣 6.0 分<br>③其他扣 2.0 分(原因写在备注说明栏) |

备注说明栏:

①卷面不整洁酌情扣 1.0 ~ 2.0 分

考评员: 1　　2　　3　　年　月　日

考评组长:　　年　月　日

## 5.2.3 水文勘测工试题题库建设

试题是题库建设的原材料,但题库建设不是很多试题的简单汇集,而有自己的编题规定和体例，以满足计算机检索的要求。人力资源和社会保障部职业技能鉴定中心编发有《理论知识题库开发指南》和《操作技能题库开发指南》，现就水文勘测工培训鉴定情况，结合《水文勘测工国家职业技能标准》（2009年5月26日起施行）和本水文勘测工教材，简要介绍水文勘测工试题题库建设有关内容。

#### 5.2.3.1　理论知识题库开发导引

1. 编制“理论知识鉴定范围及要素细目表”

“理论知识鉴定范围及要素细目表”是以国家职业标准为依据，根据标准中“比重表”（参见本书附录）确定的鉴定比重，分等级对“基本要求”和“相关知识”进行逐级（层）细分形成的结构化表格，是理论知识命题的基础依据。

“理论知识鉴定范围及要素细目表”按职业、分等级进行编制，即一个职业每一个等级编制一套细目表。

表7-5-4列出了《水文勘测工》理论知识鉴定范围及要素细目索引表（高级工相关知识），参考该表说明有关内容。其他工级相关知识及基础理论知识鉴定范围及要素细目索引表见与《水文勘测工》一书同时发行的《水文勘测工》理论知识题库电子光盘版。

表7-5-4　《水文勘测工》理论知识鉴定范围及要素细目索引表（高级工相关知识）

职业：水文勘测工　　等级：高级工　　鉴定方式：试卷考试

| 鉴定范围 | | | | | | 三级索引码 |
|---|---|---|---|---|---|---|
| 一级 | | 二级 | | 三级 | | |
| 名称<br>代码<br>重要程度比例<br>（X:Y:Z） | 鉴定比重 | 名称<br>代码<br>重要程度比例<br>（X:Y:Z） | 鉴定比重 | 名称<br>代码<br>重要程度比例<br>（X:Y:Z） | 鉴定比重 | |
| 相关知识<br>B<br>（195:3:0） | 85 | 降水、水面蒸发观测<br>A<br>（10:0:0） | 10 | 观测作业<br>A<br>（5:0:0） | | B-A-A |
| | | | | 数据资料记载整理<br>B<br>（5:0:0） | | B-A-B |
| | | 水位观测<br>B<br>（23:3:0） | 12 | 观测作业<br>A<br>（10:1:0） | | B-B-A |
| | | | | 数据资料记载整理<br>B<br>（13:2:0） | | B-B-B |
| | | 流量测验<br>C<br>（46:0:0） | 23 | 测验作业<br>A<br>（22:0:0） | | B-C-A |
| | | | | 数据资料记载整理<br>B<br>（24:0:0） | | B-C-B |

续表 7-5-4

| | | | | | | |
|---|---|---|---|---|---|---|
| 相关知识<br>B<br>（195∶3∶0） | 85 | 泥沙测验<br>D<br>（34∶0∶0） | 20 | 外业测验<br>A<br>（8∶0∶0） | | B-D-A |
| | | | | 实验室作业<br>B<br>（12∶0∶0） | | B-D-B |
| | | | | 数据资料记载整理<br>C<br>（14∶0∶0） | | B-D-C |
| | | 水质取样<br>E<br>（21∶0∶0） | 10 | 取样作业<br>A<br>（13∶0∶0） | | B-E-A |
| | | | | 水污染的基本知识<br>B<br>（8∶0∶0） | | B-E-B |
| | | 地下水及土壤墒情监测<br>F<br>（8∶0∶0） | 10 | 观测作业<br>A<br>（5∶0∶0） | | B-F-A |
| | | | | 数据资料记载整理<br>B<br>（3∶0∶0） | | B-F-B |
| | | 测站水文情报水文预报<br>G<br>（9∶0∶0） | 10 | 情报作业<br>A<br>（3∶0∶0） | | B-G-A |
| | | | | 预报作业<br>B<br>（6∶0∶0） | | B-G-B |
| | | 水文普通测量<br>H<br>（44∶0∶0） | 20 | 测量作业<br>A<br>（31∶0∶0） | | B-H-A |
| | | | | 数据资料记载整理<br>B<br>（13∶0∶0） | | B-H-B |

**注**：1. 泥沙测验和水文普通测量任选其一进行考核，水质取样、地下水及土壤墒情监测、测站水文情报水文预报任选其二进行考核。

2. X 为职业活动必备的最重要的核心要素和知识点（占 80% 以上）；Y 为一般要素（不超过 15%）；Z 为辅助性要素（不超过 5%）。

表 7-5-4 中的职业、等级、鉴定方式很明确。表中主要包括两个方面的内容：一是层次结构，即将理论知识鉴定要素按国家职业标准逐级细化后，组成具有多层次结构的表格；二是特征参数，即各层次鉴定要素的代码、重要程度比例、鉴定比重等参数指标。

根据国家职业标准中“基本要求” 和“工作要求”中相关知识的内容，分别确定“理论知识鉴定范围及要素细目表”各级“鉴定范围”。

1)理论知识鉴定范围一级

理论知识鉴定范围一级是理论知识鉴定的总体要素。名称与国家职业标准对应,一般分为“基本要求”和“相关知识”,代码分别用大写英文字母“A”“B”表示。鉴定比重按国家职业标准确定。

表7-5-4是《水文勘测工》操作技能——高级工相关知识部分的理论知识鉴定范围及要素细目索引表,故鉴定范围一级代码用“B”表示。

代码鉴定范围一级“A”代表的“基本要求”另表列出。根据国家职业标准,“基本要求”为初、中、高三个等级必须掌握的内容,原则上,“基本要求”部分的范围和试题三个等级相同。

2)理论知识鉴定范围二级

理论知识鉴定范围二级是对“鉴定范围一级”的分解,一般对应国家职业标准中的“基本要求”和“工作要求”中的有关内容,将从业人员所应掌握的理论知识按所隶属的职业活动范围领域进行划分。名称与国家职业标准中“职业道德”、“基础知识”和“职业功能”中有关内容对应(表7-5-4及其他工级同类表为本《水文勘测工》教材的模块级)。代码按其在鉴定要素细目表中的自然排列顺序,分别用大写英文字母“A”“B”“C”…表示。鉴定比重按国家职业标准确定。

3)理论知识鉴定范围三级

理论知识鉴定范围三级是对“鉴定范围二级” 的分解,一般对应国家职业标准“基本要求”、“工作内容”,将从业人员应掌握的理论知识按所隶属的工作内容范围进行划分,也可按知识单元进行划分。名称一般与国家职业标准中的“职业道德基本知识、职业守则、基础知识和工作内容”中有关内容相对应,或按知识单元确定名称(表7-5-4及其他工级同类表为本《水文勘测工》教材的章级)。代码按其在鉴定要素细目表中的自然排列顺序,分别用大写英文字母“A”“B”“C”…表示。鉴定比重按国家职业标准确定,如国家职业标准未给出具体比重则按该鉴定范围重要性由专家具体确定。

4)三级索引码

三级索引码即将《水文勘测工》理论知识鉴定范围及要素细目索引表具有层次属性的三级代码用短线连接组成,如表7-5-4高级工相关知识的三级索引码“B-C-A”,表示鉴定范围的层次属性为一级的相关知识(代码B)、二级的流量测验(代码C)、三级的测验作业(代码A)的序列组合。三级索引码用作与后面水文勘测工理论知识鉴定点表和题库习题的索引联系。

5)理论知识鉴定范围四至六级

理论知识鉴定范围四至六级是对上一级鉴定范围的分解,一般可按知识单元进行逐级细分。大多数职业理论知识鉴定范围分至三级即可,如有必要细分至四至六级,请注意整个细目表结构层次应保持一致。名称、代码、鉴定比重编写要求同鉴定范围三级。

2.确定鉴定点编制鉴定点表

理论知识鉴定点,是对最小级鉴定范围进行可鉴定性分析,并按知识体系内在逻辑深入细化到最小不可分割且独立可鉴定的“知识点”。

鉴定点的名称应准确表达鉴定点内涵,文字表述必须清楚明确、完整简练。表述时多用某某的概念、性质、特点、分类、方法、规则、原理等语句，避免针对教材中某“章”或某“节”的内容，而不是某个“知识点”，避免使用疑问句。

鉴定点代码按鉴定点在鉴定范围中的自然排列顺序，分别用数字“001、002、003…”表示。

鉴定点的重要程度是指每个鉴定点在整个鉴定点集合中的相对重要性水平，它反映了每个鉴定点与其他鉴定点的相对重要程度。专家可根据经验确定各鉴定点的重要程度，并分别用“X、Y、Z”表示，X 为最重要的核心要素，一般为职业活动必备的知识点；Y 为一般要素；Z 为辅助性要素。在鉴定要素细目表中，重要程度的数量分布一般是 X 占 80% 以上，Y 不超过 15%，Z 不超过 5%。

在表 7-5-4 及同类表中，各鉴定范围等级都有 X: Y: Z 的比例及数值，第三级数值来自表 7-5-5 及同类表的统计，第二级重要程度比例数值是它所包含的“鉴定范围三级”的重要程度比例数值的累计，第一级重要程度比例数值是它所包含的“鉴定范围二级”的重要程度比例数值的累计。若鉴定范围分级更多，则最低一级数值由鉴定点表统计，上级数值由它所包含的下级数值累计。

鉴定点数量根据实际情况确定。理论知识鉴定点数量一般为鉴定比重的 2 倍以上，每个等级的鉴定点总量最少为 200 个。

精品题库的鉴定点数量至少为鉴定比重的 3 倍以上，每个等级的鉴定点总量最少为 300 个。如有特殊情况，个别职业鉴定点数量可视具体情况而定。

为使读者对鉴定点和鉴定点表有个具体概念，表 7-5-5 摘录出与《水文勘测工》一书同时发行的《水文勘测工理论知识题库》电子光盘版中一段鉴定点表，提供参考。表中的 B－A－A、B－A－B 等为三级索引码。

3.“理论知识鉴定范围及要素细目表”和鉴定点表编写和审查基本要点

（1）层次结构及比重与国家职业标准对应，且能满足国家题库组卷需要。

（2）内容不超出国家职业标准范围。

（3）各层次代码及特征参数合理正确。

（4）鉴定点划分遵循“最小且独立可测量”原则。

（5）鉴定点一般只针对一个考核要点，尽量选择该职业必须掌握的知识或技能要素，即 X 点。

（6）内容相同或相近的鉴定点在同一级别内不能重复出现。

（7）同一鉴定点在不同级别出现时，名称一致。

（8）鉴定点名称、所用术语符合国家有关标准，文字表述正确且符合编制要求；

（9）鉴定点总量满足鉴定需要（一般 X 占 80% 以上，Y 不超过 15%，Z 不超过 5%）。

#### 5.2.3.2　理论知识试题编写提示

1. 理论知识试题编写基本原则

（1）严格按“理论知识鉴定范围及要素细目表”中所列鉴定点内容命制试题，所命试题不得超出鉴定要素细目表所涉及的内容范畴。避免采用学科化的思路，过分强调知识体系的完整性和内在关联性，从而导致要求考查的知识内容远远超出职业活动要求的倾向。

表 7-5-5　《水文勘测工》理论知识鉴定点表摘录(高级工相关知识)

职业:水文勘测工　　等级:高级工　　鉴定方式:试卷考试

| 代码 | 名称 | 重要程度 | 附注 |
|---|---|---|---|
| B-A-A(相关知识—降水、水面蒸发观测—观测作业) | | | |
| 001 | 自记雨量计安装 | X | |
| 002 | 翻斗式雨量计精度率定 | X | |
| 003 | 雨量观测场地设置检查 | X | |
| 004 | $E_{601}$ 型蒸发器的埋设 | X | |
| 005 | 80 cm/20 cm 口径蒸发器的安装 | X | |
| | | | |
| B-A-B(相关知识—降水、水面蒸发观测—数据资料记载整理) | | | |
| 001 | 降水量资料的分析处理 | X | |
| 002 | 水面蒸发量资料的分析处理 | X | |
| 003 | 降水量摘录表编制 | X | |
| 004 | 各时段最大降水量表(1) | X | |
| 005 | 各时段最大降水量表(2) | X | |
| | | | |
| ⋮ | | | |

注:X 为职业活动必备的最重要的核心要素和知识点(占 80% 以上);Y 为一般要素(不超过 15%);Z 为辅助性要素(不超过 5%)。

(2)把握试题难度,使试题的难度符合对应鉴定点的内容深度水平。避免采用传统的过分强调知识死记硬背和文字游戏式的提问方式,在内容上避免偏题,在表述上避免怪题。

2. 理论知识试题编写步骤及要求

(1)根据“理论知识鉴定范围及要素细目表”确定试题对应的鉴定点,标注试题特征参数。

理论知识试题基本特征参数如下:

层次属性:指一道理论知识试题所对应的鉴定点,一般用鉴定点代码表示(如,B-A-A—001)。

题型:依据国家职业资格等级对知识技能掌握程度的不同要求,不同等级的国家题库题型也有所区别。目前,国家职业资格五级(初级)、四级(中级)、三级(高级)全部采用客观试题,初、中级采用单项选择题和判断题 2 种题型,高级采用单项选择题、多项选择题、判断题等 3 种题型。技师、高级技师可有简答题。编写试题时,初、中级每个鉴定点下至少编写 4 道单选题、2 道判断题;高级每个鉴定点下至少编写 3 道单选题、2 道多选题、2 道判断题。单项选择题代码为“B”;判断题代码为“C”;多项选择题代码为“G”;简答题代码为“D”。

难度等级：由专家在试题编写时，对试题难度所作的难易程度等级的初步评定。一般分为易、较易、中等、较难、难五个等级，分别以1、2、3、4、5表示。难度以中等(3)为宜，偏易(1)或偏难(5)的试题尽量减少。

题目－目标一致性：反映一道试题所考内容与对应鉴定点内容间的一致程度。通常由命题专家进行评定。一般分为差、较差、中等、良好、优秀五种水平，分别用1、2、3、4、5表示。区分度越高越好。

同时，为便于将试题导入国家题库，命题专家可以使用“国家题库专用录入器”直接录入理论知识鉴定要素细目表和试题，也可采用计算机Word文档方式，录入理论知识试题。采用Word文档方式录入试题的统一格式和各项试题特征参数示例如下方框。

B-A-A—001　B　3　5　　自记雨量计安装

{A}应先检查确认自记雨量计各部分完整无损，传感器、显示记录器{.XZ}，方可投入安装。

(A)不完善　　(B)有点问题　　(C)工作异常　　(D)工作正常

{B}D

{A}自记雨量计有水平工作要求，配置{.XZ}的仪器应调节水准泡至水平。

(A)水平尺　　(B)水准泡　　(C)水准仪　　(D)符合器

{B}B

{A}使用交流电的自记雨量计，应{.XZ}配备直流备用电源，以保证记录的连续性。

(A)库存　　(B)备用　　(C)同时　　(D)择期

{B}C

{A}自记雨量计安装完毕后，应用水平尺复核，检查{.XZ}是否水平。

(A)承雨器口　　(B)脚部　　(C)侧面　　(D)拉线

{B}A

B-A-A—001　G　3　5　　自记雨量计安装

{A}{.XZ}为自记雨量计常用的电源。

(A)交流市电　　(B)蓄电池　　(C)太阳能电池

(D)现场发电机　　(E)手摇发电机

{B}ABC

B-A-A—001　C　3　5　　自记雨量计安装

{A}对有筒门的自记雨量计外壳，其筒门朝向应背对本地常见风向。

{B}√

{A}对有筒门的自记雨量计外壳，其筒门朝向应正对本地常见风向。

{B}×

该例试题标题行中，层次属性“B-A-A—001”为鉴定点代码；题型“B”表示单项选择题，“G”表示多项选择题，“C”表示判断题；难度等级“3”表示中等难度；题目－目标一致性“5”表示题目－目标一致性优秀；“自记雨量计安装”为鉴定点代码名称。

{A}为题干引导符号；{.XZ}为“( )”的识别符号；(A)、(B)、(C)、(D)为答案选项代码;{B}为标准答案引导符号;对选择题,{B}后紧接"标准答案代码英文字母";对判断题,{B}后紧接√(正确)、×(错误)符号。

(2)按要求编写试题(参见本小节(1)方框中的例题)。

编写单项选择题:即一道试题有4个备选答案,其中只有1个是正确答案。其他3个选项都是对正确选项有一定干扰性的干扰选项。

编写多项选择题:即一道试题有5个备选答案,其中有2个或2个以上正确答案。其他选项都是对正确选项有一定干扰性的干扰选项。

单项选择题和多项选择题题干一般采用空缺句,题中的空缺部分用"(　)"即"{.XZ}"表示,句尾一律用句号。

备选项号码一律用英文大写表示,并用"(　)"圈起。

答案直接用选项字母表示。

编写判断题:题干一般采用陈述句,标准答案用"×"、"√"表示。

3.命题技巧提示

(1)通过改变题干考核关键点(即改变括号位置)的方式进行反复命题。

(2)通过列举实例进行反复命题。

(3)通过改变选项内容(即题干不变,在4个选项中至少改变2个选项的内容),进行反复命题。

(4)通过改变题干中数字进行反复命题。

(5)通过改变题干表述的方式进行反复命题。

(6)通过变换题型进行命题。

4.编写理论知识试题容易出现的命题技术问题

(1)同一个鉴定点内试题没有与该鉴定点内容对应。

(2)反复命题技巧运用不当,造成重复命题。

(3)试题没有对应鉴定点的核心内容。

(4)单纯考核数字或文字记忆。

(5)选项无干扰性。

(6)试题答案不唯一。

(7)试题表述不完整,造成答案皆对或皆错或不唯一(这一错误常出现在从教材摘抄语句时缺少前提条件)。

(8)试题内容过于强调系统完整,给本题或其他"鉴定点"试题提供正确答案的线索或提示。

(9)标点符号运用不当,特别是"、""，"":"使用不当,让考生费解或误解。

(10)在编写基础知识试题时,涉及职业道德、法律、法规等内容要慎重。

5.审查试题

除审查是否出现上述命题技术问题外,还要审查下列内容:

(1)试题内容与"理论知识鉴定范围及要素细目表"和鉴定点相对应,不超范围,也不缩小范围。

(2)初、中级一个鉴定点内题量一般不少于6道题(单项选择题不少于4道,判断题不少于2道);高级一个鉴定点内题量一般不少于7道题(单项选择题不少于3道,多项选择题不少于2道,判断题不少于2道)。

(3)试题中术语与符号应采用法定计量单位和现有国家标准中规定或通用的术语、名称、符号等,不能用地方习惯用语及自定的符号、代号等。

(4)正确选项的字母应随机排列,避免出现多数正确答案为某一特定选项的现象。

(5)试题附图应清晰,不要过大,一般最大不超过100×160($mm^2$)。如用手工绘图应使用碳素铅笔制作,并提供相应的原始图形;如用绘图软件做图,应提供绘图软件的名称、版本。

(6)试题的录入与校对直接影响国家题库内试题质量及由题库生成试卷的质量,同时又是检查试题内容与参数正确性的最后机会。为了确保试题的编写与录入质量,建议使用"三稿九校工作法",即三次打印文稿,每次由三人流水作业进行校对。

#### 5.2.3.3 操作技能题库建设提示

水文勘测操作技能分外业操作与内业作业两个方面,前面"5.2.2 水文勘测工试题编写"部分给出的两个示例,可以初步了解编题方法。但作为题库建设,有关内容要求也需了解,现予以提示。

1.研究操作技能考核内容形成结构体系

依据国家职业标准,按照职业活动整体内在关系,确定本职业各等级的考核范围结构。一般要经过内容划分、等级划分,按科学性和可行性原则,确定各级别的鉴定范围。内容可按性质、主辅、领域划分,等级划分应该从职业活动范围和职业活动水平两个方面入手。经过内容和等级划分后,还应考虑现实可行性(可操作性)、等级差异性、集合整体性(同一等级内的各个鉴定范围集合必须能够反映该职业本等级的操作技能要求范围和水平)。最后形成以等级、考核内容二维为主结构,结合考虑考核方式方法、时间、要求、鉴定比重的多维次机构的体系(表)。

2.选择操作技能考核鉴定项目或鉴定点

操作技能考核鉴定项目或鉴定点名称要简明;要说明本鉴定点操作时应达到的结果要求或技术标准;要分析作业步骤,分配分数;应分析考核点相应作出失误扣分评分标准。

外业操作技能考核鉴定项目实施应多考虑场地、设备等条件。

内业作业可从案例分析、方案策划、模拟题、情景题、计算题、简答题、论述题等确定考核题型。

3.编写技能操作题

操作技能试题一般包括以下内容。

1)准备要求

完成本试题要求的操作所需要准备的前提条件,一般分为考场准备和考生准备两部分。具体包括试题名称(视情况决定是否给出)、本题分值、考核时间、考核形式、考核有关说明和场地、材料、工具、设备及相应的其他准备条件。

试题名称是否出现可根据本职业特点而定,以不泄漏试题内容为原则,可以采取不给名称、给出大致名称、给出具体名称三种方式。

2）考核要求

考核要求主要包括本题分值、考核时间、考核形式、具体考核要求和否定项说明。其中，本题分值、考核时间、考核形式和否定项说明均按考核鉴定项目或鉴定点的配分与评分标准有关内容填写；具体考核要求一般是鉴定点统一考核要求的细化。如有特殊需要，还可进行其他补充。

3）配分与评分标准

一般采用考核鉴定项目或鉴定点统一的配分与评分标准，如试题有具体或特殊的配分与评分要求，则在各试题的配分与评分标准中说明。

我国已经举办过四届水文勘测（工）技能竞赛，现正进行第五届水文勘测（工）技能竞赛的准备，各流域和省级相关部门也举办过同类竞赛，竞赛考试包括理论知识、内业作业和外业操作三个方面，还进行过计算机作业考试，积累了很多资料和经验（比如缆道测速、测船取样、浮标测验、流速仪拆装及雨量计安装调试、水准测量等都是很有代表性的外业操作项目），可以收集有关材料，参考编题。

为水文勘测工培训、鉴定、竞赛建立题库架构、出题、汇编试题、检验优化试题、丰富更新试题等题库建设业务是需要安排力量长期关注、不懈努力的事情。

# 模块 6　技术改造推广

## 6.1　技术改造

水文测验有许多设施和技术装备，过去较长时期内，由于种种原因，水文系统的设施设备条件较差。随着国家技术实力的不断增强和技术进步，以及水文业内认识的提高和投入的增长，水文系统的技术改造进展迅速。中华人民共和国行业标准《水文基础设施建设及技术装备标准》(SL 276—2002)的发布实施，明确了水文基础设施建设防洪标准及水文、水位站测洪标准；规定了各级水文机构基础设施及技术装备配置原则；规定了水文测站基础设施建设及技术装备标准；规定了水文测站以上水文机构主要生产部门的基础设施建设和技术装备标准；给出了水文基本建设项目分类与设计概(估)算费用构成。但是技术进步是一个不断发展的过程，水文测验设施和技术装备也应随着跟进。

技术改造的范畴非常宽泛，但对于专门的技术部门或行业总是沿着作业用途和已有状况探索的，水文测验行业的水文要素观测设施主要有水位观测设施，流量测验设施，泥沙测验设施，水质、地下水、降水、蒸发观测设施及水文实验站设施等。水文技术装备是水文机构为满足生产需要而配置的仪器、设备、工具及各种应用软件。以往通常所说的设施设备多为土建和机电类，在新时期还应该了解新材料、新工艺、新设备、新机器、新的技术途径改造渡河缆道工程、测船机器、仪器升降机具，水沙样品采取和存储器具。近年来，电动机速度控制从可控硅到变频电机，仪器升降机具供电由远源传输到蓄电自用，深水多仓采样器等都是技术改造的成功范例。

技术改造可分为完善性改造和替代性改造两类。充分熟悉被改造对象的用途、功能和使用中的问题才能进行完善性改造，充分了解用途相似有效的技术途径才能开展替代性改造。一般说来，发达国家技术先进，可阅读一些有关的外文资料，多了解有关技术，帮助技术改造。

技术改造立项应按有关程序编制设计报告文本，一般包括立项名称、改造目标、改造内容，分析技术现状，论证改造的必要性、可行性，改造的设计方案，施工技术与组织，安全可靠性评估，经费估算预算等。改造完成后，应开展试验运用，记录试验资料，评估性能效果，然后验收交付使用。技术含量高的技术改造试验使用过程还要培训操作人员，为顺利使用做准备。

## 6.2　新技术推广

水文测验新技术是一个时代性很强的概念，较难确切用短语说明。就当前的总体来说，由传统的“水文测验”叫法向“水文数据采集”或“水信息技术”称谓转变，概念上后者与水文测验新技术应用关联较强。水文数据采集新技术在向着自动化测量、长期自记存储、数据自动传输、信息系统化收集的方向发展。与原来的人员驻守手工作业的水文站比较,新技术的运用使其向无人值守水文站自动测量、巡测、遥测发展。这两种发展方向的表述可从非定义的角度帮助理解水文测验新技术的概念。

20世纪80年代以来,一是能感应水文初源物理量(要素)的新型自动传感器大量出现,二是计算机技术的普遍应用,推动着我国水文测验新仪器研发迅速发展。仪器工具的发展,在一定程度上带动了水文测验新方法、新理论的应用研究,所以新仪器是水文测验新技术的基础代表。

新技术一般有提高效率和质量,容易与后续数据资料集成处理耦合衔接,减轻作业劳动强度及克服某些作业困难等功能,在可能的条件下,人们总是不懈地研发和推进新技术,但在某些方面或发展的某个时期,新技术躲避严酷风险、随机应变的智能性弱于人工。新技术的另一表现是相对性,即我们的新技术可能不是别人的新技术,这时跨越式发展也是很有效的。新技术需要多加培育促进成熟,也需要稳定运用发挥效能,关注新技术发展和运用成熟的新技术都不可偏激。水文测验新技术推广运用宜循行或注意以下几个环节。

在一个地区推广新技术,必须很好的调查研究。尤其是水文规律具有很强的地域性,新技术的应用也就受到很多因素的制约,在充分调查深入研究的基础上方能考虑立项。

新技术推广应用立项应按有关程序编制报告文本,一般包括新技术新仪器的性能特点、技术指标、直接运用或代替已有功能技术仪器的目标效能,分析应用场合条件和必要的改造使它适合需要的条件,或论证必要性、可行性,编制设计方案,施工技术与组织,安全可靠性评估,经费估算预算等。

新技术仪器的建设或配置实施要做好工程建设和仪器安装调试的衔接,保证建安完成后能正常运用。

新技术仪器配置后应开展试验研究,试验研究一般应达到三个目标,一是检验技术性能和对条件的适应性,以相互改进提高;二是开展和已有观测测验手段的平行对比试验,建立数据资料的衔接关系;三是总结观测测验方法、程序和注意事项,形成作业规程。试验研究是非常重要的环节,在野外条件不能满足使用范围和重复性时,应创造条件开展实验室仿真试验。试验过程要有详细的记录,注意特殊情况,试验完成或做到相当程度后,应编撰详细的技术报告,提请审查。

新技术仪器投入正常运用后,要做好维护维修。

还要培训有关操作人员及运用管理人员。

为对新技术仪器有比较具体的概念,现提示一些目前可考虑推广的仪器设备。

(1)水位仪器。包括电子水尺、浮子式水位计、压力式水位计(气泡水位计)、超声波气介水位计、雷达水位计等。

(2)流速流量仪器。包括转子流速仪、电波水面流速仪、声学多普勒流速仪(ADCP、H-ADCP、ADV)、电磁点流速仪、声学时差法流量计等。

(3)泥沙测量仪器。包括光电测沙仪、同位素测沙仪、超声波测沙仪、振动式测沙仪、激光粒度分析仪等。

(4)降水测量仪器。包括翻斗式雨量计、虹吸式雨量计、浮子式数字雨量计、容栅式雨量计、称重式雨量计,光学雨量计等。

(5)现代通信和网络系统。

(6)以计算机及其软件为核心的测算控制技术。

(7)新能源技术。

目前,普通测量已进入全站仪和卫星定位(GPS 等)的应用时代,测深已经应用了各类型的回声测深仪,综合了水平运行和起点距测算、竖直运行和水深探测、定点测速和综合计算等功能的缆道测流运行控制及测算系统运用有蔚然成风之势,测船测流控制及测算系统已有多代更新,网络通信已成为水情传输的主通道,计算机处理数据已多有提升等。这些新技术的推广应用都显示了很好的效果,但技术进步永无止境,我们仍需努力。

# 第 8 篇　专　题

# 第1章　水文资料电算整编作业

采用电子计算机进行水文资料整编始于20世纪70年代,早期使用TQ16、VAX机等机型,到1990年实现基于DOS环境的微机单站整编。90年代后期,一些水文单位相继开发出了基于Windows操作平台的整编系统。随着2001年全国重点流域重点卷册水文年鉴汇编刊印工作的开展,为满足统一全国水文部门水文资料整编和水文年鉴汇编刊印工作的需要,水利部水文局委托长江水利委员会水文局、黄河水利委员会水文局分别负责开发适用于全国南方、北方地区水文资料整汇编特点的整汇编软件系统,并先后于2005年、2007年推广应用。

南、北方片水文资料整汇编软件包括了河道站和堰闸(水库)站的水位、流量、泥沙,潮位,降水量,悬移质泥沙颗粒级配,水温、水面蒸发量等项目整编内容,是可视化的、集成化的支持水文资料整编、审查、复查与汇编等各个环节的水文资料整汇编系统,但在系统界面设计和功能组合方面差异较大。

水文资料电算整编是以项目或工作阶段为单元进行作业的,工作步骤类似,基本分为原始数据录入、计算整编、成果保存、显示与打印、数据保存备份等主要环节。因此,下面主要以南方、北方片水文资料整汇编软件主菜单介绍及河道站水位、流量、含沙量资料整编为例,扼要说明作业过程。

## 1.1　整汇编系统设计原则与功能要求

水文资料整汇编软件系统涉及水文资料整汇编多个工作阶段(整编、审查、复审、汇编等)和多类项目(水位、流量、泥沙、降水蒸发等),要求适应我国南、北方地区各流域不同测站类型、不同水文特性等情况,具有功能齐全、结构合理、界面友好、通用性强、兼容性好等优良特征,因此设计开发结构如此复杂的软件是严谨的系统工程,应遵循一定原则梳理功能要求。

### 1.1.1　系统设计原则

(1)适应性原则。适应现阶段计算机硬件、软件技术发展的总体水平和水文资料整汇编工作需求。

(2)实用性原则。满足水文资料整汇编的需要,在数据录入、计算、输出方面,符合水文行业习惯。

(3)可靠性原则。系统要有较强的容错能力,保证系统和数据安全。

(4)规范性原则。系统的各项功能符合《水文资料整编规范》(SL247—1999)的要求,计算、统计方法遵循水文行业技术标准。

(5)可扩展原则。系统有良好的模块接口,以便进一步完善。

### 1.1.2　整汇编系统基本功能要求

（1）整汇编项目涵盖目前水文部门常用项目。如河道、潮位、堰闸、水库、小河站水位、流量、泥沙整编，泥沙颗粒级配整编，降水、蒸发整编等。

（2）具备整编基本功能。整编所需数据的录入，目前常用水位、降水等数字化仪器观测数据的导入；《水文资料整编规范》（SL 247—1999）规定的常用项目及方法的过程计算；整编成果表内项目、不同表类之间的合理性检查等。

（3）具备汇编基本功能。各种一览表、对照表、索引表的制作；各类成果按卷册、站次的编排；将整编成果转换为水文年鉴刊印排版文本格式等。

（4）具备各类整编、汇编成果的输出。包括屏显及打印。

（5）数据管理。整编使用数据及整编成果数据使用数据库管理，具有数据的导入、导出、备份等功能。

### 1.1.3　系统扩展功能

（1）单站或多站水位、流量、泥沙等水文要素过程线绘制。

（2）水位、流量、泥沙等水文要素关系线的自动生成或人工辅助定线。

（3）整汇编成果数据与国家水文数据库链接。

（4）与水文测站月报表等日常工作的链接。

（5）整编项目可逐步扩展，如增加地下水、墒情等项目。

（6）GIS 等技术应用。

## 1.2　整汇编系统运行、安装

### 1.2.1　系统需求

硬件环境：586 以上微机、内存 64 M 以上，打印机（激光打印机）。

软件环境：运行环境为 Windows 2000/XP 操作系统，数据库采用 Micro Soft SQL Server 2000 数据库管理系统。

### 1.2.2　系统安装

系统安装分为数据库系统安装及整汇编系统安装两部分。

#### 1.2.2.1　数据库系统安装

先安装 Microsoft SQL Server 2000，安装方法请参照 Microsoft SQL Server 2000 的有关说明，并进行相应配置。

#### 1.2.2.2　整汇编系统安装

南、北方片水文资料整汇编软件已做成标准的程序安装包，运行 Setup. exe 文件，即可以进行安装。安装程序会在 Windows 的“开始菜单”的“程序”项下建立“水文资料整编系统”程序组，并且在桌面上生成程序快捷方式。

#### 1.2.2.3　系统安装目录及文件

1. 南方片整汇编系统目录及文件

南方片整汇编系统默认安装目录为"D:\SHDP",用户可更改盘符和安装目录。

(1)主目录:存放运行文件及支持文件。

(2)rpts 子目录:整编表项输出配置文件。

(3)basemap 子目录:水文底图数据。

(4)Data 子目录:存数据库文件。

(5)年份子目录(如2003):

SRCdata 目录,存原始数据;

RLTdata 目录,存整编结果数据;

MSGlog 目录,存程序运行信息或出错信息;

TMPdata 目录,存临时数据;

PSAdata 目录,存颗分计算原始数据。

2. 北方片整汇编系统目录及文件

北方片整汇编系统默认安装目录为"G:\NHDP",用户可更改盘符和安装目录。

NHDP 目录下有3个子目录和有关文件:

(1)DB 子目录:存放数据库文件 NHDP_TZY_Data. MDF,NHDP_TZY_Log. MDF

(2)ModelData 子目录:存放成果表的 Excel 模版。

(3)System 子目录:存放综合制表、颗分等部分的录入界面表格模版;

(4)文件:

NHDP_TZY. exe 是系统主程序,即整汇编程序;

NHDP_RegEdit. exe 是服务器配置程序;

bar. bmp 是系统启动界面上进度条;

cbar. bmp 是程序工具栏界面的背景界面;

main. jpg 是程序的背景界面;

unins000. dat,unins000. exe 是卸载程序,运行 unins000. exe 即可将北方片程序卸载。

### 1.2.3　系统卸载

从"控制面板"的"添加删除程序"中选择"水文资料整编系统 SHDP"程序项,按"添加或删除",或安装目录下双击 unins000. exe 文件,即可卸载本软件。

注意!安装时,在选择安装目录时,要保证硬盘有足够的空间,以备将来存放数据。在卸载整汇编软件时,请先做好数据库数据备份,以免发生数据丢失等情况。

### 1.2.4　系统启动和退出程序

#### 1.2.4.1　启动程序

在 Windows 的"开始"菜单选择"程序",点击"水文资料通用整编系统"程序组的"水文资料整汇编"程序项,或双击桌面上的快捷方式图标,即可启动程序。程序启动后,出现主界面以及登陆窗口,在登陆窗口中输入用户与密码后进入程序主界面。

#### 1.2.4.2　退出程序

选择本程序的“文件”菜单的“退出”项,或点击系统图标“×”,即可退出程序。

## 1.3　南方片整汇编系统 SHDP2.0 作业介绍

### 1.3.1　程序主界面

SHDP2.0 程序主界面如图 8-1-1 所示。名称是“水文资料整编系统—[水文]”,主菜单包含:文件、编辑、视图、查询、工具、整编、表格、图形、数据维护、窗口和帮助菜单。

图 8-1-1　SHDP2.0 程序主界面

(1)文件菜单命令。提供导入导出、保存、打印,系统退出等功能。

(2)编辑菜单命令。当水文工作窗口激活时,进行选择对象的撤销、剪切、复制、粘贴、删除等。

(3)视图菜单命令。系统工作窗口、工具栏、状态栏显示或隐藏。

(4)查询菜单命令。选择一定的查询方式(分按站码,按站名,按水系,按单位),显示出系统所有满足条件的测站。

(5)工具菜单命令。在水文工作窗口中,图形的放大、缩小,量测距离、面积等功能。

(6)整编菜单命令。

①原始整编数据录入。进行原始整编信息,河道站水位、流量、含沙量、降水量原始数据,堰闸站水位、流量、泥沙数据,潮位原始数据的录入、修改、保存。

②各项目资料计算、整编。河道及堰闸站水位、流量、含沙量整编。潮位、降水量、泥沙颗粒级配整编，水位、降水固态存储数据处理。

③汇编。将各类成果表输出为《水文年鉴》排版系统格式文本文件，用于排版。

(7)表格菜单命令。各类整编表项、显示预览、打印输出。

(8)图形菜单命令。绘制水位—流量关系曲线、单沙—断沙关系曲线(定线)、过程线、大断面图以及多图对照。

(9)数据维护菜单命令。数据导入导出，在不同的数据库之间进行数据交换。

(10)窗口菜单命令。窗口显示样式选择。

(11)帮助菜单命令。网上更新获得更新软件版本及系统帮助。

## 1.3.2　测站基本信息

在主菜单选择“整编”且打开“原始整编数据录入(原始数据测站信息)”视窗(见图8-1-2)，录入或显示整编测站编码、流域、水系、河名、站名、集水面积及水文要素单位等基本信息(见图8-1-3)，供整编计算及表格输出使用。

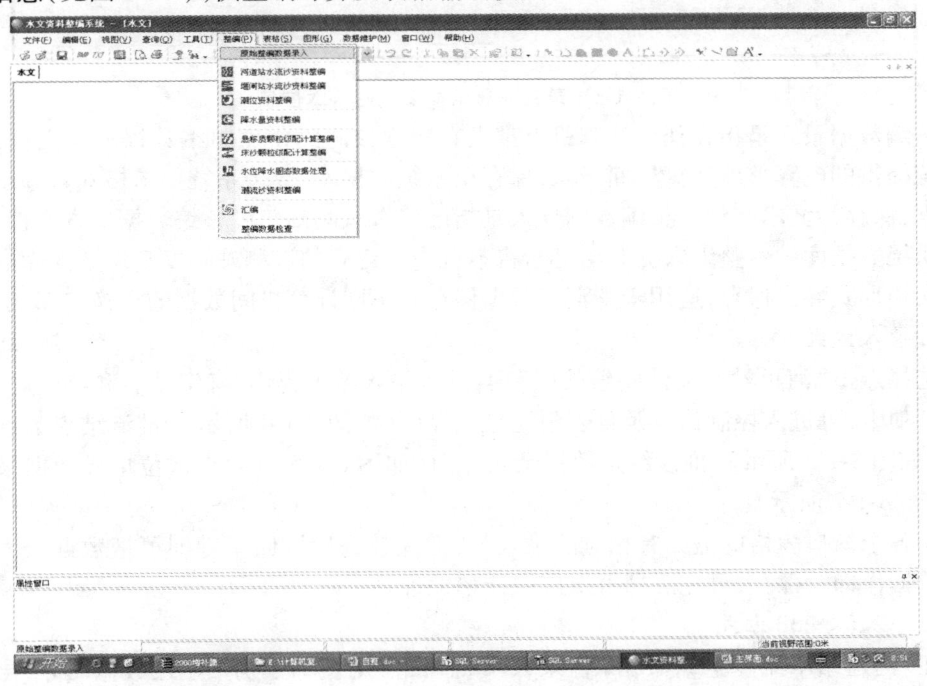


图8-1-2　选择“整编”且打开“原始整编数据录入(原始数据测站信息)”视窗

## 1.3.3　河道站电算整编

### 1.3.3.1　启动主程序

进入主程序界面，选择主菜单“整编”。

### 1.3.3.2　整编数据录入和导入

整编数据可提供录入和导入(导出)两种方式。

原始整编数据录入　Version: 2.1.0.125

连接的服务器：LAIHG　数据库文件名：hy_test_Data.MDF　站名 60101100 弄子栏(三)　年份 2008

数据项目

原始数据测站信息
河道站水流沙整编数据
控制信息及日表附注
推流结点数据
推流辅助数据
推沙结点数据
水位单样数据
降水量整编数据
控制信息
降水量数据
水库(堰闸)整编数据
控制信息
推流数据信息
推沙数据信息
闸上闸下水位数据
水位库容量信息
水闸排量信息
表项输出、入库成果信
附注
潮位整编数据
控制信息及附注
逐潮高低潮位数据
逐时潮位数据
逐时潮位年统计

原始数据库测站信息　查找测站

| 序号 | 测站编码* | 流域 | 水系* | 河名* | 站名* | 站别* | 集水面积 | 径流量单位 | 洪量单 |
|---|---|---|---|---|---|---|---|---|---|
| 1 | 60100800 | 长江 | 金沙江上段 | 金沙江 | 岗拖(三) | 水文 | 149072 | 10^8m^3 | 10^8m |
| 2 | 60101000 | 长江 | 金沙江上段 | 金沙江 | 巴塘(四) | 水文 | 180055 | 10^8m^3 | 10^8m |
| 3 | 60101010 | 长江 | 金沙江上段 | 金沙江 | 日冕 | 水位 | | | |
| 4 | 60101050 | 长江 | 金沙江上段 | 金沙江 | 斯木达 | 水位 | | | |
| 5 | 60101100 | 长江 | 金沙江上段 | 金沙江 | 弄子栏(三) | 水文 | 203320 | 10^8m^3 | 10^8m |
| 6 | 60101280 | 长江 | 金沙江上段 | 金沙江 | 塔城 | 水位 | | | |
| 7 | 60101300 | 长江 | 金沙江上段 | 金沙江 | 石鼓 | 水文 | 214184 | 10^8m^3 | 10^8m |
| 8 | 60101301 | 长江 | 金沙江上段 | 金沙江 | 石鼓(地下水) | 水文 | | | |
| 9 | 60101500 | 长江 | 金沙江上段 | 金沙江 | 上虎跳峡 | 水文 | 232671 | 10^8m^3 | |
| 10 | 60101900 | 长江 | 金沙江上段 | 金沙江 | 金江街(四) | 水文 | 244489 | 10^8m^3 | 10^8m |
| 11 | 60102080 | 长江 | 金沙江上段 | 金沙江 | 老库滩 | 水位 | | | |
| 12 | 60102090 | 长江 | 金沙江上段 | 金沙江 | 新庄 | 水位 | | | |
| 13 | 60102100 | 长江 | 金沙江上段 | 金沙江 | 攀枝花(二) | 水文 | 259177 | 10^8m^3 | 10^8m |
| 14 | 60102200 | 长江 | 金沙江下段 | 金沙江 | 三堆子(三) | 水位 | 388571 | 10^8m^3 | 10^8m |
| 15 | 60102400 | 长江 | 金沙江下段 | 金沙江 | 龙街(三) | 水位 | 400202 | | |
| 16 | 60102510 | 长江 | 金沙江下段 | 金沙江 | 芦车林 | 水位 | | | |
| 17 | 60102520 | 长江 | 金沙江下段 | 金沙江 | 小河口 | 水位 | | | |
| 18 | 60102525 | 长江 | 金沙江下段 | 金沙江 | 乌东德 | 水文 | 406142 | 10^8m^3 | 10^8m |
| 19 | 60102526 | 长江 | 金沙江下段 | 金沙江 | 黑磨盘 | 水位 | | | |
| 20 | 60102530 | 长江 | 金沙江下段 | 金沙江 | 金坪子 | 水位 | | | |
| 21 | 60102600 | 长江 | 金沙江下段 | 金沙江 | 田坝 | 水位 | | | |
| 22 | 60102800 | 长江 | 金沙江下段 | 金沙江 | 华弹 | 水文 | 425948 | 10^8m^3 | 10^8m |
| 23 | 60103100 | 长江 | 金沙江下段 | 金沙江 | 花坪子 | 水位 | | | |

写入单位…　保存数据　转换DOS数据　导入数据…　导出数据…　关闭

**图 8-1-3　录入或显示整编测站基本信息**

整编数据录入是指在任何计算机上都没有建立该测站年度整编数据电子文档,需通过系统提供的电算整编数据界面录入,保存至系统数据库,或按系统要求格式整理录入原始数据,保存为文本文件。整编数据导入是指已建有该测站年度整编数据文本文档,将它读入系统数据库中。整编数据导出是指将本机中已建立的该测站年度整编数据库数据以文本文档形式导出保存,适用于整汇编数据保存和不同计算机间数据的交换。

1. 录入方式

选择点击“河道站水流沙整编数据”项,进入录入数据界面,确定站名和年份后,点击相应选项卡,可进入控制信息及日表附注录入界面(如图 8-1-4 所示)、推流结点数据录入界面(如图 8-1-5 所示)、推沙结点数据录入界面(如图 8-1-6 所示)、水位单样数据录入界面(如图 8-1-7 所示)。

在各个窗口表格的上方有相应的录入框,键入数据后按回车键即可把数据录入。程序对数据作即时保存,录完后即可退出进行整编计算。

2. 导入(导出)方式

在“河道站水流沙整编数据”各录入项视窗,使用窗口下方“导入数据”或“导出数据”按钮,程序可将文本数据格式文件,以单站或多站批量形式导入或导出整编数据,方便传输和校对数据。

3. 数据检查

保存后可选择“整编”、“整编数据检查”项,对已保存在系统数据库的测站年度整编数据进行合理性检查。

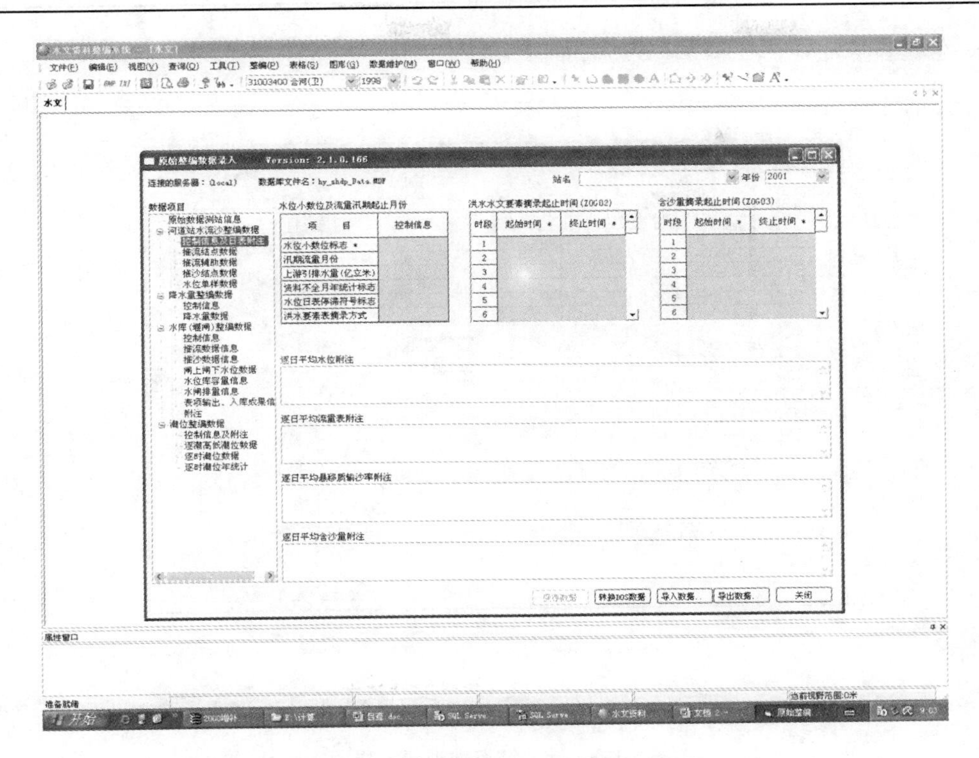


图 8-1-4 控制信息及日表附注录入界面

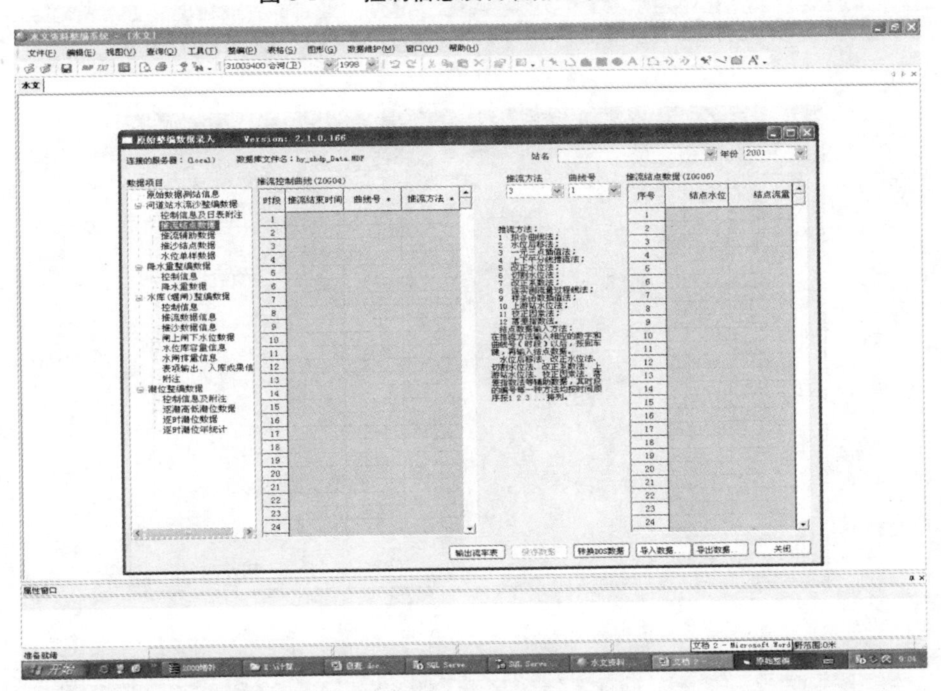


图 8-1-5 推流结点数据录入界面

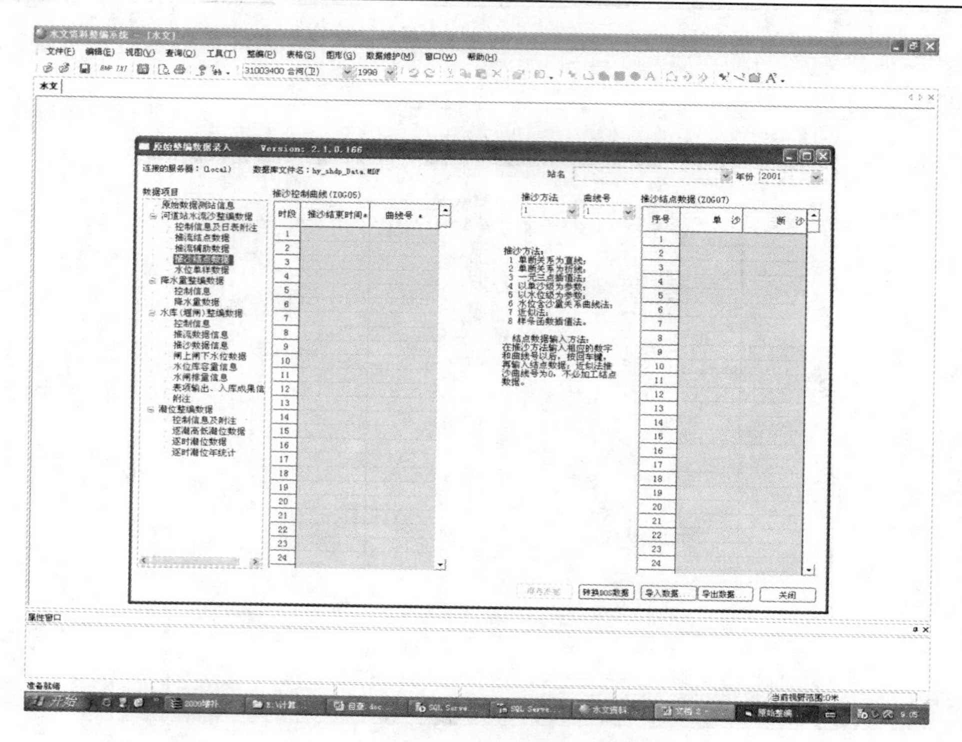


图 8-1-6　推沙结点数据录入界面

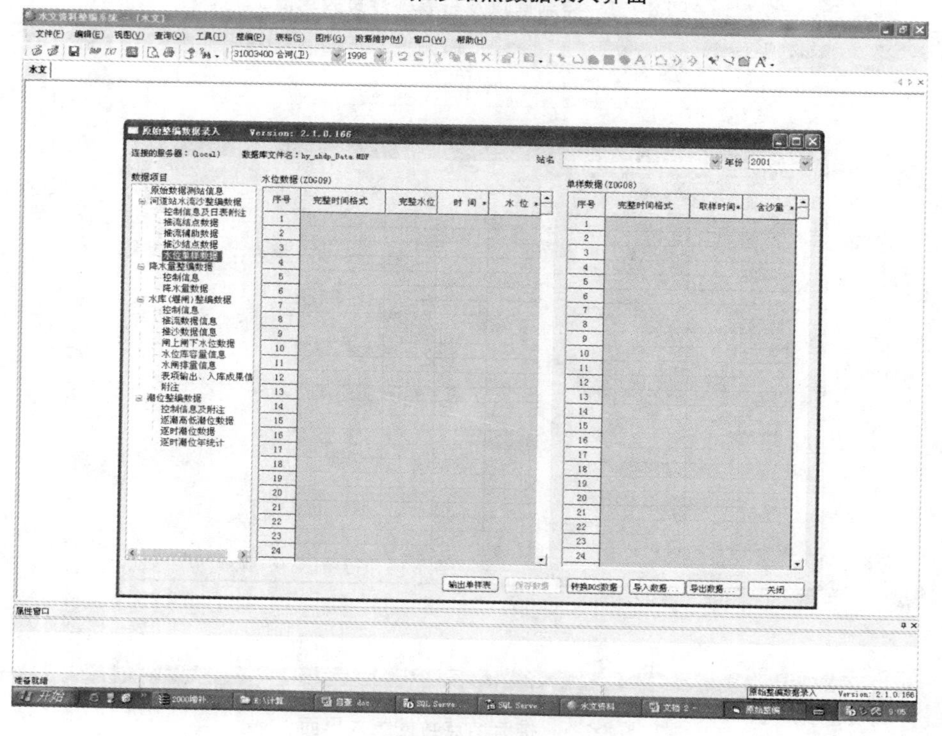


图 8-1-7　水位单样数据录入界面

### 1.3.3.3　资料计算

在SHDP2.0主界面下，选择“整编(P)”菜单的“河道站水流沙资料整编”(见图8-1-2)，或点击工具栏上的图标，即可启动河道水流沙资料整编程序。程序启动后，进入河道站水流沙资料整编界面(如图8-1-8所示)，然后进行如下操作：

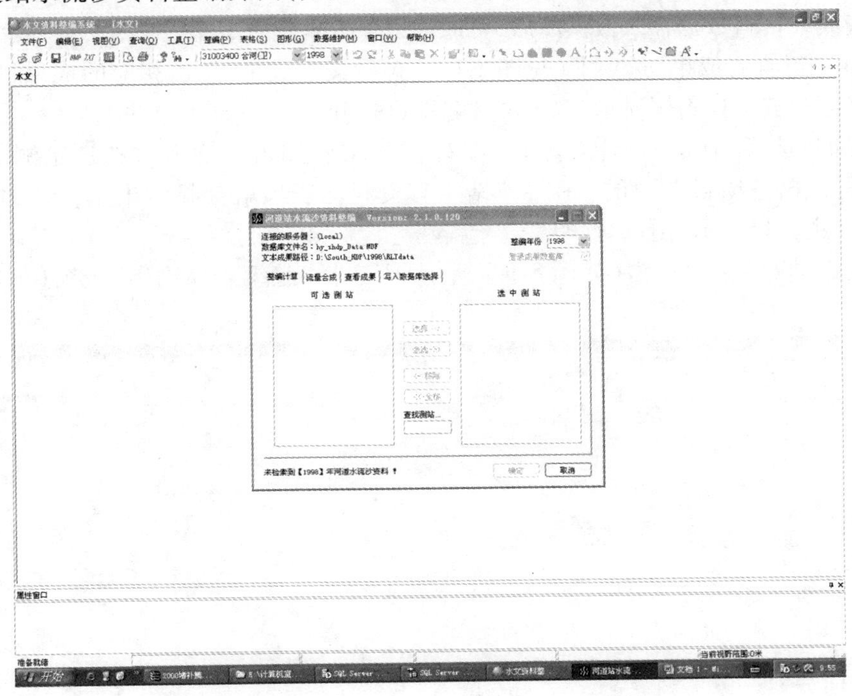


图8-1-8　河道站水流沙资料整编界面

1. 确定年份及测站

在整编年份的组合框中选择整编年份；如果原始数据库里有某站的数据，将会在可选测站下面的列表框中显示，从中选择测站，可单选或多选。若测站较多，可在“查找测站”里输入拼音字母进行模糊查询，选择测站。

2. 计算整编

单击“确定”按钮，整编计算已选择测站的数据。在整编计算过程中，按“退出”按钮，将提示是否中断计算，按“取消”按钮，返回到主菜单。

整编过程开始后，窗体左下边进度条会显示程序计算进程。在整编计算过程中，如果加工的数据正确，则计算完所有测站成果；如果出现错误，程序会弹出相应的错误信息提示对话框。

### 1.3.3.4　整编成果保存

运行程序完成整编计算后，形成两种形式的成果：一种是文本格式的整编成果数据文件，保存于相应年份目录的结果数据子目录(RLTdata)下，文件名为：(站码)+(年份)+扩展名，如逐日平均水位及月年统计表的扩展名为ZAR；另一种是把整编成果登入水文数据库,计算前在界面中选择了“登录成果数据库”复选框(见图 8-1-8 中写入数据库选择卡),则同时将结果登入成果数据库中的整编成果数据文件中。

### 1.3.4 整编成果输出

整编成果资料数据存入数据库后,可通过以下方式查看成果。

(1)单击“查看成果”选项卡(见图 8-1-8)查看文本成果,单击相应的成果目录,有文本成果将会在成果列表框显示,双击文件名即可打开。

(2)通过选择“视图”菜单(见图 8-1-2),打开“整编表项输出”,在选定测站和年份后,用鼠标点击各项目左边的“+”,该站年有资料的表项就会显示出来,单击相应的表项,即可在主窗口显示、预览、打印。

(3)在“表格”菜单视窗(如图 8-1-9 所示)下选择“整编表项输出”视窗(如图 8-1-10 所示)。

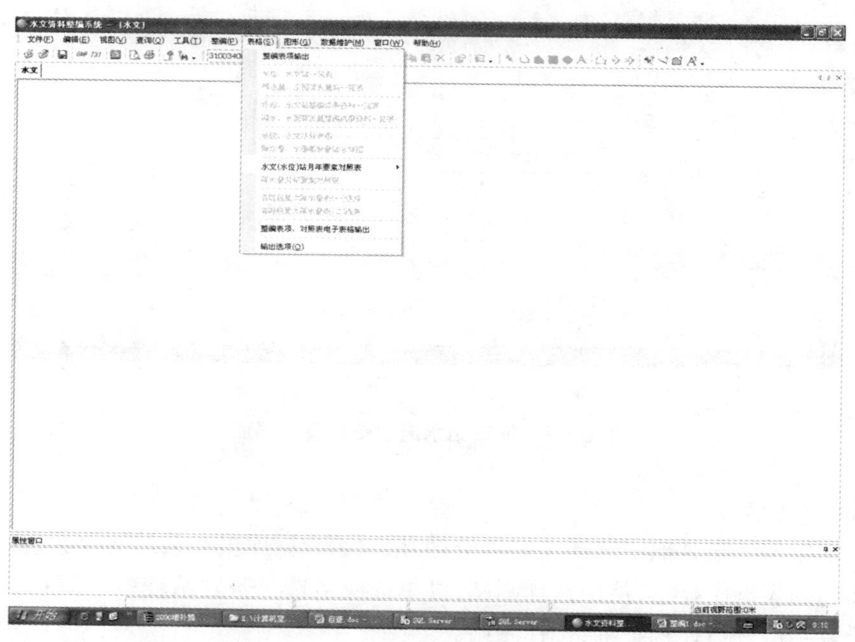


图 8-1-9 “表格”菜单视窗

### 1.3.5 数据库数据导入与导出

数据导入与导出提供不同计算机数据库之间的不同站年、不同数据项目的数据迁移,可方便用户进行数据的集中、分发,还提供了在数据库内一次性修改测站编码的功能。

在 SHDP 2.0 程序主界面(如图 8-1-1 所示)点击“数据维护(M)”菜单后,再点击“数据导入与导出”菜单项,显示如图 8-1-11 所示“数据维护(M)”视窗界面。

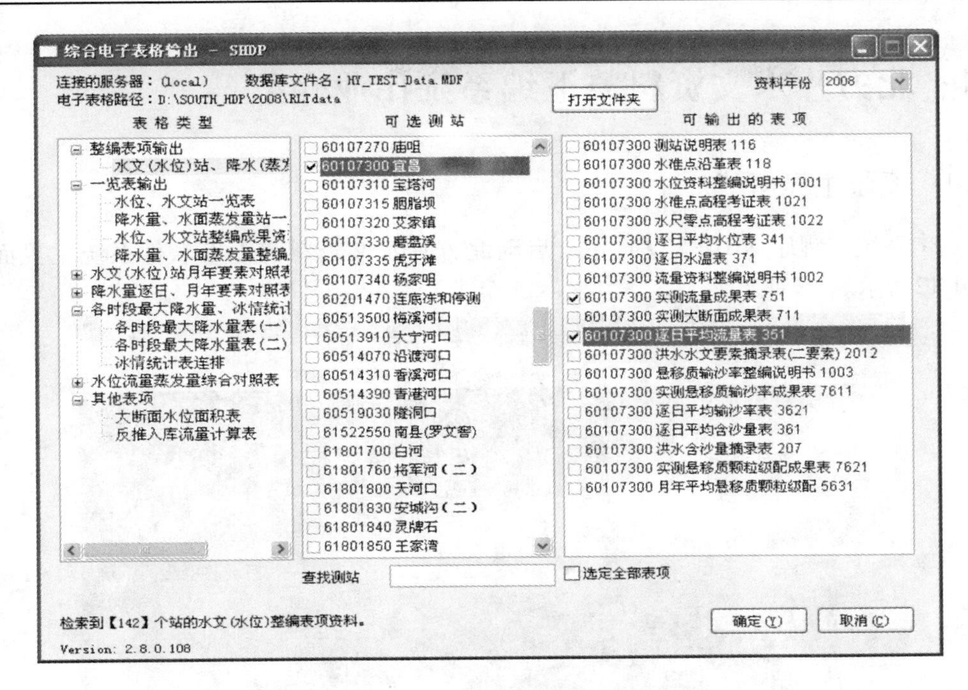


图 8-1-10　“整编表项输出”视窗

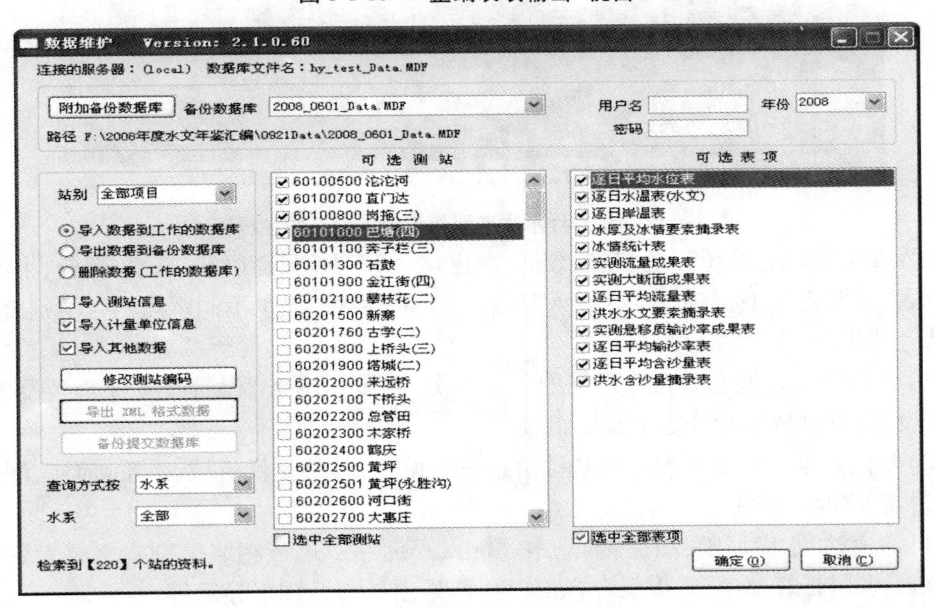


图 8-1-11　“数据维护(M)”视窗

# 1.4 北方片水文资料整汇编系统作业介绍

## 1.4.1 系统主界面

点击系统主程序 NHDP_TZY. exe,启动北方片水文资料整汇编软件系统主界面如图 8-1-12所示。

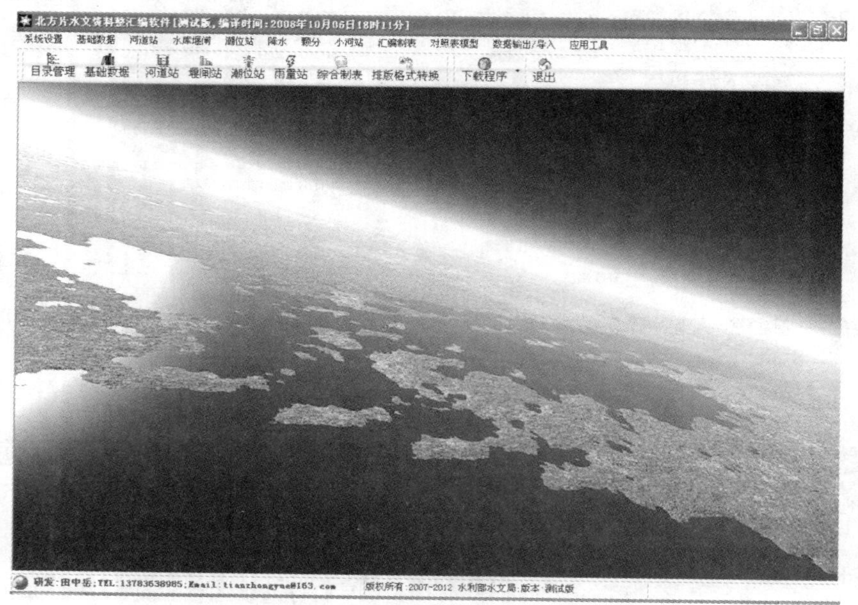


图 8-1-12 北方片水文资料整汇编软件系统主界面

主界面菜单栏有系统设置、基础数据、河道站、水库堰闸、潮位站、降水、颗分、小河站、汇编制表、对照表模型、数据输出/导入及应用工具等模块,提供不同观测项目类别整编功能供选择使用。

(1)系统设置。整汇编软件系统的公用部分,主要由服务器配置、文件路径设置、系统参数设置、基础数据管理等子程序组成。

(2)基础数据。对水文测站的基础信息进行设置,另外提供流域、水系、河流、测站的增加、删除、修改等功能。

(3)河道站、水库堰闸、潮位站、降水、颗分、小河站。进行相应类别水文要素资料的数据录入、资料计算整编、数据保存备份(导入、导出),以及图形显示等。

(4)汇编制表。说明类和实测类成果表的数据处理及整编,水文年鉴排版系统格式输出。

(5)对照表模型。流量、输沙率月年对照表模板、数据处理。

(6)数据输出/导入。综合表的数据处理,Excel 成果表的导出等。

(7)应用工具。提供年份及站码修改、大断面测次修改等工具。

## 1.4.2　系统设置

### 1.4.2.1　服务器配置

北方片整汇编软件在网络上运行时，配置服务器以确定整编系统需要联接网络的计算机上的数据库。在单机整编时不设置。

### 1.4.2.2　文件路径设置

文件路径设置包括设置原始数据导入、文本文件、电子 Excel 表格、汇编成果、综合成果等资料存储的路径。图 8-1-13 所示为系统默认文件存储路径设置界面，不用默认路径可以自我设计路径。

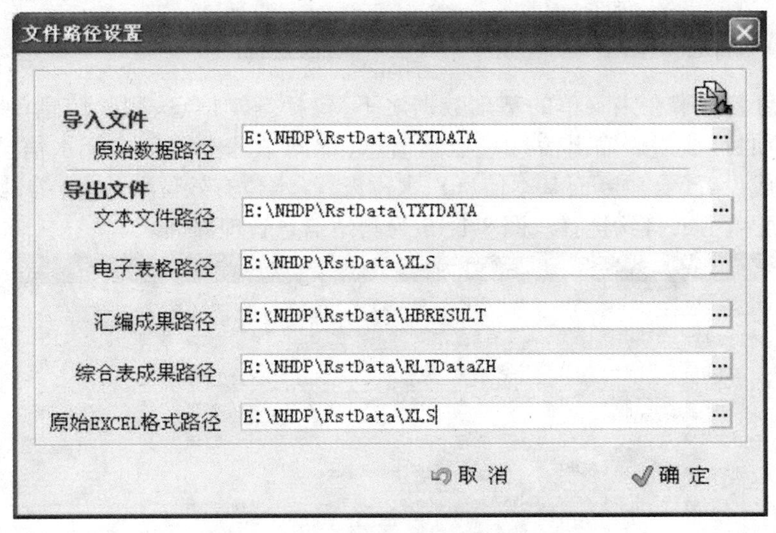


图 8-1-13　文件存储路径设置界面

### 1.4.2.3　系统参数设置

系统参数设置有文件命名规则设置、计算参数设置、数值检验设置、其他项目设置等。系统参数设置界面如图 8-1-14 所示。

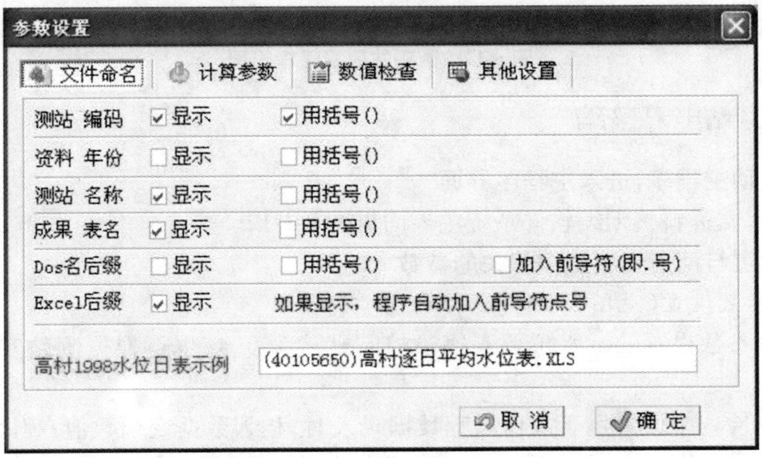

图 8-1-14　系统参数设置界面

（1）文件命名设置。使用测站编码、年份、测站名称、成果表表名等组合设置测站数据及成果文件名。只要在检测框中打上对号，该要素就会出现在文件名中。

（2）计算参数设置。设置洪水要素摘录控制默认为0.4，也可根据测站实际情况输入设定。

（3）数值检查设置。用于水位、含沙量数据录入时，程序提供数据检查功能，如果相邻数据变幅超过了限定数值，程序予以提示。

#### 1.4.2.4　文本格式转换工具

文本格式转换工具主要是为方便程序试算导入 DOS 版全国通用整编程序文本文件数据而设置的。

### 1.4.3　测站信息管理

测站信息管理卡在主菜单的基础数据之下，包括基本信息、测验信息（水文、水位站信息），输出项目（成果表输出信息）、堰闸信息（堰闸站基本信息）、降水信息（降水站基本信息）、合成设置（合成断面基本信息）、水位设置（水位有效位数信息）等设置。可根据测站实际情况填写或打钩选择。图 8-1-15 为测站信息管理界面。

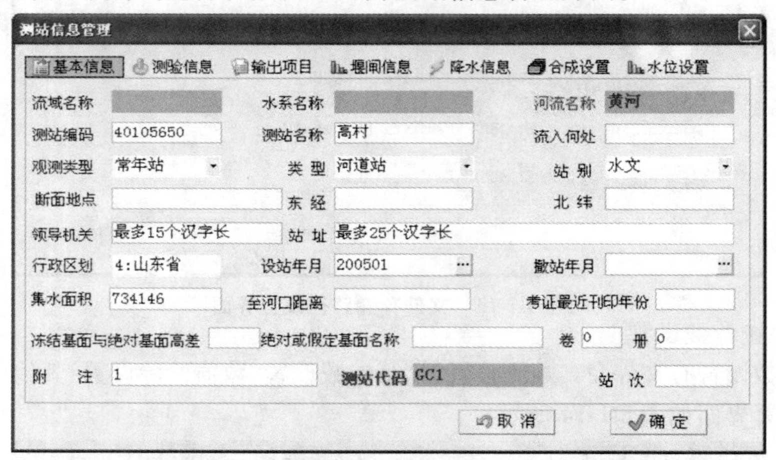


图 8-1-15　测站信息管理界面

### 1.4.4　河道站电算整编

#### 1.4.4.1　启动主程序，进入主程序界面

北方片水文资料整汇编软件系统主界面见图 8-1-12。

#### 1.4.4.2　设置与河道资料整编相关的参数

1. 系统参数设置（见图 8-1-14）

（1）计算参数设置的洪水位要素摘录控制默认为0.4，也可根据测站实际情况输入设定。

（2）数值检查中设置用于水位过程数据录入时，相邻数据变幅数值；程序还提供数据检查功能。

2. 基础数据(见图8-1-15)

(1)测验信息。在相应项打钩,有水位、流量、输沙率、水温、冰凌、降水等资料整编时也相应选择。

(2)输出项目。根据测站任务书的整编项目要求,在需要输出的成果表前打上钩即可。水位资料整编的成果表有各类逐日表、洪水摘录表、月年统计表等。逐日平均水位表中需计算保证率水位时,应选择计算保证率水位项。

### 1.4.4.3　数据录入

进入主菜单中河道站一栏,选择 综合数据录入第1项,即进入综合录入程序界面(如图8-1-16所示)。录入程序由摘录时段控制数据、推流控制数据、推沙控制数据、水位过程、单沙过程、附注及其他、特殊要求设置页面组成。

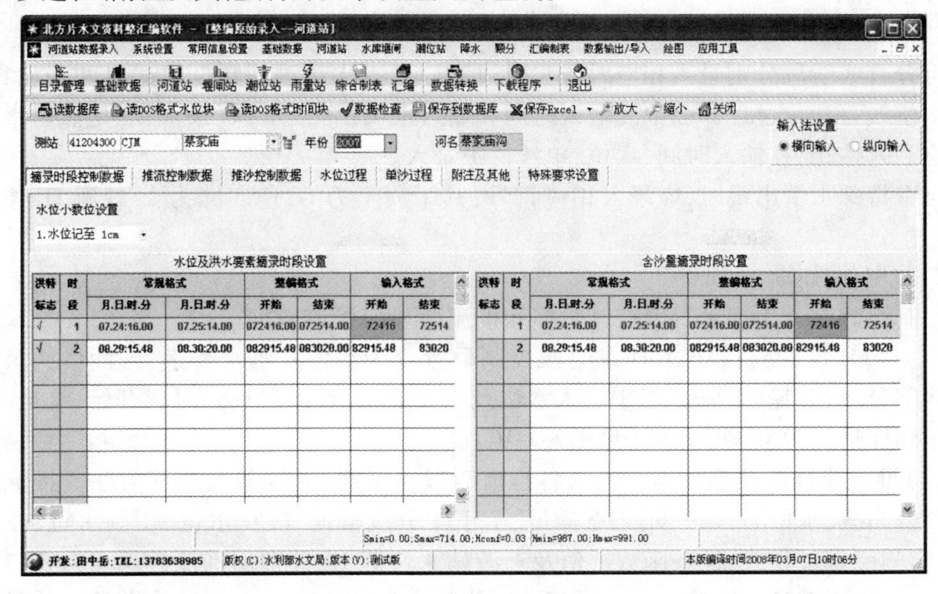


图8-1-16　综合录入程序界面

1. 测站选择

在测站界面对话框中选择确定。测站确定可通过输入站码、测站代码(即站名缩写码)、站名三种途径检索确定。

1)站码

在测站代码栏中输入测站代码,可输入1~8位的顺序组合,程序根据代码自动检索最匹配的记录显示,进行选择确认。

2)测站代码字段

输入测站站名拼音的第一个字母顺序组合一位以上,如花园口站为“HYK”,可输入H或HY或HYK检索确定,这种输入方法既容易记忆,又输入方便。

3)站名

在站名下拉菜单 测站 40105650 高村 测站列表,程序会显示数据库中可能所有测站,整编人员在列表中选择一个即可。

另外，本程序还提供了通过管理树的选择方式，点击程序即可弹出测站管理树，可以从中选择一个测站。

2. 年份选择

在年份栏选择相应整编年份。

3. 整编数据

确定测站和年份后，程序会自动检索相关数据，并显示检索结果，以防止重复进行数据库录入。对已储存有该站相应年份整编数据的，界面显示相应数据，可进行数据修改或增加操作，否则显示为空白，需进行数据录入。

电算整编数据主要由水位、含沙量过程数据，推流、推沙及摘录时段控制数据，附注说明部分组成。

1）水位或含沙量过程数据录入

可分月或阶段分别录入相应时段水位过程。录入水位过程数据可通过两种途径：一是在水位或含沙量过程界面中的输入时间和输入水位（含沙量）栏录入；二是点击水沙过程综合录入按钮，在输入时间、水位、单沙栏中录入。

当有特殊水情出现时，应录入相应符号，其中河干为 G，连底冻为 L，缺测 Q，停测为 E。

2）控制性数据

控制性数据分为摘录时段控制数据和推流（推沙）控制数据。

（1）摘录时段控制数据。摘录时段控制设置分为水位及洪水要素、含沙量摘录时段设置两部分。在“输入格式”栏中输入水位及水文要素、含沙量摘录时段开始、结束时间，时间串标准格式为 yyddhh. mm（见图 8-1-16）。

（2）推流或推沙控制数据。输入各推流时段结束时间、线号及推流方法。推流方法可选拟合曲线、水位后移、一元三点插值、上下午分线推流、改正水位、切割水位、改正系数、连实测流量过程线、样条函数插值及上游站水位等 10 种常用推流方法。右窗口为相应方法、线号所需输入数值。如一元三点插值法应在右窗口输入推流结点的水位及流量值。推流控制数据界面如图 8-1-17 所示。

推沙控制数据输入方法基本同推流控制数据。

摘录时段控制数据　推流控制数据　推沙控制数据　水位过程　单沙过程　附注及输出表项

推流时段及推流曲线、方法设置

| 时段 | 月.日.时.分 | 结束时间 | 线号 | 推流方法 |
|---|---|---|---|---|
| 1 | 010804.00 | 010804.00 | 1 | 03.一元三点插值法 |
| 2 | 010920.00 | 010920.00 | 2 | 03.一元三点插值法 |
| 3 | 011100.00 | 011100.00 | 1 | 03.一元三点插值法 |
| 4 | 011416.00 | 011416.00 | 3 | 03.一元三点插值法 |
| 5 | 011720.00 | 011720.00 | 4 | 03.一元三点插值法 |
| 6 | 0118[illegible] | [illegible]24 | 5 | 03.一元三点插值法 |
| 7 | 0120[illegible] | [illegible]00 | 3 | 03.一元三点插值法 |
| 8 | 0122[illegible] | [illegible]00 | 4 | 03.一元三点插值法 |
| 9 | 012508.00 | 012508.00 | 6 | 03.一元三点插值法 |
| 10 | 021716.00 | 021716.00 | 7 | 03.一元三点插值法 |
| 11 | 022804.00 | 022804.00 | 8 | 03.一元三点插值法 |
| 12 | 030508.00 | 030508.00 | 9 | 03.一元三点插值法 |
| 13 | 030620.00 | 030620.00 | 10 | 03.一元三点插值法 |

删除(Y)
插入(Z)

推流线号：4　推流方法：03. 一元三点插值法

推流结点数据

| 序号 | 常规水位 | 输入水位 | 输入流量 |
|---|---|---|---|
| 1 | 60.53 | 60.53 | 286 |
| 2 | 60.56 | 60.56 | 290 |
| 3 | 60.59 | 60.59 | 296 |
| 4 | 60.61 | 60.61 | 300 |
| 5 | 60.64 | 60.64 | 307 |
| 6 | 60.66 | 60.66 | 312 |
| 7 | 60.69 | 60.69 | 320 |
| 8 | 60.72 | 60.72 | 329 |
| 9 | 60.76 | 60.76 | 341 |
| 10 | 60.80 | 60.80 | 353 |
| 11 | 60.86 | 60.86 | 371 |

图 8-1-17　推流控制数据界面

3)附注及特殊要求

在附注及其他按钮界面中输入各表附注内容及相关选择。

特殊要求设置。对于简化测验、全年资料不全及对整编成果输出等有特殊要求的测站应进行相应设置。

4)数据检查

在数据输入完成后,请进行数据检查(见图8-1-16),数据检查将对水位单沙过程的时间序列、变幅、水沙过程的匹配,控制数据与水沙过程的匹配以及数据的完整性进行综合性检查,若发现问题予以提示,及时更正修改。

5)数据保存

数据录入或修改结束后应注意点击保存按钮将新数据保存到数据库中(见图8-1-16)。新数据保存后,旧数据会被从数据库中清除。

#### 1.4.4.4 资料计算整编

整编程序主界面如图8-1-18所示。工作程序为选择测站、资料整编、输出Excel成果文件、成果入库。信息窗口按时间顺序显示数据处理过程中发生的事件,信息很详细,便于整编人员直观了解数据处理过程,易于排错。

资料整编程序可以一次性完成单个或多个水文站的数据处理,并将处理成果以成果表的形式输出到Excel中,也可以将计算成果保存到水文数据库中。

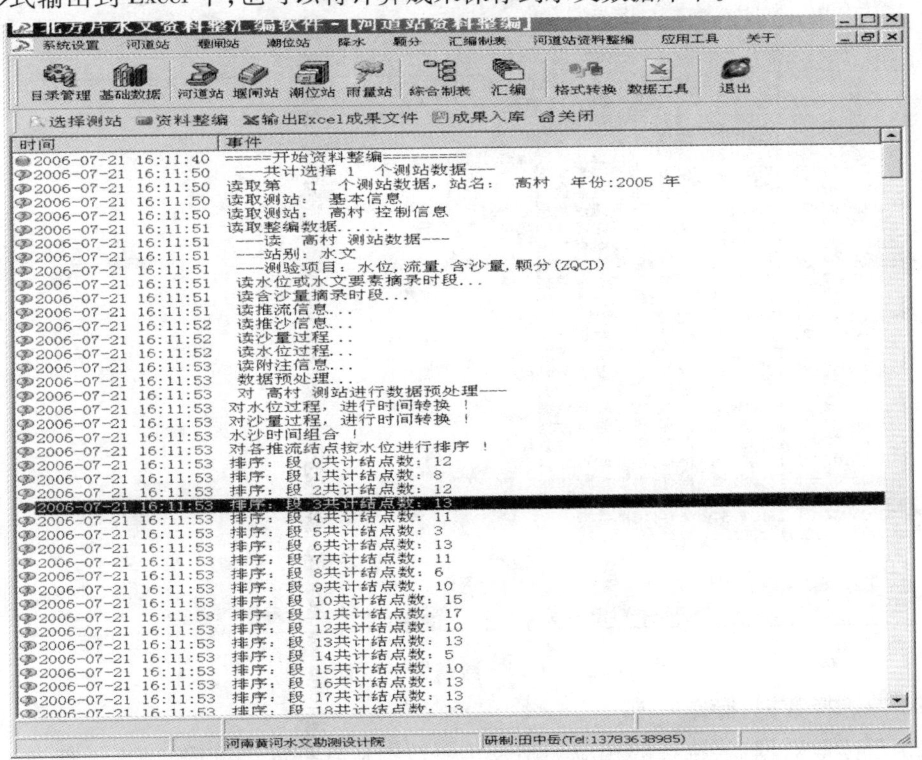


图8-1-18 整编程序主界面

(1)选择要处理的数据。点击选择测站,程序弹出会话窗口,提供单站、多站两种选择方式。

(2)数据处理。点击资料整编进行数据处理,处理过程由程序自动完成,处理过程中,程序会显示处理信息。如果数据有问题,程序会显示“错误、警告”等信息。

(3)成果保存。资料处理成功后,将成果保存到数据库中。数据库中的成果在汇编制表时需要用到。注意:新成果保存后,标示(站码、年份)相同的旧成果将会从数据库中清除。

(4)生成 Excel 成果表。

## 1.4.5　数据导出、导入

### 1.4.5.1　数据导出

使用数据导出功能将系统数据库中的整编数据转换为文本格式以保存文件。此功能有三个目的:一是对数据库整编使用数据进行备份;二是作为不同计算机间整编数据交换工具及资料汇总之用;三是作为数据校对的数据源。

数据导出界面如图 8-1-19 所示。有选择数据、读取数据、保存数据三步操作。

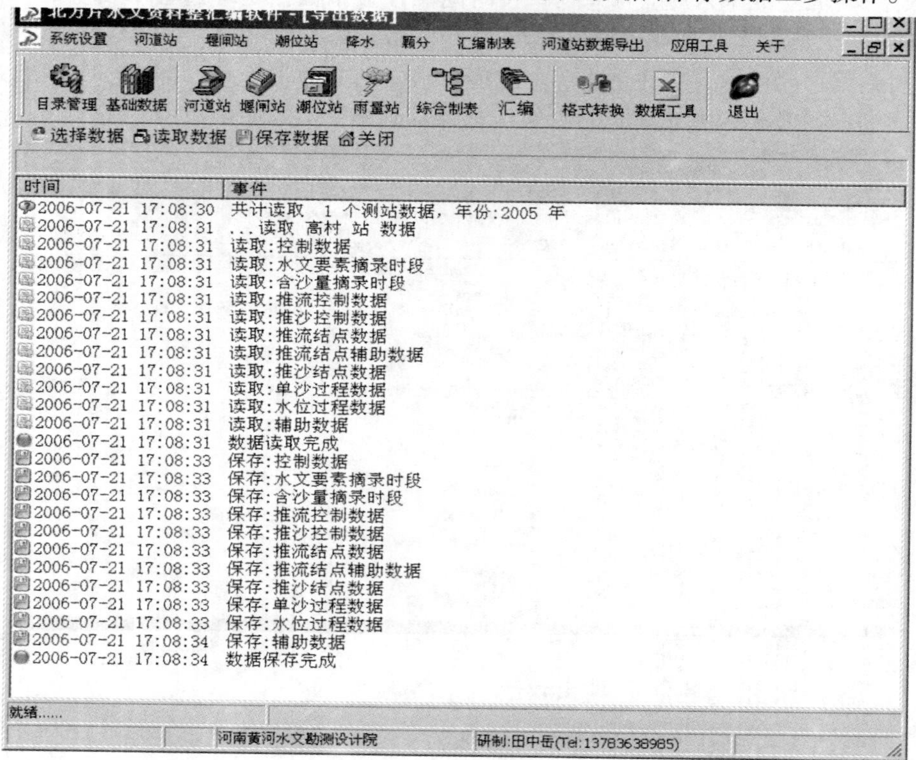


图 8-1-19　数据导出界面

(1)选择数据:操作同前。

(2)读取数据:将选择的相应测站及年份数据从数据库中读取,进入缓存。

(3)保存数据:将数据保存到文本文件中。

### 1.4.5.2　数据导入

导入数据是将文本文件(本程序导出的)导入到数据库中,单机整编状态下不同计算机间数据交换,或数据库数据损坏时,使用备份数据恢复。数据导入界面如图8-1-20所示。

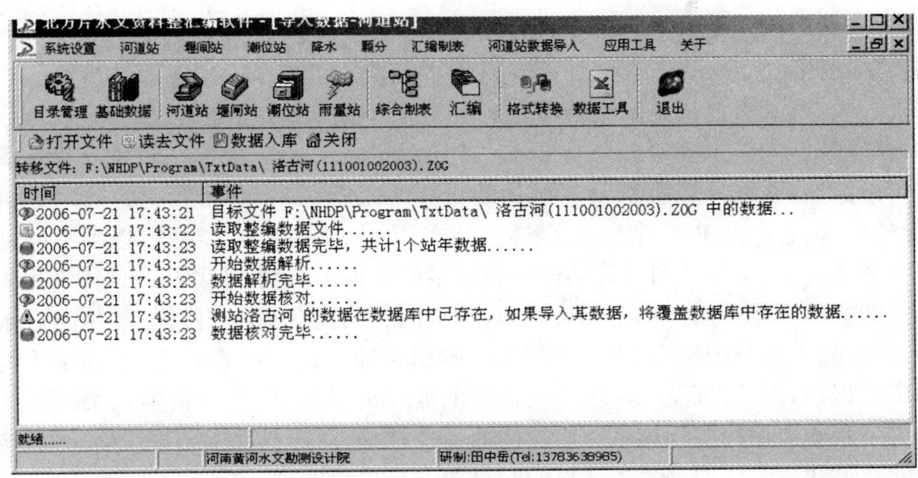


图8-1-20　数据导入界面

(1)首先选择要导入的文件,点击打开文件会话窗口,选择一个文件。

(2)然后点击读取文件。

(3)将数据导入到数据库中。注意:如果数据库中有相同标示的数据将被覆盖掉。

### 1.4.5.3　整编成果输出

根据综合成果资料存储已设置的路径、成果文件名、年份及成果表类型等信息,进入相应目录,打开Excel文件,显示或打印整编成果进行表检、核对。

# 第 2 章　河道水库断面法测量与计算

布设断面测量河道水库形态、计算容积及冲淤量是河道水库水文泥沙观测的重要项目,其方法、概念简明,成果是基本资料。但由于河道水库形态非常复杂,加之长期以来对系统的理论研究不够,工程实施与成果评估的矛盾很多。主要表现在,断面布设多着眼于形态和局部流向,联系计算容积及冲淤量的目标不紧密;斜交断面间距的确定无科学方法,任意性较大;容积及冲淤量的计算思路、公式、方法的选择相当混乱,以致不同计算者按同一客观体、同一基本资料计算的同一目标量的数据不相同,或者同一计算者提供的相关目标量的数据不能平衡。本专题针对容积及冲淤量计算的基本目标,以从河道水库断面布设,断面间距的分析确定,规定高程下的容积及冲淤量的计算方法,坐标系统与断面平均河床高程、断面冲淤面积、河段冲淤体积的变化的描述,误差评估等几个环节介绍一套逻辑关系基本协调的应用体系。应用的前提条件是,河道或水库布设了断面,并且通过对断面的测量获得了断面周界各选点的起点距—高程数据对。

## 2.1　断面概念与断面测量

### 2.1.1　断面概念

断面是与河道走势相交的一个竖平面,实际工程中是一个有界的平面,其下周界是与河床及岸坡相交的曲(折)线,上周界是与规定高程相交的直线。典型概化的河道断面周界犹如弓弦。断面是作为水文泥沙观测的场地基准和作业实施的平台而体现其基本功用的。

断面上的周界即规定高程的直线段称为断面线,它有两个端点。一般情况下,两个端点控制着断面测算的上界范围。实际工程中,布设的两个断面端点可能不在同一高程,两点直接的连线与水平面倾斜,但一般应用时将其投影到规定高程的水平面上。

水位、流量及悬沙测验作业的断面,一般宜布设在顺直、稳定、水流集中,无分岔、斜流、回流、死水的河段。各断面应垂直于流向。河段的长度应满足比降观测与浮标测流速的要求。基本水位观测、流速仪测流断面单个独立,比降观测断面成对而设,浮标测流断面上、中、下三个一组。实际上,除流速仪流速面积法测流要布置垂线测点深入水下进入断面测速、测沙外,水位(比降)观测仅在断面的水面某点位作业,浮标测速也只把断面在水面的投影线作为起、止标志线使用。

河道水库观测断面应选在河道水库平面形态显著变化处,断面应垂直于主流方向(或水库中心线)。支汊口门、河道急弯、岸变严重、沙洲心滩、游荡剧烈等部位都应布设断面,其目的是控制地形变化,正确反映淤积部位和形态,满足计算库容及淤积的精度要求。

以上是引摘的有关断面的规定,可以了解到,水文测验与河道水库观测断面布设的目标和要求是不同的。前者河段范围较小,断面之间关联性不强;后者要在较长河段布设许多断面,测算容积及冲淤量的目标使它们形成了一个体系。

一般认为,对于以测算容积及冲淤量为目标的河道水库断面设计,应按河道水库平面走向大势划分较长的区段,在各个区段确定走向方向线,尽可能以与方向线正交的方向平行的布设各断面,以便于断面间距的确定和计算公式的选择。这是因为,一般天然河道水库,特别像游荡剧烈的河道水库,流向、河势、冲淤部位常不一致,不能同流量测验一样过分强调断面垂直于局部流向。当河道水库弯曲较大或宽、深变化较大时,应以增加断面保证相邻断面间宽、深呈线性变化予以解决。

两断面及其间的河床周界与两断面线构成的平面包围的空间称为断面空间。断面空间可概化为几何模型,通过几何模型选择适当公式计算规定高程下的容积及冲淤量。两断面的面积和间距是计算容积及冲淤量的基本要素。

### 2.1.2　断面测量

一般设置超出河道变化的两个端点作断面标志,且限定断面平面的延伸范围。端点确定后,埋石设标,保持长期稳定。测出端点的三维地理坐标作为断面测算描述的起止参证点。工程上常以测点距端点的水平距离(起点距)和高程的二维坐标值描述断面形态。

实际测量中,常需布设与断面成某一角度且确定了距端点长度的基线,由经纬仪或六分仪测出测点与基线端点确定的垂面对断面的夹角(即测点到基线端点连线与断面线的交角),进而推求测点的起点距,并用水准仪引测或经纬仪测算确定测点高程。现在,随着 GPS 接收机或全站仪的应用,在断面上可直接测出测点的三维坐标值,其计算起点距和高程的方法就有所改变,有必要探讨明确相应的算法。

### 2.1.3　起点距的归正计算

起点距归正计算示例如图 8-2-1 所示,直线 $ZY$ 是断面在坐标系$(x,y)$水平面的投影线,$Z(x_z,y_z)$和$Y(x_y,y_y)$分别为端点$Z(x_z,y_z,z_z)$和$Y(x_y,y_y,z_y)$的水平面投影点,因故实测点$I(x_i,y_i,z_i)$未在断面线上(严格说来,由于种种原因,一般很难保证实测点不偏离断面),$I(x_i,y_i)$是实测点在水平面的投影点,若用 $I$ 和 $Z$ 的距离 $IZ$ 的长直接作为断面上测点的起点距,即将其归正到以 $Z$ 为原点,$IZ$ 为半径作弧交 $ZY$ 线上的 $I_d(x_d,y_d)$点。因为各个实测点均和端点 $Z$ 直接计算距离,之间无相对传递关系,即对其他测点无系统影响误差,所以这种归正也不失为一种方法。

若 $I$ 在断面上的投影点为 $I_g(x_g,y_g,z_g=z_i)$,由其水平面的坐标 $I_g(x_g,y_g)$与端点 $Z(x_z,y_z)$的距离 $I_gZ$ 作为 $I$ 点的应用起点距,即将 $I$ 归正到 $I_g$。则由直角三角形 $II_gZ$ 的勾股弦关系可知

$$I_gZ = (IZ^2 - II_g{}^2)^{1/2} \tag{8-2-1}$$

显然,$I$、$Z$ 的坐标已知,用解析几何学两点间距离公式可求出 $IZ$。

$$IZ = [(x_i - x_z)^2 + (y_i - y_z)^2]^{1/2} \tag{8-2-2}$$

$II_g$ 是 $I$ 点到直线 $ZY$ 的距离,应用解析几何学中点到直线距离的推算方法可以解决。

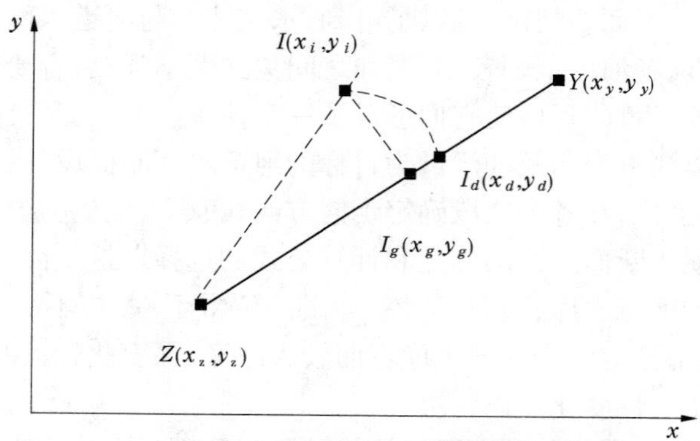


**图 8-2-1　起点距归正计算示例**

引导如下：

$ZY$ 直线的(两点式)方程为

$$\frac{y - y_z}{y_y - y_z} = \frac{x - x_z}{x_y - x_z}$$

令 $A = 1/(x_y - x_z)$，$B = -1/(y_y - y_z)$，$C = y_z/(y_y - y_z) - x_z/(x_y - x_z)$，可将 $ZY$ 直线方程化为标准形式

$$AX + BY + C = 0$$

则

$$II_g = \left| \frac{Ax_i + By_i + C}{\sqrt{A^2 + B^2}} \right| \tag{8-2-3}$$

如果 $I$ 点恰在断面上，$I$ 和 $I_g$ 重合，$I_gZ = IZ$，直接用式(8-2-2)计算 $I$ 的起点距，不存在改正问题。

### 2.1.4　归正点平面坐标计算

端点 $Z$ 和 $Y$ 确定的线段，在空间$(x,y,z)$坐标系和平面$(x,y)$坐标系中，一般是与坐标轴倾斜的直线段，方向角是确定的。因此，本线段在各坐标轴上的投影分量与线段长成比例，线段上任何点到端点的长度在坐标轴上的投影分量也与其长度成比例。由此不难得出，测点坐标值对于端点坐标值的增量与线段坐标增量之比等于测点到端点长占线段总长的比，即

$$\frac{x_g - x_z}{x_y - x_z} = \frac{I_gZ}{ZY}$$

$$\frac{y_g - y_z}{y_y - y_z} = \frac{I_gZ}{ZY}$$

显然，可推得改正点 $I_g$ 的平面坐标值 $x_g$ 和 $y_g$ 为

$$\left.\begin{aligned} x_g &= x_z + \frac{I_gZ}{ZY}(x_y - x_z) \\ y_g &= y_z + \frac{I_gZ}{ZY}(y_y - y_z) \end{aligned}\right\} \tag{8-2-4}$$

其中

$$ZY = [(x_y - x_z)^2 + (y_y - y_z)^2]^{\frac{1}{2}}$$

### 2.1.5　归正点高程的推算

严格地确定归正点的高程需要在原地放线施测，但实际上这种做法较困难。作为推算该点的高程可采用下述一些方法。

(1)在证明归正点的高程与某邻近点高程相等或在其允许误差范围内时，借用某邻近点高程值。

(2)用邻近若干已知高程点的高程算术平均值作为归正点的高程。这在包括诸点在内的平整地面常可使用。

(3)邻点平面距离乘方倒数加权计算法。

设归正点 $I_g$ 与 $I_1, I_2, \cdots, I_j, \cdots, I_n$ 邻近，$I_j$ 的高程为 $Z_j$，与 $I_g$ 的平面距离为 $b_j$，则 $I_g$ 的高程值可用下式推算

$$Z_g = \frac{\sum_{j=1}^{n} \frac{Z_j}{b_j^m}}{\sum_{j=1}^{n} \frac{1}{b_j^m}} \tag{8-2-5}$$

这是高程内插的一个通用公式，其意义为，在连续变化的地形中偏离欲内插点较远处点的高程与欲内插点高程的差别较大，由它推估欲内插点的高程时占有较小的权重。至于距离的方次 $m$ 也有类似的意义，对平斜地面可取1；对于微曲地面可取2；对于陡曲地面可取为3；各方向平、曲、陡不同时，也可使各分项的 $m$ 取不同的值。

总的看来，改正或内插点高程推算无所谓最佳方法，需要具体问题具体解决，实测时只有加密测点才能提高精度。也可建立比测模型和积累实践经验，提高高程推算的准确性。

## 2.2　坐标系统与描述内容

### 2.2.1　测绘坐标系

断面线的两个端点等测量内容在编制地图时采用当地测绘平面坐标系和规定的高程系。

### 2.2.2　断面坐标系

断面描述采用二维正交坐标系，其中水平坐标轴从断面线左岸端点指向右岸端点(或相反指向)，标度为起点距；竖向坐标为当地规定的高程系，标度为高程数值。

一个单次断面测量成果用测点连线绘于该坐标系，可以观察断面形态。

同断面多次测量成果套绘于该坐标系，可以观察断面形态的变化。

### 2.2.3　河流纵向坐标系

描述断面平均河床高程(或河谷高程)、断面冲淤面积、河段冲淤体积沿河流流动方向的变化等特性时采用二维正交坐标系,其中纵向坐标轴为河流流动方向,标度为从某特定断面开始的各断面间距的累计值(或河长);竖向坐标轴标示平均河床高程(或河谷高程)、断面冲淤面积、河段冲淤体积等数值。

单次测量成果的平均河床高程(或河谷高程)用测点连线绘制,可以观察纵坡分布状况。同河段多次测量的平均河床高程(或河谷高程)成果套绘于该坐标系,可以观察河段纵坡变化。

单次测量成果的断面冲淤面积用测点连线绘制,可以观察断面冲淤状况。同河段多次测量的断面冲淤面积成果套绘于该坐标系,可以观察断面冲淤变化。

单次测量成果的河段冲淤体积的顺序累计值用测点(点据在相邻断面中间)连线绘制,相邻断面间的河段冲淤体积用柱状图绘制,可以观察河段冲淤状况。同河段多次测量的河段冲淤体积的顺序累计值套绘该坐标系,或相邻断面间的河段冲淤体积成果列绘于该坐标系,可以观察河段冲淤变化。

### 2.2.4　断面空间坐标系

断面空间采用三维正交坐标系 $o-xyz$ 描述,其中水平($x$)轴为从断面线左岸端点指向右岸端点(或相反指向)的方向,标度为起点距;纵向($y$)轴为河流的河势方向,标度为断面间距值或累计间距值;竖直方向为 $z$ 轴,标度为高程数值;原点在规定高程与断面线端点的交点。断面空间坐标系与断面坐标系比较,增加了河流河势方向的 $y$ 轴;与河流纵向坐标系比较,增加了断面线方向的 $x$ 轴,该坐标系是后两坐标系的综合。

### 2.2.5　高程—库容坐标系

高程—库容二维正交坐标系用于描述库容随高程的变化,其中水平坐标轴标度为累计库容,竖向坐标轴为高程数值。

单次测量的库容成果用光滑的曲线绘制,可以观察库容随高程分布状况。多次测量的库容成果套绘于该坐标系成曲线簇,可以观察库容的时空变化。

分高程级计算水库库容和绘制高程—库容曲线的步骤如下:

(1)根据水库具体情况,以合适的间隔数值进行高程分级;

(2)选用断面间容积计算公式分别计算各断面间某规定高程下分高程级的容积;

(3)将各断面间同高程级的容积累加得出全库同高程级的容积;

(4)将全库同高程级的容积依高程级从低向高逐次累计得出各级高程级之下的库容数据;

(5)由步骤(4)的数据和对应的高程级数值在直角坐标系绘出高程—库容曲线。

### 2.2.6　时间过程坐标系

以某特征物理量为纵坐标、时间为横坐标的二维正交坐标系,用于描述某特征物理量的变化过程。

有时也在同一时间轴、同一标度的设定条件下，将不同特征物理量设计成多重纵坐标，绘制不同特征物理量的过程线，用于观察变化的同步情况。

## 2.3 断面面积计算

### 2.3.1 间距—高差法及误差评估

规定高程下断面面积依据获得的断面周界各选点的起点距—高程数据对可分成若干部分，各部分面积采用梯形公式计算，总面积由各部分面积累计后求出，公式如下

$$A_s = \frac{1}{2}\sum(x_{i+1} - x_i)[(z_0 - z_i) + (z_0 - z_{i+1})] \tag{8-2-6}$$

式中 $A_s$——$s$ 个选点或垂线测算的断面面积；

$x_i$——各测量选点的起点距角标 $i$ 为序号；

$z_i$——各测量选点的高程角标 $i$ 为序号；

$z_0$——断面面积计算的规定高程。

式(8-2-6)是从起点距—高程基本成果出发的“部分平均法”分割断面的梯形公式，实际根据已知量的不同或衍变，公式构形可以变化。比如令 $x_{i+1} - x_i = b_i, z_0 - z_i = d_i, z_0 - z_{i+1} = d_{i+1}, \frac{d_i + d_{i+1}}{2} = \overline{d_i}$，则公式为 $A_s = \frac{1}{2}\sum b_i(d_i + d_{i+1}) = \sum b_i \overline{d_i}$。

如果从某垂线考虑，两边各取到相邻垂线的一半间距之和作 $b_i$，所考虑垂线之深为 $d_i$，则 $A_s = \sum b_i d_i$。这种分割断面的方法称平均分割法。

总之，断面面积计算公式概化的构形应为 $A_s = \sum b_i d_i$，其中 $b_i$ 和 $d_i$ 分别是将断面分成各部分的特征宽和深。断面面积误差评估中常以此构形为探讨问题的出发点。

垂线起点距测量误差，包括测量仪器精度不同的误差和重复测量试验的统计误差，起点距测量误差会传递给计算的间距 $b$，这里将间距 $b$ 的误差归结为相对均方误差 $m_b$。选点或垂线高程测量误差，包括测量仪器精度不同的误差和重复测量试验的统计误差，高程测量误差会传递给计算的深度 $d$，这里将深度 $d$ 的误差归结为相对均方误差 $m_d$。

若足够稠密的垂线计算的标准面积为 $A$，并且考虑 $A_s$ 与 $A$ 的误差因子 $F_s$ 后，使 $A = F_s A_s$。依据本书基础知识部分第10章 误差基础知识中误差传递有关公式，可将面积 $A$ 的误差表达为

$$m_A^2 = m_{Fs}^2 + \frac{\sum(b_i d_i)^2(m_{bi}^2 + m_{di}^2)}{(\sum b_i d_i)^2} \tag{8-2-7}$$

若考虑各 $m_{bi}$ 都相等且为 $m_b$，各 $m_{di}$ 都相等且为 $m_d$，则式(8-2-7)简化为

$$m_A^2 = m_{Fs}^2 + (m_b^2 + m_d^2)\frac{\sum(A_i)^2}{A_s^2} \tag{8-2-8}$$

因为间距 $b$ 和深度 $d$ 都是长度测量，若其精度相同，则其误差统一为 $m_l$，断面面积误

差评估的公式还可简化为

$$m_A^2 = m_{Fs}^2 + 2m_l^2 \frac{\sum (A_i)^2}{A_s^2} \tag{8-2-9}$$

## 2.3.2　起点距—高程法

由起点距和高程计算断面面积示例如图 8-2-2 所示。某断面成果在起点距 $l$ 高程 $z$ 坐标系中的横断面各实测点的坐标为$(l_i, z_i)$，现求某标准高程 $z_b$ 之下的断面面积。图中 $z_b$ 标高线与断面的交点为$(l_1, z_1)$及$(l_n, z_n)$，有 $z_1 = z_n = z_b$ 的关系。标高水平线、测点连接的河底线、标高与测点高程的垂距将断面划分为除两边为三角形外的若干梯形，断面面积就是这些梯形和两边三角形面积之和，它们由起点距差和高程差表达为

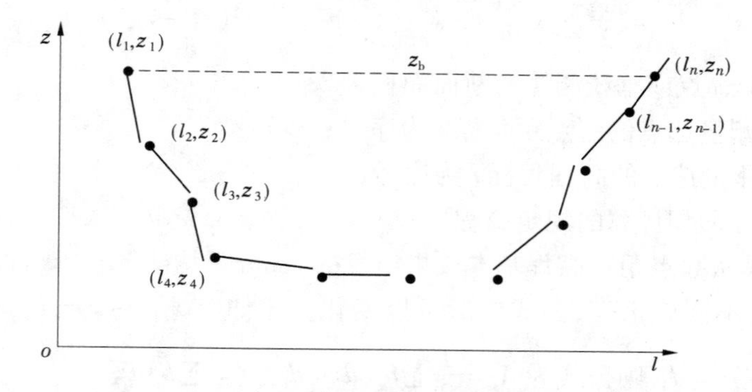


图 8-2-2　由起点距和高程计算断面面积示例

$$\begin{aligned} A = &\frac{1}{2}(l_2 - l_1)(z_1 - z_2) + \\ &\frac{1}{2}(l_3 - l_2)[(z_b - z_2) + (z_b - z_3)] + \cdots + \\ &\frac{1}{2}(l_{n-1} - l_{n-2})[(z_b - z_{n-2}) + (z_b - z_{n-1})] + \\ &\frac{1}{2}(l_n - l_{n-1})(z_n - z_{n-1}) \\ = &\frac{1}{2}(l_2z_1 - l_2z_2 - l_1z_1 + l_1z_2 + 2l_3z_b - l_3z_2 - l_3z_3 - \\ &2l_2z_b + l_2z_2 + l_2z_3 + \cdots + 2l_{n-1}z_b - l_{n-1}z_{n-2} - l_{n-1}z_{n-1} - \\ &2l_{n-2}z_b + l_{n-2}z_{n-2} + l_{n-2}z_{n-1} + l_nz_n - l_nz_{n-1} - l_{n-1}z_n + \\ &l_{n-1}z_{n-1}) \end{aligned}$$

因 $z_1 = z_n = z_b$，上面展开式中第一项$(l_2z_1)$和第八项$(-2l_2z_b)$相抵后余$(-l_2z_1)$，倒数第二项的$(-l_{n-1}z_n)$和倒数第十项$(2l_{n-1}z_n)$相抵后余$(l_{n-1}z_n)$，其他绝对值相等符号相反的项抵消后，可将展开式按序归整为

$$\begin{aligned} A = &\frac{1}{2}[(l_1z_2 + l_2z_3 + \cdots + l_{n-2}z_{n-1} + l_{n-1}z_n + l_nz_1) - \\ &(l_1z_n + l_2z_1 + l_3z_2 + \cdots + l_{n-2}z_{n-3} + l_{n-1}z_{n-2} + l_nz_{n-1})] \end{aligned} \tag{8-2-10}$$

在式(8-2-10)中若将 $l_n z_n$ 用 $l_n z_1$ 代替,$l_1 z_1$ 用 $l_1 z_n$ 代替,正项小括号中的各项形成起点距到右邻高程的斜乘首尾接序累加环,负项小括号中的各项形成起点距到左邻高程的斜乘首尾接序累加环。

## 2.4　断面间距

一般说来,工程中的断面间距应是一个与应用目标相联系的概念,如为了计算或预报水流从上断面流到下断面的时间,采用主流或主河长的曲线长度即流程作间距是合适的,从地图上量河长就是这样做的。但要计算两个断面和河道水库周界及规定高程面之间围成一个立体间的容积,以河道水库走向或流向为主轴看待这个立体时,常简化为以两断面为底的(斜)柱体或(斜)截锥体,所谓间距就是立体几何学台体或截锥体的“高”的概念。两断面平行时,断面之间的公垂线即为间距。但当两断面不平行时,几何学不定义间距,理论上可以某断面为正底面,扭转另一断面(斜底面)使之与正底面平行,并且要求被扭转断面扭转的轴线位置保持两断面间容积不变(等积变换原理),然后将它看做拟台体或拟截锥体,由公垂线确定间距。用扭转某断面使之与另一断面平行的等积变换原理确定断面间距,工程实施并不容易,因而在具体的作业中提出许多确定断面间距的方法。

### 2.4.1　确定断面间距的一些方法

#### 2.4.1.1　断面线中点连接法

在河道地图上标出断面线,量取相邻断面线的中点后,将两中点连成直线段,以此直线段的长作两断面的间距。

#### 2.4.1.2　两侧边线平均法

在河道地图上,以相邻两断面线的四个端点作控制点画四边形,四边形的两边是断面线,另两边是顺河道的侧边线,用两侧边线长的平均值作两断面的间距。

#### 2.4.1.3　断面线多点连接法

参考断面形态,在两断面线确定若干对应且点数相等的控制点,将其画放到河道地图的断面线上,连接对应点成直线段,分别量取各直线段的长,用各直线段的长的平均值作两断面的间距。

黄河下游确定断面间距的一种做法是,在断面线段上以断面两端点、河道主槽两边点、河流中泓点为控制点。对应连成直线段量其长,以各线长的平均值作两断面的间距,称为五线控制法。

#### 2.4.1.4　断面形心连线法

这种方法的概念是,分别确定相邻两断面的几何中心点,量算两几何中心点的空间长度作两断面的间距。

#### 2.4.1.5　断面线中点垂线法

断面线中点垂线法有两种理解和做法:

1. 本线中点垂线法

分别确定两相邻断面断面线的中点,经各断面线的中点作各自的垂线分别交于另一断面线的某点(交点),两中点与对应交点为两垂线段,用此两垂线段长的平均值作两断面的间距。

2. 它线中点垂线法

分别确定两相邻断面断面线的中点,经各断面线的中点作另一断面线的垂线分别交于另一断面线的某点(垂足点),两中点至对应垂足点为两垂线段,用此两垂线段长的平均值作两断面的间距。

画出这两种理解和做法的图形,可见从任一断面线中点所作的两类垂线段和另一断面线组成一个直角三角形,本线中点垂线法的垂线段是这个直角三角形的斜边,因而本线中点垂线法确定的两断面的间距大于它线中点垂线法确定的两断面的间距。

#### 2.4.1.6 容积等效概化断面间距

在我们将河道水库测算目标定为推求某规定高程下从 $F$ 断面到 $G$ 断面间的容积而两断面又不平行时,可将 $F$ 断面分为许多面积微元,从 $F$ 断面到 $G$ 断面的间距(高)应在 $F$ 断面的面积乘以间距(高)的容积与以各面积微元为底的柱体的体积之和相等的条件下推出。

在 $F$ 断面取面积微元 $\omega_{Fi}$,由于 $\omega_{Fi}$很小,形心处的垂线指向 $G$ 断面的距离即为以微元 $\omega_{Fi}$为底的柱体的高 $d_{FGi}$,因而 $F$ 断面和 $G$ 断面之间微元柱体的体积为 $d_{FGi}\omega_{Fi}$,全断面所有微元柱体的体积之和为$\sum d_{FGi}\omega_{Fi}$。另外,$F$ 断面的总面积为$\sum\omega_{Fi}$,设想有一个高 $d_{FG}$与$\sum\omega_{Fi}$的积 $d_{FG}\sum\omega_{Fi}$等于$\sum d_{FGi}\omega_{Fi}$,则能够推出

$$d_{FG} = \frac{\sum d_{FGi}\omega_{Fi}}{\sum \omega_{Fi}} \tag{8-2-11}$$

式中 $d_{FG}$——容积等效概化断面间距;

$\omega_{Fi}$——在 $F$ 断面取的面积微元;

$d_{FGi}$——以微元 $\omega_{Fi}$为底指向相邻断面 $G$ 的柱体的高;

$\sum d_{FGi}\omega_{Fi}$——全断面所有微元柱体的体积之和;

$\sum\omega_{Fi}$——$F$ 断面的总面积。

在用起点距 $l_i$ 和高程 $z_i$ 描述断面 $F$ 且规定了断面最高高程 $z_0$ 的实际工程业务中,$d_{FG}$可以下式计算

$$d_{FG} = \frac{1}{2}\frac{\sum (d_{FGi} + d_{FGi+1})[(z_0 - z_i) + (z_0 - z_{i+1})](l_{i+1} - l_i)}{\sum [(z_0 - z_i) + (z_0 - z_{i+1})](l_{i+1} - l_i)} \tag{8-2-12}$$

式中,$\Delta l_i = l_{i+1} - l_i$ 为断面竖向狭窄长条面积微元 $\omega_{Fi}$的宽;$(z_0 - z_i)$和$(z_0 - z_{i+1})$分别为竖向狭窄长条两个边深,平均深$\overline{h_i} = \frac{1}{2}[(z_0 - z_i) + (z_0 - z_{i+1})]$,微元面积 $\omega_{Fi} = \Delta l_i\overline{h_i} = \frac{1}{2}[(z_0 - z_i) + (z_0 - z_{i+1})](l_{i+1} - l_i)$;$d_{FGi}$和 $d_{FGi+1}$为竖向狭窄长条到达相邻断面 $G$ 的边高,其均值 $\overline{d}_{FGi} = \frac{1}{2}(d_{FGi} + d_{FGi+1})$可作为 $\omega_{Fi}$的高。

我们知道,$F$ 断面和 $G$ 断面并不符合上述分析思路的对称,即以 $F$ 断面为底指向 $G$ 断面的柱体推出的容积等效概化断面间距并不等于以 $G$ 断面为底指向 $F$ 断面的柱体推

出的容积等效概化断面间距,因此还应在 $G$ 断面取面积微元,作同样的分析,得出 $G$ 断面指向 $F$ 断面的容积等效概化断面间距 $d_{GF}$,用 $d_{FG}$ 和 $d_{GF}$ 的均值作两断面的容积等效概化断面间距的应用值 $d_{F\leftrightarrow G}$。

初步考察,容积等效概化断面间距有如下一些优良性质:

第一,从立体考虑断面间距问题,符合计算容积的基本目标,克服了仅在平面考虑断面间距的不妥。

第二,取面积微元和对应柱体微元符合面积、体积微分原理,用微元面积乘柱体高推算微元柱体体积符合体积计算原理,微元面积的累加和微元柱体体积的累加符合积分原理,断面间距推算的式(8-2-11)符合等(体)积变换原理。

第三,以分断面线起点距间隔取断面竖向窄条作微元底面并以垂直断面方向划分相应柱体为基础的式(8-2-12),解决了断面间距的可计算问题并能充分挖掘出工程实际作业中可达到的精度。

第四,运用 $F$ 断面到 $G$ 断面和 $G$ 断面到 $F$ 断面双向容积等效概化断面间距的均值作两断面的容积等效概化断面间距的应用值,可对两断面的不对称起到一定的补偿作用。

另外,从计算的角度看问题,式(8-2-11)的容积等效概化断面间距是由底面积加权平均推得的斜台体或斜截锥的有效(平均)高。加权平均是多因子乘积关系中由许多离散元素推算某一元素总体代表值(平均值)的最常用方法。具体到这里,微元面积和微元柱体高就是计算两断面间体积乘积关系的离散元素,推算的容积等效概化断面间距就是高这一元素的总体代表值(平均值)。

### 2.4.2　断面间距的解析计算

从确定断面间距的一些方法可以看出,如以地图量算为获取有关要素的基本作业方式,则用小比例尺地图获得数值的精度较低,用大比例尺地图占用作业场面很大,有时数幅地图难以铺拼在一起。当然,一定比例尺的地图在规划河道断面系列作业中是必不可少的资料。

下面介绍的采用解析计算确定断面间距,除摘取断面线端点的测绘坐标及断面线的起点距外,几乎不用在地图上作业,因此也克服或减少了地图量算的一些困难。现在外业测量运用 GPS 等先进测绘仪器,可直接获得断面线端点的测绘坐标数值及较大比例尺的起点距数值,采用解析计算确定断面间距的优点更为明显。

#### 2.4.2.1　断面线的解析几何

测绘平面坐标系(高斯－克吕格坐标)中,规定横标轴为 $Y$,纵坐标轴为 $X$。由此,我们约定,在以下的解析几何描述中,点的坐标用 $P(y,x)$ 或 $(y,x)$ 表达,直线的倾斜角从横坐标轴 $Y$ 起算。如果获得研究点的经纬度坐标,可通过高斯－克吕格坐标表将其换算为高斯－克吕格坐标。

工程应用中的断面线是一条有向直线,其上各点的度量数值是从起点起算的起点距 $l_i$。

有关计算中坐标数值和起点距数值应采用同一长度单位。

1. 两点间距离

已知坐标值的两点 $P_1(y_1,x_1)$ 和 $P_2(y_2,x_2)$ 之间的距离(长度)可由下列公式计算

$$|P_1P_2| = \sqrt{(y_1 - y_2)^2 + (x_1 - x_2)^2} \tag{8-2-13}$$

2. 断面线的方程和断面线起点距的坐标

在平面坐标系中,断面线是一条直线,其方程为

$$x = ky + b \tag{8-2-14}$$

一般由已知坐标值的始、终点或任意两点 $P_1(y_1,x_1)$ 和 $P_2(y_2,x_2)$ 可推得断面线的斜率 $k$、截距 $b$ 及断面线与横轴的交角 $\alpha$

$$k = \frac{x_1 - x_2}{y_1 - y_2} = \frac{x_2 - x_1}{y_2 - y_1} \tag{8-2-15}$$

$$b = x_1 - ky_1 = x_2 - ky_2 \tag{8-2-16}$$

$$\alpha = \arctan k \tag{8-2-17}$$

由断面线起点坐标 $Q(y_Q,x_Q)$ 和断面线上某点的起点距 $l_i$,应用下式可推算出起点距的坐标

$$\left.\begin{aligned} y_i &= y_Q \pm l_i\cos\alpha \\ x_i &= x_Q \pm l_i\sin\alpha \end{aligned}\right\} \tag{8-2-18}$$

如果约定,断面线的方向由起点 $Q(y_Q,x_Q)$ 指向终点 $Z(y_Z,x_Z)$,并且工程中根据河流具体情况确定断面线和起、终点,则断面线与横轴形成的角度可在 0°～360°变化。由平面三角学分析 $y_Q < y_Z$、$y_Q > y_Z$ 与 $x_Q < x_Z$、$x_Q > x_Z$ 组合的角度象限范围及三角函数,可知,在 $\alpha$ 取为锐角的条件下,当 $y_Q < y_Z$ 时,式(8-2-18)中 $y_i$ 右边两项间取"+"号,$y_Q > y_Z$ 时,式(8-2-18)中 $y_i$ 右边两项间取"－"号;当 $x_Q < x_Z$ 时,式(8-2-18)中 $x_i$ 右边两项间取"+"号,$x_Q > x_Z$ 时,式(8-2-18)中 $x_i$ 右边两项间取"－"号。

断面线中点的坐标($y_m$,$x_m$),可使起点距 $l_i$ 取断面线长度的一半由式(8-2-18)计算。但实际上常由下式计算

$$\left.\begin{aligned} y_m &= \frac{1}{2}(y_Q + y_Z) \\ x_m &= \frac{1}{2}(x_Q + x_Z) \end{aligned}\right\} \tag{8-2-19}$$

3. 点到断面线的距离

已知坐标系的某点($y_i$,$x_i$)和某断面线的方程 $x = ky + b$(即 $x - ky - b = 0$),可将断面线的方程化成法线式方程,用某点的坐标替代法线式方程的变量,可得到这点到断面线的距离。公式可写为

$$d_i = \left|\frac{x_i - ky_i - b}{\sqrt{k^2 + 1}}\right| \tag{8-2-20}$$

4. 与断面线垂直的直线方程(系)

当断面线的斜率为 $k$ 时,与断面线垂直的直线方程系的斜率为 $k_{cz} = -\frac{1}{k}$,截距为 $b_{czi}$。则垂直断面线的直线方程系为

$$x_{czi} = k_{cz}y + b_{czi} = -\frac{1}{k}y + b_{czi} \qquad (8\text{-}2\text{-}21)$$

将同一测绘坐标系的任意坐标点$(y_i, x_i)$代入式(8-2-21),可以确定$b_{czi}$,从而可得到通过该点且垂直断面线的具体直线方程。

5. 两直线的交点与交角

直线$x = k_1y + b_1$和$x = k_2y + b_2$的交点可由它们联解的值$y_{12}$和$x_{12}$组成的坐标$P_{12}(y_{12}, x_{12})$确定。这两条直线的交角由下式确定

$$\theta = \arctan\frac{k_2 - k_1}{1 + k_2k_1} \qquad (8\text{-}2\text{-}22)$$

### 2.4.2.2　由特定点间的距离推算断面间距

断面线中点连接法、两侧边线平均法、断面线多点连接法选择的都是相邻两断面线$l_F$和$l_G$上的特定点,在求得特定点的坐标后,由式(8-2-13)可算出对应点的距离,从而推算断面间距。

1. 断面线中点连接法

断面线中点连接法可直接由式(8-2-19)求得$l_F$的中点坐标$(y_{Fm}, x_{Fm})$和$l_G$的中点坐标$(y_{Gm}, x_{Gm})$,进而由式(8-2-13)计算出距离。

2. 两侧边线平均法

两侧边线平均法可由断面线$l_F$的起、终点坐标和断面线$l_G$的起、终点坐标组合出相应两侧边线的起、终点坐标$(y_{FQ}, x_{FQ})$、$(y_{GQ}, x_{GQ})$和$(y_{FZ}, x_{FZ})$、$(y_{GZ}, x_{GZ})$,进而由式(8-2-13)计算出两侧边线的长,再计算其平均值。

3. 断面线多点连接法

断面线多点连接法可按式(8-2-15)和式(8-2-17)分别计算断面线$l_F$和断面线$l_G$的斜率$k_{lF}$、$k_{lG}$及其与横坐标轴的交角$\alpha_{lF}$、$\alpha_{lG}$;由断面线$l_F$和断面线$l_G$的起点坐标及相应确定的控制点的起点距$l_i$,按式(8-2-18)计算出各控制点的地理坐标;进而由式(8-2-13)计算出各对应控制点的长,并计算平均值。

4. 断面形心连线法

断面形心连线法也属于由特定点间的距离推算断面间距的范畴,但一般是三维空间直线,应在规定横坐标轴为$Y$,纵坐标轴为$X$,竖坐标轴为$Z$的空间坐标系中计算。设$F$断面和$G$断面形心的坐标分别为$W_{F0}(y_{F0}, x_{F0}, z_{F0})$和$W_{G0}(y_{G0}, x_{G0}, z_{G0})$,则断面形心连线的空间距离为

$$|W_{F0}W_{G0}| = \sqrt{(y_{F0} - y_{G0})^2 + (x_{F0} - x_{G0})^2 + (z_{F0} - z_{G0})^2} \qquad (8\text{-}2\text{-}23)$$

### 2.4.2.3　借助断面线的垂线推算断面间距

断面线中点垂线法(本线中点垂线法和它线中点垂线法)、容积等效概化断面间距都需借助断面线的垂线推算断面间距。

1. 本线中点垂线法

本线中点垂线法推算断面间距的一般步骤为:

(1)按式(8-2-15)和式(8-2-17)分别计算断面线$l_F$和断面线$l_G$的斜率$k_{lF}$、$k_{lG}$及其与

横坐标轴的交角 $\alpha_{lF}$、$\alpha_{lG}$。

(2)由式(8-2-19)求得 $l_F$ 的中点坐标($y_{Fm}$,$x_{Fm}$)和 $l_G$ 的中点坐标($y_{Gm}$,$x_{Gm}$)。

(3)将 $l_F$ 和 $l_G$ 的中点坐标($y_{Fm}$,$x_{Fm}$)、($y_{Gm}$,$x_{Gm}$)及相应垂线斜率 $k_{lF}$、$k_{lG}$ 分别代入式(8-2-21),推出通过 $l_F$ 中点且垂直 $l_F$ 的具体直线方程和通过 $l_G$ 中点且垂直 $l_G$ 的具体直线方程。

(4)建立 $l_G$ 的直线方程,联立 $l_G$ 的直线方程和通过 $l_F$ 中点且与 $l_F$ 垂直的直线方程,解出交点坐标;将 $l_F$ 中点坐标和对应交点坐标代入式(8-2-13)计算出距离,或者按点到断面线的距离的方法即式(8-2-20)的要求计算交点到 $l_F$ 断面线中点的距离。

同样,建立 $l_F$ 的直线方程,联立 $l_F$ 的直线方程和通过 $l_G$ 中点且与 $l_G$ 垂直的直线方程,解出交点坐标;将 $l_G$ 中点坐标和对应交点坐标代入式(8-2-13)计算出距离,或者按点到断面线的距离的方法即式(8-2-20)的要求计算交点到 $l_G$ 断面线中点的距离。

(5)求两距离的平均值。

2. 它线中点垂线法

它线中点垂线法推算断面间距的一般程序为:

步骤(1)、(2)、(5)同1. 的(1)、(2)、(5)步骤。

(3)将 $l_F$ 的中点坐标($y_{Fm}$,$x_{Fm}$)和由 $l_G$ 断面线确定的垂线斜率 $k_{lG}$ 代入式(8-2-21),推出通过 $l_F$ 中点且垂直 $l_G$ 断面线的具体直线方程;将 $l_G$ 的中点坐标($y_{Gm}$,$x_{Gm}$)和由 $l_F$ 断面线确定的垂线斜率 $k_{lF}$ 代入式(8-2-21),推出通过 $l_G$ 中点且垂直 $l_F$ 断面线的具体直线方程。

(4)建立 $l_G$ 的直线方程,联立 $l_G$ 的直线方程和通过 $l_F$ 中点且与 $l_G$ 垂直的直线方程,解出交点坐标(垂足);将 $l_F$ 中点坐标和对应交点坐标(垂足)代入式(8-2-13)计算出距离,或者按点到断面线的距离的方法即式(8-2-20)的要求计算 $l_F$ 断面线的中点到断面线 $l_G$ 的距离。

同样,建立 $l_F$ 的直线方程,联立 $l_F$ 的直线方程和通过 $l_G$ 中点且与 $l_F$ 垂直的直线方程,解出交点坐标(垂足);将 $l_G$ 中点坐标和对应交点坐标(垂足)代入式(8-2-13)计算出距离,或者按点到断面线的距离的方法即式(8-2-20)的要求计算 $l_G$ 断面线的中点到断面线 $l_F$ 的距离。

3. 容积等效概化断面间距

本线中点垂线法是容积等效概化断面间距中推算 $d_{FGi}$($d_{GFi}$)的方法的特例,因而后者推算的一般程序同前者是类似的。容积等效概化断面间距推算的一般程序如下。因 $F$ 断面和 $G$ 断面的推算有对称性,为简明起见,以 $F$ 断面分面积微元为例叙述。

(1)按式(8-2-15)计算断面线 $l_F$ 的斜率 $k_{lF}$。

(2)按式(8-2-17)计算断面线 $l_F$ 与横轴的交角 $\alpha_{lF}$。

(3)将 $l_F$ 的起点坐标($y_{FQ}$,$x_{FQ}$)和各起点距 $l_i$ 代入式(8-2-18)求得 $l_F$ 各起点距点的坐标($y_{Fi}$,$x_{Fi}$)。

(4)按式(8-2-21)的要求建立垂直 $l_F$ 的方程系,代入 $l_F$ 各起点距点的坐标($y_{Fi}$,$x_{Fi}$),推出通过 $l_F$ 各起点距点的坐标且垂直 $l_F$ 断面线的各具体直线方程。

(5)建立 $l_G$ 的直线方程,联立 $l_G$ 的直线方程和通过 $l_F$ 各起点距点的坐标且与 $l_F$ 垂直的各具体直线方程，解出在 $l_G$ 各交点的坐标。

(6)将 $l_F$ 各起点距点的坐标和对应交点坐标代入式(8-2-13)计算出各距离 $d_{FGi}$，或者按点到断面线的距离的方法即式(8-2-20)的要求计算各交点到 $l_F$ 各对应起点距点的距离 $d_{FGi}$。

(7)将 $d_{FGi}$ 代入式(8-2-12)计算 $d_{FG}$。

同样，按以上步骤(1)、(2)、(3)、(4)、(5)、(6)、(7)程序，计算出以 $G$ 断面分面积微元的容积等效概化断面间距 $d_{GF}$。

(8)求 $d_{FG}$ 和 $d_{GF}$ 的平均值 $d_{F\leftrightarrow G}$。

## 2.4.3　断面间距问题的粗浅讨论

### 2.4.3.1　容积反算法与断面间距的标准值问题

容积反算法的概念是，已知相邻两断面规定高程下的容积和容积计算公式中除断面间距外的有关参量，代入容积计算公式，反算断面间距。从推求断面间距计算河道容积来说，很有理由将容积反算法计算的断面间距作为断面间距的标准值。但是对于尺度很大的河道或水库空间很难确定概念上的容积真值，并且在认识上有既知容积何求间距相悖之处。

一种通常认为比较可靠的测算河道或水库容积的方法是地形法，即在地形图上用相邻两断面间各级等高线包围的面积和高距及选择的公式计算两断面间容积。用地形法计算的容积反算的断面间距，有时看做两断面间的标准间距，用来校核其他确定断面间距的方法。

应当清楚，地形法也是断面法，它与大致顺河道方向选择断面的断面法不同之处是在水平方向取断面(等高面)，容易被接受之处在于各断面平行高距(即断面间距)是确定的，测量的控制点较多且分布在全河段。但是在变动剧烈的河段，因作业量大不易及时获得成果多不采用。另外，地形法也需要根据等高面间的几何形态选择容积计算公式。

### 2.4.3.2　断面空间模型要求限制相邻断面间的夹角

我们前面介绍的确定断面间距的一些方法及解析计算并未引进断面交角因子，因而不易从断面空间容积及断面间距的误差限制由公式推导断面交角的允许范围。不过，需要着重说明的是，前面探讨的河道容积计算的断面空间模型是两断面交角不大或不平行度较小的拟台体或拟截锥体，不考虑两断面周界对应点相连成曲线之类的“环体”。工程实施中应按河道水库平面走向大势划分较长的区段，在各个区段确定走向方向线，尽可能以与方向线正交的方向平行地布设各断面，以便于符合模型的台体或截锥体。当河道弯曲较大或宽、深变化较大时，应以增加断面保证相邻断面间宽、深呈线性变化予以解决。如2003年在进行黄河下游河道冲淤断面加密实施中要求相邻两断面交角一般不大于20°，最大不超过30°。

按照投影关系，两断面的交角就是两断面线的交角，除可运用地图作业控制两断面的交角外，也可用式(8-2-22)的方法和要求核算或检验两断面的交角。对已布设运用的断面，当相邻两断面交角较大时，可在其交角范围内适当之处加设断面，改变相邻断面交角使之符合要求。

#### 2.4.3.3　仅在平面考虑断面间距不妥

用断面线中点连接法、两侧边线平均法、断面线多点连接法、断面线中点垂线法（本线中点垂线法和它线中点垂线法）推求断面间距，其出发点都是将两断面线确定的平面看做近似梯形的四边形，推求由这样的断面间距乘以两断面线长度的均值获得平面四边形（梯形）的面积。体积（容积）与面积存在有否竖向的一维之差，断面线的长度和断面面积的量纲不同，数值通常也不相等，因而仅在平面考虑断面间距是不妥当的。考察后面计算相邻两断面间容积的截锥公式和两断面间断面宽和平均深呈线性变化的容积计算公式，与断面间距相乘的是两断面面积的复杂组合，结构不同于平面梯形面积计算公式。即使梯形公式，也仅因与平面梯形面积公式的同构性而得名，这里所用断面面积的量纲、数值与断面线的量纲、数值不同。

在高程变差很大的水库断面空间，考虑到断面分布的偏向和相邻断面的对称，常将断面分成若干高程等级，按上述某种方法推算断面间距。应该明白，这种做法并未改变仅在平面考虑断面间距的不妥，而且在分层和不分层计算两断面间容积时会带来因断面间距选择不同的矛盾。

## 2.5　断面空间的容积计算

### 2.5.1　截锥公式及适用性

容积计算的截锥公式可表达如下

$$V_{jz} = \frac{1}{3}y_{J,J+1}(A_J + \sqrt{A_J A_{J+1}} + A_{J+1}) \tag{8-2-24}$$

式中　$V_{jz}$——截锥公式计算的两断面间的体积；

$y_{J,J+1}$——两断面间的间距；

$A_J$——$J$ 断面的面积；

$A_{J+1}$——$J+1$ 断面的面积。

截锥公式是理论严谨的公式，明确要求立体图形的两底面平行且相似，各条侧棱延长后交于一点（顶点），并且两底面的面积与顶点到各自底面的距离（锥高）的平方成比例。

实际河道断面间的立体很难符合这些条件，但工程中常被采用。

### 2.5.2　梯形公式及适用性

容积计算的梯形公式可表达如下

$$V_{tx} = \frac{1}{2}y_{J,J+1}(A_J + A_{J+1}) \tag{8-2-25}$$

式中　$V_{tx}$——梯形公式计算的两断面间的体积；

$y_{J,J+1}$——两断面间的间距；

$A_J$——$J$ 断面的面积；

$A_{J+1}$——$J+1$ 断面的面积。

式(8-2-25)是因与平面梯形面积公式的同构性而得名的,它适用于两断面之间面积呈线性变化的情况,面积变量可表达为

$$A_y = A_J + \frac{A_{J+1} - A_J}{y_{J,J+1}} y \tag{8-2-26}$$

则其沿 $y$ 方向的积分即 $J$ 到 $J+1$ 断面的容积为

$$V = \int_0^{y_{J,J+1}} A_y \mathrm{d}y = \int_0^{y_{J,J+1}} (A_J + \frac{A_{J+1} - A_J}{y_{J,J+1}} y) \mathrm{d}y$$

$$= A_J y_{J,J+1} + \frac{A_{J+1} - A_J}{y_{J,J+1}} (\frac{1}{2} y_{J,J+1}^2) = \frac{1}{2} y_{J,J+1} (A_J + A_{J+1})$$

因为 $V = V_{tx}$,从而证得上述结论。

虽然如此,但两断面之间面积是否呈线性变化,并不容易观测和掌握。

对于两断面面积和间距确定的空间体,梯形公式计算的容积大于截锥公式计算的容积,这是因为式(8-2-25)减式(8-2-24)得出的解析式有大于零的结果,推演如下

$$V_{tx} - V_{jz} = \frac{1}{2} y_{J,J+1} (A_J + A_{J+1}) - \frac{1}{3} y_{J,J+1} (A_J + \sqrt{A_J A_{J+1}} + A_{J+1})$$

$$= \frac{1}{6} y_{J,J+1} [(\sqrt{A_J})^2 - 2\sqrt{A_J A_{J+1}} + (\sqrt{A_{J+1}})^2]$$

$$= \frac{1}{6} y_{J,J+1} (\sqrt{A_J} - \sqrt{A_{J+1}})^2 \geqslant 0$$

## 2.5.3 两断面间断面宽和平均深呈线性变化的容积计算公式

设 $J$ 和 $J+1$ 两断面宽分别为 $B_J$、$B_{J+1}$,平均深分别为 $H_J$、$H_{J+1}$,如果在两断面间两者均呈线性变化,即宽、平均深变量表达分别为

$$B_y = B_J + \frac{B_{J+1} - B_J}{y_{J,J+1}} y \tag{8-2-27}$$

$$H_y = H_J + \frac{H_{J+1} - H_J}{y_{J,J+1}} y \tag{8-2-28}$$

其对应的面积变量为

$$A_y = B_y H_y \tag{8-2-29}$$

$A_y$ 沿 $y$ 的积分即为两断面间容积 $V_{BH}$,推导如下

$$V_{BH} = \int_0^{y_{J,J+1}} A_y \mathrm{d}y = \int_0^{y_{J,J+1}} (B_J + \frac{B_{J+1} - B_J}{y_{J,J+1}} y)(H_J + \frac{H_{J+1} - H_J}{y_{J,J+1}} y) \mathrm{d}y$$

$$= B_J H_J y_{J,J+1} + \frac{B_{J+1} - B_J}{y_{J,J+1}} H_J (\frac{1}{2} y_{J,J+1})^2 + B_J \frac{H_{J+1} - H_J}{y_{J,J+1}} (\frac{1}{2} y_{J,J+1})^2 +$$

$$(\frac{B_{J+1} - B_J}{y_{J,J+1}})(\frac{H_{J+1} - H_J}{y_{J,J+1}})(\frac{1}{3} y_{J,J+1})^3$$

……最后得到

$$V_{BH} = \frac{1}{6} y_{J,J+1} (2B_J H_J + 2B_{J+1} H_{J+1} + B_J H_{J+1} + B_{J+1} H_J)$$

$$= \frac{1}{6} y_{J,J+1} (2A_J + 2A_{J+1} + B_J H_{J+1} + B_{J+1} H_J) \tag{8-2-30}$$

其中,$A_J = B_J H_J$,$A_{J+1} = B_{J+1} H_{J+1}$分别是 $J$ 断面和 $J+1$ 断面的面积。

如果两个断面的宽(平均深)相等,平均深(宽)呈线性变化,则面积也呈线性变化,式(8-2-30)就同公式(8-2-25)。因此,梯形公式也适合断面宽、深二维仅有一维呈线性变化的情况。

两个断面间宽呈线性变化是布设河道水库断面时从平面考虑的重要条件,常在扩张或收缩变形转折处布设断面就是这种控制。断面间深呈线性变化是陡坡水库的常见情况。由此可见,式(8-2-30)是很有实用意义的。

因为式(8-2-30)有交叉乘项($B_J H_{J+1} + B_{J+1} H_J$),式(8-2-24)、式(8-2-25)没有交叉乘项($B_J H_{J+1} + B_{J+1} H_J$),所以两断面间断面宽和平均深呈线性变化的容积计算公式与截锥公式及梯形公式计算容积大小的比较不易从解析式作出判断。

### 2.5.4　容积计算的误差评估

如果在式(8-2-24)中,令$\frac{1}{3}(A_J + \sqrt{A_J A_{J+1}} + A_{J+1}) = A_{jz}$;在式(8-2-25)中,令$\frac{1}{2}(A_J + A_{J+1}) = A_{tx}$;在式(8-2-30)中,令$\frac{1}{6}(2A_J + 2A_{J+1} + B_J H_{J+1} + B_{J+1} H_J) = A_{BH}$。则断面间容积计算公式构形可统一为 $V_{RJ} = A_{tz} y_{J,J+1}$。这里的 $A_{tz}$可称为公式构形特征面积,$y_{J,J+1}$是断面间距。容积计算误差评估中常以此构形为探讨问题的出发点。

若两断面间真实的容积为 $V$,考虑 $V_{RJ}$与 $V$ 的误差因子 $F_n$ 且用 $A$ 作特征面积后,使 $V = F_n V_{RJ} = F_n y_{J,J+1} A$,将断面间距的误差归结为相对均方误差 $m_y$,将河段断面布设不够稠密造成容积计算的误差归结为相对均方误差 $m_{Fn}$。据本书基础知识部分第 10 章　误差基础知识中误差传递有关公式,可将两断面容积 $V$ 的误差表达为($m_A^2$ 见本章 2.3.1 部分)

$$m_V^2 = m_{F_n}^2 + m_{y_{J,J+1}}^2 + m_A^2 \tag{8-2-31}$$

## 2.6　分和不分高程级计算水库库容的自洽问题

我们知道,用断面测量的基本数据成果(起点距和高程)推求水库库容曲线即高程—库容曲线的一般步骤是,首先选用断面间容积计算公式分别计算各断面间某规定高程下分高程级的容积,其次将各断面间同高程级的容积累加得出全库同高程级的容积,最后将全库同高程级的容积依高程级从低向高逐次累积得出各级高程之下库容的数据,由这些数据和对应高程数值在直角坐标系绘出高程—库容曲线。

上述最重要的步骤是计算各断面间分高程级的容积。原则说来,可以考虑适用条件,选择某一公式而计算。但是实际工作中,有时作为校核也用不分高程级计算某规定高程下断面间的容积,发现由同一公式计算的某规定高程下断面间分高程级的容积的累积值与不分高程级计算的同一规定高程下断面间的容积不一定相等,即两个途径计算的成果不完全自洽协调。下面探讨这一问题。

设断面$J$和$J+1$在某规定高程下对应分为$m$个高程级，各高程级之间的面积依次为$A_{J,k}$和$A_{J+1,k}(k=1,2,\cdots,m)$，相应某规定高程下断面间分高程级的面积的累积值$A_J$、$A_{J+1}$分别为

$$A_J = A_{J,1} + A_{J,2} + \cdots + A_{J,m} = \sum A_{J,k}$$

$$A_{J+1} = A_{J+1,1} + A_{J+1,2} + \cdots + A_{J+1,m} = \sum A_{J+1,k}$$

对于截锥公式，由各高程级之间对应面积$A_{J,k}$和$A_{J+1,k}$计算的容积为

$$V_{jz,k} = \frac{1}{3}y_{J,J+1}(A_{J,k} + \sqrt{A_{J,k}A_{J+1,k}} + A_{J+1,k})$$

某规定高程下累积容积为

$$\sum V_{jz,k} = \frac{1}{3}y_{J,J+1}(\sum A_{J,k} + \sum \sqrt{A_{J,k}A_{J+1,k}} + \sum A_{J+1,k})$$

若直接用相应某规定高程下不分高程级的断面面积（即断面间分高程级的面积累积值）$A_J$、$A_{J+1}$计算容积，则有

$$\begin{aligned} V_{jz} &= \frac{1}{3}y_{J,J+1}(A_J + \sqrt{A_J A_{J+1}} + A_{J+1}) \\ &= \frac{1}{3}y_{J,J+1}(\sum A_{J,k} + \sqrt{(\sum A_{J,k})(\sum A_{J+1,k})} + \sum A_{J+1,k}) \end{aligned}$$

比较$\sum V_{jz,k}$和$V_{jz}$右边的表达式，有不能由解析式确定是否相等的项$\sum \sqrt{A_{J,k}A_{J+1,k}}$和$\sqrt{(\sum A_{J,k})(\sum A_{J+1,k})}$，因此截锥公式两个途径计算的成果不完全自洽协调。

对于两断面间断面宽和平均深呈线性变化的容积计算公式，将$J$与$J+1$断面的$A_J$与$A_{J+1}$分为若干$A_{J,k}$和$A_{J+1,k}$，求出相应宽$B_{J,k}$、$B_{J+1,k}$和平均深$H_{J,k}$和$H_{J+1,k}$后进行与上述类似的推演比较，可看出有不能由解析式确定是否相等的项$\sum(B_{J,k}H_{J+1,k} + B_{J+1,k}H_{J,k})$和$(B_J H_{J+1} + B_{J+1}H_J) = [\sum(B_{J,k}H_{J+1,k}) + \sum(B_{J+1,k}H_{J,k})]$。一般说来，各高程级的断面宽$B_{J,k}(B_{J+1,k})$和各级面积的平均深$H_{J,k}(H_{J+1,k})$与某规定高程的宽$B_J(B_{J+1})$、平均深$H_J(H_{J+1})$关系相当复杂，因此本公式两个途径计算的成果也不完全自洽协调。

对于梯形公式，做同样的演算比较，可见两个途径计算的成果是完全相等的，也就是说梯形公式对这两个途径的计算有自洽协调的性质。

工程上解决两个途径计算的成果不完全自洽协调的常用办法是，将认为不正确或不能表达特定性质的数值修正到认为正确或能表达特定性质的数值，或者只规定采用一个途径的计算。比如，若认为不分高程级计算某规定高程下断面间的容积是正确的，则算出其值与同一公式计算的某规定高程下断面间分高程级的容积的累积值之比值，用此比值作系数，修正断面间各分高程级的容积或某规定高程下断面间各分高程级的容积的逐次累积值。但是，通常采用分高程级的容积的累积值作测算的统一库容，用前后两次统一库容的差作冲淤量，以避免采用不同途径算法造成成果数据的混乱。

## 2.7　冲淤量的计算

河道断面空间冲淤量的计算通常采用体积差法，即将某规定高程下两断面间前后不

同测次的容积之差作为测次期间的冲淤量。设前次的容积为 $V_q$，后次的容积为 $V_h$，则冲淤量 $V_{cy}$ 为

$$V_{cy} = V_h - V_q \tag{8-2-32}$$

$V_{cy}$ 为正值时为冲刷，反之为淤积。

工程中也有由某规定高程下两断面两次测量各自断面面积差作底面组成新的立体，套用截锥公式或梯形公式计算冲淤量的方法（称面积差法）。这在两断面面积差同为正或同为负即两断面同冲或同淤立体整通性明确时，运用也较方便。但在面积差一为正一为负即两断面一冲一淤立体上形成两个顶头楔时，有关计算就比较麻烦（如截锥公式的开平方号内出现负数），通适性很差。不过探讨两种计算冲淤量方法的关系还是必要的。

设 $J$ 和 $J+1$ 断面在某规定高程下前、后两次测量的面积分别为 $A_{J,q}$、$A_{J,h}$ 和 $A_{J+1,q}$、$A_{J+1,h}$。对截锥公式，面积差法计算的冲淤量为

$$V_{jzA} = \frac{1}{3}y_{J,J+1}\left[(A_{J,h} - A_{J,q}) + \sqrt{(A_{J,h} - A_{J,q})(A_{J+1,h} - A_{J+1,q})} + (A_{J+1,h} - A_{J+1,q})\right]$$

用体积差法计算的冲淤量为

$$\begin{aligned} V_{jzV} &= V_{jz,h} - V_{jz,q} \\ &= \frac{1}{3}y_{J,J+1}\left[(A_{J,h} + \sqrt{A_{J,h}A_{J+1,h}} + A_{J+1,h}) - (A_{J,q} + \sqrt{A_{J,q}A_{J+1,q}} + A_{J+1,q})\right] \\ &= \frac{1}{3}y_{J,J+1}\left[(A_{J,h} - A_{J,q}) + (\sqrt{A_{J,h}A_{J+1,h}} - \sqrt{A_{J,q}A_{J+1,q}}) + (A_{J+1,h} - A_{J+1,q})\right] \end{aligned}$$

比较 $V_{jzA}$ 和 $V_{jzV}$，可见有 $\sqrt{(A_{J,h}-A_{J,q})(A_{J+1,h}-A_{J+1,q})}$ 和 $(\sqrt{A_{J,h}A_{J+1,h}} - \sqrt{A_{J,q}A_{J+1,q}})$ 项的差别，从解析式结构不易判断大小，说明两种算法不一定自洽协调。

对于梯形公式，用面积差法计算的冲淤量为

$$V_{txA} = \frac{1}{2}y_{J,J+1}\left[(A_{J,h} - A_{J,q}) + (A_{J+1,h} - A_{J+1,q})\right]$$

用体积差法计算的冲淤量为

$$\begin{aligned} V_{txV} &= V_{tx,h} - V_{tx,q} \\ &= \frac{1}{2}y_{J,J+1}\left[(A_{J,h} + A_{J+1,h}) - (A_{J,q} + A_{J+1,q})\right] \\ &= \frac{1}{2}y_{J,J+1}\left[(A_{J,h} - A_{J,q}) + (A_{J+1,h} - A_{J+1,q})\right] \end{aligned}$$

比较可见，$V_{txA}$ 和 $V_{txV}$ 相等，说明梯形公式计算冲淤量的面积差法和体积差法是自洽的。

实际上，由各断面两次测量的各自面积差作底面组成新的立体的周界是不确定的，即对于两断面间断面宽和平均深呈线性变化的容积计算公式要用到的断面宽 $B_J(B_{J+1})$ 和平均深 $H_J(H_{J+1})$ 也不确定，因此两断面间断面宽和平均深呈线性变化的容积计算公式不宜用于面积差法。

总之，计算断面间规定高程下的冲淤量最好应用体积差法。

河段（库段）冲淤量的计算是将 $n$ 段各相邻断面间的冲淤量顺序累加，即

$$V_{nlj} = \sum V_{cyj} \tag{8-2-33}$$

# 2.8　平均河床高程的推算

## 2.8.1　断面平均河床高程的计算

断面平均河床高程用下式计算

$$Z_{d} = Z_{0} - \frac{A}{B} \tag{8-2-34}$$

式中　$Z_{d}$——断面平均河床高程；

$Z_{0}$——断面面积计算的规定高程；

$A$——规定高程下的断面面积；

$B$——断面线长度。

## 2.8.2　测量断面间平均河床高程的推算

求出相邻断面的平均河床高程后，一般将其间的平均河床高程看做沿河流方向呈线性变化，可以内插推求相邻断面间其他位置的平均河床高程。

# 2.9　河床冲淤厚度的推算

## 2.9.1　断面平均河床高程法

设同一断面前后两次平均河床高程分别为 $Z_{dq}$ 和 $Z_{dh}$，则该断面平均河床冲淤厚度 $\Delta Z_{qh}$ 为

$$\Delta Z_{qh} = Z_{dh} - Z_{dq} \tag{8-2-35}$$

在河流纵向坐标系中套绘多次断面平均河床高程分布图线簇，可从图线簇推算沿河流方向其他位置的各测次间的平均冲淤厚度。

## 2.9.2　断面间冲淤体积法

设相邻断面间前后两次冲淤体积为 $V_{qh}$，两断面断面线长度（或冲淤宽度）分别为 $b_{s}$ 和 $b_{x}$，断面间距为 $y_{J,J+1}$，则该断面平均河床冲淤厚度 $\Delta Z_{sxqh}$ 为

$$\Delta Z_{sxqh} = \frac{2V_{qh}}{y_{J,J+1}(b_{s} + b_{x})} \tag{8-2-36}$$

断面间冲淤体积法推算的河床冲淤厚度在断面间冲淤计算范围为一定值，相邻计算范围为阶跃变化。

# 第 3 章　小水库库容及淤积体的数学模拟与简测估算

对于小水库(淤地坝)形成的小型淤积体,通常很少开展地形法或断面法的详细测量,而是在水文调查和水土保持评估时用一些简化方法测算淤积量。一般情况,小水库(淤地坝)地形比较简单,可以通过概化建立模型,实施简易测算。当获得原始库容曲线后,小型淤积体的体积测算还可选用平均淤积高程法、校正因数法和相应高程法,对无原始库容曲线的更小淤积体,可采用锥体、拟台(楔)体概化公式和部分表面面积法测算淤积量。为了更好掌握这些方法的适用性,有必要了解小型淤积体简易测算的基本假设和数学模拟知识。

## 3.1　小水库库容概化模型的建立与测算

### 3.1.1　纵向模拟

#### 3.1.1.1　模型的建立

小水库及淤积体纵向的概化模型示意如图 8-3-1 所示。

以水库纵方向为 $x(L)$ 轴、以坝轴线为 $t$ 轴、竖方向为 $y(\eta)$ 轴建立三维坐标系描述概化模型。图中:$L$ 是淤积末端横断面至坝址断面的距离,$x$ 是距离变量;以坝址断面零库容为基面考察,$z_m$ 是淤积末端断面河床的高程,$z$ 是水位(空库时为高程变量)。由纵剖面图中几何相似关系,可知$\frac{z}{z_m}=\frac{L(z)}{L}$和$\frac{J(x)}{z_m}=\frac{x}{L}$,当水位 $z<z_m$ 时,原始河床的回水长度为

$$L(z) = \frac{z}{z_m}L \tag{8-3-1}$$

对距坝前水平距离 $x$ 处的断面,原河床最深河底高程为

$$J(x) = \frac{x}{L}z_m \tag{8-3-2}$$

当水位为 $z$ 时,在 $x$ 处的断面,原河底到水面包括淤积深的最大水深为

$$h = z - J(x) = z - \frac{x}{L}z_m = z_m\left(\frac{z}{z_m} - \frac{x}{L}\right) \tag{8-3-3}$$

从横向考察,设 $B_m$ 是 $x$ 断面处与 $z_m$ 相应的水面(或顶口)宽,横断面周界线(水淹浸后的湿周)可用方程(8-3-4)描述

$$\eta - J(x) = z_m\left(\frac{2t}{B_m}\right)^n \tag{8-3-4}$$

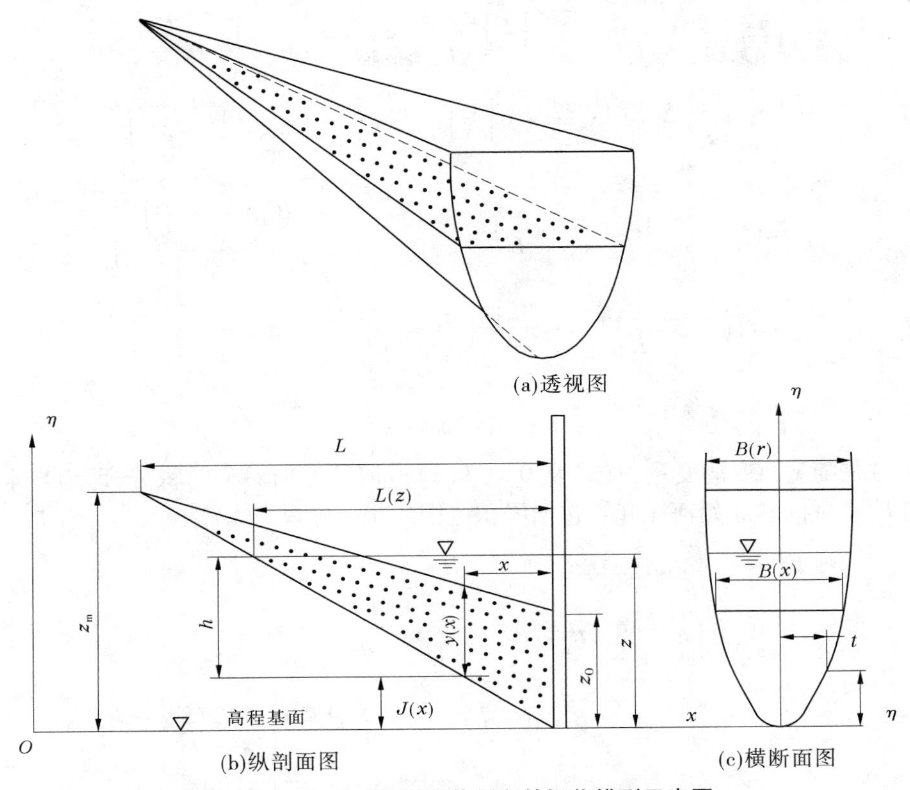


**图 8-3-1　小水库及淤积体纵向的概化模型示意图**

其中，$t$ 为横向变量，$\frac{2t}{B_m}$为横向归一化变量；$\eta$ 为竖向变量，$\eta - J(x)$ 为从河床谷底起算的深度变量，$\frac{\eta - J(x)}{z_m}$为竖向归一化变量；$n$ 称为断面形状指数。当 $J(x)=0$ 时为坝前断面。

对于周界线方程(8-3-4)，考察当水位为 $z$ 时 $\eta = z$ 处的中点位($z$、$\eta$ 同基面)，$\eta - J(x)$即为最大水深 $h$，相应水面宽 $2t$ 设为 $B(x)$，用 $h$ 和 $B(x)$分别代替 $\eta - J(x)$和 $2t$，代入方程(8-3-4)从而解出

$$B(x) = 2t = B_m\left(\frac{h}{z_m}\right)^{\frac{1}{n}} = B_m\left(\frac{z}{z_m} - \frac{x}{L}\right)^{\frac{1}{n}} \tag{8-3-5}$$

这样 $x$ 处断面从原始河床起算水位为 $z$ 时包括淤积范围的面积 $A(x)$ 可由$(z-\eta)$对宽 $t$ 的横向积分求出。从式(8-3-3)、式(8-3-4)可知，$z-\eta = h - z_m\left(\frac{2t}{B_m}\right)^n = z_m\left(\frac{z}{z_m} - \frac{x}{L}\right) - z_m\left(\frac{2t}{B_m}\right)^n$，从而

$$A(x) = 2\int_0^{B(x)/2} z_m\left(\frac{z}{z_m} - \frac{x}{L}\right)\mathrm{d}t - 2\int_0^{B(x)/2} z_m\left(\frac{2t}{B_m}\right)^n \mathrm{d}t$$

$$= \left[2z_m\left(\frac{z}{z_m}-\frac{x}{L}\right)t\Big|_0^{B(x)/2}\right]-\left[\frac{2^{n+1}z_m}{B_m^n}\cdot\frac{t^{n+1}}{n+1}\Big|_0^{B(x)/2}\right]$$

$$= \left[2z_m\left(\frac{z}{z_m}-\frac{x}{L}\right)\frac{B(x)}{2}-0\right]-\left[\frac{2^{n+1}z_m}{B_m^n(1+n)}\left(\frac{B(x)}{2}\right)^{n+1}-0\right]$$

$$= z_m\left(\frac{z}{z_m}-\frac{x}{L}\right)B_m\left(\frac{z}{z_m}-\frac{x}{L}\right)^{\frac{1}{n}}-\frac{2^{n+1}z_m}{B_m^n(1+n)}\left[\frac{B_m\left(\frac{z}{z_m}-\frac{x}{L}\right)^{\frac{1}{n}}}{2}\right]^{n+1}$$

$$= B_m z_m\left(\frac{z}{z_m}-\frac{x}{L}\right)^{1+\frac{1}{n}}-\frac{B_m z_m}{1+n}\left(\frac{z}{z_m}-\frac{x}{L}\right)^{1+\frac{1}{n}}$$

$$= \frac{n}{1+n}B_m z_m\left(\frac{z}{z_m}-\frac{x}{L}\right)^{1+\frac{1}{n}} \tag{8-3-6}$$

$A(x)$是随$x$而变的变量,$A(x)$从0到$L(z)$沿河长方向对$x$的积分,即为当水位为$z$时0到$L(z)$区间从原始河床起算包括淤积范围的相应库容$V(x)$。

$$V(x) = \int_0^{L(z)} A(x)\,dx$$

$$= \int_0^{L(z)} \frac{n}{1+n}B_m z_m\left(\frac{z}{z_m}-\frac{x}{L}\right)^{1+\frac{1}{n}}dx$$

$$= \int_0^{L(z)} \frac{n}{1+n}B_m z_m(-L)\left(\frac{z}{z_m}-\frac{x}{L}\right)^{1+\frac{1}{n}}d\left(\frac{z}{z_m}-\frac{x}{L}\right)$$

$$= \frac{-nLB_m z_m}{1+n}\left[\frac{\left(\frac{z}{z_m}-\frac{x}{L}\right)^{2+\frac{1}{n}}}{2+\frac{1}{n}}\Bigg|_0^{\frac{z}{z_m}L}\right]$$

$$= \frac{-n^2LB_m z_m}{(1+n)(1+2n)}\left[\left(\frac{z}{z_m}-\frac{zL}{z_mL}\right)^{2+\frac{1}{n}}-\left(\frac{z}{z_m}-\frac{0}{L}\right)^{2+\frac{1}{n}}\right]$$

$$= \frac{n^2LB_m}{(1+n)(1+2n)z_m^{1+\frac{1}{n}}}z^{2+\frac{1}{n}} \tag{8-3-7}$$

式中,$L$、$z_m$、$B_m$、$n$可测算确定,$z$是高程变量,$V(x)\sim L(z)\sim z$紧密联系,因此$V(x)=f(z)$紧密联系的式(8-3-7)是原始库容方程曲线。显然,式(8-3-7)的限制条件是$z<z_m$,当$z=z_m$即$L(z)=L$时,$V(x)=\frac{n^2LB_m z_m}{(1+n)(1+2n)}$是与淤积末端断面高程相应的最大原始库容。

### 3.1.1.2　模型中有关参数的测算和确定

为了应用式(8-3-7),下面探讨$L$、$z_m$、$B_m$、$n$等参数测算确定的途径和方法。

1. $L$、$z_m$测算

从纵剖面图看,以坝址断面零库容为基面时,$z_m$是淤积末端断面河床的高程。因此,首先应确定作为模型高程起算点的零库容基面,然后查勘$z_m$测算断面的位置,$z_m$测算断面确定后,在该断面取若干点测算高程数据,用若干点高程数据的平均值作$z_m$在式(8-3-7)模型中的代表数据。

以河道中泓走向划定淤积末端横断面至坝址断面距离 $L$ 的测量线(河道弯曲时可使 $L$ 为折线),并通过普通量距方法测量其长度。

2. $B_m$ 测算

$B_m$ 定义为某断面与 $z_m$ 相应的水面(或顶口)宽,并在用 $n$ 次抛物线方程描述横断面周界时有归一化自变量的功能。前述水库容积积分的"某断面"不是唯一的确定断面,而是沿纵轴连续变化的变量,因此在运用式(8-3-7)时需要进行 $B_m$ 的代表性测算。

对于在 $z_m$ 水平面顺直的河道,可用坝址断面和淤积末端断面 $B_m$ 的平均值作代表性 $B_m$;对于在 $z_m$ 水平面不顺直的河道,可用坝址断面、淤积末端断面和控制中间变化的若干断面(这些断面应与 $L$ 方向线正交)$B_m$ 的算术或距离加权的平均值作代表性 $B_m$。实际工程实施过程,$B_m$ 可结合 $L$、$z_m$ 一起勘查测算。

3. $n$ 的确定

简单分析方程(8-3-4)的 $n$,可见,$n=1$ 表明横断面周界是三角形或 V 形,$n=2$ 表明横断面周界是正抛物线或 U 形。大多横断面周界似界于这两者之间,预示 $n$ 应取 1~2 的数值。现再分析一下确定 $n$ 的一般情况。

在式(8-3-7)中只有 $z$ 是变量,$V(x)$ 是它的函数,令

$$\beta = \frac{n^2 L B_m}{(1+n)(1+2n) z_m^{1+\frac{1}{n}}} \tag{8-3-8}$$

则式(8-3-7)可改写为

$$V(x) = \beta z^{2+\frac{1}{n}} \tag{8-3-9}$$

两边取对数,有

$$\lg V(x) = \lg\beta + \left(2+\frac{1}{n}\right)\lg z \tag{8-3-10}$$

可见 $\lg V(x)$ 和 $\lg z$ 是线性关系,其斜率为 $m=\Delta\lg V/\Delta\lg z = 2+\frac{1}{n}$,故

$$n = \frac{1}{m-2} \tag{8-3-11}$$

采用式(8-3-10)、式(8-3-11)推求 $n$ 的方法是从式(8-3-7)推导来的,按逻辑顺序它不能再返回到式(8-3-7)而应用,但却为从库容—高程关系推求 $n$ 指出了如下的途径思路。

一般对于有原始库容曲线的水库,在原始库容曲线上摘取对应的 $z_i$ 和 $V_i$ 值,点绘 $\lg V_i \sim \lg z_i$ 关系线,拟合为直线,求直线斜率 $m=\Delta\lg V/\Delta\lg z$,按式(8-3-11)计算断面形状指数 $n$。这样求出的 $n$ 虽然没必要再用到式(8-3-7)推求库容方程曲线(因已有原始库容曲线),但可用在后面式(8-3-21)计算淤积体总量的公式中。实际上,总结由原始库容曲线推算的断面形状指数 $n$,使其推广到无原始库容曲线但横断面与其相似的水库,从而应用式(8-3-7)推求库容方程曲线是重要的基础业务之一。

### 3.1.2 竖向模拟

在式(8-3-7)的推导中,水库库容是以与纵轴 $x$ 正交的截面面积积分而获得的,标识为 $V(x)$,其实它只是 $z$ 的函数。求 $V(x)$ 对 $z$ 的导函数,它给出的是一与竖轴 $y(\eta)$ 正交的

水平面面积与高程的关系，即 $A(y) \sim z$ 曲线方程，推导如下

$$\begin{aligned} A(y) &= \frac{dV}{dz} \\ &= \frac{n^2 LB_m}{(1+n)(1+2n)z_m^{1+\frac{1}{n}}} \frac{dz^{2+\frac{1}{n}}}{dz} \\ &= \frac{n}{(1+n)} LB_m z_m^{-(1+\frac{1}{n})} \cdot z^{1+\frac{1}{n}} \\ &= A_d z^{1+\frac{1}{n}} \end{aligned} \tag{8-3-12}$$

其中

$$A_d = \frac{n}{(1+n)} LB_m z_m^{-(1+\frac{1}{n})} \tag{8-3-13}$$

用 $A_d$ 代替式(8-3-7)中的有关参数，通过同样的推导，并将 $V(x)$ 改为标识 $V(y)$ 后得出

$$V(y) = A_d \frac{n}{1+2n} z^{2+\frac{1}{n}} \tag{8-3-14}$$

对式(8-3-12)两边取对数，有

$$\lg A(y) = \lg A_d + (1 + \frac{1}{n}) \lg z \tag{8-3-15}$$

可见 $\lg A(y)$ 和 $\lg z$ 是线性关系，其斜率为 $j = \Delta \lg A(y) / \Delta \lg z = 1 + \frac{1}{n}$，截距为 $\lg A_d$，故

$$n = \frac{1}{j-1} \tag{8-3-16}$$

$$A_d = 10^{\lg A_d} \tag{8-3-17}$$

以上分析为有原始地形图的水库指出了从竖向模拟库容曲线的途径方法，一般步骤概括如下：

(1)量算库区各级高程 $z_i$ 地形等高线包围的水平面积 $A(y)_i$；

(2)点绘 $\lg A(y)_i \sim \lg z_i$ 关系，拟合为直线，求直线斜率 $j = \Delta \lg A(y) / \Delta \lg z$ 和直线在 $\lg A(y)$ 轴上的截距 $\lg A_d$，用式(8-3-16)和式(8-3-17)计算断面形状系数 $n$ 和概化库底面积 $A_d$；

(3)将 $n$ 和 $A_d$ 代入式(8-3-14)计算并点绘库容曲线。

不难看出，由式(8-3-11)和式(8-3-16)推算的 $n$ 值的原始出发处均为式(8-3-4)，处理的差别在于前者适合小水库有原始库容曲线，后者适合小水库有原始地形图，而实际业务工作中，总是总结经验，根据横断面或水平面的相似情况将获得的 $n$ 借用到无原始库容曲线或无原始地形图的小水库(淤地坝)作为估算应用的参数。对于既有原始库容曲线又有原始地形图的小水库或淤地坝，可用两种途径计算 $n$，互相校核合理选择采用，或者在两种途径计算的 $n$ 差别不大时用其均值作模型代表的 $n$。

## 3.2　小水库淤积体测算的概化模型

如图 8-3-1 所示，$z_0$ 是以坝址断面零库容为基面时坝址断面淤积面的高程，$y(x)$ 为 $x$

处断面的淤积深。由淤积体纵剖面三角形的相似关系，可知$\frac{y(x)}{z_0}=\frac{L-x}{L}$，从而解出

$$y(x)=\left(1-\frac{x}{L}\right)z_0 \tag{8-3-18}$$

用 $y(x)$ 和相应宽 $B_E(x)$ 代替式(8-3-4)的 $\eta$ 和 $2t$，解出本断面淤积体的表面宽为

$$B_E(x)=2t=B_m\left[\frac{y(x)}{z_m}\right]^{\frac{1}{n}}=B_m\left[\frac{(1-\frac{x}{L})z_0}{z_m}\right]^{\frac{1}{n}}=B_m\left(\frac{z_0}{z_m}\right)^{\frac{1}{n}}\left(1-\frac{x}{L}\right)^{\frac{1}{n}} \tag{8-3-19}$$

这样，淤积体 $x$ 处断面的面积即$[y(x)-\eta]$对宽 $t$ 的积分为

$$\begin{aligned}
A_E(x) &= 2\int_0^{B_E(x)/2} y(x)\,dt-2\int_0^{B_E(x)/2}\eta dt \\
&= 2\int_0^{B_E(x)/2}\left(1-\frac{x}{L}\right)z_0\,dt-2\int_0^{B_E(x)/2} z_m\left(\frac{2t}{B_m}\right)^n dt \\
&= 2z_0\left(1-\frac{x}{L}\right)t\Big|_0^{B_E(x)/2}-\frac{2^{n+1}z_m}{B_m^n}\cdot\frac{t^{n+1}}{n+1}\Big|_0^{B_E(x)/2} \\
&= 2z_0\left(1-\frac{x}{L}\right)\left[\frac{B_m\left(\frac{z_0}{z_m}\right)^{\frac{1}{n}}\left(1-\frac{x}{L}\right)^{\frac{1}{n}}}{2}-0\right]-\frac{2^{n+1}z_m}{(1+n)B_m^n}\left\{\frac{\left[B_m\left(\frac{z_0}{z_m}\right)^{\frac{1}{n}}\left(1-\frac{x}{L}\right)^{\frac{1}{n}}\right]^{n+1}}{2^{n+1}}-0\right\} \\
&= B_m z_0\left(\frac{z_0}{z_m}\right)^{\frac{1}{n}}\left(1-\frac{x}{L}\right)^{1+\frac{1}{n}}-\frac{B_m z_m}{1+n}\left(\frac{z_0}{z_m}\right)^{1+\frac{1}{n}}\left(1-\frac{x}{L}\right)^{1+\frac{1}{n}} \\
&= \frac{n}{1+n}B_m z_0\left(\frac{z_0}{z_m}\right)^{\frac{1}{n}}\left(1-\frac{x}{L}\right)^{1+\frac{1}{n}}
\end{aligned} \tag{8-3-20}$$

从坝前到淤积末端的总淤积体积是 $A_E(x)$ 在 $0\sim L$ 区间的积分，即

$$\begin{aligned}
V_{XZ} &= \int_0^L A_E(x)\,dx \\
&= \frac{n}{1+n}B_m z_0\left(\frac{z_0}{z_m}\right)^{\frac{1}{n}}(-L)\int_0^L\left(1-\frac{x}{L}\right)^{1+\frac{1}{n}}d\left(1-\frac{x}{L}\right) \\
&= -\frac{n}{1+n}B_m z_0 L\left(\frac{z_0}{z_m}\right)^{\frac{1}{n}}\cdot\frac{(1-\frac{x}{L})^{2+\frac{1}{n}}}{2+\frac{1}{n}}\Bigg|_0^L \\
&= -\frac{n^2}{(1+n)(1+2n)}B_m z_0 L\left(\frac{z_0}{z_m}\right)^{\frac{1}{n}}\left[\left(1-\frac{L}{L}\right)^{2+\frac{1}{n}}-\left(1-\frac{0}{L}\right)^{2+\frac{1}{n}}\right] \\
&= \frac{n^2 L B_m z_0^{1+\frac{1}{n}}}{(1+n)(1+2n)z_m^{\frac{1}{n}}}
\end{aligned} \tag{8-3-21}$$

式中，$L$、$z_m$、$z_0$、$B_m$、$n$ 可通过测算确定，所以式(8-3-21)是淤积体总量的计算公式。

在淤积末端横断面至坝址断面的距离 $L$ 相等的条件下，将同一时间测算的式(8-3-7)

和式(8-3-21)的成果相比较,可知最大原始库容 $V(z)=\frac{n^2LB_mz_m}{(1+n)(1+2n)}$ 与淤积体总量 $V_{XZ}=\frac{n^2LB_mz_0}{(1+n)(1+2n)}\left(\frac{z_0}{z_m}\right)^{\frac{1}{n}}$ 之差是该时间最大利用库容。

因为水库随着运用时间的延续,淤积体状态会有所变化,所以不同时间测算的式(8-3-7)和式(8-3-21)的成果及其差推算的最大利用库容应是不同的。

式(8-3-21)中 $L$、$z_m$、$B_m$、$n$ 的意义同式(8-3-7),测算确定途径方法前已叙述。$z_0$ 是坝址断面淤积面的高程,但一般选择邻近坝址的合适断面作 $z_0$ 测算的断面,且在该断面取若干点测算高程数据,用若干点高程数据的平均值作 $z_0$ 在式(8-3-21)模型中的代表高程。当然,$z_0$ 还可采用式(8-3-27)的方法测算。

## 3.3　以库容曲线为基础的淤积量测算方法

小水库库容及淤积体的概化模型为我们直接测算库容及淤积量提供了一类途径方法,但是对于有库容曲线的小水库,总是以已有库容曲线为基础,参考借用库容及淤积体概化模型间的关系,经过简易测算获得淤积量。下面介绍常用的一些方法。

### 3.3.1　平均淤积高程法

对于几乎淤平,淤积面比降小于5%的小水库或淤地坝的淤积体,可用平均淤积高程法测算淤积量,方法如下。

(1)从坝前到淤积末端,以控制淤积体平面变化为原则,布设 $k+1$ 个大致平行的断面,测量断面间的间距。在每一断面布设 $m+1$ 个能控制淤积断面起伏的测点,测量各淤积测点的高程和测点间的水平距离。

(2)按下列公式计算各断面的平均高程和淤积面的平均高程

$$\overline{z_i}=\frac{1}{2B_i}\sum_{j=1}^{m}(z_j+z_{j+1})\Delta B_j \tag{8-3-22}$$

$$\bar{z}=\frac{1}{2L}\sum_{i=1}^{k}(\overline{z_i}+\overline{z_{i+1}})\Delta L_i \tag{8-3-23}$$

式中　$\bar{z}$——库区淤积面的平均高程;

$\overline{z_i}$——第 $i$ 断面的平均淤积高程;

$z_j$——第 $i$ 断面第 $j$ 测点的淤积高程;

$\Delta L_i$——相邻断面的间距;

$L=\sum_{i=1}^{k}\Delta L_i$——坝前到淤积末端的长度;

$\Delta B_j$——同断面相邻测点间的水平距离;

$B_i=\sum_{j=1}^{m}\Delta B_j$——第 $i$ 断面淤积面的宽。

(3)在原始库容曲线上查读与 $\bar{z}$ 相应的库容,即为水库的累积淤积体积。

式(8-3-22)、式(8-3-23)的意义很清楚,将以规则测量的高程点进行横向与纵向的两轮平均等效为水平淤积的高程。断面与测点的布设及数量应根据实际情况确定。当淤积面较平整时,可均匀布点,用算术平均法计算平均高程。

### 3.3.2　校正因数法

如果用平均高程法测算的平均高程 $\bar{z}$ 代替式(8-3-7)中的 $z$,则由此推算的水库淤积的体积为

$$V = \frac{n^2 LB_m}{(1+n)(1+2n)z_m^{1+\frac{1}{n}}}(\bar{z})^{2+\frac{1}{n}} \tag{8-3-24}$$

采用式(8-3-21)计算的水库淤积的体积为 $V_{XZ}$,令 $V_{XZ}$ 与 $V$ 的比值为 $K$,则

$$K = \frac{z_m}{z_0}\left(\frac{z_0}{\bar{z}}\right)^{2+\frac{1}{n}} \tag{8-3-25}$$

从而

$$V_{XZ} = KV \tag{8-3-26}$$

$K$ 称为校正系数,以此思路衍生的方法称校正系数法。

实际上,为了提高测算精度,$V$ 总是尽可能用原始库容曲线的平均淤积高程法获得。$\bar{z}$ 用式(8-3-22)、式(8-3-23)测算,$z_m$ 测算同前述。当把淤积面概化为平面时,坝前高程 $z_0$ 和淤积末端高程 $z_m$ 的均值为 $\bar{z}=(z_0+z_m)/2$,从而可解出 $z_0$ 的概化值。即

$$z_0 = 2\bar{z} - z_m \tag{8-3-27}$$

应用式(8-3-25)时,$z_0$ 常取式(8-3-27)的概化值。

总括上述分析,校正因数法的实施步骤如下:

(1)按平均淤积高程法求出淤积面平均高程 $\bar{z}$ 和相应淤积库容 $V$;

(2)按式(8-3-27)计算概化的坝前淤积断面相对平均高程 $z_0$;

(3)按 3.1.1 部分的方法测算 $z_m$ 和 $n$;

(4)按式(8-3-25)计算库容校正因数 $K$;

(5)按式(8-3-26)测算累积淤积体积 $V_{XZ}$。

在式(8-3-25)中,若 $z_m=z_0=\bar{z}$,则 $K=1$,$V_{XZ}$ 即为平均淤积高程法的库容淤积量。$z_m$ 接近 $z_0$ 表明淤积面坡降小,才可以不经修正直接应用平均淤积高程法,或者说,平均淤积高程法的应用是受淤积面坡降限制的。

### 3.3.3　相应高程法

如果我们设想一个高程 $z_{XY}$,使它代入式(8-3-7)计算的水库容积恰好和式(8-3-21)计算的淤积量相等,则由 $z_{XY}$ 的值从库容曲线查读的库容即可作为淤积体积。因此,求 $z_{XY}$ 就很有实用意义,由此衍生的方法称为相应高程法。按此思路,由

$$\frac{n^2 LB_m}{(1+n)(1+2n)z_m^{1+\frac{1}{n}}} z_{XY}^{2+\frac{1}{n}} = \frac{n^2 LB_m z_0^{1+\frac{1}{n}}}{(1+n)(1+2n)z_m^{\frac{1}{n}}}$$

解出 $z_{XY}$ 为

$$z_{XY} = z_0^{\frac{1+n}{1+2n}} z_m^{\frac{n}{1+2n}} \tag{8-3-28}$$

在式(8-3-28)中,若 $z_m = z_0$,则 $z_{XY} = z_0 = \bar{z}$,淤积面呈水平状态,比降为零,从而转化为平均淤积高程法。同样说明,平均淤积高程法的应用是受淤积面坡降限制的。

总括上述分析,相应高程法的实施步骤如下:

(1)按3.1.1部分的方法测算 $z_m$ 和 $n$;

(2)按式(8-3-27)计算概化的坝前淤积断面相对平均高程 $z_0$;

(3)按式(8-3-28)计算相应高程 $z_{XY}$:

(4)在原始库容曲线上,查读相应于 $z_{XY}$ 的库容 $V_{XY}$ 即为相应的累积淤积体积。

一般说来,在同样条件下,相应高程法的精度高于校正因数法。

## 3.4 淤积体规则概化的测算方法

对于更小的水库(淤地坝)淤积体,根据形状,通常将横断面概化为规则的锥体或拟台(楔)体,然后测算特征要素,计算淤积体体积。

### 3.4.1 锥体公式

由水库淤积概化图(见图8-3-1)可知,概化的淤积体就是锥体,因此式(8-3-21)推导的淤积体公式也就是锥体公式。一般淤积面为水平面时才按锥体考虑,这种情况下,$z_m = z_0 = d_0$,$B_m = B_0$,式(8-3-21)就成为

$$V_J = \frac{n^2}{(1+n)(1+2n)} LB_0 d_0 \tag{8-3-29}$$

式中 $V_J$——锥体体积,$m^3$;

$L$——坝前至淤积末端的水平距离,m;

$d_0$——坝前最大淤积深,m;

$n$——淤积体横断面形状指数,当横断面分别为三角形、二次抛物线形、矩形和梯形时,$n$ 值相应取1、2、∞和1~∞间的适当值;

$B_0$——坝前断面淤积表面宽,m。

当断面宽沿河长呈直线变化时,采用直接测算的 $B_0$;当断面宽沿河长不呈直线变化时,采用下式测算 $B_0$

$$B_0 = \frac{1}{L}\sum_{i=1}^{k}[(B_i + B_{i+1})\Delta L_i] - B_m \tag{8-3-30}$$

式中 $B_i$——按平面变化趋势测量的各控制断面宽,m,$i = 1,2,\cdots,k$ 为断面编号;

$L = \sum_{i=1}^{k}\Delta L_i$——坝前到淤积末端的长度,m;

$\Delta L_i$——相邻断面的间距,m;

$B_m$——淤积末端断面淤积表面宽,m。

将式(8-3-30)改写为 $\frac{B_0 + B_m}{2}L = \sum_{i=1}^{k}\left(\frac{B_i + B_{i+1}}{2}\Delta L_i\right)$,可见等式左边是把淤积平面在总体上概化为梯形时的面积,右边是把淤积平面分成许多梯形时的面积和,从而推出 $B_0$ 的表达式。

### 3.4.2　拟台(楔)体公式

拟台(楔)体体积是等底等高柱体体积的一半,如果用坝前断面淤积体上、下底宽 $B_0$、$b_0$ 及淤积面末端表面宽 $B_m$ 三者的均值近似柱体底面的宽,坝前淤积深 $d_0(z_0)$ 作柱体底面的长,淤积距离 $L$ 作柱体的高,则拟台(楔)体的体积 $V_Q$ 为

$$V_Q = \frac{1}{2}\left[\frac{1}{3}(B_0 + b_0 + B_m)d_0L\right] = \frac{1}{6}(B_0 + b_0 + B_m)Ld_0 \tag{8-3-31}$$

## 3.5　部分表面面积法

沿淤积表面纵轴,按变化形态将淤积体表面分成 $m$ 个平行区片,各区片面积为 $a_i$、对应各片重心到坝址断面距离为 $x_i$、淤积末端断面至坝址断面的水平距离为 $L$、淤积深为 $y_i$。由水库淤积概化图(见图8-3-1)可见,各点的淤积深 $y_i$ 与该点到淤积末端距离 $L-x_i$ 成比例,即有 $\frac{y_i}{z_0}=\frac{L-x_i}{L}$ 关系,其中 $z_0$ 即 $d_0$ 为坝前淤积深,$L$ 为淤积距离,从而解出

$$y_i = \frac{L - x_i}{L}d_0 \tag{8-3-32}$$

当淤积体横断面为矩形时,各区片淤积体可看做拟台(楔)体。从纵向考察各拟台(楔)体,以底面积为 $a_i$,高为 $y_i$ 近似计算的各部分体积为 $\Delta V_i = y_i a_i = \frac{L-x_i}{L}d_0 a_i$,总体积为 $\frac{d_0}{L}\sum_{i=1}^{m}(L-x_i)a_i$。当实际横断面不是矩形时,各部分形体也不成拟台(楔)体,应给予修正,仿照式(8-3-6)或式(8-3-20),取 $\frac{n}{1+n}$ 作断面形状修正系数,从而将淤积体体积表达为

$$V_{BM} = \frac{n}{1+n}\frac{d_0}{L}\sum_{i=1}^{m}(L - x_i)a_i \tag{8-3-33}$$

式中　$V_{BM}$——淤积体体积,$m^3$;

$m$——平行分割的淤积表面区块数;

$n$——淤积体横断面形状指数,当横断面分别为三角形、二次抛物线形、矩形和梯形时,$n$ 值相应取1、2、$\infty$ 和 $1\sim\infty$ 间的适当值。

# 参考文献

[1] 中华人民共和国人力资源和社会保障部.水文勘测工国家职业技能标准[S].北京:中国劳动社会保障出版社,2009.

[2] 中华人民共和国劳动法(2007年6月29日通过,2008年1月1日起施行).

[3] 中华人民共和国安全生产法(2002年6月29日通过,2002年11月1日起施行).

[4] 中华人民共和国水法(2002年8月29日通过,2002年10月1日起施行).

[5] 中华人民共和国防洪法(1997年8月29日通过,1998年1月1日起施行).

[6] 中华人民共和国河道管理条例(1988年6月3日通过,1988年6月10日起施行).

[7] 中华人民共和国水文条例(2007年3月28日通过,2007年6月1日起施行).

[8] 重大水污染事件报告暂行办法(2000年7月3日水利部水资源[2000]251号,2003年7月3日起施行).

[9] 黄河水利委员会水文局. GB 50159—92　河流悬移质泥沙测验规范[S].北京:中国计划出版社,1992.

[10] 长江水利委员会水文局. GB50179—93　河流流量测验规范[S].北京:中国标准出版社,1994.

[11] 中国标准化研究院. GB/T 12452—2008　企业水平衡测试通则[S].北京:中国标准出版社,2008.

[12] 水利部水文局. GB/T 22482—2008　水文情报预报规范[S].北京:中国标准出版社,2008.

[13] 中华人民共和国水利部. GB/T 50095—98　水文基本术语和符号标准[S].北京:中国计划出版社,1999.

[14] 中华人民共和国水利部. GB/T 50138—2010　水位观测标准[S].北京:中国计划出版社,2010.

[15] 南京水利水文自动化研究所. SL 06—89　水文测验铅鱼[S].北京:水利电力出版社,1990.

[16] 南京水利水文自动化研究所. SL 07—89　瞬时式悬移质泥沙采样器[S].北京:水利水电出版社,1990.

[17] 南京水利水文自动化研究所. SL 08—89　积时式悬移泥沙采样器[S].北京:水利电力出版社,1990.

[18] 南京水利水文自动化研究所. SL 09—89　水文测杆[S].北京:水利水电出版社,1990.

[19] 山东省水文总站. SL 20—92　水工建筑物测流规范[S].北京:水利水电出版社,1992.

[20] 南京水利科学研究院. SL 21—2006　降水量观测规范[S].北京:中国水利水电出版社,2006.

[21] 安徽省水文总站. SL 24—91　堰槽测流规范[S].北京:中国水利水电出版社,1992.

[22] 水利部水文司. SL 34—92　水文站网规划技术导则[S].北京:水利水电出版社,1992.

[23] 水利部黄河水利委员会. SL 42—2010　河流泥沙颗粒分析规程[S].北京:中国水利水电出版社,2010.

[24] 长江水利委员会水文局. SL 43—92　河流推移质泥沙及床沙测验规程[S].北京:水利水电出版社,1992.

[25] 长江水利委员会水文局. SL 44—93　水利水电工程设计洪水计算规范[S].北京:中水利水电出版社,1993.

[26] 长江水利委员会水文局. SL 50—93　压力式水位计[S].北京:中国水利水电出版社,1993.

[27] 黑龙江省水文总站. SL 58—93　水文普通测量规范[S].北京:水利水电出版社,1994.

[28] 黑龙江省水文总站. SL 59—93　河流冰情观测规范[S].北京:水利水电出版社,1994.

[29] 水利部水文信息中心. SL 61—2003 水文自动测报系统规范[S]. 北京:中国水利水电出版社, 2003.

[30] 吉林省水文资源局. SL 183—2005 地下水监测规范[S]. 北京:中国水利水电出版社,2006.

[31] 松辽流域水环境监测中心. SL 187—96 水质采样技术规程[S]. 北京:中国水利水电出版社, 1997.

[32] 长江水利委员会水文局. SL 195—97 水文巡测规范[S]. 北京:中国水利水电出版社,1997.

[33] 南京水文水资源研究所. SL 196—97 水文调查规范[S]. 北京:中国水利水电出版社,1997.

[34] 长江流域水环境监测中心. SL 219—98 水环境监测规范[S]. 北京:中国水利水电出版社,1998.

[35] 长江水利委员会水文局. SL 247—1999 水文资料整编规范[S]. 北京:中国水利水电出版社, 2000.

[36] 长江水利委员会水文局. SL 250—2000 水文情报预报规范[S]. 北京:中国水利水电出版社, 2001.

[37] 水利部水文局. SL 276—2002 水文基础设施建设及技术装备标准[S]. 北京:中国水利水电出版社,2002.

[38] 水利部水利信息中心. SL 330—2011 水情信息编码[S]. 北京:中国水利水电出版社,2011.

[39] 河海大学. SL 364—2006 土壤墒情监测规范[S]. 北京:中国水利水电出版社,2007.

[40] 水利部水文局. SL443—2009 水文缆道测验规范[S]. 北京:中国水利水电出版社,2009.

[41] 水利部水文局. SL 460—2009 水文年鉴汇编刊印规范[S]. 北京:中国水利水电出版社,2010.

[42] 南京水利水文自动化研究所. SL/T 184—1997 超声波水位计[S]. 北京:中国水利水电出版社, 1998.

[43] 南京水利水文自动化研究所,黄河水利委员会水文局,河海大学. SL/T 208—1998 河流泥沙测验及颗粒分析仪器[S]. 北京:中国水利水电出版社,1998.

[44] 湖南省水文总站. SD 174—85 比降—面积法测流规范[S]. 北京:水利电力出版社,1986.

[45] 长江流域规划办公室水文局. SD 185—86 动船法测流规范[S]. 北京:水利电力出版社,1986.

[46] 水利部水文司. SD 265—88 水面蒸发观测规范[S]. 北京:水利电力出版社,1988.

[47] 中国环境监测总站,辽宁省环境监测中心. HJ 493—2009 水质采样样品的保存和管理技术规定[S]. 北京:中国环境科学出版社,2009.

[48] 中国环境监测总站,辽宁省环境监测中心. HJ 494—2009 水质采样技术指导[S]. 北京:中国环境科学出版社,2009.

[49] 水利电力部水利司. 水文测验手册——第一册 野外工作[M]. 北京:水利电力出版社,1975.

[50] 水利电力部水利司. 水文测验手册——第二册 泥沙颗粒分析和水化学分析[M]. 北京:水利电力出版社,1976.

[51] 水利电力部水利司. 水文测验手册——第三册 资料整编和审查[M]. 北京:水利电力出版社, 1976.

[52] 中国水利学会泥沙专业委员会. 泥沙手册[M]. 北京:中国环境科学出版社,1992.

[53] 中国环境监测总站《环境水质监测质量保证手册》编写组. 环境水质监测质量保证手册[M]. 2 版. 北京:化学工业出版社,1994.

[54] 水利部水文司. 水文普通测量手册[M]. 南京:河海大学出版社,1996.

[55] [美]DavidRMaidment. 水文学手册[M]. 张建云,李纪生,等译. 北京:科学出版社,2002.

[56] 冯讷敏,沈秋,等. 水文仪器设备实用维修手册[M]. 南京:河海大学出版社,2004.

[57] 北京林学院测量教研组. 测量学[M]. 北京:农业出版社,1962.

[58] 浙江大学数学系高等数学教研组. 概率论与数理统计[M]. 北京:人民教育出版社,1979.

[59] 扬州水利学校. 水文测验[M]. 北京:水利出版社,1980.
[60] 华东水利学院. 水力学(上册)[M]. 2 版. 北京:科学出版社,1983.
[61] 华东水利学院. 水力学(下册)[M]. 2 版. 北京:科学出版社,1984.
[62] 肖明耀. 误差理论与应用[M]. 北京:计量出版社,1985.
[63] 吴中贻. 水力学与水文测验基础知识[M]. 郑州:黄河水利出版社,1996.
[64] 马庆云. 水文勘测工[M]. 郑州:黄河水利出版社,1996.
[65] 沙玉清. 泥沙运动学引论[M]. 沙际德校订. 西安:陕西科学技术出版社,1996.
[66] 水利部水文局. 江河泥沙测量文集[M]. 郑州:黄河水利出版社,2000.
[67] 国家环境保护总局水和废水监测分析方法编委会. 水和废水监测分析方法[M]. 4 版. 北京:中国环境科学出版社,2002.
[68] 张留柱,等. 水文测验学[M]. 郑州:黄河水利出版社,2003.
[69] 赵由才. 环境工程化学[M]. 北京:化学工业出版社,2003.
[70] 陈玲,等. 环境监测[M]. 北京:化学工业出版社,2004.
[71] 芮孝芳. 水文学原理[M]. 北京:中国水利水电出版社,2004.
[72] 潘正风,等. 数学测图原理与方法[M]. 武汉:武汉大学出版社,2004.
[73] 赵文亮. 地形测量[M]. 郑州:黄河水利出版社,2005.
[74] 赵志贡,等. 水文测验学[M]. 郑州:黄河水利出版社,2005.
[75] 蔡守允,等. 水利工程模型试验量测技术[M]. 北京:海洋出版社,2008.
[76] 林祚顶. 水文现代化与水文新技术[M]. 北京:中国水利水电出版社,2008.
[77] 谢悦波. 水信息技术[M]. 北京:中国水利水电出版社,2009.

# 附录1 水文勘测工国家职业技能标准

（2009年修订）

## 1 职业概况

### 1.1 职业名称

水文勘测工。

### 1.2 职业定义

依靠水文勘测技能知识，利用仪器设备，按照技术规程，实施水文要素测报、水文资料整编、水文调查和水文观测场地勘察测量的人员。

### 1.3 职业等级

本职业共设五个等级，分别为：初级（国家职业资格五级）、中级（国家职业资格四级）、高级（国家职业资格三级）、技师（国家职业资格二级）、高级技师（国家职业资格一级）。

### 1.4 职业环境

室外。

### 1.5 职业能力特征

具有一定的学习、计算和表达能力；具有一定的空间感；手指、手臂灵活，动作协调。

### 1.6 基本文化程度

高中毕业（或同等学历）。

### 1.7 培训要求

#### 1.7.1 培训期限

全日制职业学校教育，根据其培养目标和教学计划确定。晋级培训期限：初级不少于600标准学时；中级不少于500标准学时；高级不少于320标准学时；技师不少于200标准学时；高级技师不少于120标准学时。

#### 1.7.2 培训教师

培训初级、中级、高级水文勘测工的教师应具有本职业技师及以上职业资格证书或相关专业中级及以上专业技术职务任职资格；培训技师的教师应具有本职业高级技师职业资格证书或相关专业高级专业技术职务任职资格；培训高级技师的教师应具有本职业高级技师职业资格证书2年以上或相关专业高级专业技术职务任职资格。

#### 1.7.3 培训场地设备

理论培训场地应为满足教学需要的标准教室。实际操作培训场地应为具有必备的仪器、设备和设施，安全措施完善的场所。

### 1.8 鉴定要求

#### 1.8.1 适用对象

从事或准备从事本职业的人员。

1.8.2　申报条件

——初级(具备以下条件之一者)

(1)经本职业初级正规培训达规定标准学时数,并取得结业证书。

(2)在本职业连续见习工作 2 年以上。

(3)本职业学徒期满。

——中级(具备以下条件之一者)

(1)取得本职业初级职业资格证书后,连续从事本职业工作 3 年以上,经本职业中级正规培训达规定标准学时数,并取得结业证书。

(2)取得本职业初级职业资格证书后,连续从事本职业工作 5 年以上。

(3)连续从事本职业工作 7 年以上。

(4)取得经劳动和社会保障行政部门审核认定的、以中级技能为培养目标的中等以上职业学校本职业(专业)毕业证书。

——高级(具备以下条件之一者)

(1)取得本职业中级职业资格证书后,连续从事本职业工作 4 年以上,经本职业高级正规培训达规定标准学时数,并取得结业证书。

(2)取得本职业中级职业资格证书后,连续从事本职业工作 6 年以上。

(3)取得高级技工学校或经劳动和社会保障行政部门审核认定的、以高级技能为培养目标的高等职业学校本职业(专业)毕业证书。

(4)取得本职业中级职业资格证书的大专以上本专业或相关专业毕业生,连续从事本职业工作 2 年以上。

——技师(具备以下条件之一者)

(1)取得本职业高级职业资格证书后,连续从事本职业工作 5 年以上,经本职业技师正规培训达规定标准学时数,并取得结业证书。

(2)取得本职业高级职业资格证书后,连续从事本职业工作 7 年以上。

(3)取得本职业高级职业资格证书的高级技工学校本职业(专业)毕业生和大专以上本专业或相关专业的毕业生,连续从事本职业工作 2 年以上。

——高级技师(具备以下条件之一者)

(1)取得本职业技师职业资格证书后,连续从事本职业工作 3 年以上,经本职业高级技师正规培训达规定标准学时数,并取得结业证书。

(2)取得本职业技师职业资格证书后,连续从事本职业工作 5 年以上。

1.8.3　鉴定方式

分为理论知识考试和技能操作考核。理论知识考试采用闭卷笔试方式,技能操作考核采用现场实际操作和面试方式。理论知识考试和技能操作考核均实行百分制,成绩皆达到 60 分及以上者为合格。技师、高级技师还须进行综合评审。

1.8.4　考评人员与考生配比

理论知识考试考评人员与考生配比为 1∶20,每个标准教室不少于 2 名考评人员;技能操作考核考评员与考生配比为 1∶5,且不少于 3 名考评员;综合评审委员不少于 3 人。

1.8.5　鉴定时间

理论知识考试时间不少于90 min;技能操作考核时间不少于90 min;综合评审时间不少于20 min。

1.8.6　鉴定场所设备

理论知识考试在标准教室进行;技能操作考核在具有必备的仪器、设备和设施,安全措施完善的场所进行。

# 2　基本要求

## 2.1　职业道德

2.1.1　职业道德基本知识

2.1.2　职业守则

(1)热爱祖国、遵守法律、倡导科学、忠于事业。

(2)钻研业务、刻苦工作、团结协作、安全生产。

(3)执行规范、严细求实、主动服务、文明和谐。

## 2.2　基础知识

2.2.1　水文基本概念

(1)自然界水循环的概念。

(2)流域、水系、河流的概念。

(3)地表水和地下水的概念。

(4)水文测站的分类。

(5)水文勘测的基本内容。

(6)防汛抗旱基本常识;

(7)水资源开发利用基本常识。

2.2.2　降水、水面蒸发观测

(1)降水、蒸发的基本概念。

(2)降水量、蒸发量观测场地的基本要求。

(3)降水量、蒸发量常用观测仪器及方法基本常识;

(4)降水量、蒸发量观测误差的概念。

(5)气温、湿度、风速、风向等基本概念。

2.2.3　水位观测

(1)基本水位断面、比降水位断面的概念。

(2)基面、高程、水位的一般知识。

(3)水位观测常用仪器设备及方法基本常识。

(4)水温、冰凌的概念。

2.2.4　河流流量测验

(1)流量测验断面的概念。

(2)流量的概念、符号和计量单位。

(3)河流流速沿断面及沿垂线分布的一般规律。

(4)流速面积法测流的基本原理。

(5)转子式流速仪的基本原理。

(6)流量测验渡河设施设备常识。

### 2.2.5　河流泥沙测验

(1)河流泥沙运动的概念与分类。

(2)悬移质和水流挟沙能力的概念。

(3)悬移质泥沙沿断面及沿垂线分布的一般规律。

(4)含沙量、输沙率的概念、符号和计量单位。

(5)置换法、烘干法、过滤法悬移质水样处理的基本原理。

(6)泥沙粒度分析的基本概念。

(7)用筛分析法进行泥沙粒度分析的基本步骤。

### 2.2.6　水质采样

(1)水质、污染的基本概念。

(2)水质采样器和贮样容器的选择和使用要求。

(3)水质样品保存与管理的相关知识。

(4)水质采样安全防护知识。

### 2.2.7　地下水及土壤墒情监测

(1)地下水的概念。

(2)地下水位监测常识。

(3)土壤墒情和土壤含水量的概念。

(4)常用土壤墒情监测方法。

### 2.2.8　水文情报预报

(1)水文情报的概念。

(2)水文预报的概念。

(3)水文信息传输的常用方式。

(4)河道洪水传播的概念。

### 2.2.9　水文普通测量

(1)水准测量的概念。

(2)角度测量的概念。

(3)水准仪、经纬仪、全站仪的基本作用。

(4)地形测量与地形图的概念。

### 2.2.10　安全常识

(1)安全用电常识。

(2)水上救生常识。

(3)高空作业安全防护知识。

(4)防雷避雷常识。

### 2.2.11　相关法律、法规知识

(1)《中华人民共和国劳动法》相关知识。

(2)《中华人民共和国水法》相关知识。
(3)《中华人民共和国防洪法》相关知识。
(4)《中华人民共和国安全生产法》相关知识。
(5)《中华人民共和国水文条例》相关知识。
(6)《中华人民共和国河道管理条例》相关知识。

## 3　工作要求

本标准对初级、中级、高级、技师和高级技师的技能要求依次递进，高级别涵盖低级别的要求。

### 3.1　初级

(泥沙测验和水文普通测量任选其一进行考核，水质取样、地下水及土壤墒情监测、测站水文情报水文预报任选其二进行考核)

| 职业功能 | 工作内容 | 技能要求 | 相关知识 |
| --- | --- | --- | --- |
| 一、降水量、水面蒸发观测 | (一)观测作业 | 1. 能用雨量器观测降雨量<br>2. 能更换模拟自记雨量器记录纸、调节记录笔和校正时钟<br>3. 能用蒸发器观测蒸发量<br>4. 能按要求观测辅助气象要素 | 1. 降水、蒸发、气温、风速、霜、露等气象专业术语的基本概念<br>2. 降水、蒸发常规观测方法和常用器具知识<br>3. 降水、蒸发观测时段划分和时间要求<br>4. 降水、蒸发观测的精度要求 |
| | (二)数据资料记载整理 | 1. 能记载、计算时段降水量、日降水量<br>2. 能记载、计算水面蒸发量<br>3. 能记载气象要素观测数据<br>4. 能填记观测的气象现象 | 1. 降水、蒸发观测标准符号、计量单位<br>2. 降水量观测记载计算方法及记载计算簿的结构内容与填记要求<br>3. 水面蒸发观测记载计算方法及记载计算簿的结构内容与填记要求<br>4. 降水、蒸发量数值有效位的取位要求 |
| 二、水位观测 | (一)观测作业 | 1. 能识别水尺编号<br>2. 能观读水尺读数<br>3. 能观测风向、风力、水面起伏度<br>4. 能观测水温、冰情 | 1. 基面、高程、水位的概念<br>2. 水尺的类型与编号规则<br>3. 水尺零点高程的概念<br>4. 水尺读数标志与读法<br>5. 风向、风力、水面起伏度、冰情的标注符号<br>6. 摄氏温标的概念和符号 |
| | (二)数据资料记载整理 | 1. 能填记水位观测记载簿<br>2. 能用算术平均法计算日平均水位<br>3. 能点绘逐日水位过程线 | 1. 水位观测记载簿的结构内容与填记要求<br>2. 水位的单位、有效位数和计算方法<br>3. 算术平均法的概念<br>4. 水位过程线坐标系标度(比例)与过程线绘制方法 |

续表

| 职业功能 | 工作内容 | 技能要求 | 相关知识 |
| --- | --- | --- | --- |
| 三、流量测验 | (一)测验作业 | 1. 能准备常规流量测验的仪器<br>2. 能使用直接读数测量器具确定垂线起点距<br>3. 能使用测深杆、测深锤、绞车铅鱼测量水深<br>4. 能使用转子式流速仪定点测速<br>5. 能投放浮标、观察判定浮标到达断面 | 1. 流速面积法测算流量的要素<br>2. 流速面积法测算流量需要的设施设备和仪器工具<br>3. 转子式流速仪的使用方法<br>4. 浮标测速的概念<br>5. 使用皮尺、手持测距仪、辐射杆、断面标志索等直接读数测量器材测量垂线起点距的知识<br>6. 直接测量垂线水深的方式及各测量器材的使用方法<br>7. 水上作业及高空作业的安全知识 |
| | (二)数据资料记载整理 | 1. 能按要求填记流量记载计算表中的附属内容<br>2. 能将起点距、水深填记入流量记载计算表<br>3. 能在流量记载计算表中计算垂线间距(部分宽)、相对水深、转子式流速仪流速 | 1. 流量及相关量的国际标准符号和单位,记载计算有效数字的规定<br>2. 流量记载计算表的结构内容与填记要求<br>3. 风向、风力、水面起伏度、流向等的标注符号与填记要求<br>4. 垂线间距(部分宽)、相对水深的计算方法与填记要求<br>5. 转子式流速仪测量流速的计算方法 |
| 四、泥沙测验 | (一)外业测验 | 1. 能准备悬移质、推移质、床沙外业测验的仪器工具<br>2. 能将仪器放到确定的位置采取悬移质水样和推移质、床沙沙样<br>3. 能量测采取的悬移质水样体积,并按规定存储 | 1. 河流泥沙运动及泥沙分类的概念<br>2. 悬移质、推移质、床沙取样测验的基本方法及技术规定<br>3. 悬移质、推移质、床沙取样测验的一般仪器工具的使用方法 |
| | (二)实验室作业 | 1. 能准备悬移质泥沙含沙量测定、泥沙粒度分析实验室作业的仪器、工具<br>2. 能浓缩悬移质水样<br>3. 能进行分沙留样处理 | 1. 水流含沙量、泥沙粒度的概念<br>2. 测定水流含沙量的常用方法<br>3. 河流泥沙粗细的概念和粒度分析的常识<br>4. 河流泥沙粒度分析常用方法 |
| | (三)数据资料记载整理 | 1. 能现场填记悬移质泥沙单样含沙量测验记载表<br>2. 能填记悬移质泥沙单样含沙量实验室处理记载计算表 | 1. 悬移质泥沙单样含沙量测验记载计算表的结构内容与填记要求<br>2. 悬移质泥沙单样含沙量实验室处理(烘干法、置换法、过滤法)记载计算表的结构内容与填记要求<br>3. 记载计算采用单位和数字的规定 |

续表

| 职业功能 | 工作内容 | 技能要求 | 相关知识 |
| --- | --- | --- | --- |
| 五、水质取样 | (一)取样作业 | 1. 能准备水质监测的采样仪器<br>2. 能准备水质样品的贮样容器<br>3. 能按照要求清洗贮样容器<br>4. 能按现场安全规定进行作业 | 1. 水质的概念<br>2. 水质采样仪器分类知识<br>3. 水质样品贮样容器分类知识<br>4. 贮样容器的清洗方法<br>5. 现场采样安全防护知识 |
| | (二)数据资料记载整理 | 1. 能按需求选配地表水水质监测记载表<br>2. 能按需求选配地下水水质监测记载表 | 1. 地表水水质监测记载表的结构内容与填记要求<br>2. 地下水水质监测记载表的结构内容与填记要求 |
| 六、地下水及土壤墒情监测 | (一)观测作业 | 1. 能量测地下水水位<br>2. 能观测地下水水温<br>3. 能按需求准备土壤墒情人工监测仪器设备 | 1. 地下水基本监测要素的概念<br>2. 地下水位人工监测仪器的使用方法<br>3. 土壤墒情人工监测方法 |
| | (二)数据资料记载整理 | 1. 能填记地下水监测站基本情况表<br>2. 能填记地下水监测原始记载表 | 1. 地下水监测站基本情况表的结构内容与填记要求<br>2. 地下水监测原始记载表的结构内容与填记要求 |
| 七、测站水文情报水文预报 | (一)水情信息接收发送 | 1. 能利用电话、电台接收水情信息<br>2. 能利用电话、电台发送测站水情信息 | 1. 水情信息的基本知识<br>2. 电台的使用方法 |
| | (二)水情信息管理 | 1. 能记载水情值班工作情况<br>2. 能建立水情服务单位相关信息档案 | 1. 水情值班管理制度<br>2. 水情信息接收管理要求<br>3. 水情信息发送管理要求 |
| 八、水文普通测量 | (一)测量作业 | 1. 能根据测量任务准备测量仪器<br>2. 能备制木桩等测量辅助用品<br>3. 能按规定搬运、装载测量仪器<br>4. 能利用钢卷尺、皮尺进行距离测量<br>5. 能选择立尺点,扶正水准尺 | 1. 测量工作中基本观测量和作业程序的知识<br>2. 水准仪、经纬仪搬运注意事项<br>3. 钢卷尺、皮尺测距方法及误差源控制<br>4. 水准尺的使用方法 |
| | (二)数据资料记载整理 | 1. 能填记大断面及水道断面测量记载计算表<br>2. 能记载测量的水深,计算水下地形点高程 | 1. 测段、测线水平距离的计算方法<br>2. 断面起点距的计算方法<br>3. 水下地形点高程计算方法 |

### 3.2 中级

（泥沙测验和水文普通测量任选其一进行考核，水质取样、地下水及土壤墒情监测、测站水文情报水文预报任选其二进行考核）

| 职业功能 | 工作内容 | 技能要求 | 相关知识 |
| --- | --- | --- | --- |
| 一、降水量、水面蒸发观测 | （一）观测作业 | 1. 能安装雨量器<br>2. 能用雨量器观测固体降水量<br>3. 能观测冰期水面蒸发量<br>4. 能进行电子类自记仪器的数据下载<br>5. 能对自记仪器进行校核、比测<br>6. 能管理与维护各类雨量仪器和蒸发仪器 | 1. 雨量器的结构<br>2. 雨量器的安装要求<br>3. 固态降水的测量方法<br>4. 结冰期水面蒸发观测方法<br>5. 自记仪器的比测、校核方法<br>6. 各类自记雨量仪器和自记蒸发仪器维护保养及一般故障排除 |
| | （二）数据资料记载整理 | 1. 能进行模拟自记仪器的虹吸订正<br>2. 能进行自记仪器观测资料的时间订正<br>3. 能编制逐日降水量表、蒸发量表<br>4. 能进行降水、蒸发、气温的月、年特征值统计计算 | 1. 虹吸式自记雨量器的记录原理<br>2. 降水、蒸发资料的订正方法<br>3. 降水、蒸发资料整编的规定<br>4. 逐日降水量表、蒸发量表的结构内容与填记要求<br>5. 降水、蒸发量特征值统计计算方法 |
| 二、水位观测 | （一）观测作业 | 1. 能进行水尺编号<br>2. 能安装水尺<br>3. 能在转换水尺时进行水位比测<br>4. 能进行冰期水位观测<br>5. 能对自记水位计进行常规检查 | 1. 人工观读水尺的安装要求<br>2. 水位衔接比测的方法<br>3. 比降水位观读要求<br>4. 冰期水位观测技术要求<br>5. 自记水位计日常检查方法 |
| | （二）数据资料记载整理 | 1. 能编制水尺编号索引表<br>2. 能用“面积包围法”计算日平均水位<br>3. 能按要求计算转换水尺的水位 | 1. 水尺编号索引表的格式内容与填记要求<br>2. “面积包围法”的概念和算法<br>3. 转换水尺的水位计算方法 |

续表

| 职业功能 | 工作内容 | 技能要求 | 相关知识 |
| --- | --- | --- | --- |
| 三、流量测验 | (一)测验作业 | 1. 能使用交会法确定垂线起点距<br>2. 能使用测深仪测量水深<br>3. 能养护转子式流速仪<br>4. 能检查、校核流速测验计时器<br>5. 能根据稳定河床的断面水流情况选用测流方案<br>6. 能操作缆道测流 | 1. 基线的概念,六分仪、平板仪、经纬仪等测量垂线起点距的设置方式与作业方法<br>2. 水深测量仪器的原理与使用方法<br>3. 转子式流速仪日常养护<br>4. 各类型流速测验计时器具检校办法<br>5. 流速垂线分布和断面分布的一般规律及断面布线、垂线布点的规定<br>6. 水文测验缆道的使用方法 |
| | (二)数据资料记载整理 | 1. 能用交会法的公式计算垂线起点距<br>2. 能完成流速仪法流量测验记载计算表的计算<br>3. 能记载浮标测速的相关情况和数据<br>4. 能点绘并使用水位—流量相关图<br>5. 能点绘流量过程线 | 1. 交会法公式的结构与计算方法<br>2. 流速仪率定公式及使用<br>3. 垂线平均流速的计算方法<br>4. 流速仪流量测验记载计算表计算统计要求<br>5. 浮标测速的影响因素及浮标测速情况和数据记载的要求<br>6. 过程线、相关图绘制知识<br>7. 由水位—流量相关关系推算流量的方法 |
| 四、泥沙测验 | (一)外业测验 | 1. 能排除泥沙测验仪器的机械故障<br>2. 能操作河流现场测定悬移质含沙量的仪器<br>3. 能根据单沙测验方案实施测站单沙取样 | 1. 悬移质、推移质、床沙取样测验仪器工具的基本结构<br>2. 现场测定河流悬移质含沙量的仪器类型<br>3. 单(样含)沙(量)的概念 |
| | (二)实验室作业 | 1. 能进行水样的质量称量和体积度量<br>2. 能用烘干法、置换法、过滤法处理浓缩水样<br>3. 能用筛分析法进行泥沙粒度分析<br>4. 能用尺量法测定砾石推移质的粒度 | 1. 天平类仪器、量筒类量具的使用方法<br>2. 烘干法、置换法、过滤法的作业程序<br>3. 分析筛的结构和河流泥沙粒度分析粒级划分的规定<br>4. 水筛法和干筛法分析河流泥沙粒度的做法<br>5. 千分尺、测微仪的使用方法 |
| | (三)数据资料记载整理 | 1. 能计算烘干法、置换法、过滤法处理水样的含沙量<br>2. 能点绘单沙—断沙含沙量相关图<br>3. 能点绘含沙量过程线<br>4. 能制作筛分析法泥沙粒度级配成果表和级配曲线<br>5. 能点绘单沙—断沙粒度级配相关图 | 1. 质量体积比水样含沙量(单位 $kg/m^3$)的计算方法<br>2. 测站含沙量变化过程与流量的关系<br>3. 含沙量过程线坐标系标度比例与过程线绘制方法<br>4. 单—断沙相关图、单—断颗相关图的制作方法<br>5. 对数、半对数直角坐标系、坐标轴标度比例和绘制粒度级配曲线图的方法 |

续表

| 职业功能 | 工作内容 | 技能要求 | 相关知识 |
| --- | --- | --- | --- |
| 五、水质取样 | (一)取样作业 | 1. 能按要求将采样器放到采样点的位置<br>2. 能采集不同类型水体的样品<br>3. 能按要求对采集的水样添加保存剂 | 1. 水质取样的基本方法<br>2. 采样断面和采样点的布设方法<br>3. 水质样品的保存和预处理方法 |
| | (二)数据资料记载整理 | 1. 能填写现场采样记载表<br>2. 能标识贮样容器中的样品 | 1. 现场采样记载的规定<br>2. 贮样容器的标识方法 |
| 六、地下水及土壤墒情监测 | (一)观测作业 | 1. 能操作水位自动监测仪器测量地下水位<br>2. 能选定土壤墒情测点位置，确定测点深度<br>3. 能使用采样器在选定地块取土样<br>4. 能使用土壤墒情自动监测仪器 | 1. 地下水位自动监测仪器的使用方法<br>2. 土壤墒情测点的选择原则<br>3. 土壤含水量的监测方法<br>4. 土壤墒情自动监测仪器的使用方法 |
| | (二)数据资料记载整理 | 1. 能进行地下水位、埋深转换计算<br>2. 能填记土壤墒情监测采样记录表<br>3. 能填记土壤墒情自动监测记录表<br>4. 能进行土壤体积含水量、质量含水量转换计算 | 1. 地下水位与埋深的转换计算方法<br>2. 土壤墒情监测采样记录表的结构内容与填记要求<br>3. 土壤墒情自动监测记录表的结构内容与填记要求<br>4. 土壤体积含水量、质量含水量的概念及转换计算方法<br>5. 土壤类型、作物种类及作物生长期的分类 |
| 七、测站水文情报水文预报 | (一)水情信息准备 | 1. 能利用计算机网络搜寻，或利用电话、电台查询相关测站水情信息<br>2. 能整理、计算测站需发送的水情信息<br>3. 能对拟发送的水情信息成果进行合理性检查 | 1. 计算机网络使用常识<br>2. 测站水文情报预报的一般项目<br>3. 旬、月降水量、径流量、输沙量计算方法 |
| | (二)水情信息编码译码 | 1. 能对水情信息进行编码<br>2. 能对接收的水情信息进行译码 | 水文信息编码方法 |

续表

| 职业功能 | 工作内容 | 技能要求 | 相关知识 |
|---|---|---|---|
| 八、水文普通测量 | (一)测量作业 | 1. 能检查水准尺弯曲度<br>2. 能按四等水准测量要求测量水尺零点高程、固定点高程和洪水痕迹<br>3. 能按四等水准测量要求进行大断面岸上部分的测量 | 1. 水准尺检查的基本方法、步骤<br>2. 高程的概念及固定点高程测量方法<br>3. 水文四等水准测量的方法<br>4. 大断面的测量要求<br>5. 大断面测量高程控制点布设原则 |
| | (二)数据资料记载整理 | 1. 能计算水尺零点高程、固定点高程和洪水痕迹高程<br>2. 能进行四等水准测量记载计算<br>3. 能根据测量的洪水痕迹绘制洪痕水面线 | 1. 水尺零点高程、固定点高程和洪水痕迹高程的计算方法<br>2. 四等水准测量记载计算表结构内容、填记要求和计算方法<br>3. 河道洪水调查中洪水痕迹的概念、测量范围和精度要求 |

## 3.3　高级

（泥沙测验和水文普通测量任选其一进行考核；水质取样、地下水及土壤墒情监测、测站水文情报水文预报任选其二进行考核）

| 职业功能 | 工作内容 | 技能要求 | 相关知识 |
|---|---|---|---|
| 一、降水量、水面蒸发观测 | (一)观测作业 | 1. 能安装雨量自记仪器<br>2. 能安装蒸发观测仪器<br>3. 能进行自记仪器参数的设定、修改<br>4. 能判定雨量、水面蒸发观测场地是否符合要求 | 1. 雨量自记仪器、蒸发量测验仪器的结构<br>2. 雨量自记仪器、蒸发量测验仪器的安装要求<br>3. 自记仪器参数的意义及设置方法<br>4. 雨量、水面蒸发观测场地要求 |
| | (二)数据资料记载整理 | 1. 能人工统计计算降水量时段特征值<br>2. 能进行降水、蒸发资料的合理性检查<br>3. 能进行降水量、水面蒸发缺测资料插补<br>4. 能按整编要求编制降水量资料摘录表<br>5. 能使用通用整编程序进行降水、蒸发资料整编 | 1. 各时段最大降水量的推算方法<br>2. 降水量、蒸发量观测误差<br>3. 降水、蒸发观测资料缺测插补基本方法<br>4. 降水、蒸发资料整理的基本方法<br>5. 通用整编程序对降水、蒸发资料数据格式的要求 |

续表

| 职业功能 | 工作内容 | 技能要求 | 相关知识 |
| --- | --- | --- | --- |
| 二、水位观测 | (一)观测作业 | 1. 能进行自记水位仪器的参数设定<br>2. 能进行自记水位计的比测<br>3. 能管理维护自记水位计 | 1. 主要类别自记水位计的基本器件结构<br>2. 自记水位仪器参数的意义及设置方法<br>3. 自记水位计与水尺水位比测的方法<br>4. 自记水位计日常管理维护的规定 |
| | (二)数据资料记载整理 | 1. 能进行缺测水位数据插补<br>2. 能进行水位月、年特征值统计<br>3. 能编制水位数据整编加工表<br>4. 能使用通用整编程序进行水位资料整编 | 1. 缺测水位数据插补的方法<br>2. 水位资料考证知识<br>3. 逐日平均水位表的结构内容<br>4. 水文资料整编水位摘录的规定<br>5. 水位资料录入通用整编程序的要求 |
| 三、流量测验 | (一)测验作业 | 1. 能使用计算机辅助测流系统进行流量测验<br>2. 能根据不稳定河床的断面水流情况调整测流方案<br>3. 能根据水流情况布置流量测次、选定流量测验时间<br>4. 能进行流速仪的比测<br>5. 能编制浮标法流量测验方案<br>6. 能排除水文缆道的一般故障 | 1. 计算机辅助测流系统进行流量测验的设置与操作方法<br>2. 不稳定河床对流量测验的影响<br>3. 流量测次布置的规定<br>4. 洪水过程流量测验时机掌握的规定<br>5. 流速仪比测的意义与方法<br>6. 浮标法流量测验的方法<br>7. 水文缆道的基本结构和管理维护常识 |
| | (二)数据资料记载整理 | 1. 能对计算机辅助测流系统流量测验成果进行合理性检查<br>2. 能计算实测流量的相应水位<br>3. 能记载计算浮标法流量<br>4. 能检查确定水位—流量相关图<br>5. 能进行水位—流量相关图高、低水延长和低水放大<br>6. 能由水位—流量相关图推得流量过程,并能计算(编制)日平均流量(表)<br>7. 能编制洪水水文要素摘录表 | 1. 计算机辅助测流系统流量测验记载计算作业的知识<br>2. 实测流量相应水位的概念及其计算方法<br>3. 浮标流速系数的概念<br>4. 浮标法流量测验的图解、计算方法<br>5. 水位—流量相关图高、低水延长和低水放大的方法和规定<br>6. 日平均流量计算的方法<br>7. 洪水水文要素摘录表编制要求 |

续表

| 职业功能 | 工作内容 | 技能要求 | 相关知识 |
| --- | --- | --- | --- |
| 四、泥沙测验 | (一)外业测验 | 1. 能根据河流水沙情况布置输沙率测次、选定输沙率测验时间<br>2. 能实施断面输沙率及相应单沙的测验 | 1. 河流泥沙悬浮和水流挟沙能力的知识<br>2. 悬移质含沙量垂线分布和断面分布的一般规律及断面布线、垂线布点的规定<br>3. 输沙率的概念和单位<br>4. 断面输沙率相应单沙的概念 |
| | (二)实验室作业 | 1. 能用比重瓶测定泥沙的密度<br>2. 能用粒径计法、吸管法、消光法、激光法分析泥沙粒度 | 1. 置换法测定泥沙质量和泥沙密度的方法<br>2. 泥沙颗粒在液体(水)中沉降的一般规律<br>3. 粒径计法、吸管法、消光法、激光法分析泥沙粒度的基本方法 |
| | (三)数据资料记载整理 | 1. 能记载计算断面输沙率及相应单沙含沙量<br>2. 能根据单沙—断沙含沙量相关图推算断面平均含沙量<br>3. 能计算(编制)日平均输沙率(表)、含沙量(表)<br>4. 能制作粒径计法、吸管法、消光法、激光法泥沙粒度级配成果表和级配曲线<br>5. 能根据单颗—断颗粒度级配相关图推算断面平均泥沙粒度级配<br>6. 能编制悬移质测验和粒度分析的实测成果表 | 1. 悬移质垂线平均含沙量、断面输沙率和断面平均含沙量的计算方法<br>2. 悬移质断面流量、平均含沙量和输沙率的关系<br>3. 悬移质断面输沙率测验记载计算表的结构和填记计算规定<br>4. 悬移质日平均输沙率、含沙量的计算方法<br>5. 单沙—断沙含沙量、单—断颗粒度级配相关图的应用<br>6. 泥沙测验实测成果表的编制内容 |
| 五、水质取样 | (一)取样作业 | 1. 能根据水质参数选择配置采样器和贮样容器<br>2. 能按要求存储和运输水质样品 | 1. 采样器和贮样容器的选择和使用要求<br>2. 水质样品存储时间及安全运输作业方式 |
| | (二)数据资料记载整理 | 1. 能对现场采样记录内容进行合理性检查<br>2. 能对水污染突发事件进行简要描述 | 1. 现场采样记录检查的相关规定<br>2. 水污染的基本知识 |

续表

<table>
<tr><th>职业功能</th><th>工作内容</th><th>技能要求</th><th>相关知识</th></tr>
<tr><td rowspan="2">六、地下水及土壤墒情监测</td><td>（一）观测作业</td><td>1. 能使用便携式设备监测地下水水位<br>2. 能管理维护地下水水位计<br>3. 能进行地下水开采量调查<br>4. 能使用便携式设备监测土壤含水量</td><td>1. 地下水位便携式监测仪器的使用方法<br>2. 地下水水位计的基本结构<br>3. 地下水开采量的调查方法<br>4. 土壤墒情便携式监测仪器的使用方法</td></tr>
<tr><td>（二）数据资料记载整理</td><td>1. 能填记便携式设备监测的地下水水位资料<br>2. 能根据地下水调查数据进行开采量计算<br>3. 能填记土壤墒情监测站说明表及位置图<br>4. 能填记便携式设备监测的土壤含水量资料<br>5. 能对原始数据进行合理性检查</td><td>1. 地下水位便携式设备监测资料的填记<br>2. 地下水水位监测误差的概念<br>3. 地下水开采量的计算方法<br>4. 土壤墒情便携式设备监测资料的填记要求<br>5. 土壤含水量监测误差的概念</td></tr>
<tr><td rowspan="2">七、测站水文情报水文预报</td><td>（一）情报作业</td><td>1. 能审核水情信息编码<br>2. 能审核水情信息译码</td><td>水文信息编码方法与应用规定</td></tr>
<tr><td>（二）预报作业</td><td>1. 能应用测站预报方案进行预报<br>2. 能根据测站实际情况对本站预报方案提出修正建议</td><td>1. 水文预报概念<br>2. 测站水文预报的内容<br>3. 测站水文预报的常用方法</td></tr>
<tr><td rowspan="2">八、水文普通测量</td><td>（一）测量作业</td><td>1. 能检校水准仪<br>2. 能检校经纬仪<br>3. 能利用三等水准测量引测水准点高程<br>4. 能进行地形碎部测量</td><td>1. 水准仪、经纬仪的检校方法、步骤<br>2. 三等水准测量的方法<br>3. 地形碎部测量的方法、步骤及作业要领</td></tr>
<tr><td>（二）数据资料记载整理</td><td>1. 能按步骤计算水准仪 $i$ 角误差<br>2. 能进行三等水准测量记载、计算<br>3. 能进行四等水准测量平差<br>4. 能计算碎部地形点坐标，点绘地形点</td><td>1. 水准仪 $i$ 角校正原理<br>2. 三等水准测量记载计算簿的结构内容与记载要求、计算方法<br>3. 四等水准测量的误差计算与控制<br>4. 碎部地形点坐标计算方法<br>5. 地形图绘制的概念知识<br>6. 碎部地形点展绘的方法</td></tr>
</table>

## 3.4　技师

（泥沙测验和水文普通测量任选其一进行考核）

| 职业功能 | 工作内容 | 技能要求 | 相关知识 |
|---|---|---|---|
| 一、降水量、水面蒸发观测 | （一）观测作业 | 1. 能完成雨量、水面蒸发观测场地查勘<br>2. 能进行暴雨调查 | 1. 雨量、水面蒸发观测场地查勘方法<br>2. 暴雨调查的规定和方法 |
| | （二）数据资料记载整理 | 1. 能编制雨量、水面蒸发观测场地的查勘报告<br>2. 能在暴雨调查时根据不同容器承接的水量计算降水量 | 1. 雨量、水面蒸发观测场地查勘报告编写知识<br>2. 特殊情况下降水量的推算原理 |
| 二、水位观测 | （一）观测作业 | 1. 能确定基本水位观测断面<br>2. 能确定比降水位观测断面<br>3. 能选择水位观测方式方法<br>4. 能确定测站冻结基面<br>5. 能进行历史洪、枯水位调查 | 1. 水位观测断面知识<br>2. 水位观测方式方法<br>3. 冻结基面的概念及确定原则<br>4. 历史洪、枯水位调查的方法 |
| | （二）数据资料记载整理 | 1. 能进行水位资料考证修订<br>2. 能对水位整编成果进行审查<br>3. 能进行历史洪、枯水位调查资料整理 | 1. 水位资料订正的方法<br>2. 水位整编成果审查的内容与方法<br>3. 水位调查表的结构内容 |
| 三、流量测验 | （一）测验作业 | 1. 能根据水流情况及设施设备配置选择流量测验方法<br>2. 能编制比降—面积法测流方案<br>3. 能利用水工建筑物法进行流量测验的观测作业<br>4. 能利用基于声学、光学、电学原理的测速测流仪器（如ADCP、电波流速仪等）进行流速流量测验<br>5. 能根据巡测方案实施巡测 | 1. 流量测验的基本方法及适应条件<br>2. 比降—面积法测流的原理与方法<br>3. 水工建筑物法推流的原理及观测要素<br>4. 基于声学、光学、电学原理的测速测流仪器（如ADCP、电波流速仪等）的使用方法及一般管理维护常识<br>5. 巡测方案的编制方法 |
| | （二）数据资料记载整理 | 1. 能根据河道特性选用比降—面积法的参数计算流量<br>2. 能利用水工建筑物法进行流量推算<br>3. 能对基于声学、光学、电学原理的自动仪器（如ADCP、电波流速仪等）获取的流速、流量测验数据进行整理<br>4. 能进行水位—流量关系线检验<br>5. 能使用通用整编程序进行流量资料整编 | 1. 明渠均匀流与谢才公式（$v=C\sqrt{RJ}$）、曼宁公式（$C=\frac{1}{n}R^{1/6}$）的概念<br>2. 水工建筑物法过流公式结构与计算的知识<br>3. 基于声学、光学、电学原理的测速测流仪器（如ADCP、电波流速仪等）测验数据整理方法与要求<br>4. 水位—流量关系检验、分析知识<br>5. 流量通用整编程序的结构与管理维护知识 |

续表

| 职业功能 | 工作内容 | 技能要求 | 相关知识 |
| --- | --- | --- | --- |
| 四、泥沙测验 | (一)外业测验 | 1. 能编制输沙率测验方案<br>2. 能开展测沙新仪器的比测试验<br>3. 能编制推移质测验方案 | 1. 河流泥沙情势与流域下垫面情况、暴雨洪水一般关系的知识<br>2. 测沙新仪器的概念性知识<br>3. 泥沙测验仪器的比测方法<br>4. 推移质输沙率的概念和单位 |
| | (二)实验室作业 | 1. 能检定比重瓶<br>2. 能检查和校正分析筛 | 1. 水密度随温度变化与比重瓶检定的知识<br>2. 检查校正分析筛的仪器工具和方法 |
| | (三)数据资料记载整理 | 1. 能进行悬移质泥沙垂线平均颗粒级配、断面平均颗粒级配、断面平均粒径及平均沉降速度的计算<br>2. 能制作泥沙测验及粒度分析的整编成果表<br>3. 能对单沙—断沙含沙量相关图、单—断颗粒度级配相关图进行合理性检查<br>4. 能使用通用整编程序进行泥沙资料整编<br>5. 能进行推移质垂线基本输沙率和断面输沙率的计算 | 1. 悬移质泥沙垂线平均颗粒级配、断面平均颗粒级配输沙率加权计算知识、断面平均粒径及平均沉降速度分组粒度级配加权计算知识<br>2. 含沙量、输沙率、泥沙粒度级配、流量之间的一般关系<br>3. 河流泥沙资料通用整编程序的框图结构和使用方法<br>4. 推移质垂线基本输沙率和断面输沙率的计算方法 |
| 五、地下水及土壤墒情监测 | (一)观测作业 | 1. 能根据测井类型选择地下水水位监测仪器<br>2. 能管理维护常用土壤墒情监测仪器<br>3. 能测定土壤水分常数 | 1. 常用地下水位监测仪器的结构<br>2. 常用土壤墒情监测仪器的结构<br>3. 土壤水分常数的基本概念及测定方法 |
| | (二)数据资料记载整理 | 1. 能进行地下水监测资料整编<br>2. 能进行土壤相对含水量计算<br>3. 能进行土壤墒情监测资料整编 | 1. 地下水监测资料整编基本知识<br>2. 土壤相对含水量的概念及计算方法<br>3. 土壤墒情资料整编基本知识 |

续表

| 职业功能 | 工作内容 | 技能要求 | 相关知识 |
| --- | --- | --- | --- |
| 六、测站水文情报水文预报 | (一)预报作业 | 1. 能审核测站预报结果<br>2. 能根据测站新的情况检验本站预报方案 | 1. 测站水文预报图表知识<br>2. 测站水文预报常用方法 |
| | (二)方案编制 | 1. 能对历史洪水资料进行整理分析,建立上、下游测站断面洪峰流量相关关系<br>2. 能建立洪峰流量与传播时间的关系 | 1. 洪水传播知识<br>2. 测站水文预报方案制作的基本方法和程序<br>3. 上、下游测站断面多参数流量相关关系知识 |
| 七、水文普通测量 | (一)测量作业 | 1. 能进行水文跨河水准测量<br>2. 能编制水下地形测量方案<br>3. 能根据地形布设首级控制网<br>4. 能进行导线测量和小三角测量<br>5. 能进行测站简易地形测量<br>6. 能使用全站仪、卫星测量系统(如GPS、北斗卫星等系统) | 1. 跨河水准测量的基本方法和作业程序<br>2. 测站地形测量的内容和要求<br>3. 经纬仪导线测量的技术要求<br>4. 小三角测量的技术要求<br>5. 水下地形测量与断面布设知识<br>6. 测站简易地形测量的方法和内容<br>7. 全站仪、卫星测量系统(如GPS、北斗卫星等系统)使用知识 |
| | (二)数据资料记载整理 | 1. 能进行水文跨河水准测量成果资料的计算与分析<br>2. 水下地形测量成果整理<br>3. 能记载、计算控制点坐标,点绘控制点<br>4. 能根据测量成果绘制测站简易地形图<br>5. 能进行三等水准测量平差<br>6. 能完成全站仪、卫星测量系统(如GPS、北斗卫星等系统)测量数据的整理 | 1. 地形、地物、等高线等制图概念<br>2. 地形图勾绘的一般要求及等高线的勾绘方法<br>3. 导线及控制点坐标计算方法<br>4. 控制点展绘的方法<br>5. 测站简易地形图制图方法及要求<br>6. 三等水准测量的误差源与误差控制<br>7. 全站仪、卫星测量系统(如GPS、北斗卫星等系统)测量数据的输出方法与整理要求 |
| 八、管理与培训 | (一)技术管理 | 1. 能编写“水文测站任务书”<br>2. 能编写测站业务检查办法<br>3. 能进行技术总结和撰写技术论文 | 1.“水文测站任务书”的内容和编写要求<br>2. 水文站业务质量考核评估知识<br>3. 实验报告、技术总结的写作方法,技术论文基本要求 |
| | (二)技能培训 | 1. 能编制测站技工业务学习和技能训练方案<br>2. 能对初级工、中级工、高级工进行业务培训 | 1. 水文勘测工知识结构和技能的要求<br>2. 培训计划方案的编写与组织实施知识 |

## 3.5 高级技师

| 职业功能 | 工作内容 | 技能要求 | 相关知识 |
| --- | --- | --- | --- |
| 一、流量测验 | (一)测验作业 | 1. 能制定浮标流速系数试验的方案<br>2. 能开展流量测验的Ⅰ、Ⅱ、Ⅲ型误差试验<br>3. 能根据建站方案设立流量测验断面<br>4. 能制订测站流量测验的设施设备、仪器工具配置方案 | 1. 浮标流速系数影响因素<br>2. 流量测验的Ⅰ、Ⅱ、Ⅲ型误差的意义<br>3. 流量(洪水)测验方案与方法<br>4. 流量测验断面控制与河道控制知识<br>5. 流量测验设施设备、仪器工具配置标准 |
| | (二)数据资料记载整理 | 1. 能考证解决流量资料整编的疑难问题,插补缺测资料<br>2. 能编写浮标流速系数试验分析报告<br>3. 能编写流量测验Ⅰ、Ⅱ、Ⅲ型误差试验的分析报告<br>4. 能主持开展单次流量测验不确定度误差计算分析 | 1. 技术试验分析报告的结构和基本内容要求<br>2. 误差统计理论与方法<br>3. 流量测验精度试验,误差评估,Ⅰ、Ⅱ、Ⅲ型误差计算,精简分析知识 |
| 二、泥沙测验 | (一)测验作业 | 1. 能指导测站泥沙测验的方式方法和评估泥沙测验的作业质量<br>2. 能开展悬移质泥沙测验的Ⅰ、Ⅱ、Ⅲ型误差试验<br>3. 能开展单沙取样代表性分析<br>4. 能制订测站泥沙测验、粒度分析的设施设备、仪器工具配置方案 | 1. 河流泥沙输移的一般规律<br>2. 泥沙测验方式方法对成果质量的影响,悬移质泥沙测验Ⅰ、Ⅱ、Ⅲ型误差试验的知识<br>3. 河流断面悬移质泥沙分布与单样含沙量取样知识<br>4. 测站泥沙测验设施设备、仪器工具配置标准 |
| | (二)数据资料记载整理 | 1. 能指导泥沙资料整编业务,考证解决疑难问题,插补缺测资料<br>2. 能编写悬移质泥沙测验Ⅰ、Ⅱ、Ⅲ型误差试验分析报告<br>3. 能开展单次悬移质泥沙测验不确定度误差计算分析<br>4. 能编写单样含沙量取样代表性分析报告 | 1. 泥沙测验误差与控制<br>2. 悬移质泥沙测验Ⅰ、Ⅱ、Ⅲ型误差的计算与精简分析的知识<br>3. 悬移质泥沙测验不确定度误差计算分析与成果质量评价<br>4. 单样含沙量分析方法 |

续表

| 职业功能 | 工作内容 | 技能要求 | 相关知识 |
| --- | --- | --- | --- |
| 三、地下水及土壤墒情监测 | (一)观测作业 | 1.能组织开展区域地下水监测<br>2.能组织开展区域土壤墒情监测 | 1.区域地下水基本知识<br>2.区域土壤墒情的基本知识 |
| | (二)数据资料记载整理 | 1.能编制地下水动态分析报告<br>2.能进行土壤墒情时空分布的规律分析 | 1.地下水动态报告的编写方法<br>2.土壤墒情时空分布的一般规律 |
| 四、水文调查及水资源评价 | (一)水文水资源调查 | 1.能组织开展洪水、枯水流量调查<br>2.能组织开展水利工程调查<br>3.能组织开展供水、用水、排水的水量与水质调查<br>4.能编制企业水平衡测试方案 | 1.水文调查(暴雨调查、洪水调查、枯水调查、水利工程调查)的内容与方法<br>2.流域降雨径流的相关关系常识<br>3.河道水量平衡的概念及计算方法<br>4.数理统计理论基础知识,水文统计分析计算知识<br>5.供水、用水、排水的水量与水质调查的内容与方法<br>6.企业水平衡基本原理及计算方法 |
| | (二)数据资料记载整理 | 1.能对调查的洪水、枯水流量资料进行整理分析,确定洪水、枯水流量<br>2.能对调查的取水、用水、排水资料进行整理计算,推算耗水量<br>3.能分析计算企业用水量及用水效益 | 1.水文调查资料整理内容和计算方法<br>2.区域耗水量计算方法<br>3.企业用水效益分析计算评估方法 |
| 五、管理与培训 | (一)技术管理 | 1.能编写测区技术业务综合报告<br>2.能编写测区业务检查评比办法 | 1.测区技术业务综合报告的编写方法<br>2.测区业务质量检查评比考核内容 |
| | (二)技能培训 | 1.能编写培训教材大纲和承担部分内容撰稿<br>2.能对技师及以下级别的水文勘测工进行培训<br>3.能承担水文勘测工技工职业技能鉴定 | 1.培训教材编写方法<br>2.水文勘测工职业技能鉴定的内容和程序 |

续表

| 职业功能 | 工作内容 | 技能要求 | 相关知识 |
|---|---|---|---|
| 六、技术改造推广 | (一)技术改造 | 1. 能对测验设备、方法提出改进意见<br>2. 能借助相关工具书阅读有关水文测验仪器的外文资料 | 1. 水文测验设备设计改造知识<br>2. 水文测验方法、程序改进知识 |
| | (二)新技术推广 | 1. 能推广水文测验新仪器<br>2. 能推广水文测验新方法<br>3. 能开展水文测验新理论的应用研究 | 1. 水文测验新技术与信息<br>2. 水文测验新方法与信息<br>3. 水文测验新理论与信息 |

# 4　比重表

## 4.1　理论知识

| 项目 | | 初级(%) | 中级(%) | 高级(%) | 技师(%) | 高级技师(%) |
|---|---|---|---|---|---|---|
| 基本要求 | 职业道德 | 5 | 5 | 5 | 5 | 5 |
| | 基础知识 | 20 | 15 | 10 | 5 | 5 |
| 相关知识 | 降水量、水面蒸发观测 | 15 | 15 | 10 | 7 | — |
| | 水位观测 | 15 | 15 | 12 | 8 | — |
| | 流量测验 | 15 | 18 | 23 | 28 | 27 |
| | 泥沙测验 | 13 | 15 | 20 | 20 | 25 |
| | 水质取样 | 8.5 | 8.5 | 10 | — | — |
| | 地下水及土壤墒情监测 | 8.5 | 8.5 | 10 | 10 | 8 |
| | 测站水文情报水文预报 | 8.5 | 8.5 | 10 | 10 | — |
| | 水文普通测量 | 13 | 15 | 20 | 20 | — |
| | 水文调查及水资源评价 | — | — | — | — | 10 |
| | 管理与培训 | — | — | — | 7 | 10 |
| | 技术改造推广 | — | — | — | — | 10 |
| 合计 | | 100 | 100 | 100 | 100 | 100 |

注:初级、中级、高级均为:泥沙测验和水文普通测量任选其一进行考核,水质取样、地下水及土壤墒情监测、测站水文情报水文预报任选其二进行考核。技师为:泥沙测验和水文普通测量任选其一进行考核。

## 4.2　技能操作

| 项目 | | 初级(%) | 中级(%) | 高级(%) | 技师(%) | 高级技师(%) |
|---|---|---|---|---|---|---|
| 技能要求 | 降水量、水面蒸发观测 | 25 | 15 | 12 | 7 | — |
| | 水位观测 | 25 | 20 | 15 | 10 | — |
| | 流量测验 | 15 | 25 | 30 | 30 | 30 |
| | 泥沙测验 | 15 | 20 | 23 | 25 | 25 |
| | 水质取样 | 10 | 10 | 10 | — | — |
| | 地下水及土壤墒情监测 | 10 | 10 | 10 | 10 | 10 |
| | 测站水文情报水文预报 | 10 | 10 | 10 | 10 | — |
| | 水文普通测量 | 15 | 20 | 23 | 25 | — |
| | 水文调查及水资源评价 | — | — | — | — | 15 |
| | 管理与培训 | — | — | — | 8 | 10 |
| | 技术改造推广 | — | — | — | — | 10 |
| 合计 | | 100 | 100 | 100 | 100 | 100 |

注:初级、中级、高级均为:泥沙测验和水文普通测量任选其一进行考核;水质取样、地下水及土壤墒情监测、测站水文情报水文预报任选其二进行考核。技师为:泥沙测验和水文普通测量任选其一进行考核。

# 附录 2　水文勘测工国家职业技能鉴定理论知识模拟试卷(高级工)

本试卷分单项选择题、多项选择题和判断题三部分,考试结束后,将本试题卷和答题卡一并交回。

说明事项:

1. 答题前,考生在答题卡上务必用直径 0.5 毫米黑色墨水签字笔将自己的姓名、准考证号填写清楚。

2. 每小题选出答案后,用 **2B** 铅笔把答题卡上对应题的答案标号涂成黑方块,如需改动,用橡皮擦干净后,再选涂其他答案标号,**在试题卷上作答无效。**

3. 第一部分单项选择题共 40 小题,每小题 1.5 分,共 60 分;第二部分多项选择题共 10 小题,每小题 3 分,共 30 分;第三部分判断题共 10 小题,每小题 1 分,共 10 分。

4. 考试时间 100 分钟。

一、单项选择题(本题共 40 小题。在每小题给出的四个选项中,只有一项是符合题目要求的,选项对应于题干中“{.XZ}”所处的位置)

1. 水文职工有下列行为的,一定属于有违水文勘测工职业纪律的是{.XZ}。

(A)遗失水文资料　　(B)改正水文资料
(C)私传水文资料　　(D)漏缺水文资料

2. 天然河流一般是弯曲的,在河流上取两横断面,其沿河流中泓线的长度与该两横断面中泓点之间的直线长度的比值为该河段的{.XZ}。

(A)折线度　　(B)曲率　　(C)弯曲率　　(D)等深线

3. 在均方差计算公式 $\sigma = \sqrt{\frac{\sum (x_i - \mu)^2}{n}}$ 中,$\mu$ 为均值;$n$ 为样本容量;$x_i$ 为{.XZ}。

(A)可靠值　　(B)正确值　　(C)真值　　(D)重复观测系列值

4. 国家对用水实行总量控制和定额管理相结合的制度,对水资源依法实行{.XZ}制度和有偿使用制度。

(A)无偿使用　　(B)综合管理　　(C)无偿调度　　(D)取水许可

5. {.XZ}是当雷电从云中泄放到大地过程中产生电位场,人进入电位场后两脚站的地点电位不同,在人的两脚间就产生电压,也就有电流通过人的下肢,造成伤害。

(A)接触电压　　(B)旁侧闪击　　(C)雷击　　(D)跨步电压

6. 0.078 为{.XZ}有效数字;0.78 为{.XZ}有效数字。

(A)三位…两位　(B)四位…三位　(C)五位…四位　(D)两位…两位

7. 水文预报预见期为数小时至数天的称为{.XZ}。

(A)短期预报　(B)长期预报　(C)中期预报　(D)特征值预报

8. 翻斗式雨量计精度率定方法是,从翻斗集水口注入一定的水量。模拟4 mm/{.XZ}雨强时,其注入清水量应不少于相当于30 mm的雨量。

(A)s　(B)min　(C)h　(D)d

9. 采用悬移质输沙率测验水样进行颗粒分析,采用选点法并使用流速仪法测流时,悬移质输沙率测验水样可{.XZ}颗粒分析。

(A)不作　(B)兼作　(C)看作　(D)间作

10. 选择$A$、$B$两点,设置水准尺,其间距$L$最好为10 m的整倍数,用钢卷尺量出$A$、$B$的中间点Ⅰ,于$AB$的延长线上量出Ⅱ点,使其与$A$点的距离为$L/10$。先后安平仪器于Ⅰ、Ⅱ点处,用中丝在$A$、$B$水准尺上读数,设分别为$a_1$、$b_1$与$a_2$、$b_2$,则仪器视准轴倾斜的读数误差$\Delta h$(mm)由{.XZ}关系式计算。

(A)$\Delta h=(b_1-a_1)-(a_2-b_2)$　(B)$\Delta h=(b_1+a_1)+(a_2-b_2)$

(C)$\Delta h=(b_1-a_1)+(a_2+b_2)$　(D)$\Delta h=(b_1-a_1)-(b_2-a_2)$

11. {.XZ}可以表示地物的类别、形状、大小及其在图上的位置。

(A)地物符号　(B)地貌符号　(C)地物注记　(D)比例符号

12. 卵石推移质输沙率测验,一类站,采用水力因素法进行测验资料整编的,每年不应少于{.XZ}次。

(A)10　(B)15　(C)20　(D)30

13. 安装$E_{601}$型蒸发器时,其口缘应高出地面{.XZ}cm,并保持水平。

(A)100　(B)60　(C)50　(D)30

14. 水位涨落使{.XZ}水位计的浮筒升降带动水位轮正反旋转感应水位的升降。

(A)雷达　(B)超声波　(C)水压式　(D)浮子式

15. 冰情统计表中"终冰日期"是填写{.XZ}出现冰情的日期。

(A)上半年第一次　(B)下半年第一次

(C)上半年最后一次　(D)下半年最后一次

16. 某测站使用冻结基面,6月5日日平均水位值为11.51 m。已知该站冻结基面的高程为-0.131 m(1985高程基准基面以上米数),则该水位用绝对基面表示的值为{.XZ}m。

(A)-11.64　(B)11.64　(C)-11.38　(D)11.38

17. 对于河床稳定,控制良好,水位(或其他有关水力因素)与流量关系是稳定的单一线,可按水位变幅均匀布置流量测次的测站,若洪水及枯水超出历年实测流量的水位,或发现关系曲线有变化时,应{.XZ}。

(A)改变测流方法　(B)更换测验人员　(C)停止测验　(D)机动加测

18. 重大水污染事件遵循"谁获悉、谁报告"的原则。各级地方{.XZ}主管部门或流域管理机构对发生在辖区内的重大水污染事件,应立即逐级上报上一级水行政主管部门,并报告当地人民政府。紧急情况下,可以越级上报。

(A)水行政主管　(B)水务　(C)水质监测　(D)水利

19. 受冲淤、洪水涨落或水生植物等影响的测站,在{. XZ},一般根据水情变化或水生植物生长情况每3 ~5 d测流一次。

(A)干旱期　(B)涨水期　(C)落水期　(D)平水期

20. 结冰河流稳定封冻期测流次数可较流冰期{. XZ}。

(A)适当增加　(B)适当减少　(C)适当增加或减少　(D)保持稳定

21. 水文缆道的钢丝绳局部损伤,如断股或扭坏不能解开时,可将扭坏损伤部分截去,采用{. XZ}方法进行维修。

(A)焊接　(B)粘接　(C)打十字结　(D)插股编结

22. 测流过程中水位变化引起水道断面面积的变化,当平均水深小于1 m时过水面积变幅不超过{. XZ},可用算术平均法计算实测流量的相应水位。

(A)5%　(B)8%　(C)10%　(D)12%

23. 当发现测次布置不能满足资料整编定线要求时,应及时{. XZ},或调整下一测次的测验时机。

(A)修改本测次　(B)舍弃本测次　(C)增加测次　(D)减少测次

24. 对水位—流量关系点据分布中的突出点的检查分析,一般包括这样三个步骤:①从测验及特殊水情方面着手分析;②检查突出点是否点绘错误;③复核原始记录,检查计算方法和计算过程。这三个步骤正确的顺序是{. XZ}。

(A)①②③　(B)①③②　(C)②①③　(D)②③①

25. 各时段最大降水量应随时间加长而增大,长时段降水强度一般{. XZ}短时段的降水强度。

(A)不等于　(B)等于　(C)大于　(D)小于

26. 自记雨量计短时间发生故障,经邻站对照分析插补修正的资料{. XZ}参加"各时段最大降水量表(1)"统计。

(A)最好　(B)最好不　(C)可　(D)不可

27. 作"各时段最大降水量表(2)"统计,按{. XZ}段观测或摘录的,统计2 h、6 h、12 h、24 h的最大降水量。

(A)4　(B)8　(C)12　(D)24

28. 垂线采用混合法测验含沙量,应用积时式仪器按取样历时比例取样混合时,相对水深位置0.2、0.6、0.8三点法各点取样历时分别为垂线总取样历时$t$的1/3、1/3、1/{. XZ}。

(A)1　(B)2　(C)3　(D)4

29. 在泥沙密度计算公式$\rho_s = \dfrac{W_s\rho_w}{W_s + W_w - W_{ws}}$中,$\rho_s$为泥沙密度,g/cm³;$\rho_w$为纯水密度,g/cm³;$W_s$为{. XZ}质量,g;$W_{ws}$为瓶加浑水质量,g;$W_w$为同$W_{ws}$温度下瓶加清水质量,g。

(A)清水　(B)浑水　(C)泥沙　(D)温水

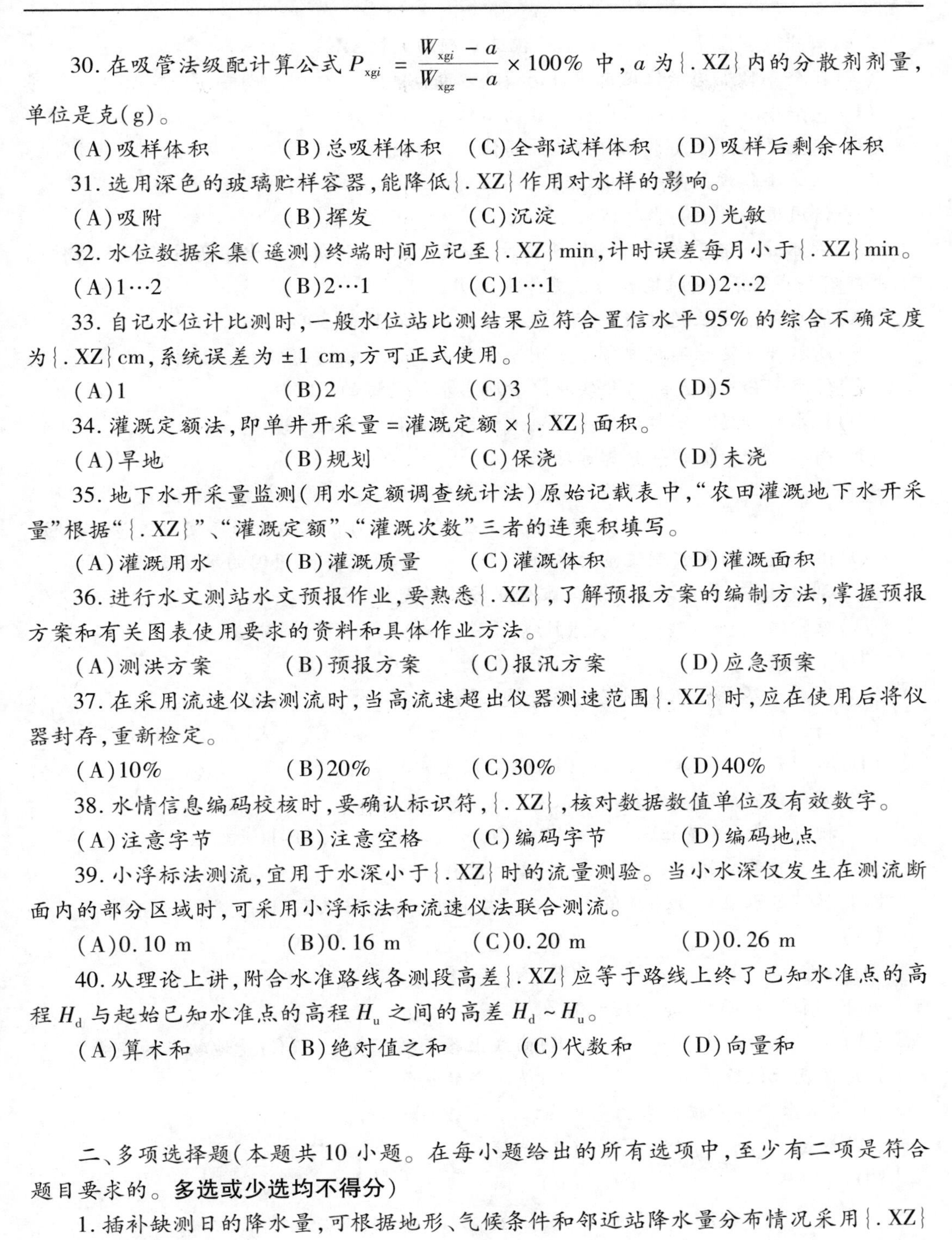

30. 在吸管法级配计算公式 $P_{xgi} = \frac{W_{xgi} - a}{W_{xgz} - a} \times 100\%$ 中，$a$ 为{. XZ}内的分散剂剂量，单位是克(g)。

(A)吸样体积　(B)总吸样体积　(C)全部试样体积　(D)吸样后剩余体积

31. 选用深色的玻璃贮样容器，能降低{. XZ}作用对水样的影响。

(A)吸附　(B)挥发　(C)沉淀　(D)光敏

32. 水位数据采集(遥测)终端时间应记至{. XZ}min，计时误差每月小于{. XZ}min。

(A)1…2　(B)2…1　(C)1…1　(D)2…2

33. 自记水位计比测时，一般水位站比测结果应符合置信水平95%的综合不确定度为{. XZ}cm，系统误差为±1 cm，方可正式使用。

(A)1　(B)2　(C)3　(D)5

34. 灌溉定额法，即单井开采量＝灌溉定额×{. XZ}面积。

(A)旱地　(B)规划　(C)保浇　(D)未浇

35. 地下水开采量监测(用水定额调查统计法)原始记载表中，"农田灌溉地下水开采量"根据"{. XZ}"、"灌溉定额"、"灌溉次数"三者的连乘积填写。

(A)灌溉用水　(B)灌溉质量　(C)灌溉体积　(D)灌溉面积

36. 进行水文测站水文预报作业，要熟悉{. XZ}，了解预报方案的编制方法，掌握预报方案和有关图表使用要求的资料和具体作业方法。

(A)测洪方案　(B)预报方案　(C)报汛方案　(D)应急预案

37. 在采用流速仪法测流时，当高流速超出仪器测速范围{. XZ}时，应在使用后将仪器封存，重新检定。

(A)10%　(B)20%　(C)30%　(D)40%

38. 水情信息编码校核时，要确认标识符，{. XZ}，核对数据数值单位及有效数字。

(A)注意字节　(B)注意空格　(C)编码字节　(D)编码地点

39. 小浮标法测流，宜用于水深小于{. XZ}时的流量测验。当小水深仅发生在测流断面内的部分区域时，可采用小浮标法和流速仪法联合测流。

(A)0.10 m　(B)0.16 m　(C)0.20 m　(D)0.26 m

40. 从理论上讲，附合水准路线各测段高差{. XZ}应等于路线上终了已知水准点的高程 $H_d$ 与起始已知水准点的高程 $H_u$ 之间的高差 $H_d \sim H_u$。

(A)算术和　(B)绝对值之和　(C)代数和　(D)向量和

二、多项选择题(本题共10小题。在每小题给出的所有选项中，至少有二项是符合题目要求的。**多选或少选均不得分**)

1. 插补缺测日的降水量，可根据地形、气候条件和邻近站降水量分布情况采用{. XZ}等方法进行插补。

(A)邻站平均值法　(B)比例法　(C)等值线法

(D)随机数法　(E)尺量法

2. 逐日平均水位表中，年最高水位挑选正确的是{. XZ}。

(A)在全年日平均水位记录中挑选最高水位

(B)在全年瞬时水位记录中挑选最高水位

(C)在全年各月最高水位中挑选最高值

(D)在全年各日最高水位中挑选最高值

(E)借用历年日最高水位值

3. 在对水位—流量关系曲线作延长时，如果{. XZ}，则需要至少用两种延长方法作比较，并在有关成果表中，对延长的根据作出说明。

(A)高水部分延长超过当年实测流量所占水位变幅的30%

(B)高水部分延长不超过当年实测流量所占水位变幅的30%

(C)低水部分延长超过当年实测流量所占水位变幅的10%

(D)低水部分延长不超过当年实测流量所占水位变幅的10%

(E)高水部分和低水部分都作延长

4. 当水文站断面或其上下游附近出现{. XZ}等情况时，需要机动加测流量。

(A)水草疯长　(B)堤防决口　(C)枯水超出历年实测流量的水位

(D)洪水超出历年实测流量的水位　(E)不明原因的水情变化

5. 下列方法中，属于泥沙颗粒级配分析方法的是{. XZ}。

(A)吸管法　(B)烘干法　(C)筛分法

(D)示踪法　(E)激光法

6. 以下属于尽量在现场测定的项目是{. XZ}。

(A)高锰酸盐指数　(B)余氯　(C)气味

(D)溶解氧　(E)化学需氧量

7. 短期雨洪径流的水文预报方法有{. XZ}等。

(A)相应水位(流量)法　(B)适线法　(C)P-Ⅲ曲线法

(D)河道流量演算法　(E)单位过程线法

8. {. XZ}等水准测量可应用于水文测站引测基本水准点高程。

(A)二　(B)三　(C)四

(D)五　(E)六

9. 下列叙述等高线正确的是{. XZ}。

(A)是闭合的曲线　(B)曲线上各点高程相等　(C)是地物点的连线

(D)是表示地貌的曲线　(E)是闭合的折线

10. 洪水水文要素摘录表的主要内容有{. XZ}等项目。

(A)水位　(B)流量　(C)流速

(D)含沙量　(E)时间

三、判断题(本题共10小题)

1. 河流沿途接纳很多支流，并形成复杂的干支流网络系统，这就是流域。

2. 编制重要规划、进行重点项目建设和水资源管理等使用的水文监测资料,不需水文机构审查。

3. 对有筒门的自记雨量计外壳,其筒门朝向应背对本地常见风向。

4. 液介式超声波水位计传感器安装在水面以上。

5. 断面内所有测点的流速均不超过流速仪的测速范围时才可以采用流速仪法测流。

6. 用谢才－曼宁公式作高水延长时,若高水漫滩,则主槽和漫滩部分应合并计算流量进行延长。

7. 单宽输沙率转折点布线法、等部分流量布线法、等部分面积布线法、等水面宽布线法等都是河床水流比较稳定情况下的输沙率测验垂线布设方法。

8. 水质水样运抵实验室后,收样人员应对照盛装贮样容器的样品箱和送样单核查验收无误后在送样单上签名。

9. 地下水位计不需要耐干扰、抗雷击。

10. 根据洪水在河道中运动规律,可以由上游已出现的水位(流量)来预报下游未来的水位(流量)。

# 水文勘测工国家职业技能鉴定理论知识模拟试卷答案(高级工)

姓名__________　准考证号__________

一、单项选择题

| 1 | | | | 2 | | | | 3 | | | | 4 | | | |
|---|---|---|---|---|---|---|---|---|---|---|---|---|---|---|---|
| [A] | [B] | [■] | [D] | [A] | [B] | [■] | [D] | [A] | [B] | [C] | [■] | [A] | [B] | [C] | [■] |
| 5 | | | | 6 | | | | 7 | | | | 8 | | | |
| [A] | [B] | [C] | [■] | [A] | [B] | [C] | [■] | [■] | [B] | [C] | [D] | [A] | [■] | [C] | [D] |
| 9 | | | | 10 | | | | 11 | | | | 12 | | | |
| [A] | [■] | [C] | [D] | [A] | [B] | [C] | [■] | [■] | [B] | [C] | [D] | [A] | [B] | [C] | [■] |
| 13 | | | | 14 | | | | 15 | | | | 16 | | | |
| [A] | [B] | [C] | [■] | [A] | [B] | [C] | [■] | [A] | [B] | [■] | [D] | [A] | [■] | [C] | [D] |
| 17 | | | | 18 | | | | 19 | | | | 20 | | | |
| [A] | [B] | [C] | [■] | [■] | [B] | [C] | [D] | [A] | [B] | [C] | [■] | [A] | [■] | [C] | [D] |
| 21 | | | | 22 | | | | 23 | | | | 24 | | | |
| [A] | [B] | [C] | [■] | [A] | [B] | [■] | [D] | [A] | [B] | [■] | [D] | [A] | [B] | [C] | [■] |
| 25 | | | | 26 | | | | 27 | | | | 28 | | | |
| [A] | [B] | [C] | [■] | [A] | [B] | [■] | [D] | [A] | [B] | [■] | [D] | [A] | [B] | [■] | [D] |
| 29 | | | | 30 | | | | 31 | | | | 32 | | | |
| [A] | [B] | [■] | [D] | [■] | [B] | [C] | [D] | [A] | [B] | [C] | [■] | [■] | [B] | [C] | [D] |
| 33 | | | | 34 | | | | 35 | | | | 36 | | | |
| [A] | [B] | [■] | [D] | [A] | [B] | [■] | [D] | [A] | [B] | [C] | [■] | [A] | [■] | [C] | [D] |
| 37 | | | | 38 | | | | 39 | | | | 40 | | | |
| [A] | [B] | [■] | [D] | [A] | [■] | [C] | [D] | [A] | [■] | [C] | [D] | [A] | [B] | [■] | [D] |

## 二、多项选择题

<table>
<tr><td rowspan="5">1</td><td>[■]</td><td rowspan="5">2</td><td>[A]</td><td rowspan="5">3</td><td>[■]</td><td rowspan="5">4</td><td>[■]</td><td rowspan="5">5</td><td>[■]</td></tr>
<tr><td>[■]</td><td>[■]</td><td>[B]</td><td>[■]</td><td>[B]</td></tr>
<tr><td>[■]</td><td>[■]</td><td>[■]</td><td>[■]</td><td>[■]</td></tr>
<tr><td>[D]</td><td>[■]</td><td>[D]</td><td>[■]</td><td>[D]</td></tr>
<tr><td>[E]</td><td>[E]</td><td>[E]</td><td>[■]</td><td>[■]</td></tr>
<tr><td rowspan="5">6</td><td>[A]</td><td rowspan="5">7</td><td>[■]</td><td rowspan="5">8</td><td>[■]</td><td rowspan="5">9</td><td>[■]</td><td rowspan="5">10</td><td>[■]</td></tr>
<tr><td>[■]</td><td>[B]</td><td>[■]</td><td>[■]</td><td>[■]</td></tr>
<tr><td>[■]</td><td>[C]</td><td>[C]</td><td>[C]</td><td>[C]</td></tr>
<tr><td>[■]</td><td>[■]</td><td>[D]</td><td>[■]</td><td>[■]</td></tr>
<tr><td>[E]</td><td>[■]</td><td>[E]</td><td>[E]</td><td>[■]</td></tr>
</table>

## 三、判断题

<table>
<tr><td rowspan="2">1</td><td>[√]</td><td rowspan="2">2</td><td>[√]</td><td rowspan="2">3</td><td>[■]</td><td rowspan="2">4</td><td>[√]</td><td rowspan="2">5</td><td>[√]</td></tr>
<tr><td>[■]</td><td>[■]</td><td>[×]</td><td>[■]</td><td>[■]</td></tr>
<tr><td rowspan="2">6</td><td>[√]</td><td rowspan="2">7</td><td>[■]</td><td rowspan="2">8</td><td>[√]</td><td rowspan="2">9</td><td>[√]</td><td rowspan="2">10</td><td>[■]</td></tr>
<tr><td>[■]</td><td>[×]</td><td>[■]</td><td>[■]</td><td>[×]</td></tr>
</table>

# 水文勘测工国家职业技能鉴定理论知识模拟试卷答题卡(高级工)

姓名__________　准考证号__________

一、单项选择题

| 1 | | | | 2 | | | | 3 | | | | 4 | | | |
|---|---|---|---|---|---|---|---|---|---|---|---|---|---|---|---|
| [A] | [B] | [C] | [D] | [A] | [B] | [C] | [D] | [A] | [B] | [C] | [D] | [A] | [B] | [C] | [D] |
| 5 | | | | 6 | | | | 7 | | | | 8 | | | |
| [A] | [B] | [C] | [D] | [A] | [B] | [C] | [D] | [A] | [B] | [C] | [D] | [A] | [B] | [C] | [D] |
| 9 | | | | 10 | | | | 11 | | | | 12 | | | |
| [A] | [B] | [C] | [D] | [A] | [B] | [C] | [D] | [A] | [B] | [C] | [D] | [A] | [B] | [C] | [D] |
| 13 | | | | 14 | | | | 15 | | | | 16 | | | |
| [A] | [B] | [C] | [D] | [A] | [B] | [C] | [D] | [A] | [B] | [C] | [D] | [A] | [B] | [C] | [D] |
| 17 | | | | 18 | | | | 19 | | | | 20 | | | |
| [A] | [B] | [C] | [D] | [A] | [B] | [C] | [D] | [A] | [B] | [C] | [D] | [A] | [B] | [C] | [D] |
| 21 | | | | 22 | | | | 23 | | | | 24 | | | |
| [A] | [B] | [C] | [D] | [A] | [B] | [C] | [D] | [A] | [B] | [C] | [D] | [A] | [B] | [C] | [D] |
| 25 | | | | 26 | | | | 27 | | | | 28 | | | |
| [A] | [B] | [C] | [D] | [A] | [B] | [C] | [D] | [A] | [B] | [C] | [D] | [A] | [B] | [C] | [D] |
| 29 | | | | 30 | | | | 31 | | | | 32 | | | |
| [A] | [B] | [C] | [D] | [A] | [B] | [C] | [D] | [A] | [B] | [C] | [D] | [A] | [B] | [C] | [D] |
| 33 | | | | 34 | | | | 35 | | | | 36 | | | |
| [A] | [B] | [C] | [D] | [A] | [B] | [C] | [D] | [A] | [B] | [C] | [D] | [A] | [B] | [C] | [D] |
| 37 | | | | 38 | | | | 39 | | | | 40 | | | |
| [A] | [B] | [C] | [D] | [A] | [B] | [C] | [D] | [A] | [B] | [C] | [D] | [A] | [B] | [C] | [D] |

## 二、多项选择题

<table>
<tr><td rowspan="5">1</td><td>[A]</td><td rowspan="5">2</td><td>[A]</td><td rowspan="5">3</td><td>[A]</td><td rowspan="5">4</td><td>[A]</td><td rowspan="5">5</td><td>[A]</td></tr>
<tr><td>[B]</td><td>[B]</td><td>[B]</td><td>[B]</td><td>[B]</td></tr>
<tr><td>[C]</td><td>[C]</td><td>[C]</td><td>[C]</td><td>[C]</td></tr>
<tr><td>[D]</td><td>[D]</td><td>[D]</td><td>[D]</td><td>[D]</td></tr>
<tr><td>[E]</td><td>[E]</td><td>[E]</td><td>[E]</td><td>[E]</td></tr>
<tr><td rowspan="5">6</td><td>[A]</td><td rowspan="5">7</td><td>[A]</td><td rowspan="5">8</td><td>[A]</td><td rowspan="5">9</td><td>[A]</td><td rowspan="5">10</td><td>[A]</td></tr>
<tr><td>[B]</td><td>[B]</td><td>[B]</td><td>[B]</td><td>[B]</td></tr>
<tr><td>[C]</td><td>[C]</td><td>[C]</td><td>[C]</td><td>[C]</td></tr>
<tr><td>[D]</td><td>[D]</td><td>[D]</td><td>[D]</td><td>[D]</td></tr>
<tr><td>[E]</td><td>[E]</td><td>[E]</td><td>[E]</td><td>[E]</td></tr>
</table>

## 三、判断题

<table>
<tr><td rowspan="2">1</td><td>[√]</td><td rowspan="2">2</td><td>[√]</td><td rowspan="2">3</td><td>[√]</td><td rowspan="2">4</td><td>[√]</td><td rowspan="2">5</td><td>[√]</td></tr>
<tr><td>[×]</td><td>[×]</td><td>[×]</td><td>[×]</td><td>[×]</td></tr>
<tr><td rowspan="2">6</td><td>[√]</td><td rowspan="2">7</td><td>[√]</td><td rowspan="2">8</td><td>[√]</td><td rowspan="2">9</td><td>[√]</td><td rowspan="2">10</td><td>[√]</td></tr>
<tr><td>[×]</td><td>[×]</td><td>[×]</td><td>[×]</td><td>[×]</td></tr>
</table>

# 附录3　水文勘测工国家职业技术鉴定理论知识模拟试卷(技师)

本试卷分单项选择题、多项选择题、简答题和计算题四部分,考试结束后,将本试题卷和答题卡、答题纸一并交回。

说明事项:

1. 答题前,考生在答题卡上务必用直径0.5毫米黑色墨水签字笔将自己的姓名、准考证号填写清楚。

2. 每小题选出答案后,用2**B**铅笔把答题卡上对应题的答案标号涂成黑方块,如需改动,用橡皮擦干净后,再选涂其他答案标号,**在试题卷上作答无效。**

3. 简答题和计算题答案在专用答题纸写出。考生在答题纸务必用直径0.5毫米黑色墨水签字笔将自己的姓名、准考证号填写清楚。**在试题卷上作答无效。**

4. 考试时间100分钟。

一、单项选择题(本题共20小题,每小题1.0分,共20分。在每小题给出的四个选项中,只有一项是符合题目要求的,选项对应于题干中“{.XZ}”所处的位置)

1. {.XZ}是全国河道的主管机关。

(A)国务院　(B)国务院水行政主管部门　(C)流域机构　(D)地方政府

2. 国际上一般认为,对一条河流的开发利用不能超过其水资源量的{.XZ}。

(A)50%　(B)40%　(C)80%　(D)90%

3. 较大雨滴降落到地面上后,可溅起0.3~0.5 m高,并形成一层雨雾随风流动降入地面降水量雨量器,会出现降水量观测中的{.XZ}误差。

(A)气象　(B)系统　(C)漂移　(D)溅水

4. 比降水尺断面布设时,要求上、下比降断面的间距应使测得比降的综合不确定度不超过{.XZ}。

(A)5%　(B)10%　(C)15%　(D)20%

5. 进行水位订正时,当能确定水尺零点高程{.XZ}时,在变动前应采用原应用高程,校测后采用新测高程,变动开始至校测期间应加一改正数。

(A)突变的原因　(B)渐变的原因

(C)渐变的原因和时间　(D)突变的原因和时间

6. 暴雨量可用式{.XZ}计算。式中:$P$ 为降水量,mm;$W$ 为由承雨器倒出或注入水的质量,kg;$A$ 为承雨器口的受雨面积,$cm^2$。

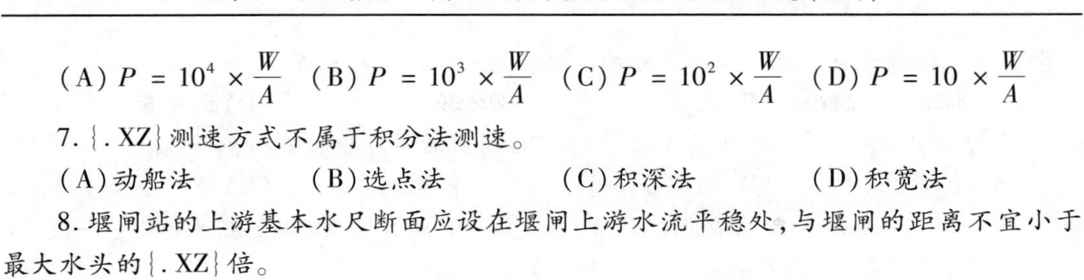

(A) $P = 10^4 \times \frac{W}{A}$　(B) $P = 10^3 \times \frac{W}{A}$　(C) $P = 10^2 \times \frac{W}{A}$　(D) $P = 10 \times \frac{W}{A}$

7. {. XZ}测速方式不属于积分法测速。

(A)动船法　(B)选点法　(C)积深法　(D)积宽法

8. 堰闸站的上游基本水尺断面应设在堰闸上游水流平稳处,与堰闸的距离不宜小于最大水头的{. XZ}倍。

(A)3　(B)4　(C)3 ~5　(D)5

9. 在山区,降水观测场不宜设在陡坡上、峡谷区和风口处,要选择相对平坦的场地,使承雨器口至山顶的仰角不大于{. XZ}。

(A)10°　(B)20°　(C)30°　(D)40°

10. 水工建筑物法推算流量的公式 $Q = M_1 B_e \sqrt{h_u}$ 中,$M_1$ 表示{. XZ}。

(A)自由孔流流量系数　(B)淹没孔流流量系数

(C)自由堰流流量系数　(D)淹没堰流流量系数

11. 一般根据测验的配套观测建立容易观测推求的{. XZ}与推移质输沙率的关系由前者推算后者,进而采用输沙率过程线法整编计算逐日平均推移质输沙率。

(A)单断关系法　(B)水文水力要素

(C)输沙率过程线法　(D)导向原断面法

12. 水下流速仪的流速信号传输可采用专门的电缆,也可采用通过钢丝悬索和{. XZ}构成的回路进行传输。

(A)船体　(B)信号电缆　(C)空气　(D)水体

13. 在平均粒径计算公式 $\overline{D} = \frac{\sum \Delta P_i D_i}{100}$ 中,$\Delta P_i$ 为 $D_{Ui}$、$D_{Li}$ 之间组级配系列数值;$D_i$ 为用公式{. XZ}计算的组平均粒径系列。

(A) $D_i = \sqrt{D_{Ui} + D_{Li}}$　(B) $D_i = \sqrt{D_{Ui} - D_{Li}}$

(C) $D_i = \sqrt{D_{Ui}/D_{Li}}$　(D) $D_i = \sqrt{D_{Ui}D_{Li}}$

14. 对于受不经常性冲淤影响而采用水位—流量关系临时曲线法定线推流的站,各临时曲线应按推流使用时序分别编号,过渡线{. XZ}。

(A)不编号

(B)独立于各临时曲线,单独按推流使用时序编号

(C)与各临时曲线一起按推流使用时序分别编号

(D)根据使用时段长短确定是否编号

15. 对于水流复杂的断面,确定 ADCP 测流的最大点流速时,可先{. XZ},然后在该区域选择若干垂线位置用 ADCP 多次脉冲测验,计算较多点位的时均流速,选择最大值作为 ADCP 测验断面的最大流速。

(A)现场目测确定最大流速区域　(B)现场目测确定最大流速垂线

(C)现场目测确定最大流速测点　(D)现场目测确定最大流速时刻

16. 在测验条件和时间允许时,一般应采用断面多线垂线选点法施测输沙率,与流量

的断面多线垂线选点法配合以符合输沙率测验的{. XZ}加权原理。

(A)水深　　(B)流速　　(C)流量　　(D)含沙量

17. 实用上,推移质测验一般先按{. XZ}布线,然后再在推移带加密垂线。

(A)等部分面积　　(B)等部分河宽　　(C)等部分流量　　(D)等部分输沙率

18. 当使用{. XZ}检定比重瓶时,室内温度每变化约 5 ℃时,测定温度和称量一次,直至取得所需要的最高、最低及其间各级温度的全部检定资料时。

(A)选点法　　(B)筛分法　　(C)室温法　　(D)恒温水浴法

19. 田间持水量指土壤样品毛管悬着水的{. XZ}含量。

(A)最短　　(B)最长　　(C)最小　　(D)最大

20. 跨河水准测量是因不能满足相应等级水准测量有关{. XZ}技术指标要求,所采取特殊方法进行的水准测量。

(A)视线长度　　(B)前后视距不等差

(C)允许高差限差　　(D)视距长度、前后视距不等差

二、多项选择题(本题共 10 小题,每小题 2.5 分,共 25 分。在每小题给出的所有选项中,至少有二项是符合题目要求的。**多选或少选均不得分**)

1. 暴雨调查时,当地群众放在露天的生产、生活用具,如{. XZ}等器皿,都可作为承雨器。

(A)盘子　　(B)水桶　　(C)锅　　(D)水缸　　(E)水槽

2. 在自记水位设备中,液介式或水下安置式自记水位计(压力式、气泡式、超声波等)不适合在{. XZ}等条件下安装。

(A)水深较大　　(B)河海入口处　　(C)河床冲淤变化大

(D)含沙量较大　　(E)水草丛生

3. 单位应当具备{. XZ}等条件,并取得国务院水行政主管部门或者省、自治区、直辖市人民政府水行政主管部门颁发的资质证书,才能从事水文、水资源调查评价。

(A)具有法人资格和固定的工作场所

(B)具有与所从事水文活动相适应并经考试合格的专业技术人员

(C)具有与所从事水文活动相适应的专业技术装备

(D)具有健全的管理制度

(E)具有领导能力

4. 进行水位订正时,当已确定水尺零点高程在某一段期间内发生渐变,应在{. XZ}。

(A)校测后采用新测高程

(B)渐变终止至校测期间的水位应加同一改正数

(C)变动前采用原应用高程

(D)渐变期间的水位按时间比例改正

(E)渐变终止至校测期间的水位按时间比例改正

5. {. XZ}内容属于陆上水面蒸发场仪器安置的要求。

(A)仪器相互之间不受影响观测方便

(B)蒸发场设置后,要编制考证资料

(C)高的仪器安置在北面,低的仪器顺次安置在南面

(D)仪器之间的距离,南北向不小于3 m,东西向不小于4 m,与围栅距离不小于3 m

(E)蒸发场应有排水系统

6. 对水文测验铅鱼的外观要求一般包括{.XZ}。

(A)铅鱼的外形流线体要求完整光滑

(B)铅鱼的鱼身部分涂红白相间油漆,铅鱼尾翼作表面镀锌处理

(C)无重大损坏或变形

(D)具有满足水文测验的一定重量

(E)小铅鱼宜采用单吊

7. 为改善洪峰流量相关关系和提高预报精度,在上、下游区间无支流加入的河段,可以{.XZ}等作为参数建立相关线。

(A)上游站水位涨差　(B)下游站的同时水位

(C)区间降雨量　(D)区间河道比降

(E)区间蒸发量

8. 利用电波流速仪测速时,{.XZ}可以使仪器的反射信号加强,有利于测速工作。

(A)较好的天气　(B)较大的水面波浪

(C)较深的垂线水深　(D)较大的流速

(E)较大的含沙量

9. 水下地形测量作业内容包括{.XZ}等。

(A)地形图绘制　(B)测深点定位、测深

(C)判别底质　(D)控制测量

(E)测悬沙含沙量

10. 通常采用{.XZ}等常规方法建立平面控制网。

(A)交会测量　(B)导线测量　(C)三角网测量

(D)三角高程测量　(E)水准测量

三、简答题(本题共4小题,其中的1、2小题各6分,3、4小题各9分,共30分)

1. 简述各类人工水位观测设备的适用特点。

2. 简述代表日流量法的适用条件及推流方法。

3. 简述稳(恒)定流能量方程 $z_1+\frac{p_1}{\rho g}+\frac{\alpha_1 v_1^2}{2g}=z_2+\frac{p_2}{\rho g}+\frac{\alpha_2 v_2^2}{2g}+h_w$ 各项的意义。

4. 简答室温法检定比重瓶的做法。

四、计算题(本题共2小题,第1小题为10分,第2小题为15分,共25分)

1. 某雨量站用雨量器人工观测降水量,某日8时前专用雨量杯被碰碎,观测雨量时用普通量杯量得储水瓶中水量为785 $cm^3$,如果用专用雨量杯量应为多少毫米降水量?

2. 有一环山渠道的断面如图1所示,靠山一边按1:0.5的边坡开挖,采用糙率 $n_1=$

0. 027 5，另一边为直立的浆砌石边墙，采用糙率 $n_2=0.025$，底宽 2. 00 m，渠底坡度 $i=0.002$，求水深为 2. 00 m 时的过水能力。

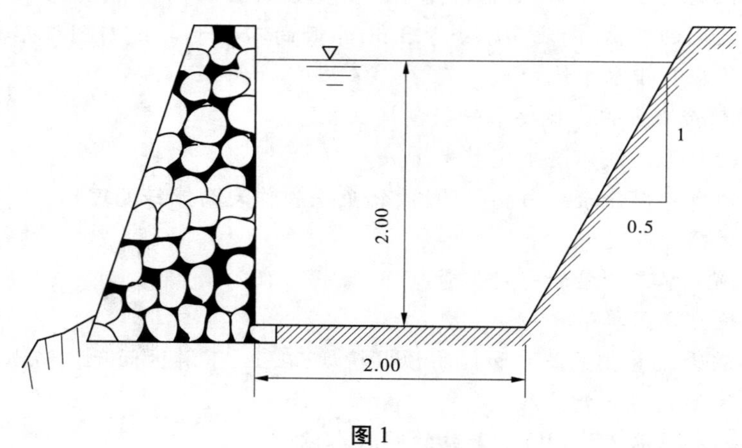


图 1

# 水文勘测工国家职业技能鉴定理论知识模拟试卷答案(技师)

姓名__________　准考证号__________

一、单项选择题

| 1 | | | | 2 | | | | 3 | | | | 4 | | | |
|---|---|---|---|---|---|---|---|---|---|---|---|---|---|---|---|
| [A] | [■] | [C] | [D] | [A] | [■] | [C] | [D] | [A] | [B] | [C] | [■] | [A] | [B] | [■] | [D] |
| 5 | | | | 6 | | | | 7 | | | | 8 | | | |
| [A] | [B] | [C] | [■] | [■] | [B] | [C] | [D] | [A] | [■] | [C] | [D] | [A] | [B] | [■] | [D] |
| 9 | | | | 10 | | | | 11 | | | | 12 | | | |
| [A] | [B] | [■] | [D] | [■] | [B] | [C] | [D] | [A] | [■] | [C] | [D] | [A] | [B] | [C] | [■] |
| 13 | | | | 14 | | | | 15 | | | | 16 | | | |
| [A] | [B] | [C] | [■] | [A] | [B] | [■] | [D] | [■] | [B] | [C] | [D] | [A] | [B] | [■] | [D] |
| 17 | | | | 18 | | | | 19 | | | | 20 | | | |
| [A] | [■] | [C] | [D] | [A] | [B] | [■] | [D] | [A] | [B] | [C] | [■] | [A] | [B] | [C] | [■] |

二、多项选择题

| 1 | 2 | 3 | 4 | 5 |
|---|---|---|---|---|
| [A] | [■] | [■] | [■] | [■] |
| [■] | [■] | [■] | [■] | [B] |
| [■] | [■] | [■] | [■] | [■] |
| [■] | [■] | [■] | [■] | [■] |
| [■] | [■] | [E] | [E] | [E] |

| 6 | 7 | 8 | 9 | 10 |
|---|---|---|---|---|
| [■] | [■] | [A] | [■] | [■] |
| [■] | [■] | [■] | [■] | [■] |
| [■] | [■] | [C] | [■] | [■] |
| [D] | [D] | [■] | [■] | [D] |
| [E] | [E] | [E] | [E] | [E] |

## 三、简答题

1. 简述各类人工水位观测设备的适用特点。

答题要点：

直立式水尺有构造简单、观测方便的特点，但易被冲毁，对于水草等漂浮物较多的河段应注意被损坏并及时补设；

矮桩式水尺不宜设在淤积严重的地方；

倾斜式水尺测读水位方便，但对岸坡和断面要求较高，需在斜尺面边修建观测道路；

悬锤式水位计适用于断面附近有坚固陡岸、桥梁或水工建筑物岸壁的断面；

测针式水位计适用于有测流建筑物或有较好的静水湾、静水井，精度要求较高，水位变幅相对较小的断面。

2. 简述代表日流量法的适用条件及推流方法。

答题要点：

代表日流量法适用于枯水期或冰期简化为每月固定日期测流的站。

推流方法为，以各固定日几次实测流量的平均值作为该日的日平均流量。根据各月固定测流日的分布情况划分其代表时段。如每月前半月和后半月各有一固定测流日时，则前一日的日平均流量代表1～15日的各日平均流量，后一日的日平均流量代表16日至月底各日的日平均流量。若每月上、中、下旬各有一个固定测流日时，则各测流日的日平均流量分别代表上、中、下旬各日的日平均流量。

3. 简述稳（恒）定流能量方程 $z_1 + \frac{p_1}{\rho g} + \frac{\alpha_1 v_1^2}{2g} = z_2 + \frac{p_2}{\rho g} + \frac{\alpha_2 v_2^2}{2g} + h_w$ 各项的意义。

答题要点：

上式共包含了4个物理量，其中 $z$ 为从位置起算高程基面起算的高程数值，代表总流断面上单位重量流体所具有的平均位能，一般又称为位置水头；$\frac{p}{\rho g}$（式中：$p$ 为点位的静水压强；$\rho$ 为水的密度；$g$ 为重力加速度）代表断面上单位重量流体所具有的平均压能，它反映了断面上各点平均动水压强所对应的压强高度；$\left(z + \frac{p}{\rho g}\right)$称为测压管水头；$\frac{\alpha v^2}{2g}$（式中 $v$ 为流速）代表断面上单位重量流体所具有的平均动能，一般称为流速水头；$h_w$ 为单位重量流体从一个断面流至另一个断面克服水流阻力作功所损失的平均能量，一般称为水头损失。

4. 简答室温法检定比重瓶的做法。

答题要点：

室温法检定比重瓶，将待检定的比重瓶洗净，注满纯水，测量瓶中心的温度，准确至0.1 ℃；再用纯水加满比重瓶，立即盖好盖子，用手抹去塞顶水分，用干毛巾擦干瓶身，检查瓶内有无气泡(如有气泡,应重装),然后放在天平上称量,准确至0.001 g;弃水后将比重瓶妥为保存,不得使用。待气温变化5 ℃左右时,将比重瓶取出洗净,再注满纯水,测量瓶中心的温度、称量、弃水、保存。如此,室内温度每变化约5 ℃时,测定温度和称量一次,直至取得所需要的最高、最低及其间各级温度的全部检定资料。

## 四、计算题

1.某雨量站用雨量器人工观测降水量,某日8时前专用雨量杯被碰碎,观测雨量时用普通量杯量得储水瓶中水量为785 $cm^3$,如果用专用雨量杯量应为多少毫米降水量?

解:

专用雨量杯的直径为4 cm,其内截面面积恰是承雨器口截面面积的1/25,承雨器口接得的1 mm降水,倒在雨量杯内高度为25 mm(2.5 cm),因此雨量杯的刻度即以25 mm高度为雨量1 mm标定值,并精确至0.1 mm。计算如下:

$$785 \div (3.14 \times 4^2 \div 4)/2.5 = 25.0(\text{mm})$$

用专用雨量杯量应为25.0 mm降水量。

2.有一环山渠道的断面如图1所示,靠山一边按1:0.5的边坡开挖,采用糙率 $n_1 = 0.0275$,另一边为直立的浆砌石边墙,采用糙率 $n_2 = 0.025$,底宽2.00 m,渠底坡度 $i = 0.002$,求水深为2.00 m时的过水能力。

提示:综合糙率用糙率平方长度加权平均的方根 $n = \sqrt{\dfrac{\sum n_i^2 \chi_i}{\sum \chi_i}}$ 计算。

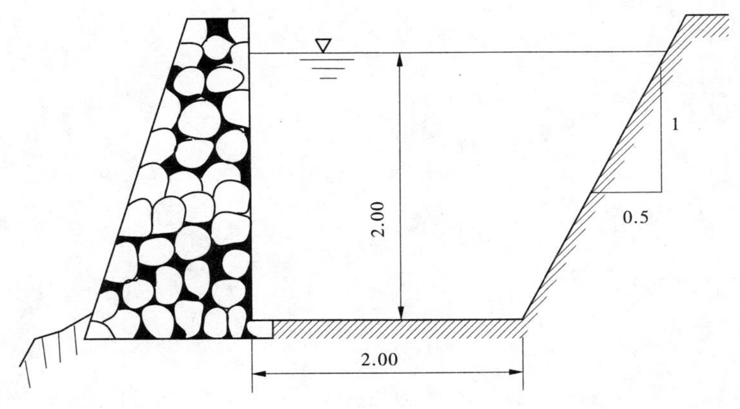


解:

过水面积为

$$\omega = 0.5 \times 2.00 \times 2.00 \div 2 + 2.00 \times 2.00 = 5.00(\text{m}^2)$$

湿周为

$$\chi = 2.00 + 2.00 + 2.00 \times \sqrt{1 + 0.5^2} = 6.24\ (\text{m})$$

水力半径为

$$R = \frac{5.00}{6.24} = 0.80(\mathrm{m})$$

综合糙率为

$$n = \sqrt{\frac{\sum n_i^2 \chi_i}{\sum \chi_i}} = \sqrt{\frac{0.027\,5^2 \times 2.24 + 0.027\,5^2 \times 2.00 + 0.025^2 \times 2.00}{2.00 + 2.24 + 2.00}} = 0.026\,7$$

水深为2.00 m时的过水能力为

$$Q = \frac{1}{n}\omega R^{\frac{2}{3}} i^{\frac{1}{2}} = \frac{1}{0.026\,7} \times 5.00 \times 0.8^{\frac{2}{3}} \times 0.002^{\frac{1}{2}} = 7.22(\mathrm{m^3/s})$$

# 水文勘测工国家职业技能鉴定理论知识模拟试卷答题卡(技师)

姓名__________　准考证号__________

一、单项选择题

| 1 | | | | 2 | | | | 3 | | | | 4 | | | |
|---|---|---|---|---|---|---|---|---|---|---|---|---|---|---|---|
| [A] | [B] | [C] | [D] | [A] | [B] | [C] | [D] | [A] | [B] | [C] | [D] | [A] | [B] | [C] | [D] |
| 5 | | | | 6 | | | | 7 | | | | 8 | | | |
| [A] | [B] | [C] | [D] | [A] | [B] | [C] | [D] | [A] | [B] | [C] | [D] | [A] | [B] | [C] | [D] |
| 9 | | | | 10 | | | | 11 | | | | 12 | | | |
| [A] | [B] | [C] | [D] | [A] | [B] | [C] | [D] | [A] | [B] | [C] | [D] | [A] | [B] | [C] | [D] |
| 13 | | | | 14 | | | | 15 | | | | 16 | | | |
| [A] | [B] | [C] | [D] | [A] | [B] | [C] | [D] | [A] | [B] | [C] | [D] | [A] | [B] | [C] | [D] |
| 17 | | | | 18 | | | | 19 | | | | 20 | | | |
| [A] | [B] | [C] | [D] | [A] | [B] | [C] | [D] | [A] | [B] | [C] | [D] | [A] | [B] | [C] | [D] |

二、多项选择题

| 1 | [A] | 2 | [A] | 3 | [A] | 4 | [A] | 5 | [A] |
|---|---|---|---|---|---|---|---|---|---|
| | [B] | | [B] | | [B] | | [B] | | [B] |
| | [C] | | [C] | | [C] | | [C] | | [C] |
| | [D] | | [D] | | [D] | | [D] | | [D] |
| | [E] | | [E] | | [E] | | [E] | | [E] |
| 6 | [A] | 7 | [A] | 8 | [A] | 9 | [A] | 10 | [A] |
| | [B] | | [B] | | [B] | | [B] | | [B] |
| | [C] | | [C] | | [C] | | [C] | | [C] |
| | [D] | | [D] | | [D] | | [D] | | [D] |
| | [E] | | [E] | | [E] | | [E] | | [E] |

# 水文勘测工国家职业技能鉴定理论知识模拟试卷答题纸(技师)

姓名__________　准考证号__________